JN412239

24 **Cr** 52.00	
24	원자 번호
52.00	원자 질량

1 1A	2 2A	3 3B	4 4B	5 5B	6 6B	7 7B	8 8B	9 8B	10 8B	11 1B	12 2B	13 3A	14 4A	15 5A	16 6A	17 7A	18 8A
1 **H** 1.008																	2 **He** 4.003
3 **Li** 6.941	4 **Be** 9.012											5 **B** 10.81	6 **C** 12.01	7 **N** 14.01	8 **O** 16.00	9 **F** 19.00	10 **Ne** 20.18
11 **Na** 22.99	12 **Mg** 24.31											13 **Al** 26.98	14 **Si** 28.09	15 **P** 30.97	16 **S** 32.07	17 **Cl** 35.45	18 **Ar** 39.95
19 **K** 39.10	20 **Ca** 40.08	21 **Sc** 44.96	22 **Ti** 47.88	23 **V** 50.94	24 **Cr** 52.00	25 **Mn** 54.94	26 **Fe** 55.85	27 **Co** 58.93	28 **Ni** 58.69	29 **Cu** 63.55	30 **Zn** 65.39	31 **Ga** 69.72	32 **Ge** 72.61	33 **As** 74.92	34 **Se** 78.96	35 **Br** 79.90	36 **Kr** 83.80
37 **Rb** 85.47	38 **Sr** 87.62	39 **Y** 88.91	40 **Zr** 91.22	41 **Nb** 92.91	42 **Mo** 95.94	43 **Tc** (98)	44 **Ru** 101.1	45 **Rh** 102.9	46 **Pd** 106.4	47 **Ag** 107.9	48 **Cd** 112.4	49 **In** 114.8	50 **Sn** 118.7	51 **Sb** 121.8	52 **Te** 127.6	53 **I** 126.9	54 **Xe** 131.3
55 **Cs** 132.9	56 **Ba** 137.3	57 **La** 138.9	72 **Hf** 178.5	73 **Ta** 180.9	74 **W** 183.8	75 **Re** 186.2	76 **Os** 190.2	77 **Ir** 192.2	78 **Pt** 195.1	79 **Au** 197.0	80 **Hg** 200.6	81 **Tl** 204.4	82 **Pb** 207.2	83 **Bi** 209.0	84 **Po** (209)	85 **At** (210)	86 **Rn** (222)
87 **Fr** (223)	88 **Ra** (226)	89 **Ac** (227)	104 **Rf** (267)	105 **Db** (268)	106 **Sg** (269)	107 **Bh** (270)	108 **Hs** (277)	109 **Mt** (278)	110 **Ds** (281)	111 **Rg** (282)	112 **Cn** (285)	113 **Nh** (286)	114 **Fl** (289)	115 **Mc** (289)	116 **Lv** (293)	117 **Ts** (294)	118 **Og** (294)

58 **Ce** 140.1	59 **Pr** 140.9	60 **Nd** 144.2	61 **Pm** (145)	62 **Sm** 150.4	63 **Eu** 152.0	64 **Gd** 157.3	65 **Tb** 158.9	66 **Dy** 162.5	67 **Ho** 164.9	68 **Er** 167.3	69 **Tm** 168.9	70 **Yb** 173.0	71 **Lu** 175.0
90 **Th** 232.0	91 **Pa** 231.0	92 **U** 238.0	93 **Np** (237)	94 **Pu** (244)	95 **Am** (243)	96 **Cm** (247)	97 **Bk** (247)	98 **Cf** (251)	99 **Es** (252)	100 **Fm** (257)	101 **Md** (258)	102 **No** (259)	103 **Lr** (262)

금속

준금속

비금속

국제 순수 및 응용 화학 연합(International Union of Pure and Applied Chemistry, IUPAC)에서 1～18족의 지정을 권장하였다.

녹색 화학의 핵심 개념

1 폐기물이 형성된 후에 이를 처리하거나 청소하는 것보다
폐기물이 발생되지 않도록 하는 것이 좋다.

2 제품 생산에 **사용되는 재료의 양을 최소화하는 것**이 좋다.

3 **독성이 없는 물질을 사용하고 만드는 것**이 좋다.

4 **적은 양의 에너지를 사용하는 것**이 좋다.

5 기술적이고 경제적으로 합리적일 때 **재생 가능한 물질을 사용하는 것**이 좋다.

6 **사용 수명이 다하면** 무해한 제품으로 **분해되는 물질을 설계하는 것**이 좋다.

* *출처:* Paul Anastas와 John Warner의 녹색 화학의 12가지 원칙 중에서 발췌함

Chemistry in Context

Applying Chemistry to Society Tenth Edition

American Chemical Society

강용철 · 박경호 · 오세웅
이용훈 · 이익모 · 하윤경 옮김

Chemistry in Context, 10th Edition

1 2 3 4 5 6 7 8 9 10 SP 20 21

Original: Chemistry in Context, 10th Edition © 2021
By American Chemical Society (ACS)
ISBN 978-1-260-24084-9

This authorized Korean translation edition is published by Sciplus in arrangement with McGraw-Hill Education Korea, Ltd. This edition is authorized for sale in the Republic of Korea.

This book is exclusively distributed by Sciplus.

When ordering this title, please use ISBN 979-11-88731-23-7 (93430)

Printed in Korea

옮긴이 머리말

Preface

환경은 광범위한 분야와 연결되어 있다. 사회적인 문제와 과학적인 문제, 특히 화학적인 문제, 경제적인 문제, 군사적인 문제, 정치적인 문제 등 각종 분야와 복잡하게 얽혀 있다. 오늘날을 살아가는 현대인은 자신의 전공 분야와는 관계없이 환경 문제를 항상 염두에 두고 살아야 한다. 이를 위해 미국화학회(American Chemical Society)의 여러 저자들은 1993년부터 매 3년마다 새로운 내용을 추가하며 이 책을 발간하고 있다. 새롭게 출판할 때마다 저자들은 새로운 과학 발전, 정책의 변화, 에너지 동향 및 현재 세계에서 일어나는 사건을 반영하여 업데이트하고 있으며 모든 장의 내용을 재작업하고 있다.

이 책의 앞부분에서는 공기, 물 그리고 에너지와 같은 실제 세상의 주제를 포함한 내용을 다루며, 이는 뒤에 나오는 장들에서 알아야 할 화학 개념의 기초를 제공한다. 예를 들어, 처음에 소개되는 장들은 원소, 화합물 그리고 주기율표를 소개한다. 뒤쪽 장에서는 다른 내용과 화학적 내용을 고려하기 위해 필요한 화학 개념을 정립한다. 에너지 자원인 원자력, 전지, 연료 전지 그리고 수소에 대하여 논의한다. 뒷부분에서는 탄소를 기초로 한 중합체, 제약, 식량 생산 그리고 유전자 조작에 초점을 둔다. 이 모든 내용들은 핵심 주제를 포함하여, 학생들이 관심 있는 부분을 탐구할 기회를 제공해 준다.

이 책은 대학에서 배우는 일반화학의 내용을 넘어서, 일반화학의 기본 개념과 그 응용을 생활과 환경에 접목시킨 보기 드문 내용의 교재이다. 처음 접하는 학생들은 생소할 수 있으나, 우리의 일상생활과 환경의 문제점들을 화학의 기초 원리와 함께 풀이하였다. 또한 최근의 자료들을 바탕으로 환경의 중요성과 인간의 삶을 풍요롭게 만드는 길잡이로서 중요한 역할을 할 것이다. 따라서 이 책을 모두 공부하고 난 후에는 자연과 화학과 환경을 통합하는 개념의 확립이 이루어 질 것이라고 믿는다.

이 책의 용어와 화합물 이름은 대한화학회 유기 화합물 명명법 I, II와 무기 화합물 명명법, 화학 술어집 개정 5판 및 교육과학기술부의 "화합물 명명법 편수 자료"에 따라 번역하였고, 이해를 돕기 위해 화합물 이름은 가능한 한 우리말과 원어를 함께 표기하였다. 역자들이 모든 성의를 다하여 번역을 하였지만 틀린 곳, 미숙한 점도 많으리라 생각된다. 이점에 대해서는 앞으로 많은 의견을 보내 주시면 새로 인쇄할 때에 반드시 반영하여 수정하도록 할 것이다.

또한 이 책의 11~14장은 사이플러스의 홈페이지(www.sciplus.co.kr)에 업로드되어 있으며, 이 책이 출판된 이후에 수정 사항이 있을 경우에는 사이플러스 홈페이지에 업데이트한 자료를 계속 제공할 예정이다.

끝으로, 이 책의 번역과 출판의 기회를 주신 사이플러스 박종성 대표와 편집과 교정에 수고하신 직원 여러분에게 감사의 뜻을 표한다.

2021년 2월 23일
옮긴이 적음

지은이 머리말

Preface

기후 변화, 물 오염, 대기 오염, 식량 부족. 이러한 문제와 기타 전 세계적인 문제는 정기적으로 미디어에 소개되고 있다. 그러나 화학이 이러한 문제를 해결하는 데 중요한 역할을 한다는 것을 알고 있는가? 화학에 대한 지식도 우리 삶의 질을 향상시키는 데 필수적이다. 예를 들어 더 빠른 전자 장치, 더 강력한 플라스틱, 더 효과적인 의약품 및 백신은 모두 전 세계 화학자들의 혁신에 의존하고 있다. 우리 세상이 화학에 너무 의존하고 있기 때문에 대부분의 화학 책이 실제 응용 프로그램에 대한 중요한 세부 정보를 제공하지 않는 것은 유감이다. "틀을 깨뜨린 책"인 이 책에 대해 알아보자. 1993년에 시작된 이래로 *생활과 환경 속의 화학*은 생활 속에서나 환경 속에서 일어나는 여러 일들을 화학의 기초와 연결시키는 데 중점을 두었다.

사회적 문제가 없다면 이 책을 저술할 필요도 없었을 것이다. 유사하게 이들 문제들을 맞닥뜨리려는 의지와 용기를 가진 선생님들과 학생들이 없다면, 이 책은 존재할 수 없다. 화학은 오늘날 우리 사회가 직면한 거의 모든 문제점들과 함께 직조물처럼 짜여 있다.

당신은 살고 있는 세상에 대한 좋은 이야기들을 즐기고 있는가? 만일 그렇다면, 당신을 새롭고 다른 방법으로 행동하게 만드는 호기심을 갖게 하고, 시도하게 하고, 그리고 또한 가능한 동기 부여를 해 줄 이야기들을 위해 이 책을 펼쳐 보라. 거의 모든 내용에서(마을, 지역, 세계) 이야기들의 일부분은 아직도 알려지지 않고 있다. 오늘날 당신과 사람들의 선택은 미래에 논의될 이야기들의 특성을 결정하게 될 것이다.

사람들의 참여를 유도하기 위해 실제 상황을 사용하는 것이, 사람들이 학습하는 방법에 대한 연구를 통해 뒷받침되는 강력한 관행이라는 것을 알고 있는가? 이 책은 실제 세상의 이야기들을 다양한 관점(개인적, 사회적, 세계적)에서 학습자들의 참여를 통해 제공한다. 또한 빠르게 변하는 이 내용들의 특성에 따라 교수님들이 바로 학생들과 함께 학습자가 되는 기회를 제공한다.

› 지속 가능성 — 궁극적인 내용

전 세계적 지속 가능성은 단순한 도전이 아니다. 오히려 우리 세기의 특별한 도전이다. 따라서 *생활과 환경 속의 화학* 10판은 연구할 가치가 있는 주제와 해결할 가치가 있는 문제로서 이 도전에 계속 초점을 맞추고 있다. 주제로서 지속 가능성은 학생들이 습득할 수 있는 중요한 콘텐츠 자료를 제공해준다. 예를 들어, 공유지의 비극(2.14절), 트리플 보텀 라인(6.17절), 요람에서 요람까지의 개념(1.9절)은 모두 이 필수 내용의 일부이다. 해결할 가치가 있는 문제로서 지속 가능성은 학생들이 질문할 수 있는 새로운 질문, 즉 지속 가능한 미래를 상상하고 달성하는 데 도움이 되는 질문을 생성한다. 예를 들어, 학생들은 온실 기체의 배출을 줄이기 위해 행동(또는 행동하지 않음)의 위험과 이점에 대한 질문을 찾을 수 있다.

지속 가능성을 통합하려면 교육과정에 대한 일상적인 재고 이상의 것이 필요하다. 대부분의 일반 화학 교재와는 달리 이 책은 상황에 대한 내용이 풍부하다. 본질적으로, 이 책은 많은 일반 화학 교육과정에서 사용되는 내용 중심적인 "원자들 먼저" 접근법보다는 문맥 중심적인 "시민 우선" 접근법을 생각하고 있다. 따라서 다른 많은 책들과는 달리 이 책은 지속 가능성의 핵심 개념과 함께 필수적인 화학적 내용을 전달하기 위해 에너지, 재료, 음식, 물, 건강에 관한 흥미로운 실제적인 시나리오를 제공한다.

지속 가능성을 위한 수단인 녹색 화학은 계속해서 중요한 주제이다. 이전 9판과 마찬가지로, 이번 10판 전체에 걸쳐 녹색 화학 개념을 계속해서 중점적으로 다루고 있다. 이 책은 독자에게 화학적 과정의 친환경화에 대한 필요성과 중요성에 대한 더 나은 감각을 제공하고 있다.

기존 내용의 업데이트

때때로 사람들은 우리에게, "왜 새로운 개정판을 이렇게 자주 출판하는가?"라고 질문한다. 사실 우리는 빠른 편찬 주기를 가지고 있고 매 3년마다 새로운 책을 내고 있다. 이 책의 내용이 시대적으로 민감하기 때문에 우리는 이렇게 하고 있다. 실제 문제를 해결하기 때문에, 학생들에게 화학이 일상생활에 미치는 영향을 완전히 이해하려면 최신 자료와 정보가 필요하다.

생활과 환경 속의 화학 10판은 광범위한 디지털 자료에 대한 중요한 업데이트를 하였다. 이제 각 장에는 동영상, 대화형 그림 및 PhET 활동은 독자의 참여를 유지하고 콘텐츠 숙달을 지원하도록 설계된 다양한 새로운 기능을 포함시켜 놓았다. 이러한 디지털 자료는 전자책에 직접 포함되어 있지만, 인쇄된 책의 독자는 www.acs.org/cic를 방문하여 모든 멀티미디어에 접근하면 된다. 이전 9판과 비슷하게, 학생들이 인터넷을 검색하여 적절한 자료를 찾거나 현재 전 세계 문제에 대한 자신의 결론을 도출하도록 지시하는 활동이 각 장에 걸쳐 배치되어 있다. 그러나 10판에서는 이러한 기회가 훨씬 더 많다.

10판에는 새로운 상황이 도입되지 않았지만, 상황의 흐름을 개선하기 위해 장의 순서가 변경되었다. 특히 물의 화학 장은 기후 변화에 바로 대응할 수 있도록 순서대로 올라갔다. 또한 제1장(휴대용 전자 제품)은 보다 응집력 있는 주제를 다루고, 시작 장에 더 적합한 내용을 다루기 위해 대폭 수정되었다.

이전 판에서와 마찬가지로 이 책의 마무리 장(제14장)은 "추리소설"의 이야기 형식으로 작성되었다. 앞의 제1장에서 제13장까지 배운 모든 개념이 이야기에 통합되어, 학생들이 범죄 현장을 조사하고, 증거 수집 및 분석을 위한 적절한 기술을 사용하는 과정을 안내하고 있다.

모든 장은 새로운 과학적 발전, 정책의 변화, 에너지 추세 및 현재 세계에서 일어나는 사건들을 반영하면서 주제의 흐름을 개선하기 위해 수정되었다.

각 장은 상황을 소개하는 비디오로 시작되며, 학생들이 장을 읽기 전에 숙고할 수 있는 "미리 생각해 보기" 활동이 있다. 이 장에서 다루는 주요 질문을 식별하는 새로운 절인 "주요 질문"이 바로 이어진다. 그 후 모든 장은 소개된 중요한 개념을 개괄적으로 설명하는 "학습 결과" 절과 특정 절에 대한 인용으로 끝난다. 이 머리말의 뒤쪽에 있는 활동 학습 자원은 10판의 이러한 기능에 대한 자세한 내용을 제공해 준다.

상황에서 가르치고 배우기

이번 판은 이전 판에서 사용된 조직 체계를 계속 유지하고 있다. 각 장은 이후 장에서 구축되는 화학 개념의 기초를 제공하는 실제 주제에 대해 자세히 설명해 준다. 이 머리말의 뒤쪽에 있는 활동 학습 자원 비디오, 대화형 설명 및 모의실험으로 구성된 다양한 학습 자료가 각 장에 걸쳐 소개되어 있다. PhET 모의실험 또는 실험실 활동과 같이 학생 참여와 관련된 내용을 "조사 활동"이라고 한다. 추가 예제 또는 추가 설명을 제공하는 비디오로 구성된 기타 항목은 “미리 생각해 보기”라고 표시된다.

이 판은 또한 각 장의 뒤에 “기본 문제“, “개념 문제 및 “응용 문제”로 구성되어 있는 많은 다양한 문제들을 수록해 놓았다. 문제들은 종류가 많고, 다양하다. 전통적인 화학 원리에 초점을 맞춘 비교적 간단한 연습 문제에서부터, 보다 철저한 분석 및 응용 프로그램을 통합해야 풀 수 있는 연습 문제까지 다양하다. 각 장에 포함되어 있는 활동 학습 문제들은 소집단 작업, 학급 토론 또는 개별 프로젝트의 기초가 된다. 이러한 활동은 학생들에게 시간이 허락하는 한 핵심 주제를 넘어서 관심사를 탐구할 기회를 제공해준다.

www.acs.org/cic에 있는 웹 기반 활동은 본문 전체에 통합되어 있다. 이러한 웹 기반 활동은 학생들이 현재 정보를 기반으로 비판적 사고 및 분석적 문제 해결 기술을 개발하는 데 도움이 된다.

Bradley D. Fahlman
2019년 8월

활동 학습 자원
Active Learning Resources

10판에는 독자의 참여를 유도하고 비판적 사고 능력을 키울 수 있는 다양한 대화형 기능이 있다. 특정 스타일과 아이콘은 이러한 기능의 배치를 강조한다.

설득력 있는 질문과 학습 결과

각 장의 시작 부분에는 그 장에서 화학의 실제 적용을 할 때 생각해야 할 **주요 질문**(Compelling Questions)이 있다. **학습 결과**(Learning Outcome)는 각 장의 끝에 주어져 있으며, 설득력 있는 질문에서 제시하는 핵심 화학 개념을 다룬다.

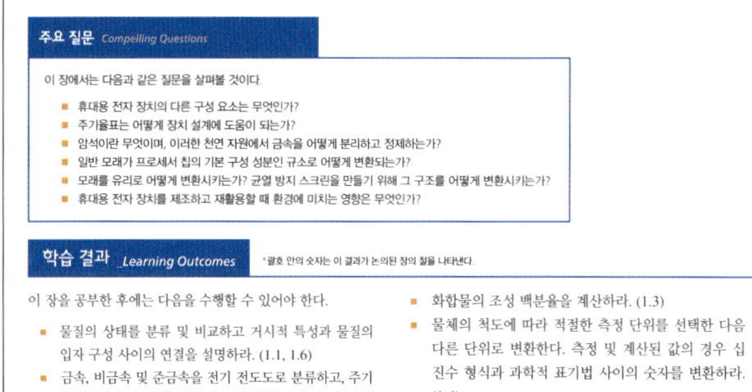

주요 질문 *Compelling Questions*

이 장에서는 다음과 같은 질문을 살펴볼 것이다.

- 휴대용 전자 장치의 다른 구성 요소는 무엇인가?
- 주기율표는 어떻게 장치 설계에 도움이 되는가?
- 암석이란 무엇이며, 이러한 천연 자원에서 금속을 어떻게 분리하고 정제하는가?
- 일반 모래가 프로세서 칩의 기본 구성 성분인 규소로 어떻게 변환되는가?
- 모래를 유리로 어떻게 변환시키는가? 균열 방지 스크린을 만들기 위해 그 구조를 어떻게 변환시키는가?
- 휴대용 전자 장치를 제조하고 재활용할 때 환경에 미치는 영향은 무엇인가?

학습 결과 *Learning Outcomes* *괄호 안의 숫자는 이 결과가 논의된 장의 절을 나타낸다.

이 장을 공부한 후에는 다음을 수행할 수 있어야 한다.

- 물질의 상태를 분류 및 비교하고 거시적 특성과 물질의 입자 구성 사이의 연결을 설명하라. (1.1, 1.6)
- 금속, 비금속 및 준금속을 전기 전도도로 분류하고, 주기율표에서의 위치를 표시하고, 특성에 따라 가장 적합한 휴대용 전자 장치의 일부 성분을 예측하라. (1.2)
- 원자, 분자, 원소 및 화합물의 차이점을 설명하고 각각에 대한 예를 들어라. (1.2)
- 혼합물과 순수한 물질을 정의 및 구별하고, 혼합물을 균일 혼합물과 불균일 혼합물로 분류하라. (1.2, 1.3, 1.6)
- 화합물의 조성 백분율을 계산하라. (1.3)
- 물체의 척도에 따라 적절한 측정 단위를 선택한 다음 다른 단위로 변환한다. 측정 및 계산된 값의 경우 십진수 형식과 과학적 표기법 사이의 숫자를 변환하라. (1.4)
- 원자의 구조를 설명하고 아원자 입자의 상대적인 위치, 전하 및 질량을 비교하여 설명하라. (1.5)
- 휴대용 전자 기기의 제작 및 재활용에 관련된 물리적, 화학적 변화 및 지속가능성의 세 가지 축이 이러한 과정과 어떻게 관련되는지 설명하라. (1.7, 1.8, 1.9)
- 전자 디스플레이에 투명성이 중요한 이유를 설명하

©Joseph M. Suria/123RF

터치스크린이 작동하는 방식에 대한 자세한 내용은 www.acs.org/cic 에서 비디오를 확인하라.

▲ *휴대폰 디치스크린이 어떻게 작동하는지 보여주는 제1장의 비디오.*

비디오

각 장에는 실제 응용 프로그램의 맥락에서 교수와 학생 간의 대화를 촉진하는 소개 비디오 및 관련 활동이 있다. 학생이 기본적인 내용을 이해하고 주제의 광범위한 적용을 이해하는 데 도움이 되도록 각 장에 걸쳐 다양한 교육용 비디오가 순비되어 있다.

실험 비디오

일부 소개된 비디오는 실험실 기반의 활동을 특징으로 한다. LAB 아이콘으로 표시되어 있는 전체 실험은 상황별 화학 실험실 설명서(Chemistry in Context Laboratory Manual)에서 찾아볼 수 있다.

©Bradley D. Fahlman

▲ *제12잔이 비디오, Le Châtelier의 원리를 보여준다.*

모의실험과 대화형 수치

학생 참여와 실습 학습을 촉진하기 위해, 장 전체에서 참조된 수많은 수치와 PhET 모의실험을 제공하고 있다. 또한 이 책 전체에 걸쳐 많은 화학 구조에 대해 MolView 3D 표현을 제공하고 있다.

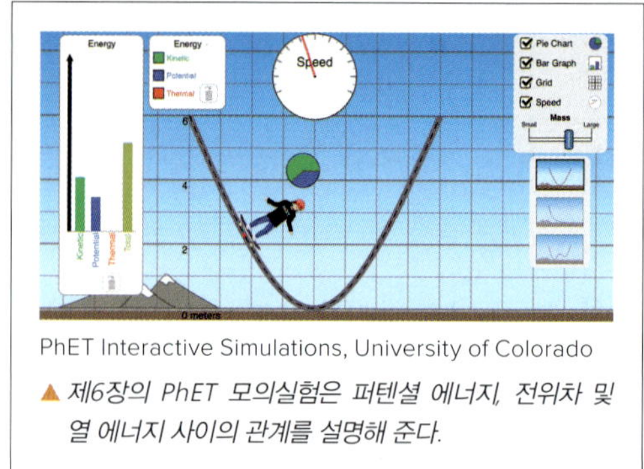

PhET Interactive Simulations, University of Colorado

▲ *제6장의 PhET 모의실험은 퍼텐셜 에너지, 전위차 및 열 에너지 사이의 관계를 설명해 준다.*

활동 학습: 이 책 너머의 탐구 활동

각 장에는 본문으로 짜여진 다양한 생각을 자극하는 활동이 포함되어 있다. 세 가지의 색깔로 이루어진 상자와 아이콘으로 명확하게 표시되어 있으며, 이들은 각 장 끝에 주어진 문제 세트 유형과 비슷하다.

1. **필수 사항 강조**: 기본 설명을 연습할 수 있는 기회를 제공하는 질문들

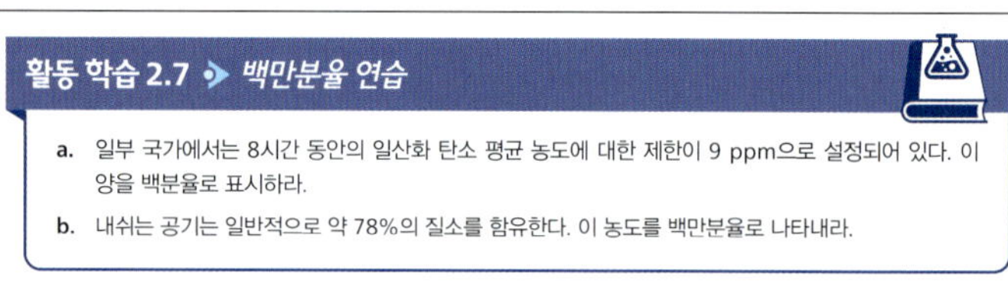

활동 학습 2.7 ▸ *백만분율 연습*

a. 일부 국가에서는 8시간 동안의 일산화 탄소 평균 농도에 대한 제한이 9 ppm으로 설정되어 있다. 이 양을 백분율로 표시하라.

b. 내쉬는 공기는 일반적으로 약 78%의 질소를 함유한다. 이 농도를 백만분율로 나타내라.

2. **개념에 집중**: 내용을 넘어서 실제 응용 프로그램이나 사회 문제를 강조하는 질문들

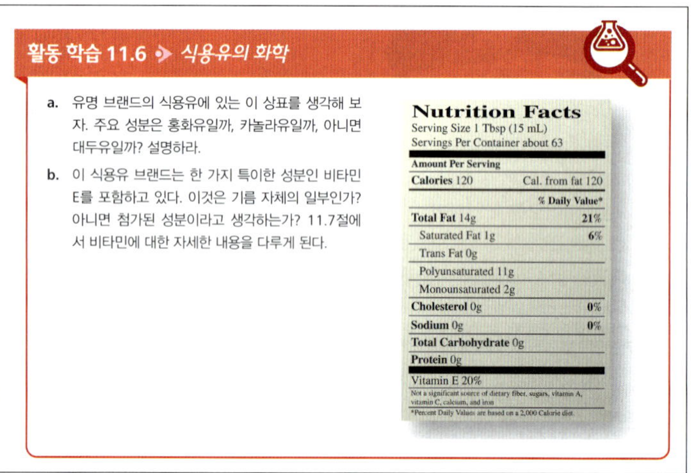

활동 학습 11.6 ▸ *식용유의 화학*

a. 유명 브랜드의 식용유에 있는 이 상표를 생각해 보자. 주요 성분은 홍화유일까, 카놀라유일까, 아니면 대두유일까? 설명하라.

b. 이 식용유 브랜드는 한 가지 특이한 성분인 비타민 E를 포함하고 있다. 이것은 기름 자체의 일부인가? 아니면 첨가된 성분이라고 생각하는가? 11.7절에서 비타민에 대한 자세한 내용을 다루게 된다.

Nutrition Facts
Serving Size 1 Tbsp (15 mL)
Servings Per Container about 63

Amount Per Serving	
Calories 120	Cal. from fat 120
	% Daily Value*
Total Fat 14g	21%
Saturated Fat 1g	6%
Trans Fat 0g	
Polyunsaturated 11g	
Monounsaturated 2g	
Cholesterol 0g	0%
Sodium 0g	0%
Total Carbohydrate 0g	
Protein 0g	
Vitamin E 20%	

Not a significant source of dietary fiber, sugars, vitamin A, vitamin C, calcium, and iron

*Percent Daily Values are based on a 2,000 Calorie diet.

3. **확장 탐색**: 학생들이 자신의 지식을 질문에 적용하고, 결정을 내리고, 전 세계적인 문제에 대한 해법을 설계하도록 하는 질문들

활동 학습 5.51 ▸ *치아 보존*

최근까지도, 나이가 들면서 치아를 잃는 일은 흔했다. 원인은 박테리아가 치아의 에나멜질을 공격하여 감염을 일으키는 질병인 충치였다.

a. 미국 질병 통제 예방 센터(Centers for Disease Control and Prevention)는 20세기의 10대 공중 보건 성과 중 하나로 지역사회의 수돗물에 플루오린 처리를 한 것을 꼽았다. 그 이유를 설명하라.

b. 물에 플루오린 처리를 하는 것은 모든 지역사회에 중요하지만, 저소득층에 특히 중요하다. 그 이유를 설명하라.

c. 일부 지역사회에서는 물에 플루오린 처리를 하는 것에 대하여 논란이 크다. 식수에 플루오린화물을 첨가하는 것에 대한 반대 논리는 무엇인가?

간추린 차례
Brief Contents

차례
Contents

©Luiza Dutkiewicz/Shutterstock

제 4 장

기후 변화 • 128

Climate Change

제 5 장

어디에나 있는 물: 가장 소중한 자원 • 182

Water Everywhere: A Most Precious Resource

제 6 장

연소 에너지 • 236

Energy from Combustion

제 7 장

화석 연료의 대체 에너지원 • 292

Energy from Alternative Sources

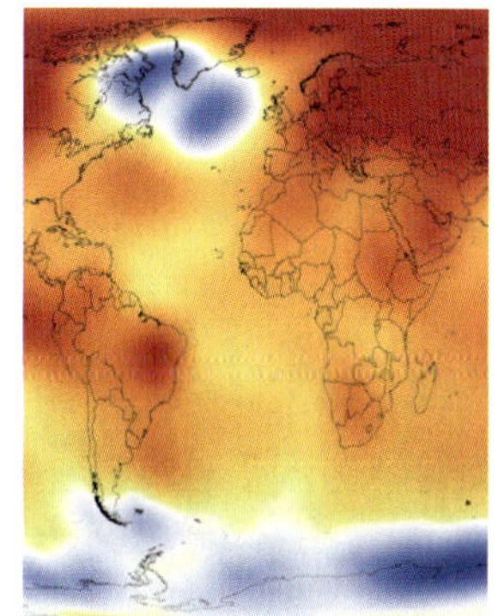

Source: Scientific Visualization Studio/Goddard Space Flight CenterNASA

제 8 장

에너지 저장 • 344

Energy Storage

제 9 장

고분자와 플라스틱의 세계 • 382

The World of Polymers and Plastics

©Shutterstock/Bignai

제 10 장

양조 및 씹기 • 424

Brewing and Chewing

제 11 장

영양 • 456

Nutrition

사이플러스 홈페이지(www.sciplus.co.kr)
고객센터에서 다운로드가 가능합니다!

제 12 장

건강과 의약품 • 510

Health & Medicine

사이플러스 홈페이지(www.sciplus.co.kr)
고객센터에서 다운로드가 가능합니다!

제 13 장

유전자와 생명 • 552

Genes and Life

사이플러스 홈페이지(www.sciplus.co.kr)
고객센터에서 다운로드가 가능합니다!

제 14 장

누가 Thompson 박사를 죽였나? 법의학 미스터리 • 584

Who Killed Dr. Thompson? A Forensic Mystery

사이플러스 홈페이지(www.sciplus.co.kr)
고객센터에서 다운로드가 가능합니다!

©Stock Footage, Inc./ Getty Images

학습 활동과 연습 문제의 해답은 사이플러스의 홈페이지(www.sciplus.co.kr) 고객센터에서 다운로드가 가능합니다!

CHAPTER 1

휴대용 전자 제품: 손 안에 있는 주기율표

Portable Electronics: The Periodic Table in the Palm of Your Hand

Banner credit above: ©279photo Studio/Shutterstock; ©LifestyleVideoFootage/Shutterstock

미리 생각해 보기 *Reflect*

휴대폰에는 무엇이 들어 있는가?

www.acs.org/cic에서 제1장 비디오를 열어 화학 기술이 전자 기기 특성 제어에 있어서 중요한 역할을 하는 방법에 대해 알아보라.

a. 휴대폰의 몇 가지 바람직한 특성과 미래에 보고 싶은 특성을 나열해 보라.
b. 휴대폰에 중요한 물질을 만들려면 어떤 두 원소가 결합되어야 하는지 예를 들어라.
c. 휴대폰의 예상 수명은 얼마인가?

주요 질문 *Compelling Questions*

이 장에서는 다음과 같은 질문을 살펴볼 것이다.

- 휴대용 전자 장치의 다른 구성 요소는 무엇인가?
- 주기율표는 어떻게 장치 설계에 도움이 되는가?
- 암석이란 무엇이며, 이러한 천연 자원에서 금속을 어떻게 분리하고 정제하는가?
- 일반 모래가 프로세서 칩의 기본 구성 성분인 규소로 어떻게 변환되는가?
- 모래를 유리로 어떻게 변환시키는가? 균열 방지 스크린을 만들기 위해 그 구조를 어떻게 변환시키는가?
- 휴대용 전자 장치를 제조하고 재활용할 때 환경에 미치는 영향은 무엇인가?

서론

이메일, 전화, 문자 및 소셜미디어. 우리의 현대 사회는 회의, 수업, 여행 및 사회 활동으로 인하여 바쁜 나날 중에 끊임없이 연락을 주고 받는다. 손에 들고 있는 태블릿이나 휴대폰은 다양한 재료를 사용하여 정교하게 만들었으며, 상상을 뛰어넘는 특별한 기능을 제공해 준다.

오늘날 소비자의 까다로운 요구를 충족시키기 위해 최신 휴대용 전자 장치는 가볍고 얇고 내구성이 뛰어나며 다기능 제품이어야 하고, 컴퓨터 및 차세대 웨어러블 장치와 쉽게 동기화되어야 한다. 이러한 복잡한 설계는 주기율표의 원소를 여러 가지 방식으로 결합하여 우리가 필요하거나 원하는 위의 물리적 특성을 가진 재료를 형성하는 경우에만 가능하다.

이 장에서는 휴대폰, 태블릿 또는 기타 휴대용 전자 장치를 구성하는 다양한 구성 원소에 대해 설명한다. 아마도 가장 중요한 것은 이러한 구성 원소의 출처와 장치의 수명이 끝난 후 구성 원소에 어떤 일이 발생하는지 알게 될 것이다.

1.1 터치스크린은 어떻게 작동하는가?

겨울에 휴대폰에 문자가 왔을 때, 신급하게 응답해야 할 때가 있다. 장갑을 낀 손가락으로 화면을 터치하면 아무런 반응이 없다. 매우 추운 날씨에 휴대폰나 태블릿을 조작하기 위해 장갑을 벗어야 하는 번거로움은 추운 기후에 사는 사람들에게는 너무나 흔한 일이다. 그러나 현재는 특수 실을 사용하거나 패드를 꿰매어 사용자가 터치스크린 기기를 원활하게 제어할 수 있는 다양한 장갑이 판매되고 있다. 대부분의 휴대폰과 태블릿은 전용 펜(stylus)에 반응한다. 그럼에도 불구하고, 터치스크린은 몇 가지 자극에만 반응하는데 그렇게 제한적인 이유는 무엇인가?

활동 학습 1.1 ▸ *터치스크린의 감응*

화면이 손상되지 않도록 주의하면서 다양한 재료를 사용하여 휴대용 전자 장치의 화면을 터치해보라. 손가락 외에 종이 클립, 플라스틱 펜, 열쇠, 배터리, 천, 연필심, 스펀지(젖은 것과 마른 것), 지우개, 동전, 유리구슬, 종이, 판지 외 기타 품목을 사용하라. 손가락 이외의 다른 물질이 반응을 일으켰는가?

앞서 활동에서 보았듯이 터치스크린은 전기적으로 전도성이 있는 물체에만 반응한다. 카펫에 발을 문지른 후, 금속 물체를 만졌을 때 충격을 경험했다면 인체가 **전기**(electricity) 전도체임을 깨닫게 된다. 전기 전도성 물질의 다른 예로는 구리, 은, 알루미늄과 같은 금속이 있다. 반면 콘크리트, 목재, 대부분의 플라스틱과 같은 물질은 전기가 흐르지 못하게 하고, 이를 전기 *절연*(insulating)이라고 한다. 그렇다면 전기 전도성인 종이 클립이

©Joseph M. Suria/123RF

터치스크린이 작동하는 방식에 대한 자세한 내용은 www.acs.org/cic에서 비디오를 확인하라.

나 열쇠와 같은 금속 물체가 왜 터치스크린 반응을 보이지 않았는지 궁금할 것이다. 이는 잘못된 신호를 주지 않기 위해 손가락보다 훨씬 작은 접촉점은 무시하도록 터치스크린을 제어해 놓았기 때문이다.

장치의 성질은 장치가 만들어진 **성분**(composition)에 따라 결정된다. 터치스크린이 투명하고, 균열에 강하고, 터치에 민감하려면 어떤 조성이 필요한가? 이것은 사소한 일이 아니며 과학자들이 주변 세계를 지속적으로 탐색하여 가장 적합한 성분을 선택해야 한다.

숨을 쉬는 공기, 마시는 물, 손에 든 모바일 장치 등 주변의 모든 것은 **물질**(matter)로 정의된다. 물질은 공간을 차지하고 질량을 가진 것으로 간주된다.

그러나 이 책과 가장 관련이 있는 **화학**(chemistry) 분야는 구성, 구조, 특성 및 물질의 변화에 중점을 둔 과학 분야이다. 일반적으로 지구상에 존재하는 물질의 3가지 상(phase), 즉 고체, 액체 및 기체를 살펴보면서 논의를 시작하겠다(그림 1.1). 이들 상은 일상생활에서 중요한 역할을 하지만 때때로 당연한 것으로 여겨지곤 한다. 예를 들어, 우리는 매일 기체를 흡입한다. 공기 중의 구성 성분은 제2장에서 논의한다. 우리는 또한 물, 소다 또는 커피의 형태로 액체를 정기적으로 마시고, 사탕, 감자튀김 또는 감자칩과 같은 많은 고체를 먹는다. 우리는 매일 이러한 일들을 반복한다. 고체, 액체 및 기체의 정의는 무엇인가? 그들의 속성을 조사하여 알아보자.

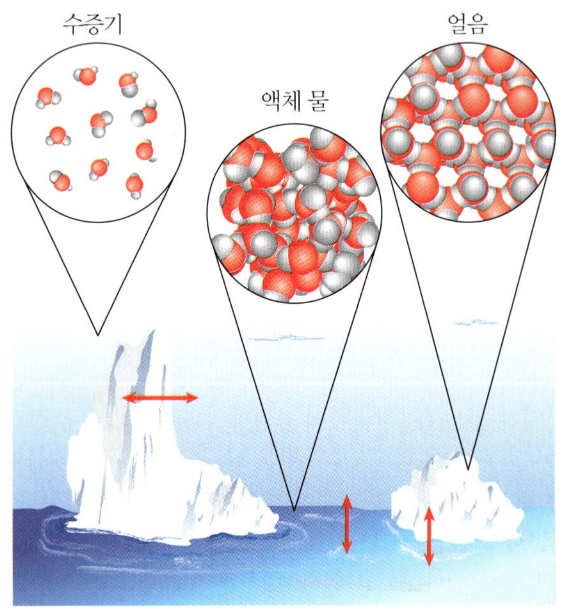

그림 1.1 다른 상태의 물 분자의 분자 배열.

사전 지식 *Did You Know* ?

플라스마(plasma)라고 알려진 물질의 네 번째 상태가 있다. 이 상태에서 고에너지 충전 입자는 기체의 특성 중 일부를 공유한다. 즉, 명확한 형태나 부피가 없다. 그러나 많은 일반적인 기체와 달리, 플라스마는 전기의 좋은 전도체로서 자기장의 영향을 받는다. 플라스마는 형광등, 네온사인, 번개 등에서 발견되며, 온도가 수천 도에 이르는 별 내부에도 존재한다.

활동 학습 1.2 ▸ *고체, 액체, 기체의 거시적 특성*

서로 다른 상태의 원자와 분자에 대한 대화형 모의실험을 확인하고(www.acs.org/cic), 고체, 액체 및 기체에 대한 다음 질문에 답하라. 각 답을 지지하는 예를 제시하라.

a. 상(phase)은 일정한 부피를 가지고 있는가?

b. 상은 일정한 모양을 가지고 있는가?

c. 상은 용기의 모양을 가지는가?

d. 상은 용기를 완전히 채우는가?

Colorado 대학교의 PhET 대화형 모의실험

활동 학습 1.2의 답을 바탕으로 고체, 액체 및 기체의 거시적 특성을 설명하는 표(표 1.1)를 만들 수 있다.

표 1.1	고체, 액체 및 기체의 거시적 특성			
상	**용기의 모양을 갖는가?**	**용기를 완전히 채우는가?**	**일정한 부피를 갖는가?**	**일정한 모양을 갖는가?**
고체	아니오	아니오	예	예
액체	예	아니오	예	아니오
기체	예	예	아니오	아니오

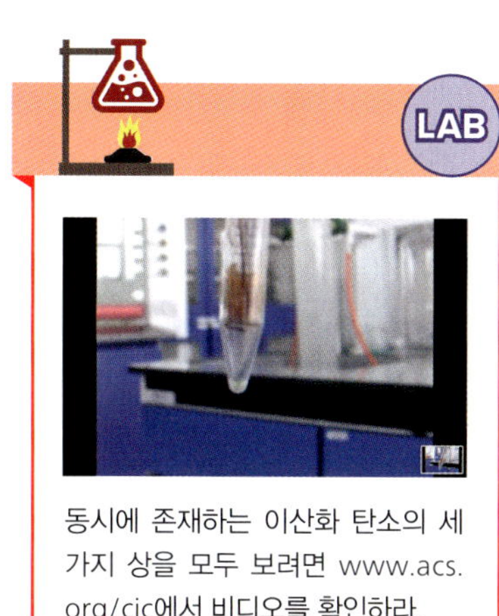

동시에 존재하는 이산화 탄소의 세 가지 상을 모두 보려면 www.acs.org/cic에서 비디오를 확인하라.

1.2 물질은 어떤 재료로 만들어졌는가?
주기율표의 조사

그림 1.2와 같이 물질의 상태는 순수한 물질 또는 혼합물로 존재할 수 있다. 예를 들어 설탕이 물에 녹았다면 고체 설탕과 액체 물 모두 순수한 물질로 간주된다. 즉 고체 설탕과 액체 물은 단일 물질로 구성되어 있다. 이 별개의 순수 물질들을 혼합하면 **균일 혼합물**(homogeneous mixture)이 되는데, 이 혼합물은 전체적으로 조성이 균일하다. 흔히 균일한 혼합물을 **용액**(solution)이라고 부른다. 이와는 대조적으로 흙을 한 움큼 파내면 복잡한 모래, 다양한 모양과 색깔을 갖는 입자, 흙 구멍 속의 액체 물, 그리고 어쩌면 흙에 살고 있는 몇 마리의 지렁이까지 섞여 있는 것을 발견하게 된다. 이것은 전체적으로 조성이 균일하지 않기 때문에 **불균일 혼합물**(heterogeneous mixture)이라고 부른다. 즉, 모래, 흙, 바위의 상대적인 양은 한 줌에서 다음 한 줌까지 다양할 것이다.

나중에 설명하겠지만, 물질의 가장 작은 구성 요소는 **원자**(atom)라고 알려져 있다. **원소**(element)는 같은 유형의 많은 원자로 구성되어 있다. 매일, 우리는 가정에서 사용하는 파이프 속에 들어 있는 구리, 집의 외장재로 사용되는 알루미늄, 배터리에 들어 있는 리튬, 연필심에 탄소 같은 순수한 원소를 사용하는 것을 당연하게 여기고 있다. 대조적으로, **화합물**(compound)은 일정한 특징적인 원자의 조합으로 된 둘 이상의 다른 유형의 원자로 구성된 순수한 물질이다.

화학식(chemical formula)은 물질(substance)의 기본적인 구성을 나타내는 상징적인 방법이다. 이는 존재하는 원소(아래에서 설명)와 해당 원소의 원자 비(atomic ratio, 아

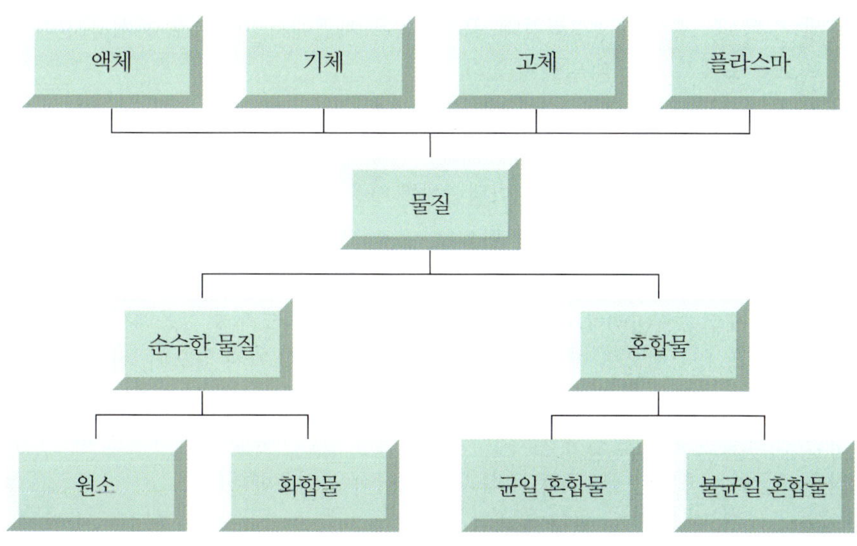

그림 1.2 물질의 분류 체계.

래첨자로 나타냄)를 모두 나타낸다. 예를 들어, 화합물 CO_2에서 탄소(C)와 산소(O) 원소는 두 개의 산소 원자에 대해 하나의 탄소 원자의 비율로 존재한다. 마찬가지로 H_2O는 산소 원자당 두 개의 수소 원자를 나타낸다. H_2O의 O나 CO_2의 C와 같이 원자가 한 번만 나타나면 아래첨자 "1"이 생략된다는 점에 유의한다.

설탕 용액을 다시 생각하자. 설탕물에서 물(H_2O)은 산소와 수소 원자로 구성된 화합물이다. 설탕($C_{12}H_{22}O_{11}$)도 역시 화합물이지만 여기에는 탄소, 수소, 산소 원자가 들어 있다. 화합물에 들어 있는 원소와 원자의 종류는 같지만 각 물질(substance) 내에서 서로 다른 방식으로 결합된다. 예를 들어, 설탕에 들어 있는 산소 원자는 원소 산소 기체(O_2)를 구성하는 산소 원자와 정확히 같다. 그러나 산소 원자를 원소 형태인 기체 상태의 산소로 되돌리려면 설탕 안의 원자를 분해시키는 화학 반응이 필요하다.

사전 지식 *Did You Know* ?

원자 기호는 국제적이지만 원소 이름은 국제적이지 않다. 영국과 미국 및 캐나다에서는 알루미늄의 철자를 aluminum이라고 쓰지만 그 이외의 나라에서는 일반적으로 *aluminium*이라고 쓴다.

여러분이 앞에서 이미 본 바와 같이 원소들의 화학 기호는 한 글자 또는 두 글자로 나타낸다. 국제 협약에 의해 확립된 이 기호들은 전 세계적으로 사용되고 있다. 그들 중 일부는 영어 또는 관련 언어를 사용하는 사람들은 쉽게 알 수 있다. 예를 들어 산소는 oxygen의 O, 알루미늄은 aluminum의 Al, 리튬은 lithium의 Li, 규소(실리콘)은 silicon의 Si이다. 그러나 다른 기호들은 고대 문명에 의해 발견되어 오래 전에 라틴어 이름을 붙인 몇몇 금속과 같은 다른 언어에서 그 기원을 가지고 있다. 예를 들어 argentum(Ag)은 은(silver), ferrum(Fe)은 철(iron), plumbum(Pb)은 납(lead), hydrargyrum(Hg)은 수은(mercury)이다.

원소들은 성질, 행성, 발견 장소, 그리고 사람들의 이름 등에서 명명하였다. 수소(hydrogen, H)는 수소와 산소 기체가 불꽃 속에서 연소되어 화합물인 물(H_2O)을 형성하기 때문에 "물을 형성하는 것(water former)"을 의미한다. 넵투늄(neptunium, Np)과 플루토늄(plutonium, Pu)은 우리 태양계의 두 행성의 이름을 따서 명명되었다. 버클늄(berkelium, Bk)과 캘리포늄(californium, Cf)은 이 원소들이 처음 생성된 캘리포니아 대학교 버클리 캠퍼스의 연구실을 기려서 명명되었다. 두 개의 새로운 원소인 플레로븀(flerovium, Fl)과 리버모륨(livermorium, Lv)은 둘 다 그들이 발견된 실험실의 이름을 따서 명명되었다.

사전 지식 *Did You Know* ?

독일의 화학자인 Julius Lothar Meyer(1830~1895)도 Mendeleev와 거의 동시에 주기율표를 개발하였다. 흥미롭게도 두 주기율표는 서로 독립적으로 개발되었지만 거의 동일하였다.

러시아의 화학자인 Dmitri Mendeleev(1834~1907)는 자신이 발견한 멘델레븀(Mendellevium, Md)을 가지고 있어서, 원소들을 배열하는 가장 일반적인 방법인 주기율표를 고안할 수 있었다. 그가 고안한 주기율표는 모든 원소들의 반응성과 성질의 유사성에 기초하여 규칙적으로 배열한 것이다.

약 90개의 원소 물질들이 지구에서 천연에 존재하며, 우리가 알고 있는 한, 우주의 어디에서도 존재한다. 가장 최근에 발견된 원소를 포함한 나머지 24개 정도의 원소들은 핵반응을 통해 기존 원소로부터 생성되었다. 플루토늄은 자연에서 미량으로 존재하지만 아마도 합성 원소들 중에서 가장 잘 알려져 있다.

알려진 모든 원소들 중에서, 대다수는 상온에서 고체이다. 상온에서 질소($N_2(g)$), 산소($O_2(g)$), 아르곤($Ar(g)$) 및 기타 8개 원소는 기체이며, 반면에 브로민($Br_2(l)$과 수은($Hg(l)$만 액체다. 이 책 전체에서 우리는 이탤릭체를 사용하여 물질의 상을 나타낼 것이다. (s)는 고체, (l)은 액체, (g)은 기체를 나타낸다.

주기율표의 기원에 대한 자세한 내용은 www.acs.org/cic에서 이 비디오를 확인하라.

그림 1.3에 나타난 현대 주기율표는 각 원소를 번호별로 나열한다. 주기율표의 대부분을 차지하는 녹색은 *금속*(metal)을 나타낸다. 이들 금속 원소는 보통 상온에서 고체이며 외관상 광택이 있고, 영구적으로 변형시키더라도 깨짐이나 금이 가지 않으며, 전기와 열의 효과적인 전도체다. 고대 문명은 무기, 화폐, 장식에 금속 원소(철, 구리, 주석, 납, 금, 은)를 사용하였다. 오늘날 휴대용 전자 기기의 경우는 금속 알루미늄을 사용하기도 하고, 장치에 전원을 공급하는 회로는 금, 구리, 주석과 같은 금속을 이용한다.

실온에서 기체, 액체 또는 고체 상태로 존재하는 *비금속*(nonmetal) 원소는 훨씬 적다. 비금속은 열이나 전기 전도성이 적은 것이 특징이며, 고체 상태의 비금속은 변형시키면 깨짐이나 갈라짐이 일어난다. 단지 8개의 원소만이 *준금속*(metalloid)으로 알려진 범

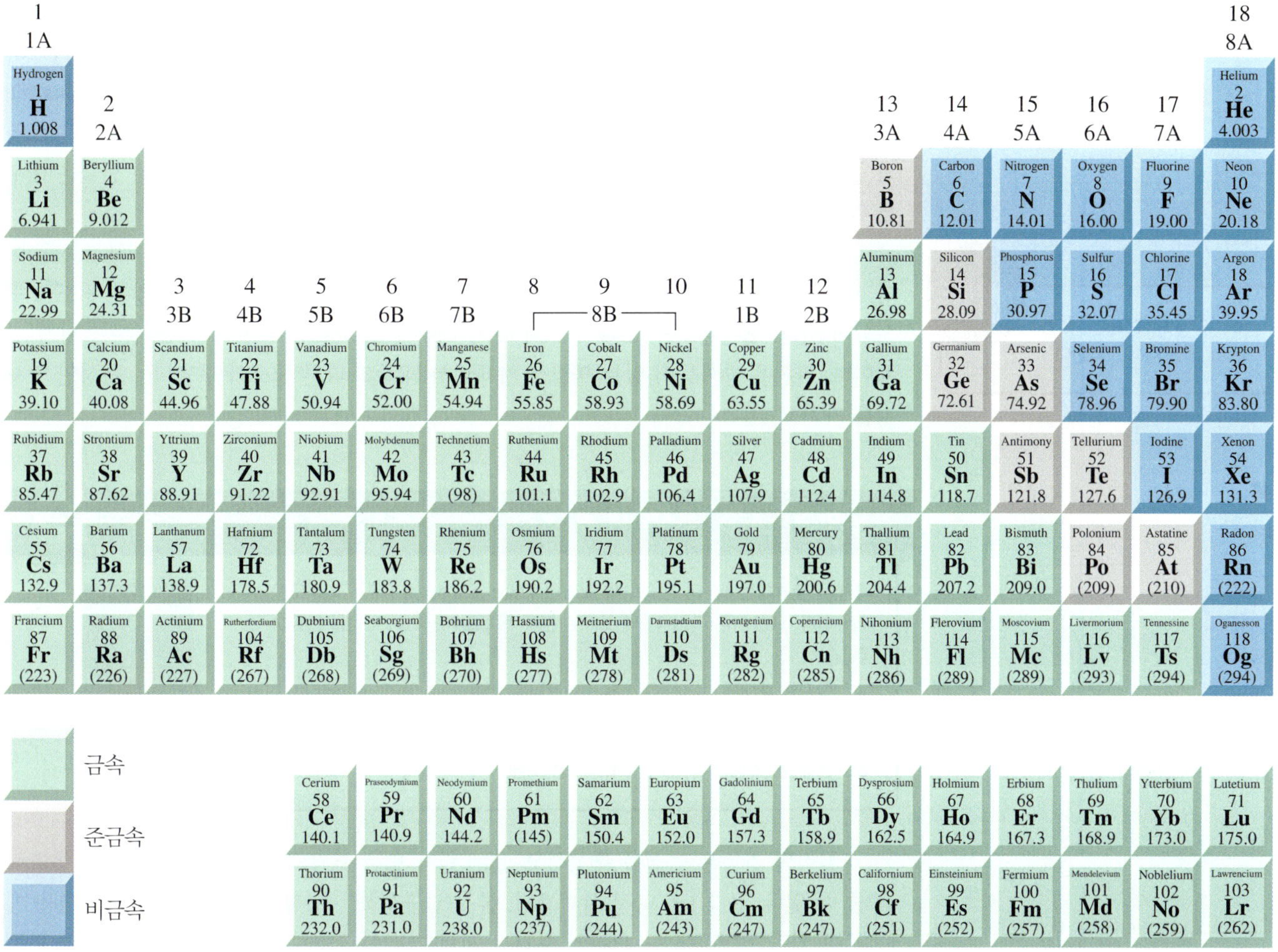

1 1A	2 2A	3 3B	4 4B	5 5B	6 6B	7 7B	8 8B	9 8B	10 8B	11 1B	12 2B	13 3A	14 4A	15 5A	16 6A	17 7A	18 8A
Hydrogen 1 **H** 1.008																	Helium 2 **He** 4.003
Lithium 3 **Li** 6.941	Beryllium 4 **Be** 9.012											Boron 5 **B** 10.81	Carbon 6 **C** 12.01	Nitrogen 7 **N** 14.01	Oxygen 8 **O** 16.00	Fluorine 9 **F** 19.00	Neon 10 **Ne** 20.18
Sodium 11 **Na** 22.99	Magnesium 12 **Mg** 24.31											Aluminum 13 **Al** 26.98	Silicon 14 **Si** 28.09	Phosphorus 15 **P** 30.97	Sulfur 16 **S** 32.07	Chlorine 17 **Cl** 35.45	Argon 18 **Ar** 39.95
Potassium 19 **K** 39.10	Calcium 20 **Ca** 40.08	Scandium 21 **Sc** 44.96	Titanium 22 **Ti** 47.88	Vanadium 23 **V** 50.94	Chromium 24 **Cr** 52.00	Manganese 25 **Mn** 54.94	Iron 26 **Fe** 55.85	Cobalt 27 **Co** 58.93	Nickel 28 **Ni** 58.69	Copper 29 **Cu** 63.55	Zinc 30 **Zn** 65.39	Gallium 31 **Ga** 69.72	Germanium 32 **Ge** 72.61	Arsenic 33 **As** 74.92	Selenium 34 **Se** 78.96	Bromine 35 **Br** 79.90	Krypton 36 **Kr** 83.80
Rubidium 37 **Rb** 85.47	Strontium 38 **Sr** 87.62	Yttrium 39 **Y** 88.91	Zirconium 40 **Zr** 91.22	Niobium 41 **Nb** 92.91	Molybdenum 42 **Mo** 95.94	Technetium 43 **Tc** (98)	Ruthenium 44 **Ru** 101.1	Rhodium 45 **Rh** 102.9	Palladium 46 **Pd** 106.4	Silver 47 **Ag** 107.9	Cadmium 48 **Cd** 112.4	Indium 49 **In** 114.8	Tin 50 **Sn** 118.7	Antimony 51 **Sb** 121.8	Tellurium 52 **Te** 127.6	Iodine 53 **I** 126.9	Xenon 54 **Xe** 131.3
Cesium 55 **Cs** 132.9	Barium 56 **Ba** 137.3	Lanthanum 57 **La** 138.9	Hafnium 72 **Hf** 178.5	Tantalum 73 **Ta** 180.9	Tungsten 74 **W** 183.8	Rhenium 75 **Re** 186.2	Osmium 76 **Os** 190.2	Iridium 77 **Ir** 192.2	Platinum 78 **Pt** 195.1	Gold 79 **Au** 197.0	Mercury 80 **Hg** 200.6	Thallium 81 **Tl** 204.4	Lead 82 **Pb** 207.2	Bismuth 83 **Bi** 209.0	Polonium 84 **Po** (209)	Astatine 85 **At** (210)	Radon 86 **Rn** (222)
Francium 87 **Fr** (223)	Radium 88 **Ra** (226)	Actinium 89 **Ac** (227)	Rutherfordium 104 **Rf** (267)	Dubnium 105 **Db** (268)	Seaborgium 106 **Sg** (269)	Bohrium 107 **Bh** (270)	Hassium 108 **Hs** (277)	Meitnerium 109 **Mt** (278)	Darmstadtium 110 **Ds** (281)	Roentgenium 111 **Rg** (282)	Copernicium 112 **Cn** (285)	Nihonium 113 **Nh** (286)	Flerovium 114 **Fl** (289)	Moscovium 115 **Mc** (289)	Livermorium 116 **Lv** (293)	Tennessine 117 **Ts** (294)	Oganesson 118 **Og** (294)

Cerium 58 **Ce** 140.1	Praseodymium 59 **Pr** 140.9	Neodymium 60 **Nd** 144.2	Promethium 61 **Pm** (145)	Samarium 62 **Sm** 150.4	Europium 63 **Eu** 152.0	Gadolinium 64 **Gd** 157.3	Terbium 65 **Tb** 158.9	Dysprosium 66 **Dy** 162.5	Holmium 67 **Ho** 164.9	Erbium 68 **Er** 167.3	Thulium 69 **Tm** 168.9	Ytterbium 70 **Yb** 173.0	Lutetium 71 **Lu** 175.0
Thorium 90 **Th** 232.0	Protactinium 91 **Pa** 231.0	Uranium 92 **U** 238.0	Neptunium 93 **Np** (237)	Plutonium 94 **Pu** (244)	Americium 95 **Am** (243)	Curium 96 **Cm** (247)	Berkelium 97 **Bk** (247)	Californium 98 **Cf** (251)	Einsteinium 99 **Es** (252)	Fermium 100 **Fm** (257)	Mendelevium 101 **Md** (258)	Nobelium 102 **No** (259)	Lawrencium 103 **Lr** (262)

금속

준금속

비금속

그림 1.3 금속, 준금속 및 비금속의 위치를 보여주는 원소의 주기율표.

주에 속한다. 즉, 주기율표에서 금속과 비금속 사이에 존재하며, 두 범주 중 어느 범주에도 속성이 명확히 분류되지 않는 원소들이다. 금속과 비금속과 비교한 중간 전기 전도도를 반영하여, 준금속은 *반금속*(semimetal) 또는 *반도체*(semiconductor)라고도 부른다. 이 장의 뒷부분에서 보게 되겠지만, 금속성 원소인 규소는 *칩*(chip)이라고 알려진 모든 집적 회로의 핵심 성분으로서 모든 전자 장치의 심장 역할을 한다.

활동 학습 1.3 ▶ *휴대폰 안의 주기율표*

a. 그림 1.3에 나타난 주기율표를 조사하라. 당신의 휴대폰에는 어떤 원소가 들어 있는가?

b. 당신의 휴대폰을 구성하는 대부분의 물질은 금속, 플라스틱 또는 유리로 분류될 수 있다. 인터넷의 자료를 사용하여 이러한 재료가 어디에서 생산되는지(두 지역 모두)와 제작에 사용되는 원재료에 대해 설명하라.

분자(molecule)는 두 개 이상의 *비금속*(nonmetal) 원자가 결합하여 형성된다. 분자는 화합물(예: CO_2, H_2O, NO_2) 또는 원소로 설명할 수 있다. 예를 들어, 2원자(두 개의 원자) 분자로 존재하는 원소는 $H_2(g)$, $N_2(g)$, $O_2(g)$, $F_2(g)$, $Cl_2(g)$, $Br_2(l)$, $I_2(s)$ 등 7가지 원소가 있다.

> **관련 절**
> 제2장에서 분자와 원자 사이에 일어나는 결합을 설명할 것이다.

주기율표의 원소들은 **족**(group)이라고 부르는 수직으로 같은 열에 놓여 있다. 족은 왼쪽에서 오른쪽으로 번호를 붙이며 공통적으로 가지고 있는 중요한 성질에 따라 원소를 분류한다. 몇 가지 족은 이름이 주어져 있다. 예를 들어, 주기율표의 맨 왼쪽에 있는 1족과 2족의 첫 두 열에 있는 금속을 각각 *알칼리 금속*(alkali metal)과 *알칼리 토금속*(alkaline earth metal)이라고 한다. 이들 두 족들 중에서 어느 한 족의 금속을 함유한 화합물은 토양과 물을 알칼리성(염기성)의 상태로 만든다. 게다가, 일부 지역에서 발견되는 센물은 대부분 알칼리 토금속 때문이다.

17족의 비금속은 플로오린, 염소, 브로민, 아이오딘을 포함하는 *할로젠*(halogen)이다. 마지막 열인 18족은 *불활성 기체*(noble gas), 즉 화학 반응을 거의 하지 않는 원소로 구성되어 있다. 헬륨은 공기보다 밀도가 낮기 때문에 기구를 띄우는 데 사용되는 불활성 기체이다. 라돈은 방사능이 있는 불활성 기체로서 18족의 다른 원소와 구별되는 특성인 방사성을 가지고 있다.

관련 절
방사성에 대해서는 7.3절에서 더 자세히 논의한다.

활동 학습 1.4 물질의 분류

물질을 분류하는 데 더 친숙하게 되려면 www.acs.org/cic에서 비디오를 확인하라. 그런 다음 그림 1.2에 표시된 분류 체계를 사용하여 다음을 분류하라.

a. 당신의 휴대폰 **b.** 알루미늄 호일
c. 적포도주 **d.** 염소 기체
e. 스테인리스강 **f.** 식용 소금

©McGraw-Hill Education

물질의 거동은 물질을 구성하고 있는 원자 또는 분자의 배열과 인력에 대한 통찰력을 줄 수 있다. 표 1.1을 다시 살펴보면, 물질을 구성하는 입자의 인력과 상대적 간격을 예측할 수 있다. 일반적으로 원자와 분자가 서로 가까이 있을수록 끌리게 되어 고체와 같은 단단한 물질이 형성된다. 평균적으로, 원자나 기체의 입자는 고체나 액체보다 훨씬 더 멀리 떨어져 있다(그림 1.4). 다음 활동 학습에서는 이러한 설명과 고체, 액체 및 기체에 대한 정의를 사용하여 입자, 원자 또는 분자 수준에서 이러한 단계에 대한 좀 더 자세한 모형을 만들어 보라.

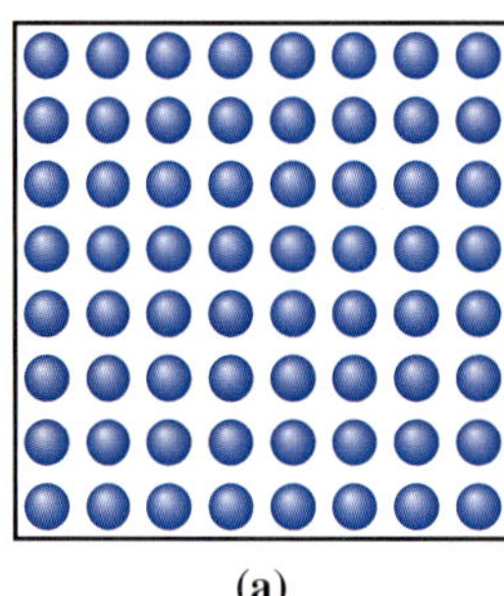
(a)
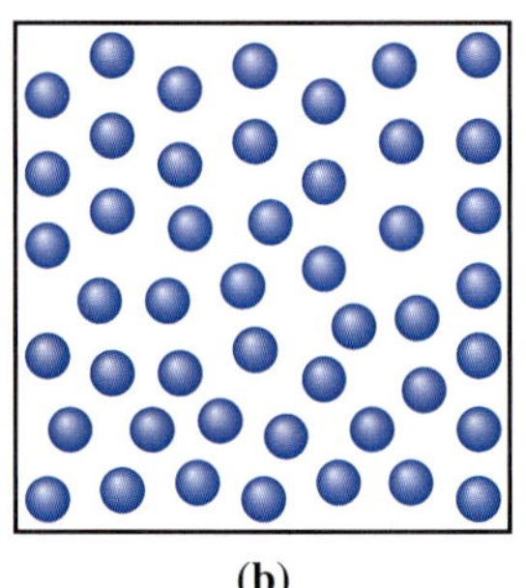
(b)
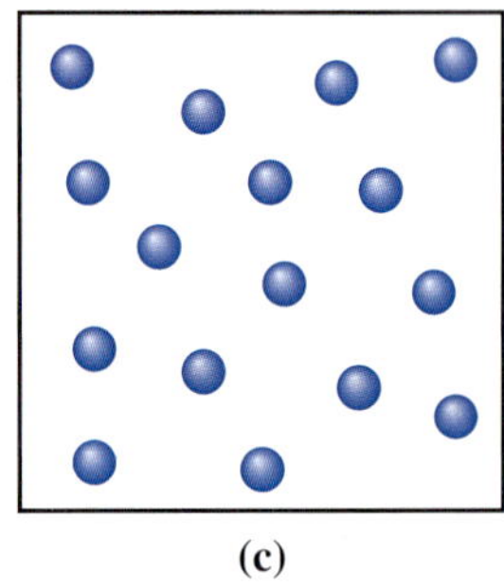
(c)

그림 1.4
(a) 고체, **(b)** 액체 및 **(c)** 기체의 원자 또는 분자적 표현.

활동 학습 1.5 상에 대한 모형 작성

그림 1.4에서 어떤 결론을 도출 할 수 있는가? 이러한 표현은 표 1.1에 요약된 특성을 따르고 있는가? 선택한 용기에 15개 원자로 구성된 고체, 액체 및 기체의 모형을 만들어라.
힌트: 모형이 표 1.1의 모든 설명을 따르는 지 확인하라. 예를 들어, 고체가 용기를 채우거나 용기의 모양을 취해서는 안 된다.

1.3 복잡성의 증대: *원소에서 화합물로*

118개의 원소가 발견되었지만 2천만 개가 넘는 화합물이 분리, 식별 및 특성화되었다. 일부는 물, 식용 소금 및 수크로스(식용 설탕)와 같이 매우 친숙한 자연 발생 물질이다. 많은 알려진 화합물이 지구상의 과학자들에 의해 화학적으로 합성되었다. 여러분은 몇 가지의 원소들로부터 2천만 개의 화합물이 어떻게 형성되는지 궁금할 것이다. 그러나 백만 개가 넘는 영어 단어가 26개의 글자만으로 구성될 수 있다!

원소는 다양한 방법으로 결합할 수 있다. 예를 들어 철과 산소를 생각해보자. 겨울철에 염분이 많은 여러 도로에서 운전한 사람은 자동차의 금속 부분이나 하부에서 화합물 Fe_2O_3 또는 녹을 관찰했을 것이다. 이 화합물의 순수한 시료는 질량 기준으로 70% 철 및 30% 산소 원자를 함유하고 있다. 따라서 100그램의 녹은 항상 70그램의 철 원자 및 30그램의 산소 원자로 구성되며, 이는 화학적으로 결합되어 특정 화합물을 형성한다. 녹이 발견된 위치에 관계없이 이러한 값은 변하지 않는다. 모든 화합물은 일정한 특성의 화학 성분을 나타낸다.

그러나 철 원자는 또한 산소 원자와 결합하여 자철광이라고 하는 다른 화합물 Fe_3O_4를 형성한다. 자철광의 순수한 시료는 항상 질량 기준으로 72.4% 철 원자 및 27.6% 산소 원자를 함유한다.

철과 산소 원자의 비율이 녹과 자철광 모두 비슷하지만 물질은 매우 다른 특성을 나타낸다. 그림 1.5에 나타낸 바와 같이, 각각의 산화철 화합물의 색상은 서로 다를 뿐만 아니라 자기적 특성에 있어서도 상당히 다르다. 사실, Fe_3O_4는 지구상에서 가장 자성이 큰 천연 광물인 반면 녹은 비자성이다. 신용카드 뒷면의 검은 색 줄무늬에는 개인 식별 정보, 계좌 번호 및 은행 기관의 라우팅 번호를 인코딩하는 데 사용되는 자철광 입자가 포함되어 있다.

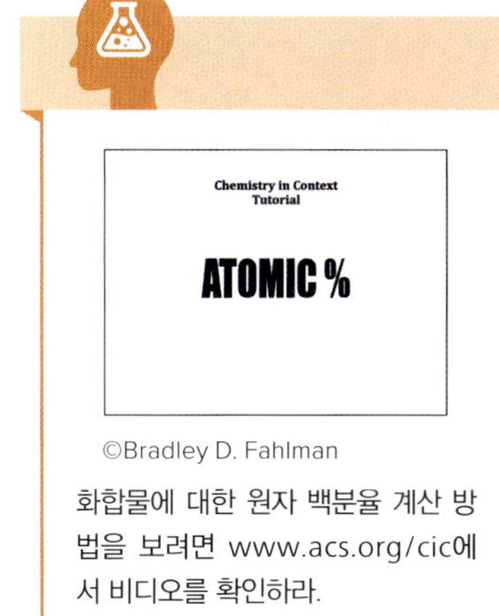

©Bradley D. Fahlman

화합물에 대한 원자 백분율 계산 방법을 보려면 www.acs.org/cic에서 비디오를 확인하라.

1.4 보이지 않는 것을 측정하기 – *원자는 얼마나 작은가?*

이 책을 통해 여러분은 우리 주변의 모든 물질들이 다양한 길이의 척도로 나타낼 수 있음을 알 수 있다. 이제 우리가 가지고 있는 전자 장치를 현미경적으로 살펴보자. 앞으로는 휴대폰을 거시적으로 보지 않을 것이다.

원소와 화합물은 *원자*(atom)로 구성되어 있으며, 안정적이고 독립적인 실체로 존재할 수 있는 가장 작은 빌딩 블록이다. *원자*(atom)라는 단어는 "더 이상 쪼갤 수 없는"이라는 그리스어 단어에서 유래하였다. 비록 오늘날에는 고 에너지 반응을 사용하여 원자를

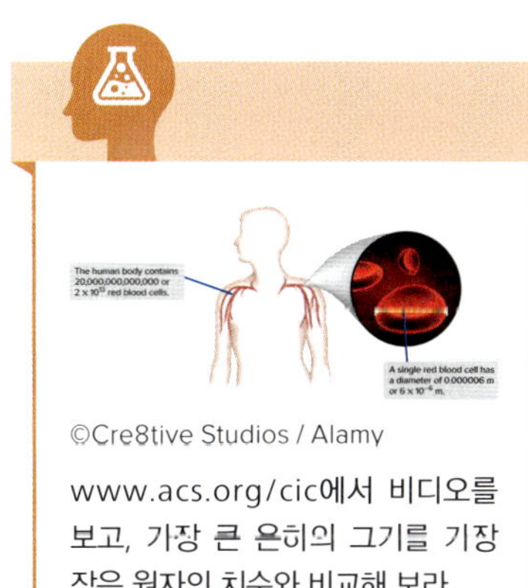

©Cre8tive Studios / Alamy

www.acs.org/cic에서 비디오를 보고, 가장 큰 은하의 크기를 가장 작은 원자의 치수와 비교해 보라.

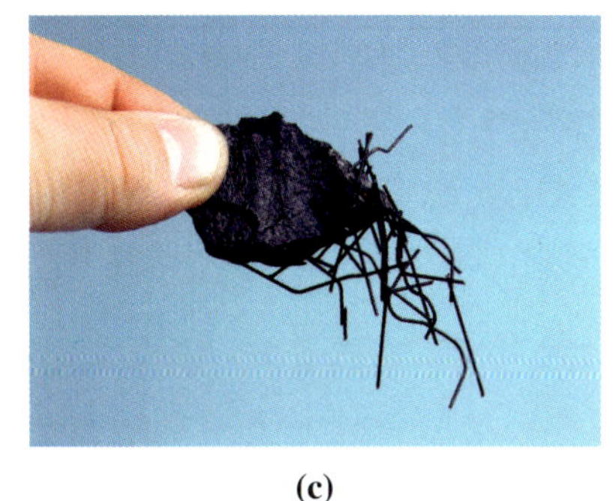

(a) (b) (c)

그림 1.5

여러 가지 철 함유 고체의 상대적 자력 비교. **(a)** 순수한 철(Fe), **(b)** 녹, $Fe_2O_3(s)$ 및 **(c)** 철선을 집어 올리는 자철광, $Fe_3O_4(s)$.

(a) and *(b)*: ©GIPhotoStock/Science Source; *(c)*: ©sciencephotos/Alamy

"쪼갤" 수 있지만 원자는 일반적인 화학적 또는 기계적 수단으로 분리할 수 없다.

원자는 대단히 작다. 원자들은 매우 작기 때문에, 보거나 만지거나 무게를 달려면 엄청난 숫자가 필요하다. 예를 들어 *한 방울의 물*에는 "5.3×10^{21}개의 원자"가 들어 있다. 이것은 지구상에 있는 75억 인구보다 대략 1조 배나 많은 양이다. 한 사람에게 1조 개의 원자를 나누어 줄 수 있는 양이다!

"5.3×10^{21} 원자"에 대해 과학적 표기법이라는 특정 형식이 사용되었다. 십진법으로 그 원자의 수는 5,300,000,000,000,000,000,000이다. 매우 큰(또는 작은) 숫자에 0을 사용하는 대신 **과학적 표기법**(scientific notation)을 사용하는 것이 더 편리하다(그림 1.6). 소수점을 적절한 자릿수로 이동하고 음수 지수 또는 양수 지수로 이 이동을 표시한다.

개별 원자는 무한히 작지만, 원자를 원하는 위치로 옮기고 표면에 이미징할 수 있는 기술이 있다. Ohio 대학교의 과학자들은 놀랍게도 표면에 은 원자를 배열하여 웃는 얼굴을 만들 수 있었다(그림 1.7). **나노기술**(nanotechnology)은 1~100나노미터 사이에서 1 나노미터(nm) 크기의 1차원 이상의 물질을 다루는 것을 말한다. 여기에서 1나노미터(nm) = 1×10^{-9} m이다. 개별 원자 및 작은 분자는 하위 나노 범위에서 크기가 큰 반면, DNA, 헤모글로빈 및 대부분의 바이러스와 같은 더 큰 생체 분자는 크기가 나노이다. 화장품, 자외선 차단제 및 페인트와 같은 일상생활 제품에서 발견되는 수많은 성분은 나노 단위의 크기를 갖는다. 그림 1.7에 표시된 웃는 얼굴은 높이와 너비가 32나노미터에 불과하다. 이 정도의 크기라면 약 2500개의 스마일이 머리카락의 단면에 들어갈 수 있을 것이다!

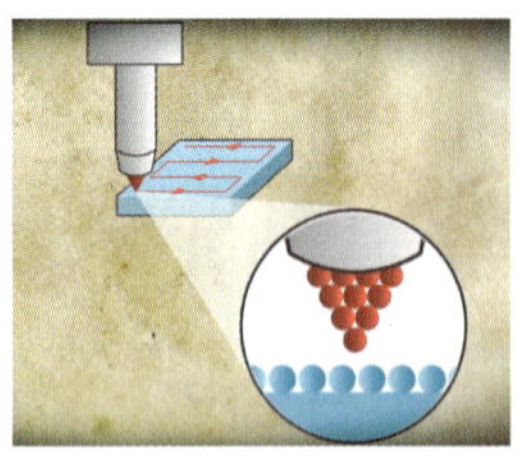

과학자들이 어떻게 원자를 "볼" 수 있는지 www.acs.org/cic에서 비디오를 확인하라.

표 1.2 미터법 단위의 환산

지수 표기	접두사	기호
10^9	기가(giga)	G
10^6	메가(mega)	M
10^3	킬로(kilo)	k
10^2	헥토(hecto)	h
10^1	데카(deka)	da
1*	—	—
10^{-1}	데시(deci)	d
10^{-2}	센티(centi)	c
10^{-3}	밀리(milli)	m
10^{-6}	마이크로(micro)	μ
10^{-9}	나노(nano)	n

*그램(g), 리터(L), 초(s)와 같은 기본 단위.

활동 학습 1.6 ➤ *과학적 표기법*

a. 현재의 미국 국가 부채와 세계 인구를 과학적 표기법으로 표시하라.

b. 인터넷을 사용하여 사람의 모낭의 평균 직경을 마이크로미터(micrometer) 단위로 검색하라. 과학적 표기법을 사용하여 이 지름을 미터(m)와 킬로미터(km) 단위로 나타내라.

한 단위를 다른 단위의 형태로 변환하는 것을 종종 **차원 분석**(dimensional analysis)이라고 한다. 어떤 양(quantity)을 다른 크기의 단위로 변환하려면 변환 계수(conversion factor)를 사용해야 한다. 변환 계수는 한 단위에서 다른 단위로 측정을 변환하는 비율 또는 분율을 말한다. 표 1.2에는 몇 가지 일반적인 미터 단위의 변환 인자와 기호가 표시되어 있다. 예를 들어, 1×10^{-9} m = 1 nm인 변환 계수를 사용하여 32 nm를 m로 변환시키는 식은 다음과 같다.

$$32\ \cancel{\text{nm}} \times \frac{1 \times 10^{-9}\ \text{m}}{1\ \cancel{\text{nm}}} = 3.2 \times 10^{-8}\ \text{m}$$

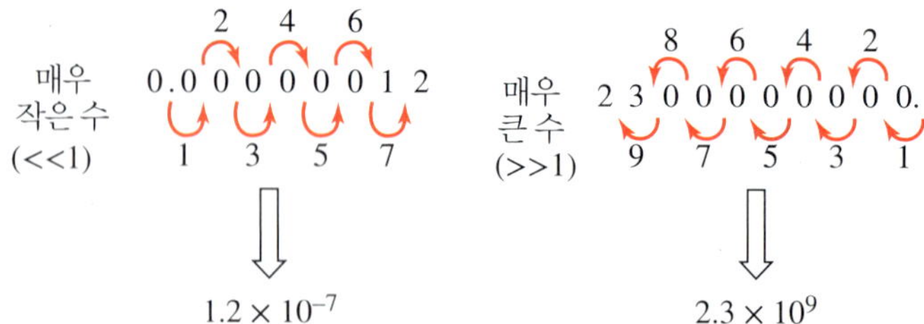

그림 1.6

작은 수와 큰 수의 숫자를 과학적 표기법으로 변환하는 예. 지수 앞에 있는 숫자는 1과 9.99 사이여야 한다.

활동 학습 1.7 ▶ *단위 변환*

우리 주변의 거시적 세계에 있는 길이 척도와 우리의 휴대폰을 구성하는 보이지 않는 미시적인, 초미시적인 세계를 탐구해 보자.

a. (i) mm, (ii) cm, 및 (iii) m의 순서로 치수(길이, 폭, 높이, 직경 등)를 포함한 우리 주변의 거시적 물체의 예를 나열하라.

b. 질문 a에 설명된 세 가지 단위를 사용하여 휴대폰 또는 태블릿의 치수(길이, 너비, 높이)를 설명하라. 표준 소수점과 과학적인 표기법으로 당신의 답을 나타내라.

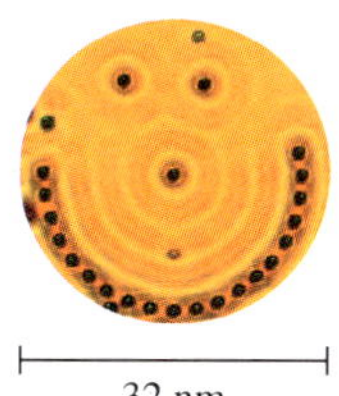

그림 1.7

표면에 개개의 은 원자들의 배열에 의해 형성된 나노 크기의 웃는 얼굴. 주사 터널링 현미경으로 이미지화한 것이다.

©Saw-Wai Hla/Hla Group/Ohio University

1.5 무엇이 원자를 움직이게 하는가? *원자의 구조*

원자는 여전히 화학적 또는 기계적 방법으로 분리할 수 없지만 핵, 즉 양성자와 중성자로 구성된 조밀하고 밀도가 높은 중심을 포함하고 있다. 양성자가 양으로 하전된 입자인 반면, 중성자는 전기적으로 중성인 입자이다. 두 화학종은 정확히 같은 질량을 가지며 함께 원자의 거의 모든 질량을 차지한다. 핵 외부에는 원자의 경계를 정의하는 전자가 있다. 전자는 양성자 또는 중성자보다 질량이 훨씬 작다. 게다가, 전자와 양성자는 전하량의 크기는 같지만 부호는 반대이다. 그러므로 어떤 전기적으로 중성인 원자에서 전자의 수는 양성자의 수와 같다. 이들 입자의 성질은 표 1.3에 요약되어 있다. 원자는 부분적으로 전자의 음전하가 핵에 있는 양성자의 양전하에 끌어당겨져서 결합된다.

핵에 있는 양성자의 수[**원자 번호**(atomic number)]가 원자의 정체성을 결정한다. 예를 들어 모든 수소(H) 핵은 하나의 양성자를 포함하고 있으므로 수소는 원자 번호가 1이다. 마찬가지로 모든 헬륨(He) 핵은 두 개의 양성자를 포함하고 있으며 원자 번호는 2이다. 그림 1.3에 나타낸 주기율표에서 볼 수 있듯이 원자 번호는 각 원소의 이름과 화학 기호의 사이에서 찾을 수 있으며 주기율표의 각 연속되는 원소에 대해 증가된다. 예를 들어 원소 92(U, 우라늄)의 핵은 92개의 양성자를 포함하고 있다. 이들 원자는 중성이기 때문에 양성자와 같은 수의 음전하를 가진 전자를 가져야 한다. 따라서 H 원자는 양성자 1개와 전자 1개를 포함하는 반면 He 원자 1개는 양성자 2개와 전자 2개를 포함한다(그림 1.8).

질량수(mass number)는 원자핵에 있는 양성자와 중성자의 수를 말한다. 예를 들어 수소의 질량수는 1로서 양성자가 1개 있고 중성자가 없다는 것을 나타낸다. 그러나 헬륨은 질량수가 4로서 핵 안에 양성자 2개와 중성자 2개가 있다는 것을 의미한다(그림 1.8). 특정 원소에 대해 항상 양성자의 수는 항상 같지만 어떤 원소에 대한 중성자의 수는 달라질 수 있다.

관련 절

제7장에서 다양한 수의 중성자를 갖는 원자의 *동위원소*(isotope)에 대해 논의한다. 동위원소는 원자력 에너지에서 응용된다.

표 1.3 아원자 입자의 성질

입자	상대적인 전하	상대적인 질량	실제의 질량, kg
양성자	+1	1	1.67×10^{-27}
중성자	0	1	1.67×10^{-27}
전자	−1	0*	9.11×10^{-31}

*이 값은 가장 가까운 정수로 반올림할 때 0이다. 전자는 매우 작지만 실제로 질량을 가지고 있다!

Source: The McGraw-Hill Companies, Inc.

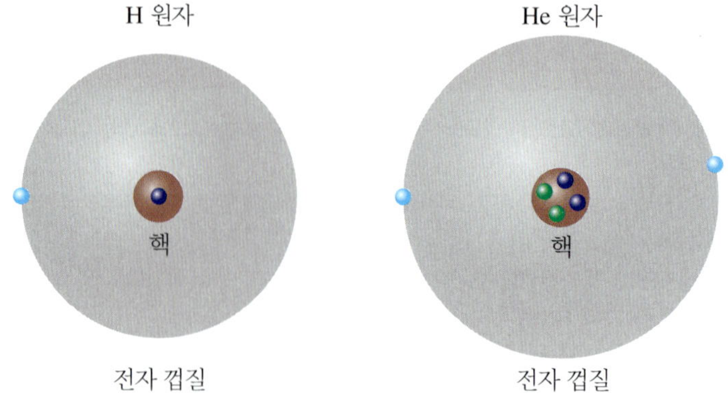

그림 1.8

수소와 헬륨의 원자 구조 비교. 양성자(●), 중성자(●) 및 전자(●)의 위치를 보여준다.

활동 학습 1.8 ▶ 원자 구조

다음의 각 원자에서 양성자와 중성자의 수는 얼마인가?

a. Ga **b.** Sn **c.** Pb **d.** Fe

다음의 각 원자에서 양성자와 중성자 및 전자의 수는 얼마인가?

a. H (질량수 2) **b.** Cr (질량수 52)

c. Al (질량수 27) **d.** As (질량수 75)

사전 지식 Did You Know

전기전도도를 통한 전자의 흐름은 열전도도를 통한 열의 흐름과 유사하다. 금속은 스토브에서 냄비나 냄비에 있는 음식에 열을 효과적으로 전달하기 때문에 조리 기구에 사용된다. 마찬가지로, 금속은 전자를 한 장소에서 다른 장소로 효과적으로 운반하기 때문에 전기의 도관으로 사용된다.

물질의 전기전도도는 3차원 구조와 전자의 이동성에 달려 있다. 전기는 기본적으로 전하의 움직임이다. 따라서 물질의 전기 전도성은 전자가 한 원자에서 다른 원자로 이동하는 능력과 관련이 있다. 전자가 더 쉽게 이동할 수 있을수록 물질의 전도성이 높아진다. 금속성 고체는 개별 금속 원자에 단단하게 결합되지 않은 풍부한 전자를 갖는 규칙적인 3D 구조를 갖는다. 이것은 매우 효과적인 전기 전도성을 갖게 한다.

전기 전도성으로 알려진 물질은 어떤 것이 있는가? 구리는 전기전도성 물질이다. 알루미늄, 은 및 금과 같은 다른 금속도 모두 전도성을 가지고 있다. 실제로 주기율표의 118개 원소 중에서 금속이 가장 전기 전도성이 높다. 제조업자가 터치스크린과 같은 전기전도가 필요한 제품을 만들 때 흔히 금속을 사용한다는 것은 당연하다.

1.6 자연 상태의 원소 살펴보기

같은 원소의 원자가 다른 방식으로 배열하여 대량의 거시적 원소를 형성한다. 우리의 주변 세계에서 관찰되는 이러한 다른 원소 형태를 **동소체**(allotrope)라고 부른다. 수소($H_2(g)$) 또는 질소($N_2(g)$)와 같이 일부 원소는 두 개의 같은 원자로 구성되는 이원자 분자를 만든다. 그러나 어떤 원소는 더 큰 단위로 구성된다. 예를 들어, 황은 일반적으로 8원자 고리 S_8로 존재하며, 인은 4원자 단위 P_4의 배열을 포함하고 있다. 탄소는 3가지 동소체가 있다. 즉 흑연, 다이아몬드 및 탄소 원자의 축구 공 배열을 하고 있는 *벅민스터풀러렌*(buckminsterfullerene)(그림 1.9)이 그들이다.

주기율표에 나열된 118개의 원소 중 80%가 금속이다. 휴대용 전자 장치에는 알루미늄, 구리, 니켈, 리튬, 주석, 납 및 기타 미량의 다양한 금속이 포함되어 있다. 이 금속들은 매우 순수해야 하지만 자연적으로 순수 원소로서 발견되지 않는다. 단순히 뒷마당을 파고 들어가서 철이나 알루미늄, 주석 같은 순수한 원소를 찾아낸다면 정말 좋지 않을까? 금과

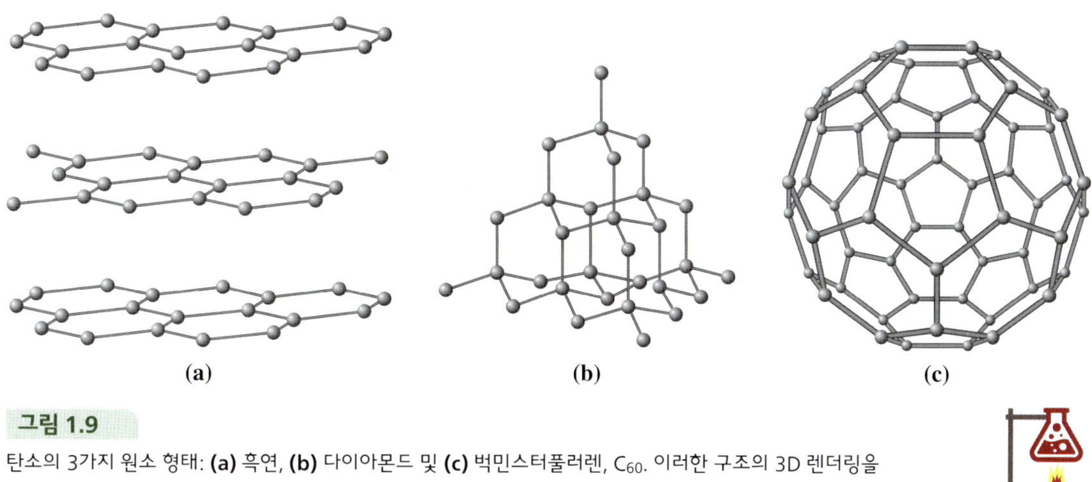

그림 1.9

탄소의 3가지 원소 형태: **(a)** 흑연, **(b)** 다이아몬드 및 **(c)** 벅민스터풀러렌, C_{60}. 이러한 구조의 3D 렌더링을 보려면 www.acs.org/cic에서 비디오를 확인하라.

같은 일부 귀금속을 제외하면 금속 원소는 그 순수한 상태에서는 자연에 존재하지 않으며 대신 화합물에서 얻어야 한다.

주기율표에서 금속 중의 하나인 알루미늄을 살펴보자. 알루미늄(Al)은 음료를 보관하는 것 외에도, 매우 가볍고 철처럼 녹이 슬지 않기 때문에 자동차에서 광범위하게 사용된다. 맥북 프로와 아이패드와 같은 일부 휴대용 전자 장치들도 알루미늄 케이스를 사용하는데, 이것 때문에 기기들이 가벼워지고 재활용이 가능하다.

알루미늄은 지구의 지각에서 많이 발견되지만(그림 1.10) 순수 금속으로서 자연에 존재하지 않는다. 알루미늄을 포함한 많은 원소들은 대기 중의 공통 기체인 산소(O_2)와 쉽게 반응하여, 화학적으로 더 안정한 화합물을 형성한다. 결과적으로, 알루미늄과 다른 많은 금속 원소들은 **광물**(mineral)이라고 알려진 고체 화합물의 이질적인 혼합물인 암석 안에서 발견된다. 지구 지각의 원소 구성을 고려할 때, 대부분의 암석이 *산화물*(oxide)이라고 이름 붙여진 산소를 포함하는 광물들의 복잡한 혼합물이라는 것은 놀랄 일이 아니다. 산소는 광물 속에 들어 있는 규소와 결합하여 *규산염*(silicate)을 생성하는 반면에, 알루미늄과 산소의 광물은 *알루민산염*(aluminate)을 형성한다. 상상할 수 있듯이 규소, 알루미늄, 그리고 산소 원자는 암석에서 발견되는 화합물들 중 몇 가지를 형성하는데, 이것이 *알루미노규산염*(aluminosilicate) 광물이다.

암석의 구조를 시각화하기 위해, 주로 호주, 기니, 중국, 인도네시아, 브라질에서 발견되는 *보크사이트*(bauxite)로 알려진 알루미늄을 포함하는 암석의 모습을 생각해 보자. 그림 1.11에 표시된 보크사이트 단면 모습에서 불균일한 고체 혼합물을 볼 수 있다. 그러나 보크사이트 내의 개별 알갱이 하나를 골라낸다면, 일정한 조성의 광물을 얻을 수 있다. 이들 미네랄 알갱이는 각각 조성이 일정한 물질이기 때문에 화합물로 분류된다.

사전 지식 Did You Know ?

자메이카와 베트남과 같은 몇 개의 국가에는 채굴되지 않은 보크사이트 매장량이 매우 많다. 알루미늄은 또한 점토, 오일 셰일, 석탄 폐기물 및 기타 보크사이트가 아닌 천연 자원에서도 생산될 수 있다.

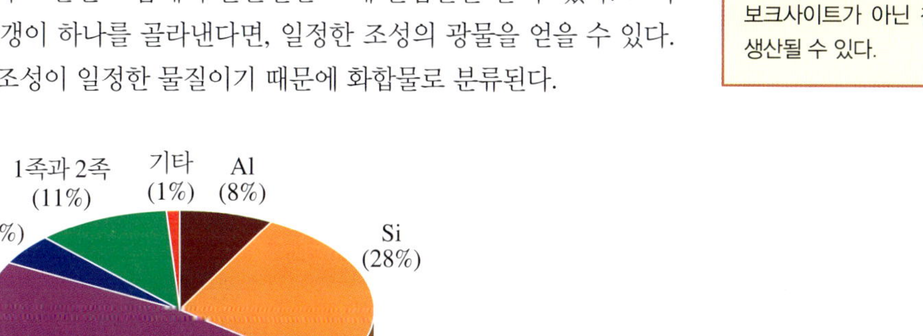

그림 1.10

지구의 지각을 구성하는 광물의 원소 구성.

그림 1.11

상상할 수 있듯이, 규소, 알루미늄 및 산소 원자는 모두 암석에서 발견되는 몇 가지 화합물을 형성한다. 이 사진은 보크사이트의 단면 모습으로서 불균일한 광물의 혼합물임을 보여준다. 예를 들어 철 산화물 타이타늄 산화물 외에, 보크사이트에는 깁사이트(gibbsite, 조성: $Al(OH)_3$)와 베마이트(boehmite, 조성: $AlO(OH)$)의 알갱이가 들어 있다.

©Doug Sherman/Geofile

활동 학습 1.9 ▶ 광물

알루미늄 외에 희토류 금속으로 알려진 스칸듐 및 이트륨과 같은 다른 금속도 휴대폰과 대부분의 전자 장치에서 발견된다. 이 금속의 천연 공급원은 무엇이며, 세계 어느 지역에서 이 광물이 발견되는가?

혼합물은 전형적으로 성분의 *상대*(% 기반의) 농도로 나타낸다. 혼합물이 고체를 포함하는 경우, 간단히 농도를 질량으로 정의할 수 있다. 예를 들어, 아래의 예를 생각해 보자: 보크사이트 200.0 g은 깁사이트 100.0 g, 베마이트 50.5 g 및 산화 철 49.5 g으로 구성되어 있다. 상대 농도는 다음과 같다.

50.00% 깁사이트(즉, 100.0 g 깁사이트 ÷ 200.0 g 전체 혼합물 × 100%)

25.3% 베마이트(즉, 50.5 g 베마이트 ÷ 200.0 g 전체 혼합물 × 100%)

24.7% 산화 철(즉, 49.5 g 산화 철 ÷ 200.0 g 전체 혼합물 × 100%)

전체 = 50.00% + 25.3% + 24.7% = 100.0%

참고: 모든 구성 성분을 고려한 총합계는 100%가 되어야 한다.

상당한 농도의 원하는 금속을 함유하는 암석을 *광석*(ore)이라고 한다. 이 용어는 일반적으로 채굴을 위해 실제로 얻을 수 있는 암석에 사용된다. 수백만 달러의 가치가 있는 광물 매장량이 있다고 하더라도, 금속이 멀리 떨어져 있거나 가공 비용이 많이 드는 엄청난 처리 비용으로 인해 금속을 추출하는 것이 경제적으로 항상 실현 가능하지는 않다. 예를 들어, 캐나다 북부 외곽 지역에서 1억 달러 상당의 광물 매장량을 채굴하고 처리하는 데 1억 달러 이상이 소요될 경우 단순히 광석이라고 하지 않고 암석이라고 부른다. 광석을 순수한 원소로 변환하는 것은 쉽지 않은 일이므로 고가의 장비를 사용하여 고온에서 많은 정제 단계와 화학 반응이 필요하다.

광석에서 금속을 추출하고 정제하는 과정을 *야금*(metallurgy)이라고 한다. 금속을 광석으로부터 분리하기 위해 금속을 분쇄 및 침출시켜 광석에서 추출하고 농축하는 과정은 다양한 고온 화학 반응이 일어난다. 예를 들어, 철 또는 구리 산화물은 여름의 야외 요리에 사용하는 숯과 조성이 유사한 탄소와 반응한다. 이 제련 공정 동안, 탄소는 1000°C를 초과하는 온도에서 금속 광석의 산소와 반응하여 금속 원소를 분리시킨다. 예를 들어, 구리는 단순한 겉보기 고온 반응에 의해 구리 광석에서 얻을 수 있다.

$$CuO(s) + C(s) \longrightarrow CO(g) + Cu(s)$$

주석과 납과 같은 금속은 낮은 온도를 필요로 하기 때문에 초기 문명들이 단지 장작더미 위에서 광물을 가열하여 이러한 금속들을 발견했다는 것은 놀라운 일이 아니다. 고순도의 금속을 생산하기 위해서는 일반적으로 추가적인 정제 및 가공 단계가 필요하다.

원소가 광석에서 분리되면 화학적 변화가 일어난다. 일반적으로 최종 생성물의 화학적 조성이 출발 물질과 다를 때 화학적 변화가 발생한다. 위의 반응으로 구리 산화물 광석은 금속 구리로 변환되는데, 금속 구리는 그 출발 물질과 확연히 다른 성질을 가지고 있다. 이와는 대조적으로 물리적 변화는 물질의 상이 변경되었을 때 조성의 변화 없이 일어난다. 예를 들어 얼음이 녹으면 고체에서 액체로 전환된다. 그러나 화학 성분(물, 또는 H_2O)은 여전히 같다. 마찬가지로, 설탕을 물에 녹이는 것도 물리적인 변화로 간주되는데, 이 과정 동안 두 물질의 조성은 변하지 않기 때문이다.

©Shutterstock/trubitsyn

금속을 채굴하고 정제하는 데 필요한 반응에 대한 자세한 내용은 www.acs.org/cic에서 비디오를 확인하라.

활동 학습 1.10 ▸ *물리 변화 대 화학 변화*

다음 각 항목에 대해 물리 또는 화학 변화가 발생했는지 여부를 표시하라.

a. 성냥을 태우는 것
b. 케이크 굽기
c. 유리 조각 깨기
d. 사과 조각을 자른 후 사과의 색이 변하는 것
e. 끓는 물
f. 철의 녹

1.7 해변의 모래가 하루를 시작하게 해주는 휴대폰으로: *모래에서 규소까지*

활동 학습 1.11 ▸ *자신의 휴대폰 설계*

당신은 무제한의 예산을 가지고 있고, 세상을 혁신시킬 휴대폰을 설계하기 위한 창조적 아이디어를 모으고 있다.

a. 당신의 설계에 가장 바람직한 특성을 말해보라.
b. 설계에 어떤 화학 원소가 포함되어 있으며 왜 그 원소들을 선택했는가?

앞의 활동 학습에서 보듯이, 우리는 종종 무게와 내구성과 같은 속성에 초점을 맞추고 전자 기기의 처리 속도를 당연한 것으로 여긴다. 예를 들어, 날씨 앱의 아이콘을 터치하는 것만으로도 우리 지역의 온도와 날씨 상태를 즉시 알 수 있다. 그러한 빠른 계산 속도는 어떤 전자 장치, 즉 칩이라고 알려진 마이크로프로세서의 심장의 지속적인 개선 없이는 가능하지 않을 것이다. 노트북이나 데스크탑 컴퓨터, 커피 메이커, 또는 휴대폰을 제어하는 모든 마이크로프로세서에는 규소 원소(Si)가 포함되어 있다.

화학의 매우 흥미로운 응용 중 하나로 평범한 모래가 지구상의 모든 전자기기에 사용되는 초고순도 규소로 변형되는 것을 들 수 있다. 지각은 산소 농도가 높기 때문에(그림 1.10), 알루미늄 및 대부분의 기타 금속과 마찬가지로 규소는 자연에서 순수한 원소로 존재하지 않는다. 대신, 이 규소는 모래나 *실리카*(silica)로 알려진 SiO_2 원자와 O 원자를 포함하는 화합물로 발견된다.

산소를 제거하고 순수한 Si를 생산하기 위해 모래를 먼저 탄소와 반응시키는데, 이때 규소 원자의 순도가 95~98%가 된다. 그러나 이 규소는 전자기기 제조에 사용할 수 있을 만큼 충분히 순수하지 않다. 이 농도는 규소 원자 100개당 인, 붕소, 탄소, 산소, 그리고 다양한 금속과 같은 불순물 원자가 2~5개 있다는 것을 의미한다. 전자제품에서 규소는 최소

99.9999999%의 순도를 가져야 하는데, 이를 9N(9 나인)이라고 한다. 오늘날 일부 회사들은 심지어 99.9999999999%의 또는 12N의 순도로 Si를 생산하기도 한다! 총 불순물 농도를 백분율로 나타낼 수도 있다. 즉, 9N 규소는 0.0000001%, 12N 규소는 0.0000000001%로 극히 적은 숫자가 된다!

많은 0의 숫자를 사용하거나 음수 지수를 사용하는 대신, 종종 *백만 개당 1개*(part per million, 1 ppm) 또는 *10억 개당 1개*(part per billion, ppb의 단위로 낮은 농도를 나타내는 것이 바람직하다. 이 놀라운 순도 수준은 백만 개의 규소 원자(ppm의 경우)마다 또는 수십억 개(ppb의 경우)마다 오직 한 개의 이물질(Si이 아닌) 원자가 존재할 수 있음을 암시한다. 예를 들어, 9N 순도는 0.001 ppm 또는 1 ppb의 불순물 농도를 포함할 것이다. 이러한 작은 농도를 시각화하는 흥미로운 방법은 여러분의 앞발부터 달 표면까지 노란 테니스공(Si 원자를 나타냄)을 쌓는 것을 생각하는 것이다. 순도가 9N인 규소의 경우, 노란색 공 중 6개만 빨간 공(불순 원자를 나타냄)으로 교체하면 전자제품에 허용되는 최대 불순물 수를 나타낸다. 12N 순도를 생각해 보면, 지구에서 달까지 거리에 170개의 공 무더기가 나열되어 있다고 했을 때, 각 무더기 안에서 불순물인 붉은 공이 최대 1개가 있는 것과 같다!

Si을 가공하는 여러 공정들은 고순도 규소 결정에서부터 최종 컴퓨터 칩에 이르기까지 *클린룸*(clean room)이라고 부르는 특수실 안에서 수백 가지 단계를 거친다. 칩을 작동할 수 없게 하는 먼지 입자로 인한 오염을 방지하기 위해 클린룸은 먼지가 쌓이지 않도록 스테인리스 스틸, 경사면 및 공기 순환을 촉진하는 구멍이 뚫린 바닥 및 특수 천장 타일을 광범위하게 사용한다. 클린룸에 들어가기 전에 작업자는 반드시 보풀이나 정전기 방지 특성이 있는 흰색 "토끼 정장"으로 옷을 덮어야 한다(그림 1.12). 클린룸에 들어가려면 작업자도 끈적끈적한 패드 위를 걸어가서 신발과 의복의 먼지 입자를 제거하기 위해 강한 공기의 폭포(공기 샤워기라고 함)를 통과해야 한다. 클린룸은 공기 세제곱미터당 0.5 μm 이상의 입자수를 기준으로 등급이 매겨진다. 칩 제조 클린룸은 일반적으로 입방미터당 350개 이하의 입자를 포함하고 있는데, 전형적인 도시 환경의 주변 공기는 입방미터당 35,000,000개의 입자를 포함하고 있다.

현재 컴퓨터 칩의 크기는 쌀 한 톨과 비슷하지만(그림 1.13) 여전히 컴퓨터와 휴대용 전자 기기에 필요한 작업을 수행하는 데 사용되는 *트랜지스터*(transistor)라고 하는 수십억 개의 개별 구성 요소가 포함되어 있다. 실제로, 컴퓨터나 휴대폰을 작동하는 칩은 모래를 규소로 변환하지 않으면 불가능한 공학적 기술이다!

관련 절

대기오염 물질과 수질오염 물질과 같은 비교적 적은 농도의 물질을 설명할 때, 이 책에서 ppm과 ppb의 다른 예들을 볼 수 있을 것이다.

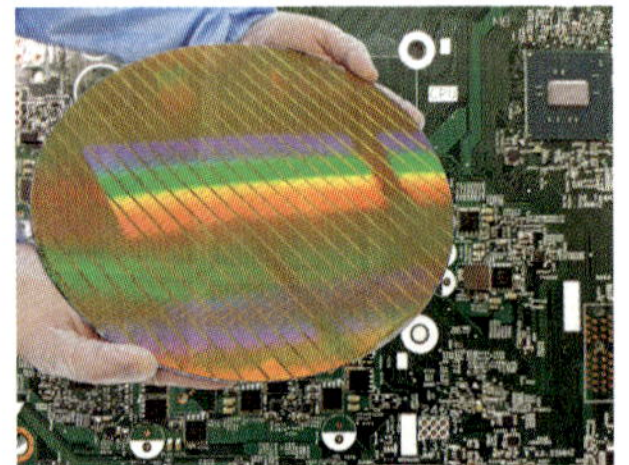

©M S Mikel/Shutterstock

규소에서 컴퓨터 칩을 생산하는 것을 보려면 www.acs.org/cic에서 비디오를 확인하라.

사전 지식 *Did You Know* ?

컴퓨터 칩을 만드는 데 사용되는 10억 달러 규모의 규소 처리 시설을 종종 *팹*(fab)이라고 한다.

그림 1.12

기술자들이 중국 텐진(Tianjin)에 있는 Sanan 광전자(주) 회사의 클린룸에서 일하고 있다.

©Bradley D. Fahlman

그림 1.13

손가락 위에 놓여 있는 컴퓨터 프로세서 칩.

©age fotostock/Alamy

1.8 해변에서의 즐거움: *모래에서 유리까지*

지금까지 휴대용 전자 장치에 사용되는 금속 및 반도체에 대해 논의했다. 그러나 휴대폰의 금이 간 화면을 들여다 본 사람들은 유리가 대부분의 휴대용 전자 장치의 또 다른 구성 요소임을 잘 알고 있다. 모래는 고순도의 규소뿐만 아니라 모바일 장치에서 상호작용하는 수정처럼 투명한 유리를 제조하는 데 사용된다는 사실을 알면 놀랄지도 모른다.

활동 학습 1.12 ➤ *빛-물질의 상호작용*

레이저 포인터를 사용하여 빛이 다음의 물질과 접촉하는 동안 빛이 투과, 반사 또는 흡수되는지 여부를 예측하고 결정하라.

a. 유리창 **b.** LCD 화면

c. 플라스마 TV 화면 **d.** 콘크리트 보도(sidewalk)

e. 아스팔트 도로 **f.** 세라믹 판(plate)

g. 면 셔츠

모바일 장치의 앞 표면은 어떤 특성을 가져야 할까? 생각할 수 있는 제품의 품질은 투명성, 긁힘 방지 및 균열 방지 기능이 있다. 과학자와 기술자들은 이러한 특성을 가진 재료를 자연에서 찾아냈다. 지각의 가장 큰 성분 중 하나는 *실리카*(silica, 이산화 규소, $SiO_2(s)$)이며 여러 형태로 발견된다. 이들 형태는 조성과 구조에 따라 다르며, 각각 다른 성질을 가지고 있다.

원자 수준에서 실리카는 촘촘하고 거미줄 같은 구조로 규소와 산소 사이의 반복적인 연결 고리로 구성된다. 원자 수준에서 매우 잘 정렬된 구조를 가진 자연적으로 형성된 이산화 규소 구조들이 있다. 이렇게 정렬된 구조를 **결정**(crystal)이라고 한다. 순수한 결정화된 이산화 규소는 모래의 주요 성분인 맑고 무색의 광물인 *석영*(quartz)이다(그림 1.14). 결정 내에 소량의 다른 원소들이 존재하면 광물은 색을 띤다. 예를 들어, 황수정의 노란색과 자수정의 보라색은 이산화 규소 결정(그림 1.15) 내에서 미량으로 존재하는 다른 형태의 철 때문에 나타난다.

잘 정렬된 석영과 대조적으로, 유리 구조는 고체의 규소와 산소 연결의 무작위 배열로 원자 수준에서 정렬되지 않는다(그림 1.16). 유리로 짜인 엉킨 거미줄 같은 구조! 이와 같은 무질서한 물질을 **무정형**(amorphous) 고체라고 한다. 이산화 규소 결정에 비해 상대적으로 깨지기 쉽지만 유리는 액체 같은 상태로 용해될 수 있는 능력을 갖고 있으며 다양한 용도로 다른 모양으로 작용한다.

실리카 유리는 일반 모래가 녹는점까지 가열한 후(그림 1.17), 유리로 굳을 때까지 액체를 식혀서 만든다. 녹이기 전에 다양한 첨가제를 실리카 원재료와 혼합하는데, 이렇게

그림 1.14

미국 Florida의 Big Talbot Island에서 찍은 모래의 현미경 사진. 규소의 개별 결정을 보여준다.

©Sabrina Pintus/Getty Images

(a)

(b)

그림 1.15

(a) 황수정 및 **(b)** 자수정 사진 — 철 불순물 때문에 다양한 색상을 나타내는 수정의 형태.

(a): ©TinaImages/Shutterstock; *(b)*: ©Alexander Hoffmann/Shutterstock

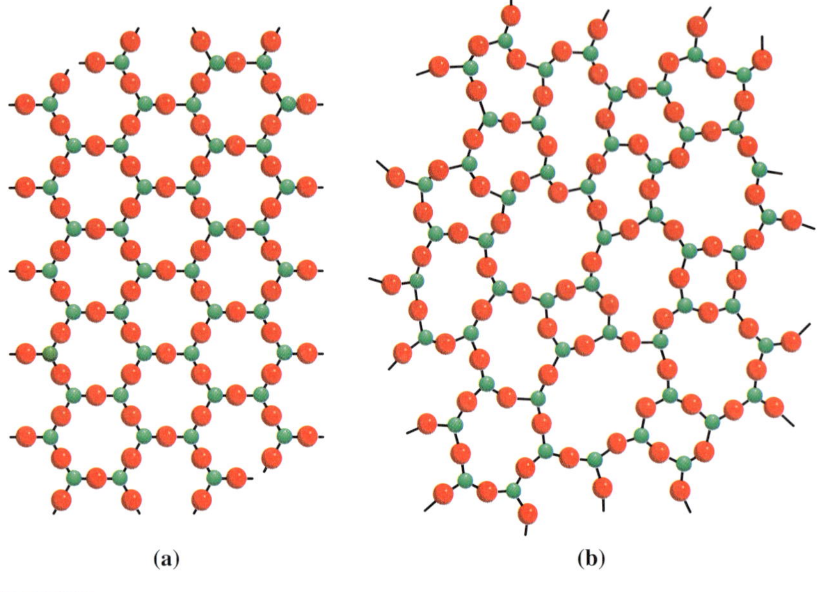

그림 1.16

(a) 결정성 수정 및 **(b)** 무정형 유리의 분자 수준의 표현.

그림 1.17

1500°C 이상의 온도에서 녹은 모래가 세라믹 도가니에서 부어지고 있다.

사전 지식 *Did You Know* **?**

Mendeleev와 가족의 유리 공예에 대한 경험 때문에 그는 원소에 대한 관심과 주기적 배열에 대한 연구를 촉진하였다.

하여 생성된 유리는 광범위한 특성을 나타낸다. 예를 들어, 조리 용기에 사용되는 Pyrex 유리는 규소와 산소 원자뿐만 아니라 붕소(B)와 소듐(Na), 알루미늄(Al), 포타슘(K) 등 미량의 다른 금속을 포함하고 있다. 이러한 원소를 유리에 첨가하면 고온에서 팽창하는 범위를 제한하거나 저온에서 수축하는 정도를 제한하여 균열의 가능성을 크게 감소시킬 수 있다.

활동 학습 1.12에서 보았듯이, 결정성 석영이든 비정질 유리이든 빛을 이산화 규소 조각에 비추면 빛이 대부분 물질을 직선으로 통과한다. 이것은 이 물질이 *투명하다*(transparent)는 것을 의미한다. 미시적 수준에서 구조나 조성에 차이가 있으면 물질을 통과하는 빛의 경로가 변경되어 잠재적으로 불투명하게 된다. 전체적으로 동일한 구조를 갖는 순수한 결정성 석영은 분명히 투명하다. 그러나 연기색(smoky)의 석영(그림 1.18)과 같이 결함이나 불순물이 있으면 광물이 불투명해진다. 비정질 유리는 전체 물질에 걸쳐 무작위로 분포된 원자 수준 구조의 변화가 있지만, 물질을 통해 빛이 통과하여 투명하게 된다. 물론, 지난 몇 천 년 동안, 유리 세공인들은 유리에 약간의 색을 주거나 유리를 불투명하게 만드는 첨가제를 발견했다. 프랑스 파리의 St. Chappelle 성당과 같은 유럽의 많은 성당에서 흔히 볼 수 있는 스테인드 글라스 창문이 그 예이다(그림 1.19). 이 스테인드 글라스의 일부는 금 나노 입자를 포함하여 빨간색으로 나타난다!

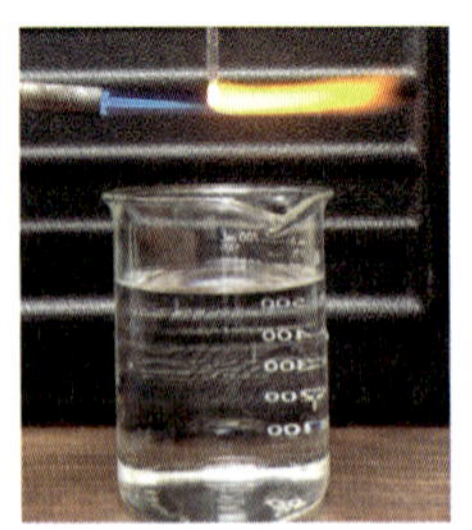

Rupert 왕자의 유리 방울 형성을 보려면 www.acs.org/cic에서 비디오를 확인하라.

만약 어렸을 때 거실에 거칠게 들어가거나, 주차된 자동차 가까이에서 소프트볼을 하거나, 모바일 기기를 떨어뜨린 적이 있다면, 유리가 잘 깨진다는 것을 경험하였을 것이다. 결과적으로, 유리의 강도와 긁힘 저항력을 개선하기 위한 많은 연구가 진행되었다. 17세기에는 녹은 유리 한 방울을 찬물에 재빨리 식히면 망치의 타격을 견딜 수 있는 딱딱한 유리 방울이 생긴다는 사실이 밝혀졌다. 그러나 이런 이른바 *Rupert 왕자의 유리 방울*(Prince Rupert's drops)의 긴 꼬리에 약간의 힘이 가하면 전체 유리 조각이 작은 조각으로 폭발적으로 부서질 수 있다. 재료의 강도는 유리의 바깥 부분이 빠르게 굳어지고 유리 방울 내부는 천천히 냉각되는 동안 고정된다. 물체를 냉각시키면 크기가 줄어들지만 유리 방울의 외부 표면이 제자리에 고정되어 있기 때문에 유리 내부가 외부 표면을 안쪽으로 당기려고 할 때 방울에 내부 응력이 많이 발생한다. 많은 종류의 강화 유리는 이러한 유리 방울과 매우 유사하게 열 처리시킨다. 열 강화 유리는 파손될 때 매우 작은 조각으로 부서지는 경향이 있기 때문에 종종 얇은 플라스틱 층을 붙여 보호하거나 코팅한다. 예를 들어, 자동

그림 1.18

연기색의 석영(smoky quartz) 결정.

©Bradley D. Fahlman

그림 1.19

프랑스, 파리에 있는 St. Chappelle 성당의 스테인드 글라스 창문.

©John S. Kirk

차 앞 유리가 파손되면 조각이 매우 작고 서로 붙어서 큰 유리 조각으로 인한 심각한 부상을 줄인다(그림 1.20).

열처리 외에 화학적 처리도 유리를 강화시킬 수 있다. 이것은 정확하게 코닝사가 휴대폰, 태블릿, 노트북 컴퓨터를 포함한 다양한 모바일 기기 화면에 사용되는 강력한 스크래치 방지 유리인 고릴라 유리를 제작하기 위해 사용해온 기술이다. 이 유리는 이론적으로 10만 마리의 코끼리가 가하는 압력과 맞먹는 10 GPa의 압력을 견딜 수 있다(그림 1.21). 이 놀라운 강도는 유리를 질산 포타슘(KNO_3)의 용융조에 담가서 만든다. 그림 1.22와 같이 용융조에서 나온 포타슘 이온은 유리 표면에 가까운 작은 소듐 이온 일부를 대체한다. 이것은 Rupert 왕자의 유리 방울에서 발견되는 것과 같은 종류의 스트레스를 유리의 표면에 가하는 결과를 초래한다. 고릴라 유리 스크린은 떨어뜨렸을 때 긁힘과 부서지는 방지 기능이 있지만 보통 때의 긁힘과 부서지는 방지 기능은 없다.

코닝을 비롯한 여러 회사들은 차세대 모바일 기기 화면 소재 연구에 적극 나서고 있다. 이 물질들은 유리와 같은 비정형 물질뿐만 아니라 결정성 물질도 포함한다. 사파이어 “유리”는 잠재적인 대체품 중 하나이다. 사파이어는 석영보다 단단한 천연 원석이다. 사실 사파이어는 다이아몬드 다음으로 단단한 물질이다. 사파이어는 고릴라 유리보다 세 배나 더 단단한 산화 알루미늄으로 구성됐다.

관련 절

표 1.2에 소개된 GPa(gigapascals) 단위는 1 × 10^9 Pa (kPa보다 1,000,000배, MPa보다 1000배 더 큼)이다.

©HAKINMHAN/Shutterstock

Gorilla 유리 제작에 대한 자세한 내용은 www.acs.org/cic에서 비디오를 확인하라.

그림 1.20

플라스틱 필름 코팅에 의해 작은 유리 조각이 그대로 붙어 있는 깨진 유리창의 사진.

©Esa Hiltula/Alamy

그림 1.21

4톤의 코끼리 10만 마리가 서로 쌓인 경우 바닥 코끼리의 각 발이 느끼는 압력의 삽화. 분명히 불가능한 일이다!

©Bradley D. Fahlman

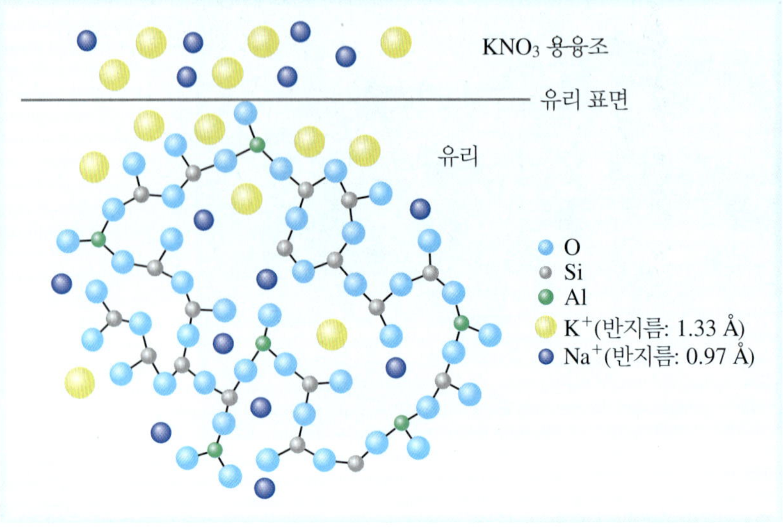

그림 1.22 소듐 이온이 더 큰 포타슘 이온으로 대체된 Gorilla 유리의 삽화 그림.

질량(mass)과 *무게*(weight)가 서로 다른 실체라는 것을 알 수 있지만 종종 서로 교환해서 사용한다. 예를 들어, 사람의 몸무게가 "170 lb" 또는 "77 kg"(무게 대신 질량 단위)라고 말한다. 비록 이것이 정확하지는 않지만, 중력이 상대적으로 일정한 지구 표면에 있는 물체를 다룰 때, 실제적인 목적에 허용되는 근사값이다. 자세한 내용은 www.acs.org/cic에서 비디오를 확인하라.
Source: NASA

합성 사파이어는 1800°C의 매우 높은 온도에서 미세한 산화 알루미늄(Al_2O_3) 분말을 가열하여 만든다! 결정 성장 과정은 매우 느려서 단일의 큰 결정을 성장시키는 데 2주 이상이 걸린다. 일단 형성되면 다이아몬드 톱이나 레이저에 의해 최종 크기와 모양으로 자른다. 사파이어는 매우 단단하지만 유리보다 밀도가 높다. 같은 크기와 두께의 재료라면 사파이어의 무게가 더 나간다는 뜻이다. 예를 들어, 만약 같은 크기와 두께를 갖는 유리와 사파이어가 있을 때, 유리의 질량이 100 g이라면, 사파이어의 무게는 167 g이 된다. 합성 사파이어의 생산 또한 유리보다 더 비싸고 느리지만, 생산 방법이 개선됨에 따라 비용이 낮아지고 있다. 사파이어는 이미 체크아웃 스캐너, 비행기 창문, 고급 시계 등 마모가 많은 표면에 사용된다. 생산성의 향상으로, 우리는 가까운 미래에 모바일 기기에서 사파이어 스크린을 더 많이 볼 수 있을 것이다.

1.9 요람에서 무덤까지: *휴대폰의 수명 주기*

전세계에서 휴대폰의 수가 인구 증가를 앞지르는 가운데, 휴대폰의 생산, 사용, 처분이 지구에 미치는 환경적 영향을 이해하는 것이 필수적이다. *요람에서 무덤까지*(cradle-to-grave)라는 표현은 원재료부터 시작하여 최종 폐기로 끝나는 품목의 수명 주기를 분석하는 접근 방식이다.

배터리, 플라스틱 물병, 티셔츠, 청소용품, 운동화, 그리고 휴대폰과 같이 우리가 구매하고 결국 버리는 모든 물건들을 생각해 보자. 그 물건은 어디에서 왔는가? 그 물건의 수명이 끝나면 어떻게 될까? 개인, 커뮤니티 및 기업은 그 어느 때보다 이러한 유형의 질문을 하는 것이 중요하다는 것을 인식하고 있다. 요람에서 무덤까지는 그 과정의 모든 단계를 생각하여 제품의 최종 폐기로 이어지는 것을 의미한다.

사전 지식 *Did You Know*

전자 회사들은 현재 포장 재료에 더 많은 양의 섬유판(fiberboard)과 비목재 섬유들을 사용하고 있는데, 이 재료들은 재활용 가능하기 때문이다. 또한, 이 섬유들은 대나무, 폐사탕수수, 산림과 같은 재활용된 물질에서 얻어진다.

간단한 예로서, 자랑스럽게 꺼냈을 때 반짝이는 새 휴대폰을 감싼 플라스틱 포장지를 따라가 보자. 이 포장지의 원료는 석유다. 따라서 이 플라스틱 제품의 "요람"은 아마도 우리 지구 어딘가의 원유, 예를 들어 캐나다 앨버타의 유전일 수도 있다. 정유공장에서는 원유를 스타이렌 화합물로 바꾸는 다양한 공정이 진행된다. 스타이렌 분자(C_8H_8)는 서로 중합(연결)되어 *폴리스타이렌*(polystyrene)을 형성하는데, 이것은 스타이로폼 커피 컵, 테이크아웃 음식 용기, 그리고 다른 많은 상업용 제품에 흔히 사용된다. 폴리스타이렌 포장재는 캐나다나 미국의 정유공장(제트 연료 또는 디젤 연료 — 기타 정유 제품)에서 포장되어 중국이나 대만의 최종 조립 공장으로 운송된다.

하지만 새 휴대폰을 꺼낸 후, 이 포장재의 운명은 어떻게 되는가? 실제로, 포장재는 요람에서 무덤까지 가는 것이 아니라, 요람에서 쓰레기통으로 밖에 못가고 있다. *무덤*(grave)이라는 용어는 어떤 물건이 결국 어디에서 끝나는지를 나타낸다. 쉽게 재활용될 수 있는 다른 종류의 플라스틱과는 달리, 폴리스타이렌은 대부분의 플라스틱 재활용 쓰레기로 받아들여지지 않는다. 결과적으로, 이러한 종류의 플라스틱은 매립지, 도시 쓰레기, 해양 쓰레기의 주요 성분으로, 이산화 탄소와 물로 천천히 분해(1000년 주기로 추정)되며 잠재적인 독성이 있는 물질이다.

전 지구의 요람에서 무덤까지는 플라스틱 포장에 대해서는 제대로 계획되지 않은 시나리오다. 대신 폴리스타이렌 폐기물이 신제품의 출발 물질로 쓰이거나, 창의적으로 원래의 상태로 재사용된다면, 우리는 더 지속 가능한 상황을 맞게 될 것이다. **요람에서 요람까지**(cradle-to-cradle)란 1970년대에 등장한 용어로, 한 품목의 수명 주기가 다른 품목의 수명 주기의 시작과 함께 끝나 모든 것을 폐기물로 처리하지 않고 재사용하는 물질을 책임감 있게 사용하는 것을 말한다. 최종적으로 가장 책임감 있게 제품의 사용하려 할 때 **지속가능성의 세 가지 축**(three pillars of sustainability)을 고려해야 한다.

- 환경 — 오염 방지, 천연 자원 사용
- 사회 — 모든 사회 구성원의 삶의 질 향상
- 경제 — 공정한 분배와 효율적인 자원 배분

관련 절

제9장에서는 주요 플라스틱 등급, 해당 응용 분야 및 다양한 재활용 시나리오를 살펴볼 것이다.

여러분이 예상 한대로 휴대폰의 수명 주기(세계 각지에서 다양한 종류의 자재 조립)는 포장재의 수명 주기보다 훨씬 더 복잡하다. 휴대폰을 구성하는 재료 중 40%는 금속, 40%는 플라스틱, 20%는 세라믹과 유리이다. 전기 전도도 및 열전도도, 내구성 및 유연성(복잡한 모양으로 구부릴 수 있는 능력)과 같은 금속의 특성은 회로 기판, 배터리 및 터치스크린에 사용된다. 반대로, 플라스틱은 가볍고 저렴하며 성형 가능한 특성이 있어서 보호케이스와 칩 포장에 매우 적합하다. 세라믹과 유리는 깨지기 쉽고 전기적으로 절연되어 있다. 유리는 외부 디스플레이에 기본 디스플레이를 보호하는 데 가장 많이 사용되는 반면 세라믹은 회로 판, 스피커 및 안테나에 사용된다.

©2018 American Chemical Society

휴대폰 내부에 대한 사세한 내용은 www.acs.org/cic에서 비디오를 확인하라.

그렇다면, 이러한 복잡한 제품을 조립하는 데 얼마나 많은 에너지가 필요할까? 결국에는 전자 장치들은 점점 더 작고 더 얇아지고 더 효율적이 되고 있다(그림 1.23). 그러면 전자 장치들을 생산하는 데 더 적은 에너지가 필요하다는 것인가? 사실, 그것은 그 정반대인데, 원자재로부터 생산할 때 소비되는 에너지는 수명기간 동안 소비되는 에너지의 90% 이상을 차지한다! 전구, 진공청소기, 오븐과 같이 제조에 소비된 것보다 수명 동안 훨씬 더 많은 에너지를 소비하는 경우는 그렇지 않다. 자동차는 아날로그 장치에 의해 제어되는 동일한 “낮은 기술” 범주에 속하지만 마이크로프로세서는 연료 분사 시스템에서 배기관 배출에 이르는 현대의 자동차에서 모든 측면을 감시하고 통제한다. 첨단 기기 생산 중 에너지 소비량이 증가한 것은 주로 다음의 요인 때문이다.

- 보다 다양한 재료가 필요하기 때문에, 세라믹과 플라스틱을 제조할 때는 물론 석유의 채굴과 정제에 더 많은 비용이 든다.
- 마이크로프로세서(컴퓨터 칩)는 모래를 에너지가 집약된 초고순도의 규소로 변환시켜서 얻으며, 최종 집적회로를 제작하는 데 필요한 수백 개의 복잡한 단계를 거쳐야 한다.
- 복잡한 장치는 여러 명의 사람들이 하루 24시간, 주 7일 동안 연속 작동하는 여러 대의 고속 컴퓨터를 사용하여 많은 시간을 설계해야 한다.

사전 지식 *Did You Know* 

*에너지*라는 용어는 전달 가능한 물질의 특성이다. 한 개체에서 다른 개체로 에너지가 전달될 수는 있지만 생성되거나 파괴될 수는 없다.

전자 장치가 작동하는 동안 소비하는 에너지의 양을 결정하는 것은 매우 쉽지만, 제

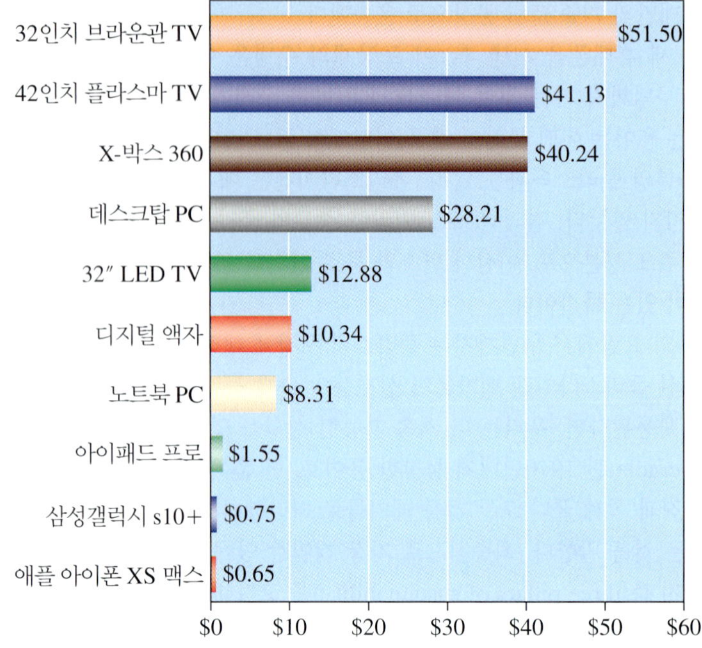

그림 1.23
다양한 전자 장치의 연간 운영 비용 비교. 연간 비용은 평균 미국 주택 전력 요금 $0.12/kWh를 기준으로 한다.

조에 사용되는 에너지를 계산하는 것은 매우 어렵다. 예를 들어, 새로운 휴대폰은 특징을 계획하고 그것을 채용할 복잡한 구조와 컴퓨터 칩을 설계하는 기술자들에 의해 출시되기 수년 전에 생산이 시작한다. 연구 개발에 사용되는 건물과 실험실에 전력을 공급하기 위해 이 계획이 얼마나 많은 에너지를 소비할지는 예측하기 어렵다. 관리자와 영업사원은 그들의 사무실에서 전기를 사용하고 그들의 광범위한 여행 중에 화석 연료를 소비한다.

이러한 사전 제조 활동에 들어가는 에너지의 양을 무시하면 상황이 다소 단순화되지만, 여전히 제조의 세계화에 문제가 있다. 즉, 컴퓨터 칩에 사용되는 규소는 미시간(Michigan)에서 정제되고, 회로 기판은 캘리포니아(California)에서 만들어지며, 배터리의 리튬은 칠레에서 채굴되고 정제되며, 플라스틱은 중국에서 합성된다. 이들 지역은 회사의 공급망에 따라 변동될 수 있으며, 전자 공급 업체마다 크게 다를 수 있다. 남아메리카에서 리튬 금속을 채굴하는 데 필요한 에너지의 양은 캐나다에서 에너지의 양과 매우 다르다. 따라서 이는 각 재료 공급 업체의 제조 관행에 대한 자세한 정보를 알지 못하면 모든 수준의 정확도로 일반적인 수명 주기 분석을 예측하기가 매우 어렵다. 단일 회사의 상황이 얼마나 복잡한 지에 대한 예로서 Apple은 18개의 최종 조립 시설과 자사 제품 라인에 필요한 200가지가 넘는 원자재 및 부품 공급 업체를 보유하고 있다.

사전 지식 *Did You Know* ?

단위 "kg CO_2e"(kg 상당의 CO_2)는 소비되는 연료 단위당 온실 기체(이산화 탄소, 메테인(CH_4) 또는 아산화 질소(N_2O))의 상대적 배출을 나낸다.

점점 더 많은 기업들이 자사 제품의 환경 영향에 대해 투명해지고 있다. 예를 들어 애플은 11인치 아이패드 프로(1064 GB)가 수명 기간 동안 184 kg의 CO_2e를 배출하며, 이 중 84%는 제조, 11%는 운송, 5%는 소비자 사용, 1% 미만은 재활용이라고 보고 있다. 반면 에너지 사용량이 작은 아이폰 XS 맥스(64 GB)는 생산 79%, 소비자용 17%, 운송용 3%, 재활용 1% 등으로 77 kg CO_2e를 방출하는 것으로 알려졌다. 그러나 공급망 업체의 에너지 소비량에 대한 정보를 정확히 포함시킬 방법은 없다. 나아가 각국의 환경 기준이 크게 달라 지속가능성을 최우선 과제로 여기지 않는 국가에 제조를 맡기는 경우가 많다.

지금까지 논의한 환경 영향은 전자 기기의 직접 제작, 사용 및 재활용에 대해서만 다루었다. 그러나 기기의 전체 수명 주기에는 세계 각지에서 중앙 제조 시설로 원료를 추출, 정제 및 운반하는 데 필요한 에너지 집약적인 다른 활동도 많이 포함된다(그림 1.24). 칠레의 광석에서 리튬 금속을 추출하는 데 얼마나 많은 에너지가 필요한가? 그것은 광석을 채굴하기가 얼마나 어려운지, 그리고 회사가 광석을 분해하고 금속을 추출한 다음 금속을 분리하고 정제하기 위해 사용하는 특정 기술에 따라 달라진다. 외부 화면과 같은 전화기의

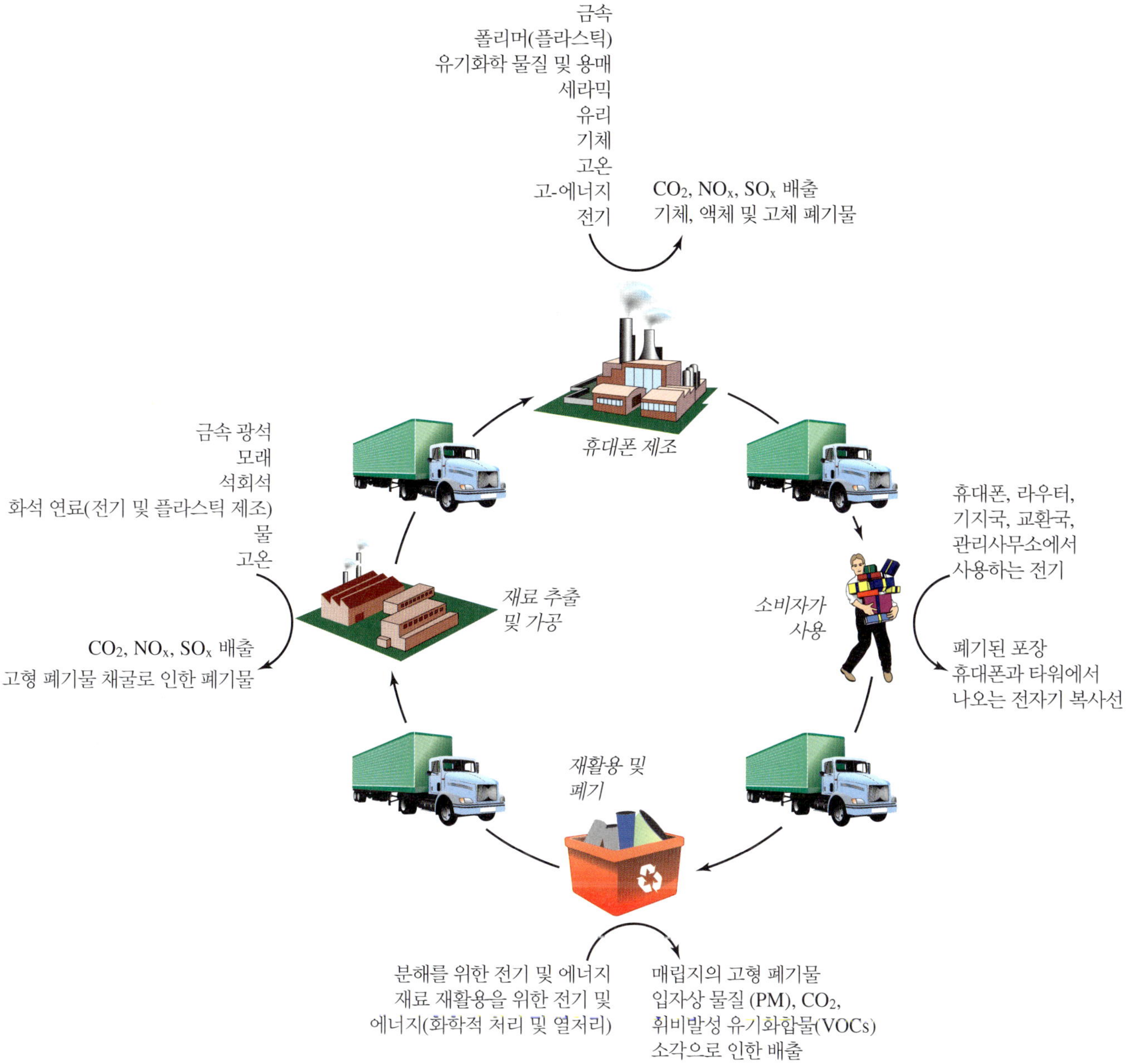

금속
폴리머(플라스틱)
유기화학 물질 및 용매
세라믹
유리
기체
고온
고-에너지
전기

CO_2, NO_x, SO_x 배출
기체, 액체 및 고체 폐기물

휴대폰 제조

금속 광석
모래
석회석
화석 연료(전기 및 플라스틱 제조)
물
고온

재료 추출 및 가공

CO_2, NO_x, SO_x 배출
고형 폐기물 채굴로 인한 폐기물

휴대폰, 라우터,
기지국, 교환국,
관리사무소에서
사용하는 전기

소비자가 사용

폐기된 포장
휴대폰과 타워에서
나오는 전자기 복사선

재활용 및 폐기

분해를 위한 전기 및 에너지
재료 재활용을 위한 전기 및
에너지(화학적 처리 및 열처리)

매립지의 고형 폐기물
입자상 물질 (PM), CO_2,
휘발성 유기화합물(VOCs)
소각으로 인한 배출

그림 1.22

휴대폰의 수명 주기. 디자인 및 마케팅에 사용된 시간은 포함되지 않았다.

다른 구성 요소에 대해서도 같은 말을 할 수 있다. 삼성은 최종 조립 공장에서 유리를 케이스에 붙이는 데 많은 에너지를 소모하지 않을 것이다. 유리 제조사는 모래를 고강도 유리로 변환한 다음, 최종 조립을 위해 큰 상자의 유리를 중국으로 선적하는 데 얼마의 에너지를 소비하겠는가? 이러한 질문들에 대한 답은 쉽게 얻을 수 없으며, 세계화된 사회에서 첨단 기술 장치의 전체 환경 영향을 결정하는 것이 얼마나 복잡한지를 보여준다.

활동 학습 1.13 ➤ *휴대폰 사용*

a. 충전 외에 휴대폰이 에너지를 필요로 할 때는 언제인가?

b. 휴대폰을 제조하는 공정이 얼마나 많은 에너지를 소비하는지를 감안하여, 휴대폰 사용이 증가하면 지구의 전체 에너지 소비가 감소될 것이라고 생각하는가? 설명하라.

1.10 안녕하세요, 몇 가지 금속 좀 빌려도 될까요?
공급망 보호와 재활용의 중요성

사전 지식 *Did You Know* ?

전 세계적으로 새로운 전자 장치를 만드는 데 매년 320톤 이상의 금(130억 달러 상당)과 7,500톤의 은(3억 6천만 달러 상당)이 사용된다.

매년 약 20억 개의 새로운 휴대폰이 판매되지만, 이 휴대폰의 90% 이상이 집에서 먼지만 쌓이고 있거나 주인이 싫증을 느껴 쓰레기 매립지로 보내진다. 2018년에 미국인들은 약 32개월마다 휴대폰을 교체했다. 이들 중 3% 정도는 재활용되고 7%는 중고로 재판매된다. 그러나 각 휴대폰에는 약 300 mg의 은과 30 mg의 금이 포함되어 있다는 것을 알고 있는가? 실제로 2019년에 판매된 휴대폰에 사용된 금과 은은 25억 달러 이상의 가치가 있는 것으로 추정된다! 도시 매립지가 사실상 금광이라고 누가 생각했을까? 말할 것도 없이, *도시 광업*(urban mining)이라고 부르는 전자 제품 재활용 프로세스는 전자 제품에서 금속을 재활용하는 것이 쉽지는 않지만 광석에서 금속을 채굴하고 정화하는 것보다 훨씬 적은 에너지를 필요로 하기 때문에 추가로 개발될 필요가 있다. 전자 폐기물에는 천연 광석보다 40~50배 더 풍부한 귀금속이 포함되어 있다. 브뤼셀에 본사를 둔 Umicore와 같은 일부 회사는 이 구상에 집중하기 시작했다. 심지어 자동차 제조업체들도 제조하는 자동차의 전자 장치 및 배터리에 대한 자체 재활용 프로그램을 개발하고 있다.

전 세계적으로 매년 약 5천만 톤의 전자 폐기물이 폐기되고 있으며, 이 폐기물에는 500억 달러 이상의 금속을 함유하고 있는 것으로 추정된다. 도시 채굴 공정이 추가로 개선되고, 기업들이 낡은 장치에 대한 보상 판매 프로그램을 계속 확장하게 되면, 전통적인 금광 채굴이 줄어들고, 이로 인해 환경에 미치는 영향도 줄어들 것이다.

활동 학습 1.14 ▶ *재활용*

알루미늄 광산 회사는 알루미늄 캔을 재활용하는 것보다 광석에서 알루미늄을 추출하는 것이 더 저렴하고 에너지 집약적이라고 주장하였다. 두 공정에 관련된 비용과 에너지원을 고려하여 이 주장이 유효한지 결정하라.

사전 지식 *Did You Know* ?

애플사의 최신 분해 로봇인 데이지(Daisy)는 10만대의 아이폰 기기에서 독성 화학 물질을 사용하지 않고, 다음 금속을 회수할 수 있다: 알루미늄 1900 kg, 금 1 kg, 은 7.5 kg, 구리 710 kg, 텅스텐 93 kg, 주석 42 kg, 코발트 770 kg, 희토류 원소 11 kg.

아마도 전자제품의 재활용에서 가장 어려운 단계는 기기 자체의 금속을 제거하는 것이다. 이 과정은 회로 기판을 용매에서 끓여서 플라스틱을 제거한 다음 센산에 금속을 녹이는 것이다. 그러나 조심하지 않으면 지하수가 중금속과 유기폐기물로 오염되어 주변 지역 사회에서 암과 기타 생명을 위협하는 질병을 증가시킬 수 있다. 불행히도 이러한 재활용 관행은 환경 규제가 확립되지 않고 근로자에 대한 적절한 안전 주의사항이 잘 지켜지지 않는 개발도상국에서 위탁생산하는 경우가 많다(그림 1.25).

은, 금, 백금 등의 귀금속 외에 우리 사회에 점점 중요해지고 있는 금속의 종류는 희토류 금속(그림 1.26)이다. 이러한 원소들은 휴대폰과 휴대용 전자기기 안에서 발견되는 메모리 칩, 충전식 배터리, 자석, 스피커뿐만 아니라 자동차 촉매변환기, 형광등과 같이 우리가 매일 의존하는 많은 애플리케이션에 사용된다. 군은 야간투시 고글, 첨단무기, GPS 장비, 배터리, 첨단 전자제품에도 다양한 희토류를 사용한다.

중국은 세계 유수의 희토류 금속 생산 업체이지만(그림 1.27) 완제품 전자 제품의 소비자도 증가하고 있다. 세계에서 희토류 원소 공급량의 90% 이상이 중국에서 수출되며, 이 금속의 세계 총 매장량의 50% 이상을 보유하고 있다.

실제로, 첨단 기술은 사회를 위한 양날의 칼로 생각할 수 있다. 우리는 더 빠르고 가볍고 강력한 휴대용 장치의 이점을 누리게 된 것을 다행스럽게 생각한다. 이 기술의 결과, 우리는 비즈니스에서 더 접근하기 쉽고 소셜 서클과 더 빠르게 연결되며 도로와 도시 거리를 더 잘 탐색할 수 있다. 그러나 원천 자료의 가용성과 관련하여 더 높은 수준의 위험에 노출된다. 한 사회가 구식 장치를 넘어 새로운 기술을 완전히 채택하면 다시 옛날로 되

그림 1.25

개발도상국에서 금속을 재활용하는 사람들.

족 → / 주기 ↓	1 IA	2 IIA	3 IIIB	4 IVB	5 VB	6 VIB	7 VIIB	8 VIIIB	9 VIIIB	10 VIIIB	11 IB	12 IIB	13 IIIA	14 IVA	15 VA	16 VIA	17 VIIA	18 VIIIA
1	1 H Hydrogen 1.00794																	2 He Helium 4.002602
2	3 Li Lithium 6.941	4 Be Beryllium 9.012182											5 B Boron 10.811	6 C Carbon 12.0107	7 N Nitrogen 14.0067	8 O Oxygen 15.9994	9 F Fluorine 18.9984032	10 Ne Neon 20.1797
3	11 Na Sodium 22.98976928	12 Mg Magnesium 24.3050											13 Al Aluminum 26.9815386	14 Si Silicon 28.0855	15 P Phosphorus 30.973762	16 S Sulfur 32.065	17 Cl Chlorine 35.453	18 Ar Argon 39.948
4	19 K Potassium 39.0983	20 Ca Calcium 40.078	21 Sc Scandium 44.955912	22 Ti Titanium 47.867	23 V Vanadium 50.9415	24 Cr Chromium 51.9961	25 Mn Manganese 54.938045	26 Fe Iron 55.845	27 Co Cobalt 58.933195	28 Ni Nickel 58.6934	29 Cu Copper 63.546	30 Zn Zinc 65.39	31 Ga Gallium 69.723	32 Ge Germanium 72.61	33 As Arsenic 74.92160	34 Se Selenium 78.96	35 Br Bromine 79.904	36 Kr Krypton 83.798
5	37 Rb Rubidium 85.4678	38 Sr Strontium 87.62	39 Y Yttrium 88.90585	40 Zr Zirconium 91.224	41 Nb Niobium 92.90638	42 Mo Molybdenum 95.94	43 Tc Technetium (97.9072)	44 Ru Ruthenium 101.07	45 Rh Rhodium 102.90550	46 Pd Palladium 106.42	47 Ag Silver 107.8682	48 Cd Cadmium 112.411	49 In Indium 114.818	50 Sn Tin 118.710	51 Sb Antimony 121.760	52 Te Tellurium 127.60	53 I Iodine 126.90447	54 Xe Xenon 131.293
6	55 Cs Cesium 132.9054519	56 Ba Barium 137.327	57–71 Lanthanides	72 Hf Hafnium 178.49	73 Ta Tantalum 180.94788	74 W Tungsten 183.84	75 Re Rhenium 186.207	76 Os Osmium 190.23	77 Ir Iridium 192.217	78 Pt Platinum 195.084	79 Au Gold 196.966569	80 Hg Mercury 200.59	81 Tl Thallium 204.3833	82 Pb Lead 207.2	83 Bi Bismuth 208.98040	84 Po Polonium (209)	85 At Astatine (210)	86 Rn Radon (222)
7	87 Fr Francium (223)	88 Ra Radium (226)	89–103 Actinides	104 Rf Rutherfordium (267)	105 Db Dubnium (268)	106 Sg Seaborgium (269)	107 Bh Bohrium (270)	108 Hs Hassium (277)	109 Mt Meitnerium (278)	110 Ds Darmstadtium (281)	111 Rg Roentgenium (282)	112 Cn Copernicium (285)	113 Nh Nihonium (286)	114 Fl Flerovium (289)	115 Mc Moscovium (289)	116 Lv Livermorium (293)	117 Ts Tennessine (294)	118 Og Oganesson (294)

란타넘족 →	57 La Lanthanum 138.90547	58 Ce Cerium 140.116	59 Pr Praseodymium 140.90765	60 Nd Neodymium 144.242	61 Pm Promethium (145)	62 Sm Samarium 150.36	63 Eu Europium 151.964	64 Gd Gadolinium 157.25	65 Tb Terbium 158.92535	66 Dy Dysprosium 162.500	67 Ho Holmium 164.93032	68 Er Erbium 167.259	69 Tm Thulium 168.93421	70 Yb Ytterbium 173.054	71 Lu Lutetium 174.9668
악티늄족 →	89 Ac Actinium (227)	90 Th Thorium 232.03806	91 Pa Protactinium 231.03588	92 U Uranium 238.02891	93 Np Neptunium (237)	94 Pu Plutonium (244)	95 Am Americium (243)	96 Cm Curium (247)	97 Bk Berkelium (247)	98 Cf Californium (251)	99 Es Einsteinium (252)	100 Fm Fermium (257)	101 Md Mendelevium (258)	102 No Noblelium (259)	103 Lr Lawrencium (262)

그림 1.26

원소의 주기율표. 희토류 금속의 위치는 파란색으로 강조 표시되어 있다.

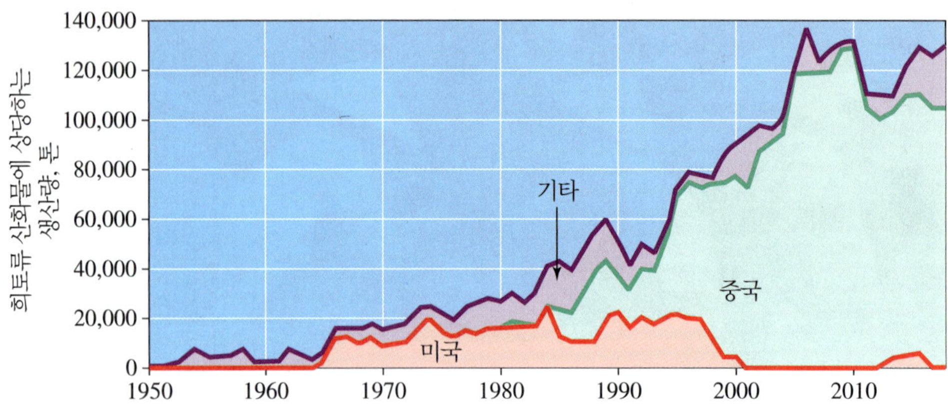

그림 1.27

희토류 금속의 채굴에서 중국의 우세를 보여주는 삽화.

돌릴 수 없다. 그러나 휴대폰과 전자 장치를 제조하는 데 필요한 핵심 원자재를 더 이상 구할 수 없다면 어떻게 해야 하는가? 이는 자연 재해, 정치적 불안, 에너지 제한 또는 무역 장벽과 같은 여러 가지 원인에서 발생할 수 있다. 원인이 무엇이든 사업과 개인 생활에 필요한 전자 장치 생산을 계속할 수 있겠는가? 이러한 재료가 국가 안보에 필수적인 경우 어떻게 해야 하겠는가? 하나의 대답은 비슷한 기능을 가진 *지구에서 풍부한 대체 물질*(earth-abundant materials)을 찾는 것이다. 일부 물질에서는 이것이 가능하지만 희토류에서는 대개 선택사항이 아니다. 전 세계적으로 연구 개발 노력이 진행되고 있지만 많은 희토류 원소에 대한 적절한 대안은 없다.

더 적은 양의 희토류 금속을 필요로 하거나 전혀 사용하지 않는 대체 기술을 계속 개발하는 것이 더욱 중요하다. 예를 들어, 미국 소비자들은 비교적 많은 양의 희토류를 사용하는 형광 조명에서보다 에너지 효율적인 발광 다이오드(LED)로 전환하고 있다. 인광체로 알려진 LED에서 빛의 발생을 담당하는 성분은 희토류 산화물로 만들 수 있지만, 이 원소는 형광등에서 보다 LED에서는 더 적은 양이 필요하다.

활동 학습 1.15 > 그룹 활동

이제 휴대용 장치가 어떻게 작용하는지, 무엇으로 만들어졌는지에 대해 배웠으므로, 그룹을 구성하여 매년 이러한 장치를 교체하는 것이 사람과 지구에 어떤 영향을 미치는지에 생각하라.

a. 전자 제품에 대한 도시 광산의 광범위한 채택에 직면하는 가장 중요한 과제는 무엇인가?

b. 인터넷을 자원으로 사용하여 도시 채굴 방식만으로 새로운 전자 장치에 대한 증가하는 요구를 충족시킬 수 있는지 알아보라.

c. 휴대용 전자 제품의 제조 및 사용은 공기의 질(다음 장의 주제)에 어떤 영향을 주는가?

결론 _Conclusion

휴대폰이나 휴대용 전자기기를 사용하지 않는 삶은 상상하기 힘들다. 최신의 일기예보, 우리가 가장 좋아하는 음악 및 인생에서 가장 어려운 질문에 대한 답변은 이제 한 번만 터치하면 된다. 화학의 역할이 없다면 현대 전자 장치를 구성하는 원소와 화합물을 얻을 수 없을 것이다. 실제로, 우리의 현대 생활양식의 거의 모든 면이 암석과 광물에서 순수한 Si와 금속으로 화학적 변형을 시킬 수 있었기에 가능하다.

그러나 희토류와 같은 휴대용 전자 제품에 사용되는 일부 성분에 대한 전 세계 매장량은 제한되어 있다. 희토류에 대한 더 많은 원천을 찾기 위해 해저 광상을 채굴하고 있으며, 이미 채굴된 희토류 함량이 낮은 물질에서 더 쉽게 얻을 수 있다. 이것은 집에 있는 서랍이나 도시 매립지에 버려지는 전자 기기에 사용되는 전자 장치에 대한 저비용(및 환경 친화적) 재활용 계획을 개발하기만 하면 실현할 수 있다.

다음 장에서는 전자 제품 제조 및 최종 사용 관행이 우리가 숨 쉬는 공기에 어떤 영향을 미치는지 설명한다. 미량의 산소가 컴퓨터 칩 제조에 문제를 일으킬 수 있는 클린 룸을 넘어서 인간 생명을 유지하기 위해 산소가 필요한 실제 세계로 이동할 것이다.

학습 결과 _Learning Outcomes

*괄호 안의 숫자는 이 결과가 논의된 장의 절을 나타낸다.

이 장을 공부한 후에는 다음을 수행할 수 있어야 한다.

- 물질의 상태를 분류 및 비교하고 거시적 특성과 물질의 입자 구성 사이의 연결을 설명하라. (1.1, 1.6)
- 금속, 비금속 및 준금속을 전기 전도도로 분류하고, 주기율표에서의 위치를 표시하고, 특성에 따라 가장 적합한 휴대용 전자 장치의 일부 성분을 예측하라. (1.2)
- 원자, 분자, 원소 및 화합물의 차이점을 설명하고 각각에 대한 예를 들어라. (1.2)
- 혼합물과 순수한 물질을 정의 및 구별하고, 혼합물을 균일 혼합물과 불균일 혼합물로 분류하라. (1.2, 1.3, 1.6)
- 화합물의 조성 백분율을 계산하라. (1.3)
- 물체의 척도에 따라 적절한 측정 단위를 선택한 다음 다른 단위로 변환한다. 측정 및 계산된 값의 경우 십진수 형식과 과학적 표기법 사이의 숫자를 변환하라. (1.4)
- 원자의 구조를 설명하고 아원자 입자의 상대적인 위치, 전하 및 질량을 비교하여 설명하라. (1.5)
- 휴대용 전자 기기의 제작 및 재활용에 관련된 물리적, 화학적 변화 및 지속가능성의 세 가지 축이 이러한 과정과 어떻게 관련되는지 설명하라. (1.7, 1.8, 1.9)
- 전자 디스플레이에 투명성이 중요한 이유를 설명하고, 빛이 다른 유형의 물질과 상호 작용하는 방식을 예측 및 비교하고, 내구성과 긁힘 방지를 강화하기 위해 유리 구조를 변경하는 방법을 설명하라. (1.8)
- 지구 지각의 구성을 상대적 농도와 성분 측면에서 설명하고, 금속과 규소가 광석에서 어떻게 분리되는지를 설명하라. 휴대용 전자제품에 사용되는 미량으로 존재하는 물질에 대한 출처 및 가능한 대안을 설명하라. (1.6, 1.7, 1.10)

연습 문제 _Questions

각 장의 끝에 있는 연습 문제는 세 가지 방식으로 묶어 놓았다.

기본 문제 _Emphasizing Essentials

- 필수 질문에 중점을 누면 기본적인 기술을 연습할 수 있다.

개념 문제 _Concentration on Concepts

- 개념에 집중하는 연습 문제는 더 어렵고 종종 사회 문제와 관련이 있다.

응용 문제 _Exploring Extensions

- 응용 문제는 실제 문제를 해결하기 위해 이 책의 본문에 제시된 정보를 넘어서는 문제에 도전한다.

***파란색**으로 표기한 문제의 답은 사이플러스 홈페이지에서 다운로드가 가능합니다.

기본 문제 _Emphasizing Essentials

1. 다음의 도표에서 서로 다른 두 가지 유형의 원사를 색싱과 크기로 표시하였다. 각 시료를 원소, 화합물 또는 혼합물로 특성화하라. 딥에 대힌 이유를 설명하라.

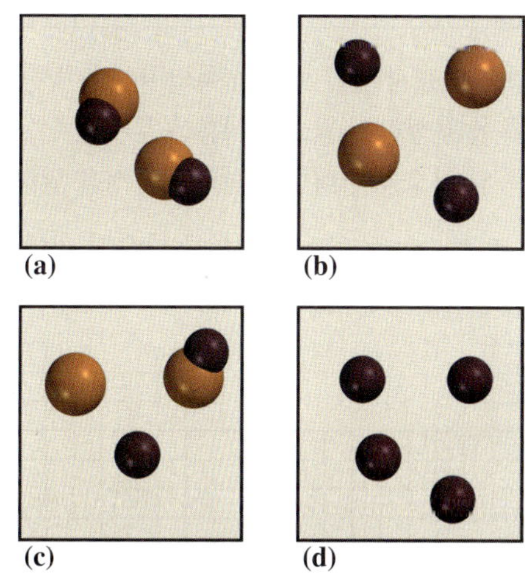

2. 다음의 도표에서 서로 다른 두 가지 유형의 원자를 색상과 크기로 표시하였다. 각 시료를 원소, 화합물 또는 혼합물로 특성화하라. 답에 대한 이유를 설명하라.

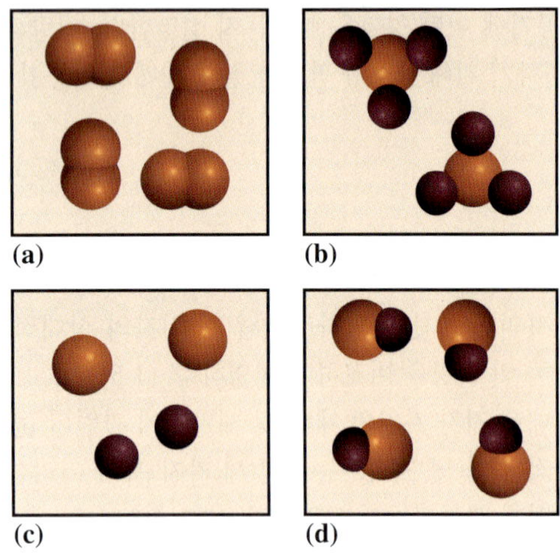

3. 이 문장의 끝에 있는 마침표의 지름을 나노미터로 변환하라.

4. 집적 회로의 가장 작은 성분(대략 10.0 나노미터)을 밀리미터로 변환하라.

5. 이 숫자들 각각을 과학적 표기법으로 표현하라.

a. 도보 경주 거리인 1500 m
b. 물 분자에서 O와 H 원자 사이의 거리인 0.0000000000958 m
c. 적혈구의 직경 0.0000075 m

6. 1.00 m를 cm, μm, nm로 나타내라. 답에 적절한 과학적 표기법을 사용하라.

7. 아래의 주기율표에서 음영으로 표시한 족을 생각해 보자.

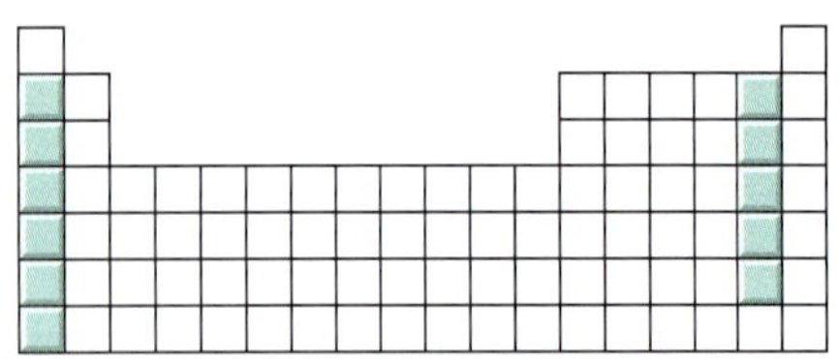

a. 음영으로 표시된 각 영역의 족의 번호는 무엇인가?
b. 각 족을 구성하는 원소의 이름은 무엇인가?
c. 각 족의 원소들에 대한 일반적인 특성을 말하라.

8. 란타넘과 악티늄족 원소를 제외한 다음의 비어 있는 주기율표를 생각해보자.

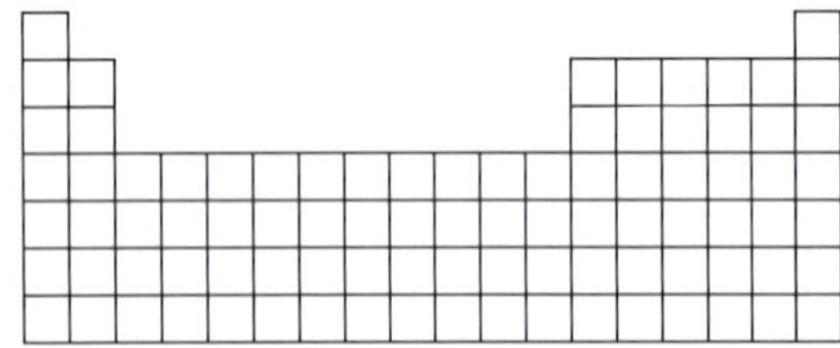

a. 금속이 발견되는 주기율표 영역을 찾아라.
b. 일반적인 금속에는 철, 마그네슘, 알루미늄, 소듐, 포타슘 및 은이 포함된다. 각각의 화학 기호를 써라.
c. 비금속이 있는 주기율표 영역을 찾아라.
d. 5개의 비금속(음영 영역에 없는 원소)의 이름과 화학 기호를 써라.

9. 이 물질들 각각을 원소, 화합물 또는 혼합물로 분류하라.

a. "웃음 가스"[아산화 질소(N_2O)라고도 부르는 일산화 이질소] 시료
b. 끓는 물 냄비에서 나오는 증기
c. 방취제 비누
d. 구리 시료
e. 마요네즈 한 컵
f. 풍선을 채우는 헬륨

10. 각 물질을 균일 혼합물과 불균일 혼합물로 부류하라.

a. 오렌지 주스 한 잔
b. 초콜릿 칩 쿠키
c. 피자 한 조각
d. 식초 시료
e. 해변 모래 시료

11. 전자, 중성자 및 양성자를 포함한 리튬 원자의 원자 구조를 그려라.

12. 황의 동소체에 대한 구조를 그리고 특성을 설명하라. 이것들은 어떻게 만들어 지는가?

13. 질량이 27인 알루미늄 원자에 대한 양성자, 중성자 및 전자의 수는 얼마인가?

14. 질량이 64인 원자 구리에 대한 양성자, 중성자 및 전자의 수는 얼마인가?

15. *전기 전도성*과 *열 전도성*을 정의하고 어떻게 다른지 설명하라.

16. 다음 화합물 각각에 대한 원자 백분율을 계산하라.

a. HfO_2 b. $BeCl_2$ c. $Ti(OH)_4$
d. FeO e. SiO_2 f. $B(OH)_3$

17. 다음 분자의 경우 각각 포함하는 원자의 수와 유형(금속, 비금속 또는 준금속)을 나열하라.

a. CO_2 b. H_2S
c. NO_2 d. SiO_2

› 개념 문제 _Concentration on Concepts

18. 이 책의 본문에서, 착색된 테니스 공의 관점에서 규소의 설명하였다. 9N 및 12N 순도에 대한 자신의 만의 그림을 제시하라.

19. 좋아하는 방이나 사무실에 있는 고체, 액체 또는 기체 중에서 세 가지 균일 혼합물과 세 가지 불균일 혼합물을 나

열하라. 또한, 원소 또는 화합물의 명칭 및 기호 또는 화학식을 각각 써라.

20. 휴대용 및 데스크탑 전자 장치의 프로세서 칩은 *트랜지스터*(transistor)로 알려진 작은 스위치로 구성된다. 현재 프로세서에서 사용되는 트랜지스터의 최소 크기는 얼마인가? 이러한 치수를 nm 및 km로 나타내라.

21. 초기의 화학자들이 이전에는 알려지지 않은 새로운 원소를 발견했을 때, 그 원소를 주기율표에 어디에 두어야 할지 어떻게 알았는가?

22. 천연 광석에서 알루미늄 금속을 어떻게 분리하는지, 그리고 그 정제에 관련된 과정들을 설명하라.

23. 휴대용 전자 기기의 스크린에 사파이어를 사용하는 것이 곧 보편화될지도 모른다. 유리와 사파이어의 물리적 특성, 분자 구조, 제작 기법을 비교하라.

24. 유리는 일반적으로 전기 절연체로 생각된다. 그러나 "전도성 유리"를 제작하는 것이 가능할까? 설명하라.

25. 분자적 관점을 이용하여 *Rupert 왕자의 유리 방울*(Prince Rupert's drops)의 형성을 설명하라. 그리고 유리 방울 꼬리가 부서질 때 격렬하게 부서지는 것을 설명하라.

26. 휴대폰 구성 요소를 cm, μm, mm 및 nm 단위로 나타내라.

27. 현재 지각에서 천연적으로 존재하는 금속 중에서 휴대폰에 사용되는 50 ppm 이하로 존재하는 세 가지 금속을 열거하라. 이 금속은 어디에서 왔을까?

28. 전자 제품의 디스플레이에서 투명성이 중요한 이유를 설명하라. 빛이 다른 유형의 물질과 상호 작용하는 방식을 예측하고 비교하라. 그리고 기술자가 내구성이나 투명성과 같은 특성을 변경하거나 향상시키기 위해 재료를 변경하는 방법을 설명하라.

29. 금은 덩어리의 형태로 발견되는 경우는 매우 드물지만, 하천과 강의 퇴적물에서 작은 모래알처럼 보인다. 사금 채취업자들이 금을 모래, 흙 및 암석 혼합물에서 어떻게 분리하는지 설명하라.

30. 풍부한 바닷모래로부터 휴대용 전자 장치에 사용하기 위해 고순도 규소를 제조할 수 있는가? 설명하라.

31. 고순도 규소 제조에서 발생한 일부 폐기물들을 열거하라.

32. 다음 진술의 정확성에 대한 비판하라. "휴대폰의 크기가 작아지고 비용이 저렴해지면 환경에 미치는 영향이 줄어든다."

33. 지속 가능성의 세 가지 축으로 현재 휴대용 전자 산업을 평가하라. 각 축마다 문자 등급 등급을 제공하고 개선의 세 가지 가능성을 제안하라.

응용 문제 _Exploring Extensions

34. "Moore의 법칙"이란 무엇이며 이것이 여전히 유효한가? Moore의 법칙은 칩 디자인에 어떤 영향을 미치는가?

35. 많은 보석의 결정 구조는 SiO_2 및 Al_2O_3 뼈대 체계를 기반으로 한다. 순수한 실리카와 알루미나가 백색 고체임을 고려할 때, 보석이 나타내는 다양한 색상을 나타내는 원인을 설명하라.

36. "불순물은 대부분의 결정성 고체의 물리적 특성에 영향을 미친다." 설명하라.

37. 스위치를 뒤집으면 불투명해지는 "스마트 유리"가 현재 전 세계 기업 및 호텔 객실에서 사용되고 있다. 전류가 흐를 때 유리가 투명에서 불투명으로 어떻게 변할 수 있는지 설명하라.

38. 휴대폰에서 발견된 금속을 재활용하는 데 사용된 몇 가지 과정을 설명하라.

39. 휴대폰 회사는 자사 제품에서 "독성 물질 완전 제거"를 광고했다. 휴대폰에서 어떤 원소가 제거되었으며 이들은 어느 위치에 있었는가?

40. 전자 장치의 부적절한 재활용으로 인해 토양 및 수질 오염에 대한 전례를 찾아라. 이러한 상황을 어떻게 예방할 수 있었는가?

41. 휴대용 전자 제품에서 발견되는 프로세서 칩을 재활용하기 위한 요람-요람 전략을 써라.

42. SiO_2 모래를 고순도 규소로 변환하는 데 필요한 반응을 나타내는 순서도를 그려라. 각 단계에서 생성된 폐기물은 어떻게 되는가? 이 과정은 얼마나 지속 가능한가?

43. 휴대용 전자 기기에 사용되는 유리 강화 방법을 설명하라.

44. Apple의 Daisy 로봇은 시간당 200대의 iPhone을 분해하여 기존 재활용 프로세스보다 더 많은 재료를 효율적으로 회수할 수 있다. 작년에 전 세계에서 판매된 총 iPhone 수를 고려하여, 휴대폰의 25%를 재활용한다고 하면 Al, Au, Ag, Cu, Co 및 희토류 금속을 몇 kg 회수할 수 있겠는가? 이 재활용 금속의 현재 가격을 기준으로 전체의 값어치는 얼마인가?

45. 인터넷 자료를 사용하여 휴대폰의 수명 주기 분석을 수행하라. 요람에서 무덤으로와 요람에서 요람으로의 두 가지 시나리오에 대해 가능한 자세하게 설명하라.

46. 최종 생산을 하여 소비자에게 출시하기 전에 휴대폰의 설계, 연구 및 개발 및 마케팅 단계에서 발생하는 환경 영향에 대해 설명하라.

47. 광석에서 알루미늄을 추출하는 데 필요한 단계, 관련 비용 및 에너지 사용량을 비교 및 대조하고, 이러한 과정을 전

체적인 효율성과 지속가능성에 기초하여 평가하라.

48. 희토류 금속에 대한 전 세계 수요 증가를 보여주는 아래 이미지를 생각해보자. 2012년과 2016년 사이에 중국, 일본/극동 아시아, 미국 및 나머지 국가에 대한 수요 증가율을 계산하라. 희토류 가격이 상승하고 전 세계 공급이 제한되어 있기 때문에 더 많은 국가에서 기존 장치에서 이러한 원소를 추출하여 재사용하는 재활용 프로그램을 실행하고 있다. 어떤 장치에 희토류 금속이 포함되어 있는가? 매년 판매되는 이러한 장치의 수와 평균 수명을 기준으로 100%의 금속을 회수하여 사용 가능한 장치를 100% 재활용한다고 가정하면 미국은 재활용 노력만으로도 현재 수요를 충족시킬 수 있겠는가? 설명하라.

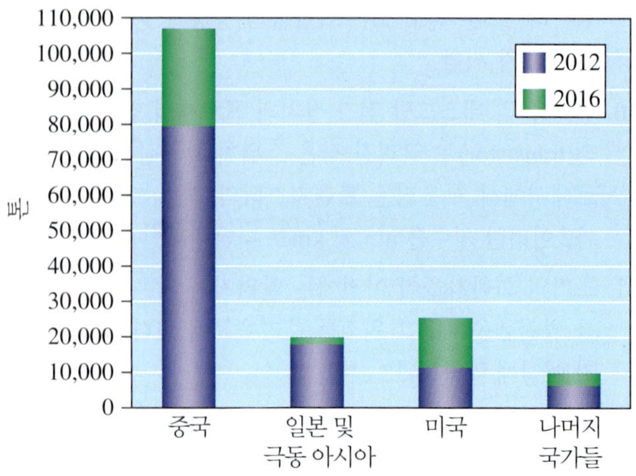

제10판
생활과 환경속의 화학
Chemistry in Context Applying Chemistry to Society

CHAPTER 2

우리가 숨 쉬는 공기

The Air We Breathe

Banner credit above: ©elen_studio/Shutterstock; ©Milmotion/Getty Images

미리 생각해 보기 *Reflect*

공기의 성분

우리가 호흡하는 공기는 다양한 물질로 구성되어 있다. www.acs.org/cic에서 제2장을 시작하는 비디오를 보고 아래 질문에 답하라.

a. 주위 공기 중에 화학 물질을 방출하는 3개의 실내 및 3개의 실외 방출원을 써라.

b. 각 화학 물질이 건강에 어떤 영향을 줄 수 있는지 간략하게 설명하라.

주요 질문 *Compelling Questions*

이 장에서는 다음과 같은 질문에 답할 것이다.

- 우리가 호흡하는 공기를 구성하는 성분은 무엇인가?
- 공기 중의 불순물은 무엇이며 어떻게 그곳에 왔는가?
- 특정 불순물을 흡입할 때 건강에 미치는 영향은 무엇인가?
- 공기가 호흡하기에 안전한지 어떻게 알 수 있는가?
- 실내에서 호흡하는 공기 중에 해로운 성분이 있는가?
- 오염 물질이 대기를 오염시키는 것을 방지하거나 제한할 수 있는 방법이 있는가?

서론

제1장에서 논의된 휴대용 전자 기기와는 달리, 우리는 숨 쉬는 바로 그 공기를 당연시하며 그것이 항상 그곳에 있을 것이라고 믿는다. 우리가 숨 쉬는 공기는 무엇으로 구성되어 있는가? 왜 그것이 삶에 필요한가? 공기 중에 우리를 해칠 수 있는 구성 요소가 있는가? 고대 그리스인들은 흙, 불, 물과 함께 공기를 자연의 기본 요소로 명명했다. 수백 년 후 화학자들은 공기의 구성에 대해 더 알기 위해 실험을 했고, 그것은 분자와 원자 같은 다양한 입자로 구성되어 있다는 것을 발견했다. 오늘날, 우리는 우주에서 지구 대기의 공기를 볼 수 있다. 그리고 우리는 매일 고대인들처럼 밤하늘의 대기를 통하여 반짝이는 별들을 볼 수 있다.

대기는 우리를 완전히 에워싸고, 우리를 우주로부터 분리시키는 얇고 보이지 않는 베일로 작용한다. 이 장에서는 지구상의 생명체를 지탱하는 대기 기체를 설명한다. 제3장에서는 태양이 방출하는 해로운 자외선 복사로부터 우리를 보호하는 성층권의 오존을 설명한다. 그리고 제4장에서는 우주의 매서운 추위로부터 우리를 보호하는 대기 중의 온실 기체를 설명한다. 정말로, 우리의 대기는 가격을 따질 수 없는 자원이다.

이 장은 또한 인간의 행동이 대기의 구성을 어떻게 바꾸었는지 설명한다. 이러한 변화들 중 많은 것들이 첨단 기술 발전에 대해 에너지가 증가하는 산업 발전 과정의 결과로 일어났다(제1장). 그러나 지구상에서 75억 명이 넘는 사람들이 살고 있기 때문에 우리의 개인적인 행동은 (그들이 아무리 미미해 보일지라도) 환경에 지속적인 영향을 미칠 수 있음을 인식하는 것이 중요하다. 다음 활동 학습은 개인 및 집단생활 방식이 어떻게 우리가 호흡하는 공기를 변화시킬 수 있는지 생각하도록 초대한다.

활동 학습 2.1 ▸ *공기 중의 발자국*

하이킹 부츠 접지면, 아스팔트 포장, 옥수수 밭, 이들 각각은 땅바닥을 변화시키기 때문에 인간이 남긴 "지상의 발자국"의 예다. 이와 비슷하게, 우리의 활동들은 우리 대기의 조성을 바꾸는 "공기 중의 발자국"을 남긴다. 주변 공기로 화학 물질을 방출하는 실내 3개와 실외 3개의 공급원을 조사하라.

이러한 각 공급원에 대해 (1) 대기질을 해치는지, (2) 대기질을 개선하는지, (3) 어느 정도 효과가 있지만 그것이 무엇인지 알 수 없는지를 설명하라.

2.1 우리는 왜 숨을 쉬는가?

숨을 쉬어라! 자동적으로 그리고 무의식적으로, 당신은 매일 수천 번 숨을 쉰다. 누구도 당신에게 숨 쉬라고 말할 필요가 없다. 그냥 숨을 쉬는 것이다. 비록 의사나 간호사가 당신의 첫 숨을 쉬도록 격려했을지 모르지만, 그 이후로는 자연이 대신했고 무의식적으로 숨을 쉬기 시작했다. 공포나 긴장감 속에서 순간적으로 숨을 참는다 하더라도, 당신은 곧 무의식적으로 우리가 공기라고 부르는 보이지 않는 것들을 들이마시게 된다. 실제로, 신선한 공기를 몇 분간 공급 받지 못해도 생존할 수 없다.

활동 학습 2.2 ➜ 숨을 쉬어라

하루에 들이마시는(그리고 내쉬는) 공기의 총 부피는 얼마나 될까? 이 양을 확인하라. 먼저 한 번의 "정상적인" 호흡으로 내쉬는 공기의 양이 얼마인지를 결정하라. 그리고 분당 호흡의 횟수를 결정하라. 마지막으로 하루에 내쉬는 공기의 양이 얼마인지를 계산하라. 어떻게 추정치를 얻었는지를 설명하고 자료를 보여라. 또한 답의 정확성에 영향을 미칠 것으로 믿는 요소들을 나열하라.

관련 절

이 계산을 하는 데는 1.4절에 설명한 차원 분석이 도움이 된다.

하루에 숨 쉬는 양을 얼마나 추산하였는가? 일반적으로, 성인은 하루에 11,000리터(약 3000갤런) 이상의 공기를 마신다. 자전거를 탔거나 등산으로 하루를 보냈다면 숨을 쉰 양은 더욱 높아질 것이다.

실제로 얼마나 많은 공기를 들이마시는지 알고 나서 놀랐는가? 우리는 공기를 들이마신다. 왜냐하면 숨은 우리를 살아있게 해주기 때문이다. 우리 주변의 공기는 산소를 포함하고 있는데, 산소는 우리의 생존에 필수적이다. **호흡**(respiration)이라고 부르는 과정에서, 우리는 먹는 음식의 신진대사를 돕기 위해 산소를 섭취한다. 설탕과 산소는 이산화 탄소와 물로 변화되고 에너지는 우리 몸에서 다른 필수적인 과정을 수행하기 위해 이용 가능하게 된다. 숨을 쉴 때마다 우리는 산소를 얻기 위해 공기를 들이마시고, 대기 중으로 이산화 탄소(그리고 소량의 물)를 내뿜는다.

2.2 보이지 않는 것의 정의: *공기란 무엇인가?*

공기는 다양한 비율로 혼합된 기체의 집합체로서 물질로 분류된다. 산소 외에도, 우리가 지금 검토할 공기에는 몇 가지 다른 성분들이 있다.

활동 학습 2.3 ➜ 숨 속에는 무엇이 들어 있는가?

숨을 쉬어라. 당신은 무엇을 호흡하고 있는가? 내쉬어라. 무엇을 숨 쉬고 있는가? 숨을 쉴 수 있는 "이상적인" 공기에 대해 설명하라.

관련 절

두 가지 유형의 혼합물(균일 혼합물과 불균일 혼합물)은 1.2절에서 논의하였다.

비록 보는 것으로 구별할 수 없지만, 호흡하고 있는 공기는 산소(O_2)와 같은 한 가지 순물질이 아니고 혼합물이다. 즉, 가변적인 양으로 존재하는 두 개 이상의 순물질의 조합이다. 이 절에서는 공기 중에 들어 있는 질소(N_2), 산소, 아르곤(Ar), 이산화 탄소(CO_2) 및 물(H_2O)에 초점을 맞출 것이다. 모두 무색무취의 기체로서 눈에 보이지 않고 코에도 감지되지 않는다.

사전 지식 *Did You Know* ?

물이 100°C에서 끓어도 항상 주변 대기에 물이 존재한다. 화산에서 방출되는 물의 온도는 100°C 이상이므로 기체 상태로 존재한다.

이러한 성분들은 세 가지 발달 단계에 걸쳐 우리의 대기 속에 있게 되었다. 첫 번째 단계에서는 매우 가볍고 빠른 물질인 수소(H_2)와 헬륨(He)이 형성된 직후 지구를 떠나 우주로 빠르게 소멸했다. 두 번째 단계에서는 지구 초기 발달 과정에서 수많은 화산이 물과 암모니아(NH_3), 이산화 탄소 기체를 뿜어냈다. 수소와 헬륨에 비해 이 기체들은 상대적으로 무겁고 느려서 지구 주변에 정착하기 시작했다. 작은 광합성 유기체가 이산화 탄소를 흡수하고 산소를 방출하자 다른 동물들이 산소를 흡수하고 이산화 탄소를 방출했다. 그 두

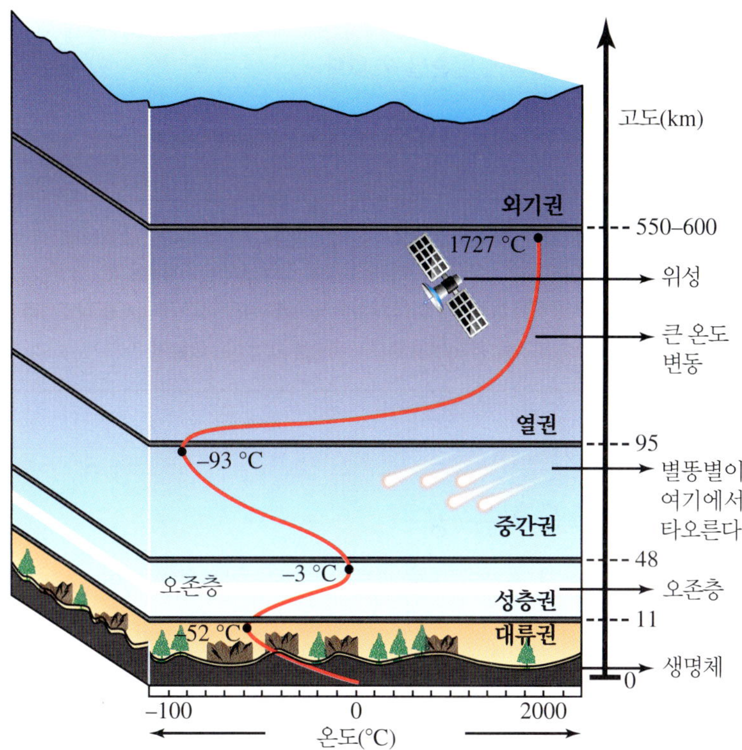

그림 2.1
각각의 공기 온도를 보여주는 지구 대기권 지역. 참고: 온도(x)와 고도(y) 축은 실제 비율의 축적이 아니다.

물질 사이의 일종의 균형이 잡히기 시작했다. 마침내, 공기 중의 암모니아는 강렬한 햇빛에 의해 질소와 수소 기체로 변형되었다. 가벼운 수소가 우주로 흘러들어갔고 불활성 질소가 주위를 맴돌았다.

이러한 대기의 형성의 결과로서 오늘날의 대기는 여러 층(그림 2.1)으로 되었다. 우리가 살고 있는 가장 낮은 층은 *대류권*(troposphere)이라고 부르며 전체 대기 중 질량의 75%를 차지한다. 다음 층은 *성층권*(stratosphere)이고, 그 다음은 *중간권*(mesosphere)과 *열권*(thermosphere)이다. 마지막(지구에서 가장 먼)은 *외기권*(exosphere)이라고 부른다. 이러한 고도에 따라 온도 변동이 존재하며, 높은 고도에서는 적은 양의 기체가 존재하므로 전체 압력이 지구에서 멀어질수록 감소한다. 우리가 공기라고 부르는 혼합물의 구성은 당신이 어디에 있는지에 따라 다르다. 내쉬는 공기는 흡입된 공기와 약간 다른 혼합물이기 때문에(표 2.1), 우리가 숨을 쉴 때는 적어도 우리 주변의 공기가 일시적으로 바뀐다.

공기는 그 특성상 기체의 집합체이기 때문에 기체 입자가 이리저리 움직이며 서로 "통과"할 수 있다. 이것은 미량의 물질이 공기 속에서 운반될 수 있다는 것을 의미한다. 종종, 우리는 냄새로 이것을 감지할 수 있다. 예를 들어, 프랑스 지역에서는 라벤더 향이 바깥 공기에 스며들 수 있는 반면, 미국의 산간 지역에서는 소나무 향이 콧구멍을 메울 수 있다. 실내에서는 갓 끓인 커피의 향기가 부엌으로 유혹할 수도 있고, 밖에서는 바다 냄새가

LAB

©Michael Mury

공기 중의 구성 요소에 대한 실제 조사는 www.acs.org/cic에서 비디오를 확인하라.

표 2.1 들숨 공기와 날숨 공기의 전형적인 조성

물질	들숨 공기(%)*	날숨 공기(%)*
질소(N_2)	78.0	78.0
산소(O_2)	21.0	16.0
아르곤(Ar)	0.9	0.9
이산화 탄소(CO_2)	0.04	4.0
수증기(H_2O)	가변적	가변적

*부피 백분율 단위, %(v/v)

해변 모래밭으로 이끌 수도 있다. 물론, 연료의 연소, 매립지, 또는 소가 트림할 때 방출하는 덜 바람직한 물질들도 공기 중에 방출될 수 있다.

활동 학습 2.4 ▸ 코는 알고 있다

소나무 숲, 빵집, 이탈리안 레스토랑, 가축우리 등에서 공기는 다르다. 눈을 가려도 그 차이를 냄새로 느낄 수 있다. 우리의 코는 공기가 미량의 여러 가지 물질을 함유하고 있다는 사실을 알려준다.

a. 공기 중에 적은 양의 화학 물질이 있음을 의미하는 실내 및 실외 냄새 각각 세 가지를 나열하라.

b. 우리의 코는 어떤 물질을 피할 것을 경고한다. 냄새가 위험을 의미하는 예를 세 가지 제시하라.

2.3 당신이 호흡하는 공기

바라건대, 앞의 활동 학습에서 공기의 구성 성분이 변하면 기분과 심지어 건강에 변화까지도 일어나게 하는 이유에 대해 생각해 보았으면 한다. 공기의 구성이 바뀌면 그 성질도 바뀐다.

그림 2.2는 공기의 조성을 원그래프와 막대그래프를 이용하여 나타낸 것이다. 자료를 제시하는 방법에 관계없이, 호흡하는 공기는 주로 질소와 산소이다. 보다 구체적으로, 부피를 기준으로 공기의 조성은 약 78%가 질소, 21%가 산소 및 1%가 다른 기체이다. **퍼센트**(percent, %)는 "백분율(백 개당 입자 수)"을 의미한다. 이 경우 입자는 분자 또는 원자이다.

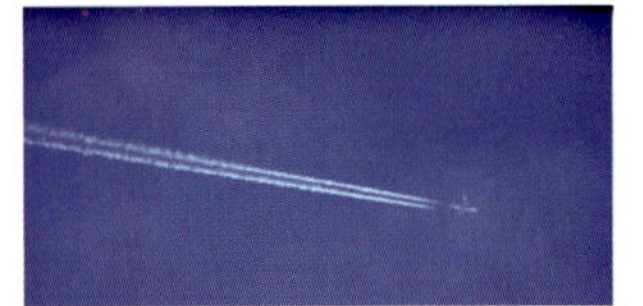

www.acs.org/cic에서 비디오를 통해 제트기가 "자국(chemtrails)"을 남기는 이유를 알아보라.

그림 2.2에 표시된 백분율은 *건조한* 공기에 대한 것이다. 수증기는 위치에 따라 농도가 다르므로 포함되지 않으며, 건조한 사막 공기에서 수증기의 농도는 0%에 가깝다. 반면에 따뜻한 열대 우림에서는 5% 부피에 이를 수 있다. 농도가 높든 낮든, 수증기는 눈에 보이지 않는 무색, 무취의 기체이다. 그러나 다음과 같은 질문을 할 수 있다. "왜 안개와 구름을 볼 수 있는가?" 실제로 안개와 구름은 수증기로 구성되어 있지 않다. 오히려 작은 액체 방울이나 얼음 결정으로 구성되어 있다(그림 2.3).

우리가 경험하는 것은 본질적으로 대기의 기체 상태의 물질이다. 1.2절에서 볼 수 있

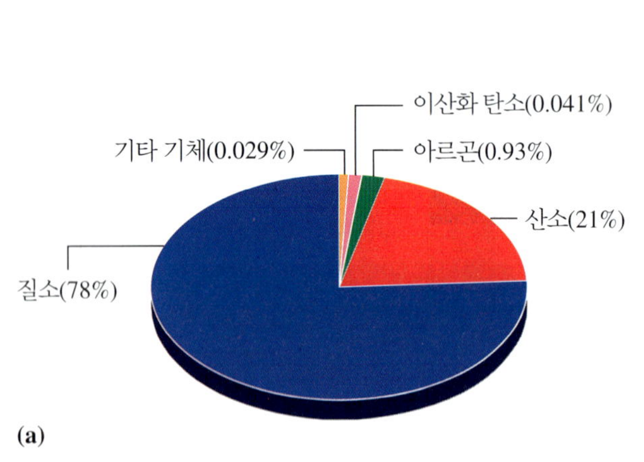

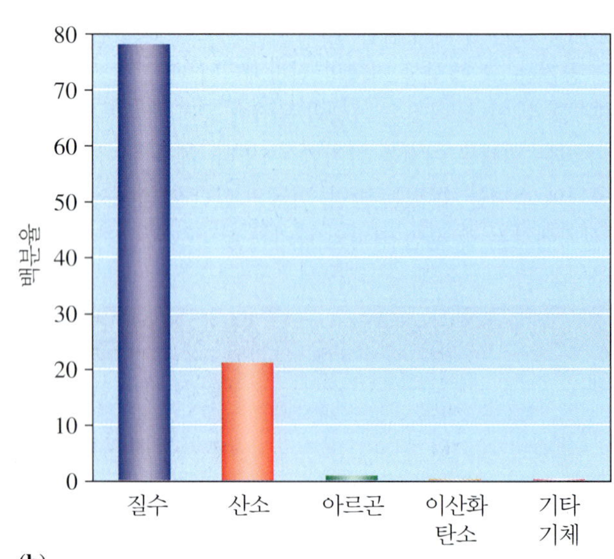

그림 2.2

부피를 기준으로 건조한 공기의 조성을 **(a)** 원형 그래프와 **(b)** 막대 그래프로 나타내었다.

그림 2.3

구름은 기류 상승으로 인해 부유 상태를 유지하는 작은 물방울로 구성된다. 구름의 무게는 수백만 파운드이다.

©Cathy Middlecamp, University of Wisconsin

듯이, 기체상의 원자 또는 입자는 자유로운 유동성을 가지며, 이들 사이의 거리가 넓고, 부피를 채우고, 어떤 모양의 용기에도 채워진다. 지구의 중력은 실제로 지구 표면 주위에 기체의 가상적인 "용기"를 만들어 이 기체들이 대기를 빠져나가는 것을 막는다.

질소는 공기에 가장 많은 물질이고, 우리가 숨 쉬는 것의 약 78%를 구성하고 있다. 질소 기체는 색도 없고 냄새도 없으며 상대적으로 반응성이 없고 폐의 안팎을 변화되지 않고 출입한다(그림 2.2). 질소는 생명체와 살아 있는 모든 것들의 일부에 필수적이지만, 대부분의 식물과 동물의 질소는 대기 중의 질소와는 다른 원천에서 얻고 있다.

대기 중에 산소는 질소보다 덜 풍부하지만 지구상에서 중요한 역할을 한다. 우리가 숨을 쉬면 산소는 폐를 통하여 혈액에 흡수되며, 우리가 먹는 음식과 반응하여 몸 안에서 일어나는 화학 과정에 필요한 에너지를 방출한다. 산소는 연소(태움)와 산화(녹이 스는)를 포함하여 많은 다른 화학 반응에도 필요하다. 산소는 물 분자(H_2O)에 존재하므로 인체에서 가장 풍부한 원소이다. 제1장에서 논의했듯이, 산소는 많은 암석과 광물에 존재하기 때문에 지구의 지각에서 가장 풍부한 원소이다.

활동 학습 2.5 ➤ *더 많은 산소 ...?*

우리는 21%의 산소 대기에 살고 있다. 성냥은 1분도 채 걸리지 않고, 벽난로는 약 20분 안에 작은 소나무 통나무를 태우고, 우리는 1분에 15번 정도 숨을 내쉰다. 만일 산소 농도가 두 배나 높으면 지구에서의 삶은 매우 달라질 것이다. 이렇게 증가된 산소량으로 인해 지구나 우리의 삶이 어떻게 달라질 수 있는지 적어도 네 가지를 나열하라.

2.4 공기에는 그 밖에 무엇이 있을까?

다른 기체들도 대기에서 발견된다. 예를 들어 *아르곤*(argon)은 공기의 약 0.9%이다. 그리스어로 "게으름(lazy)"을 의미하는 아르곤이라는 이름은 아르곤이 화학적으로 반응성이 없다는 사실을 반영한다. 아르곤은 다른 물질과 반응하지 않는다(질소의 불활성 형태, N_2와 유사함). 표 2.1에서 볼 수 있듯이, 당신이 들이 마시는 아르곤은 몸에 아무런 유익이나 해를 끼치지 않고 단순히 배출한다.

우리가 대기의 구성을 설명하는 데 사용한 백분율은 각 기체가 차지하는 공간의 양인 부피에 기초한다. 이런 공기가 필요하다면 78 L의 질소, 21 L의 산소, 그리고 거의 1 L의 아르곤을 혼합하여 대략 100 L가 되도록 하면 건조한 공기를 만들 수 있다. 별도의 기체가 완전히 섞이기 때문에, 그 결과는 78%의 질소, 21%의 산소, 1%의 아르곤이 함유되어 있는 혼합물에 해당한다. 공기의 조성은 또한 존재하는 분자와 원자의 개수로 나타낼 수 있다. 기체가 동일한 온도와 압력에 있다면 동일한 부피의 기체는 동일한 수의 입자를 포함할 것이다. 따라서 100개의 입자가 포함된 공기 시료를 채취하면, 78개는 질소 분자, 21개는 산소 분자, 1개는 아르곤 원자일 것이다. 즉, 공기가 21%의 산소로 되어 있다고 하면, 공기 중의 총 분자와 원자 100개당 21개의 산소 분자가 존재한다는 것을 의미한다.

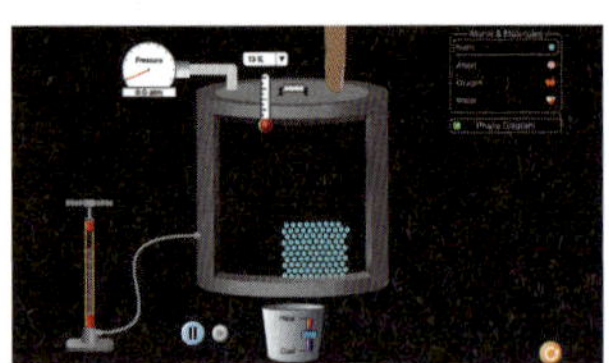

PhET Interactive Simulations, University of Colorado

기체의 부피, 압력 및 온도 사이의 관계를 보려면 www.acs.org/cic에서 비디오를 확인하라.

질소, 산소, 아르곤의 백분율 합계를 보면 이들만이 대기를 구성하는 것처럼 보인다. 그러나 대기에는 미량으로도 존재하는 다른 많은 성분들이 존재한다. 이 성분들 중에서 일부는 우리를 기분 좋게 한다. 예를 들어, 신선한 빵의 향을 구성하는 분자들을 들이마시는 것은 사람들의 얼굴에 상쾌한 미소를 유발할 수 있다. 그러나 도시 환경에서의 차량 배출과 같은 다른 요소들은 우리의 건강에 해로울 수 있다. 이 분자들은 농도가 더 작다. 예를 들어, 100분의 1개 분자 미만이 된다. 당신이 어디에 살고 있던지, 당신이 들이마시는 각각의 공기에는 질소와 산소 이외의 소량의 물질을 포함하고 있다. 많은 것들이 1% 미만의 농도로 존재한다. 여러분이 숨을 들이마시고 내쉬는 기체인 이산화 탄소가 그렇다. 우리 대기에는 2019년 이산화 탄소 농도가 최대 0.0410%에 달해 측정이 시작된 이래 가장 높은 수치를 기록했다. 이 값은 최근 인간이 화석 연료를 태우면서 꾸준히 증가하는 중이다.

관련 절

이산화 탄소 또한 온실 기체이다. 온실 기체의 성질 때문에 지구에 도달하는 태양의 열이 다시 우주로 반사되지 않고 지구 표면 근처에 남아 있게 된다. 이산화 탄소와 기타 온실 기체의 생성과 결과는 제4장에서 자세히 설명한다.

사전 지식 *Did You Know* ?

오해하지 말아야 할 것은, 농도가 낮다고 해서 반드시 영향이 작다는 것을 의미하지 않는다. 물질의 농도가 작더라도 큰 영향을 미칠 수 있으며 이산화 탄소가 바로 그러한 물질이다. 대기 중 410 ppm의 농도이지만 지구 온도 상승과 기후 변화에 기여한다.

0.0410%라는 값은 공기 중의 분자와 원자 100개당 이산화 탄소 분자 0.0410개로 설명할 수 있다. 그러나 100개의 분자당 0.0410개는 다소 이상하게 보인다. 따라서 상대적으로 낮은 농도의 경우 백분율 대신 백만분율(parts per million, ppm)을 사용하는 것이 더 편리하다. 1 ppm은 1% 크기의 1/10,000인 농도 단위이다. 다음은 몇 가지 유용한 관계를 보여준다.

0.0410%는 다음의 값을 의미한다: 100개당 0.0410개
1,000개당 0.410개
10,000개당 4.10개
100,000개당 41.0개
1,000,000개당 410개

예를 들어, 1,000,000개의 분자와 원자를 포함하는 공기 시료 중 410개는 이산화 탄소 분자이다. 따라서 이산화 탄소 농도는 410 ppm으로 표시한다.

활동 학습 2.6 ➤ *정말로 100만 분의 1?*

어떤 사람들은 100만분의 1초는 거의 12일 동안의 1초와 같다고 말한다. 이것이 정확한 비유인가? 568마일의 여행에서 한 걸음(약 2.5피트)의 비유는 어떤가? 55갤런 들이 물통에 잉크 4방울(20방울이 대략 1 mL)을 떨어뜨리는 비유는 어떤가? 이러한 유사점의 타당성을 확인하여 추론을 설명하라. 그런 다음 당신 자신의 한두 가지 비유를 생각해 내라.

100년 전, 지구는 20억 명이 채 안 되는 사람들이 살고 있었다. 우리는 현재 75억 명을 넘어섰고, 대다수의 사람들이 도시 지역에 살고 있다. 이러한 인구 증가는 자원 소비와

그림 2.4
중국 베이징의 다른 날에 같은 시점에 찍은 사진.
©Kevin Frayer/Getty Images

폐기물 생산의 급격한 증가를 동반했다. 우리는 대기에 숨겨둔 쓰레기를 대기오염이라고 부른다. 많은 사람들이 모닥불 위에서 음식을 조리하거나, 내연 기관 차량을 운전하는 것과 같은 인간 활동을 할 때, 사람들은 공기를 오염시킨다. 예를 들어, 그림 2.4는 중국 베이징(Beijing)의 이틀 동안에 일어나는 다양한 오염 수준을 보여준다. 로스앤젤레스(Los Angeles), 멕시코시티(Mexico City), 뭄바이(Mumbai), 칠레의 산티아고(Santiago) 등 다른 대도시들도 공기가 더러운 경우가 많다. 인간의 활동은 실내와 야외 모두에서 "공기 지문(air print)"을 남긴다.

특정 기체는 지구 표면의 대기 오염에 기여한다. 이 기체들 중 하나인 일산화 탄소(CO)는 냄새가 없고, 오존(O_3)과 이산화 황(SO_2), 이산화 질소(NO_2) 등 다른 기체들은 독특한 냄새를 가지고 있다. 이들 기체 모두는 1 ppm보다 훨씬 낮은 농도라고 하더라도 건강에 해로울 수 있다.

©Andrey Mihaylov/Shutterstock

상대 농도에 대한 실제 증명은 www.acs.org/cic에서 비디오를 확인하라.

활동 학습 2.7 ▶ 백만분율 연습

a. 일부 국가에서는 8시간 동안의 일산화 탄소 평균 농도에 대한 제한이 9 ppm으로 설정되어 있다. 이 양을 백분율로 표시하라.
b. 내쉬는 공기는 일반적으로 약 78%의 질소를 함유한다. 이 농도를 백만분율로 나타내라.

©2018 American Chemical Society

우리는 줄리어스 시저(Julius Caesar)의 마지막 숨을 숨 쉬고 있는 것일까? www.acs.org/cic에서 비디오를 확인하라.

2.5 즐거운 우리 집: *대류권*

질량을 기준으로 우리 공기의 약 75%가 지구 표면 바로 위에 놓여 있는 대기의 가장 낮은 지역인 **대류권**(troposphere)에 있다(그림 2.1). *트로포스*(tropos)는 "방향 전환" 또는 "변화"를 뜻하는 그리스어다. 대류권에는 기류가 흐르고, 공기를 섞는 격렬한 폭풍이 일어나는 곳이다. 이것은 대기가 장소에 따라 여러 다른 농도를 가질 수 있는 이유를 설명하는 하나의 특징이다.

대류권에서 가장 따뜻한 공기는 보통 지상에 놓여 있는데, 이는 태양의 광선이 공기를 관통하고 주로 지면을 가열하기 때문에 지표면에서 반사되었을 때 그 위의 공기가 따뜻하게 되기 때문이다. 더 높은 곳으로 올라가면 공기가 더 차가워지는 것을 알 수 있는데, 이것은 높은 고도로 등산을 하거나 운전했을 때 관찰할 수 있는 현상이다. 그러나 어떤 지역의 기상 조건으로 인해 더 차가운 공기가 더 따뜻한 공기 아래에 갇히면 *대기 역전*(air

(a) (b)

그림 2.5

(a) 대기 역전은 오염을 가둘 수 있다. **(b)** Utah 주 Salt Lake 시의 상공에 스모그 공기층이 갇힌 대기 역전.

(b): ©Steve Griffin/AP Images

inversions)이 발생한다. 대기 오염 물질은 반전 층의 찬 공기에도 축적될 수 있는데, 특히 이 공기층이 장기간 정지해 있을 경우 더욱 그러하다. 이는 미국 Utah 주의 Salt Lake 시와 같이 산으로 둘러싸인 도시에서 자주 발생한다(그림 2.5). 대기 오염 물질의 특성을 더 잘 이해하기 위해서는 우선 대기의 화학을 전반적으로 이해해야 한다.

2.6 나는 널 "볼 수" 있어! *공기 중의 입자 시각화*

화학자들은 일반적으로 물질을 연구하고 이해하기 위해 세 가지 관점을 사용한다(그림 2.6). 한 가지 관점은 물질을 감각, 관찰, 측정의 렌즈를 통해 보는 거시적 관점이다. 이 관점에서 설명할 수 있는 특성은 색상, 냄새, 화학적 반응성 또는 밀도와 같은 특성이다. 두 번째 관점은 기호를 사용하여 물질을 묘사한다. 제1장에서 보았듯이, 물질의 시료(예를 들어 물의 경우 H_2O)를 나타내기 위해 화학식에서 문자와 숫자를 사용한다. 또한 물질의 다양한 물리적 관계를 설명하기 위해 방정식에서 기호를 사용할 수 있다(예: 밀도, 질량, 부피 등의 관계에 대해 $d = m/V$). 물질의 세 번째 관점은 입자의 관점이다. 이러한 관점에

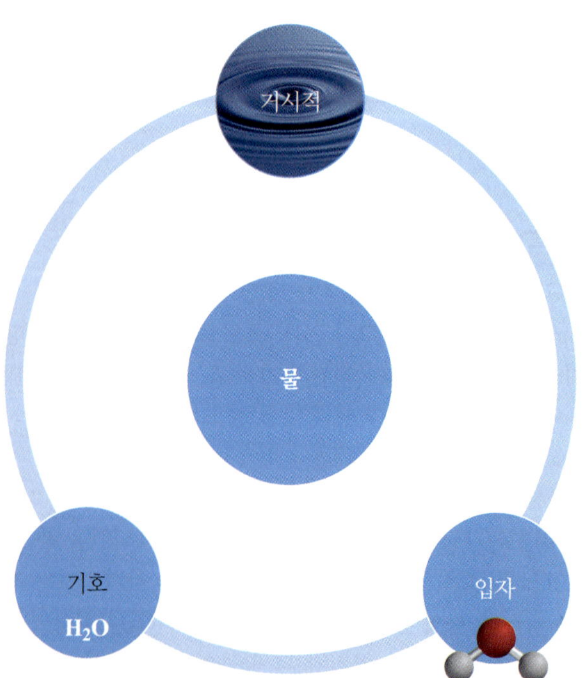

그림 2.6

물에 대한 세 가지 관점. 입자의 관점에서 물은 두 개의 수소 원자(회색으로 표시)와 한 개의 산소 원자(빨간색으로 표시)를 포함하고 있다.

©Mario7/Shutterstock.com

서, 우리는 실제 입자, 원자 또는 분자가 어떻게 생겼는지, 그리고 그것들이 어떻게 상호작용할 수 있는지를 "보고" 또는 상상한다(그림 2.6).

우리는 이제 이러한 개념을 공기라고 알려진 혼합물에 적용한다. 그 성분들 중 일부는 원소 물질이다: 질소와 산소는 이원자 분자(N_2와 O_2)로서 존재하는 반면, 아르곤과 헬륨은 결합되지 않은 단일 원자(Ar와 He)로서 존재한다. 다른 성분들, 특히 수증기(H_2O)와 이산화 탄소(CO_2)는 화합물이다. 이산화 탄소에서는 탄소 원자와 산소 원자가 별도의 독립체로 존재하지 않는다. 오히려 원자가 화학적으로 결합하여 이산화 탄소 분자를 형성하는데, 이 두 원자는 화학 결합에 의해 서로 붙들려진다(그림 2.7). 구체적으로는 두 개의 산소 원자가 하나의 탄소 원자와 결합하여 이산화 탄소 분자를 형성한다.

그림 2.7

이산화 탄소(CO_2) 분자의 모습으로, 가운데의 탄소 원자(검은색)가 두 개의 산소 원자(빨간색)와 화학적으로 결합된 것을 보여준다.

2.7 화학적 만남과 인사 – *분자 화합물의 명명*

화학 기호가 화학의 알파벳이면 화학식은 단어이다. 화학의 언어는 다른 언어와 마찬가지로 철자와 구문의 규칙이 있다. 이 절에서는 화학식과 이름을 사용하여 "화학을 말할" 수 있도록 도와준다. 보다시피 각각의 화학식 마다 각각의 이름이 부여된다. 그러나 화학식이 같더라도 다른 분자일 수 있으며 따라서 둘 이상의 이름을 가질 수 있다.

지금 우리는 여러분이 숨 쉬는 공기와 관련된 화합물의 화학적 *명명법*(nomenclature)과 화학식에 초점을 맞출 것이다. 그러나 다른 종류의 화학 물질을 명명하고 기호화하는 규칙과 관행은 이 책 뒷부분에서 다루게 된다. 우리는 이미 일산화 탄소, 이산화 탄소, 아황산 기체, 오존, 수증기, 이산화 질소 등 공기 중에 발견되는 일부 순수한 물질의 이름을 지정하였다. 분명하지 않을 수도 있지만, 이들 물질 목록에는 체계적인 이름과 일반적인 이름의 두 가지 유형이 포함되어 있다.

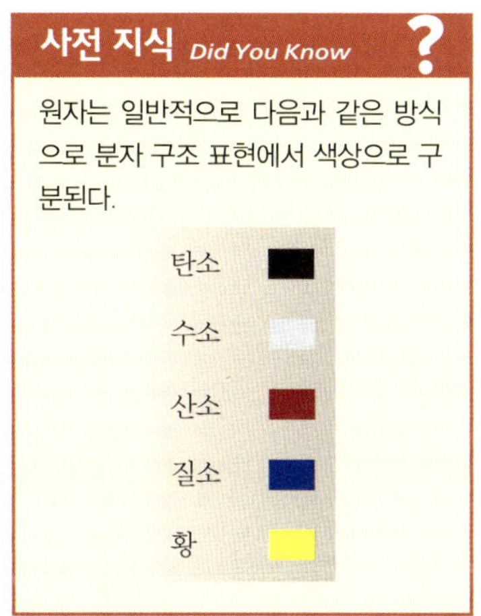

화합물의 체계적인 이름은 합리적으로 간단한 규칙을 따른다. 다음은 이산화 탄소(CO_2) 및 일산화 탄소(CO)와 같은 **분자 화합물**(molecular compound, 두 개 이상의 비금속으로 구성된 화합물)에 대한 규칙이다.

- 화학식에서 나중에 나오는 원소의 이름을 *-ide*로 수정한다. 예를 들어 산소(oxygen)는 *산화*(oxide)가 되고, 황(sulfur)은 *황화*(sulfide)가 된다.
- 화학식(표 2.2)에 있는 원자의 수를 나타내는 접두사를 사용한다. 예를 들어, *다이-*(*di-*)는 2를 의미하며, 따라서 *이*산화 탄소(carbon *di*oxide)라는 이름은 각 탄소 원자에 대해 두 개의 산소 원자가 있다는 것을 의미한다.
- 화학식 중 첫 번째 원소에 대한 원자가 하나뿐일 경우 *일-*(*mono-*)라는 접두사를 생략한다. 예를 들어 CO는 일산화 일탄소가 아니라 일산화 탄소이다.

대신 이름에서 화학식을 작성하는 경우, 아래 첨자 1은 화학식에 표시되지 않는다는 점을 기억하라. 따라서 이산화 탄소의 화학식은 C_1O_2가 *아니라* CO_2이다. 마찬가지로 일산화 탄소는 C_1O_1이 *아니라* CO이다. 다음 학습 활동은 이것을 연습할 기회를 제공해 준다.

표 2.2 분자 화합물의 원자 수에 해당하는 접두사

원자의 수	접두사	원자의 수	접두사
1	*일-(mono-)*	6	*육-(hexa-)*
2	*이-(di-)*	7	*칠-(hepta-)*
3	*삼-(tri-)*	8	*팔-(octa-)*
4	*사-(tetra-)*	9	*구-(nona-)*
5	*오-(penta-)*	10	*십-(deca-)*

사전 지식 *Did You Know* ?

이 활동 학습에서 두 개의 질소 화합물은 공통적인 이름을 가지고 있다. NO는 일산화 질소(nitric oxide)라고 하며, N_2O는 아산화 질소(nitrous oxide)라고 한다. 아산화 질소는 휘핑크림에서 추진제로, 개조한 경주용 자동차(modified race cars)에서 여분의(extra) 산소 공급원으로 사용된다.

활동 학습 2.8 ▶ *화학식 쓰기 및 산화물 명명*

a. 일산화 질소, 이산화 질소, 일산화 이질소 및 사산화 이질소에 대한 화학식을 써라.

b. SO_2 및 SO_3의 이름을 써라.

모든 화합물에는 체계적인 이름이 있지만 일부 화합물은 규칙에 따라 명명되지 않는 관용명도 있다. 예를 들어 물(H_2O)을 생각해보자. 왜 일산화 이수소라고 부르지 않는가? 이것이 의미가 있고 실제로 화합물의 정확한 이름이지만 물은 아무도 수소와 산소에 대해 알기 훨씬 전에 이름을 붙인 것이다. 합리적인 사람들이었던 화학자들은 물의 이름을 바꾸지 않았다. 마찬가지로 O_3는 관용명 이름인 오존(체계적인 이름은 삼산소, trioxygen)으로, NH_3는 암모니아(체계적인 이름은 삼수소화 질소)로 더 자주 사용된다. 체계적인 이름과 달리 관용명 이름은 단순히 화학식을 보고 알아낼 수 없다. 여러분은 그들을 알아두거나 찾아보아야 한다.

활동 학습 2.9 ▶ *관용명 연습*

인터넷을 사용하여, 다음의 분자성 화합물의 화학식과 체계적 이름을 써라: 석영, 웃음 기체, 실레인(silane), 드라이아이스, 황화 수소, 인산.

2.8 | 유해한 몇 가지 물질: *대기 오염 물질 살펴보기*

공기 중의 기체 성분 또는 고체 성분들의 농도에 대해 우리가 관심을 가져야 할 이유는 무엇인가? 농도가 1 ppm을 훨씬 밑돌더라도 이 중 일부는 건강에 해로울 수 있다. 예를 들어, 다음을 생각해 보자.

그림 2.8

프로페인 연료를 사용하는 캠핑 난로.

©Jill Braaten

그림 2.9

오존이 솔잎에 미치는 영향.

©Cathy Middlecamp, University of Wisconsin

- **일산화 탄소**(CO)는 색, 맛과 냄새가 없기 때문에 "침묵의 살인자"라는 별명을 얻었다. 일산화 탄소를 흡입하면 혈류 속으로 들어가서 산소를 전달하는 헤모글로빈의 능력을 저해시킨다. 일산화 탄소를 흡입하면, 처음에는 다른 질병으로 오인할 수 있는 증상인 약간의 어지러움과 구역질, 두통 등을 느낀다. 그러나 계속하여 노출되면 심각한 질병, 심지어는 죽음에 이르게 된다. 자동차 배기 기체와 숯불 모두 일산화 탄소의 발생원이다. 프로페인 연료를 사용하는 캠핑 스토브(그림 2.8)는 또 다른 일산화 탄소의 배출원이다.
- **오존**(O_3)은 자극적인 냄새를 가지며, 전기 모터, 용접 장치 근처에서 검출된다. 매우 낮은 농도에서도 오존은 건강한 사람의 폐 기능을 손상시킬 수 있다. 노출에 의한 증상은 가슴 통증, 기침, 재채기, 폐 울혈 등이 있다. 오존은 또한 농작물의 잎을 얼룩지게 하고, 솔잎을 누렇게 변하게 한다(그림 2.9). 지표면에서 오존은 분명 인간에 해로운 오염 물질이다. 그러나 제3장에서 배우게 되겠지만 높은 고도에서는 자외선을 차단하는 데 필수적인 역할을 한다.
- **이산화 황**(SO_2)은 자극적이며 불쾌한 냄새가 난다. 이산화 황을 흡입하면 폐의 축축한 조직에 용해되어 산을 생성한다. 폐기종이나 천식을 앓는 어린이와 노인은 이산화 황 중독에 가장 취약하다. 현재는 대기 중의 이산화 황은 주로 석탄의 연소에 기인한다. 예를 들어, 결국 1만 명 이상의 목숨을 앗아간 1952년 런던 스모그는 부분적으로 석탄 화력 난로에서 배출되는 SO_2가 원인이었다. 사망 원인으로는 급성 호흡

(a)

(b)

그림 2.10

스모그 보호를 위해 **(a)**는 1950년대 London, **(b)**는 현대식으로 Beijing에서 착용한 마스크.

(a): ©Keystone Pictures USA/Alamy; *(b)*: ©VCG/VCG via Getty Images

사전 지식 *Did You Know*

"스모그"(연기와 안개)라는 단어는 영국 London의 서늘하고 습한 조건으로 인해 독성 연기와 안개가 결합하여 치명적인 대기로 만드는 이 악명 높은 사건에서 유래했다.

곤란, 심부전(기존 질환), 질식사 등이었다. 살아남은 사람들은 스모그 노출로부터 자신을 보호하려는 시도를 하였으나 영구적인 폐 손상을 입었다(그림 2.10).

- **질소 산화물**(NO_x). 이산화 질소(NO_2)는 특징적인 갈색을 띠며, 그림 2.5b에서 볼 수 있듯이 도시 스모그의 주요 가시성 성분이다. 이산화 황과 마찬가지로 폐의 축축한 조직과 결합하여 산을 생성한다. 대기에서 이산화 질소는 무색의 기체인 또 다른 오염 물질인 일산화 질소(NO; 관용명: 산화 질소)로부터 생성된다. 일산화 질소는 차량 엔진 및 석탄 화력 발전소를 포함하여 뜨거운 조건에서 공기 중의 N_2와 O_2의 반응으로 형성된다. 질소 산화물인 NO 및 NO_2는 곡물 저장고에서 자연적으로 형성될 수 있으며 우연히 기체를 흡입한 농부를 다치게 하거나 죽일 수 있다.
- **납**(Pb)은 지구의 지각에서 소량으로 발견되는 자연적으로 발생하는 원소이다. 납의 주요 공급원은 광석 및 금속 가공 공장, 화장품, 폐기물 소각로, 배관 사새뿐 아니라 납축전지 제조 및 재활용 시설이다. 페인트 배합에는 한때 납을 함유했으나 1978년에 금지되었다. 따라서 오래된 집을 개조하는 것은 납 노출의 심각한 위험을 야기한다. 미국 환경보호국(Environmental Protection Agency, EPA)이 1980년대 자동차 휘발유에서 납 함유 화합물을 금지했지만, 무연 항공 연료로의 전환은 결국 2018년에 이뤄졌다. 납이 공중에 방출되었을 때, 지면에 정착하기 전에 먼 거리를 이동하여 토양이나 물의 저장고에 축적될 수 있다. 일단 흡입하거나 섭취하면 납은 혈액을 통해 몸 전체에 이동하여 분포하고 뼈에 축적된다. 납은 노출 수준에 따라 중추신경계, 면역계, 생식 계 및 발달 계, 심혈관 계에 악영향을 미칠 수 있다. 유아와 어린 아이들은 특히 낮은 수준의 납에 민감하게 반응하며, 이것은 신체적인 문제와 학습 장애의 원인이 될 수 있다. 납 중독을 치료할 수 있지만 납 노출로 인한 손상은 되돌릴 수 없다.
- **입자상 물질**(particulate matter, PM)은 미세한 고체 입자와 미세한 액체 방울의 복잡한 혼합물로서, 우리가 열거한 대기 오염 물질 중 가장 잘 이해되지 않는 물질이다. 입자상 물질은 조성이 아닌 크기로 분류되며, 그 크기는 지금까지 설명한 개별 분자에 비해 더 크다(그림 2.11). 입자의 크기는 건강 결과의 심각성과 반비례 관계에 있다. PM_{10}에는 평균 지름이 10 μm(1.0×10^4 nm) 또는 사람 머리카락 너비의 약 1/8인 입자가 포함된다. $PM_{2.5}$는 PM_{10}의 부분 집합으로 평균 지름이 2.5 μm (2.5×10^3 nm) 이하인 입자를 포함한다. 이 너 작고 더 지명적인 입자를 때때로 *미세 입자*(fine particulates)라고 한다. 입자상 물질은 차량 엔진, 석탄 화력 발전소, 산불, 분진

관련 절

공기 중에서 이산화 황에서 형성된 산은 자동차 배터리 안에 들어 있는 묽은 형태의 황산(sulfuric acid)이다. 다양한 산과 염기의 성질은 제5장에서 더 자세히 설명한다.

관련 절

입자상 물질의 크기 범위는 1.4절에서의 논의한 나노 물질보다 크다.

사전 지식 *Did You Know*

마이크로미터는 보통 마이크론이라고 한다.

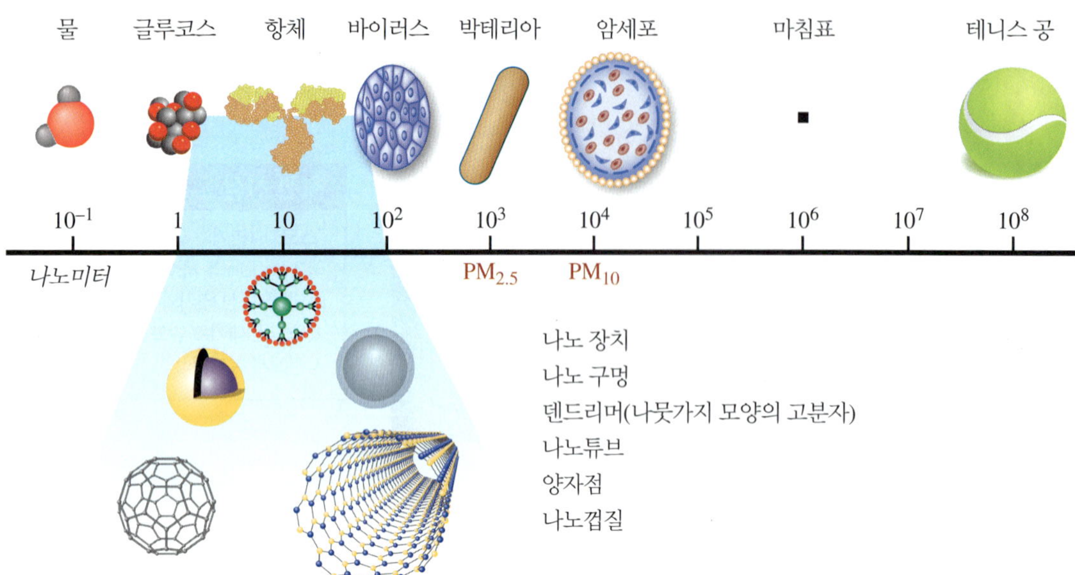

그림 2.11
관심 있는 일반 길이 척도를 화학 물질과 비교한 그림.

그림 2.12
2012년 Colorado 주 Denver 인근에서 발생한 산불. 이 화재는 입자상 물질을 방출하고 있는데, 그 중 일부는 그을음으로 보인다.
©Helen H. Richardson/The Denver Post via Getty Images

등을 포함한 많은 배출원에서 발생한다. 때때로 입자상 물질은 그을음이나 연기로 보이지만(그림 2.12) 여기에 설명한 두 가지 유형인 PM_{10}과 $PM_{2.5}$는 너무 작아서 볼 수 없다. 이 입자를 흡입하면 폐 깊숙이 들어가 자극을 일으켜 폐암을 유발할 수도 있다. 가장 작은 입자는 폐에서 혈류로 전달되어 심장병을 일으킬 수 있다.

당신을 놀라게 할 수 있는 사실로 이 절을 끝마치고자 한다. 방금 나열한 대기 오염 물질의 대부분은 자연적으로 발생할 수 있다! 예를 들어, 산불(그림 2.12)은 입자상 물질과 일산화 탄소를 생성하고, 번개는 오존과 질소 산화물을 생성하며, 화산은 이산화 황을 방출한다. 천연 물질이든 인간이 만든 물질이든 동일한 화학 물질이기 때문에 오염 물질은 동일한 유해성(hazard)을 가지고 있다. 중요한 것은 공기 중의 농도이다. 당신의 건강에 어떤 위험이 있는가? 이제 이 주제로 넘어가고자 한다.

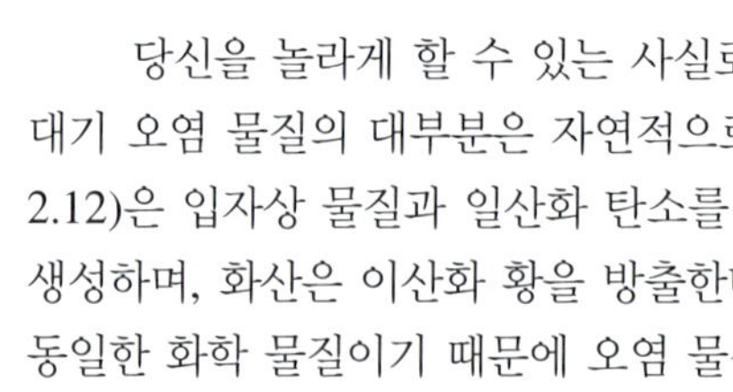

활동 학습 2.10 ▸ 오염된 호흡에는 무엇이 있는가?

한 번 더 숨을 쉬어라. 어떤 공기를 들이마시고 있는가? 휴대용 전자 제품(제1장에서 설명)과 기타 소비재 생산으로 인해 우리 공기는 예전처럼 깨끗하지 않다. 휴대용 전자 제품 생산 과정에서 생성되는 오염 물질이 건강에 어떤 영향을 미칠 수 있다고 생각하는가?

©2018 American Chemical Society

바다에서 발생하는 천연 에어로솔 입자가 날씨 패턴에 어떤 영향을 미칠 수 있는지 www.acs.org/cic에서 비디오를 확인하라.

2.9 운이 좋다고 느끼는가? *대기 오염 물질의 위험성 평가*

위험은 삶의 일부분이다. 비록 위험을 피할 수는 없지만, 우리는 여전히 위험을 최소화하려고 노력한다. 예를 들어, 수용될 수 없는 어떤 행동은 위험을 수반하기 때문에 불법이다. 높은 위험을 수반하는 또 다른 활동들은 고위험성이 있다고 라벨에 써 붙인다. 예를 들어, 담배 갑에는 폐암에 관한 경고 라벨이 붙어 있다. 임신 중 와인을 섭취할 경우 선천적 결함을 유발한다는 경고가 붙어 있고, 음주 상태에서 기계를 작동시키는 것에 대한 경고를 담고 있다. 그러나 경고가 없다고 해서 안전이 보장되는 것은 아니다. 위험하다는 라벨을 붙이기에는 위험이 너무 낮을 수도 있고, 위험이 명백하거나 피할 수 없을 수도 있고, 다른 이익보다 위험이 훨씬 클 수도 있다.

경고는 바로 경고일 뿐이다. 경고는 누군가가 영향을 *받을 것이라*는 의미는 아니다. 오히려 불리한 결과가 나올 가능성을 보고하는 것이다. 교통사고로 사망할 확률은 3만 마일당 100만 분의 1이라고 가정해 보자. 평균적으로 이것은 30,000마일을 여행하는 백만 명 중 한 명이 사고로 사망한다는 것을 의미한다. 그러한 예측은 단순한 추측이 아니라 **위험성 평가**(risk assessment)의 결과로서, 과학적 자료를 평가하고 결과의 확률에 대해 조직적으로 예측하는 과정이다.

공기를 마시는 것이 위험한 경우는 언제인가? 다행히도 기존 대기질 기준(air quality standards)이 *지침*(guidance)이 될 수 있다. 과학자, 의료전문가, 정부 기관 및 정치인들의 복잡한 상호 의견 조율을 통해 기준이 설정되었기 때문에, 이것을 지침이라고 한다. 사람들은 어떤 기준이 합리적이고 안전한지에 반드시 동의하지 않을 수 있다. 기준은 새로운 과학적 지식이 생성되거나 시간이 지남에 따라 변경될 수 있다.

미국에서는 1970년 청정 대기법(Clean Air Act)의 결과로 국가 대기질 기준이 처음 제정되었다. 오염 물질 수치가 이 기준 아래로 떨어지면, 아마도(presumably) 공기는 호흡해도 건강에 해롭지 않다고 생각할 수 있다. 우리는 대기질 기준이 일반적으로 시간이 지날수록 더 엄격해지기 때문에 “아마도(presumably)”라고 말한다. 전 세계를 살펴보면, 대기질 규제가 엄격한 정도와 시행 과정이 모두 다르다는 것을 알 수 있다.

대기 오염 물질에 의한 위험성은 어떤 물질의 고유한 건강에 대한 유해성(hazard)을 나타내는 **독성**(toxicity)과 발생 물질의 양을 나타내는 **노출량**(exposure)의 함수이다. 사람들이 의도적으로 유해 물질에 노출되는 실험을 하는 것이 비윤리적이라는 등 여러 가지 이유로 독성을 정확하게 평가하기가 어렵다. 자료를 이용할 수 있더라도 다른 그룹의 사람들이 수용할 수 있는 위험 수준을 결정해야 한다. 이러한 복잡성에도 불구하고 정부 기관들은 주요 대기 오염 물질에 대한 노출 한계를 설정하는 데 성공했다. 표 2.3은 미국 환경보호국(EPA)에서 제정한 국가 대기질 기준(National Ambient Air Quality Standards)을 보여주고 있다. 여기서 **주변 공기**(ambient air)는 우리 주변의 공기를 말하며 일반적으로 실

표 2.3 미국의 대기질 기준

오염 물질	기준(ppm)	대략적인 농도($\mu g/m^3$)
일산화 탄소		
1시간 평균	35	40,000
8시간 평균	9	10,000
이산화 질소		
1시간 평균	0.100	200
연간 평균	0.053	100
오존		
8시간 평균	0.070	140
입자상 물질		
PM_{10}, 24시간 평균	–	150
$PM_{2.5}$, 24시간 평균	–	35
$PM_{2.5}$, 연간 평균	–	12
이산화 황		
1시간 평균	0.075	210
납		
3개월 평균	–	0.15

와 공기를 의미한다. 대기에 대한 지식이 증가하면 이 기준도 수정된다. 예를 들어, 2006년에 이 기준은 $PM_{2.5}$에 대해 더욱 엄격해졌다. 추가의 과학 연구에 따르면 오염 대기의 미세한 입자상 물질을 흡입하면 인체 건강에 해를 끼칠 수 있다. 마찬가지로 2015년에는 오존 기준이 낮아졌고, 2010년에는 이산화 질소에 대한 새로운 기준이 추가되었다.

노출량은 더 쉽게 측정할 수 있는 인자들을 통제하면 되기 때문에, 독성에 비해 평가하기가 훨씬 더 간단하다. 여기에는 다음과 같은 것들이 포함된다.

- *공기 중 농도.* 오염 물질의 독성이 높을수록 농도를 낮춰야 한다. 농도는 표 2.3과 같이 백만분율(ppm) 또는 입방미터당 마이크로그램($\mu g/m^3$)으로 표시된다. 앞에서 마이크로미터(μm)에서 접두사 *마이크로*-(micro-)를 사용했는데, 이는 100만분의 1 m(10^{-6} m)를 의미한다. 마찬가지로 1마이크로그램(μg)은 1그램(g)의 100만분의 1이나 10^{-6} g이다.
- *시간 간격.* 더 높은 농도의 오염 물질은 짧은 시간 동안만 견딜 수 있다. 오염 물질은 각각 다른 기간 동안 여러 가지 기준을 가질 수 있다.
- *호흡 속도.* 사람들은 달리기와 같은 신체 활동을 하는 동안 더 빠른 속도로 호흡한다. 만일 대기질이 나쁘면 활동량을 줄이는 것도 노출을 줄이는 한 가지 방법이다.

도시의 거리에서 공기 시료를 수집한다고 가정하자. 공기 중에 일산화 탄소(CO) 5000 $\mu g/m^3$가 들어 있다는 분석이 나왔다. 이 CO 농도는 호흡에 해로운가? 표 2.3을 사용하면 이 질문에 답할 수 있다. 일산화 탄소에 대해서는 두 가지 기준이 보고되며, 하나는 1시간 노출 기준이고, 다른 하나는 8시간 노출 기준이다. 1시간 노출 기준은 더 높은 농도를 짧은 시간 동안만 허용하기 때문에 더 높은 수준으로 설정된다. 분석된 CO 농도 5000 $\mu g/m^3$은 1시간과 8시간 노출량 한계치 모두보다 작기 때문에 공기 질은 숨 쉬기에 안전한 것으로 간주된다.

©2018 American Chemical Society

일산화 탄소가 매우 치명적인 이유를 알아보려면 www.acs.org/cic에서 비디오를 확인하라.

표 2.3은 또한 오염 물질의 상대적 독성을 평가할 수 있게 해준다. 예를 들어 일산화 탄소와 오존에 대한 8시간 평균 노출 기준: 9 ppm 대 0.070 ppm을 비교할 수 있다. 몇 가지 빠른 계산을 해 보면 오존이 일산화 탄소보다 호흡에 약 130배나 더 위험하다는 것을 알 수 있다. 그럼에도 불구하고 일산화 탄소는 여전히 극단적으로 위험할 수 있다. "침묵의 살인자"로서, 사람이 위험을 인식하기 전에 판단력을 손상시킬 수 있기 때문이다.

활동 학습 2.11 ▸ 독성 추론

a. 표 2.3의 어떤 오염 물질이 가장 독성이 클 것 같은가? 미세 입자상 물질은 제외하라. 결정 이유를 공유하라.

b. 입자상 물질 기준을 조사하라. 앞에서 "미세 입자" $PM_{2.5}$가 거친 입자 PM_{10}보다 더 치명적이라고 말했다. 표 2.3의 값이 이 주장을 뒷받침하는가? 그 이유는 무엇인가?

c. Pb는 입자상 물질보다 더 독성이 있는가? 당신의 추론을 설명하라.

대기 오염 물질에 대한 기준은 백만분율로 표시되지만, 이산화 황과 이산화 질소의 농도는 10억분의 1을 의미하는 십억분율(parts per billion, ppb)로 편리하게 표시할 수 있다.

$$\text{이산화 황 } 0.075 \text{ ppm} = 75 \text{ ppb}$$
$$\text{이산화 질소 } 0.100 \text{ ppm} = 100 \text{ ppb}$$

이들 값에서 알 수 있듯이 백만분율에서 십억분율로 변환하려면 소수점을 오른쪽으로 세 자리 이동하면 된다. SO_2와 NO_2의 단위를 이렇게 변경하면 더 편리한 숫자가 만들어질 수 있지만, 공기 중의 다양한 화학 물질에 대한 농도를 보고할 때 직접 비교를 위해서는 공통 단위를 사용하는 것이 좋다.

활동 학습 2.12 ▶ *바람 부는 방향에서 생활하기*

구리 광석을 녹여 구리 금속을 만들 때, 공기 중에 이산화 황(SO_2)이 배출된다. 제련소의 바람이 부는 지역에 살고 있는 여성이 1시간당 SO_2 44 μg을 흡입했다고 가정해 보자. 시간당 625리터(0.625 m^3)의 공기를 들이마셨다면 SO_2에 대한 미국 국가 대기질 기준(U.S. National Ambient Air Quality Standards)의 평균 1시간 평균을 초과하는가? 계산을 통해 당신의 대답을 뒷받침하라.

1948년 설립된 세계 보건 기구(World Health Organization, WHO)는 유엔 내에서 세계 보건 분야의 관심사에 대한 대응을 지시하고 조정하는 권한을 갖고 있다. 이들의 역할 중 일부는 공중 보건에 대한 규범과 기준을 정하는 것으로, 이는 대기오염 지침의 개발로 이어졌다. 당신은 이 지침들이 다음 활동 학습에서 미국 환경보호국(U.S. Environmental Protection Agency, EPA)이 정한 지침과 어떻게 다른지 알게 된다.

활동 학습 2.13 ▶ *기준의 차이*

세계 보건 기구(WHO)의 대기질 지침을 결정하기 위한 몇 가지 조사를 수행하라. 미국 EPA와 WHO가 모두 인정한 오염 물질을 표 2.3에서 확인하라. 오염 물질 하나를 선택하고 선택한 오염 물질에 대한 EPA 기준과 WHO 지침 사이의 세 가지 차이점을 설명하라. 어느 기관이 더 엄격한 기준을 세웠는가?

이 절을 마치면서, 위험에 대한 우리의 *인식*(perception)도 중요한 역할을 한다는 점을 강조하고자 한다. 예를 들어, 자동차로 여행하는 것의 위험은 비행기로 여행하는 것보다 위험성이 훨씬 크다. 미국에서는 매일 100명 이상의 사람들이 자동차 사고로 죽는다. 그러나 일부 사람들은 비행기 추락에 대한 두려움 때문에 비행기 여행을 기피한다. 마찬가지로, 어떤 사람들은 휴화산 근처에 내륙에 사는 것을 두려워한다. 하지만, 일부 초대형 허리케인이 증명했듯이, 해안 지역에 사는 것은 훨씬 더 위험할 수 있다. 대기 오염은 위험으로 인식되든 아니든 현재 세대와 미래 세대에 실질적인 위험을 안겨준다. 다음 절에서는 이러한 위험을 평가할 수 있는 도구를 제공한다.

2.10 내 집을 떠나는 것은 안전한가?
대기질 모니터링 및 보고

어디에 사느냐에 따라 질이 다른 공기를 마시게 된다. 어떤 지역은 항상 상쾌한 공기를 가지고 있고, 다른 지역은 보통 수준의 공기를 가지고 있고, 또 다른 곳들은 여전히 많은 시간 동안 건강에 좋지 않은 공기를 가지고 있다. 보시다시피, 이러한 차이는 인구수, 지역 활동, 지리적 특성, 기후 패턴, 주변 지역 사람들의 활동과 같은 많은 요소 때문에 나타난다.

많은 국가들이 대기질을 개선하기 법을 제정했다. 예를 들어 미국은 이미 미국 청정 대기법(1970년)을 제정하여 대기질 기준을 확립하였다. 많은 환경 법규와 마찬가지로, 이 법은 유해 물질에 대한 노출을 제한하는 데 초점을 맞췄다. 유해 물질의 확산을 제한하거나 사후 정화를 시도하는 것 때문에 "명령 통제법(command and control law)" 또는 "종말처리법(end of the pipe solution)"이라고 명명되었다.

오염 방지법(Pollution Prevention Act, 1990년)은 청정 대기 법에 이은 중요한 입법이다. 이 법은 "오염 가능성이 있는 경우, 원천적으로 오염을 막거나 줄여야 한다."는 내용의 유해 물질 형성을 *막는 데*(preventing) 초점을 맞췄다. 발상의 전환이 중요하다. 사람들은 오염 물질을 청소하기보다는 애초에 생산해서는 안 된다! 오염 방지법으로 오염 물질을 원천적으로 줄이거나 이상적으로 제거하는 관행을 채택하는 것이 국가 정책이 되었다.

활동 학습 2.14 ▶ *예방의 논리*

"나중에 카펫을 청소하기보다는 문 밖에서 진흙이 묻은 신발을 벗어라." 대기 오염이 일어난 후에 정화기 보다는 대기 오염을 방지하는 세 가지 "상식"을 나열하라. *힌트*: 활동 학습 2.1을 다시 보라.

EPA의 실외 공기 질 사이트를 방문하여 지역 대기 오염 물질 농도가 시간이 지남에 따라 어떻게 변했는지 확인하라.

미국에서 대기 오염 물질 농도의 감소는 극적이었다(그림 2.13). 이러한 개선은 방금 언급한 것과 같은 법률과 규제의 결합을 통해 이루어졌다. 다른 것들은 지역의 결정에서 비롯되었다. 예를 들어, 지역사회에서 새로운 대중교통 시스템을 구축하거나 산업체가 최신 장비를 설치했기 때문이다. 또 다른 것들은 화학자의 독창성 때문에 이루어졌으며, 특히 이 장의 마지막 절에서 설명할 "녹색 화학"이라는 일련의 활동을 통해 이루어졌다.

활동 학습 2.15 ▶ *미국의 공기*

EPA는 미국 대기질의 추세를 강조하는 "우리나라의 공기"라는 대화식 보고서를 매년 발행한다. 2017년 연례 보고서의 자료를 참조하여, 다음 질문에 답하라.

1. 1990년부터 2016년까지 배출양이 가장 많이 감소한 것은 무엇인가? 이러한 대기질 개선에 기여한 요인은 무엇인가?
2. 납 배출량은 1993년에 급증한 후 급격히 감소했다. 이러한 추세(Pb 수준의 급등과 급격한 감소 모두)에 대한 몇 가지 이유는 무엇인가?
3. 나열된 PM 배출량에는 농업 먼지 및 산불 배출과 같은 "기타 배출"이 포함되어 있지 않다. 이러한 출처가 포함된 경우 1990년부터 현재까지의 $PM_{2.5}$ 및 PM_{10} 배출 추세를 도표화하라. (*힌트*: 자세한 내용을 보려면 "배출 추세"를 클릭해야 한다.) EPA가 연간 추세에서 이러한 PM 배출원을 생략하기로 선택한 이유는 무엇이라고 생각하는가?
4. 오존, 납, SO_x, NO_x 및 PM의 기준 오염 물질에 대한 연간 농도 추세를 평가하라. 1990년 이후 전국적으로 농도가 감소했지만, 이러한 오염 물질 중 일부가 전국 평균보다 지속적으로 높은 수준을 유지하는 지역이 있는가? 그렇다면 이러한 상대적으로 높은 배출 추세의 원인은 무엇인가?

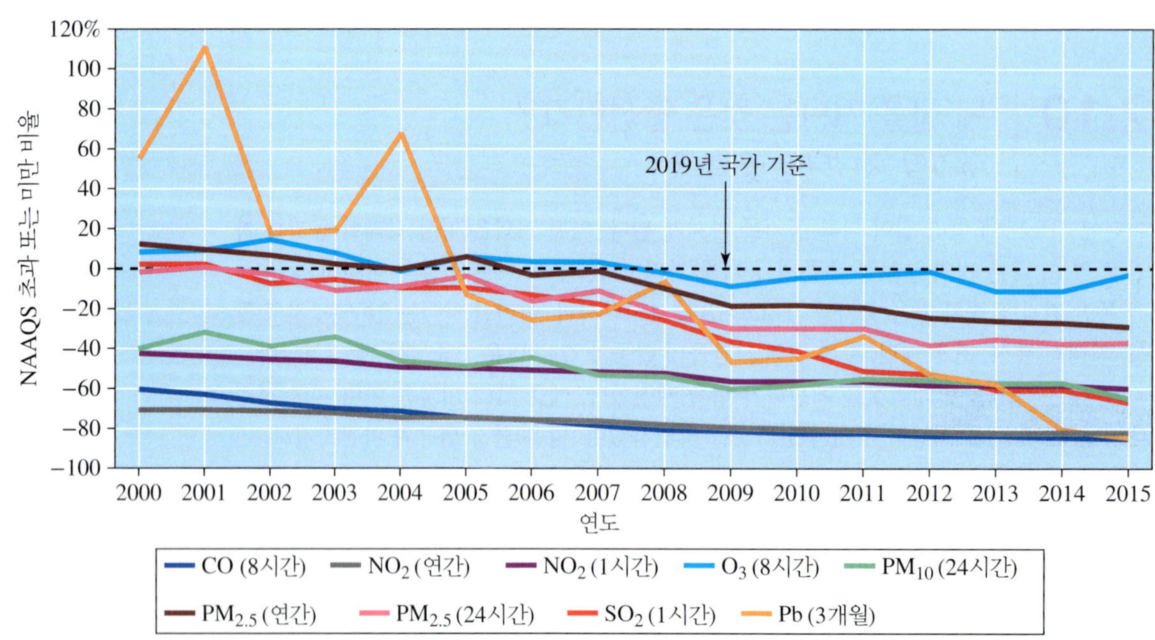

그림 2.13

미국 대기 오염 물질의 평균 수준(선택된 장소에서의)과 국가 대기 품질 기준(2000~2015) 비교. 이러한 자료의 대화형 버전은 www.acs.org/cic에서 확인하라.

Source: EPA

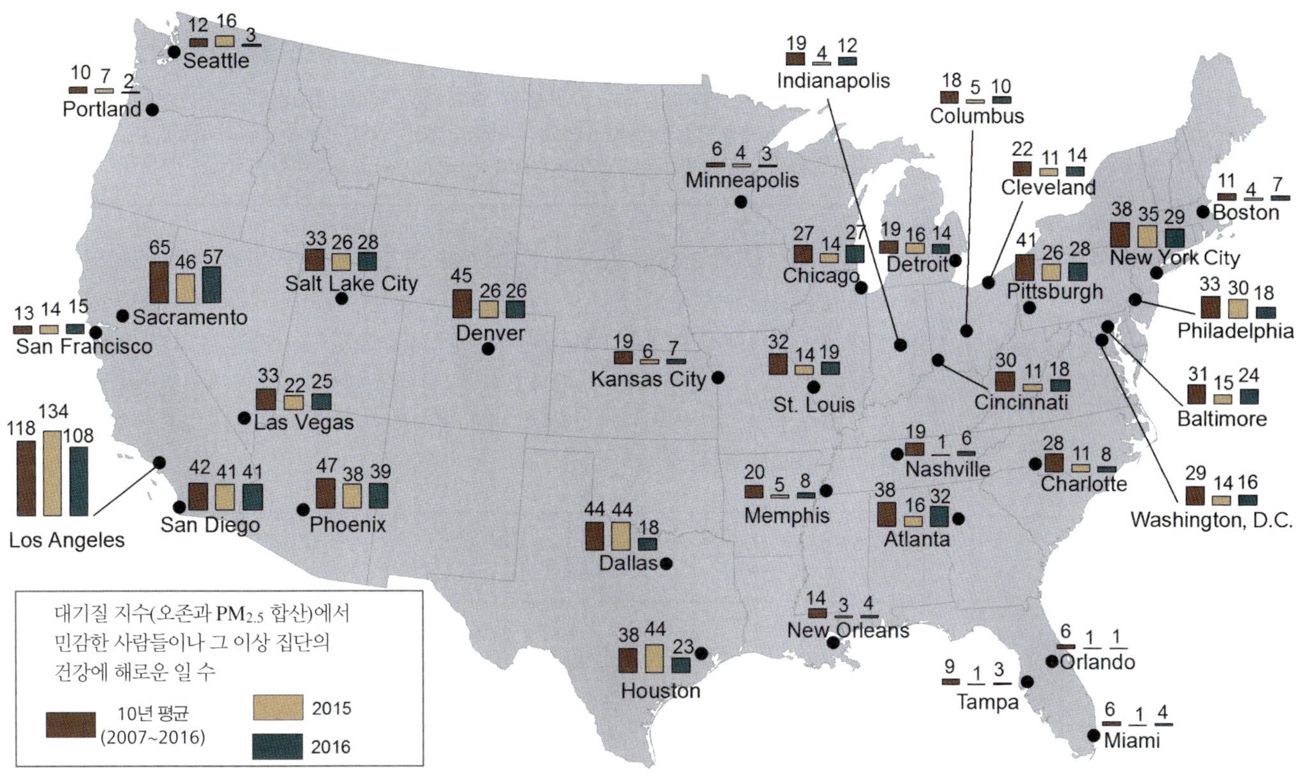

그림 2.14

선택된 미국 대도시 지역의 대기질 자료.

Source: EPA

평균적으로, 대기질이 개선되었을 수도 있지만, 일부 대도시 지역의 사람들은 건강에 좋지 않은 수준의 오염 물질이 포함된 공기를 마신다. 미국 인구의 41% 이상이 유해한 수준의 오존이나 미세 먼지로 오염된 도시에 살고 있는 것으로 추정된다. 이는 미국의 215개 도시 지역에 살고 있는 1억 3천 3백만 명 이상에 해당한다. 이를 설명하기 위해 그림 2.14에 제시된 미국의 자료를 확인하라. "건강하지 않다"는 표시는 바로 말 그대로를 의미한다. 앞서 설명한 것처럼 대기 오염 물질은 생물학적 해악의 가해자다. 위험원을 보다 신속하게 평가할 수 있도록 돕기 위해, 미국 환경 보호국은 표 2.4에서와 같은 색깔로 구분된 대기질 지수(Air Quality Index, AQI)를 개발했다. 이 지수는 1에서 500까지이며, 100은 오염 물질에 대한 국가 기준으로 고정되어 있다. 녹색 또는 노란색(<100)은 공기가 좋거나 보통 수준임을 나타낸다. 주황색(100~150)은 어떤 집단에 대해 건강에 좋지 않은 공기라는 것을 나타낸다. 빨강, 자주색 또는 적갈색(>150)은 숨을 쉬는 모든 사람의 건강에 해로운 공기임을 나타낸다.

사전 지식 *Did You Know*

AQI 점수는 4가지 오염 물질의 농도를 바탕으로 잠재적인 건강 영향을 알려주기 위해 만들어진 수치이기 때문에 단위를 포함하지 않는다. 계산에 포함된 오염 물질은 입자상 물질, 일산화 탄소, 이산화 황 및 오존이다.

표 2.4 대기질 지수(AQI)의 수준

AQI가 이 범위에 있을 때:	대기질 상황	다음의 색깔로 표시
0~50	좋음	초록색
51~100	적당함	노란색
101~150	민감한 집단에게는 건강하지 않음	주황색
151~200	건강하지 않음	빨간색
201~300	매우 건강하지 않음	보라색
301~500	유해함	적갈색

Source: EPA.

Source: EPA

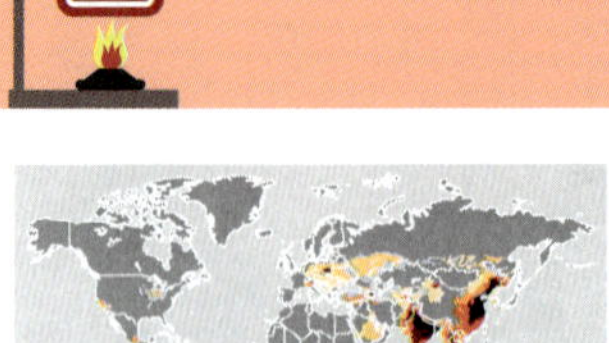

활동 학습 2.16 ⯈ *대기질 지수*

그림 2.14를 살펴보고, 가까운 대도시 지역을 선택하라. 2010년부터 2016년까지 연간 건강에 해로운 대기질이 나타난 일수의 감소 백분율을 계산하라. 미국 전역에서 2007년 이후 건강에 해로운 일수가 가장 많이 감소한 지역은 어디인가? 2007년 이후 건강에 해로운 일수가 같거나 악화된 지역은 어디인가?

Source: Energy Policy Institute at The University of Chicago

여러분의 국가가 대기 오염을 국가 또는 세계 보건 기구 기준으로 줄이면 얼마나 오래 살 수 있겠는가? 대화형 버전을 www.acs.org/cic에서 확인하라.

예를 들어 그림 2.15는 워싱턴 주 Spokane의 2018년 8월 말 오존과 미세 입자에 대한 대기질 예보를 보여주고 있다. 우려되는 오염 물질은 워싱턴과 북서 몬태나 주에서 발생한 대규모 산불에서 비롯된 $PM_{2.5}$였다. 사람들은 "조깅이나 자전거 타기 같은 야외 활동을 제한하라"는 권고를 받는다. 값싸고 작은 센서의 개발로, 이제 광역권 생활 전화기와 같은 일부 특수 휴대폰을 비롯한 소형 휴대용 장치를 통해 실시간으로 당신이 있는 위치의 공기 질을 감시할 수 있게 되었다.

예보 날짜 공기 오염 물질	화 8/21/2018	수 8/22/2018	목 8/23/2018	금 8/24/2018
O_3	61	90	112	42
PM_{10}	61	64	77	62
$PM_{2.5}$	139	134	154	114

그림 2.15

표 2.4에서 정의한 색상을 사용하여, 2018년 8월 21~24일 워싱턴 주의 Spokane에서의 대기질 예측.

2.11 오염 물질의 기원: *누구에게 책임이 있는가?*

지구상의 생명체는 산소의 흔적을 가지고 있다. 산소를 포함하는 화합물은 지구의 대기, 인체, 행성의 암석과 흙에서 발견된다. 그 이유는 무엇인가? 그 답은 많은 다른 원소들이 화학적으로 산소와 결합하기 때문이다. 산소와 결합하는 원소 중 하나는 탄소이다. 표 2.3에 수록된 오염 물질인 일산화 탄소 CO에 대해서는 이미 소개를 하였다. 다행히도 CO는 우리 대기에서 비교적 희박하다. 반대로 이산화 탄소, CO_2는 훨씬 더 풍부하다(0.04% 또는 400 ppm). 그럼에도 불구하고 이 농도의 CO_2는 온실 기체로서 중요한 역할을 한다. 이 절에서는 CO_2와 CO가 대기로 방출되는 방식을 설명할 것이다.

많은 동물들이 숨을 쉴 때마다 이산화 탄소를 내뿜는다. 호흡은 대기 중 이산화 탄소의 자연 발생원 중 하나지만, 최근 대기 중의 농도가 증가하는 중요한 원인은 아니다. 이산화 탄소는 인간이 연료를 태울 때 발생한다. **연소**(combustion)는 타는 과정의 화학적 과정이다. 즉, 연료가 산소와 반응하여 열과 빛의 형태로 에너지를 방출한다. 탄소를 함유한 화합물이 연소하면 탄소가 산소와 결합해 이산화 탄소(CO_2)를 발생시킨다. 산소 공급이 부족하면 일산화 탄소(CO)가 함께 생성된다.

연소는 화학 반응의 한 유형으로, **반응물**(reactant)이라고 하는 물질이 **생성물**(product)이라고 하는 다른 물질로 변환되는 과정이다. 화학 반응식은 화학식을 사용하여 **화학 반응**(chemical reaction)을 표현한 것이다. 학생들에게 화학 반응식은 "화살표가 포함된 그 어떤 것"으로 더 잘 알려져 있다. 화학 반응식은 화학 언어로 된 문장이다. 화학 반응식은 종종 화합물의 화학식(화학 단어)으로 결합되는 화학 기호(문자에 해당)로 구성된다. 문장처럼 화학 반응식은 일어나는 화학 변화에 대한 정보를 전달한다. **화학 반응식**(chemical equation)은 또한 수학 방정식에 적용되는 몇 가지 동일한 제약 조건을 따라야 한다.

가장 기초적인 수준에서 화학 반응식은 다음 과정에 대한 정성적 표현이다.

$$\text{반응물} \longrightarrow \text{생성물}$$

관례상 반응물은 항상 왼쪽에 쓰고, 생성물은 오른쪽에 쓴다. 화살표는 화학적 변화를 나타내며 "변환된다"라고 읽는다.

그림 2.16에서와 같이 탄소(숯)가 연소하여 이산화 탄소를 생성하는 반응은 여러 가지 방법으로 표현할 수 있다. 한 가지 방법은 다음과 같이 화학명을 사용하는 것이다.

$$\text{탄소} + \text{산소} \longrightarrow \text{이산화 탄소}$$

또 다른 방법은 다음과 같이 화학식을 사용하는 것이다.

$$C + O_2 \longrightarrow CO_2 \qquad \textbf{[2.1]}$$

이 간결한 기호적 표현은 많은 정보를 포함하고 있다. 다음과 같이 들릴 수 있다. "원소인 탄소 원자 한 개가 원소인 산소 분자 한 개와 반응하여 화합물인 이산화 탄소 한 분자를 만든다." 그림 2.16과 같이 탄소를 검은 색으로, 산소를 빨간색으로 사용하여 구(sphere)를 사용하여 반응에 참여한 분자와 원자를 나타내기도 한다.

관련 절

2.3절에는 몇 가지 원소를 나타내는 데 사용된 색상의 예가 있다.

화학 반응에서 원자는 생성되거나 파괴되지 않는다. 존재하는 원소는 원자가 서로 결합하는 방식을 바꿀 수 있지만, 반응물에서 생성물로 전환될 때 정체성을 바꾸지 않는다. 이 관계는 **물질과 질량 보존의 법칙**(law of conservation of matter and mass)으로 알려져 있다. 즉, 화학 반응에서 소비되는 반응물의 총 질량은 생성된 생성물의 총 질량과 같다.

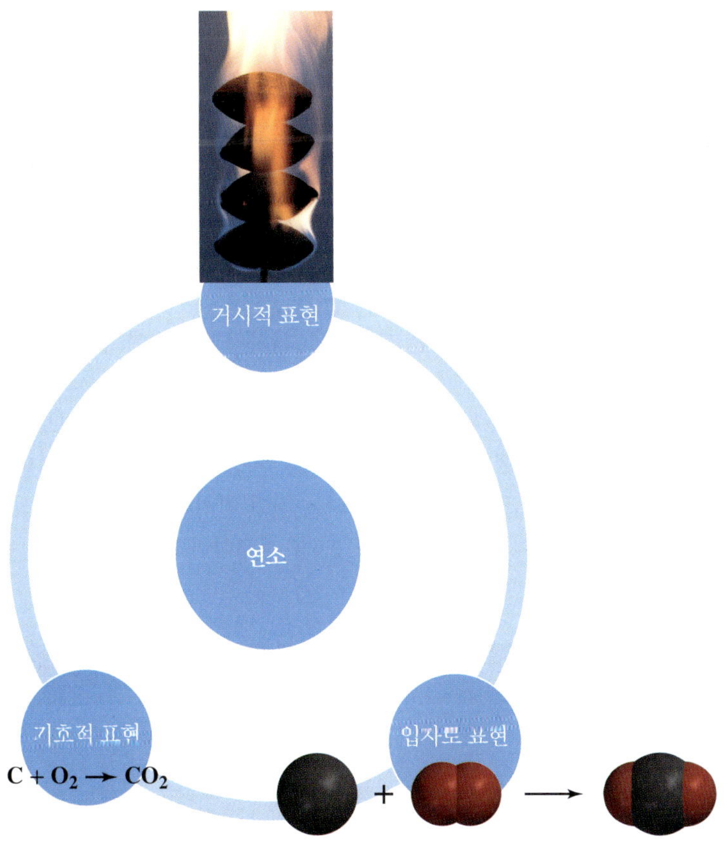

그림 2.16

공기 중에 타는 숯의 세 가지 표현.

©McGraw-Hill Education/Bob Coyle

이 반응식은 화살표 왼쪽의 원자 수와 종류가 화살표 오른쪽의 원자 수 및 종류와 *같아야 한다*는 수학적 표현과 유사하다.

$$\text{왼쪽: C 1개와 O 2개} \longrightarrow \text{오른쪽: C 1개와 O 2개}$$

이 값이 같지 않으면, 화학 물질 자체의 아래 첨자를 고쳐서는 *안 되고*, 반응하는 화학 물질의 양을 조정해야 한다. 아래 첨자를 바꾸게 되면 화학 화합물이 새로운 물질로 변하게 된다.

사전 지식 *Did You Know* ?

물리적 상태의 정보가 중요할 때는 이를 나타내는 것이 일반적이다. 그렇지 않다면 물리적 상태를 생략하여 간단하게 나타낸다.

화학 반응식에 반응물과 생성물의 물리적 상태를 표현하여 더 많은 정보를 담을 수 있다. 1.2설에서 언급했듯이 고체는 이탤릭체 기호 (s)로, 액체는 (l)로, 기체는 (g)로 표시한다. 실온 및 1기압에서 탄소는 고체이고, 산소와 이산화 탄소는 기체이기 때문에 반응식 [2.1]은 다음과 같이 쓴다.

$$C(s) + O_2(g) \longrightarrow CO_2(g)$$

반응식 [2.1]은 충분한 산소가 공급될 때 순수한 탄소의 연소를 표현한 것이지만, 항상 그런 것은 아니다. 산소 공급이 부족하면 일산화 탄소가 생성물 중의 하나가 될 수 있다. CO가 유일한 생성물인 극단적인 경우를 생각해 보자.

$$C + O_2 \longrightarrow CO \text{ (균형 맞추지 않은 반응식)} \quad \textbf{[2.2a]}$$

이 반응식은 왼쪽에 2개의 산소 원자가 있지만, 오른쪽에는 1개의 탄소 원자만 있기 때문에 균형이 맞추어져 있지 않다. 이 반응식의 균형을 맞추는 유일한 방법은 계수를 추가하여 원소의 개수를 조정하는 것이다. 아래 첨자는 물질의 정체를 나타내며 변경할 수 없다. 즉, CO_2와 CO는 완전히 다른 화학종이다. 이와 같은 단순한 경우, 시행착오를 통해 계수를 찾을 수 있다. CO 앞에 2를 넣으면 일산화 탄소가 두 분자가 된다. 이렇게 하면 산소 원자의 수가 맞춰진다.

$$C + O_2 \longrightarrow 2CO \text{ (여전히 균형 맞춰지지 않음)} \quad \textbf{[2.2b]}$$

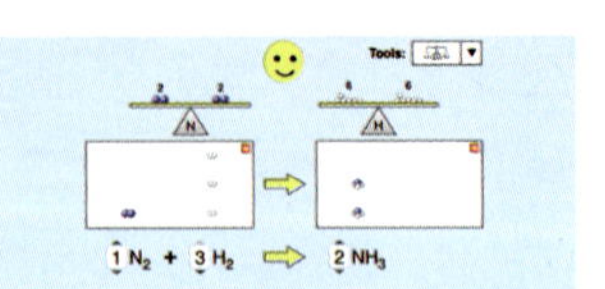

©PhET Interactive Simulations, University of Colorado

균형 반응식에 대한 추가 연습은 www.acs.org/cic에서 대화식 모의실험을 확인하라.

그러나 이제 탄소 원자 수가 균형이 맞지 않는다. 이것은 다행히도 반응식의 왼쪽에 있는 C 앞에 2를 넣어서 쉽게 맞출 수 있다.

$$2\ C + O_2 \rightarrow 2\ CO \text{ (균형 맞춘 반응식)} \quad \textbf{[2.2c]}$$

따라서 이 반응이 일어나면 두 개의 탄소 원자가 한 개의 산소 분자와 반응하여 두 개의 일산화 탄소 분자를 생성한다.

반응식 [2.1]과 [2.2c]를 비교해 보면, 탄소로부터 CO를 생성하는 데 필요한 것보다 탄소에서 CO_2를 생성하는 데 더 많은 O_2가 필요하다는 것을 알 수 있다. 이것은 일산화 탄소 형성에 대해 언급한 조건, 즉 산소 공급이 제한되어 있다는 것과 일치한다. 화학 반응식의 균형 맞춘 반응식에 대한 몇 가지 알아야 할 사항은 표 2.5를 참조하라.

표 2.5	화학 반응식의 특성
항상 보존되는 것	
반응물의 원자 종류 = 생성물의 원자 종류	
반응물에서 각 원소의 원자 수 = 생성물에서 각 원소의 원자 수	
반응물의 총 질량 = 생성물의 총 질량	
변경이 가능한 것	
반응물에서의 분자 수는 생성물에서의 수와 다를 수 있다.	
반응물의 물리적 상태(s, l, g)는 생성물에서 물리적 상태와 다를 수 있다.	

활동 학습 2.17 ▶ 탄소는 산소와 어떻게 반응하는가?

반응물인 고체 탄소와 산소 기체의 두 가지 미세 입자 표현을 생각해 보자. 탄소는 탄소 원자의 육각형 고리를 특징으로 하는 흑연 동소체의 영역으로 나타낼 수 있다. *힌트*: 그림 1.9를 다시 복습하라.

a. 산소 분자와 고체 탄소가 (i) 이산화 탄소와 (ii) 일산화 탄소 생성물을 형성하는 과정의 반응을 보여주는 두 개 이상의 그림을 그려라.

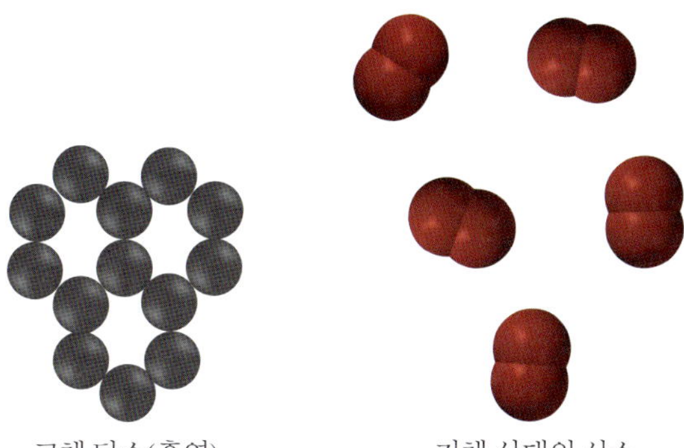

b. 위의 **a**에서 그린 각 반응에 대해 이들 반응물로부터 생성될 수 있는 생성물 분자는 몇 개인가? 반응이 완료된 후 남은 반응 원자나 분자가 있겠는가? 그 이유는 무엇인가?

관련 절

동소체로 알려진 다른 원소의 형태는 1.6절에서 논의되었다.

활동 학습 2.18 ▶ 이산화 황의 형성 모형

반응물인 고체 황과 산소 기체의 다음 두 가지 표현을 생각해 보자. 그림 A는 정확하지만, 그림 B는 올바르지 않다. 황은 황의 일반적인 원소 형태인 S_8 동소체로 나타냈음을 주목하라.

a. 그림 A에 나타낸 형상이 정확하고, 그림 B에 표시한 형상이 옳지 않은 것에 대해 설명하라.

b. 그림 A의 반응물로부터 생성되는 생성물(SO_2 또는 SO_3)을 예측하라. 생성물의 정확한 양을 포함하여 생성물들의 그림을 그려라.

c. 모든 산소 원자가 모든 황 원자와 완전히 반응하겠는가? 어떻게 답을 얻었는가?

d. "반응이 완결된 후 반응하지 않은 황 원자가 남는다." 이 설명은 참일까 아니면 거짓일까? 당신의 대답을 뒷받침하는 증거는 무엇인가?

앞의 활동 학습에서 알 수 있듯이, 반응물들이 충돌하여 생성물 분자가 형성될 때의 많은 반응 화학종을 미세 입자로 나타낸다. 반응 중에 완전히 소모되는 반응물은 형성될 수 있는 생성물 분자의 수를 제한하기 때문에 **한계 시약**(limiting reagent)이라고 한다. 또 다른 일반적인 예로서, 빵 12조각과 치즈 조각 12조각으로 만들 수 있는 치즈 샌드위치의

Chemistry in Context Tutorial

LIMITING REAGENTS

©Bradley D. Fahlman

화학 반응식의 균형 맞추기 및 한계 시약에 대한 자세한 내용은 www.acs.org/cic에서 비디오를 확인하라.

수를 고생각해 보자. 이러한 재료로는 샌드위치 6개를 만들 수 있기 때문에 빵이 한계 시약이고 치즈가 과량이라고 말할 수 있다(즉, 치즈를 두 배로 올리지 않으면 치즈 조각 6개가 남는다!).

대기 오염 물질인 일산화 질소의 기원을 알게 되면 놀랄 것이다. 이 화합물은 공기에서 발견되는 질소와 산소에서 만들어진다! 산소와 질소는 모두 안정한 물질이지만 반응하여 매우 위험한 것을 만들 수 있다. 이 두 기체는 자동차 엔진이나 산불과 같은 매우 뜨거운 물질이 있을 때 화학적으로 결합한다.

$$N_2(g) + O_2(g) \xrightarrow{\text{높은 온도}} NO(g) \text{ (균형 맞추지 않은 반응식)} \quad \textbf{[2.3a]}$$

왼쪽에는 2개의 산소 원자가 있지만, 오른쪽에는 산소 원자가 1개만 있기 때문에 반응식은 균형이 맞지 않다. 질소 원자도 마찬가지이다. 반응식의 균형을 맞추려면, 오른쪽에 2개의 N과 2개의 O 원자를 공급하는 NO 앞에 2를 배치해야 한다.

$$N_2(g) + O_2(g) \xrightarrow{\text{높은 온도}} 2\ NO(g) \text{ (균형 맞춘 반응식)} \quad \textbf{[2.3b]}$$

따라서 이 반응은 한 개의 질소 분자가 한 분자의 산소와 반응하여 두 분자의 일산화 질소를 형성하는 것으로 설명을 한다.

활동 학습 2.19 ▶ *화학 반응식*

다음의 화학 반응식의 균형을 맞추고, 반응식 [2.3b]와 같이 모든 반응물 및 생성물의 반응식을 써라. 또한 최종 균형 맞춘 반응식을 말로 설명하라.

a. $H_2 + O_2 \longrightarrow H_2O$ **b.** $N_2 + O_2 \longrightarrow NO_2$

2.12 | 연소가 대기질에 미치는 영향

관련 절

탄화수소의 명명법 규칙은 6.2절에서 설명한다.

다음 두 절에서는 공기 질과 우리가 태우는 연료 사이의 연관성을 탐구한다. 탄화수소는 수소와 탄소로만 구성된 화합물이다. 오늘날 우리가 사용하는 탄화수소는 주로 원유에서 얻는다. 가장 단순한 탄화수소인 메테인(CH_4)은 천연 가스의 주요 성분이다. 휘발유와 등유는 모두 많은 긴-사슬 탄화수소의 혼합물이다.

충분한 산소 공급이 이루어지면 탄화수소 연료는 완전히 연소된다. 이것을 "완전 연소"라고 부른다. 본질적으로 탄화수소 분자의 모든 탄소 원자는 공기 중의 O_2 분자와 결합하여 CO_2를 형성한다. 마찬가지로 모든 수소 원자는 O_2와 결합하여 H_2O를 형성한다. 예를 들어, 아래는 메테인의 완전 연소에 대한 화학 반응식이다. 이 반응식은 탄소를 기반으로 하는 연료를 태우면 이산화 탄소가 대기 중으로 방출되는 이유를 보여준다.

$$CH_4 + O_2 \longrightarrow CO_2 + H_2O \text{ (균형 맞추지 않은 반응식)} \quad \textbf{[2.4a]}$$

O는 두 생성물(CO_2 및 H_2O)에 *모두* 나타난다. 반응식의 균형을 맞추기 위해 화살표의 양편에서 *하나의 물질에만* 나타나는 원소로 시작하라. 이 경우 H와 C는 한 가지 물질에만 나타난다. 양쪽에 1개의 C 원자가 포함되어 있기 때문에, 탄소의 계수를 변경할 필요는 없다. H_2O 앞에 2를 배치하여 H 원자의 균형을 맞춘다.

$$CH_4 + O_2 \longrightarrow CO_2 + 2\ H_2O \text{ (아직까지 균형이 맞춰지지 않은 반응식)} \quad \textbf{[2.4b]}$$

마지막으로 산소 원자의 균형을 맞추어야 한다. 오른쪽에는 4개의 O 원자가 있고, 왼쪽에 2개의 O 원자가 있으므로 반응식의 균형을 맞추려면 2개의 O_2 분자가 필요하다.

그림 2.17

Alaska 주 Fairbanks의 겨울 얼음 안개.

©Cathy Middlecamp, University of Wisconsin

$$CH_4 + 2\ O_2 \longrightarrow CO_2 + 2\ H_2O \text{ (균형 맞춘 반응식)} \quad [2.4c]$$

다른 말로 하면, 한 분자의 메테인과 두 개의 산소 분자가 반응하면 두 개의 물 분자와 한 개의 이산화 탄소 분자가 형성된다. 화학 반응식의 좋은 특징은 화살표의 양쪽에 있는 각 종류별로 원자 수를 세면 균형이 맞는지 알 수 있다.

대부분의 자동차는 휘발유라고 하는 탄화수소의 복잡한 혼합물로 작동한다. 옥테인(C_8H_{18})은 이 혼합물을 이루는 순수한 물질 중 하나이다. 산소가 충분하면 옥테인이 완전히 연소되어 이산화 탄소와 물을 형성한다.

$$2\ C_8H_{18} + 25\ O_2 \longrightarrow 16\ CO_2 + 18\ H_2O \quad [2.5]$$

두 가지 생성물은 모두 엔진에서 배기 파이프를 통해 공기 중으로 방출된다. 이러한 연소 생성물은 눈에 보이는가? 보통은 보이지 않는다. 기체 형태의 물과 이산화 탄소는 모두 무색 기체이다. 그러나 겨울날 야외에 있다면 수증기는 응축되어 눈에 보이는 작은 얼음 결정 구름을 형성한다. 때때로, 얼어붙은 증기는 역전층에 갇혀 얼음 안개를 형성한다(그림 2.17).

산소가 적으면 휘발유라고 부르는 탄화수소 혼합물이 불완전하게 연소된다("불완전 연소"). 물은 CO_2 및 CO와 함께 생성된다. 옥테인이 불완전 연소하여 일산화 탄소만 형성되는 극단적인 경우의 반응식은 다음과 같다.

$$2\ C_8H_{18} + 17\ O_2 \longrightarrow 16\ CO + 18\ H_2O \quad [2.6]$$

반응식 [2.6]에서 O_2의 계수 17을 반응식 [2.5]에서 O_2 계수 25와 비교하라. CO는 CO_2보다 산소를 적게 포함하므로 불완전 연소에는 산소가 적게 필요하다.

활동 학습 2.20 ➤ *균형이 맞추어졌는가?*

반응식 [2.5]와 [2.6]의 화살표 양쪽에 있는 각 원소의 원자 수를 세어서 균형이 맞춰져 있음을 보여라.

자동차에서 휘발유가 연소될 때 형성되는 실제 혼합 생성물은 무엇인가? 연료, 엔진, 운전 조건에 따라 생성물이 다르기 때문에 이것은 간단한 질문이 아니다. 휘발유가 연소하면 주로 H_2O와 CO_2를 형성한다고 해도 무방하다. 그러나 일부 CO도 생성된다. 머플러 밖으로 나가는 CO와 CO_2의 양은 자동차가 얼마나 효율적으로 연료를 태우는지를 나타내며, 이는 엔진이 얼마나 잘 조정되어 있는지를 나타낸다. 미국의 일부 지역은 CO를 검출하는

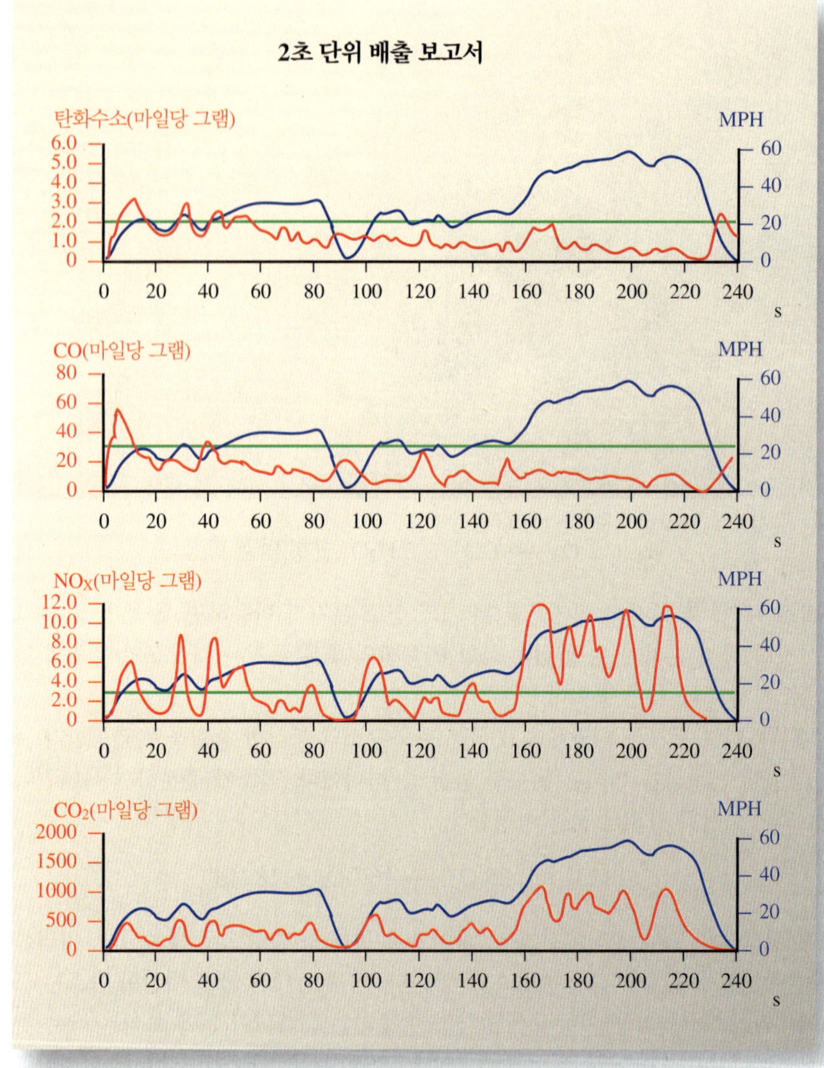

그림 2.18

미국 자동차 배출량 보고서. 파란색 선은 엔진 속도의 변화를 나타낸다. 빨간색 선은 배출량의 변화를 나타낸다. 녹색 선 아래의 모든 배출은 허용 범위 내에 있다.

Source: Data from Cathy Middlecamp

탐침(probe)을 사용해 자동차 배출 기체를 감시한다(그림 2.18). 배기 기체의 CO 농도는 확립된 기준과 비교된다. 예를 들어 캘리포니아 주의 승용차의 CO 농도 기준은 현재 마일당 4.2 g이다. 차량이 배출 기체 시험에 불합격할 경우, 수리를 한 후, 최소 배출 기체 기준을 충족해야 운행할 수 있다.

활동 학습 2.21 ▸ 자동 배출 보고서

a. 그림 2.18은 NO_x 배출량을 마일당 그램으로 나타내고 있다. NO_x는 질소 산화물을 집합적으로 나타내는 방법이다. x = 1 및 x = 2일 때 해당 화학식을 써라. 또한 화합물의 이름은 무엇인가?

b. NO는 배출되는 질소의 주요 산화물이다. 이 화합물의 원천은 무엇인가?
힌트: 반응식 [2.3]을 다시 보라.

c. CO_2 그래프에서는 녹색 선이 빠졌지만 다른 그래프에는 표시되어 있다. 그 이유를 설명하라.

d. 그림 2.18의 차량이 검사를 통과하겠는가? 왜 그런지 그 이유를 설명하라.

2.13 대기 오염 물질: *직접 오염원*

이 절에서는 두 가지 주요 대기 오염원인 자동차와 전기를 생산하는 석탄 화력 발전소를 살펴보고자 한다. 이 오염원은 다양한 오염 물질을 방출하므로 이제 오염 물질들을 차례로 살펴보자.

활동 학습 2.22 ▶ *배기관을 나오는 기체*

자동차의 배기관에서 나오는 것은 무엇인가? 지금부터 오염 물질의 목록을 작성하고 이 절을 진행하면서 추가되는 것을 더하라. *힌트*: 엔진으로 들어가는 공기 중 일부는 배기관에서도 나온다.

이산화 황 배출은 전력을 생성하기 위해 태우는 석탄과 관련이 있다. 석탄은 대부분 탄소로 구성되어 있지만 소량의 미네랄과 함께 1~3%의 황을 포함하고 있다. 황이 연소되면 SO_2를 형성하고, 무기질은 미세한 재 입자로 변한다. 만일 포집하지 않으면 SO_2와 재는 굴뚝 위로 올라간다. 미국에서 태우는 수백만 톤의 석탄은 수백만 톤의 대기 폐기물을 생성한다. 제5장에서 볼 수 있듯이, 석탄을 태워서 생성된 SO_2는 구름의 물방울에 녹아 산성비로 땅에 떨어지게 된다.

그러나 이 이야기는 SO_2의 방출에 한정되지 않는다. 대기 중에 있게 되면 이산화 황은 산소와 반응하여 삼산화 황(SO_3)을 형성한다.

$$2\ SO_2 + O_2 \longrightarrow 2\ SO_3 \qquad [2.7]$$

위의 반응은 보통 매우 느리지만 작은 재 입자가 존재하면 이 반응은 빨라진다. 이 입자들은 다른 반응들도 빠르게 진행되는 것을 도와준다. 만약 습도가 충분히 높다면, 입자들은 수증기를 응축하여 작은 물방울인 에어로솔로 변하는 것을 도와준다. 에어로솔(aerosol)은 떨어지지 않고 대기 중에 계속 떠 있는 액체와 고체로 된 입자이다. 모닥불 또는 담배에서 나온 연기는 작은 입자와 액체로 구성된 흔한 에어로솔이다.

여기서 우려되는 에어로솔은 황산(H_2SO_4)의 작은 방울로 이루어져 있다. 삼산화 황이 물방울에 쉽게 녹아 황산을 형성하기 때문에 이 에어로솔이 생성된다.

$$H_2O + SO_3 \longrightarrow H_2SO_4 \qquad [2.8]$$

만약 흡입하면 황산 에어로솔의 방울은 폐 조직에 갇힐 정도로 작아서 심각한 손상을 입힌다.

좋은 소식은? 미국에서 이산화 황의 배출량이 감소하고 있다(그림 2.13 참조). 예를 들면 1985년에는 약 2천만 톤의 SO_2가 석탄 연소로 배출되었다. 오늘날 이 수치는 1,100만 톤에 가깝다. 이러한 굉장한 감소는 석탄을 사용하는 전기 발전소의 감소를 포함하여 많은 감축을 강제한 1970년의 청정 공기법 덕분이다. 더욱 엄격한 규제가 청정 공기법 개정안과 1990년 오염 방지법에 제정되었다. 예를 들면 휘발유와 디젤 연료는 한때 소량의 황을 포함하였지만 허용되는 양이 2006년과 2017년에는 각각 허용량이 대폭 낮아졌다.

사전 지식 *Did You Know*

미국과 캐나다에서는 현재 모든 차량은 황 함유량이 15 ppm 이하인 디젤 연료를 사용해야 한다. 그러나 유럽연합(EU)과 호주, 중국 등 국가는 허용 가능한 황 함량이 10 ppm 이하의 디젤 연료를 사용하도록 더욱 엄격하게 규제하고 있다.

활동 학습 2.23 ▶ *광산 산업에서 배출되는 SO_2*

석탄을 태우는 것이 이산화 황의 유일한 공급원은 아니다. 활동 학습 2.12에서 보았듯이 제련소가 또 다른 공급원이다. 은과 구리 금속은 그들의 황화물 광석에서 얻는다. 이 반응에 대한 균형 맞춘 화학 반응식을 써라.

a. 황화 은(Ag_2S)을 공기 중에서 가열하면 은과 이산화 황을 생성한다.

b. 황화 구리(CuS)를 공기 중에서 가열하면 구리와 이산화 황을 생성한다.

힌트: 광석은 고온에서 공기 중의 산소와 반응한다.

사전 지식 *Did You Know*

2018년 기준 1인당 차량이 가장 많은 상위 5개 국가는 다음과 같다.
1. 산 마리노
2. 모나코
3. 뉴질랜드
4. 미국
5. 아이슬란드

2억 5천만 대 이상의 차량(그리고 3억 2천 5백만 명 이상의 인구)을 보유한 미국은 대부분의 다른 국가들보다 1인당 자동차 수가 많다. 이 차량들이 이산화 황 기체를 배출하는가? 다행히도, 자동차들은 주로 휘발유를 연료로 사용하는 내연기관을 가지고 있기 때문에 그렇지 않다. 이미 언급하였듯이 휘발유의 탄화수소를 연소하면 기껏해야 이산화 탄소와 수증기가 발생한다. 휘발유는 황을 거의 또는 전혀 함유하지 않기 때문에, 그 연소는 이산화 황을 거의 또는 전혀 생성하지 않는다. 그럼에도 불구하고, 각각의 배기 기체는 대기의 공기 오염의 상당한 몫을 차지한다. 어디에서나 운행되는 자동차는 대기 중에 이산화 탄소와 물 외에도 일산화 탄소, 휘발성 유기 화합물, 질소 산화물, 입자상 물질의 농도를 높인다. 이 물질들을 차례로 논의하고자 한다.

일산화 탄소 오염은 주로 자동차에서 발생한다. 그러나 승용차에 부착된 배기관뿐만 아니라 다른 모든 배기관의 관점에서 생각해보라. 배기관은 대형 트럭, SUV 다른 탈 것인 "3M"[(오토바이(motocycle), 소형 자전거(minibike), 모페드(moped)]에도 부착되어 있다. 또 다른 것들로는 농장 트랙터, 불도저, 모터보트 및 잔디 깎는 기계와 같은 장비에도 부착되어 있다. 휘발유 및 디젤 엔진에 부착된 모든 배기관은 일산화 탄소를 방출한다.

활동 학습 2.24 ➤ *다른 배기관*

EPA 웹사이트의 "비도로용 엔진, 장비 및 차량"을 방문하여 다음에 답하라.

a. 본문에는 트랙터, 불도저 및 모터보트를 언급하였다. 엔진으로 구동하는 도로에서 달리지 않는 5가지의 기계 또는 차량을 말하라.

b. 자신이 흥미 있는 기계 또는 차량을 선택하라. 이 엔진에서 나오는 배기 기체를 어떻게 감소시킬 수 있는가? 이 감소를 나타내는 시간 척도는 무엇인가?

사전 지식 *Did You Know* 

유기 화합물과 달리 무기 화합물은 탄소 원자가 거의 또는 전혀 포함되지 않은 화합물이다.

자동차들은 일산화 탄소의 형태뿐만 아니라 연소되지 않거나 일부 연소된 탄화수소의 형태로도 탄소를 배출한다. 이것이 휘발성 유기 화합물(volatile organic compounds, VOC)의 주제로 우리를 이끈다. *휘발성*(volatile) 물질은 쉽게 증기 상으로 변한다. 즉 쉽게 증발한다. 휘발유와 매니큐어 제거제는 모두 휘발성이 있다. 이 물질들을 엎지르면 곧 증발할 것이다. 표면에 니스 칠을 한번 할 때마다 증발하는 휘발성 화합물의 냄새를 맡게 된다. **유기 화합물**(organic compound)은 항상 탄소를 포함하고 거의 대부분 수소를 포함하며, 산소와 질소 같은 원소를 포함할 수 있다. 유기 화합물은 메테인, 옥테인 등 2.12절에서 언급한 두 가지 탄화수소 예를 포함한다. 그러나 유기 화합물에는 알코올, 설탕 및 탄소, 수소 외에 산소를 포함하는 화합물도 포함된다.

활동 학습 2.21에서 언급했듯이 일산화 질소와 이산화 질소는 총칭하여 NO_x로 알려진 기체이다. NO_2는 갈색으로서, 스모그에 특유의 갈색을 띤다. N_2와 O_2는 결합하여 무색 기체인 NO를 생성한다는 것을 상기하라(식 [2.3]). 그러나 NO_2의 원천은 무엇인가? 다음은 VOC가 있을 때 가장 빠르게 진행되는 후보가 될 수 있는 균형 맞춘 반응식이다.

$$2\,NO + O_2 \longrightarrow 2NO_2 \qquad [2.9]$$

휘발성 유기 화합물(volatile organic compound, VOC)은 쉽게 기체상으로 변하는 탄소 함유 화합물이다. 이 화합물은 다양한 원천에서 발생한다. 예를 들면 가문비나무 또는 소나무 숲에서 자연적으로 발생하는 VOC의 냄새를 맡을 수 있다. 배기관에서 나오는 VOC는 불완전 연소된 휘발유 분자의 증기이거나 이런 분자의 조각이기 때문에 그다지 유쾌하지 않다. 배기 기체는 여전히 산소를 포함한다. 그 이유는 모든 산소가 엔진에서 소비되는 것이 아니기 때문이다. 촉매 변환기(그림 2.19)는 이 산소를 이용하여 VOC를 연소시켜 이산화 탄소와 물을 형성한다. 2.14절은 VOC와 오존 형성의 연관성을 설명할 것이다.

그러나 지금 당장은 VOC를 보다 복잡한 경로로 형성되는 NO_2 형성과 연관시키고자 한다.

반응식 [2.10]은 NO를 발견할 가능성이 높은 도시 환경에서 지배적인 반응을 보여준다. 일부 도시에서는 실제로 NO를 배출하는 자동차들로 혼잡한 고속도로를 따라 지표면에서의 오존 농도를 낮아지게 한다.

$$NO + O_3 \longrightarrow NO_2 + O_2 \qquad [2.10]$$

더 복잡한 것은 다음 절에서 볼 수 있듯이 맑은 날 NO_2 일부가 NO로 다시 돌아간다.

NO가 NO_2로 변환하는 것은 공기 중의 VOC 분해와 관련이 있다. 반응성이 높은 하이드록실 라디칼(·OH)도 관련이 있다. 이 반응성이 높은 화학종은 오염되었거나 오염되지 않았거나 공기 중에 소량 존재한다.

$$VOC + \cdot OH \longrightarrow A$$
$$A + O_2 \longrightarrow A'$$
$$A' + NO \longrightarrow A'' + NO_2 \qquad [2.11]$$

여기서 A, A′, A″은 ·OH와 VOC로부터 생성될 수 있는 반응성이 큰 분자를 나타낸다. 중요한 것은? 대기 화학은 복잡하고 많은 화학종을 포함한다. NO, NO_2, O_2, O_3, VOC, ·OH 등 대기에 포함된 일부를 이미 소개 받았다.

새로운 배출 기체 기준을 충족시키는 것은 거의 불가능할 것이라는 자동차 업계의 초기 주장에도 불구하고, 지동차 산업은 엔진 설계와 휘발유 조성을 개선함으로써 배출량을 감소시키고 있다. 특히 미국은 그동안 NO_x 배출을 줄이는 데 제한적인 성공을 거두었다. 다음 절에서 볼 수 있듯이 이것은 오존을 억제하는 데 있어 제한적인 성공을 의미한다. 그럼에도 불구하고 증가하는 차량 수를 고려하면, NO_x와 CO 배출량의 감소는 인상적이다.

미국의 250개 이상의 장소에서 EPA가 측정한 결과에 따르면 평균 CO 농도는 1980년 이후 거의 60% 감소했다. 산불을 제외하면 오늘의 수치는 30년 만에 가장 낮은 수치이다. 그 감소는 개선된 엔진 설계, 연료-산소 혼합물을 더 잘 조정하는 컴퓨터 센서, 그리고 가장 중요한 것은 1970년대 중반 이후 제조된 모든 자동차에 촉매 변환기가 있어야 한다는 요구 사항을 포함한 여러 요인 때문이다(그림 2.19). 촉매 변환기는 CO에서 CO_2로의 연소 반응에 촉매로 작용하여 배기 흐름에서 일산화 탄소의 양을 줄인다. 또한 촉매 변환기는 대기 중의 N_2와 O_2로부터 형성된 질소 산화물을 다시 질소와 산소로 변환하는 촉매 작용을 함으로써 NO_x의 배출량을 낮춘다. 일반적으로 **촉매**(catalyst)는 영구적인 변화 없이 화학 반응에 참여하고, 반응 속도에 영향을 미치는 화학 물질이다. 촉매 변환기는 일반적으로 백금 및 로듐과 같은 값 비싼 금속을 촉매로 사용한다.

사전 지식 *Did You Know* ?

피부 크림과 다른 노화 방지 화장품의 맥락에서 "자유 라디칼"에 대해 들어본 적이 있을 것이다. **자유 라디칼**(free radical)이라는 용어는 원자나 분자가 홀수의 전자를 가지고 있다는 것을 의미하며(분자식에 점 하나로 표시됨), 이것은 인접한 화학종과 매우 큰 반응성을 나타낸다. 전자는 짝을 지어 안정된 분자와 원자를 형성하는 것을 좋아한다. 따라서 자유 라디칼과 같은 화학종들은 반응성이 매우 커서 모든 분자들과 반응하여 추가의 전자를 떼어낸다.

관련 절

제3장과 제9장에서 더 많은 활성 산소에 대한 응용을 다루게 된다.

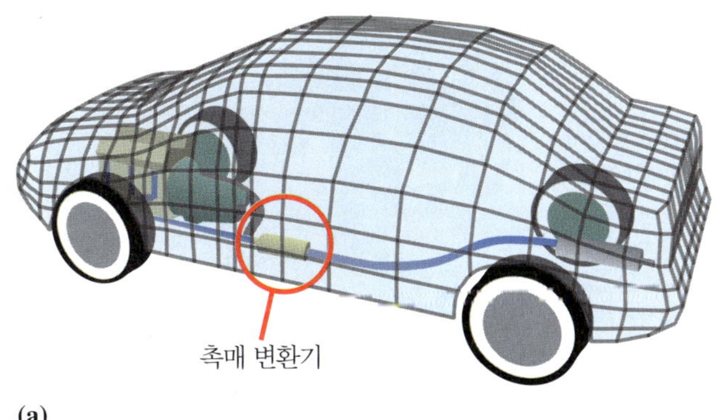

(a)

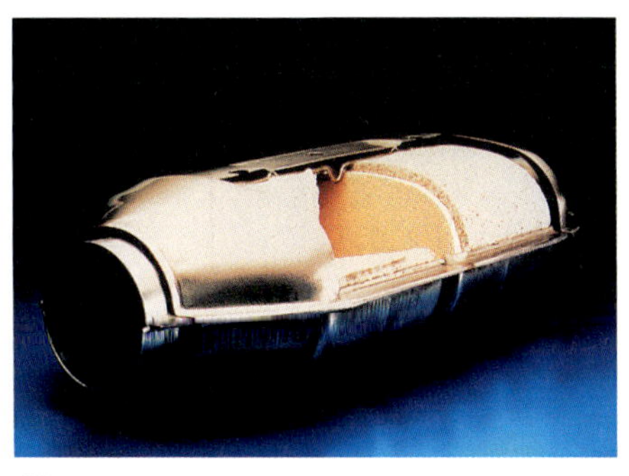

(b)

그림 2.19

(a) 자동차에서 촉매 변환기의 위치. **(b)** 촉매 변환기의 단면도. 백금 및 로듐과 같은 금속은 촉매 역할을 하며 세라믹 구슬 표면에 코팅을 형성한다.

Source: ©Corning Incorporated

활동 학습 2.25 ▶ 운전 방식으로 비용 절감

휘발유를 적게 태우는 것은 배기 기체 배출량을 줄이는 것과 같다. 어떤 운전 습관이 연료를 절약하는가? 어떤 운전 습관이 연료를 필요 이상으로 소비하는가? 고속도로, 도시 거리 및 주차장에서 운전자의 행동을 생각해 보자. 각 장소에 대해 운전자가 휘발유를 적게 소모할 수 있는 방법을 세 가지 이상 나열하라.
힌트: 가속, 정속 유지, 공회전, 브레이크 및 주차 방법을 고려하라.

입자상 물질은 다양한 크기로 제공되지만 미세 입자(PM_{10} 및 $PM_{2.5}$)만 오염 물질로 규제된다. 이 크기의 입자는 폐 깊숙이 침투하여 혈류를 통과하여 관 혈관에 염증을 일으킬 수 있다. 규제 측면에서 입자는 새로운 오염 물질이다. 미국에서 PM_{10} 및 $PM_{2.5}$에 대한 데이터 수집은 각각 1990년과 1999년에 시작되었다.

입자상 물질은 많은 다른 원천을 가지고 있다. 여름에는 산불로 인해 입자상 물질의 농도가 위험한 수준으로 높아질 수 있다(그림 2.15 참조). 겨울에는 장작 난로가 똑같은 효과를 낼 수 있다. 거의 모든 도시 환경에서 연중 언제든지 트럭과 버스의 구형 디젤 엔진은 검은 연기구름을 방출한다. 트랙터의 디젤 엔진도 마찬가지로 오염될 수 있다. 건설 현장, 채광 작업 및 이들을 지원하는 비포장 도로는 먼지와 흙의 작은 입자를 대기로 끌어올린다. 미세 입자 물질은 대기 중에도 형성될 수 있다. 예를 들어, 농업에 사용되는 복합 암모니아는 공기 중에서 황산 암모늄과 질산 암모늄을 형성하는 주요 역할을 한다. 둘 다 $PM_{2.5}$이다. Hawaii 주의 Big Island에서 2018년 화산 폭발 중에 관찰된 것과 같이 훨씬 더 많은 독성 PM 배출이 자연적으로 발생할 수도 있다. 2000°F에서 분출하는 용암과 바닷물이 혼합되면 염산, 수증기 및 화산 유리 입자(volcanic glass particles)의 혼합물을 내보낸다. *vog*로 표시된 다른 화산 배출물은 폐 조직 깊숙이 침투할 수 있는 이산화 황, 먼지, 습기 및 기타 작은 미세 입자의 유해한 조합으로 구성되어 있다.

이러한 모든 원인을 감안할 때 입자상 물질은 통제하기 어려운 오염 물질임이 입증되었다. 그럼에도 EPA는 2000년부터 2014년까지 연간 $PM_{2.5}$ 농도가 35% 감소했다고 보고했다. 그러나 모니터링 대상 사이트 중 일부는 여전히 입자 오염이 증가하고 있는 것으로 나타났다. 다음의 활동 학습이 보여주듯이 호흡을 하는 것은 거주지에 따라 크게 달라진다.

활동 학습 2.26 ▶ 당신이 사는 곳의 입자들

다음은 2016년 1월 1일 $PM_{2.5}$ 자료를 보여주는 미국 대륙 지도이다.

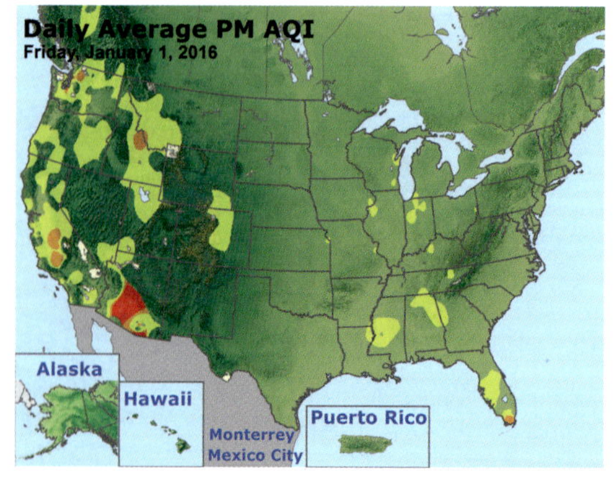

Source: EPA AirNow

a. 대기질 측면에서 녹색, 노란색, 주황색, 빨간색은 무엇을 의미하는가?

b. 어떤 그룹의 사람들이 입자상 물질에 가장 민감한가?

c. 미국 폐 협회(American Lung Association)에서 게시한 웹사이트인 "State of the Air"를 방문하라. 당신의 주에는 미세 입자 오염에 대한 "주황색인 날"와 "붉은색인 날"이 일 년에 며칠인가? 차이점은 무엇인가?

d. www.acs.org/cic의 대화형 지도를 사용하여, 미국의 세 지역을 선택하고, $PM_{2.5}$ 오염에 대한 구성 동향을 요약하라. 이러한 미세 입자의 가능한 출처는 무엇이며, 상대적인 농도 변화가 분기별로 다른 이유는 무엇인가?

2.14 오존: 이차 오염 물질

오존은 대류권에서 좋지 않은 역할을 한다. 매우 낮은 농도에서도 실외에서 운동하는 건강한 사람의 폐 기능을 감소시킨다. 오존은 또한 작물과 나무의 잎을 손상시킨다. 그러나 오존은 자동차 배기관에서 나오는 것이 아니고 석탄이 연소할 때 생성하는 것이 아니다. 오존은 어떻게 생성되는가? 자세한 것을 설명하기 전에 다음 활동 학습을 수행하라.

활동 학습 2.27 ▶ *24시간 동안의 오존 농도*

오존 농도는 그림 2.20에서 나타낸 바와 같이 낮 동안 계속 변한다.

a. 어느 도시 근처에서 많은 사람들에게 유해한 대기가 발생하는가?

b. 오존 농도가 최대가 되는 시간은 언제인가?

c. 햇빛이 없을 때 적당한 수준(노란색으로 표시)의 오존이 존재할 수 있는가? 일출이 오전 6시경이고, 일몰이 오후 8시경이라고 가정하라.

이 활동 학습은 몇 가지의 관련된 의문점을 낳는다. 일부 지역에서 오존이 다른 지역보다 더 많이 발생하는 이유는 무엇인가? 오존 생성에서 햇빛은 어떤 역할을 하는가? 이제 이것들에 관하여 설명해 보자.

2.13절에서 설명한 오염 물질과는 달리, 오존은 **이차 오염 물질**(secondary pollutant)이다. 오존은 하나 이상의 다른 오염 물질과 관련된 화학 반응에서 생성된다. 오존의 경우, 이러한 다른 오염 물질은 VOC와 NO_2이다. 앞 절에서 NO_2가 아닌 NO가 배기관(또는 굴

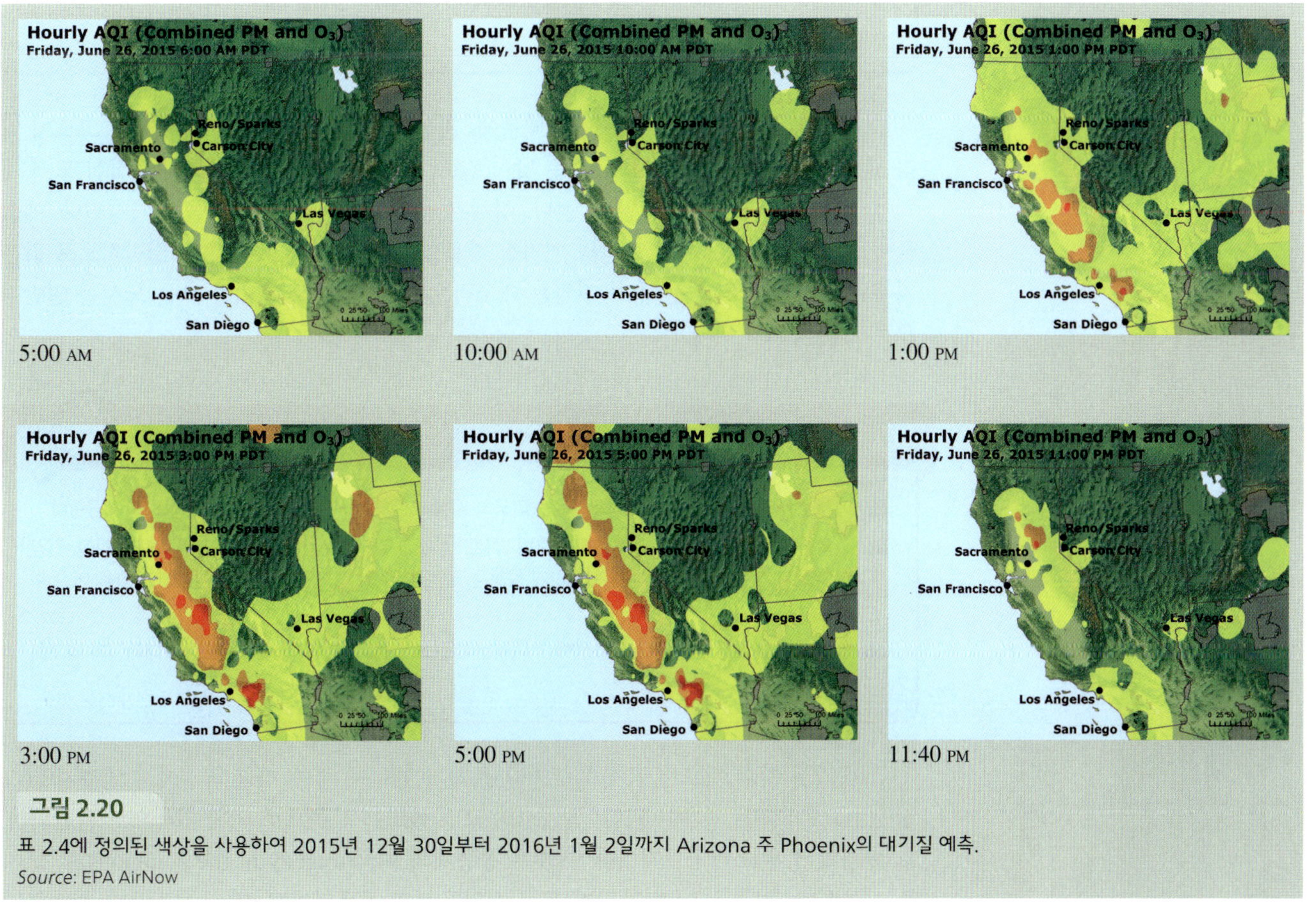

Hourly AQI (Combined PM and O_3) Friday, June 26, 2015 6:00 AM PDT — 5:00 AM

Hourly AQI (Combined PM and O_3) Friday, June 26, 2015 10:00 AM PDT — 10:00 AM

Hourly AQI (Combined PM and O_3) Friday, June 26, 2015 1:00 PM PDT — 1:00 PM

Hourly AQI (Combined PM and O_3) Friday, June 26, 2015 3:00 PM PDT — 3:00 PM

Hourly AQI (Combined PM and O_3) Friday, June 26, 2015 5:00 PM PDT — 5:00 PM

Hourly AQI (Combined PM and O_3) Friday, June 26, 2015 11:00 PM PDT — 11:40 PM

그림 2.20

표 2.4에 정의된 색상을 사용하여 2015년 12월 30일부터 2016년 1월 2일까지 Arizona 주 Phoenix의 대기질 예측.

Source: EPA AirNow

뚝)에서 직접 나온다는 것을 기억하라. 그러나 시간이 지남에 따라 VOC와 ·OH가 있을 때, 대기 중의 NO는 NO_2로 전환된다.

이산화 질소는 대기 중에서 다양한 운명을 맞이한다. 우리에게 가장 흥미로운 것은 태양이 중천에 떴을 때 발생한다. 햇빛에 의해 공급된 에너지가 NO_2 분자의 결합 중 하나를 깨뜨린다.

$$NO_2 \xrightarrow{\text{햇빛}} NO + O \qquad [2.12]$$

생성된 산소 원자는 산소 분자와 반응하여 오존을 생성한다.

$$O + O_2 \longrightarrow O_3 \qquad [2.13]$$

이 반응은 오존 형성에 햇빛이 필요한 이유를 설명한다. 햇빛은 NO_2를 분해하여 O 원자를 방출한다. 방출된 산소 원자들은 차례로 O_2와 반응하여 O_3를 형성한다. 따라서 해가 지면 그림 2.20에서 볼 수 있듯이 오존 농도는 급격히 떨어진다. 오존은 어떻게 되는가? 몇 시간 안에 오존 분자들은 동물과 식물 조직을 포함한 많은 물질들과 반응한다.

사전 지식 *Did You Know* ?

산소 원자는 대기 상층부에 존재하며 오존보다 반응성이 훨씬 더 크다.

식 [2.13]은 산소 원소의 세 가지 다른 형태, O, O_2, O_3를 포함하고 있음을 주목하라. 세 가지 모두 자연에서 발견되지만, O_2는 가장 반응성이 작고 가장 풍부하며, 우리가 호흡하는 공기의 약 5분의 1을 차지한다. 다음 장에서 볼 수 있듯이, 우리의 대기는 자연적으로 성층권에 극소량의 보호 오존을 포함하고 있다.

활동 학습 2.28 › 오존 요약

O, O_2, O_3, VOC, NO 및 NO_2와 같은 화학 물질을 순차적으로 서로 관련이 있게 배열하는 자신만의 방법을 개발하여 오존 생성에 대해 배운 내용을 요약하라. 원하면 화학 물질은 여러 번 나타날 수 있다. 또한 햇빛을 포함해도 좋다.

햇빛은 오존 형성에 관여하기 때문에, 지상의 오존 농도는 기후, 계절 및 고도에 따라 달라진다. 높은 수준의 O_3 농도는 낮이 길고, 맑은 여름날, 특히 교통이 혼잡한 도시 지역에서 발생할 가능성이 훨씬 더 높다. 정체된 공기도 또한 대기 오염을 증가시킨다. 예를 들어, 그림 2.14에 표시된 도시의 대기질 자료를 다시 살펴보라. 오존은 일반적으로 맑은 기후의 도시 오염의 근원이다. 이와는 대조적으로, 바람이 불고 비가 오는 도시는 일반적으로 오존 농도가 낮다.

활동 학습 2.29 › 오존과 당신

EPA에서 현재의 공기(AirNow) 웹사이트는 미국의 지상 오존 농도 수준에 관한 풍부한 정보를 제공한다.

a. 여름철 많은 미국의 도시에서 실제로 흔히 발생하는 것과 같이 오존 수준이 "주황색" 상태라 하자. 건강상의 문제가 없으나, 실외에서 활발하게 운동을 하는 경우 이 정도의 대기질이 건강에 영향을 미칠 수 있을까?

b. 실외 활동이 매우 활발하다고 가정하자. 여러분이 살고 있는 주의 대기질을 다른 주의 대기질과 비교하라.

대기질 지수 지도는 국제 자료가 부족하기 때문에 종종 미국 국경에서 멈추지만(그림 2.21) 오염에는 경계가 없다! 멕시코의 오염 물질은 북쪽으로 쉽게 미국으로 운반되며, 그 반대의 경우도 마찬가지이다. 이것은 **공동체의 비극**(tragedy of the commons)을 보여주는 예이다. 비극은 어떤 자원이 모든 사람들에게 공통적이고, 많은 사람들이 사용하지

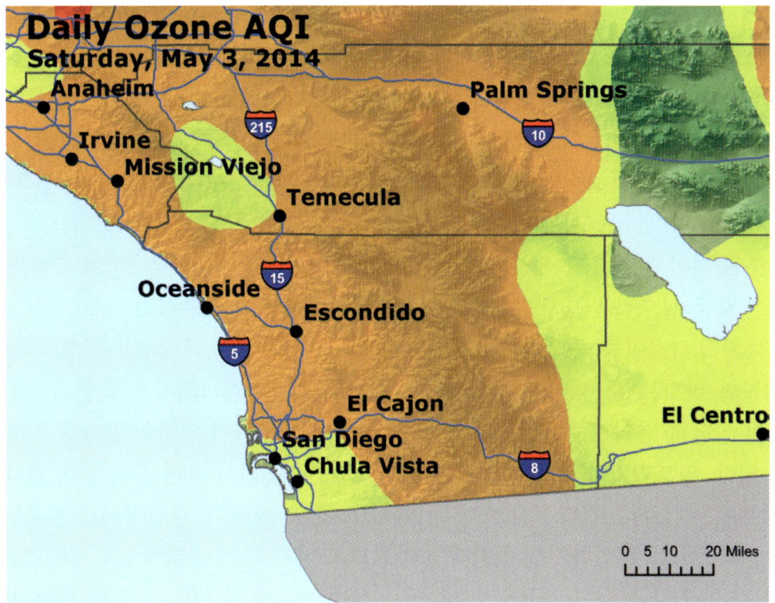

그림 2.21

표 2.4에 정의된 색상을 사용하여 2014년 5월 3일에 Californian 주 Orange 카운티와 San Diego 지역에 대한 대류권 오존 지도.

Source: EPA AirNow

만, 특별히 책임을 지는 사람이 없을 때 발생한다. 결과적으로 자원을 과도하게 사용하면 자원을 사용하는 모든 사람에게 해를 끼칠 수 있다. 예를 들어, 우리는 공중에 대한 개인적인 주장을 할 수 없다. 그것은 우리 모두의 것이다. 우리가 숨 쉬는 공기에 쓰레기가 버려진다면, 이것은 모든 사람에게 건강에 해로운 상황이 발생한다. 활동이 공기에 거의 영향을 미치지 않거나 전혀 영향을 미치지 않는 개인들은 여전히 오염을 시키는 사람들과 같은 결과를 겪는다. 비용은 모두가 분담한다. 이후 장에서 우리는 물, 에너지 및 음식과 관련된 공동체의 비극에 대한 다른 예를 볼 것이다.

한때 주로 지역적 문제였던 대기 오염은 이제 심각한 국제 문제가 되었다. 전 세계의 많은 도시들은 오존 농도가 높다. 지구상의 어느 곳에서나 햇볕이 잘 드는 곳과 자동차를 연계해 보면 그곳의 오존의 농도는 매우 높다는 것을 발견할 수 있다. 그러나 어떤 지역은 다른 지역보다 상황이 더 좋지 않다. 서늘하고 안개가 자욱한 날의 런던은 일반적으로 오존 수치가 낮다. 반대로 멕시코시티에서는 오존이 심각한 문제가 된다.

오존은 고무를 공격해서 애초에 오존을 생성하게 한 자동차의 타이어를 손상시킨다는 것은 꽤 아이러니한 일이다! 고무 손상 가능성을 최소화하기 위해 차고에 차를 실내에 주차해야 하는가? 실제로, 실외의 오존 농도가 건강에 좋지 않다면 여러분도 실내에 머물러야 하는가? 다음 절에서는 실내 공기의 질에 대해 설명하고자 한다.

©Bradley D. Fahlman

대기 오염에 대한 실습 조사는 이 실험실 데모 비디오를 www.acs.org/cic에서 확인하라.

2.15 실내에 머무르면 오염된 공기로부터 정말 안전할까?

오즈의 마법사(The Wizard of Oz)에서 Dorothy는 그녀의 강아지 토토를 껴안고 소리를 질렀다. “집보다 더 좋은 곳은 없어!” 물론 그녀의 말은 옳았지만 공기의 질에 관해서는 집이 항상 최고의 장소가 아닐 수도 있다. 실제로 실내의 공기 오염 수준은 실외 수준을 훨씬 초과할 수가 있다. 대부분이 실내에서 자고, 일하고, 공부하고 노는 것을 고려하면 집이라는 장소의 공기에 대하여 공부해야 한다.

실내 공기에는 낮은 농도의 물질이 최대 천 개까지 포함되어 있을 수 있다. 누군가 담배를 피우고 있는 방에 있다면 수천 가지 물질을 더 추가해야 한다. 이러한 오염 물질들은 실외 공기로부터 함께 들어오거나 주택 내부 생성되었기 때문에 존재한다.

이 질문으로 논의를 시작하자. 즉, 실외에 존재하는 오존을 피하기 위해 실내로 이동하여야 하는가? 일반적으로 오염 물질이 반응성이 크면 실내로 이동될 수 있을 만큼 오래 존재하지 못한다. 따라서 반응성이 큰 O_3, NO_2, SO_2와 같은 분자들의 경우는 실내에서 낮은 농도를 나타낼 것으로 예상된다. 실제로 그러하며, 실내 공기는 실외 공기보다 10~30% 낮은 오존 농도를 나타낸다. 비슷하게, 이산화 황과 이산화 질소 농도는 실내에서 더 낮지만 오존의 감소만큼 극적이지는 않다.

일산화 탄소는 다른 이야기이다. 상대적으로 반응성이 없는 오염 물질인 CO는 대기 수명이 상당히 길어서 문, 창문 또는 환기 시스템을 통하여 건물의 안팎을 자유롭게 이동할 수 있다. 일부의 VOC도 마찬가지이지만, 소나무 숲에서 나는 향과 같이 반응성이 큰 VOC 경우에는 다르다. 판다로사 소나무(Ponderosa pines)의 나무껍질에서 방출되는 달콤한 휘발성 화합물을 흡입하기를 원한다면 바깥으로 나가 나무 주위에 있는 것이 가장 좋다.

몇 가지 오염 물질은 건물의 난방 또는 냉방 시스템의 필터에 의해 걸러진다. 예를 들면 많은 공기 처리 시스템은 큰 크기의 입자상 물질과 꽃가루 등을 제거하는 필터를 가지고 있다. 결과적으로 계절적인 알레르기 때문에 고생하는 사람들은 실내에서 증세가 완화됨을 알 것이다. 마찬가지로 산불 근처에 사는 사람들은 집안에 들어가면 자극적인 연기 입자들을 피할 수 있다. 그러나 O_3, CO, NO_2, SO_2와 같은 기체 분자들은 대부분의 환기 시스템에서 사용하는 필터로는 걸러지지 *않는다*.

오늘날에는 많은 건물들이 에너지 효율을 높이는 방향으로 건축된다. 이것은 난방비를 줄이고 열을 발생시킬 때 발생하는 오염 물질의 양을 감소시키는 상호 간에 좋은 것이다. 그러나 단점도 있을 수 있다. 신선한 공기가 제한적으로 유입되는 밀폐된 건물은 건강에 좋지 않는 수준의 실내 공기 오염 물질을 가지고 있을 수가 있다. 따라서 처음에는 유익한 것처럼 보이는 것(향상된 에너지 효율)이 반전되어 높은 위험성(높은 오염 물질 수준)을 가질 수도 있다. 어떤 경우에는 통풍이 잘 안되어 실내 오염 물질이 위험한 수준까지 도달할 수 있으며, "빌딩 병 증후군(sick building syndrome)"으로 알려진 현상을 나타낼 수 있다. 이것은 분명히 바람직하지 않은 결과이다. 오늘날 건축가와 건축업자는 건물이 에너지 효율이 높으며, 효과적인 공기 교환을 유지할 수 있는 방법을 찾고 있다.

통풍이 잘 되더라도 실내 활동은 공기의 질을 떨어뜨릴 수 있다. 예를 들어, 담배 연기는 수천 가지 화학 물질을 포함하는 심각한 실내 공기 오염 물질이다. 즉, 담배 연기 속에 니코틴은 여러분이 알고 있는 것이고, 또 다른 것들은 벤젠과 폼알데하이드가 포함되어 있다. 전체적으로 보면 담배 연기는 **발암성**(carcinogenic)이므로 암을 유발할 수 있다.

탄소 함유 물질의 연소는 일산화 탄소와 질소 산화물을 생성할 수도 있다. 예를 들어 술집에서 담배를 피우면 일산화 탄소는 건강에 해로운 범위 내에 있는 50 ppm에 도달할 수 있다. 담배 연기에서 NO_2 수준은 50 ppb를 초과할 수 있다. 다행스럽게도 흡연자들은 계속해서 담배 연기를 계속 호흡하는 것이 아니라 몇 모금을 흡입하는 것이다.

활동 학습 2.30 ▸ *실내에서의 담배 파티*

2007년 학생 연구원들이 New York의 타임스퀘어에서 담배 파티 및 무역박람회에 참석하였다. 이들은 감춰진 검출기를 휴대하였고, 파티장의 실내 공기 입자 물질의 수준이 1193 μg에 달하는 것을 발견하였다.

a. 뉴스 기사는 입자상 물질이 $PM_{2.5}$인지, PM_{10}인지를 보도하지 않았다. 어떤 경우이든 그들이 측정한 수치는 미국 대기질 기준을 초과하는가? *힌트*: 표 2.3을 참조하라.

b. 학생들이 $PM_{2.5}$를 측정하였다고 가정하자. 건강에 미치는 영향은 어떠한가?

활동 학습 2.31 ▶ *제3의 흡연?*

담배에서 수천 개의 오염 물질이 배출되거나 흡연자로부터 증기가 배출되는데, 간접 흡연의 위험성은 문서로 잘 기록되어 있다. 그러나 "제3의 흡연"이 건강에 위험을 초래할 수 있다는 아주 최근의 보고가 있다.

a. 인터넷을 사용하여 "제3의 담배 연기"가 무엇이며 어떻게 형성되는지 알아보라.

b. 기존 담배와 전자 담배의 간접 흡연을 비교하고, 간접 흡연이 건강에 미치는 영향을 비교하라.

c. 전자 담배의 상대적인 건강 위험을 평가하기 위한 추가 연구가 필요한가?

사람들은 분위기를 잡기 위해 조명을 부드럽게 하거나 촛불을 켜기도 한다. 그러나 촛불은 방에서 산소를 고갈시킨다. 촛불은 또한 그을음, 일산화 탄소, VOC를 생성한다. 마찬 가지로 사람들은 집에서 향을 피우기도 한다. 유럽에서 교회에서 향을 피우는 것에 대한 연구를 진행한 연구원들은 향과 양초에서 나오는 연기속의 오염 물질이 자동차 엔진에서 발생하는 배출 물질보다 더 독성이 있을 수 있다는 사실을 발견하였다.

양초나 향을 태우는 것은 환기 시스템이나 열린 창문을 통과하는 바람에 의해 제거될 수 있는 것보다 훨씬 빠르게 연기를 생성할 수 있다. 다음 활동 학습은 실내 오염 물질의 출처를 좀 더 조사할 수 있는 기회를 준다.

활동 학습 2.32 ▶ *실내 활동*

실내 공기에 오염 물질이나 VOC를 추가하는 10가지 활동을 써라. 시작에 도움을 주기 위해 그림 2.22에 2개의 사진을 실었다. 일부 오염 물질에는 감지할 수 있는 냄새가 없다는 것을 기억하라.

그림 2.22

실내 공기 오염을 유발할 수 있는 활동의 예.

Source: (*왼쪽*): ©Image Source/Getty Images; (*오른쪽*): ©pbombaert/Getty Images

그림 2.23

가정용 라돈 농도 측정 도구.

©Keith Eng, 2008

그림 2.24

요리나 가열에 사용되는 조리용 화덕도 상당한 대기 오염을 일으킨다.

©Joerg Boethling/Alamy

관련 절

제7장에서 방사성 원소와 관련된 화학을 설명한다.

자연적으로 발생하는 대기 오염 물질 중 하나는 불활성 기체인 라돈이다(18족). 라돈은 자연적으로 소량으로 발생하며, 일반적으로 문제가 되지 않기 때문에 실내 공기 오염의 특별한 경우이다. 그러나 지하실, 광산 및 동굴에서는 위험한 수준에 도달할 수 있다. 모든 불활성 기체와 마찬가지로 라돈은 무색, 무취, 무미, 화학적으로 반응성이 없다. 그러나 다른 원소들과 다른 것은 방사성 때문이다. 라돈은 자연적으로 발생하는 또 다른 방사성 원소인 우라늄의 붕괴 계열에서 생성된다. 우라늄은 지구의 모든 암석에서 약 4 ppm의 농도로 발생하기 때문에 라돈은 어디에나 존재한다. 아파트나 기숙사의 건설 방식에 따라 우라늄 함유 암석에서 생성된 라돈이 지하로 유입될 수 있다. 라돈은 담배 연기 다음으로 전 세계적으로 폐암의 두 번째 주요 원인이다. 다른 오염 물질의 경우와 마찬가지로 위험의 문턱 한계 값(threshold)을 추정할 수 있지만 정확하게 알려지지 않았다. 그림 2.23에 나타낸 것과 같은 라돈 농도 측정 도구는 생활공간의 라돈 농도를 측정하는 데 사용되고 있다.

이 절에서 언급한 실내 공기 오염의 예는 이미 전 세계적으로 우려되고 있다. 그러나 지구상의 약 30억 명의 사람들이 여전히 벽난로와 간단한 화덕 위에서 고체 연료(목재, 농작물 폐기물, 동물 배설물 또는 석탄)으로 요리를 하고 있다(그림 2.24). 이것은 주로 개발도상국에서 발생하지만 이러한 곳에만 국한되지는 않는다. 입자상 물질의 농도가 증가하면 과도한 폐렴, 뇌졸중, 심장병, 폐암 등 다양한 건강상의 영향이 발생한다. 실내에서든 실외에서든 우리는 건강한 공기를 마셔야 한다. 숨을 쉴 때마다 우리는 엄청난 수의 분자와 원자를 흡입한다.

2.16 지속 가능한 발전 방법이 있는가?

제1장에서 논의한 물질의 지속 가능한 사용과 달리, 대기 오염은 **지속 가능성**(sustainability)에 대해 논의할 수 있는 또 다른 맥락을 제공한다. 오늘날의 결과뿐만 아니라 미래 세대의 요구에 대해서도 관심을 가지고 결정을 내리는 것이다. 우리의 건강과 복지를 해칠 수 있는 오염 물질을 생산하는 행동은 피하는 것이 옳다. 이것은 1990년 오염 방지법(Pollution Prevention Act), 즉 오염을 생산한 후 정화하는 것이 아니라 오염을 방지하는 것을 골자로 하는 법안의 논리이다.

오염 방지법은 **녹색 화학**(green chemistry)에 대한 추진력을 제공했는데, 이는 교사들과 학생들을 포함한 화학 공동체의 모든 사람들을 인도하기 위한 핵심 아이디어들이다. 녹색 화학은 "설계상 무해함(benign by design)"이다. 녹색화학은 위험 물질의 사용이나 생성을 줄이거나 제거하는 화학 생성물 및 공정을 설계할 것을 요구한다. 가장 넓은 의미에서 이것은 우리의 원리와 지식을 사용하여 인간, 경제, 그리고 환경에 더 나은 생성물과 과정을 만드는 것을 수반한다.

환경 프로그램을 위한 EPA의 의한 설계에 따라 시작된 녹색 화학은 화학 공정의 설계 또는 재설계를 통해 오염을 감소시킨다. 목표는 에너지를 적게 사용하고, 폐기물을 적게 발생시키며, 자원을 적게 사용하고, 재생 가능한 자원을 사용하는 것이다. 녹색 화학은 그 자체가 목적이 아니라 지속가능성을 달성하기 위한 도구다.

혁신적인 "녹색" 화학 방법은 이미 화학 제조 공정에서 사용되거나 생성되는 독성 물질을 줄이거나 아예 제거했다. 일부 예는 다음과 같다.

- 일반적인 화석 연료 전구체 대신 재생 가능한 자원에서 합성된 플라스틱 제조
- 휘발성 유기 화합물이 적은 페인트 제조
- 의약품, 살충제 및 콘택트렌즈 및 일회용 기저귀와 같은 소비자 제품을 저렴하고 덜 낭비적인 방법으로 생산
- 드라이클리닝 및 전자제품 제작 공정에 대한 유기 용제 사용을 줄이거나 사용하지 않음
- 휴대용 전자 제품의 터치스크린에서 비소 제거

이런 방법들을 개발한 연구 화학자와 화학 공학자 중 일부는 녹색 화학 도전 대통령상(Presidential Green Chemistry Challenge Awards)을 받았다. 1995년에 시작된 이 대통령상은 오염이 감소된 세상을 대신하여 혁신을 이룬 화학자들을 표창한다.

사전 지식 Did You Know

EPA의 웹사이트를 방문하면 현명한 녹색 화학 전략의 업데이트된 목록과 수상자 목록을 확인할 수 있다.

활동 학습 2.33 ▶ *그룹 활동: 집에 의사가 있는가?*

이제 여러분은 공기의 질에 대한 지식을 환자에게 조언하는 데 사용하는 의사의 역할을 맡게 될 것이다. 그룹별로 다음 증상을 논의하고 이러한 문제의 발생 가능성을 예방하거나 감소시키기 위해 취할 수 있는 가능한 원인 및 예방 조치를 제공하라.

1. 환자: John Reyes, 62세. 그의 폐에 암이 성장하고 있는 것을 확인했지만, 그는 담배를 피우지 않았고, 주변의 사람들 중에 단배를 피우는 사람은 거의 없다. John은 지난 몇 년 동안 건강이 꽤 좋았기 때문에 암 진단에 매우 놀랐다. John은 지난 30년간 고속도로 통행료 징수소 운영자로 일했지만 지금은 은퇴했다. 그의 아내 Laura는 John과 더 많은 시간을 함께 보낼 수 있고, 더 이상 그의 더러운 작업 셔츠를 세탁하는 것에 대해 걱정할 필요가 없기 때문에 기뻐한다. John은 도심 부근의 번잡한 고속도로인 I-94번 도로를 따라 오전 8~9시 사이에 조깅을 하며 활발하게 지낸다.
2. 환자: Betty Raymond, 32세. 그녀는 과거에 천식을 앓았지만 최근에는 악화되고 있다. 그녀는 종종 숨이 가쁜 것을 느끼고 가슴이 답답함을 경험했다. 그녀의 눈은 자주 충혈되는데, 일반 의약품 안약을 사용하면 다소 완화된다. 약 3개월 전에 그녀는 병원 근무를 야간 근무에서 오전 7시~오후 3시로 변경했다. 퇴근 후 그녀는 도시 중심에 위치한 공원에서 2~3마일을 걷는다.
3. 환자: Herbert Moore, 19세. 이 열렬한 하키 선수는 최근 두통과 현기증을 호소하고 있다. 지난 몇 달 동안, 그는 반사 신경이 더 느려졌고, 종종 게임 동안 깨어 있는 데 어려움을 겪고 있다. Herbert는 집에서 역기를 드는 운동을 하고 담배는 피우지 않는다. 환기가 더 잘 되는 옛 하키 경기장에서는 흡연이 허용됐지만 규모가 작고 환기가 더 안 되는 새로운 경기장 안에서는 흡연이 허용되지 않는다. 감독은 Herbert가 그의 스타 선수였기 때문에 당황해 하고 있다. 선수들의 라커룸은 빙판 옆, 즉 피어리드 사이에 얼음 표면을 고르는 기계인 정빙기가 들어 있는 방 옆에 위치해 있다.
4. 환자: Jill McIntyre, 53세. 그녀는 수년 동안 건강했지만 이제는 고혈압과 관절 및 근육통으로 고통 받고 있다. Jill은 종종 두통을 겪고, 직장(부동산 중개업)에서 세부 사항을 기억하는 데 어려움을 겪고 있다. 지난 1년 동안 그녀는 오래된 집(1968년에 지어진)을 예전의 모습으로 복원하기 위해 열심히 노력했다. 그녀는 건강한 식단을 먹고 일주일에 세 번 실내 체육관에서 정기적으로 운동을 한다.

결론 _Conclusion

아무도 더러운 공기를 원하지 않는다. 오염된 공기는 당신을 아프게 하고 삶의 질을 떨어뜨리며 죽음을 앞당길 수 있다. 그러나 문제는 많은 사람들이 더러운 공기를 흡입하는 데 너무 익숙해져서 눈치채지 못한다는 것이다. 이를 설명하는 한 가지 개념은 **기준선 이동**(shifting baselines)이다. 이것은 사람들이 지구상에서 "정상"으로 기대하는 것이 특히 생태계와 관련하여 시간이 지남에 따라 변했다는 생각을 나타낸다. 충혈된 눈과 호흡 장애가 너무 흔해져서 한때 그렇지 않았던 것을 잊고 있다. 우리는 Beijing, Tokyo, New York, Mexico 시, Mumbai와 같이 인구가 1천만 명 이상인 *대도시*(megacities)에 거주하는 데 익숙해졌다. 목재 연기, 자동차 배기 기체 및 산업 배출 기체와 같은 오염 물질은 종종 인구 밀집 지역에서 생성되므로 대도시 주변의 대류권에 집중된다.

분명히 몇 가지 문제가 있다! 화학에 대한 지식은 개인과 지역 사회 모두에서 이러한 문제를 해결하기 위해 더 나은 선택을 할 수 있도록 한다. 우리가 숨 쉬는 공기는 우리의 건강과 지구의 건강에 영향을 미친다. 우리의 대기는 두 가지 원소(산소와 질소)와 두 가지 화합물(물과 이산화 탄소)을 포함하여 생명에 필수적인 원소를 포함하고 있다. 이 지구에서 우리의 삶 자체는 비교적 깨끗하고 오염되지 않은 공기를 많이 공급하는 것에 달려 있다.

그러나 여러분이 호흡하는 공기는 일산화 탄소, 오존, 이산화 황 및 질소 산화물로 오염되어 있다. 응급실을 찾는 환자의 수는 나쁜 공기 질과 관련이 있다. 숨이 가쁘고 목이 가렵고 눈이 따가운 것도 마찬가지이다. 우리에게 해를 끼치는 오염 물질은 대부분 비교적 단순한 화학 물질이다. 오염 물질들은 주로 전기를 생산하기 위한 발전소의 석탄, 내연 기관의 휘발유, 그리고 우리가 가열하고 요리하기 위해 태우는 연료 등으로부터 생성된다.

지난 30년 동안 정부의 규제, 산업계의 독창력 및 현대 기술을 통하여 오염 물질 수준을 낮추었다. 자동차에 장착한 촉매 변환기와 굴뚝의 배출 제어는 모두 중요한 역할을 해왔다. 그러나 애당초 "사람들이 만든 연기"를 발생하지 않도록 하는 것이 더 타당하다. 여기에서 녹색 화학이 중요한 역할을 한다. 대기 오염 물질을 생성하지 않는 새로운 공정을 설계하면 나중에 이를 정화할 필요가 없다.

실내 또는 실외에서 우리가 숨 쉬는 산소가 가득한 공기는 지구 표면에 매우 가까이에 있다. 그러나 지구의 대기는 상당한 거리까지 위쪽으로 확장되어 있고 지구상의 생명체에 필수적인 다른 기체들도 포함하고 있다. 제3장과 제4장은 성층권 오존과 이산화 탄소의 두 가지를 설명할 것이다. 우리는 지구상의 인간 발자국과 "공기 지문(air print)"은 이 두 기체들과 놀라운 방식으로 연결되어 있는 것을 볼 수 있다.

학습 결과 _Learning Outcomes

*괄호 안의 숫자는 이 결과가 논의된 장의 절을 나타낸다.

이 장을 공부한 후에는 다음을 수행할 수 있어야 한다.

- 우리가 숨 쉬는 공기 중의 해로운 오염 물질의 흡입이 우리의 건강에 미치는 영향을 설명할 수 있다. (전체 장)
- 여러 대기층을 정의하고, 적절한 단위를 사용하여 대류권 오염 물질 농도를 나타낼 수 있다. (2.2, 2.3, 2.4, 2.5)
- 원자, 분자 및 혼합물에 대한 입자 모형을 작성하고, 사용하며 및 해석할 수 있다. (2.6)
- 탄화수소를 포함한 분자 화합물의 화학식과 이름을 쓸 수 있다. (2.7)
- 산업 부분, 주거 지역 및 물류 운송 등에서 발생하는 일차 및 이차 오염 물질을 식별할 수 있다. (2.4, 2.8, 2.11, 2.13, 2.14)
- 대기질 지수를 해석하고, 농도 및 규제 한계 측면에서 대기 오염 물질의 상대적 위협을 평가할 수 있다. (2.9, 2.10)
- 화학 반응을 말로 설명하고, 균형 맞춘 화학 반응식을 쓸 수 있다. (2.11, 2.12)
- NO_x의 생성과 배출에 휘발성 유기 탄소(volatile organic carbon, VOC)의 역할과 오존 생성에서 햇빛의 영향을 요약할 수 있다. (2.13, 2.14)
- 가능한 실내 오염 물질의 원인과 잠재적인 건강 영향을 정의하고 식별할 수 있다. (2.15)
- 오염을 줄이는 데 있어서 "녹색 화학"의 역할을 설명할 수 있다. (2.16)

연습 문제 _Questions

기본 문제 _Emphasizing Essentials

1. a. 7.5시간의 잠자고 있는 동안 들이마시고 내쉬는 공기의 양을 리터 단위로 계산하라. 각 호흡의 부피가 약 0.5 L이고 분당 10회 호흡한다고 가정하라.

b. 이 계산을 통해 호흡이 많은 양의 공기에 노출된다는 것을 알 수 있다. 숨 쉬는 공기의 질을 향상시키기 위해 할 수 있는 다섯 가지 일을 말하라.

2. 대류권에서 발견되는 일부 기체는 Rn, CO_2, CO, O_2, Ar 및 N_2 등이다.

a. 대류권에서 풍부한 순서로 나열하라.
b. 농도를 백만분율로 나타내는 것이 편리한 기체들은 어느 것인가?
c. 현재 거주하는 지역에서 대기 오염 물질로 규제되고 있는 기체들은 어느 것인가?
d. 주기율표의 8족에서 발견되는 불활성 기체들은 어느 것인가?

3. 공기 중 입자상 물질의 세 가지 원천을 제시하라. 크기 및 건강 영향 측면에서 $PM_{2.5}$와 PM_{10} 간의 차이를 설명하라.

4. a. 공기 중의 아르곤 농도는 약 0.934%이다. 이 값을 ppm으로 나타내라.
b. 흡연자의 폐에서 내뿜는 공기의 농도는 20~50 ppm이다. 대조적으로, 비흡연자가 내쉬는 공기에는 0~2 ppm의 CO가 들어 있다. 각 농도를 백분율로 표현하라.
c. 매우 습한 날에는 공기 중 수증기 농도가 8500 ppm일 수 있다. 이것을 백분율로 표현하라.
d. 남극에서 채취한 공기 시료는 8 ppm의 수증기를 포함하는 것으로 밝혀졌다. 이것을 백분율로 표현하라.

5. 대기에서 발견되는 기체에는 Xe, N_2O 및 CH_4가 소량으로 포함되어 있다.

a. 각 화학식이 존재하는 원자의 수와 종류에 대해 어떤 정보를 전달하는가?
b. 이 기체의 이름을 써라.

6. 탄화수소가 주요 연료 공급원으로 사용되는 이유는 무엇인가?

7. 공기에는 미량의 물질이 포함되어 있다. 미량을 정의하고, 공기에서 발견되는 두 가지 미량 물질의 예를 제시하라.

8. 500개의 공기 입자 시료가 있다고 생각하자. 이 입자들 중 질소, 산소 및 아르곤은 몇 개인가?

9. 다음 반응식의 화살표 양쪽 원자들의 수를 세어서 균형이 맞추어져 있는지를 확인하라.

a. $2\ C_3H_8(g) + 7\ O_2(g) \rightarrow 6\ CO(g) + 8\ H_2O(l)$
b. $2\ C_8H_{18}(g) + 25\ O_2(g) \rightarrow 16\ CO_2(g) + 18\ H_2O(l)$

10. 질소와 수소가 반응하여 암모니아(NH_3)를 형성하는 다음 표현을 생각해 보자.

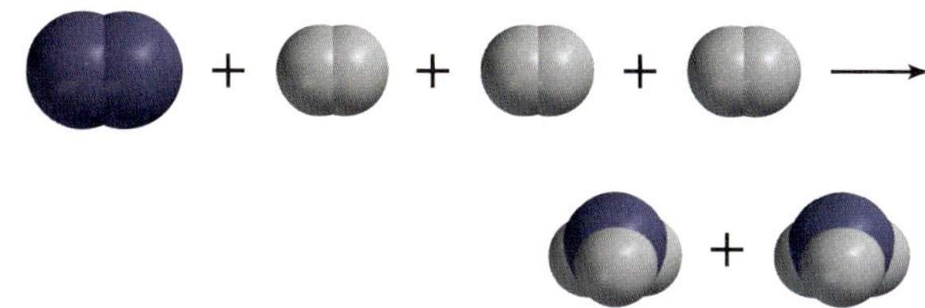

a. 반응물과 생성물의 질량이 같은가? 설명하라.
b. 반응물과 생성물의 분자 수가 같은가? 설명하라.
c. 반응물의 총 원자 수와 생성물의 총 원자 수는 같은가? 설명하라.

11. 다음의 반응을 나타내는 균형 맞춘 화학 반응식을 작성하라. **힌트**: 질소와 산소는 모두 이원자 분자이다.

a. 질소는 산소와 반응하여 일산화 질소를 형성한다.
b. 오존은 산소와 원자 산소(O)로 분해된다.
c. 황은 산소와 반응하여 삼산화 황을 형성한다.

12. 다음의 질문은 탄화수소 연소와 관련이 있다.

a. LPG(액화 석유 기체)는 대부분 프로페인, C_3H_8이다. 이 반응식의 균형을 맞추어라.
$C_3H_8(g) + O_2(g) \longrightarrow CO_2(g) + H_2O(g)$
b. 담배 라이터는 뷰테인, C_4H_{10}을 태운다. 뷰테인의 연소에 대한 균형 맞춘 반응식을 써라.
c. 산소 공급을 줄이면 프로페인과 뷰테인은 불완전하게 연소되어 일산화 탄소를 형성한다. 두 반응에 대한 균형 맞춘 반응식을 작성하라.

13. 에테인(C_2H_6)이 산소와 연소되는 다음 반응식의 균형을 맞추어라.

a. $C_2H_6(g) + O_2(g) \longrightarrow C(s) + H_2O(g)$
b. $C_2H_6(g) + O_2(g) \longrightarrow CO(g) + H_2O(g)$
c. $C_2H_6(g) + O_2(g) \longrightarrow CO_2(g) + H_2O(g)$
d. C, CO 또는 CO_2가 생성되는지 여부에 따라 산소에 대한 계수가 달라지는 이유를 설명하라.

14. 공기는 균일 혼합물의 예이다. 균일 혼합물의 두 가지 예를 더 제시하고 그 분류를 정당화하라.

15. 사람이 공기를 들이마실 때 그 공기의 21%가 산소다. 그러나 내쉬는 공기의 16%만이 산소다. 배출되는 산소의 양이 감소하는 이유에 대해 적어도 두 가지 이유를 제시하라.

16. 대류권이란 무엇이며, 우리의 생존에 중요한 이유는 무엇인가?

17. 드라이아이스는 고체 이산화 탄소다. 원소 기호, 입자상, 거시적 시각의 세 가지 방법으로 이산화 탄소를 나타내라.

18. 질소를 함유하는 다음 화합물의 이름을 써라: NO_2, N_2O, NO, NCl_3, N_2O_4.

19. 다음 화합물의 이름을 써라: CCl_4, SO_3, Cl_2O_6, P_4S_3.

20. 4~15분 동안 CO 농도가 400 ppm 이상이면 일산화 탄소 검출기가 꺼진다.

a. 400 ppm을 백분율로 표시하라.

b. 일산화 탄소가 대기 오염 물질로 간주되는 이유는 무엇인가?

c. 일산화 탄소에 장기간 노출되었을 때 건강에 어떤 영향을 미치는가?

21. 이산화 황과 이산화 질소는 대기 오염 물질로 간주된다.

a. 이런 오염 물질을 찾을 가능성이 높은 곳은 어디인가?

b. 이들 오염 물질 중에서 어느 것이 더 독성이 강한가?

c. 0.045 ppm의 이산화 질소를 ppb로 나타내라.

› 개념 문제 _Concentration on Concepts

22. "공기 자국"은 활동 학습 2.1에서 언급되었다. 아래의 두 사진을 살펴보자.

(두 그림 모두): ©Bradley D. Fahlman

첫 번째 사진은 그리스 Hydra 섬의 해안가 카페에서 찍은 것이고, 다른 하나는 중국 톈진(Tianjin)의 번화한 거리를 보여주고 있다. 각 사진에서 인간의 공기 자국을 보여주는 세 가지 방법을 나열하라.

힌트: 몇 가지는 보이지 않지만 사진에 암시될 수 있다.

23. EPA AirNow 웹사이트에는 "공기 질이 우리 삶의 질에 직접적인 영향을 미친다"고 설명하고 있다. 두 가지 대기 오염 물질을 선택하여 이 말이 옳음을 증명하라.

24. 활동 학습 2.2에서는 하루 동안 내쉬는 공기의 양을 계산했다. 이 부피를 화학 교실의 공기량과 비교해 보라. 계산으로 보여라.

힌트: 교실의 크기를 측정하거나 추정하는 데 사용할 가장 편리한 단위에 대해 미리 생각하라.

25. 표 2.1에 따르면, 흡입한 공기 중 이산화 탄소의 백분율은 내쉬는 공기의 이산화 탄소의 백분율보다 낮다. 이 관계를 어떻게 설명할 수 있는가?

26. Alaska의 *Anchorage Daily News*의 헤드라인(2008년 1월 17일자)은 다음과 같다. "차에 탄 가족이 일산화 탄소에 중독되었다. 소방요원들이 눈더미를 파고 들어가 5명을 구하였다."

a. 차가 눈 언덕에 파묻혀 있고 엔진이 작동 중이라면 CO가 차 내부에 축적될 수 있다. 그러나 일반적으로 CO는 자동차에 축적되지 않는다. 그 이유를 설명하라.

b. 승차한 가족들이 CO를 감지하지 못한 이유는 무엇인가?

27. 산소 농도를 반으로 줄이면 지구상의 생명체가 어떻게 변할지 생각해보라. 영향을 받을 수 있는 두 가지 예를 들어 보라.

28. CO가 "침묵의 살인자"로 명명된 이유를 설명하라. 이 이름이 적용되지 않는 다른 두 개의 오염 물질을 선택하라. 그 이유를 설명하라.

29. 희석되지 않은 담배 연기는 2~3% CO를 포함하고 있다.

a. 이것은 몇 ppm인가? 몇 ppb인가?

b. 이 수치는 1시간과 8시간 간격의 CO에 대한 국가 대기질 기준과 어떻게 비교되는가?

c. 흡연자가 일산화 탄소 중독으로 사망하지 않는 이유를 제시하라.

30. 북반구에서 오존 시즌은 약 5월 1일부터 10월 1일까지이다. 일반적으로 겨울철에 오존 수치가 보고되지 않는 이유는 무엇인가?

31. 특정 도시의 오존 수치는 1시간 동안 0.13 ppm이며 허용 한계는 해당 시간 동안 0.12이다. 당신은 도시가 오존 한도를 0.01 ppm 초과했다고 보고하거나 한도를 8% 초과했다고 말할 수 있다. 이 두 가지 보고 방법을 비교해 보라.

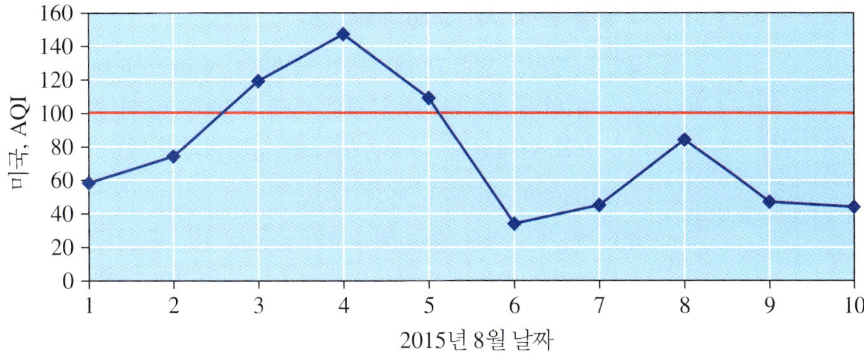

32. 다음은 2015년 8월 1일부터 10일까지 Georgia 주 Atlanta의 오존 대기질 자료이다. 주요 오염 물질은 오존이었다.

a. 일반적으로, 어떤 부류의 사람들이 오존에 가장 민감한가?

b. 미국 환경 보호국은 등급이 100 이상인 공기가 일부 또는 모든 부류의 사람들에게 위험하다고 판단했다. 주어진 자료에서 공기가 유해한 날은 며칠인가?

c. 오존 수치는 밤에 급격히 떨어진다. 그 이유를 설명하라.

d. 낮에는 8월 5일 이후 오존이 급격히 떨어졌다. 이 관찰을 설명할 수 있는 두 가지 다른 이유를 제안하라.

e. 12월의 지료는 표시되지 않았다. 12월의 오존 수치는 8월보다 높을지 아니면 낮을지 예상하고 그 이유를 설명하라.

33. 다음은 $PM_{2.5}$의 주요 오염 물질을 기반으로 한 대기질에 대한 2015년 마지막 주에 측정한 중국 Beijing의 대기질 지료이다.

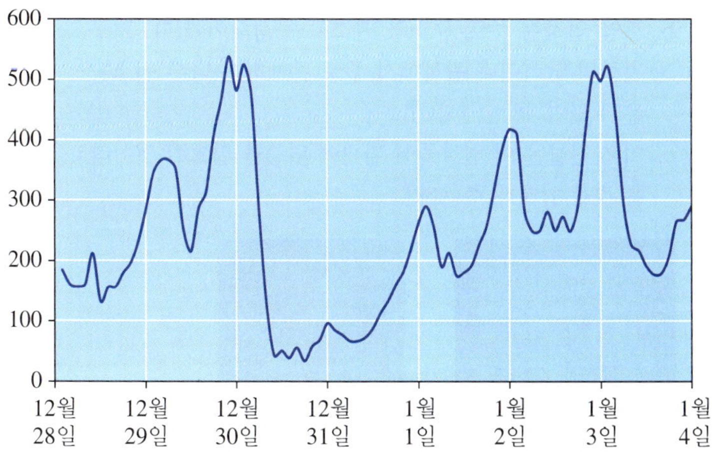

a. 일반적으로 입자상 물질에 가장 민감한 부류의 사람들은 누구인가?

b. 미국 환경보호국은 51~100 사이 등급의 공기는 특히 민감한 그룹을 제외하고 허용된다고 결정했다. 표시된 자료의 경우, 공기가 허용되거나 더 좋았던 시점은 언제인가?

c. 오존층처럼 PM의 수치가 반드시 밤에 떨어지는 것은 아니다.

d. 입자상 물질의 수준은 급격히 증가할 수 있다. 이 관찰을 설명할 수 있는 두 가지 다른 이유를 제안하라.

34. 1990년 이전에는 미국의 디젤 연료에 2% 정도의 황이 포함될 수 있었다. 보다 최근의 규제는 이를 변경했으며, 오늘날 대부분의 디젤 연료는 황을 15 ppm 이하로 포함하는 초 저황 디젤(ultra-low sulfur diesel, ULSD)이다.

a. 15 ppm을 %로 표현하라. 마찬가지로, 2%를 ppm으로 나타내라. ULSD는 디젤 연료의 황 함유량은 기존의 디젤 연료보다 몇 배나 낮은가?

b. 황이 포함된 디젤 연료를 태우는 것이 대기 오염에 어떻게 기여하는지 보여주는 화학 반응식을 써라.

c. 디젤 연료는 탄화수소 $C_{12}H_{26}$을 포함되어 있다. 디젤 연료를 연소시켰을 때 대기 중에 이산화 탄소가 더해지는 것을 보여 주는 화학 반응식을 써라.

d. 상황이 개선된 방법과 앞으로 어디로 가야 하는지에 대한 관점에서 지속 가능한 관행으로 디젤 연료를 태우는 것에 대해 말해 보라.

35. 다음은 2015년 8월 17일의 오존 농도가 최고조에 이르렀을 때의 자료가 포함된 미국 지도이다.

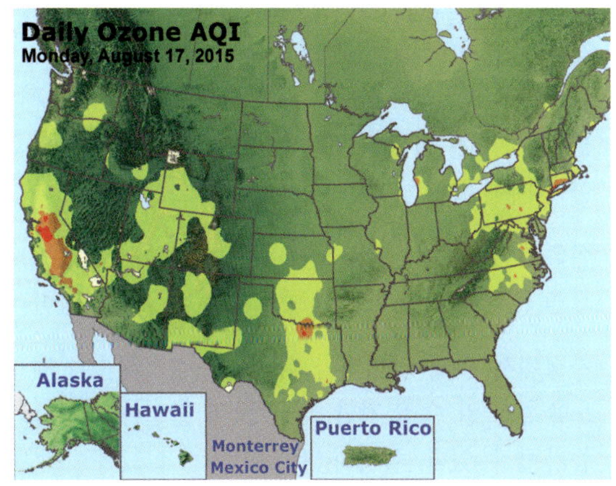

Source: EPA AirNow

a. 이 자료는 대부분의 오존 오염이 California, Denver, Texas, 중서부 및 동부 해안에서 예상된다는 점에서 전

형적이다. 이 지역에서 오존 오염이 높은 이유는 무엇인가?

b. 중서부는 일반적으로 여름에 오존 수치가 높지만 이 특정 날에는 그렇지 않다. 가능한 설명을 제시하라.

c. Sacramento Valley와 같은 California의 내륙 지역이 California 해안보다 대기질이 더 나쁜 이유는 무엇인가?

36. 덥고 건조한 두 도시, 너 시원하고 비가 많이 오는 다른 도시의 오존에 대한 대기질 자료를 찾아라. 발견한 차이점을 설명하라.

힌트: 미국 폐 협회 또는 AirNow 웹사이트에서 게시한 웹사이트인 *State of the Air*를 사용하라.

37. 일 년 중 특정 시기에 칠레 Santiago의 아름다운 도시 주민들은 지구상에서 최악의 공기를 마신다.

a. Santiago에서는 자가용 운전이 엄격하게 제한되어 있다. 이것이 얼마나 구체적으로 공기 질을 개선하겠는가?

b. Santiago의 오염은 다른 도시의 오염과 비슷하지만 대기질은 훨씬 더 나쁘다. 원인이 될 수 있는 지리적 특성을 제안하라.

38. CO 농도가 문턱 값에 도달하면 즉시 경고음을 내는 일산화 탄소 감지기를 구입할 수 있다. 반면에 대부분의 라돈 검출 시스템은 경보음을 내기 전에 일정한 시간 간격 동안 공기 시료를 채취하여 분석한다. 이 차이에 대한 이유를 설명하라.

39. 이제 소비자는 적은 양의 VOC만 방출하는 페인트를 구입할 수 있다. 그러나 이들 소비자는 이 페인트를 구입하는 것이 왜 중요한지 모를 수 있다.

a. 적은 양의 VOC가 들어 있는 페인트를 구입하는 것이 좋은 생각이라는 점을 강조하기 위해 페인트 깡통의 라벨에 어떤 문구를 쓰겠는가?

b. 건물, 다리, 담장 기둥과 같은 많은 실외 표면에 페인트를 칠한다. 이러한 페인트가 방출하는 VOC의 환경 영향에 대해 설명하라.

40. a. 실외에서 달리기(야외에 앉아 있는 것과는 반대로)하면 오염 물질에 대한 노출이 증가하는 이유를 설명하라.

b. 가정에서 실내 달리기를 하면 일부 오염 물질에 대한 노출을 줄일 수 있지만, 다른 오염 물질에 대한 노출은 증가될 수 있다. 설명하라.

41. 갖고 싶은 직업을 선택하여, 이 직업에 종사하는 사람이 대기질에 긍정적인 영향을 미칠 수 있는 방법을 하나 이상 말하라.

응용 문제 _Exploring Extensions

42. 아세톤이 함유된 매니큐어 제거제를 6 m × 5 m × 3 m 방 안에 흘렸다. 측정 결과 아세톤 3600 mg이 증발한 것으로 나타났다. 아세톤 농도를 입방미터당 마이크로그램 ($\mu g/cm^3$) 단위로 계산하라

43. "대기 오염은 많은 배출자의 공동 과실인 확산 문제이다. 이것은 공동체의 비극을 보여주는 전형적인 사례"라고 말했다. (출처: 2006년, David Carle의 California 공기 소개) "공동체의 비극"이라는 문구와 대기 오염이 얼마나 고전적인 예인지를 설명하라.

44. 또 다른 심각한 대기 오염 물질인 수은은 이 장에서는 설명하지 않았다. 만약 당신이 이 책의 저자라면 수은 배출에 대해 어떤 내용을 포함하겠는가? 수은 배출과 자원의 지속 가능한 사용을 어떻게 연결하겠는가? 이 책에 어울리는 문장으로 몇 단락을 써라. 반드시 정보 출처를 참고하라.

45. EPA는 녹색 화학 도전 대통령상을 주관한다. EPA 웹사이트를 사용하여 가장 최근의 수상자를 찾아라. 수상자를 한 명 선택하여, 상을 받을 만한 녹색 화학의 공로를 자신의 말로 요약해 보라.

46. 다음은 미국 국립 과학 재단과 애리조나주립 대학교의 연구자들이 제공한 미세 입자 물질의 주사 전자 현미경 사진이다. 첫 번째 것은 토양 입자이고, 두 번째는 고무 입자이며, 각각 직경이 약 10 μm이다.

a. 고무 입자의 가능한 원천은 무엇인가? 대기에 PM 생성에 기여하는 다른 두 가지 물질을 제시하라.

b. 토양 입자는 주로 규소와 산소로 구성되어 있다. 지구 지각의 암석이나 광물에서 주로 존재하는 다른 원소들은 무엇인가?

c. 이 사진들은 이 입자들이 혈관에 염증을 일으킬 것이라는 것을 암시해 주는가?

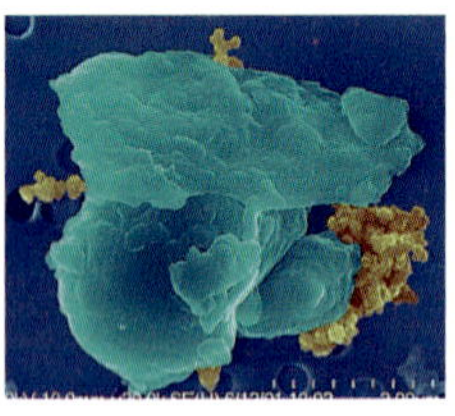

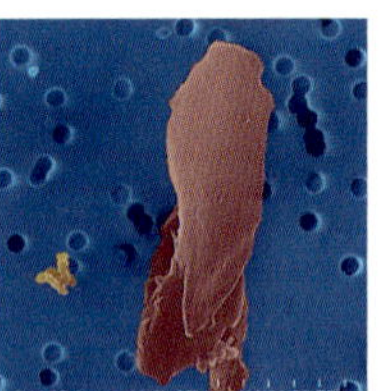

(두 그림 모두) Source: Hua Xin, Ph.D., Arizona State University/National Science Foundation

47. 초미세 입자는 지름이 0.1 μm보다 작다. 이들의 원천과 건강에 미치는 영향 측면에서 이들 입자를 $PM_{2.5}$ 및 PM_{10}과 비교하라. 인터넷을 사용하여 최신 정보를 찾아라. 정보 출처를 참조하라.

48. 일산화 탄소 흡입이 인간에게 미치는 영향을 보여주는 이 그래프를 생각해 보자.

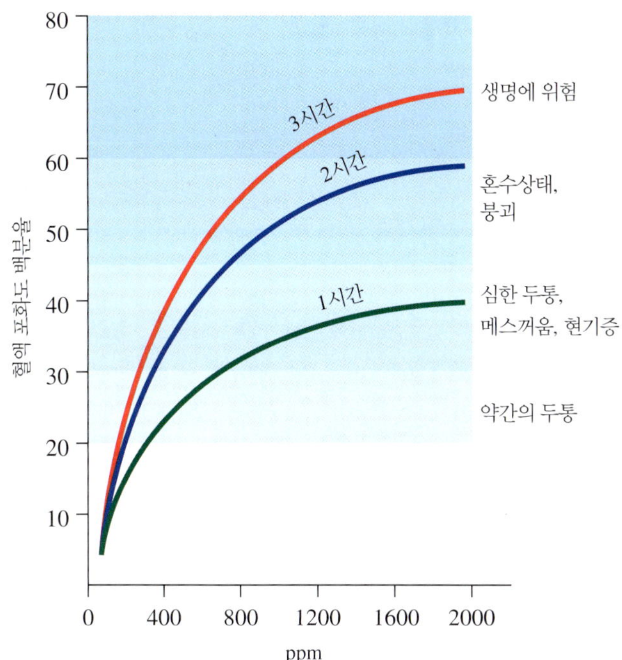

a. 노출량과 노출 기간은 모두 인간의 CO 독성에 영향을 준다. 그래프를 사용하여 그 이유를 설명하라.

b. 이 그래프의 정보를 사용하여 일산화 탄소 기체의 건강 유해성에 대한 가정 일산화 탄소 감지 도구에 포함할 설명을 만들어라.

49. 단단한 나무 바닥의 아름다움에 감탄할 수 있다. 폴리우레탄은 니스(varnish)나 쉘락(shellac)보다 더 영구적이므로 바닥의 마감제로 사용된다. 최근까지 폴리우레탄은 항상 유성 페인트였다. 그런데 최근에 바이어 사(Bayer Corporation)는 VOC의 양이 50~90%까지 저감되는 수성 폴리우레탄을 개발하였다. 바이어 사는 이것의 개발로 2000년에 녹색 화학 도전 대통령상을 받았다. 이 업적에 대하여 요약하라. 각자 지역에서 수성 폴리우레탄이 판매되고 있는지 상점들을 조사해 보라.

50. 에너지 요금을 개선하고자 하는 주택 소유자는 스프레이 폴리우레탄 폼을 사용하여 다락방 공간에 단열재를 보강할 것이다.

a. 반응이 완료되면 안전하지만 많은 단열 폼이 설치 중이거나 설치 직후에 아이소사이아네이트(isocyanate)을 방출한다. 이 휘발성 유기 화합물의 유해성은 무엇인가?

b. Delaware 대학교의 Richard Wool 교수는 아이소사이아네이트 폼을 포함한 고성능 재료에 대한 바이오 기반 대체물을 개발했다. 그의 혁신적인 작업으로 그는 2013년 녹색 화학 도전 대통령상을 수상했다. 그의 업적에 대한 요약을 만들어라.

51. 인기 있는 소셜미디어 게시물에 따르면, 암을 유발하는 화학 물질인 벤젠이 자동차 내부 표면에서 위험한 수준으로 방출된다고 주장했다.

a. 광범위한 인터넷 검색을 수행하여 이 주장을 뒷받침할 증거가 있는지 확인하라.

b. 차량의 “새 차 냄새”를 일으키는 증기는 무엇인가? 이러한 공기 중 화학 물질이 건강에 해로운가?

CHAPTER 3

태양에서 오는 복사선

Radiation from the Sun

Banner credit above: ©saravutpics/Shutterstock; ©Luiza Dutkiewicz/Shutterstock

미리 생각해 보기 *Reflect*

태양으로부터의 보호

www.acs.org/cic에서 이 장의 비디오를 확인하라. 화창한 날 야외에 있었다면 햇빛으로부터 자신을 보호할 수 있는 방법을 열거하라. 가장 효과적이라고 생각하는 것부터 가장 덜 효과적이라고 생각하는 것까지 순위를 매겨라.

주요 질문 *Compelling Questions*

이 장에서는 다음과 같은 질문에 답할 것이다.

- 햇빛이란 무엇이고 그 성질은 무엇인가?
- 다른 유형의 복사선은 에너지가 어떻게 다른가?
- 태양 노출과 피부암은 어떤 관련성이 있는가?
- 지구 대기는 자연적으로 태양으로부터 우리를 어떻게 보호하는가?
- 이 자연 보호의 원천을 제거할 수 있는가? 있다면 회복될 수 있는가?
- 선스크린과 선블록 크림은 어떻게 작동하는가?

서론

많은 사람들이 화창한 날에 밖에 나가는 것을 좋아하지만, 지구의 태양 복사에 대한 긍정적인 영향과 부정적인 영향을 모두 이해하는 것이 중요하다. 긍정적인 측면에서, 태양 복사선은 즐겨 먹는 채소들을 재배하고 혈류에 중요한 비타민 D를 형성하며 지구 온도를 살기 좋은 수준으로 유시하는 에너지를 제공한다. 그러나 태양의 복사선은 일광 화상, 피부암 및 눈 손상과 같은 물질 및 건강 문제의 조기 노화를 유발한다.

활동 학습 3.1 *의사 결정*

이 장에서는 햇빛 노출과 보호 수단에 대해 살펴보기로 한다. 다음 활동을 완료하라.

3일 동안 하루 종일 경험하는 태양 노출 유형을 기록하라. 햇빛에 노출되는 시간, 노출된 피부의 양, 위치 및 태양에 노출된 시간을 기록하라.

이 장에서는 태양의 성분과 건강에 미치는 영향을 조사하여 태양의 복사선을 논의할 것이다. 선스크린을 바르면 햇빛으로부터 피부를 보호한다는 것을 알고 있다. 그러나 대기가 이러한 해로운 광선들 중 일부에 대해 자연적인 보호원을 제공한다는 것을 알고 있었는가? 제2장에서 대기에 대한 논의를 확장하여 이러한 자연 차폐를 제공하는 대기의 구성 요소를 정확히 지적할 것이다. 또한 소비자가 사용하는 선스크린 제제의 화학에 대해서도 설명할 것이다. 이 장에서 여러분은 화학이 복사선의 해로운 영향으로부터 우리를 보호하는 데 중요한 역할을 하는 방법에 대해 배우게 될 것이다.

먼저 이 질문에 대답해 봄으로써 시작하자: *복사선*(radiation)이란 무엇인가?

3.1 태양의 해부: *전자기 스펙트럼*

맑은 여름날에 휴식을 취하거나 햇빛 아래에서 일하고 있다고 상상해 보라. 태양이 밝고, 피부가 따뜻해지며 결국 피부가 검게 될 수 있다. 그러나 피부가 햇볕에 타서 손상되지는 않아야 한다! 태양 복사선의 구성 요소에 대해 생각을 해 본적이 있는가? 한 줄기 햇빛 속에 무엇이 있다고 생각하는가? 이러한 질문에 대해 논의하기 전에 다음 활동을 완료하라.

활동 학습 3.2 *태양에 의한 손상*

태양이 일으킬 수 있는 손상에 대해 생각하고, 다음 질문을 반 친구와 토의하라.

a. 태양으로부터 방출되는 것은 무엇인가?

b. 태양에 노출되면 손상을 입는 이유가 무엇인가?

c. 태양은 어떤 종류의 손상을 입히는가?

d. 태양의 긍정적인 영향은 어떤 것들이 있는가?

그림 3.1

회절 결정을 통해 가시광선을 각 성분 요소로 분리.

태양에서 오는 복사선, 핵반응에서 나오는 방사선, 마이크로파 복사선 또는 치료나 진단에 사용되는 방사선 등 여러 맥락에서 사용되는 "복사선, 방사선"이라는 용어를 들어 본 적이 있을 것이다. 이 장에서는 태양으로부터의 오는 복사선에 초점을 맞출 것이다. 그러나 앞으로의 장에서는 다른 종류의 복사선에 대해 다룰 것이다.

태양과 같은 뜨거운 물체에 의해 방출되는 에너지는 **복사선**(radiation)의 한 종류다. 이 에너지는 인간, 지구, 식물, 다른 동물 등과 같은 다른 물체에 흡수된다. 태양에서 오는 복사 에너지는 우리가 느낄 수 있고(예: 열)과 볼 수 있는(예: 가시광선) 형태를 취한다. 그러나 실제로 육안으로는 보이지 않는 형태도 있다. 그중 하나가 자외선(UV) 복사선이다. 가시광선을 예를 들어 복사선의 특성을 살펴보자.

> **사전 지식** *Did You Know* ?
>
> 복사선은 흔히 *전자기*(electromagnetic, EM)파이다. 이 용어는 파동이 전기장과 자기장으로 구성되어 있음을 나타낸다.

가시광선은 태양에 의해 지속적으로 방출되며 얼마 후 지구에 도달한다. 프리즘이나 결정에서 발생된 색깔이나 무지개를 본 적이 있는가? 프리즘과 빗방울은 지구에 도달하는 가시광선을 색의 스펙트럼으로 분리할 수 있다(그림 3.1). 우리가 보는 일반적인 스펙트럼에는 빨간색, 주황색, 노란색, 초록색, 파란색, 남색 및 보라색을 포함한다.

> **사전 지식** *Did You Know* ?
>
> ROY G. BIV라는 약어를 사용하여 빨간색(**R**ed), 주황색(**O**range), 노란색(**Y**ellow), 녹색(**G**reen), 파란색(**B**lue), 남색(**I**ndigo), 보라색(**V**iolet) 등의 스펙트럼의 색상을 기억할 수 있다. 인디고는 이 목록에서 가장 논란의 많은 색이다. 과학자들은 스펙트럼에서의 인디고의 배치에 대해 완전히 동의하지 않고 있다.

가시광선 스펙트럼의 각각의 색상은 복사선의 특정 파장 범위를 나타낸다. *파장*(wavelength)이라는 단어는 파도가 물을 통하여 이동하는 것처럼 빛이 공간을 통과한다는 것을 정확하게 암시한다(그림 3.2). 그러나 물 파동은 오직 물을 통해 이동하는 반면, 전자기 복사선은 공기를 통해서 또는 심지어 빈 공간을 통해서도 파동으로 이동할 수 있다. **파장**(wavelength, 그리스어: 람다, λ)은 단순히 파장에서의 연속적인 봉우리 사이의 거리를 가리키며, 길이의 단위로 보고된다(그림 3.3). 때때로 과학자들은 파동의 **진동수**(frequency, 그리스어: nu, ν)인 일정 시간 안에 얼마나 많은 파동이 일정한 지점을 통과하는지에 더 관심을 갖는다. 진동수는 그림 3.3에도 나와 있다. 이 그림에서는 두 개의 서로 다른 파

그림 3.2

물의 파도는 물을 통해서만 이동하지만 전자기 복사는 빈 공간을 통해 파동으로 이동할 수 있다.

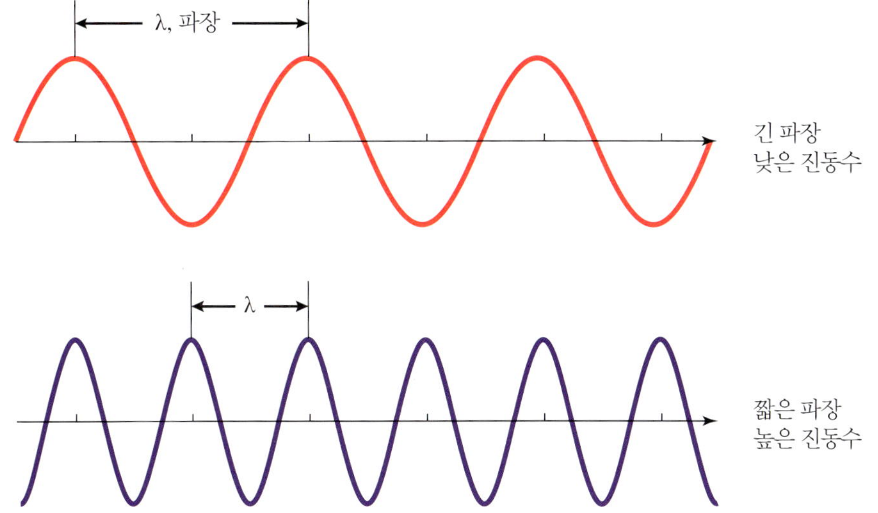

그림 3.3

파동의 파장과 진동수의 그림.

©McGraw-Hill Education/Brian Kanof

LAB

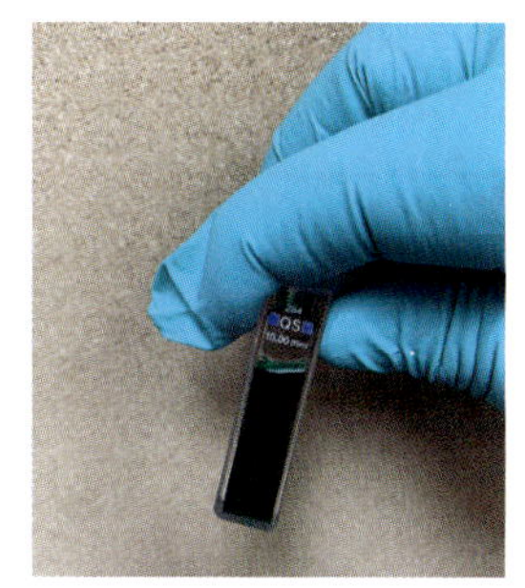

©Bradley D. Fahlman

빛의 파장과 물질의 겉보기 색깔 사이의 관계를 알아보려면 www.acs.org/cic에서 비디오를 확인하라.

동을 나타내며, 두 파동이 페이지를 가로질러 같은 속도로 이동하고 있다고 가정한다. 위쪽의 파장은 파장이 길고 진동수가 낮은 반면 아래쪽 파장은 파장이 짧고 진동수가 높다.

파장과 진동수는 반비례한다. 이 말은 파장이 증가하면 진동수가 감소하고, 진동수가 증가하면 파장은 감소한다는 것을 의미한다. c는 빛의 속도를 나타내는 상수이며, 간단한 방정식(식 [3.1])을 사용하여 이 관계를 나타낼 수 있다. c의 값은 3.00×10^8 m/s이며 빛이 공기를 통과 할 수 있는 최대 속도를 나타낸다.

$$\text{진동수 } (\nu) = \frac{\text{빛의 속도}(c)}{\text{파장}(\lambda)} \qquad \textbf{[3.1]}$$

파동의 속도 또는 속력은 가시광선에 국한되지 않는다. 사실 진동수와 파장을 안다면 어떤 파동의 속도를 결정할 수 있다.

$$\text{속도 } (v) = \text{파장}(\lambda) \times \text{주파수}(\nu) \qquad \textbf{[3.2]}$$

식 [3.1]과 [3.2]를 비교하면 이들 각 변수의 단위를 식별할 수 있다. 예를 들어, 빛의 속도가 m/s 단위이고 파장이 m인 경우:

$$\text{진동수}(\nu) = \frac{\cancel{\text{m}}/\text{s}}{\cancel{\text{m}}} = 1/\text{s} \text{ 또는 } \text{s}^{-1} \text{ (Hertz, Hz라고도 함)}$$

파장(m)과 진동수(s^{-1})를 곱하면 임의의 파동의 속도(또는 속력, $m \cdot s^{-1}$ 또는 m/s 단위)가 얻어진다. 그러나 이 속도를 다른 단위로 표현하는 것이 더 편리할 수 있다. 예를 들어, 파도의 속도를 m/s에서 km/h로 변환하려면 두 가지 변환 요소가 필요하다.

i) 1 킬로미터(km)는 1000 미터(m)

ii) 1 시간(h)은 3600 초(s)이다. 즉, 60 초/분 × 60 분/h

따라서 다음과 같이 3.00×10^8 m/s에서 km/h로 변환을 수행할 수 있다.

$$\left(\frac{3.00 \times 10^8\ \cancel{\text{m}}}{1\ \cancel{\text{s}}}\right) \times \left(\frac{1\ \text{km}}{1000\ \cancel{\text{m}}}\right) \times \left(\frac{3600\ \cancel{\text{s}}}{1\ \text{h}}\right) = 1.08 \times 10^9\ \text{km/h}$$

인간의 눈은 4×10^{-7} m와 7×10^{-7} m 사이의 아주 작은 범위의 파장만 감지할 수 있다. 이 숫자들은 제1장에서 *과학적 표기법*(scientific notation)으로 나타냈다는 것을 이미 배웠다. 1.4절에서 10^{-9}의 접두사는 *나노*-(nano-, *n*)이고 10억분의 1을 의미한다는 것을 기억할 것이다. 1 나노미터는 1 미터 길이의 10억분의 1이다. 수학적 관계에서 이것은 다음과 같다.

$$1\ \text{nm} = \frac{1}{1{,}000{,}000{,}000}\ \text{m} = \frac{1}{1 \times 10^9}\ \text{m} = 1 \times 10^{-9}\ \text{m}$$

사전 지식 *Did You Know*

빛의 속도는 *진공*(vacuum), 즉 빛 파동의 이동을 방해할 기체 분자가 없는 대기에서 빛의 최대 속도로 가장 잘 정의된다. 공기에서와 진공에서의 빛 속도에 대한 정확한 값은 각각 2.99705×10^8 m/s 대 2.99792×10^8 m/s이다. 실제로 공기에서 9×10^4 m/s 정도 더 느리다. 그러나 c의 값이 워낙 크기 때문에 공기 중의 빛의 속도는 정확도의 3자리 수 값(3.00×10^8 m/s)은 동일하다.

사전 지식 *Did You Know* ?

국제 단위 계(SI)는 다양한 양을 나타내는 기본 단위를 가지고 있다. 여기에는 길이(m), 질량(kg), 질량(kg), 시간(s), 온도(kelvin) 및 물질 양의 몰(mol)이 포함된다. m/s와 같이 이러한 기본 단위를 결합한 단위를 *SI 유도 단위*(SI derived unit)라고 한다.

이 관계를 가시광선의 파장에 적용하면 다음과 같이 차원 분석을 사용하여 m에서 nm로 변환할 수 있다.

$$7 \times 10^{-7}\ \cancel{m} \times \frac{1\ nm}{1 \times 10^{-9}\ \cancel{m}} = 700\ nm$$

따라서 인간의 눈이 감지할 수 있는 파장의 범위는 400 nm에서 700 nm라고 나타낼 수 있다.

활동 학습 3.3 ▶ *파장과 진동수*

식 [3.1]을 사용하여 다음 질문에 답하라.

a. 파장 525 nm의 녹색 빛의 진동수(Hz)는 얼마인가?

b. 1분 안에 몇 개의 초록 빛 파동이 일정 점을 지나갈까? 1시간 후에는 몇 개가 지나갈까?

c. 파동의 *진폭*(amplitude)은 무엇을 의미하는가? 진폭의 변화가 파장의 파장이나 진동수에 영향을 미치는가? 설명하라.

이제 가시광선을 사용하여 복사선의 여러 측면을 정의했으므로 **전자기 스펙트럼**(electromagnetic spectrum, EM)이라고 하는 햇빛의 전체 스펙트럼을 조사해보자(그림 3.4). 이 스펙트럼은 파장이 매우 작은 감마선(원자핵의 지름 약 10^{-14}~10^{-12} m와 비교)에서 거시적 세계(대략 1~100 m)와 같은 크기의 큰 파장을 가진 라디오파에 이르기까지 파장이 연속되어 있다고 생각할 수 있다.

이 책 전체에서, 전자기 스펙트럼의 몇몇 영역을 공부할 것이다. 가시광선 스펙트럼의 적색 쪽 너머에는 더 긴 파장을 가진 적외선(IR) 영역이 놓여 있다. 이 복사선은 볼 수는 없지만 따뜻함의 효과를 느낄 수 있다. 마이크로파(microwave)(더 긴 파장을 갖는)도 육안으로는 보이지 않으며, 레이더 탐지 및 식품을 가열하는 데에도 사용된다. 마이크로파의 길이는 평균적으로 이 문장 뒤에 오는 마침점의 지름 정도인 밀리미터 이하에서 센티미터까지의 크기이다. 마지막으로, 가장 긴 파장의 범위에는 라디오파가 있는데, 이것은 공기를 통해 전달되며 휴대폰 대화를 할 수 있게 해준다.

활동 학습 3.4 ▶ *무지개의 분석*

무지개 속의 물방울은 가시광선을 색깔로 분리하는 프리즘 역할을 한다.

a. 그림 3.4에서 파장의 길이가 가장 긴 색은? 가장 높은 진동수를 갖는 색은?

b. 녹색 빛은 500 nm의 파장을 가지고 있다. 이 값을 미터로 나타내라.

가시선 영역의 보라색 쪽 너머에는 자외선, X-선, 감마선 등이 있다. 전자기파 스펙

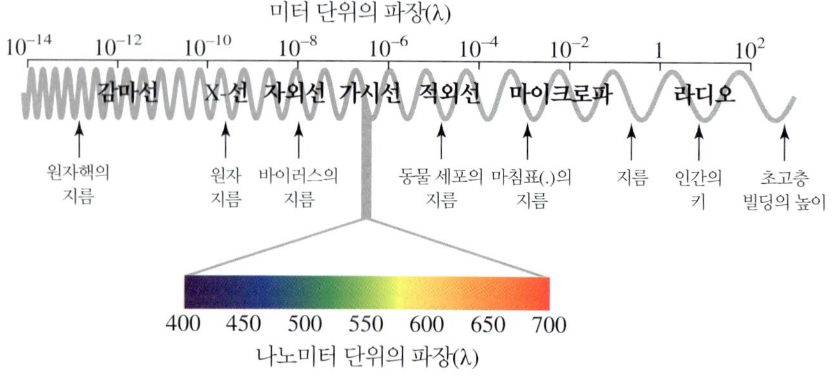

그림 3.4

가시선 영역을 강조하는 전자기파 스펙트럼. 10^x는 1×10^x와 동일하다는 점에 유의한다.

Source: EPA

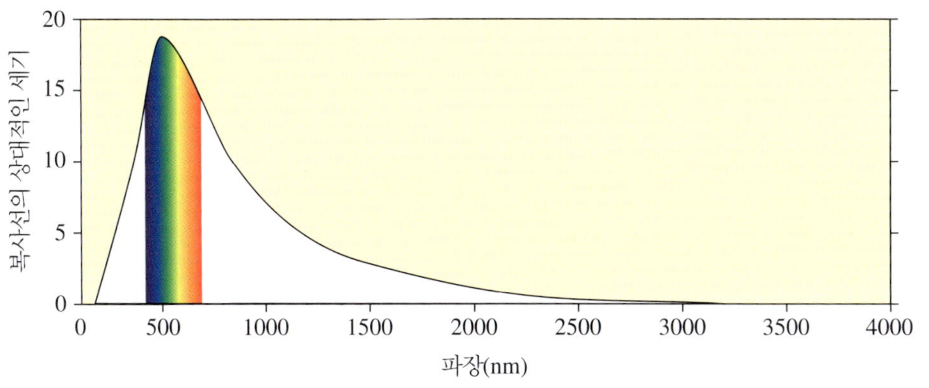

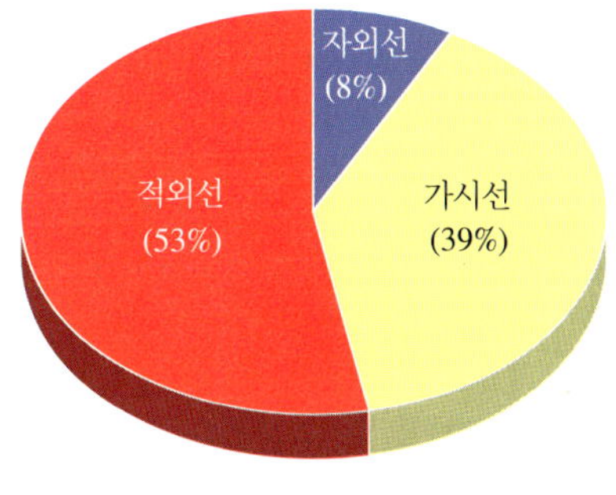

그림 3.5

지구 표면에 도달하는 태양 복사선의 조성. 전자기파 스펙트럼의 가시선 영역의 상대적 위치를 나타내고 있다.

트럼에서 가장 짧은 두 가지 파장 범위에는 핵 방사선에 수반되는 감마선과 의료 진단에 사용되는 X-선이 존재한다. X-선의 파장은 옹스트롬(Angstrom, Å) 척도, 즉 개별 원자의 지름과 비슷한 1×10^{-10} m이다.

활동 학습 3.5 ▶ *상대적인 파장*

적외선, 마이크로파, 자외선, 가시광선 등 전자기 스펙트럼에서 발생하는 4가지 유형의 복사 에너지를 생각해 보자.

a. 파장이 증가하는 순서로 네 개의 복사 에너지를 배열하라.

b. 라디오파의 파장이 X-선 파장보다 대략 몇 배나 더 긴가?

태양은 많은 종류의 복사선을 방출하지만, 모든 복사선이 동일한 세기로 지구 표면에 도달하는 것은 아니다. 이 맥락에서 세기는 지구의 특정 영역에 영향을 미치는 복사선의 양과 관련이 있다. 그림 3.5에 파장의 함수로서 지구 표면의 태양 복사 상대 세기를 나타내는 그래프를 나타내었다.

활동 학습 3.6 ▶ *태양 에너지*

그림 3.5에 나타낸 태양 에너지 분포를 조사하라.

a. 어떤 유형의 전자기 복사선이 태양 에너지의 가장 큰 부분을 구성하는가?

b. 어떤 종류의 복사선이 가장 강한가?

이 그래프는 태양에서 방출되는 총 에너지의 약 53%가 적외선 복사선으로 지구 표면에 도달한다는 것을 보여주는데, 이것은 우리 행성의 주요한 열원이다. 제4장에서 이 현상의 결과를 설명할 것이다. 지구에 도달하는 태양빛의 약 8%만이 자외선의 형태지만, 이것이 우리의 피부를 손상시키는 가장 해로운 종류의 복사선이라는 것을 곧 알게 될 것이다.

3.2 복사선의 성질

1900년대 초, 과학자들은 그림 3.5와 유사한 복사선 분포 곡선에 의아해 했다. 특히 방출된 복사선의 진동수가 증가하면 세기가 높아질 것이라는 게 지배적인 관측이었다. 이는 오븐이나 불꽃, 심지어 태양과 같은 가열된 물체가 전자기파 스펙트럼의 낮은 파장 UV 영역에 접근할수록 더욱 강한 세기의 복사선을 연속해서 방출할 것으로 예측된다는 것을 의미했다. 그러나 그림 3.6과 같이 이러한 행동은 실험적으로 관찰되지 않는다.

사전 지식 *Did You Know* 

이 고전 이론의 실패는 "UV 대재앙"이라고 일컬어졌다!

그림 3.6

20세기 초 이론에 의해 예측된 방사선 방출 분포(검은색 선) 곡선과 여러 온도에서 실험적으로 관찰된 방출 분포 곡선(색깔로 나타낸 선)의 비교. 온도는 켈빈(K)으로 표시해 놓았으며 해당 온도를 °C로 표시하였다.

사전 지식 *Did You Know*

K와 °C 사이의 변환식은 K = °C + 273.15이다.

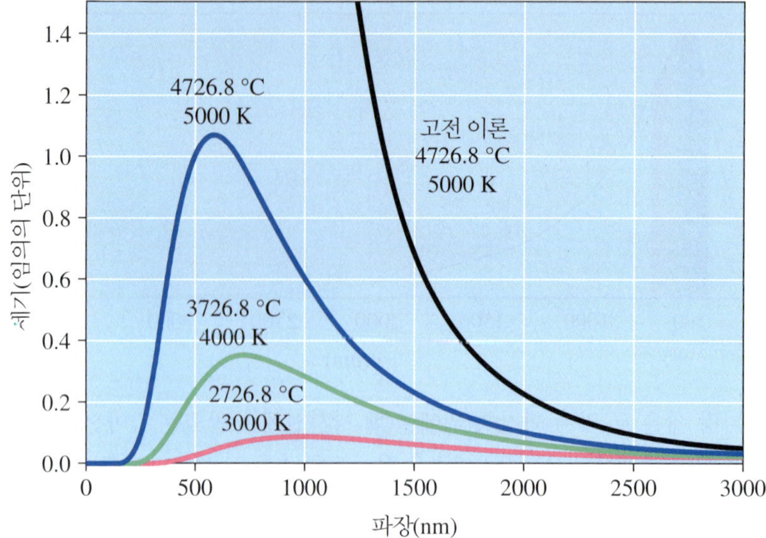

독일 물리학자 Max Planck(1858~1947)는 특히 이 문제에 관심을 갖고 실험과 이론의 차이를 설명하는 연구를 하였다. 특히, 그는 그림 3.6에 나타낸 복사선 곡선의 봉우리가 IR에서 온도가 상승하는 가시선 영역으로 이동한다는 점에 주목했다. 이 현상을 설명하기 위해 프로페인 횃불의 불꽃을 생각해 보자. 온도가 증가함에 따라 불꽃의 색은 빨간색/주황색에서 노란색, 그리고 결국 파란색으로 변한다(그림 3.7). 여러 가지 색깔을 띠는 불꽃의 온도를 측정해 보면 가장 뜨거운 불꽃은 파란색(2000°C 이상)이고, 가장 차가운 불꽃은 빨간색(~800°C)임을 알 수 있다. 온도는 열 에너지의 척도이기 때문에 이 측정은 불꽃의 *에너지*가 파장과 관련이 있음을 의미한다. 따라서 파장 및 진동수 외에 전자기 스펙트럼의 각 영역은 에너지 범위를 갖는다.

그러나 온도가 다른 불꽃에서는 특정 색깔만 관측되기 때문에 가열된 물체는 연속체가 아닌 특정 복사 에너지만 방출한다. 에너지가 비연속적인 방법으로 분포될 때, **양자화**(quantized)되어 있다고 한다. 유사하게, 여러 에너지의 전자기 복사선이 계단이라고 생각하자(그림 3.8). 우리의 고양이 친구들이 계단 사이의 공간이 아닌 개별적인 계단에만 앉을 수 있듯이, 태양은 특정한 에너지만으로 복사선을 방출한다.

지금까지, 우리는 파동 측면에서 복사선을 설명해 왔다. 이러한 설명은 잘 확립되어

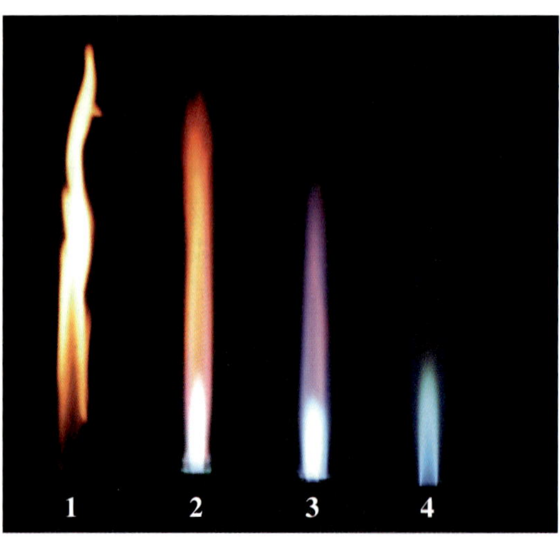

그림 3.7

분젠 버너 불꽃의 온도에 따른 색깔의 비교. 불꽃의 산소 : 연료 비율을 1~4로 증가시키면, 점점 더 뜨거운 불꽃이 생긴다.

©Arthur Jan Fijalkowski

그림 3.8

복사선이 특정 값(계단)의 에너지로만 구성되어 있음을 나타내는 양자화에 대한 비유.

©Bradley D. Fahlman

있고 매우 유용하지만, 복사선을 설명하는 또 다른 편리한 방법이 있다. 1921년 Albert Einstein(1879~1955년)은 이 양자화된 복사선을 **광자**(photon)라 부르는 개별 에너지 묶음의 집합체라고 제안하여 Nobel 물리학상을 수상했다. 광자는 "빛의 입자"로 간주될 수 있지만, 광자는 알고 있는 다른 입자와 같은 성질을 가지고 있지 않다. 한 가지 주요한 차이점은 광자가 질량을 가지고 있지 않다는 것이다. 양자화된 에너지와 광자에 대한 생각은 원자, 분자, 아원자 입자의 행동을 에너지를 조사하고 연구하는 *양자 이론의*(of quantum theory) 기초를 형성한다.

그림 3.9

그림 3.9 물질의 파동성과 입자성의 이중성 — 액체 물(파동과 같은) 위에 매달려 있는 물방울(입자와 같은).

비록 과학자들이 에너지의 입자 특성을 발견했지만, 에너지가 파동이라는 설명은 여전히 유용하고 관련이 있다. 둘 다 에너지에 대한 유효한 설명이다. 복사선의 이러한 이중성은 **파동-입자 이중성**(wave-particle duality)으로 알려져 있으며, 상식에 어긋나는 것처럼 보일 수도 있다. 결국, 어떻게 빛을 파동과 입자로 동시에 표현할 수 있을까? 더 혼란스럽게도 이 설명은 전자기파 복사에만 국한되는 것이 아니라 모든 형태의 물질에 적용된다. 예를 들어, 그림 3.9는 물이 파동 같은 특성과 입자 같은 특성을 모두 갖는 것으로 시각화할 수 있는 방법을 보여준다.

이 두 가지 견해는 현대 과학에서 가장 중요한 방정식 중 하나인 관계식과 연결된다(식 [3.3]). 이 방정식은 또한 이 장 전체에 걸쳐 태양의 복사선 논의에도 도움이 된다.

$$E = \frac{hc}{\lambda} \qquad [3.3]$$

여기에서: E = 줄 단위의 단일 광자 에너지, J
h = Planck 상수, 6.626×10^{-34} J·s
c = 빛의 속도, 3.00×10^{8} m/s

식 [3.1]을 사용하여 방사선 에너지를 진동수와 연관시킬 수 있다.

$$E = h\nu \qquad [3.4]$$

위의 방정식은 복사 에너지가 파장 λ에 반비례하지만 진동수 ν에 비례한다는 것을 보여준다. 따라서 복사선의 파장이 짧을수록 광자의 에너지가 증가한다. 대신에, 높은 진동수의 복사선은 상대적으로 높은 에너지를 가진다. 이러한 사실들은 우리가 태양의 복사선으로부터 자연적이고 화학적인 보호를 받는 데 매우 중요하다.

사전 지식 *Did You Know* ?

물체의 크기가 커질수록 물결 모양이 아닌 입자 모양이 된다. 예를 들어, 나무에서 떨어지는 사과는 파장과 진동수가 아니라 질량, 속도 및 운동량으로 설명되는 순수한 입자로 행동한다. 대조적으로, 전자와 같은 아원자 화학종은 파동과 같은 특성으로 가장 잘 설명된다.

활동 학습 3.7 › ***파장, 진동수 및 에너지***

그림 3.4로 돌아가서 붉은 빛의 파동과 파란 빛의 파동에 존재하는 에너지의 양을 계산하라. 그들은 같은 양의 에너지를 가지고 있는가? 그 이유는 무엇인가?

얼마 전까지만 해도 많은 사람들이 사진을 찍을 때 필름에 노출을 하는 방식을 사용하였다. "암실"은 사진을 얻는 동안 빛이 필름에 노출된 정도에 따라 실제 사진으로 현상하는 곳이다. 이 암실은 620 nm에서 750 nm 사이의 파장을 가진 빛에 영향을 받지 않는 특수 염료가 필름에 첨가되었기 때문에 필름을 현상 시에는 붉은 빛을 사용하였다. 이 암실이 파란 불빛을 사용했을 수도 있다고 생각하는가? 그 이유는 무엇인가?

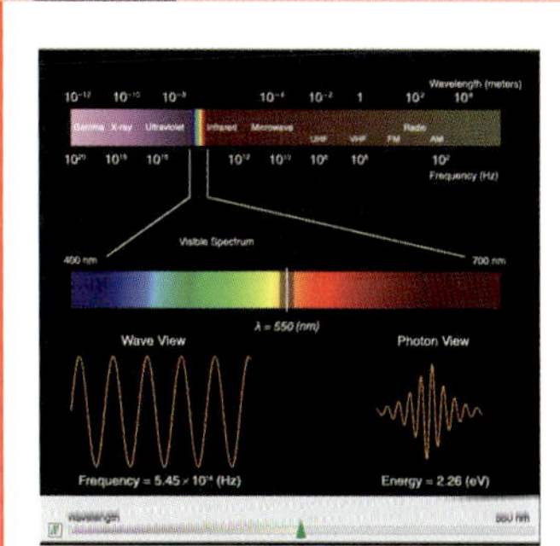

전자기파 복사선의 파장, 진동수 및 에너지를 연결하려면 www.acs.org/cic에서 모의실험을 확인하라.

3.3 색깔은 어디에서 오는가?

앞의 절에서는 불꽃의 색깔이 온도에 영향을 받는다고 언급하였다. 그러나 만약 이 불꽃놀이를 본 적이 있다면, 다른 물질들의 타는 것, 즉 다른 색깔의 불꽃의 원천을 경험했을 것이다. 불꽃 속에서 서로 다른 화합물들이 어떻게 작용하는지를 고려하여 이 효과를 설명해보자.

그림 3.10

원자핵을 둘러싸고 있는 여러 에너지 준위에서 전자를 보여주는 원자의 Bohr 모형.

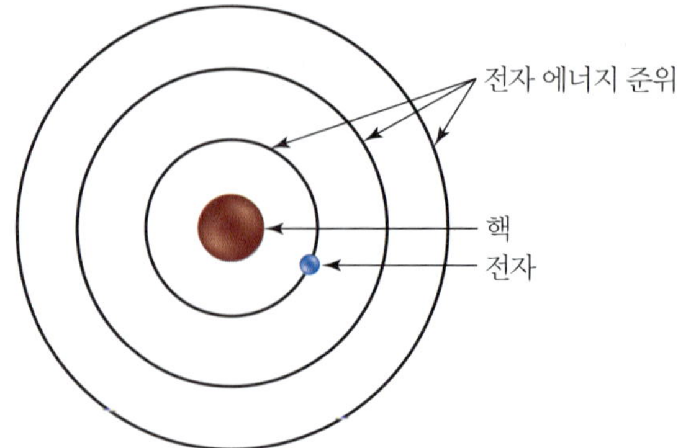

활동 학습 3.8 ▶ *불꽃 시험*

여러 화합물을 불꽃에서 태우는 방법을 보여주는 다음의 실험실 시범 실험을 보라: www.acs.org/cic.

a. 용액의 색과 불꽃의 색 사이에는 어떤 관계가 있는가?

b. 어떤 용액이 가장 높은 에너지 복사선을 발생시키는가?

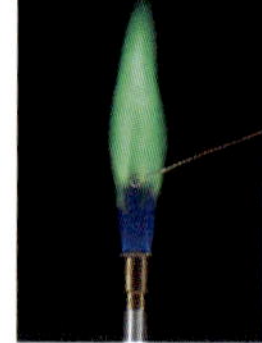

©McGraw-Hill Education/Stephen Frisch

관련 절

퍼텐셜 에너지는 제6장에서 더 자세히 설명한다. 위치나 배열에 기인하는 물체에 저장된 에너지를 말한다. 이와는 반대로 운동 에너지는 물체의 이동의 결과이다.

이전 활동 학습에서 관찰한 색상의 기원을 이해하려면 먼저 제1장에서 소개한 원자의 구조를 다시 살펴봐야 한다. 원자의 Bohr 모형(그림 3.10)은 전자가 핵을 둘러싸고 있는 다양한 에너지 준위를 차지한다는 것을 보여준다. 전자의 에너지는 핵으로부터의 거리에 비례한다. 양으로 하전된 핵에 가까이 위치한 음으로 하전된 전자는 상대적으로 낮은 *퍼텐셜 에너지*(potential energy)를 가진다. 반대로, 핵에서 멀리 떨어진 전자는 더 높은 퍼텐셜 에너지를 가진다. 전자가 더 낮은 준위에서 더 높은 준위로 "점프"하려면, 종종 빛 또는 열의 형태로 에너지를 흡수해야 한다. 반대로, 전자가 더 높은 준위에서 더 낮은 준위로 "떨어질" 때, 그것은 종종 광자 형태로 에너지를 방출한다.

흡수되거나 방출되는 광자의 에너지는 전자가 각각 점프 또는 "낙하"하는 거리에 따라 달라진다(그림 3.11). 모든 원소는 고유한 전자 배열을 갖기 때문에, 모든 원소는 선 스펙트럼으로 알려진 "지문" 방출 스펙트럼을 가지고 있다(그림 3.12). 이러한 스펙트럼은 이용 가능한 에너지 준위 사이에서 많은 전자 전이가 가능하기 때문에 상당히 복잡한 경우가 많다. 앞의 절에서 보듯이 광자의 에너지는 진동수에 정비례한다. 예를 들어, 고에너지 광자의 방출은 상대적으로 높은 주파수를 가지며, UV 또는 전자파 스펙트럼의 가시적(파란색) 부분에 위치한다. 이것은 불꽃이나 불꽃놀이에서 자주색 빛을 발생시킬 것이다.

활동 학습 3.9 ▶ *불꽃놀이!*

불꽃놀이는 삶에서 가장 즐거운 감각 경험 중 하나이다. 관측된 색상은 불꽃에서 연소되는 다양한 화합물에 의한 빛 에너지 방출과 관련이 있다.

a. 노란색 불꽃이 발생하는 전자기파 스펙트럼의 전자 전이와 영역을 설명하는 그림 3.11과 유사한 간단한 에너지 도표를 그려라.

b. 522 nm의 파장을 갖는 에너지의 광자가 방출될 때 색깔은 무엇인가?
힌트: 식 [3.3]을 사용하라.

c. 녹색 불꽃놀이에서 흔히 발견되는 원소를 결정하기 위해 인터넷 검색을 수행하라. 이러한 원소를 포함하는 화합물의 환경적 위험은 무엇이며, 어떤 대안이 더 환경친화적으로 제안되었는가?

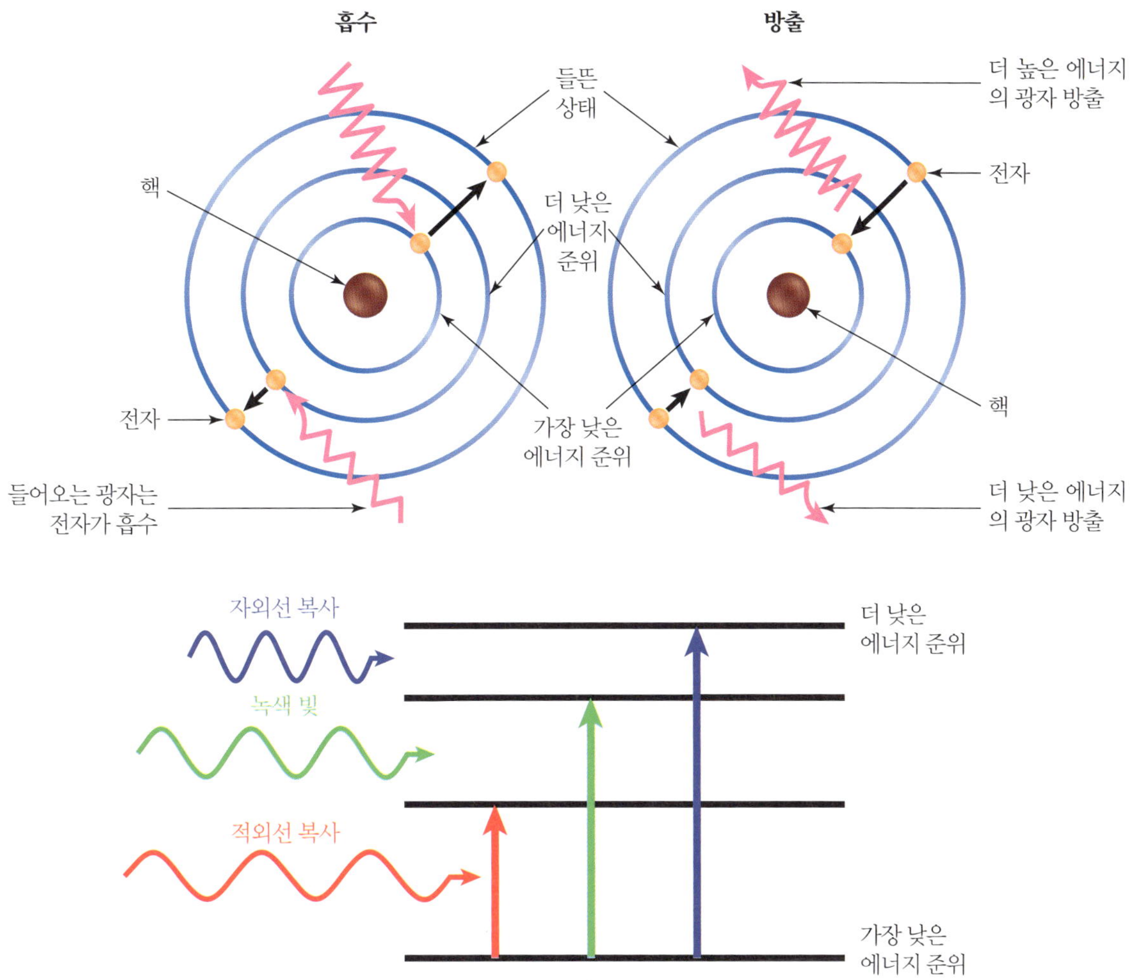

흡수
방출
들뜬 상태
더 높은 에너지의 광자 방출
핵
전자
더 낮은 에너지 준위
가장 낮은 에너지 준위
전자
핵
들어오는 광자는 전자가 흡수
더 낮은 에너지의 광자 방출

자외선 복사
녹색 빛
적외선 복사
더 낮은 에너지 준위
가장 낮은 에너지 준위

그림 3.11

서로 다른 에너지의 복사선이 흡수되거나 방출될 때 에너지 준위 간의 전이를 보여주는 모습.

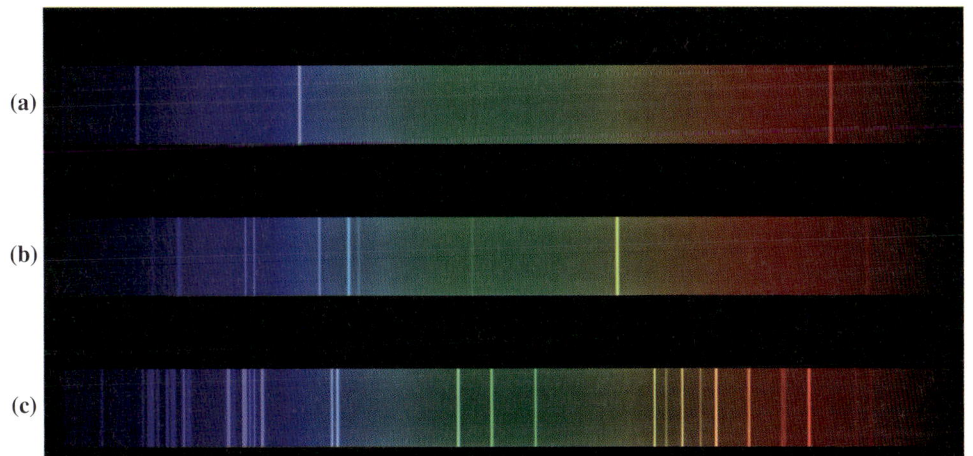

그림 3.12

(a) 수소, **(b)** 헬륨 및 **(c)** 산소 기체의 선스펙트럼.

3.4 자외선 복사의 ABC

우리는 빨간색, 파란색, 노란색 등의 이름으로 가시광선의 색을 구별한다. 마찬가지로 UV 광선을 다른 이름으로 구별하여 부른다. 그러나 이 이름은 화려하지 않고 단순히 UVA, UVB, UVC로 부른다. UVA는 가시광선의 보라색에 가장 가까이 위치하고 에너지가 가장 낮다. 아마도 "흑색 광선(black light)"으로도 알고 있을 것이다. 반면에 UVC는 에너지가

관련 절

전체 전자기 스펙트럼을 보려면 그림 3.4를 다시 참조하라.

표 3.1 UV 복사의 종류

종류	파장	상대적 에너지	비고
UVA	320~400 nm	가장 낮은 에너지	지구 표면에 가장 많이 도달하고 피부에 가장 먼 곳까지 침투한다.
UVB	280~320 nm	중간 에너지	대부분의 UVB는 성층권의 오존(O_3)에 흡수된다. UVB는 피부의 가장 바깥층을 손상시킨다.
UVC	200~280 nm	가장 높은 에너지	UVC 복사선은 매우 유해하지만 성층권의 O_2와 O_3에 완전히 흡수된다.

가장 높고 전자기 스펙트럼의 표선 영역의 바로 옆에 있다. 표 3.1은 UV 복사선의 여러 특성을 보여준다.

활동 학습 3.10 ▶ *태양에서 오는 자외선의 ABC*

a. 진동수가 증가하는 순서로 UVA, UVB 및 UVC를 정렬하라.

b. 에너지 증가 순서가 진동수 증가 순서와 동일한가?

c. UVC에 대해서만 보호한다고 주장하는 선스크린을 사용해야 하는가? 설명하라.

사전 지식 *Did You Know*

UVA는 젤 매니큐어용 경화제로 사용된다. UVC는 표면의 모든 박테리아를 죽이므로 의료 장비를 살균하는 데 사용된다.

짧은 파장과 높은 에너지를 갖는 대부분의 UVB와 모든 UVC 복사선은 다행스럽게도 대기에 흡수되어 결과적으로 지구 표면에 도달하지 않는다. 전자기 스펙트럼의 이러한 영역은 대단히 큰 에너지 때문에 인간이나 다른 동물 또는 식물의 생명체와 접촉하는 경우에 생물학적 조직에 심각한 손상을 일으킬 수 있다. 그러나 이러한 파장은 어떻게 대기에 흡수되는가? 제2장에서 언급했듯이 대기의 약 21%는 산소(O_2)로 구성되어 있다. 242 nm 이하의 파장을 가진 광자는 O_2 분자에서 결합을 끊기에 충분한 에너지를 가진다. 이러한 파장은 UVC 영역에서 발견되므로 이 복사선은 대기 $O_2(g)$와 반응하여 흡수된다.

만약 산소가 태양으로부터 오는 자외선을 흡수하는 유일한 분자였다면, 지구 표면과 그 위에 사는 생물들은 여전히 242 nm(즉, UVA, UVB, 일부 UVC) 이상의 파장의 자외선에 손상을 입을 것이다. 오존(O_3)이 중요한 보호 역할을 하는 것은 이들 자외선이 낮은 에너지를 갖기 때문이다. 지상의 오존은 스모그를 만드는 해로운 성분이라는 것을 제2장에서 배웠다. 그러나 대기권 상층부의 오존은 자외선으로부터 인간을 보호해 주므로 이롭다. 산소와 오존의 원자들은 서로 다른 세기의 결합으로 연결되어 있기 때문에 O_3 분자는 O_2보다 쉽게 분해된다. 따라서 낮은 에너지(긴 파장)의 자외선은 O_3에서 원자를 분리하기에 충분하다. 특히 파장이 320 nm 이하의 광자는 오존의 O—O 결합을 깨뜨릴 정도의 에너지를 가지고 있다. 모든 UVB와 UVC 빛은 산소와 오존 분자의 결합을 깨는 데 사용되기 때문에, 사실상 이 해로운 방사능 중 어느 것도 지구 표면에 도달하지 않는다. 물론 오존층이 완전히 온전한 경우에만 그렇다. 하지만 이 보호 덮개에 구멍이 생기면 어떻게 해야 하는가? 우리는 이것이 가능한지 그리고 어떻게 가능한지, 그리고 이 최악의 시나리오의 영향을 이 장의 뒷부분에서 논의할 것이다.

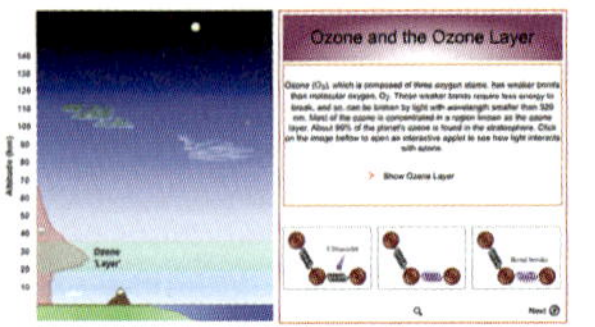

www.acs.org/cic에서 이 대화형 활동을 확인하여, 자외선이 어디서 오는지, 대기가 자외선으로부터 우리를 어떻게 보호하는지 알아보라.

활동 학습 3.11 ▶ *에너지와 파장*

방금 O_2의 결합을 끊기 위해서는 UVC 범위(≤242 nm)의 광자가 필요하다고 언급하였다. O_3의 결합은 O_2의 결합보다 다소 약하므로 에너지가 낮은 광자(≤320 nm)도 이들의 결합을 끊을 수 있다. 242 nm 광자 에너지는 320 nm 광자 에너지보다 얼마나 더 큰가?

3.5 자외선 복사의 생물학적 효과

태양은 분리할 수 없는 에너지 다발인 수많은 광자들로 지구를 공격한다. 대기, 지구 표면, 지구의 생명체가 모두 이 광자를 흡수한다. 스펙트럼의 적외선(IR) 영역의 복사는 지구와 해양을 따뜻하게 한다. 우리의 망막의 세포는 가시광선의 파장에 맞추어져 있어서 궁극적으로 시력을 이끌어내는 일련의 복잡한 화학 반응을 유발한다. 동물에 비해 녹색 식물은 가시광선의 좁은 영역(붉은 빛에 해당)에서 대부분의 광자를 흡수한다. **광합성**(photosynthesis)은 녹색 식물(조류 포함)과 일부 박테리아가 햇빛의 에너지를 흡수하여 이산화 탄소와 물에서 글루코스($C_6H_{12}O_6$)와 산소를 생성하는 과정이다.

전자기 스펙트럼의 UV 영역에 있는 광자는 중성 분자에서 전자를 제거하기에 충분한 에너지를 가지고 있으며 전자가 제거되면 양전하가 생성된다. 심지어 더 짧은 UV 파장의 광자는 결합을 끊어 분자가 분해시킨다. 생명체에서는 그러한 변화가 세포를 교란시키고 유전적 결함과 암의 가능성을 만들어낸다. UV 복사선과 화학적 결합의 상호작용은 그림 3.13에 도식적으로 나타나 있다. 이러한 물질과 복사선의 상호작용을 이용하여 자외선에 의한 손상과 자외선에서 우리를 보호하는 대기의 메커니즘을 모두 설명하는 것은 자연의 아이러니다. 우리는 다음 두 절에서 이 두 가지 효과를 좀 더 자세히 살펴볼 것이다. 먼저 자외선에 노출되면 피부가 어떻게 되는지 살펴본다.

UV 복사 에너지는 즐겨듣는 라디오 방송국에서 방출되는 에너지보다 약 1000만 배나 더 크다. 그러나 라디오가 켜져 있는지 여부에 관계없이 계속해서 라디오파에 노출되어 있다. 인체는 라디오파를 감지할 수 없지만, 라디오는 감지한다. 각각의 라디오파 광자의 에너지는 매우 낮아서 자외선에 노출될 때 발생하는 피부 색소인 **멜라닌**(melanin)의 농도를 국소적으로 증가시키지는 못한다.

그림 3.14는 UVA와 UVB가 피부에 어떻게 침투하는지 보여주고 있다. UVB보다 에너지가 적은 UVA 복사선이 실제로 피부에 더 *깊숙이*(deeper) 침투한다는 것은 오히려

©2018 American Chemical Society

만일 인간이 식물처럼 자신의 음식을 만들기 위해 햇빛을 사용할 수 있다면 어떨까? www.acs.org/cic에서 비디오를 확인하라.

사전 지식 *Did You Know* ?

멜라닌은 자외선의 유해한 영향에서 피부를 자연적으로 보호한다.

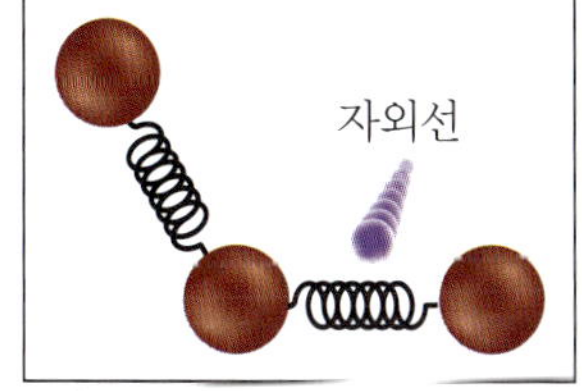

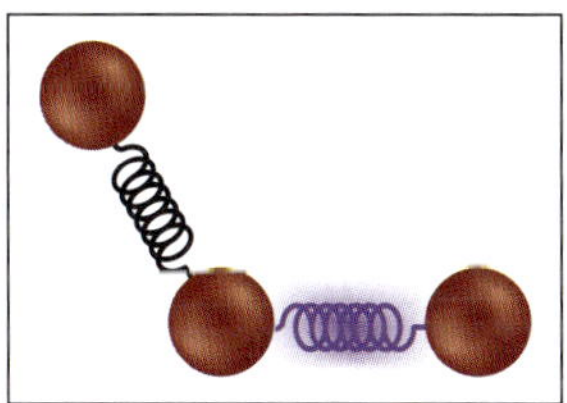

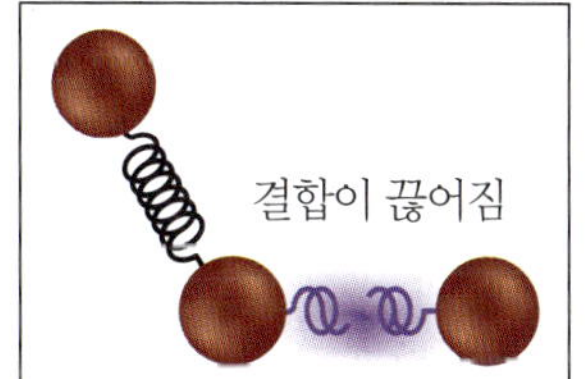

그림 3.13

자외선은 화학 결합을 일부 파괴할 수 있지만 전부는 아니다. 결합은 원자가 서로 붙들고 있으면서 원자가 서로 상대적으로 움직일 수 있도록 하는 용수철로 표시된다.

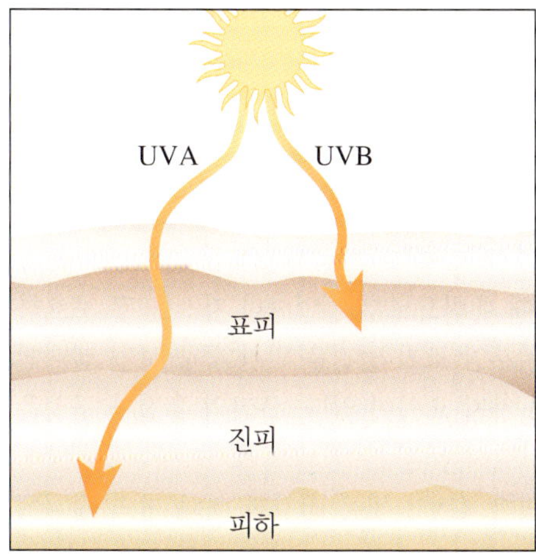

그림 3.14

UVA와 UVB 복사선은 피부층을 다른 각도로 관통한다.

Source: U.S. Surgeon General's report, July 2014

상식에 어긋나 보인다. 그 이유는 UVB 복사선의 에너지가 화학 결합을 끊는 데 필요한 에너지를 갖고 있기 때문이다. 따라서 피부 표면에 빠르게 흡수된다. 반면에 UVA는 결합을 끊기에 충분한 에너지가 없기 때문에 에너지가 흡수되기 전에 몸속으로 더 멀리 이동한다.

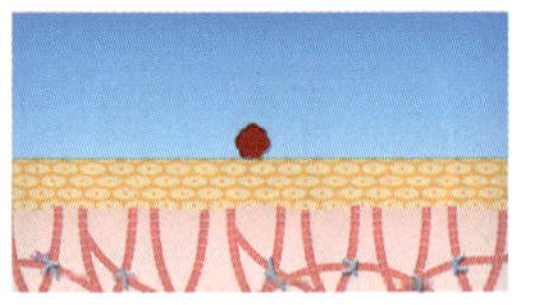

주름 방지 크림이 어떻게 작용하는지를 보려면 www.acs.org/cic에서 비디오를 확인하라.

이 복사선이 피부에 닿아 흡수되면 일련의 사건들을 일으킨다. 첫째로, UV 광자 에너지는 피부 세포에 흡수된다. 낮은 에너지의 UVA 빛은 물과 같은 분자에서 전자를 제거하여 활성 산소 화학종과 자유라디칼을 생성한다. 더 높은 에너지를 가지고 있는 UVB 빛은 분자들의 일부 화학 결합을 끊는다. 피부 세포의 DNA 분자는 UVA 흡수에 의해 생성된 활성 산소에 의해 또는 UVB 복사선에 의해 직접적으로 손상될 수 있다. 이 손상은 멜라닌의 생산과 방출을 자극한다. 모든 경우에 피부는 결과적으로 검게 된다. 대부분의 경우 신체의 손상이 복구되지 않으면 세포가 죽는다.

그러나 또 다른 결과도 가능하다. 비록 많은 다른 분자들에서 결합이 끊어질 수 있지만, 피부 세포의 DNA 분자에서 결합이 끊어지는 것이 가장 심각하다. 왜 그럴까? 그 이유는 이 손상은 피부암을 유발하는 DNA를 변형시킬 수 있기 때문이다. 피부암에 관한 중요한 점은 다음과 같다.

관련 절

DNA는 유전 정보를 저장하는 분자인 데옥시리보핵산(deoxyribonucleic acid)을 의미한다. 제13장에서 DNA에 대해 더 배우게 된다.

- 대부분의 피부암은 햇빛에 노출되어 생긴다.
- 피부암은 어느 연령에서나 나타나지만, 노인에게서 더욱 흔하다.
- 피부암은 햇빛에 반복적인 노출을 멈춘 지 수년 후에도 발병할 수 있다.
- 지구 표면의 햇빛에 있는 UVA는 피부암과 가장 강하게 연관되어 있다. 그러나 UVB 또한 역할을 할 수 있다.
- 암은 피부 세포의 다양한 종류에서 발생할 수 있다. 기저 세포(basal cell)와 편평상피세포(squamous cell)가 가장 흔하지만 치명적이지는 않다. 반면, 멜라닌 세포의 암(melanomas, 흑색종)은 더욱 치명적이다.
- 흑색종은 15~39세 사이의 젊은 성인에서 발병하는 세 번째로 흔한 암이다.

사전 지식 *Did You Know* ?

편평한 피부 세포는 피부의 외층인 표피에서 발견되며, 새로운 세포가 형성되면서 끊임없이 벗겨진다. 반면 기저 피부 세포는 표피의 하부에 위치하여 끊임없이 분열하여 새로운 세포를 형성하게 되는데, 결국 피부 표면이 닳아 없어지는 편평한 세포를 대체하게 된다.

UV 복사선에 노출되면 위험하다는 인식이 높아졌음에도 불구하고, 모든 국가에서 피부암 발생률이 높아지고 있다. 그림 3.15는 미국의 피부암 경향을 보여준다. 모든 사람이 피부암에 걸리기 쉽지만, 백인에게는 더 흔하며 백인 남성에게는 가장 높은 비율을 나타낸다. 모든 종족 중에서 미국의 새로운 흑색종 진단 비율은 지난 35년 동안 3배로 증가하였다.

국립 암 연구소(National Cancer Institute)의 흑색종 위험 평가 도구를 확인하여 위험을 추정하라.

활동 학습 3.12 ➤ 흑색종

a. 신뢰할 수 있는 출처를 사용하여 당신의 국가에서 지난 40년 동안 발생한 흑색종 사례에 대한 데이터를 조사하라. 진단율이나 사망률은 찾았는가? 그들은 같은 방향으로 추세를 보이는가? 적어도 세 가지 다른 형태의 암을 조사해 보라. 암의 사망률은 상승, 하락 또는 유지되고 있는가?

b. 백인 남성의 피부암 발병률이 가장 높은 이유는 무엇인가?

c. 지금까지 읽은 내용을 바탕으로 태양에 노출되는 현재의 행동을 어떻게 바꿀 수 있는가? 친구나 친척에게 어떻게 조언하겠는가?

현재 피부암이 발병할 위험은 현재 화학, 물리, 생물학, 지리, 인간 심리학 등과 복잡하게 얽혀 있다. 어디에 사는지, 빛이 매우 강할 때 햇빛으로부터 얼마나 자신을 잘 보호하는지, 실내 선탠을 하는지 또는 그렇지 않은지, 피부암 조기 발견을 위한 공중 보건 캠페인에 얼마나 잘 대응하고 있는지 등을 포함한 여러 가지 요인이 있다. 우리의 유전자 구성은 우리가 바꿀 수 없는 또 다른 중요한 요소이다.

관련 절

유전학에 대한 자세한 내용은 제13장을 참조하라.

어느 정도의 자외선은 실제로 유익할 수 있다. UVB 빛은 건강한 뼈와 면역 체계에

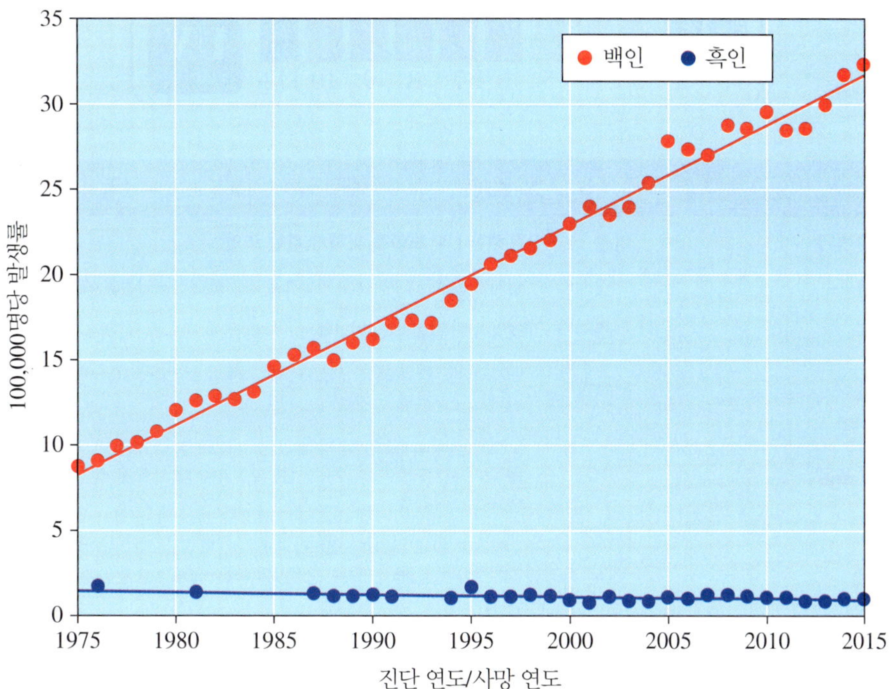

그림 3.15

1975~2015년 미국(모든 연령대의) 사람들의 흑색종 발생률에 대한 인종의 영향. 이러한 자료의 대화식 버전을 보려면 www.acs.org/cic를 확인하라.

Source: National Cancer Institute, SEER Fast Stats, 2018.

중요한 비타민 D의 생성을 자극한다. 그러나 대부분의 사람들은 그들이 먹는 음식을 통해 충분한 양의 비타민 D를 섭취하기 때문에, 우리는 태양으로부터 비타민 D를 얻는 것에 대해 크게 걱정할 필요가 없다. 그림 3.16은 UV 노출과 우리의 건강 사이에는 약간의 관계가 있음을 보여준다. 우리가 약간의 자외선을 필요로 하지만, 대부분의 사람들은 매일 밖에서 몇 분만 보내면 충분히 얻을 수 있다

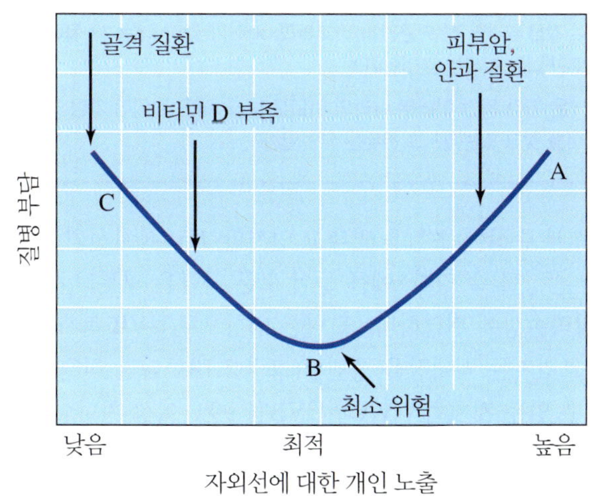

그림 3.16

자외선과 건강에 대한 "최적" 노출의 미묘한 균형.

Source: DOI: 10.5694/j.1326-5377.2002.tb04979.x

활동 학습 3.13 ➤ 노출

그림 3.16에 표시된 곡선을 조사해 보라. 건강에 이롭고 필요하지만 건강에 위험한 또 다른 많은 예들을 열거할 수 있는가?

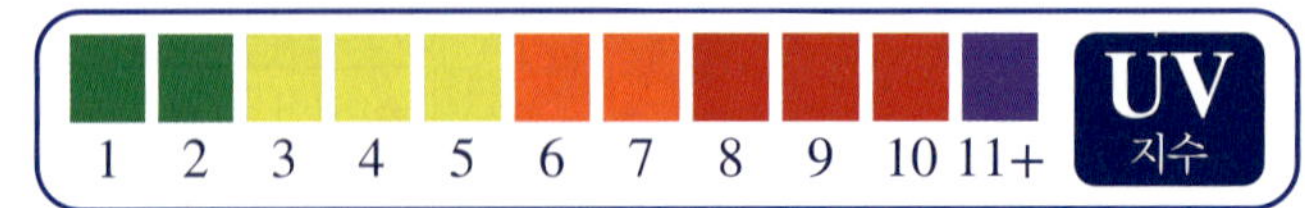

그림 3.17
색으로 구분된 UV 지수 척도.

표 3.2	UV 지수 척도에 따른 제안	
노출 범주	지수	유해한 UV 노출을 피하기 위한 조언
낮음	1~2	쉽게 타는 체질이면 햇빛 가리개를 사용하고 선스크린을 사용할 것
보통	3~5	태양 빛이 강할 때인 한낮에는 그늘에 있을 것
높음	6~7	모자와 색안경을 쓰고, 선스크린을 사용할 것. 오전 10시에서 오후 4시까지 노출을 줄일 것
매우 높음	8~10	모래, 눈(snow) 또는 물 밖에 있는 경우 표면이 UV를 반사하여 노출을 증가 시키므로 특히 주의할 것. 오전 10시에서 오후 4시 사이의 노출을 최소화할 것
극단	11+	햇볕에 대한 모든 예방 조치를 취할 것. 보호되지 않은 피부는 몇 분 안에 화상을 입을 수 있음. 오전 10시에서 오후 4시 사이에 태양을 피할 것

하루 중 UV 수준이 위험한 수준인지 어떻게 알 수 있는가? 대부분의 선진국에서는 컴퓨터 모형을 사용하여 과다 노출로 인한 햇볕의 위험을 예측하는 *UV 지수*(UV Index) 예보를 제공한다. 대부분의 모형에서 고려되는 중요한 요소들은 대기권 상층부의 오존 농도, 고도 및 구름 덮개를 포함하고 있다. 일일 UV 지수 값은 0(야간)에서 15(극히 높은 위험)의 범위이며 해석하기 쉽도록 색으로 구분되어 있다(그림 3.17). 이 값에는 표 3.2와 같이 UV 손상으로부터 눈과 피부를 보호하는 데 도움이 되는 제안 사항도 있다.

활동 학습 3.14 ▶ *UV 지수*

많은 정부들이 나라의 여러 지역에 대한 일일 자외선 지수 예보를 제공한다. 정부 웹사이트를 사용하여 사용자의 위치에 대한 오늘의 UV 지수를 찾아보라.

a. 오늘의 UV 지수 값을 6개월 전 평균값과 비교하라. 차이가 많이 나는가? 차이가 나는 이유는 무엇인가? 또는 차이가 안 나는 이유는 무엇인가?

b. 일 년 중 가장 더운 기간 동안 여러분 나라의 지도를 보라. 어떤 지역이 가장 높은 자외선 지수와 가장 낮은 자외선 지수를 갖고 있는가? 그 이유는 무엇일까?

UV 지수가 피부 손상에 초점을 맞추고 있지만, UV 복사선의 유일한 생물학적 효과는 아니다. 눈 또한 손상될 수 있다. 예를 들어 모든 사람은 피부의 색소 침착 수준에 관계없이 UV에 의한 망막손상에 취약하다. 또 다른 영향으로 UVB 복사선에 과도하게 노출되면 눈의 수정체가 흐려지는 백내장을 생긴다(그림 3.18). 다만 적절한 의복과 선스크린이 피부 손상을 줄일 수 있는 것처럼 UVA와 UVB를 99% 이상 차단할 수 있는 광학 품질의 선글라스를 착용해 눈을 보호해야 한다.

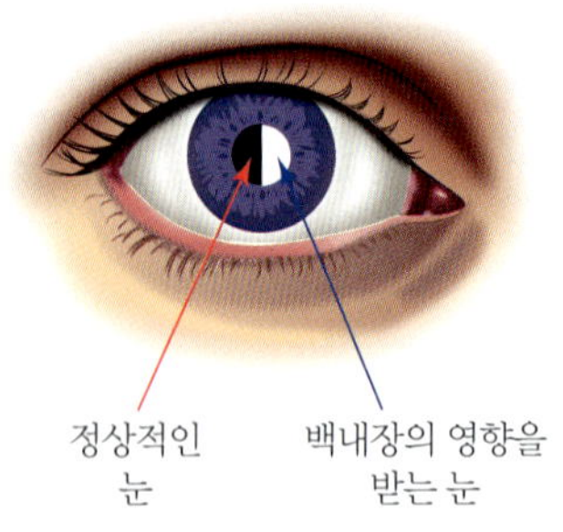

그림 3.18
UV 복사선에 노출되어 발생할 수 있는 백내장의 예.

2018년 현재 브라질과 호주는 실내 태닝을 금지하고 있으며, 유럽 11개국은 18세 이하 청소년에게 실내 태닝을 금지하고 있다. 게다가, 미국에서는 44개 주와 콜롬비아 특별구(District of Columbia)에서는 미성년자를 위한 실내 태닝을 규제한다. 미국 질병 통제 예방 센터(Center for Disease Control and Prevention, CDC)도 태닝 부스, 태닝 침대, 태양 램프 등의 사용은 특히 젊은이들에게 위험하다고 경고하고 있다. 이유는 간단하다. 이 부스들은 태양으로부터 지구에 도달하는 주로 유해한 UVA 복사선을 사용하고 있다. 질병 통제 예방 센터는 “기본 태닝(base tanning)”이라는 개념은 실제로 피부 손상에 대한 반응으로서, 사람들이 생각하는 것만큼 좋은 것은 아니라고 지적한다. 오히려 태양으로부터 피부를 보호하는 것이 현명하다.

활동 학습 3.15 ▶ *태닝 침대*

해당 주 또는 국가의 태닝 침대에 관하여 어떤 법률이 있는가? 지난 10년간 이러한 규정은 어떻게 바뀌었는가?

3.6 자연 보호로서의 대기

우리 위에 지구의 대기가 없으면 태양의 자외선이 지구에 막대한 피해를 줄 것이다. 이 절에서는 태양에서 오는 가장 해로운 복사선으로부터 대기가 어떻게 우리를 보호하는지 살펴볼 것이다. 특히, 이 보이지 않는 방패는 **오존층**(ozone layer)과 같은 보호를 위해 특히 활성 성분을 포함하고 있다.

활동 학습 3.16 ▶ 오존층

a. 이 과정 전에 오존층에 대해 들어 보았는가? 들었다면 어떤 상황에서? 오존층에 대해 알고 있는 것은 무엇인가?

b. 오존층은 어디에 위치해 있는가? 오존층을 구성하는 분자는 무엇인가?

이전 활동에서는 오존층에 대한 현재 지식을 평가할 수 있었다. 오존이란 정확히 무엇인가? 대기의 이 부분을 좀 더 심도 있게 살펴보자.

불꽃이 발생하는 전기 모터 근처에 있거나 심한 번개 폭풍이 발생한 경우 오존 냄새가 날 수 있다. 그 냄새는 틀림없지만 설명하기가 어렵다. 어떤 사람들은 그것을 염소 가스와 비교한다. 다른 사람들은 냄새가 갓 베어낸 잔디를 생각나게 한다고 생각한다. 적절하게도 오존(ozone)이라는 이름은 "냄새가 나다"라는 그리스어 단어에서 유래했다.

오존 분자와 산소 분자는 난시 원자 하나만 다르다(그림 3.19). 분자 구조의 이러한 차이 때문에 그들의 화학적 특성도 상당한 차이가 있다. 한 가지 차이점은 오존이 O_2보다 훨씬 화학 반응성이 크다는 것이다. 오존은 물에서 미생물을 죽이고 종이 펄프와 직물을 표백하는 데 사용할 수 있다. 한때 오존은 공기 탈취제로 사용되었다. 그러나 냄새를 제거하는 과정 동안 공기를 흡입하지 않아야 한다! 반면에, 산소는 매일매일 안전하게 호흡을 할 수 있다.

제2장에서 보았듯이 오존은 자연 과정에서 그리고 인간 활동의 결과로 모두 생성된다. 그러나 오존의 높은 반응성 때문에 일반적으로 오랫동안 존재하지 않는다. 지구상에서 오존이 새로이 생성되지 않는다면 화학 실험실에서 호기심 때문에 합성하는 경우를 제외하고는 오존을 발견하지 못할 것이다.

오존은 산소로부터 생성될 수 있다. 그러나 이 과정은 에너지가 필요하다. 이 과정을 요약하면 다음의 간단한 화학 반응식으로 표시할 수 있다.

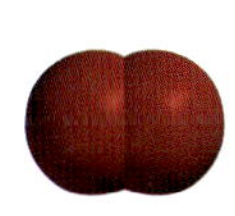

산소 분자, O_2

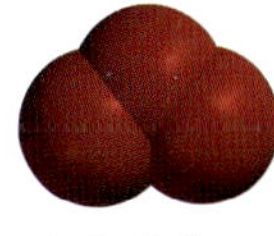

오존 분자, O_3

그림 3.19

산소 및 오존 분자의 공간 채움 모형.

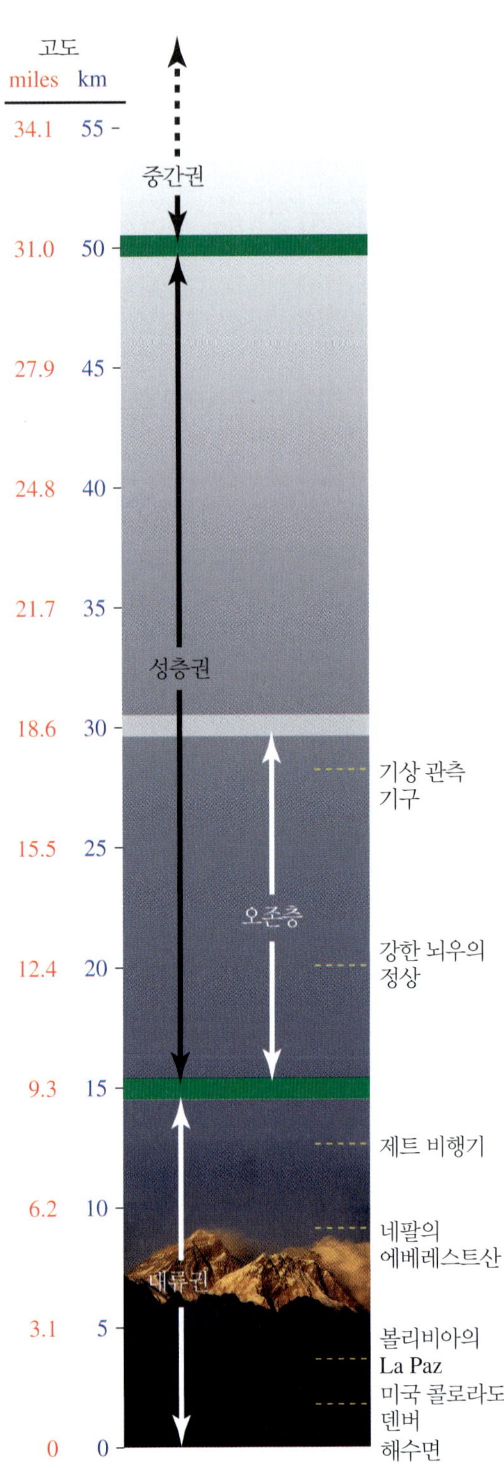

그림 3.20

오존층의 위치를 나타내는 대기의 영역.

©Galen Rowel/Getty Images

$$\text{에너지} + 3\ O_2 \longrightarrow 2\ O_3 \qquad [3.5]$$

식 [3.5]는 전기 스파크 또는 번개와 같은 고 에너지 방전이 있을 때 산소로부터 오존이 형성되는 이유를 설명해 준다.

오존은 지구 표면에서 가장 가까운 대기권인 *대류권*(troposphere)에서는 상당히 적다(그림 3.20). 일반적으로 공기를 구성하는 매 10억 개의 분자와 원자에 대하여 20에서 100개 사이의 오존 분자가 생성된다. 지표 가까이에서 가끔 발견되는, 건강에 해로울 정도의 농도는 광화학적 스모그를 생성하는 화학 반응의 결과이다. 이것은 1.7절에서 처음 본 단위인 20~100 ppb에 해당한다. 이와는 대조적으로, 지구 표면에서 더 멀리 떨어진 *성층권*(stratosphere)은 오존이 태양의 자외선을 일부 걸러내는 곳이다. 이 영역의 오존 농도는 대류권의 농도보다 몇 배나 더 높지만 여전히 매우 낮다. 이 높이에서 대기를 구성하는 매 10억 개의 분자와 기체 원자마다 약 12,000개의 오존 분자가 존재한다.

지구상에서 오존의 대부분은 전체의 약 90%가 성층권에서 발견된다. *오존층*(ozone layer)이라는 용어는 최대 오존 농도를 가진 성층권의 특정한 영역을 뜻한다. 그림 3.21은 대류권과 성층권의 상대적 오존 농도를 보여주고 있다.

활동 학습 3.17 ➤ *오존의 농도*

그림 3.21과 본문에 제시된 값을 사용하여 다음과 같은 질문에 답하라.

a. 최대 오존 농도의 대략적인 고도는 얼마인가?

b. 성층권에서 발견되는 오존 농도를 ppm과 ppb 단위로 나타내라.

c. 대류권의 오존 농도(ppm 및 ppb)는 평균 8시간 동안 EPA 제한을 충족하는가?

고도의 범위가 매우 넓기 때문에 "오존층"이라는 개념은 약간 오해의 소지가 있다. 두꺼운 솜털 담요 같은 오존이 성층권에 존재하는 것은 아니다. 최대 오존 농도의 고도에서는 대기가 매우 얇아서 총 오존 양이 의외로 작다. 대기 중의 모든 O_3가 분리되어 지구 표면의 평균 압력과 온도(1.0 atm 및 15°C)가 된다면, 생성된 기체층의 두께는 0.5 cm 미만, 또는 약 0.2 인치이다. 이것은 아주 적은 양의 물질이다. 그러나 이 오존 방패막은 지구

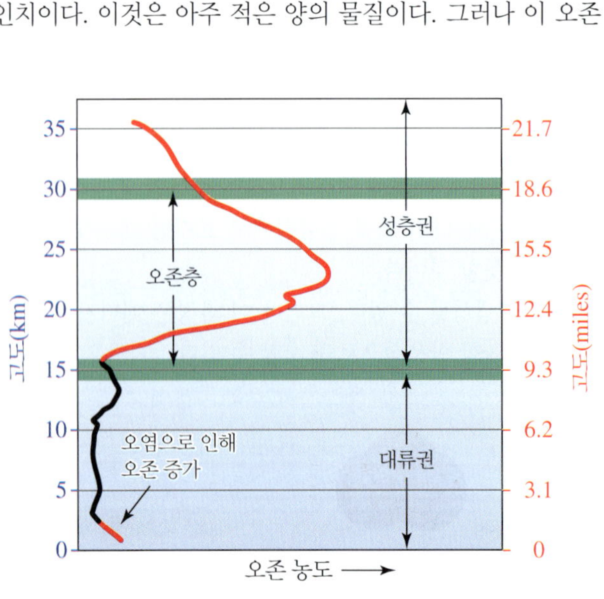

그림 3.21

대류권과 성층권 내의 오존 농도 비교.

©Galen Rowel/Getty Images

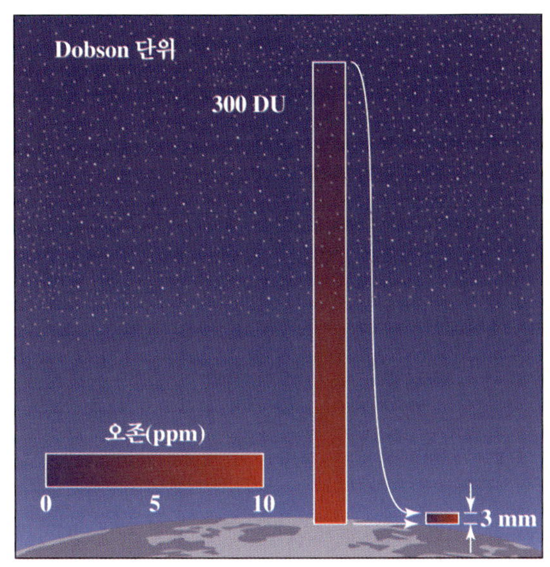

그림 3.22

Dobson 장치의 정의를 보여준다. 특정 영역의 모든 오존이 0°C에서 압축되어 1기압(atm)의 압력을 가진 3 mm 두께의 판(slab)를 형성하는 경우 300 Dobson 단위(DU)로 정의된다. 따라서 5 mm 두께의 판이 생성되면 오존 농도는 500 DU가 된다.

표면과 그곳에서 살고 있는 생명체들에게 자외선의 유해한 영향에서 보호하고 있다.

관련 절

압력의 일반적인 단위는 기압이다. 해수면에서 지표면의 정상적인 대기압은 1.0기압이다. 대기압에 대한 상승 효과는 10.5절에서 논의된다.

3.7 분자 계산: *어떻게 오존 농도를 측정할 수 있는가?*

Oxford 대학교의 과학자인 G. M. B. Dobson(1889~1975)은 대기 중의 오존 농도를 정량적으로 측정하는 데 사용되는 최초의 기기를 발명하였다. 이 방법은 알려진 부피의 공기의 수직 기둥에 있는 오존의 총량을 측정한다(그림 3.22). 지구 표면에서 측정하며 검출기에 도달하는 UV 복사량을 측정한다. 복사선의 세기가 낮을수록 기둥의 오존 양이 많아진다. 따라서 Dobson의 이름을 따서 이러한 측정 단위의 이름을 *Dobson 단위*(Dobson units, DU)라고 한다.

활동 학습 3.18 ▶ *올해의 오존 구멍*

시민과 과학자들은 남극 상공의 오존 구멍에 대한 자료 조사를 할 수 있다. 올해는 어떻게 되는가? NASA는 웹사이트에 자료를 게시하였다. 가장 최근 연도에 대해 답하라.

a. 구멍의 면적은 얼마인가? 이것은 최근 몇 년과 비교하면 어떠한가?

b. 가장 낮은 오존 관측치는 얼마인가? 마찬가지로 이 값을 최근의 것과 비교하면 어떠한가?

과학자들은 지상 관측, 기상 관측 기구, 고공비행 항공기를 사용하여 오존 농도를 계속 측정하고 평가한다. 그러나 1970년대 이후 대기권 상층부에서 총 오존 양의 측정이 이루어졌다. 위성에 탑재된 검출기는 상층 대기에 의해 산란된 UV 복사선의 세기를 기록한다. 그 결과는 존재하는 O_3의 양과 관계있다.

우주왕복선 *컬럼비아호*(Columbia)는 오존을 관찰하기 위한 새로운 접근법을 시험하였다. 우주선에 탑재된 장비는 위성에서 지구를 향해 아래쪽을 보지 않고 대류권의 밀도가 높은 지역 위로 올라오는 엷은 푸른 안개를 관통하여 옆을 바라보고 측정한다(그림 3.23). 이 지역은 지구의 "날개(limb)"로 알려져 있고, 따라서 이 새로운 기술은 *날개 보기*(limb viewing)라고 한다. 신뢰할 수 있는 정보는 대기권 각 높이에서 수집할 수 있으며, 과학자들이 성층권의 낮은 지역에서 일어나는 화학작용을 더 잘 이해할 수 있게 되었다.

그림 3.23

우주 왕복선 컬럼비아호의 지구 사진. 대기의 상부와 하부의 여러 영역이 지구 표면 위의 안개처럼 보인다.

Source: Earth Sciences and Image Analysis Laboratory/Johnson Space Center/NASA

3.8 오존은 UV 빛을 어떻게 분해하는가?

오존이 태양 복사로 인한 피해로부터 우리를 보호하는 과정에는 태양으로부터의 물질과 에너지의 상호 작용이 포함된다. 이러한 반응을 이해하려면 먼저 각 분자 내에서 원자가 어떻게 연결되어 있는지에 대한 정보를 제공하는 분자 모형을 살펴봐야 한다.

가장 간단한 분자인 수소(H_2)부터 시작하자. 제1장에서 볼 수 있듯이 각 수소 원자는 하나의 전자를 가지고 있다. 만약 두 개의 수소 원자가 함께 결합되면, 두 전자가 두 원자에 의해 공유된다. 각 전자를 하나의 점으로 나타내면 두 개의 개별 수소 원자는 다음과 같이 된다.

H • 그리고 • H

두 개의 원자를 모으면 다음과 같이 나타낼 수 있는 분자가 생성된다.

H:H

각 원자는 두 전자를 효과적으로 공유한다. 그 결과 H_2 분자는 두 개의 개별 수소 원자가 가지는 에너지의 합보다 더 낮은 에너지를 가지므로 더 안정하게 된다. 공유된 두 전자는 **공유 결합**(covalent bond)을 구성한다. 적절하게도 *공유*(covalent)라는 말은 "공유된 세기"를 뜻한다. 원자의 핵은 양전하를 띠는 반면 전자는 음전하를 띤다는 것을 기억하라. 공유 결합은 한 원자의 핵이 다른 원자의 전자 또는 전자에 끌리는 것을 나타낸다.

점 구조라고도 부르는 **Lewis 구조**(Lewis structure)는 일련의 간단한 단계를 수행하여 많은 간단한 비이온성 화합물 및 분자에 대해 그릴 수 있다. 먼저 다른 간단한 분자 화합물인 플루오린화 수소, HF를 가지고 그 과정을 설명하기로 한다.

단계 1. 각 원자가 제공하는 최외각 전자의 수를 셈한다. 그림 3.10에서 원자의 Bohr 모형으로 알 수 있듯이, 전자는 핵으로부터 다양한 거리의 다양한 껍질을 차지한다. **원자가 전자**(valence electron)로 알려진 최외각의 전자들만이 공유 결합에 관여한다. 주기율표의 열 번호(그림 1.3 참조)는 원자가 전자의 수를 나타낸다. 즉, 2족 원소는 2개의 전자를 갖고, 15족은 5원자가 전자를 갖는다. 따라서 HF의 경우는 다음과 같다.

1 H 원자 × 원자당 1개의 원자가 전자 = 1개의 원자가 전자

1 F 원자 × 원자당 7개의 원자가 전자 = 7개의 원자가 전자

단계 2. 이용 가능한 원자가 전자의 총 수를 얻기 위해 개별 원자가 제공한 원자가 전자를 더해준다.

총 원자가 전자의 수 = 1 + 7 = 8개

단계 3. 원자가 전자를 쌍을 이루도록 배열한다. 그런 다음 각 원자의 가장 바깥 쪽 에너지 준위를 완전히 채울 수 있는 충분한 전자를 분배하여 최대로 안정해지도록 한다.

수소의 경우 2개의 전자, 대부분의 다른 원자의 경우 8개의 전자

H:F̤̈:

F 원자는 4쌍으로 이루어진 8개의 점으로 둘러싼다. H와 F 사이의 한 쌍의 점은 수소와 플루오린을 결합하는 결합을 나타낸다. 다른 3개의 전자쌍은 서로 공유되지 않은 것이다. 이러한 전자들을 비공유 전자 또는 **고립 전자쌍**(lone pair)이라고 부른다.

단일 공유 결합(single covalent bond)은 두 원자 사이에 전자 두 개(한 쌍)를 공유할 때 형성된다. 한 개의 선은 결합을 이루고 있는 두 개의 전자를 나타낸다.

H—F̤̈:

때로는 더 간단하게 하기 위하여 Lewis 구조에 고립 전자쌍을 그리지 않을 때도 있다. 이 구조는 분자식에 있는 원자가 어떻게 연결되어 있는지를 나타내 주며 이를 **구조식**(structural formula)이라고 부른다.

H—F

Lewis 구조의 단일 선은 한 쌍의 공유 전자를 나타낸다는 것을 기억하라. 전자가 명확하게 보이거나 보이지 않거나 상관없이 플루오린은 결합 전자 2개와 비공유 전자쌍 3개에 있는 원자가 전자 6개를 합쳐서 8개의 원자가 전자를 가지고 있다. 수소 원자는 플루오린과 공유한 한 쌍의 전자 이외에 다른 추가적인 전자가 없음을 기억하라. 수소는 두 개의 전자가 최대 용량이다. 많은 분자에 있는 전자들은 모든 원자(수소 제외)가 8개의 전자를 공유할 수 있도록 배치되어 있고, 이를 **팔전자 규칙**(octet rule)이라고 한다.

사전 지식 *Did You Know*

베릴륨 및 13족의 원소는 일반적으로 8개 미만의 전자를 갖는다. 또한, 주기율표의 두 번째 주기를 넘어선 원소는 그들을 둘러싼 8개 이상의 전자를 가질 수 있다.

다른 예로서 염소 원소의 이원자 형태인 Cl_2 분자를 생각해 보자. 주기율표로부터 플루오린과 마찬가지로 염소는 7A족임을 알 수 있고, 이것은 각각의 원자가 7개의 원자가 전자를 가진다는 것을 의미한다. Cl_2에 대해서도 앞서 HF에 대해 하였던 방법대로 먼저 원자가 전자를 세고 더한다.

2개의 Cl 원자 × 원자당 7개의 원자가 전자 = 총 14개의 원자가 전자

Cl_2 분자가 존재하려면 두 원자를 결합으로 연결해야 한다. 나머지 12개의 전자는 6개의 비공유 전자쌍을 구성하고, 각 염소 원자가 8개의 전자(2개의 결합 전자와 6개의 비결합 전자)를 가지도록 배치된다. 다음에 Lewis 구조를 나타내었다.

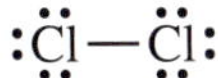

활동 학습 3.19 ▸ *이원자 분자의 Lewis 구조 연습*

다음 각 분자의 Lewis 구조를 그려라.

a. HBr

b. Br_2

지금까지 단지 두 개의 원자를 가지는 분자만 다루었다. 그러나 팔전자 규칙은 보다 큰 분자에도 적용된다. 물 분자(H_2O)를 예로 이용해 보자. 두 개의 원자를 가지는 분자에서 했던 것처럼 먼저 원자가 전자의 총계를 구한다.

2개의 H 원자 × 원자당 1개의 원자가 전자 = 2개의 원자가 전자
1개의 O 원자 × 원자당 6개의 원자가 전자 = 6개의 원자가 전자
총 원자가 전자의 수 = 8개

물과 같은 분자에서, 단일 원소가 다른 원소(들)의 둘 이상의 원자에 결합될 때 일반적으로 *단일 원자가 중심 원자이다.* H_2O 분자에서 산소가 "단일 원자"이기 때문에 Lewis 구조의 중심에 배치한다. 각각의 H 원자는 각각 2개의 전자를 이용하여 O 원자와 결합한다. 나머지 전자 4개는 O 원자에 2개의 비공유 전자쌍으로 존재한다.

H:Ö:H

빠르게 세어서 O 원자가 팔전자 규칙에서 예측한 대로 8개의 전자로 둘러싸여 있다는 것을 확인한다. 다른 방법으로는 단일 결합으로 선을 이용할 수 있다.

H—Ö—H

화학식은 화합물에 존재하는 원자의 종류와 비율을 나타낸다. 대조적으로 Lewis 구조는 원자들이 어떻게 연결되어 있는지 나타내고, 고립 전자쌍이 있다면 그것을 보여 준다. Lewis 구조는 분자 모양을 직접적으로 나타내지 않음을 기억하라. 예를 들어 우리가

관련 절

4.7절은 Lewis 구조를 기반으로 분자의 구조를 예측하는 데 사용되는 과정을 설명한다.

그린 Lewis 구조에서 물 분자는 선형인 것처럼 보인다. 사실, 물 분자는 구부러져 있어서 물의 특성에 엄청난 영향을 미친다.

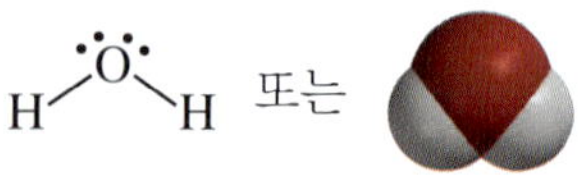

사전 지식 *Did You Know*

메테인은 집을 난방하고 도시 버스에 연료를 공급하는 데 사용되는 *천연 가스*(natural gas)의 주요 성분이다.

고려할 다른 분자는 메테인(CH_4)이다. 다시 원자가 전자의 총계를 구하는 것으로 시작한다.

H 원자 4개 × 원자당 1개의 원자가 전자 = 4개의 원자가 전자

C 원자 1개 × 원자당 4개의 원자가 전자 = 4개의 원자가 전자

총 원자가 전자의 수 = 8개

중심 원자는 8개의 전자로 둘러싸여 있고, 탄소에는 8개의 전자가 주어진다. Lewis 구조에서 각 H 원자는 C와의 결합에 2개의 전자를 사용하여 총 4개의 단일 공유 결합이 있다.

$$\begin{matrix} & H & \\ H & \!:\!\overset{\cdot\cdot}{\underset{\cdot\cdot}{C}}\!:\! & H \\ & H & \end{matrix} \quad \text{또는} \quad \begin{matrix} & H & \\ & | & \\ H - & C & - H \\ & | & \\ & H & \end{matrix}$$

H는 한 쌍의 전자만 수용할 수 있다. 다음 활동은 다른 분자로 연습할 수 있는 기회를 제공한다.

활동 학습 3.20 › *더 많은 Lewis 구조*

다음 각 분자의 Lewis 구조를 그려라.

a. 황화 수소(H_2S)

b. 다이클로로다이플루오로메테인(dichlorodifluoromethane, CCl_2F_2)

어떤 Lewis 구조에서는 원자가 단일 공유 결합으로는 팔전자 규칙을 만족할 수 없다. 예를 들어 O_2 분자를 생각해 보자. 여기서는 각 산소로부터 6개씩 12개의 배치할 원자가 전자를 가진다. 단지 두 원자가 한 쌍의 전자만 공유한다면 두 원자 모두에 대하여 팔전자 규칙을 충족시키기에 전자가 부족하다.

$$:\overset{\cdot\cdot}{\underset{\cdot\cdot}{O}}:\overset{\cdot\cdot}{O}:$$

그러나 만약 두 원자가 네 개의 전자(두 쌍)를 공유한다면 팔전자 규칙을 만족한다.

$$:\overset{\cdot\cdot}{\underset{\cdot\cdot}{O}}:\overset{\cdot\cdot}{O}:$$

두 개의 공유 전자쌍으로 이루어진 공유 결합을 **이중 결합**(double bond)이라고 하며, 이중 결합은 동일한 원자 사이의 단일 결합보다 짧고 강하며 끊기 위해 더 많은 에너지가 필요하다. 이 결합은 네 개의 점 또는 두 선으로 표시한다.

$$\overset{\cdot\cdot}{\underset{\cdot\cdot}{O}}::\overset{\cdot\cdot}{\underset{\cdot\cdot}{O}} \quad \text{또는} \quad \overset{\cdot\cdot}{\underset{\cdot\cdot}{O}}=\overset{\cdot\cdot}{\underset{\cdot\cdot}{O}}$$

©Bradley D. Fahlman

Lewis 구조를 그리는 더 많은 예를 보려면 www.acs.org/cic에서 비디오를 확인하라.

삼중 결합(triple bond)은 세 개의 전자쌍을 공유함으로써 이루어진 공유 결합이다. 같은 원자들이라면 삼중 결합은 이중 결합보다 더 짧고 강해서, 끊는 데 더 많은 에너지를 필요로 한다. 전자는 음전하를 띠고, 원자핵은 양전하를 띠기 때문에, 전자는 원자핵을 붙드는 "접착제"라고 생각할 수 있다. 두 원자 사이에 더 많은 전자가 공유될수록 더 많은 "접착제"가 생겨 두 원자 사이에 훨씬 더 강한 결합이 형성된다.

삼중 결합의 예로서 질소 분자인 N_2를 생각해 보자. 각 질소 원자(15족)는 5개의 원자가 전자를 기여하여 총 10개의 원자가 전자를 갖는다. 이들 10개의 전자는 두 원자 사이

에 6개(3쌍)가 공유되며, 나머지 4개의 전자는 팔전자 규칙에 부합되도록 분배되어 질소 원자마다 1개씩 고립 전자쌍을 갖는다.

:N⋮⋮N: 또는 :N≡N:

오존 분자는 또 다른 구조적 특징을 소개해준다. 원자가 전자를 셈하는 것을 다시 시작해 보자. 오존에 있는 3개의 산소 원자 각각은 6개의 원자가 전자를 가지고 있어서 총 18개의 원자가 전자를 기여한다. 그러나 이 18개의 전자는 두 가지 방식으로 배열될 수 있다. 각 방식으로 모든 산소가 팔전자 규칙을 충족할 수 있다.

Ö::Ö:Ö: :Ö:Ö::Ö

a   **b**

구조 **a**와 **b**는 분자가 한 개의 단일 결합과 한 개의 이중 결합을 가져야 한다고 예측한다. 이중 결합이 구조 **a**에서는 중심에서 왼쪽에, **b**에서는 오른쪽에 있다. 그러나 실험에 따르면, O_3 분자의 두 결합은 이중 결합과 단일 결합사이의 중간 정도의 길이와 세기를 가지며 서로 동일하다는 것을 나타낸다. 구조 **a**와 **b**는 **공명 구조**(resonance form)라고 부르며, Lewis 구조는 분자 내 전자 배치의 가상적인 극단을 나타낸다. 예를 들면 오존 분자의 전자 배치를 나타내는 단 하나의 공명 구조는 없다. 오히려 실제 구조는 두 공명 구조 형태 **a**와 **b**의 혼성과 같은 것이다. 서로 다른 구조들을 연결하는 양쪽 방향 화살표는 공명 현상을 나타내는 데 사용된다.

Ö=Ö—Ö: ⟷ :Ö—Ö=Ö

활동 학습 3.21 ▶ *다중 결합을 갖는 Lewis 구조*

다음 각 화합물의 Lewis 구조를 그려라. 적절한 경우 공명 구조를 그려라.

a. 일산화 탄소(CO)   **b.** 이산화 황(SO_2)

c. 삼산화 황(SO_3)

물과 마찬가지로 O_3 분자도 단순한 Lewis 구조가 나타내는 것처럼 선형이 아니라는 점에 유의해야 한다. Lewis 구조는 연결된 원자들만 보여주며, 분자의 구조는 보여주지는 않는다는 것을 기억하라. O_3 분자는 다음과 같이 실제로 구부러져 있다.

Ö=Ö—Ö: (굽은 형) ⟷ :Ö—Ö=Ö (굽은 형)

다음 장에서 분자 구조를 예측하는 것에 대해 배우겠지만, 이 시점에서는 오직 O_2와 O_3 분자의 결합이 햇빛과의 상호작용에 *어떻게*(how) 관련되는지 알면 된다. 이제 이 화학 물질이 산소–오존 보호 스크린을 어떻게 허용하는지 살펴보자.

앞에서 UV 복사선이 산소와 오존 모두와 어떻게 반응하는지를 설명했다. 반응을 유발하는 광자뿐만 아니라 Lewis 구조와 기하 구조를 고려한 해당 반응식은 다음과 같다.

$$:\ddot{O}=\ddot{O}: \xrightarrow[\lambda < 242\ \text{nm}]{\text{UV 광자}} :\ddot{O}: + :\ddot{O}: \qquad [3.6]$$

$$O_3\ (\text{굽은 형}) \xrightarrow[\lambda < 320\ \text{nm}]{\text{UV 광자}} :\ddot{O}=\ddot{O}: + :\ddot{O}: \qquad [3.7]$$

식 [3.6]과 식 [3.7]은 성층권에서 발생하는 주요 화학 반응을 설명한다. O=O 이중 결합을 끊는 데 필요한 에너지는 O–O 단일 결합을 끊는 데 필요한 것보다 더 높다(즉, 더 짧은 파장의 복사선이 필요함).

성층권에 매일 3억 톤(3×10^8)의 O_3가 형성되며, 동일한 양이 분해된다. 새로운 물질은 창조되거나 파괴되는 것이 아니라 단지 화학적 형태를 변화시킨다. 결과적으로, 오존

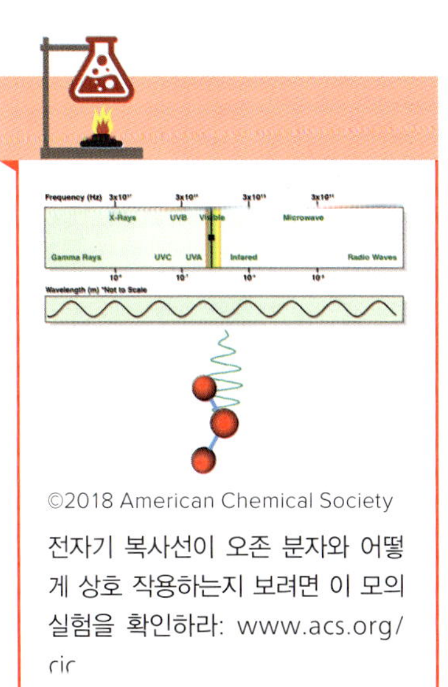

전자기 복사선이 오존 분자와 어떻게 상호 작용하는지 보려면 이 모의실험을 확인하라: www.acs.org/cic

사전 지식 *Did You Know* ?

예를 들어, Niagara 폭포 꼭대기의 수위를 생각해 보자. 절벽으로 수백만 갤런의 물이 지속적으로 쏟아져 내리더라도, 상류의 물이 끊임없이 폭포를 보충하여 일정한 수위를 유지한다.

의 전체 농도는 이 자연 주기에서 일정하게 유지된다. 이 과정은 **정상 상태**(steady state), 예를 들어 동적인 계의 균형을 유지하는 상태의 예이므로 관련된 주요 화학종의 농도에 알짜 변화는 없다. 정상 상태는 많은 화학 반응, 일반적으로 경쟁하는 반응이 서로 균형을 이룰 때 발생한다. 성층권 오존은 자연 상태의 정상 상태 반응에 의해 형성되고 분해된다. 다음 절에서는 무엇인가가 순환 과정의 정상 상태를 방해해서 보호 성층권 오존이 파괴되는 것을 논의하기로 한다.

활동 학습 3.22 ▸ 오존층

이 절에서 살펴본 반응과 분자들을 바탕으로, 이들 반응과 분자들을 내버려 둔다면 대기의 오존 농도가 전 세계적으로 항상 균일할 것이라고 생각하는가? 그 이유는 무엇인가?

3.9 보호 오존층은 얼마나 안전한가?

사전 지식 *Did You Know* ?

스위스는 가장 장기적인 연속 오존 농도 측정 기록을 가지고 있다.

1926년 이래, 매일 성층권 O_3 농도는 스위스 기상 연구소(Swiss Meteorological Institute)에서 측정되었다. 이 측정에 따르면 성층권 O_3의 자연 농도가 전 세계적으로 균일하지 않음을 보여준다.

평균적으로, 성층권 오존 농도는 극에 접근함에 따라 증가한다. 이전 절에서 UV 복사선이 O_2와 O_3의 생성과 파괴에 어떻게 영향을 미치는지 보여주었다. 성층권에 부딪히는 복사선의 세기에 따라 오존 생성이 증가하며, 이는 태양에 대한 지구의 각도와 태양과 지구 사이의 거리에 따라 달라진다(그림 3.24). 적도에서 복사선의 세기가 가장 높은 기간은 태양이 직접 머리 위에 있을 때인 춘분과 추분(3월과 10월)에서 일어난다. 열대 이외의 지역에서는 태양이 직접 머리 위에 오지 않기 때문에 복사선의 최대 세기는 하지점(북반구에서 6월, 남반구에서 12월)에서 일어난다. 태양에 대한 지구의 각도에 따라 오존 생성과 계절이 달라진다. 지구가 태양에서 가장 먼 7월에 비해, 지구가 태양에 가장 가까운 1월 초에 지구에 도달하는 태양 세도가 약간(~7%) 증가한다. 성층권의 바람 패턴도 오존 농도의 다른 변화를 일으키는데, 변화의 일부는 계절별로, 다른 것은 더 긴 주기에 걸쳐 있다. 성층권의 바람 형태에 따라 어떤 때는 계절적 또는 어떤 때는 더 긴 주기로 오존 농도의 변화를 일으킨다.

지구의 특별한 사진들은 성층권 오존 농도를 명확하게 보여주는 데 색상을 이용한다. 짙은 파란색과 보라색 영역은 가장 낮은 O_3 농도가 관찰된 지역을 나타낸다. 적도에서는 일반적으로 250~270 DU의 값으로 나타난다. 적도에서 멀어질수록 수치는 300에서 350 DU 사이에 있고 계절에 따라 변한다. 가장 북쪽 고위도 지역에서 그 값은 400 DU까지 높아지게 된다.

그림 3.24
지구의 기울기와 태양 세기의 계절적 변화 그림.

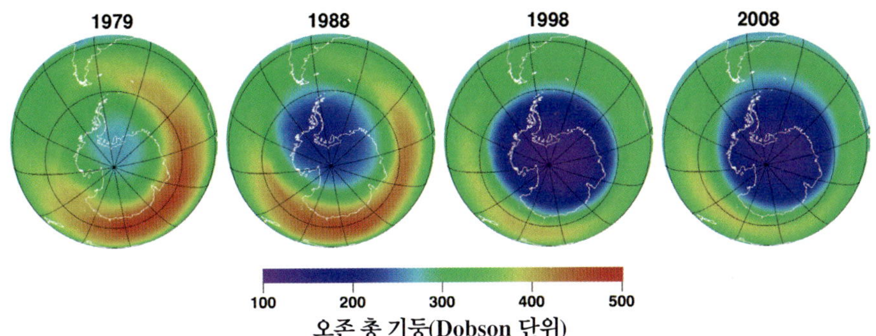

그림 3.25

3년 동안 남극 대륙의 총 오존 농도와 오존 구멍 크기 지도. www.acs.org/cic에서 오존 구멍 농도의 대한 애니메이션을 확인하라.

Source: NASA Ozone Watch

활동 학습 3.23 ▶ 오존 구멍

NASA의 오존 구멍 감시 웹사이트를 방문하여 "오존 지도" 탭을 클릭하라.

a. 지구 지도는 어떻게 방향을 잡는가? 왜 이 방향이 선택되었다고 생각하는가?

b. 지도 맨 아래에 있는 색상 키를 사용하여 남극의 오존 농도가 현재 건강한 농도 수준인지 확인하라.

c. 지난 달의 링크를 사용하여 1년 분량의 지도를 탐색해 보라. 오존 구멍은 몇 월에 나타나는가?

d. 현장에서 1979년부터 현재까지 위의 c에서 확인된 달의 남극 위 오존 구멍을 보여주는 비디오를 찾아라. 관찰한 경향성을 설명하라.

이전 활동에서 보았듯이 남극에서 계절적으로 발생하는 오존의 얇아짐("오존 구멍(ozone hole)")에 대한 우려가 있다(그림 3.25). 이러한 변화는 남극 대륙의 Halley Bay에 있는 영국 감시 팀이 1985년에 처음으로 오존의 농도를 관찰했을 때 그들의 기구가 오작동한다고 생각했을 정도로 두드러졌다! 오존 농도 수준이 220 DU 미만으로 보고되는 영역은 일반적으로 "구멍"으로 간주된다. 1990년대 중반부터 오존 구멍의 연간 크기는 북미 대륙의 전체 면적과 거의 같았으며 어떤 경우에는 그것을 초과하였다.

그림 3.26에 나타낸 남극 근처에서 관측된 성층권 오존 농도의 급격한 감소를 확인하라. 최근에는 최소값이 약 100 DU이었다. 남극의 봄인 9월 말 또는 10월 초에 남극의 오존 농도는 최소였으며 계절적 변동이 항상 일어났음을 명심하라. 그러나 최근 수십 년 동안 관찰된 이 최소값의 현저한 감소는 전례 없는 수준이다.

활동 학습 3.24 ▶ 오존 구멍

그림 3.26에 제시된 자료의 추세를 어떻게 설명하겠는가? 관찰한 패턴을 기반으로 2018~2022년 동안 자료에 대해 무엇이 예측되는가? 당신의 예측을 확인하거나 거부할 방법이 있는가?

지구상의 어디에서나 오존 파괴의 주요한 자연적 원인은 수증기와 수증기의 분해 생성물과 관련된 일련의 화학 반응이다. 바다와 호수에서 증발하는 H_2O 분자의 대부분은 비나 눈으로 다시 지구 표면으로 떨어진다. 그러나 극소수의 분자들은 성층권에 도달하여, 성층권의 H_2O의 농도는 약 5 ppm이다. 이 고도에서 UV 복사의 광자는 물 분자를 해리시켜 수소(H·) 및 하이드록실(·OH) 자유 라디칼로 분해한다. 앞에서 설명한 바와 같이, 자유 라디칼은 1개 이상의 짝을 이루지 않은 홀전자를 갖는 반응성이 매우 큰 화학종이다. 홀전자는 종종 단일 점으로 표시한다.

관련 절

자유 라디칼은 2.13절에서 소개되었다.

$$H_2O \xrightarrow{\text{광자}} H\cdot + \cdot OH$$

홀전자 때문에 자유 라디칼은 반응성이 매우 크다. 따라서 H· 및 ·OH 라디칼은 궁극적으로 O_3를 O_2로 전환시키는 반응을 포함한 많은 반응에 참여한다. 이 반응은 50 km 이상의

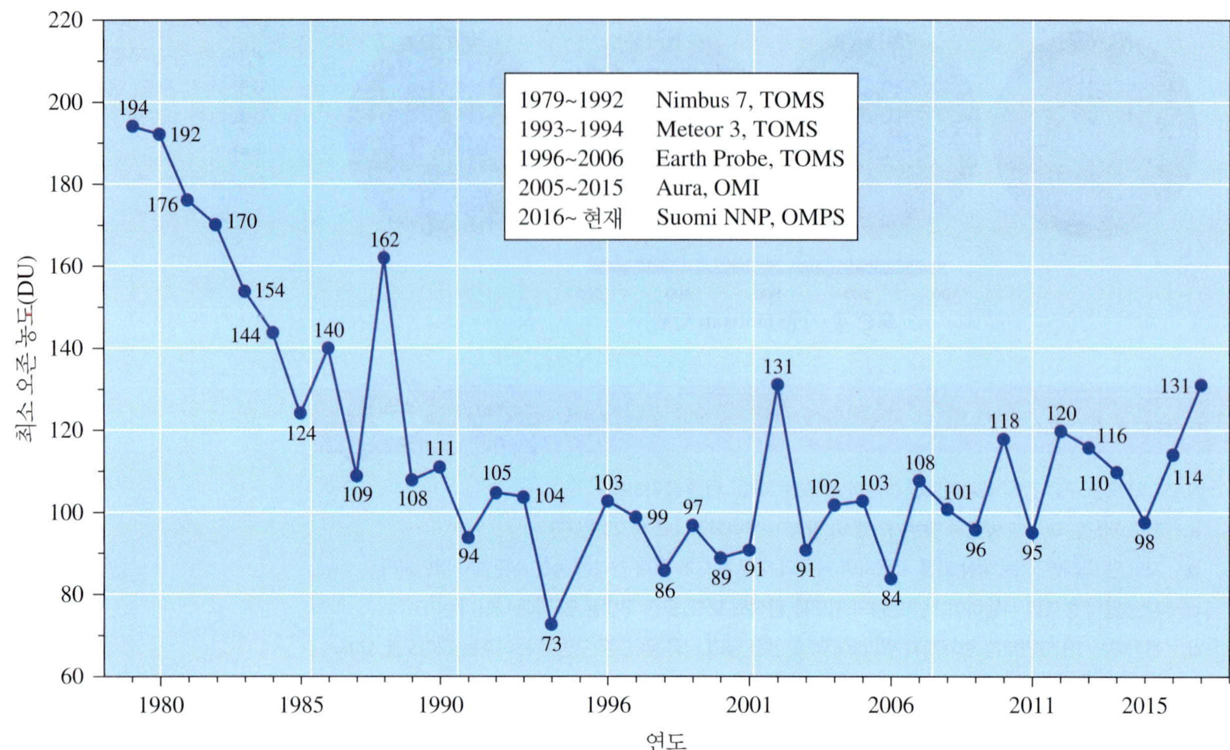

그림 3.26

남극 상공의 성층권 오존 농도에 대해 매년 봄(1979~2017)에 기록된 가장 낮은 값. *참고*: 2002년의 높은 값은 중위도 공기와 극을 분리하는 소용돌이가 일찍 붕괴되었기 때문이다. 1995년에는 데이터가 수집되지 않았다.

Source: NASA Ozone Watch

고도에서 오존을 파괴하는 가장 효율적인 메커니즘이다.

물 분자와 그 분해 생성물이 자연적인 오존을 파괴하는 유일한 물질은 아니다. 다른 하나는 일산화 질소라고도 하는 지유 라디칼 ·NO이다. 성층권에서 ·NO의 대부분은 자연 발생적인 것이다. 토양과 해양에서 미생물에 의해 생성되는 자연 발생 화합물인 일산화 이질소, N_2O로부터 형성된다. 자연 기류는 N_2O가 대류권에서 성층권으로 점차 상류로 이동하여 산소 원자와 반응하여 NO를 생성한다. 이 과정을 제어하기 위해 수행할 수 있는 작업은 거의 없다. 이 과정은 질소 화합물과 관련된 자연 순환의 한 부분이다. 그러나 이제 살펴보겠지만, 인간 활동은 오존 파괴에 중요한 역할을 한다.

활동 학습 3.25 ➤ *자유 라디칼*

히드록실 자유 라디칼과 분자 메테인(CH_4) 분자 사이의 반응을 생각해 보자. 상층 대기에서 세 단계 과정(아래에 표시)이 일어난다. 전체 Lewis 구조를 사용하여 이 반응식을 다시 작성하고, 단계 전체에 걸쳐 존재하는 모든 활성 산소를 확인하라.

$$OH + CH_4 \longrightarrow H_2O + CH_3$$

$$CH_3 + O_2 \longrightarrow OOCH_3$$

$$OOCH_3 + NO \longrightarrow OCH_3 + NO_2$$

힌트: 모든 결합은 짝수의 전자들로 이루어져야 한다.

활동 학습 3.26 ➤ *대기 중의 자유 라디칼*

제2장과 제3장에서 읽은 정보를 바탕으로, 대기 중에 자유 라디칼을 갖는 것이 대기의 건강한 기능에 유익한가 아니면 해로운가? 설명하라.

3.10 화학이 구해줄 것인가 아니면 해를 끼칠 것인가? *오존층 파괴에 있어서 인간의 역할*

물, 질소 산화물, 기타 자연 발생 화합물의 영향을 성층권 모형에 포함해도 측정된 오존 농도는 여전히 예측치보다 낮다. 전 세계적으로 측정한 결과 지난 40년 동안 오존 농도가 감소하고 있는 것으로 나타났다. 자료의 변동 폭이 크지만 추세는 분명하다. 중위도(남위 60도~북위 60도)의 성층권 오존 농도가 8% 이상 감소한 경우도 있다. 이러한 변화는 태양 복사 세기의 변화와 관계가 없기 때문에 우리는 다른 곳에서 설명을 찾아야 한다. 따라서 에어로솔 스프레이 캔과 냉방기에서 한때 널리 퍼진 화학 물질인 범인에게 우리의 관심을 돌릴 때이다.

성층권의 오존층 파괴의 주요 원인은 Rowland(F. Sherwood Rowland, 1927~2012), Molina(Mario Molina, 1943년~), Crutzen(Paul Crutzen, 1933년~)의 과학적 정밀 조사를 통해 밝혀졌다. 그들은 방대한 양의 대기 자료를 분석하고 수백 가지의 화학 반응을 연구했다. 대부분의 과학적 조사와 마찬가지로 일부 불확실성이 남아 있다. 그럼에도 불구하고, 그들의 증거는 가능성이 없는 화합물 계열인 클로로플루오로탄소(chlorofluorocarbon)를 지적하였다.

사전 지식 *Did You Know* ?

Rowland, Molina 및 Crutzen은 공동으로 1995년 Nobel 화학상을 수상하였다.

이름이 의미하듯이 **클로로플루오로탄소**(chlorofluorocarbon, CFC)은 염소, 플루오린, 탄소만으로 구성된 화합물이다. 플루오린과 염소는 17족 할로젠의 구성원이다. 원소 상태에서는 할로젠의 대부분이 이원자 분자지만 플루오린과 염소만이 기체다. 플루오린은 반응성이 매우 커서 유리 용기와도 반응하므로 유리 용기에도 담을 수 없다. 반면에 CFC 분자는 매우 반응성이 작다. CFC의 논의를 시작하기 위해 다음 두 가지 예를 살펴보자.

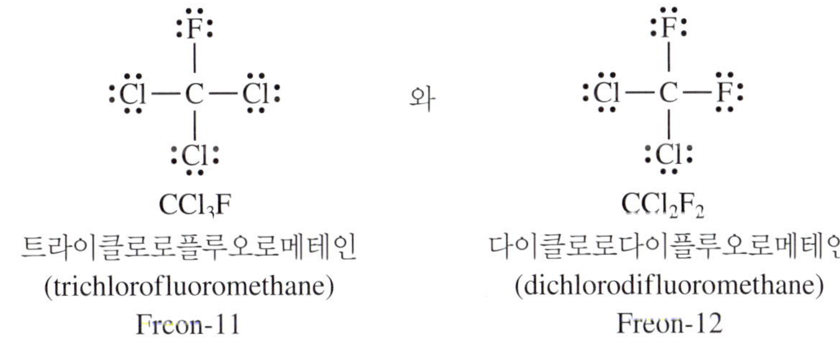

CCl_3F 트라이클로로플루오로메테인 (trichlorofluoromethane) Freon-11

CCl_2F_2 다이클로로다이플루오로메테인 (dichlorodifluoromethane) Freon-12

화합물의 이름이 CFC와 메테인, CH_4의 연관성을 어떻게 나타내는지 주목하라. 접두사 *다이*(*di-*)와 *트라이*(*tri-*)는 메테인의 수소 원자를 치환한 염소와 플루오린 원자의 수를 명시한다. 이 두 CFC는 그들의 상표명인 Freon-11과 Freon-12로 알려져 있다. 1930년대에 DuPont의 화학자들이 개발된 명명 체계에 따라 각각 CFC-11과 CFC-12라고도 부른다.

CFC는 자연에서 생성되지 않는다. 인간이 다양한 용도를 위해 합성하였다. 이것은 성층권 오존 파괴에서 CFC의 역할에 대한 논쟁에서 입증되어야 하는 중요한 점이다. 앞의 절에서 보았듯이 오존 파괴에 기여하는 ·OH나 ·NO 자유 라디칼과 같은 다른 요인들은 대기 중에서 자연적 원천에서 또는 인간 활동에 의해 생성된다.

1930년대에 CCl_2F_2를 냉매로 도입한 것은 화학의 주요한 승리이자 소비자 안전에 있어 중요한 발전으로 인정받았다. 이것은 암모니아나 이산화 황과 같은 독성이 있고 부식성 있는 냉매를 대체하였다. 여러 가지 점에서 CCl_2F_2는 이상적인 대체물이었다. 이것은 무독성, 무색, 무취이고 연소되지도 않는다. 실제로 CCl_2F_2는 매우 안정하여 많은 물질들과도 반응하지 않는다!

CFC는 바람직한 무독성 때문에 다른 용도로도 사용되었다. 예를 들면 CCl_3F는 종종 쿠션과 발포 단열제를 만들 때 거품을 만들기 위해 고분자 혼합물에 불어넣어진다. 다른 CFC는 에어로솔 스프레이 통의 추진제로 사용되거나 기름 또는 그리스의 무독성 용매로 사용된다.

좋든 나쁘든 CFC의 합성은 우리의 삶에 큰 영향을 끼쳤다. 이들 화합물은 독성이 없고, 가연성이 없으며, 저렴하며, 널리 이용할 수 있기 때문에 에어컨을 혁신하여 가정, 사무실 건물, 상점, 학교, 자동차에도 사용하게 되었다. 1960년대와 1970년대에 공급이 시작된 CFC는 세계의 덥고 습한 지역의 도시 성장을 촉진시켰다. 실제로, 세계 전역의 경제와 사업 잠재력을 변화시킨 CFC 기반 기술 때문에 주요한 인구통계학적 변화가 일어났다.

아이러니하게도 CFC가 많은 응용 분야, 즉 이상적인 화학적 불활성이라는 특성은 결국 대기에 해를 끼치게 되었다. CFC의 C–Cl 및 C–F 결합은 너무 강하여 분자를 사실상 파괴할 수 없다. 예를 들어, 평균적으로 CCl_2F_2 분자는 최종 분해되기까지 120년 동안 대기에서 지속될 수 있다고 추정되었다. 대조적으로, 대기의 풍류(wind currents)가 분자를 성층권으로 끌어올리는 데 약 5년이 소요되는데, 이는 정확히 일부 CFC 분자가 종착한 곳이다.

성층권의 CFC는 어떻게 되는가? 고도가 높아질수록 산소와 오존 농도는 낮아지지만 UV 복사선의 세기는 높아진다. 고에너지의 UVC 복사선은 C–Cl 결합을 끊을 수 있다. 다음은 다이클로로다이플루오로메테인에서 염소 원자를 방출하는 화학 반응이다.

$$CCl_2F_2 \xrightarrow[\lambda \leq 220\ \text{nm}]{\text{UV 광자}} CClF_2\cdot + \cdot Cl$$

이 반응은 실제로 두 개의 자유 라디칼을 생성한다. 염소 라디칼은 오존과 반응하여 산소 기체를 생성한다. 앞의 식 [3.5]에서, 오존을 산소로 분해하려면 에너지가 필요하다고 언급하였다. 이 경우 불안정한 염소 라디칼이 본질적으로 그 에너지를 제공한다.

$$Cl\cdot + O_3 \longrightarrow ClO\cdot + O_2 \qquad \textbf{[3.8]}$$

$$ClO\cdot + O \longrightarrow Cl\cdot + O_2 \qquad \textbf{[3.9]}$$

보다시피, 오존과 원자 염소의 복잡한 상호 작용은 오존 파괴 경로를 제공한다. 다음 활동에서 이러한 경로를 살펴볼 것이다.

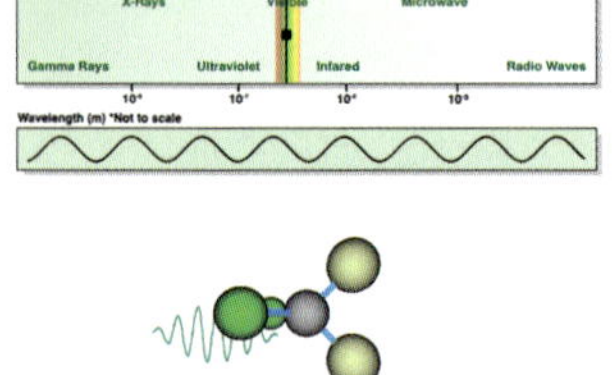

전자기 복사선이 CFC 분자에 미치는 영향을 알아보려면 www.acs.org/cic에서 이 모의실험을 확인하라.

활동 학습 3.27 ▶ 오존의 농도

그림 3.27의 그래프를 바탕으로, 성층권 오존 농도와 성층권 염소의 관계에 대해 말해보라. 식 [3.8]과 [3.9]를 그림 3.27의 자료가 나타내는 추세와 관련지어라.

www.acs.org/cic에서 비디오를 보고 촉매에 대한 재미있는 응용 프로그램을 확인하라.

Cl·은 식 [3.8]에서 반응물로서, 식 [3.9]에서 생성물로 나타난다. 이는 Cl·가 오존 감소의 순환과정에서 소비되고 다시 재생되어 염소 라디칼 농도의 알짜 변화는 없음을 의미한다. 이러한 거동은 화학 반응에 참여하고 농도의 변화 없이 반응속도에만 영향을 미치는 화학 물질인 **촉매**(catalyst)의 특성이다. 원자 염소는 재생되어 촉매로 작용하고, 재생되어 더 많은 오존 분자를 제거한다. 평균적으로, 1개의 염소 원자는 오존 분자가 바람에 의해 낮은 대기로 되돌아가기 전에 촉매로 작용하여 1×10^5개의 오존 분자를 파괴한다.

성층권의 오존 파괴에 관련된 모든 염소가 CFC에서 나오는 것은 아니다. 바닷물과 화산과 같은 자연원은 다른 염소 처리된 탄소 화합물을 생산한다. 그러나 천연 원료에서 나오는 염소는 대부분 수용성 형태로 되어 있다. 따라서 어떤 천연 염소 함유 물질도 성층권에 도달하기 훨씬 전에 강우량에 의해 대기로부터 씻겨 나간다. 특히 중요한 것은 NASA와 국제 연구진이 수집한 자료로, 성층권에서는 항상 고농도의 HCl(염화 수소)과 HF(플루오린화 수소)가 함께 발생한다는 사실을 규명했다. HCl의 일부는 다양한 자연 발

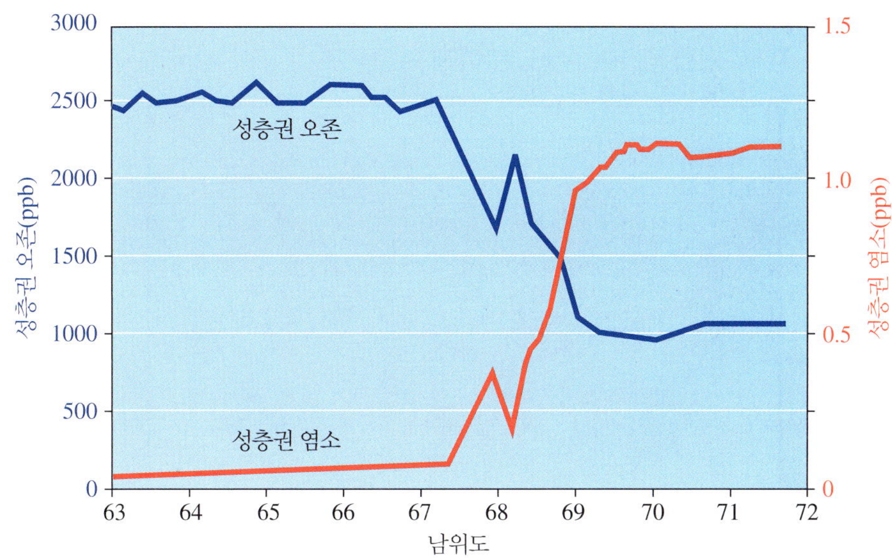

그림 3.27

1987년 남극 오존 구멍에서 비행하여 얻은 남극 성층권의 오존과 염소 농도.

Source: United Nations Environment Programme (UNEP)

생원에서 발생할 수 있지만, HF의 성층권 농도의 유일한 합리적인 근원은 CFC이다.

오존층 파괴 기체는 성층권 전체에 존재한다. 또한, 전 세계 바람 패턴의 결과로, CFC는 *양쪽*(both) 반구에 걸쳐 대기의 더 낮은 부분에서 풍부하게 존재한다. 그렇다면 왜 남극 대륙에서 성층권 오존의 최대 손실이 발생했는가? 또한, 북반구에서 더 많은 오존층 파괴 기체가 방출되면 왜 남반구에서 그 영향이 가장 강하게 나타나는가?

남극 대륙에는 특별한 조건이 존재한다. 남극 위의 성층권은 지구상에서 가장 추운 곳이다. 6월부터 9월(남극 겨울)에는 남극을 중심으로 순환하는 바람이 따뜻한 공기가 이 지역에 들어오지 못하도록 소용돌이를 형성한다. 결과적으로 온도가 −90°C로 낮아질 수 있다. 이러한 조건에서는 **극지방 성층권 구름**(polar stratospheric cloud, PSC)이 형성될 수 있다. 이 얇은 구름은 성층권에 존재하는 소량의 수증기로 형성된 작은 얼음 결정으로 이루어져 있다. 이러한 얼음 결정의 표면에서 일어나는 화학 반응은 HCl(앞에서 언급한)과 같이 오존을 고갈시키지 않는 분자를 반응성이 더 큰 Cl_2와 같은 화학종으로 변환시킨다. 화합물 $ClONO_2$가 얼음 결정 표면의 반응성이 큰 HOCl로 전환될 수 있으며, 이는 또한 오존 고갈에 기여하는 것으로 나타났다.

HOCl이나 Cl_2는 둘 다 겨울의 어두운 곳에서 어떠한 해를 끼치지 않는다. 그러나 9월말에 남극에 햇빛이 돌아오면, 이 빛에 의해 HOCl과 Cl_2가 분해되어 염소 원자가 방출한다. 많은 양의 오존을 파괴하는 화학종인 Cl·이 이렇게 증가함에 따라, 구멍이 생기기 시작한다. 극한의 추위, 원형 바람 패턴(와류), 얼음 결정이 반응을 위한 표면을 형성하고 제공하기에 충분한 시간, 어둠이 뒤따르는 햇빛 수준의 급격한 증가의 조건을 주목하라. 그림 3.28은 계절적 변화를 보여주며, 또한 북극과 남극의 최소 온도를 비교해 보여주고 있다.

그림에서 알 수 있듯이 PSC 형성에 필요한 조건은 남극 대륙에서 더 자주 발견된다. 남극 대륙 위의 오존 농도 변화는 계절 온도와 밀접한 관련이 있다. 일반적으로 급속한 오존층 파괴는 9월에서 11월 초까지의 남극에서 봄 동안 발생한다. 햇빛이 성층권을 따뜻하게 할 때, 성층권 구름이 흩어지면서 오존 분자를 공격하는 Cl· 종을 방출한다. 그러나 봄철이 가까이 오면 낮은 위도의 공기가 극지방으로 유입되어 고갈된 오존 농도를 보충한다. 11월 말이 되면 그 구멍이 크게 다시 채워진다. 북반구의 오존층 고갈은 남부 지역만큼 심각하지는 않은 것으로 나타났다. 그 차이는 주로 북극 위의 공기가 차갑지 않다는 사실에서 비롯된다. 그럼에도 북극에서는 성층권 구름이 반복적으로 관측되고 있다.

이 오존 구멍의 세계적 영향은 무엇인가? 남극의 성층권 오존이 감소하면 지구에 도달하는 UVB 수준이 증가한다. 이에 따라 호주와 칠레 남부에서 피부암 비율이 증가하였

그림 3.28

극하층 성층권의 최소 공기 온도.

Source: Scientific Assessment of Ozone Depletion: 2002, World Meteorological Organization, UNEP

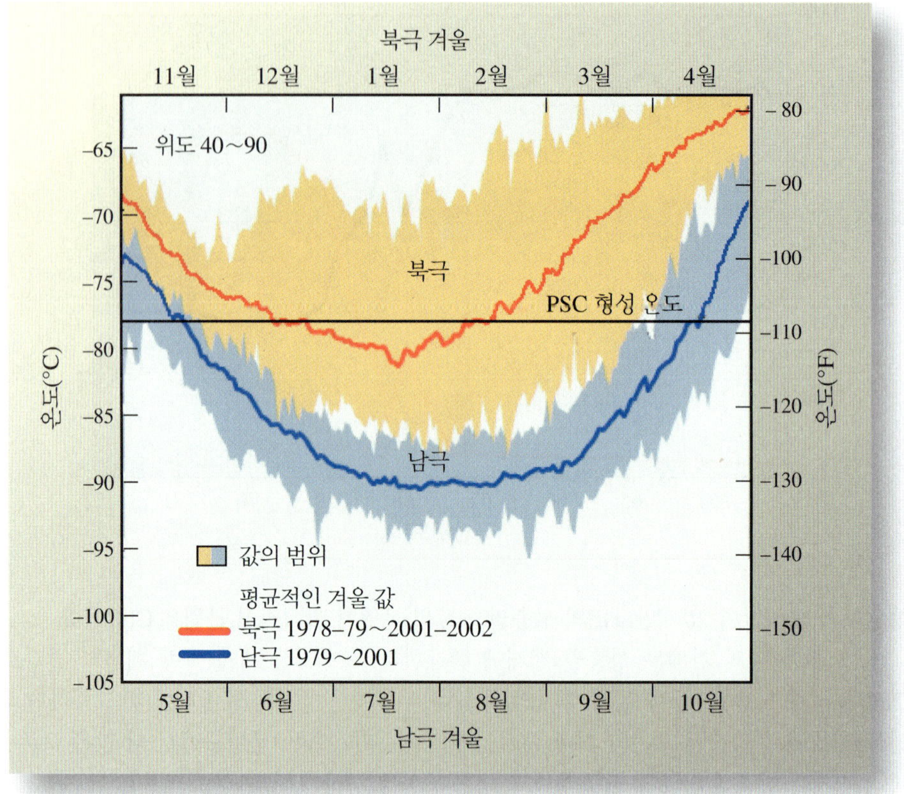

다. 또한 호주 과학자들은 밀, 수수 및 완두콩 작물 수확량이 UV 복사선이 증가함에 따라 감소했다고 믿고 있다. 칠레 남부에서도 Punta Arenas 주변과 남아메리카 최남단 Tierra del Fuego 섬에서도 비슷한 효과가 나타났다. 칠레 보건부 장관은 Punta Arenas의 12만 명의 주민이 오존 파괴가 가장 큰 봄 정오 시간 동안 햇볕에 나가지 않도록 경고를 하였다.

3.11 여기서 어디로 가야 하는가: *오존 구멍을 복원할 수 있는가?*

사람들이 오존 파괴에서 CFC의 역할을 이해하자 그들은 놀라운 속도로 대응했다. 개별 국가들이 첫걸음을 내딛었다 예를 들어 1978년에 미국과 캐나다에서 스프레이 캔에 CFC를 사용하는 것을 금지하였다. 플라스틱 발포제로의 사용은 1990년에 중단되었다. 그러나 CFC 생산 및 계속 시판하는 문제는 전 세계에 걸쳐 있었으며 이를 해결하기 위해 국제적인 협력이 필요했다. 1987년에 47개국이 모여 조약(Montreal 의정서)을 비준하여 전 세계 CFC 생산을 중단했다. 다음의 활동은 이 조약의 영향 중 일부를 살펴본 후, CFC의 대체품을 살펴볼 것이다. 아직도 에어컨과 냉장고가 존재한다!

사전 지식 *Did You Know* ?

Montreal 의정서는 197개국이 비준하였으며, 유엔 역사상 최초로 세계적으로 비준된 조약이 되었다.

활동 학습 3.28 ▶ *오존층을 구하라*

그림 3.29는 오존층에 대한 만화이다. 이 장에서 배운 내용을 바탕으로 이 만화의 메시지에 대해 어떻게 생각하는가?

그림 3.29

오존층과 CFC의 사용에 관한 풍자 만화.

활동 학습 3.29 ▸ *전 세계적인 대응*

그림 3.30 및 3.31을 살펴보라. 오존 "구멍"이 수리되고 있다는 실질적인 증거가 있다고 생각하는가? 이 증거가 어떻게 오존층 보호를 위한 효과적인 전략을 지지하는지 지지하지 않는지 설명하라.

CFC의 대체 물질로 가정용 냉장고에 암모니아나 이산화 황과 같은 독성 기체를 다시 사용하자고 주장할 사람은 없다. 마찬가지로 에어컨 사용을 완전히 포기하자고 주장하는 사람도 없다. 대신에 화학자들은 비독성의 CFC와 유사하지만 성층권 오존에 대한 장기적인 영향이 없는 새로운 화합물을 합성하려고 했다.

CFC 대체 물질은 세 가지 원하지 않는 특성(독성, 인화성, 대기에서 장기적인 안정성)이 최소화되어야 한다. 동시에 그들은 기존의 냉매 기체의 전형적인 끓는점인 −10∼−40°C 정도의 끓는점을 유지해야 한다. 참으로 대체 물질을 구하는 것은 섬세한 균형 조정 행위이다!

CFC의 대기 수명을 줄이기 위한 한 가지 전략은 C−Cl 결합 중 하나를 C−H 결합으로 대체하는 것이다. C−Cl 결합과 달리, C−H 결합은 히드록실 라디칼(·OH)에 공격을 받기 쉬우므로 낮은 대기에서 더 빨리 분해된다. 그러나 수소 원자로 대체하는 것은 분자의 가연성을 증가시킨다. 이것은 바람직하지 않은 부작용이다. 수소와 같은 가벼운 원자로 대

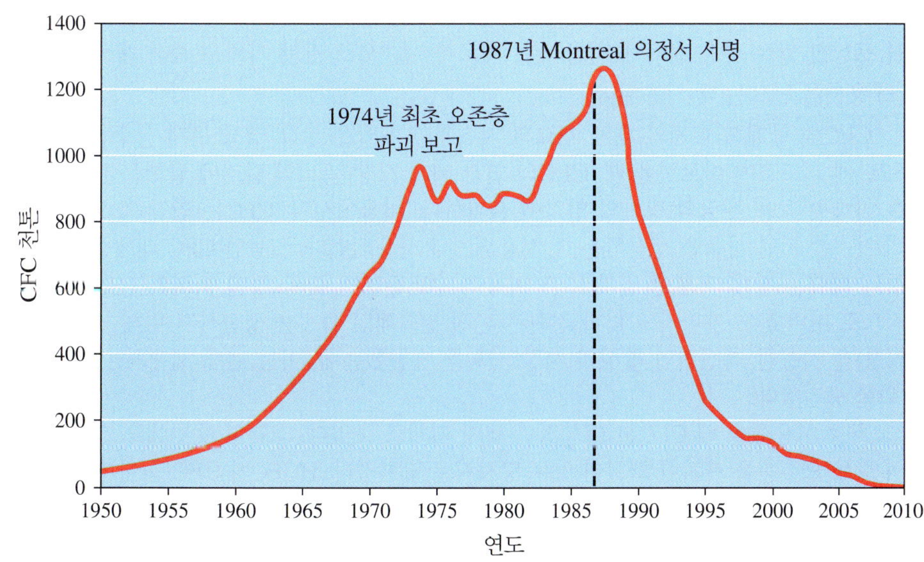

그림 3.30

1950년∼2010년 사이의 전 세계 CFC 생산.

Source: United Nations Environment Programme (UNEP)

그림 3.31

대기 중 반응성이 있는 할로젠 농도의 과거와 미래의 변화. 아래쪽 화살표는 성층권 할로젠 농도가 1980년대의 수준으로 회복될 것으로 예상되는 날짜를 표시하고 있다.

Source: The NOAA Ozone Depleting Gas Index: Guiding Recovery of the Ozone Layer; May 2015

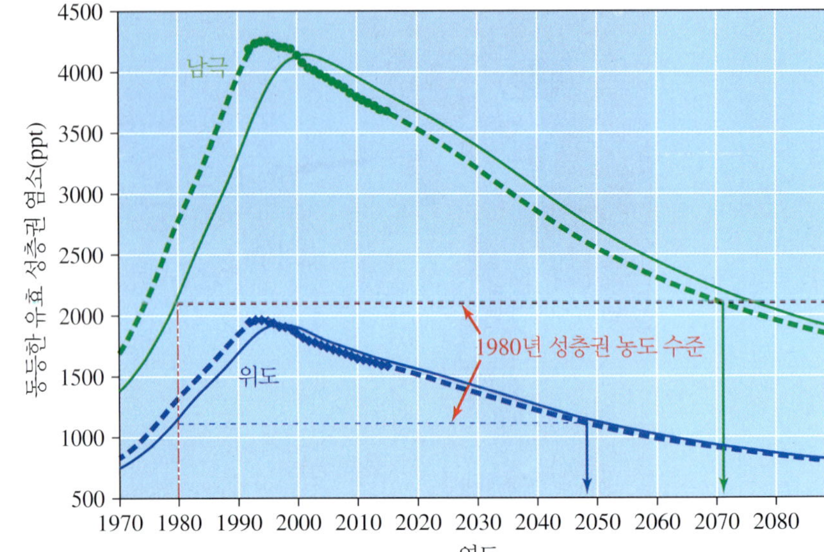

사전 지식 *Did You Know* ?

할론(halon)은 CFC의 가까운 계열이며 또한 불활성의 비독성 화합물이다. 그들은 탄소 원자를 둘러싸는 플루오린 또는 염소 외에 브로민을 포함한다. CFC와 마찬가지로 할론에는 수소가 포함되어 있지 않다. 예를 들어, 다음은 Halon-1301로도 알려진 브로모트라이플루오로메테인, $CBrF_3$의 Lewis 구조이다.

:Br: — C — :F: (F, F, F, Br이 C에 결합)

할론은 화재 진압제로 사용된다. 예를 들어, 도서관(특히 희귀 도서실), 그리스 화재(물이 번질 수 있는 곳), 화학자재 창고(일부 화학물질이 물과 반응하는 곳), 항공기(조타실 아래로 내려놓는 것은 분명히 좋지 않은 생각일 것이다!)와 같은 소방 호스나 스프링클러 시스템이 부적절할 때 특히 도움이 된다. 불행하게도 이러한 화합물은 오존층 파괴에 관한 한 CFC만큼 해롭다.

관련 절

CFC의 명명법 규칙은 이 장의 끝에 있는 연습 문제 55에 설명되어 있다.

체하면 끓는점도 낮아져서 일부 장비를 재설계해야 한다. 그럼에도 불구하고 이 전략은 몇 가지 매우 유용한 대체물을 만들어 냈다. CFC의 염소 원자 한 개를 수소로 치환하면 수소, 염소, 플루오린, 탄소의 화합물인 *하이드로클로로플루오로탄소*(hydrochlorofluorocarbon, HCFC)가 된다. 예를 들면 CCl_2F_2의 염소 한 개를 치환하면 $CHClF_2$가 얻어진다.

CCl_2F_2	$CHClF_2$
CFC-12 또는 R-12	HCFC-22 또는 R-22

HCFC-22의 대기 수명은 약 12년이며, R-12 또는 프레온-12라고도하는 CFC-12의 110년 정도와 비교가 된다. $CHClF_2$(R-22라고도 함)는 주로 저층의 대기에서 분해되기 때문에 성층권에 축적되지 않는다. 결과적으로 오존층 파괴 가능성은 CCl_2F_2의 약 5%이며, 올바른 방향으로 한걸음 나아갔다.

그러나 하이드로클로로플루오로탄소(hydrochlorofluorocarbon)는 여전히 염소를 함유하고 있으며 오존 고갈에 기여한다. 그럼에도 불구하고 HCFC는 CFC에 비해 상당히 개선된 것이다. 한때 $CHClF_2$는 가장 널리 사용되는 HCFC였다. 이 제품은 에어컨 및 발포제를 포함한 많은 응용 분야에 적합하며, 예로서 "폼"으로 만든 가벼운 즉석 음식(패스트푸드) 용기를 만드는 데 사용된다.

CFC의 단계적 폐지와 대체 재료의 지속적인 개발은 주요 경제 문제가 수반되었다. 1987년에 최고조에 이르렀을 때, CFC의 연간 세계 시장은 20억 달러에 달했는데, 이것은 매우 막대한 금융 시장의 빙산의 일각에 불과하다. 미국에서만, CFC는 연간 약 280억 달러의 가치를 지닌 상품을 생산하는 데 사용되거나 사용되었다. 그동안 CFC 대체품으로 전환하는 데에는 장비 교체에 일부 추가 비용이 수반됐지만 미국 경제에 미치는 영향은 전반적으로 미미했다. 게다가 이러한 전환은 환경 친화적인 물질을 생산하기 위해 녹색 화학(제2장)을 사용한 혁신적인 합성의 시장 기회를 제공했는데, 이는 현재 세대와 미래 세대를 위한 승리였다.

처음 사용했을 때 CFC는 이상적인 냉매 기체로 보였다. 그러나 뜻밖에도 그들은 지구의 보호 오존층을 파괴한 책임이 있는 당사자로 밝혀졌다. HCFC가 CFC를 대체했을 때, 그것들은 오존층에도 영향을 미치기 때문에 임시 해결책에 불과했다. 대부분의 HCFC는 2030년까지 단계적으로 폐지될 예정이다. 현재 HCFC는 더 이상 선진국에서 제조되지 않고 있다. 이렇게 하면 대기 중 HCFC의 농도가 낮아지겠지만, 2013년 기준 CHClF(R-22)의 농도는 여전히 증가하고 있었다. 가정용 냉방기 사용 등 전 세계적으로 R-22에 대한 수요가 높은 점을 감안하면 이는 놀라운 일이 아니다. 수요가 늘면서 가격도 올랐다. 예를 들어, 2012년의 유난히 더운 여름 기간 동안, R-22는 미국에서 공급이 부족하여, 평소보다 몇 배가 더 높은 가격에 판매되었다.

HCFC가 퇴출될 때 그들을 대체할 대체품은 무엇인가? 수소, 플루오린 및 탄소의 화합물(및 다른 원소는 없음)인 *하이드로플루오로탄소*(hydrochlorofluorocarbon, HFC)는 HCFC와 유사한 화합물이지만 염소가 없기 때문에 후보가 될 가능성이 높다. 다음에 두 예들이 있다.

```
   :F: :F:                      :F:
    |   |                        |
H — C — C — F:        와     H — C — F:
    |   |                        |
   :F: :F:                       H
```

C_2HF_5
펜타플루오로에테인
(pentafluoroethane)
HFC-125 (R-125)

CH_2F_2
다이플루오로메테인
(difluoromethane)
HFC-32 (R-32)

이 분자들 중 어느 것도 성층권 오존의 고갈과 관련이 없으며 대기 수명이 지나치게 길지 않다.

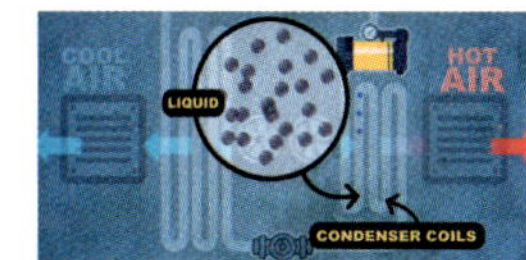

©2018 American Chemical Society

에어컨 작동 방식을 보려면 www.acs.org/cic에서 비디오를 확인하라.

HCFC에서 HFC로의 전환이 현재 진행 중이다. 일부 경우에, R-22의 대체 물질로 단일 HFC를 사용하지 않고 HFC의 혼합물을 사용하는 경우도 있다. 가장 널리 사용되는 것은 C_2HF_5와 CH_2F_2의 혼합물인 R-410a이다. 그럼에도 불구하고 혼합물을 사용하려면 장비를 다시 개조해야 원활하게 작동할 수 있다. 최신 에어컨의 설계는 처음부터 HCFC의 이전 제품인 R-22가 아닌 R-410a를 사용하도록 설계되었다. 화학식 $C_2H_2F_4$를 갖는 또 다른 화합물 R-134a는 가정용 냉장고 및 자동차의 에어컨에 널리 사용된다.

그러나 HFC의 경우에 의도하지 않은 또 다른 결과가 나타난다. HFC는 온실 기체로서 지구 기후 변화에 중요한 역할을 한다! 사실 그들이 대체한 HCFC와 CFC도 마찬가지였다. 이산화 탄소와 마찬가지로 HFC는 적외선 복사선을 흡수하고 대기 중에 열을 가두어 지구 온난화에 기여한다. 특히, R-32는 위에서 언급된 바와 같이 현재 세계에서 가장 널리 사용되는 냉각제 중 하나인 R-22의 합성에서 부산물이기 때문에 관심을 끌고 있다. 따라서 단기적으로나 장기적으로 HFC는 대체 물질로서 문제가 있다. 그럼 여기서 어디로 가야 하는가? 더 좋은 대안이 있는가?

관련 절

기후 변화에 대한 온실 기체의 역할은 제4장에서 설명된다.

만약 당신이 CFC, HCFC, 그리고 HFC로 인해 곤경에 처했다면, 더 많은 알파벳 스프를 만들어라. 가장 최근의 냉매 기체 종류 중 하나는 HFO, 즉 하이드로플루오로올레핀(hydrofluoroolefin)이다. 우선 이름에 대해 잠시 집중해 보자.

- **하이드로**(hydro)는 *하이드로*플루오로탄소나 *하이드로*클로로플루오로탄소와 같이 이 화합물이 C–H 결합을 가지고 있다는 의미이다.
- **플루오로**(fluoro)는 하이드로*플루오로*탄소나 하이드로클로로*플루오로*탄소와 같이 이 화합물이 C–F 결합을 가지고 있다는 의미이다.
- **올레핀**(olefin)은 이 화합물이 C=C 이중 결합을 가지고 있다는 의미이다.

이들 세 가지를 합하여, 여기 HFO의 일종인 HFO-1234yf의 구조식이 있다.

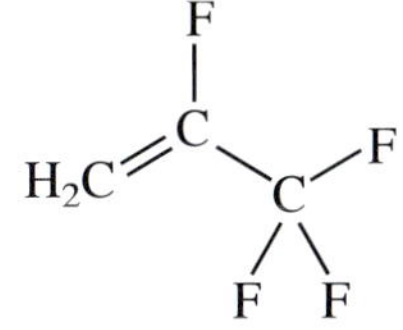

HFO-1234yf는 적외선을 흡수하지만 반응성이 있는 C=C 이중 결합을 가지고 있어서 대기에서의 수명이 단축된다. 따라서 대기에서 오래 지속되지 않아 지구 기후 변화에 미치는 영향이 줄어든다. 이 화합물은 C–H 결합을 가지고 있어 다소 가연성을 가진다.

활동 학습 3.30 조성, 구조 및 특성

이 절에서 제시된 세 가지 분자 HCFC-22, HFC-32 및 HFO-1234yf를 자세히 살펴보라. 냉매의 바람직한 특성과 바람직하지 않은 특성을 모두 상기하라. 이들 분자의 화학적 구조를 바탕으로 각 분자에서 어떤 성분이 존재하여 비슷한 성질을 갖도록 하는지, 또한 서로 다른 성질을 나타내게 하는지를 설명하라.

주목할 만한 냉매 기체가 두 개 더 있다. 하나는 이산화 탄소로 더 잘 알려진 R-744이다. 이 기체는 1800년대에 냉장 시스템에 사용되었지만, 이 기체를 압축하기 위해 고압(때로는 대기압의 100배 이상)이 필요하다는 단점이 있었다. 그 기체는 처음에 암모니아로, 다음에는 CFC로 대체되었다. 오늘날 이산화 탄소를 냉매 기체로 사용하는 것에 대한 새로운 관심이 있지만, 아직 사용하는 곳은 없다.

두 번째는 자연에 존재하는 또 다른 화합물인 프로페인(propane)이다. 이 화합물은 야외의 그릴이나 취사용으로 사용하는 작은 분자의 탄화수소로서 화학식은 C_3H_8이다. 비록 이 화합물은 모든 탄화수소와 마찬가지로 저렴하고 독성이 없지만, 인화성이 있다. 프로페인은 냉매 기체로서 R-22와 유사한 성질을 가지고 있다. 또한 이전의 물질들보다 더 가연성이 높은 HFO의 등장으로 프로페인이 복귀할 태세를 갖추고 있다.

©Stockbyte/Getty Images

이 절을 마치면서 노벨상 수상자인 Molina(Laureate Mario Molina)가 2011년에 오존 파괴와 지구 기후 변화에 관한 심포지엄에서 채용한 비유가 떠오른다. 그는 일부 사람들은 과학을 카드의 집이라고 인식한다고 논평했다. 한 부분이 흐트러지면 온 집이 와르르 무너진다. 그는 몇 개의 조각이 빠져도 새끼 고양이를 볼 수 있다는 점에 주목하며, 더 나은 은유가 새끼 고양이의 조각 그림 퍼즐이라고 제안했다. 성층권 오존이 고갈되면서 이런 현상이 나타났다. 몇 개의 핵심 조각이 빠진 상태에서도 그 그림은 여전히 알아볼 수 있었다. 비록 화학의 도움으로 그림을 볼 수 있지만, 분명히 여전히 빠진 조각들이 있다. 궁극적으로, 성층권 오존층을 어떻게 가장 잘 보호할 것인가에 대한 정부와 시민들 사이의 논쟁이 세계 정치 무대에서 결과를 결정할 것이다.

우리는 화학과 과학자들이 20세기의 주요 이슈를 다루는 데 중심적인 역할을 하는 것을 보았다. 이 절의 마지막 활동을 완료하여 이 정보를 검토하라.

활동 학습 3.31 그래서 우리는 지금 어디에 있는가?

커피숍에 몇 명의 친구들과 대화 중 오존층에 대한 생각을 한다고 상상해 보자. 한 친구는 "오존 구멍에 대해 우리가 할 수 있는 일도, 할 일도 별로 없다고 생각한다. 오존층에서 일어나는 일들은 자연의 순환의 일부일 뿐이다." 이 장에서 지금까지 배운 것을 바탕으로 이 친구에게 어떻게 대답을 할 것인가?

3.12 선스크린은 어떻게 작용하는가?

오존층을 통한 우리의 자연적인 보호원 외에도, 우리 자신을 자외선으로부터 보호하는 몇 가지 간단한 방법들이 있다. 분명한 것은 자외선이 가장 강할 때(특히 오전 10시에서 오후 4시 사이에) 햇빛에 노출되는 것을 피하는 것이다. 우리는 또한 피부 노출을 최소화하는 옷을 입을 수 있다. 즉, 자외선을 차단시키는 여러 브랜드의 옷이 있다. 모래, 물, 그리고 눈은 모두 햇빛을 반사하며, 햇볕에 타는 위험은 고도가 상승함에 따라 증가한다는 것을 명심하라. 심지어 흐린 날도 위험할 수 있다. 태양 복사선의 80%가 구름 덮개를 통과하기 때문이다. 의사들은 햇볕을 피할 수 없다면 선블록 크림이나 선스크린을 발라서 자외선을 분산시키거나 흡수할 것을 권고한다.

광물질 기반의 선블록 크림은 비교적 큰 입자의 산화 아연(ZnO) 또는 이산화 타이타늄(TiO_2) 화합물을 포함하고 있다. 선블록 제품은 촘촘하게 짠 직물처럼 빛이 피부 세포에 닿는 것을 물리적으로 차단한다. 여러분은 수영장이나 해변에서 구조대원들이 사용하는 흰색 불투명 선블록 크림과 같은 예들을 보았을 것이다. 그러나 금속 산화물도 나노 입체 형태로 존재할 수 있으며, 치수는 직경 100 nm 미만인 경우가 많다. 이러한 크기를 고려하여, 앞 장에서는 미립자의 크기에 따라 미립자 오염 물질이 PM_{10} 또는 $PM_{2.5}$로 분류된다는 것을 살펴보았다. 그러나 PM은 나노미터보다 1000배 큰 마이크로미터(또는 마이크로미터, μm) 눈금에 있다. 그러나 PM은 마이크론(또는 마이크로미터, μm) 척도로 나노미터보다 1000배 더 크다.

사전 지식 *Did You Know*

선블록 크림(sunblock cream)은 태양의 UV 빛을 물리적으로 차단하는 반면, 선스크린(sunscreen)은 UV 빛을 흡수하는 화학 성분 및 물리적 성분을 함유하고 있다.

관련 절

1.4절에 나와 있는 측정 단위 변환을 다시 복습하라.

활동 학습 3.32 ▶ *미립자의 분류*

개별 먼지 입자는 지름이 6 μm이다.

a. 이 입자는 PM_{10} 또는 $PM_{2.5}$ 중 어느 것으로 분류되어야 하는가?

b. nm 단위의 이 입자의 지름은 얼마인가?

선스크린에 들어 있는 ZnO 및 TiO_2의 나노 입자는 매우 작기 때문에, 불투명한 선블록에 사용되는 더 큰 입자만큼 많은 빛을 산란시키지 않는다. 결과적으로, 나노 입자 기반의 선스크린은 투명하며, 이를 바르는 사람들에게는 확실히 미용적 요소가 플러스되는 효과가 있다. 나노 입자 제품은 보다 고르게 퍼지고, 경제적이며, UV 복사선 흡수, 산란 및 반사에 매우 효과적이다. 폐에 쌓여서 건강에 해를 끼칠 수 있는 공기 중의 입자상 물질과 달리, 선스크린에 사용된 나노 입자는 종종 로션에 현탁되어 흡입할 수 없다. 그러나 다음에 볼 수 있듯이 선블록이나 선스크린을 바르는 것이 UV 복사선에 의한 손상 위험이 없다는 것을 아는 것이 중요하다.

©Stockbyte/Getty Images

대부분의 선스크린은 로션이나 크림으로 바른다. 그들은 또한 덜 효과적이라고 간주되는 에어로솔 스프레이로도 이용이 가능하다. “넓은 범위에 사용 가능”으로 표시된 선스크린에는 UVA를 흡수하는 다른 화합물과 어느 정도 UVB를 흡수하는 화합물이 포함되어 있다. 미국 피부과학원(American Academy of Dermatology)은 최소 30의 자외선 차단 지수(sun protection factor, SPF)를 갖는 선스크린을 권장하고 있다. SPF 등급은 선스크린이 없이 화상을 입는 데 걸리는 시간과 비교해서 선스크린이 피부를 붉게 물들이거나 태우는 것을 막는 기간을 말한다. 그러나 이러한 등급은 피부에 2 mg/cm^{2}의 사용량이 적용되었을 때를 기준으로 가정한다. 이것은 대략 얼굴에 1티스푼(또는 5 mL), 몸에 한 번 바르면 무려 1온스(30 mL, 약 2테이블스푼)에 해당한다. 연구 결과에 따르면 사용자들은 일반적으로 응용프로그램당 훨씬 적은 양의 선스크린을 사용하므로 *실제의* SPF는 제품 상표에서 예상되는 값의 20~50%이다. 게다가, 최고의 보호를 위해 SPF와 상관없이 2시간마다 선스크린을 다시 바르는 것이 좋다. 이는 해변을 찾는 사람들이 종종 간과하는 지침이다.

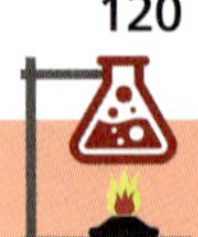

©Seasontime/Shutterstock

자외선 차단제가 자외선으로부터 우리를 얼마나 효과적으로 보호하는지 알아보려면 www.acs.org/cic에서 CiC 조사를 확인하라.

활동 학습 3.33 ▶ *선스크린*

선스크린의 SPF는 선스크린을 사용하는 동안 사람이 햇빛에 얼마나 오래 머무를 수 있는지에 대한 대략적인 표시이다. 최근 SPF가 100+인 선스크린이 소개되었다.

a. 선스크린을 사용하지 않는다고 가정하면 한여름 날 정오에 피부가 타는 데 걸리는 시간을 예측하라.

b. SPF 70의 선스크린을 구입하는 경우, 화상을 입지 않고 햇볕에 머무를 수 있는 시간을 계산하라.

c. SPF를 예측할 때 어떤 가정을 하는가? 일부 피부과 전문의가 SPF 70 선스크린에 대해 우려하는 이유는 무엇인가?

활동 학습 3.34 ▶ *SPF 등급*

SPF 15의 선스크린은 들어오는 UV 복사선의 93%를 걸러내고, SPF 30 선스크린은 97%를 걸러내고, SPF 50은 98%를 걸러낸다.

a. SPF 30 선스크린은 SPF 15 선스크린보다 두 배 더 효과적인가?

b. SPF 30 대신 SPF 50 선스크린을 사용하면 얼마나 많은 추가 보호를 받을 수 있는가?

에너지
들뜬 상태
열을 잃음
광자 흡수
바닥 상태

그림 3.32

다른 파장의 빛을 쪼여주었을 때 전자가 에너지를 흡수하여 낮은 에너지 준위(바닥 상태)에서 더 높은 에너지 준위로 들뜬 상태로 되는 그림. 전자는 주위의 고체로 열을 잃고 바닥 상태로 돌아간다.

이 장의 앞부분에서, 반응성의 결과로 오존과 산소에 의한 UV 광선의 흡수를 보았다. 그러나 물리적 및 화학적 선스크린 성분에 의한 흡수는 자외선과의 반응 때문이 아니라 단순히 그 구조 때문이다. 앞에서 보았듯이 원자가 서로 결합하여 분자를 형성하면 원자가 전자가 두 원자 사이에서 공유되어 공유 결합을 형성한다. 선스크린에서 나노 입자 성분의 경우처럼 수조 개의 원자가 모여 고체를 형성할 때, 전자는 특정 에너지의 빛을 흡수할 수 있는 매우 복잡한 양자화 에너지 준위 구조에 수용된다. 앞서 논의한 바와 같이, 빛이 흡수될 때, 에너지는 더 낮은 에너지 준위의 전자로 전달된 다음 들뜨게 되어 더 높은 에너지 준위로 이동한다. 결국, 전자는 이 과량의 에너지를 잃고 주변 고체로 열이 방출되면서 원래의 에너지 수준으로 다시 이완된다(그림 3.32). 고체의 흡수 특성은 미립자의 크기뿐만 아니라 그 조성에 의존한다. 예를 들어, 동일한 조성이지만 입자 직경이 20 nm 대 50 nm인 고체는 다른 파장의 복사선을 흡수할 것이다. 광범위한 연구에 따르면 ZnO는 UVA 및 UVB 복사선에 대해 최고의 광대역 보호 기능을 가지고 있는 것으로 보인다.

일부 사람들은 나노 입자가 피부를 통해 혈류에 흡수될 경우 건강에 위험을 초래할 수 있다고 우려하고 있다. 그러나 현재까지의 연구에 따르면 선스크린 제품의 나노 입자는 피부의 첫 번째 층인 표피를 넘어 침투하지 않는다. 그러나 소비자와 정부 기관 모두 위험을 보다 잘 정량화하기 위한 추가 연구를 계속 요구하고 있다. 그림 3.33에서 볼 수 있듯이, 나노 입자의 사용을 향상시키거나 대체하기 위해 다양한 유기 기반 화학 물질이 자외선 차단제에 포함될 수 있지만 모두 자체적인 잠재적인 안전 위험을 가지고 있다. 선스크린 사용에 대한 건강 영향은 아직 완전히 이해되지 않았지만, 햇빛에 너무 많이 노출되었을 때의 위험은 이미 잘 알려져 있으며, 선스크린은 UV 복사선으로부터 우리를 보호하는 데 중요한 역할을 한다.

활동 학습 3.35 ▶ *선스크린 라벨*

미국 식품 의약국(FDA)은 2012년에 선스크린 라벨에 관한 새로운 규정을 도입했다.
다른 학생들과 함께 선스크린 제품을 모아서 라벨을 비교해 보라.

a. 제품 전면에 있는 업체들은 어떤 주장을 하고 있는가?

b. 제품 뒷면에서 FDA가 요구하는 성분 정보를 보라. 어떤 활성 성분이 사용되는가? 각 선스크린 제품에 대해 유기 화합물 기반인지 광물 기반인지 확인하라.

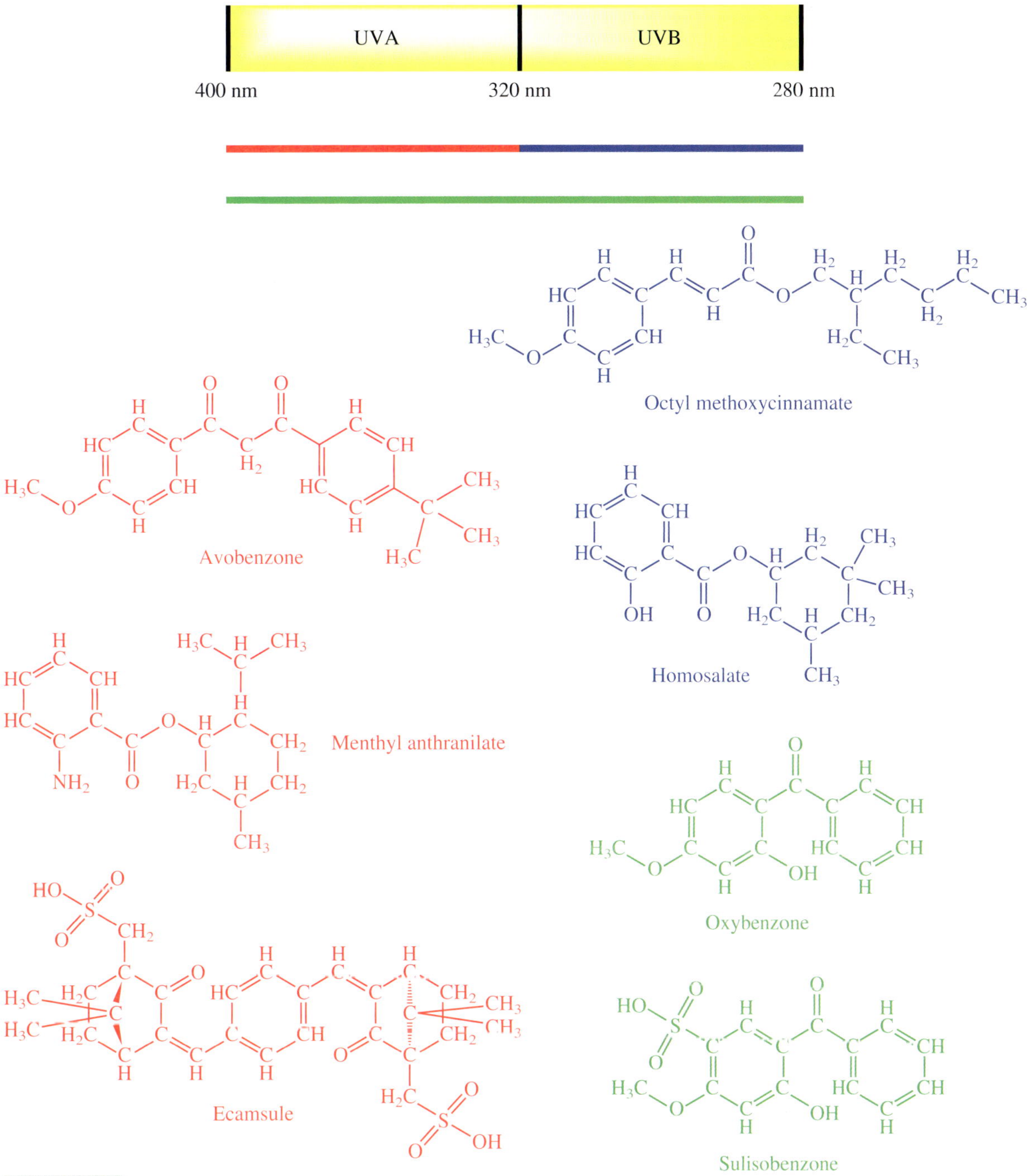

그림 3.33

선스크린에 있는 유기 화합물 기반의 활성 성분에 대한 화학적 구조와 UVA 및 UVB 차단 범위(색깔을 띤 선).

활동 학습 3.36 ▸ 그룹 활동: 물질과 UV 상호작용

www.acs.org/cic에서 나노 입자의 표면 부피 비율과 UV 복사선의 피부 침투에 미치는 영향과 관련된 두 가지 모의실험을 확인하라. 이 모의실험을 살펴본 후, 광물 기반 선스크린의 전반적인 효과에 대한 나노 입자 크기 및 밀도의 영향을 설명하라.

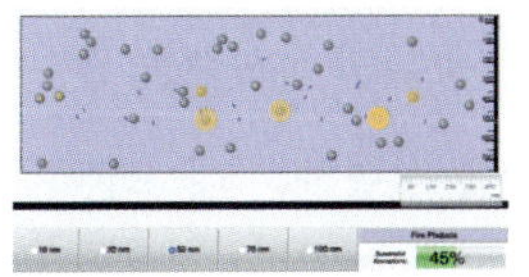

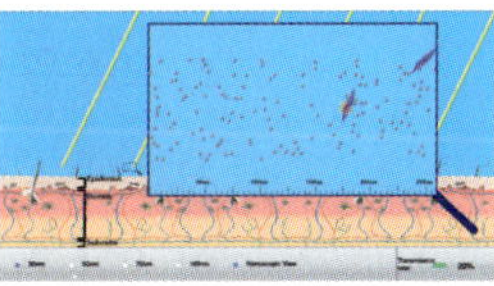

결론 _Conclusion

대부분의 사람들은 특히 날씨가 맑고 따뜻할 때 밖에 나가는 것을 좋아한다. 우리는 햇볕에 쬐거나, 놀이를 하거나, 수영을 하거나, 등산을 할 수 있으며, 어떤 직업은 종일 밖에서 일해야 한다.

태양의 광선은 모두 같지는 않다. 실제로 태양은 지구에 다양한 에너지를 보내고 있다. 우리는 이 에너지의 일부를 열로 느끼고 일부는 색으로 본다. 그러나 우리가 태양으로부터 받는 보이지 않는 자외선 에너지는 걱정거리가 된다. 자외선은 인간의 피부를 손상시킬 수 있는 충분한 에너지를 가지고 있다. 햇볕에 타는 경우와 같이 너무 많은 UV 노출에 대한 영향은 빠르게 나타난다. 또는 주름이나 피부암과 같이 효과가 분명해지기까지 몇 년이 걸릴 수도 있다. 이 장에서는 자외선이 피부에 닿을 때 발생할 수 있는 손상에 대해 공부하였다.

운 좋게도 지구상의 생명을 위해, 우리보다 훨씬 위에 있는 성층권에서 발견되는 오존은 대부분의 유해한 광선으로부터 우리를 보호한다. 그러나 기술의 발전이 항상 최선의 이익을 위해 행동하는 것은 아니다. 20세기에 일반적인 냉매 기체는 오존의 보호 층을 고갈시키기 시작하였다. 다행히도 전 세계 각국 정부는 몬트리올 의정서를 통과시키기 위해 비교적 빠른 조치를 취했으며, 이 유해한 클로로플루오로탄소의 생산을 제한하는 조약이다. 조약이 발효된 이후 30년 동안 오존 구멍이 안정화되었으며, 과학자들은 2050년까지 완전히 회복될 것으로 예상하고 있다. 실제로, 화학은 종종 양날의 칼이며, 이 사례 연구에서 거의 파괴된 UV 차단의 자연적인 근원을 방어하기 위해 사용된다.

오존층은 태양의 모든 자외선을 흡수하지 못하므로 사람들은 피부를 보호하기 위해 계속해서 예방 조치를 취해야 한다. 보호복 및 모자와 함께 화학 및 광물 기반의 선블록과 선스크린은 UV 노출을 막아주는 가장 효과적인 수단이다.

학습 결과 _Learning Outcomes

*괄호 안의 숫자는 이 결과가 논의된 장의 절을 나타낸다.

이 장을 공부한 후에는 다음을 수행할 수 있어야 한다.

- 전자기파의 파동 특성을 설명하고 계산할 수 있다. (3.1)
- 전자기 방사선의 광자를 정의하고 에너지를 계산할 수 있다. (3.2)
- 불꽃과 불꽃놀이에서 관찰되는 색의 기원을 설명할 수 있다. (3.3)
- 다른 유형의 자외선을 식별하고 상대 에너지를 비교할 수 있다. (3.4)
- 자외선의 생물학적 영향을 설명할 수 있다. (3.5)
- 대기 성분이 우리를 자외선으로부터 보호하는 요소와 이들이 어디에서 발견되는지 식별할 수 있다. (3.6, 3.7)
- Lewis 구조를 그리고 산소와 오존이 어떻게 자외선을 흡수하는지 설명하는 데 사용할 수 있다. (3.8)
- 클로로플루오로탄소와 자유 라디칼 화학이 오존층의 건강과 어떤 관련이 있는지 설명할 수 있다. (3.9, 3.10)
- 클로로플루오로탄소 사용을 제거하려는 노력에 대해 설명할 수 있다. (3.11)
- 햇빛에 과다 노출되는 것을 방지하기 위해 화합물을 사용하는 방법을 설명할 수 있다. (3.12)

연습 문제 _Questions

기본 문제 _Emphasizing Essentials

1. 화학식에서 오존은 산소와 어떻게 다른가? 그 성질은 어떻게 다른가?

2. 이 책의 본문에는 오존의 악취가 10 ppb의 낮은 농도에서도 감지될 수 있다고 되어 있다. 다음의 공기 시료에서 오존 냄새를 맡을 수 있겠는가?

   a. 0.118 ppm의 오존 농도가 도시 지역에 도달했다.

   b. 성층권에서 측정한 농도인 25 ppm의 오존

3. 한 기자는 "남극에서 10마일 상공 위에 있는 성층권에 넓게 펼쳐진 오존층은 복사선을 흡수하는 오존의 수치가 충격적으로 낮은 수준이다"라고 썼다.

   a. 오존의 수치가 낮은 이 오존층은 얼마나 큰가?

   b. 10마일의 수치는 정확한가? 이 값을 킬로미터 단위로 나타내라.

   c. 오존은 어떤 종류의 복사선을 흡수하는가?

4. 성층권의 오존을 설명하는 데 오존 *차단막*(ozone screen)이 *오존층*(ozone layer)보다 적당한 용어라고 제안하였다. 각 용어의 장점과 단점은 무엇인가?

5. 대류권과 성층권에 있는 공기의 세 가지 차이점을 설명하라. 제2장과 제3장의 자료를 모두 고려하여 답하라.

6. a. Dobson 단위란 무엇인가?

b. 320 DU와 275 DU 값 중에서 어느 것이 하늘의 오존 총 기둥(total column ozone)이 더 높다는 것을 나타내는가?

7. 주기율표를 지침으로 사용하여 다음의 각 원소에 대한 원자가 전자 수를 말하라.

a. 산소(O) b. 마그네슘(Mg)
c. 질소(N) d. 황(S)

8. 주기율표의 다음 그림을 생각해 보자.

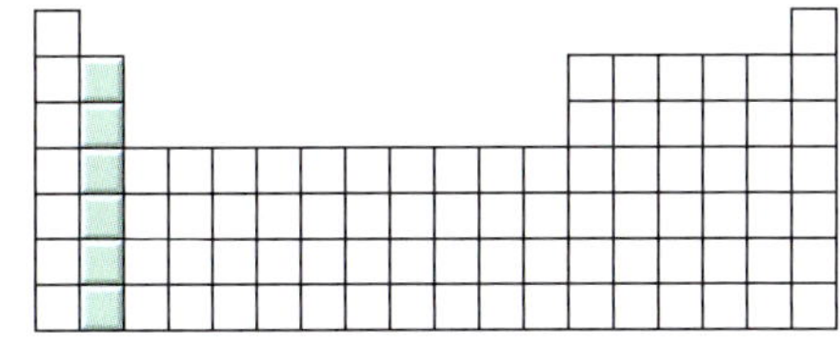

a. 짙은 색으로된 행(column)의 족 번호는 무엇인가?
b. 이 족을 구성하는 원소들은 무엇인가?
c. 이 족의 각 원소의 중성 원자가 가진 전자의 수는 얼마인가?
d. 이 족의 각 원소의 중성 원자가 가진 원자가 전자의 수는 얼마인가?

9. 다음의 원자가 전자의 수를 갖는 원소의 이름과 기호를 써라.

a. 2 b. 8 c. 6

10. 다음의 원자들 각각에 대해 Lewis 구조를 그려라.

a. 칼슘 b. 염소 c. 질소 d. 헬륨

11. 팔전자 규칙이 적용된다고 가정하여 다음의 각 분자에 대해 Lewis 구조를 그려라.

a. CCl_4(사염화 탄소, 예전에 세척제로 사용되었던 물질)
b. H_2O_2(과산화 수소, 온화한 살균제, 원자는 H—O—O—H의 순서로 결합됨)
c. H_2S(황화 수소, 썩은 달걀 냄새가 나는 기체)
d. N_2(질소 기체, 대기의 주요 성분)
e. HCN(사이안화 수소, 우주에서 발견된 분자 및 유독 기체)
f. N_2O(아산화 질소, "웃음 기체", 원자는 N—N—O로 결합)
g. CS_2(이황화 탄소, 쥐약으로 사용, 원자는 S—C—S로 결합)

12. 산소 원자, 산소 분자, 오존 분자, 하이드록실 라디칼 등을 포함하는 몇 가지 산소 화학종은 성층권에서 중요한 화학적 역할을 한다. 각 물질의 Lewis 구조식을 써라.

13. 다음의 서로 다른 전자기 스펙트럼 나타내는 두 파동을 생각해 보자.

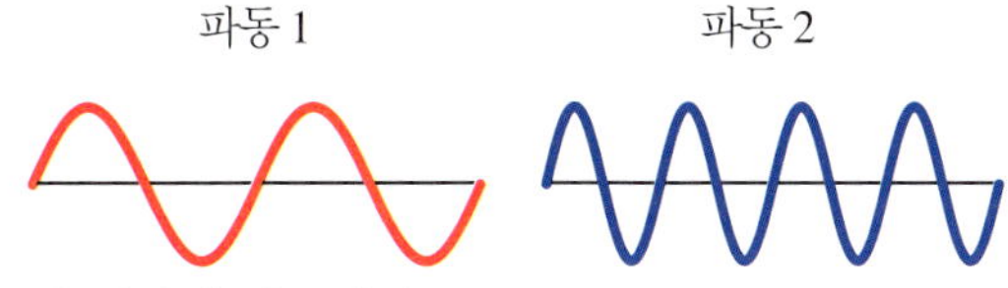

다음 측면에서 비교하라.

a. 파장 b. 진동수 c. 이동 속도

14. 그림 3.4를 사용하여 다음과 같은 각 파장의 복사선이 발견되는 전자기 스펙트럼의 영역을 명시하라. **힌트**: 비교하기 전에 각 파장을 미터로 변경하라.

a. 2.0 cm b. 50 μm c. 400 nm d. 150 mm

15. 빛의 색을 결정하는 것은 무엇인가? 주황색 빛과 보라색 빛의 차이점을 설명하라.

16. 연습 문제 14의 파장을 에너지가 *증가하는* 순서로 배열하라. 어떤 파장이 가장 에너지가 큰 광자를 가지고 있는가?

17. 진공 상태에서 모든 빛은 같은 속도로 이동하는가? 당신의 답에 대한 이유를 설명하라.

18. 감마선, 적외선, 라디오파, 가시광선을 광자당 에너지가 증가하는 순서로 배열하라.

19. 가정용 전자레인지의 마이크로파는 $2.45 \times 10^9\ s^{-1}$의 진동수를 갖는다. 이 복사선은 라디오파보다 에너지가 더 큰가 아니면 더 작은가? X-선보다는?

20. 자외선은 UVA, UVB 또는 UVC로 분류된다. 다음 유형을 다음이 증가하는 순서로 정렬하라.

a. 파장 b. 생물학적 손상 가능성
c. 에너지

21. 다음 파동의 진동수 파장을 나노미터 단위로 계산하라.

a. $6.79 \times 10^{14}\ s^{-1}$. b. 4.44×10^{12} Hz

22. 지구에서 태양까지의 거리는 약 1.50×10^8 km이다. 빛이 태양에서 지구까지 도달하는 데 빛이 얼마나 걸리는가?

23. 두 개의 다른 CFC에 대해 Lewis 구조를 그려라.

24. CFC는 헤어스프레이, 냉장고, 에어컨 및 플라스틱 폼 등에 사용된다. 이런 용도로 적합한 CFC의 성질은 무엇인가?

25. a. 수소를 포함하는 어떤 분자가 CFC로 분류될 수 있는가?

b. HCFC와 HFC의 차이점은 무엇인가?

26. 대부분의 CFC는 메테인(CH_4) 또는 에테인(C_2H_6)의 구조를 기반으로 한다.

a. 이 두 화합물의 구조식을 써라.

b. 메테인 분자의 모든 수소 원자를 염소 원자와 플루오린 원자로 치환하면 CFC를 얻을 수 있다. 몇 개의 가능성이 존재하는가?

c. b에서 치환된 CFC 화합물 중 가장 성공적인 것은 무엇인가?

d. 왜 모든 화합물이 모두 똑같이 성공하지 못했는가?

27. 다음의 자유 라디칼은 모두 오존 파괴 반응을 촉매하는 역할을 한다: Cl·, ·NO_2, ClO· 및 ·OH.

a. 각 자유 라디칼의 최외각 전자의 수를 쓰고, Lewis 구조를 그려라.

b. 이 화학종들이 어떤 특성을 가지고 있어서 오존 파괴 반응의 촉매로 작용하는가?

28. a. 일산화 염소의 증가와 남극에 대한 성층권 오존 고갈의 원래 측정치는 어떻게 얻었는가?

b. 오늘날 이러한 측정은 어떻게 이루어지는가?

29. UVB 복사선의 증가가 남극의 성층권에서 오존 농도의 감소 백분율과 어떻게 관련이 있는지를 보여주는 그래프는 어느 것인가? 설명하라.

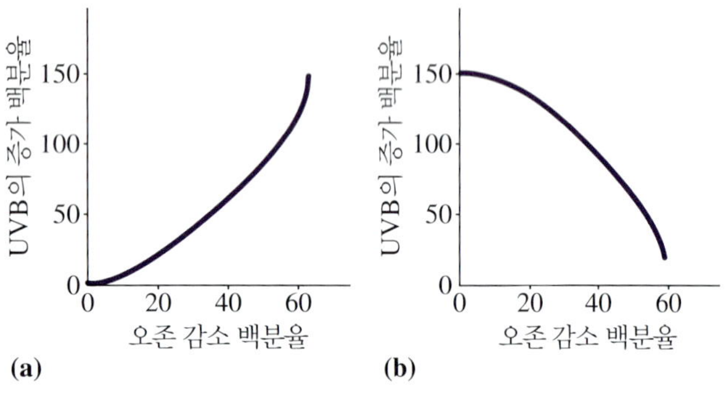

› 개념 문제 _Concentration on Concepts

30. 미국의 환경 보전국(EPA, Environmental Protection Agency)은 일반 대중을 위한 간행물에서 "오존: 높은 곳에서는 좋고 가까운 곳에서는 나쁘다"라는 슬로건을 사용했다. 이 메시지를 설명하라.

31. 노벨상 수상자 F. Sherwood Rowland는 오존 구멍을 우리 대기의 아킬레스건이라고 표현하였다. 이 비유를 설명하라.

32. 2007년에 행한 발표의 초록에서 노벨상 수상자인 F. Sherwood Rowland는 "태양의 자외선은 대기에 오존층을 만들었고, 이 오존층은 가장 에너지가 강한 복사선 부분을 완전히 흡수한다"라고 썼다.

a. 가장 에너지가 강한 자외선 부분은 무엇인가?

b. 어떻게 태양의 자외선이 "오존층을 만드는가"?

33. "다른 대안을 찾을 수 없다면 우리는 다른 문제를 악화시키면서 지구 환경 문제를 해결하는 위험을 감수하여야 한다." 미국 관리가 이 말을 인용한 날짜는 2009년이고, 문맥은 HCFC 사용을 단계적으로 중단 시키는 것이다.

a. 2009년에 HCFC를 대체한 화합물은 무엇인가?

b. 대체하게 된 위험은 무엇인가?

34. 오존의 공명 구조는 본문에 나타난 2개만이 아니라 3개가 가능하다. 세 가지 구조가 모두 팔전자 규칙을 만족하는지 확인하고, 삼각형 구조가 합리적이지 않은 이유를 설명하라.

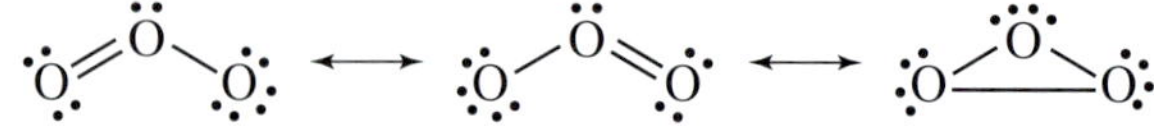

35. O—O 단일 결합의 평균 길이는 132이다. O=O 이중 결합의 평균 길이는 121 pm이다. 오존에서 O—O 결합 길이는 얼마로 예상되는가? 모든 결합은 동일한가? 당신의 예측을 설명하라.

36. 대류권보다 성층권에서 더 많은 오존이 발견된다. 왜 그런가?

37. 왜 오존이 산소 기체보다 반응성이 좋은지 설명하라.

38. SO_2에 대한 루이스 구조를 생각해 보자. 오존의 Lewis 구조와 비교해 보라.

39. 색소가 거의 없는 피부를 가지고 있다고 해도 라디오 앞에서 있는 것만으로는 피부를 태울 수 없다. 이유는 무엇인가?

40. 아침 신문은 UV 지수가 6.2라고 예보를 하였다. 피부 색소의 양을 고려할 때 이것이 일상 활동 계획에 어떤 영향을 줄 수 있는가?

41. 자외선 복사선에 의한 모든 손상 보고는 UVA 및 UVB 복사선에 초점을 맞추고 있다. UVC 복사선의 손상 효과에 더 많은 주의를 기울이지 않는 이유는 무엇인가?

42. 젤 매니큐어와 관련이 있는 UV 복사선의 영역은 무엇이며, 잠재적 건강 위험은 무엇인가?

43. 매일 형성되는 3.3×10^8 톤의 성층권 오존이 매일 파괴된다면, 성층권 오존에 의해 자외선으로부터 보호될 수 있겠는가?

44. CCl_2F_2(Freon-12)의 화학적 불활성이 이 화합물과 관련된 유용성 및 문제점과 어떤 연관이 있는가?

45. 염소는 대기 중 오존과 관련된 화학 반응의 촉매제다. 대기에서 발견된 다른 촉매 2개의 이름을 말하라.

46. Cl· 농도(ppb 단위로 측정됨)가 조금만 변해도 O_3 농도(ppm으로 측정됨)가 훨씬 크게 변화될 수 있는 이유를 설명하라.

› 응용 문제 _Exploring Extensions

47. DVD 플레이어는 파장 650 nm(빨간색 빛)의 레이저를 사용하여 디스크에 저장된 정보를 읽는다. 블루레이 플레이어는 405 nm 파장의 레이저(파란색 빛)를 사용한다. 단층 DVD는 블루레이 디스크에 저장된 25 GB에 비해 4.7 GB의 데이터를 저장할 수 있다. 블루레이 디스크는 왜 DVD보다 훨씬 더 많은 데이터를 저장할까?

48. 성층권 오존 구멍은 남극 상공에 걸쳐 가장 극적으로 발달하였다. 이 지역이 성층권 오존 농도의 변화를 연구하는 데 적합하다고 한다. 남극 상공에는 어떤 조건이 존재하는가? 이 동일한 조건이 북극에서는 작동하지 않는 이유는 무엇인가? 설명하라.

49. 자유 라디칼 CF_3O•는 HFC-134a의 분해 과정에서 생성된다.

   a. 이 자유 라디칼에 대한 Lewis 구조를 제안하라.

   b. CF_3O•가 오존 파괴를 하지 않는 가능한 이유를 제시하라.

50. 1950년부터 2100년까지 브로민을 포함하는 기체의 대기 존재량을 보여주는 다음 그래프를 생각해 보자.

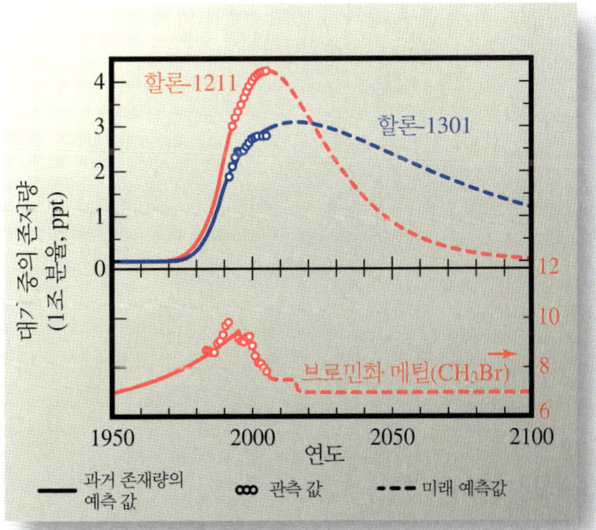

   a. 할론-1301는 $CBrF_3$이고 할론-1211은 $CClBrF_2$이다. 이 화합물들이 한때만 생산된 이유는 무엇인가?

   b. 할론-1211과 할론-1301의 유형을 비교하라. 할론-1301이 빨리 감소하지 않는 이유는 무엇인가?

   c. 2005년에 브로민화 메틸은 미국에서 특별한 용도를 제외하고는 단계적으로 퇴출되었다. 향후 사용이 점진적으로 사라지기보다 직선으로 유지되는 것으로 예측한 이유는 무엇인가? 2.13절은 광화학 스모그 형성에서 일산화 질소(NO)의 역할에 대해 논의했다. 성층권 오존 고갈에서 NO의 역할은 무엇인가? 성층권에서는 대류권에서와 같은 NO의 발생원이 없는가?

51. 공명 구조는 하전된 원자단뿐만 아니라 오존과 같은 중성 분자에서의 결합을 설명하기 위해 사용될 수 있다. 질산 이온인 NO_3^-는 질소 및 산소 원자에 의해 기여되는 원자가 전자에 1개의 추가 전자를 갖는다. 여분의 전자 때문에 질산 이온은 음전하를 갖는다. 공명 구조를 그려서 각각 팔전자 규칙을 준수하는지 확인하라.

52. 중국 같은 몇몇 나라에서는 자동차나 석탄에서 방출되는 질소 산화물과 탄소 화합물이 햇빛과의 반응으로 생기는 안개인 스모그가 나타난다. 스모그는 이들 지역에서 받는 UV 복사량에 어떤 영향을 주는가? 호흡에는 어떤 영향을 미치는가?

53. 오존 고갈은 지난 40년간 전 세계 오존 농도가 감소했음을 나타내는 측정값으로 인해 우려되고 있다. 오존을 대기 중으로 방출하여 이 문제를 해결할 수 있는가? 그 이유는 무엇인가?

54. 산소는 O_2와 O_3로 존재하지만 질소는 N_2로만 존재한다. 이러한 사실에 대한 설명을 제안하라.

힌트: N_3에 대한 Lewis 구조를 그려보라.

55. CFC-11(CCl_3F)과 같은 CFC의 화학식은 코드 번호에서 90을 더하면 3자리 숫자를 얻을 수 있다. 예를 들어, CFC-11에 대하여 90 + 11 = 101을 얻는다. 첫 번째 숫자는 C 원자의 수, 두 번째 숫자는 H 원자의 수, 세 번째 숫자는 F 원자의 수이다. 따라서 CCl_3F는 1개의 C 원자, H 원자는 없고, 1개의 F 원자를 갖고 있다. 나머지 결합은 모두 염소와 결합하고 있다고 가정한다.

   a. CFC-12의 화학식은 무엇인가?

   b. CCl_4의 코드 번호는 무엇인가?

   c. 이 "90"을 더하는 방법이 HCFC에 대하여도 잘 적용이 되는가? 답변을 설명할 때 HCFC-22($CHClF_2$)를 사용하라.

   d. 이 방법은 할론에도 적용이 되는가? 당신의 답을 설명할 때 Halon-1301(CF_3Br)을 사용하라.

56. 많은 종류의 "오존 발생기"가 공기, 물, 심지어 음식을 소독하기 위해 시장에 나와 있다. 수영장 매장에서 나오는 "오존, 세계에서 가장 강력한 살균기!" 등의 슬로건을 내걸고 판매되는 경우가 많다.

   a. 공기를 정화하기 위해 오존 발생기를 사용하는 것은 어떤 문제가 있는가?

   b. 이 기구와 관련된 위험성은 무엇인가?

57. 오존층에 대한 화학 물질의 영향은 *오존층 파괴 지수*(ozone-depleting potential, ODP)라는 값으로 측정된다. 이것은 일정한 양의 물질에 의해 파괴될 수 있는 잠재적

성층권 오존을 추정하는 수치 척도이다. 모든 값은 CFC-11을 기준으로 하며 ODP는 1.0으로 정의된다. 이러한 사실을 사용하여 다음의 질문에 답하라.

a. 화합물의 ODP 값에 영향을 미치는 두 가지 요인을 열거하고, 그 이유를 설명하라.
b. 대부분의 CFC는 0.6에서 1.0 사이의 ODP 값을 갖는다. HCFC의 범위는 얼마인가? 당신의 추론을 설명하라.
c. HFC에 대해 어떤 ODP 값을 기대하는가? 당신의 추론을 설명하라.

58. 전기 스토브로 요리하면 가스가 직접 연소되지 않더라도 천연 가스를 사용하는 것과 마찬가지로 환경에 부정적인 영향을 줄 수 있다. 그 이유는 무엇인가? **힌트**: 스토브에 전원을 공급하는 데 사용되는 전기는 어디에서 오는가?

59. 남극 지역의 오존 분해를 돕는 하나의 메커니즘은 BrO• 자유 라디칼이 관여하는 것이다. 일단 형성되면, ClO•와 반응하여 BrCl 및 O_2를 형성한다. BrCl은 햇빛과 반응하여 Cl•와 Br•로 쪼개지고, 두 라디칼 모두 O_3와 반응하여 O_2를 형성한다.

a. 이 정보를 일련의 반응식으로 나타내라.
b. 이 순환 반응의 알짜 반응식은 무엇인가?

60. 극지방 성층권 구름(PSC)은 성층권 오존층 파괴에 중요한 역할을 한다.

a. 왜 PSC는 북극보다 남극대륙에서 더 자주 형성되는가?
b. 반응은 대기보다 PSC 표면에서 더 빨리 일어난다. 그러한 반응 중 하나는 오존을 고갈시키지 않는 두 화학종인, 염화 수소와 질산 염소($ClON_2$)는 반응하여 염소 분자와 질산(HNO_3)을 생성한다. 화학 반응식을 써라.
c. 생성된 염소 분자도 오존을 고갈시키지 않는다. 그러나 봄철에 남극에 햇살이 돌아오면 오존을 고갈시키는 화학종으로 전환된다. 화학 반응식을 사용하여 이 현상이 어떻게 발생하는지 보여라.

61. 최근의 실험적 증거는 초기에 ClO•가 반응하여 Cl_2O_2를 형성한다는 것을 나타낸다.

a. 이 분자에 대한 합리적인 Lewis 구조를 예측한다. 원자가 Cl—O—O—Cl와 같이 연결되어 있다고 가정하라.
b. 이 증거는 ClO•의 촉매 작용에 의해 오존 파괴의 메커니즘을 이해하는 데 어떤 영향을 주는가?

62. 선스크린 제제의 특정 화학 물질이 해양 생태계를 해치고 있다는 최근 연구 결과가 있다. 어떤 화학 물질 때문인가? 어떤 안전한 대안들이 있는가?

제10판
생활과 환경속의 화학
Chemistry in Context Applying Chemistry to Society

CHAPTER 4

기후 변화

Climate Change

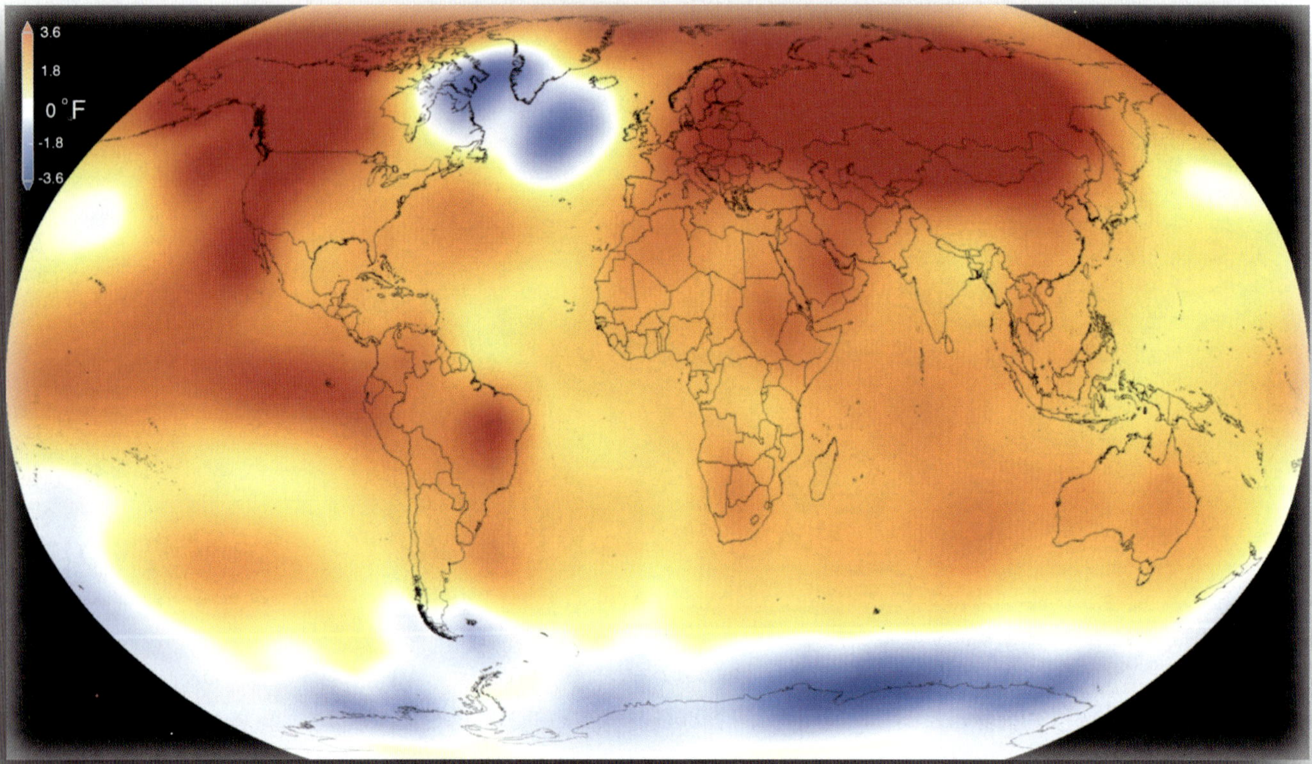

Banner credit above: ©RachenPhotographer/Shutterstock; *Source:* Scientific Visualization Studio/Goddard Space Flight Center/NASA

미리 생각해 보기 *Reflect*

www.acs.org/cic에서 이 장을 시작하는 비디오를 보라. 논쟁의 여지가 있는 기후 변화 주제가 미디어에 기록되어 있다. 현재의 지식을 바탕으로 다음의 질문에 답하라.

a. 온실 기체의 온난화 효과가 유익하거나 해롭다고 생각하는가? 그 이유는 무엇인가?
b. 공기 중의 이산화 탄소는 어디에서 오는가?
c. 기후 변화란 무엇인가?
d. 기후 변화가 지금 일어나고 있다는 증거가 있는가? 설명하라.

주요 질문 *Compelling Questions*

이 장에서는 다음 질문에 대해 탐구할 것이다.

- 지구상의 탄소의 근원은 무엇인가?
- 탄소는 탄소 저장소 사이에서 어떻게 이동하며 과학자들은 이것을 어떻게 측정하는가?
- "온실 기체"란 무엇이며, 온실 기체의 긍정적 영향과 부정적 영향은 무엇인가?
- 기후 변화의 세계적인 결과는 무엇인가?
- 우리의 현재 기후 추세는 과거와 어떻게 다른가?
- 나의 일상적인 행동이 지구 환경에 어떤 영향을 미칠 수 있을까?

서론

이제 기후 변화와 온실 효과에 대해 사람들이 어떤 생각을 하고 있는지 알게 되었다. 앞으로 100년은 어떨지 곰곰이 생각해 보자. 지구에서 일어나는 두 가지 다른 미래 시나리오를 생각해 보자.

Source: GNP Archives/USGS

Source: GNP Archives/USGS

i. 지난 5년간 지구는 평균 6°C(10.8°F)의 온도가 상승하였다. 폭염이 더 흔해 산불과 온열 질환이 늘어나고 있다. 바싹 마른 미국 서부는 2000년에 시작된 가뭄에서 결코 회복되지 않고 있다. 1930년대 초 후버댐(Hoover Dam)이 건설될 때 만들어진 '미드 호수'는 완전히 말라서 많은 인구가 살고 있는 Los Angeles, Phoenix, Las Vegas 등에 물 부족 현상이 빚어지고 있다. 식수 부족과 극심한 더위로 인해 많은 사람들이 이 지역에서 이동해야 했다. Greenland와 남극 대륙에서는 지난 100년 동안 빙하의 양이 급격히 줄어들었다. 빙하가 녹으면서 해수면이 4 m(약 13피트) 상승하는 결과를 낳았고, 열대 지방의 섬, Manhattan 하류, Miami, Bangladesh 등 저지대 육지를 비행해 보면 바닷물이 인구 밀집 지역을 침범해 사람들과 기업체들의 이동할 수밖에 없다는 사실을 알게 된다. 해수온난화로 인해 더욱 강력한 허리케인과 사이클론이 발생하고 있기 때문에 이러한 저지대에 살고 있는 사람들은 더욱 큰 영향을 받는다.

ii. Montana 주의 빙하 국립공원을 여행해 보면, 2015년에 사라졌던 115개의 빙하 중 일부가 돌아오기 시작했다. 인도 연안의 작은 섬나라 몰디브(Maldives)를 방문하면 섬을 침식하는 바닷물이 줄어들기 시작했다는 것을 알게 되며, 정부는 345,000명의 시민들을 본토로 이동시키기 위해 더 이상 대규모의 땅을 구입할 필요가 없다(그림 4.1). 몰디브 주변의 산호초들은 바닷물의 과도한 온도와 산성도에서 회복하기 시작했다. 허리케인과 사이클론이 있음에도 불구하고 아프리카의 농업 수확량이 강수량 증가로 인해 두 배로 증가했다는 것을 관찰할 수 있다. 허리케인과 사이클론은 여전히 발생하는데, 강도가 그렇게 강하지 않아 파괴가 적다.

그림 4.1

2009년 10월 몰디브 대통령과 그의 내각은 열도 국가의 해수면 상승 위협에 주의를 환기시키기 위해 수중 회의를 가졌다.

©Mohammed Seeneen/AP Images

어느 세계를 선택하겠는가? 이 장에서는 기후 변화의 원인이 되는 화학에 대해 논의한다. 우리는 기후에 대한 자료를 제시하고, 지구에서 일어나고 있는 일에 대한 자신의 결론을 도출할 수 있도록 그 자료를 분석하는 데 도움을 줄 것이다. 지금 알고 있는 것을 생각해 보라. 지구의 기후에 대해 무엇을 읽거나 들은 적이 있는가? 온난화 및 냉각 효과의 원인은 무엇인가? 실제로 지난 50년 동안 기후가 변했다. 앞으로 50년 동안 기후는 어떻게 되겠는가?

활동 학습 4.1 ▸ *인간의 영향?*

인간의 영향을 받을 수 있는 기후 변화 시나리오의 관찰 목록과 인간의 영향을 받지 않는 시나리오의 다른 영향 목록을 작성하라. 당신의 그룹을 방어하라.

기후 변화가 일어나는 이유와 화학이 중요한 역할을 하는 방법을 조사할 때, 이전 활동에 대한 당신의 답을 기억하라. 매우 중요한 요소를 살펴보면서 이 장을 시작할 것이다.

4.1 탄소, 어디에나 탄소가 있다!

주기율표를 보면 지구 생명체의 가장 중요한 원소 중 하나인 탄소 원소(원자 번호가 6)를 발견할 수 있다. 화학자들은 탄소를 매우 중요하게 생각하여 탄소와 그 화합물을 연구하는 화학의 한 분야가 있다. **유기 화학**은 탄소 기반 화합물을 이해하고 합성하는 분야다. 다이아몬드 형태의 탄소 또는 연필의 "납심"(실제로는 흑연)으로서 원소 형태를 본 적이 있을 것이다. 그러나 그 안에는 탄소 원자가 들어 있는 수백만 개의 화합물이 있다. 몇 가지 탄소의 예로는 식용 설탕($C_{12}H_{22}O_{11}$), 많은 손톱 광택 제거제의 성분인 아세톤(C_3H_6O), 또는 우리가 광범위하게 조사할 화합물인 이산화 탄소(CO_2)가 있다.

활동 학습 4.2 ▸ *"거대한 C"에 대해 무엇을 알고 있는가?*

화학에서 탄소 원자를 함유한 물질은 지구의 생명과 상호 작용을 이해하는 데 중요한 역할을 한다. 탄소 화합물에 대해 무엇을 알고 있는가? 왜 탄소가 중요한 원소라고 생각하는가? 탄소를 함유한 다른 화합물의 몇 가지 예를 들어라.

화학자로서 지구에서 탄소 원자를 어디에서 찾을 수 있는지를 이해하는 것이 중요하다. 그림 4.2에 나타난 지구의 탄소 순환은 탄소 함유 물질이 자연을 통해 순환하는 방식을 나타낸다. 탄소 원자가 있는 화합물은 *저장소*(reservoir)라고 부르는 여러 곳에서 발견된다. 하나의 저장소가 대기권임을 알 수 있다. 이곳의 탄소 원자의 상당수는 $CO_2(g)$ (~400 ppm), $CH_4(g)$ (~1.8 ppm), $CO(g)$ (대기오염 물질로서의 흔적 양)의 형태로 되어 있다. 탄소의 두 번째 저장소는 탄소를 함유한 암석이다. 탄소의 세 번째 저장소는 식물과 동물인데, 탄소 원자가 산소, 수소, 질소, 그리고 다른 원소들과 결합되어 탄수화물, 단백질, 그리고 지질을 형성한다.

관련 절

제11장에서 탄수화물, 단백질 및 지질에 대해 자세히 살펴볼 것이다.

탄소 원자가 원소 형태로 나타나는 경우는 거의 없다. 탄소는 일반적으로 다른 원소들과 일정한 비로 결합된 화합물에서 발견된다. 암석에서 발견되는 탄소 원자는 일반적으로 **이온 화합물**(ionic compound)의 일부분이다. 이온은 하나 이상의 전자를 얻거나 잃는 결과로 알짜 전하를 얻은 원자 또는 원자단이다. 이 용어는 "방랑자"를 뜻하는 그리스어에서 유래되었다. Na^+는 양전하 이온인 **양이온**(cation)의 예다. 마찬가지로 Cl^-은 **음이온**(anion), 음전하 이온의 예다. 이온 결합은 반대로 하전된 이온이 끌어당길 때 형성되는 화학 결합이다. 이온 화합물은 고정된 비율로 존재하는 이온으로 구성되어 있고, 규칙적인 기하학적 구조로 배열되어 있다.

관련 절

분자성 화합물 명명에 대한 자세한 내용은 2.7절을 참조하라. 이들 유형의 화합물은 그들의 원자들이 공유 결합으로 결합되어 있으므로 흔히 공유 결합 화합물로 표시된다.

방금 이온 화합물을 설명했지만, 우리는 왜 특정 원자들이 전자를 잃거나 얻어서 이온을 형성하는지를 설명할 필요가 있다. 당연히, 그 답은 원자 내부의 전자의 분포와 관련

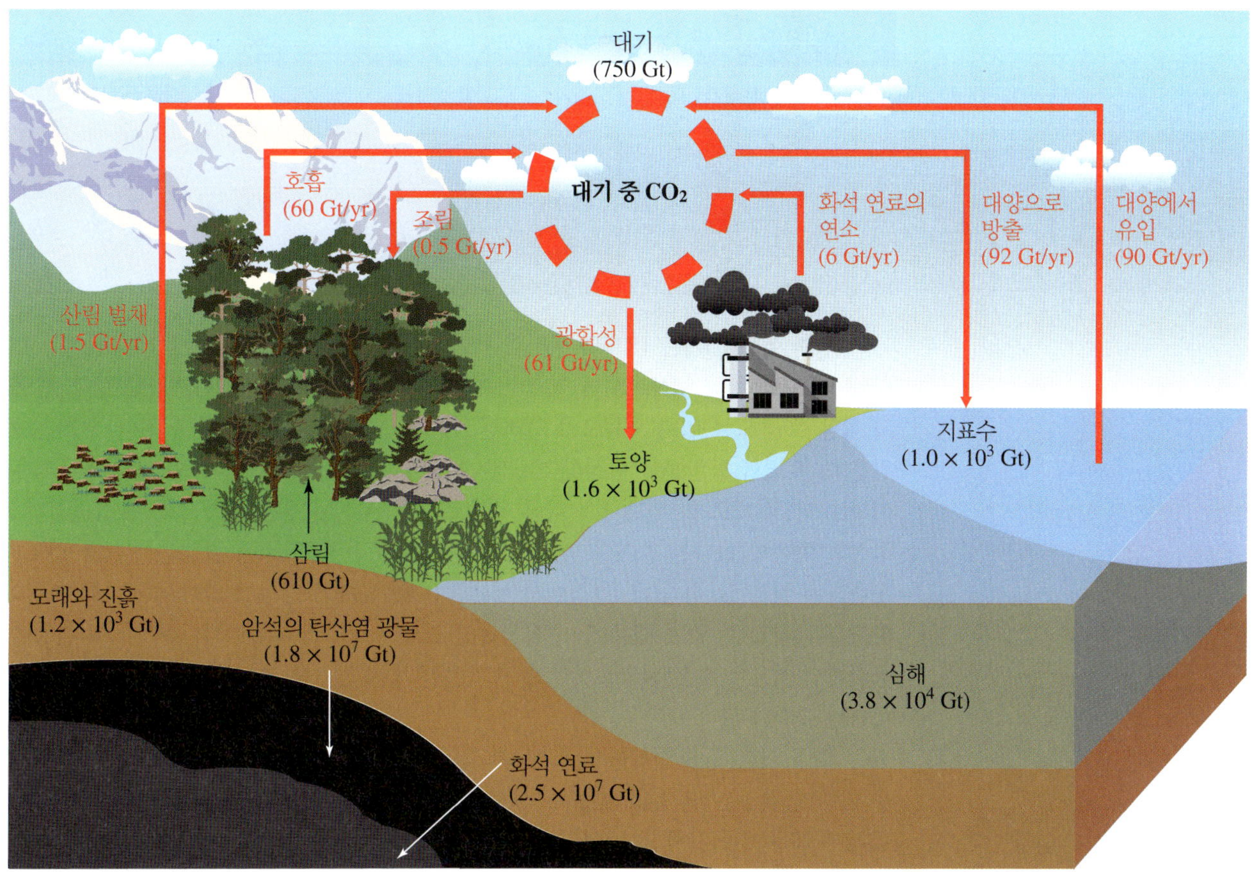

그림 4.2

지구의 탄소 순환. 숫자는 기가 톤(Gt)으로 표시되는 탄소의 양을 나타내며 다양한 탄소 저장소(*검은색*)에 저장되거나 매년 계(system)을 통해 이동한다(*빨간색*).
Source: Purves, Orians, Heller, and Sadava, *Life, The Science of Biology*, 5th edition, 1998, p. 1186.

이 있다. 예를 들어 중성 소듐 원자는 11개의 전자와 11개의 양성자를 가지고 있다는 것을 기억하라. 소듐은 1족의 모든 금속과 마찬가지로 원자가전자가 1개 있다. 이 전자는 다소 느슨하게 원자핵에 끌려서 쉽게 잃어버릴 수 있다. 이렇게 되면 Na 원자는 다음과 같이 양이온 Na^+ 이온을 형성한다.

$$Na \longrightarrow Na^+ + e^- \quad [4.1]$$

Na^+는 11개의 양성자가 있지만 전자는 10개만 있으므로 1+의 전하를 가진다. 이것은 네온 원자처럼 원자가 껍질에 완전한 팔전자를 가진다. 표 4.1에서 Na, Na^+, Ne가 비교되어 있다.

염소는 소듐과 달리 비금속이다. 중성 염소 원자에는 17개의 양성자와 17개의 전자가 있음을 상기하라. 17족의 모든 비금속과 같이, 염소에는 7개의 원자가 전자가 있다. 8개의 최외각 전자와 연관된 안정성 때문에 염소 원자가 1개의 전자를 얻는 것이 에너지 면에서 유리하다.

$$Cl + e^- \longrightarrow Cl^- \quad [4.2]$$

사전 지식 *Did You Know* 

기가 톤(Gt)은 10억 톤 또는 약 2.2조 lb이다. 비교를 하자면 완전히 적재된 Boeing 747 여객기는 약 800,000 lb이며 총 질량이 1 Gt이 되려면 거의 3백만 대의 747이 필요하다.

표 4.1 양이온 형성에 대한 전자적 수치 자료

소듐 원자	소듐 이온	네온 원자
Na	Na^+	Ne
양성자 11개	양성자 11개	양성자 10개
전자 11개	전자 10개	전자 10개
알짜 전하 0	알짜 전하 1+	알짜 전하 0

표 4.2	음이온 형성에 대한 전자적 수치 자료	
염소 원자	**염소 이온**	**아르곤 원자**
Cl	Cl^-	Ar
양성자 17개	양성자 17개	양성자 18개
전자 17개	전자 18개	전자 18개
알짜 전하 0	알짜 전하 1−	알짜 전하 0

염화 이온(Cl^-)은 18개의 전자와 17개의 양성자를 가지고 있어서 알짜 전하는 1−이다(표 4.2). 소듐 금속(Na(*s*))과 염소 기체($Cl_2(g)$)가 접촉하면 격렬하게 반응한다. 반응 결과 식용 소금 또는 염화 소듐으로 알려진 Na^+와 Cl^-의 응집체가 만들어진다. 염화 소듐과 같은 이온 결합 화합물을 형성할 때, 전자는 공유 결합 화합물에서처럼 단지 공유되는 것이 아니라, 실제로 한 원자에서 다른 원자로 이동된다. 순수한 염화 소듐에서 전기적으로 하전된 이온이 있다는 증거가 있는가? 실험을 해보면 염화 소듐 결정은 전기를 전도하지 못한다는 것을 알 수 있다. 결정에서 이온들은 한 곳에 고정되어 있어서 전하를 움직이게 하고 전이시킬 수 없기 때문에 이 실험적인 결과는 상식에 부합한다. 그러나 이 결정을 용융시키면 이온은 자유롭게 움직이고, 뜨거운 액체는 전기를 전도한다. 이것은 이온이 존재한다는 증거가 된다.

다른 이온 결합 화합물처럼, NaCl 결정은 단단하지만 부스러지기 쉽다. 예리한 충격을 가하면 결정은 납작해지기보다 산산이 부서진다. 이것은 이온 결정 전체에 퍼져 있는 강한 힘의 존재를 시사한다. 엄밀히 말하자면, 분자내 공유 결합에서처럼 특별하게 편재된 "이온 결합"과 같은 것은 없다. 오히려 이온 결합을 통해서 이온들(이 경우, Na^+와 Cl^-)의 커다란 조립체가 서로 붙잡고 있는 것이다.

염화 소듐, 산화 알루미늄 및 브로민화 마그네슘과 같은 여러 이온 화합물에 대해 들어보았을 것이다. 유형을 관찰해 보라. 즉 음이온의 이름에 접미사 *-화*(*-ide*)를 붙여 부른 다음 양이온의 이름을 부른다(영어 명명에서는, 양이온을 먼저 부른 후 음이온의 어미를 '*-ide*'로 고쳐 음이온의 이름을 부른다). 따라서 CaO는 산화 칼슘이라고 부르는데, 음이온인 산소의 이름에 화를 붙여 산화라고 부른 다음에 양이온인 칼슘을 부른다. 마찬가지로, NaI는 아이오딘화 소듐이고, KCl은 염화 포타슘이다

지금까지 제시된 원소는 한 가지 이온만을 형성한다. 1A족과 2A족의 원소들은 각각 1+와 2+의 이온만을 형성한다. 할로젠은 1−의 이온만을 형성한다. 브로민화 리튬의 화학식은 LiBr이다. 이때 리튬은 Li^+만을, 브로민은 Br^-만을 형성하므로 1 : 1의 비를 이해할 수 있다. 반대로 하전된 이온은 항상 결합하여 이온 화합물의 알짜 전하가 0이 되어야 한다. 이와 같은 이온 결합 화합물을 명명할 때는 *일*-(*mono-*), *이*-(*di-*), *삼*-(*tri-*) 및 *사*-(*tetra-*) 같은 접두사는 사용하지 *않는다*. 따라서 일브로민화 일리튬(monolithium monobromide)이라고 불러서는 안 된다. $MgBr_2$는 브로민화 마그네슘이지, 이브로민화 마그네슘이 아니다. 마그네슘 원자는 Mg^{2+} 이온*만을* 형성하므로 1 : 2의 비율에 해당되며 분자성 화합물의 이름을 지정할 때 명시적으로 이브로민화라고 언급할 필요가 *없다*. 두 개의 다른 이온 결합 화합물인 MgO 및 Al_2O_3의 논리도 동일하다. 둘 다 산소를 함유하지만 비율이 다르다. 16족의 산소는 6개의 원자가 전자를 가지고 있다. 따라서 중성인 산소 원자는 2개의 전자를 얻음으로써 팔전자를 갖는 O^{2-}를 형성할 수 있다. 유사하게, 마그네슘 원자는 2개의 전자를 잃어 Mg^{2+}를 형성한다. 그런 다음이 두 이온은 전체 전하가 0이 되도록 1 : 1 비율로 결합해야 한다. 따라서 화학식은 MgO이다. 전하는 항상 개별 이온에 표시해야 하지만, 이온 화합물의 화학식에서는 전하를 생략한다는 점에 유의하라. 따라서 화학식을 $Mg^{2+}O^{2-}$로 쓰는 것은 옳지 않다. 전하는 화학식을 보면 알 수 있다.

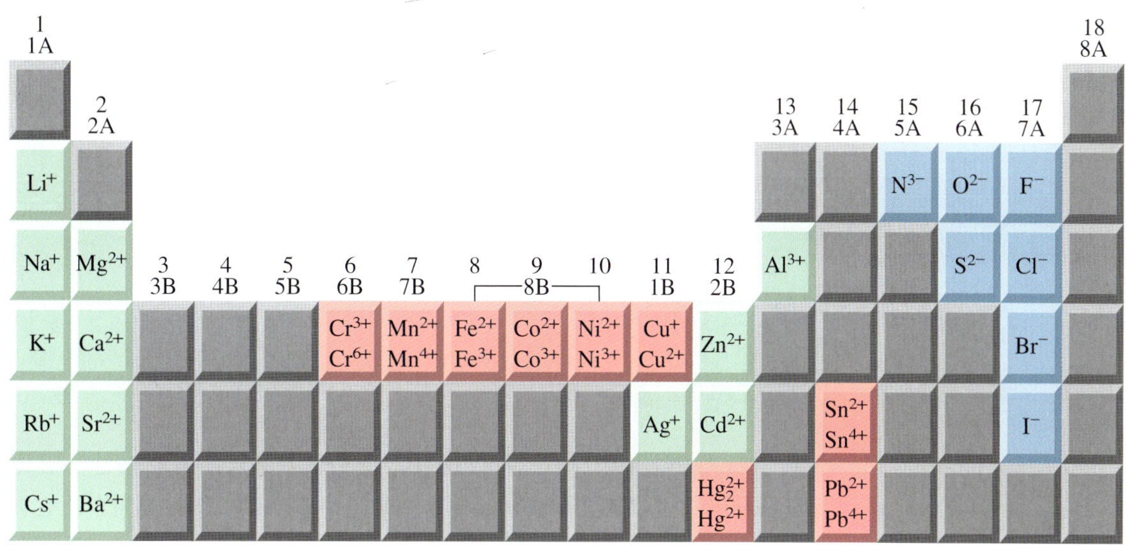

그림 4.3

원소로부터 형성된 일반적인 이온들. **초록색**(양이온) 또는 **파란색**(음이온) 이온은 오직 한 가지의 전하를 가질 수 있다. **빨간색**으로 표시된 이온(양이온)은 두 가지 이상의 전하를 가질 수 있다.

여기에 다른 예가 있다. 알루미늄이 3개의 전자를 잃고 Al^{3+}를 형성하는 경향이 있다는 사실을 알면, Al^{3+}와 O^{2-}로부터 형성된 이온 결합 화합물의 화학식을 Al_2O_3로 쓸 수 있다. 여기서, 화합물의 전체 전하가 0이 되도록 2 : 3 비의 이온이 필요하다. 다시 말하지만, 화학식을 $Al_2^{3+}\ O_3^{2-}$로 쓰는 것은 옳지 않다. 그러나 그림 4.3에서 볼 수 있듯이 일부 원소는 하나 이상의 이온을 형성한다. 금속 이온의 전하는 접두사를 사용하지 않고 로마 숫자를 사용하여 나타내야 한다. 예를 들어 구리 화합물을 생각해 보자. 교수가 시약실에 가서 "산화 구리"를 가져오라고 하면 어떻게 해야 하는가? 구리 이온은 두 개의 다른 이온을 형성하기 때문에 산화 구리(I)(Cu_2O) 또는 산화 구리(II)(CuO)를 원하는지 물어봐야 한다. 마찬가지로, 철 이온도 다른 산화물을 형성할 수 있다. 두 가지 일반적인 형태는 FeO(Fe^{2+}로 형성)와 Fe_2O_3(일반적으로 녹이라고 하며 Fe^{3+}으로 형성)이다. FeO 및 Fe_2O_3의 명칭은 각각 산화 철(II) 및 산화 철(III)이다. 산화 철(II)의 영어명은; iron(II) oxide인데, 로마 숫자를 묶는 괄호 뒤의 공백에 유의하라.

마지막 비교로서 $CuCl_2$의 이름은 염화 구리(II)이지만 $MgCl_2$의 이름은 염화 마그네슘이다. 마그네슘 원자는 하나의 이온(Mg^{2+})만 형성하는 반면, 구리 원자는 두 개의 이온(Cu^+ 및 Cu^{2+})을 형성할 수 있다.

활동 학습 4.3 ➤ *이온 결합 화합물의 형성*

다음 각 쌍의 원소들은 하나 이상의 이온 결합 화합물을 형성할 수 있다. 각 쌍의 원소로부터 만들어질 수 있는 화합물의 화학식과 이름을 써라.

a. Ca와 S **b.** F와 K **c.** Mn과 O
d. Cl과 Al **e.** Co와 Br

이온 결합 화합물에서 이온 중 한 개 또는 두 개 모두가 **다원자 이온**(polyatomic ion)일 수 있다. 한 개 또는 두 개의 원자들이 서로 공유 결합을 하여 형성된 다원자 이온은 전체가 양 또는 음전하를 갖는다. 한 가지 예는 3개의 산소 원자가 중심 탄소 원자에 공유 결합된 탄산 음이온 CO_3^{2-}이다. 표 4.3은 일반적인 다원자 이온 목록이다. 대부분 음이온이지만 암모늄 이온 NH_4^+의 경우와 같이 다원자 양이온도 가능하다. 일부 원소(탄소, 황 및 질소)는 산소와 함께 두 개 이상의 다원자 음이온을 형성한다.

다원자 이온을 포함하는 이온 결합 화합물의 명명 규칙은 2개의 일원자 이온을 갖는

표 4.3	일반적인 다원자 이온들		
이름	화학식	이름	화학식
아세트산 이온	$C_2H_3CO_2^-$	아질산 이온	NO_2^-
중탄산 이온*	HCO_3^-	인산 이온	PO_4^{3-}
탄산 이온	CO_3^{2-}	황산 이온	SO_4^{2-}
수산화 이온	OH^-	황산 이온	SO_3^{2-}
하이포염소산 이온	ClO^-	암모늄 이온	NH_4^+
질산 이온	NO_3^-		

* 또한 탄산 수소 이온이라고도 부른다.

이온 결합 화합물의 명명 규칙과 비슷하다. 분필로 사용되며 탄소 순환의 암석 부분에서 발견되는 이온 결합 화합물인 탄산 칼슘을 생각해 보자. $CaCO_3$의 화학식은 칼슘(Ca^{2+}) 이온과 탄산염(CO_3^{2-})을 1 : 1 비율로 포함하는 화합물로 생각할 수 있다. 모든 이온 결합 화합물의 경우와 마찬가지로 음이온의 이름을 먼저 쓴다.

다원자 음이온이 형성한 또 다른 화합물은 황산 알루미늄, $Al_2(SO_4)_3$이 있다. 아래첨자 "3"은 괄호로 둘러싸인 *전체의*(entire) SO_4^{2-} 이온에 적용된다. 따라서 이 화합물은 알루미늄 이온 2개당 3개의 황산염 이온을 포함하고 있다. 마찬가지로, 이온 화합물인 황화 암모늄, $(NH_4)_2S$에서는 NH_4^+가 괄호 안에 둘러싸여 있다. 아래첨자 "2"는 각 황화 이온에 2개의 암모늄 이온이 있음을 나타낸다. 여기에서도 화학식에는 전하가 표시되지 *않는다*는 점에 유의하라. 그러나 다원자 이온이 괄호 안에 들어 있지 *않는* 때도 있다. 다원자 이온의 첨자가 1일 경우 괄호는 생략된다. 그럼에도 불구하고 $AlPO_4$의 화학식은 인산 이온이 포함된 것으로 "읽어야" 하고, NH_4Cl은 암모늄 이온이 포함된 것으로 "읽어야" 한다. 다음 세 가지 활동은 다원자 이온이 있는 화합물을 명명하는 연습을 하는 데 도움이 될 것이다.

©Bradley D. Fahlman

www.acs.org/cic에서 이온 화합물의 명명 예제를 확인하라.

활동 학습 4.4 ▶ 다원자 이온 I

다음의 각 이온 쌍으로 형성된 이온 결합 화합물의 화학식을 써라.

a. Na^+와 SO_4^{2-} **b.** OH^-와 Mg^{2+}
c. Al^{3+}와 $C_2H_3O_2^-$ **d.** CO_3^{2-}와 K^+

활동 학습 4.5 ▶ 다원자 이온 II

다음의 각 화합물을 명명하라.

a. KNO_3 **b.** $(NH_4)_2SO_4$ **c.** $FeSO_4$
d. $NaHCO_3$ **e.** $Mg_3(PO_4)_2$

활동 학습 4.6 ▶ 다원자 이온 III

다음의 각 화합물에 대한 화학식을 써라.

a. 하이포염소산 소듐(일반 가정 표백제에서 발견되는 성분)
b. 탄산 마그네슘(석회암에서 발견)
c. 질산 암모늄(몇몇 비료의 활성 성분)
d. 수산화 칼슘(물의 정화에 사용되는 시약)

이제 지구상의 탄소의 위치를 알게 되었고, 이온 결합 화합물을 명명할 수 있게 되었다. 그러면 탄소가 어떻게 지구를 순환하는지 살펴보자.

4.2 모든 탄소 원자들은 어디로 갔을까?

앞의 절에서는 탄소 원자가 대기($CO_2(g)$, $CO(g)$, $CH_4(g)$)에서, 암석의 탄산염 광물로, 식물과 동물(단백질, 탄수화물, 지질)에서 지구상에 나타날 수 있음을 확인했다. 그러나 탄소 순환은 탄소 원자가 항상 이동 중임을 보여준다. 연소, 광합성, 퇴적과 같은 과정을 통해 탄소 원자는 한 저장소에서 다른 저장소로 이동한다. 평균적으로 탄소 원자는 퇴적물로부터, 지구의 이동 저장소를 통해 퇴적되어 지구 역사상 20회 이상 퇴적물로 재순환된 것으로 예측된다. 아마도 여러분의 몸에 있는 탄소 원자의 일부는 공룡이나 Julius Caesar의 것이었을 것이다! 오늘날 공기 중의 이산화 탄소 기체는 천 년 전에 태웠던 모닥불에서 방출되었을지도 모른다. 그림 4.2를 다시 살펴보면, 모든 과정이 동시에 진행되고 있다는 점에 유의하라. 그러나 모두 같은 속도로 발생하는 것은 아닐 수 있다.

지구 전체에서 탄소 원자가 어떻게 움직이는지 아는 것이 중요하다. 예를 들어, 수백만 년 전에 살아있던 유기체의 탄소가 화석 연료로 느리게 변환되는 것이 매우 중요하다. 그러나 오늘날 화석 연료를 연소시켜 탄소를 대기 중으로 옮기면 미래 세대에 영향을 미치게 된다. 미래 세대는 오늘날 세대의 화석 연료 연소 증가에 따른 결과를 고스란히 처리해야 한다. 다음 활동에서는 탄소를 포함하는 화합물의 저장소와 탄소 원자를 이동시키는 과정을 자세히 살펴볼 수 있다.

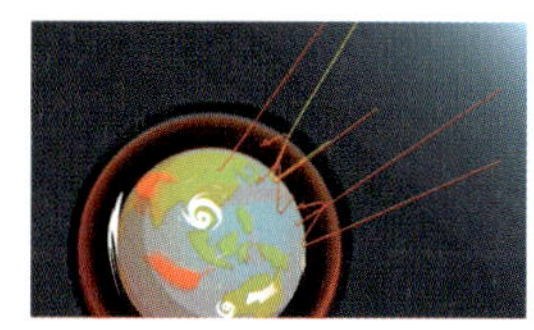

©World Meteorological Organization (WMO)

인간 활동이 자연의 탄소 순환에 어떤 영향을 미치는지 www.acs.org/cic에서 비디오를 확인하라.

활동 학습 4.7 ▸ *탄소 순환의 이해*

그림 4.2를 사용하여 다음 질문에 답하라.

a. 탄소 원자 (CO_2 형태)를 대기에 *증가시키는* 과정은 어떤 것이 있는가?

b. 대기에서 탄소 원자를 *제거하는* 과정은 무엇인가?

c. 두 개의 가장 큰 탄소 원자 저장소는 무엇인가?

d. 탄소 순환의 어느 부분이 인간의 활동에 가장 큰 영향을 받는가?

e. 그림 4.2가 "탄소 순환"이라고 생각하는 이유는 무엇인가?

이전 활동을 고려하면 탄소 순환은 자연적으로 추가되거나 제거되는 메커니즘으로 구성된 동적 계임을 알 수 있다. 호흡은 대기에 이산화 탄소를 추가하고 광합성은 CO_2를 제거한다.

$$\text{호흡: } 6\ O_2 + C_6H_{12}O_6 \longrightarrow 6\ CO_2 + 6\ H_2O \quad [4.3]$$

$$\text{광합성: } 6\ CO_2 + 6\ H_2O \longrightarrow 6\ O_2 + C_6H_{12}O_6 \quad [4.4]$$

동물계의 일원으로서, *호모 사피엔스(Homo sapiens)*는 다른 생물과 함께 탄소 순환에 참여한다. 모든 동물의 경우와 마찬가지로, 인간은 숨을 내쉬고, 섭취하고 배설하고, 살고 죽는다. 그러나 인간의 문명은 탄소를 제거하는 과정보다는 대기에 더 많은 탄소 원자를 넣는 과정에 의존한다(그림 4.4). 전기 생산, 운송 및 가정 난방을 위하여 석탄, 석유 및 천연 가스의 광범위한 연소의 모든 과정은 가장 큰 지하 탄소 저장소에서 대기로 탄소 원자를 이동시킨다.

사전 지식 *Did You Know* ?

$C_6H_{12}O_6$는 단순당인 글루코스의 화학식이다.

이산화 탄소 배출에 대한 인간의 또 다른 영향으로는 태우기에 의한 삼림 벌채가 있는데, 이 과정으로 매년 약 1.5 Gt의 탄소를 대기 중으로 방출한다. 축구장 두 개 크기의 삼림지대가 세계의 열대우림에서 매일 매 초마다 유실되는 것으로 추정된다. 브라질은 매년 540만 에이커 이상의 아마존 열대우림이 사라지는 가장 큰 열대우림 피해국이다. 이산화

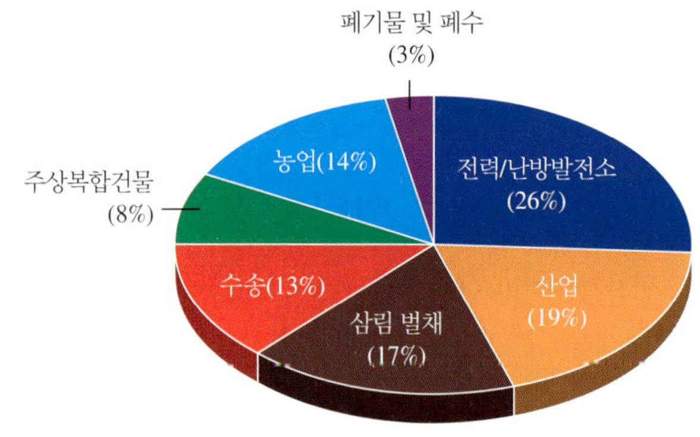

그림 4.4
전 세계 이산화 탄소의 배출.
Source: EPA

탄소의 매우 효율적인 흡수제인 나무는 삼림 벌채를 통해 탄소 순환에서 제거된다. 나무를 태우면 대량의 CO_2가 생성되고, 썩게 내버려두면 이산화 탄소도 배출되지만 이산화 탄소의 방출 과정이 더 느리게 된다. 목재를 건설목적으로 수확하고 경작된 작물로 대체하더라도 이산화 탄소 흡수 능력의 손실은 80%에 이를 수 있다.

활동 학습 4.8 ▶ 열대우림

인터넷을 검색하여 세계의 열대우림 지역에 대한 현재 위치의 지도를 찾아라. 그 다음 약 20년 전의 지도를 찾아라. 어떤 차이점이 있는가 20년 후에 무슨 일이 일어날지 예측해 보라.

바다는 이산화 탄소를 흡수하고 배출한다. 제5장에서 이것에 대해 더 많이 알게 되겠지만, CO_2와 같은 기체와 1족 양이온을 가진 이온 결합 화합물과 같은 고체들은 물에 녹을 수 있다는 것을 아는 것이 중요하다. 난로 위에 물 한 냄비를 놓는다고 잠시 상상해 보라. 물에 식용 소금을 넣으면 녹는다. 고체나 기체가 액체 속에서 용해되면 **용액**(solution)이 형성된다. 용해되는 물질을 **용질**(solute)이라고 하며 용해하는 물질을 **용매**(solvent)라고 한다. 그러므로 소금물은 *수용액*(aqueous)의 한 종류인데, 소금은 용질이고 물은 용액 역할을 한다.

언급했듯이 기체는 액체에도 용해될 수 있다. 탄산음료가 그 예다. 이산화 탄소는 수용액 용매에 용해되어 이 음료들에서 예상하는 거품을 만들어낸다. 탄산음료가 따뜻해질 때 무슨 일이 일어나는 것을 본 적이 있는가? 많은 경우에 더 많은 거품이 발생한다. 거품이 일 때, **탈기체화**(degasification)라고 알려진 과정에서 이산화 탄소가 용액에서 나온다. 수온이 상승할 때 바다에서도 같은 과정이 일어날 수 있다. 탈기체화 중에, 원래 바다에 용해된 이산화 탄소의 일부는 대기 중으로 방출된다. 사람들이 좋아하는 탄산음료보다 훨씬 낮은 농도의 이산화 탄소를 가진 바다는 대기로 방출되는 이산화 탄소 기체를 흡수하기 위한 큰 저장소 역할을 한다.

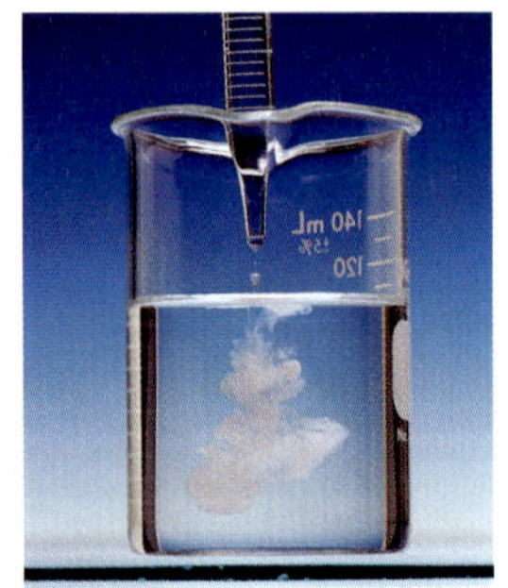

그림 4.5
질산 소듐 수용액에서 염화 은 침전물의 형성에 대한 확대도.
©1995 Richard Megna/Fundamental Photographs

동굴에 가서 암석이 형성되는 것을 본 적이 있는가? 이 구조의 일부는 **결정화**(crystallization)와 유사하게 고체 용질이 용액에 석출한 결과이다. 고체가 용액에서 "떨어질 때", 이것을 **침전**(precipitation)이라고 부르고, 고체를 **침전물**(precipitate)이라고 한다(그림 4.5). 온도의 변화는 침전에 영향을 준다. 침전에 영향을 미치는 다른 요인들은 무엇인가? 이에 대해서는 제5장에서 자세히 설명하겠지만 염두에 두어야 할 예는 산호초이다. 산호초는 특정 조건에서 침전 반응에 의해 형성된다. 이러한 조건이 바뀌면 산호초가 더 커지거나 녹을 수 있다. 이러한 상황 중 어느 것이 문제가 되는가?

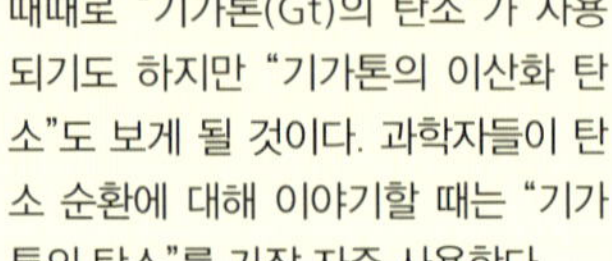

사전 지식 *Did You Know*

때때로 "기가톤(Gt)의 탄소"가 사용되기도 하지만 "기가톤의 이산화 탄소"도 보게 될 것이다. 과학자들이 탄소 순환에 대해 이야기할 때는 "기가톤의 탄소"를 가장 자주 사용한다.

인간의 삼림 벌채 및 화석 연료의 연소에 의해 방출되는 탄소 함유 물질의 총량은 연간 약 7.5 Gt이다. 이것의 약 절반은 결국 바다와 생물권으로 재순환된다. 그러나 이산화 탄소가 대기에 증가하는 속도만큼 빨리 제거되는 것은 아니다. 대부분의 CO_2는 그림 4.2에 언급된 기존의 750 Gt에 연간 3.1~3.5 Gt의 탄소를 추가하면서 대기에 머무른다. 대기 중 이산화 탄소의 상대적으로 빠른 *증가*에 주로 관심이 있는데, 그 이유는 *과량의* 이산화 탄소가 지구의 기후와 해양의 건강에 영향을 줄 수 있기 때문이다. 따라서 매년 대기에 추가되는 CO_2의 질량(Gt)을 아는 것이 유용하다. 다시 말해, 3.1에서 3.5 Gt 사이의 중간점인 3.3 Gt의 탄소가 포함된 CO_2의 질량(Gt)은 얼마인가? 이 질문에 답하려면 화학의 좀 더 근본적이고 정량적인 관점으로 돌아가야 한다.

4.3 탄소의 정량화 – *첫 번째 주제: 질량*

앞의 절에서 제기된 문제를 풀기 위하여 CO_2 기체의 시료에 있는 C 원자의 질량이 CO_2 분자의 질량과 어떻게 관련이 있는지 알아야 한다. CO_2의 출처와 상관없이 이산화 탄소의 화학식은 항상 동일하다. CO_2에서 C 원자의 질량 백분율도 변동이 없고, 따라서 그 화합물의 화학식에 기초하여 CO_2 내의 C의 질량 백분율을 계산해야 한다. 다음 두 절을 공부하면서 백분율에 대한 값을 구한다는 것을 점을 유념하라.

이러한 접근법에서는 관련된 원소의 질량을 사용할 필요가 있다. 그러나 이것은 다음과 같은 중요한 의문을 제기하게 된다. 개별 원자의 무게는 얼마나 되는가? 원자의 질량은 주로 핵 안의 양성자와 중성자에 의존한다. 제1장에서 배운 대로 원소의 원자는 구성이 다르기 때문에 질량이 다르다. 개별 원자의 절대 질량을 사용하는 대신에 화학자들은 상대 질량, 즉 모든 원자의 질량을 어떤 편리한 표준과 연관시키는 것이 편리하다는 것을 알게 되었다. 국제적으로 공인된 질량 표준은 모든 탄소 원자의 98.90%를 차지하는 동위원소인 탄소-12이다. 탄소-12(C-12) 원자는 질량수가 12이다. 즉 각 원자의 핵은 양성자 6개와 중성자 6개로 구성되어 있기 때문이다.

그러나 주기율표는 탄소의 원자 질량이 12.00이 아니라 12.01이라고 표시되어 있다. 이것은 오류가 아니다. 즉 탄소는 세 가지의 동위원소로 자연에 존재한다는 사실을 반영하고 있다. C-12가 대부분이지만 탄소의 1.10%는 C-13으로 양성자가 6개, 중성자가 7개인 동위원소다. 또한 천연 탄소는 양성자 6개와 중성자 8개로 동위원소인 미량의 C-14을 포함하고 있다. 표에 나와 있는 질량 값 12.01은 **상대 원자 질량**(relative atomic mass)이라고 하며, 이것은 모든 자연 발생 탄소 동위 원소의 자연 존재비의 질량과 백분율을 고려한 가중 평균이다. 이러한 동위원소 분포와 12.01의 평균 질량은 흑연("납") 연필, 휘발유 탱크, 빵 한 덩어리, 석회석 덩어리, 또는 당신의 몸 등 천연 자원에서 얻어진 모든 탄소의 특성을 나타낸다. 천연에 존재하는 탄소 동위원소에 대한 표 4.4의 요약을 살펴보라.

관련 절

7.1절에서보다 자세하게 다루겠지만, 동위 원소 기호는 종종 위첨자(예: 중수소(H-2)의 경우 ^{2}H, 수소(H-1)의 경우 ^{1}H)를 사용하여 나타낸다.

표 4.4 탄소의 동위원소

동위원소	질량수	상대 백분률	상대 원지 질량에 에한 기여도*
C-12	12	98.90%	11.868
C-13	13	1.10%	0.143
C-14	14	~0.001%	0.0001
			C의 평균 원자 질량 = 11.868 + 0.143 + 0.0001 = 12.011

*상대 백분율 × 질량 수로 계산된다. 예를 들어, C-12 동위 원소의 98.90%는 0.9890 × 12 = 11.868이다.

사전 지식 Did You Know 

화학자들은 오랫동안 *원자량*(atomic weight)이라는 용어를 사용해 왔지만 사람들은 *상대 원자 질량*(relative atomic mass)이라는 용어를 사용하는 것을 선호한다. 원자 질량은 단위를 사용하지 않는다. 이들은 1.67×10^{-27} kg에 해당하는 *원자 질량 단위*(atomic mass units, u)로 표시한다.

활동 학습 4.9 질소의 동위원소

동위원소와 원소의 평균 원자 질량과의 관계에 대해 알아보려면 www.acs.org/cic에서 모의실험을 확인하라. 이 모의실험을 사용하여 자연적으로 발생하는 질소의 두 동위원소인 N-14 및 N-15와 관련된 다음 질문에 답하라.

a. 주기율표를 사용하여 질소 원자의 원자 번호와 원자 질량을 찾아라.

b. N-14의 중성 원자에서 양성자, 중성자 및 전자의 수는 얼마인가?

c. b에 대한 답과 N-15의 중성 원자에 대한 답을 비교하라.

d. 질소의 상대 원자 질량을 고려할 때, 어떤 동위 원소가 가장 천연에 가장 풍부하게 존재하는가? 당신의 답을 확인하려면 PhET 모의실험을 참조하라.

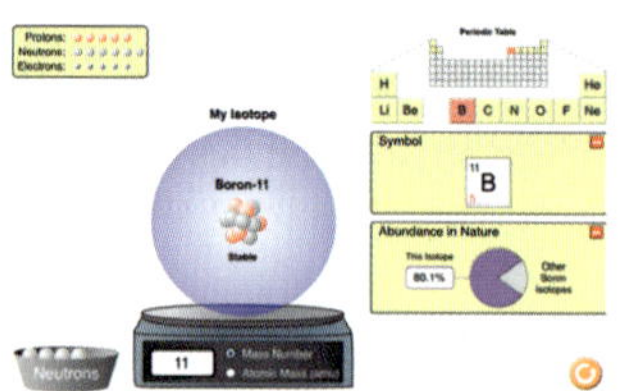

PhET Interactive Simulations, University of Colorado

동위원소의 의미를 다시 살펴보기 위하여 다루고 있는 물질, 즉 원자의 질량, 특히 CO_2의 원자로 되돌아가자. 놀랄 것도 없이, 원자는 매우 작은 질량을 가지고 있기 때문에 하나의 원자의 무게를 측정하는 어렵다. 전형적인 실험실 저울은 0.1 mg의 최소 질량을 측정할 수 있다. 이 수치는 5,000,000,000,000,000,000개의 탄소 원자 또는 5×10^{18}개의 탄소 원자에 해당한다. 통일된 원자 질량 단위(u)는 너무 작아서 보통의 화학 실험실에서 측정할 수 없다. 그 보다는 화학자들은 질량 단위로 그램을 선호한다. 따라서 과학자들은 모든 원소의 원자 질량에 대한 기준으로 정확히 12 g의 탄소-12를 사용한다. 과학자들은 상대 원자 질량을 정확히 12 g의 탄소-12에서 발견되는 동일한 수의 원자의 질량(그램)으로 정의한다. 물론 이 원자 수는 *매우* 크다. 실제로 **Avogadro 수**(Avogadro's number)는 602,000,000,000,000,000,000,000이다. 이 값은 과학적 표기법으로 6.02×10^{23}으로 더 축약하여 쓴다. 이것은 정확히 12 g의 탄소-12에 들어 있는 엄청난 수의 원자인데, 검댕이 한 스푼에 지나지 않는다!

그림 4.6

테니스공과 골프공의 질량 비교. 6개의 테니스공은 6개의 골프공보다 질량이 크다

©Conrad Stanitski

Avogadro 수는 마치 1*다스*(dozen)가 계란 묶음을 세는 것과 같이 원자 묶음을 세는 것이다. 계란이 크든 작든, 갈색인지 흰색인지, 유기농인지 아닌지는 중요하지 않다. 모든 경우에 12개의 달걀이 있다면 1다스로 센한다. 그러나 1다스의 타조 알은 12개의 메추라기 알보다 더 큰 질량을 갖는다. 그림 4.6은 이러한 점을 테니스 공 6개와 골프공 6개로 보여준다. 다른 원소의 원자와 마찬가지로 테니스공과 골프공의 단위 수가 같더라도 질량은 다르다.

사전 지식 *Did You Know*

이 중요한 화학 수는 인상적인 이름을 가진 이탈리아 과학자 Avogadro(Lorenzo Romano Amadeo Carlo Avogadro di Quarengna e di Ceretto, 1776~1856; 그의 친구들은 Amadeo라고 불렀음)의 이름을 따서 명명되었다.

활동 학습 4.10 마시멜로와 1센트 동전

Avogadro 수는 너무 커서 비유를 통해서만 이해가 가능하다. 예를 들면 보통 크기의 마시멜로의 Avogadro 수, 즉 6.02×10^{23} 개는 미국 표면을 650마일의 깊이로 덮을 수 있다. 또는 마시멜로보다 돈에 좀 더 관심이 있다면, 1센트 동전 6.02×10^{23} 개를 지구의 75억 인구에게 공평하게 분배하였다고 가정하자. 모든 남자, 여자, 아이가 밤낮에 걸쳐 매시간 100만 달러씩 써도 죽을 때까지 절반도 쓰지 못한 채 남게 될 것이다. 이러한 환상적인 주장이 옳을 수 있는가? 앞의 하나 또는 두 가지 과정을 점검하면서 당신의 추론 과정을 제시하라. 자신만의 비유를 제시하라.

Avogadro 수와 어떤 원소의 상대 원자 질량을 알면 그 원소 개별 원자의 평균 질량을 계산할 수 있다. 따라서 산소 원자 6.02×10^{23}개의 질량은 주기율표에서 주어진 바와 같이 16.00 g이다. 산소 원자 1개의 평균 질량을 얻으려면 거대한 원자 집단의 질량을 집단의 수로 나누어야 한다. 화학자의 용어로 이 과정을 원자 질량을 Avogadro 수로 나눈다고 한다. 다행히 계산기가 이 계산을 쉽고 빠르게 하도록 도와준다.

$$\frac{16.00\text{ g 산소}}{6.02 \times 10^{23}\text{ 산소 원자}} = 2.66 \times 10^{-23}\text{ g 산소/산소 원자}$$

이 매우 작은 질량은 화학자들이 왜 작은 수의 원자를 다루지 않는지를 다시 한 번 확인시켜 준다. 화학자들은 한 번에 수조 개의 입자를 다룬다. 따라서 이러한 기술을 실행하는 사람들은 화학자들이 사용하는 이러한 종류의 매우 큰 묶음으로 물질을 측정할 필요가 있다.

활동 학습 4.11 ▶ *원자의 질량 계산*

세 가지 예제에 대하여 다음 지시 사항을 따르라.

i. 값이 클지 작을지를 예측하라.

ii. 값을 계산하라.

iii. 당신의 계산이 당신의 예측과 일치하는가? 당신의 예측이 타당한지 생각해 보라.

- **a.** 개별 탄소 원자의 평균 질량(그램 단위).
- **b.** 5조 개의 탄소 원자의 질량(그램 단위).
- **c.** 6×10^{15}개의 탄소 원자의 질량(그램 단위).

4.4 탄소의 정량화 – *다음 주제: 분자와 몰*

화학자는 원자, 이온 또는 분자의 수를 나타내는 또 다른 방법을 가지고 있다. 이 방법은 물체를 Avogadro 수로 정의되는 **몰**(mole; mol)이라는 용어를 사용하는 것이다. 이 용어는 라틴어 단어인 "더미(heap)" 또는 "쌓음(pile up)"에서 파생되었다. 따라서 1몰의 탄소 원자는 6.02×10^{23}개의 C 원자이고, 1몰의 알루미늄 원자는 6.02×10^{23}개의 Al 원자이다. 실제로 1몰의 인구는 6.02×10^{23}명이다! 그렇다면 산소 기체 1몰을 구성하는 원자는 몇 개인가? 6.02×10^{23} 산소 원자라고 대답하기 전에 산소 기체는 O_2 *분자*(molecule)로 구성되어 있음을 기억해야 한다. 1몰의 산소 분자는 2몰의 산소 원자(O)로 되어 있기 때문에 1몰의 산소 기체(O_2)에는 1.20×10^{24} O 원자가 있다.

사전 지식 *Did You Know* ?

일부 화학자들은 매년 10월 23일(10^{23}) 오전 6시 2분에서 오후 6시 2분 사이에 "몰의 날"을 축하한다. 그들이 축하하는 동안 1몰의 아이스크림을 먹지 않기를 바란다.

앞의 장에서 이미 알고 있듯이 분자 화합물을 포함하는 화학식과 화학 반응식은 원자와 분자의 관점에서 표시한다. 예를 들어, 산소 존재에서 탄소의 완전 연소 반응의 식 [4.5]를 다시 생각해 보자.

$$C(s) + O_2(g) \longrightarrow CO_2(g) \qquad \textbf{[4.5]}$$

이 반응식은 탄소 한 *원자*(atom)가 산소 한 *분자*(molecule)와 결합하여 이산화 탄소 한 *분자*(molecule)를 생성한다는 것을 알려준다. 따라서 이 반응식은 입자들이 상호 작용하는 비율을 반영한다. 탄소 원자 10개가 산소 분자 10개와 결합하여 이산화 탄소 분자 10개를 생성한다고 말하는 것도 똑같다. 또는 더 큰 규모로 탄소 원자 6.02×10^{23}개가 산소 분자 6.02×10^{23}개와 결합하여 이산화 탄소 분자 6.02×10^{23}개를 생성한다고 말할 수 있다. 마지막으로 "탄소 1몰에 산소 1몰을 가하면 이산화 탄소 1몰이 생성한다"고 말하는 것도 같은 설명이다. 따라서 표 4.5에 요약된 바와 같이, 반응에 참여하는 *원자 및 분자의 수*는 동일한 물질의 몰수에 비례한다. 2개의 산소 원자 내 1개의 탄소 원자의 비는 이산화 탄소 분자의 수에 관계없이 동일하게 유지된다.

실험실과 공장에서 반응에 필요한 물질의 양은 흔히 질량으로 측정된다. 몰은 입자의 수를 보다 쉽게 측정할 수 있는 질량과 연관시키는 실용적인 방법이다. **몰질량**(molar mass)은 어떤 물질이든 Avogadro 수, 즉 1몰에 해당하는 질량이다. 예를 들면 반올림하여 g의 1/10까지 나타낸 탄소 원자 1몰의 질량은 12.0 g이다. 산소 원자 1몰은 16.0 g의 질량을 가진다. 1몰의 산소 분자에 대해서도 말할 수 있다. 각 산소 분자는 2개의 산소 원자를

표 4.5	화학 반응식을 해석하는 방법			
C	+	O_2	⟶	CO_2
원자 1개		분자 1개		분자 1개
6.02×10^{23}개의 원자		6.02×10^{23}개의 분자		6.02×10^{23}개의 분자
1 mol		1 mol		1 mol

가지므로 산소 분자, O_2 1몰에는 산소 원자 2몰이 있다. 결과적으로 O_2의 몰질량은 O의 몰질량의 2배인 32.0 g이다.

원소 O_2의 분자 질량에 적용된 동일한 논리가 이산화 탄소와 같은 화합물의 조성에도 적용된다. 화학식 CO_2는 이 분자 1개가 1개의 탄소 원자와 2개의 산소 원자를 가짐을 알려 준다. 크기를 6.02×10^{23}만큼 키우면, CO_2 1몰당 1몰의 C와 2몰의 O 원자로 구성되었다고 말할 수 있다(표 4.5 참조). 그러나 우리는 이산화 탄소의 질량 조성, 즉 CO_2 1 g당 탄소의 g수에 관심이 있음을 기억하라. 이를 위해서는 이산화 탄소의 몰질량이 필요하며, 이는 탄소의 몰질량에 산소 몰질량의 2배를 더하여 얻어진다.

$$\begin{aligned} 1\text{ mol CO}_2 &= 1\text{ mol C} + 2\text{ mol O} \\ &= \left(1\,\cancel{\text{mol C}} \times \frac{12.0\text{ g C}}{1\,\cancel{\text{mol C}}}\right) + \left(2\,\cancel{\text{mol O}} \times \frac{16.0\text{ g O}}{1\,\cancel{\text{mol O}}}\right) \\ &= 12.0\text{ g C} + 32.0\text{ g O} \\ 1\text{ mol CO}_2 &= 44.0\text{ g CO}_2 \end{aligned}$$

이 과정은 화학 계산에서 일상적으로 사용되며 몰질량은 이 과정에서 사용되는 중요한 특성이다. 몇 가지 예가 다음 활동 학습에 포함되어 있다. 각 경우에 각 원소의 몰수에 g으로 표시된 해당하는 원자 질량을 곱하고 결과를 더하면 된다.

활동 학습 4.12 ▸ 몰질량

대기 중에 발견되는 다음의 각 기체의 몰질량을 계산하라.

a. O_3(오존)

b. N_2O(일산화 탄소 또는 아산화 질소)

c. CCl_3F(Freon-11; 트라이클로로플루오로메테인(trichlorofluoromethane)

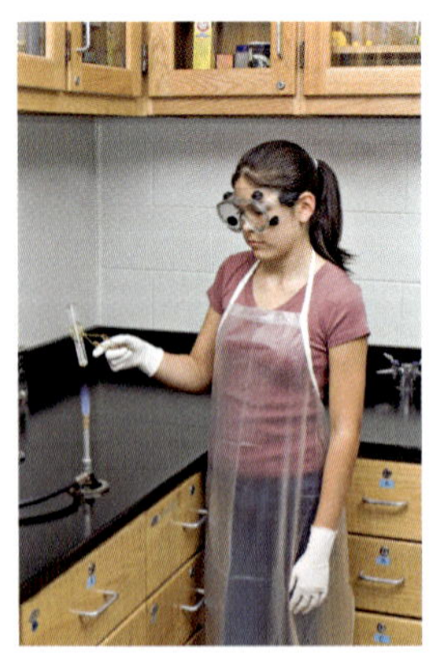

©Matt Meadows/McGraw-Hill Education

반응물과 생성물의 몰비를 실험적으로 결정하는 방법을 보려면 www.acs.org/cic에서 비디오를 확인하라.

탄소 3.3 Gt을 연소할 때 생성되는 CO_2의 질량을 계산하기 위하여 수학적인 연습을 시작해 보자. 이제 모든 조각을 맞추어 보자. CO_2 44.0 g당 12.0 g이 C이다. 이 질량비는 모든 CO_2 시료에서 적용되고, 이것을 이용하여 알고 있는 질량의 CO_2에서 C의 질량을 계산할 수 있다. 더 중요한 것은, 이것을 이용하여 알려진 질량의 탄소를 연소시켰을 때 방출되는 CO_2의 질량을 계산하는 데 사용할 수 있다. 이 과정은 비율을 어떻게 배열하는지에 달려 있다. C : CO_2에 대한 비율은 $\frac{12.0\text{ g C}}{44.0\text{ g CO}_2}$이지만, CO_2 : C의 비율은 $\frac{44.0\text{ g CO}_2}{12.0\text{ g C}}$이다.

또한 다음과 같은 방법으로 관계를 설정하여 100.0 g CO_2에서 C의 그램수를 계산할 수 있다.

$$100.0\,\cancel{\text{g CO}_2} \times \frac{12.0\text{ g C}}{44.0\,\cancel{\text{g CO}_2}} = 27.3\text{ g C}$$

이산화 탄소 100.0 g에 27.3 g의 탄소가 존재한다는 사실은 CO_2 중 C의 질량 퍼센트가 27.3%라고 말하는 것과 동일하다. "g CO_2"와 "g C" 단위를 남겨 놓으면 정확하게 계산하는 데 도움이 된다. 한 단위는 분자에 있고 다른 하나는 분모에 있기 때문에 단위 "g CO_2"가 상쇄되어 "g C"가 남게 된다. 단위를 추적하고 필요한 경우 상쇄시키면 많은 문제를 풀

때 유용한 전략이 된다.

활동 학습 4.13 ≫ *질량비와 백분율*

a. SO_2 분자에서 S 원자의 질량비를 계산하라.

b. SO_2 분자에서 S 원자의 질량 백분율을 구하라.

c. N_2O 분자에서 N의 질량비와 질량 백분율을 계산하라.

계산에서 답은 특정 측정 장치의 불확실성에 대한 설명인 특정한 수의 *유효 숫자*(significant figures)로 보고된다. 예를 들어, ±0.01 g의 정밀도를 가진 저울을 사용하여 측정된 "1그램"의 질량은 1.00 g으로 보고되어야 한다. 이 질량을 1.0 g으로 잘못 보고하면 측정 장치의 정밀도가 저하된 것이 된다. 반대로 질량을 1.000 g으로 보고하면 마지막 소수점 자리가 측정의 불확정성 수준을 나타내기 때문에 정밀도를 과대평가한 것이 된다.

측정에 대한 유효 숫자의 수를 세려면 다음 규칙을 따라야 한다.

1. 0이 아닌 모든 숫자가 유효하다. 예를 들어, 1.55 g의 숫자는 3개의 유효 숫자를 갖는다.
2. 0이 아닌 숫자 사이에 포함된 모든 0은 유효하다. 예를 들어, 1.003 mL에는 4개의 유효 숫자가 있다.
3. 0이 아닌 숫자와 소수점 뒤에 오는 0은 유효하다. 예를 들어, 숫자 1.000 g은 4개의 유효 숫자를 갖는다. 수 3.0 mL는 2개의 유효 숫자를 갖는다.
4. 0이 아닌 숫자보다 앞에 오는 0은 유효하지 않다. 예를 들어, 0.00032 g은 2개의 유효 숫자만 갖는다. 0.00305 mL의 숫자는 3개의 유효 숫자를 갖는다. 그 이유는 앞에 있는 0은 유효하지 않기 때문이다.

활동 학습 4.14 ≫ *유효 숫자 – 1*

아래의 각 값에 대하여, 유효 숫자의 수를 결정하라.

a. 100.0 mL　**b.** 60.1 mL　**c.** 0.0001 L　**d.** 1.003 g

값을 저절한 수의 유효 숫자로 보고할 때, 측정값이 덧셈이나 뺄셈 또는 곱셈/나눗셈을 하는지 여부가 중요하다. 측정된 값에서 계산된 답을 보고할 때 다음 규칙을 사용하라.

1. *덧셈과 뺄셈*(addition and subtraction)의 경우, 덧셈이나 뺄셈의 계산 결과는 계산에 사용한 값들 중 *소수점*(decimal place) 아래의 이하의 숫자가 가장 적은 측정값과 소수점 아래의 개수가 같아야 한다. 예를 들어 1.003 g + 0.2 g + 0.001 g = 1.204 g. 그러나 소수점 이하의 소수점(0.2 g의 소수점 1자리)에 근거해 결과를 1.2 g으로 보고해야 한다.
2. *곱셈과 나눗셈*(multiplication and division)의 경우, 계산 결과는 곱셈이나 나눗셈을 하고 있는 숫자 중에서 유효 숫자의 수가 가장 적은 유효 숫자와 같아야 한다. 예를 들어 1.002 cm × 0.005 cm = 0.0050 cm^2이다. 그러나 유효 숫자의 최소 수(0.005 cm의 유효 숫자는 1개)에 기초하여 답은 0.005 cm^2로, 과학 표기법은 5×10^{-3} cm^2로 보고해야 한다.

활동 학습 4.15 ≫ *유효 숫자 – 2*

다음 각 항목에 대해 올바른 수의 유효 숫자에 대한 답을 보고하라. 각 계산에 대해 정확한 단위도 포함해야 한다는 점을 기억하라.

a. 5.0 g ÷ 0.31 mL　**b.** 15.0 m × 0.003 m

c. 1.003 g + 0.01 g　**d.** 1.000 mL – 0.1 mL

Chemistry in Context Tutorial

CO_2 CALCULATIONS

©Bradley D. Fahlman

기가톤의 탄소 연소를 통해 방출되는 CO_2의 양을 그램으로 계산하는 방법에 대한 자세한 설명은 www.acs.org/cic에서 비디오를 확인하라.

3.3 Gt의 C 원자를 포함하고 있는 CO_2의 질량을 구하기 위해서는 3.3 Gt를 그램으로 변환해야 하지만, 그럴 필요는 없다. C 원자와 CO_2 분자에 대해 동일한 질량 단위를 사용하는 한 동일한 수치 비율이 유지된다. 지난 계산과 비교하면, 이 문제는 비율을 어떻게 사용하는가에 있어 한 가지 중요한 차이점이 있다. C 원자의 질량이 아니라 CO_2 분자의 질량에 대해 풀고 있다. 이번에는 단위를 주의 깊게 살펴보라.

$$3.3 \text{ Gt C} \times \frac{44.0 \text{ Gt CO}_2}{12.0 \text{ Gt C}} = 12 \text{ Gt CO}_2$$

다시 한 번, 단위가 상쇄되고 Gt의 CO_2가 남는다.

화석 연료의 연소로 인해 매년 대기에 추가되는 CO_2 분자의 질량에 대한 궁금한 의문이 마침내 해결되었다: 12 Gt! 그 과정에서 화학의 문제 풀이 과정의 중요성을 시연하고 원자 질량, Avogadro 수, 몰, 몰질량, 질량 백분율 및 유효 숫자와 같은 6가지 중요한 개념을 소개하였다. 다음 활동 학습에서는 이러한 필수 개념으로 기술을 연습할 수 있다.

활동 학습 4.16 ▶ *화산이 방출하는 SO_2*

a. 화산은 전 세계적으로 매년 약 1.9×10^7 t(1900만 톤)의 SO_2를 방출하는 것으로 추산되고 있다. 이 양의 SO_2 분자에 포함된 황의 질량을 계산하라.

b. 만약 매년 1.42×10^8 t의 SO_2가 화석 연료 연소를 통해 방출된다면, 이 양의 SO_2 분자에 포함된 황의 질량을 계산하라.

이러한 개념을 적용할 줄 안다면 탄소나 CO_2(및 기타 물질) 방출에 대한 언론 보도를 비판적으로 평가하고 그 정확성을 판단할 수 있다. 그런 설명들을 믿거나, 아니면 관련 화학 개념에 수학을 적용하여 그 정확성을 확인할 수 있다. 분명히 모든 주장을 점검할 시간이 부족하지만, 이 책에 있는 것을 포함하여 화학과 사회에 대한 모든 설명에 대한 의문과 비판적 태도를 발전시키길 바란다.

활동 학습 4.17 ▶ *자동차에서 배출된 탄소*

완전히 연소되는 자동차 엔진은 소비하는 휘발유 1갤런당 약 5 lb의 C를 CO_2 분자의 형태로 방출한다. 평균적으로 미국의 자동차는 매년 약 12,000마일을 운행한다. 이 정보를 이용하여 평균적으로 미국 자동차는 매년 차체의 중량만큼 탄소를 대기에 방출한다는 진술을 확인하라. 이 문제를 푸는 데 사용한 모든 가정을 나열하라. 당신의 목록과 답을 반 친구들의 답과 비교하라.

4.5 탄소 원자가 최종 어떤 물질로 되는 것이 왜 중요한가?

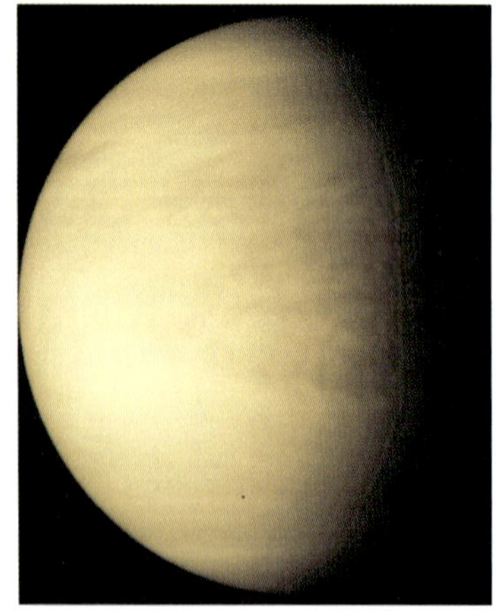

그림 4.7

Galileo 우주선이 촬영한 비너스.

Source: Galileo Spacecraft, JPL, NASA, Copyright Calvin J. Hamilton/NASA

이제 여러 저장소에 들어있는 탄소 양을 정량화할 수 있으므로, 탄소를 포함하는 물질이 이러한 저장소에 어떤 영향을 미칠 수 있는지 살펴봐야 한다. 이 논의를 시작하려면 지구의 에너지 균형과 가열 및 냉각 방법을 이해할 필요가 있다. 지구를 가열하는 에너지는 주로 태양에서 나온다. 그러나 이것이 전부가 아니다. 태양과 지구 사이의 거리와 태양이 방출하는 태양 복사량을 기준으로 하면, 지구의 평균 온도는 −18°C(0°F)여야 하고 바다는 일 년 내내 얼어 있어야 한다. 다행스럽게도 이것은 사실이 아니다. 지구의 평균 온도는 현재 약 15°C(59°F)이다.

금성(그림 4.7)은 태양으로부터의 거리와 온도가 일치하지 않는 또 다른 행성이다. 일부 사람들이 밤하늘에서 가장 밝고 아름다운 것이라고 말하는 금성의 평균 온도는 약

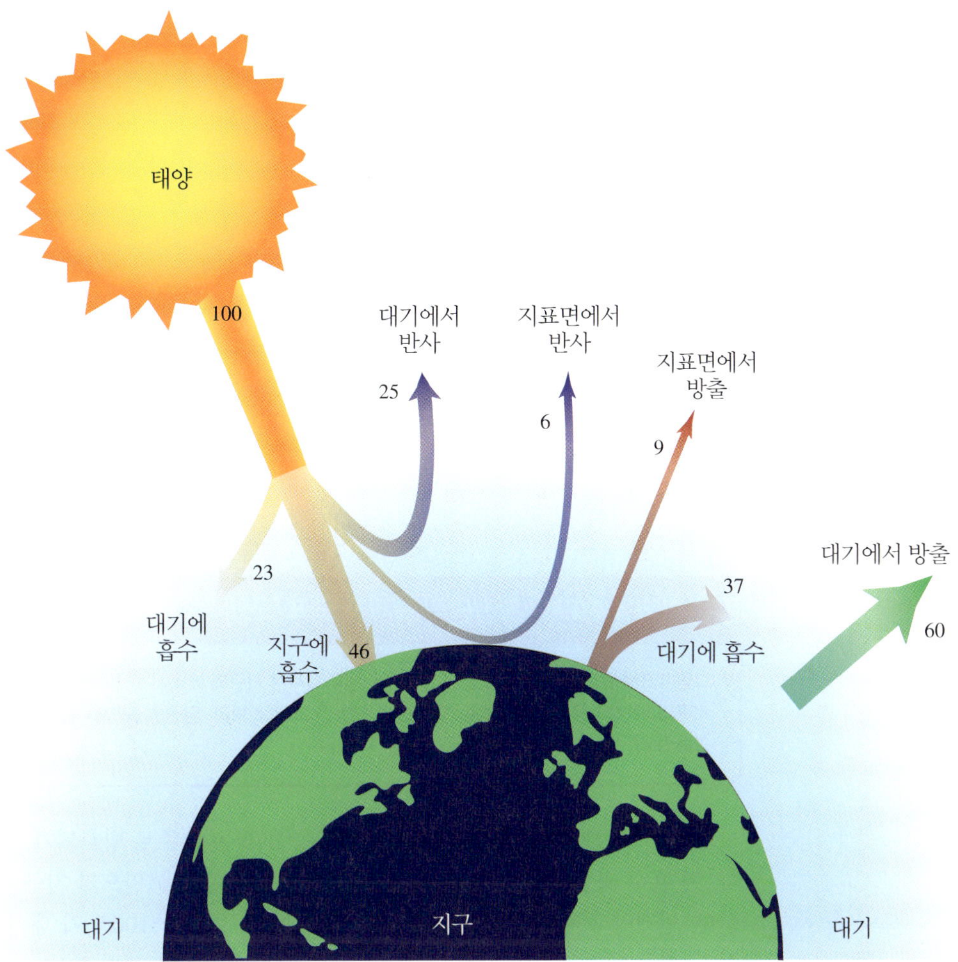

그림 4.8

지구의 에너지 균형 주황색은 전자기 복사선의 파장의 혼합을 나타낸다. 복사선의 짧은 파장은 파란색으로, 긴 파장은 빨간색으로 표시된다. 이 값은 총 유입 태양 복사량의 백분율로 나타내었다.

450°C(840°F)이다. 그러나 단순히 태양으로부터의 거리만을 기준으로 하면 금성의 평균 온도는 물의 끓는점인 100°C가 되어야 한다. 이러한 불일치를 설명할 수 있는 지구와 금성은 무엇을 공통적으로 가지고 있는가? 둘 다 대기를 가지고 있다. 대기의 역할을 알아보기 위해 이제 태양 복사선이 지구에 도달하면 어떻게 되는지 살펴보자. 지구의 에너지 균형에 기여하는 에너지 과정은 그림 4.8에 나타내었다. 지구는 주로 자외선, 가시광선 및 적외선의 형태로 태양으로부터 거의 모든 에너지를 받는다. 이 들어오는 복사선 중 일부는 대기에 떠있는 먼지와 에어로솔 입자(25%)에 의해 공간으로 다시 반사된다. 이 들어오는 복사선의 다른 부분은 지구 자체의 표면, 특히 눈이나 바다 얼음(6%)이 흰색인 지역에 의해 반사된다. 따라서 태양으로부터 받은 복사선의 31%가 반사된다(파란색 화살표).

태양의 나머지 69%는 대기(23%)나 대륙과 해양(46%)에 의해 흡수된다. 여기에 반사 및 흡수 복사선을 더하면(31% + 69% = 100%) 태양의 모든 복사선을 설명할 수 있다.

활동 학습 4.18 ▸ *태양으로부터 나오는 빛*

제3장에서는 전자기 스펙트럼의 여러 구성 요소에 대해 논의하였다. 태양에 의해 방출되는 적외선(IR), 자외선(UV) 및 가시광선의 세 가지 복사 에너지를 생각해 보자.

a. 파장이 증가되는 순서대로 정렬하라.

b. 에너지가 증가되는 순서대로 정열하라.

Source: NASA Earth Observatory

지구의 에너지 균형에 대한 자세한 내용은 www.acs.org/cic에서 비디오를 확인하라.

지구의 에너지 균형을 유지하기 위해서는 태양으로부터 흡수된 복사선은 결국 우주로 재방출되어야 한다. 그림 4.8은 아래와 같은 사실을 보여 준다.

- 지구는 태양 복사선의 46%를 흡수한다.
- 지구는 흡수한 복사선을 모두를 재방출하는데, 긴 파장(적외선)(붉은 화살표)의 형태로 방출한다.
  - 지구에서 방출하는 일부(9%)만 우주로 탈출한다.
  - 나머지(37%)는 대기가 흡수한다.
- 태양 복사선의 54%는 대기에 흡수되고(23%), 대기에 의해 반사되거나(25%), 지구 표면에 의해 반사된다(6%).

대기가 흡수하는 복사선의 60%는 태양으로부터 직접 흡수(23%)되거나 또는 지구 표면으로부터 직접 흡수되어 대기에 흡수된다(37%). 이들은 결국 우주로 방출되어 완전한 에너지 균형을 이룬다.

활동 학습 4.19 ▸ ***자신만의 에너지 도표 작성***

그림 4.8은 완전히 이해하기 쉽지 않다. 이 절에 제시된 지구의 에너지 균형에 대한 그림과 설명을 사용하여 지구의 에너지 균형을 설명하는 당신만의 모형을 고안해 보라. 당신의 모형을 같은 반 친구들의 모형과 비교해 보라.

다시 말하지만, 태양 복사선의 46% 중 37%는 우주로 방출되기 전에 대기에 흡수된다. 이 흡수 과정은 인접한 대기 기체 분자 사이에 충돌을 일으켜 지구의 대기를 따뜻하게 한다. 언제라도 지구 방출 복사선의 80%(또는 37 ÷ 46 × 100%)가 대기에 흡수된다. 보다시피, 지구 대기의 기체들은 식물 온실처럼 열을 유지한다(그림 4.9)!

4.6 온실 기체에 의한 온난화: *좋은가, 나쁜가, 아니면 둘 다 해당되는가?*

그림 4.9는 식물을 재배하는 데 사용될 수 있는 전형적인 온실이다. 그러나 온실은 실제로 무엇을 하는가? 만약 여러분이 햇볕이 잘 드는 날에 창문을 닫은 채로 차를 주차해본 적이 있다면, 여러분은 아마도 온실이 어떻게 열을 가둘 수 있는지를 직접 경험해 본 적이 있을 것이다. 유리창이 달린 이 자동차는 식물을 재배하는 온실과 같은 방식으로 작동한다. 유리창은 태양으로부터 가시광선과 자외선을 전달한다. 이 에너지는 자동차의 내부, 특히 어

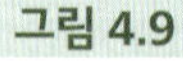

그림 4.9

전형적인 식물 온실.

©Jeanie333/Shutterstock

두운 표면에 의해 흡수된다. 이 복사 에너지의 일부는 긴 파장의 적외선(IR) 복사(열)로 다시 방출된다. 적외선은 가시광선과 달리 유리창을 통해 쉽게 전달되지 않아 차내 '갇히게' 된다. 차량에 다시 들어가면 뜨거운 공기가 당신을 맞이한다. 어떤 기후에서 자동차의 내부 온도는 여름에 49°C(120°F)를 초과할 수 있다! 비록 창문의 물리적 장벽이 지구의 대기와 정확히 유사하지는 않지만, 자동차의 내부를 따뜻하게 하는 효과는 지구의 온난화와 비슷하다.

온실 효과(greenhouse effect)는 대기 기체가 지구에서 방출되는 적외선의 대부분(약 80%)을 가두는 자연스러운 과정이다. 다시 말하지만, 지구의 연간 예상 평균 기온이 15°C(59°F)인 것은 대기의 열 가둠 기체들 때문이다. 금성의 대기는 비슷한 방식으로 작용하지만 더 많은 열을 가둔다. 금성의 대기는 거의 96%의 이산화 탄소로 구성되어 있기 때문에 지구 대기보다 훨씬 더 큰 농도이다.

지구와 금성의 대기에 존재하는 이산화 탄소는 온실 기체이다. **온실 기체**(greenhonse gas, GHG)는 적외선 복사선을 흡수 및 방출하여 대기를 따뜻하게 할 수 있는 기체이다. 이산화 탄소 이외에도, GHG의 다른 예는 수증기, 메테인, 아산화 질소, 오존 및 클로로플루오로탄소이다. 이들 기체의 존재는 지구를 거주 가능한 온도로 유지하는 데 필수적이다.

사전 지식 *Did You Know* ?

수증기는 우리의 대기 중에서 가장 풍부한 온실 기체이며 지구 대기의 온도가 상승함에 따라 증가한다. 그러나 수증기의 양은 주로 자연적인 과정에서 발생된다.

에너지 균형 토론에서 지구가 흡수한 태양 복사의 80%가 대기 중으로 방출되는 것으로 나타났다. 지구, 대기 및 우주 사이의 에너지 교환은 지구의 안정된 상태와 지속적인 평균 온도를 갖도록 해준다. 그러나 오늘날 일어나고 있는 온실 기체 농도의 증가는 에너지 균형을 변화시키고, 지구 온도를 변화시키고 있다. **강화된 온실 효과**(enhanced greenhaouse effect)라는 용어는 대기 기체가 지구에서 방출하는 열 에너지의 80% *이상*을 가두고 다시 지구로 방출하는 과정을 말한다. 온실 기체의 농도가 증가하면 복사 에너지의 80% 이상이 지구 표면으로 되돌아오고 평균 기온이 상승한다. 아마도 **지구 온난화**(global warming)라는 용어는 온실 효과가 강화되어 지구 평균 기온이 상승하는 것을 나타내는 데 자주 사용된다.

대기 중 온실 기체의 양이 증가하는 이유는 무엇인가? 한 가지 설명은 산업, 운송, 광업 및 농업과 같은 인간 활동으로 인한 **인위적**(anthropogenic) 영향 때문이다. 이러한 활동에는 연소 시 이산화 탄소를 생성하는 탄소 기반 연료가 필요하다. 19세기 후반에 스웨덴 과학자 Svante Arrhenius(1859~1927)는 산업화가 증대됨에 따라 대기에 CO_2가 축적되는 문제를 고려했다. 그는 CO_2 농도가 두 배가 되면 지구 표면의 평균 온도가 5~6°C 증가할 것이라고 계산했다. 그러나 대기 중에 이산화 탄소를 어떻게 증가시키고 있는가?

활동 학습 4.20 ▸ *온실로서의 지구*

지구가 온실 역할을 하는 방법을 설명하는 도표나 모형을 그려라. 당신의 표현을 말로 설명하라.

활동 학습 4.21 ▸ *온실 문제 재논의*

이 장을 시작하면서 다음과 같은 질문을 했다. 지구의 대기에 온실 기체를 공급하는 것이 좋은가 나쁜가?

지금 이 질문에 어떻게 대답하겠는가? 설명하라.

이제 온실 효과와 그것이 지구에 미치는 영향에 대해 배웠으므로, 이산화 탄소와 수증기 온실 기체와 같은 분자를 만드는 요인을 결정해야 한다.

4.7 "온실 기체"를 어떻게 인식하는가?

관련 절

2.3절에서 대기는 78% 질소와 21% 산소 기체로 구성되어 있음을 상기하라.

이산화 탄소, 물, 메테인은 온실 기체이다; 대조적으로 질소와 산소는 온실 기체가 아니다. 왜 서로 다를까? 이에 대한 답은 부분적으로 분자의 원자수와 분자 구조와 관련이 있다. 이 절에서는 Lewis 구조에 대한 지식을 사용하여 분자의 구조를 예측한다. 다음 절에서는 이러한 구조를 분자 진동에 연결시켜 온실 기체와 비온실 기체의 차이점을 설명한다.

제3장에서는 Lewis 구조를 사용하여 전자가 원자와 분자에서 어떻게 배열되는지 예측하였다. 구조는 주요 고려 사항이 아니었다. O_2 및 N_2와 같은 2원자 분자의 구조는 무엇인가? 여기서, 분자가 직선형이 되어야 하기 때문에 구조는 분명하지 않다.

:N⋮⋮N: 또는 :N≡N: 또는 N≡N

Ö::Ö 또는 Ö=Ö 또는 O=O

사전 지식 *Did You Know* ?

각 원자 주위에는 4쌍의 전자가 있는 것이 일반적인 유형이지만 예외도 존재한다. 예를 들어 H와 He는 최대 두 개의 전자를 가질 수 있고, 13족의 원자는 대개 팔전자 미만을 가진다. 또한 3주기 이하 원자는 "팔전자를 확장"할 수 있어서 8개 이상의 전자를 가질 수 있다.

사전 지식 *Did You Know* ?

전자들은 음으로 하전되어 있어서 서로 반발하지만 짝을 지으면 안정하다. 한 쌍의 자석을 생각해 보자. 반대 극이 서로 옆에 오도록 자석을 배치하면 끌어당긴다. 전자는 비슷하지만 더 복잡한 방식으로 작동한다.

비록 큰 분자들은 다른 기하학적 구조가 가능하지만, Lewis 구조는 분자의 실험적인 구조를 예측하는 데 도움이 되는 유용한 모형이 될 수 있다. 따라서 분자의 구조를 예측하는 첫 번째 단계는 Lewis 구조를 그리는 것이다. 각 원자(수소와 헬륨 제외)는 대개 *팔전자 규칙*(octet rule)으로 알려진 4쌍의 전자를 가지고 있다. 어떤 분자는 비결합 고립 전자쌍을 가질 수 있지만, 모든 분자는 반드시 몇 개의 결합 전자를 포함해야 하며 그렇지 않으면 분자가 아니다!

반대 전하는 끌리고, 같은 전하는 밀어낸다. 음으로 하전된 전자는 양으로 하전된 핵에 끌린다. 그러나 전자는 모두 동일한 전하를 가지며, 양전하를 띤 핵에 대한 인력을 여전히 유지하면서 가능한 한 공간에서 서로 멀리 떨어져 있다. 음으로 하전된 전자 집단은 서로 밀어낸다. 따라서 전자 밀도의 상호 반발 영역이 가능한 멀리 떨어져 있는 배열을 취함으로써 분자의 실험적인 구조를 알아낼 수 있다. 온실 기체인 메테인(CH_4) 분자의 실험적인 구조를 이해하기 위한 과정을 설명하기로 한다.

1. **분자내의 각 원자가 가지고 있는 원자가 전자의 수를 결정하라.** 탄소 원자(14족)는 4개의 원자가 전자를 가지며, 4개의 수소 원자 각각은 하나의 전자를 기여한다. 모두 합쳐서 8개의 원자가 전자를 제공한다.
2. **원자가 전자를 쌍으로 배열하여 중심 원자 주위에 8개의 전자를 포함하는 Lewis 구조를 그려라.** 단일, 이중 또는 삼중 결합이 필요할 수 있다. 메테인 분자의 경우, 8개의 원자가 전자를 사용하여 중심 탄소 원자 주위에 4개의 단일 결합(4개의 전자 쌍)을 연결하라. 이것이 Lewis 구조이다.

```
   H                  H
H:C:H    또는     H—C—H
   H                  H
```

구조를 빠르게 점검해 보면 탄소에는 8개의 전자가 있고, 수소에는 각각 두 개의 전자가 있기 때문에 안정적인 구조임을 알 수 있다. 이 구조는 CH_4 분자가 평면인 것처럼 보이지만, 실제로는 그렇지 않다. 사실, 메테인 분자는 다음 단계에서 보게 될 것처럼 사면체이다.

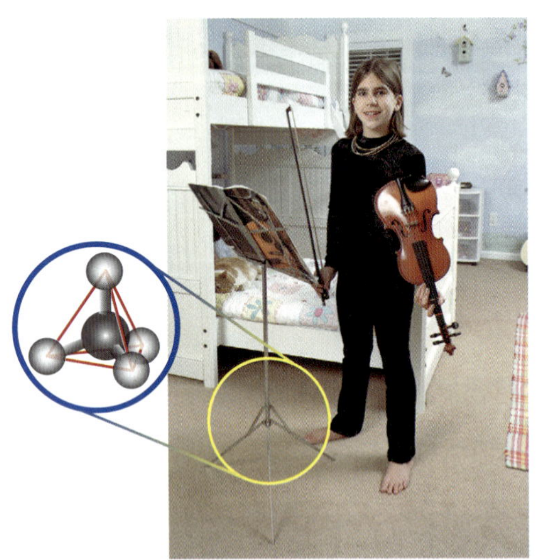

그림 4.10

악보대의 다리와 축은 메테인과 같은 정사면체 분자에 있는 결합의 기하학적 구조와 비슷하다.

3. **가장 안정한 3D 분자 구조는 결합 전자쌍이 최대한 멀리 떨어져 배열된다고 가정한다.** (주: 다른 분자에서는 비결합 전자를 고려해야 한다. CH_4에는 비결합 전자가 없다.) CH_4의 탄소 원자 주위에 있는 4개의 결합 전자쌍은 서로 반발하고, 그들의 가장 안정한 배열은 가능한 한 서로 멀리 떨어져 있는 것이다. 그 결과, 네 개의 수소 원자는 가능한 한 서로

멀리 떨어져 있다. 네 개의 수소 원자가 네 개의 측면이 동일한 삼각형으로 이루어진 네 개의 꼭짓점을 가진 기하 구조, 가끔 삼각뿔이라고도 부르는 *정사면체*(tetrahedral)의 꼭짓점에 배당되어 있으므로 이 구조를 *정사면체*(tetrahedral) 구조라고 한다.

CH_4 분자의 구조를 설명하는 한 가지 방법은 접는 악보대의 아랫부분과 비슷하다. 네 개의 C—H 결합은 일정한 간격으로 받치고 있는 세 개의 다리와 스탠드의 수직 축에 해당한다(그림 4.10). 각 결합쌍 사이의 각은 109.5°이다. CH_4 분자의 정사면체 구조는 실험적으로 확인되었다. 실제 이는 자연에서, 특히 탄소를 함유한 분자에서는 가장 흔한 원자 배치이다.

활동 학습 4.22 ▸ *메테인 — 평면인가 아니면 정사면체인가?*

a. 2차원 Lewis 구조가 예측하는 것처럼 메테인 분자가 평면이라면 H–C–H의 결합각은 얼마인가?

b. 2차원 평면이 아닌 정사면체 구조가 이 분자에 더 유리한 이유를 제시하라. *힌트*: 탄소 원자 주위의 전자의 위치를 생각해 보라.

c. 그림 4.10과 같이 노란색으로 동그라미를 친 악보대의 부분을 생각해 보자. 악보대를 사용한 구조와 비슷하게, 탄소 원자는 어디에 위치하겠는가? 수소 원자는 각각 어디에 위치하겠는가?

화학자들은 몇 가지 방법으로 분자를 나타낸다. 물론 가장 간단한 것은 화학식 그 자체다. 메테인의 경우, 단순히 CH_4이다. 다른 하나는 Lewis 구조이지만, 이것은 원자가 전자에 대한 정보를 2차원적으로 나타내는 것일 뿐이다. 그림 4.11은 다른 두 개의 삼차원 구조와 함께 이들 두 가지 표시법을 나타내고 있다. 하나는 독자를 향해 지면 밖으로 나온 결합을 나타내는 쐐기 모양의 선이다. 같은 구조식에 있는 점선 쐐기는 독자로부터 먼 쪽을 향하고 있는 결합을 나타낸다. 두 개의 직선은 종이의 평면에 놓여 있다. 다른 하나, 즉 공간 채움 모형은 분자 모형 프로그램을 이용하여 그린 것이다. 공간 채움 모형은 원자나 분자의 전자가 점유하고 있는 부피를 에워싸고 있다. 강의실이나 실험실에서 물리적 모형을 보고 다루는 것은 분자의 구조를 시각화하는 데 도움을 준다.

그러나 모든 원자가 전자가 결합 전자쌍을 형성하는 것은 아니다. 일부 분자에서는 중심 원자가 비결합 전자쌍을 가지고 있는데, 이를 *고립 전자쌍*(lone pairs)이라고도 부른다. 예를 들어, 그림 4.12는 질소가 8개의 전자로 둘러싸인 정상적인 유형을 따르는 암모니아 분자를 보여준다. 이 경우, 3개의 결합 전자쌍과 1개의 비결합 전자쌍을 가지고 있다.

고립 전자쌍은 결합 전자쌍보다 더 넓은 공간을 차지한다. 결과적으로, 고립 전자쌍과 결합 전자쌍 사이의 반발은 결합 전자쌍끼리의 반발보다 더 크다. 이 강한 반발력은 결합 전자쌍을 서로 가깝게 만들어 H—N—H의 결합각이 정사면체 구조에서 예측된 109.5°

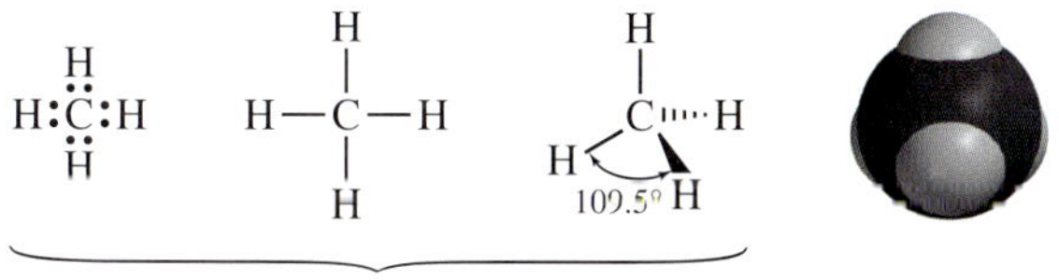

(a) (b)

그림 4.11

메테인, CH_4의 분자 모습. **(a)** Lewis 구조 및 구조식, **(b)** 공간 채움 모형이 표시되어 있다. 이 구조의 3D 모습에 대해서는 www.acs.org/cic를 확인하라.

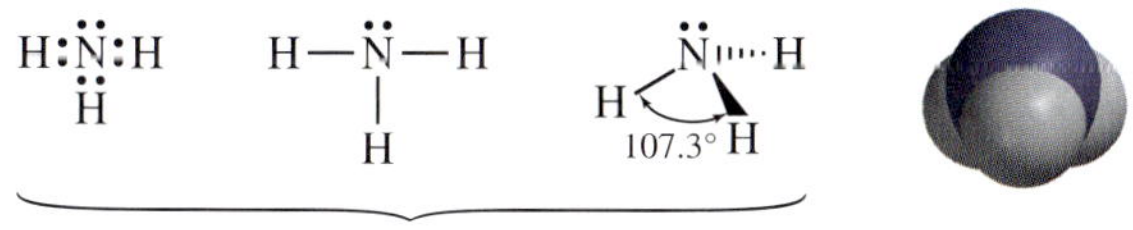

(a) (b)

그림 4.12

암모니아 분자, NH_3의 표현. **(a)** Lewis 구조 및 구조식 및 **(b)** 공간 채움 모형을 나타내었다. 이 구조의 3D 모습에 대해서는 www.acs.org/cic를 확인하라.

표 4.6 일반적인 분자의 기하 구조

중심 원자와 결합한 원자의 수	중심 원자에 놓인 비결합 전자쌍 수	기하 구조	공간-채움 모형
2	0	직선형	CO_2 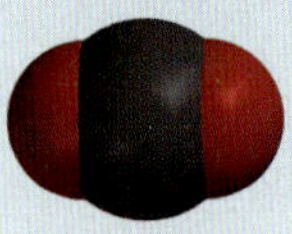
2	2	굽은형	H_2O 
3	0	삼각뿔	BCl_3 
3	1	삼각쌍뿔	NH_3 
4	0	정사면체	CH_4 

보다 약간 작게 만든다. 실험적인 값은 107.3°로 정사면체의 결합각에 가깝고, 우리의 모형이 신뢰할만하다는 것을 나타낸다.

분자의 구조는 원자의 배열로 나타낸다(표 4.6). NH_3 분자의 수소 원자는 피라미드 꼭대기에 있는 질소 원자와 함께 삼각형을 형성한다. 따라서 암모니아는 *삼각뿔*(trigonal pyramidal) 구조라고 말한다. 악보대(그림 4.10)와 유사하다는 것으로 돌아가서, 수소 원자는 악보대 발의 끝에 위치한다고 예상하면 된다. 질소 원자의 위치는 수직축과 발이 만나는 지점이고, 비결합 전자쌍은 악보대의 축에 놓인다.

물 분자는 이제까지 다룬 모양과는 다른 굽은(bent) 구조이다. 중심인 산소 원자에는 8개의 원자가 전자가 있는데, 두 개의 수소 원자 각각에서 1개씩, 그리고 산소 원자(16족)에서 6개이다. 이 8개의 전자는 두 개의 결합 전자쌍과 두 개의 고립 전자쌍에 분배되어 있다(그림 4.13a).

만약 이 네 개의 전자쌍이 최대한 멀리 떨어져 배열한다면, H—O—H 결합각이 메테인 분자의 H—C—H 결합각과 같은 109.5°가 될 것으로 예측할 수 있다. 그러나 메테인 분자와는 달리 물 분자는 두 쌍의 비결합 전자를 가지고 있다. 두 개의 비결합 전자쌍 사이의 반발로 인해 결합각은 109.5°보다 작아진다. 실험 결과 약 104.5°의 값으로 측정되었다.

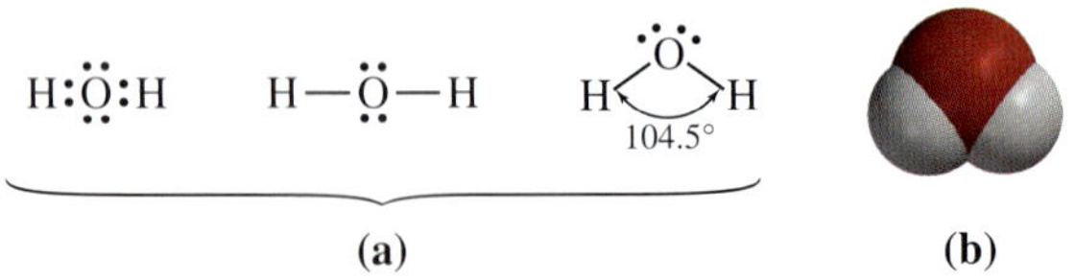

그림 4.13
물 분자, H_2O의 표현. **(a)** Lewis 구조 및 구조식, **(b)** 공간 채움 모형. 이 구조의 3D 모습에 대해서는 www.acs.org/cic를 확인하라.

활동 학습 4.23 ▶ 분자 구조의 예측 – 1

표 4.6과 방금 설명한 전략을 사용하여 이러한 각 분자의 모양을 그려라.

a. CCl_4(사염화 탄소)

b. CCl_2F_2(Freon-12, 다이클로로다이플루오로메테인)

c. H_2S(황화 수소)

우리는 이미 기후 변화의 화학 작용을 이해하는 데 중요한 몇 가지 분자의 구조를 살펴보았다. 이산화 탄소 분자의 Lewis 구조는 어떨까? 이산화 탄소는 총 16개의 원자가 전자를 가지고 있는데 C 원자가 4개, 2개의 산소 원자가 각각 6개의 전자를 제공한다. 만일 단일 결합으로만 이루어졌다면 각 원자는 8개의 전자를 가질 수 없다. 그러나 만약 중심 탄소 원자가 2개의 산소 원자와 각각 하나의 이중 결합을 형성하여 4개의 전자를 공유한다면 팔전자 규칙을 만족할 수 있다.

CO_2 분자는 어떤 모양인가? 다시 말하지만 전자쌍들은 서로 반발하므로, 가장 안정한 구조는 음전하들이 최대한 멀리 떨어지는 것이다. 이 경우 전자쌍들은 이중 결합이고 이들은 O=C=O 결합각이 180°로 최대한 멀리 떨어져 있다. 모형은 CO_2 분자의 세 원자는 직선상에 위치하고, 분자 구조는 *직선형*(linear)이라고 예측한다. 이것을 그림 4.14에 나타내었다.

사전 지식 *Did You Know*

중심 원자 주위의 전자 만이 결합각에 영향을 미친다. 따라서 CO_2에서 산소 원자 주위의 전자는 전체 모양에 영향을 미치지 않는다.

우리는 전자쌍 반발의 개념을 중심 원자 주위에 네 쌍의 전자를 가지는 분자(CH_4, NH_3, H_2O)와 두 쌍의 전자를 가지는 분자(CO_2)에 적용하였다. 전자쌍 반발은 3쌍, 5쌍, 6쌍의 전자들을 가진 분자에서도 합리적으로 잘 적용된다. 대부분의 분자에서 전자와 원자는 전자들이 최대한 멀리 떨어지도록 배열된다. 이 논리는 3.8절에서 오존 분자의 굽은 구조도 설명할 수 있다.

관련 절

O_3 분자는 두 개의 동등한 공명 형태로 가장 잘 표현된다. 3.8절에서 이 주제를 다시 복습하라.

18개의 원자가 전자를 가진 오존(O_3) 분자의 Lewis 구조는 한 개의 단일 결합과 한 개의 이중 결합을 포함하고 있으며, 중심 산소 원자는 한 쌍의 비결합성 전자쌍을 가지고 있다(그림 4.15). 따라서 중심 O 원자는 한 개의 단일 결합 전자쌍, 한 개의 이중 결합을 구성하는 전자쌍, 그리고 고립 전자쌍의 세 종류의 전자를 가지고 있다. 이 세 종류의 전자쌍은 서로 반발하여, 최대한 멀리 떨어져 있을 때 분자의 에너지가 최소가 된다. 이것은 전자

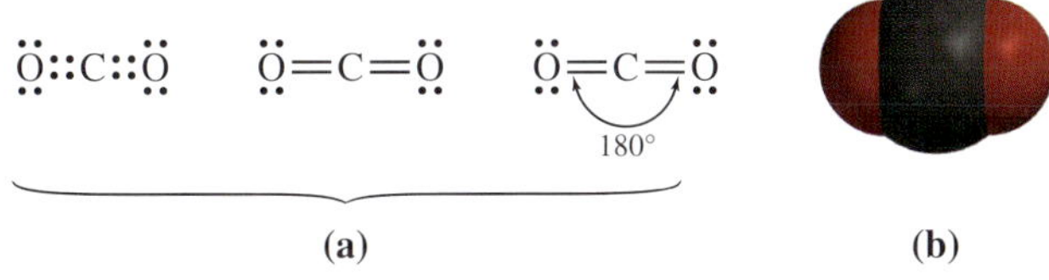

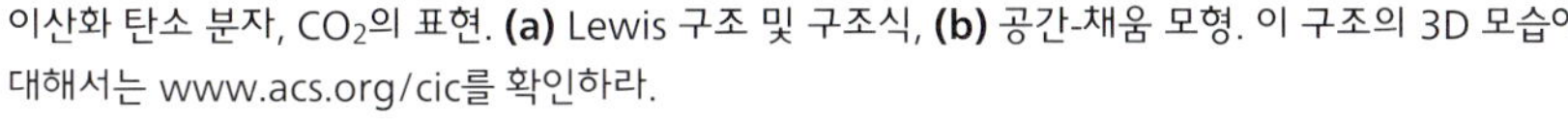

그림 4.14

이산화 탄소 분자, CO_2의 표현. **(a)** Lewis 구조 및 구조식, **(b)** 공간-채움 모형. 이 구조의 3D 모습에 대해서는 www.acs.org/cic를 확인하라.

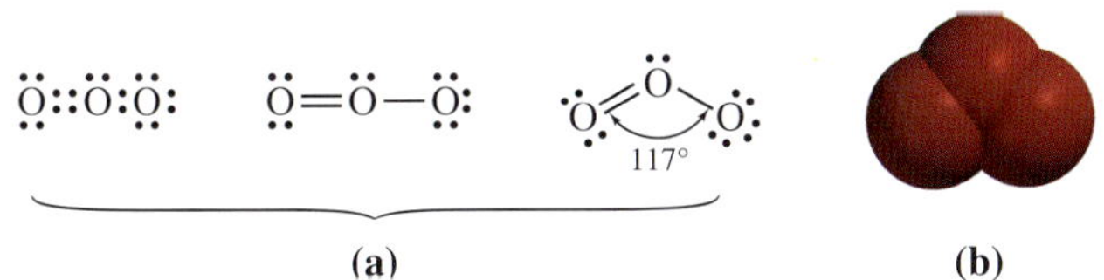

그림 4.15

오존 분자, O_3의 표현. 한 개의 공명 형태에 대한 **(a)** Lewis 구조 및 구조식, **(b)** 공간-채움 모형이 도시되어 있다. 이 구조의 3D 모습에 대해서는 www.acs.org/cic를 확인하라.

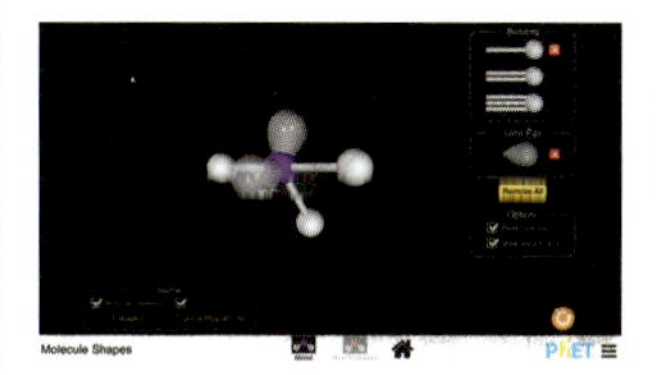

PhET Interactive Simulations, University of Colorado

분자를 3D로 구축하여 분사 구소를 조사해 보려면 이 모의실험을 확인하라.

쌍들이 모두 같은 평면에 있고, 서로로부터 약 120°의 결합각을 이루고 있을 때이다. 따라서 우리는 O_3 분자는 굽은 구조이고, 세 원자가 이루는 결합각은 약 120°임을 예측할 수 있다. 실험 결과, 결합각은 예측한 것보다 아주 조금 작은 117°를 나타내고 있다. 중심 산소 원자의 비결합 전자쌍은 결합 전자쌍보다 큰 부피를 차지하고 있어 반발력이 크기 때문에 결합각이 조금 줄어든 것이다.

활동 학습 4.24 ▶ *분자 구조의 예측 – 2*

표 4.6과 방금 설명한 전략을 사용하여 SO_2(이산화 황) 및 SO_3(삼산화 황)의 분자 구조를 예측하고 그려라.

약속한 대로 이 절에서 서로 다른 분자 구조를 예측하고 볼 수 있도록 도움을 주었다. 다음 절에서 우리는 온실 기체의 이야기로 돌아가서 모든 기체들이 온실 기체가 아닌 이유를 이해하는 데 분자 구조에 대한 지식을 사용하도록 할 것이다.

4.8 온실 기체는 어떻게 작동하는가?

온실 기체는 어떻게 열을 붙잡아 지구를 안락한 온도로 만드는가? 부분적인 답은 분자가 에너지 광자와 어떻게 반응하는가에 달려 있다. 이 주제는 복잡하지만 대기 내 온실 기체들이 어떻게 작용하는지를 이해하는 데 충분한 기초를 제공할 수는 있다. 동시에 다른 기체가 열을 잡아둘 수 없는 이유도 밝힐 것이다.

오존층과 관련하여 앞서 제3장에서 논의하였던, 분자와 자외선(UV)과의 상호 작용을 다시 살펴보는 것으로 이 주제를 시작하자. 높은 에너지(UVC)의 광자는 O_2의 공유 결합을 깰 수 있고, 낮은 에너지(UVB)의 광자는 O_3의 결합을 깰 수 있음도 알았다. 이 사실을 다르게 보면, 오존과 산소 분자는 UV 복사선을 흡수할 수 있다. 이 흡수가 일어나면 산소와 산소의 결합이 끊어진다.

다행히도 적외선 광자는 화학 결합이 끊어질 정도로 충분한 에너지를 가지고 있지 않다. 대신 적외선 광자는 분자 내 진동 에너지를 더해 줄 수 있다. 분자 구조에 따라 특정한 진동만이 가능하다. 광자를 흡수하기 위해서는 입사되는 광자 에너지는 분자의 진동 에너지와 정확히 일치하여야 한다. 이것은 다른 분자가 다른 파장의 적외선을 흡수하여 다른 에너지의 진동 운동을 하게 된다는 것을 의미한다.

우리는 이러한 개념을 원자는 공으로, 공유 결합은 용수철로 표시한 CO_2 분자로 나타내었다. 각 CO_2 분자는 그림 4.16처럼 네 가지 방법으로 끊임없이 진동한다. 화살표는 각 진동에서 각 원자의 운동 방향을 의미한다. 화살표를 따라 원자들은 앞뒤로 움직인다.

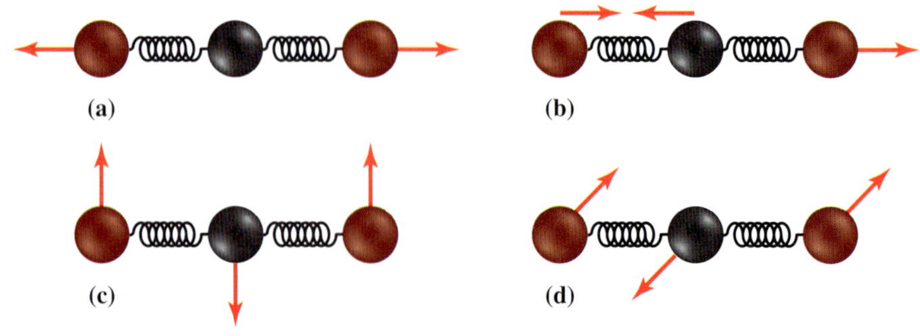

그림 4.16

이산화 탄소, CO_2에서 분자 진동의 그림. 각 용수철은 C=O 이중 결합을 나타낸다. 진동 **(a)**와 **(b)**는 신축 진동이고, **(c)**와 **(d)**는 굽힘 진동이다.

진동 **(a)**와 **(b)**는 신축(stretching) 진동이다. 진동 **(a)**에서 중앙의 탄소 원자는 움직이지 않고, 산소 원자들은 중앙 원자로부터 멀어지는 방향으로 앞뒤로(신축) 움직인다. 또는 산소 원자들은 같은 방향으로 이동하고 탄소 원자는 반대 방향으로 이동할 수 있다. 진동 **(c)**와 **(d)**는 매우 비슷하게 보인다. 두 가지 경우에서 분자는 일반적인 선형 모양에서 굽어진다. 굽힘(bending)은 2개의 가능한 평면상에서 각각 일어날 수 있으므로 2개의 진동으로 여긴다. 진동 **(c)**에서 분자는 그림이 인쇄된 종이의 평면 위아래로 굽힘이 일어나지만, 진동 **(d)**에서 분자는 종이의 평면 앞뒤로 굽힘이 일어남을 나타내고 있다.

용수철을 조사하면 굽히는 것(bend)보다 늘리는 것(stretch)에 더 많은 에너지가 필요함을 알 수 있을 것이다. 유사하게 CO_2 분자를 늘리는 것은 굽히는 것보다 더 많은 에너지를 필요로 한다. 이것은 신축 진동 **(a)** 또는 **(b)**에 에너지를 주는 것은 굽힘 진동 **(c)** 또는 **(d)**에 에너지를 주는 것보다 에너지가 더 큰 광자, 파장이 짧은 광자가 필요함을 의미한다. 예를 들면 15.0마이크로미터(μm) 파장의 적외선 흡수는 굽힘 진동**(c)**와 **(d)**를 위한 에너지를 준다. 이것이 일어날 때 원자들은 평형 위치에서 더 많이 움직이고 평상시보다 (평균적으로) 더 빠르게 움직인다. 진동 **(b)**에서 같은 현상이 일어나려면 4.3 μm의 파장을 가지는 더 높은 에너지의 복사선이 필요하다. 이것은 비대칭 신축 진동으로 간주된다. 진동 **(b), (c), (d)**는 모두 이산화 탄소의 온실 특성을 설명하는 데 필요하다. 그 이유는 이들 모두는 적외선(열)의 흡수로 인해 발생하기 때문이다.

관련 절

3.2절에서 에너지와 파장은 반비례 관계에 있음을 상기하라.

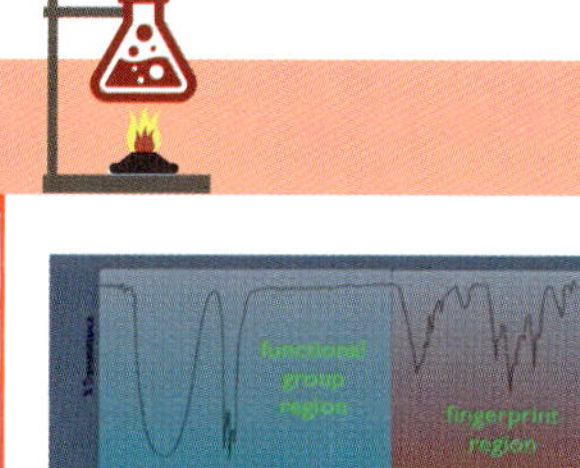

©Knowbee

적외선이 분자와 상호 작용하는 방법에 대한 자세한 내용은 www.acs.org/cic에서 비디오를 확인하라.

반면에 적외선 복사선을 직접적으로 흡수하는 것은 진동 **(a)**에 에너지를 주지 않는다. CO_2 분자에서 전자의 평균 농도는 탄소 원자보다 산소 원자에서 더 높다. 여기서 설명한 **전기음성도**(electronegativity, EN)의 성질은 결합 전자를 끌어당기는 원자의 능력을 측정하는 척도이다. 전기음성도가 가장 높은 원소는 주기율표의 우측 상단에 있다(EN이 가장 높은 것은 F이다). 이와는 대조적으로 주기율표의 왼쪽 하단 원소(Francium, Fr)가 전기음성도가 가장 적다.

탄소에 비해 산소의 전기 음성도가 크다는 것은 산소 원자가 탄소 원자에 비해 부분 음전하(δ^-)를 가지며, 탄소는 부분 양전하(δ^+)를 갖는 것을 의미한다. 결합이 늘어남에 따라 전자의 위치는 변하고, 분자내의 전하 분포도 변하게 된다. CO_2의 직선형 구조와 대칭성 때문에 대칭 신축(진동 **(a)**) 동안 전하 분포의 변화가 상쇄되고 적외선 흡수는 일어나지 않게 된다.

활동 학습 4.25 ▸ *분자는 어떻게 신축하는가?*

아래의 각 분자에 대해 구조를 결정한 다음, IR 흡수에 해당하는 분자 내 비대칭 신축 진동이 일어날 위치를 결정하라.

a. NO_2 **b.** O_3 **c.** CH_4 **d.** NH_3

분자가 흡수하는 적외선(열) 에너지는 **적외선 분광계**(infrared spectrometer)라고 하는 기기로 측정한다. 적외선은 연구될 화합물의 시료, 이 경우에는 기체 CO_2를 통과한다. 검출기는 다양한 파장의 빛이 시료를 통과한 후 시료에 의해 전달되는 복사선의 양을 측정한다. 높은 투과율은 낮은 흡광도를 의미하며, 낮은 투과율은 높은 흡광도를 나타낸다. 이 정보는 그래프로 표시되며, 여기서 투과된 복사선의 상대적인 세기를 파장에 대해 표시된다. 그 결과가 화합물의 적외선 스펙트럼이다. 그림 4.17은 기체 CO_2의 적외선 스펙트럼을 보여준다.

사전 지식 *Did You Know*

분광학은 시료에 전자기 에너지를 통과시켜서 물질의 구조를 조사하는 연구 분야이다.

그림 4.17의 적외선 스펙트럼은 CO_2 기체의 실험실 시료를 사용하여 얻은 것이지만 대기에서도 같은 흡수가 일어난다. 특정 파장의 적외선 에너지를 흡수하는 이산화 탄소 기체 분자는 다른 상황을 경험한다. 어떤 분자들은 짧은 시간 동안 적외선 에너지를 머금은 다음, 열의 형태로 모든 방향으로 다시 방출한다. 다른 분자들은 N_2 및 O_2와 같은 대기권

관련 절

제3장에서 오존층 파괴에 대한 CFC의 역할에 대해 배웠지만 그곳에서는 완전히 다른 과정이 작용하고 있다.

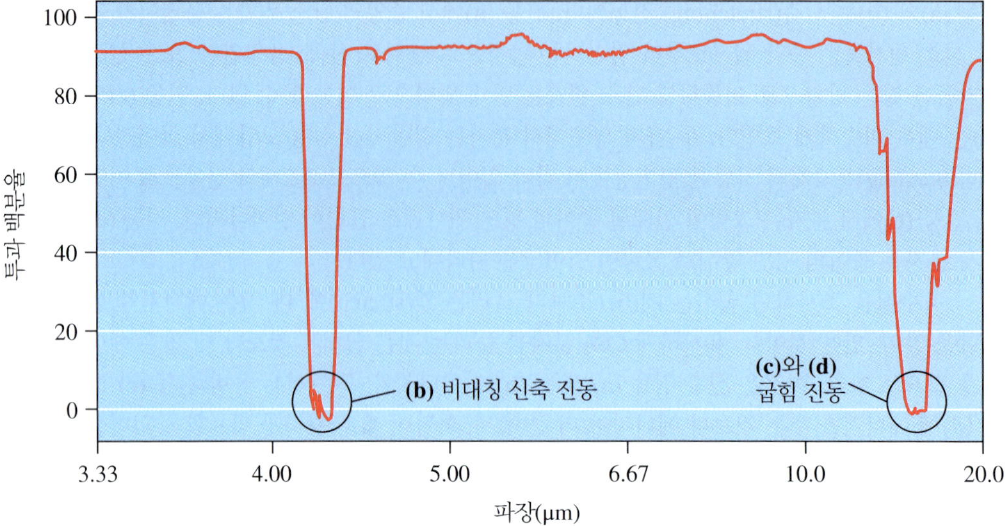

그림 4.17
이산화 탄소 기체의 적외선 스펙트럼. 문자 **(b)**, **(c)**, **(d)**는 그림 4.16에 표시된 분자 진동을 나타낸다.

분자와 충돌하고, 흡수한 일부 에너지를 열로서 전달한다. 이 두 과정을 통해 CO_2는 지구가 방출한 일부 적외선을 "붙잡아서" 지구를 편안하고 따뜻하게 유지한다. 이것이 CO_2가 온실 기체가 되는 원리이다.

3개 이상의 원자를 갖는 모든 분자는 IR 복사선의 광자를 흡수하여 온실 기체처럼 행동을 할 수 있다. 물은 지구 온도를 유지하는 데 가장 중요한 기체이며, 그 다음이 이산화 탄소이다. 그림 4.18은 강한 흡수 띠를 나타내는 기체 H_2O의 IR 스펙트럼이다. 그러나 메테인, 아산화 질소, 오존 및 클로로플루오로탄소(예: CCl_3F)도 IR 복사를 강하게 흡수하여 지구의 열을 보존하는 데 도움이 된다.

활동 학습 4.26 ➤ *온실 기체의 스펙트라*

a. 그림 4.18을 사용하여 수증기의 적외선 흡수 중에서 가장 강한 IR 흡광도를 나타내는 파장을 예측하라.

b. 굽힘 진동을 나타내는 파장과 신축 진동을 나타내는 파장은 얼마인가? 예측한 근거를 설명하라.
힌트: H_2O의 IR 스펙트럼과 CO_2의 IR 스펙트럼을 비교해 보라.

N_2와 O_2 같이 동일한 원자로 이루어진 이원자 기체들은 온실 기체가 아니다. 2개의 동일한 원자로 구성된 분자들도 진동을 하지만, 진동하는 동안 전체적인 전하 분포는 변하지 않는다. 앞에서 그림 4.17에 있는 대칭 신축 진동은 CO_2의 온실 기체 거동에 영향을 미치지 않는데 그 이유는 전체 전하 분포의 변화 부족 때문이라는 것을 논의하였다.

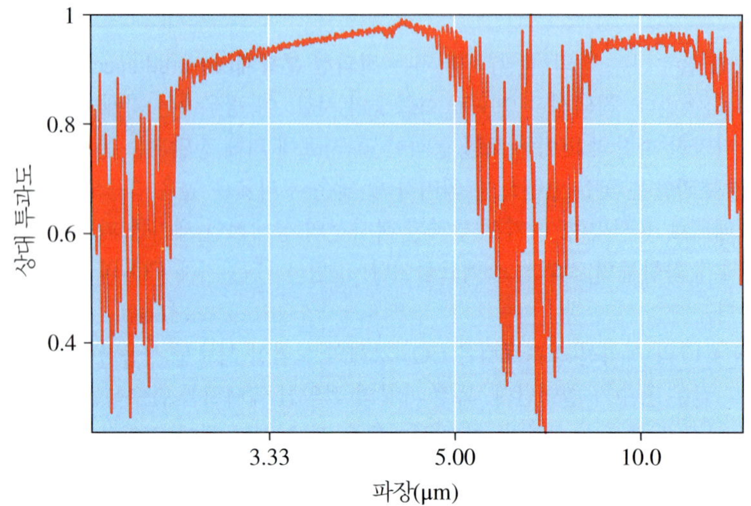

그림 4.18
수증기의 적외선 스펙트럼.
Source: NIST Chemistry WebBook

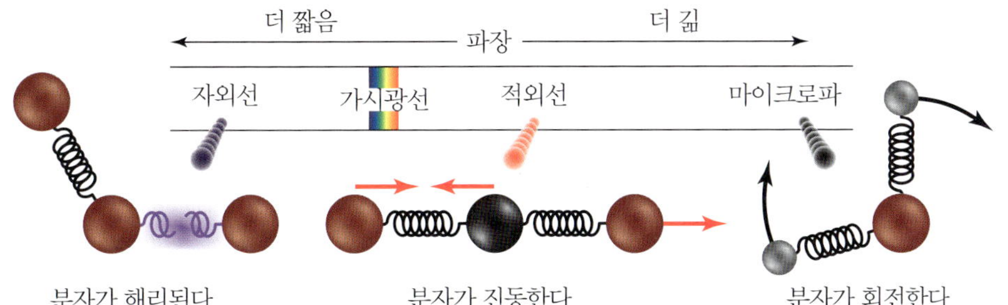

그림 4.19

복사선의 유형에 따른 분자의 반응.

활동 학습 4.27 ➤ *온실 기체의 스펙트라*

그림 4.17과 4.18에서 CO_2와 수증기의 IR 스펙트럼을 각각 보여 주었다.

a. 온실 기체라고 표시된 다른 기체는 무엇인가? www.acs.org/cic의 모의실험을 이용하여 기체의 IR 스펙트럼을 찾아라. 이산화 탄소와 수증기의 스펙트럼과 당신이 찾은 스펙트럼의 유사점과 차이점은 무엇인가?

b. 온실 기체가 아닌 것으로 알려진 기체는 무엇이 있는가? 인터넷을 사용하여 같은 비교를 수행하라.

c. 온실 기체의 스펙트럼의 독특한 점은 무엇인가?

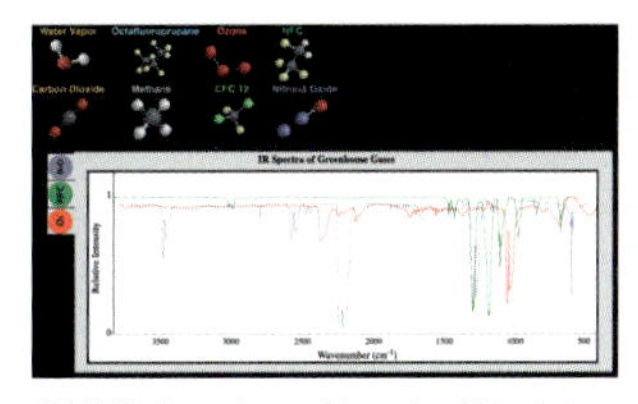

오존 분자가 전자기 스펙트럼의 여러 영역과 상호 작용하는 다음의 모의실험을 www.acs.org/cic에서 확인하라.

지금까지 분자가 복사선에 반응하는 두 가지 방법을 살펴보았다. 높은 진동수와 짧은 파장의 에너지가 높은 광자(자외선)는 분자 내 결합을 끊을 수 있다. 에너지가 낮은 광자(예: IR 복사선)는 분자 진동을 증가시킨다. 두 과정 모두 그림 4.19에 나타내었으나, 그림에는 더 친숙한 복사 에너지에 대하여 반응하는 다른 한가지의 반응이 포함되어 있다.

활동 학습 4.28 ➤ *온실 효과의 재논의*

이제 온실 기체의 정체성과 그 분자들이 어떻게 대기 온난화를 일으킬 수 있는지 배웠으니, 초기에 제하였던 질문 몇 가지를 다시 살펴보자. 다음 질문에 대한 답을 하라. 초기의 생각이 바뀌었는지, 만약 바뀌었다면 그 이유를 써라.

a. 대기 온난화는 좋은가 아니면 나쁜가?

b. 온실 효과가 기후 변화를 유발하는가?

c. 기후 변화가 일어나고 있는가?

4.9 어떻게 하면 과거로부터 배울 수 있을까?

이제 탄소 저장소를 조사하였고, 온실 기체가 되려면 분자 구조가 어떻게 되어야 하는지를 논의하였으므로 과거 지구의 기후에 어떤 일이 있었는지 살펴보자. **기후**(climate)와 **날씨**(weather)라는 용어 사이에 중요한 구분이 필요하다. *날씨*(weather)에는 내일의 고온과 지온, 이슬비와 호우, 눈보라와 열파, 가을 바람과 더운 여름 바람이 포함되며, 이 기간은 모두 상대적으로 짧은 기간이다. 반대로 *기후*는 수일이 아닌 수십 년에 걸친 지역 온도, 습도, 바람, 비 및 강설량을 나타낸다. 날씨는 매일 다르지만 기후는 지난 10,000년 동안 비교적 일정하게 유지되었다. "평균 지구 온도"로 인용된 수치는 기후 현상의 한 척도에 지나지 않는다. 요점은 지구 평균 온도가 상대적으로 조금만 변해도 기후의 다양한 방면에 거대한 효과를 줄 수 있다는 것이다.

활동 학습 4.29 ▶ 기후와 날씨

기후와 날씨 사이의 3가지 비슷한 점과 3가지 차이점을 나열하라. "지구 온난화"라는 용어는 기후 현상에 대한 설명인가? 설명하라.

대략 지구의 나이와 같은 지난 45억 년 동안 지구의 기후와 대기는 크게 변화하였다. 지구 기후는 지구 궤도의 모양과 지구 축의 기울기의 주기적 변화에 직접적으로 영향을 받는다. 이 변화는 지난 수백만 년 동안 정기적으로 찾아왔던 빙하기의 원인이라고 생각되고 있다. 태양조차도 변하였다. 10억 년 전의 태양 에너지의 방출량은 현재보다 25~30% 적었다. 뿐만 아니라 대기의 온실 기체 농도의 변화는 지구의 에너지 균형에 영향을 주었고, 결과적으로 지구 기후에 영향을 주었다. 대기 중 이산화 탄소는 오늘날보다 20배나 더 많았다. 그러나 CO_2는 바다에 용해되거나 석회암과 같은 암석에 혼입되면서 그 농도 수준이 낮아졌다. 또한 광합성의 생물학적 과정은 이산화 탄소를 제거하고 산소를 생산함으로써 우리 대기의 구성을 근본적으로 변화시켰다. 화산 폭발과 같은 특정한 지질학적 사건들은 대기에 수백만 톤의 이산화 탄소와 다른 기체들을 추가시켰다.

이러한 자연 현상이 앞으로 몇 년 동안 지구의 대기와 기후에 계속해서 영향을 미칠 것이지만, 우리는 또한 인간 활동의 역할도 평가해야 한다. 현대 산업과 교통의 발달로 인간은 석탄, 석유, 천연가스 같은 지구 자원에서 나오는 막대한 양의 탄소를 비교적 짧은 기간에 걸쳐 이산화 탄소 형태로 대기 중으로 이동시켰다. 인간이 대기에 미치는 영향, 그리고 기후 변화 영향을 평가하기 위해서는 이 크고 빠른 이산화 탄소 유입에 대한 치명적인 영향을 조사하는 것이 중요하다. 실제로 대기 중의 CO_2 농도는 지난 반세기 동안 크게 증가했다. 최고의 직접적인 측정은 그림 4.20과 같이 Hawaii의 Mauna Loa 천문대에서 이루어졌다. 빨간색 지그재그 선은 월평균 농도를 나타내며, 매년 4월에 소폭 증가하다가 10월에는 소폭 감소하고 있다. 검은색 선은 12개월 이동 평균을 나타낸다. 1960년 315 ppm에서 오늘날 400 ppm 이상으로 연평균 값이 꾸준히 증가하고 있음을 주목하라.

활동 학습 4.30 ▶ 무엇이 이산화 탄소를 증가시키는가?

그림 4.20은 지구 대기의 이산화 탄소 양이 증가하고 있음을 보여준다. 이 기간 동안 이러한 현상이 일어나게 된 이유를 나열하라.

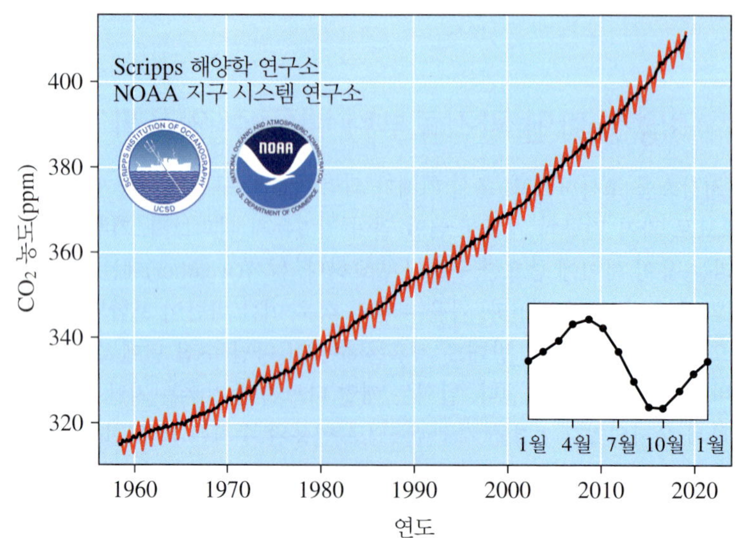

그림 4.20
Hawaii의 Mauna Loa 관측소에서 측정한 1958년부터 2018년까지의 이산화 탄소 농도. 삽입된 그래프: 1년 중 월별 변화.
Source: NOAA

활동 학습 4.31 › 다른 온실 기체는 어떤가?

NOAA(국립해양대기청) 지구 시스템 연구소[(National Oceanic and Atmospheric Administration, NOAA) Earth System Research Laboratory]의 웹사이트를 방문하여 논의한 다른 3개 이상의 온실 기체에 대한 자료를 보라. 각 기체의 시간에 따른 농도 변화를 이산화 탄소의 농도와 비교해 보라. 이 자료에서 중요한 다른 정보는 무엇이라고 생각하는가?

활동 학습 4.32 › Mauna Loa의 순환

그림 4.20을 참조하여 다음 질문에 답하라.

a. 지난 50년간 CO_2 농도의 증가 백분율을 계산하라.

b. 주어진 연도 내에서 CO_2 ppm의 변동을 예측하라.

c. 평균적으로 CO_2 농도는 매년 4월이 10월보다 높다. 그 이유는 무엇인가?

매우 오래 전 대기의 조성에 관한 자료를 어떻게 얻을 수 있을까? 많은 관련된 정보는 얼음 핵(ice core) 시료의 분석에서 얻을 수 있다. 지구에서 영구적인 눈으로 덮인 지역은 대기의 역사를 보존한 채로 얼음 층에 묻혀 있다. 그림 4.21a는 페루의 안데스 산맥에 매년 얼음층이 쌓인 극적인 예를 보여 준다. 지구상에서 가장 오래된 얼음은 남극에 있고, 과학자들은 60년 이상 동안 구멍을 뚫어 얼음 핵 시료를 수집해 왔다(그림 4.21b). 얼음 속에 갇힌 공기 방울(그림 4.21c)은 대기 역사의 연대표를 수직적으로 보여 준다. 즉 더 깊게 구멍을 뚫을수록 더 오랜 과거로 거슬러 올라가게 되는 것이다.

상대적으로 얕은 곳의 얼음 핵 자료는 지난 천 년 중 처음 800년간 CO_2 농도가 약 280 ppm으로 일정하였음을 보여 준다. 그림 4.22는 Mauna Loa 자료와 남극 대륙의 얼음 핵의 자료를 결합한 것이다. 1800년대 초기부터 CO_2와 다른 온실 기체들은 대기권에서 산업 혁명과 그에 따른 **화석 연료**(fossil fuel)의 연소에 따라 점점 증가하는 추세로 축적되기 시작하였다.

(a)

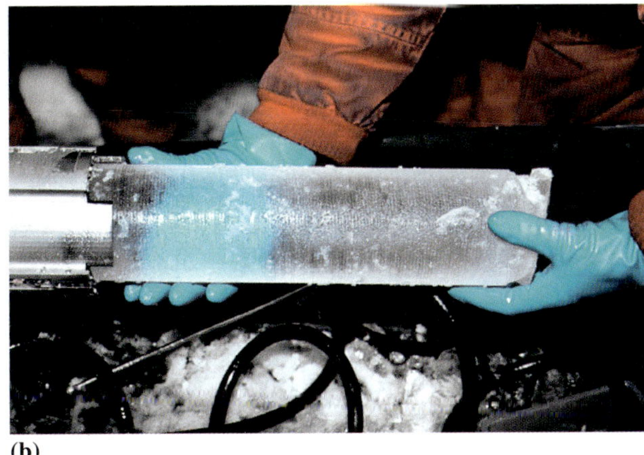
(b)

(c)

그림 4.21

(a) 매년 쌓인 층을 보여주는 Quelccaya 얼음층(페루의 안데스 산맥). **(b)** 시간에 따른 온실 기체 농도의 변화를 결정하는 데 사용될 수 있는 얼음 핵. **(c)** 얼음에 있는 미세한 공기 방울.

a: ©Lonnie G. Thompson, Ohio State University; *b*: ©Vin Morgan/AFP/Getty Images; *c*: ©W. Berner, 1978, PhD Thesis University of Bern, Switzerland. (D. Lüthi, M. Le Floch, B. Bereiter, T. Blunier, J. M. Barnola, U. Siegenthaler, D. Raynaud, J. Jouzel, H. Fischer, K. Kawamura, and T.F. Stocker, High-resolution carbon dioxide concentration record 640,000-800,000 years before present, *Nature* **2008,** 453, 379–382.)

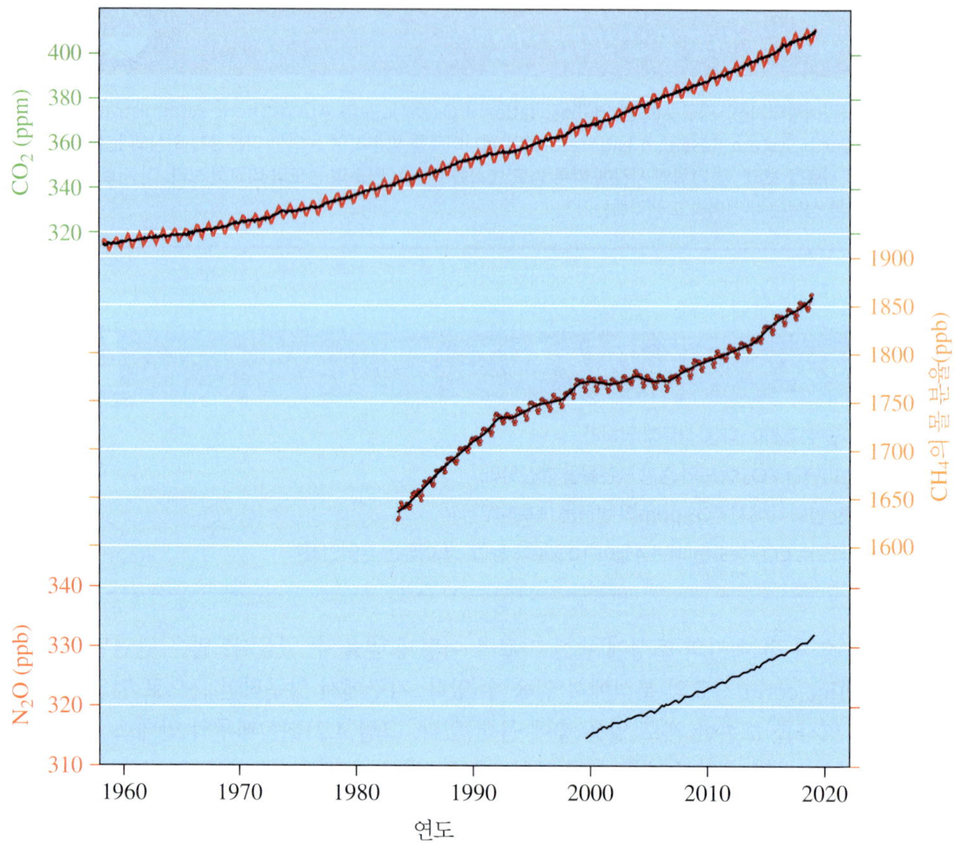

그림 4.22

남극 빙핵 및 대기에서 측정된 지난 3세기 동안의 이산화 탄소 및 기타 온실 기체의 농도. CO_2 및 CH_4 농도의 월간 변동이 표시되어 있다.

Source: Intergovernmental Panel on Climate Change (IPCC) Synthesis Report, 2014.

활동 학습 4.33 ➜ *CO_2 증가에 대한 사실 확인*

a. 최근 정부 보고서에 따르면 1960년 이후 대기의 이산화 탄소 농도가 30% 증가하였다. 다양한 인터넷의 자료를 사용하여 이 진술을 평가하라.

b. 지구 온난화 회의론자는 1957년 이래로 대기 수준의 CO_2 증가율이 1860년에서 현재까지 증가한 비율의 절반에 불과하다고 말한다. 이 진술의 정확성과 그것이 잠재적인 온실 기체 배출 정책에 어떻게 영향을 미칠 수 있는지에 대한 의견을 말하라.

시간을 더 오래 거슬러 가면 어떻게 될까? 러시아, 프랑스와 미국 과학자들로 구성된 연구 팀은 남극의 여러 장소에서 구멍을 뚫은 결과 800만 년 동안 만들어진 얼음 핵을 채취하였다. 약 80만 년 이상 거슬러 올라가는 대기 중 이산화 탄소 농도는 그림 4.23에 나타나 있다.

그래프에서 가장 분명한 것은 대략 10만년 간격으로 발생하는 높은 이산화 탄소 농도와 낮은 이산화 탄소 농도의 주기이다. 이 자료에서 두 가지 중요한 결론을 도출할 수 있다. 한 가지는 현재의 대기 중 CO_2 농도는 지난 백만 년의 어느 때보다도 100 ppm 이상 높다. 또한 그 기간 동안 CO_2 농도가 오늘날처럼 빠르게 상승한 적은 없었다.

활동 학습 4.34 ➜ *동의하는가?*

a. 바로 앞의 단락에서 그림 4.23에 제시된 자료에 대해 두 가지 결론을 내렸다. 결론에 동의하는가? 설명하라.

b. 결론에서 언급한 것을 변경해야 하는 이유는 무엇인가?

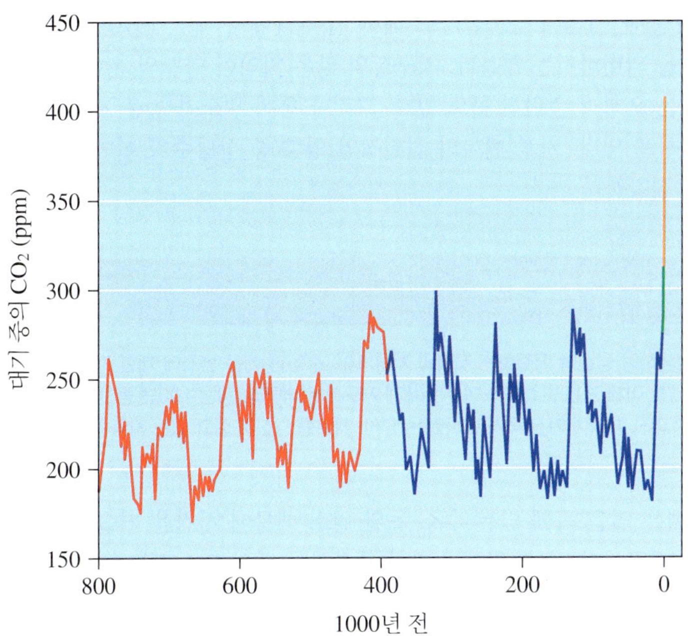

그림 4.23

지난 8번의 빙하 사이클에서 현대까지의 대기 중 이산화 탄소 농도. 남극 EPIA 돔 C(**빨간색**), Vostok(**파란색**), Law 돔(**녹색**), Mauna Loa(**주황색**)의 대기 측정에서 얻은 복합 자료를 나타내었다.

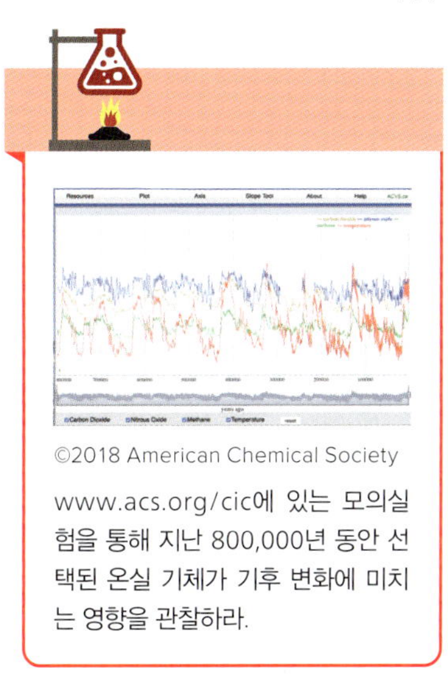

©2018 American Chemical Society

www.acs.org/cic에 있는 모의실험을 통해 지난 800,000년 동안 선택된 온실 기체가 기후 변화에 미치는 영향을 관찰하라.

지구의 기온은 어떨까? 측정 결과 지난 50여 년 동안 지구의 평균 기온은 약 0.8°C(1.4°F) 증가하였다. 1880년 이후 가장 따뜻했던 해 10번이 지난 20년 동안 발생했다. 일부 과학자들은 한 세기 또는 두 세기가 지구의 45억 년 역사에서 비교적 순간적이라고 지적한다. 그들은 단기간의 온도 변동에 대해 과도한 걱정을 경계한다. 관측된 이상 기온 현상에서 엘리뇨(El Niño) 및 라니냐(La Niña)와 같은 대기 순환 유형의 단기 변화를 확실히 알 수 있다.

비록 지난 50년 동안의 기온의 추세는 일반적으로 이산화 탄소 농도의 증가를 따르지만, 연도별 온도 자료는 일관성이 훨씬 떨어진다. 온도 상승이 CO_2 농도 증가의 결과인지 여부는 절대 확실성을 가지고 판단할 수 없다. 정부 간 기후 변화 위원회는 대기 중 이산화 탄소, 메테인, 아산화 질소의 농도가 적어도 지난 80만 년 동안 가장 높은 농도에 있다고 말했다. 또한 이들 물질의 배출은 20세기 중반 이후 관측된 온난화의 주요 원인이 될 가능성이 매우 높다.

활동 학습 4.35 ▶ *시간에 따른 온도 변화*

시간이 지남에 따라 지구의 기온이 어떻게 변했는지에 대한 정보를 제공하였다. 기온 변화를 보여주는 그래프를 찾으려면 인터넷을 사용하라(평판이 좋은 출처를 사용하라!). 우리의 자료와 주장이 당신이 찾은 그래프와 일치하는가? 그래프에서 다른 결론을 내릴 수 있는가?

활동 학습 4.36 ▶ *상관관계 대 원인*

CO_2 수치가 증가함에 따라 지구 기온이 상승했다고 밝혔다. 그러나 한 쪽이 다른 쪽을 유발한다는 진술을 할 수 없다. 왜 우리는 이런 말을 할 수 없을까? *상관관계*(correlation)가 있기는 하지만 *인과관계*(causation)를 증명할 수는 없다. 인터넷을 검색하여 상관관계는 있지만 인과관계가 없는 다른 3가지 사례를 찾아라.

지구의 평균 기온이 상승한다고 해서 전 세계에서 매일 1970년보다 0.8°C가 더 따뜻하다는 것을 의미하지는 않는다. 지구상의 많은 지역이 약간의 온난화가 일어났으나 다른 지역에서는 오히려 추워진 곳도 있다. 그러나 특히 위도가 높은 지역은 평균 이상의 온난화를 경험하고 있다. 기후 변화의 실질적인 영향 중 상당수가 이미 관측된 북극에서 온난화가 가장 심각하다.

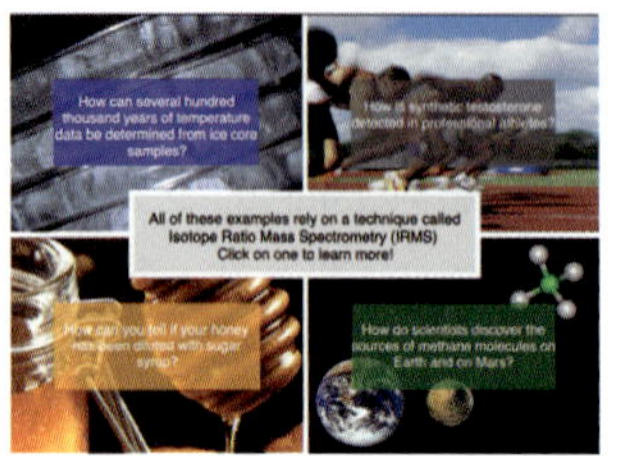

지구의 기후 역사를 평가하는 데 사용되는 동위 원소 비율 질량 분석(IRMS)에 대한 자세한 내용은 www.acs.org/cic에서 비디오를 확인하라.

활동 학습 4.37 ▶ 온도 변화

인터넷을 검색하여 당신이 거주하는 지역의 지난 100년 동안 기온 변화에 대한 자료를 검색하라. 기온이 많이 변했는가? 이제 기온 변화를 보여주는 세계 지도를 검색하라. 지난 100년 동안 어느 지역이 가장 많이 변하였는가? 어느 지역이 가장 적게 변하였는가? 이 자료를 당신이 살고 있는 지역의 자료와 비교해 보라.

얼음 핵은 얼음 속에 있는 수소 동위 원소 때문에 시간을 거슬러 올라가 기온을 추산할 자료를 제공한다. 수소 원자의 가장 풍부한 형태인 H-1 또는 ^{1}H를 포함하는 물 분자는 중수소 원자를 포함하고 있는 H-2 또는 ^{2}H보다 가볍다. 가벼운 H_2O 분자는 무거운 분자보다 조금 더 쉽게 증발한다. 그 결과 대기의 수증기에서는 해양보다 ^{2}H보다 ^{1}H가 더 많다. 마찬가지로, 대기 중에 무거운 H_2O 분자는 가벼운 분자보다 조금 더 쉽게 응축된다. 따라서 대기 수증기에서 응축되는 눈은 ^{2}H로 농축된다. 농축의 정도는 온도에 따라 다르다. 얼음 핵의 물 분자에서 ^{2}H:^{1}H의 비율을 측정하면 눈이 내렸던 시기의 온도를 추정할 수 있다.

관련 절

방사성 동위원소로 알려진 동위원소에 대해서는 제7장에서 더 자세하게 논의할 것이다.

대기 변화의 영향을 결정하는 또 다른 방법은 탄소의 동위원소를 사용한다. 방사성 동위 원소 탄소-14는 미량으로만 존재하지만 화석 연료의 연소가 지난 150년 동안 대기의 CO_2 농도 상승의 *지배적인*(predominant) 원인이라는 직접적인 증거를 제공한다. 모든 생물체에서 탄소 원자 10^{12}개 중 1개는 ^{14}C이며 이는 방사성이다. 식물이나 동물은 지속적으로 환경과 CO_2를 교환하며 이것은 유기체에서 일정한 ^{14}C 농도를 유지한다. 그러나 유기체가 죽으면 탄소를 교환하는 생화학적 과정이 작동을 멈추고 더 이상 보충되지 않는다. 이것은 유기체의 사망 후 ^{14}C는 방사성 붕괴를 하여 ^{14}N을 형성하기 때문에 ^{14}C는 시간이 지남에 따라 감소한다. 석탄, 석유 및 천연가스는 수억 년 전에 죽은 식물 수명의 잔류물이다. 따라서 화석 연료와 화석 연료가 연소될 때 방출되는 이산화 탄소에서 ^{14}C의 농도는 실질적으로 0이다. 주의 깊게 측정한 결과 대기 중 이산화 탄소의 ^{14}C 농도가 최근에 감소한 것으로 나타났다. 이 사실은 추가된 CO_2의 근원이 화석 연료의 연소, 즉 인간의 활동에 의한 것임을 강력하게 암시한다.

과거를 되돌아볼 때 지구 기온은 CO_2 농도의 높낮이와 잘 일치하여 꽤 규칙적인 주기를 겪어 온 것을 알 수 있다(그림 4.24). 다른 자료에 의하면 고온의 기간이 또 다른 두 개의 주요 온실 기체인 메테인과 아산화 질소의 높은 대기 중 농도일 때임을 말해 주고 있다. 이 자료는 정확성이 낮아 원인과 결과 관계를 명확히 하기는 어렵다. 온실 기체의 증가가 온도 증가를 야기했고, 그 반대의 현상도 일어났는지 여부에 대해 결론을 내리기 어렵다. 그러나 명백한 것은 현재 CO_2와 메테인 수준이 지난 100만 년 동안 어느 해보다도 높다는 것이다. 가장 높은 지점과 가장 낮은 지점의 차이는 단지 약 20°F밖에 되지 않음에 주목하라. 그러나 이 차이는 오늘날의 온난한 기후와 마지막 빙하기가 2만 년 전 최고에 달하였던 기간에 있었던 경우와 같이, 유라시아와 북아메리카 북쪽 지역 대부분을 얼음으로 덮었던 시기의 온도 차이이다. 자료의 단순한 상관관계가 아닌 다른 증거는 인과 관계를 뒷받침하지만 그렇다고 확실하게 증명하지는 않는다. 그러나 분명한 것은 현재의 CO_2와 메테인 수치가 지난 백만 년 중 어느 때보다 훨씬 높다는 것이다. 가장 더울 때와 가장

사전 지식 *Did You Know*

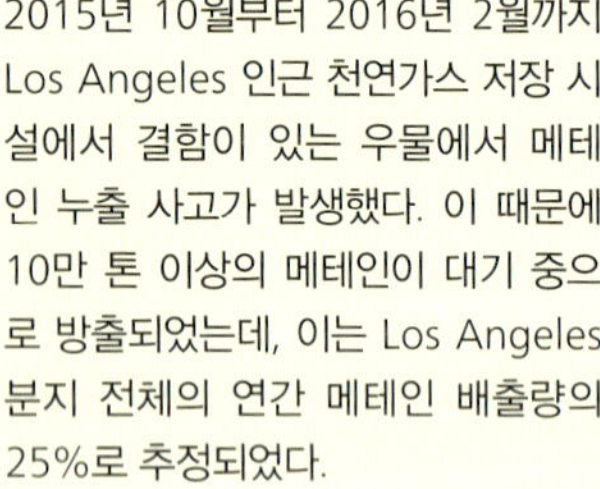

2015년 10월부터 2016년 2월까지 Los Angeles 인근 천연가스 저장 시설에서 결함이 있는 우물에서 메테인 누출 사고가 발생했다. 이 때문에 10만 톤 이상의 메테인이 대기 중으로 방출되었는데, 이는 Los Angeles 분지 전체의 연간 메테인 배출량의 25%로 추정되었다.

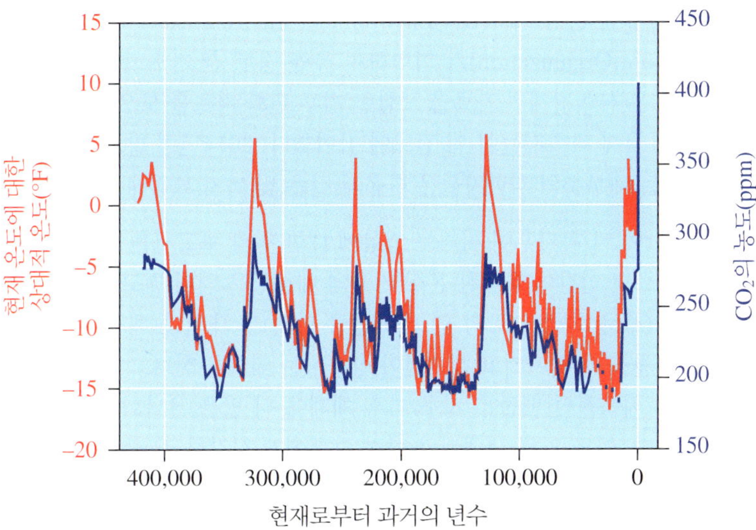

그림 4.24

얼음 핵 자료에서 얻은 지난 400,000년 동안 이산화 탄소 농도(**파란색**) 및 지구 온도(**빨간색**).

Source: Environmental Defense Fund

차가울 때의 변화는 약 11°C(20°F)에 불과하다. 그러나 이것은 오늘날의 온화한 기후와 북아메리카와 유라시아의 많은 지역을 덮고 있는 얼음 사이의 차이를 나타낸다.

지난 100만 년 동안 지구는 10개의 주요 빙하기 활동과 40개의 작은 빙하기를 경험했다. 인간이 초래하는 온실 기체 농도 이외의 다른 메커니즘이 주기적인 지구 기후 변동에 관여한다는 것은 명백하다. 이러한 기온 변화 중 일부는 지구와 태양의 거리 및 햇빛이 지구에 도달하는 각도에 영향을 주는 지구 궤도의 작은 변화에 의해 발생한다. 그러나 이 가설은 관측된 온도 변동을 완전히 설명할 수는 없다. 궤도 효과는 반사율, 구름 덮개 및 대기 분진의 변화, CO_2 및 CH_4 농도와 같은 지구적인 사건과 관련이 있을 가능성이 높다. 이러한 효과를 결합하는 피드백 메커니즘은 복잡하고 완전히 이해되지는 않고 있지만 각각의 효과가 *더해질*(additive) 수 있다. 다시 말해, 자연적 기후 순환이 존재하지만, 산업혁명 이후 인간의 활동은 지구 기후에 영향을 미치는 것은 사실인 것 같다.

우리는 금성의 뜨거운 온실에서 멀리 떨어져 있지만, 지구의 기후 변화 대책에 대한 어려운 결정을 해야 할 상황에 놓여 있다. 이러한 결정들은 우리가 앞서 논의한 온실 효과를 생성하는 원인이 온실 기체가 전자기 복사와 상호 작용하는 메커니즘을 이해하면 더 잘 알 수 있다. 어떻게 과거의 기후 변화를 이용해서 미래를 위한 결정을 내릴수 있을까?

4.10 우리는 미래를 예측할 수 있는가?

“특히 미래에 대한 예측은 매우 어렵다.” 원자에 대한 현대적 관점에 가장 크게 기여한 사람들 중 하나인 Bohr(Niels Bohr, 1885~1962)는 여러 해 전에 이 말을 하였다. 그의 말은 오늘날에도 여전히 유효하다!

활동 학습 4.38 *태양 회의론자*

일부 사람들은 태양 화염 증가와 같은 태양의 변화가 지구 기후 변화를 일으킨다고 말한다. 회의론 과학의 웹사이트와 같은 인터넷에서 자료를 검색해 보라. 당신의 생각은 어떤가?

모두들 인정하듯 어려운 작업임에도 불구하고 우리는 예측을 할 필요가 있다. 이 목

> **사전 지식** *Did You Know* ?
>
> IPCC는 7~8년마다 지구 기후 변화 현황 보고서를 발간한다. 다음 IPCC 보고서는 2022년에 나올 예정이다.

적을 위해 1988년 유엔 환경 계획(UN Environment Environment Program)과 세계 기상 기구(World Measure Organization)가 협력하여 유엔 정부 간 기후 변화 위원회(IPCC)를 설립하였다. IPCC는 사회경제적 자료를 포함한 기후 변화 자료를 모으고 평가하는 임무를 맡았다. 수천 명의 국제 과학자들이 이 검토에 참여했다. 2014년에 발표된 다섯 번째 보고서에서 패널에 있는 대부분의 과학자들은 다음과 같은 몇 가지 요점에 동의했다.

- IPCC는 인간이 지구 기후에 미치는 영향에 대한 현황 보고서를 발간하고 있으며, 이 보고서에 따르면 인간이 초래한 온실 기체의 배출량은 역대 최고 수준이다.
- 인간의 활동(주로 화석 연료의 연소와 삼림 파괴)은 대기와 해양 온난화, 지구상의 얼음과 눈의 농도가 낮아지고 해수면이 상승하는 역할을 한다.
- 온실 기체의 지속적인 배출은 지구 기후 체계에 더 많은 온난화와 장기간의 변화를 가져올 것이다. 이로 인해 생태계와 사람 모두에게 심각하고, 광범위하며, 돌이킬 수 없는 영향이 커질 수 있다.

IPCC는 2018년 10월 "지구온난화 1.5°C"라는 특별 보고서를 통해 기후 변화에 대한 가장 강력한 경고를 발표했다. IPCC는 6000개가 넘는 과학 논문 자료와 전 세계 수천 명의 전문가 검토자들의 의견을 토대로 산업화 이전 수준에서 지구 온난화를 1.5°C로 제한할 것을 강력히 권고하고 있다. 2°C의 온난화와 비교하여 1.5°C의 증가는 사람과 자연 생태계에 여러모로 도움이 될 것이다. 예를 들면 다음과 같다.

- 2100년까지 전 세계 해수면 상승폭이 10 cm 낮아진다.
- 여름에 해빙이 없는 북극해는 10년에 한 번이 아니라 100년에 한 번 발생한다.
- 산호초는 70~90% 감소하며, 2°C 상승하면 사실상 모든 산호초가 손실된다.

온난화를 1.5°C로 제한하려면 토지 이용, 에너지, 산업, 건물, 교통, 도시 등에서 CO_2 배출량을 제한하는 변화가 빠르게 이뤄져야 한다. 2030년까지 CO_2의 전 세계 순수 인공 배출량을 2010년 수준에서 45% 감소해야 할 것이다. 이러한 변화는 추가적인 온난화를 막기 위해 짧은 기간에 일어나야 하기 때문에, 이러한 목표를 달성하기 위해서는 전 세계의 정부, 산업계, 그리고 각각의 개인들의 노력이 필요하다.

활동 학습 4.39 > *엄격한 경고*

"유엔의 새로운 보고서에 따르면 인류가 재앙적인 기후 변화를 막기 위해 즉각적으로 해야 할 일이 여기에 있다"라는 2018년 *타임*지의 기사는 미국이 탄소 배출량 45% 감축이라는 IPCC 목표를 따른다면 연간 배출량을 25억 톤 이상 줄이는 데 12년이 걸릴 것이라고 주장하였다.

a. 기사를 검토하고, 그림 4.4와 비교해 보라. 저자는 변화를 필요로 하는 영역으로서 파이 그래프의 어떤 영역을 표적으로 삼았는가? 과학적인 증거를 조사하고 그 증거가 얼마나 설득력 있는지에 대해 논평하라. 이 정보는 자원의 소비자와 사용자로서 당신에게 무엇을 의미하는가?

b. 지역 사회의 한 그룹이 이 보고서를 읽고 탄소 배출을 줄이는 공장을 건설하는 조치를 취했다고 가정하자. 그러한 행동 요청에 어떻게 대응해야 하겠는가? 당신이 그들의 그룹에 참여해야 할 것인지 아닌지에 대한 당신의 입장을 말하라.

c. 개인적으로 탄소 배출에 어떤 방식으로 기여하고 있는가? 일주일 동안 탄소 배출을 초래하는 모든 활동을 문서화하라. 또한 식당, 휴양소, 전문 식당가 등 지역 사회의 장소를 선택하고, 탄소 배출에 기여하는 모든 행동을 문서화하라.

d. 탄소 배출량을 줄이기 위해 일상 활동을 줄이거나 수정할 수 있는 방법이 있는가? 그 방법은 매우 어려운 일이지만 당신의 지역 사회에서 탄소 배출을 줄이기 위해 행동을 바꿀 의향은 있는가?

그러나 당면 과제는 현재의 기후 변화를 충분히 이해하여 미래의 변화를 *예측*(predict)하고, 이를 통해 유해한 변화를 최소화하는 데 필요한 배출량 감소를 결정하는 것이

그림 4.25

기후 과학자들은 컴퓨터 모의실험을 사용하여 미래 기후 변화를 이해한다.

Source: Lawrence Berkeley National Laboratory/U.S. Dept. of Energy

다. 예측을 하기 위해 과학자들은 모형을 가지고 작업한다. 그들은 열을 흡수하고, 물질을 순환시키고 운반할 수 있는 능력을 고려한 해양과 대기의 컴퓨터 모형을 설계한다(그림 4.25). 만약 그것이 충분히 어렵지 않다면, 그 모형에는 천문학적, 기상학적, 지질학적, 생물학적 요인(종종 불완전하게 이해되는 요소)들도 포함되어야 한다. 인구, 산업화 수준, 오염 배출과 같은 인간의 영향도 포함되어야 한다. 일리노이 대학에서 기후 연구를 지휘하는 Schlesinger(Dr. Michael Schlesinger) 박사는 "모형을 만들 행성을 선택한다면, 이것이 선택된 *마지막*(last) 행성이 될 것"이라고 말했다.

기후 과학자들은 지구에 들어오고 나가는 복사선의 균형에 영향을 미치는 요인(자연적 요인 및 인공적 요인 모두)을 **복사 강제**(radiative forcing)라고 부른다. 음의 강제력은 냉각 효과가 있는 반면 양의 강제력은 온난화 효과를 가진다. 기후 모형에 사용되는 주요 강제 요인은 태양 방사("태양 밝기"), 온실 기체 농도, 토지 사용 및 에어로솔 등이 있다. 이러한 강제 요인이 지구의 에너지 균형에 미치는 영향은 그림 4.26에 요약되어 있는데, 온실 기체는 온난화 효과를 일으키며, 에어로솔은 대부분 냉각 효과를 낸다. 각 강제 요인

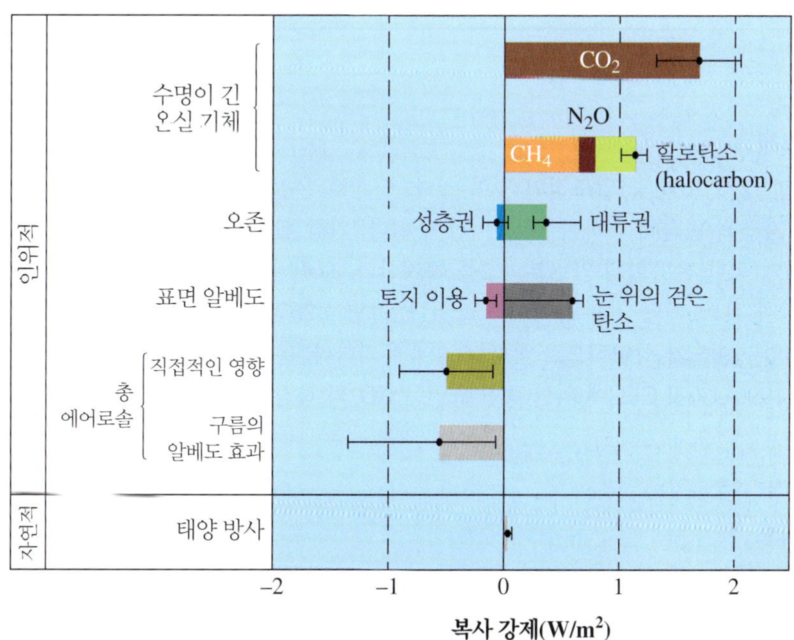

그림 4.26

1750년부터 2011년까지 몇 가지 기후 복사 강제 요인들. x-축의 단위는 평방미터당 와트(W/m^2)로서, 1초마다 지구 표면의 평방미터에 부딪치는 빛 에너지이다.

Source: Adapted from Climate Change 2013: The Physical Science Basis. Contribution of Working Group I to the Fourth Assessment Report of the Intergovernmental Panel on Climate Change.

은 관련 오차 막대를 가지고 있다. 오차 막대가 클수록 수치의 불확실성이 커진다. 이들 몇 가지 요인을 좀 더 자세히 생각해 보자.

태양 방사

햇빛의 세기에 따라 계절 변화를 직접 관찰할 수 있다. 위도가 높을수록 여름에는 온도가 더 높다. 겨울에 비해 태양은 하늘에서 더 높고 더 오래 머무른다. 북반구가 겨울일 때 남반구는 여름이기 때문에 지구 전체에 걸쳐 이러한 변동은 반드시 상쇄된다. 미묘한 주기적인 변화는 태양의 밝기에서 나타난다. 지구의 궤도는 100,000년을 주기로 모양이 바뀌면서 약간씩 진동한다. 뿐만 아니라 지구축의 기울기 크기와 기울어지는 방향이 수만 년 동안에 변한다. 이러한 작은 변화는 지구에 도달하는 태양 복사량에 영향을 미친다. 그러나 충분히 짧은 시간 간격에서 이러한 변화들 중에서 어떤 것도 산업 혁명 이후의 온난화를 설명하지는 못한다.

게다가 태양 흑점은 약 11년마다 많은 수가 나타난다. 태양의 흑점 때문에 지구에 부딪히는 복사선의 양이 적다는 것으로 생각할 수 있으나, 정확히 그 반대가 사실이다. 태양 흑점은 태양의 바깥층에서 자기 활동이 증가할 때 나타나며, 강한 자기장은 복사선을 방출하는 더 많은 양의 전하 입자를 동요시킨다. 유럽에서 평균보다 기온이 낮았기 때문에 "소빙하기"라 부르는 17세기와 18세기에 흑점 활동이 거의 없었던 시기가 앞에 있었음을 주목하라. 그러나 11년 주기에 걸친 태양의 밝기는 0.1% 정도밖에 변하지 않는다. 그림 4.26에서 볼 수 있듯이 이러한 자연적 변동은 나열된 양의 강제 요인 중에서 *가장 적은*(smallest) 것이다.

활동 학습 4.40 ▸ *태양으로부터의 복사*

햇빛은 지구에 지속적으로 부딪힌다. 어떤 종류의 빛이 태양에서 방출되는가? 어느 복사선이 햇빛의 가장 큰 양을 차지하는가? *힌트*: 그림 4.8을 참조하라.

온실 기체

인공적인 강제 요인 중 압도적인 것이 있다. 실제로 온실 기체에 의한 양의 촉진은 태양 복사의 자연적 변화에 비하여 30배 이상이 된다. 가장 활동성이 큰 것은 CO_2로, 모든 온실 기체에 의한 온난화의 약 3분의 2를 차지한다. 그러나 앞에서 설명한 바와 같이 메테인, 아산화 질소, 기타 기체도 기여하고 있다. 그림 4.26과 같이 "할로젠화 탄소"(CFC 및 HCFC)의 기여도가 상대적으로 작다는 점에 유의하라. 몬트리올 의정서에 따른 금지가 없었다면 1990년까지 CFC에 의한 촉진 요인은 CO_2의 촉진 요인을 능가하였을 것으로 추산된다.

토지 이용

토지 이용의 변화는 기후 변화를 촉진한다. 그 이유는 왜냐하면 이것이 지구 표면에서 흡수되는 태양 복사의 양을 변화시키기 때문이다. 표면에 *입사하는*(incident) 복사선의 양에 대하여 표면에 의하여 *반사하는*(reflected) 전자기 복사의 비율을 **알베도**(albedo)라고 한다. 간단히 말해서, 알베도는 표면 반사율을 측정하는 척도이다. 지구 표면의 알베도는 표 4.7에 나열된 수치에서 볼 수 있듯이 0.1에서 0.9 사이에서 변화한다. 수치가 높을수록 표면이 더 많이 반사하게 된다.

사전 지식 *Did You Know* ?

알베도로 알려진 *반사 계수*(reflection coefficient)는 단위가 없는 양이다. 0(완전히 검은 표면에서 반사되지 않음)부터 1(흰색 표면에서 반사되는 완벽한 반사)까지의 척도로 보고 된다.

표 4.7 지표를 덮고 있는 여러 것들에 대한 알베도(Albedo) 값

표면	알베도 범위
방금 내린 눈	0.80~0.90
오래된/녹은 눈	0.40~0.80
사막 모래	0.40
초원	0.25
낙엽수	0.15~0.18
침엽림	0.08~0.15
툰드라	0.20
해양	0.07~0.10

계절이 바뀌면 지구의 알베도도 변한다. 눈 덮인 지역이 녹으면 알베도가 감소하고, 더 많은 햇빛이 흡수되면서 양의(positive) 되먹임(feedback) 고리를 형성하여 추가적인 온난화가 발생한다. 이 효과는 해빙과 영구적인 눈 덮개의 양이 감소하고 있는 북극에서 관측되는 평균 온도의 더 큰 증가를 초래하게 된다. 마찬가지로, 빙하가 후퇴하여 더 어두운 암석을 노출시키면, 알베도가 감소하여 더 많은 온난화가 발생한다.

인간의 활동 또한 지구의 알베도를 변화시킬 수 있다. 특히 열대 지역에서 삼림 벌채를 통해 가장 눈에 띄게 변화시킨다. 우리가 심는 농작물은 열대 우림의 어두운 녹색 잎들보다 햇빛을 더 많이 반사시켜 알베도를 증가시키고 결과적으로 냉각을 초래한다. 더욱이 햇빛은 열대에서 더 지속적이기 때문에 저위도 지역 토지 이용의 변화는 극지방에서의 변화보다 더 큰 효과를 나타낸다. 열대 우림이 농작물과 초원으로 변환되는 것은 극지방 가까이의 유빙과 눈이 덮인 지역의 알베도가 감소하는 효과를 상쇄하는 것 이상이다. 따라서 지구의 알베도의 변화는 알짜 냉각 효과를 나타낸다.

활동 학습 4.41 ➤ *하얀 지붕, 녹색 지붕*

a. 2009년에 미국 에너지 장관인 Steven Chu는 지붕을 흰색으로 칠하는 것이 지구 온난화를 막는 한 가지 방법이라고 제안하였다. 이 행동 과정의 이유를 설명하라.

b. "녹색 지붕"이라는 아이디어도 주목을 받고 있다. 지붕에 정원을 조성하는 것은 흰색 지붕에 추가하여 이점이 있다. 그러나 이러한 정원은 한계가 있다. 설명하라.

에어로솔

기체나 액체에 작은 고체 입자가 현탁되어 있는 **에어로솔**(aerosol)은 복잡한 종류의 물질이기 때문에, 기후에 복잡한 영향을 미친다. 먼지 폭풍, 해양 스프레이, 산불, 화산 폭발을 포함한 많은 에어로솔의 자연 발생원이 존재한다. 제2장에서 에어로솔과 입자 물질에 대한 논의를 기억하라. 인간의 활동도 또한 석탄 연소로 인한 연기, 그을음, 그리고 날아다니는 재의 형태로 에어로솔을 환경으로 방출할 수 있다.

에어로솔이 기후에 미치는 영향은 아마도 그림 4.26에 나타낸 촉진 요인 중에서 가장 덜 이해된 것이다. 미세한 에어로솔 입자(<4 μm)는 입사하는 태양 복사선을 산란시키는 데 효과적이다. 다른 에어로솔들은 입사하는 복사선을 흡수하고, 또 다른 입자들은 산란하거나 흡수된다. 두 가지 과정 모두 온실 기체에 의한 흡수됨으로써 이용 가능한 복사

그림 4.27
1991년 Pinatubo 화산 폭발로 분출된 에어로솔 연기 구름 사진.

선량을 감소시킨다. 극적인 예로 1991년 필리핀 피나투보(Pinatubo) 화산 폭발로 2000만 톤이 넘는 SO_2가 대기 중으로 분출되었다(그림 4.27). 수개월 동안 장대한 석양 노을을 제공하는 것 외에도 대기 중에 황산염 에어로솔로 변환된 아황산 기체는 전 세계 기온을 약간 떨어뜨리는 냉각 효과(음의 촉진)에 기여하였다. 그 결과는 기후 모형 제작자들에게 작은 규모의 통제 실험의 기회를 제공하였다. 가장 신뢰할 수 있는 모형은 분출로 인한 냉각 효과를 재현할 수 있었다.

에어로솔 입자는 직접적인 냉각 효과 외에도 물방울의 응축에 핵 역할을 할 수 있어서 구름 형성을 촉진한다. 구름은 유입되는 태양 복사를 반사하지만 구름 덮개가 증가하는 효과는 이보다 더 복잡하다. 따라서 에어로솔은 직접적, 간접적으로 온실 기체의 온난화 효과를 거스르게 된다.

방금 기술한 모든 강제 요인들의 본질적인 복잡성을 감안하면 이 강제 요인들을 기후 모형에 도입하는 것이 쉬운 일이 아님을 알 수 있을 것이다. 더구나 모형이 만들어지면 과학자들은 이것의 유효성을 평가하는 데 어려움을 겪게 된다. 그러나 과학자들은 비장의 한 가지 방법을 숨겨두고 있다. 지구의 기후에 영향을 미치는 서로 다른 강제 요인의 기여도를 분리하는 방법으로 알려진 일련의 자료를 가지고 기후 모형을 시험할 수 있다. 예를 들면 우리는 20세기의 기온 자료를 알고 있다. 그림 4.28에서 검은색 선은 기존 자료를 나타낸다. 다음에 파란색 띠를 살펴보라. 이것은 자연적인 강제 요인들*만을*(only) 사용하여 기후 모형을 이용하여 예측한 기온의 범위를 나타낸다. 이처럼 자연적인 강제 요인은 실제 기온과 잘 맞지 않는다. 마지막으로 분홍색 띠를 조사하여 인위적인 강제 요인이 포함될 때 20세기 기온 상승이 정확히 재현되는지를 살펴본다. 따라서 온난화가 진행된 지난 50년 동안 자연적 요인의 *영향을 받았음에도*(influenced) 불구하고, 인간 활동의 영향을 포함하지 않고서는 실제 온도를 설명할 수 없다.

활동 학습 4.42 ❯ *기후 모형의 평가*

1950년에서 2005년 사이에 자연적인 강제 요인만 사용한 기후 모형(그림 4.28의 자주색 띠)은 전체적인 냉각 효과를 보여 관측된 온도와 일치하지 않는다.

a. 자연 강제 요인만을 고려한 모형에 포함된 강제 요인을 말하라.

b. 20세기의 기온을 좀 더 정확하게 재현한 모형에 포함된 두 가지의 추가적인 강제 요인을 제시하라.

www.acs.org/cic에서 대화형 모의실험을 사용하여 행성의 생명체에 필요한 복사선의 균형을 찾아라.

미래 배출량과 미래 온난화의 규모는 많은 요인에 의존한다. 예상할 수 있는 한 가지는 인구이다. 2019년 현재 전 세계 인구는 약 75억이다. 미래 지구상에 더 많은 사람들이 등장할 것이라고 가정하면, 우리 인간은 주어진 기간(보통 1년) 안에 CO_2와 그 밖의 온실 기체 방출량의 추산인 **탄소 발자국**(carbon footprint)을 더 많이 남길 것으로 예상된다. 더 많은 사람들에게 음식을 공급하고 옷을 입히고 짐을 운반하고 운송하려면 더 많은 에너지를 소비해야 한다. 결과적으로 적어도 화석 연료 사용률이 계속 높아지면 더 많은 CO_2 배출이 있게 될 것이다. 또한 기후 모형을 만드는 과학자는 다음 두 가지 요소에 대한 값을 포함해야 한다. (1) 경제 성장률 및 (2) "녹색"(탄소를 덜 사용하는) 에너지원의 개발 속도. 다시 말하지만, 예상대로 두 가지 모두 예측하기가 어렵다.

그렇다면 컴퓨터 모형은 지구의 미래 기후에 대하여 무엇을 말해주는가? 나열한 불확실성을 감안하면 수백 가지의 서로 다른 21세기 기온 변화 시나리오가 가능하다. 대부분의 예측은 온도가 상승할 것임을 보여준다. 미래에 어느 정도 온난화가 될 것이 거의 확실하기 때문에 우리는 기후 변화의 결과로 논의의 방향을 변경한다.

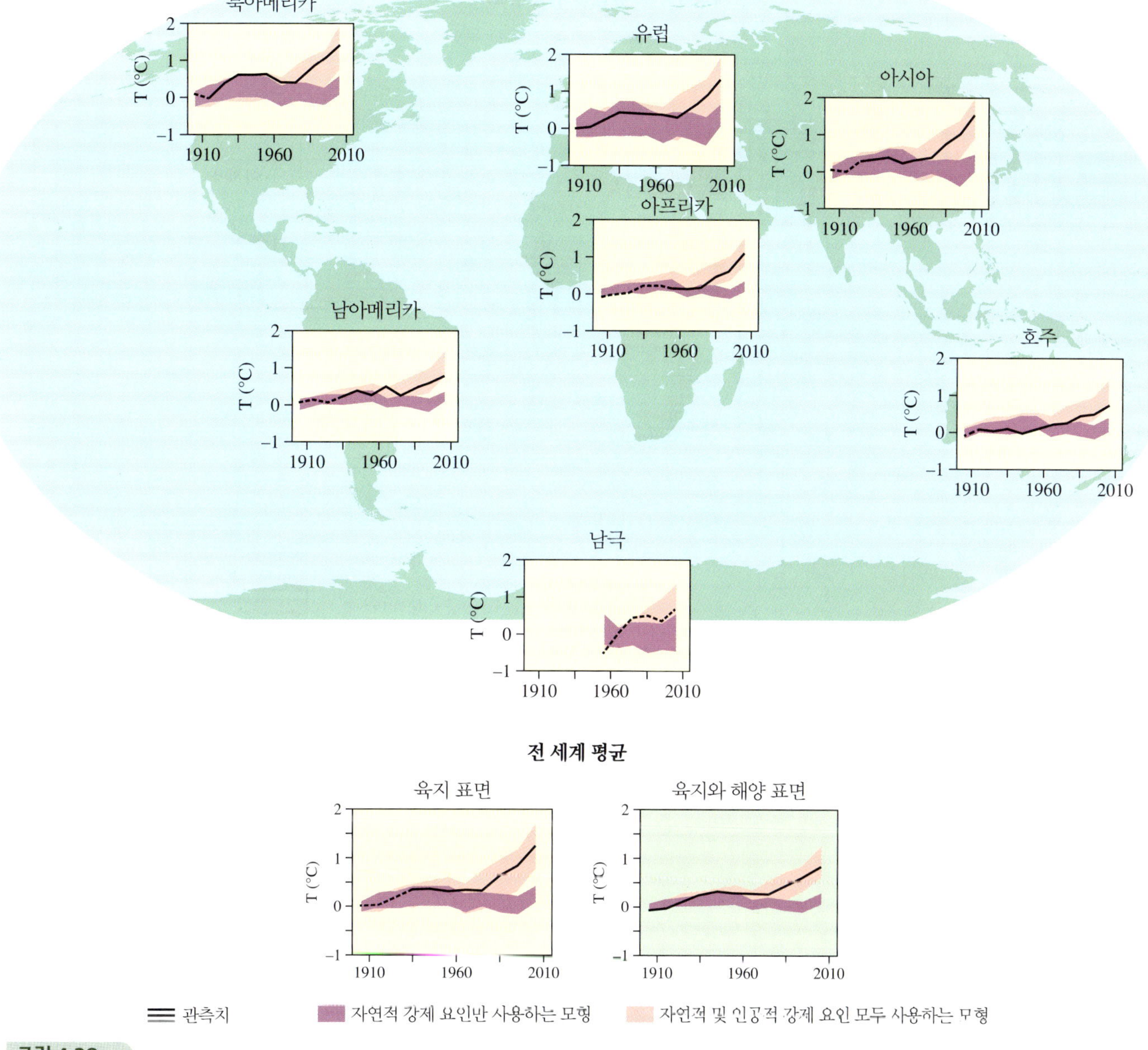

그림 4.28

1905년부터 2005년까지 자연적 및 인공적 강제 요인을 기반으로 관찰하고, 모의실험 한 기후 변화 비교.

Source: Climate Change 2013: The Physical Science Basis. Contribution of Working Group I to the Fourth Assessment Report of the Intergovernmental Panel on Climate Change.

4.11 우리의 미래 세상을 바라보다

마지막 절에서 설명한 온난화에 대한 가장 극단적인 예측까지도 고려한다면, 여러분은 아마 "그래서?"라고 생각하고 있을 것이다. 결국 대부분의 모형들이 예측한 온도 변화는 몇 도에 불과하다. 지구상의 어느 한 지점에서도, 온도는 매일 그 양의 몇 배씩 변동한다. 우리가 앞서 언급한 설명을 기억하는 것이 중요하다. 요점은 지구 평균 온도의 비교적 작은 변가 기후의 많은 측면에 큰 영향을 미칠 수 있다는 것이다.

2014년 IPCC 보고서는 다양한 미래 온도 시나리오를 모형화하는 것 외에도 다양한 결과의 가능성을 추정했다. 이 보고서는 정책 입안자와 일반 대중이 자료의 내재된 불확실성을 더 잘 이해하도록 돕기 위해 서술적 용어("신뢰의 심판적 예측 값")를 사용했다.

2014 IPCC 보고서의 결론은 그림 4.29에 나와 있다. 기후 변화 영향에 대한 증거는

지역별 주요 위험 및 위험 감소 가능성

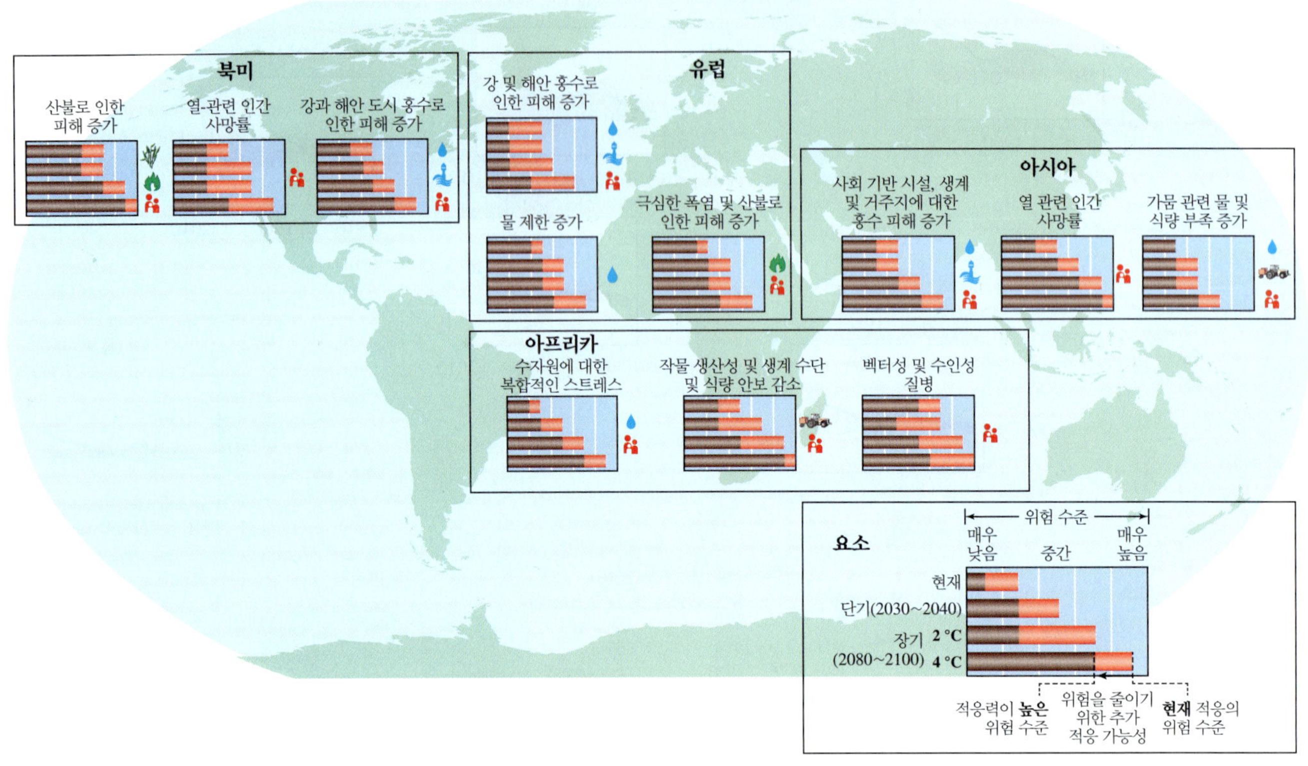

다음에 대한 각 지역의 대표적인 주요 위험

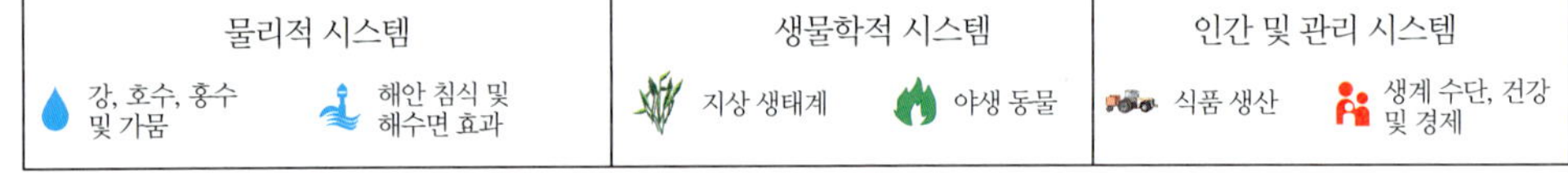

그림 4.29

기후 변화로 인한 영향의 세계적 유형.

Source: Intergovernmental Panel on Climate Change 2014: Impacts, Adaptation, and Vulnerability, Summary for Policymakers

자연 시스템에 대해 가장 포괄적으로 연구되었다. 예를 들어, 많은 종들이 기후 변화의 영향으로 이주 패턴, 계절 활동 및 서식지를 변경했다. 인간 시스템에 대한 영향도 관찰되었다. 표 4.8은 지구 기후 변화의 영향과 관련하여 IPCC의 다른 결론을 제공한다.

미국과학진흥협회(American Association for the Advancement of Science, AAAS)와 미국화학회(American Chemical Society, ACS) 등 많은 과학 단체들도 *생활과 환경 속의 화학*(Chemistry in Context)을 저술하며 기후 변화에 따른 위협을 인식하고 있다. 미국 상원의원들에게 보낸 공개서한에서 이들 기관은 해수면 상승, 더 극단적인 기상 사건, 물 부족 증가, 지역 생태계 교란 등을 지구 온난화의 가능한 결과로 꼽았다.

이 절을 마치기 위해 우리는 해빙 소실, 해수면 상승, 더 극단적인 날씨, 해양 화학의 변화, 생물 다양성의 상실, 담수 자원의 취약성, 인간 건강에 대한 해악을 포함하여 우리가 기대할 수 있는 이러한 결과와 다른 결과를 설명한다.

활동 학습 4.43 ▶ *IPCC의 보고*

표 4.8에 제시된 각각의 결론에 대하여 당신의 생각을 간략하게 요약하라. IPCC 결과를 지지하는가? 아직도 어떤 분야에 대해 궁금한 점이 있는가?

표 4.8	2014년 IPCC의 결론

사실상 확실함(99~100% 확률)

- 1971년부터 2010년까지 해양의 상층 부분(0~700 m)이 따뜻해졌다.
- 매일 및 계절별 시간대에 따라 대부분의 육지 지역에서 더 빈번하게 덥고 추운 극단이 일어난다.
- 높은 북부 위도에서 표면에 가까운 영구 동토층의 범위가 줄어든다.
- 전 세계 평균 해수면 상승은 2100년 이후 수세기 동안 계속될 것이다.

매우 가능성 있음(95~100% 확률)

- 1951년 이래 사람이 야기한 배출이 온난화의 주요 원인이다.

매우 가능성 있음(90~100% 확률)

- 인위적인 영향, 특히 온실 기체와 성층권 오존층 고갈은 1961년 이래로 성층권에서 관측되는 대류권 온난화와 그에 상응하는 냉각 패턴을 발견했다. 이러한 영향은 1979년 이후 북극 해빙 손실에도 기여했다.
- 20세기 중반 이래로 전 세계적으로 추운 날과 밤의 수가 줄어들고 따뜻한 날과 밤의 수가 증가했다.
- 더 높은 빈도와 더 긴 지속 시간으로 폭염이 나타난다.
- 대부분의 중위도 육지와 습한 열대 지역에서 극심한 강수량 사건이 더욱 심해지고 빈번해질 것이다.

가능함(66~100% 확률)

- 인위적 강제 요인은 20세기 중반 이후 표면 온도 상승에 상당한 기여를 했다.
- 인위적 영향은 1960년 이래로 전 세계 물 순환과 빙하 후퇴에 영향을 미쳤다.
- 20세기 후반에는 강수량이 많은 지역보다 강수량이 줄어든 지역보다 더 많았다.
- 바다는 1957년에서 2009년 사이에 700~2000 m 깊이로, 1992년에서 2005년 사이에 바닥에서 3000 m 깊이로 따뜻해졌다.
- 열대 산소 최소 구역이 최근 수십 년 동안 확장되었다.
- 지구 평균 온난화는 1951년에서 2010년까지 0.5에서 1.3°C의 범위에 있다.

가능성이 낮음(0~33% 확률)

- 1850~1900과 비교하여, 21세기 말(2081~2100)의 지구 표면 온도 변화는 2°C를 초과할 것이다.

해빙의 사라짐

앞에서 언급했듯이, 북극의 온도는 지구상의 다른 곳보다 빠르게 상승하고 있다. 그 결과 해빙이 줄어들고 있다(그림 4.30). 2012년 9월에는 얼음 덮개에 대한 기록이 낮게 설정되었다. 여름 바다 얼음은 위성이 1970년대 후반에 얼음 범위를 추적하기 시작했을 때보다 약 40% 감소했다. 컴퓨터 모형과 북극 지역의 실제 조건 자료를 모두 사용하는 새로운 분석에 따르면 대부분의 북극 해빙은 20년 안에 사라질 것으로 예상된다. 상당수의 야생 생물이 위험에 처할 뿐만 아니라, 그에 따른 알베도의 감소는 훨씬 더 온난화로 이어질 것이다.

해수면의 상승

따뜻한 온도는 해수면을 증가시킨다. 이 증가는 주로 물이 따뜻해지면 팽창하기 때문에 발

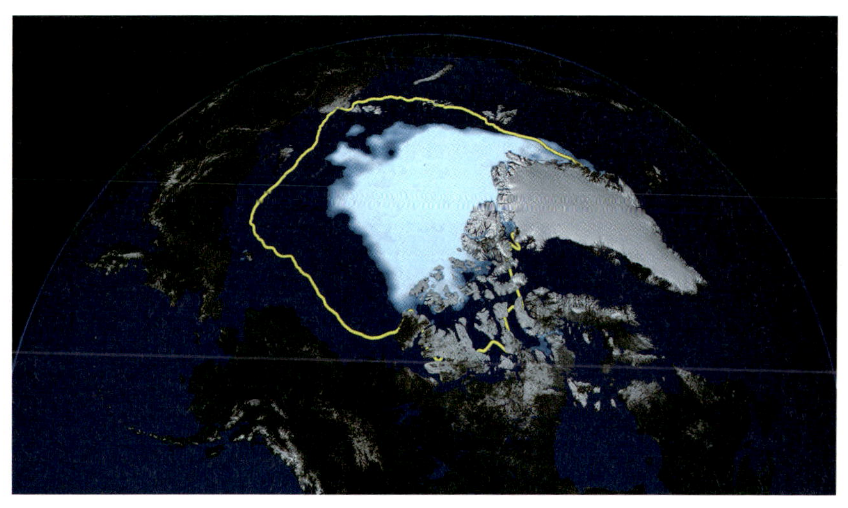

그림 4.30

30년 평균 해빙 최소값(노란색 선)과 비교한 2012년 9월의 북극 얼음의 범위.

Source: Scientific Visualization Studio/NASA

생한다. 더 작은 효과는 육지 빙하 유출을 통해서 민물이 바다로 유입되어 발생한다. 조수계(tide gauges)는 1897년에서 1997년까지 해수면이 18 cm 상승했다. 그러나 최근의 위성 레이더 측정 결과 1993년에서 2017년까지 7.5 cm가 증가하는 추세가 가속화되고 있다. IPCC는 2100년까지 전 세계 해수면이 1 m 이상 상승할 것으로 추정하고 있다. 그러나 전 세계적으로 균일하게 증가하는 것 같지는 않다. 또한 지역 날씨 패턴의 영향을 받는다. 어쨌든 해수면의 작은 증가조차도 해안 지역의 침식과 허리케인 및 사이클론과 관련된 강한 폭풍 해일을 일으킬 수 있다.

활동 학습 4.44 ▶ *외부 비용*

이 장에서 설명한 기후 변화의 결과는 외부 비용으로 알려진 것의 예이다. 이러한 비용은 휘발유 1갤런 또는 1톤의 석탄 가격과 같은 상품 가격에는 반영되지 않지만, 환경에 악영향을 미친다. 화석 연료를 태우는 외부 비용은 종종 Maldives 섬 사람들과 같이 이산화 탄소를 거의 배출하지 않는 사람들이 공유한다. 수밀리미터의 해수면 상승이 그리 많지는 않지만, 해수면에 가까운 국가에서는 그 영향이 치명적일 수 있다. 인터넷 자료를 사용하여 Maldives 사람들이 해수면 상승을 어떻게 준비하고 있는지 조사하라. 또한 이것이 *공동체의 비극*의 예인가에 대해서도 논평하라.

더 극단적인 날씨

지구 평균 기온이 상승하면 폭풍, 홍수 및 가뭄을 포함하여 더 극단적인 날씨가 발생할 수 있다. 북반구에서 여름은 더 건조하고, 겨울은 습할 것으로 예상된다. 지난 수십 년 동안 모든 대륙에서 더 빈번한 산불과 홍수가 발생했다. 사이클론과 허리케인의 심각성(빈도는 아니지만)도 증가할 수 있다. 이 열대성 폭풍은 바다에서 에너지를 추출한다. 즉 따뜻한 바다는 폭풍에 더 많은 에너지를 공급한다.

해양 화학의 변화

Seattle에 있는 국립 태평양 해양 환경 연구소(National Pacific Marine Environmental Laboratory)의 선임 과학자인 Feely(Richard A. Feely)는 "지난 200년간 대양은 대기 중 약 5500억 톤의 이산화 탄소를 흡수했으며, 이는 이 기간 동안 인공적인 배출량의 약 3분의 1에 해당한다"고 보고했다. 과학자들은 매일 1시간마다 백만 톤의 이산화 탄소가 바다에 흡수되는 것으로 추정한다! 세계의 대양은 탄소 흡수제 역할을 하여 대기에 남아 있을 때 이산화 탄소로 인한 온난화를 막았다. 그러나 이 흡수에는 비용이 따른다. 제5장에서 자세히 살펴보겠지만, 이미 바다에서 중대한 변화가 일어나고 있다(그림 4.31). 예를 들어, 이산화 탄소는 물에 약간 용해되며 용해되어 탄산을 형성한다. 이것은 바다의 산도를 변경하고 탄산, 중탄산염 및 탄산 이온과 같은 탄소 함유 화학종의 농도를 변경시킨다. 결과적으로 해양 생물은 껍질과 골격의 무결성을 유지하기가 어렵다. 대기 중 이산화 탄소 농도의 증가는 전체 해양 생태계를 위험에 빠뜨리고 있다.

그림 4.31
아시아의 인도양에 있는 Maldives의 표백
©Helmut Corneli/imageBROKER/SuperStock

활동 학습 4.45 ▶ *플랑크톤과 당신*

플랑크톤은 소금 및 담수에서 발견되는 미세한 식물 및 동물과 같은 생물이다. 많은 플랑크톤 종들의 껍질은 탄산 칼슘으로 만들어져 있는데, 이것은 더 산성인 환경에 의해 약화된다. 인간은 플랑크톤을 먹지 않지만 다른 많은 해양 생물은 먹는다. 플랑크톤과 인간 사이의 연결을 보여주는 먹이 사슬을 만들어라. 바다 산성화가 당신이 만든 먹이 사슬에 미치는 영향은 무엇인가?

생물 다양성의 소멸

기후 변화는 이미 전 세계 식물, 곤충 및 동물 종에 영향을 미치고 있다. California 불가사리, 고산 약초 및 암머리표범나비와 같이 다양한 종(그림 4.32)은 모두 범위나 습관에 변화를 보여주고 있다. 과거 기후 변화에 관한 전문가인 Pennsylvania 주립 대학의 Alley(Richard P. Alley) 박사는 서로 의존하는 동물과 식물이 반드시 같은 비율로 범위나 습관을 바꾸지는 않는다는 말한 점이 특히 중요한 의미를 가지고 있다. 그는 영향을 받는 종을 언급하면서 "먹는 음식을 바꾸거나 먹어야 할 음식에 덜 의존하거나 먹을 음식을 더 많이 먹어야 하는 데 비용이 많이 든다"고 말했다. 극단적인 경우 이러한 비용으로 종의 멸종이 발생할 수 있다. 현재 전 세계 멸종률은 지난 6천 5백만 년 동안의 시간보다 거의 1000배나 빠르다! *Nature*(DOI: 10.1038/nature02121)지의 2004년 보고서에 따르면, 가장 낙관적인 기후 예보에서 고려된 식물과 동물의 약 20%가 2050년까지 멸종될 것으로 예상하고 있다. 대량 멸종은 주로 환경의 인간 개발과 기후 변화에 의한 이차적인 영향으로 이루어진다.

그림 4.32
많은 다른 종의 암머리표범나비(checkerspot butterfly)들이 존재한다. 이것은 Wisconsin 주 일부 지역에서 발견된다.
©www.wisconsinbutterflies.org

담수 자원의 취약성

극지방이나 해빙과 같이 세계 여러 곳에서 지구 평균 온도가 증가함에 따라 빙하가 줄어들고 있다(그림 4.33). 수십억 명의 주민들이 식수와 농작물 관개를 빙하가 녹은 물에 의존하고 있다. IPCC의 2007년 보고서는 지구 온도가 1°C 오를 때마다 5억 명의 인구가 전에 경험하지 못하였던 식수 부족을 겪는다고 예상한다. 담수의 분포는 식량 생산과 관계가 있다. 가뭄과 고온은 미국 중서부에서 농작물 수확을 감소시킬 수 있으나 경작 범위를 캐나다까지 훨씬 확장할 수 있다. 일부 사막 지역은 경작이 가능하기에 충분한 비가 오는 것도 가능하다. 한 지역의 손실은 다른 지역의 이득이 될 수 있으나 예측하기에는 너무 이르다.

인간 건강에 해로움

온난화된 세상에서는 우리 모두 패자가 될지 모른다. 2018년 세계 보건기구(World Health

그림 4.33
캐나다 Alberta 주에 있는 Jasper 국립공원의 Athabasca 빙하 전경(2012년 촬영).
©Mary Caperton Morton

Organization, WHO)는 기후 변화의 영향으로 2030년에서 2050년 사이에 매년 약 250,000명의 조기 사망자가 발생할 수 있다고 전망했다. 그러한 영향이 더 빈번하고 심각한 폭염, 이미 물난리가 심한 지역의 가뭄 증가 및 이전에 발생하지 않은 지역의 전염병이 포함된다. 평균 기온의 추가 상승은 모기, 초파리 그리고 기타 질병을 일으키는 곤충의 지리적 범위를 넓힐 것으로 예상된다. 그 결과 말라리아, 황색 및 뎅기열과 같은 질병이 크게 증가하고 아시아, 유럽 및 미국을 포함한 새로운 지역의 수면병이 발생할 수 있다.

미래의 가능성과 관련하여 몇 가지를 살펴보았으며, 이제 이러한 시나리오를 방지하기 위해 할 수 있는 것들을 살펴보자.

4.12 미래의 세계 재난을 예방하기 위한 실행 계획

기후 변화에 대한 논쟁은 최근 몇 년 사이에 바뀌었다. 오늘날의 과학 자료를 보면 지구의 기후가 변화하고 있음을 분명히 보여준다. 예를 들어, 더 높은 지표 및 해수 온도, 후퇴하는 빙하 및 해빙, 해수면 상승의 측정 결과는 명백하다. 또한, 대기 중 CO_2에서 발견되는 탄소 동위 원소 비율은 인간 활동이 관측된 온난화의 많은 부분을 담당한다는 것을 거의 의심의 여지가 없다. 그러나 문제는 우리가 *할 수 있는 것*과 현재 일어나고 있는 변화에 대해 우리가 무엇을 *해야 하는가*에 관한 것이다.

우리는 이미 차량의 연비를 추정하는 방법을 알고 있다. 마찬가지로, 우리가 소비하는 열량의 양을 추정할 수 있다. 당신이 살아가는 방식을 지원하기 위해 지구의 자연 자본의 양을 어떻게 추정할 수 있는가? 분명히, 이것은 훨씬 더 어렵다. 다행히도, 다른 과학자들은 이미 이 계산을 수행하는 방식에 대해 고심해 왔다. 그들은 한 개인이 이러한 생활 방식을 유지하는 데 필요한 가용 재생 가능 자원과 결합하여 사람의 생활 방식을 계산한다.

발자국의 은유를 생각해 보자. 모래나 눈에 남기는 발자국을 볼 수 있다. 부엌 바닥에 신발이 남긴 진흙 흔적도 볼 수 있다. 마찬가지로, 사람은 그들의 생명이 지구상에 발자국을 남긴다고 주장할 수도 있다. 이 발자국을 이해하려면 헥타르 또는 에이커 단위로 생각해야 한다. 헥타르는 에이커 면적의 두 배 이상이다. 생태 발자국은 특정 생활 수준 또는 생활 양식을 지원하는 데 필요한 생물학적 생산 공간(토지 및 물)의 양을 추정하는 수단이다.

활동 학습 4.46 ▶ *발자국 계산*

개인의 탄소 발자국 및 생태학적 발자국을 계산하는 일부 웹사이트를 조사하라.

a. 각 사이트에 대해 발자국을 계산하기 위해 이름, 후원자, 요청된 정보를 기재한다.

b. 요청된 정보가 사이트마다 다른가? 그렇다면 차이점을 보고하라.

평균 미국 시민의 경우, 2014년 생태 발자국은 약 8.4헥타르(21에이커)인 것으로 추정되었다. 즉, 미국에 살고 있다면, 평균적으로 8.4헥타르의 땅이 있어야 당신을 먹여 살리고, 옷을 입히고 운반할 수 있으며, 익숙한 생명체의 안락함을 제공할 수 있다. 미국 사람들은 그림 4.34에서 볼 수 있듯이 상대적으로 큰 발을 가지고 있다. 2014년 세계 평균은 1인당 1.7헥타르로 추정되었다.

지구에서 생물학적으로 생산 가능한 땅과 물은 얼마나 될까? 농경지, 낚시터 등의 지역, 사막, 만년설 등의 지역 등을 포함하면 이를 추정할 수 있다. 현재, 그 값은 약 120억 헥타르(약 300억 에이커)의 땅, 물, 해면으로 추정된다. 이것은 지구 표면의 약 4분의 1로 밝혀졌다. 이것은 미국 사람들의 생활 방식으로 지구상의 모든 사람들을 지탱하기에 충분한

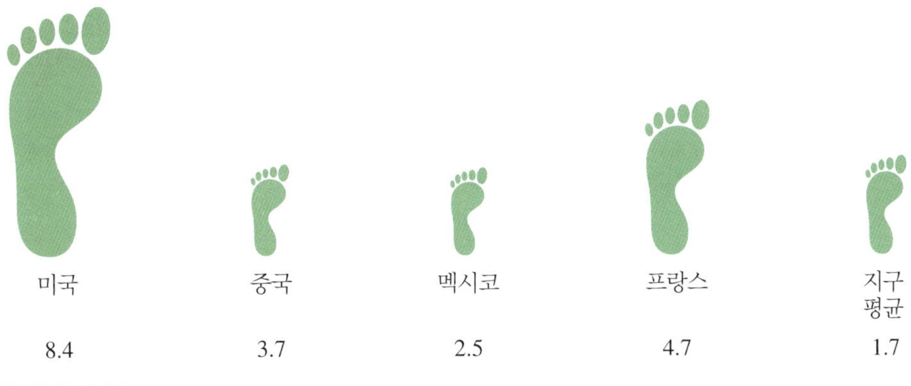

그림 4.34

국립 발자국 계정(National Footprint Accounts, 2018년 판) (2014년 자료 기준).

Source: National Footprint Accounts, 2018 edition(based on 2014 data).

가? 다음 활동 학습은 당신이 직접 볼 수 있게 해준다.

활동 학습 4.47 ▸ *지구에 대한 당신의 개인적인 몫*

앞서 언급했듯이, 우리 지구에는 약 120억 헥타르(약 300억 에이커)의 생물학적으로 생산되는 땅, 물, 바다가 있다.

a. 세계 인구의 현재 추정치를 찾고, 출처를 밝혀라.

b. 생물학적으로 생산성이 높은 토지에 대한 추정치와 함께 이 추정치를 사용하여 세계 각 개인이 이론적으로 이용할 수 있는 토지의 양을 계산하라.

이것이 왜 중요한가? 우리는 1970년대 이후 우리의 요구를 충족시킬 수 있는 지구의 능력을 넘어서고 있다. 사람들의 평균 발자국이 약 1.7헥타르 이상인 나라는 지구의 "적재 능력"을 초과하고 있다. 예를 들어 미국을 사용하여 계산하여 한 번 더 계산해 보자.

활동 학습 4.48 ▸ *몇 개의 지구가 있어야 할까?*

2014년 미국은 1인당 약 8.4헥타르(약 21에이커)의 생태 발자국을 갖고 있었다.

a. 미국의 현재 인구 추정치를 조사하고, 그 출처를 밝혀라.

b. 미국이 현재 이 인구에게 요구하는 생물학적으로 생산 가능한 토지의 양을 계산하라.

c. 지구에서 이용 가능한 생물학적으로 생산 가능한 공간의 양은 몇 퍼센트인가?

에너지는 인간의 모든 활동에 필수적이다. 개인적으로, 여러분은 음식을 먹고 신진대사를 함으로써 필요한 에너지를 얻는다. 공동체나 국가로서 우리는 석탄, 석유, 천연가스 연소 등 다양한 방법으로 에너지 수요를 충족시킨다. 이러한 탄소 기반 연료의 연소는 이산화 탄소를 포함한 여러 가지 폐기물을 생산한다. 인구가 많고 고도로 산업화된 나라들은 가장 많은 양의 연료를 태우고, 그 결과, 가장 많은 이산화 탄소를 배출한다. 국제 에너지 기구(International Energy Agency)의 참여 과학자 연대(Union of Concerned Scientists)에서 발간한 자료에 따르면 2015년 CO_2 배출량 1위는 중국, 미국, 유럽연합(EU), 인도, 러시아 연방, 일본이었다. 어떤 다른 나라들이 그 목록에서 높은 순위를 차지하고 있는가? 다음의 활동 학습은 어떻게 알아내는지를 보여준다.

활동 학습 4.49 ❯ 국가별 탄소 배출

미국의 참여 과학자 연대는 CO_2 배출량 상위 20개국의 목록을 발표한다.

a. 이미 알고 있는 것으로부터 이 목록에 있는 5개 국가(앞 단락에 열거된 국가 외에)를 예측하라. 인터넷을 사용하여 예측이 얼마나 정확한지 확인하라.

b. 만약 1인당 순위를 매긴다면 이 순위는 어떻게 바뀔까?

2009~2017년 Obama 대통령의 과학기술 문제 수석 보좌관인 John Holdren은 기후 변화에 대처하는 우리의 선택지를 완화, 적응, 고통의 세 단어로 요약했다. 그는 "기본적으로 완화·적응을 적게 하면 훨씬 더 많은 고통을 겪을 것"이라고 결론지었다. 그러나 누가 경감을 책임질 것인가? 누가 어쩔 수 없이 적응할 것인가? 누가 고통의 고통을 견딜 것인가? 이 질문들에 대한 해답과 관련하여 상당한 의견 충돌이 일어날 것 같다. 그러나 우리는 어떤 실용적인 해결책도 본질적으로 세계적인 것이어야 하며, 위험 인식, 사회적 가치, 정치, 경제 등이 복잡하게 혼합되어 있어야 한다는 데 동의할 수 있다.

기후 완화(climate mitigation)란 인간의 생명, 재산 또는 환경에 대한 기후 변화의 장기적인 위험과 위험을 영구히 제거하거나 감소시키기 위해 취하는 모든 조치를 말한다. 인위적인 기후 변화를 최소화하기 위한 가장 분명한 전략은 첫째로 대기에 배출되는 이산화 탄소와 다른 온실 기체의 양을 줄이는 것이다. 그림 4.4를 다시 살펴보라. 이러한 "필요 사항"을 어느 정도 축소하는 것은 상상하기 어렵다. 따라서 적어도 단기적으로는 우리의 에너지 소비량을 줄이는 것이 쉽지 않을 것이다. 가장 단순하고 비용이 적게 드는 접근법은 에너지 효율을 높이는 것으로 녹색 화학의 핵심 아이디어 중 하나이다. 에너지 생산과 관련된 비효율성 때문에 소비자 단위의 에너지 절약은 생산 단위의 효과를 3~5배 증가시킨다. 그러나 기후 친화적인 상품을 구입하고, 기후 친화적인 것들을 하기 위해 전 세계 개별 소비자들에게 의존하는 방법은 CO_2 배출량을 유해 수준 이하로 낮추기 어려울 것이다.

활동 학습 4.50 ❯ 탄소를 줄이는 나무

평균 크기의 나무는 매년 25~50파운드의 이산화 탄소를 흡수한다. 미국의 경우, 1인당 연평균 CO_2 배출량은 19톤이다.

a. 평균 미국 시민 1인의 연간 CO_2 배출량을 흡수하려면 몇 그루의 새 나무가 필요한가?

b. 120억 그루의 나무는 화석 연료 연소로 인한 연간 전 세계 배출량의 몇 %를 흡수할 수 있는가? *힌트*: 그림 4.2를 참조하라.

미래 배출량의 잠재적 감소와 상관없이 기후 변화의 일부 영향은 피할 수 없다. 앞서 언급했듯이, 오늘날 배출되는 많은 CO_2 분자들은 수세기 동안 대기 중에 머무를 것이다. **기후 적응**(climate adaptation)은 기후 변화(기후 변동성과 극한적 현상 포함)에 적응하여 잠재적 손상에 적응하고, 기회를 이용하거나 결과에 대처할 수 있는 능력을 말한다. 적응 방법으로는 새로운 농작물 품종 개발, 저지대 국가와 섬을 위한 새로운 해안선 방어 시스템 구축 등이 있다. 전염병의 추가 확산은 공공 의료 시스템의 강화에 의해 최소화될 수 있다. 이러한 전략의 대부분은 기후 변화 과제가 없는 상황에서도 사회에 이익이 될 윈–윈(win–win) 상황이다.

온실 기체가 기후 변화의 주요 원인이라는 과학적 합의에 비해 온실 기체 배출을 제한하기 위해 어떤 조치를 취해야 하는지에 대한 정부 간 합의는 훨씬 적다. 1992년 리우데자네이루(Rio de Janeiro)에서 열린 지구정상회의의 결과 중 하나는 기후 변화에 관한 기본 협약이었다. 이 국제 조약의 목적은 "기후 체계를 교란시키는 위험한 인위적인 간섭을 방지함으로써 대기 중 온실 기체 농도를 낮은 수준으로 안정화시키는 것"이었다. 이 조약은 구속력이 없을 뿐만 아니라, "위험한 인위적 간섭"이 무엇을 의미하는지, 또는 이를 피하기 위해 어느 정도의 온실 기체 배출이 필요한지에 대해서도 합의가 이루어지지 않았다.

1997년에 법적으로 온실 기체 배출량의 한계를 구속하는 첫 국제 조약이 일본 교토(Kyoto)에 모인 161개국 1만여 명의 참가자에 의해 조인되었다. 결과물이 소위 교토 의정서(Kyoto Protocol)로 알려져 있다. 6개 온실 기체의 배출량을 줄이기 위해 38개 선진국에 대해 1990년 수준을 기준으로 구속력이 있는 배출량 목표가 설정되었다. 이 규제를 받는 기체에는 이산화 탄소, 메테인, 아산화 질소, 하이드로플루오로탄소(HFC), 과플루오로탄소(PFC), 헥사플루오린화 황 등이 포함된다. 2012년까지 1990년 수준에서 미국은 7%, 유럽연합(EU) 국가들은 8%, 캐나다와 일본은 6%의 배출량 감축을 기대하고 있다.

활동 학습 4.51 ➤ *영국의 경험*

1997년에 영국 노동당은 Tony Blair의 지도 아래 영국 온실 기체 배출량을 2010년까지 20% 감축하겠다고 하였다. 이것은 Kyoto 의정서에서 요구하는 12.5%에 비하여 훨씬 높다. 영국은 이 목표를 달성하였는가? 이 질문에 대해 조사하고 영국의 온실 기체 절감에 대한 간단한 보고서를 써라. 1997년 이후 다른 국가에서도 배출량을 크게 줄였는가?

2005년(러시아의 비준이 있었던 해)에 조약이 발효되었지만 미국은 한 번도 참여하지 않았다. 그 한 가지 이유는 이 의정에 의해 설정된 감축 요구에 맞추려면 미국 경제에 심각한 타격을 주게 될 것이라고 확신했기 때문이다. 이 의정서를 비준하지 않은 또 다른 이유는 주로 중국과 인도와 같은 개발도상국에 대한 배출 제한이 없다는 것을 우려했기 때문이다. 이 나라들은 향후 몇 년 동안 이산화 탄소 배출에 있어 가장 극적인 증가를 보일 것으로 예상되고 있다. George W. Bush 대통령 정부는 이러한 선진국과 개발도상국 간의 불평등 한 부담은 미국에 경제적으로 재앙이 될 것이라고 주장하였다.

미국은 또한 유사한 경제적 근거로 CO_2 배출량을 제한하는 국내 법안에 반대해 왔다. 2000년대 초반에 시행된 자발적 감축 프로그램은 여러 가지 이유로 배출량을 줄이기에 불충분하다는 것이 확인되었다. 한 가지 문제는 화석 연료의 가격이 상대적으로 싸다는 것이다. 두 번째 문제는 완화 조치에는 상당한 선투자 비용이 수반된다는 것이며, 또 중요한 것은 완화 비용이 확실히 알려져 있지 않기 때문에 기업이 효과적으로 계획을 세우기가 어렵다는 점이다. 세계의 현재 에너지 기반 구조는 개발 및 유통에 15조 달러가 소요되며, CO_2 배출량을 줄인다는 것은 그러한 기반 시설의 상당 부분을 교체한다는 것을 의미한다. 최종적인 문제는 대기 중 CO_2 분자의 체류 시간이 길기 때문에 수십 년 동안 배출량 감소의 이점을 느끼지 못할 것이라는 사실에 있다.

1차 지구정상회의가 끝난 지 25년이 넘은 지금, 과학계는 어떤 수준의 CO_2가 "위험하다"고 여겨지는지를 파악하는 데 주력하기 시작하고 있다. 2007년 유엔 기후 회의(United Nations Climate Conference)에서 참여 과학자들은 온실 기체 배출량이 2020년까지 정점을 찍은 뒤 2050년에는 현재 수준의 절반 이하로 줄어들어야 한다고 결론지었다. 절대량으로 말하면, 그것은 연간 전 세계 배출량을 약 90억 톤 줄여야 한다는 것을 의미한다. 이 목표의 규모에 대한 척도를 제공하려면, 배출량을 10억 톤 줄이면 다음 중 하나를 변경해야 한다.

- 전 세계 건물의 현재 에너지 사용을 평상시 사용량의 20~25% 감소
- 모든 자동차의 연비를 30 mpg(갤런당 마일) 대신 60 mpg로 개선
- 석탄 화력 발전소 800개소에서 이산화 탄소의 포집 및 격리
- 대형 석탄 화력 발전소 700기를 원전·풍력·태양광 발전기로 교체

사전 지식 *Did You Know*

2015년 파리 협약은 지구의 평균 온도를 산업화 이전 수준보다 2°C 이상 낮게 유지하기 위해 온실 기체 배출의 진 세계적인 진짐을 설정하는 것을 목표로 했다.

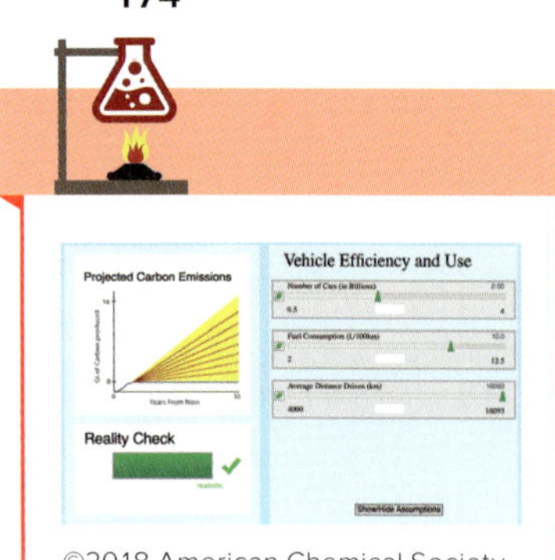

©2018 American Chemical Society

www.acs.org/cic에서 탄소 배출량에 대한 다양한 기술의 종합적 영향을 살펴보는 모의실험을 확인하라.

이들 중 어느 하나(그리고 시행해야 할 목표가 90억 톤)도 완전히 자발적으로는 시행하여 달성할 수 없으리라는 것은 명백하다. 미국이나 다른 곳에서도 온실 기체 배출을 줄이기 위해 법과 규제가 필요하다는 인식이 급속히 확산되기 시작했다. 미국에서 황과 질소의 산화물 배출을 줄이는 데 성공한 것과 같은 "상한-설정-거래(cap-and-trade)" 시스템이 한 예다. 상한-설정-거래 시스템에서 거래 부분은 할당량(allowance) 시스템을 통하여 작동한다. 회사들에게 현재 또는 그 이후 어떤 해까지 일정량의 CO_2 배출을 보장하는 할당량을 제시한다. 매해 말 각 회사들은 실제 배출량을 감당할 수 있는 충분한 할당량을 확보해야만 한다. 만약 회사가 잉여의 할당량을 가지고 있다면 배출량 한도를 초과한 다른 회사에 교환하거나 팔 수 있다. 만약 회사가 할당량이 부족하다면 사야만 한다. "상한 설정"은 매년 특정한 양의 할당량을 설정함으로써 강제할 수 있다.

여기에 상한-설정-거래 시스템이 어떻게 작용하는지에 대한 한 예가 있다(그림 4.35). 배출량 제한이 없다면 공장 A는 600톤의 CO_2를, 공장 B는 400톤을 방출한다. 부과된 상한선 이하로 낮추기 위해 이 공장들은 총 배출량을 300톤(30%)까지 줄여야 한다. 이 목표를 달성하는 한 방법은 각 공장이 배출량의 30%를 줄이고 연관된 비용을 각자 감당하는 것이다. 그러나 공장 B가 더 효율적으로 배출량을 감축해서 이미 설정된 30% 아래로 배출량을 감소시킬 수도 있다. 이 경우 공장 A는 공장 B로부터 사용하지 않은 배출권을 공장 A가 30% 배출량 감축을 준수하는 데 필요한 것보다 적은 비용으로 일부 배출권을 구입할 수 있다. 이렇게 하면 두 공장 모두에 경제적으로 가장 이득이 되는 방법으로 *전체*(overall) 배출량 감소를 달성할 수 있다.

상한-설정-거래 시스템은 배출 허가에 대한 잠재적 변동성이 큰 시장을 포함하여 몇 가지 가능한 단점이 있다. 에너지 공급자들은 에너지 비용에서 종종 예측할 수 없는 큰 변화를 경험할 수 있다. 그러한 변동은 소비자 비용의 큰 변동으로도 이어질 수 있다. 상한-설정-거래의 대안으로 일부는 상한-설정-거래 프로그램 대신 탄소세를 옹호한다. 탄소세는 배출량을 제한하고 시장이 어떻게 "가장 잘" 준수할지를 결정하게 하는 대신에 화석 연료를 태우는 데 드는 비용을 증가시킨다. 일정 품질의 연료에 포함된 탄소 양에 기반하여 추가적 비용을 부과하는 것은 가까운 시일에 대체 에너지원의 경쟁력을 높이려는 의도이다. 물론 탄소 연료 또는 배출물에 세금을 부과하는 것은 소비자에게도 마찬가지로 더 비

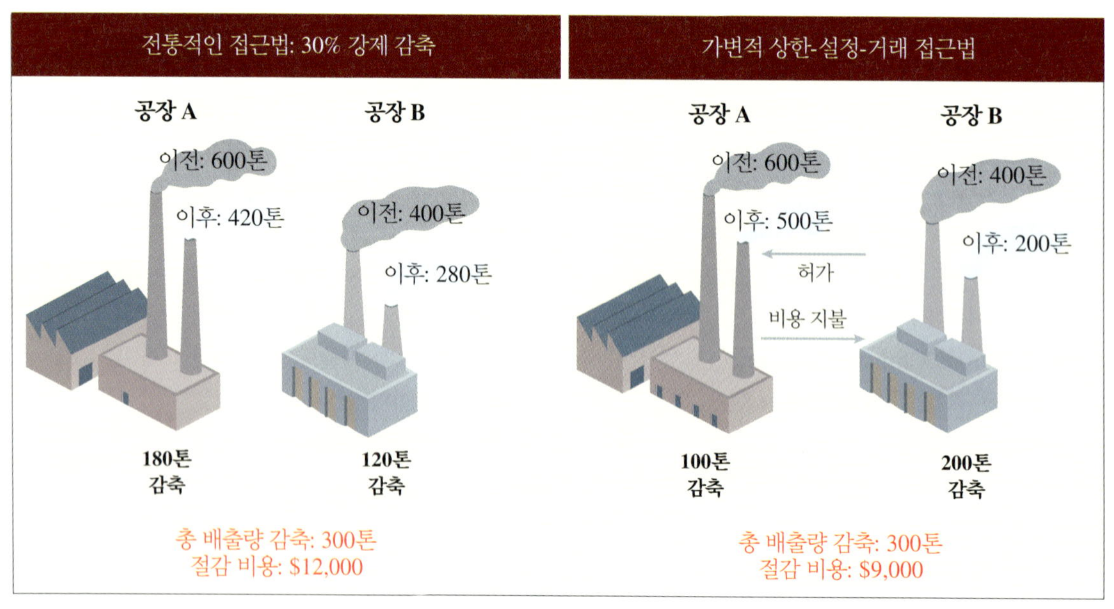

그림 4.35

배출 상한-설정-거래 개념.

Source: EPA, Clearing the Air, The Facts About Capping and Trading Emissions, 2002, p. 3

싼 가격을 의미한다.

활동 학습 4.52 ➤ *기후 변화 보험?*

기후 변화 완화는 위험-편익 시나리오로 볼 수 있다. 따라서 미래의 영향에 대한 불확실성은 정부가 재정적으로 비용이 많이 드는 조치를 취하지 못하게 할 수 있다. 기후 변화를 다루는 또 다른 방법은 우리가 보험을 구매하는 이유와 비슷하게 위험-관리 문제로 보는 것이다. 자동차 보험을 가지고 있다고 해서 사고가 발생할 가능성은 줄어들지 않지만 사고가 발생할 경우 비용을 한정할 수 있다. 기후 변화 행동과 정책이 보험 유사성에 얼마나 잘 맞는가?

미국 연방 정부는 기후 변화에 관한 구속력 있는 법률을 제정하는 데 시간이 오래 걸렸지만, 개별 주들은 문제를 스스로 해결했다. 2005년에 10개의 북동쪽 주에서는 지역 온실 기체 구상(Regional Greenhouse Gas Initiative, RGGI)을 구성하고 이산화 탄소에 대한 미국의 첫 번째 상한 설정-거래 프로그램에 서명했다. 이 프로그램은 2014년 현재 수준에서 새로운 배출 한도를 구현하여 2015년에서 2020년까지 매년 2.5%씩 줄이기로 하였다. California와 캐나다의 British 주, Nova Scotia 주 및 Quebec 주를 포함하는 서부 기후 구상(Weather Climate Initiative)은 재생 에너지 기술 개발을 가속화하기 위한 지역의 노력뿐만 아니라 강제 배출 보고에 동의했다. 보다 광범위하게, 미국 기후 동맹(United States Climate Alliance)은 2017년 6월 파리 협정에서 미국이 철수한 후 설립되었다. 이 동맹은 22개 주들이 연합해서 만들었으며 2025년까지 온실 기체 배출량을 2005년 수준에서 26~28% 줄이기 위해 노력하고 있다. 또한 이 그룹은 2005년 수준에 비해 2030년까지 전력 생산으로 인한 CO_2 배출량을 32% 줄이려고 하고 있다.

2014년에 보다 지역적으로, 시장 국가 기후 행동 의제(Mayors National Climate Action Agenda)가 설립되었다. 이 기구는 기후 변화에 관한 파리 협약에서 확립된 배출 목표를 유지하는 데 중점을 두고 있다. 현재 이 그룹은 407개 도시로, 총 인구는 약 6천 6백만 명으로 미국 인구의 약 20%에 해당한다.

활동 학습 4.53 ➤ *버킷의 물 한 방울*

비평가들은 개별 주나 국가가 행한 행동이 비록 성공적이었다고 하더라도, 온실 기체의 세계적인 배출에 큰 영향을 미칠 수 없다고 제안한다. NASA 기후 과학자 James Hansen과 같은 즉각적인 행동을 지지하는 사람들은 다른 접근법을 취한다. "중국과 인도는 해수면 근처에 살고 있는 엄청난 인구를 가지고 있기 때문에 통제되지 않은 기후 변화로 인해 가장 많은 것을 잃게 된다. 반대로, 그들은 또한 지역 대기 오염이 감소하게 되면 가장 많은 이득을 얻는다. 이들은 지구 온난화 해결에 나서야만 하고, 미국 등 선진국이 적절한 첫 조치를 취한다면 이들 국가들이 그렇게 할 것이라고 믿는다." 이 장을 공부한 후 어느 편에 공감하는가? 설명하라.

활동 학습 4.54 ➤ *그룹 활동: "큰 실문" 재논의*

현재 지식을 바탕으로 그룹을 구성하고 다음의 질문에 답하라.

a. 대기의 온실 효과와 온난화가 좋다고 느끼는가? 아니면 나쁘다고 느끼는가? 그 이유는 무엇인가?

b. 공기 중의 이산화 탄소는 어디에서 오는가?

c. 기후 변화란 무엇인가?

d. 기후 변화가 일어나고 있는가? 그 이유는 무엇인가? 아니라면 그 이유는 무엇인가?

이 장의 시작 부분에 대한 답과 비교해 보라. 대답이 어떻게 바뀌었는가?

결론 _Conclusion

©Fuse/Getty Images

이 침팬지 집단은 지구 기후 변화에 최소한으로, 아니 전혀 기여하지 않았으며, 이 문제에 대해 논의하지 않고 있을 것이다. 그러나 그들은 일어날 변화에 적응해야 한다. 인간과 달리 침팬지는 식물과 다른 동물들과 함께 기후가 변하고 있는지에 대해 서로 논쟁하지 않는다. 그들은 단지 음식, 물, 서식지에 대한 접근 등 그들의 삶의 방식에 영향을 줄 수 있는 변화무쌍한 세계에 적응하려고 할 뿐이다. 예를 들어, 기후가 변하면 음식의 이용 가능성이 변화하기 때문에, 침팬지와 같은 동물들이 생존할 수 있는 충분한 칼로리를 얻기 위해 적응하도록 강요한다. 이 변화들은 또한 그들의 서식지에 영향을 미치며, 다른 날씨 패턴으로 인한 변이들이 있다.

지구의 다른 많은 곳처럼 바다의 바닷물은 목소리가 없지만, 여전히 기후 변화에 반응하고 있으며 이야기할 것이 있다. 추운 기후에서는 기온이 떨어지면 조용히 얼어서 해빙을 형성한다. 그리고 아마도 이 얼음은 봄에 따뜻한 온도가 돌아오면서 더 시끄럽게 깨진다. 이 동결-해동 주기는 수천 년 동안 발생되어 왔으며, 지구의 온도가 변화함에 따라 점차적으로 얼음이 더 많거나 적게 형성되는 쪽으로 변화해 왔다. 그러나 최근 몇 년 동안 북극의 동결-해동 주기는 더욱 뚜렷해졌고 북극의 물은 더 오랜 기간 동안 얼음이 얼지 않았다. 이산화 탄소가 북극에서 목격된 변화의 원인일까? 온실 기체로서 이산화 탄소는 우리 행성을 편안하게 따뜻하게 유지하고 생명을 지탱할 수 있는 역할을 하지만, 너무 많은 좋은 것이 있을 수 있다. John Holdren은 "지구 온난화는 점진적이고, 균일하며, 상당히 긍정적일 가능성이 높은 것을 의미하기 때문에 잘못된 표현이라고 여러 차례 말했다. 우리가 기후 변화로 겪고 있는 것은 그런 것이 아니다."

첫 번째 주장은 지구 온난화가 점진적이지 않다는 것이다. 이것은 과거와 비교하여 오늘날의 기후 변화가 훨씬 더 빠르게 일어나고 있음을 의미한다. 자연적인 기후 변화는 지구 역사의 일부이다. 예를 들어 빙하는 여러 번 전진 및 후퇴했으며, 지구 온도는 우리가 현재 경험하는 온도보다 훨씬 높고 훨신 낮았다. 그러나 지질학적 증거는 이러한 과거의 변화가 오늘날과 같은 수십 년이 아니라 수천 년에 걸쳐 일어났다는 것을 보여준다. 그래서 Holdren의 말이 맞다. 지구 온난화는 점진적이지 않다. 적어도 과거의 지질학적 시간 틀에 비하면 말이다.

둘째로, 그는 지구 온난화가 전 세계적으로 균일하게 일어나지 않는다고 주장한다. Holdren이 또 맞았다. 현재까지 극지방에서 가장 극적인 효과가 관찰되었다. 빠르게 빙하가 사라지고, 해빙이 줄어들고, 영구 동토층이 녹는 현상이 여기에 해당한다. 지금까지 인구 밀도가 높을수록 위도는 기후 변화로 인한 영향이 훨씬 적다.

지구온난화가 긍정적이지 않을 수 있다는 그의 세 번째 주장은 평가하기 가장 어려운 것이다. 이 문제는 부분적으로 복잡하다. 왜냐하면 우리는 지구 온난화의 어떤 측면이 영향을 미칠지, 어느 정도까지 영향을 미칠지 확실히 예측할 수 없기 때문이다. 몇 도 정도의 온난화만이 재앙이 될 수 있는지 쉽게 이해할 수 없기 때문에 더욱 복잡하다. 지구 온난화가 긍정적이지 않을 수 있다는 그의 세 번째 주장은 평가하기 가장 어려운 것이다. 이 문제는 부분적으로 복잡하다. 왜냐하면 우리는 지구 온난화의 어떤 측면이 영향을 미칠지, 어느 정도까지 영향을 미칠지 확실히 예측할 수 없기 때문이다. 왜 단지 몇 도 정도의 온난화가 재앙이 될 수 있는지 쉽게 이해할 수 없기 때문에 더욱 복잡하다.

Holdren의 지적에서 증명되었듯이 지구 기후 변화는 극히 복잡한 현상이다. 좋든 싫든 간에 우리는 우리의 경제 발전과 환경을 모두 지탱할 수 있는 능력을 시험해 볼 수 있는 지구 전체의 실험을 하고 있는 중이다.

다음 장에서는 이 행성에서 생명체에 필수적인 화학 물질인 물에 대해 배우게 된다. 당신은 우리의 일상적인 행동이 물의 가용성, 순도, 그리고 성질에 어떤 변화를 가져오는지 이해하게 된다. 이 소중한 자원에 초점을 맞추면서 미래 세대에 적합한 수자원 확보 가능성에 영향을 미치는 대기질 및 기후변화 관련 논의를 이어가도록 한다.

학습 결과 _Learning Outcomes

*괄호 안의 숫자는 이 결과가 논의된 장의 절을 나타낸다.

이 장을 공부한 후에는 다음을 수행할 수 있어야 한다.

- 다양한 탄소-배출 물질에서 나오는 탄소가 특정 생태계를 중심으로 한 탄소 순환에서 탄소 저장소에 어떻게 흘러가는지를 설명하고, 식별하며 예측한다. (4.1, 4.2).
- Lewis 구조와 분자 구조를 포함한 분자 화합물의 주요 특징을 설명한다. (4.1, 4.7)
- 암석 및 토양 형태의 광물원 역할을 하는 단원자 및 다원자 이온으로 만들어진 다양한 이온 화합물의 화학식과 이름을 작성한다. (4.1)
- 물질에 존재하는 탄소 또는 기타 원자의 양을 정량화한다. (4.3, 4.4)
- 온실 효과로 온실 기체가 지구의 온도에 미치는 영향을 구분한다. (4.5, 4.6)
- 전자기 복사, 특히 UV, IR, 마이크로파가 분자와 분자 결합의 움직임에 어떻게 다르게 영향을 미치는지, 분자 내 결합의 신축 진동과 굽힘 진동이 궁극적으로 지구의 온도에 어떤 영향을 미칠 수 있는지를 비판한다. (4.7, 4.8)
- 동위원소 분석을 통해 과학자들이 과거 추세를 파악한 후, 우리의 기후 추세가 과거와 어떻게 다른지 설명함으로써 자료의 신뢰성을 방어하는 방법 등 과거 및 현재 기후 자료를 수집하는 과정을 설명한다. (4.9, 4.10)
- 기후 변화의 가능한 전 지구적 결과를 평가하고, 이러한 잠재적 결과의 심각성을 완화할 수 있는 요인을 설명한다. (4.11)
- 개별 탄소 발자국의 변화(탄소 작용)를 예측하고, 보다 광범위하게 도시와 국가가 기후 변화 결과를 어떻게 완화시킬 수 있는지 예측한다. (4.12)

연습 문제 _Questions

기본 문제 _Emphasizing Essentials

1. 이 장은 John Holdren의 인용문으로 마무리하였다. “지구 온난화란 명칭은 그것이 마치 점진적으로, 균일하게, 아주 긍정적일 가능성이 높은 것을 의미하기 때문에 잘못된 표현이다. 우리가 기후 변화로 겪고 있는 것은 그런 것이 아니다.”라고 말했다. 예를 들어 다음을 수행하라.
   a. 기후 변화가 균일하지 않은 이유를 설명하라.
   b. 적어도 사회와 환경 시스템이 얼마나 빨리 적응하는지 비교하여 기후 변화가 점진적이지 않은 이유를 설명하라.
   c. 기후 변화가 상당히 긍정적이지 않은 이유를 설명하라.
2. 금성과 지구의 표면 온도는 태양으로부터의 거리를 기반으로 예상하는 것보다 더 따뜻하다. 그 이유를 설명하라.
3. 지구의 에너지 복사를 이해하기 위하여 온실에 비유하면 지구라는 온실의 “창”은 무엇인가? 어떤 면에서 이 비유가 정확하게 엄밀하게 정확하지 않은가?
4. CO_2와 H_2O가 글루코스($C_6H_{12}O_6$)와 O_2를 형성하는 광합성을 생각해 보자.
   a. 균형 맞춘 반응식을 써라.
   b 반응식 양쪽의 원자의 종류와 수는 같은가?
   c. 반응식 양쪽의 분자의 수는 같은가? 설명하라.
5. 기후와 날씨의 차이를 설명하라.
6. a. 매일 29 MJ/m^2의 에너지가 태양으로부터 우리 대기권 상단으로 오지만, 단지 17 MJ/m^2만 지표면에 도달하는 것으로 추산된다. 나머지는 어떻게 된 것인가?
   b. 정상 상태 조건에서 대기 상층부에서 나가는 에너지는 얼마인가?

7. 그림 4.24를 생각해 보자.

a. 대기 중의 CO_2의 현재 농도는 20,000년 전의 농도에 비해 어떠한가? 120,000년 전의 농도에 비해 어떠한가?

b. 현재 대기 온도는 1950~1980년의 평균 온도와 비교하면 어떠한가? 20,000년 전 온도와 비교하면 어떠한가? 각 수치는 120,000년 전과 비교하면 어떠한가?

c. **a**와 **b**의 답은 인과 관계, 상관관계 또는 아무런 관계가 없다 중 어느 것을 의미하는가? 설명하라.

8. 지구 온난화 문제를 이해하려면 지구의 에너지 균형을 이해하는 것이 필수적이다. 예를 들어, 태양 에너지가 지구 표면을 부딪친다. 태양 에너지는 평균 168 W/m^2이지만, 지구 표면에서 방출하는 에너지는 평균 390 W/m^2이다. 지구는 왜 빠르게 냉각되지 않는가?

9. 다음 관찰을 설명하라.

a. 햇볕이 잘 드는 곳에 주차 된 차는 애완동물이나 어린 아이들의 생명을 위험에 빠뜨릴 정도로 뜨거워질 수 있다.

b. 맑은 날의 겨울밤은 흐린 날보다 더 추운 경향이 있다.

c. 사막은 습한 환경보다 일교차가 더 크다.

d. 여름철에 어두운 색의 옷을 입은 사람은 하얀 옷을 입은 사람에 비하여 일사병에 걸릴 위험성이 높다.

10. 분자 모형 키트로 메테인 분자(CH_4)를 만들어라. 분자 모형 키트가 없으면 스타이로폼 공이나 껌방울을 원자로, 이쑤시개를 결합으로 사용하라. 수소 원자가 모두 같은 평면에 있는 경우(사각 평면 배열)보다 사면체 배열에서 서로 더 멀다는 것을 설명하라.

11. Lewis 구조를 그리고 각 분자의 기하 구조의 이름을 써라.

a. H_2S

b. OCl_2(산소가 중심 원자)

c. N_2O(질소가 중심 원자)

12. Lewis 구조를 그리고 각 분자의 기하 구조의 이름을 써라.

a. PF_3

b. HCN(탄소가 중심 원자)

c. CF_2Cl_2(탄소가 중심 원자)

13. a. 메탄올(목재 알코올), H_3COH에 대한 Lewis 구조를 그려라.

b. 이 구조를 기반으로 H−C−H 결합 각도를 예측하라. 당신의 추론을 설명하라.

c. 이 구조를 기반으로 H−O−C 결합각을 예측하라. 당신의 추론을 설명하라.

14. a. C=C 이중 결합을 가진 작은 탄화수소인 에틸렌(ethylene, H_2CCH_2)에 대한 Lewis 구조를 그려라.

b. 이 구조를 기반으로 H−C−H 결합각을 예측하라. 당신의 추론을 설명하라.

c. 예상 결합각을 보여주는 분자를 스케치하라.

15. 아래에 물 분자의 3가지 다른 진동 방식이 도시되어 있다. 다음 중 어떤 진동 방식이 온실 효과에 기여하는가? 설명하라.

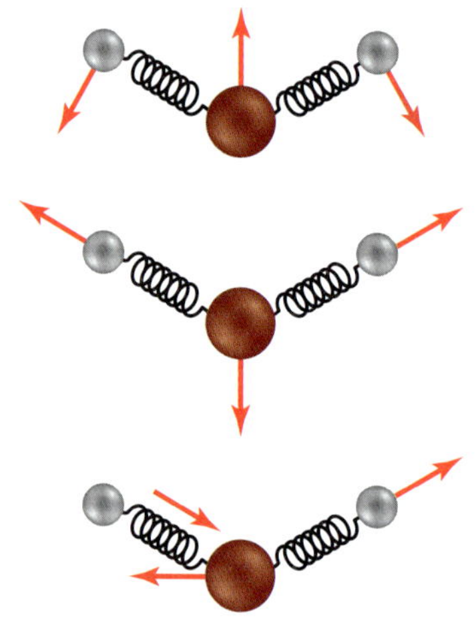

16. 이산화 탄소 분자가 IR 영역의 특정 광자와 상호 작용하면 원자들의 진동 운동이 증가한다. CO_2의 경우 주요 흡수 파장은 4.26마이크로미터(μm) 및 15.00마이크로미터(μm)이다.

a. 이 IR 광자 각각에 해당하는 에너지는 얼마인가?

b. 진동하는 CO_2의 에너지는 어떻게 되는가?

17. 수증기와 이산화 탄소는 온실 기체이지만, N_2와 O_2는 온실 기체가 아니다. 설명하라.

18. 다음이 지구의 기후 변화와 어떤 관계가 있는지 설명하라.

a. 화산 폭발

b. 성층권의 CFC

19. 흰개미는 셀룰로스를 글루코스($C_6H_{12}O_6$)로 분해한 다음, 글루코스를 CO_2와 CH_4로 대사할 수 있는 효소를 가지고 있다.

a. 글루코스를 CO_2와 CH_4로 변환시키는 대사 반응의 균형 맞춘 반응식을 써라.

b. 만약 매일 1.0 mg의 글루코스를 대사한다면, 흰개미 한 마리가 일 년에 몇 g의 CO_2를 생성하겠는가?

20. 그림 4.4를 생각해 보자.

a. 화석연료 연소로 인한 CO_2 배출량이 가장 높은 부문은?

b. CO_2를 배출하는 각 주요 부문에 대해 어떤 대안이 있는가?

21. 은의 원자 번호는 47이다.

a. 가장 일반적인 동위원소인 Ag-107의 중성 원자에 있는 양성자, 중성자, 전자의 수를 말하라.
b. Ag-109의 중성 원자에 있는 양성자, 중성자, 전자의 수는 Ag-107의 수와 비교할 때 어떤가?

22. 자연에 존재하는 은 동위 원소는 Ag-107과 Ag-109의 두 개뿐이다. 주기율표에서 은의 평균 원자 질량이 단순히 108이 아닌 이유는 무엇인가?

23. a. 은의 개별 원자의 평균 질량을 g 단위로 계산하라.
b. 10조 개의 은 원자의 질량을 g 단위로 계산하라.
c. 은 원자 5.00×10^{45}개의 질량을 g 단위로 계산하라

24. 대기 화학에서 중요한 물질인 다음 화합물의 몰질량을 계산하라.

a. H_2O
b. CCl_2F_2(프레온-12)
c. N_2O

25. a. CCl_3F(프레온-11)에서 염소의 질량 백분율을 계산하라.
b. CCl_2F_2(프레온-12)에서 염소의 질량 백분율을 계산하라.
c. 각 화합물 100 g이 성층권에 방출할 수 있는 염소의 최대 질량은 얼마인가?
d. **c**에서 계산한 질량에 해당하는 염소의 원자의 수는 몇 개인가?

26. 생명계(living systems)의 탄소 총 질량은 7.5×10^{17} g으로 추정된다. 지구상의 총 탄소 질량이 7.5×10^{22} g으로 추정된다는 점을 감안할 때, 지구상의 총 탄소 원자에 대한 생명계의 탄소 원자의 비율은 얼마인가? 답을 백분율과 ppm 단위로 보고하라.

27. 대기 중 농도 이외에 잠재적인 지구 온난화를 계산할 때 포함해야 하는 물질의 특성 두 가지는 무엇인가?

› 개념 문제 _Concentration on Concepts_

28. 다음 각 중성 원자의 양성자, 중성자, 전자수를 각각 써라.

a. 산소-18($^{18}_{8}O$)
b. 황-35($^{35}_{16}S$)
c. 우라늄-239($^{239}_{92}U$)
d. 브로민-82($^{82}_{35}Br$)
e. 네온-19($^{19}_{10}Ne$)
f. 라듐-226($^{226}_{88}Ra$)

29. 다음을 갖는 동위원소의 원자 번호와 질량 번호를 나타내는 기호를 써라.

a. 양성자 9개와 중성자 10개(핵의학에서 사용된다).
b. 양성자 26개와 중성자 30개(이 원소의 가장 안정한 동위원소).
c. 양성자 86개와 중성자 136개(일부 가정에서 발견되는 방사성 기체).

30. 아래의 각 값에 대해 유효 숫자의 수는 얼마인가?

a. 780.2 g
b. 9.003 L
c. 400.0 g/mL
d. 0025 μm

31. 다음의 각 계산에 대해 정답을 유효 숫자의 정확한 숫자로 보고하라. 또한 각 계산에 대해 올바른 단위를 써라.

a. 5.078 g + 0.04 g
b. 3.00 L − 0.1 L
c. 7.645 g ÷ 1.87 mL
d. 56 nm × 98.24 nm

32. 규소 시료의 질량은 1.25 g이고 부피는 0.54 cm^3이다. 시료의 밀도를 계산하라. 최종 답에 정확한 유효 숫자를 포함하라.

33. 이 장의 결론에 인용한 Holdren은 *지구 온난화*(global worming) 대신 *지구 기후 교란*(global climate disruption)이라는 용어를 사용할 것을 제안한다. 이 장을 공부한 후, 그의 제안에 동의하는가? 설명하라.

34. 북극은 "우리 모두에게 영향을 미칠 기후 영향 때문에 탄광의 카나리아"라고 불렀다.

a. "탄광의 카나리아"라는 문구는 무엇을 의미하는가?
b. 북극이 탄광에서 카나리아 역할을 하는 이유를 설명하라.
c. 툰드라의 해빙은 다른 곳에서도 변화가 가속화한다. 한 가지 이유를 제시하라.

35. 지난 수천 년 동안 지구 대기 온도의 직접적인 측정이 없었다는 점을 감안할 때, 과학자들은 어떻게 과거의 기온 변동을 추정할 수 있을까?

36. 친구가 "온실 효과는 인류에게 심각한 위협이 된다"고 언급한 신문 기사에 대해 알려주었다. 그 진술에 대한 당신의 반응은 무엇인가? 친구에게 무엇을 말하겠는가?

37. 이 장에서 우리는 인위적인 영향이 지구 대기의 CO_2 농도를 어떻게 변화시켰는지 논의했다. CO_2 농도가 변한 다른 이유가 있는가? 설명하라.

38. 지난 20년 동안 화석 연료의 연소로 약 1억 2천만 톤의 CO_2가 배출되었지만, 대기 중 CO_2의 양은 약 800억 톤으로 증가했다. 설명하라.

39. 이산화 탄소 기체와 수증기 모두 적외선을 흡수한다. 그들은 가시광선도 흡수하는가? 대답을 설명하는 데 도움이 되도록 일상적인 경험을 바탕으로 몇 가지 증거를 제시하라.

40. 탄소 원자와 산소 원자가 이중 결합이 아닌 단일 결합으로 연결된 경우, CO_2에서 IR 흡수 진동을 유발하는 데 필요한 에너지는 어떻게 변하는가?

41. 유리컵의 물은 전자레인지에서 빨리 데워지지만 유리컵 자체는 훨씬 더 천천히 데워지는 이유를 설명하라.

42. 에탄올, C_2H_5OH는 옥수수나 사탕수수와 같은 농작물의 당류와 녹말로부터 생산될 수 있다. 에탄올은 가솔린 첨가제로 사용되며, 연소될 때 O_2와 결합하여 H_2O와 CO_2를 생성한다.

a. C_2H_5OH이 완전 연소되었을 때의 균형 맞춘 반응식을 써라.

b. 1몰의 C_2H_5OH이 완전히 연소되면, 몇 몰의 CO_2가 생성되는가?

c. 10몰의 C_2H_5OH을 연소시키려면, 몇 몰의 O_2가 필요한가?

43. 대기에서 온실 기체의 수명이 중요한 이유는 무엇인가?

44. 성층권의 오존 파괴와 기후 변화를 관련 화학종, 관련 복사선의 종류, 예상되는 환경적 영향 측면에서 비교하고 대조하라.

45. 기후 모형화에 익숙하지 않은 사람에게 *복사 강제*(radiate forcing)이라는 용어를 설명하라.

46. 소와 양과 같은 지구의 반추동물은 매년 7천 3백만 톤의 CH_4를 생산하고 있는 것으로 추정된다. 이 질량의 CH_4에는 몇 톤의 탄소가 들어 있는가?

47. 1880년 이후 가장 따뜻한 10년 중 9년은 2000년 이후에 일어났다. 이것이 온실 효과(지구 온난화)가 일어나고 있음을 증명하는가? 설명하라.

48. CFC를 대체할 수 있는 것은 HFC-152a이며, 수명은 1.4년이고 지구 온난화 잠재력(Global Warming Potential, GWP)은 120년이다. 다른 한 가지는 수명이 260년이고 GWP가 12,000년인 HFC-23이다. 이 두 가지 대체물은 온실 기체로서 상당한 영향을 미치며 교토 의정서에 의해 규제된다.

a. 주어진 정보를 바탕으로 어떤 것이 더 나은 대체품으로 보이는가? 지구 온난화의 가능성만 고려하라.

b. 대체품을 선택할 때 고려해야 할 다른 사항은 무엇인가?

49. 화석 연료 연소로 인한 CO_2 배출량은 다른 방식으로 보고될 수 있다. 예를 들어, 이산화 탄소 정보 분석 센터(Carbon Dioxide Information Analysis Center, CDIAC)는 2014년에 중국, 미국, 인도가 세계 국가 중에서 가장 높은 배출국 순위를 차지했다고 보고했다.

랭킹	국가	CO_2(톤)
1위	중국(본토)	10,291,927
2위	미국	5,254,279
3위	인도	2,238,377

a. 1인당 기준으로 나타낸다면 순위가 변하는가? 그렇다면 어느 나라가 1위가 되겠는가?

b. CDIAC는 CO_2 톤(ton)으로 보고하지 않고, 대신 인구 1인당 배출되는 탄소 톤으로 보고하고 있다. 카타르(Qatar)는 45.4톤의 탄소를 배출하여 1인당 세계 1위를 달리고 있다. 이 값을 배출된 CO_2 톤 단위로 나타내면 배출 값이 더 높아지는가, 아니면 더 낮아지는가? 설명하라.

50. 상한-설정-거래와 탄소세를 비교하고 대조하라.

51. Arrhenius가 처음으로 대기 온실의 역할을 이론화했을 때, 그는 CO_2 농도를 두 배로 증가시키면 평균 지구 온도에서 5~6°C가 증가한다고 계산하였다. 그가 계산한 값은 현재의 IPCC 모형과 얼마나 차이가 나는가?

› 응용 문제 _*Exploring Extensions*

52. 전 부통령 Al Gore는 2006년 그의 저서 및 영화 *불편한 진실*에서 "우리는 더 이상 지구 온난화를 정치적 문제로 볼 이유가 없다. 오히려 지구 문명이 직면한 가장 커다란 도덕적 도전이다."라고 썼다.

a. 지구 온난화가 도덕적 문제라고 생각하는가? 그렇다면 이유는 무엇인가?

b. 지구 온난화가 정치적 문제라고 믿는가? 그렇다면 이유는 무엇인가?

53. 중국의 경제 성장에는 "양날의 칼"로 묘사되는 석탄에 대한 의존도가 크게 작용하고 있다. 석탄은 새로운 경제의 "검은 황금"이면서 동시에 "취약 환경의 먹구름"이기도 하다.

a. 황의 함유량이 높은 석탄에 대한 의존도의 결과는 무엇인가?

b. 중국으로부터의 황 오염은 지구 온난화를 지연시킬 수 있지만, 이것은 일시적으로만 가능하다. 그 이유를 설명하라.

c. 석탄 화력 발전소 건설이 빠르게 증가하고 있고, 2030년까지 중국보다 더 많은 인구를 가지게 될 것으로 예상되고 있는 나라는 어디인가?

54. 퀴노 암머리표범나비(Quino checkerspot butterfly)는 멕시코 북부와 California 남부에 멸종 위기에 처한 종이다. 2014년에 보고된 증거(DOI: 10.1007/s10841-014-9743-4)는 이 종의 범위가 이전 연구에서 예측한 것보다 더 크다는 것을 보여준다.

a. 이 종이 어떻게 온난화 기후에 적응할 수 있었는지 설명하라.

b. 향후 30년 동안 퀴노가 생존할 수 있는 범위와 가능성에 대한 예측은 무엇인가?

55. 시간이 지남에 따라 얻은 자료는 대기의 CO_2 증가를 나타내고 있다. 산업혁명 이후 탄화수소의 연소가 크게 증가한 것은 CO_2가 증가하는 원인으로 자주 거론된다. 그러나 같은 기간 동안 수증기의 증가는 관찰되지 *않았다*. 탄화수소 연소에 대한 일반적인 반응식을 기억한다면, 이 두 경향의 차이는 인간의 활동과 지구 온난화 사이의 어떤 연관성을 *반증하는* 것일까? 당신의 추리를 설명하라.

56. 에너지 산업에서, 천연 가스의 1표준입방피트(standard cubic foot, SCF)는 15.6°C에서 1196몰의 메테인(CH_4)을 포함한다. 변환 계수에 대해서는 부록 1을 참조하라.

a. 1 SCF의 천연 가스를 완전히 연소시켜 몇 몰의 CO_2를 생성할 수 있는가?

b. 몇 킬로그램의 이산화 탄소를 생산할 수 있는가?

c. 몇 톤의 CO_2를 생산할 수 있는가?

57. 2015년 11월 프랑스 Paris에서 기후 변화에 관한 획기적인 국제회의가 열렸다. 이 회의의 결과에 대한 간략한 요약을 작성하라.

58. 태양열 오븐은 음식을 조리하기 위해 햇빛을 집중시키기 위한 저급 기술, 저비용 기구이다. 태양열 오븐이 어떻게 지구 온난화를 완화시키는 데 도움이 될 수 있는가? 이 기술을 사용하면 세계 어느 지역에서 가장 많은 혜택을 얻을 수 있는가?

59. 2005년에 유럽연합(EU)은 이산화 탄소에 대한 상한-설정-거래 정책을 채택하였다. 경제적 결과의 측면과 그것이 유럽의 온실 기체 배출에 끼친 영향의 측면에서 이 정책의 결과에 대한 짧은 보고서를 작성하라.

60. Arrhenius는 *런던, 에든버러, 더블린 철학 잡지*(London, Edinburgh, and Dublin Philosophical Magazine)에 글을 기고하여 "우리는 탄광을 공기 중으로 증발시키고 있다"는 현상을 설명하였다. 이 설명은 1898년에 대중들의 주목을 끄는 데 효과적이었다. 그는 대기 중에 추가되는 이산화 탄소의 양을 논의한 것인데 실제로 어떤 과정을 언급했다고 생각하는가? 당신의 추리를 설명하라.

CHAPTER 5

어디에나 있는 물: 가장 소중한 자원

Water Everywhere: A Most Precious Resource

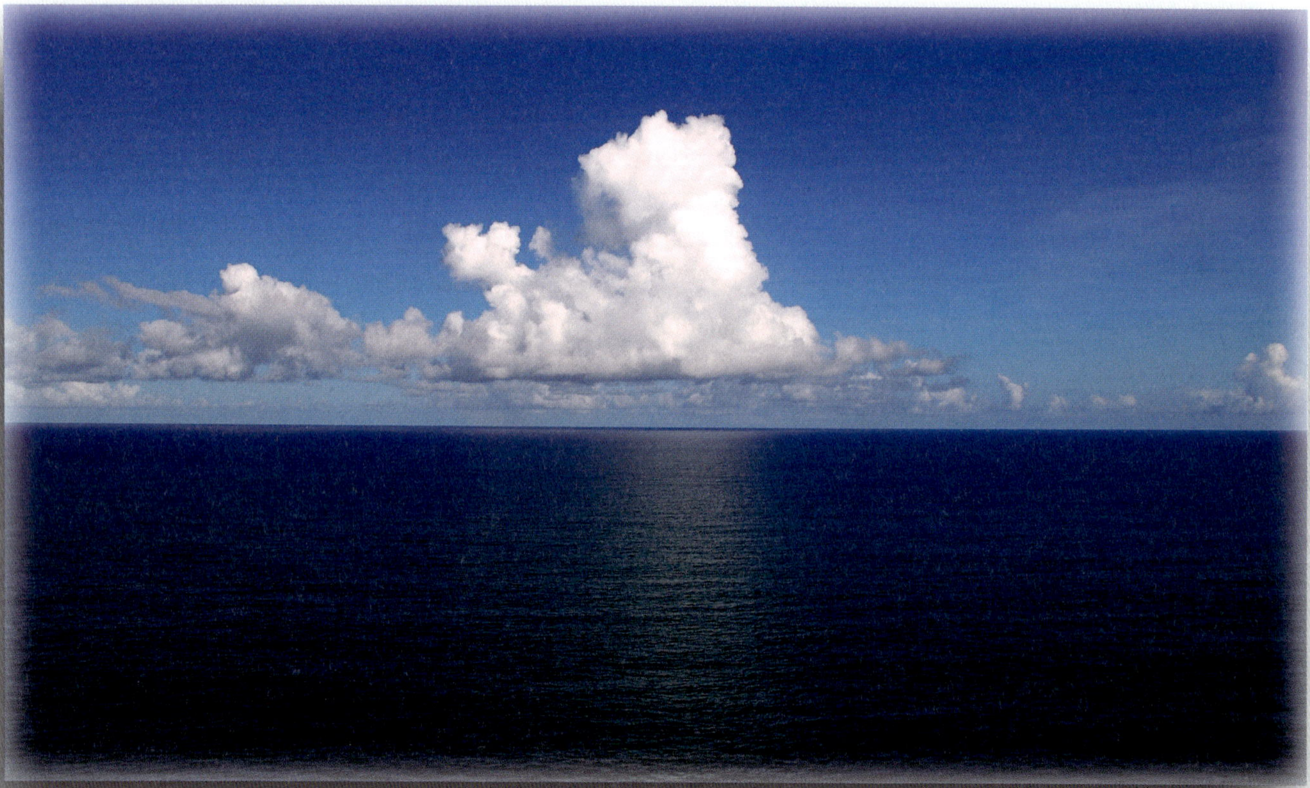

미리 생각해 보기 *Reflect*

어디에나 있는 물

www.acs.org/cic에서 이 장을 여는 비디오를 보고, 매일 마시고 사용하는 물에 대하여 다음을 생각해보자.

a. 이 물속에서 어떤 물질과 불순물을 발견할 수 있는가?
b. 이 물은 어디서 오고, 폐수는 궁극적으로 어디로 흘러가는가?
c. 지역사회에서 물을 취급하는 행태가 천연수의 공급에 어떻게 영향을 끼칠 수 있는가?

주요 질문 *Compelling Questions*

이 장에서는 다음과 같은 질문들에 대하여 살펴볼 것이다.

- 물의 독특한 성질은 무엇인가?
- 우리 인간과 다른 생물체가 사용하는 물은 어디에 있는가?
- 물은 다른 화학 물질과 어떻게 반응하는가?
- 물이 다른 성분들과 상호작용을 함으로써 물의 성질이 어떻게 변하는가?
- 수질을 어떻게 개선할 수 있는가?

©Maryia Bahutskaya/Getty Images

©Arnulf Husmo/Getty Images

서론

잠잠함과 거침. 삶과 죽음. 갈증과 해소. 풍요와 부족. 이 모든 용어를 사용하여 지구상의 생명체에게 가장 귀중한 자원인 물을 기술할 수 있다. 물은 지구상에서 일어나는 모든 일에 한몫을 한다. 인체의 60%는 물이고 지구의 71%는 물로 덮여 있다. 물 없는 세상을 상상할 수 있겠는가? 물을 마실 수 없다면 어떻게 되겠는가?

사전 지식 *Did You Know* ?

과학자들이 다른 행성에서 생명체를 탐색할 때 물을 찾는다.

활동 학습 5.1 *서로 반대편 시선 끌기*

위에 나와 있는 물의 그림을 살펴보라. 이 그림들이 물에 대하여 무슨 말을 하고 있는가? 우리의 삶에 광범위하게 끼치는 물의 영향이 이들과 어떻게 연관되어 있는가? 이 질문에 답을 한 후 물이 나타낼 수 있는 다른 반대 현상의 목록을 짜내어 물 없는 세상은 어떨까라는 것에 대하여 답하라.

바다는 많은 식물과 동물의 생태에 근거지가 되지만 육지에 사는 생물체에게는 알맞지 않다. Rachel Carson(1907~1964)이 *침묵의 봄*(*Silent Spring*)에서 지적한 것처럼 "지구 표면의 아주 넓은 영역이 바다로 감싸여 있고, 이 풍요함 속에서 아직도 우리에겐 물이 부족하다. 희한하게도 지구에서 풍부한 물의 대부분은 소금이 많이 들어 있기 때문에 농업이나 산업 또는 인간이 소비하는 데 사용될 수 없다." 육지에 사는 생물체는 담수가 필요하고, 이를 비나 눈 같은 자연적 과정을 통해서거나 에너지 집약적인 정수 기술을 통해서 얻어야만 한다.

사전 지식 *Did You Know*

과학자이자 환경보호 활동가이고, 작가인 Rachel Carson은 그녀의 저서 "*침묵의 봄*"을 출판함으로써 1962년에 환경운동을 시작하였다.

불행하게도 담수는 지구상에 무한한 자원이 아니다. 더군다나 증가하는 세계 인구의 필요를 충족시킬 만큼 빠르게 재생되지 않는다. 결국, 물은 전략상 중요한 자원이 되었다.

물의 부족은 갈등을 일으키고 물을 이용하고 사용할 권리가 누구에게 있는지에 대한 의문을 제기한다.

호수, 강 또는 바다 등 어디에서 발견되든 물은 독특한 성질을 가진 화합물이다. 물의 독특한 성질 중에서 몇 가지는 커다란 규모의 지구상 변화 과정을 이해하는 데 중요하다. 이 중에서 몇 가지는 커다란 규모의 지구상 변화 과정을 이해하는 데 중요하다. 예를 들어, 물은 지구의 평균 온도에서 고체나 액체나 또는 기체로 존재할 수 있는 유일하게 흔한 물질이다. 물은 이 세 가지의 상태로 한 지역의 매일 날씨와 긴 시간에 걸친 기후에 영향을 끼친다.

생태계를 보호하는 데 도움이 되는 물의 다른 성질이 있다. 예를 들어, 대부분의 물질과는 달리 얼음은 액체인 물보다 덜 조밀하여 얼음이 물에 뜨기 때문에 호수나 강의 생태계는 몹시 추운 겨울날 얼음 아래서 생존할 수 있다. 물은 또한 대부분 다른 물질보다 그램당 열을 더 많이 흡수하여, 지구상 물이 열원(heat reservoir)으로 작용한다. 결국, 온도 변화를 완화하여 바다와 호수의 온도는 천천히 변한다.

사전 지식 *Did You Know*

매일 마셔야 하는 물의 양은 체격, 나이, 건강 및 신체 활동의 정도에 따라 다르다.

물의 또 다른 성질은 작은 규모의 공정에도 중요하다. 예를 들어, 물은 많은 물질을 녹인다. 물은 사람을 비롯한 모든 살아있는 종의 세포에서 생화학 반응을 위한 중요한 매질이다. 사람의 신체는 음식을 먹지 않고 몇 주를 버틸 수 있지만, 물 없인 며칠을 못 간다. 사람의 신체에서 물의 함량이 2% 줄어들면 갈증을 느끼게 되고, 5%의 물을 잃게 되면 피곤을 느끼고 머리가 아프며, 10~15%의 물을 잃으면 근육이 마비되고 의식이 혼미해진다. 15%보다 많이 탈수되면 죽게 될 것이다.

활동 학습 5.2 ▶ *물에 대하여 모든 것을 알고 있는가?*

앞에서 주어진 몇 문장을 바탕으로 물의 성질에 대한 자신의 지식을 평가하라. 잘 알고 있는 성질은 어느 것이고, 배울 필요가 있는 성질은 어느 것인가? 물에 대하여 배우고 싶은 다른 성질은 무엇인가?

자세한 이야기를 하기 전에 먼저 일상적으로 자신의 하루 생활에 물이 얼마나 차지하는지 생각해보기 바란다. 수도나 물병, 통해 물을 마실 수도 있고, 약간의 채소를 스팀으로 찌거나, 빨래하거나, 화장실 변기의 물을 내릴 수도 있을 것이다. 또는 강가에 앉아 낚싯대를 드리울 수도 있다. 다음의 활동 학습을 통하여 개인 생활에서 물의 역할을 기록해 보자.

활동 학습 5.3 ▶ *물 사용 일지 써보기*

자신이 보통 활동을 하는 이틀의 시간을 골라 물과 관련된 개인의 모든 활동을 시간과 활동별로 기록하라. 물의 사용을 쓰는 동안 다음 내용을 또한 기록하라.

a. 개인 생활에서 물이 한 역할. 예를 들어, 물을 소비하고 있는가? 몇 가지 과정에서 물을 사용하고 있는가? 물은 실외 활동의 일부분인가?

b. 수원과 수량, 사용 후 흘러간 곳

c. 물의 더러워진 정도

활동 학습 5.4 ▶ *변기를 지나서*

화장실 변기에서 물을 내리는 것은 단지 개인의 일상적인 물 사용의 하나이다. 물 발자국 계산 웹사이트를 방문하여 자신의 물 발자국을 계산하라.

a. 자신의 물 사용에 대해 놀란 점은 무엇인가?

b. 계산 결과를 바탕으로 하여 어떤 행동을 고려하고 있는가?

미국 지질조사국(U.S. Geological Survey, USGS)에 따르면, 평균적으로 미국 시민의 생활양식을 지원하기 위해서는 매일 390 L(~100 gal)의 물이 필요하다고 한다. 개인적으로 작성한 물 사용 일지를 통해서 분명히 발견한 것처럼 다양한 목적으로 물을 사용한다.

"물, 어디에나 있는 물, 그러나 마실 물 한 방울이 없다"(늙은 선원의 노래에서)란 말을 아마 들어보았을 것이다. 이 말을 "물, 어디에나 있는 물 ... 그러나 예전과 같지 않을 수 있다"로 고친다면 어떨까? 물은 삶에 필수적인 화학 물질이다. 물 없이 생명체는 지구상에 존재하지 못한다. 이 장에서는 물의 고유한 성질, 물속에서 화학 물질들이 어떻게 행동하는지, 이것이 수질에 어떻게 영향을 주는지, 더 큰 세계적 문제가 호수, 하천 및 바다에 있는 물에 어떻게 영향을 끼치고 있는지를 기술할 것이다.

5.1 물의 고유한 조성

물은 **표준 온도와 압력**(STP), 즉 25°C와 1 atm 하에서 액체이다. 이것은 놀랍다. 왜냐하면, 물과 비슷한 몰질량(molar mass)을 가진 거의 모든 다른 화합물들이 이 조건에서는 기체이기 때문이다. 예를 들어, 대기에서 발견되는 N_2, O_2 및 CO_2의 세 기체를 생각해보자. 이들의 몰질량은 각각 28, 32, 44 g/mol이며, 물의 몰질량(18 g/mol)보다 크다.

물은 또한 이례적으로 끓는점이 100°C(212°F)로 높지만, 비슷한 분자 구조를 가진 황화 수소(H_2S)와 같은 액체의 끓는점은 아주 낮다. 더 나아가, 물이 얼면 팽창하는 좀 특이한 성질을 나타낸다. 그러나 제1장을 떠올리면 대부분의 액체는 고체화될 때 수축한다. 이와 같은 물의 성질을 포함하여 다른 특이한 성질들은 물의 분자 구조와 각 분자 사이의 상호작용에 기인한다.

물을 H_2O로 표시하는 것은 아마도 세계에서 가장 널리 알려진 화학 상식일 것이다. 물은 굽은 형태의 공유 결합 분자라는 것을 상기하자. 제4장에서 사용된 물 분자의 표현을 똑같이 그림 5.1에 나타냈다.

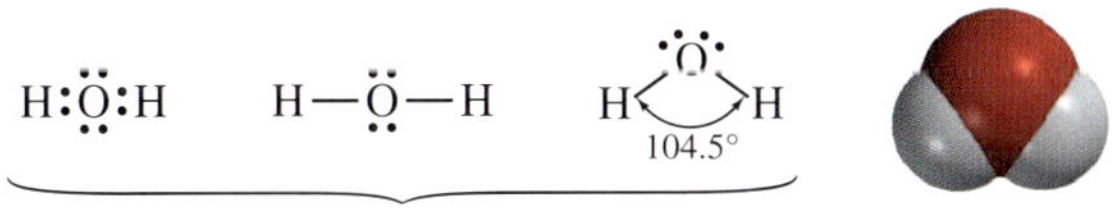

> **사전 지식 Did You Know**
> 일반적으로 분자성 화합물의 경우, 몰질량이 증가하면 끓는점도 증가한다.

> **관련 절**
> 4.7절에서 분자의 Lewis 구조를 바탕으로 분자 모형을 어떻게 예측할 수 있는지 공부하였다.

H:Ö:H H—Ö—H H–O–H 104.5°

(a) (b)

그림 5.1 물(H_2O)의 표현. **(a)** Lewis 구조와 구조식; **(b)** 공간-채움 모형.

O—H 공유 결합에서 어떻게 전자를 공유하는지에 대하여 초점을 맞추어 보자. 두 원자의 연결을 보여 주는 선을 그렸음에도 불구하고 전자를 공유하는 것은 균일하지 못하다. 실험적인 증거가 시사하는 것은 O 원자가 H 원자보다 공유된 전자쌍을 더 강하게 끌어당긴다는 것이다. 화학적 용어로 표현하면, 산소는 수소보다 전기음성도가 크다고 할 수 있다. **전기음성도**(electronegativity)는 화학 결합에서 한 원자가 하나의 전자를 끌어 잡아당기는

> **사전 지식 Did You Know**
> 전기음성도 값은 화학자, 평화 운동가 및 Nobel 상 수상자인 Linus Pauling(1901~1994)에 의해서 개발되었다.

표 5.1 몇 가지 원소의 전기음성도 값

1족	2족	13족	14족	15족	16족	17족	18족
H 2.1							He *
Li 1.0	Be 1.5	B 2.0	C 2.5	N 3.0	O 3.5	F 4.0	Ne *
Na 0.9	Mg 1.2	Al 1.5	Si 1.8	P 2.1	S 2.5	Cl 3.0	Ar *

*불활성족 기체(noble gas)는 다른 원소들과 거의 결합하지 않으므로, 전기음성도 값을 갖지 않는다.

전기음성도 값

3.5 2.1

$^{\delta^-}$O ⟸ H$^{\delta^+}$

차이 = 1.4

그림 5.2

수소와 산소 원자 사이의 극성 공유 결합의 표현. 전자들은 더 전기 음성적인 산소 원자 쪽으로 끌린다.

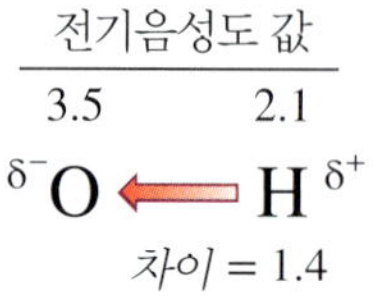

힘의 척도인데, 이 값은 단위가 없고 서로 상대적으로 설정되어 있으며, 플루오린(F)에 대하여 4.0으로 최고치이다(표 5.1). 전기음성도가 클수록 화학 결합에서 그 원자가 자신 쪽으로 전자들을 더 많이 끌어당긴다.

결합하고 있는 두 원자 사이의 전기음성도 차이가 클수록 그 결합은 더 *극성*(polar)이다. 예를 들어, 산소와 수소 사이의 전기음성도 차이는 1.4이다. 반면에 S–H 결합에서 두 원자 사이의 전기음성도 차이는 단지 0.4 정도로 O–H 결합보다 훨씬 덜 극성이다. O–H 결합에 있는 전자들은 보다 전기 음성적인 산소에 더 가깝게 끌린다. 그림 5.2에서 볼 수 있듯이 전자의 불균일한 공유로 말미암아 O 원자는 부분적으로 음전하(δ^-)를, H 원자는 부분적인 양전하(δ^+)를 띤다.

종종 **결합 쌍극자**(bond dipole)라고 하는 화살표를 사용하여 전자쌍이 움직이는 방향을 표시한다. 결과적으로 전자가 균등하게 공유되지 않고 오히려 전기음성도가 더 큰 원자 가까이에 위치하는 공유 결합, 즉 **극성 공유 결합**(polar covalent bond)이 된다. 반면에 **비극성 공유 결합**(nonpolar covalent bond)은 전자들이 원자들 사이에서 균등하게 공유되는 공유 결합이다. 비극성 공유 결합의 한 예로서 N_2와 O_2와 같은 대기에 존재하는 분자를 생각해보자. 분자에 있는 두 원자는 같으므로 두 원자 사이의 전기음성도 차이는 없고, 이는 전자를 균일하게 공유한다는 것을 말해주고 있다.

활동 학습 5.5 ▸ 극성 결합

다음 각 쌍의 결합에 대하여 어느 것이 더 큰 극성인가? 선택한 결합에서 전자쌍은 두 원자 중에서 한 원자에 더 강하게 끌린다. 어느 원자인가?

힌트: 표 5.1을 사용하라.

a. H–F 또는 H–Cl **b.** N–H 또는 O–H **c.** N–O 또는 O–S **d.** N–H 또는 Cl–C

결합이 극성이 될 수 있고, 다른 것보다 좀 더 극성이 될 수 있는 경우를 제시하였다. 분자 전체에 대해서는 어떠한가? 분자가 극성인지를 예측하는 데 도움이 되는 두 가지 유용한 일반 사항은 다음과 같다.

- 비극성 결합만을 가지는 분자는 비극성*이어야 한다*. 예를 들어 O_2, N_2, Cl_2와 H_2와 같은 이원자 분자는 비극성이다.
- 극성 결합을 가지는 분자는 극성이 *될 수도 있고 그렇지 않을 수도 있다*. 극성은 분자의 모양에 달려 있다. 예를 들어, 물 분자는 두 개의 극성 결합을 하고 있고, 분자는 극성이다(그림 5.3). H 원자 각각은 부분적인 양전하(δ^+)를 띠고, 산소 원자는 부분적인 음전하(δ^-)를 띤다. 두 개의 극성 결합과 굽은 기하구조 때문에 물 분자는 극성이다.

사전 지식 *Did You Know* ?

$BeCl_2$에서 중심 원자인 베릴륨 원자는 8개의 전자보다 적은 전자를 가지고 있어서 팔전자 규칙의 예외를 나타낸다.

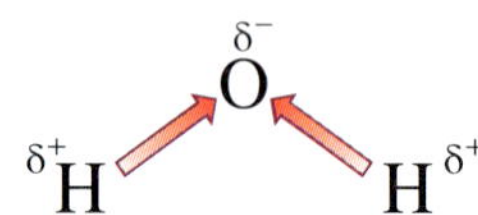

그림 5.3

물(H_2O), 극성 공유 결합을 가진 극성 분자.

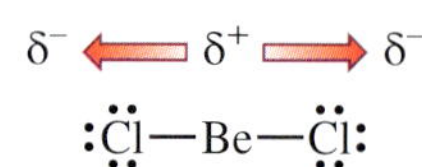

그림 5.4

극성 공유 결합을 가진 비극성 분자인 염화 베릴륨($BeCl_2$).

극성 결합은 두 원자 사이에서 "줄다리기"를 하는 것으로 생각할 수 있다. 결합 쌍극자들이 서로 180°로 위치하지 않으면, 물의 경우처럼 상쇄되지 않고 분자는 *극성*(polar)이 된다. 그러나 이제 그림 5.4에 있는 $BeCl_2$를 생각해보자. 제4장에서의 방법을 사용하여 Lewis 구조를 그려서 분자 모형을 결정하면 분자는 굽은형 대신 직선형이라는 것을 알 수 있을 것이다. 결합 쌍극자 사이의 "줄다리기"는 서로 상쇄되기 때문에 $BeCl_2$는 두 개의 극성 공유 결합을 하고 있다고 하여도 비극성 분자이다.

물의 많은 독특한 성질은 물의 극성 때문이다. 물의 이야기를 계속하기 전에 잠시 다음 활동 학습을 실행해보자.

활동 학습 5.6 ▸ *분자의 극성*

이산화 탄소 분자를 다시 복습해 보자.

a. 이산화 탄소의 Lewis 구조를 그려라.

b. CO_2에 있는 공유 결합은 극성인가 비극성인가? 표 5.1을 사용하라.

c. www.acs.org/cic의 모의실험을 사용하여 CO_2 분자를 만들어라. 이를 위해서 원자를 정확히 기하구조 배열로 끌어다 놓아야 한다. 제공된 슬라이더를 사용하여 원자의 상대적 전기음성도를 변화시켜라. 그림 5.3과 5.4와 비슷하게 CO_2를 표현하라.

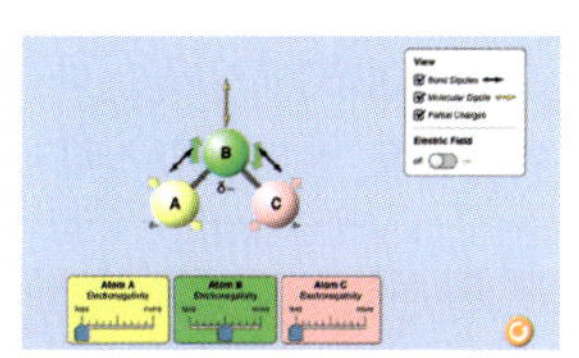

Colorado 대학교의 PhET 대화형 모의실험

d. H_2O 분자와 달리 CO_2 분자는 비극성이다. 이를 설명하라.

e. COS, SO_2 및 I_3^-에 대하여 **a**~**c**의 과정을 수행하고, 분자가 극성인지 비극성인지 판단하라.

5.2 수소 결합의 핵심 역할

두 개의 물 분자가 서로 접근할 때 무슨 일이 일어날지를 생각해보자. 반대 전하는 잡아당기기 때문에 한 물 분자의 H 원자(δ^+)는 이웃한 물 분자의 O 원자(δ^-)에 끌린다. 이것은 **분자간 힘**(intermolecular force), 즉 분자 *사이에*(between) 발생한 힘의 한 예이다.

두 개 이상의 물 분자의 경우에는 이야기가 더 복잡해진다. 그림 5.5의 각 H_2O를 살펴보고 H 원자 두 개와 O 원자에 있는 두 개의 비결합 선자쌍에 주목하라. 이것들로부터 다수의 분자간 인력이 만들어진다. 분자들 사이에서 이 같은 일련의 인력을 "수소 결합"이라고 한다. **수소 결합**(hydrogen bond)은 전기음성도가 큰 원자(O, N, 또는 F)에 결합된 H 원자와 인접한 O, N 또는 F 원자 사이의 정전기적 인력이며, 이들 인접 원자들은 다른 분자에 위치할 수도 있고 같은 분자의 다른 부분에 위치할 수도 있다. 수소 결합을 공유 결합과 혼동해서는 안 된다. 수소 결합은 일반적으로 분자 *안에서*(within) 원자들을 연결해 주는 공유 결합 세기의 약 1/10에 불과하다. 또 수소 결합을 하는 원자들은 공유 결합을 하는 경우보다 더 멀리 떨어져 있다. 그림 5.4에서 볼 수 있듯이 액체 물에서 물 분자 당 네 개의 수소 결합까지 있을 수 있다.

사전 지식 *Did You Know* ?

다음을 비교하라:

- *분자간*(intermolecular) 힘은 분자 사이에 존재하지만, *분자내*(intramolecular) 힘은 단일 분자 안에 존재한다.
- *대학간*(intercollegiate) 스포츠는 학교 간 경기를 하지만, *대학내*(intracollegiate 또는 intramural) 스포츠는 *교내*(within) 경기를 한다.

사전 지식 *Did You Know* ?

상호작용의 상대적 세기는 일반적으로 다음과 같다. 이온 결합 > 공유 결합 ≫ 수소 결합

활동 학습 5.7 ▸ 수소 결합

a. 그림 5.5에서 물 분자 사이의 점선이 무엇을 나타내는 지를 설명하라.

b. 같은 그림에서, 인접한 두 개의 물 분자에 있는 원자들에게 δ^+와 δ^-를 표시하라.

c. 네 개의 NH_3 분자에서 존재하는 수소 결합을 그려라.

수소 결합이 공유 결합만큼 강하지 않다고 하여도 다른 형태의 분자간 힘과 비교해 상당히 강하다. 이 주장에 대한 증거로 물의 끓는점을 들 수 있다. 예를 들어, 물과 비슷

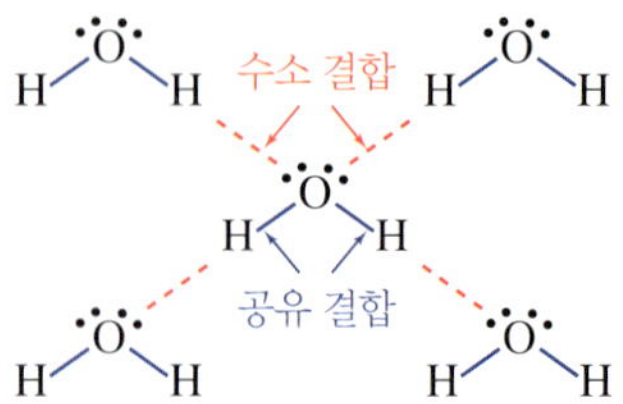

그림 5.5

물 분자 사이에서 이루어지는 분자간 힘과 물 분자 안에서 이루어지는 분자내 힘(표시된 거리는 실측치가 아님). www.acs.org/cic에서 수소 결합의 대화형 그림을 참조하라.

한 모양을 하고 있지만 수소 결합을 하고 있지 않는 분자로 황화 수소(H_2S)를 생각해보자. H_2S는 상대적으로 약한 분자간 힘 때문에 약 −60°C에서 끓어 실온에서는 기체이다. 반면에, 물은 100°C에서 끓는다. 물은 수소 결합 때문에, 체온(약 37°C)에서는 물론 실온에서도 액체이다. 실로 지구상에서 생명의 사활은 바로 이 성질에 달려 있는 것이다.

활동 학습 5.8 ➤ 물 분자내 결합과 물 분자간 결합

물이 끓을 때 공유 결합이 끊어지는가? 그림을 그려 설명하라.
힌트: 그림 5.5에서 보여 준 것처럼, 액체 상태의 물 분자로 시작하여 증기상(vapor phase)에 있는 물 분자를 보여주는 두 번째 그림을 그려라.

수소 결합은 또한 얼음 덩어리와 빙산이 물에 뜨는 이유를 이해하는 데 도움을 준다. 얼음은 H_2O 분자마다 네 개의 다른 물 분자와 수소 결합을 하는 물 분자들의 규칙적인 배열로 이루어져 있다(그림 5.6). 육각형 통로 형태의 빈 공간을 주목하자. 얼음이 녹으면 이 형태를 잃고 H_2O 각 분자는 비어 있는 통로에 들어갈 수 있다. 결과적으로 액체 상태의 분자들은 고체 상태의 분자들보다 더 가깝게 채워지게 된다. 따라서 고체인 얼음 1 cm^3의 부

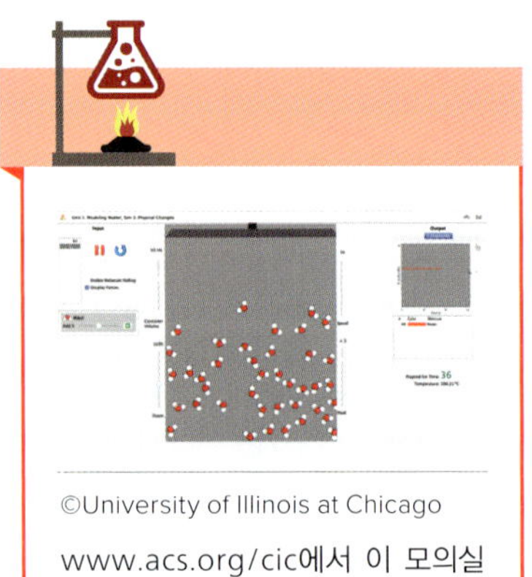

©University of Illinois at Chicago

www.acs.org/cic에서 이 모의실험을 확인하고, 온도가 변할 때 물 분자에 어떠한 일이 생기는지 살펴보라.

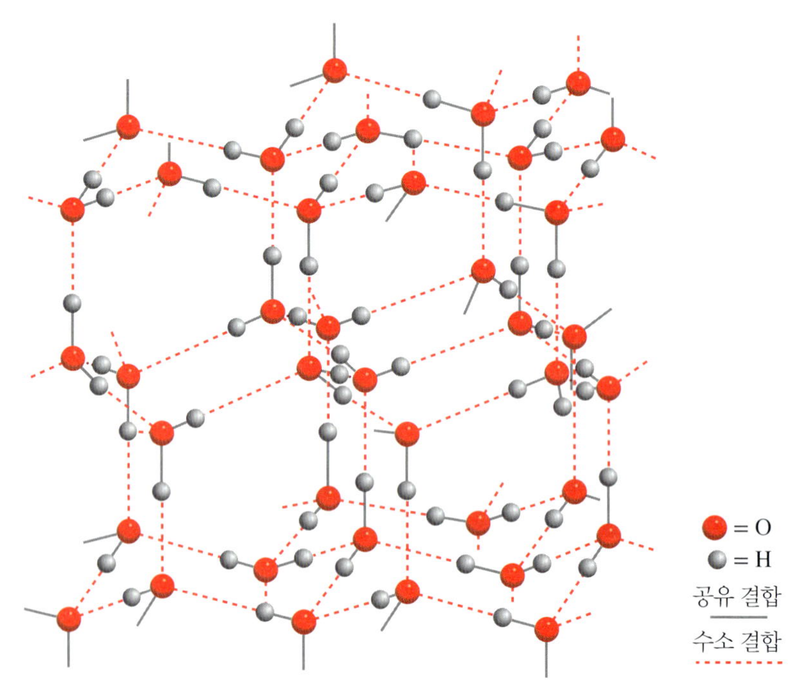

그림 5.6

보통 얼음 형태의 수소 결합을 하는 격자 구조. 물 분자 층 사이에 빈 통로가 있음에 주목하라. 이것 때문에 얼음이 액체인 물보다 덜 조밀하다.

그림 5.7

파라핀 왁스의 고체상은 액체상보다 더 조밀하여 용기의 바닥에 가라앉는다(*왼쪽*). 이것과 비교하여 물의 고체상(얼음)은 액체상보다 덜 조밀하여 위에 뜬다(*오른쪽*).

@Richard Megna/Fundamental Photographs, NYC

피보다 액체인 물 1 cm^3의 부피에 더 많은 분자가 들어 있게 된다. 결국, 액체 물 1 cm^3당 질량이 얼음의 질량보다 더 크다. 이를 달리 표현하면, 단위 부피당 질량이 **밀도**(density)이므로, 물의 밀도는 얼음의 밀도보다 더 크다고 간단히 말할 수 있다.

보통 물의 질량은 그램(g) 단위로 나타내지만, 물의 부피를 나타내는 것은 좀 애매하다. 부피의 단위로 세제곱센티미터(cm^3)나 밀리리터(mL)를 사용하며 두 단위는 같다. 물의 밀도는 4°C에서 1.00 g/cm^3이고 온도에 따라 아주 조금 다르다. 그래서 종종 물 1 cm^3의 질량은 1 g이라고 편하게 말한다. 반면에 얼음 1 cm^3의 질량은 단지 0.92 g이어서 얼음의 밀도는 0.92 g/cm^3이다. 결론적으로, 사람들이 좋아하는 음료수에서 얼음 조각은 가라앉지 않고 뜬다.

사전 지식 *Did You Know* ?

물은 4°C에서 가장 조밀하고, 0°C에서는 약간 덜 조밀하다.

물과 다르게, 대부분 물질은 고체일 때 더 조밀하다(그림 5.7). 물이 반대의 거동을 보인다는 것은 겨울에 얼음이 호수에 가라앉지 않고 뜬다는 것을 의미한다. 이러한 뒤 바뀐 거동은 가끔 눈 덮인 표면의 얼음이 절연체로 작용하여 호수의 얼어 있는 고체 얼음 밑에서 물이 유지되게 한다. 따라서 수생 식물과 물고기는 겨우내 신선한 물이 있는 호수에서 살 수가 있다. 봄이 되어 얼음이 녹으면 녹은 물은 가라앉고, 이는 신선한 물의 생태계에 영양분을 섞이게 도와준다. 물의 독특한 거동으로 인해 생명과학과 생명 그 자체가 큰 영향을 받는 것은 말할 필요도 없다.

수소 결합의 현상은 물에 한정되지 않는다. 이 현상은 O—H, N—H 또는 F—H 공유 결합을 가진 다른 분자에서도 나타날 수 있다. 수소 결합은 단백질과 핵산(nucleic acid)과 같은 커다란 생물학적 분자의 모양을 안정화시키는 데 도움을 준다. 예를 들어, DNA 분자는 DNA의 *다른*(different) 가닥 사이에서 수소 결합을 형성한다. 반면에, 단백질은 *같은*(same) 분자 안에 있는 서로 다른 영역에서 수소 결합을 형성할 수 있다. 수소 결합은 생명 과정에서 다시 한 번 중요한 역할을 감당한다.

관련 설

단백질과 DNA에 대한 자세한 사항은 제13장을 참조하라.

물의 특이한 성질 하나 즉, 유달리 큰 열 흡수 및 방출 능력을 살펴보면서 이 절을 마치고자 한다. **비열**(specific heat)은 물질 1 g의 온도를 1°C만큼 높이기 위해서 흡수해야 하는 열에너지이다. 물의 비열은 4.18 J/g·°C(1.00 cal/g·°C)이다. 이것이 의미하는 것은 액체 물 1 g의 온도를 1°C만큼 높이기 위해서 4.18 J의 에너지가 필요하다는 것이다. 역으로, 물 1 g을 1°C만큼 냉각하기 위해서는 4.18 J의 열을 제거해야 한다. 물은 가장 큰 비열을 가진 물질 중의 하나이며, 큰 열용량(heat capacity)을 가지고 있다고 말할 수 있다. 이것 때문에 물은 뛰어난 냉매이고, 자동차의 방열판이나 발전소, 또는 인체에서 과잉의 열을 빼앗아 가는 데 물이 사용될 수 있다.

사전 지식 *Did You Know* ?

주울(J)과 칼로리(cal)는 에너지의 단위로서 제6장에서 다룬다. 1 J의 에너지는 중간 크기의 사과를 바닥으로부터 1 m 높이로 들어 올리는 데 필요한 에너지와 같다.

물의 큰 비열 때문에 거대한 양의 물은 지역 기후에 영향을 미친다. 거대한 양의 물이 열을 흡수함으로써 바다, 강 및 호수로부터 물이 증발한다. 바다나 구름 속 물방울은 막대한 양의 열을 흡수함으로써 지구 온도를 조절하는 데 도움을 준다. 물이 땅보다 열을 "저장"하는 능력이 크기 때문에 날씨가 추워지면 땅은 더 빨리 식는다. 물은 더 많은 열을 가지고 있고, 물과 경계를 이루는 지역에 오랜 시간 동안 더 따뜻함을 줄 수 있다. 이러한 성질은 거대한 양의 물 근처에 여태껏 사는 사람들에게는 친숙한 것이다.

활동 학습 5.9 ▶ *맨발의 산책*

맨발로 카펫을 깐 바닥을 가로질러 타일이나 석재 바닥을 걸어본 적이 있는가? 만약 없다면 걸어보고 느낀 바를 관찰하라. 관찰한 것을 근거로 카펫과 타일 중에서 어느 것이 더 비열이 크겠는가? 그 이유를 설명하라.

물이 지구상의 생명체에 영향을 미치는 결정적인 성질 몇 가지를 방금 살펴보았다. 다른 많은 물질들을 용해시킬 수 있는 물의 능력을 알아보기 전에 물이 어디서 오며, 어떻게 사용되고, 물 사용과 관련되어 어떤 문제들이 있는지에 대하여 폭넓게 살펴보고자 한다.

사전 지식 *Did You Know*

2019년 기준으로 예멘(Yemen) 인구의 절반 이상이 적절한 의료 자원과 깨끗한 물을 이용할 수가 없다. 결국 역사상 최악의 콜레라 유행을 기록한 2016년 이래 전쟁으로 피폐해진 이 나라는 콜레라 발생으로 계속 황폐화되고 있다.

5.3 모든 물은 어디에 있는가?

우리에게는 호흡하는 데 깨끗하고 오염되지 않은 공기가 필요한 것처럼, **음용수**(potable water), 즉 마시고 조리하는 데 안전한 물이 또한 필요하다. 음용수로 목욕을 하고 세탁을 할 수도 있다. 반면에 비음용수는 오물 입자나, 비소와 같은 독성 금속이나 콜레라를 일으키는 박테리아를 비롯한 오염물이 들어 있다. 비음용수는 마실 수는 없어도 그 사용처는 아직 있다. 예를 들어 강이나 호수의 물을 트럭으로 운반하여(그림 5.8a) 보도를 청소하거나, 도로 먼지를 가라앉히거나 관개에 사용할 수 있다.

비음용수를 도시 물 처리 시설에서 처리하고 나면 추가적인 사용처가 생기게 된다. 종종 재생수(recycled water)라고 불리는 재처리된 물이 그림 5.8b에 보인 "보라색 관(purple pipe)"을 통해서 지역사회에 공급된다. 이 물은 운동장에 뿌려지기도 하고, 화장실의 변기에 물을 내리는데, 또는 화재 진압에도 사용될 수 있다. 물을 계속 공급하기 위해서 지역사회의 물 사업체는 사용처에 가장 적합하도록 물의 형태를 결정한다.

(a)

(b)

그림 5.8

(a) Fairbanks에 있는 Alaska 대학교의 물 트럭. 마시기에 적합하지 않은 물이란 경고 표시가 있다.
(b) 재처리된 물은 보라색 관(purple pipe)으로 투입된다.

(a): ©Cathy Middlecamp, University of Wisconsin; *(b)*: ©Reclaimed water booster pump station piping at City of Surprise, AZ. Courtesy of Malcolm Pirnie, the Water Division of ARCADIS/Tim Francis

활동 학습 5.10 ▶ *기능에 적절한 형태*

어떤 지역사회에서는 재처리한 물 또는 재생수(비음용수)를 사용하여 세차하고, 정원에 물을 뿌리며, 변기에 물을 내린다.

a. 비음용수가 사용될 만한 또 다른 세 가지의 활동을 나열하라.

b. 어떤 조건들이 지역사회에게 비음용수를 사용하게 할 수 있겠는가?

c. 당신이 사는 지역사회는 재처리된 물이나 재생수를 사용하는가? 사용한다면 어떤 목적으로 사용하는가?

d. 이 장을 시작할 때 작성한 물 사용 일지를 다시 보고, 비음용수를 사용할 수 있는 개인적 물 사용의 영역을 확인하라. 이것이 당신의 물 사용 습관에 어떻게 영향을 끼치는가?

담수는 지구상 어디에 존재하는가? 인간이 가장 편리하게 접근할 수 있는 담수원은 **지표수**(surface water), 즉 호수, 강 및 하천에 있는 담수이고(그림 5.9), 덜 편리한 것이 **지하수**(groundwater), 즉 **대수층**(aquifer)으로 알려진 지하수원에 있는 담수이다. 전 세계적으로 사람들은 이 같은 지하수원에 깊게 구멍을 뚫은 샘으로부터 지하수를 퍼 올린다. 담수는 대기에서 옅은 안개, 짙은 안개 및 습기의 형태로도 존재한다.

그림 5.9
호수와 저수지는 많은 양의 식수를 공급한다. Hetch Hetchy 호수는 California 주의 San Francisco에 물을 공급한다.

활동 학습 5.11 ➤ *수원*

a. 당신은 식수를 지표수원에서 얻는가 아니면 지하수원으로부터 얻는가? 이를 확인하고 그 물이 어디에서 오는지 보여주는 지도를 그려라.

b. 지표수를 사용하는 지역(당신이 사는 곳 이외의 지역)을 찾아보고, 그 수원을 둘러싸고 어떠한 갈등이라도 있었는지 확인하라.

c. 미국 내 대수층의 지도를 참고하여, 어느 지역이 지하수가 그들의 필요성을 가장 잘 충족시킨다고 생각하는가? 이것이 인구 밀도의 요인이라고 생각하는가?

지구상의 물 중에서 얼마나 많은 물이 담수일까? 놀랍게도 단 3%만 담수이고, 나머지는 염수이다. 그림 5.10이 보여주는 것처럼 이 담수의 약 2/3가 빙하, 만년설 및 설원에 갇혀 있다. 덧붙여서, 담수의 약 30%는 지하에 있으며, 이를 사용하기 위해서는 지표로 퍼 올려야 한다. 담수의 0.3%만이 호수, 강 및 습지대이다. 이를 비유적으로 생각해보자. 지구상의 모든 물을 2 L 병에 담긴 용량이라고 한다면 이 중에서 60 mL만이 담수일 것이고, 우리가 쉽게 접근할 수 있는 호수와 강의 물은 약 네 방울에 불과할 것이다!

관련 절

바닷물은 *탈염*(desalination)이라는 과정을 통해서 소금을 제거하였을 때만 마실 수 있다. 탈염의 과정은 5.13절에서 설명한다.

활동 학습 5.12 ➤ *마실 물 한 방울*

방금 2 L 중에서 4방울이 우리가 사용할 수 있는 담수의 양에 해당한다고 하였다. 이 말이 정확한가를 스스로 판단해 보라.
힌트: 그림 5.10의 관계를 사용하고, 1 mL는 20방울이라고 가정한다.

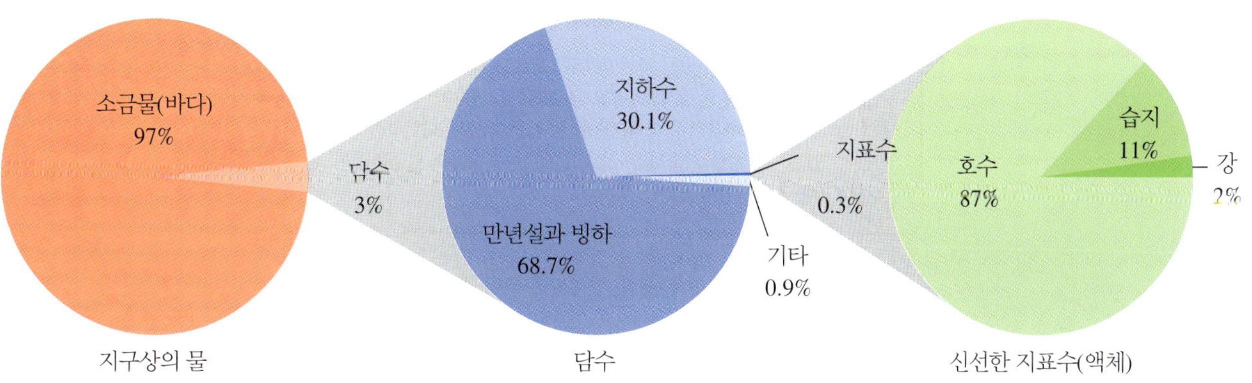

그림 5.10 지구상 담수의 분포.

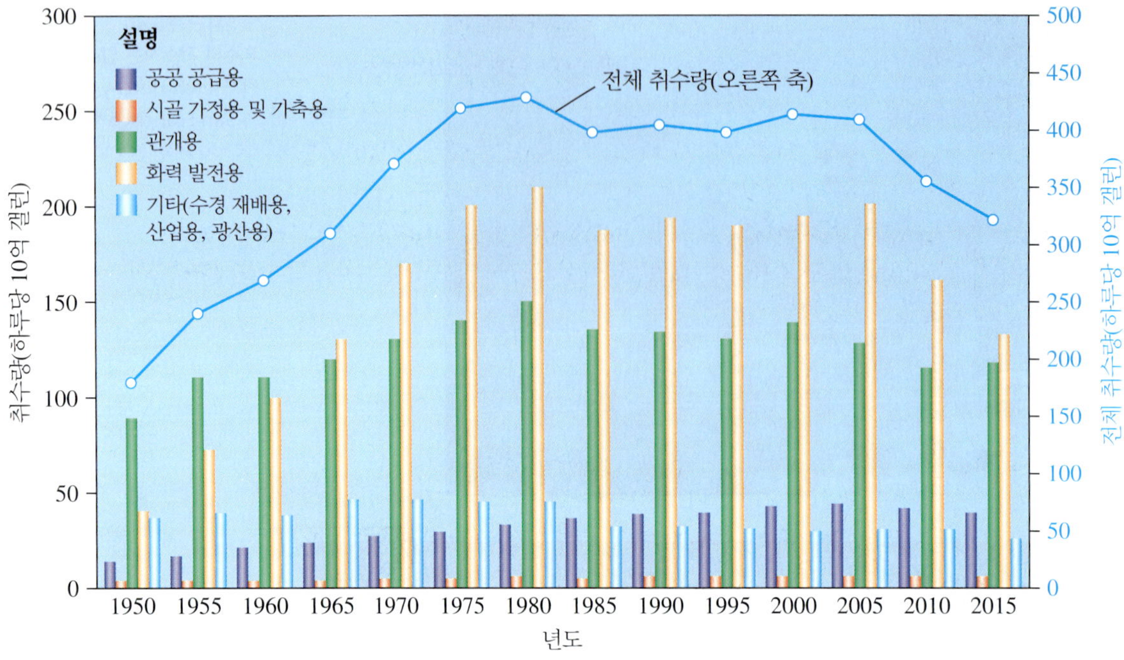

그림 5.11

2015년 미국의 총 담수 및 염수 취수량. 이 그림의 대화형 버전은 www.acs.org/cic에서 확인하라.

Source: Estimated Use of Water in the United States in 2015, June 2018, *USGS*.

활동 학습 5.13 ▸ *지구상의 물 모형*

지구상에 존재하는 물의 도표가 그림 5.10에 주어져 있다. 그러나 나머지 0.9%의 담수를 추가로 분할하지 않았기 때문에 이 도표는 완전하지 않다. 지구상 담수의 추가 분할하고, 이들이 차지하는 분율을 자세히 나타낸 자신의 도표를 만들어라.

어떻게 물을 이용하는가? 예상대로, 사는 곳에 따라 달라진다가 답이다. 미국의 지질조사국(U.S. Geological Survey, USGS)의 추산을 따르면, 미국의 경우 매일 취수한 3,220억 갤런 중에서 86%는 담수에서 온 것이고, 14%는 염수로부터 온 것이다. 이러한 물을 사용하는 주요 활동 4가지를 그림 5.11에 나타내었으며, 전기를 생산하는 데 물이 가장 많이 사용된다. 매일 약 1,320억 갤런, 즉 전체 취수량의 41%가 석탄, 천연 가스 및 핵 발전소의 냉각수로 사용된다. 다음으로 많이 사용되는 곳이 농작물을 위한 관개용으로 37%를 차지하고, 가정과 학교와 업무용으로 12%를 차지한다.

활동 학습 5.14 ▸ *거주지에서 물 사용*

미국의 지질조사국(USGS)은 각 주에 대한 자료를 제공한다. 웹사이트를 참고하여, 여러분이 거주하는 주와 카운티 모두에서 취수한 물의 백분율 명세표를 작성하라. 이를 미국의 나머지 지역과 비교하라. 다양한 사용처에 대하여 담수 대 염수의 백분율로 물 사용의 명세표를 작성하라. 2005년부터 전체 물 사용에 있어서 있을 수 있는 경향성을 기술하라. 2015년에 하루 160억 갤런만큼의 물이 달리 사용된 경우가 몇 가지 있었는데 이를 인터넷에서 찾아라.

세계적으로 농업이 세계 물 소비량의 약 30%를 차지한다. 세계적으로 농부들은 밀, 쌀, 옥수수와 콩 같은 농작물을 재배하며, 1 kg의 식량을 생산하는 데 평균적으로 수천 리터의 물이 필요하다. 표 5.2에 제시된 값은 **물 발자국**(water footprint)의 예인데, 물 발자국은 특정 제품을 생산하거나 서비스를 제공하기 위해서 사용된 담수 부피의 추정치이다. 표

표 5.2	육류와 곡물의 물 발자국
식품(1 kg)	**물 발자국(L, 세계 평균)**
옥수수	1,200
밀	1,800
콩	2,100
쌀	2,500
닭고기	4,300
돼지고기	6,000
양고기	8,700
소고기	15,400

Source: Water Footprint Network, 2012

5.2에 주어진 물 발자국 값은 세계 평균치이다. 물 발자국 값은 나라에 따라, 그리고 그 나라에서도 곡물이 자라는 특정 지역에 따라 다르다. 예를 들어, 물 발자국 네트워크에 따르면 미국에서 자라는 옥수수의 물 발자국은 평균적으로 760 L이다. 이에 비해서 중국과 인도에서 옥수수의 물 발자국 값은 각각 1,160 L와 2,540 L이다. 시간이 지나면서 강우량이나 농경법의 변화가 있다면 물 발자국 값은 변한다.

활동 학습 5.15 ▶ *물 발자국의 차이*

표 5.2의 자료를 바탕으로, 곡물과 육류의 생산에 필요한 물 사용량을 비교하라. 차이가 나는 이유는 무엇인가?

다른 제품의 물 발자국 역시 추산될 수 있다. 예를 들어, 250 mL 한 컵의 우유를 생각해 보자. 이것을 생산하는 데 필요한 물의 부피는 평균적으로 거의 우유 한 컵 부피의 1,000배 정도나 되는 255 L이다. 여기에는 소를 관리하고 소가 먹는 먹이를 재배하는 데 필요한 물이 포함된다. 아울러 젖소 농장에서 우유를 수집하고, 장비를 씻는 데 사용하는 물도 포함된다. 이제 다른 음료수, 음식 및 표 5.3에 나열된 소비자 제품을 생산하는 데 필요한 물을 확인할 수 있다.

활동 학습 5.16 ▶ *모든 물은 어디에서 왔는가?*

표 5.3에 나열된 제품 중에서 두 개를 골라 이들을 생산하기 위해서 물이 사용된 곳을 모두 생각해보라. 이들 항목의 물 발자국을 좀 줄일 수 있는 방법이 있는가? 이것이 어떻게 이루어질 수 있는지를 설명하라.

표 5.3	여러 가지 제품에 대한 물 발자국
제품	**물 발자국(L, 세계 평균)**
커피 1컵(250 mL)	260
차 1컵(250 mL)	27
바나나 1개(200 g)	160
오렌지 1개(150 g)	80
오렌지 주스 1컵(200 mL)	200
달걀 1개(60 g)	200
초콜릿 바 1개(100 g)	1700
면 티셔츠 1장(250 g)	2500

Source: Water Footprint Network, 2012

물 발자국 값은 정확하지 않아서 논란의 소지가 있다. 이 값을 제공하는 의도는 개개의 제품들이 좋고 나쁨을 표시하려는 것이 아니고 오히려 제품을 생산하기 위해 물이 사용된다는 것을 인식시키며 물 사용에 대한 더욱 포괄적인 그림을 제공하려는 것이다. 다음 장에서 알게 될 것이지만, 큰 물 발자국은 우리에게 더 효과적으로 관개하고 물을 보존하는 산업 체계를 구상하도록 촉진한다.

5.4 도와주세요! 내가 마시는 물에 무언가가 들어 있어요

그림 5.12
일부 사람들(모든 사람은 아님)은 안전한 식수를 마시는 것이 당연하다고 생각한다.
©Shutterstock/Duplass

몇몇 나라에서 물은 집에 있는 수도꼭지에서 바로 나오는 정말 값싼 제품이다. 예를 들어, 미국에서 1,000 gal (3,800 L)의 수돗물 가격은 대략 평균 2달러로서 매우 저렴하다. 도로변이나 공공건물에 있는 분수식 식수대에서 공급되는 수돗물은 무료이다(그림 5.12).

그러나 수돗물을 틀 수 없거나 병에 든 물을 살 수 없다면 어떻게 하겠는가? 어떤 사람들은 수 마일을 걸어야 물이 있는 곳에 도착하여 물통에 물을 채워 집으로 가져오는 곳에 산다(그림 5.13a). 긴급 상황으로 인하여 일상의 물 공급을 못 받는 사람들은 물차에 의존하거나 기부된 병에든 물에 의존하여 필요한 물을 공급받아야 한다(그림 5.13b).

어떤 사람들은 여전히 자기 나라의 한 지역에서 그들이 사는 곳으로 물을 옮기는 거대 구조물을 설계할 기술자를 필요로 한다. 예를 들어, 미국에서는 수로를 통해 콜로라도강(Colorado River)의 물을 남서부로 옮긴다. 이후 절에서 논의하겠지만 주된 물줄기를 바꾸면 종종 의도하지 않은 결과가 동반된다. 불행하게도, 지구상에서 발견되는 물은 사람들이 사용하고자 하는 곳에 늘 존재하고 있는 것은 아니다. 세계 기후 변화, 물의 과소비와 비효율적인 사용 및 오염을 포함한 여러 가지 문제들이 물의 활용성을 더 복잡하게 한다. 지금부터 이들을 각각 차례로 논의해 보자.

지구 기후 변화

지구의 이곳저곳으로 탄소가 순환하듯이 물도 그렇다. 예를 들어, 비나 눈은 육지에 내려서 호수와 강의 일부가 된다. 이런 물의 일부는 토양을 거쳐 대수층에 스며들어간다. 다른 물은 바다로 흘러가든지 또는 눈이나 빙하의 형태로 한동안 갇히게 된다. 증발하여 대기의 수증기가 되는 물도 있다. 물은 지구상에서 자연 현상을 통해 계속해서 재생된다.

기후는 물 순환의 시기에 중요한 역할을 하며, 따라서 지구상 물 분포에 중요한 역할을 한다. 예를 들어, 빙하는 겨울철에는 눈을 쌓아 눈벌판을 만들고 나서 여름철에는 냇가

(a)

(b)

그림 5.13
(a) 물동이를 이고 집으로 걸어가는 소녀들. **(b)** 공급되는 식수에서 높은 수준의 납이 발견되어, 주 방위군 한 사람이 Michigan 주 Flint의 거주민들에게 병에 든 물을 나누어주고 있다.
(a): ©NOAH SEELAM/Getty Images; *(b)*: ©Sarah Rice/Getty Images

(a)

(b)

그림 5.14

(a) 바싹 마른 토양에서 발생한 모래 폭풍이 호주 남동부의 한 마을에 접근하고 있다. **(b)** 호주의 대가뭄 동안 댐의 물이 줄어들어 수천 마리의 고기가 고립되었다.
(a): ©AP Photo/Denis Couch; *(b)*: ©Jack Atley/Bloomberg via Getty Images

에 물을 지속적으로 흐르게 한다. 히말라야산맥의 대빙하는 아시아 7대 강의 젖줄로서, 세계 인구의 거의 1/4에 해당하는 20억 인구에게 마실 물을 공급해 준다.

주기적으로 전 세계에 걸쳐 발생한 홍수가 입증하듯이, 격렬한 폭풍과 홍수는 엄청난 양의 물을 쏟아낸다. 정반대의 경우로 가뭄은 심한 물 부족을 가져온다(그림 5.14). 물 순환의 시기는 지구 생태계에서의 갖가지 행사들에 역시 영향을 미친다. 예를 들어, 새가 먹이를 먹을 수 있고, 곤충이 꽃가루받이(수분)를 할 수 있으며, 식물이 자랄 수 있으려면 곤충, 새와 식물은 적절한 시기에 나타나야 한다. 봄에 새가 너무 일찍 이동해 온다면 먹이용으로 충분한 곤충이 부화하기 전에 새가 도착할 수도 있다. 역으로, 새에게 잡아먹히기 전에 너무나 많은 곤충이 부화한다면 곤충은 농작물을 초토화할지도 모른다. 어느 경우든지, 물은 이들 생명체가 살아가는 생태계를 지지해 주는 중요한 변수이다.

활동 학습 5.17 ❯ *날씨와 물*

최근에 사람이나 생태계에 또는 둘 다에 어려움을 일으켰던 가뭄이나 홍수를 확인하라. 당신이 선택한 독자를 위해 누가 무슨 고통을 받았고, 어떻게 대처했는지에 관하여 기술하는 글을 작성하라.

과소비와 비효율적인 사용

많은 곳에서 물은 물 순환에 의해 자연적으로 보충되는 것보다 더 빠르게 지하로부터 퍼 올려지고 있다. 예를 들어, 미국 중부 지방에서의 풍부한 곡물 수확은 고원 대수층(High Plains Aquifer)의 물을 이용한 결과다. 이 막대한 대수층은 지난 빙하 시대 때부터 물을 가두었고, South Dakota에서 Texas로 흐른다(그림 5.15). 물을 다시 채우는 것보다 더 빠르게 대수층으로부터 물을 퍼 올리는 것은 지속 가능한 행동이 아니다. 지속적으로 물을 퍼 올리게 되면 해로운 결과를 또한 가져올 수도 있다. 예를 들어, 해안 근처의 지질학적으로 불안정한 지역에서 물이 제거되면 염수가 담수 대수층에 유입될 수도 있다.

비축된 지표수를 과도하게 끌어 쓰는 것도 문제를 일으킨다. 예를 들어, 아랄해(Aral Sea)와 접해 있는 카자흐스탄과 우즈베키스탄을 생각해보자. 한때 아랄해는 세계에서 네 번째로 큰 내륙의 담수호였다. 1960년대에 옛 소련의 근로자들은 건조한 기후에서 목화를 재배하기 위하여 아랄해에 물을 공급하는 강으로부터 물길을 돌린 운하망을 건설하였다. 아랄해에 물을 공급하는 강의 진로가 변경되었을 뿐만 아니라 끌어들인 물도 비효율적으로 사용되었다. 예를 들어, 목화를 재배하기 위한 관개용수가 개방된 운하로 이동하면서

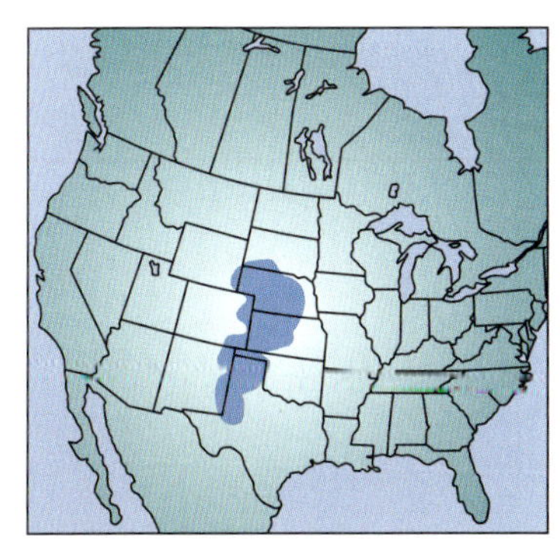

그림 5.15

세계에서 가장 큰 대수층 중의 하나인 고원 대수층이 이 지도에서 푸른색으로 표시되어 있다.

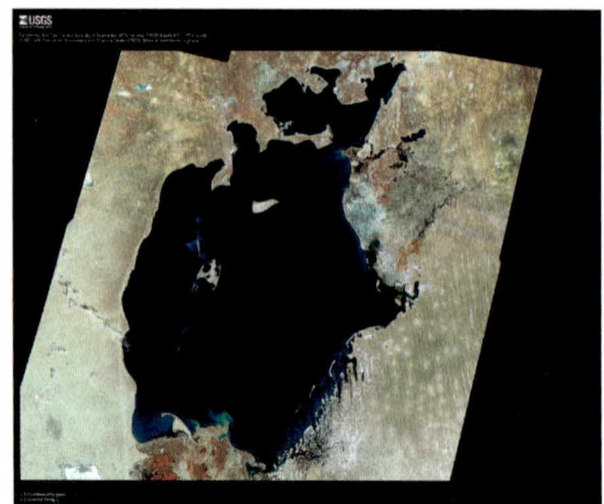
1973년 아랄해

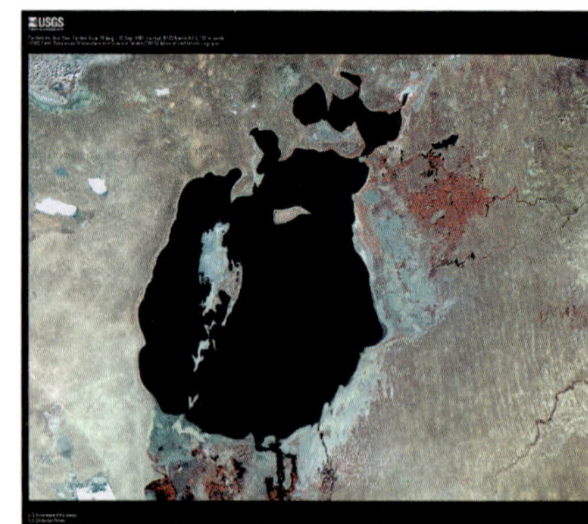
1987년 아랄해

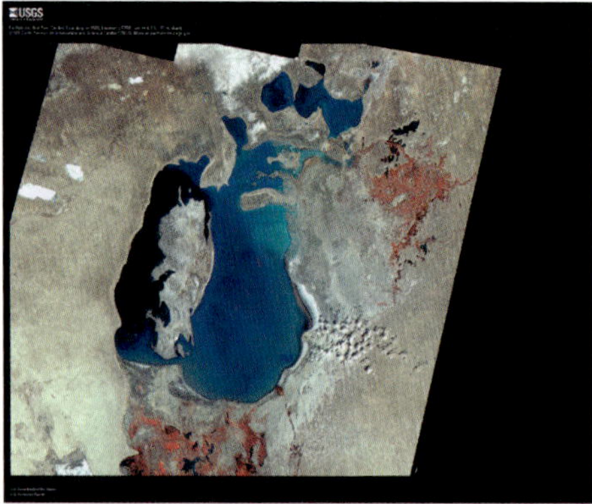
1999년 아랄해

2009년 아랄해

그림 5.16

30년에 걸쳐 아랄해(Aral Sea)의 물은 80% 이상이 없어졌다. 이 호수에 물을 공급하던 강들은 농작물을 관개하기 위하여 그 물길이 바뀌어졌다.

(1973, 1987, 1999) *Source*: U.S. Geological Survey (USGS); (2009): Source: NASA image created by Jesse Allen

물이 증발로 낭비되었다.

결과적으로 그림 5.16에 보여준 것처럼 아랄해는 바싹 말라버렸다. 한때 물고기가 풍부한 생태계였지만, 오늘날에는 짠물의 호수 몇 개만이 남아 있다. 유엔은 이를 20세기 최대의 환경 재앙이라 불렀다. 이제는 독성 물질, 살충제 및 소금으로 가득한 먼지가 이 지역에서 날리고 있어 건강 문제를 야기하고 가난에 일조하고 있다.

물을 전용한 이런 이야기는 **공유지의 비극**(tragedy of the common)에 관한 사례가 되고 있다(2.14절 참조). 대수층의 물과 지표수는 공동으로 사용하는 수원이지만, 아직 누구도 이 자원을 사용하는 데 특별히 책임을 지지 않는다. 농업용이나 다른 목적으로 물을 과도하게 끌어다 사용하는 행위는 공동의 필수적인 수자원을 사용하는 모든 사람에게 해가 될 수 있다.

사전 지식 *Did You Know* ?

물을 보호할 수 있는 행동으로는 들판을 관계하기 위한 효율적인 방법을 사용하고, 잔디밭 대신 토착 식물을 심으며, 오래된 상수도 시스템에서 물이 새는 파이프를 교체하는 것 등이 포함된다.

활동 학습 5.18 ▶ *주변에서 물의 오용*

당신 주변에서 물을 잘못 사용하고 있는 증거를 찾아보라. 물의 오용을 어떻게 다루었는가? 앞으로 물의 오용을 막기 위한 지침들을 정했는가?

오염

우리는 안전한 물, 즉 유해한 화학 물질과 미생물이 없는 물을 사용할 수 있기를 기대한다.

그러나 세계보건기구(World Health Organization, WHO)와 유엔어린이기금(United Nations Children's Fund, UNICEF)이 발간한 2017년 합동 보고서가 지적한 바로는, 주로 개발 도상국에 사는 거의 21억 명의 사람들에게 안전한 식수가 부족했다고 한다. 매일 3,000명 이상의 유아와 어린이가 오염된 물로 인하여 죽는다. 오염된 물은 종종 겉으로 보면 알 수 있지만(그림 5.17) 그렇지 않을 때도 있다.

그림 5.17

2015년 7월 광산 폐기물이 유입되어 강물이 물들어버린 Colorado 주의 Durango 근처에 있는 아니마스강(Animas river)에서 카약을 젓고 있는 사람들. 이 수원은 분명 오염되었지만 깨끗한 물도 실제로는 인간 건강과 환경에 오염된 물만큼 유해할 수 있다.

무엇이 물을 마시기 안전하게 하게 만드는가? "안전한" 물은 순수하다는 것을 의미하지 않는다. 모든 수원에는 물질들이 용해되어 있다. 용해된 물질 중 많은 것들이 천연자원으로부터 온 것이다. 예를 들어, 지하수에서 발견되는 이로운 광물로부터 물에 칼슘과 마그네슘 이온이 제공된다. 그러나 다른 천연 물질들은 유해할 수 있다. 미국 환경보호국(Environmental Protection Agency, EPA)은 물의 오염 물질을 인간 건강에 유해하거나 물의 맛이나 물의 색을 떨어뜨리는 물리적, 화학적, 생물학적 또는 방사성의 물질이라고 정의하고 있다. EPA는 식수를 오염시키는 것으로 알려진 90가지 이상의 물질을 규제한다.

Michigan 주의 Flint에서 2014년에 발생한 물 위기는 경시했던 수원에 대하여 더욱 주의를 기울일 것을 우리에게 가르쳐주면서 물 오염에 대하여 우리에게 재차 주목하게 하였다. 식수에서 납에 대한 EPA의 지침 기준은 15 ppm인데, Flint 지역의 가정에서 채취한 여러 개의 물 시료에는 100 ppm보다 더 높은 수준의 납이 들어 있었다. 납 오염은 불행히도 납 수준이 높은 식수에 노출된 어린이에게는 낮은 학업 성적을 포함하여 평생 문제를 일으킬 수도 있다. 정기적으로 물을 감시하고, 도덕적이고 투명한 방법으로 확실하게 물 검사를 하는 것의 중요성을 이러한 예방 가능한 상황으로부터 알게 된다.

활동 학습 5.19 ▸ *물의 오염*

오염된 물은 불행하게도 드문 일이 아니다. 물이 오염되어 건강을 염려하게 하였던 하나의 사건을 찾아보고, 사건에 대하여 그리고 상황을 해결하기 위해 무슨 조치를 했는지에 대하여 보고하는 글을 써라.

물에 들어 있는 오염 물질을 모두 감시하거나 규제하지는 못한다. 예를 들어, 화장품, 로션 및 향수 같은 개인 관리 용품은 폐수에 수천 가지의 화학 물질을 더 하게 된다. 덧붙여, 매우 소량의 의약품, 심지어 아편 제제까지 결국 폐수로 들어가고, 식수에도 들어간다.

화학과 공학 뉴스(Chemical & Engineering News)란 잡지의 2019년판 한 기사에 따르면, 우리는 아직도 환경에 대한 이러한 물질들의 효과를 이해하는 초기 단계에 있다고 한다. 지금은 물에 녹아 있는 이 물질들의 효과를 이해하기 위한 첫 단계에 불과하다. 다음 활동 학습의 도움을 받아 개인 위생용품의 사용에 대한 평가를 할 수 있을 것이다.

활동 학습 5.20 ▶ *깨끗하게 하는 것 또는 더럽게 하는 것*

우리는 목적을 염두에 두고 개인 위생용품을 사용한다. 예를 들어, 머리를 감기 위해 샴푸를 사용하고, 피부를 생기 있게 하기 위해서 면도용 로션을 바른다든지, 손을 부드럽게 하기 위해서 핸드 로션을 바른다. 그러나 용품을 모두 사용하고 난 후에 그 제품에는 어떤 일이 일어나는가?

a. 매일 사용하는 개인 위생용품을 나열하라.

b. 개인 위생용품이 물에 녹아 들어갈 수 있는 몇 가지 경로를 제안하라.

c. 다시 **a**로 돌아가 목록을 보고, 매일 개인 위생용품을 사용할 때 이 책의 첫 페이지에 나열된 녹색 화학의 핵심 생각을 어떻게 적용할 수 있을까? 예를 들어, 머리를 감을 때 적은 양의 샴푸를 사용해도 여전히 효과적일까?

d. 물 사용의 일지를 보고, 개인 위생용품이 물 사용에서 영향을 미치게 되는 경우를 말하라.

이 절을 통해서 물이 어떻게 사용되고, 어떻게 오용되고, 오염 물질이 자연에서 왔든지 인간에서 왔든지 종종 어떻게 그 오염 물질로 오염되는지에 대한 의식이 증대되었기를 바란다. 확실히 오염에 대하여 더욱 세심한 관심을 갖게 되었을 것이다. 무엇 때문에 물의 오염이 아주 쉽게 일어나게 되는가? 물이 매우 많은 물질을 용해시킬 수 있고 그들과 섞일 수 있는 이유를 더 잘 이해하기 위한 주제로 넘어가 보자.

활동 학습 5.21 ▶ *물 문제와 물 사용 일지*

이 장을 시작할 때 작성한 당신의 물 사용 일지를 보고 답하라. 기후 변화 문제, 과소비, 비효율적인 사용 및 오염이 당신의 현재 물 사용법에 어떤 영향을 주는가? 이들 요인에 의해서 가장 크게 영향을 받을 영역을 지적하라.

5.5 어느 정도면 될까? *수질의 정량화*

물은 엄청나게 다양한 물질을 용해한다. 앞으로 알게 되겠지만 염, 설탕, 에탄올 및 공기 오염 물질인 SO_2를 비롯하여 일부의 물질은 물에 매우 잘 녹을 수 있다. 이것과 비교해 볼 때 석회석, 산소, 이산화 탄소는 아주 적은 양만 용해된다. 수질에 대해 이해를 하기 위하여 *무엇이* 물에 용해되고, *왜* 용해되며, 용해된 후 만들어지는 용액의 농도를 *어떻게* 표시하는지를 알아야 한다. 이 절에서는 용액의 농도를, 다음 절에서는 용해도를 다룬다.

유용한 몇 가지의 화학 용어를 가지고 시작해 보자. 물은 **용매**(solvent)인데, 이것은 한 가지 이상의 순물질(pure substance)을 녹일 수 있는 물질로서 대부분 액체이다. 용매에 용해되는 고체나 액체 또는 기체 물질을 **용질**(solute)이라고 한다. 결과적으로 만들어진 물질을 **용액**(solution)이라고 하는데, 이것은 하나의 용매와 한 개 이상의 용질로 이루어진 균일한(고른 조성을 가진) 혼합물(homogeneous mixture)이다. 이 절에서는 특히 물이 용매인 **수용액**(aqueous solution)을 다룰 것이다.

물은 아주 좋은 용매이기 때문에 실질적으로 100% 순수하지 않다 오히려 불순물이 들어 있다. 예를 들어, 물이 지구의 암석과 광물 위를 흐를 때 이들에 포함된 성분들의 소량을 용해시킨다. 보통 이것은 식수에 해를 끼치지 않지만, 때에 따라서는 물에 용해된 이온들이 독성을 가질 수도 있다. 지구상의 물은 대기와도 접촉하고 있다. 물이 대기와 접촉하게 되면 대기 내 기체, 주로 산소와 이산화 탄소를 매우 조금 용해한다. 일부 대기 오염 물질은 물에 *매우* 잘 녹는다. 따라서 비가 오면 물은 실제로 대기에서 SO_x와 NO_x를 비롯한 몇몇 오염 물질을 씻어 내고, 결국 *산성비*(acid rain)가 된다. 이장의 뒤에서 살펴보겠지만, 이때 형성되는 산성 용액은 환경에 심각한 결과를 가져올 수 있다.

관련 절

산성비를 설명해주는 반응은 제2장에서 소개하였다.

인간도 물에 용해된 물질의 수를 늘리는 데 한몫을 하고 있다. 옷을 세탁할 때 사용한 세제뿐만 아니라 우선 옷을 더럽혔던 것이 무엇이든지 물에 추가된다. 변기에 물을 내릴 때 액체 및 고체 폐기물이 물에 추가된다. 폭풍 범람(storm run-off)이 일어나는 동안 도시의 거리로부터 용질들이 빗물에 추가된다. 그리고 농업 활동으로부터는 비료 및 다른 용해될 수 있는 화합물이 물에 추가된다.

물이 좋은 용매라고 하는 것은 식수에 대해서는 무엇을 의미하는 것일까? 수질을 평가하기 위해서 몇 가지를 알아야 한다. 하나는 물질이 *얼마나 많이* 용해되어 있는지를 나타내는 방법이며, 따라서 알고 있는 표준물질의 값과 비교할 수 있게 된다. 바꾸어 말하면, 농도(concentration)의 개념을 이해해야 한다. 농도는 공기의 조성과 관련하여 제2장에서 처음 소개되었다. 예를 들어, 건조한 대기 중에 O_2와 N_2는 각각 대략 21%와 78%가 존재한다. 이제 물에 용해된 물질로 이 개념을 살펴보자. 앞으로 알겠지만, 백분율(%)과 백만분율(ppm) 역시 수용액에서 유효한 농도 표현법이다.

먼저 용액의 농도를 살펴보기 위해서 "차 한 잔을 달콤하게 만들기"라는 친숙한 비유를 사용해 보자. 차 한 잔에 티스푼 한 개 분량의 설탕이 용해되어 만들어진 용액의 농도는 잔당 1티스푼이다. 만약 차 석 잔에 3티스푼의 설탕을, 차 반 잔에 반 티스푼의 설탕을 녹여도 농도가 같을 것임에 주목하라. 양을 세 배 또는 반으로 하였을 때 설탕과 차는 비례하여 맞춰진다. 그러므로 **농도**(concentration), 즉 용액의 양에 대한 용질 양의 비는 각 경우에 같다.

Colorado 대학교의 PhET 대화형 모의실험

www.acs.org/cic에서 이 모의실험을 확인하여 용질이나 용매의 상대적인 양이 용액 농도에 어떻게 영향을 미치는지 확인하라.

수용액에서 용질의 농도는 같은 형식이지만 다른 단위로 표현된다. 여기서는 농도를 표현할 때 백분율(%), 백만분율(ppm), 십억분율(ppb), 몰농도(molarity, M)의 네 가지 방법을 사용한다. 이 중에서 처음 세 가지는 이미 익숙할 것이고, 네 번째의 몰농도는 4.4절에서 소개한 몰(mole, mol) 개념을 사용한다.

백분율(percent, %)은 100개당 한 개를 의미한다. 예를 들어, 용액 100 g에 염화 소듐(NaCl) 0.9 g이 들어 있는 수용액은 질량 백분율로 0.9% 용액이다. 이 농도의 염화 소듐 용액은 정맥에 투여할 때 의학적 설정치로 "정상 식염수(normal saline)"라고 한다. 약상자에서 부피 백분율로 70% 수용액이라는 소독용 아이소프로필 알코올을 보았다면 이 용액은 수용액 100 mL당 아이소프로필 알코올 70 mL를 함유한 것이다. 백분율은 광범위한 용액의 농도를 표시하는 데 사용된다.

그러나 식수에 용해된 많은 물질의 경우처럼, 농도가 매우 낮을 때에는 **백만분율**(parts per million, ppm)이 더 보편적으로 사용된다. 우리가 마시는 물속에는 물질들이 ppm의 범위로 자연히 존재한다. 예를 들어, 일부 농업 지역의 우물에서 발견되는 질산 이온(NO_3^-)의 EPA 허용 한계는 10 ppm이고, 플루오린화 이온(F^-)의 허용 한계는 4 ppm이다.

ppm이 유용한 농도 단위이기는 하지만 10^6 g의 물을 측정하는 것은 매우 불편하다. L 단위로 바꾸면 일을 더 쉽게 할 수 있다. 물에 들어 있는 어떤 물질 1 ppm은 용액 1 L에 그 물질이 1 mg 용해되어 있는 것과 같다. 계산은 다음과 같다.

$$1\text{ ppm} = \frac{1\text{ g 용질}}{1\times10^6\text{ g 물}} \times \frac{1000\text{ mg 용질}}{1\text{ g 용질}} \times \frac{1000\text{ g 물}}{1\text{ L 물}} = \frac{1\text{ mg 용질}}{1\text{ L 물}}$$

도시 수도국에서는 mg/L의 단위를 사용하여 수돗물에 용해된 무기질과 다른 물질들을 보고할 수도 있다. 예를 들어, 표 5.4는 미국 중서부 지역 공동체에 공급하는 대수층의 수돗

표 5.4	수돗물에 들어 있는 무기질의 보고서		
양이온	mg/L	음이온	mg/L
칼슘 이온(Ca^{2+})	97	황산 이온(SO_4^{2-})	45
마그네슘 이온(Mg^{2+})	51	염화 이온(Cl^-)	75
소듐 이온(Na^+)	27	질산 이온(NO_3^-)	4
		플루오린화 이온(F^-)	1

물 분석을 나타낸 것이다.

일부 오염 물질은 ppm보다 낮은 농도라도 불안을 끼치는 경우가 있으며, **십억분율**(parts per billion, ppb)로서 보고된다. 수용액에서, 1 ppb = 1 μg/L이며, 반면에 1 ppm = 1 mg/L이다. ppm과 ppb를 다른 방법으로 표현해 볼 수 있는데, 1 ppm을 약 12일 중 1초에 해당한다고 가정하면, 1 ppb는 33년 중 1초에 해당한다. 다르게 비유하면 1 ppb는 지구 둘레 중에서 수 cm에 해당하며, 이는 실로 매우 작은 양이다.

활동 학습 5.22 ▸ 농도 단위

a. 차원 분석(dimensional analysis)을 사용하여 ppb를 μg/L 단위로 나타내라. 더 작은 단위인 1조당 분율(parts per trillion, ppt)을 리터당 질량으로 나타내라.

b. 용액 농도가 1 ppm인 경우, 1파운드의 용질에 물이 얼마나 필요한가? 1 ppb의 농도의 경우는 어떤가? 1 lb는 대략 453.6 g이다.

사전 지식 *Did You Know* 

물 속의 수은은 원소 Hg(quicksilver 라고도 부름)가 아닌 수용성 형태(Hg^{2+})로 존재한다.

ppb 범위로 검출되는 하나의 오염 물질이 수은이다. 인간이 수은에 노출될 수 있는 주요 원천은 음식이며, 주로 물고기와 어류 제품이다. 그렇다 하더라도 물속에서의 수은 농도는 감시해야 한다. 물에 있는 수은 1 ppb는 10^9 g의 물에 1 g의 수은이 용해된 것과 같다. 더 편리한 용어로 표현하면, 이것은 Hg 1 μg(또는 1×10^{-6} g)이 물 1 L에 용해되어 있는 것을 의미한다. 식수에서 수은의 미국 허용 한계는 2 ppb이고, 계산은 다음과 같다.

$$2 \text{ ppb Hg} = \frac{2 \text{ g Hg}}{1 \times 10^9 \text{ g H}_2\text{O}} \times \frac{1 \text{ μg Hg}}{1 \times 10^{-6} \text{ g Hg}} \times \frac{1000 \text{ g H}_2\text{O}}{1 \text{ L H}_2\text{O}} = \frac{2 \text{ μg Hg}}{1 \text{ L H}_2\text{O}}$$

단위들이 상쇄됨을 확인하라.

활동 학습 5.23 ▸ 수은 이온 농도

a. 물 시료 5 L에 수은 이온이 80 μg 용해되어 있다. 이 용액의 수은 이온 농도를 ppm과 ppb로 나타내라.

b. a의 답이 식수에 대한 수은의 미국 허용치를 준수한 것인지 설명하라.

활동 학습 5.24 ▸ 농도 자료

물속에서 금속의 현재 미국 내 허용치를 인터넷으로 조사하고, 당신의 거주지에서 동일한 금속의 허용치 자료와 미국의 자료를 비교하라. 허용치가 같은가 아니면 다른가? 그 이유를 설명하라.

몰농도(molarity, M)는 또 다른 유용한 농도 단위인데, 용액 1 L 속에 들어 있는 용질의 몰수로 정의되며, 다음 식으로 나타낼 수 있다.

$$몰농도(M) = \frac{용질의\ 몰\ 수\ (mol)}{용액의\ 부피\ (L)}$$

몰농도의 가장 큰 장점은 같은 몰농도의 용액이 정확히 같은 몰수의 용질을 포함하므로, 용질의 분자(이온 또는 원자) 수가 동일하다는 것이다. 같은 몰수라 하더라도 용질의 질량은 용질에 따라 다르다. 예를 들어, 설탕 1 mol의 질량은 염화 소듐 1 mol의 질량과 다르다. 그러나 같은 부피를 취하면 모든 1 M 용액(1몰농도 용액이라 부른다)은 같은 수의 용질 분자를 함유한다.

예를 들어, NaCl 수용액을 생각해보자. NaCl의 몰질량은 58.5 g/mol이다. 따라서 NaCl 1 mol의 질량은 58.5 g이다. NaCl 58.5 g을 약간의 물에 녹이고 난 후 물을 충분히 가하여 정확히 1.00 L의 용액이 되도록 하면 1.00 M NaCl 수용액이 된다.

관련 절

4.4절에서 몰질량 계산법을 배웠다. NaCl의 몰질량은 58.5 g/mol이다.

농도가 1.00 M인 염화 소듐 수용액을 만드는 모습이 그림 5.18에 나와 있다. 이때 **용량 플라스크**(volumetric flask)를 사용하는데, 용량 플라스크는 목에 있는 표지선까지 용액을 채우면 정확한 양의 용액이 담기는 유리 기구의 한 종류이다. 그러나 몰농도는 단순히 용액에 대한 용질의 비율이기 때문에 1.00 M NaCl(*aq*) 용액을 만드는 방법은 많다. 즉 NaCl 0.500 mol(29.2 g)을 물에 녹여 0.500 L 용액이 되게 하면 마찬가지로 1.00 M NaCl(*aq*) 용액을 만들 수 있다. 이때에는 그림 5.18의 1 L 용량 플라스크 대신에 500 mL 용량 플라스크를 사용해야 한다.

사전 지식 Did You Know ?

(*aq*)는 용매가 물임을 의미하는 수용액(aqueous solution)의 약자이다.

$$1.00\text{-M NaCl}(aq) = \frac{1.00\ \text{mol NaCl}}{1.00\ \text{L 용액}} \quad 또는 \quad \frac{0.500\ \text{mol NaCl}}{0.500\ \text{L 용액}}$$

용해된 수은 이온(Hg^{2+})이 150 ppm인 물 시료가 있다고 하자. 이를 몰농도로 나타내면 얼마인가? 다음과 같이 계산할 수 있을 것이다:

$$150\ \text{ppm}\ Hg^{2+} = \frac{150\ \cancel{\text{mg}\ Hg^{2+}}}{1\ \text{L}\ H_2O} \times \frac{1\ \cancel{\text{g}\ Hg^{2+}}}{1000\ \cancel{\text{mg}\ Hg^{2+}}} \times \frac{1\ \text{mol}\ Hg^{2+}}{200.6\ \cancel{\text{g}\ Hg^{2+}}} = \frac{7.5 \times 10^{-4}\ \text{mol}\ Hg^{2+}}{1\ \text{L}\ H_2O}$$

따라서 수은 이온 (Hg^{2+})이 150 ppm (또는 150 mg/L) 들어 있는 물 시료는 7.5×10^{-4} M Hg^{2+}로도 표시될 수 있다.

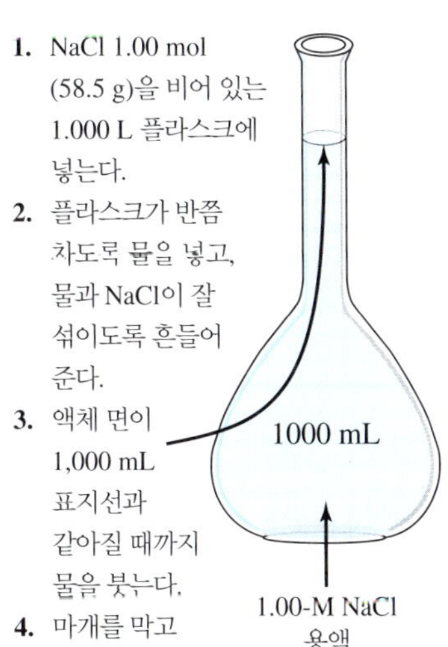

그림 5.18

1.00 M NaCl 수용액 만들기. 용액 만드는 방법을 www.acs.org/cic에서 확인하라.

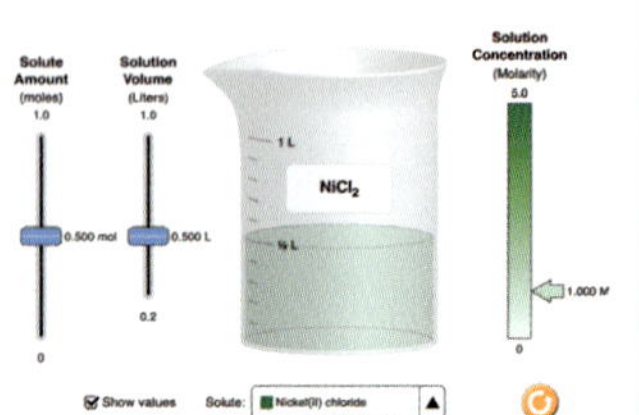

Colorado 대학교의 PhET 대화형 모의실험

용질의 몰수나 용매의 부피가 용액의 몰농도에 어떻게 영향을 미치는지 www.acs.org/cic에서 이 모의실험을 확인하라.

활동 학습 5.25 ▶ *물과 몰농도*

a. 16 ppb Hg^{2+}의 농도를 몰농도로 나타내라.

b. 1.5 M과 0.15 M NaCl 용액의 경우, 각각 500 mL에는 몇 몰의 용질이 존재하는가?

c. NaCl 0.50 mol을 충분한 물에 녹여 250 mL의 첫 번째 용액을 만들었다. 두 번째는 NaCl 0.60 mol을 녹여 200 mL의 용액을 만들었다. 어느 용액이 더 진할까? 그 이유를 설명하라.

d. 한 학생이 2.0 M $CuSO_4$ 용액을 만들어 달라는 요청을 받았다. 이 학생은 $CuSO_4$ 결정 40.0 g을 용량 플라스크에 넣고 물을 1,000 mL 표지선까지 채웠다. 만들어진 용액의 농도가 2.0 M인가? 그 이유를 설명하라.

이 절에서는 물이 다양한 물질에 대하여 좋은 용매이고, 이 물질의 농도를 수적으로 표시할 수 있다는 점을 언급하였다. 약속대로, 다음 절에서는 물질이 어떻게, 또 왜 물에 용해되는지를 알아보자.

5.6 용질 더 자세히 살펴보기

소금과 설탕은 둘 다 물에 녹는다. 그러나 이 중 하나는 이온성(ionic)이고, 나머지 하나는 분자성(molecular)이다. 이온 결합 화합물(ionic compound)과 분자 화합물(molecular compound)의 차이는 무엇인가? 다음 활동 학습을 완성함으로써 기억을 새롭게 하라.

활동 학습 5.26 ▶ *이온성 대 분자성*

화학을 공부하면서 공기질, 세계의 기후 및 휴대용 전자 기기와 같은 다양한 맥락에서 이온 결합 화합물과 분자 화합물을 공부하였다. 이 두 화합물의 차이점에 대한 당신의 현재 지식을 이용하여 아래 도표를 채우고 검토하라. "물속에서의 거동"과 같이 이 장에서 배운 새로운 정보나 다른 정보의 행을 추가해도 무방하다.

	이온성	분자성
정의		
구조		
거시적 성질		
분자간 힘		
결합 모형		
결합 세기		
명명법(명명 규칙)		
기타		

앞에서 지적한 바와 같이, 지구상 물의 약 97%가 바다의 소금물이다. 바닷물에는 물에 용해한 단순 식염 이외에도 아주 많은 것들이 포함되어 있다. 우리는 이제 서로 다른 많고 많은 이온 결합 화합물들이 바다에서 용해된 채로 발견될 수 있는 이유를 이해할 단계에 와 있다.

5.1절에서 언급한 물 분자는 극성이라는 것을 상기해보자. 소금 결정을 가져와 물에 녹일 때, 극성인 H_2O 분자는 소금 결정을 이루는 Na^+와 Cl^- 이온에 끌리게 된다. 물 분자의 O 원자에 있는 부분 음전하(δ^-)는 소금 결정에서 양전하를 띤 Na^+ 양이온에 끌린다. 동시에, 부분 양전하(δ^+)를 띠고 있는 H_2O의 H 원자는 소금 결정에서 음전하를 띤 Cl^- 음이온에 끌린다. 시간이 지나면, 소금 결정을 구성하고 있던 이온들은 분리되어 물 분자로 둘러

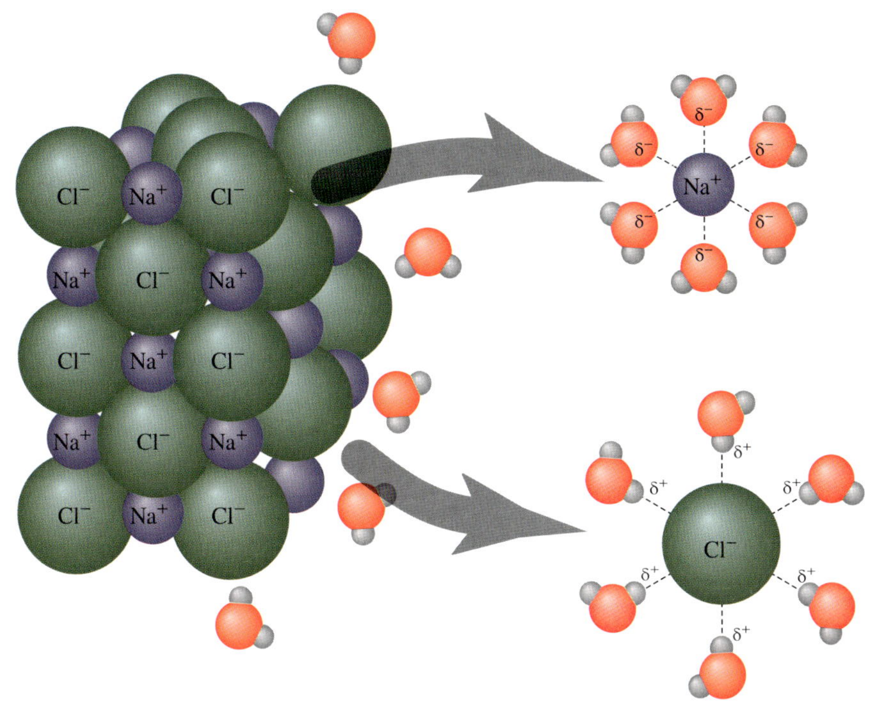

그림 5.19
물에 용해되는 염화 소듐. www.acs.org/cic에서 애니메이션을 확인하라.

싸이게 된다. 염화 소듐 수용액이 만들어지는 과정이 식 [5.1]과 그림 5.19에 나타내었다.

$$NaCl(s) \xrightarrow{H_2O} Na^+(aq) + Cl^-(aq) \quad [5.1]$$

다원자 이온을 가지고 있는 화합물의 용액 형성 과정도 비슷하다. 예를 들어, 고체 황산 소듐이 물에 녹을 때 소듐 이온과 황산 이온으로 단순히 분리된다. 그러나 황산 이온은 하나의 단위체로 존재한다는 것에 유념해야 한다.

$$Na_2SO_4(s) \xrightarrow{H_2O} 2\,Na^+(aq) + SO_4^{2-}(aq) \quad [5.2]$$

많은 이온 결합 화합물들이 이런 방식으로 녹는다. 이것이 거의 모든 천연의 물 시료에 다양한 양의 이온이 들어 있는 이유이다. 우리 몸의 체액도 사실상 똑같은 현상이고, 그래서 체액에는 **전해질**(electrolyte)이라고 하는 이온성 용질이 의미 있을 정도의 농도로 존재한다. NaCl이나 다른 이온 결합 화합물과 같은 센전해질이 물과 같은 극성 용매에 들어가게 되면 이 화합물은 양으로 하전된 이온과 음으로 하전된 이온으로 완전히 해리한다. 제8장에서 알게 되겠지만, 이런 용액에 전기적 퍼텐셜(전압)을 가하게 되면 양이온과 음이온은 반대로 하전된 전극 쪽으로 끌려서 전기 전도도(electrical conductivity)를 주게 된다. 그래서 순수한 물은 전기적으로 전도성이지 못하나, 소금 용액은 전도성이다.

활동 학습 5.27 › *전기와 물은 섞이지 않는다*

헤어드라이어와 다리미 같은 작은 가전제품에는 물 근처에서 사용하지 말라는 분명한 경고 표지가 붙어 있다. 순수한 물은 전기를 전도하지 않는데 물이 왜 문제가 되는가? 플러그를 연결한 헤어드라이어를 잘못하여 물속에 푹 빠뜨렸다면 어떤 행동을 해야 가장 좋을까?

조금 전에 언급한 용해도 원리를 모든 이온 결합 화합물에 적용했다면 지구는 곤경에 처했을 것이다. 비가 와서 탄산 칼슘(석회석)과 같은 이온 결합 화합물이 용해되어 결국 바다로 다 떠내려 가버리는 것이니! 다행스럽게도, 많은 이온 결합 화합물은 *약간만 녹든지* 또는 용해도가 극히 작다. 이온의 크기와 전하, 이들이 서로 얼마가 강하게 잡아당기는가, 물 분자에 얼마나 강하게 끌리는가에 따라 용해도의 차이가 생긴다.

표 5.5	물에서 이온 결합 화합물의 용해도		
이온	**화합물의 용해도**	**용해도의 예외**	**예**
제1족 금속 및 NH_4^+	모두 가용성	없음	$NaNO_3$와 KBr, 둘 다 가용성
질산염	모두 가용성	없음	$LiNO_3$와 $Mg(NO_3)_2$, 둘 다 가용성
염화물	대부분 가용성	은, 수은(I), 납(II)	$MgCl_2$는 가용성, AgCl은 난용성
황산염	대부분 가용성	스트론튬, 바륨, 납(II), 은(I)	K_2SO_4는 가용성, $BaSO_4$는 난용성
탄산염	대부분 난용성*	제1족 금속 및 NH_4^+	Na_2CO_3는 가용성, $CaCO_3$는 난용성
수산화물과 황화물	대부분 난용성*	제1족 금속 및 NH_4^+	KOH는 가용성, $Sr(OH)_2$는 난용성

*난용성이란 의미는 물에서 용해도가 극히 작다(0.01 M 이하)는 것을 뜻한다. 모든 화합물은 적어도 물에서 매우 작은 용해도를 갖는다.

©Edgieus/Shutterstock

다양한 이온 결합 화합물의 용해도 특성을 조사하는 시범 실험을 www.acs.org/cic에서 확인하라.

이온 결합 화합물이 반응할 때 보통 **이중치환 반응**(double displacement)을 하며, 이때 양이온과 음이온이 반응물 사이에서 서로 교환된다. 예를 들어, 염화 소듐(NaCl) 수용액과 질산 은($AgNO_3$) 수용액과 사이에서 반응이 일어나면 질산 소듐($NaNO_3$)과 염화 은(AgCl)이 만들어진다. 용해도를 알아보기 위해 표 5.5를 사용하면, 생성물 $NaNO_3$는 가용성일 것이고 AgCl은 난용성일 것으로 예측되며, 따라서 고체 **침전**(precipitate)이 형성될 것이다. 용해도에 대한 다른 예를 들어보자. 질산 이온을 가진 모든 화합물이 가용성이듯이 질산 칼슘($Ca(NO_3)_2$)은 물에서 가용성이다. 탄산염 대부분이 난용성이듯이 탄산 칼슘($CaCO_3$)은 난용성이다. 비슷한 논리로, 수산화 구리(II)($Cu(OH)_2$)는 난용성이지만 황산 구리(II)($CuSO_4$)는 가용성이다. 몇 가지 환경에 미치는 용해도의 영향이 무기물의 용해와 관계되기 때문에 이를 표 5.6에 요약하였다.

활동 학습 5.28 ▸ *물에서 이온 결합 화합물의 용해도*

질산 은($AgNO_3$), 질산 구리(II)($Cu(NO_3)_2$), 황화 소듐(Na_2S) 및 염화 소듐(NaCl)의 수용액들 사이에서 일어나는 반응을 설명해주는 비디오를 www.acs.org/cic에서 찾아보라. 반응이 이중치환 반응으로 일어난다고 가정하고 다음 각 반응에 대한 균형 화학 반응식을 쓰고, 침전이 만들어질 것인지를 예측하라. 표 5.5를 활용하라.

©2018 American Chemical Society

a. 반응 1: 질산 은 + 질산 구리(II)

b. 반응 2: 질산 은 + 황화 소듐

c. 반응 3: 질산 은 + 염화 소듐

d. 반응 4: 질산 구리(II) + 황화 소듐

e. 반응 5: 질산 구리(II) + 염화 소듐

f. 반응 6: 황화 소듐 + 염화 소듐

표 5.6	환경에 미치는 용해도의 영향	
공급원	**화합물**	**용해도와 결과**
염 퇴적물	소듐 및 포타슘의 할로젠화물*	이 염들은 가용성이다. 시간이 지나면 용해되어 바다로 씻겨나간다. 그래서 바다는 소금기가 있고, 바닷물은 비싸게 정수하지 않으면 식수로 사용할 수 없다.
농업용 비료	질산염	모든 질산염은 가용성이다. 비료를 준 농토를 흐르는 빗물이 질산염을 지표수나 지하수로 운반한다. 질산염은 특히 유아에게 유독할 수 있다.
금속 광석	황화물과 산화물	황화물과 산화물은 대부분 난용성이다. 철, 구리 및 아연을 포함하는 무기물은 흔히 황화물과 산화물이다. 이들 무기물이 물에 녹았다고 한다면 오래전에 바다로 씻겨나가 없어졌을 것이다.
광산 폐기물	수은(I), 납(II) 화합물	수은과 납 화합물은 대부분 난용성이다. 그러나 광산의 폐기물 더미로부터 서서히 용출될 수 있고 수돗물을 오염시킬 수 있다.

*Cl^-와 I^-와 같은 할로젠화 이온을 포함하는 할로젠화물은 할로젠인 17족 원자의 음이온이다.

지금까지는 이온 결합 화합물이 물속에서 어떻게 용해되고 어떻게 반응하는가를 살펴보았다면, 이제 분자 화합물을 살펴보자. 앞선 논의 때문에 이온 결합 화합물만이 물에 용해된다는 느낌을 받았을 수도 있다. 그러나 설탕이 물에 잘 녹는다는 것을 생각해보기 바란다. 커피나 차를 달게 하려고 사용하는 흰 알갱이의 식용 설탕(table sugar)은 *수크로스*(sucrose)로서 화학식이 $C_{12}H_{22}O_{11}$인 극성 분자 화합물이다(그림 5.20).

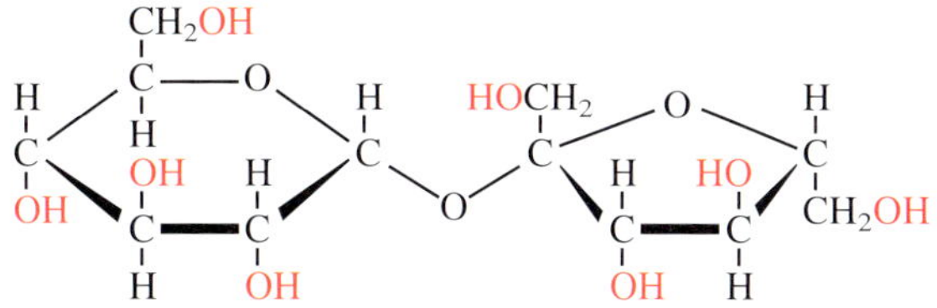

그림 5.20

수크로스의 구조식. 공유 결합으로 결합한 −OH가 빨간색으로 표시되어 있다.
이 구조의 3D 모습을 www.acs.org/cic에서 확인하라.

수크로스가 물에 용해되면 수크로스 분자는 물 분자 사이에 균일하게 분산된다. 따라서 이온 결합 화합물과는 다르게 수크로스 분자가 그대로 유지되고 이온으로 나누어지지 *않는다*. 수크로스 수용액은 전기를 전도하지 못한다는 사실이 이를 증명하고 있다(그림 5.21). 그러나 수크로스 분자가 비전해질(nonelectrolyte)로 작용하지만, 수크로스와 물 분자는 둘 다 극성이어서 서로 끌리며, 상호작용을 한다. 더구나, 수크로스 분자는 여덟 개의 −OH 기와 물과 수소 결합을 할 수 있는 세 개의 O 원자를 추가로 가지고 있다. 용매 분자와 용질 분자나 이온들 사이에 인력이 존재하면 용해도는 언제나 커진다. 이러한 사실은 "*비슷한 것은 비슷한 것을 녹인다*(Like dissolves like)"라는 일반적인 용해도 규칙을 제시해 준다.

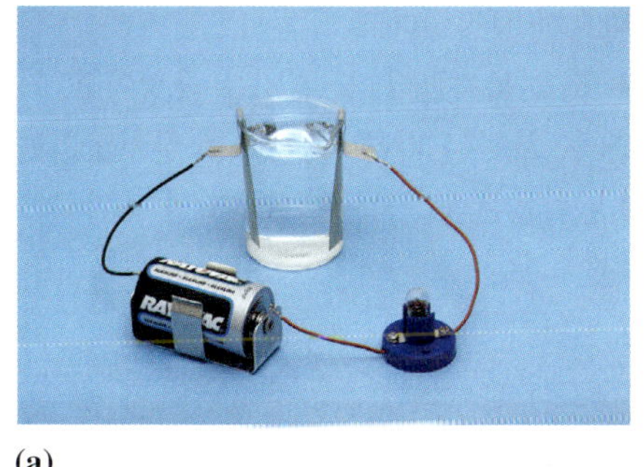
(a)

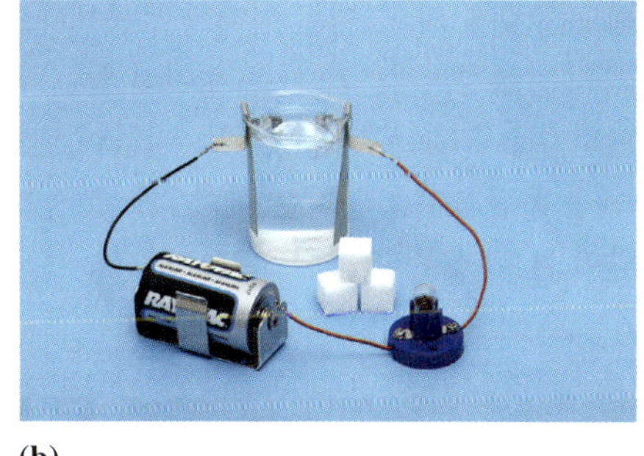
(b)

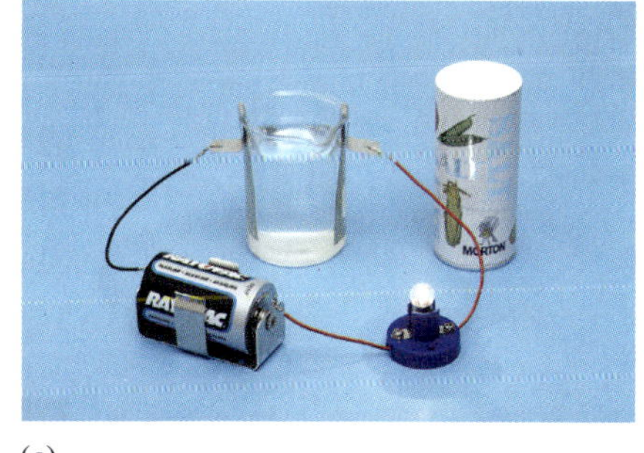
(c)

그림 5.21

전도도 실험. 이 그림의 장치 같은 전도도계는 전기를 전도하는지 아닌지를 알려준다. 전극이 전기 전도성 용액에 담겨있을 때만이 전기 회로가 완성되고, 이럴 때만 전구에 불이 들어온다. **(a)** 증류수(비전도성). **(b)** 증류수에 용해된 설탕(비전도성). **(c)** 증류수에 용해된 소금(전도성).
용액의 전도도를 설명해주는 비디오를 www.acs.org/cic에서 확인하라.

(a~c): ©GIPhotoStock/Science Source

친숙한 또 다른 극성 분자 화합물 두 가지를 살펴보자. 이 두 가지 모두는 물에 매우 가용성이다. 하나는 부동액의 주성분인 에틸렌 글라이콜(ethylene glycol)이고, 다른 하나는 맥주나 와인에 들어 있는 에탄올(ethanol), 즉 에틸 알코올(ethyl alcohol)이다. 이 분자는 둘 다 극성인 −OH 기를 가지고 있고 알코올로 분류된다(그림 5.22).

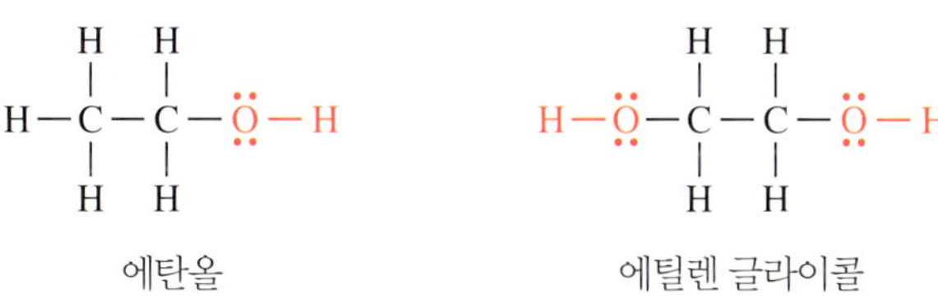

그림 5.22

에탄올과 에틸렌 글라이콜의 Lewis 구조. −OH 기가 빨간색으로 표시되어 있다.

— 공유 결합
---- 수소 결합

그림 5.23

하나의 에탄올 분자와 세 개의 물 분자 사이에 이루어진 수소 결합.

물의 경우에서 그랬던 것처럼 에탄올 분자의 –OH 기의 H가 수소 결합을 할 수 있음을 그림 5.23이 보여주고 있다. 이것이 물과 에탄올 사이에 친화도가 크다는 이유이다. 물의 부분 음전하(δ^-)는 에탄올의 부분 양전하(δ^+)에 끌리고, 역으로도 마찬가지이다. 모든 바텐더는 알코올과 물이 모든 비율로 알코올 용액을 만들 수 있다는 것을 알고 있다. 다시 말하면 두 분자는 극성이고, *비슷한 것은 비슷한 것을 녹인다*.

에틸렌 글라이콜은 가끔 "글라이콜(glycol)"이라고도 하는데 알코올의 또 다른 예이다. 에틸렌 글라이콜은 자동차 라디에이터에 들어 있는 냉각수에 혼합하여 어는 것을 막아준다. 부동액의 첨가제로서 에틸렌 글라이콜은 몇몇 수성 페인트가 건조될 때 내놓는 휘발성 유기 화합물(volatile organic compound, VOC) 중의 하나이기도 하다. 그림 5.22의 에틸렌 글라이콜의 구조를 살펴보면, 에틸렌 글라이콜이 수소 결합이 가능한 –OH 기를 두 개 가지고 있음을 알 수 있다. 이들 분자간 인력 때문에 물에 대한 에틸렌 글라이콜이 상당한 용해도를 갖게 되고, 이는 어떠한 부동액에도 필요한 성질이다.

우리는 종종 "기름과 물은 섞이지 않는다"는 것을 목격한다. 물 분자는 극성이고, 기름의 탄화수소 분자는 비극성이다. 이들이 만나면 물 분자는 다른 물 분자를 끌어당기려 하고, 반면에 탄화수소 분자는 탄화수소 분자에게 달라붙는다. 기름은 물보다 덜 조밀하므로 유막이 물 위에 뜬다(그림 5.24).

그림 5.24

기름과 물은 서로 섞이지 않는다. 이 현상을 설명해주는 비디오를 www.acs.org/cic에서 확인하라.

활동 학습 5.29 ▶ 탄화수소에 대한 더 자세한 정보

펜테인(C_5H_{12})과 헥세인(C_6H_{14})과 같은 탄화수소 분자는 C–H와 C–C 결합을 하고 있다. 표 5.1의 전기음성도 값을 사용하여 이들 결합이 극성인지 비극성인지 예측하라. 이들 분자 화합물은 비극성인 이유는 무엇인가?
힌트: 결합 쌍극자와 함께 분자의 기하구조를 고려하라.

물은 그리스(grease)와 기름에 대해서는 좋지 않은 용매이므로 이 물질을 씻어 내기 위해서는 물을 사용할 수 없다. 대신에 비누와 세제를 이용하여 손(그리고 의복)을 씻는다. 이러한 화합물이 **계면 활성제**(surfactant)인데, 이 화합물은 극성과 비극성 물질이 서로 섞이도록 도와주며, 종종 "습윤제(wetting agent)"라고 부른다. 계면 활성제 분자는 극성기와 비극성기를 둘 다 가지고 있다(그림 5.25). 극성기는 계면 활성제가 물에 녹을 수 있도록 해주고, 비극성기는 그리스를 녹일 수 있도록 해 준다.

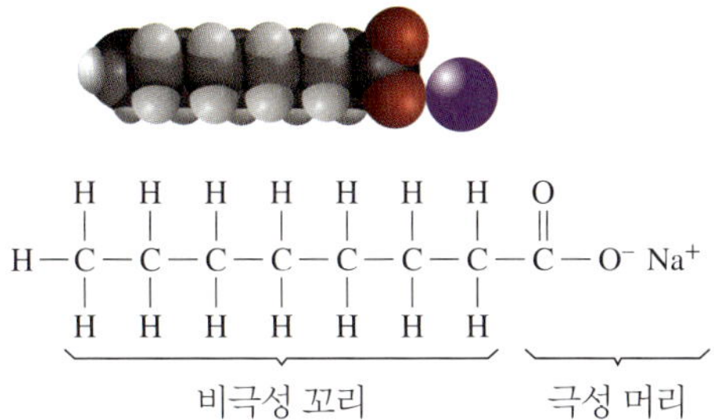

그림 5.25
계면 활성제 분자는 극성기와 비극성기를 모두 가지고 있다. 이 구조의 3D 모습을 www.acs.org/cic에서 확인하라.
Source: https://imgur.com/LZrxG26

활동 학습 5.30 ▶ 해결책으로 계면 활성제를!

계면 활성제가 극성 및 비극성 말단을 모두 가지고 있음을 알고, 그림 5.25에 따라 계면 활성제 분자를 그려라. 그런 다음 계면 활성제 분자, 비극성 분자 및 물 분자의 혼합물을 보여주는 도표를 만들어라. 인터넷이나 교과서에 나와 있는 그림이 정확한지를 확인하라.

비극성 분자를 용해하는 또 다른 방법으로 비극성 용매를 사용한다. 비슷한 것은 비슷한 것을 녹인다! 비극성 용매(종종 "유기 용매"라 부름)는 약, 플라스틱, 페인트, 화장품 및 세탁제를 생산하는 데 광범위하게 사용된다. 또 다른 예로 드라이클리닝 용매를 들 수 있는데 이는 전형적으로 염소로 치환된 탄화수소로 구성된다. 드라이클리닝 용매의 한 예로 "퍼크(perc)"가 있으며, 이는 에텐의 사촌이다. C=C 이중 결합을 가진 에텐(종종 에틸렌이라고도 부름)에서, 모든 H 원자를 Cl 원자로 치환하면 퍼클로로에틸렌, 줄여서 퍼크(perc)라고도 부르는 테트라클로로에틸렌이 얻어진다.

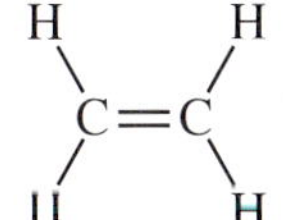

에틸렌

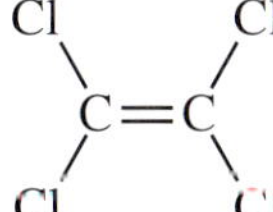

테트라클로로에틸렌("퍼크")

퍼크나 퍼크처럼 염소가 들어 있는 탄화수소는 발암제이거나 발암제로 의심이 되고 있다. 우리가 일터에서 이것들에 노출되거나, 공기나 물 또는 토양의 오염 물질로서 이것들에 노출되면 건강상 심각한 결과가 초래된다.

녹색 화학자들은 용매가 필요하지 않도록 공정을 재설계하는 목표를 가지고 있다.

그러나 이것이 가능하지 않다면 퍼크와 같은 해로운 용매를 환경친화적 용매로 바꾸려고 노력한다. 한 가지 가능성이 있는 물질이 액체 이산화 탄소이다. 기체 CO_2는 고압 조건에서 응축되어 액체가 된다. 유기 용매와 비교할 때, $CO_2(l)$는 많은 장점을 제공한다. CO_2는 무독성이고 불연성이며 화학적으로 순하며, 오존을 파괴하지 않고 스모그 형성에 일조하지도 않는다. CO_2는 온실 기체라는 사실에 우려할지도 모르지만, 용매로 사용되는 이산화 탄소는 산업 공정으로부터 회수되는 폐생성물이며, 이는 보통 재생된다.

드라이클리닝에 액체 CO_2를 응용하는 것은 도전할 과제인데, 액체 CO_2는 더러워진 섬유에서 발견되는 기름, 왁스와 그리스를 용해할 때 그리 좋은 용매가 되지 못하기 때문이다. 이산화 탄소를 더 좋은 용매로 만들기 위해 North Carolina 대학교 채플 힐(Chapel Hill) 캠퍼스의 화학자이자 화공학자인 Joe DeSimone은 $CO_2(l)$와 같이 사용할 수 있는 계면 활성제를 개발하였다. 이 업적으로 DeSimone은 1997년에 미국 대통령 녹색 화학 도전상(Presidential Green Chemistry Challenge Award)을 수상하였다. 그의 혁신적인 공정은 현재 사용하고 있는 전통적인 유기 및 물 용매를 대신하여 환경적으로 이롭고 값싸며 쉽게 재생 가능한 대체물을 설계하는 길을 닦았다. DeSimone은 그가 개발한 공정을 사용하고 있는 드라이클리닝 연쇄점인 행어즈 클리너즈(Hangers Cleaners)를 시작하는 데 중요한 역할을 하였다.

활동 학습 5.31 ▸ *용매로서의 액체 CO_2*

a. 액체 이산화 탄소를 용매로 사용하는 것은 유기 용매에 비교하여 어떤 차이점이 있는가?

b. 다음 말에 대하여 견해를 밝혀라. 유기 용매의 대체물로 이산화 탄소를 사용하면 한 세트의 환경 문제를 단순히 다른 세트의 환경 문제로 바꾸는 것에 불과하다.

c. 한 지역의 드라이클리닝 업소가 “퍼크”를 사용하던 것을 이산화 탄소로 바꾸었다면, 이 업소는 경제, 사회 및 환경 개선을 어떻게 보고할 것인가?

다른 비극성 물질에 비극성 물질이 용해하는 경향을 통해서 어떻게 물고기와 동물의 지방 조직에 PCB(다중 염소화된 바이페닐, polychlorinated biphenyl)나 살충제인 DDT(다이클로로다이페닐트라이클로로에테인, dichlorodiphenyltrichloroethane)가 축적되는지를 설명할 수 있다. 물고기가 이 물질들을 섭취하면 이 분자들은 혈액(극성)보다는 체지방(비극성)에 저장된다. 한때 전기 장치의 냉매로 널리 사용되었던 PCB는 때에 따라 1 ppb보다 낮은 농도에서도 인간을 비롯한 다양한 동물의 정상적 성장과 발달을 방해한다.

먹이 사슬의 위로 갈수록 DDT와 같은 해로운 비극성 화합물의 농도가 증가한다는 것을 알 수 있다. 이것을 **생물증폭**(biomagnification)이라고 하는데, 이것은 먹이 사슬을 따라 높은 단계로 올라갈수록 분해가 잘되지 않는 어떤 화학 물질의 농도가 증가하는 현상이다. 1960년대에 널리 연구되었던 생물증폭 과정이 그림 5.26에 나와 있다. 그 당시, DDT가 먹이 사슬의 꼭대기에 있는 송골매와 다른 맹금류의 번식을 방해하는 것으로 밝혀졌다. 1962년에 Rachel Carson의 저서 “*침묵의 봄*”은 맹금류가 살충제에 노출됨으로써 그들의 개체 수가 감소되는 것과도 연결되어 있다.

용매로서의 물에 대한 산과 염기의 성질을 살펴보기 전에 이온 결합 화합물과 분자 화합물의 용매화 과정을 복습하고, 다음 두 가지 활동 학습을 통해서 이들을 당신의 물 사용 일지와 관련지어 보자.

활동 학습 5.32 ▸ *용매화 요약*

이온 결합 화합물과 분자 화합물의 수용성 용매화에 대한 비교표를 작성하라. 최소한 다음 사항이 들어 있어야 한다. 즉, 어떻게 각각은 용해되는가, 용액의 성질, 환경 영향, 용액에 응용 등이 포함되어야 한다.

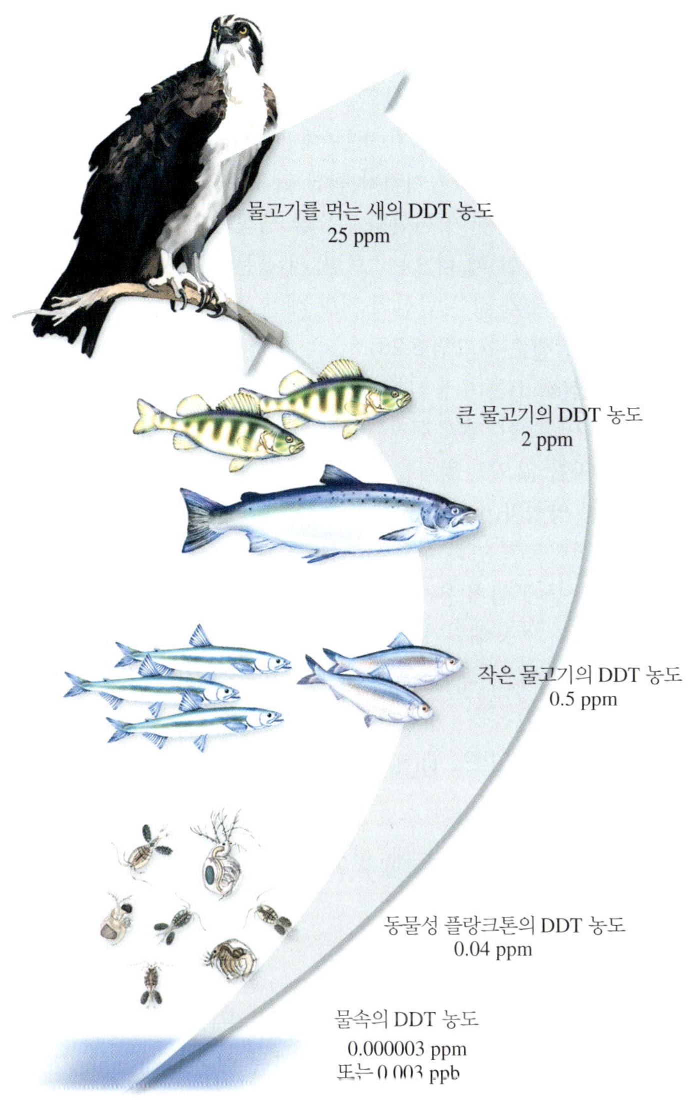

그림 5.26

물속 생물체는 DDT를 섭취하고 저장한다. 이들은 더 큰 생물체에 의해 먹히고, 또 더 큰 생물체에 의해 먹히는 과정이 계속된다. 결과적으로, 먹이 사슬의 정점에 있는 생물체는 최고의 농도로 DDT를 축적할 것이다.

Source: From William and Mary Ann Cunningham. Environmental Science: A Global Concern, 10th ed., 2008. Reprinted with permission of the McGraw-Hill Education.

활동 학습 5.33 ➤ *물 사용 일지에서 용질*

당신의 물 사용 일지를 살펴보라. 용해된 이온 결합 화합물과 분자 화합물에 따라 어떤 영역에서 당신의 물 사용이 영향을 받는가? 당신의 어떤 물 사용 때문에 물에 용질을 추가하게 되는가?

관련 절

식품 화학에서 산과 염기의 역할은 제10장에서 탐구할 것이다.

5.7 부식성: *산과 염기의 성질과 영향*

물은 다양한 용질을 녹이기 때문에 "만능 용매(universal solvent)"라고 알려져 있다. 지구상에 그리고 우리의 일상생활에서 큰 영향을 끼치고 있는 두 가지의 용액, 즉 산과 염기를 이제 알아보자. 산과 염기는 둘 다 용액이고, 대다수가 물을 용매로 사용한다.

역사적으로, 화학자들은 신맛과 같은 성질로 산을 확인하였다. 화학 물질을 맛을 봐서 확인하는 것은 현명한 방법은 아니지만, 식초 속의 아세트산이 신맛 나는 것은 분명하

사전 지식 *Did You Know*

산성에서는 식물성 염료인 *리트머스*(litmus)는 푸른색에서 분홍색으로 변한다. 흥미롭게도, *리트머스 시험*(litmus test)이란 용어는 또한 미래의 성공 또는 실패에 대한 비판적인 표시를 의미하기도 한다.

그림 5.27

감귤류 과일에는 시트르산(citric acid, 구연산)과 아스코르브산(ascorbic acid, 비타민 C)이 모두 들어 있다.

©Nancy R. Cohen/Getty Images

다. 레몬의 신맛 또한 산에서 기인한다(그림 5.27). 산은 또한 리트머스 같은 지시약으로 특정 색 변화를 보여준다.

산을 확인하는 또 다른 방법으로 산의 화학적 성질에 의한 것이 있다. 예를 들어, 일정한 조건에서 산은 대리석, 달걀 껍데기 또는 해양 생물의 껍질과 반응하여 이들을 녹일 수 있다. 이들 물질은 모두 탄산 칼슘이거나 탄산 마그네슘으로서 탄산 이온(CO_3^{2-})을 가지고 있다. 산은 탄산염과 반응하여 이산화 탄소를 생성한다. 이 기체는 탄산염이 들어 있는 제산제가 위의 산과 반응할 때 나오는 "트림"의 성분이다. 다음 절에서 알게 되겠지만, 이 같은 화학 반응은 산호초와 같은 탄산염 기반 해양 생물들의 골격이 산성화된 바닷물에서 용해되는 현상도 설명해준다(그림 5.28).

분자 수준에서 **산**(acid)은 수용액에서 수소 이온(H^+)을 내놓는 화합물이다. 수소 원자는 전기적으로 중성이고, 한 개의 전자와 한 개의 양성자로 구성되어 있음을 상기해 볼 필요가 있다. 만약 전자를 잃으면 원자는 양으로 하전된 이온 즉, H^+가 된다. H^+는 양성자만 남아 있으므로 종종 **양성자**(proton)라고 부른다.

실온에서 기체 화합물인 염화 수소(HCl)를 예로 들어보자. 염화 수소는 HCl 분자로 이루어져 있다. 이것은 물에 쉽게 용해되어 *염산*(hydrochloric acid)이라고 부르는 용액을 생성한다. 극성 HCl 분자가 용해되기 때문에 극성 물 분자가 이들을 둘러싼다. 일단 이들 분자가 용해되면 두 개의 이온, 즉 $H^+(aq)$와 $Cl^-(aq)$로 분리된다. 이 반응을 다음 두 단계의 반응식으로 나타낼 수 있다.

$$HCl(g) \xrightarrow{H_2O} HCl(aq) \longrightarrow H^+(aq) + Cl^-(aq) \qquad [5.3]$$

HCl은 H^+와 Cl^-로 *해리된다*고 말할 수도 있다. HCl 분자는 물속에서 완전히 해리되므로 어떠한 HCl 분자도 용액에 남지 않는데, 이것은 **센산**(strong acid)이 공통으로 보여주는 특성이다.

수용액에서 H^+(양성자)를 내놓는 물질을 산이라고 정의하는 데에는 약간 복잡함이 있다. H^+는 너무 반응성이 크기 때문에 H^+ 자체로는 존재할 수 없다. 오히려 물 분자와 같은 다른 것에 달라붙는다. HCl 분자가 물에 용해되면 각 HCl 분자는 하나의 H_2O 분자에 하나의 양성자(H^+)를 제공하여 H_3O^+, 즉 **하이드로늄 이온**(hydronium ion)을 생성한다. 전체 반응은 다음 식으로 나타낼 수 있다.

$$HCl(aq) + H_2O(l) \longrightarrow H_3O^+(aq) + Cl^-(aq) \qquad [5.4]$$

식 [5.3]과 식 [5.4] *두 식의* 생성물 쪽에 있는 용액을 염산이라 부른다. 이것은 H_3O^+가 존재하기 때문에 산의 특성을 가진다. 종종 화학자들은 산을 언급할 때 단순히 H^+로 쓰

그림 5.28

산호초의 예.

©Shutterstock/Manamana

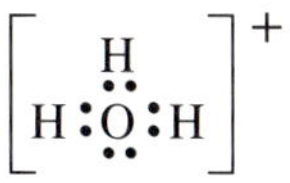

$$\left[\begin{array}{c} \mathrm{H} \\ \mathrm{H:\ddot{\underset{..}{O}}:H} \end{array}\right]^+$$

그림 5.29

하이드로늄 이온의 Lewis 구조. 이 구조에서 산소는 팔전자 규칙(octet rule)을 따른다.

지만(예를 들어 식 [5.3]), 이것은 수용액에서 H_3O^+(하이드로늄 이온)를 의미하는 것으로 볼 수 있다. 하이드로늄 이온의 Lewis 구조가 그림 5.29에 나와 있다.

사전 지식 *Did You Know* 

음이온에 산소가 없는 산을 명명할 때 기체 분자 이름 뒤에 "산"만 붙이면 된다. [예, HF(*aq*): 플루오린화수소**산**, 단 HCl(*aq*)은 예외적으로 염화수소산이라 하지 않고 염산이라고 한다.]

영어식으로는 음이온의 어간 앞에 접두사 "hydro"를, 어간 뒤에 접미사 "ic"를 붙인 다음 "acid"를 붙인다. (예, HF(*aq*): **hydro**fluor**ic acid**, HCl(*aq*): **hydro**chlor**ic acid**)

활동 학습 5.34 ▸ *산성 용액*

다음에 주어진 센산이 물에 각각 용해되었을 때 수소 이온(H^+)이 방출된다는 것을 보여주는 균형 맞춘 화학 반응식을 써라. 그리고 하이드로늄 이온의 형성을 보여주는 반응식도 써라.

힌트: 이온은 전하를 가지고 있다는 것을 기억하라. 화학 반응식 양쪽의 알짜 전하는 같아야 한다.

a. HI(*aq*), 아이오딘화수소산 **b.** $HNO_3(aq)$, 질산 **c.** $H_2SO_4(aq)$, 황산

활동 학습 5.35 ▸ *산은 모두 해로운가?*

산(acid)이라 하면 마음속에 모든 경우를 떠올릴 수 있지만 매일 다양한 산을 먹고 마신다. 식품과 음료의 성분 라벨을 확인하고, 거기서 찾은 산의 목록을 작성하라. 각 산을 넣은 목적을 추측하라.

염화 수소는 물에 용해되어 산성 용액을 생성하는 여러 기체 중 하나에 불과하다. 이산화 황과 이산화 질소는 또 다른 두 가지 예이다. 두 기체는 열과 전기를 생산하기 위해 특정한 연료(특히 석탄)를 연소하는 동안 배출된다. SO_2와 NO_2는 비와 안개에 용해된다. 이들이 용해될 때 산이 생성되고 지구 표면에 비와 눈으로 다시 떨어지게 된다.

그러나 산화 질소와 이산화 황에 의해 만들어진 비의 산도에 집중하기 전에 이산화 탄소에 초점을 맞추어 보자. 2018년에 대기 내 이산화 탄소의 농도는 약 407 ppm이었고, 이산화 탄소의 농도는 이산화 황과 이산화 질소보다 훨씬 높다. 물에 대한 고체의 용해도가 변하는 것처럼 기체도 마찬가지이다. SO_2와 NO_2와 같은 더 극성인 화합물과 비교할 때 이산화 탄소는 물에 훨씬 덜 녹는다. 그렇다 하더라도 이산화 탄소는 용해되어 약한 산성 용액을 생성한다.

물에서 수소 이온을 내놓는 물질로서 산을 정의했기 때문에 어떻게 이산화 탄소가 산으로 작용할 수 있는가? 이산화 탄소에는 수소 원자가 없지 않은가! 이에 대한 설명으로 우선 CO_2가 물에 용해될 때 탄산, 즉 $H_2CO_3(aq)$가 생성된다. 다음은 이 과정을 나타낸다.

$$CO_2(g) \xrightarrow{H_2O} CO_2(aq) \quad \textbf{[5.5a]}$$

$$CO_2(aq) + H_2O(l) \longrightarrow H_2CO_3(aq) \quad \textbf{[5.5b]}$$

탄산은 해리되어 수소 이온과 중탄산 이온으로도 알려진 탄산수소 이온을 생성한다:

$$H_2CO_3(aq) \rightleftharpoons H^+(aq) + HCO_3^-(aq) \quad \textbf{[5.5c]}$$

이 반응은 이중 화살표(자세한 내용은 나중에 기술함)로 나타내져 있으므로 이 반응은 제한된 정도로만 일어나서 단지 적은 양의 H^+와 HCO_3^-를 생성한다. 따라서 탄산은 **약산**(weak acid), 즉 수용액에서 완전히 해리되지는 않는 산이라고 말할 수 있다.

이산화 탄소는 물에 약간만 녹고, 또 용해된 탄산의 아주 적은 양만이 해리되어 H^+를 생성한다. 그러나 이 반응은 지구 전체에 걸쳐 대규모로 일어나고 있다. 이산화 탄소는 대류권의 물에 녹아 산성비를 내리게 하거나, 지구의 바다, 호수 및 시냇물에 녹을 수 있다.

사전 지식 *Did You Know* 

센산과 약산은 센전해질과 약전해질과 유사하다. 둘 다 이온 화학종으로의 상대적 해리도로 정의된다.

그림 5.30

오븐 청소 제품에는 흔히 양잿물이라고 부르는 NaOH가 들어 있을 것이다.

산과 화학적으로 상대가 되는 염기를 논의하지 않고서 산에 대한 논의를 완료할 수 없을 것이다. 논의의 목적상, **염기**(base)는 수용액에서 수산화 이온(OH^-)을 내놓는 화합물이다. 염기의 수용액은 $OH^-(aq)$의 존재 때문에 나타나는 특징을 갖는다. 산과 달리 염기는 일반적으로 쓴맛을 가지며 음식에 풍미를 주지는 못한다. 염기의 수용액은 미끄럽고 비누 같은 느낌을 준다. 염기의 흔한 예는 가정용 암모니아(NH_3의 수용액)와 NaOH(종종 양잿물이라 부름)가 있다. 오븐 청소제의 주의 사항을 적은 라벨(그림 5.30)에는 양잿물이 눈, 피부 및 의복에 심각한 손상을 줄 수 있다고 경고한다.

> **사전 지식** *Did You Know* ?
>
> 묽은 염기성 용액은 비누 같은 느낌을 주는데, 염기가 피부의 기름과 반응하여 매우 적은 양의 비누가 만들어지기 때문이다.

보통의 많은 염기는 수산화 이온(OH^-)을 가진 화합물이다. 예를 들어, 수용성 이온 결합 화합물인 수산화 소듐(NaOH)은 물에 녹아 소듐 이온(Na^+)과 수산화 이온(OH^-)을 생성한다.

$$NaOH(s) \xrightarrow{H_2O} Na^+(aq) + OH^-(aq) \qquad [5.6]$$

수산화 소듐은 물에 매우 잘 녹지만, 이온 결합 화합물의 용해도 규칙(표 5.5)에 따르면 수산화 이온이 들어 있는 화합물은 대부분 물에 잘 녹지 않는다. 예상한 대로 NaOH와 같이 물에 완전히 해리되는 염기를 **센염기**(strong base)라고 한다.

활동 학습 5.36 ▸ *염기성 용액*

아래에 주어진 각 염기가 물에 용해될 때, 수산화 이온(OH^-)을 내놓는 것을 보여주는 균형 맞춘 화학 반응식을 써라.

a. $KOH(s)$, 수산화 포타슘

b. $LiOH(s)$, 수산화 리튬

c. $Ca(OH)_2(s)$, 수산화 칼슘

힌트: 두 개 이상의 양성자를 가진 산[*다양성자 산*(polyprotic acid)으로 알려짐]은 한 번에 하나의 H^+를 잃지만, 염기는 한 번에 모든 OH^- 기를 모두 잃는다.

> **사전 지식** *Did You Know* ?
>
> 몇몇 산업계에서는 냉매 기체로 HCFC(제4장에서 논의함)보다 오히려 암모니아를 사용한다. 암모니아 기체는 습한 폐조직과 반응하여 부상이나 사망에 이르게 할 수 있으므로, 그곳에서 일하는 사람들이 암모니아에 노출되지 않도록 세심한 주의가 필요하다.

그러나 일부 염기는 수산화 이온(OH^-)을 가지지 않지만 물과 반응하여 OH^-를 생성한다. 한 예가 암모니아인데, 이것은 특유의 자극성 냄새를 가진 기체이다. 이산화 탄소와 다르게 암모니아는 물에 매우 잘 녹는다. 암모니아는 물에 빠르게 용해되어 수용액을 형성한다.

$$NH_3(g) \xrightarrow{H_2O} NH_3(aq) \qquad [5.7a]$$

슈퍼마켓 진열대에서 "가정용 암모니아"라고 부르는 5%(질량 백분율) 암모니아 수용액을 찾을 수 있다. 이 청소제는 불쾌한 냄새가 난다. 피부에 묻으면 다량의 물로 씻어 내야 한다.

암모니아 수용액의 화학적 거동은 단순화하기가 어렵지만, 최선을 다하여 이를 화학 반응식으로 나타내보자. 암모니아 분자가 물 분자와 반응할 때 물 분자는 NH_3 분자에 H^+를 전달하여 암모늄 이온[$NH_4^+(aq)$]과 수산화 이온[$OH^-(aq)$]을 생성한다. 그러나 이 반응은 작은 정도만 일어난다. 즉 아주 작은 양의 $OH^-(aq)$만 생성된다.

$$\underset{\text{약염기}}{NH_3(aq)} + \underset{\text{산}}{H_2O(l)} \rightleftharpoons \underset{\text{짝산}}{NH_4^+(aq)} + \underset{\text{짝염기}}{OH^-(aq)} \quad [5.7b]$$

식 [5.7b]에서 볼 수 있는 바와 같이, 산은 염기에 양성자(H^+)를 제공한다. 이 경우, 물이 산으로 작용하여 NH_3에 양성자를 준다. 이 반응에서 이중 화살표는 이 반응이 **평형 반응**(equilibrium reaction)이라는 것을 말해준다. 평형 반응은 반응이 양쪽으로 진행하여 생성물과 반응물을 둘 다 계속하여 생성하는 반응이다. 오른쪽에서 왼쪽으로 가는 역방향의 반응에서는 NH_4^+가 OH^-에게 양성자를 준다. 따라서 NH_4^+를 염기 NH_3의 **짝산**(conjugate acid)이라 하며, OH^-는 산 H_2O의 **짝염기**(conjugate base)가 된다. 암모니아 수용액이 염기임을 분명하게 나타내기 위하여 $NH_4OH(aq)$라는 표현을 사용하는 사람도 있다. 만약 원자(그리고 이들의 전하)를 전부 더하면 $NH_4OH(aq)$는 식 [6.5b]의 왼쪽과 같다는 것을 알 것이다. 그러나 암모니아 수용액에서 이 화학종이 $NH_4OH(aq)$ 그대로 존재할 것 같지는 않다.

가정용 암모니아에서 수산화 이온이 나오는 것은 이제 확실하다. 암모니아가 물에 녹으면 적은 양의 수산화 이온과 암모늄 이온을 내놓는다. 암모니아 수용액은 **약염기**(weak base)의 한 예이고, 약염기는 수용액에서 완전히 해리되지는 않는 염기이다. 식 [5.7b]에서 보여 준 평형 반응에 있어서 반응물의 농도가 생성물의 농도보다 훨씬 크다. 반면에 NaOH와 같은 센염기에 대하여 유사한 반응으로 나타내면 크게 생성물 지향적일 것이므로 센산과 센염기가 포함된 반응은 화학 반응식을 쓸 때 가역적인 평형보다는 단일 화살표로 나타내는 것이 최선이다.

$$\underset{\text{센염기}}{NaOH(aq)} + \underset{\text{산}}{H_2O(l)} \xrightarrow[\text{비가역적}]{100\%} Na^+(aq) + OH^-(aq) + H_2O(l) \quad [5.8]$$

사전 지식 *Did You Know*

암모늄 이온(NH_4^+)은 하이드로늄 이온(H_3O^+)과 유사하다. 이 경우 둘 다 중성 화합물에 양성자(H^+)가 붙어서 형성된다.

사전 지식 *Did You Know*

NH_4^+/NH_3와 H_2O/OH^-는 종종 짝산-짝염기 쌍이라고 하고, 각 쌍은 하나의 양성자(H^+)만 차이가 난다.

사전 지식 *Did You Know*

식 [5.8]의 양쪽에서 $H_2O(l)$을 제거하면 수용액에서 NaOH이 단순 해리를 나타낸 식 [5.6]이 된다.

활동 학습 5.37 ▶ *물 사용 일지에서 산과 염기*

이 장의 처음에서 작성한 물 사용 일지를 다시 보라. 일지에서 산과 염기가 어디에 표시되어 있는가? 산과 염기가 포함되도록 조정해야 하는가? 당신의 행동 중에서 물에 산성과 염기성 성분을 추가해야 하는 행동은 어떤 것이 있는가? 이를 설명하라.

5.8 속이 쓰린가? 해결책으로 제산제 사용: *산-염기 중화 반응!*

앞 절에서 살펴본 것처럼 산과 염기는 서로 반응하며 종종 매우 빠르게 반응한다. 이 반응은 실험실의 시험관에서뿐만 아니라 가정에서 그리고 지구의 거의 모든 생태적 지위(ecological niche)에서도 일어난다. 예를 들어, 생선에 레몬을 뿌리면 산-염기 반응이 일어난다. 레몬에 들어 있는 산은 '비린내'를 내는 암모니아 유사 화합물을 중화한다. 비슷하게, 옥수수 밭에 뿌린 암모니아 비료가 근처 발전소의 산성 배출물과 접촉하게 되면 산-염기 반응이 일어난다.

먼저 염산 용액과 수산화 소듐 용액의 산-염기 반응을 살펴보자. 두 물질이 섞일 때의 생성물은 염화 소듐과 물이다.

$$\underset{\text{산}}{HCl(aq)} + \underset{\text{염기}}{NaOH(aq)} \longrightarrow NaCl(aq) + H_2O(l) \quad [5.9]$$

이 반응은 **중화 반응**(neutralization reaction)의 한 예이고, 중화 반응은 산의 수소 이온과 염기의 수산화 이온이 결합하여 물 분자가 생성되는 화학 반응이다. 물의 생성은 다음 식으로 나타낼 수 있다.

$$H^+(aq) + OH^-(aq) \longrightarrow H_2O(l) \quad [5.10]$$

소듐 이온과 염화 이온은 어떻게 되는가? 식 [5.3]과 [5.6]로 나타낸 것처럼, $HCl(g)$과 $NaOH(s)$는 물에 녹을 때 완전히 이온으로 해리됨을 상기하라. 식 [5.9]를 다음과 같이 *전체 이온 반응식*(total ionic equation)으로 다시 나타낼 수 있다.

$$H^+(aq) + Cl^-(aq) + Na^+(aq) + OH^-(aq) \longrightarrow Na^+(aq) + Cl^-(aq) + H_2O(l) \quad [5.11]$$

$$H^+(aq) + \cancel{Cl^-(aq)} + \cancel{Na^+(aq)} + OH^-(aq) \longrightarrow \cancel{Na^+(aq)} + \cancel{Cl^-(aq)} + H_2O(l) \quad [5.12]$$

중화 반응에 $Na^+(aq)$나 $Cl^-(aq)$는 참여하지 않고 그대로 남아 있다. 식 [5.12]의 양쪽에서 *구경꾼 이온*(spectator ion)이라고 하는 이 이온들을 제거하면 식 [5.10]이 되고, 이 식으로 중화 반응에서 일어나는 화학적 변화가 요약된다. 구경꾼 이온을 뺀 중화 반응의 화학 반응식을 종종 *알짜 이온 반응식*(net ionic equation)이라고 한다.

활동 학습 5.38 ▶ 중화 반응

다음 각 산−염기쌍의 중화 반응에 대한 균형 맞춘 화학 반응식을 써라. 그리고 전체 이온 반응식과 알짜 이온 반응식을 써라. 각 쌍의 최종적인 식, 즉 알짜 이온 반응식들 사이의 관련성은 무엇인가?

a. $HNO_3(aq)$와 $KOH(aq)$ **b.** $HCl(aq)$와 $NH_4OH(aq)$ **c.** $HBr(aq)$와 $Ba(OH)_2(aq)$

중성 용액(neutral solution)은 산성이나 염기성이 아니다. 즉 이 용액에서 H^+와 OH^-의 농도는 같다. 순수한 물은 중성 용액이다. 고체 NaCl을 물에 녹여 만든 용액과 같이, 몇몇 염의 용액도 중성이다. 반면에 산성 용액에서는 OH^-보다 H^+의 농도가 더 높고, 염기성 용액에서는 H^+보다 OH^-의 농도가 더 높다.

산성과 염기성 용액이 수산화 이온*과* 수소 이온을 모두 가지고 있다는 것이 이상하게 보일 수 있다. 그러나 물이 관련될 때 OH^- 없이 H^+를 가지는 것(역도 마찬가지)은 불가능하다. 어떠한 수용액에서도 수소 이온과 수산화 이온의 농도 사이에 단순하고 유용하며 매우 중요한 관계가 존재한다.

$$[H^+][OH^-] = 1 \times 10^{-14} \quad [5.13]$$

사전 지식 *Did You Know*

산성 용액	$[H^+] > [OH^-]$
중성 용액	$[H^+] = [OH^-]$
염기성 용액	$[H^+] < [OH^-]$

대괄호는 이온의 농도가 몰농도(M)로 표시됨을 의미하고, $[H^+]$는 "수소 이온(또는 양성자) 농도"라고 읽는다. $[H^+]$와 $[OH^-]$를 곱할 때 그 곱은 식 [5.13]처럼 1×10^{-14}의 값을 갖는 상수이다. 이 식이 나타내는 것은 H^+와 OH^-의 농도가 서로 의존한다는 것이다. $[H^+]$가 증가하면 $[OH^-]$는 감소하고, $[H^+]$가 감소하면 $[OH^-]$는 증가한다. 그러나 수용액에서 두 이온은 항상 존재한다.

H^+의 농도를 알면 식 [5.13]을 사용하여 OH^-의 농도를 계산할 수 있다(역도 마찬가지). 예를 들어, 빗물 시료의 $[H^+]$가 1×10^{-5} M이면 $[H^+]$에 1×10^{-5} M을 대입함으로써 $[OH^-]$를 계산할 수 있다.

$$(1 \times 10^{-5}\ M) \times [OH^-] = 1 \times 10^{-14}$$

$$[OH^-] = \frac{1 \times 10^{-14}}{1 \times 10^{-5}}$$

$$[OH^-] = 1 \times 10^{-9}\ M$$

사전 지식 *Did You Know*

정의에 따라 두 농도의 곱($[H^+][OH^-]$)은 단위가 없다(unitless).

수산화 이온의 농도(1×10^{-9} M)가 수소 이온의 농도(1×10^{-5} M)보다 작으므로 이 용액은 산성이다.

순수한 물 또는 중성 용액에서 수소 이온과 수산화 이온의 몰농도는 둘 다 1×10^{-7} M로 같다. 식 [5.13]을 적용하여 계산하면 $[H^+][OH^-] = (1 \times 10^{-7}\ M)(1 \times 10^{-7}\ M) = 1 \times 10^{-14}$임을 알 수 있다.

활동 학습 5.39 ▸ 산성과 염기성 용액

다음 **a**와 **c**에 대해서는 $[OH^-]$를, **b**에 대해서는 $[H^+]$를 계산하고, 다음 각 용액을 산성, 중성, 염기성으로 분류하라.

a. $[H^+] = 1 \times 10^{-4}$ M **b.** $[OH^-] = 1 \times 10^{-6}$ M **c.** $[H^+] = 1 \times 10^{-10}$ M

활동 학습 5.40 ▸ 산성과 염기성 용액에서 이온들

다음 용액은 센산이거나 센염기이다. 각 용액을 산성 또는 염기성으로 분류하라. 그리고 각 용액에 존재하는 모든 이온을 상대적인 양이 감소하는 순으로 나열하라.

a. KOH(*aq*) **b.** HNO_3(*aq*) **c.** H_2SO_4(*aq*) **d.** $Ca(OH)_2$(*aq*)

©McGraw-Hill Education/Charles D. Winters

중화 반응 중 pH 변화를 보여주는 이 실험실 시범 실험을 www.acs.org/cic에서 확인하라.

바닷물과 빗물 또는 다른 용액의 산도(acidity)가 우려할 만한 원인이 되는지, 아닌지를 어떻게 알 수 있는가? 이를 판단하기 위해 용액이 얼마나 산성인지 또는 염기성인지를 보고할 편리한 방법이 필요하다. pH 척도가 바로 그 도구인데, 이것은 용액의 산도를 H^+ 농도와 연관시키기 때문이다.

5.9 산도와 염기도의 정량화: *pH* 척도

"pH"란 용어는 아마도 이미 익숙할 것이다. 예를 들어, 토양에 대한 또는 수영장과 수족관의 물에 대한 산도를 측정하는 도구는 산도를 pH로 표시해 준다. 탈취제와 샴푸의 pH는 균형이 잡혔다고 주장한다(그림 5.31). 그리고 산성비에 관한 기사에서는 pH를 언급한다. pH의 표현은 언제나 소문자 p와 대문자 H로 쓰며, "수소의 지수(power of hydrogen)"를

그림 5.31

이 샴푸는 "pH가 균형 잡혀 있다", 즉 pH가 중성에 가깝게 맞추어져 있다고 주장한다. 비누는 염기성이며, 피부를 자극할 수 있다.

©McGraw-Hill Education/C. P. Hammond, photographer

사전 지식 Did You Know

용액의 pH를 빠르게 예측하는 한 방법으로 만능 지시약 종이(universal indicator paper)를 사용한다. 그러나 더 정확한 결과를 위해서는 pH 미터가 사용된다. 아주 센 산성 용액이나 염기성 용액의 pH는 0에서 14까지의 범위를 벗어날 수 있다.

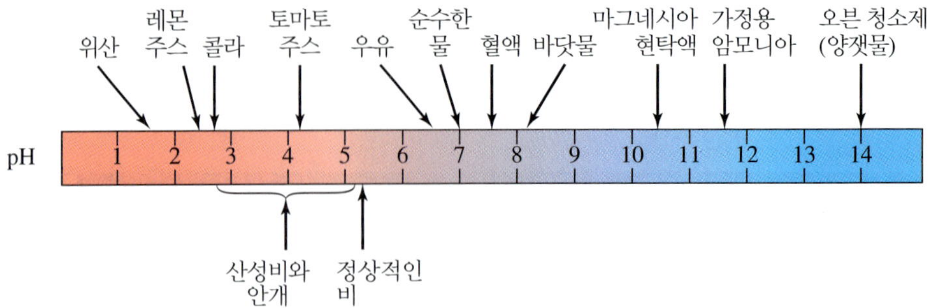

그림 5.32

흔히 접할 수 있는 물질과 이들의 pH 값.

뜻한다. 간단히 말하자면, pH는 보통 0에서 14 사이인 숫자로 용액의 산도(또는 염기도)를 나타낸다.

pH 척도의 중간점인 pH 7을 기준으로 산성과 염기성 용액을 구분한다. pH가 7보다 작은 용액은 산성이고, pH가 7보다 큰 용액은 염기성(알칼리성)이다. pH 7인 용액(예, 순수한 물)에서는 H^+와 OH^-의 농도가 같으며, 중성이라고 말한다.

흔히 접할 수 있는 물질의 pH 값이 그림 5.32에 나와 있다. 아마도 매우 많은 산을 먹고 마시는 것에 놀랄 것이다. 식품에는 자연스럽게 산이 생기고, 산은 식품에 독특한 맛을 준다. 예를 들어, 미국산 빨간 사과(McIntosh apple)의 새콤한 맛은 말산(malic acid, 사과산이라고도 함)에 기인한다. 요구르트의 신맛은 락트산(lactic acid, 젖산이라고도 함)에서 오며, 콜라에는 인산을 비롯한 여러 산이 들어 있다. 토마토의 산도는 잘 알려져 있으나 실제로 토마토는 pH가 약 4.5로서 다른 많은 과일보다 덜 산성이다.

활동 학습 5.41 ▸ 식품의 산도

a. 토마토주스, 레몬주스, 우유, 콜라 및 순수한 물이 있다. 산도가 증가하는 순으로 나열하라. 당신이 나열한 순서를 그림 5.32에서 확인하라.

b. 다른 5가지 음식을 골라서 산도가 증가하는 순으로 정렬하라. 인터넷을 조사하여 이들의 실제 pH 값을 조사하라.

c. 물 사용 일지에서 pH 값이 적혀진 품목들이 있는가? 있다면 그들의 pH는 얼마인가?

관련 절

로그 함수에 대한 자세한 내용은 부록 3을 참조하라.

$[H^+]$로부터 pH를 계산하기 위한 식은 $pH = -\log [H^+]$이다. 예상했듯이, pH 값은 수소 이온 농도와 관계식을 형성하고 있다. $[H^+] = 1 \times 10^{-3}$ M이면 pH = 3이다. 마찬가지로, $[H^+] = 1 \times 10^{-9}$ M이면 pH = 9이다. pH 값이 7보다 커지면 $[H^+]$는 작아지고 $[OH^-]$는 증가한다. 식 [5.13]을 상기하라. 수소 이온 농도에 수산화 이온의 농도를 곱하면 상수 1×10^{-14}이다. H^+의 농도가 크면 OH^-의 농도는 작다.

pH 값이 감소하면 산도는 증가한다. 예를 들어, pH가 5.0인 용액의 산도는 pH가 4.0인 용액의 1/10이다. 왜냐하면 pH 4라고 하는 것은 $[H^+] = 0.0001$ M을 의미하는 반면에, pH 5인 용액은 $[H^+] = 0.00001$ M로서 수소 이온 농도가 더 묽다. 따라서 pH 5인 용액의 수소이온 농도는 pH 4인 용액의 수소이온 농도의 1/10이어서 산성이 덜하다. pH와 수소이온 농도와의 관계가 그림 5.33에 나와 있다.

지구상 물은 산성일까, 염기성일까 아니면 중성일까? 물의 pH가 7.0일 것으로 예상하지만 그림 5.32가 보여 주듯이 물의 pH는 그 물이 어디에 있느냐에 따라 달라진다. "정상적"인 비는 pH 값이 5에서 6 사이인 약한 산성이다. 용해된 이산화 탄소에 의해 형성된 산은 약산임에도 불구하고 충분한 H^+가 생성되어 비의 pH를 낮춘다. 반면에 바닷물은 pH가 약 8.2인 약염기성이다.

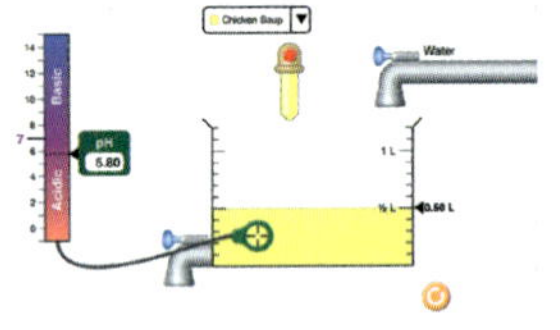

Colorado 대학교의 PhET 대화형 모의실험

www.acs.org/cic에서 이 모의실험을 확인하여, 가정용품의 용액이나 자신이 제조한 액체의 pH를 시험하고, 용액에 들어 있는 이온들을 시각화하라.

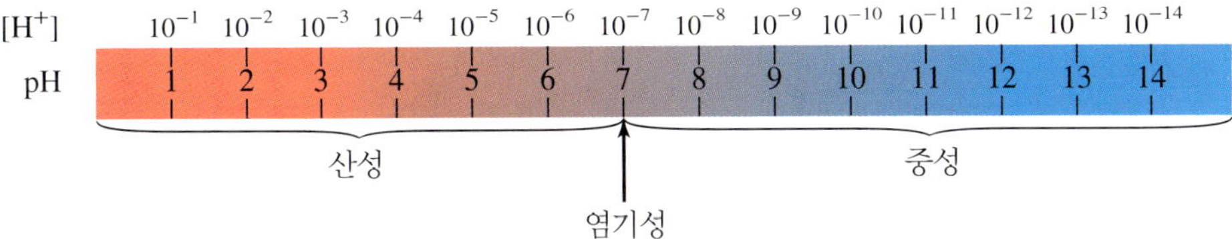

그림 5.33

pH와 H^+ 농도(mol/L, M)의 관계. pH가 증가하면 $[H^+]$는 감소하고 $[OH^-]$는 증가한다.

활동 학습 5.42 ▶ 작은 변화, 큰 효과

다음 각 시료 쌍을 비교하라. 각 쌍에서 어느 것이 더 산성인가? 두 pH 값 사이에 수소 이온 농도의 상대적 차이를 함께 나타내라.

a. 빗물(pH = 5)와 호숫물(pH = 4)

b. 바닷물(pH = 8.3)와 수돗물(pH = 5.3)

c. 토마토주스(pH = 4.5)와 우유(pH = 6.5)

Colorado 대학교의 PhET 대화형 모의실험

www.acs.org/cic에서 이 모의실험을 확인하고, 센산 또는 약산 그리고 센염기 또는 약염기의 상대적인 농도가 용액의 pH에 어떻게 영향을 끼치는지를 살펴보라.

활동 학습 5.43 ▶ 공식 회견

미국 중서부의 한 의회 의원이 공개적으로 열정적인 연설을 하였는데, 그곳에서 주의 환경 정책은 빗물의 pH를 0까지 낮추는 것이 되어야 한다고 주장하였다. 당신이 이 의원의 보좌관이라고 가정하고, 더 이상 망신을 당하지 않도록 그에게 전달할 재치 있는 메모를 작성하라.

5.10 산성비의 화학

그림 5.34를 보면 비 시료의 pH가 미국 동부의 1/3 지역, 특히 Ohio 강(Ohio River) 계곡에서 징상보다 상당히 낮다. 그래서 이산화 탄소가 빗물에 있는 H^+의 유일한 원천은 아니다. 빗물의 화학 분석을 통해 수소 이온을 형성하는 다른 물질의 존재를 확인하였다. 이산화 황(SO_2), 삼산화 황(SO_3), 일산화 질소(NO) 및 이산화 질소(NO_2)가 이 물질들이다. 이 화합물들은 "SO_x와 NO_x"로 친숙하게 알려져 있다. 화학적으로 SO_x와 NO_x로 쓰며, 이때 SO_x의 경우 x = 2 또는 3이며, NO_x의 경우 x = 1 또는 2이다. SO_x와 NO_x에 대해 차례로 알아보자. 먼저 삼산화 황이 물에 용해되어 황산을 형성하는 과정을 다음의 식으로 나타낼 수 있다.

$$SO_3(g) + H_2O(l) \longrightarrow \underset{\text{황산}}{H_2SO_4(aq)} \qquad [5.14]$$

관련 절

식 [5.14]는 CO_2와 물의 반응과 유사하다(식 [5.5b]).

물에서 황산은 수소 이온의 공급원이다.

$$H_2SO_4(aq) \longrightarrow H^+(aq) + \underset{\text{황산수소 이온}}{HSO_4^-(aq)} \qquad [5.15a]$$

황산수소 이온 역시 해리하여 또 다른 수소 이온을 생성한다.

$$HSO_4^-(aq) \longrightarrow H^+(aq) + \underset{\text{황산 이온}}{SO_4^{2-}(aq)} \qquad [5.15b]$$

식 [5.15a]와 [5.15b]를 더하면 한 개의 황산이 해리하여 두 개의 수소 이온과 한 개의 황산 이온(SO_4^{2-})을 생성한다는 것을 보여준다.

$$H_2SO_4(aq) \longrightarrow 2\,H^+(aq) + SO_4^{2-}(aq) \qquad [5.15c]$$

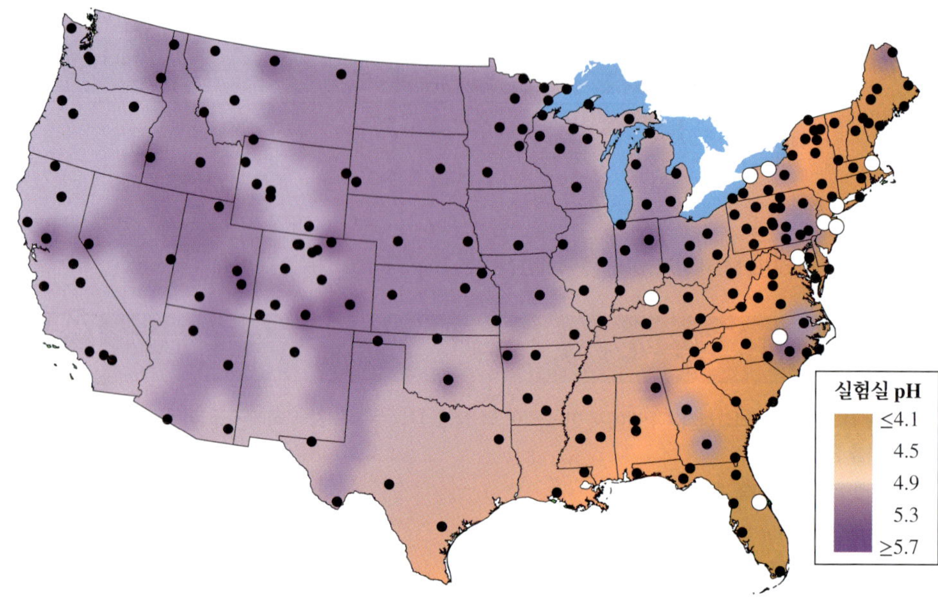

그림 5.34

비 시료의 pH. 측정은 2016년 미국의 중앙 분석 실험실(Central Analytical Laboratory)에서 하였다.

Source: National Atmospheric Deposition Program

황산 이온은 빗물에서 검출될 수 있고, 이는 빗물의 추가적인 산도의 원천에 대한 단서를 제공한다.

활동 학습 5.44 ▸ *아황산*

이산화 황은 물에 녹아 아황산(H_2SO_3)을 생성한다. 황산에 대한 식 [5.15a], [5.15b], [5.15c]와 비슷하게 아황산으로부터 $2H^+(aq)$가 생성되는 반응식을 써라.

이제 2.13절에서 처음으로 소개했던 NO_x 차례이다. 산화 질소도 물에 녹아 산을 생성하지만, O_2도 반응물이기 때문에 화학 반응은 더 복잡하다. 예를 들어, NO_2는 습한 대기에서 반응하여 질산을 형성한다. 이 대기 화학 반응을 간단하게 식 [5.16]으로 나타낼 수 있다.

$$4\,NO_2(g) + 2\,H_2O(l) + O_2(g) \longrightarrow \underset{\text{질산}}{4\,HNO_3(aq)} \qquad \textbf{[5.16]}$$

질산은 물에서 해리되어 H^+를 내놓는다.

$$HNO_3(aq) \longrightarrow H^+(aq) + \underset{\text{질산 이온}}{NO_3^-(aq)} \qquad \textbf{[5.17]}$$

이 반응에서 만들어진 질산 이온이 빗물에서 역시 검출될 수 있다.

활동 학습 5.45 ▸ *석탄에서 방출되는 SO_x*

a. 석탄의 화학식을 $C_{135}H_{96}O_9NS$라고 가정할 때 석탄에 들어 있는 황의 분율과 질량 백분율을 계산하라.

b. 한 발전소에서 연간 1.00×10^6 톤의 석탄을 태운다. **a**에서 계산한 석탄 속 황의 함량을 가정하고 연간 배출하는 황의 톤수를 계산하라.

c. 앞에서 구한 모든 황이 대기에서 산소와 반응한다고 했을 때, 이 반응의 균형 맞춘 화학 반응식으로부터 얻어지는 SO_2의 톤수를 계산하라.

d. 일단 SO_2가 대기로 방출되면 산소와 반응하여 SO_3를 형성한다(식 [2.8] 참조). 다음으로 SO_3가 물방울과 만나면 어떤 일이 일어나는가?

활동 학습 5.46 ▸ 산성비의 구조적 영향

이 절에서 논의한 것처럼 기체 NO_x와 SO_x는 물 분자와 결합하여 산성비의 에어로솔을 형성한다.

a. 주로 탄산 칼슘인 $CaCO_3$로 이루어진 대리석이 산성비의 빗방울과 접촉하면 어떻게 침식이 일어날 수 있는지를 설명해주는 화학 반응식을 써라.

b. 산성비는 철과 같은 금속에 어떤 영향을 주는가? 금속을 산성비의 영향으로부터 보호하려면 어떻게 해야 하는가?

5.11 물에 대한 산의 영향

pH의 변화는 바다와 다른 수원에서 산-염기의 균형에 영향을 끼친다. 이 절에서는 이 영향이 어떻게 지구상 생명체에게 영향을 주는지 살펴보고자 한다. 천연의 비는 산성인데 어떻게 바닷물은 염기성일 수가 있는가? 그림 5.32에서 보여준 것처럼 이것은 사실 그렇다.

바닷물에는 바닷물의 pH가 약 8.2로 유지되는 데 중요한 역할을 하는 적은 양의 세 가지 화학종이 들어 있다. 세 가지 화학종은 탄산 이온, 탄산수소 이온(중탄산 이온이라고도 함) 및 탄산(그림 5.35)이며, 이들은 서로 상호 작용을 잘한다. 세 가지 화학종 모두 용해된 이산화 탄소로부터 생성된다. 이 화학종들은 혈액의 pH가 약 7.4로 유지되는 데도 도움을 준다.

탄산 이온 CO_3^{2-}　탄산수소 이온 HCO_3^-　탄산 H_2CO_3

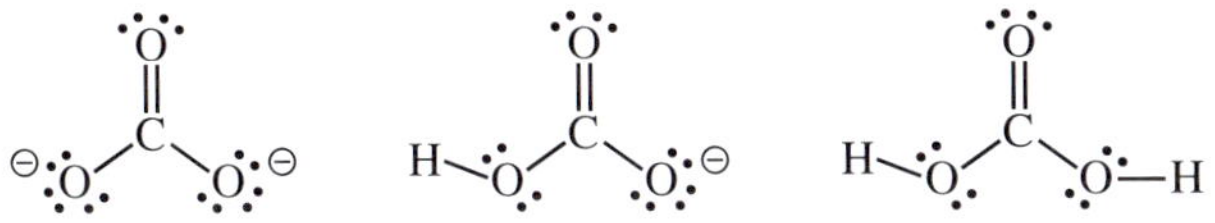

그림 5.35

탄산 이온, 탄산수소 이온 그리고 탄산의 Lewis 구조.

연체동물, 성게 및 산호 같은 많은 생물체는 탄산 칼슘($CaCO_3$)으로부터 껍질을 만들기 때문에 해양 화학과 관련이 있다. 바다에서 한 화학종(단산 같은 것)의 양을 변화시키면 다른 화학종의 농도에 영향을 줄 수 있고, 결국 바다 생물에게 영향을 줄 수 있다. 지난 200년 동안 대기로 배출한 이산화 탄소의 양이 급격하게 증가되었다(4.9절). 결과적으로 더 많은 이산화 탄소가 바다에 녹아 탄산을 형성하는 반응을 하고 있다. 결국, 1,800년대 초 이후로 바닷물의 pH는 0.1만큼 떨어졌다. 이 수치는 작은 것처럼 들릴 수 있으나 1 pH 단위마다 H^+의 농도는 10배의 차이가 난다는 것을 기억하라. pH가 0.1만큼 감소한다는 것은 바닷물에서 H^+의 양이 26% 증가한다는 것에 해당한다. 대기의 이산화 탄소가 증가함으로 인하여 해양의 pH가 낮아지는 현상을 **해양 산성화**(ocean acidification)라고 한다.

이렇게 작은 pH의 변화가 어떻게 해양 생물체에 위험을 줄 수 있을까? $CO_3^{2-}(aq)$, $HCO_3^-(aq)$ 및 $H_2CO_3(aq)$ 사이의 화학적 상호작용에 해답 일부가 있다. 탄산의 해리 때문에 생성된 H^+는 바닷물의 탄산 이온과 반응하여 탄산수소 이온을 형성한다.

$$H^+(aq) + CO_3^{2-}(aq) \longrightarrow HCO_3^-(aq) \quad [5.18]$$

그 결과, 알짜 효과는 바닷물 내 탄산 이온의 농도가 감소한다. 이렇게 되면 바닷물에서 탄산 이온의 줄어든 농도에 반응하여 바다 생명체 껍질의 탄산 칼슘이 용해되기 시작한다.

$$CaCO_3(s) \xrightarrow{H_2O} Ca^{2+}(aq) + CO_3^{2-}(aq) \quad [5.19]$$

관련 절

일정한 pH를 유지하는 데 도움을 주는 이온 화학종이 들어 있는 용액을 **완충 용액**(buffer solution)이라 한다. 완충 용액은 12.2절에서 자세하게 논의한다.

사전 지식 *Did You Know* 

음이온 속에 산소 원자가 들어 있는 산을 명명하려면 다음의 간단한 규칙을 따른다. 국어식은 음이온의 이름대로 부르면 된다. 예를 들어, 음이온이 "탄산 이온(CO_3^{2-})"인 산은 "탄산(H_2CO_3)", "아질산 이온(NO_2^-)"이면 "아질산(HNO_2)"으로 명명한다. 영어식은 어미가 -ate로 끝나는 음이온이면 어미를 -ic로 바꾼 후 acid를 붙이고(예, H_2CO_3의 음이온은 carbon<u>ate</u> 이온(CO_3^{2-})이므로 carbonic acid로 명명), 어미가 -ite로 끝나는 음이온이면 어미를 -ous로 바꾼 후 acid를 붙인다[예, HNO_2의 음이온은 nitr<u>ite</u> ion(NO_2^-)이므로 nitrous acid로 명명].

사전 지식 *Did You Know* 

바닷물의 pH는 위도와 지역에 따라 ±0.3 pH 단위만큼 변할 수 있다.

©Bradley D. Fahlman

물의 산성도를 높이면 화학 반응을 통해 달걀껍질이 용해된다. 이것을 알아보려면 www.acs.org/cic 비디오를 확인하라.

탄산, 탄산수소 이온 및 탄산 이온의 상호작용이 그림 5.36에 요약되어 있다. 이산화 탄소가 바닷물에 용해됨에 따라 탄산이 형성된다. 그 다음, 탄산은 해리되어 H^+의 형태로 "추가적인" 산도를 띠게 한다. H^+는 탄산 이온과 반응하여 탄산 이온을 고갈시켜, 더 많은 탄산수소 이온이 생성되게 한다. 그런 다음 탄산 칼슘이 용해되어 고갈된 탄산염을 보충해준다.

해양 과학자들은 앞으로 40년 안에 탄산 이온의 농도가 바다 표면 근처의 바다 생명체의 껍질이 용해되기 시작하기에 충분할 정도로 낮아질 것으로 예상한다. 실제로, 한 연구는 호주 연안에서 떨어져 있는 큰 산호초(Great Barrier Reef)가 이미 점점 더 느린 속도로 성장하고 있음을 보여주었다. 그러나 다른 요소도 원인이 될 수 있다. 예를 들어, 해양 온난화 역시 산호초의 건강을 해치는 데 일조하고 있다. 산호의 시편에서 나무의 나이테를 보는 것과 마찬가지로 나이테를 조사할 수 있다(그림 5.37).

오늘날까지 소수의 연구자만이 바다 생명체의 얇아진 껍질의 효과에 관심을 집중하였다. 그러나 전체 생태계에 대한 부정적 효과가 예상되었다. 예를 들어, 산호초가 약해지거나 없어지면 험한 바다의 파도로부터 해안선을 보호할 수 없게 된다. 산호초는 또한 물

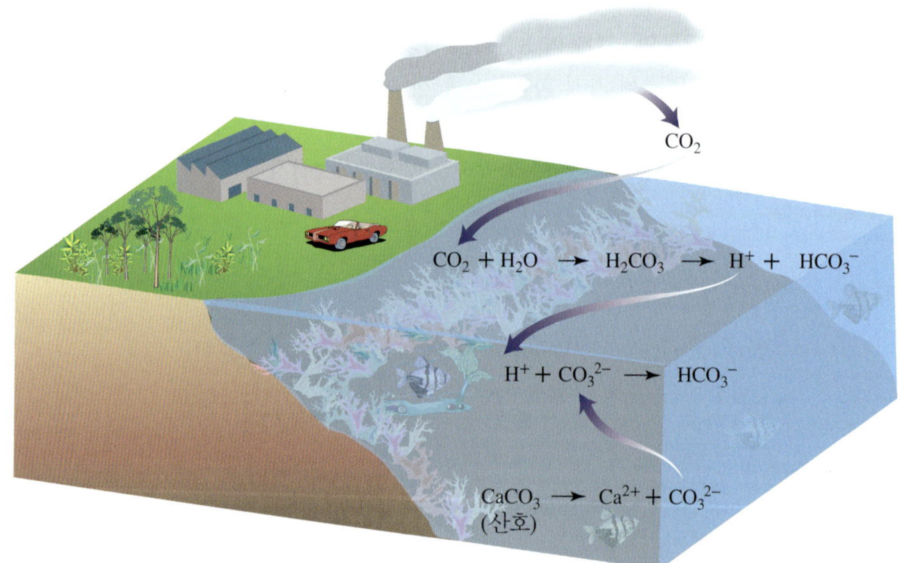

그림 5.36

해양에서 CO_2의 화학.

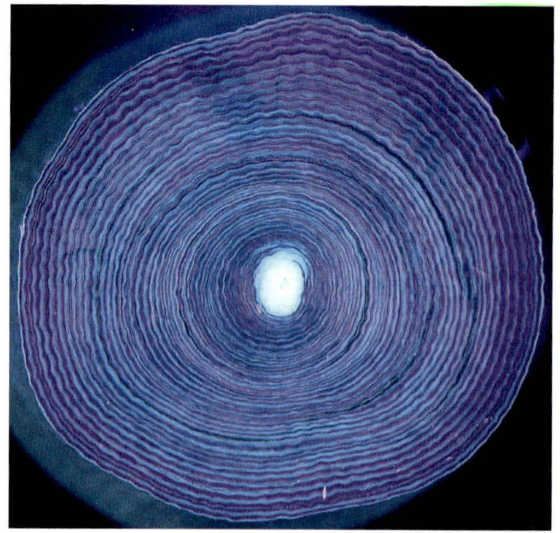

그림 5.37

산호의 얇은 시편. 특수 조명으로 나이테가 보인다. 지난 35년에 걸쳐 일부 산호의 성장 속도가 급격히 감소하였음을 보여주는 연구들이 있다.

고기에 서식처를 제공하므로 산호초의 손상은 해양 생명체의 손실로 해석될 수 있다. 마지막으로 산호초의 약화는 폭풍과 포식자로부터 산호초에 대한 추가적인 손상을 쉽게 받을 수 있게 될 것이다.

바다가 스스로 치유할 수 있을까? 확실한 답을 알지 못하지만, 그래도 지난 일에 대하여 알고 있는 것으로부터 짐작해 볼 수 있다. 바다에서 pH의 변화가 매우 긴 시간 동안 일어난다면 바다는 보완할 수 있다. 이렇게 될 수 있는 이유는 오래전에 죽은 해양 생물체의 껍질에서 대부분 만들어진 막대한 양의 탄산 칼슘이 해양 해저의 침전물 속에 많이 들어 있기 때문이다. 이 침전물은 오랜 기간에 걸쳐 용해되어 과량의 H^+와 반응하므로 없어진 탄산 이온을 보충한다. 그러나 오늘날의 바다에서 pH 변화는 지질학적 시간 척도로 보아 급격하게 일어나고 있다. 단 200년 만에 바다의 pH는 지난 4억 년 동안 보지 못하였던 수준으로 떨어졌다. 상대적으로 짧은 시간에 걸쳐 바다 표면에 가까운 물에서 산성화가 일어나고 있어서 쌓여 있는 침전물이 용해되어 증가한 산도의 효과를 상쇄할 시간이 없다.

대기의 이산화 탄소 양이 즉각적으로 떨어진다고 할지라도 바다가 산업화 이전의 시대에 측정된 pH로 돌아가는 데는 수천 년이 걸릴 것이다. 산호초가 재생되는 데는 더욱 긴 시간이 걸릴 것이며, 멸종되어 없어진 다른 생물 종은 당연히 되돌아오지 못할 것이다.

활동 학습 5.47 ➤ *해양 산성화에 대한 국제적인 반응*

2008년 한 집단의 과학자들이 해양 산성화에 대한 인식을 높이기 위해 Monaco에서 만났다. 그들은 2020년까지 이산화 탄소 배출 추세를 역전시킬 것을 세계 각국에 촉구하는 모나코 선언(Monaco Declaration)을 발표하였다. 최근 과학자와 협상가들이 모여 해양 산성화 문제를 해결하기 위한 세계적인 정책을 만들었는가? 스스로 조사하고 결과를 요약하라.

인간만이 산성화의 대가를 치르는 유일한 생명체는 아니다. 세계 지표수 내 생물체는 *산성 강수*(acid precipitation)라고 부르는 산성비가 호수와 하천을 채울 때 생기는 환경 변화를 겪게 된다. 건강한 호수의 pH는 6.5 또는 이보다 약간 높다. 만약 pH가 6.0 아래로 내려가면 물고기와 다른 수생 생물은 영향을 받게 된다(그림 5.38). 오직 강건한 몇 종만이 pH 5.0 아래서 생존할 수 있다. 호수는 pH 4.0에서 기본적으로 죽은 생태계가 된다.

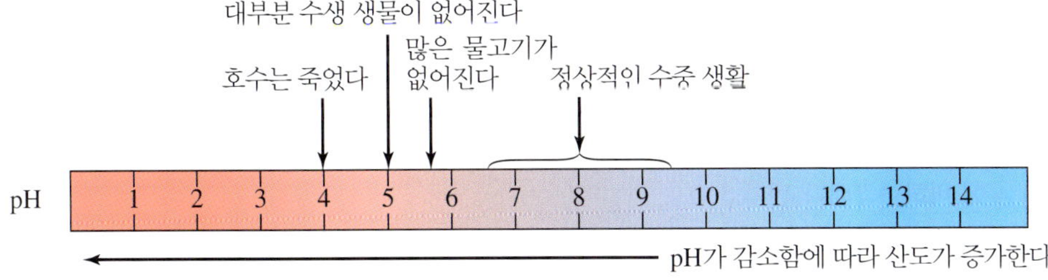

그림 5.38 수생 생물과 pH.

특정 지역의 호수와 강에서 물고기 수의 감소와 함께 점진적 산성화가 진행되고 있다는 많은 연구 보고가 있었다. 이 문제가 처음 관찰된 노르웨이 남부와 스웨덴에서 전체 호수 중 1/5에는 더 이상 물고기가 존재하지 않고, 전체 강의 절반에는 누런 송어가 없다. Ontario 남동부에 있는 호수의 평균 pH는 현재 5.0으로서, 건강한 호수에서 요구되는 pH보다 훨씬 낮다. Virginia에서는, 송어가 사는 하천의 1/3보다 많은 곳이 일시적으로 산성이거나 또는 그렇게 될 위험성이 있다.

비록 미국의 중서부가 산성 강수의 주요 근원지임에도 불구하고 이곳의 많은 지역의 호수와 하천은 산성화 문제를 가지고 있지 않다. 이 같은 명백한 역설은 아주 간단히 설명될 수 있다. 산성비가 호수에 떨어지거나 호수로 흘러 들어갈 때, 산이 중화되지 않거나 주위 식생(vegetation)에 의해 어느 정도 사용되지 않는다면 호수의 pH는 떨어지게 된다(더욱 산성화가 됨). 어떤 지역에서는 주위 토양에 산을 중화시킬 수 있는 염기가 들어 있을 수 있다. 호수나 기타 수역(body of water)이 pH 감소에 저항하는 능력을 **산 중화 능력**(acid neutralizing capacity)이라 한다. 중서부의 대부분 표면 지질은 석회석($CaCO_3$)이다. 결과적으로, 석회석이 산성비와 서서히 반응하므로 중서부의 호수는 산 중화 능력이 높은 것이다. 아마 무엇보다도 중요한 것은 이곳 호수나 하천 역시 칼슘 이온과 탄산수소 이온의 농도가 비교적 높다는 것이다. 이것은 석회석이 이산화 탄소와 물과 반응한 결과로서 일어난다.

$$CaCO_3(s) + CO_2(g) + H_2O(l) \longrightarrow \underset{\text{칼슘 이온}}{Ca^{2+}(aq)} + 2\ \underset{\text{탄산수소 이온}}{HCO_3^-(aq)} \qquad [5.20]$$

산은 탄산 이온과 탄산수소 이온에 의해 소모되므로, 호수의 pH는 다소간 일정하게 유지된다.

활동 학습 5.48 ➤ 탄산수소 이온

식 [5.20]에서 생성된 탄산수소 이온 역시 수소 이온을 받아들일 수 있다.

a. 이 반응에 대한 균형 맞춘 화학 반응식을 써라.

b. 탄산수소 이온은 산으로 작용하는가, 아니면 염기로 작용하는가?

중서부와는 대조적으로, 뉴잉글랜드와 뉴욕 북부(노르웨이와 스웨덴에서도 마찬가지)의 많은 호수는 단단하고 물이 스며들지 않으며, 훨씬 반응성이 작은 화강암으로 둘러싸여 있다. 다른 국지적 반응이 일어나지 않으면, 이 호수들의 산 중화 능력은 매우 작다. 결과적으로 많은 호수는 점차 산성화를 띠어가고 있다.

밝혀진 바와 같이 호수의 산성화를 이해하는 것은 단순히 pH와 산 중화 능력을 측정하는 것보다 훨씬 복잡하다. 복잡함을 더하는 것 중의 하나가 연간 변화이다. 예를 들어, 어떤 해는 겨울의 많은 눈이 봄까지 지속해서 내리다 갑자기 녹는다. 결과적으로, 녹아 흐르는 물에는 겨울 눈에 묻혀 있던 모든 산성 침전물이 들어 있어서 이 물은 평상시보다 더 산성이다. 물고기가 산란하거나 알에서 깨어나 훨씬 연약할 때의 시기에 맞추어 물길의 산도가 급하게 높아질 수 있다. 뉴욕 북부의 애디론댁산맥(Adirondack Mountains)에서는, 민감한 호수의 약 70%가 일시적 산성화의 위험에 처해 있다. 이와 비교하여 장기간에 걸쳐 영향을 받는 호수는 훨씬 작은 비율이다(19%). 애팔래치아산맥(Appalachian Mountains)에서는, 일시적으로 영향을 받는 호수의 수(30%)가 장기간에 걸쳐 영향을 받는 호수의 수에 비하여 7배나 된다.

지금까지 살펴본 바와 같이 물의 pH 차이는 생물의 다양성, 서식지 및 전체 환경에 아주 큰 역할을 한다. 이 장의 마지막 절에서는 사람들이 마실 깨끗한 담수 공급을 다시 논의하고자 한다.

5.12 물의 정수 처리

이 절에서는 물을 깨끗하게 하려면 무엇이 일어나고(지역의 정수장에서), 물이 더럽혀진 후에 무엇이 일어나는지(폐수 처리장에서)를 살펴볼 것이다. 지역 식수 정수장에서 일어나는 것으로부터 시작해 보자. 정수장에서 물을 대수층이나 호수에서 가져온다고 가정해 보자. 예를 들어, San Antonio에 산다면, 물은 에드워드 대수층(Edwards Aquifer)으로부터 퍼 올려지고, 또 San Francisco에 산다면, 물은 수백 마일 떨어진 헤츠 헤치 계곡(Hetch Hetchy Valley)의 수원지에서 온다.

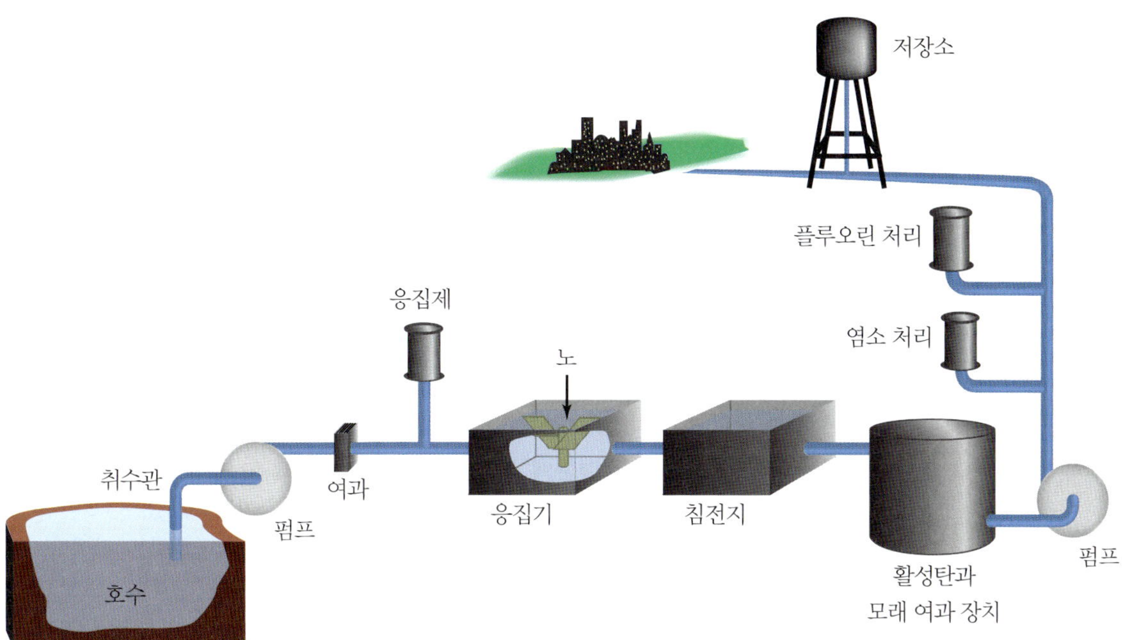

그림 5.39 전형적인 도시 정수장 시설. 각 설비들은 축적대로 그려지지 않았다.

전형적인 정수 처리 시설(그림 5.39)의 첫 단계는 잡초, 막대 및 음료수 병과 같은 큰 쓰레기를 물리적으로 걸러 내는 체를 물이 통과하도록 하는 것이다. 다음 단계는 황산 알루미늄[$Al_2(SO_4)_3$]과 수산화 칼슘[$Ca(OH)_2$]을 첨가하는 것이다. 잠시 두 화학 물질을 살펴보자.

활동 학습 5.49 ▸ *정수용 화학 물질*

a. 황산 이온, 수산화 이온, 칼슘 이온, 알루미늄 이온의 화학식을 써라.

b. 이 네 가지 이온들로부터 어떤 화합물들이 만들어질 수 있는가? 이들의 화학식을 써라.

c. 하이포염소산 이온(ClO^-)은 정수 과정에서 중요한 역할을 한다. 하이포염소산 소듐과 하이포염소산 칼슘의 화학식을 써라.

황산 알루미늄과 수산화 칼슘은 *응집제*(flocculating agent)이다. 말하자면, 이들은 물에서 작용하여 수산화 알루미늄[$Al(OH)_3$]의 끈끈한 응집물[floc(gel)]을 형성한다(식 [5.21]). 이 젤은 떠도는 진흙과 먼지 입자를 젤의 표면에 모으게 된다. 젤이 서서히 가라앉으면서 물에 떠돌았던 입자들을 젤이 데리고 간다. 그래도 남아 있는 입자들은 물이 활성탄과 자갈이어서 모래를 통과할 때 걸러지면서 제거된다.

$$Al_2(SO_4)_3(aq) + 3\ Ca(OH)_2(s) \longrightarrow 2\ Al(OH)_3(s) + 3\ CaSO_4(aq) \qquad [5.21]$$

가장 중요한 단계, 즉 물을 살균하여 질병을 일으키는 미생물을 죽이는 단계가 다음이다. 미국에서 이 과정은 염소가 포함된 화합물에 의해서 가장 흔하게 이루어진다. 염소 처리는 염소 기체(Cl_2), 하이포염소산 소듐(NaClO) 또는 하이포염소산 칼슘[$Ca(ClO)_2$]을 첨가함으로써 이루어진다. 이 화학 물질은 모두 항박테리아 물질인 하이포염소산(HClO)을 발생시킨다. 물이 수도관을 통해 소비자에게 흘러가는 동안 추가적인 박테리아의 오염을 방지하기 위해 0.075~0.600 ppm의 매우 낮은 HClO 농도가 유지된다. **잔류 염소**(residual chlorine)는 염소 처리 단계 이후에 물에 남아 있는 염소를 함유한 화학 물질을 말한다. 여기에는 하이포아염소산(HClO), 하이포아염소산 이온(ClO^-)과 용해된 분자 상태의 염소(Cl_2)가 포함된다.

염소 처리를 하기 전에는 오염된 물을 통해 전파된 전염병 때문에 수천 명의 사람

사전 지식 Did You Know ?

타마린드(tamarind) 씨앗 알맹이의 분말은 저렴하고 천연 생분해성 응집제이다.

사전 지식 Did You Know ?

염소는 접촉하는 미생물만 죽일 수 있다. 염소는 미세한 모래나 점토 입자 내부에 있는 박테리아나 바이러스는 죽이지 못한다. 이것이 염소 처리 선에 입자들을 제거해야 하는 이유이다.

NaClO은 세탁물 표백제에 들어 있다. $Ca(ClO)_2$는 보통 수영장에서 소독용으로 사용된다.

이 죽었다. 하나의 고전적인 연구에서 영국 의사인 John Snow(1813~1858)는 1800년대 중반 London에서 발생한 콜레라 전염병을 추적하여, 콜레라 환자의 배설물로부터 오염된 물이 콜레라의 원인이란 것을 밝힐 수 있었다. 또 다른 예가 전쟁으로 파괴된 이라크에서 2007년에 발생하였다. 그해 초에 극단주의자들이 자살 폭탄 트럭에 염소 탱크를 부착한 이후로, 이라크 정부는 염소를 엄격하게 통제하였다. 수백 명의 사람을 공포에 떨게 하고, 숨을 헐떡이게 한 유독한 염소 기체를 퍼뜨리며 여러 차례 공격함으로써 염소로 인하여 20여 명의 사람이 죽었다. 한때 안전하게 이라크를 통과할지에 대한 두려움으로 10만 톤의 염소가 요르단 국경에서 1주일간 선적 보류되었었다. 물 관련 기반 시설이 파괴되고 수질과 공중위생이 열악한 가운데 배설물에 의한 대장균 박테리아의 수준이 극도로 상승한 결과, 수천 명의 이라크인이 콜레라에 걸렸다.

염소 운반이 비교적 안전한 평화 시에도 염소 처리에는 단점이 있다. 잔류 염소의 맛과 냄새는 불쾌할 수 있고, 이것 때문에 사람들이 병에 든 생수를 마시거나 잔류 염소를 제거하기 위하여 필터를 사용한다. 더 심각한 단점으로, 잔류 염소가 물에 있는 다른 물질과 반응하여 식수 속에서 독성을 낼 수 있을 만큼의 농도로 부산물을 형성하는 것이다. 가장 널리 알려진 **트라이할로메테인**(trihalomethane, THM)은 클로로폼($CHCl_3$), 브로모폼($CHBr_3$), 브로모다이클로로메테인($CHBrCl_2$), 다이브로모클로로메테인($CHBr_2Cl$)과 같은 화합물로, 염소나 브로민이 식수 속의 유기 물질과 반응하여 형성된다. HClO와 같이 온천 욕조를 살균하는 데 사용하는 하이포브로민산(HBrO)도 트라이할로메테인을 발생시킬 수 있다.

활동 학습 5.50 ➤ *한 눈에 보는 THM*

a. 임의의 두 가지 THM 분자에 대한 Lewis 구조를 그려라.

b. 화학 조성에서 THM은 CFC와 다르다. 어떻게 다른가?

c. 물리적 성질에서 THM은 CFC와 다르다. 어떻게 다른가?

관련 절

오존(O_3)은 대기권의 높은 위치(성층권)에서는 이득을 주고, 아울러 대기권의 낮은 위치(대류권)에서는 독성을 준다. 이들은 2.8절과 3.6절에서 각각 설명하였다.

유럽의 많은 도시와 미국의 몇몇 도시들은 오존을 사용하여 수돗물을 살균한다. 한 가지 장점은 염소보다는 오존이 더 낮은 농도에서 박테리아를 죽일 수 있다는 것이다. 더구나 오존은 수인성 바이러스를 제거하는 데 염소보다 더 효과적이다. 그러나 오존 처리에도 단점이 따른다. 한 가지는 비용이다. 오존 처리는 대규모 정수 처리장에서만 경제적일 수 있다. 또 다른 단점으로, 오존은 빨리 분해되어 물이 도시 수도관을 통과해 갈 때 있을 수 있는 오염으로부터 물을 보호해주지 못한다. 결과적으로, 오존 처리된 물이 정수장을 떠날 때는 소량의 염소를 첨가해 주어야 한다.

자외선(ultraviolet, UV)을 이용하여 물을 살균하는 것도 인기를 끌고 있다. 여기서 UV라 함은 UVC를 의미한다. 높은 에너지의 UV 복사선은 박테리아를 비롯한 미생물의 DNA를 파괴할 수 있다. UVC로 살균하는 것은 빠르고 어떠한 잔류 부산물도 남기지 않으며, 안전하지 않은 우물물을 가진 시골집을 비롯한 소규모 정수시설에는 경제적이다. 그러나 오존처럼 UVC도 정수장을 떠난 물을 보호하지는 못한다. 다시 소량의 염소를 첨가해 주어야 한다.

지역적 필요에 따라 정수 처리 시설의 살균 단계 이후에 추가로 하나 또는 그 이상의 정수 단계가 덧붙여질 수 있다. 종종 물을 대기 중에 뿌려 불쾌한 냄새와 맛을 내는 휘발성 화학 물질을 제거한다. 몇몇 도시에서는 수돗물에 플루오린화 이온이 안 들어 있으면, 충치를 방지하기 위해서 플루오린화 이온(~1 ppm NaF)을 첨가한다. 다음 활동 학습을 통해 플루오린 처리에 대하여 더 알아보자.

활동 학습 5.51 치아 보존

최근까지도, 나이가 들면서 치아를 잃는 일은 흔했다. 원인은 박테리아가 치아의 에나멜질을 공격하여 감염을 일으키는 질병인 충치였다.

a. 미국 질병 통제 예방 센터(Centers for Disease Control and Prevention)는 20세기의 10대 공중 보건 성과 중 하나로 지역사회의 수돗물에 플루오린 처리를 한 것을 꼽았다. 그 이유를 설명하라.

b. 물에 플루오린 처리를 하는 것은 모든 지역사회에 중요하지만, 저소득층에 특히 중요하다. 그 이유를 설명하라.

c. 일부 지역사회에서는 물에 플루오린 처리를 하는 것에 대하여 논란이 크다. 식수에 플루오린화물을 첨가하는 것에 대한 반대 논리는 무엇인가?

수도꼭지에서 물을 받아 마시기 전에 물이 어떻게 처리되는지를 방금 기술하였다. 그러나 일단 수도꼭지를 틀면 물을 더럽게 하는 과정을 다시 시작하는 것이다. 변기의 물을 내림으로써 화장실을 떠날 때마다, 비누로 샤워를 한 후 배수구로 물이 내려갈 때마다 또는 설거지를 하고 싱크대에서 물이 내려갈 때마다 폐기물을 물에 추가하는 것이다. 가능한 한 적은 물을 사용하는 것은 분명히 합리적이다. 왜냐하면, 물을 더럽히면 그 물을 자연환경으로 방출하기 전에 다시 정수해야 하기 때문이다. 녹색 화학을 상기하자! 폐기물이 생긴 후에 처리 또는 정화하는 것보다 폐기물 생성을 방지하는 것이 더 낫다.

물에서 폐기물을 어떻게 없앨까? 집에서의 배수구가 도시 하수 시스템으로 연결된다면 폐수는 하수 처리 시설로 흘러갈 것이다. 일단 거기에 도착하면 정수 처리에서 하였던 것과 비슷한 정수 과정을 거치게 되지만 이때는 자연환경으로 방출되기 전에 마지막 단계에서의 염소 처리 단계는 제외된다.

그런데 하수에는 유기 화합물과 질산 이온의 형태로 폐기물이 들어 있으므로 하수를 정수하는 것은 더 복잡하다. 많은 수생 생물체에게 이 폐기물은 식량 자원이다! 이 생물체가 먹이를 먹으면서 지표수의 산소를 고갈시킨다. **생물학적 산소 요구량**(biological oxygen demand, BOD)은 미생물이 물에 들어 있는 유기 폐기물을 분해하면서 이들이 소모해 버리는 용존 산소량의 값이다. 낮은 BOD는 좋은 수질을 나타내는 하나의 지표이다.

질산염과 인산염은 수생 생물의 중요한 영양분이기 때문에 이들은 모두 BOD에 일조한다. 각 이온의 과잉 존재는 영양분의 정상적인 흐름을 교란할 수 있고, 조류의 발생(그림 5.40)을 초래해 물길을 막을 수가 있고, 물의 산소를 고갈시킬 수 있다. 결국, 줄어든 산

그림 5.40

영국의 Brookmil 공원(Brookmil Park)에 있는 녹조 낀 연못.

소는 대규모 물고기의 폐사로 이어질 수 있다. 우선 물에서 산소의 용해도가 아주 낮다는 사실 때문에 물속의 산소가 줄어들었다는 문제는 복잡하다.

일부 하수 처리 시설은 습지를 이용해서 물이 지표수로 되돌아가거나 지하수를 다시 채우기 전에 질산염과 인산염과 같은 영양물질을 제거한다. 습지 지역(늪, 수렁)의 식물과 토양 미생물은 영양물질을 재활용하고, 결국 물에서 영양물질로 인한 부담을 손쉽게 줄여 준다. 처리된 하수로부터 얻어진 물이 아주 깨끗하다면 이를 식수로 바로 사용하지 못할 이유가 있겠는가? 싱가포르에서는 늘어나는 인구 때문에 여러 음용수 원이 필요하다. 이 중 하나가 폐수를 정제한 물인 NEWater로, 싱가포르에서 필요한 물의 40%까지 충족시키고 있다. 다음 활동 학습을 통해서 논란이 많은 정화된 물의 사용에 관해 탐구할 기회를 가져 보자. 마지막 절에서는 더 많은 사람이 음용수를 얻을 수 있도록 과학자와 지역사회가 화학을 이용하는 방법에 대하여 살펴볼 것이다.

활동 학습 5.52 ➤ *변기의 물이 다시 수돗물로?*

지역사회에서는 재생수를 식수원으로 사용하는 것을 고려하고 있다. 하수 처리 과정에서 생산된 물의 수질이 현재 식수 시스템에서 물의 수질에 견줄 수 있다면, 처리된 하수물을 식수로 받아들일 수 있는가? 찬반 의견을 말하라.

활동 학습 5.53 ➤ *물 처리와 당신의 물 사용 일지*

당신의 물 사용 일지를 다시 보라. 일지 쓰는 기간에 걸쳐 당신이 사용한 물이 어떻게 처리되었는가? 당신의 지역사회에서 처리 과정을 조사하라. 처리해야 할 물의 양을 줄이는 방법이 있는가?

5.13 물을 해결하기 위한 세계적 과제

유엔 웹사이트에 "물은 자연 환경을 보존하고 가난과 기아의 해소를 비롯하여 지속 가능한 발전에 매우 중요하다. 물은 인간 건강과 복지에 필수 불가결한 요소다."라는 글이 있다.

여기 마지막 절에서는 지속 가능한 물의 사용을 보여주는 노력을 선보일 것이다. 첫째는 바닷물에서 담수를 생산하는 것과 관련되어 있다. 둘째는 개발도상국의 개개인들이 자신의 식수를 어떻게 정수할 수 있는지를 기술할 것이다.

바닷물에서 생산하는 담수

바닷물은 소금 함량이 높아(3.5%) 인간이 소비하기에는 적합하지 않다. 어떤 생명체들은 소금물 속에서 살 수 있지만, 인간은 소금물을 먹고 살아갈 수 없다. 오늘날에는 농업과 식수용 원수로서 바다를 활용할 수 있다. **담수화**(desalination)는 바닷물에서 염화 소듐과 다른 무기 염류를 제거하여 음용수를 만드는 공정이다. 2015년 국제 담수화 협회(International Desalination Association)의 보고에 따르면, 전 세계적으로 거의 18,000개의 담수화 공장이 매일 860억 L보다 많은 양을 생산했다고 한다. 담수에 대한 요구가 계속 증가하고 있는 가운데 우리는 지금 세계적으로 많은 담수화 시설이 새롭게 건설되고 있음을 목도하고 있다. 아랍 에미리트 연방에 있는 세계에서 제일 큰 담수화 시설 중 하나가 그림 5.41에서 나와 있다.

관련 절

증류는 6.12절에서 원유를 다양한 연료로 분별하는 내용을 다룰 때 논의된다.

담수화의 한 방법으로 **증류**(distillation)가 있으며, 이는 액체 용액에 열을 가하고 증기를 응축시켜 모으는 분리 공정이다. 더러운 물에 열을 가하고, 물이 증발하면서 물에 용

그림 5.41

아랍 에미리트 연방의 제벨 알리(Jebel Ali, United Arab Emirates)에 있는 담수화 공장.
©airviewonline.com

해된 불순물 대부분이 남게 된다. 그러나 증류에는 에너지가 필요하다! 이 에너지를 분젠 버너에 의해서 공급해 주는 경우와 태양에 의해서 공급되는 경우가 그림 5.42에 나와 있다. 물의 비열은 크고, 증기로 전환하는 데 특이하게 큰 열량이 필요하다는 것을 상기하라. 두 성질 모두 물 분자 사이에서 이루어지는 강한 수소 결합에 기인한다.

대규모 증류 공정에는 *다단계 순간 증발 방식*(multistage flash evaporation)과 같은 멋진 이름의 새로운 기술을 채택한다. 이 기술은 그림 5.42a에서 보여 준 기본적인 증류 과정 위에 에너지 효율을 높였지만, 여전히 높은 에너지가 필요하고, 이 에너지는 보통 화석 연료를 태워서 얻는다. 하나의 대안으로, 그림 5.42b에서 보여 준 것 같은 보다 작은 태양 증류 장치를 사용하여 물을 정제하는 것이다.

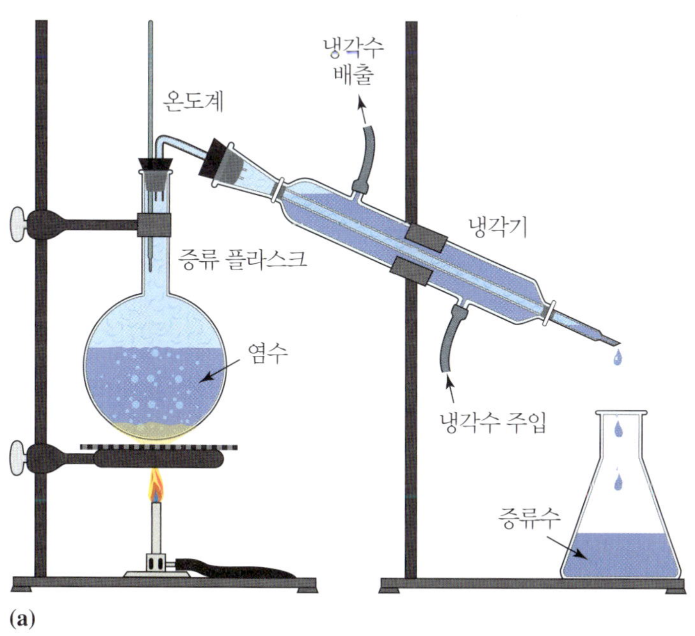

(a)

(b)

그림 5.42

(a) 실험실 증류 장치. **(b)** 테이블에 얹어 놓고 쓸 수 있는 태양 증류기.
(*b*): ©Courtesy of SolAqua

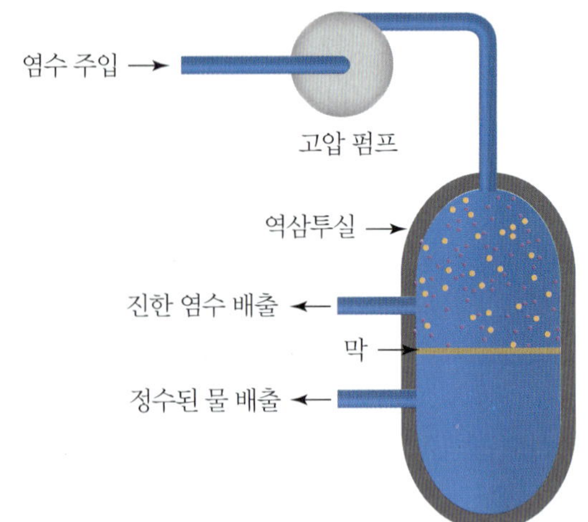

그림 5.43
역삼투 현상에 의한 정수.

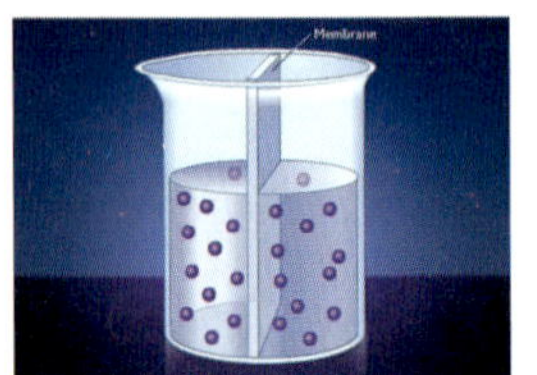

©McGraw Hill Education

반투막의 성질을 보여주는 이 시범 실험을 www.acs.org/cic에서 확인하라.

다른 담수화 방법도 있다. 예를 들어, **삼투 현상**(osmosis)인데, 이는 덜 진한 용액에서 더 진한 용액으로 반투막을 통해서 물이 이동하는 것이다. 물은 이 막을 통해서 확산하고 용질은 그렇지 못하다. 이래서 이 막을 "반투막"이라고 부른다. 그러나 에너지를 가하면 삼투 현상은 뒤집힐 수 있다. **역삼투 현상**(reverse osmosis)에서는 압력을 사용하여 더 진한 용액에서 덜 진한 용액으로 반투막을 통해서 물이 이동하도록 한다. 이 과정을 통해서 정수하려면 염수 쪽에 압력을 가하여 소금과 다른 불순물을 뒤에 남겨 두고 반투막을 통해서 물이 강제로 나가도록 한다(그림 5.43).

예상한 것처럼 역삼투압 장치에서 필요한 압력을 만드는 것은 에너지 집약적이다. 역삼투 기술은 병에 담긴 물을 일부 만들고 마이크로 전자업체나 제약업체에서 사용하는 초순수(ultra pure water)를 만드는 데 사용될 수 있다. 휴대용 제품은 항해할 때 사용하기에 역시 적합하다(그림 5.44).

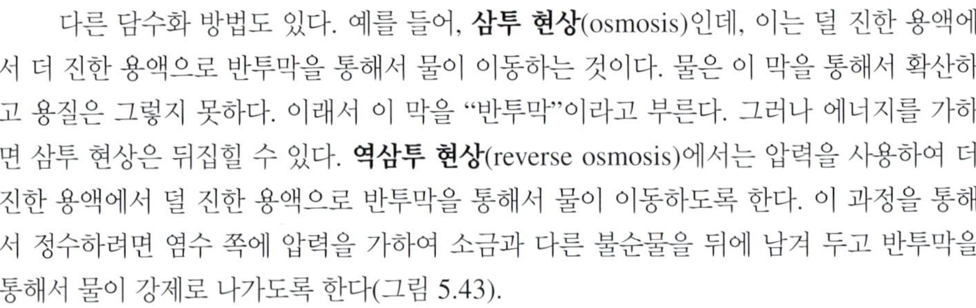

활동 학습 5.54 ▸ *어떤 비용으로?*

한 인터넷 블로거가 다음과 같이 발표하였다: "담수화를 통해 깨끗한 물을 얻을 수 있다. 담수화는 우리의 물 부족을 해결해 줄 것이다." 녹색 화학의 핵심 아이디어를 복습하고, 이 주장을 반박하라.

그림 5.44
바닷물을 음용수로 바꾸기 위한 작은 역삼투 장치.
©Katadyn

현장에서 생명빨대의 사용

지난 세기에 걸쳐 위생과 수인성 질병의 관리에서 발전을 보임으로써 많은 개발 도상 국가들이 일정한 표준에 적합한 양질의 식수를 이용하게 되었다. 그러나 콜레라, 장티푸스 및 정수되지 않은 물속의 세균으로 야기된 다른 질병으로 인하여 전 세계적으로 20억 명보다 많은 사람이 매년 병들거나 죽는다. 베스터가드 프랑젠(Vestergaard Frandsen)이라는 한 유럽 회사가 생명빨대(LifeStraw)를 개발하였는데, 이것은 물에서 거의 모든 박테리아와 원생 기생충을 제거해 준다. 생명빨대는 자연 재해 후 비상시를 비롯하여 세계 여러 곳에서 사용된다.

적절하게 이름 붙여진 개인용 생명빨대는 그림 5.45에서 보여주듯이 파이프 필터 유형인데, 이를 통해서 물을 빤다. 이 장치를 사용하여 하천, 강 또는 호수에서 물을 마실 수 있다. 이것은 약 3년간 지속해서 4,000 L의 물을 정수할 수 있다. 더욱 큰 생명빨대 제품에는 박테리아를 제거하는 다른 필터가 들어 있고, 수질은 더욱 개선된다. 이 제품은 약 3년

그림 5.45
개인용 생명빨대(LifeStraws)를 사용하여 물을 마시는 어린이들.
©Vestergaard Frandsen

간 5명의 가족을 위하여 18,000 L까지 물을 정수한다.

그러나 개인용 생명빨대에는 한계가 있다. 이것은 음용수 부족에 대한 장기적 해법이 아니다. 뿐만 아니라 비소나 수은 같은 금속이나 설사를 일으키는 바이러스성 세균을 제거하지 못한다. 두 형태의 생명빨대는 담수가 세균으로 오염된 지역에서 임시적인 해결책이 되고 있다.

활동 학습 5.55 ▸ *그룹 활동: 물의 미래*

a. 물을 깨끗하게 유지하는 데 도움을 줄 수도 있는 방안 두 가지를 짜내 보라.
b. 세계적으로 중요한 물 문제 하나를 정하고, 이것이 중요하게 된 원인 두 가지를 제시하라. 사람들이 현재 이 문제를 집중적으로 다루는 두 가지 방식을 말하라.

활동 학습 5.56 ▸ *물 사용 일지의 최종 분석*

당신의 물 사용 일지를 다시 보라. 이 장을 공부한 후, 현재 물 사용량에 대해 어떻게 생각하는가? 물 사용량 자료를 추적하는 다른 방법을 제안하라.

결론 _Conclusion

우리가 호흡하는 공기와 마찬가지로, 물은 우리 생명에 필수적이다. 물은 세포를 감싸고, 몸에 영양분을 전달하며, 몸무게 대부분을 차지하고, 증발할 때 우리를 시원하게 한다. 물은 또한 우리의 생활 방식에 있어서 중심이기도 하다. 물을 마시고, 물로 요리하며, 물속에서 물건을 씻고, 작물에 물을 주며, 물로 상품을 제조한다. 그러나 이러한 일들을 하면서 우리는 물에 폐기물을 추가한다. 비록 담수는 증발과 응축의 순환을 통하여 담수 자체를 정수하지만, 자연이 깨끗한 물을 재생하는 것보다 더 빠르게 우리 인간은 물을 더럽히고 있다.

더구나 이산화 탄소, 황 산화물, 질소 산화물과 같은 산성 산화물을 배출함으로써 세계적으로 바다, 강우, 호수 및 강의 산도에 영향을 끼친다. 미국에서 산성비는 환경운동가와 기자들이 일단 말한 바 있는 지독한 전염병도 아니고 그렇다고 무시할 만한 것도 아니다. SO_x와 NO_x 배출, 산성 강하물(acid deposition)의 전구체를 감소시키기 위하여 연방법인 1990 개정 청정대기법(Clean Air Act Amendment of 1990)이 제정된 것은 심각성이 충분하였다. 이 장에서 배운 바 있다면 복잡한 문제를 단순한 전략으로 해결할 수 없다는 것을 인지했으면 좋겠다. 석탄과 휘발유의 연소, 탄소, 황 및 질소 산화물의 생성, 바닷물과 강수의 pH

감소 등이 포함된 뒤얽힌 관계를 인정하지 못하는 것은 화학의 몇 가지 근본인 사실을 부인하는 것이다. 산성 강하물을 전체 생태계의 측면에서 이해할 수 있으려면 생태학과 생물학적 체계에 대한 지식이 역시 필요한데, 이는 여러 분야의 전문가들이 협력해야 하는 일이다.

담수는 재생 가능한 자원이지만, 인구 성장에 따른 수요, 증가하는 풍요로움과 다른 세계적 문제로 인하여 이 필수품인 담수의 부족이 증폭되고 있다. 화석 연료에 대한 개인적, 국가적, 세계적 선호가 무분별하게 계속된다면 우리의 환경은 아마도 훨씬 더 더워질 것이고, 더 산성화가 될 것이다. 더욱이 석유 공급을 줄이고, 황이 적게 함유된 석탄 공급도 줄이고, 심지어 황이 많이 함유된 석탄에 더 의지하게 되면 문제는 심해질 것이다.

다음 장에서는 화석 연료에 의해 생산된 에너지와 핵분열, 물, 바람, 바이오매스 및 태양 자체와 같은 재생 에너지원을 논의할 것이다. 모든 것들을 현재 다 이용하고 있고 그들의 사용은 분명히 증가하고 있다. 그러나 기업체나 개개인이 집단으로 에너지를 절약한다면 생명 자체가 의존하는 물을 포함하여 우리의 환경에 엄청나게 이로운 효과를 줄 것이라고 겸손하게 제안하면서 이 장을 마친다.

학습 결과 _Learning Outcomes

*괄호 안의 숫자는 이 결과가 논의된 장의 절을 나타낸다.

이 장을 공부한 후에 다음을 수행할 수 있어야 한다.

- 극성 분자와 비극성 분자의 모양, 극성 및 이들 사이의 분자간 힘을 예측할 수 있고, 물리적 성질에 이들의 역할을 기술할 수 있다. (5.1, 5.2)
- 지구상 물의 원천과 담수의 상대적 가용성을 확인할 수 있다. (5.3, 5.4)
- 물이 오염될 수 있는 경우를 기술할 수 있고, 물 사용, 소비 및 오염 수준을 평가하기 위한 자료를 분석할 수 있다. (5.5)
- 용액을 용매에 용해된 용질로 표시할 수 있고, 용액의 농도를 ppm, ppb 및 몰농도로 계산할 수 있다. (5.5)
- 이온 결합 화합물과 분자 화합물의 용매화를 기술하고, 모델화할 수 있다. (5.6)
- 산-염기 반응에 포함된 화학종을 센산, 약산, 센염기 및 약염기로 분류할 수 있고 그들의 짝이 되는 화학종을 확인할 수 있다. (5.7)
- 용액의 상대적인 산도와 염기도를 용액에 존재하는 화학종과 pH 체계로 기술할 수 있다. (5.8, 5.9)
- 산성비와 바다의 산성화에 대한 대기 중 이산화 탄소 농도의 영향을 설명할 수 있다. (5.10, 5.11)
- 물을 사용할 수 있도록 물을 소규모와 대규모로 처리하는 방법을 기술할 수 있다. (5.12, 5.13)

연습 문제 _Questions

기본 문제 _Emphasizing Essentials

1. 무슨 말로 하든, 물은 지표상에서 가장 풍부한 화합물이다.

a. *화합물*(compound)란 용어를 설명하고, 물이 원소가 *아닌* 이유를 설명하라.

b. 물의 Lewis 구조를 그리고, 이것의 모양이 굽은형(bent)임을 설명하라.

2. 오늘날 자연이 우리를 위해 물을 깨끗하게 해 줄 수 있는 것보다 우리는 더 빠르게 물을 더럽히고 있다.

a. 물을 더럽히는 매일의 활동 다섯 가지를 써라.

b. 오염물이 자연스럽게 물로부터 제거되는 방법 두 가지를 써라.

c. 우선 물을 더 깨끗하게 유지하기 위해 취할 수 있는 다섯 단계를 써라.

3. 지구상 생명체는 물에 달려 있다. 다음 각 진술을 설명하라.

a. 물 덩어리는 열 저장소의 역할을 하면서 기후를 조절한다.

b. 얼음은 물에 가라앉지 않고 뜨기 때문에 호수의 생태계를 보호한다.

4. 물이 꽉 찬 파이프가 장기간 혹한의 날씨에 놓이게 되면 깨질 수 있는 이유를 설명하라.

5. 네 쌍의 원자들이 아래에 주어져 있다. 표 5.1을 참고하여 다음 물음에 답하라.

N과 C	S과 O
N와 H	S와 F

a. 원자들 간 전기음성도 차이는 얼마인가?

b. 각 쌍의 원자 사이에 단일 공유 결합이 형성된다고 하자. 어느 원자가 결합에 있는 전자쌍을 더 강하게 끌어당기겠는가?

c. 극성이 증가하는 순서대로 결합을 정렬하라.

6. 암모니아(NH_3) 분자에 대하여 다음 물음에 답하라.

a. Lewis 구조를 그려라.
b. NH_3 분자에는 극성 결합이 있을까? 그 이유를 설명하라.
c. NH_3 분자는 극성인가?
힌트: 암모니아 분자의 기하구조를 참조
d. NH_3가 물에 녹을 것으로 예상하는가? 그 이유를 설명하라.

7. 어떤 경우에는 물질의 끓는점이 몰질량에 따라 증가한다.

a. 이 말이 탄화수소에 적용되는가? 예를 들어 설명하라.
b. 몰질량에 근거하여 H_2O, N_2, O_2 및 CO_2 중에서 어느 것의 끓는점이 가장 낮을 것으로 예상하는가?
c. 물은 N_2, O_2 및 CO_2와 달리 실온에서 액체이다. 그 이유를 설명하라.

8. 메테인(CH_4)과 물(H_2O)은 둘 다 수소와 다른 비금속으로 이루어진 화합물이다.

a. 비금속의 예를 네 가지 들어라. 일반적으로 비금속의 전기음성도 값은 금속의 것과 비교할 때 어떠한가?
b. 탄소, 산소 및 수소의 전기음성도 값을 비교하면 어떠한가?
c. C−H 결합과 O−H 결합 중 어느 결합이 더 극성인가?
d. 메테인은 실온에서 기체이지만 물은 액체이다. 그 이유를 설명하라.

9. 다음 그림은 액체 상태의 두 물 분자를 나타낸다. 화살표는 어떤 종류의 결합력을 표시하는가?

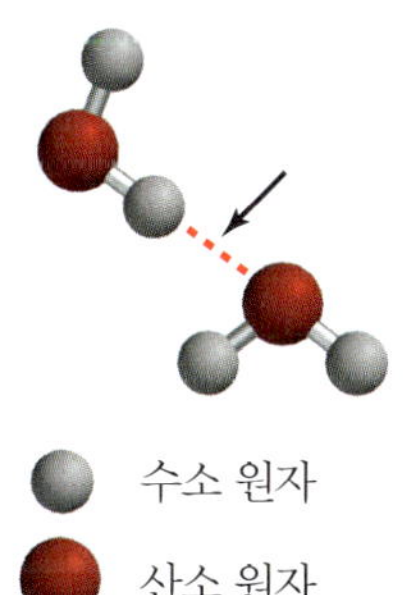

수소 원자
산소 원자

10. a. 물 분자의 Lewis 구조를 그려라.

b. 수소 이온과 수산화 이온의 Lewis 구조를 그려라.
c. 앞의 **a**, **b**의 세 구조를 연관시키는 화학 반응식을 써라.

11. 물의 밀도는 0°C에서 0.9987 g/cm^{3}이고, 얼음의 밀도는 같은 온도에서 0.917 g/cm^{3}이다.

a. 액체 물 100.0 g과 얼음 100.0 g이 0°C에서 차지하는 부피를 각각 계산하라.
b. 물 100.0 g이 0°C에서 얼 때 부피 증가 퍼센트를 계산하라.

개념 문제 _Concentration on Concepts

12. 다음 액체에 관한 질문에 답하라.

액체	밀도(g/mL)
식기 세척제	1.03
단풍나무 시럽	1.37
식물성 기름	0.91

a. 위의 세 가지 액체를 같은 부피만큼 250 mL 눈금 실린더에 부을 때, 어떤 순서로 액체를 부어야 세 개의 층으로 분리되겠는가? 그 이유를 설명하라.
b. 다른 액체와 동일한 부피의 물을 **a**의 실린더에 붓고 내용물을 마구 섞으면, 어떤 일이 일어날지를 예상하라.

13. 부피가 500 L인 드럼통에 가득 들어 있는 물을 전 세계에 존재하는 물이라고 할 때, 마시기에 적합한 물은 몇 L나 되겠는가?

14. 경험에 근거하여, 다음 각 물질이 물에 얼마나 잘 녹을까? *매우 잘 녹음*, *약간 녹음* 또는 *녹지 않음*과 같은 용어를 사용하여 답하라. 아울러 그렇게 생각할 수 있는 근거를 제시하라.

a. 농축 오렌지주스
b. 가정용 암모니아수
c. 닭기름
d. 액체 세제
e. 치킨 수프

15. a. 한 보고서에 따르면 2011년 미국에서 병에 든 생수의 소비는 1인당 29 gal이었다고 한다. 2010년 미국 인구조사에 의하면 미국의 인구는 3.1×10^8명이었다. 이 자료를 사용하여 병에 든 생수의 전체 소비량을 예측하라.

b. **a**에서 구한 답을 L 단위로 변환하라.

16. NaCl은 이온 결합 화합물이지만, $SiCl_4$는 분자 화합물이다.

a. 표 5.1을 사용하여 염소와 소듐 사이, 염소와 규소 사이의 전기음성도 차이를 각각 구하라.
b. 결합한 원자 사이의 전기음성도 차이와 이온 결합 또는 공유 결합을 형성하는 경향성 사이에 어떠한 상관관계를 도출할 수 있는가?
c. **b**에서 얻은 결론을 분자 수준에서 어떻게 설명할 수 있는가?

17. 식수 속 수은의 최대 오염 물질 수준(maximum contaminant level, MCL)은 0.002 mg/L이다.

a. 이 값은 2 ppm Hg에 해당하는가, 아니면 2 ppb Hg에 해당하는가?
b. 이 수은은 원소 상태의 수은(quicksilver)인가, 아니면 수은 이온(Hg^{2+})의 형태인가?

18. 농경 지역에 있는 우물에서 종종 검출되는 질산 이온의 허용 한계는 10 ppm이다. 한 물 시료에 350 mg/L의 질산 이온이 들어 있다면, 이는 질산 이온의 허용 한계를 충족시키는가?

19. 한 학생이 NaCl 5.85 g을 달아 0.10 M NaCl 용액을 만들려고 한다. 이 학생은 어떤 용량 크기의 용량 플라스크를 사용해야 하는가?

20. 다음 그림과 같은 장치를 사용하여 용액의 전도도를 시험할 수 있다.

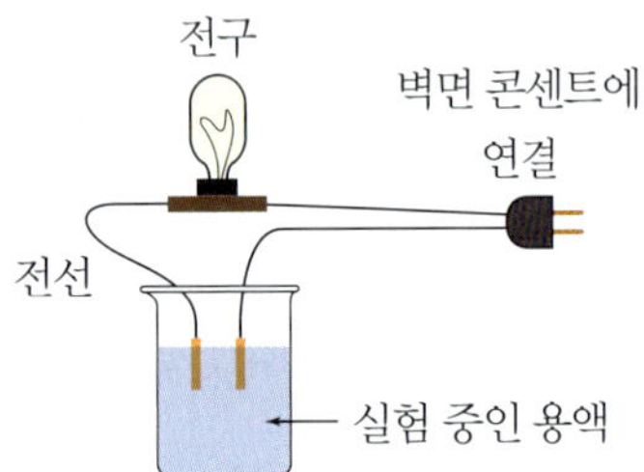

다음 각각의 묽은 용액의 전도도를 시험할 때 어떤 일이 일어날지 예측하고, 그 이유를 간단히 설명하라.

a. $CaCl_2(aq)$ b. $C_2H_5OH(aq)$ c. $H_2SO_4(aq)$

21. KCl 수용액은 전기를 전도하지만, 수크로스 수용액은 그렇지 못하다. 그 이유를 설명하라.

22. 표 5.5의 규칙에 근거하여 다음 화합물 중에서 물에 가용성일 것 같은 화합물은 어떤 것들인가?

a. $KC_2H_3O_2$ b. LiOH
c. $Ca(NO_3)_2$ d. Na_2SO_4

23. 농도가 2.5 M인 $Mg(NO_3)_2$ 용액에 존재하는 각 이온의 농도는 얼마인가?

24. 탄산 칼슘도 하나의 염이다. 탄산 칼슘의 화학식을 쓰고, 물에 용해될지, 안될지를 예상해 보라.

25. 다음 각 산의 분자 하나에서 하나의 수소 이온을 내놓는 과정을 보여주는 화학 반응식을 써라.

a. $HBr(aq)$ (브로민화수소산)
b. $H_2SO_3(aq)$ (아황산)
c. $HC_2H_3O_2(aq)$ (아세트산)

26. 다음 용액이 산성인지, 염기성인지, 아니면 중성인지로 분류하라.

a. $HI(aq)$ b. $NaCl(aq)$ c. $NH_4OH(aq)$

27. 다음 주어진 $[H^+]$ (또는 $[OH^-]$)에 대응하는 $[OH^-]$(또는 $[H^+]$)를 계산하라. 그리고 주어진 수용액이 산성인지, 염기성인지, 아니면 중성인지로 분류하라.

a. $[H^+] = 1 \times 10^{-8}$ M b. $[OH^-] = 1 \times 10^{-2}$ M
c. $[H^+] = 5 \times 10^{-7}$ M d. $[OH^-] = 1 \times 10^{-12}$ M

28. 다음 각 쌍의 $[H^+]$가 다르다. 10의 몇 제곱만큼 다른가?

a. pH = 6과 pH = 8
b. pH = 5.5와 pH = 6.5
c. $[H^+] = 1 \times 10^{-8}$ M과 $[H^+] = 1 \times 10^{-6}$ M
d. $[OH^-] = 1 \times 10^{-2}$ M과 $[OH^-] = 1 \times 10^{-3}$ M

29. 다음 중 수소 이온의 농도가 *가장* 작은 것은 어느 것인가? 그리고 그 이유를 설명하라.

0.1 M HCl, 0.1 M NaOH, 0.1 M H_2SO_4, 순수한 물

30. 질산 이온, 황산 이온, 탄산 이온, 암모늄 이온에 대한 다음 질문에 답하라.

a. 각 이온의 화학식을 써라.
b. 수용액에서 각 이온이 생성물이 되도록 화학 반응식을 써라.

31. 다음 각 염기가 물에 용해될 때 수산화 이온을 내놓는 과정을 보여 주는 화학 반응식을 써라.

a. $KOH(s)$ (수산화 포타슘)
b. $Ba(OH)_2(s)$ (수산화 바륨)

32. 가루 시약과 필요한 유리 기구를 사용하여 다음 용액을 어떻게 만들지를 설명하라.

a. 1.50 M KOH 용액 2 L
b. 0.050 M NaBr 용액 1 L
c. 1.2 M $Mg(OH)_2$ 용액 0.10 L

33. a. 5분 동안 샤워하는 데 약 90 L의 물이 필요하다. 샤워를 짧게 하면 분당 얼마의 물을 절약할 수 있는가?

b. 양치질하는 동안 물이 흐르게 하면 1 L의 물을 또 낭비할 수 있다. 양치질하는 동안 수도꼭지를 잠그면 일주일 동안 얼마의 물을 절약할 수 있는가?

34. 어떤 기체가 물에 용해될 때 다음 각 산을 생성하겠는가?

a. 탄산(H_2CO_3) b. 아황산(H_2SO_3)

35. 다음 각 산-염기 반응에 대한 균형 화학 반응식을 써라.

a. 수산화 포타슘이 질산에 의해 중화된다.
b. 염산이 수산화 바륨에 의해 중화된다.
c. 황산이 수산화 암모늄에 의해 중화된다.

36. 다섯 가지 염기를 임의로 선택하여 이들을 명명하고, 이들의 화학식을 써라. 그리고 일반적으로 염기와 관련하여 관찰할 수 있는 성질 세 가지를 써라.

37. 다섯 가지 산을 임의로 선택하여 이들을 명명하고, 이들의 화학식을 써라. 그리고 일반적으로 산과 관련하여 관찰할

수 있는 성질 세 가지를 써라.

38. 인터넷을 조사하여 100 g의 초콜릿 바와 16 oz의 맥주 한 잔 중에서 어느 것의 물 발자국이 더 큰지를 결정하고 그 차이를 설명하라.

39. 물을 종종 *만능 용매*(universal solvent)라 부르는 이유를 설명하라.

40. "순수(pure)" 식수라고 하는 것이 존재할까? 이 용어가 의미하는 것을 논의하고 이 용어의 의미가 세상 지역에 따라 어떻게 변할 수 있는지를 논의하라.

41. 일부 비타민(vitamin)은 수용성이지만, 또 다른 것은 지용성이다. 극성 분자라고 예상할 수 있는 것은 둘 중 어느 하나일까 아니면 둘 다일까? 그 이유를 설명하라.

42. 인기 있는 낚시터 모서리에 "주의: 이 호수에 사는 고기에는 1.5 ppb 이상의 Hg가 들어 있을 수 있다."라고 적힌 새로운 표지가 붙어 있었다. 이 농도 단위가 의미하는 것과 이 주의 표지에 유의해야만 하는 이유를 낚시 친구에게 설명하라.

43. 다음 주기율표에 숫자로 구분된 네 개의 원소가 있다.

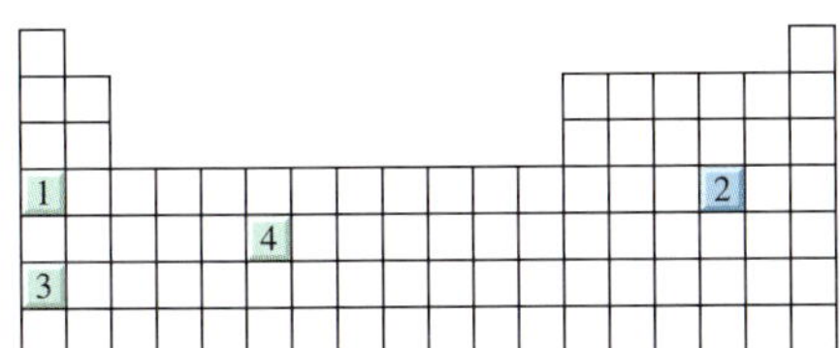

a. 표 5.1에서 관찰한 경향성을 바탕으로, 네 원소 중에서 전기음성도가 가장 큰 원소는 어느 것으로 예상하는가? 그 이유를 설명하라.

b. 주기율표 내에서의 경향성을 바탕으로, 나머지 세 원소를 전기음성도 값이 작아지는 순서로 나열하고, 그 이유를 설명하라.

44. 극성 결합을 하는 이원자 분자 XY는 반드시 극성 분자여야 한다. 그러나 삼원자 분자 XY_2는 극성 분자를 *반드시 형성하는 것은 아니다*. 몇 가지 실제 분자를 예로 사용하여 이 차이를 설명하라.

45. 분자 수준에서 수증기가 응축하는 것을 바라보고 있다고 가정하자.

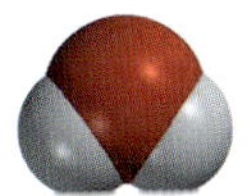

a. 공간 채움 모형을 이용하여 위의 그림과 비슷한 네 개의 물 분자를 그려라. 기체 상태에서, 그다음 액체 상태에서 이들을 각각 그려라. 수증기가 액체로 응축할 때 네 개의 물 분자 덩어리들은 어떻게 변하는가?

b. 물이 액체에서 고체로 변할 때 분자 수준에서 어떠한 일이 일어나는가?

46. H_2O와 같이 NH_3도 특이하게 비열이 크다는 사실을 설명해보라.

47. a. 어떤 형태의 결합이 수소 분자(H_2)에서 두 수소 원자를 함께 잡고 있는가?

b. *수소 결합*(hydrogen bond)이란 용어가 H_2 내의 결합에는 적용되지 않는다. 그 이유를 설명하라.

48. 화학식이 C_2H_5OH인 알코올, 즉 에탄올에 대하여 다음 질문에 답하라.

a. 에탄올의 Lewis 구조를 그려라.

b. 고체 에탄올 덩어리는 액체 에탄올에 뜨기보다는 가라앉는다. 이 거동을 설명하라.

응용 문제 _Exploring Extensions

49. 특이하게도 물의 높은 비열 덕분에 나이나 활동이나 환경의 요인에도 불구하고 우리의 체온은 정상 범위에서 유지된다. 몸이 열을 얻고 내놓는 방법 몇 가지를 생각해 보라. 이들은 물의 비열이 낮다고 가정한 경우와 어떻게 다른가?

50. 식수 내 오염 물질의 건강 목표는 최대 오염 물질 수준 목표(maximum contaminant level goals, MCLG)로 표시된다. 법적 한계는 최대 오염 물질 수준(maximum contaminant level, MCL)으로 주어진다. 주어진 오염 물질의 MCLG와 MCL은 어떤 관계인가?

51. 식수 속에 트라이할로메테인(THM)의 양이 정상치보다 높은 지역이 일부 있다. 그러한 지역으로 이사를 할까 생각 중이라고 해 보자. 지방 수도국으로 보낼 식수에 대한 관련 질문 편지를 한 통 써라.

52. 유아의 소화관 내 박테리아는 질산 이온을 독성이 훨씬 큰 아질산 이온으로 변환시키기 때문에 유아는 높은 질산 수준에 매우 민감하다.

a. 질산 이온과 아질산 이온의 화학식을 써라.

b. 아질산 이온은 혈액의 산소 운반 능력을 방해한다. 호흡 시 산소의 역할을 설명하라.

c. 질산염이 들어 있는 물을 끓여도 질산 이온이 제거되지 않을 것이다. 그 이유를 설명하라.

53. 2016년 미시간 주 플린트에서 공급된 식수를 검사한 결과, 식수에 녹아 있는 납의 수준이 미국의 안전한 식수법(Safe Drinking Water Act)에서 설정된 수준을 훨씬 초과한 것으로 나타났다.

a. 식수에 들어 있는 납의 가능한 원천은 무엇인가?

b. 납의 수준이 높아서 생길 수 있는 가능한 건강상 문제는 무엇인가?

c. 이 지역사회에서 수질을 개선하기 위해서 해야 하는 일은 무엇인가?

d. 납 수준이 높다고 최근에 발표한 다른 도시나 주는 어디인가?

54. 입증된 기술의 유용성에도 불구하고 담수화 기술들은 음용수를 생산하는 데 널리 사용되지 못하고 있는 이유를 설명하라.

55. 2015년에 오대호-세인트로렌스강 유역 지속 가능 수자원 합의(Great Lakes-St. Lawrence River Basin Sustainable Water Resources Agreement)에서는 물 관리를 관장하고 외부 지역에서의 물 사용을 막기 위한 준비를 하였다.

a. 이 특별한 초국경 합의(Transboundary Agreement)에 관여한 주를 나열하라.

b. 이들 하천을 보호하는 데 있어 이면의 원동력은 무엇이었는가?

56. 액체 CO_2는 여러 해 동안 카페인 없는 커피를 만드는 데 성공적으로 사용됐다. 어떻게 이 일이 이루어지며, 왜 하는지에 대하여 설명하라.

57. 하이킹하고 있을 때 마실 물을 어떻게 정화할 수 있는가? 가능한 방법 두세 가지의 이름을 대시오. 가격과 유용성 면에서 이들 방법을 서로 비교하라. 이 중에서 도시 수돗물을 정수할 때 사용하는 방법과 비슷한 것이 있는가? 그 이유를 설명하라.

58. 수소 결합의 세기는 약 4~40 kJ/mol 정도로 다양하다. 물 분자 사이의 수소 결합 세기가 이 범위의 최고값으로 주어진다고 할 때, 물 분자 *사이의* 수소 결합 세기는 물 분자 *내* H−O 결합의 세기와 비교할 때 어떠한가? 얻어진 값이 수소 결합의 세기는 공유 결합의 약 1/10 정도라고 한 5.2절의 주장을 뒷받침해 주는가?

59. 지표수에 자연적으로 들어 있는 수은의 수준은 보통 0.5 mg/L보다 더 작다.

a. 물에 Hg^{2+}("무기 수은")를 부가하는 인간의 활동 세 가지의 이름을 써라.

b. "유기 수은"은 무엇인가? 유기 수은 형태의 수은은 고기의 지방 조직에 축적되는 경향이 있다. 그 이유를 설명하라.

60. 우리 모두의 몸에는 아미노산인 글리신이 들어 있다. 이것의 구조식은 다음과 같다.

```
       H   O
       |   ||
H — N — C — C — O — H
    |   |
    H   H
```

a. 글리신은 극성 분자인가, 아니면 비극성 분자인가? 그 이유를 설명하라.

b. 글리신은 수소 결합을 나타낼 수 있는가? 그 이유를 설명하라.

c. 글리신은 물에 가용성인가? 그 이유를 설명하라.

61. 센물(hard water)에는 Mg^{2+}와 Ca^{2+}이 들어 있다. 물을 연화(water softening)하는 과정을 통해서 이 이온들은 제거된다.

a. 당신이 거주하는 지역의 물은 얼마나 센(hard) 물인가? 이 질문에 답하는 한 가지 방법으로 당신이 사는 지역에서 물을 연화하는 공장의 수를 헤아려 보라. 인터넷을 활용하여 당신의 거주 지역이 물 연화 장치 판매 대상인지 알아보라.

b. 센물을 처리하기로 했다면 어떤 방법으로 처리하겠는가?

62. 당신이 당신 거주 지역에서 어떤 농약 제조회사를 통제하는 일을 담당하고 있다고 하자. 이 회사가 환경적으로 필요한 규제를 지키는지 어떻게 판단할 것인가? 어떠한 기준이 이 회사의 성공에 영향을 주겠는가?

63. 미국 EPA가 1979년에 PCB의 제조를 금지하기 전에는 PCB는 유용한 화학 물질로 간주하였었다. 어떠한 성질이 이들을 바람직하다고 여기게 했는가? PCB는 자연환경에 오래 남아 있는 것을 제외하고도 동물의 지방 조직에 생물농축(생물증폭)된다. 전기음성도 개념을 사용하여 PCB 분자가 비극성이고 따라서 지용성인 이유를 밝혀라.

64. PUR(물 정수기, Purifier of Water)은 사용하는 시점에서 정수한다.

a. 이 시스템은 어떻게 작동하는가?

b. PUR과 개인용 생명빨대가 갖는 각자의 장점을 나열함으로써 두 시스템을 비교하라.

65. 미국의 EPA는 식수에 들어 있으면서 건강에 위협을 주지 않는 물질에 대하여 2차 최대 오염 물질 수준(Secondary Maximum Contaminant Level, SMCL)을 설정하였다. EPA 웹사이트를 방문하여 이들 물질 중 하나에 대하여 자세하게 알아보고, 결과를 요약하라.

66. EPA는 규제 물질의 목록에 오염 물질들을 추가하기 위하여 하나의 집중 과정을 이용한다. 미규제 오염 물질 감시(Unregulated Contaminant Monitoring, UCM) 프로그램에 대한 정보를 인터넷에서 검색하라.

a. UCM은 무엇이고 언제 하는가?

b. 오염 물질 후보 목록(Contaminant Candidate List, CCL)의 중요성은 무엇이며, 사전 예방 원칙과 어떠한 연관이 있는가?

c. CCL에 포함된 물질들의 몇 가지 일반 범주를 나열하고, 가장 최신 목록에서 특별한 물질 하나를 택하여 앞에서 나열한 적절한 범주에 포함시켜라.

67. 세계 물의 날의 최근 주제를 나열하라. 자유 양식으로 이 주제에 대한 짧은 발표를 준비하라.

68. 이산화 탄소는 대기에서 발견되는 하나의 기체이다.

a. 대략 농도는 얼마나 되나?

b. 대기에서 이산화 탄소의 농도가 증가하는 이유가 무엇인가?

c. CO_2 분자의 Lewis 구조를 그려라.

d. 이산화 탄소가 바닷물에 상당히 잘 녹을 것으로 예상하는가? 그 이유를 설명하라.

69. 생명빨대를 생산하는 회사는 인터넷상에 일련의 FAQ를 갖고 있다. 질문은 다음과 같다. "생명빨대가 비소와 철 같은 중금속을 거릅니까?" "박식한 화학자"가 다음 답변의 글귀에 대하여 뭐라고 말할 수 있을까?: "아닙니다. 현재 필터로는 어떠한 중금속도 거르지 못합니다."

CHAPTER 6

연소 에너지

Energy from Combustion

Banner credit above: ©Jack Hollingsworth/Corbis; ©John Farr/123RF

미리 생각해 보기 *Reflect*

무엇이 필요한가?

www.acs.org/cic에서 이 장을 여는 비디오를 보고 다음 질문에 대답하라.

a. New York 시에서 Los Angeles까지 미국을 횡단하는 여행을 한다고 상상해 보자. 이 여행의 거리는 4460 km이며 사용할 차량은 갤런당 30마일의 연비를 가지고 있다. 이 여행에 필요한 가솔린의 양은 얼마인가?

b. 사용하고 있는 자동차가 바이오디젤이나 에탄올과 같은 대체 연료도 사용할 수 있다고 상상해 보자. 그러나 에탄올을 사용하는 것은 가솔린을 사용하는 것보다 효율성이 떨어진다. 다시 말해, 에탄올을 사용하는 것은 갤런당 20마일만 주행할 수 있다. 전체 여행에 몇 갤런의 에탄올이 필요한가?

c. 현재, 연료에 사용되는 에탄올은 주로 옥수수로 만들어진다. 1갤런의 에탄올을 만들기 위해서는 26.1파운드의 옥수수가, 7110파운드의 옥수수를 생산하기 위해서는 1에이커의 토지가 필요하다고 가정해보자. 여행에 충분한 연료를 생산하려면 얼마나 많은 토지가 필요한가?

주요 질문 *Compelling Questions*

이 장에서는 다음과 같은 질문에 대하여 살펴볼 것이다.

- 연료가 연소될 때 연료는 무엇이고 얼마나 많은 에너지가 방출되는가?
- 전기는 어떻게 생성되는가?
- 화석 연료를 얻고 사용하는 환경적 영향은 무엇인가?
- 바이오 연료 사용의 장점과 전반적인 지속 가능성은 있는가?

서론

역사를 기록하기 시작된 이래로 불은 열, 빛 및 안전의 원천으로서 우리 사회의 중심이었다. 태우거나 연소하는 물질인 오늘날의 연료는 다양한 형태로 제공된다. 발전소에서 석탄을 사용하여 전기를 생산한다. 휘발유를 사용하여 자동차를 운행한다. 난방을 위해 천연 가스나 난방유를 사용한다. 여름 바베큐에서 음식을 조리하는 데 프로페인, 숯 또는 나무를 사용한다. 낭만적인 저녁 만찬에 불을 밝히는 데 양초를 사용할 수도 있다. 이러한 각 경우에 연료를 *사용한다는 것은* 연료를 *연소시키는 것을* 의미한다.

이 장에서는 미래의 에너지 요구를 충족시키는 데 도움이 되는 대체 연료를 포함한 연료 및 연료의 특성에 대해 설명한다. 연료의 특성과 연료를 태울 때 일어나는 일을 설명하면서 시작하기로 한다. 그런 다음 발전소 내에서 연료 연소가 전기로 변환되는 방법을 보여준다. 많은 유형의 연료가 있기 때문에 다양한 구성이 열 출력뿐만 아니라 연소로 생성되는 기체 생성물에도 어떻게 영향을 미치는지 설명한다. 다음 질문에 답하여 분석을 시작해 보자. 연료란 무엇이고, 연소되면 어떻게 되는가?

©Don Farrall/Photodisc/Getty Images

6.1 화석 연료: 주유소에서 선사 시대를 채우다

연료(fuel)는 열이나 작업을 위해 연소(태움)될 수 있는 고체, 액체 또는 기체 물질이다. 연료의 공급원은 풀이나 짚과 같은 고형물을 태워서 열을 얻었던 선사시대로 거슬러 올라간다. 석탄을 연료로 사용하는 것은 실제로 고대 문명으로부터 거슬러 올라간다. 기원전 1000년 전에 중국 북동부에서는 광석에서 구리를 분리하기 위해 석탄을 사용하였다. 그러나 18세기 후반의 산업 혁명은 증기 기관과 제철에 석탄을 대규모로 사용하는 것을 촉발시켰다. 미국의 19세기 중반 유정 시추 기술의 발달은 석유 산업 및 운송, 전기, 난방 및 심지어 플라스틱 제조를 위한 석유 제품의 대량 소비를 야기시켰다. 현재 세계 에너지 수요는 화석 연료, 석탄 또는 석유를 연소시켜 공급하고 있다. 우리가 이용할 수 있는 연료의 종류는 매우 많은데, 연료의 바람직한 특성은 무엇인가?

New York의 Ithaca에 있는 기발한 전기 계량기 덮개는 화석 연료가 공룡에서 유래되었다는 일반적인 개념을 보여준다.
©Jamie Ellis, Ithaca College

활동 학습 6.1 ➤ "최상의" 연료?

고대로부터 사용된 다양한 종류의 연료를 생각해 보자.

a. 특정 연료가 바람직하거나 바람직하지 않게 되는 특성은 무엇인가?

b. 연료와 의도된 용도 사이에 좋은 조화를 이루는 것은 무엇인가?

c. 위의 고려 사항을 염두에 두고, 산업화된 국가들이 목재를 사용하는 것에서 석탄으로, 그리고 결국 연료의 주요 공급원으로서 석유와 천연 가스로 전환한 몇 가지 이유를 제안하라.

d. 미래에 석유를 대신하기 위해 어떤 연료 특성이 필요할까

이전 활동 학습에서 고려했을 수도 있지만, 연료는 낮은 온도에서 쉽게 점화되어 연소하는 동안 많은 양의 열을 발생시키는 것이 가치가 있다. 또한 연료는 저렴하게 분리할 수 있어야 하며, 안전하고 효율적인 저장 또는 운송을 가능하게 하는 속성을 가져야 한다. 마지막으로 바람직한 연료는 연소 후 잔유물이 거의 남지 않아야 하며, 인간의 건강이나 환경에 해롭지 않은 부산물을 생산해야 한다. 불행히도 이 모든 조건을 만족시키는 연료는 없다.

인간은 현재 석탄, 석유 제품(예: 휘발유, 디젤, 프로페인), 천연 가스를 연료의 일차 공급원으로 사용하고 있다. 일반적인 생각과는 달리, 이러한 소위 화석 연료는 공룡의 선사시대 유적이 아니다. 사실 오늘날 우리가 사용하는 **화석 연료**(fossil fuel)의 대부분은 최초의 공룡이 출현하기 수백만 년 전에 번성했던 식물이 썩어가면서 형성되었다. 원시 식물을 포함한 녹색 식물이 보여주는 광합성의 과정은 식물이 햇빛 에너지를 받아서 이산화 탄소와 물에서 글루코스와 산소를 생산하는 것이다.

$$6\ CO_2(g) + 6\ H_2O(l) \longrightarrow C_6H_{12}O_6(aq) + 6\ O_2(g) \qquad \textbf{[6.1]}$$

물질을 붕괴시키는 과정은 에너지를 방출하고, 이 과정을 반대로 하면 $CO_2(g)$와 $H_2O(l)$이 생성된다. 그러나 특정 조건하에서 유기체를 구성하는 탄소 함유 화합물은 부분적으로만 분해된다. 과거의 선사 시대에는, 많은 양의 식물과 동물이 늪이나 해저의 퇴적층 아래에 묻혔다. 부패하는 물질에 산소가 닿지 못하여 분해 과정이 느려졌다. 또한 진흙과 암석층이 매장된 잔재를 덮어서 온도와 압력이 증가하여 추가적인 화학 반응이 일어났다. 시간이 지남에 따라 한때 태양 광선을 받은 식물은 우리가 석탄, 석유 및 천연 가스라고 부르는 물질로 변형되었다. 매우 실제적인 의미에서 이 식물 화석은 고체, 액체 및 기체 상태로 저장된 고대의 태양 에너지(햇빛)로 생각할 수 있다.

사전 지식 *Did You Know* ?

석유 및 천연 가스 탐사(석탄 또는 유전의 상단에서 발견됨) 중에 온전한 공룡 화석이 발견되었다. 이것은 공룡이 화석 연료의 주요 공급원이 아니라는 증거이다.

활동 학습 6.2 ❯ 김이 나는 퇴비

식물과 동물 재료를 재활용하고 재사용하기를 원하는가? 퇴비 더미를 보라! 적절한 기상 조건에서 퇴비 더미에서 증기가 나오는 것을 볼 수 있다. 이 관찰 결과를 설명하라.

www.acs.org/cic을 방문하여 퇴비화에 관한 기사를 확인하라. 그리고 간단한 혼합물을 만드는 방법을 알아보라.

그렇다. 오늘의 식물은 내일의 화석 연료가 된다. 그러나 이것은 인간 수명에 해당하는 동안의 시간 틀에서는 일어나지 않는다. 놀라운 일은 화석 연료가 자연에서 생산되기까지 수천 년이 걸렸으나 불과 몇 세기만에 우리가 모두 소비할 것이다. 수백만 년의 지질학적 기간 동안 온도와 압력의 변화는 죽은 식물과 동물의 생명체를 석탄이나 원유와 같은 가치 있는 형태로 변화시켰다.

식물이 화석 연료로 전환되는 데 걸리는 시간을 고려하면, 석탄, 석유, 천연 가스를 태우는 속도는 지속 가능하지 않다. 적어도 현재와 미래의 에너지 수요를 충족시키기 위해 충분히 이용할 수 있다는 측면에서 말이다. 아마도 당신은 이 주장에 대해 다소 회의적일 것이다. 화석 연료는 항상 새로운 침전물이 발견되고 추출 기술이 지속적으로 발전되어 더 많은 화석 연료가 공급되는 것으로 보일 수 있다. 그러나 화석 연료의 공급이 무한하다 하더라도(실제는 그렇지 않다) 지속 가능성은 단순히 가용성 이상을 포함한다.

활동 학습 6.3 ❯ 화석 연료는 어디에 있는가?

미국 에너지 정보 관리국(U.S. Energy Information Administration, EIA) 웹사이트의 국제 에너지 포털(International Energy Portal) 링크에 있는 대화형 동향을 참조하라.

a. 세계 최대의 석탄, 석유 및 천연 가스 생산국은 어느 국가인가?

b. 이 국가들도 이 화석 연료를 가장 많이 보유하고 있는가?

c. **a**와 **b**의 순위가 동일하지 않은 이유를 설명해 보라. 예를 들어, 캐나다는 석유 자원에서 3위이지만 생산 순위는 4위이다. 대조적으로 미국은 세계 석유 매장량에서 10위를 차지하지만, 1위 생산국이다.

d. 지난 10년 간 특정 국가의 생산 및 보유 용량 추세가 변화했는가? 이러한 경향을 설명할 수 있는 몇 가지 사회 경제적 요소를 제안하라.

활동 학습 6.4 ❯ 화석 연료는 부족할까?

다양한 인터넷 자료를 사용하여 재생 불가능한 석탄, 석유 및 천연 가스의 공급이 소진되는 시간 범위를 예측하라. 이러한 예측을 악화시키거나 개선할 수 있는 요인은 무엇인가?

에너지를 얻기 위해 화석 연료를 태우는 것은 두 가지 면에서 지속 가능성의 기준을 충족시키지 못한다. 첫째, 연료 자체는 재생 불가능하다. 일단 사라지면 적어도 유용한 시간 내에 교체할 수 없다. 둘째, 연소의 폐기물 생산물은 오늘날과 미래에 우리 환경에 악영향을 미친다. 제4장에서는 산업 혁명이 시작된 이래 대기 중 $CO_2(g)$의 농도가 어떻게 극적으로 상승했는지를 기술했다. 이러한 증가는 앞으로도 대대로 우리 기후에 영향을 미칠 것이다. 석탄을 태우면 그을음, 일산화 탄소, 수은, 황과 질소의 산화물과 같은 오염 물질도 같이 배출된다. 이러한 배출물은 공기의 질을 떨어뜨리고, 비를 산성화하며, 기존의 건강 상태를 악화시키고, 지구 기후 변화를 가속화하기 때문에 지금 당장 우리에게 영향을 미친다. 우리가 이것에 대해 무엇을 할 수 있는지 고려하기 전에, 화석 연료가 연소될 때 어떤 일이 일어나는지, 그리고 화석 연료가 왜 우리의 현재 에너지 수요를 그렇게 많이 제공하는지 먼저 생각해 보자.

6.2 태워, 태워버려! 연소 과정

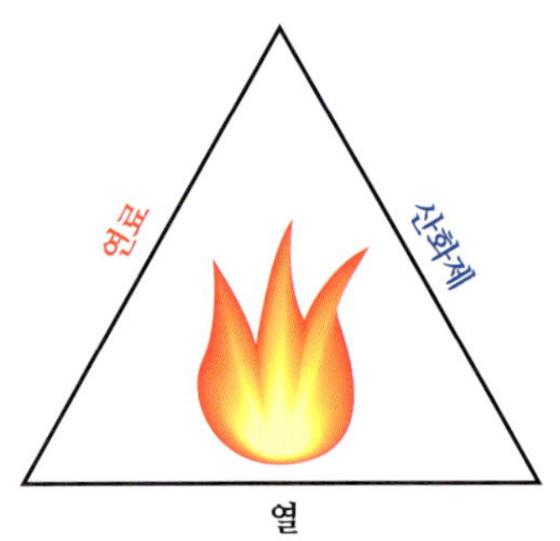

그림 6.1
연소에 필요한 세 가지 구성 요소를 보여주는 불 삼각형.

불을 피우려면 필요한 세 가지 요건이 있는데, 열원, 연료, 산화제(그림 6.1)가 그것이다. 이러한 성분들이 결합되면 화학 반응이 일어나 다양한 부산물과 상당한 양의 열을 방출한다. 일단 불이 붙게 되면 열이나 점화원이 더 이상 필요하지 않다. 불은 산소나 연료 공급원이 제거될 때까지 계속 타오를 것이다. 예를 들어, 방화 담요는 사용 가능한 산소가 연료원과 반응하는 것을 방지함으로써 불을 끄는 데 사용된다.

밀폐된 환경에서는 실내에 있는 사용 가능한 산소가 연료와 반응해서 모두 소모되면, 결국 화재는 가라앉을 것이다. 그러나 꺼져가는 불에 무심코 문을 열면 신선한 산소 공급원에 의해 위험할 정도로 폭발하는 상황이 발생하는데, 이를 *역류*(backdraft)라고 한다.

우리 대기의 산소($O_2(g)$)는 가장 대표적인 산화제지만, 오존($O_3(g)$), 과산화 수소($H_2O_2(l)$), 아산화 질소($N_2O(g)$) 또는 많은 다른 산소 함유 화합물과 같은 다른 공급원이 사용될 수 있다. 훨씬 덜 흔하지만, 플루오린($F_2(g)$), 염소($Cl_2(g)$), 브로민($Br_2(l)$) 또는 할로젠 함유 화합물과 같이 산화제 역할을 하는 할로젠과의 연소 반응도 가능하다.

특정 연료 공급원이나 산화제와 관계없이 일반적인 화학 반응은 동일하다(식 [6.2]). 모든 화학 반응에서와 같이 화학 반응식의 왼쪽에 있는 화학종을 반응 물질(즉, 연소 반응을 위한 연료 및 산화제 분자)이라고 하는 반면, 오른쪽에 나타나는 화학종은 다음과 같이 생성물이라고 한다.

$$\text{연료} + \text{산화제} \xrightarrow{\text{열}} \text{생성물} \qquad [6.2]$$

어떤 생성물이 생성될 것인가는 연소에 사용되는 연료와 산화제에 따라 달라진다.

대부분의 연료는 **탄화수소**(hydrocarbon)로, 수소와 탄소 원소로만 구성된 화합물이다. 화학 결합에 대한 몇 가지 기본 규칙은 탄화수소가 안정한 화합물을 만들어 내는 것을 이해하는 데 도움을 준다. 기본 규칙의 한 가지는 3.8절에 소개된 팔전자 규칙이다. 탄화수소의 탄소 원자는 8개의 원자가 전자를 공유하는 화학 결합을 형성한다. 예를 들어, 천연가스의 1차 성분인 메테인(CH_4)에서 중심 C 원자는 다음과 같이 8개의 전자로 둘러싸여 네 개의 공유 결합을 형성한다.

```
     H
     |
 H — C — H
     |
     H
```

또 다른 유용한 규칙은 탄소가 탄화수소에서 4개의 결합을 형성한다는 것이다. 하나의 가능성은 메테인에서와 같이 4개의 단일 결합이다. 또 다른 가능성은 에텐(*에틸렌*이라고도 함)에서와 같이 각 탄소 주위에 1개의 이중 결합과 2개의 단일 결합, 총 4개의 결합이 있을 수 있다.

```
 H       H
  \     /
   C = C
  /     \
 H       H
```

관련 절
구조식은 3.8절에서 소개하였다.

제1장에서 언급했듯이 CH_4, C_2H_4, C_8H_{18}과 같은 화학식은 분자에 존재하는 원자의 종류와 수를 나타내지만 원자가 어떻게 연결되어 있는지 보여주지는 않는다. 이 정도의 세부 사항을 얻으려면 *구조식*(structural formula)이 필요하다. 예를 들어, 라이터와 캠프 난로에 연료를 공급하는 데 사용되는 탄화수소인 *n*-뷰테인, C_4H_{10}의 구조식은 다음과 같다. 화학적 명칭의 *n*은 *노말*(normal)을 나타내며, 이는 탄소 원자가 직선 사슬을 이루고 있음을 의미한다.

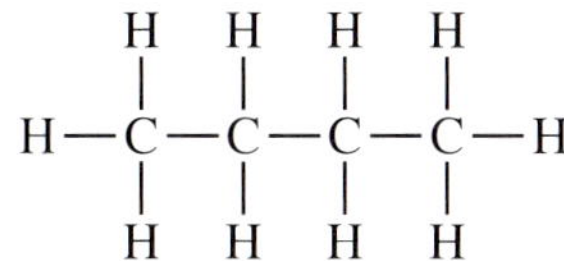

4.7절에서 논의한 바와 같이, 각각의 탄소 원자는 C—H 및 C—C 결합의 정사면체 배열을 특징으로 한다.

구조식의 단점은 페이지에서 많은 공간을 차지한다는 것이다. 동일한 정보를 보다 간결하게 전달하기 위해 대부분의 경우 일부 결합을 표시하지 않은 **축약 구조식**(condensed structural formula)을 사용한다. 축약 구조식에서는 결합이 나타나 있지 않더라도 결합이 포함되어 있는 것으로 간주한다. 다음은 *n*-뷰테인에 대한 두 개의 축약 구조식으로, 두 번째 것이 첫 번째 것보다 "축약"된다.

$$CH_3—CH_2—CH_2—CH_3 \qquad CH_3CH_2CH_2CH_3$$

이들 구조에서 H 원자는 C 원자의 사슬의 부분인 것처럼 보이지만, 그렇지 않고 실제로는 수소 앞에 있는 탄소 원자에 연결되어 있는 것으로 이해해야 한다.

탄화수소는 앞의 장에서 소개한 무기 화합물과는 아주 다른 명명 규칙을 따른다. 탄화수소 화합물의 접두사는 구조식에 존재하는 탄소 원자의 수를 나타낸다(표 6.1). *모노-(mono-)*, *다이-(di-)*, *트라이-(tri-)* 및 *테트라-(tetra-)* 접두사가 셈을 하는 데 사용되는 것처럼 *메트-(meth-)*, *에트(eth-)*, *prop-(프로프-)* 및 *but-(뷰트-)*도 마찬가지이다. 접미사는 분자 내 탄소 원자 대 수소 원자의 비율에 대해 구체적인 것을 알려준다. 예를 들어, *-에인(-ane)* 접미사는 일반식 C_xH_{2x+2}를 갖지만, C:H 비율이 달라지면 다른 접미사를 사용한다.

표 6.1에 나열된 접두사는 매우 다양하다. 화학명의 시작 부분뿐만 아니라 탄소 및 수소 원자 사슬의 기(group)를 나타내는 데에도 사용할 수 있다. 탄화수소 분자는 각각 고유한 화학식과 이름을 가지고 있으며 50개 이상의 탄소 원자를 가진 것들도 있다.

활동 학습 6.5 ❯ 엄마는 땅콩 버터를 먹는다

여러 세대에 걸쳐 화학을 공부하는 학생들은 "mother eats peanut butter(엄마가 땅콩버터를 먹는다)"의 문장에 나오는 단어 맨 앞의 스펠링을 사용하여 *meth-*, *eth-*, *prop-*, *but* 을 기억하였다. 이 화합물들 각각이 가지고 있는 탄소 원자의 수를 알기 위해 이 방법 또는 당신이 선택한 또 다른 기억 방법을 사용해 보라.

a. 에탄올(술의 주성분이며 휘발유 첨가제로 사용)

b. 염화 메틸렌(페인트 제거 물질의 구성 성분으로 사용되며 실내 공기 오염 가능성이 있는 물질)

c. 프로페인(액화 석유 가스의 주요 구성 물질, liquified petroleum gas, LPG)

표 6.1 탄소 원자 수에 따른 탄화수소의 이름

화학식	탄소 원자의 수	화합물의 이름	화학식	탄소 원자의 수	화합물의 이름
CH_4	1	메테인 (methane)	C_6H_{14}	6	헥세인 (hexane)
C_2H_6	2	에테인 (ethane)	C_7H_{16}	7	헵테인 (heptane)
C_3H_8	3	프로페인 (propane)	C_8H_{18}	8	옥테인 (octane)
C_4H_{10}	4	뷰테인 (butane)	C_9H_{20}	9	노네인 (nonane)
C_5H_{12}	5	펜테인 (pentane)	$C_{10}H_{22}$	10	데케인 (decane)

순수한 탄화수소 연료를 연소시키면 완전한 연소 시 생성되는 생성물은 이산화 탄소와 수증기뿐이다. 예를 들어, *프로페인*(propane, C_3H_8)의 연소를 생각해 보자.

$$C_3H_8(g) + 5\ O_2(g) \longrightarrow 3\ CO_2(g) + 4\ H_2O(g) \quad \textbf{[6.3]}$$

그러나 *불완전*(incomplete) 연소를 하면 일부 일산화 탄소($CO(g)$)와 탄소 그을음이 발생할 수 있다. 프로페인 연소의 경우, O_2:C_3H_8의 몰비가 5:1 미만인 경우는 *산소-결핍*(oxygen-deficient) 조건이라고 말한다.

관련 절

2.13절에 설명한 자동차의 배기 기체에서 배출된 NO_x가 인체에 유해한 오존을 지표면에서 생성시키는 역할을 한다는 것을 배웠다.

프로페인, 석탄 및 기타 대부분의 연료에는 황이 포함되어 있어서 황 산화물 배출(SO_x, 여기서 x = 2 또는 3)이 발생된다. 또한, $N_2(g)$와 $O_2(g)$는 높은 온도에서 반응을 하여 질소 산화물(NO_x, 여기서 x = 1 또는 2)을 생성하는 경우가 많다. 이 장 전체에서 볼 수 있듯이 연료 연소로 다양한 생성물이 생성될 수 있다.

활동 학습 6.6 연소 반응 연습

아래의 각 연료에 대해 균형 맞춘 연소 반응식을 써라.

a. 글루코스, 포도당($C_6H_{12}O_6$)

b. 메테인, 천연 가스(CH_4)

c. 뷰테인, 라이터 연료(C_4H_{10})

힌트: 반응식을 균형 맞추는 것의 정보는 2.11절을 참조하라.

활동 학습 6.7 공기 중에서 연소

화학 반응식 [6.3]의 균형 맞춘 반응식은 순수 산소 속에서 프로페인을 연소시키는 반응을 나타내고 있다. 그러나 실생활에서는 주로 질소로 구성되어 있는 공기에서 연소를 시킨다. 공기 중에서 프로페인의 연소를 설명하려면 균형 맞춘 반응식을 어떻게 써야 하는가? 질소가 불활성이라고 가정하라. 즉, 질소는 프로페인이나 산소와 반응하지 않는다.

6.3 "에너지"란 무엇인가?

불을 피우는 것은 초기 구석기 조상들의 생존을 촉진하는 중대한 발견이었다. 연료를 태울 때 생성되는 에너지는 우리를 따뜻하게 해주고 자동차, 조명, 그리고 가전제품에 전력을 공급한다. 제3장에서 UV 복사선으로 알려진 에너지의 형태와 그것이 인체 건강에 미치는 영향을 살펴보았다. 그러나 "에너지"란 정확히 무엇이며, 어디에서 오는 것일까?

에너지(energy)는 변화를 일으키거나, 일을 할 물질의 용량이나 능력을 가리키는 우리 우주의 기본적 성질이다. 예를 들어, 자동차의 연료 연소는 바퀴를 돌리는 엔진을 움직인다. 그 대신에, 불꽃놀이에서 화약이 점화되거나, 태양에서 일어나는 핵반응에서 에너지가 열과 빛으로 방출된다.

사전 지식 *Did You Know*

전자기(electromagnetic, EM) 복사선은 전기장과 자기장의 이동으로 발생한다. 따라서 운동 에너지의 한 형태로 가장 잘 분류된다.

에너지의 형태는 다양하지만, 두 가지 일반적인 유형이 있다. **운동 에너지**(kinetic energy)는 물체의 운동에 따른 에너지로서, 원자와 분자의 움직임뿐만 아니라 걷기, 오르기, 달리기 등의 우리 자신의 활동도 포함된다. 대조적으로, **퍼텐셜 에너지**(potential energy)는 저장된 에너지 또는 다른 물체에 대한 물질의 위치에 따른 에너지이다. 서로 다른 연료는 다른 조성과 다른 원자 배열을 갖기 때문에, 서로 다른 양의 퍼텐셜 에너지를 갖는다. 이 에너지의 크기는 연료 분자에 존재하는 결합의 유형에 따라 달라진다. 연소 반응이 일어나는 동안, 연료 내의 원자의 상대적 위치가 변화되어 퍼텐셜 에너지가 변화된다.

다음 활동 학습에서, 이원자 분자에서 이웃한 원자의 위치가 그 분자의 전체적인 퍼텐셜 에너지에 어떻게 영향을 미치는지 알게 될 것이다.

활동 학습 6.8 ▸ *너무 가까운 거리여서 편안하다: 이원자 분자의 퍼텐셜 에너지*

www.acs.org/cic에서, 이 모의실험은 이원자 분자의 퍼텐셜 에너지와 원자 사이의 거리 사이의 관계를 탐구한다. 분자를 선택하고 슬라이더를 사용하여 원자를 더 가깝게 그리고 더 멀리 떨어지게 한다. 원자 거리가 변함에 따라 분자의 퍼텐셜 에너지는 어떻게 되는가? 이 일반적인 경향을 설명하라(원자핵은 양전하를 띠고 전자는 음전하를 띤다는 것을 상기하라).

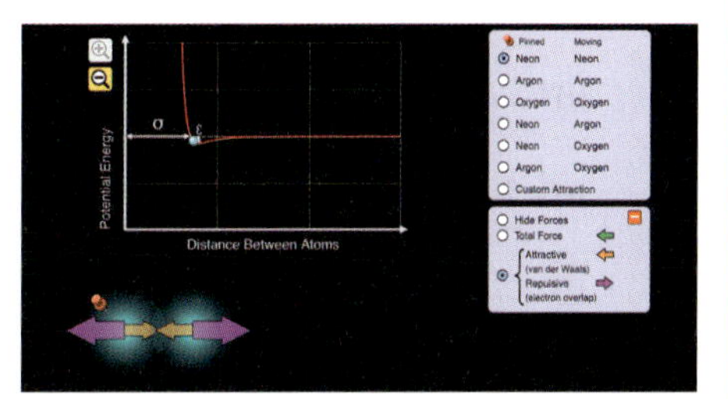

PhET Interactive Simulations, University of Colorado

연소하는 동안 연료 분자에 저장된 에너지는 운동 에너지의 한 형태인 열로 변환된다. 에너지 보존의 법칙이라고도 불리는 **열역학 제1법칙**(first law of thermodynamics)은 에너지가 창조되거나 소멸되지 않는다고 명시하고 있다. 에너지의 형태가 변하더라도 어떤 변환 전후의 에너지의 총량은 그대로 유지됨을 암시한다.

열(heat)은 더 뜨거운 물체에서 더 차가운 물체로 흐르는 운동 에너지다. 두 몸체가 접촉할 때, 열은 항상 더 높은 온도의 물체에서 더 낮은 온도의 물체로 흐른다. **온도**(temperature)는 물질에 존재하는 원자 또는 분자의 평균 운동 에너지를 측정하는 척도다. 우리 주변의 모든 것은 기온이 높거나 낮거나 미지근하다. 물체는 원자와 분자가 "따뜻한" 물체에 비해 평균적으로 더 느리게 움직일 때 "차가운" 상태이다. 따라서 물체의 온도가 올라가려면 원자와 분자의 운동 에너지가 증가해야 한다.

온도와 열의 개념은 관련이 있지만 동일하지는 않다. 물병과 태평양의 물 온도는 같을 수 있지만 태평양의 물은 물병보다 훨씬 더 많은 열을 포함하고 전달할 수 있다. 태평양의 물 분자의 수가 물병의 물 분자의 수보다 훨씬 많기 때문이다. 실제로, 바닷물은 대량의 열을 흡수하고 전달하는 능력이 있어서 전체 지역의 기후에 영향을 줄 수 있다.

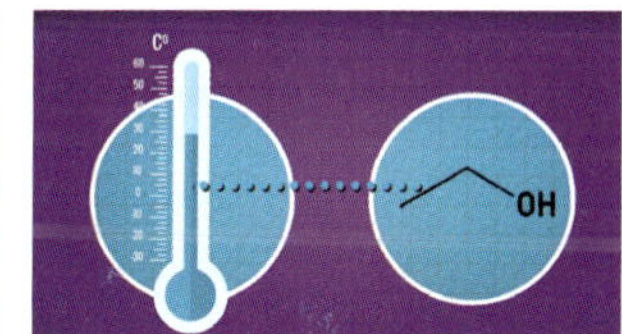

열은 직접 측정할 수 없다. 그러나 열 변화는 보통 온도 변화로 감지될 수 있다. 온도 측정 장치의 역사에 대해서는 www.acs.org/cic에서 비디오를 확인하라.

6.4 "뜨겁다"는 것은 얼마나 뜨거운 것일까? *에너지 변화 측정*

열 에너지를 제공하는 능력을 가진 물질은 좋은 연료가 된다. 이 절에서는 연료가 연소할 때 방출되는 에너지를 측정하고 표현하는 방법에 대해 설명한다. **칼로리**(calorie, cal)는 18세기 후반에 미터법으로 도입되었으며, 물 1 g의 온도를 섭씨 1도 올리는 데 필요한 열량으로 정의되었다. 영양 칼로리(Calorie)에서와 같이 칼로리가 대문자로 표시되면, 일반적으로 미터법으로 kcal를 의미한다. 식품 포장의 라벨과 요리책에 표시된 값은 실제로 kcal이다.

$$1\ \text{kcal} = 1000\ \text{cal} = 1\ \text{Cal}$$

현대식 단위 시스템은 **줄**(joule, J)을 사용하며, 이것은 0.239 cal에 해당한다. 1줄(1 J)은 100 g 사과를 중력에 대해 1 m 높이까지 올리는 데 필요한 에너지와 거의 같다. 칼로리와 줄을 등가 관계로 나타내면 1 cal = 4.184 J이 된다. 보다 개인적인 기준으로 나타내면, 인간의 심장 박동마다 약 1 J의 에너지가 필요하다. 그림 6.2는 다양한 에너지 크기의 상황을 줄 단위로 비교해 준다.

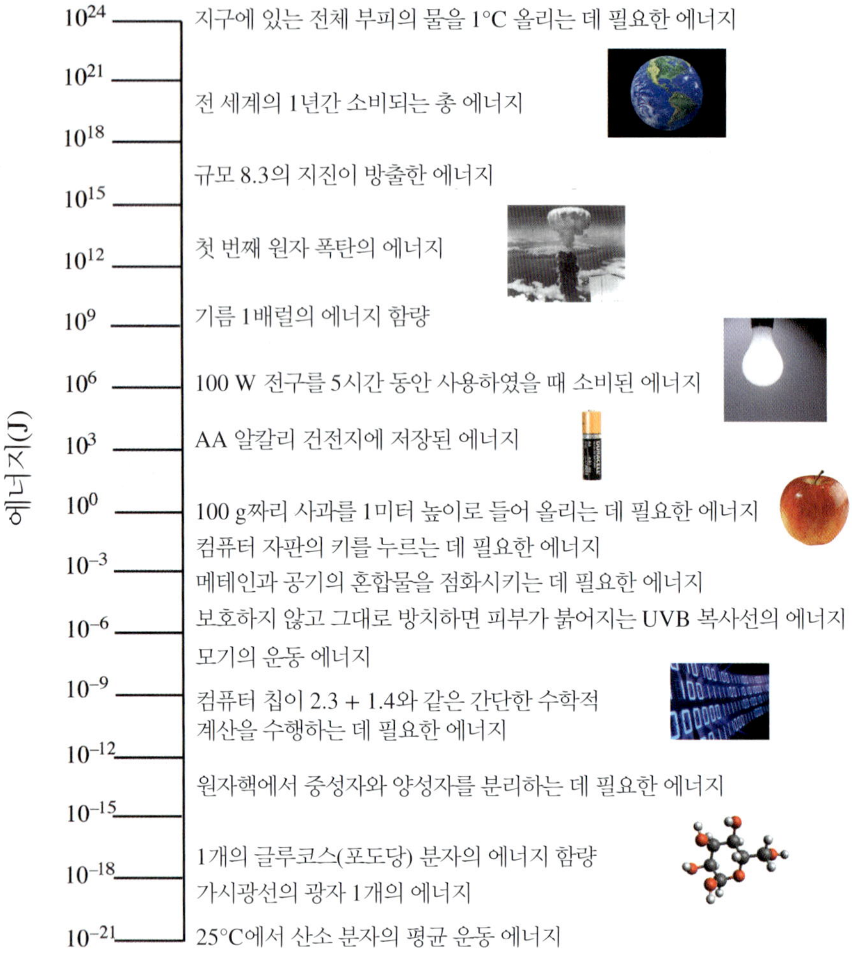

에너지(J)

10^{24} 지구에 있는 전체 부피의 물을 1°C 올리는 데 필요한 에너지
10^{21}
전 세계의 1년간 소비되는 총 에너지
10^{18}
규모 8.3의 지진이 방출한 에너지
10^{15}
첫 번째 원자 폭탄의 에너지
10^{12}
기름 1배럴의 에너지 함량
10^{9}
100 W 전구를 5시간 동안 사용하였을 때 소비된 에너지
10^{6}
AA 알칼리 건전지에 저장된 에너지
10^{3}
100 g짜리 사과를 1미터 높이로 들어 올리는 데 필요한 에너지
10^{0}
컴퓨터 자판의 키를 누르는 데 필요한 에너지
메테인과 공기의 혼합물을 점화시키는 데 필요한 에너지
10^{-3}
보호하지 않고 그대로 방치하면 피부가 붉어지는 UVB 복사선의 에너지
모기의 운동 에너지
10^{-6}
컴퓨터 칩이 2.3 + 1.4와 같은 간단한 수학적 계산을 수행하는 데 필요한 에너지
10^{-9}
10^{-12}
원자핵에서 중성자와 양성자를 분리하는 데 필요한 에너지
10^{-15}
1개의 글루코스(포도당) 분자의 에너지 함량
10^{-18}
가시광선의 광자 1개의 에너지
10^{-21} 25°C에서 산소 분자의 평균 운동 에너지

그림 6.2

다양한 에너지 크기의 상황 비교.

(*Earth*): ©Studio Photogram/Alamy; (*Bomb*): Source: Library of Congress Prints & Photographs Division [LC-USZ62-36452]; (*Bulb*): ©Ingram Publishing/SuperStock; (*Battery*): ©Jeffrey B. Banke/Shutterstock (*Apple*): ©lynx/ iconotec.com/Glow Images; (*Binary*): ©Mmaxer/Shutterstock.

활동 학습 6.9 ▸ *에너지 계산*

a. 피자 한 조각은 217 kcal(217 Cal)를 함유한다. 이 값을 kJ 단위로 나타내라.

b. 피자 한 조각을 신진 대사하여 얻는 에너지 양으로 바닥에서 2 m 떨어진 선반까지 들어 올릴 수 있는 1 kg 책의 수를 계산하라.

활동 학습 6.10 ▸ *가정 확인*

학습 활동 6.9의 **b**에서 계산을 수행할 때 단순화된 가정이 있었다.

a. 가정은 무엇이며 합리적인가?

b. 이 가정을 바탕으로 답이 너무 높거나 너무 낮은가? 당신의 추론을 설명하라.

그렇다면 음식은 어떻게 연료가 될까? 결국, 우리가 먹은 음식은 타지 않는다! 연소 과정은 실제로 산화 과정이다. 즉 산소와 반응하는 과정이다. 탄수화물(당)과 지방은 우리 몸에 에너지를 공급하는 생체 분자의 종류이다. 탄수화물과 지방이 산소와 반응할 때, 에너지를 내는 것은 반응의 생성물이 반응 물질보다 퍼텐셜 에너지가 더 적기 때문이다. 이

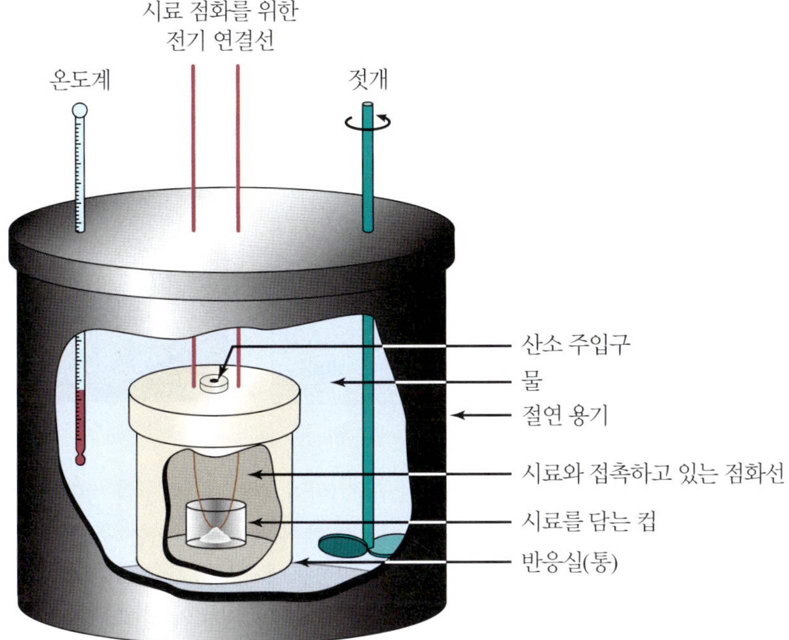

그림 6.3

열량계의 개략도. 반응 용기는 시료가 연소될 때, 밀폐된 용기 내부에서 발생하는 큰 압력으로 인해 종종 "봄베(bomb)"이라고 부른다.

에너지 차이 때문에 둘 다 체내에서 사용이 가능한 에너지로 변형되어 몸 전체에 열로 발산된다.

열량계(calorimeter)는 연소 반응에서 방출되는 열 에너지의 양을 실험적으로 측정하는 데 사용하는 장치이다. 그림 6.3은 벽이 두꺼운 스테인리스강 열량계의 도식적인 모습을 보여준다. 연료의 질량을 측정한 다음, 과잉의 산소를 반응 용기에 공급하고, 반응 용기를 밀봉하여 물속에 넣는다. 반응은 전기 불꽃으로 시작되며, 반응에 의해 방출된 열은 반응 용기에서 물과 나머지 장치로 흐른다. 그 결과 전체 열량계 시스템의 온도가 상승한다. 반응에 의해 방출되는 열의 양은 이 온도 상승으로부터 열량계 시스템의 알려진 열 흡수 특성과 열량계에 들어 있는 물의 양을 이용하여 계산할 수 있다. 온도 상승(°C로 측정)이 크면 클수록, 이 반응(J로 측정)에서 방출한 에너지의 양이 증가한다.

대부분의 표에 나와 있는 연소열 값 이러한 종류의 실험 측정으로 얻어진 것이다. 이름이 보여주듯이 **연소열**(heat of combustion)은 일정한 양의 물질이 산소 속에서 연소할 때 방출되는 열 에너지의 양이다. 연소열은 일반적으로 몰당 kJ(kJ/mol), g당 kJ(kJ/g), 몰당 kcal(kcal/mol), g당 kcal(kcal/g) 단위로 나타낸다. 예를 들어, 실험적으로 측정된 메테인의 연소열은 802.3 kJ/mol이다. 즉, 1몰의 $CH_4(g)$이 2몰의 $O_2(g)$와 반응하여 1몰의 $CO(g)$와 2몰의 $H_2O(g)$을 형성할 때 802.3 kJ의 열이 방출된다는 것을 의미한다.

$$CH_4(g) + 2\ O_2(g) \longrightarrow CO_2(g) + 2\ H_2O(g) + 802.3\ \text{kJ} \qquad [6.4]$$

메테인을 태우는 것은 폭포 꼭대기에서 떨어지는 물과 비슷하다. 물은 초기의 높은 중력 퍼텐셜 에너지 상태에서 더 낮은 퍼텐셜 에너지 상태로 떨어진다. 물의 퍼텐셜 에너지는 운동 에너지로 바뀌어 아래의 바위에 부딪칠 때 소리와 열 에너지와 같은 다른 형태의 에너지로 변환된다. 비슷하게 메테인이 연소할 때, 반응물의 원자들이 그들의 상호작용을 변화시켜 생성물을 생성하면서, 낮은 퍼텐셜 에너지 상태로 "떨어질" 때 에너지를 방출한다. 그림 6.4는 이 과정을 개략적으로 나타낸 것이다. 아래를 향한 화살표는 1몰 $CO_2(g)$와 2몰 $H_2O(g)$와 관련된 에너지가 1몰 $CH_4(g)$와 2몰 $O_2(g)$와 연관된 에너지보다 적다는 것을 의미한다.

LAB

©Pakhnyushchy/Shutterstock

연료들의 에너지 함량을 측정하는 방법을 알려면 www.acs.org/cic에서 이 비디오를 확인하라.

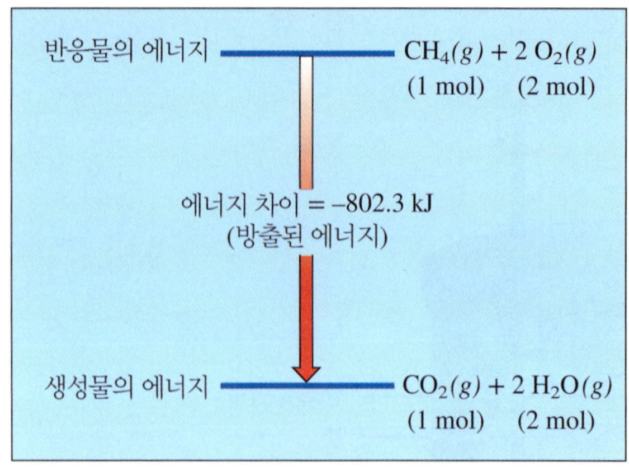

그림 6.4

폭포와 메테인 연소의 에너지 차이의 비교 – 발열 반응.

따라서 메테인의 연소는 **발열**(exothermic)이며, 이 용어는 열의 방출이 동반되는 모든 화학적 또는 물리적 변화에 적용된다. 이 반응에서 에너지 차이는 −802.3 kJ이다. 모든 발열 반응의 에너지 변화에 붙은 음의 부호는 반응물에서 생성물로 갈 때 퍼텐셜 에너지가 감소하였음을 의미한다. 방출하는 에너지양이 연소하는 연료의 양에 의존하는 것은 놀라운 일이 아니다.

연료를 보다 간단하게 비교하기 위해 이 값을 사용하여 1몰이 아닌 1 g의 연료에 대해 방출되는 킬로 kJ을 계산할 수 있다. 탄소와 수소의 원자 질량에서 계산된 CH_4의 몰질량은 16.0 g/mol이다. 그런 다음 메테인 1 g당 연소열을 계산할 수 있다.

$$\frac{802.3\text{ kJ}}{\cancel{1\text{ mol CH}_4}} \times \frac{\cancel{1\text{ mol CH}_4}}{16.0\text{ g CH}_4} = 50.1\text{ kJ/g CH}_4$$

연료의 퍼텐셜 에너지가 높을수록 높은 연소열을 갖는다! 연소 중에 방출되는 열 에너지의 측면에서 보면 방출되는 에너지가 많을수록 더 좋은 연료이다. 그림 6.5는 몇 가지 다른 연료의 에너지 차이(kJ/g 단위)를 비교하고 있다. 연료의 화학식에 근거하여 몇 가지 흥미로운 일반화를 시도할 수 있다. 첫째, 가장 높은 연소열을 가진 연료는 탄화수소이다. 둘째, 수소 대 탄소 비율이 감소할수록 연소열은 감소한다. 셋째, 연료 분자 내 산소의 양이 증가할수록 연소열은 감소한다.

관련 절

핵연료는 제7장에서 논의된다.

우라늄을 함유한 핵연료를 제외하고, 가장 실행 가능한 연료의 분자 구조가 주로 탄

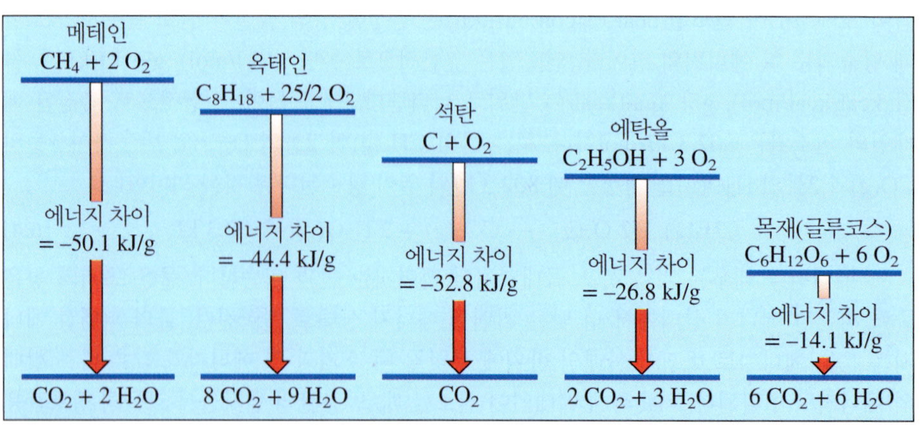

그림 6.5

메테인(CH_4), *n*-옥테인(C_8H_{18}), 석탄(순수 탄소로 가정), 에탄올(C_2H_5OH) 및 목재(글루코스로 가정)의 연소에 대한 에너지 차이(kJ/g 단위로). 이산화 탄소와 물은 기체상으로 형성된다.

소와 수소 원자로 구성되어 있다는 것은 우연이 아니다. 이들 원자는 쉽게 산화되어 안정된(낮은 퍼텐셜 에너지) 이산화 탄소와 물 분자를 형성하여 반응물인 연료와 산소에서 전체 에너지를 방출한다.

활동 학습 6.11 ❯ *석탄 대 에탄올*

화학적 조성을 근거로 해서 에탄올과 석탄이 화학식은 매우 다르지만 연소열은 비슷한 이유를 설명하라.

모든 화학 반응이 발열 반응인 것은 아니다. 즉, 어떤 반응은 반응이 일어날 때 에너지를 *흡수한다*(absorb). 우리는 앞의 장에서 두 가지 중요한 예를 논의했다. 하나는 O_3에 높은 에너지(UVB 및 UVC)의 광자를 쪼여 주면 분해되어 O_2와 O를 생성하는 반응이다. 또 다른 반응은 N_2와 O_2가 결합하여 두 분자의 NO를 생성하는 반응으로서 고온 환경이 필요하다. 이 두 반응 모두 **흡열 반응**(endothermic)이며, 에너지를 흡수하고 더 높은 퍼텐셜 에너지 상태의 생성물을 생성하는 모든 화학적 또는 물리적 변화에 적용되는 용어이다. 흡열 반응을 나타내는 규칙은 에너지 값과 단위 앞에 양의 부호(또는 전혀 부호가 없음)를 붙이는 것이다. 예를 들어 +29 J는 반응이 29 J의 에너지를 흡수했음을 의미한다.

광합성은 흡열 반응이다. 이 과정은 형성된 글루코스($C_6H_{12}O_6$) 1몰당 햇빛 2800 kJ 또는 g당 15.5 kJ의 흡수를 필요로 한다. 전체 광합성 과정은 여러 단계가 포함되어 있지만, 전체 반응은 다음 반응식으로 설명할 수 있다.

$$2800\ \text{kJ} + 6\ CO_2(g) + 6\ H_2O(l) \xrightarrow{\text{클로로필}} \underset{\text{글루코스}}{C_6H_{12}O_6(s)} + 6\ O_2(g) \qquad [6.5]$$

사전 지식 *Did You Know*

발열 반응의 경우 방출된 열은 생성물로 간주될 수 있으며(식 [6.4]), 흡열 반응의 경우 흡수된 열은 반응물로 간주될 수 있다(식 [6.5]).

이 반응은 녹색 색소인 엽록소의 참여를 필요로 한다. 엽록소 분자는 가시광선의 광자로부터 에너지를 흡수하고, 이 에너지를 사용하여 에너지 관점에서 오르막 반응인 광합성 과정을 일어나게 한다. 광합성은 대기에서 CO_2를 제거하기 때문에 탄소 순환에서 필수적인 역할을 한다. 흡열 및 발열 반응의 일반적인 요약은 다음과 같다(그림 6.6).

i) 반응물에 가해진 열 > 생성물 형성에 의해 발생한 열: *흡열*(endothermic, 예: 빵 굽기, 광합성에 의한 글루코스의 생성)

ii) 반응물에 가해진 열 < 생성물과 함께 발생한 열: *발열*(exothermic, 예: 연료 연소)

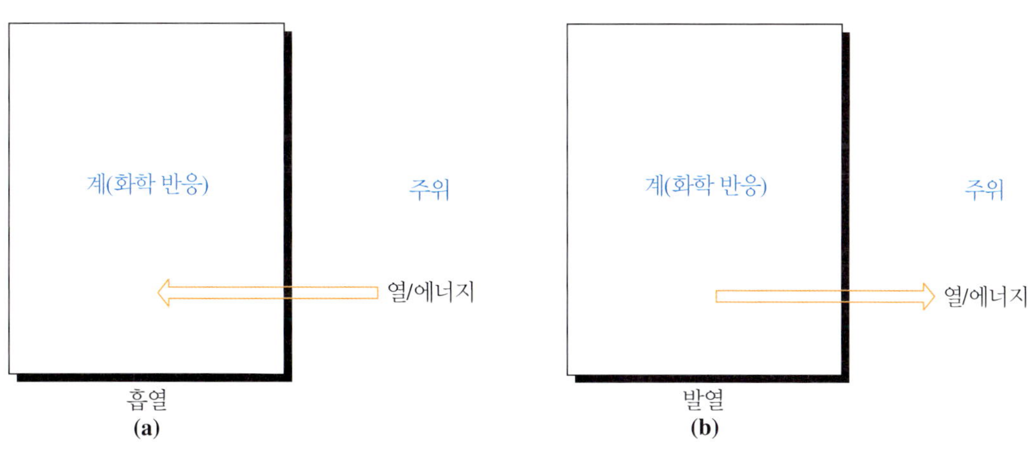

그림 6.6

(a) 흡열 과정 및 **(b)** 발열 과정에 대한 상대적인 열 흐름의 그림. *계*(system)라는 용어는 일어나는 곳을 나타내는 데 사용하는 반면, 주위는 반응물 외부의 모든 것(유리, 조리대, 방 등)을 나타낸다.

활동 학습 6.12 핫 팩 및 콜드 팩을 스스로 만들기

5 km 경주에서 달리는 동안 발목을 다쳤다. 운 좋게도 친구가 응급처치 캐비닛에서 실온팩을 가지고 구조하러 왔다. 콜드팩으로 냉찜질을 한 번 하였더니 진정되었다. 콜드 팩은 어떻게 작동하는가? 약국이나 슈퍼마켓에서 판매되는 치료용 핫 팩과 콜드 팩은 물과 염이 들어 있는 격리된 격막으로 구성되어 있다. 두 구획 사이의 격막이 깨지면 염과 물이 섞여서 팩이 뜨겁거나 차가워진다.

a. 핫 팩이나 콜드 팩을 만들기 위해 어떤 종류의 반응(발열 또는 흡열)이 필요한지 설명하라.

b. 가능한 한 많은 다음 염의 시료를 채취한다.

- 염화 칼슘($CaCl_2$—철물점 또는 소매점에서 구입 가능, 길에 얼어붙은 얼음을 제거하는 데 사용되는 염)
- 물 연화제 염(대부분 NaCl—철물점 또는 소매점에서 구입 가능)
- 황산 마그네슘[$MgSO_4$, 엡솜 염(Epsom salt)]라고도 하며, 약국 또는 소매점에서 구입 가능)
- 염화 암모늄(NH_4Cl—철물점, 소매 또는 조경 매장에서 구입 가능)
- 염화 포타슘(KCl, "몰튼 소금(Morton Lite)"으로 알려진 KCl, 철물점 또는 소매점에서 구입 가능)
- 탄산 수소 소듐($NaHCO_3$—베이킹 소다로 알려져 있으며, 식료품점이나 소매점에서 구입 가능)

c. 물 50 mL를 별도의 스티로폼 컵(각 소금에 하나씩)에 넣고, 온도계를 사용하여 물의 초기 온도를 기록한다. 소금 1스푼을 물에 녹일 때 발생하는 온도 변화를 기록하라.

d. 온도 변화가 관찰되는 반응에 대하여, 어느 반응이 흡열 과정에 해당하고, 어느 반응이 발열 과정에 해당하는가?

e. 핫 팩 또는 콜드 팩에 가장 효과적인 염은 무엇인가? 최종 결정을 내릴 때 고려해야 할 다른 요소가 있는가?

사전 지식 *Did You Know* ?

용어 "염(salt)"은 항상 식염 NaCl을 의미하는 것이 아니라 물에 완전히 용해되는 이온 결합 화합물의 전체 부류를 의미한다.

참고: 활동 학습 6.12c에서 화학 물질을 흘리거나 튀지 않도록 하고, 고글을 착용하여 눈을 보호하라.

6.5 반응성이 큰 연료: *연소 중에 에너지가 어떻게 방출되는가?*

관련 절

공유 결합에 대한 복습은 3.8절을 참조하라.

앞의 장에서 보았듯이 분자성 화합물은 공유 결합으로 결합된 원자로 구성된다. 화학 반응에는 이러한 결합이 끊어지고 형성된다. 사슬을 끊거나 종이를 찢는 데 에너지가 필요한 것처럼, 결합을 끊는 데는 에너지가 필요하다. 반대로 화학 결합을 형성하면 에너지가 방출된다. 화학 반응과 관련된 전체 에너지 변화는 결합을 끊는 데 필요한 에너지와 결합이 형성될 때 방출되는 에너지의 알짜 차이에 따라 달라진다.

예를 들어, 수소 연소를 생각해 보자. 수소는 다른 연료에 비해 연소 시 많은 양의 에너지를 방출하기 때문에 연료로 바람직하다.

$$2\ H_2(g) + O_2(g) \longrightarrow 2\ H_2O(g) \qquad 249\ \text{kJ/mol 또는 } 125\ \text{kJ/g} \qquad [6.6]$$

수소가 연소하여 수증기를 형성할 때 방출되는 에너지를 계산하기 위해서는 반응 분자의 모든 결합이 끊어진 다음 개별 원자가 재결합하여 생산물을 생성된다고 가정한다. 실제로는 반응이 이런 식으로 일어나지 않는다. 그러나 우리는 반응 물질과 생성물의 상대적 상태에만 관심이 있고 메커니즘 같은 세부 사항에는 관심이 없다.

표 6.2에 수록된 공유 결합 에너지는 반응 물질과 생성물 사이의 에너지 차이를 계산하는 데 필요한 값들이다. **결합 에너지**(bond energy)는 특정 화학 결합을 끊기 위해 흡수되어야 하는 에너지의 양이다. 결합을 끊으려면 에너지를 흡수해야 하기 때문에, 흡열 과정이며, 표 6.2의 모든 결합 에너지는 양의 값이다. 이 값은 kJ/mol로 표시된다. 원자는 표의 위쪽과 왼쪽 아래쪽에 모두 나타나 있음을 주목하라. 행과 열의 교차점에 있는 숫자는

표 6.2 공유 결합 에너지(kJ/mol)

	H	C	N	O	S	F	Cl	Br	I
단일 결합									
H	436								
C	416	356							
N	391	285	160						
O	467	336	201	146					
S	347	272	—	—	226				
F	566	485	272	190	326	158			
Cl	431	327	193	205	255	255	242		
Br	366	285	—	234	213	—	217	193	
I	299	213	—	201	—	—	209	180	151
다중 결합									
C=C	598			C=N	616		C=O*	803	
C≡C	813			C≡N	866		C=O	1073	
N=N	418			O=O	498				
N≡N	946								

*CO_2에서

두 원자 사이의 공유 결합 1몰을 끊는 데 필요한 에너지(kJ 단위)이다. 예를 들어, 1몰의 C—H 결합을 끊는 데 필요한 에너지는 416 kJ이다. 비슷하게, 1몰의 N≡N 삼중 결합을 끊는 에너지는 160 kJ의 3배가 아니라 946 kJ이다.

활동 학습 6.13 ➤ O_3 대 O_2

3.8절에서 언급한 바와 같이 오존은 320 nm 미만의 파장의 UV 복사선을 흡수하는 반면, 산소는 242 nm 미만의 파장을 가진 고에너지 전자기 복사선을 필요로 한다. 표 6.2의 결합 에너지와 제3장에 있는 O_3의 공명 구조에 대한 정보를 사용하여 이 차이를 설명하라.

전체 반응이 흡열인지 발열인지 판단하려면 에너지가 흡수 또는 방출되는지 조사해야 한다. 에너지를 흡수하면 양의 부호로 나타낸다. 이것은 결합이 끊어질 때 흡수되는 에너지이다. 반대로 결합을 형성하면 에너지가 방출되고, 부호는 음의 값이다. 예를 들어 1몰의 O=O 이중 결합이 끊어지면 에너지 변화는 +498 kJ이고, 1몰의 O=O 이중 결합이 형성되면 에너지 변화는 −498 kJ이 된다.

이제 이러한 개념과 규약을 수소 기체, $H_2(g)$의 연소에 적용해 보자. 다음 반응식은 관련 화학종의 Lewis 구조를 보여 주며, 끊어지고 형성되는 결합을 셈할 수 있다.

$$2\,\mathrm{H{-}H} + \ddot{\mathrm{O}}{=}\ddot{\mathrm{O}} \longrightarrow 2\ \mathrm{H{-}\ddot{O}{-}H} \qquad [6.7]$$

화학 반응식은 몰 단위로 읽는다. 반응식 [6.6]과 [6.7]은 모두 "2몰의 H_2에 1몰의 O_2를 반응시키면 2몰의 H_2O가 생성된다"는 것을 나타낸다. 결합 에너지를 사용하려면 관련된 결합의 몰수를 계산해야 한다. 관련 반응의 요약은 다음과 같다.

사전 지식 *Did You Know*

Lewis 구조는 모든 비공유 전자쌍을 포함하고 있는 반면, 구조식은 전형적으로 이러한 비결합 전자들을 생략한다.

분자	분자당 결합수	반응에서의 몰수	결합의 몰수	결합 과정	결합당 에너지	전체 에너지
H–H	1	2	1 × 2 = 2	끊어짐	+436 kJ	2 × (+436 kJ) = +872 kJ
O=O	1	1	1 × 1 = 1	끊어짐	+498 kJ	1 × (+498 kJ) = +498 kJ
H–O–H	2	2	2 × 2 = 4	형성됨	−467 kJ	4 × (−467 kJ) = −1868 kJ
					총계:	**−498 kJ**

마지막 열에서 전체 에너지 변화는 결합이 끊어질 때의 에너지(872 kJ + 498 kJ = 1370 kJ)와 새로운 결합을 생성될 때의 에너지(−1868 kJ)로부터 알짜 에너지 변화는 −498 kJ 임을 알 수 있다.

이러한 계산 방식을 그림 6.7에 나타내었다. 반응물인 $2H_2$와 O_2의 에너지는 임의의 값이나 편리한 수치인 0으로 놓는다. 위를 향하고 있는 녹색 화살표는 반응물 분자의 결합을 끊어 4 H 원자와 2 O 원자를 생성하기 위해 흡수된 에너지를 나타낸다. 오른쪽에 있는 아래를 향하고 있는 빨간색 화살표는 이들 원자가 결합하여 생성물인 2 H_2O 분자를 생성할 때 방출하는 에너지를 나타낸다. 보라색 화살표는 −498 kJ의 알짜 에너지 변화에 해당하는데, 전체 연소 반응이 강한 발열 반응임을 보여 준다. 생성물은 반응물보다 낮은 에너지를 갖기 때문에 에너지 변화는 음(−)의 값이다. 알짜 결과는 대부분 열의 형태로 에너지가 방출된다.

결합 에너지에서 방금 계산한 에너지 변화, −498 kJ(수소 2몰 연소 시)는 모든 화학종이 기체일 때 실험적으로 결정된 값과 일치한다. 이러한 일치는 반응물 분자들의 모든 결합이 먼저 끊어지고 난 뒤 생성물의 모든 결합이 형성된다는 다소 비현실적인 가정을 정당화시켜 준다. 화학 반응에 수반되는 에너지 변화는 특정 과정, 메커니즘 또는 이들을 연결하는 개별적 단계에 의존하는 것이 아니라, 생성물과 반응물의 에너지 *차이*(difference)에 의존하는 **상태 함수**(state function)이다. 이것은 반응의 에너지 변화에 관련된 계산을

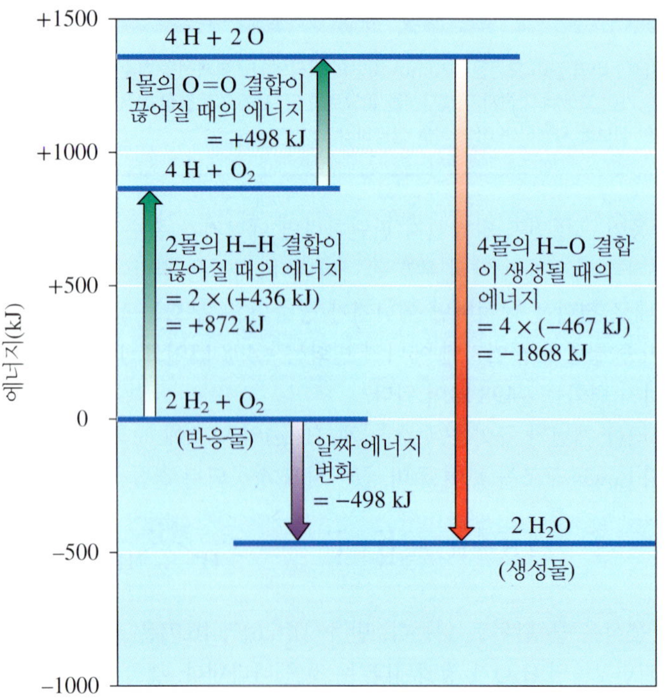

그림 6.7

수소 연소하여 수증기가 형성될 때의 에너지 변화.

할 때 매우 강력한 개념이 된다.

모든 계산이 실험 자료와 똑같이 밀접하게 일치하는 것은 아니다. 한 가지 가능한 오류 원인은 표 6.2에 나타낸 결합 에너지가 기체에만 적용된다는 것이다. 따라서 모든 반응물과 생성물이 기체 상태인 경우에는 계산이 가장 정확하다. 또한 표 6.2의 C=O 이외의 결합 에너지는 다양한 유형의 분자를 기반으로 한 평균값으로 나타낸 것이다. 결합의 세기는 결합이 발견되는 분자의 전체 구조에 따라 달라진다. 즉, 원자가 어떤 종류의 원자와 결합하는가에 따라 달라진다. 예로서 O—H 결합의 세기는 물(H_2O), 과산화 수소(H_2O_2) 및 메탄올(CH_3OH)에서 약간씩 다르다. 그럼에도 불구하고 여기에 설명된 방법은 다양한 반응에서 에너지 변화를 추정하는 유용한 방법이다. 이러한 접근법은 결합 세기와 화학 에너지 간의 관계를 설명하는 데에도 도움이 된다.

활동 학습 6.14와 옆 여백의 비디오에서 계산을 연습하면 연료를 연소시켜서 생존에 필요한 동력(power)이 얻는 방법과 전체 반응 과정이 얼마나 효율적인지를 알 수 있다.

사전 지식 *Did You Know*

여러 결합 에너지를 나타낸 표에는 정확한 분자와 물리적 상태에 대한 세부 정보가 포함되어 있다.

Chemistry in Context Tutorial

BOND ENERGIES

©Bradley D. Fahlman

결합 에너지 계산에 대한 더 많은 연습을 위해 www.acs.org/cic에서 비디오를 확인하라.

활동 학습 6.14 ▶ *에타인의 연소열*

표 6.2의 결합 에너지를 이용하여 일반적으로 아세틸렌(acetylene)이라고도 하는 에타인(ethyne), C_2H_2의 연소열을 계산하라. C_2H_2 몰당 kJ(kJ/mol) 및 C_2H_2 g당 kJ(kJ/g) 단위로 답을 하라. 다음은 균형 맞춘 화학 반응식이다.

$$2\,H-C\equiv C-H \;+\; 5\,\ddot{O}=\ddot{O} \longrightarrow 4\,\ddot{O}=C=\ddot{O} \;+\; 2\,H-\ddot{O}-H$$

힌트: 화학 반응식의 아세틸렌 계수는 2이다. 연소열은 1몰에 대한 것이다.

6.6 화석 연료와 전기

직접 운송 및 난방을 위해 화석 연료를 사용하는 것 외에도, 미국에서 생산되는 전기의 약 70%는 연소에서 발생하며 주로 석탄의 연소를 통하여 얻는다. 그러나 발전소는 어떻게 전기를 "생산"하며 실제로 발전소 내부에서 어떤 일이 일어나는가? 이 절에서는 발전소에서 일어나는 에너지 변환을 자세히 살펴보는 것이다.

석탄에서 전기를 생산하는 첫 번째 단계는 석탄을 태우는 것이다. 그림 6.8의 사진을 살펴보라. 타고 있는 석탄의 열기를 거의 느낄 수 있다! 보일러에서 석탄층의 온도는 650°C에 이를 수 있다. 이 수준의 열을 발생시키려면 발전소는 몇 시간마다 화물 열차 하나 가득 실은 석탄을 연소시켜야 한다. 실제로 최대 용량으로 운영되는 대형 발전소는 하루에 최대 10,000톤의 석탄을 태울 수 있다!

전기를 생산하는 두 번째 단계는 연소에서 방출되는 열을 이용하여 일반적으로 밀폐된 고압 시스템에서 물을 끓이는 것이다(그림 6.9). 상승된 압력은 두 가지 목적, 즉 물의 끓는점을 100°C 이상으로 높이고, 생성된 수증기를 압축하는 데 사용된다. 고온 고압 증기는 증기 터빈으로 향한다.

세 번째이자 마지막 단계는 전기를 생산한다. 증기가 팽창하고 냉각됨에 따라 터빈을 빠르게 지나가며 터빈을 돌린다. 터빈의 축은 자기장 내에서 회전하는 큰 코일 선에 연결되어 있으며, 이 코일을 회전하면 전류가 생성된다. 한편, 터빈을 떠난 수증기는 시스템을 계속 순환한다. 이 수증기는 연료로부터 원래 얻었던 열 에너지 중 남아 있는 것을 빼앗는 응축기를 지난다. 응축된 물은 다시 보일러에 들어가고 에너지 전달 순환 과정을 시작하게 된다.

사전 지식 *Did You Know*

제7장에서 설명할 원자력 발전소는 터빈을 돌리기 위해 과열된 증기를 사용하는 비슷한 원리로 작동한다. 화력 발전소와 원자력 발전소의 차이점은 단순히 물을 증기로 가열하는 데 사용되는 연료가 다르다.

연료 분자가 연소되면 연료의 퍼텐셜 에너지가 열로 변환되어 보일러의 물에 흡수된

그림 6.8

석탄을 연소하는 소규모 화력 발전소.
(a) 공장 외부의 석탄 더미; **(b)** 석탄이 공급되는 일련의 보일러; **(c)** (b)의 파란색 문 뒤편; **(d)** 보일러 바닥에서 석탄이 연소되고 있는 근접 사진.

(a~d): ©Cathy Middlecamp, University of Wisconsin

다. 물 분자가 열을 흡수하면 모든 방향으로 더 빠르게 움직이고, 이들의 운동 에너지가 증가할 때까지 서로 접촉을 벗어나 증기로 증발할 수 있다. 물 분자가 열을 흡수하면 모든 방향으로 더 빠르게 움직인다. 운동(kinetic) 에너지가 증가하면 서로 접촉하고 있는 분자들이 다른 분자를 벗어나 증기로 증발한다. 압력이 증가된 증기로서의 물 분자는 엄청난 양의 운동 에너지를 가지고 있으며, 이는 회전하는 터빈으로 전달된다. 물 분자의 운동 에너지는 터빈에서 역학적 에너지(mechanical energy)로 변환된다. 그런 다음 발전기는 터빈의 역학적 에너지(운동 에너지의 한 형태)를 회전시켜 또 다른 형태의 운동 에너지인 **전기 에너지**(electrical energy)로 변환된다. 여러 에너지 변환 단계가 그림 6.10에 요약되어 있다.

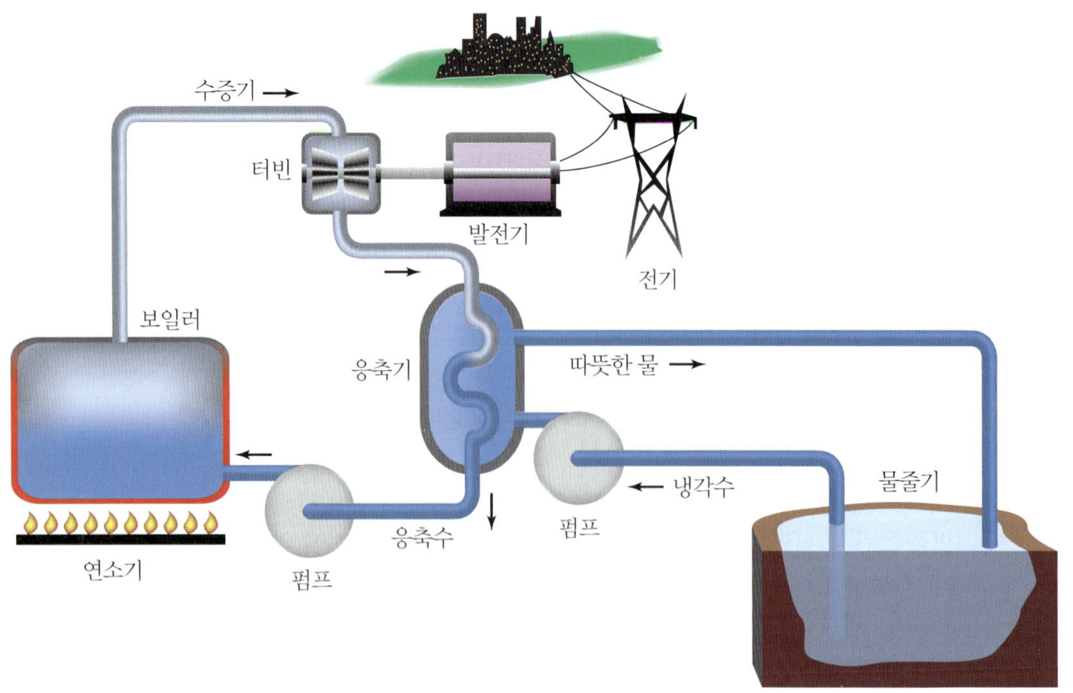

그림 6.9

연료의 연소에 의해 전기가 생성되는 에너지 변환 과정을 보여주는 전기 발전소의 도표. 발전소의 구성 요소는 실제 크기의 축척으로 나타내지는 않았다.

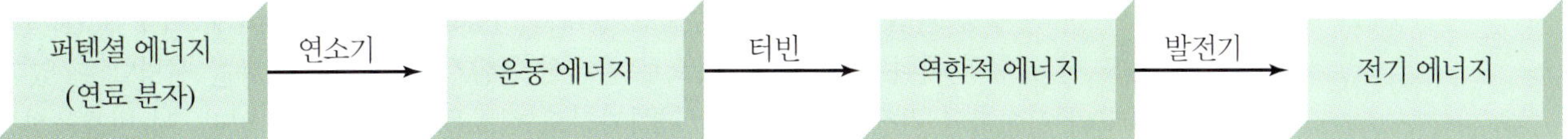

그림 6.10

화석 연료로 구동되는 발전소의 에너지 변환 요약.

활동 학습 6.15 ▸ *에너지 변환*

발전소가 퍼텐셜 에너지를 전기 에너지로 변환시키려면 몇 단계가 필요하지만, 다른 장치는 이 과정을 더 간단하게 수행한다. 예를 들어 배터리는 한 단계로 화학 에너지를 전기 에너지로 변환시킨다. 에너지를 한 형태에서 다른 형태로 변환하는 세 가지 다른 장치를 나열하라. 각각에 대해 에너지 유형의 이름을 지정하고, 관련된 에너지 변환의 경로를 보여라.

6.7 발전소는 얼마나 효율적인가?

열역학 제1법칙에서 우주의 총 에너지는 보존된다는 것이 확신하고 있다. 만일 이것이 사실이라면 과연 에너지 위기를 경험할 수 있을까? 확실히 연소 중에 새로운 에너지가 창조되지도 않지만, 소멸되지도 않는다. 이길 수는 없지만 적어도 비길 수는 있지 않을까? 이 의문은 생각하는 것처럼 터무니없는 것은 아니다. 실망스럽게도 우리는 비길 *수가 없다*. 석탄, 천연 가스 및 석유를 태울 때, 연료의 에너지 중 적어도 일부를 쉽게 사용하거나 회수할 수 없는 형태로 변환된다.

활동 학습 6.16 ▸ *에너지는 어디로 갔는가?*

www.acs.org/cic에서 볼 수 있는 Energy Skate Park Intro 모의실험은 퍼텐셜 에너지와 운동 에너지 사이의 변환에 대한 재미있는 그림을 보여준다. 스케이트 보더를 스케이트 공원의 맨 위에 놓고 "원 그래프"와 "막대 그래프" 아이콘을 클릭하여 에너지 변환을 따른다.

a. 퍼텐셜 에너지와 운동 에너지는 언제가 가장 높은가? 또 언제가 가장 낮은가? 두 에너지가 같은 때는 언제인가?

b. 스케이트보드를 타는 사람의 질량을 변경하면, 상대적인 운동 에너지, 퍼텐셜 에너지 및 총 에너지 양에 어떤 영향이 있는가?

c. 스케이트보드를 타는 사람이 위치를 바꾸면 총 에너지는 어떻게 되는가? 이 경향을 설명하라.

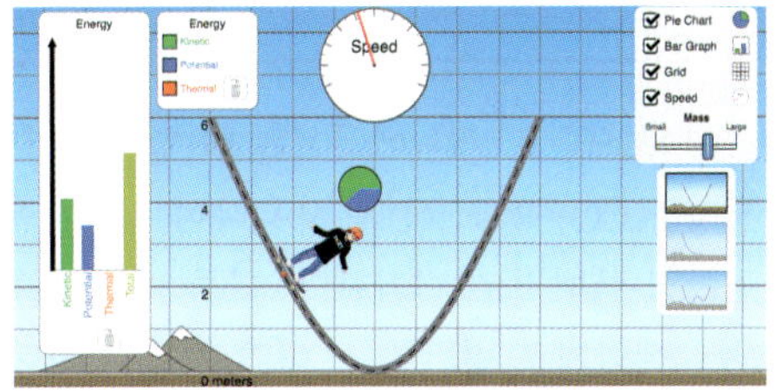

PhET Interactive Simulations, University of Colorado

이제, Energy Skate Park Friction 모의실험을 열고 스케이트를 타는 사람을 트랙의 상단에 배치한다. 마찰의 크기를 달리하고 스케이트를 타는 사람 질량을 변화시켜 실험하라.

d. 시간이 지남에 따라 스케이트를 타는 사람에게 어떤 일이 일어나는가?

e. 마찰은 시간이 지남에 따라 퍼텐셜 에너지, 운동 에너지, 열 에너지 및 총 에너지의 상대적인 양에 어떤 영향을 미치는가?

f. 이 결과가 열역학 제1법칙을 위배되는가? 설명하라.

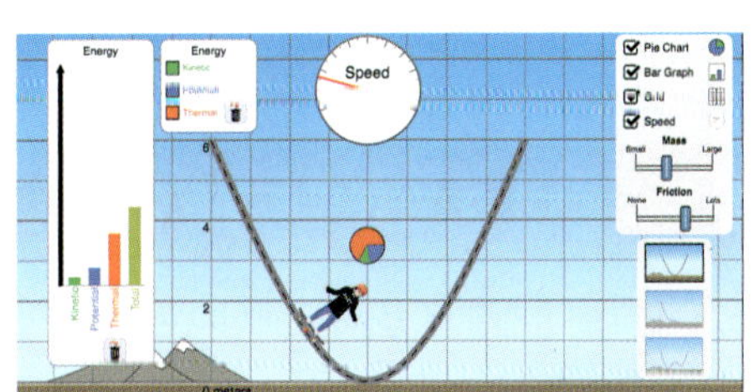

PhET Interactive Simulations, University of Colorado

이전 활동 학습에서 입증된 동일한 원리를 사용하면, 전기 발전소를 아무리 잘 설계해도 한 유형의 에너지를 다른 유형으로 완전히 변환시킬 수 없는 이유를 설명할 수 있다. 최고의 기술자와 가장 유능한 녹색 화학자라도 비효율성은 피할 수 없다. 이 비효율성은 에너지가 쓸모없는 열로 변환되기 때문에 발생한다. 전체적으로 알짜 %효율은 다음 식과 같이 생산된 전기 에너지와 연료가 공급하는 에너지의 비율로 나타낸다.

$$\text{알짜 \%효율} = \frac{\text{생성된 전기 에너지}}{\text{연료에서 나온 열}} \times 100 \qquad \textbf{[6.8]}$$

최신 보일러 시스템과 고급 터빈 기술은 그림 6.10의 각 단계의 효율성을 90% 이상으로 끌어 올렸다. 그렇다 하더라도 대부분의 화석 연료 발전소의 알짜 효율은 놀랍게도 35~50% 사이에 불과하다. 왜 이렇게 낮은가?

문제는 보일러의 연료 연소로 생성된 열 에너지가 모두 전기로 변환될 수 없다는 데 있다. 예를 들어 처음에 터빈을 회전시키는 고온 증기를 생각해보자. 증기가 에너지를 터빈으로 전달하면, 증기의 운동 에너지가 감소하고 냉각되어 압력이 떨어진다. 얼마 지나지 않아 증기가 터빈을 회전시킬 수 있는 충분한 에너지를 가지지 못한다. 그러나 이 "사용되지 않은" 증기의 생산에는 여전히 상당한 양의 에너지, 즉 전기로 변환되지 않는 에너지가 필요하다.

고온의 증기(600°C)를 이용하는 발전소의 효율은 최고 수준을 나타내고 있다. 실제로 효율은 증기 온도와 발전소 외부 온도의 차가 클수록 증가한다. 물론 여기에도 한계는 있다. 고온 증기를 이용한다는 것은 고압과 이러한 극한적 조건을 견딜 수 있도록 개선된 구조 물질이 필요함을 의미한다. 다음 활동 학습에서는 발전소 효율성이 운영 비용, 배출 기체 및 연료 요구 사항에 미치는 영향을 조사한다.

활동 학습 6.17 ▶ *발전소 비교*

매일 5.0×10^{12} J의 전기를 생산하는 두 개의 석탄 화력 발전소를 생각해 보자. A 발전소의 전체 알짜 효율은 38%이다. 대체 발전소인 B 발전소는 전체 알짜 효율이 46%로 더 높은 온도에서 작동한다. 사용하는 석탄은 그램당 30 kJ의 열을 방출한다. 석탄은 순수한 탄소라고 가정한다.

a. 석탄 1000 kg이 30달러라면, 두 발전소의 매일 연료비 차이는 얼마가 되는가?

b. 완전 연소를 가정할 때, B 발전소에서 매일 몇 그램의 CO_2를 배출하는가?

c. 한 집에서 연간 열을 얻는 데 3.5×10^7 kJ의 에너지가 필요하다면, 한 집을 난방하기 위해 A 발전소에서 얼마나 많은 석탄을 태워야 하는가?

자동차와 트럭은 에너지를 한 형태에서 다른 형태로 변환한다. 내연 기관은 기체 연소 생성물(CO_2 및 H_2O)을 사용하여 피스톤을 밀어내며, 휘발유나 경유의 퍼텐셜 에너지를 역학적 에너지로 변환한다. 다른 메커니즘에서 결국은 그 역학적 에너지를 차량 운동의 운동 에너지로 변환한다. 내연 기관은 석탄 화력 발전소보다 훨씬 덜 효율적이다. 휘발유의 연소로 인해 방출되는 에너지의 약 15%만이 실제로 자동차를 움직이는 데 사용된다. 내연 기관 자체에서 손실되는 약 60% 정도를 포함하여 대부분의 에너지가 폐열로 흩어져 소멸된다.

활동 학습 6.18 ▶ *운반의 비효율성*

a. 자동차를 운전할 때 발생하는 에너지 손실을 나열하라. 필요한 경우 인터넷을 사용하여 목록을 확인하고 확장하라.

b. 연료 연소로 인한 에너지의 15%만 자동차를 움직이는 데 사용된다는 가정하고, 승객의 이동에 사용되는 백분율을 추정하라.

6.8 고대 식물의 힘: 석탄

약 2세기 전 산업 혁명은 오늘날까지 계속되고 있는 화석 연료의 대대적인 개발을 시작했다. 1800년대 초에 목재는 미국의 주요 에너지원이었다. 석탄은 그램당 더 많은 열을 생성하기 때문에, 목재보다 훨씬 더 나은 에너지원으로 판명되었다. 1960년대까지 대부분의 석탄은 전기를 생산하는 데 사용되었으며, 오늘날 전력 부분은 미국 전체 석탄 소비의 92%를 차지한다(그림 6.11).

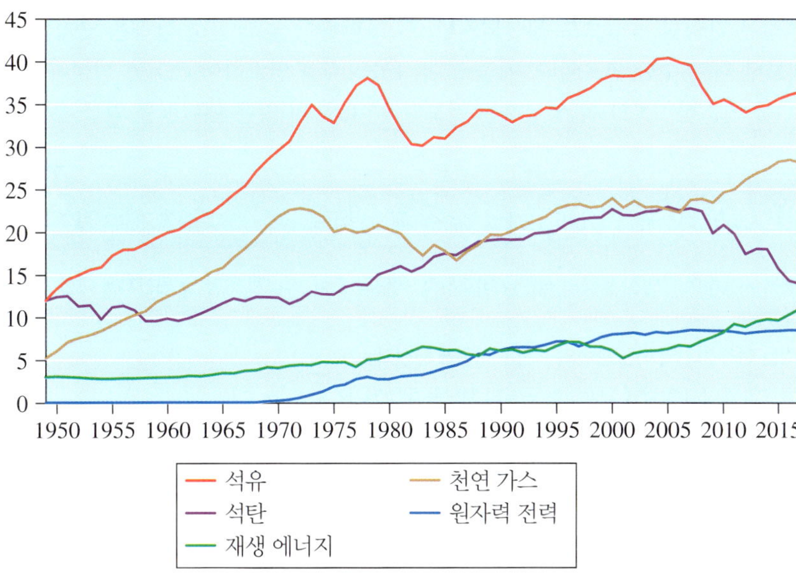

그림 6.11

미국 에너지 소비의 출처별 역사, 1950~2017.

활동 학습 6.19 ➤ 연료 유형 변경

그림 6.11 및 인터넷 자원을 사용하여 다음을 수행하라.

a. 시간이 지남에 따라 미국의 연료 소비가 어떻게 변했는지 두 가지를 설명하라. 변화된 이유는 무엇인가?

b. 석탄 연소에 의해 생성되는 총 에너지의 비율은 얼마인가?

유럽, 아시아 또는 중앙아메리카의 다른 국가와 비교하여 **a**에서 확인된 추세는 어떤가? 해당되는 경우, 이들 국가의 에너지 소비 추세에 차이가 있는 이유를 설명하라.

석탄은 흔히 순수한 탄소로 구성되어 있다고 가정하지만, 실제로는 적은 양의 다른 많은 원소를 포함하는 아주 복잡한 혼합물이다. 석탄의 대략적인 화학식은 $C_{135}H_{96}O_{9}NS$이며, 이는 질량으로 약 85%의 탄소 함량을 갖는다. 더 적은 양의 수소, 산소, 질소 및 황은 고대 식물 재료 및 식물이 묻혔을 때 존재했던 다른 물질에서 유래되었다. 또한 일부 석탄 시료에는 일반적으로 미량의 규소, 소듐, 칼슘, 알루미늄, 니켈, 구리, 아연, 비소, 납 및 수은이 포함되어 있다.

사전 지식 *Did You Know*

다이아몬드는 석탄으로부터 형성된다는 일반적인 믿음에도 불구하고, 이러한 일은 거의 발생하지 않는다. 석탄은 지구 표면에서 3.2 km 미만의 깊이에서 발견된다. 그러나 다이아몬드 형성에 필요한 고온 및 고압 반응은 지구 맨틀의 제한된 영역(지구 표면 아래 약 150 km)에서 일어난다.

활동 학습 6.20 › 석탄의 계산

a. 석탄의 화학식은 $C_{135}H_{96}O_9NS$라고 가정하고, 150만 톤의 석탄에 있는 탄소 질량을 톤 단위로 계산하라. 이것은 일반적인 발전소에서 1년간 태우는 석탄의 양이다.

b. 이 질량의 석탄을 태울 때, 방출하는 에너지의 양(kJ)을 계산하라. 이 과정에서 석탄은 30 kJ/g의 에너지를 방출한다고 가정하라. 유용한 변환 계수는 다음과 같다. 1톤 = 2000 lb이고, 1파운드(lb) = 454 g이다.

c. 이 석탄 150만 톤을 완전 연소시켰을 때, 생성되는 CO_2의 질량은 얼마인가?

힌트: 균형 맞춘 화학 반응식에서, 석탄과 CO_2의 몰비는 1:135라고 가정한다.

석탄은 다양한 등급으로 생산되지만, 탄소 함량이 높고 산소 함량은 낮기 때문에 모두 목재보다 더 우수한 연료이다. 예를 들어, 1몰의 C를 연소하여 CO_2를 생성하는 것이, 1몰의 CO를 연소하여 CO_2를 생성하는 것보다 약 40% 더 많은 에너지를 얻을 수 있다.

활동 학습 6.21 › 석탄의 종류

인터넷을 사용하여 다양한 등급의 석탄을 비교하라. 석탄의 조성, 에너지 함량 및 원산지에 대한 세부 정보를 포함하라.

a. 이들 여러 가지의 다른 종류의 석탄은 어떻게 형성되는가?

b. 최고의 에너지 함량을 제공하는 종류의 석탄은 무엇인가?

c. 미국에서는 어떤 형태의 석탄이 가장 풍부한가? 다른 주요 석탄 생산 국가에서 발견되는 매장지와 어떻게 다른가?

석탄은 전 세계에 걸쳐 구할 수 있고 가장 널리 사용되는 연료이지만 심각한 단점이 있다. 첫째, 지하에서 채굴하므로 위험하고 비용이 많이 든다. 미국에서 채굴에 대한 안전은 획기적으로 향상되어 왔으나, 1900년 이래 10만 명 이상의 광부가 사고, 함몰, 화재, 폭발, 유독 기체 등으로 사망하였다. 이보다 더 많은 사람들은 호흡기 질환으로 일을 하지 못하게 되었다. 전 세계적으로는 상황이 더 심각하다.

두 번째 단점은 석탄 채굴로 인한 환경 피해이다. 지하수가 폐광된 광산의 갱도 내에서 넘치거나, 석탄을 함유하고 있는 황이 풍부한 암석과 접촉하면 산성화가 된다. 이와 같이 산성화된 광산 폐수는 과량의 철과 알루미늄을 용해시켜, 많은 물고기 종의 생존을 위협하고 많은 지역 사회의 식수원을 위험에 빠뜨린다.

사전 지식 *Did You Know*

Appalachia의 많은 하천과 강은 수십 년간의 채광 작업으로 인해 높은 수준의 오염으로 고통 받고 있다.

석탄층이 지표면에 충분히 가까이 있을 경우, 광부에게 더 안전한 채굴 방식이 가능하나 여전히 환경 비용은 들어야 한다. *산정 채굴*(mountaintop mining)이라는 기술이 West Virginia와 동부 Kentucky에서 흔히 사용된다. 이 과정은 위에 서식하고 있는 초목을 걷어내고, 산의 정상 수백 피트를 폭파하여 밑에 있는 석탄층을 드러내게 하는 것이다. 산정 채굴은 막대한 양(과적된)의 잡석을 만들어지고, 이를 주변 강이 있는 계곡에 버린다. 2011년 미국 환경 보호국(EPA)는 1200마일 이상의 애팔래치아(Appalachia) 하천이 1985년에서 2012년 사이의 산정 채굴의 결과로 완전히 매몰되었다고 추정하였다. 또한 증가한 침전물과 무기질 함량은 주변 수생 생태계에 악영향을 끼쳤다. 마치 환경 문제가 아주 심각하지 않은 것처럼 간주되는 이러한 관행에 의해 생성된 공기 중 석탄 분진 미세 입자는 폐암과 선천적 결함과 같은 여러 건강 문제와 관련이 있다.

세 번째 단점은 석탄은 더러운 연료라는 점이다. 물론 물리적으로 더럽기도 하지만 여기서 문제가 되는 것은 더러운 연소 생성물이다. 19세기와 20세기 초에 도시의 수많은 석탄불에서 나오는 검댕은 건물과 사람들의 폐를 검게 만들었다. 사실 1940년대 중반

Pennsylvania 주 Pittsburgh 근처의 제철소에서 석탄을 태우면서 한낮의 태양을 가리기에 충분한 대기 오염이 발생했다(그림 6.12).

석탄을 태우면 배출 기체에 *떠다니는 재*(fly ash)라고 부르는 미세한 미세 입자가 발생된다. 과거에는 이 재를 환경에 방출하였지만, 최근 몇 년간 더 엄격한 규제로 인해 미세 입자 배출량이 극히 적어졌다. 현재 대부분의 석탄 화력발전소에서 재가 굴뚝(또는 "스택") 위로 올라가기 전에 포집하기 위해 일련의 필터와 집진기를 사용하고 있다. 석탄을 연소시키면 발전소에서 더 쉽게 수집되는 *바닥 재*(bottom ash)라고 부르는 더 크고 무거운 입자가 발생된다. 미국에서는 매년 9,200만 톤의 석탄재가 석탄 화력 발전소에서 생성되는 것으로 추정된다.

그림 6.12

1940년에 Pennsylvania 주의 Pittsburgh에서 오전 10시 55분에 찍은 사진으로, 한낮의 태양이 근처 제철소와 발전소에서 석탄을 태울 때 발생되는 연기와 그을음으로 완전히 가려진 모습을 보여준다.

석탄은 대부분 탄소이지만, 그 재 속에는 남은 탄소가 거의 없다. 석탄재의 조성은 지각에서 발견되는 원소들과 비슷하며, 규소, 알루미늄, 철 및 칼슘의 산화물뿐만 아니라 더 적은 농도의 마그네슘, 포타슘, 소듐, 타이타늄 및 황이 들어 있다. 석탄에는 소량(50~200 ppb)의 수은, 납 및 카드뮴 만 포함되어 있다. 그러나 이들 독성 원소는 재에 농축되어 매립지나 저장 장소에서 환경으로 스며들 수 있다. 또한 현장에 남아 있는 재도 저장 위험이 있을 수 있다. 예를 들어, 그림 6.13은 저장소의 옹벽이 무너졌을 때, 수백만 갤런의 떠다니는 재의 침전물이 계곡으로 유출되어 발생한 황폐화를 보여준다.

환경 피해를 방지하고 지속 가능성을 높이기 위해 최근에는 석탄재 폐기물을 소비자 제품에 재사용하는 데 많은 관심이 있었다. 예를 들어 콘크리트에 재를 첨가하면 내구성, 내 화학성 및 경화 중 수축이 개선되는 것으로 나타났다. 카펫 받침, 화재 및 열 보호 장치, 자동차와 해양 용품(marine bodies), 단열재, 페인트, 심지어 치약과 같은 기타 제품을 만들 때 미세한 떠다니는 재를 포함시킨다.

그림 6.13

2008년 12월에 찍은 이 사진은 3억 갤런의 석탄 슬러지에 묻혀 있는 Tennessee 주의 Knoxville 근처의 주택을 보여주고 있다.

마지막 단점은 궁극적으로 가장 심각한 문제일 수 있다. 석탄을 태우면 산성비(NO_x 및 SO_x)와 지구 온난화에 기여하는 CO_2가 생성된다. 실제로, 석탄 연소는 방출하는 열 에너지 kJ당 석유나 천연 가스보다 더 많은 CO_2를 생성한다. 최근 몇 년 동안 석탄은 중국과 인도에서 생산 및 사용이 폭발적으로 증가하면서, 세계에서 가장 빠르게 성장하는 화석 연료 공급원으로 선정되었다.

활동 학습 6.22 ▸ 석탄 배출물

미국에서 석탄 화력 발전소는 전체 이산화 황 배출량의 2/3와 일산화 질소 배출량의 1/5을 배출한다.

a. 석탄을 태우면 이산화 황이 생성되는 이유는 무엇인가? 대기 중 SO_2의 다른 배출 원을 말하라.

b. 석탄을 태우면 일산화 질소가 생성되는 이유는 무엇인가? NO의 다른 두 가지 배출 원을 말하라.

이러한 단점들과 미국의 석탄 매장량이 상대적으로 많기 때문에 석탄 기술을 개선하기 위한 상당한 연구 노력이 진행되고 있다. 모순처럼 들릴지 모르지만 "청정 석탄"은 석유 수입에 대한 의존도를 낮추고, 대기 오염을 줄이기 위한 중요한 단계로 지지자들에 의해 추진되고 있다. "청정 석탄 기술(clean coal technology)"이라는 용어는 실제로 석탄 화력 발전소의 효율성을 높이고 유해한 배출량을 줄이는 것을 목표로 하는 다양한 방법을 포함하고 있다.

가장 더러운 화석 연료의 미래는 어떻게 될까? 대답은 당신이 살고 있는 장소에 달려

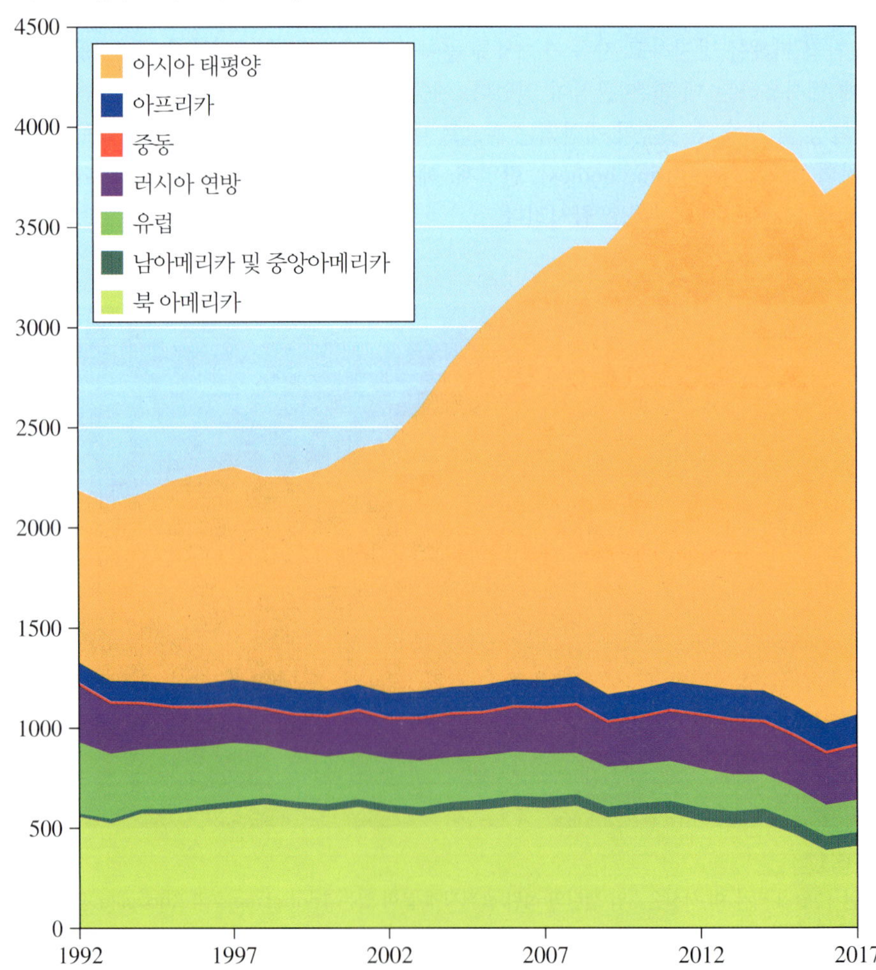

그림 6.14

지역별 석탄 소비량(1992~2017년), 석유로 환산하였으며, 단위는 백만 톤.

Source: BP Statistical Review of World Energy, June 2018

있다. 그림 6.14는 1992년과 2017년 사이에 세계 여러 지역의 석탄 소비량을 비교하고 있다. 대부분의 지역에서 약간의 변화가 있었지만, 아시아에서 석탄 사용은 급증하고 있다. 한편으로 이것은 중국이 급속한 성장을 촉진할 엄청난 석탄 매장량을 가지고 있기 때문에 이해가 간다. 그러나 다른 한편으로, (어떤 국가이든) 석탄 연소는 분명히 지속 가능성 기준을 충족하지 못한다.

활동 학습 6.23 ➤ *청정 석탄?*

2011년에 한 신문 칼럼니스트는 청정 석탄에 대한 아이디어는 "먼 꿈으로 남아 있다"고 말했다.

a. 석탄을 더러운 연료로 만드는 데 기여하는 세 가지 요인을 나열하라.

b. 거의 10년이 지난 지금, 청정 석탄의 꿈이 실현되기에 더 가까워졌는가? 어느 쪽이든 방식을 선택하고 여러분의 생각을 주장하는 데 이용하라.

6.9 증기 엔진에서 스포츠카로: *석탄에서 석유로의 전환*

19세기 후반 내내 석탄은 여전히 미국에서 가장 많이 사용되는 에너지원이었으며, Pennsylvania에서만 약간의 석유를 생산하려는 시도가 있었다. 그러나 1901년에 미국의 현대 석유 산업은 크게 변화되었다. Texas 남동부의 거대한 소금 돔으로 되어 있는 언덕을 시추한 결과, 150피트 이상의 높이로 기름이 분출되었다(그림 6.15). 소위 *Lucas Spindletop gusher*라고 부르는 이 석유는 9일 동안 방치되었고, 그 결과 85만 배럴의 석유가 손실되었다. 현재 가격으로는 약 $30,000,000이다! 이어진 Texas 석유 붐은 유가를 배럴당 2달러에서 0.03달러로 떨어뜨렸고, 결국 미국은 세계 최고의 원유 생산국 중 하나가 되었다.

주로 자동차로 인한 에너지 수요로 인해 1950년은 석유가 미국의 주요 에너지원으로서 석탄을 능가하는 첫 해가 되었다. 그 이유는 비교적 이해하기 쉽다. 석탄과 달리 석유는 액체라는 뚜렷한 장점이 있어 지하에서 표면으로 쉽게 퍼 올릴 수 있고, 파이프라인을 통해 정제소로 운반된다. 게다가 석유는 석탄보다 그램당 약 40~60% 더 많은 에너지를 생산한다. 석유의 일반적인 에너지 방출량은 고급 석탄의 경우 30 kJ/g에 비해 48 kJ/g이다.

원유는 원산지에 따라 투명한 황금색 점성 액체에서 검은색 타르 액체까지 다양하다. 유정에서 펌프로 퍼 올리거나 유조선에 싣는 과정에서 나는 원유의 독특한 악취는 대부분 황화 수소(H_2S) 및 탄소 원자에 결합된 $-SH$ 기(예: CH_3CH_2SH)을 특징으로 하는 기타 물질과 같은 황 함유 화합물 때문이다.

사전 지식 *Did You Know* **?**

1860년대 후반부터 시작된 시추 및 운송의 기술적 진보는 석유가 미국의 주요 에너지원으로서 석탄을 능가할 수 있는 토대를 마련하는 데 도움이 되었다. 원유 및 그 파생 제품의 탐사, 정제 및 운송을 개발하고 확장하는 데 필요한 인프라는 1870년 Standard Oil Company를 설립한 사업가 John D. Rockefeller (1839~1937)가 주도하였다.

그림 6.15

1901년 1월 10일의 Lucas Spindletop gusher 사진(*왼쪽*)과 1년 후 유전을 광범위하게 탐사하는 모습(*위*).

(*두 그림 모두*): ©Courtesy of Texas Energy Museum

6.10 바위에서 기름 짜내기: 얼마나 오래 지속될 수 있을까?

사전 지식 *Did You Know* ?

원유의 1배럴은 159 L(42 gal)에 해당하고, 7⅓ 배럴의 질량은 1000 kg이다.

앞의 활동 학습 6.3 및 6.4에서 보았듯이, 석유는 총 공급량이 제한적인 화석 연료이다. 그러나 전 세계적으로 여전히 풍부한 석유 매장량이 있다(그림 6.16). 전 세계적으로 1조 7천억 배럴(bbl)의 검증된 석유 매장량이 있으며, 하루에 8,700만 배럴이 생산된다. 따라서 우리의 석유에 대한 사회적 의존의 잠재적인 위협은 남아 있는 화석 연료의 *양*(quantity)이 아니라 우리가 그것을 추출할 수 있는 속도(rate)이다. 1950년대 중반 전 세계 평균 석유 소비량은 하루에 약 800만 배럴이었으며, 생산량은 1,500만 배럴이었다. 오늘날, 우리는 하루에 9천 8백만 배럴 이상을 사용하고, 9천 9백만 배럴 이상을 생산하고 있다. 세계 석유 생산 대 소비 비율은 고정되어 있지 않지만, 지정학적 요인과 원유 탐사 및 복구 노력의 성공 여부에 따라 어느 방향으로든 기울어질 수 있다(그림 6.17).

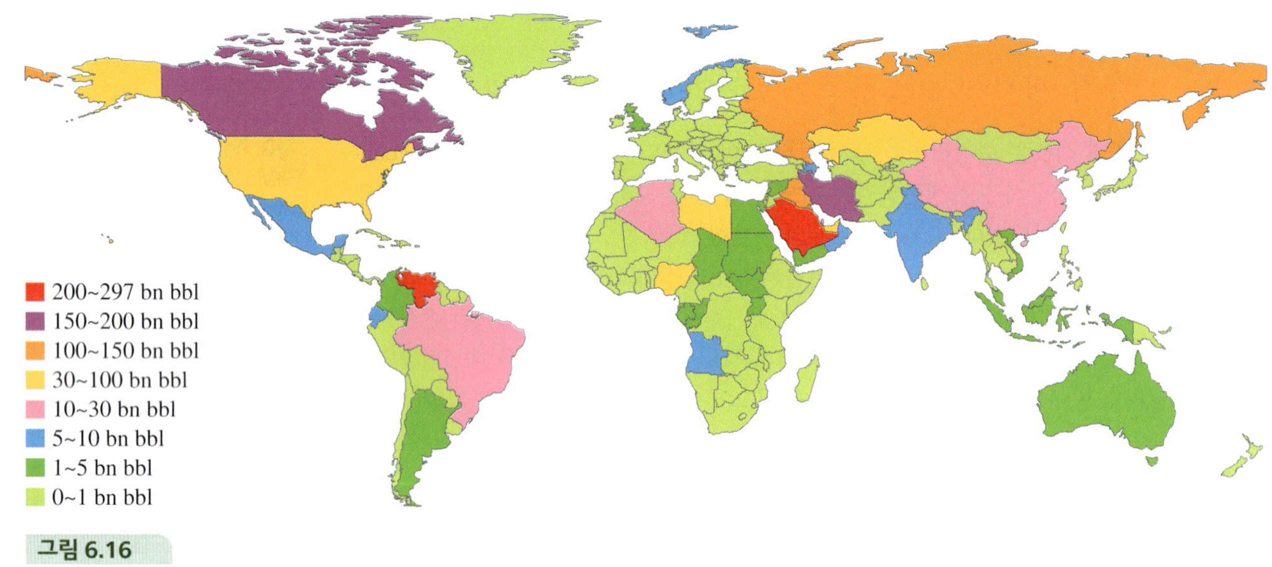

그림 6.16

2017년 현재, 전 세계적으로 검증된 석유 매장량.

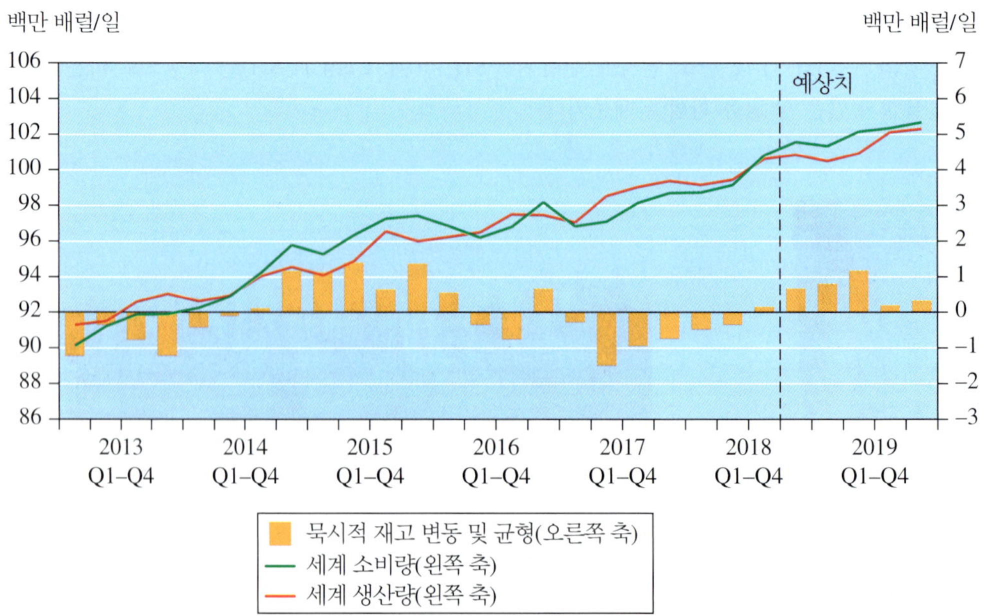

그림 6.17

세계 석유 생산 대 소비 비율, 2013~2019.

Source: EIA

활동 학습 6.24 ▶ *배럴의 양은 얼마인가?*

석유 산업은 소비와 생산의 표준 측정으로 (배럴/일)의 단위를 사용한다. 그러나 우리는 종종 연료의 무게는 톤으로, 부피는 갤런(gal) 또는 리터(L)와 같은 단위를 사용한다. 부록 1 또는 단위 변환 웹사이트나 앱을 사용하여, 현재 세계 원유 소비량 및 생산량 수치를 톤, 갤런 및 리터로 변환하라.

일반적인 믿음과는 달리 기름은 지하 웅덩이(pool)에서 발견되지 않지만 사암, 타르 오일 샌드, 셰일과 같은 지질 암석층의 기공에서 발견된다(그림 6.18). 예상할 수 있듯이 암석 내부의 다공성이 높을수록, 일반적으로 오일의 저장 가능성이 높아진다. 그러나 다공성은 이야기의 일부에 불과하다. 암석이 충분한 양의 오일이나 가스를 생성하기 위해서는 구멍이 서로 연결되어 있어야 하는데, 이를 저장소의 *침투성*(permeability)이라고 한다. 기공 공간이 서로 분리되어 있으면, 상당한 기공률과 오일 함량에 관계없이 오일이 흐를 수 없어서 추출하기가 어렵다.

그림 6.18

사암 저장소 암석(sandstone reservoir rock)의 현미경 사진. 구멍과 입자 경계(균열)내에 갇힌 기름 퇴적물의 위치를 보여준다. 물과 천연 가스는 종종 이들 암석의 구멍 속에 들어 있다.

저장소(reservoirs)라고 부르는 기름이 풍부한 암석의 위치를 파악하는 데 많은 시간과 비용이 소비된다. 이 저장소는 지표면에서 다양한 깊이의 육지 또는 바다 아래에 존재할 수 있다. 과학자들은 음파를 사용하여 먼저 지하 암석에 석유 또는 가스 침전물이 있을 가능성이 있는지 확인한다. 거기에서 탐사 우물을 뚫고 코어 샘플을 표면으로 가져와서 구멍 내에 기름이 포함되어 있는지 여부를 확인한다. 이러한 시간이 많이 소모되는 공정으로 인해, 오늘날 우리가 사용하는 석유는 수십 년 전에 발견된 곳에서 나온다. 카스피 해(Caspian Sea)의 Kashagan에서, 대규모의 석유를 발견하였는데 총 130억 배럴 이상을 생산할 수 있을 것으로 예상되고 있다. 2000년에 발견되었지만, Kashagan 오일은 2013년에야 생산에 들어갔다.

한 석유 저장소는 수백만 톤의 암석 무게와 지구의 자연 열로부터 압력을 받고 있는데, 이 두 가지 모두 암석 구멍에 존재하는 기체를 팽창시킨다. 유정이 먼저 이 저장소를 관통하면 압력이 방출되어 암석 구멍에서 유정을 통해 표면으로 오일이 밀려난다. *크리스마스 트리*(Christmas tree)라고 부르는 복잡한 밸브 시스템은 유정 내부의 압력을 제어하는 데 사용되는데, 이전에 논의된 Lucas Spindletop과 같이 오일이 제어되지 않고 뿜어져 나오는 것을 방지한다. 표면으로의 이러한 자발적인 오일 흐름은 며칠 또는 몇 년 동안 계속될 수 있지만 결국 압력 손실로 인해 느려지거나 멈추게 된다. 이런 일이 발생하면 유정 펌프를 사용해야 하며, 천연 가스 침전물을 오일에서 분리하여 저장소로 다시 주입하여 압력을 높이고 오일 흐름을 유지할 수 있다. 그러나 결국 이러한 전략은 석유의 흐름을 유지하는 데 충분하지 않다.

더 많은 오일을 회수하려면 오일 저장소까지 주입 유정을 뚫어 물을 주입한다. 가압된 물은 암석 구멍에서 일부 추가 오일을 씻어 내고 *이차 회수*[secondary recovery, "수공채유법(waterflooding)"이라고도 함]로 알려진 과정을 통해 표면으로 밀어낸다. 그러나 원유의 대부분은 여전히 저장소 암석 내에 묶여 있다. 실제로 1차 시추 중에 원래 석유 매장지의 20~25%만 방출되며 이차 회수를 통해 추가로 5~10%가 회수된다. 이렇게 하더라도 원래 오일의 약 65~70%가 여전히 저장소 내에 남아 있다. 이를 관점으로 보면, 생산되는 석유 1배럴에 대해 2배럴이 남아 있는 셈이다. 휘발유와 같은 석유 제품에 대한 미래의 접근을 위협하는 과제는 이 갇힌 오일을 더 많이 추출하기 위한 경제적이고 지속 가능한 전략을 찾는 것이다.

한 가지 전략인 향상된 이산화 탄소에 의한 석유 회수 증진 방법(CO_2-EOR)은 온실 기체를 지속 가능하게 줄일 수 있기 때문에 현재 가장 많은 관심을 끌고 있다(그림 6.19). 다 퍼 올린 석유나 가스 저장소에 CO_2를 주입하여 저장할 가능성은 엄청나다. 미국 에너지

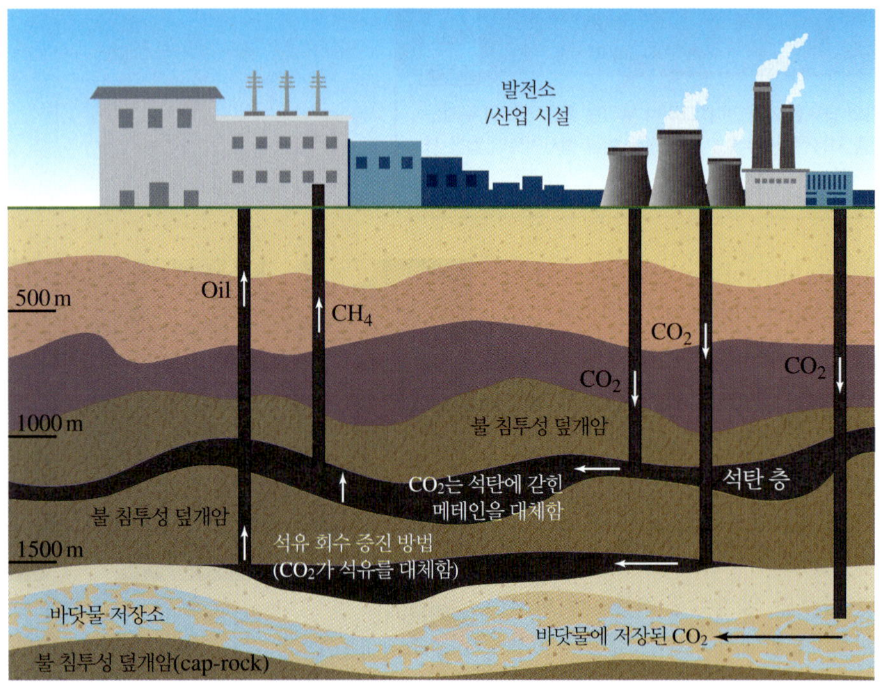

그림 6.19

석유의 회수와 화석 연료 화력 발전소에서 CO_2를 격리시키기 위한 CO_2-EOR 전략의 개략도.

부(U.S. Department of Energy)는 미국과 캐나다에서 1,520억 톤 이상의 CO_2를 격리할 수 있는 충분한 잠재적 장소를 문서화했다. 현재 미국에서 EOR 방법으로 매년 약 4,800만 톤의 CO_2를 주입하고 있다.

CO_2-EOR에 대한 국제 사례 연구가 캐나다 남동부의 Saskatchewan에서 진행 중이다. 2014년 Sask-Power는 탄소 포집 및 격리(carbon capture and sequestration, CSS) 기술로 석탄 화력 발전소를 개조하였다. 현재까지 이 프로젝트는 시작 이래로 280만 톤의 CO_2를 포집했으며, 이는 인근 유전에서 오일 회수를 향상시키는 데 사용되었다. 지금까지 이 방법은 특정 지역 유전에 대해 하루에 28,000배럴의 석유 생산량을 증가시키는 것으로 나타났다. 전반적으로 이 방법을 통해 1억 3천만 배럴의 추가 석유가 생산되어 유전의 생산 수명이 25년 연장될 것으로 추산되었다. 2035년까지 원래 석유 매장량의 60%를 추출할 것으로 추산되며, 그 이후에는 1년 동안 약 900만대의 자동차를 도로에서 제거하는 것과 동등한 3,000만 톤의 CO_2가 저장될 것으로 예상된다.

석유 전문가들은 석유 생산이 정점에 이르렀다가 감소할 것이라고 예측하였다. 퍼올리기 쉬운 유전의 석유를 모두 사용하면, 회수하기 어려운 장소에 있는 비전통적인 오일이 남게 된다. 바다 밑 수천 피트 아래에서 발견되는 유전은 심해 굴착 장치로만 추출할 수 있다. 이런 오일은 캐나다의 타르 석유 모래(tarry oil sand)에도 들어 있다. 그리고 이 오일은 미국의 Utah, Colorado, Wyoming의 오일 셰일에서도 발견된다. 매장량은 아마 3조 배럴로 매우 규모가 크다. 그럼에도 불구하고 이 오일이 쉽게 회수되는 방법이 있었다면 오늘날에도 여전히 오일 샌드와 혈암에 묻혀 있지는 않을 것이다.

6.11 천연 가스: "깨끗한" 화석 연료?

주로 메테인인 CH_4로 구성된 천연 가스는 미국 가정의 절반 이상에 열을 제공하고 있다. 천연 가스의 열은 가정에서 직접 공급되거나, 발전소에서 천연 가스를 태워 생산된 전기를 통해 공급된다. 화석 연료 중에서 천연 가스는 비교적 깨끗하다. 태우면 본질적으로 이산화 황이 없으며, 입자상 물질, 일산화 탄소 및 질소 산화물이 비교적 적다. 연소 후 독성 금속이 포함된 회분 잔류물이 남지 않는다. 천연 가스를 태우면 온실 기체인 CO_2가 생성되지만, 방출되는 에너지의 단위당 양은 다른 화석 연료보다 적다.

사전 지식 *Did You Know*

석유 환산 배럴(barrel of oil equivalent, BOE)로 알려진 에너지 단위는 석유 1배럴(6.1×10^6 kJ)이 연소하여 방출되는 에너지로 정의된다. 1 BOE는 약 6000입방피트의 천연 가스 또는 200 kg의 석탄의 에너지 양과 같다.

활동 학습 6.25 ▸ *석탄 대 천연 가스*

1 g의 천연 가스를 연소하면 50.1 kJ의 열이 방출된다.

a. 천연 가스를 연소시켜 1500 kJ의 열이 얻어졌다. 이때 방출된 CO_2의 질량을 계산하라. 천연 가스는 순수한 메테인, CH_4이라고 가정하라.

b. 활동 학습 6.21에서 연구한 석탄 등급 중 하나를 선택하라. 이 석탄을 충분한 산소로 태워 동일한 1500 kJ의 열을 생성할 때, 생성되는 CO_2의 질량을 비교하라.

석유 저장소에는 일반적으로 천연 가스가 존재하는 공간이 있다. 천연 가스 추출은 논란의 여지가 있는 수압 파쇄 공법 즉 **프래킹**(fracking) 과정이 사용된다. 1940년대에 처음 시도되었지만 최근에야 대규모로 프래킹이 수행되었다. 2004년에 첫 번째 유정은 Pennsylvania, West Virginia 및 인근 주 일부에 있는 Marcellus 혈암에 시추되었다. 2018년 현재 Marcellus 혈암의 천연 가스 생산량은 일일 190억 입방 피트에 달하고 있다.

프래킹 공법은 지표면 아래의 1~3마일에 있는 가스 또는 기름을 함유한 암석에 구멍을 뚫는 과정을 포함한다. 이 기술은 투과성이 낮은 단단한 암석(예: 혈암)에서 천연 가스 또는 석유를 얻기 위해 필요하다. 그러나 프래킹은 다공성 지층(예: 사암, 석회암)에서 화석 연료가 회수되는 속도를 높이는 데에도 사용된다.

이 기술은 물 소비량이 많고, 수질 오염, 대기 배출 및 기후 변화 등을 통해 환경에 영향을 미칠 수 있고, 인간에게 잠재적인 건강 위험을 초래할 수 있기 때문에 논쟁의 여지가 많다. 또한 어떤 보고서들은 지진 및 진동과 같은 지진 사건을 프래킹 공정과 관련시키고 있다. 결과적으로 독일 및 미국 Maryland, Vermont, New York 주와 같은 일부 지역에서는 이러한 활동을 완전히 금지하는 다양한 연방 및 지역 규정이 전 세계적으로 제정되었다.

천연 가스와 석유가 흐를 수 있는 균열(crack)을 만들기 위해 물질(substance)의 혼합물을 포함하는 물로 구성된 파쇄 유체를 압력 하에 주입한다(그림 6.20). 물은 또한 균열을 만드는 고운 모래를 운반한다. 다음 활동 학습에서는 프래킹에 대한 세부 정보를 확인할 수 있는 기회를 제공해 준다.

사전 지식 *Did You Know* ?

1970년대 후반부터 수압 파쇄 공법은 미국, 남아프리카 공화국, 호주를 포함한 여러 국가의 선택된 우물에서 식수 생산량을 늘리는 데 사용되었다.

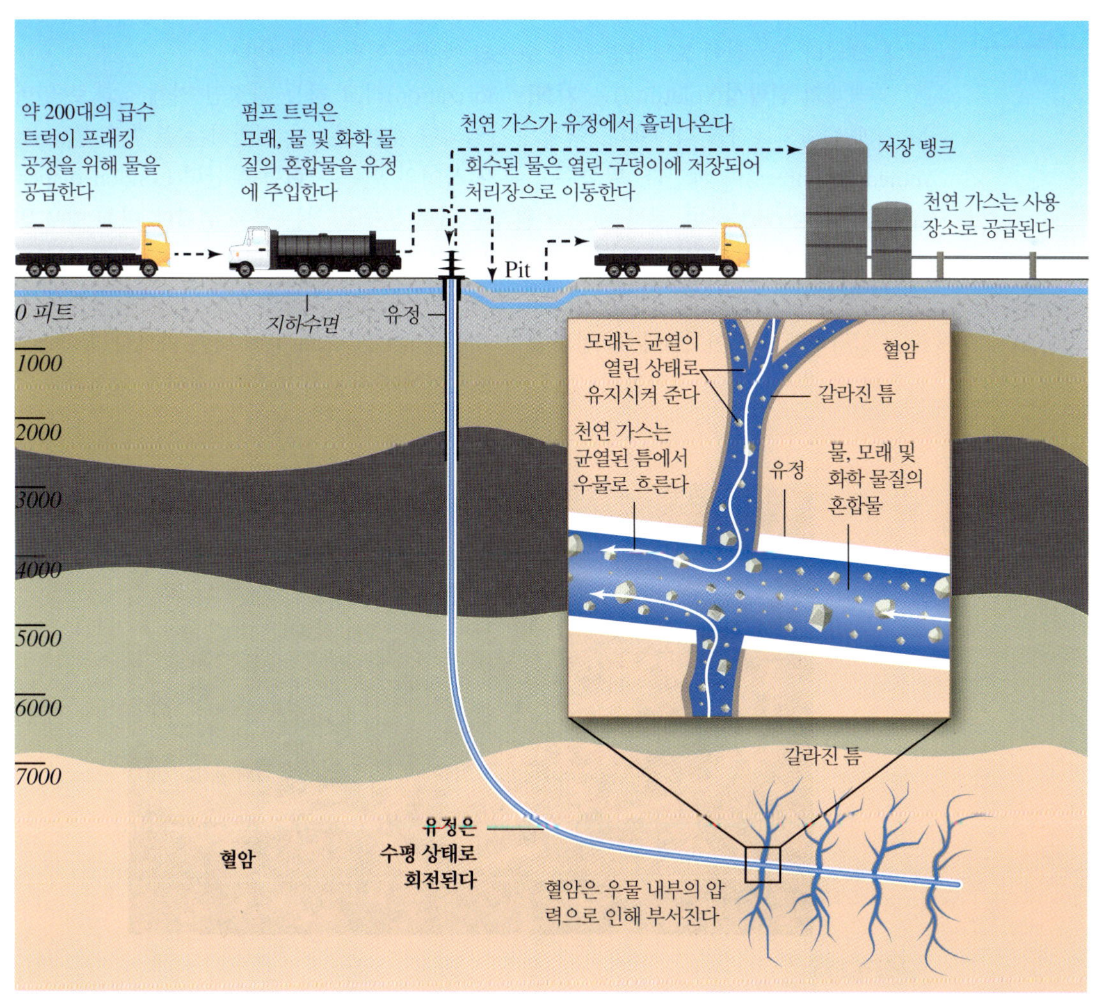

그림 6.20

지하 저장소에서 천연 가스를 추출하는 데 사용되는 프래킹 개략도.

활동 학습 6.26 ▸ 프래킹!

a. 천연 가스를 추출하는 동안 혈암을 파쇄시키는 것은 폭약이 아닌 수압으로 수행된다. *수압*(hydraulic)이란 용어는 무엇을 의미하는가? 폭약을 사용하지 않는 이유는 무엇인가?

b. 일반적으로 우물에 얼마나 많은 물을 주입하는가? 이 물에 포함된 "혼합물"의 성분은 무엇인가? 이 정보를 찾기가 얼마나 어려웠는가? 가능하다면 자료를 얻은 곳의 신뢰성에 대한 평가를 하라.

c. 일부 물은 폐수로 되어 표면으로 돌아간다. 이 폐수를 처리하기 위한 몇 가지 선택은 무엇인가?

6.12 석유의 분해: *원유에서 유용한 석유 제품은 어떻게 얻는가?*

석유는 수천 가지의 서로 다른 화합물들의 혼합물로서, 분자당 5~12개의 탄소 원자로 구성된 탄화수소가 대부분을 차지한다. 석유에 함유된 탄화수소의 대부분은 탄소 원자 사이에 단일 결합만 있는 탄화수소인 **알케인**(alkane)이다.

사전 지식 *Did You Know*

휘발유는 1800년대 중반에 처음 생산되었다. 그러나 20세기 초, 자동차가 등장하기 전까지는 가치가 없었다.

휘발유와 다른 탄화수소는 석유에서 어떻게 생산되는가? 이 공정은 석유 산업의 아이콘인 정유 공장에서 이루어진다(그림 6.21). 정제 공정의 초기 단계에서 원유는 휘발유 분획을 포함한 분획으로 분리된다. 정유공장에서는 원유를 끓는점까지 가열하고 증기를 수집 및 응축하는 분리 공정인 **증류**(distillation)를 포함한 여러 공정을 사용하여 정제를 한다. 그러나 끓는점에 도달하면 분자 수준의 액체는 어떻게 되는가?

액체의 **휘발성**(volatility)은 **기화**(vaporization)라고 하는 과정인 기체 상태로 얼마나 쉽게 변환되는지를 나타낸다. 액체가 가열되면 개별 분자를 결합하는 *분자간 힘*(intermolecular forces)이 깨진다. 탄화수소 분자 사이의 인력은 **런던 분산력**(London dispersion forces)이라고 하며, 분자 내에서 원자를 서로 붙들고 있는 공유 결합에 비해 매우 약하다. 그림 6.22a에서 볼 수 있듯이, 두 개의 비금속 원자 또는 비극성 분자가 서로 접근할 때, 각각 전자가 무작위로 분포되어 화학종들 사이에 측정 가능한 인력이 없다. 그러나 전자는 일정하게 움직이기 때문에 인접한 원자/분자의 접근으로 인해 다른 쪽보다 화학종의 한쪽에 더 많은 전자가 위치할 수 있다. 이것은 이웃에 부분적인 음/양 전하를 생성하여 약

그림 6.21
높은 증류탑을 보여주는 정유공장의 사진. 화염에서 알 수 있듯이 소량의 천연 가스가 타오른다.

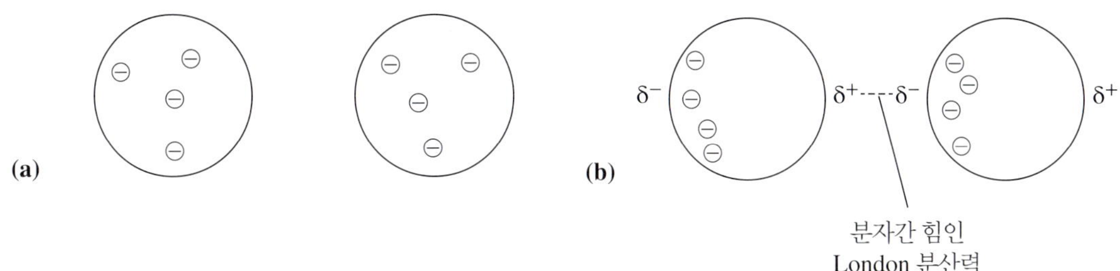

그림 6.22

분자간 힘인 London 분산력의 그림. **(a)** 전자가 무작위로 분포하는 두 개의 분리된 비금속 원자 또는 비극성 분자. 양전하를 띤 핵은 표시되지 않았다. **(b)** 전자의 이동으로 인한 부분 전하의 생성으로 인해 인접한 화학종 사이에 작용하는 약한 London 분산력.

한 인력을 생성한다(그림 6.22b). 구성 원자의 크기가 커짐에 따라 전자는 핵에서 멀어지므로 이웃에 접근할 때 쉽게 재분포된다.

탄화수소의 C−H 공유 결합은 400 kJ/mol 정도이지만, London 분산력의 세기는 0.1~2 kJ/mol에 불과하다. 대조적으로, 5.2절에서 논의된 수소 결합 분자간 힘은 5~15 kJ/mol 정도이다. 크고 무거운 원자를 포함하는 분자는 작고 가벼운 원자보다 더 강한 분산력을 나타낸다. 또한 구조는 비슷하지만 몰질량이 더 큰 분자는 London 분산력이 더 강해진다.

절대 영도(0 K 또는 −273°C)보다 높은 온도에서 모든 액체는 어느 정도 기화된다. 더 많은 분자가 액체 상태에서 기체 상태로 방출되면 액체의 **증기압**(vapor pressure)이 증가한다(그림 6.23). 액체의 **끓는점**(boiling point)은 액체의 증기압이 주변 압력과 같은 온도이다. 해수면에서 대기압은 1 atm(101 kPa 또는 760 Torr)이다. 따라서 해수면의 물은 증기압이 주변 대기와 일치하는 100°C까지 가열해야 끓는다. 액체의 끓는점과 분자간 힘(intermolecular forces, IMF) 사이의 관계는 다음과 같다.

분자간 힘(IMF)의 세기 ⇑,   액체의 끓는점 ⇑

표 6.3에서 볼 수 있듯이 알케인 사슬 길이가 증가함에 따라, 인접한 탄화수소 분자 사이의 London 분산력이 강해져서 탄화수소의 끓는점이 증가한다.

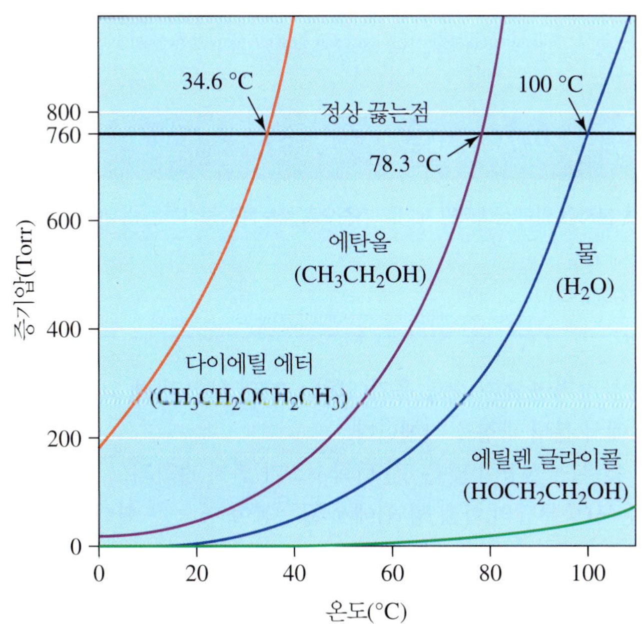

그림 6.23

몇 가지 액체의 증기압과 온도 사이의 관계. *정상 끓는점*(normal boiling point)은 1기압(atm) 또는 760 Torr의 외부 압력에서 액체의 증기압으로 정의된다.

표 6.3 선택된 알케인(기체 및 액체)

이름과 화학식	끓는점 (25°C에서 물리적 상태)	구조식	축소 구조식
메테인 CH_4	−161°C (기체)	H │ H—C—H │ H	CH_4
에테인 C_2H_6	−89°C (기체)	H H │ │ H—C—C—H │ │ H H	CH_3CH_3
프로페인 C_3H_8	−42°C (기체)	H H H │ │ │ H—C—C—C—H │ │ │ H H H	$CH_3CH_2CH_3$
n-뷰테인 C_4H_{10}	−0.5°C (기체)	H H H H │ │ │ │ H—C—C—C—C—H │ │ │ │ H H H H	$CH_3CH_2CH_2CH_3$
n-펜테인 C_5H_{12}	36°C (액체)	H H H H H │ │ │ │ │ H—C—C—C—C—C—H │ │ │ │ │ H H H H H	$CH_3CH_2CH_2CH_2CH_3$
n-헥세인 C_6H_{14}	69°C (액체)	H H H H H H │ │ │ │ │ │ H—C—C—C—C—C—C—H │ │ │ │ │ │ H H H H H H	$CH_3CH_2CH_2CH_2CH_2CH_3$
n-헵테인 C_7H_{16}	98°C (액체)	H H H H H H H │ │ │ │ │ │ │ H—C—C—C—C—C—C—C—H │ │ │ │ │ │ │ H H H H H H H	$CH_3CH_2CH_2CH_2CH_2CH_2CH_3$
n-옥테인 C_8H_{18}	125°C (액체)	H H H H H H H H │ │ │ │ │ │ │ │ H—C—C—C—C—C—C—C—C—H │ │ │ │ │ │ │ │ H H H H H H H H	$CH_3CH_2CH_2CH_2CH_2CH_2CH_2CH_3$

참고: *n*-뷰테인, *n*-펜테인, *n*-헥세인, *n*-헵테인 및 *n*-옥테인은 모두 다른 구조적 형태인 이성질체를 가진다(6.13절 참조). *n*은 일반 직선 사슬 이성질체를 나타낸다.

활동 학습 6.27 ➤ *상대적인 끓는점*

다음의 분자들을 분자간 힘의 상대적인 세기를 기준으로 끓는점이 증가하는 순서대로 순위를 매겨라.

a. I_2, Br_2, Cl_2, F_2

b. CH_4, CF_4, CBr_4, CI_4

원유를 증류하려면 먼저 대형 용기(그림 6.24의 보일러)에 보내서 가열해야 한다. 그런 다음 증류탑에서 분별 과정을 진행한다.

- 끓는점이 낮은(몰질량이 낮은 것) 탄화수소가 먼저 기화되고 증류탑 위로 올라간다.
- 더 높은 온도(증류탑의 아래 영역)에서 끓는점이 더 높은 화합물(몰질량이 더 크거나 더 복잡한 화학 구조)이 증발한다.
- 일단 기화되면 모든 화합물이 증류탑의 위쪽으로 이동한다. 탑의 높이가 높을수록 온도가 낮아지므로, 화합물은 끓는점에 따라 탑의 다른 높이에서 액체로 응축된다.

그림 6.24

원유를 증류하는 증류탑의 그림. 다양한 증류 물질과 일반적인 응용 과정을 보여준다.

Source: McGraw-Hill Education

그림 6.24는 증류탑과 이 장치에서 얻을 수 있는 화합물의 가능한 혼합물을 보여주고 있다. 여기에는 아스팔트와 같은 고체, 휘발유와 같은 액체 및 메테인과 같은 기체가 포함되어 있다. 각각의 잃어지는 양은 원유의 종류에 따라 다르다. 수집된 "가장 가벼운" 부분은 *정유 가스*(refinery gas)이다. 이 정제 가스에 들어 있는 화합물은 분자당 1~4개의 탄소 원자를 가지며 메테인, 에테인, 프로페인 및 뷰테인을 포함한다. 정유 가스는 가연성이며, 정유소에서 연료로 자주 사용되며, 액화하여 가정용으로 판매한다. 화학 제조업체는 새로운 화합물을 만들기 위한 출발 물질로 정제 가스를 사용한다.

정유 가스에는 천연 가스의 주성분인 메테인이 포함되어 있다. 그러나 대부분의 천연 가스는 정유소의 증류가 아니라 유정과 가스정에서 직접 얻는다. 가정으로 연결되는 천연 가스는 거의 순수한 메테인이지만 에테인(2~6%) 및 기타 몰질량이 낮은 탄화수소도 포함되어 있다. 천연 가스에는 소량의 수증기, 이산화 탄소, 황화 수소 및 헬륨도 포함되어 있다.

사전 지식 *Did You Know*

천연 가스는 냄새가 없다. 그러나 에테인 싸이올(CH_3CH_2SH)과 같은 다양한 황 함유 화합물을 냄새제로 천연 가스에 첨가하여 가스 누출을 탐지한다.

정유 가스 외에도 다양한 화합물이 정유 공장에서 생산된다. 원유 1배럴에서 약 45갤런의 석유 제품이 추출되는데, 그 중 약 37갤런이 난방 및 운송을 위해 태워진다(그림 6.25). 나머지 1갤런 또는 2갤런은 주로 연료 목적의 용도가 아닌 플라스틱, 의약품, 직물 및 기타 탄소 기반 제품을 생산하기 위한 "공급 원료"로 사용된다. 이러한 탄화수소 공급 원료는 재생 불가능한 가치가 있는 자원이기 때문에, 언젠가는 고갈된 석유 제품이 단순한 연료로 사용하기에는 너무 아깝다는 것을 쉽게 예측할 수 있다.

그림 6.25

원유 1배럴을 정제하여 생산되는 제품 (갤런 단위).

Source: U.S. Energy Information Administration, 2018.

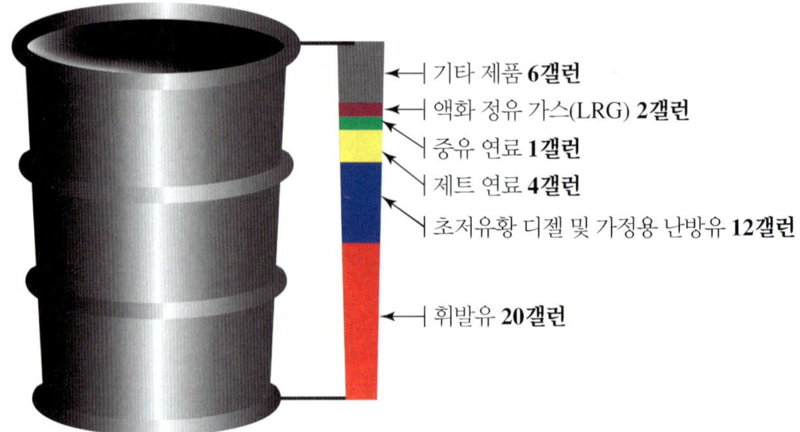

6.13 휘발유는 무엇인가?

원유를 증류하여 얻은 화합물의 분포는 상업적 용도의 일반적인 형태와는 상당한 차이를 보인다. 예를 들면 휘발유의 수요는 높은 끓는점에 따라 증류되어 나오는 양보다 상당히 많다. 화학자들은 자연적인 분포를 바꾸고, 고품질의 휘발유를 얻기 위해 *분해*(cracking)나 *개질*(reforming)이라고 부르는 몇 가지 공정을 이용한다.

열분해(thermal cracking)는 큰 탄화수소 분자를 고온으로 가열하여 작은 분자로 분해하는 과정이다. 이 과정에서 가장 무거운 원유 증류 물질은 400~450°C의 온도로 가열한다. 이 열은 가장 무거운 타르 원유 분자를 휘발유나 디젤 연료에 유용한 작은 분자로 "분해"한다. 예를 들어, 열분해 과정은 고온에서 한 개의 $C_{16}H_{34}$ 분자는 거의 동일한 두 분자로 분해시킨다.

$$C_{16}H_{34} \xrightarrow{\text{가열}} C_8H_{18} + C_8H_{16} \quad \textbf{[6.9a]}$$

열분해로 다른 크기의 분자도 만들 수 있다.

$$C_{16}H_{34} \xrightarrow{\text{가열}} C_{11}H_{22} + C_5H_{12} \quad \textbf{[6.9b]}$$

두 경우 모두 탄소와 수소 원자의 총 수는 반응물에서 생성물로 갈 때 변하지 않는다. 더 큰 반응 분자는 단지 더 작고 경제적으로 중요한 분자로 쪼개진 것이다. 공간-채움 모형(space-filling models)을 사용하면 크기 차이를 더 명확하게 볼 수 있다.

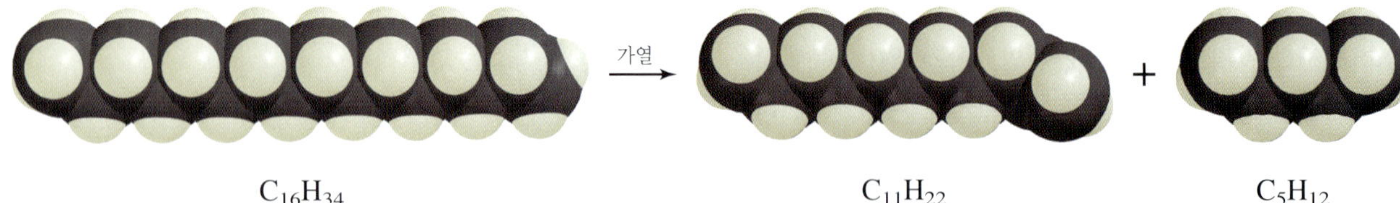

활동 학습 6.28 ❯ *열분해에 대한 더 많은 연습*

a. $C_{16}H_{34}$가 열적으로 분해될 때 형성된 한 쌍의 생성물에 대한 구조식을 그려라(식 [6.9a], [6.9b] 참조).

힌트: 생성물 분자의 원자들을 직선 사슬(linear chain)과 한 개의 이중 결합이 포함되도록 그려라(한 개의 생성물에만 해당).

b. 하나의 C=C 이중 결합을 갖는 탄화수소에 대한 일반 화학식을 써라. 이것을 6.2절에 표시된 알케인의 일반 화학식과 비교하라.

c. 분자간 힘에 대한 지식을 적용하여, $C_{16}H_{34}$, $C_{11}H_{22}$ 및 C_5H_{12}의 상대적 끓는점을 예측하라. 실제 값을 찾아 예측과 비교하라.

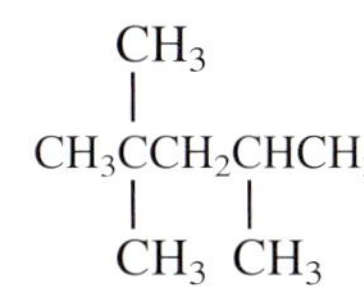

(a) (b)

그림 6.26

(a) *n*-옥테인과 **(b)** 아이소-옥테인에 대한 구조식 및 공간 채움 모형. 이러한 구조의 3D 모습은 www.acs.org/cic를 참조하라.

관련 절

6.14절에서 촉매가 화학 반응 속도에 어떻게 영향을 미치는지 논의한다.

열분해와 관련된 문제는 고온을 만드는데 필요한 에너지이다. **촉매 분해**(catalytic cracking)는 촉매를 사용하여 상대적으로 낮은 온도에서 더 큰 탄화수소 분자를 더 작은 분자로 분해하여 에너지 사용을 줄이는 과정이다. 모든 주요 석유 회사의 화학자들은 중요한 분해 촉매를 개발했으며 계속해서 더 선택적이고 저렴한 공정을 찾고 있다.

또 다른 중요한 화학 공정은 **촉매 개질**(catalytic reforming)이다. 여기서 분자 내의 원자들이 재배열되는데, 일반적으로 직선형 분자(linear)로 시작하여 더 많은 가지를 가진(branched) 분자를 생성한다. 곧 알게 되겠지만, 더 많은 가지를 갖는 분자는 자동차 엔진에서 더 부드럽게 연소된다.

분자가 같은 분자식을 가졌더라도 반드시 동일한 분자가 아닐 수도 있다는 것이 밝혀졌다. 예를 들어 옥테인은 화학식이 C_8H_{18}을 갖는다. 세심한 분석 결과, 이 화학식을 갖는 18가지 화합물을 확인하였다. 분자식은 같지만 화학 구조와 특성이 다른 분자를 **이성질체**(isomer)라고 한다. *n*-옥테인(*노말* 옥테인, normal octane)은 탄소 원자가 모두 연속 사슬을 이루고 있는 반면(그림 6.26a), 아이소-옥테인은 탄소 사슬에 여러 개의 가지를 가지고 있다(그림 6.26b). 이 두 이성질체의 화학적 및 물리적 특성은 비슷하지만 같지는 않다. 직선형 구조를 가진 분자는 전체 사슬 길이를 따라 C—H 기의 강한 상호 작용으로 인해 가지가 나있는 구조보다 London 분산력이 더 강하다(그림 6.27). 예를 들어 *n*-옥테인의 끓는점은 125°C이고, 아이소-옥테인은 99°C이다.

n-옥테인과 아이소-옥테인의 연소열은 서의 동일하지만 두 연료는 자동차 엔진에서 다르게 연소된다. 더 밀집된 모양을 하고 있는 아이소-옥테인 화합물이 "더 부드럽게" 연소된다. 잘 조정된 자동차 엔진에서는 휘발유 증기와 공기가 실린더로 빨려 들어가 피스톤에 의해 압축되고 불꽃에 의해 점화된다. 정상적인 연소는 점화 플러그가 연료-공기 혼합물을 점화하고, 화염의 전면이 연소실을 빠르게 이동하여 연료를 소비할 때 일어난다.

그러나 불꽃이 발생하기 전에 때로는 압축만으로 연료가 점화되기도 한다. 이 조기 점화를 사전 점화(pre-ignition)라고 한다. 연소된 기체가 팽창할 때 피스톤이 최적의 위치에 있지 않기 때문에 엔진 효율이 낮아지고 연료 소비가 높아진다. 격렬하고 통제되지 않은 반응인 "노킹"은 불꽃이 연료를 점화한 후 일어나는데, 연소되지 않은 혼합물이 비정상적인 압력 상승과 함께 초음속으로 연소를 일으킨다. 노킹은 불쾌한 금속성 소리, 전력 손실, 과열, 심할 경우 엔진 손상까지 일으킨다.

1920년대에 노킹은 휘발유의 화학적 조성에 의존하는 것을 알아내었다. "옥테인가"는 특정 휘발유의 노킹에 대한 저항하는 정도를 나타내기 위해 개발되었다. 아이소-옥테인은 자동차 엔진에서 탁월한 성능을 발휘하며 임의로 100의 옥테인가로 할당되었다. *n*-옥테인과 마찬가지로 *n*-헵테인은 직선 사슬 탄화수소이지만 $-CH_2$ 기가 하나 적다. 또한 노킹하는 경향이 높으며 옥테인가가 0으로 할당되었다(표 6.4). 따라서 휘발유 주유소에서 87의 옥테인가의 휘발유를 채우면, 87% 아이소-옥테인과 13% *n*-헵테인의 혼합물과 동일

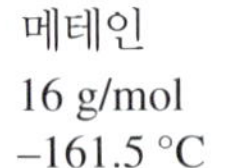

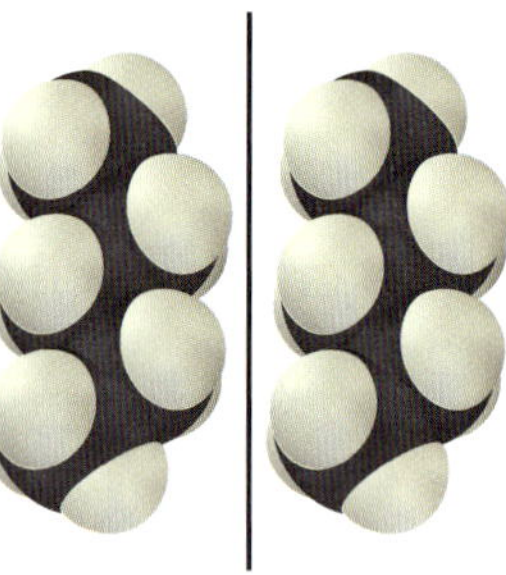

그림 6.27

탄화수소의 끓는점에 대한 분자 구조의 영향. **(a)** 이웃 분자의 몰질량이 증가함에 따라 London 분산 분자간 힘의 세기가 증가하여 끓는점이 증가한다. **(b)** 인접한 분자 사슬의 표면적이 증가함에 따라 London 분산 분자간 힘의 세기가 증가하여 끓는점이 증가한다. 이러한 구조의 3D 모습은 www.acs.org/cic를 참조하라.

표 6.4 몇 가지 화합물의 옥테인가

화합물	옥테인가
n-옥테인	−20
n-헵테인	0
아이소-옥테인	100
메탄올(CH_3OH)	109
에탄올(CH_3CH_2OH)	109
메틸 3차-뷰틸 에터(methyl tertiary-butyl ether (MTBE), $CH_3OC(CH_3)_3$)	116

그림 6.28

휘발유는 다양한 옥테인가로 판매되고 있다.

한 노킹 특성을 갖는 휘발유를 구입한 것이다. 89 옥테인(일반 플러스) 및 91 옥테인(프리미엄) 등 더 높은 등급의 휘발유도 구입할 수 있다(그림 6.28). 이러한 혼합물은 옥테인가가 더 높은 화합물을 더 많이 포함한다.

비록 *n*-옥테인은 낮은 옥테인가를 가지고 있지만(표 6.4), 촉매를 이용하여 *n*-옥테인에서 아이소-옥테인으로 개질함으로써 그 성능을 크게 향상시킬 수 있다. 이러한 재배열은 *n*-옥테인을 희귀하고 값비싼 원소인 백금(Pt), 팔라듐(Pd), 로듐(Rh), 이리듐(Ir) 등으로 구성된 촉매에 통과시킴으로써 이루어진다. 옥탄가를 향상시키기 위한 이성질체의 개질은 1970년대 후반부터 노킹 방지 첨가제로 테트라에틸 납(tetraethyl lead, TEL, $Pb(CH_2CH_3)_4$) 사용을 금지하려는 전국적인 노력으로 인해 중요해졌다.

활동 학습 6.29 ➔ 납의 퇴출

1920년대부터 차량 성능과 연비를 개선하기 위해 옥테인가를 높이는 테트라에틸 납(tetraethyl lead, TEL)을 휘발유와 혼합하여 사용하였다. 미국은 납 노출과 관련된 위험과 촉매 변환기 및 점화 플러그에 대한 손상 영향 때문에, 1996년에 납이 포함된 휘발유의 사용을 완전히 금지하였다. 그러나 다른 납의 원천은 여전히 존재한다. 인터넷에서 탐정이 되어 다음 사항을 파악하라.

a. 납 노출의 직업적 원천

b. 납 노출의 원인이 되는 취미

c. 특히 어린이에게 영향을 미치는 납 노출의 원천

옥테인가를 높이는 TEL의 사용을 금지하려면, 저렴하고 생산하기 쉬우며 환경 친화적인 대체품을 찾아야 했다. 메탄올, 에탄올 및 MTBE를 포함하여 여러 가지가 평가되었으며, 각각의 옥테인가는 100을 초과한다(표 6.4). 이러한 첨가제를 포함하는 연료를 **산소 함유 휘발유**(oxygenated gasoline)라고 한다. 이 휘발유 혼합물은 산소를 포함하고 있기 때문에, 더 깨끗하게 연소되고 산소가 함유되지 않은 휘발유보다 일산화 탄소를 적게 생성한다.

제2장에서 지적한 바와 같이 기존 휘발유의 휘발성 유기 화합물(volatile organic compounds, VOC)은 특히 교통량이 많은 지역에서 대류권 오존 오염에 중요한 역할을 한다. 1990년 개정된 청정 공기법 개정은 연중 내내 성분 배합 변경 휘발유를 사용해야 하는 프로그램으로서, 1995년 이후에는 지상의 오존 수준이 가장 높은 100개 이상의 대도시 지역에서 이 프로그램을 채택하였다. 이 프로그램은 산소화 되지 않은 재래식 휘발유에서 발견되는 휘발성 탄화수소의 비율이 더 낮은 **성분 배합 변경 휘발유**(reformulated gasoline, RFG), 즉 산소 함유 휘발유를 사용해야 한다. RFG는 암을 유발하는 탄화수소인 벤젠(C_6H_6)을 1% 이상 포함할 수 없으며, 산소가 2% 이상이어야 한다. 그 조성으로 인해 성분 배합 변경 휘발유는 기존의 휘발유보다 쉽게 증발하고 일산화 탄소 배출량을 줄인다. RFG가 1990년대에 도입되었을 때 MTBE는 산소 공급이 선택사항이었다. 그러나 독성과 가솔린 저장 탱크에서 지하수로 침출되는 능력에 대한 우려로 인해 많은 주에서 MTBE를 금지하고 에탄올로 전환하였다.

관련 절
첨가제이자 연료로서 에탄올은 6.15절에 자세히 설명되어 있다.

6.14 구 연료의 새로운 용도

세계의 석탄 공급량은 수백 년 동안 지속될 것으로 예상되며, 이는 현재의 남은 석유 매장량 추정치보다 훨씬 더 길다. 불행히도 석탄은 고체이기 때문에 특히 자동차 연료로 사용하는 많은 응용 분야에서 사용하기가 불편하다. 따라서 석탄을 석유 제품과 비슷한 성질을 가진 연료로 변환시키는 것을 목표로 하는 연구 개발 프로젝트가 진행되고 있다.

천연 가스의 대량 공급이 발견되기 전에 도시는 일산화 탄소와 수소의 혼합물인 *수성 기체*(water gas)로 불을 밝혔다. 수성 기체는 휘발성 성분이 석탄에서 증류된 후에 남아 있는 불순한 탄소인 뜨거운 코크스에 증기를 불어 넣으면 형성된다.

$$\underset{\text{코크스}}{C(s)} + H_2O(g) \longrightarrow \underset{\text{수성 기체}}{CO(g) + H_2(g)} \quad [6.10]$$

이 반응과 같은 반응이 석탄에서 합성 휘발유를 생산하는 **Fischer–Tropsch 공정**(Fischer–Tropsch process)의 출발점이다. 독일의 화학자 Emil Fischer(1852~1919)와 Hans Tropsch(1889~1935)는 20세기 초에 이 과정을 개발하였다. 당시 독일은 석탄 매장량이 풍부했지만 석유는 거의 없었다.

Fischer–Tropsch 공정은 다음과 같은 일반 반응식으로 설명할 수 있다.

$$n\,CO(g) + (2n+1)\,H_2(g) \xrightarrow{\text{촉매}} C_nH_{2n+2}(g, l) + n\,H_2O(g) \quad [6.11]$$

탄화수소 생성물은 메테인과 같은 작은 분자에서부터 휘발유에서 일반적으로 발견되는 중간 크기 분자($n = 5 \sim 8$)까지 다양하다. 이 화학 반응은 일산화 탄소와 수소가 철 또는 코발트를 포함하는 촉매를 통과할 때 진행된다.

촉매의 역할을 더 잘 이해하기 위해 그림 6.29에 표시된 전형적인 발열 반응을 생각해 보자. 반응물의 퍼텐셜 에너지(왼쪽)는 발열 반응이기 때문에, 생성물(오른쪽)의 퍼텐셜 에너지보다 높다. 이제 반응물과 생성물을 연결하는 경로를 살펴보자. 녹색 선은 촉매가 없을 때 반응하는 동안 에너지 변화를 나타낸다. 전반적으로 이 반응은 에너지를 방출하지만, 처음에는 일부 결합이 먼저 끊어지거나(또는 끊어지기 시작하기 때문에) 에너지가 *증가한다*. 화학 반응을 일으키는 데 필요한 에너지를 **활성화 에너지**(activation energy)라

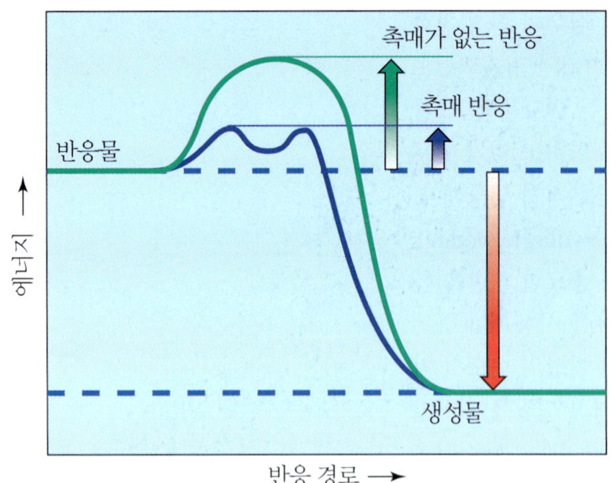

그림 6.29

촉매가 있는 경우(파란색 선)와 촉매가 없는 경우(녹색 선)의 동일한 반응에 대한 에너지 반응 경로. 녹색 및 파란색 화살표는 활성화 에너지를 나타낸다. 빨간색 화살표는 각 경로에 대한 전체 에너지 변화를 나타낸다.

고 하며, 비촉매 반응은 녹색 화살표로 표시된다. 반응을 시작하려면 에너지를 소비해야하지만, 반응 과정이 낮은 퍼텐셜 에너지 상태로 진행됨에 따라 에너지가 방출된다. 일반적으로 빠르게 발생하는 반응은 활성화 에너지가 낮다. 느린 반응은 더 높은 활성화 에너지를 갖는다. 그러나 활성화 장벽의 높이와 반응의 알짜 에너지 변화 사이에는 직접적인 관계가 없다. 즉, 높은 발열 반응은 크거나 작은 활성화 에너지를 가질 수 있다.

온도를 높이면 흔히 반응 속도가 증가한다. 여분의 에너지를 가지고 있는 분자들이 충돌하면 활성화 에너지를 극복하는 분자의 비율이 더 높아진다. 그러나 때로는 온도를 높이는 것이 실제적인 해결책이 아니다. 그림 6.29의 파란색 선은 촉매가 온도를 높이지 않고 대체 반응 경로를 제공하여 활성화 에너지를 낮추는 방법(파란색 화살표로 표시됨)을 보여준다. 그러나 알짜 에너지 변화는 촉매의 추가 유무에 관계없이 동일하다.

Fischer–Tropsch 공정에서는 강한 C≡O 삼중 결합이 끊어져야 반응이 진행된다. 이 결합을 끊는 것은 활성화 에너지가 너무 커서, 금속 촉매의 도움 없이는 반응이 진행되지 않는다. 이것이 금속 촉매가 반응에 들어가는 지점이다. CO 분자는 금속 표면과 결합을 형성할 수 있으며, 이때 C≡O 결합이 약해진다. 수소 분자 역시 금속 표면에 부착되면 H–H 단일 결합이 완전히 끊어진다. 나머지 반응은 빠르게 진행되어 몰질량이 더 높은 탄화수소를 생성한다.

촉매의 장점은 소모되지 않아 소량만 필요하다는 것이다. 녹색 화학자들이 촉매 반응을 중요시하는 이유는 적은 양의 촉매들이 사용되기 때문만이 아니라, 그 반응이 종종 낮은 온도에서 수행될 수 있기 때문이다

역사적으로 Fischer–Tropsch 기술의 상용화는 제한적이었다. 석탄이 풍부하고 석유가 부족한 국가인 남아프리카는 대부분의 휘발유와 디젤 연료를 석탄에서 합성하는 유일한 국가이다. 석유 가격의 상승과 자국 내 풍부한 석탄 공급이 맞물린다면, 다른 에너지가 부족한 나라들에서 Fischer–Tropsch 공정의 사용을 증가시킬 수 있다. 중국은 석탄 액화 시장이 가장 크게 확대되고 있으며, 현재 16개 공장이 가동 중이며 다른 많은 공장이 계획 중이거나 건설 중이다. 이 기술은 환경 문제로 인해 미국에서는 반대에 부딪혔다. 그러나 Apsáalooke 사람들(Crow Nation)의 고향인 Montana의 Big Horn 카운티에 70억 달러 규모의 석탄 액화 공장을 건설할 계획이 있다. 매장지에는 거의 90억 톤의 석탄이 포함되어 있는 것으로 추정되고 있다.

석탄을 고체나 액체 연료로 전환시키더라도 전환된 연료가 연소하면 여전히 CO_2를 생성한다. 국립 재생 에너지 연구소(National Renewable Energy Laboratory)의 연구에 따르면, 석탄을 기반으로 한 액체 연료를 생산할 경우, 전체 연료 주기 동안 온실 기체의 배출량이 석유를 기반으로 한 연료보다 거의 두 배가 더 높다고 한다. 따라서 우리는 석탄을 대체할 연료를 계속 찾아야 한다.

6.15 양조장에서 연료 탱크로: *에탄올*

"지속 가능한 사회는 물리적 또는 사회적 지원 체계를 손상시키지 않을 만큼 충분히 멀리 내다보고, 충분히 유연하며, 충분히 현명하게 대처하는 사회이다." 우리는 생물물리학자이자 지속 가능성 연구소의 창립자인 Donella Meadows(1941∼2001)의 말을 반복하며, 우리가 화석 연료를 연소하는 속도가 실제로 우리의 신체적, 사회적 지원 체계를 약화시키고 있음을 지적한다. 이 속도는 단순히 지속 가능하지 않다.

우리의 대안은 무엇인가? 일부 사람들은 보다 지속 가능한 에너지 미래를 위해서는 나무, 풀, 동물 배설물 또는 농작물과 같은 생물학적 공급원에서 파생된 재생 가능한 연료의 일반적인 용어인 **바이오 연료**(biofuel)의 사용을 늘려야 한다고 생각한다. 바이오 연료는 휘발유나 디젤 연료와 같은 원유에서 파생된 연료를 대체할 수 있다. 오늘날 대부분의 바이오 연료가 지속 가능한 방식으로 생산되지 않고 있지만, 연구는 그것들이 미래에 어떻게 만들어질 수 있는지를 계속해서 평가하고 있다.

화석 연료와 마찬가지로 모든 바이오 연료는 태우면 CO_2를 방출한다. 그러나 바이오 연료는 화석 연료보다 더 적은 양의 CO_2를 대기로 배출하는데 이는 분명히 장점이다. 왜 그럴까? 오늘날의 바이오 연료를 만드는 데 사용되는 식물은 원래 성장하는 동안 대기에서 CO_2를 흡수한다. 열역학 제1법칙의 원리에 따라 연료로 태워지든 아니든 이 식물이 죽으면 흡수한 양과 같은 양의 CO_2를 생물권으로 다시 방출한다. 반면에 화석 연료는 채굴하여 연료로 태우지 않으면 탄소가 지하에 "고정" 상태로 유지된다. 따라서 화석 연료를 태우면 대기로 배출되는 CO_2가 알짜로 증가한다. 바이오 연료의 연소에서 방출되는 알짜 CO_2 양이 더 적다는 주장은 바이오 연료를 생산하고 운송하는 데 사용되는 에너지가 이러한 이점(benefit)을 상쇄시키지 않는다고 가정한다. 다음 절에서 보겠지만, 이 주장은 의문을 제기하고 이의를 제기할 필요가 있다.

가장 흔한 바이오 연료인 목재는 인류 역사에서 요리와 난방에 사용되었다. 왜 나무가 타는지 궁금한 적이 있는가? 목재에는 식물, 관목 및 나무에 구조적 강성을 제공하는 C, H 및 O로 구성된 자연 발생 화합물인 **셀룰로스**(cellulose)가 포함되어 있다. 탄화수소와 마찬가지로 셀룰로스는 탄소와 수소로 구성된다. 그러나 이와 달리 셀룰로스에는 산소도 포함되어 있어서 연료로서의 에너지 함량이 낮다. 사실 이 절에서 설명할 모든 바이오 연료에는 약간의 산소가 포함되어 있다. 산소 함량이 증가함에 따라 바이오 연료는 연소하는 동안 탄화수소보다 질량당 에너지를 비례적으로 덜 방출한다(그림 6.5 참조).

셀룰로스는 수천 개의 글루코스 분자가 서로 연결된 사슬로 구성된 탄수화물이다. 이것이 우리가 그림 6.5에서 목재의 연소를 글루코스의 연소로 가정했던 이유이다. 글루코스, $C_6H_{12}O_6$는 설탕으로 인식할 수 있다. 반응식 [6.12]는 목재의 연소에 대한 화학 반응식을 나타낸 것이다. 이 반응식은 우리가 인체의 호흡("글루코스 연소")에 대해 사용한 것과 동일한 반응식이다.

관련 절
탄수화물과 글루코스 분자는 11.4절에서 설명한다

$$\underset{\text{글루코스}}{C_6H_{12}O_6} + 6\,O_2 \longrightarrow 6\,CO_2 + 6\,H_2O + \text{에너지} \qquad [6.12]$$

목재는 세계 여러 곳에서 널리 이용 가능하지만, 목재 공급은 에너지 수요를 충족시키기에 충분하지 않다. 연료로 사용하기 위해 나무를 벌목하면 대기에서 이산화 탄소를 효과적으로 흡수하는 숲도 파괴된다. 따라서 목재에 의존하는 대신 모든 분야의 사람들은 에탄올과 같은 액체 바이오 연료를 주목하고 있다.

에탄올(C_2H_5OH)은 와인, 맥주 및 증류주에 들어 있는 것과 동일한 알코올이다. 투명하고 무색이며 인화성 액체이다. 고대 시대부터 사람들은 곡물을 발효시켜 에탄올을 생산하는 방법을 알고 있다. 그들의 목적은 자동차 엔진에 연료를 공급하는 것이 아니라 알코올성 음료를 만드는 것이었다.

어떤 종류의 당과 곡물이 발효될 수 있는가? 거의 모든 당과 곡물이 발효가 가능하지만, 곡물이 발효되려면 촉매가 필요하다. 선택은 쉽게 구할 수 있는지 여부와 제도에 달려 있다. 오늘날 미국에서 대부분의 에탄올은 옥수수에 들어 있는 당분과 녹말을 발효시켜 생산한다(그림 6.30). 그러나 초기 인류 역사에서 옥수수는

그림 6.30
옥수수를 비롯한 다양한 곡물에서 생산할 수 있는 재생 가능한 연료인 에탄올에 대한 광고.

오늘날처럼 널리 보급되지 않았다. 제13장에서 배우게 되겠지만, 아메리카 신대륙 사람들은 야생 품종의 옥수수를 재배하여 쉽게 자라는 작물로 만들었다. 어떤 지역에 사는 사람들은 쌀과 보리와 같은 다른 곡물을 사용하여 알코올 음료를 만들었다. 에탄올이 *곡물 알코올*(grain alcohol)이라는 이름으로 통용되는 이유이다.

산소 함유 휘발유와 관련하여 6.13절에서 에탄올을 소개하였다. 에탄올의 Lewis 구조는 다음과 같다.

$$\begin{array}{c} \quad H \quad H \\ \quad | \quad\; | \\ H-C-C-\ddot{\underset{..}{O}}-H \\ \quad | \quad\; | \\ \quad H \quad H \end{array}$$

에탄올

에탄올은 탄소 원자에 결합된 하나 이상의 −OH 기(하이드록실 기)로 치환된 탄화수소인 **알코올**(alcohol)의 한 예이다. 탄화수소와 마찬가지로 알코올은 가연성이며 연소하여 에너지를 방출한다. 에탄올이 완전 연소하면 CO_2와 H_2O 및 에너지를 생성한다.

$$C_2H_5OH(l) + 3\ O_2(g) \longrightarrow 2\ CO_2(g) + 3\ H_2O(g) + 1240\ kJ \qquad [6.13]$$

사전 지식 *Did You Know* ?

가장 간단한 알코올인 메탄올(CH_3OH)은 에탄올보다 훨씬 더 독성이 있다. 순수한 메탄올 10 mL만 마셔도 영구 실명이 될 수 있으며, 30 mL를 마시면 죽음에 이르게 된다.

알코올에는 하나 이상의 −OH 기가 포함되어 있기 때문에, 그 성질은 탄화수소의 성질과 다르다. 한 가지 차이점은 인간은 와인, 맥주 및 기타 알코올성 음료에 들어 있는 소량의 에탄올을 안전하게 마실 수 있다는 것이다. 반면에 탄화수소는 음료로서의 마실 수 없으며, 피부 접촉이나 흡입 시 많은 것이 *발암성*(carcinogenic, 암을 유발) 물질이다. 또 다른 차이점은 용해도이다. 예를 들어 에탄올은 물에 쉽게 용해되는 반면 탄화수소는 물에 용해되지 않는다.

알코올은 **작용기**(functional group)를 포함하는 탄화수소이다. 즉, 주 분자(host molecule)에 특징적인 특성을 부여하는 원자단이 결합하고 있는 것이다. 알코올에 존재하는 하이드록실 기(−OH)를 강조하기 위해 화학자들은 일반적으로 에탄올에 대해 C_2H_6O가 아닌 C_2H_5OH를 쓴다. 작용기의 또 다른 예는 활동 학습 6.28에 언급된 이중 결합인 C=C이다. 바이오 연료에 대한 다음 절에서는 다른 작용기인 *에스터*(ester)에 대해 간단히 설명한다.

관련 절

효소는 생물학적 촉매제이다. 효소의 구조와 기능은 제11장, 제12장, 제13장에서 자세히 설명한다.

옥수수에서 에탄올을 얻으려면 몇 가지 단계가 필요하다. 첫 번째는 옥수수 알갱이와 물로 "스프"를 만드는 것이다. 두 번째 단계는 **효소**(enzyme)를 사용하여 반죽내의 녹말 분자의 분해를 촉매하여 글루코스를 만든다. 셀룰로스와 마찬가지로 **녹말**(starch)은 옥수수와 밀과 같은 많은 곡물에서 발견되는 탄수화물이다. 녹말은 글루코스의 천연 고분자이다. 녹말 분자는 셀룰로스처럼 수천 개의 글루코스 분자가 서로 사슬로 연결되어 있다. 그러나 셀룰로스 분자와 달리 녹말의 연결 고리는 우리 몸의 효소가 분해할 수 있도록 다르게 형성된다. 따라서 우리는 감자와 쌀과 같은 음식에서 녹말을 소화할 수 있다. 그러나 우리는 종이와 상추와 같은 잎이 많은 음식에서 발견되는 셀룰로스를 소화할 수 없기 때문에 우리의 식단에서 "섬유질 식품(roughage)"이라고 부른다.

그림 6.31

Illinois 주의 Peoria에 있는 Archer Daniels Midland 에탄올 공장.

세 번째 단계인 발효 과정에서는 글루코스가 에탄올로 변환된다. 효모 세포는 다른 효소를 방출하여 이 변환 과정을 촉진한다.

$$\underset{\text{글루코스}}{C_6H_{12}O_6} \xrightarrow{\text{효모 효소}} 2\ \underset{\text{에탄올}}{C_2H_5OH} + 2\ CO_2 \qquad [6.14]$$

이렇게 만들어진 양조 술은 알코올 함량이 대략 10% 정도이고, 아주 맛있는 양조주가 아니다. 에탄올을 분리하기 위한 마지막 단계는 혼합물을 증류한다. 정유 공장에서 원유의 성분이 끓는점에 따라 어떻게 분리되는지 생각해보라. 여기에도 동일한 원리가 적용된다. 에탄올과 물은 끓는점이 다르며 증류로 분리할 수 있다. 그림 6.31에서 에탄올 공장의 높은 증류탑을 확인하라. 현재 미국 대륙에는 198개의 에탄올 공장이 운영되고 있다.

활동 학습 6.30 ▶ *시각적인 표현은 가치가 있다…?*

아래의 자료 표는 미국의 연간 에탄올 생산량(단위: 백만 갤런)이다.

연도	에탄올	연도	에탄올	연도	에탄올
1980	175	1991	950	2002	2130
1981	215	1992	1,100	2003	2800
1982	350	1993	1,200	2004	3400
1983	375	1994	1,350	2005	3904
1984	430	1995	1,400	2006	4855
1985	610	1996	1,100	2007	6500
1986	710	1997	1,300	2008	9000
1987	830	1998	1,400	2009	10,600
1988	845	1999	1,470	2010	13,230
1989	870	2000	1,630	2011	13,900
1990	900	2001	1,770	2012	13,300

Source: Renewable Fuels Association

a. 최근 몇 년간의 자료를 찾아서 이 표를 업데이트하라.

b. 이 정보를 다른 시각적 방법을 이용하여 선택한 일반인에게 설명하고, 이 연료 공급원이 미래의 에너지 요구 사항을 충족하는 데 도움이 될 수 있는 이유를 설명하라.

2017년에 연간 150억 갤런 이상의 에탄올이 생산되는 미국은 세계 최대의 에탄올 생산국이다. 브라질은 약 80억 갤런의 에탄올을 생산하며, 세계에서 두 번째 생산국이다. 이 두 국가는 세계 생산량의 약 85%를 차지한다. 옥수수는 미국의 원료이다. 반면에 브라질은 사탕수수를 발효시켜 거의 모든 에탄올을 생산한다. 원료가 다른 이유는 무엇인가?

이 질문에 답하기 위해 사실상 모든 설탕이나 곡물을 발효시키면 에탄올이 생산될 수 있음을 다시 한 번 언급하고자 한다. 발효되는 물질은 구입 용이성, 경제성 및 정치 제도에 따라 다르다. 사탕수수 식물은 "식용 설탕"이라고도 하는 수크로스가 풍부하다. 옥수수 알맹이의 녹말에서 생산된 글루코스가 발효되어 에탄올을 생산할 수 있는 것처럼 실딩에서도 알코올이 생산된다. 브라질에서는 한때 열대 우림이었던 지역에서 사탕수수를 재배한다. 미국에서 옥수수는 한때 대초원과 숲이었던 중서부 지역에서 재배되고 있다. 두 경우 모두 토지를 사용하여 바이오 연료를 생산하는 것은 논란의 여지가 있는 주제이다.

전 세계적으로 논란의 여지가 없는 또 다른 에탄올 공급원은 식물, 관목 및 나무를 지탱해 주는 앞에서 언급한 화합물인 셀룰로스이다. **셀룰로스 에탄올**(cellulosic ethanol)은 셀룰로스를 포함하는 모든 식물에서 생산될 수 있으며, 일반적으로 옥수수 대, 스위치그래스(switchgrass), 우드 칩 및 사람이 먹을 수 없는 기타 물질을 포함한다. 스위치그래스라는 이름을 모를 수도 있지만 미국, 캐나다 또는 멕시코의 평원 지역에 거주하는 경우 본 적이 있을 것이다. 스위치스래스는 토종 식물이다. 그림 6.32는 그 품종 중 하나를 보여준다.

스위치그래스와 같은 식용 불가능한 식물에서 추출한 셀룰로스 에탄올은 널리 퍼져 있다. 수년 동안 화학자들은 실험실에서 소량의 셀룰로스 에탄올을 성공적으로 생산해 왔다. 그러나 수백만 갤런의 에탄올을 얻을 수 있을 만큼 충분히 큰 규모의 공정을 수행하는 것은 완전히 다른 문제로 판명되었다. 녹말과 마찬가지로 셀룰로스는 발효되지 않으므로 먼저 당으로 분해되어야 한다. 그러나 셀룰로스 분해를 촉매하는 효소는 값이 비싸고, 반응 속도가 느려 아직 가동 중인 셀룰로스 에탄올 공장의 수가 크게 제한되고 있다.

사전 지식 *Did You Know*

브라질에서는 옥수수와 사탕수수를 모두 가공하여 에탄올 생산을 크게 확대할 계획이다. 이것은 이전에 사탕수수 비수기에 중단되었던 에탄올의 연중 생산을 가능하게 해준다.

그림 6.32

북아메리카에 서식하는 다년생 식물인 스위치그래스.

Source: Warren Gretz/NREL/U.S. Dept. of Energy

그림 6.33

가솔린은 종종 에탄올과 혼합되어 90% 가솔린과 10% 에탄올인 E10("가소홀")을 만든다.

(*왼쪽*): ©Jeffrey Sauger/Bloomberg via Getty Images; (*오른쪽*): ©Ashley Cooper pics/Alamy

활동 학습 6.31 ▶ *비식품에서 얻는 바이오 연료*

우드 칩 및 스위치그래스와 같은 셀룰로스 에탄올 공급원의 세 가지 바람직한 특성을 나열하라.

대부분의 자동차는 에탄올이 연소되도록 설계되지 않았기 때문에, 에탄올은 그 출처에 관계없이 연료 탱크에 곧바로 주입하지 않는다. 그러나 자동차 엔진은 휘발유와 에탄올이 혼합된 "가소홀(gasohol)"로 작동할 수 있다. 현재 30개 이상의 국가에서 휘발유에 에탄올이 10%까지 포함되도록 의무화했다(그림 6.33). 이 혼합 연료 및 기타 "산소 함유" 연료는 옥테인가가 더 높고, 지표면에서 오존을 생성하는 자동차의 배출량을 줄이는 추가 이점이 있다.

2007년에 제정된 법안을 시작으로 미국은 석유 수입에 대한 의존도를 줄이고 재생 가능한 연료 사용을 늘리기 위해 노력했다. 그 결과, E15로의 전환이 제안되었다. 추측할 수 있듯이 E15는 에탄올 15%, 휘발유 85%이다. 그러나 E15로의 비교적 순조로운 전환이 되었지만, 예상하지 못했던 것은 그 뒤에 일어난 논쟁이다. 일부 지지자들은 새로운 연료 혼합물로의 전환이 쉽게 조정될 수 있다고 확신하였다. 다른 사람들은 에탄올 농도 증가가 기존 연료 탱크를 부식시키는지 또는 가축 사료 가격에 악영향을 미치는지 신중하게 확인해야 할 필요가 있다고 주장하였다. 또한 잔디 깎는 기계, 보트 및 스노모빌은 현재 E15을 사용할 수 없다. 2018년 현재 미국 환경 보호국은 E15 사용을 승인했지만 강제하지는 않았다.

E10을 사용하든 E15를 사용하든 옥테인가와 연비를 혼동하지 말아야 한다. 옥테인가는 연료의 에너지 함량보다는 연료가 엔진에서 얼마나 부드럽게 연소되는지와 관련이 있다. 휘발유의 옥테인가는 에탄올을 많이 첨가할수록 증가한다. 그러나 에탄올이 많을수록 연비는 약간 감소한다.

그 이유는 무엇인가? 에탄올은 휘발유에 들어 있는 탄화수소보다 연소된 부피당 적은 양의 에너지를 방출한다는 것을 상기하라. 탄화수소의 대표적인 물질로 *n*-옥테인을 가정하고, *n*-옥테인과 에탄올의 두 연소 반응식을 비교해 보자.

$$C_2H_5OH(l) + 3\ O_2(g) \longrightarrow 2\ CO_2(g) + 3\ H_2O(g) + 1240\ \text{kJ} \qquad \textbf{[6.15]}$$

$$C_8H_{18}(l) + \tfrac{25}{2}\ O_2(g) \longrightarrow 8\ CO_2(g) + 9\ H_2O(g) + 5060\ \text{kJ} \qquad \textbf{[6.16]}$$

단위 그램당 값은 C_2H_5OH의 경우 26.8 kJ/g이고, C_8H_{18}의 경우 44.4 kJ/g이다(그림 6.5). 에탄올은 산소를 포함하고 있기 때문에 에너지를 덜 방출한다. 연료로서 에탄올은 이미 부분적으로 산소와 반응한, 즉 "연소된" 것이다.

이 절의 시작 부분에서 지적했듯이 에탄올이 지구상의 유일한 바이오 연료는 아니다. 다음 절에서는 또 다른 재생 가능 연료인 *바이오 디젤*을 다룬다.

6.16 튀김용 프라이팬에서 연료 탱크까지: *바이오 연료*

최근 몇 년간 바이오 디젤 생산량이 급격히 증가하였다. 합성이 너무 간단해서 화학 실험실에서 쉽게 만들 수 있다. 바이오 디젤은 학생을 포함한 개별 소비자가 소량으로 경제적으로 생산할 수 있다는 점에서 운송 연료 중에서 독특하다. 이 절의 뒷부분에서 살펴보겠지만 상업적으로도 생산되고 있다.

바이오 디젤은 주로 식물성 기름으로 만들어지지만 동물성 지방도 똑같이 잘 작동한다. 이미 알고 있겠지만, 기름과 지방은 식단의 일부이며, 인체에 연료를 공급하는 데 도움이 된다. 빵을 올리브오일에 찍어 먹거나 빵에 버터를 발라 먹으면 기름이나 지방을 섭취하게 된다. 바이오 디젤은 올리브오일이나 버터로부터 합성될 수 있지만, 출발 물질로 사용하기에는 둘 다 너무 비싸다(너무 맛있다). 대신, 바이오 디젤은 콩, 유채, 또는 야자 기름으로 만든다. 또한 감자튀김을 만든 후에 나오는 폐식용유에서도 만들 수 있다. 그림 6.34는 폐식용유와 함께 식당의 튀김용 기름 상자와 폐식용유를 보여주고 있다.

©ThamKC/Getty Images

식용유로 자신의 바이오 디젤을 만드는 방법에 대한 비디오를 www.acs.org/cic에서 확인하라.

지방과 기름이 바이오 디젤의 출발 물질로 작용할 수 있는 이유를 이해하려면 지방과 기름을 모두 포함하는 화합물의 일종인 **트라이글리세라이드**(triglyceride)에 대해 더 많이 알아야 한다. 버터 및 라드와 같은 **지방**(fat)은 실온에서 고체인 트라이글리세라이드이다. 반대로 올리브유와 대두유와 같은 **기름**(oil)은 액체인 중성 지방이다. 액체 또는 고체로서 트라이글리세라이드는 바이오 디젤의 출발 물질이다. 그들은 식물과 동물 모두에서 자연적으로 발생한다.

다음은 동물 지방에서 발견되는 트라이글리세라이드인 글리세릴 트라이스테아레이트(glyceryl tristearate)의 구조식이다.

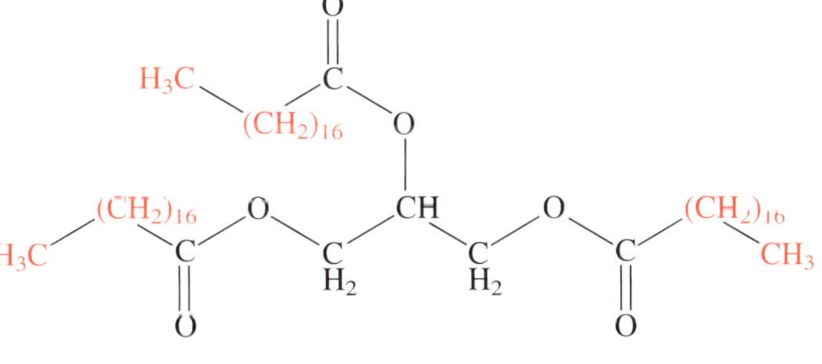

이 분자의 3D 모습을 보려면 www.acs.org/cic에서 확인하라.

(a)

(b)

그림 6.34

식당은 튀김용 기름을 대량으로 구입한다. **(a)** 35파운드 상자와 **(b)** 튀김 용기에서 나온 뜨거운 기름을 나타내었다. 요리사에 따라 식용유는 자주 또는 드물게 교체한다. 사용한 기름은 폐기물로 인해 어둡게 보인다.

(a~b): ©Cathy Middlecamp, University of Wisconsin

실제로, 모든 트라이글리세라이드는 공통의 구조적 형태를 가지고 있어서 바이오 디젤을 설명하는데 부합하는 물질이다. 또한 나중에 제11장의 영양 단원에서 논의하게 되므로, 이 물질을 선택하였다.

글리세릴 트라이스테아레이트는 복잡한 분자이다. 그럼에도 불구하고 이 구조는 위에서 빨간색으로 표시된 3개의 탄화수소 사슬을 포함하고 있다. 탄화수소 연료와 유사하다는 것을 알 수 있는가? 이들 각 탄화수소 사슬을 잘라내면, 탄소 원자가 14~16개인 탄화수소의 혼합물이 되며, 이것이 디젤 연료 역할을 할 수 있다(그림 6.24 참조). 트라이글리세라이드가 포함된 음식을 섭취하면 각 "디젤 같은" 탄화수소 사슬이 체내에서 천천히 대사되어 에너지를 방출하고 CO_2와 H_2O를 생성한다. 디젤 연료는 엔진에서 훨씬 더 빠른 속도로 더 높은 온도에서 연소되지만 결과는 동일하다. 에너지가 방출되고 CO_2와 H_2O가 생성된다.

콩기름과 기타 트라이글리세라이드는 자동차 연료로 사용할 수 있지만 연료 탱크에 바로 주입해서는 안 된다. 트라이글리세라이드를 연료로 사용하려면 먼저 디젤 연료의 분자에 더 가까운 크기(증발 용이성을 위해)에 더 작은 조각으로 쪼개야 한다. 이를 수행하는 한 가지 방법은 메탄올(CH_3OH)과 같은 알코올과 촉매량의 수산화 소듐(NaOH)과 반응시키는 것이다. 반응식 [6.17]은 출발 물질로 글리세릴 트라이스테아레이트(동물성 지방)를 사용하는 화학 반응을 나타내었다.

$$\underset{\text{글리세릴 트라이스테아레이트 (트라이글리세라이드)}}{C_{57}H_{110}O_6} + 3\,CH_3OH \xrightarrow{\text{NaOH}} 3\,\underset{\text{메틸 스테아레이트 (바이오 디젤 분자)}}{CH_3(CH_2)_{16}\overset{\overset{\displaystyle O}{\|}}{C}OCH_3} + \underset{\text{글리세롤}}{C_3H_8O_3} \qquad \textbf{[6.17]}$$

한 개의 글리세릴스테아레이트 분자는 각각 긴 사슬의 탄소 원자를 포함하는 세 개의 바이오 디젤 분자를 만든다. 출발 물질로 사용되는 지방이나 기름의 종류에 따라 메틸 리놀레이트와 같은 다른 바이오 디젤 분자가 만들어지는 것도 가능하다.

$$CH_3CH_2CH_2CH_2CH_2CH{=}CHCH_2CH{=}CHCH_2CH_2CH_2CH_2CH_2CH_2CH_2\overset{\overset{\displaystyle O}{\|}}{C}OCH_3$$

활동 학습 6.32 ▸ *체리와 바나나*

체리 쥬빌리(cherries jubilee)나 바나나 플람베(bananas flambé)를 먹어 본 적이 있는가? 주방장은 먼저 과일을 술에 담근 다음 성냥으로 불을 붙인다. 술 속의 에탄올은 극적인 푸른빛을 띤 불꽃으로 타오른다.

©Moving Moment/Shutterstock

a. 에탄올이 완전 연소될 때의 화학 반응식을 써라. 완전 연소란 이산화 탄소와 물만 생성되도록 충분한 산소로 연소시키는 것이다.

b. 맛있지는 않겠지만 식용유나 바이오 디젤을 과일에 부어 불에 태울 수도 있다. 반응식 [6.17]의 바이오 디젤 생성물인 메틸 스테아레이트, $C_{19}H_{38}O_2$의 완전 연소에 대한 균형 맞춘 화학 반응식을 써라.

앞의 활동 학습 6.32는 화석 연료와 마찬가지로, 에탄올과 바이오 디젤이 탄소를 포함하고 있어서 연소시키면 이산화 탄소를 생성한다는 것을 보여주었다. 활동의 맥락은 요리였지만 이러한 화학 반응은 자동차 엔진에서도 일어난다.

일반적으로:

- 바이오 디젤 분자는 일반적으로 탄소 원자가 16~20개인 탄화수소 사슬을 가지고 있다.
- 탄화수소 사슬은 일반적으로 한 개 이상의 C=C 이중 결합을 포함하고 있다. 특히 출발 물질로 사용되는 트라이글리세라이드가 기름인 경우는 더욱 그렇다.
- 탄화수소 사슬 외에도 각 바이오 디젤 분자에는 산소가 포함되어 있다. 두 개의 O 원자는 *에스터*(ester) 작용기의 일부를 형성하며, 이는 나중에 제9장의 폴리에스터와 관련하여 설명할 것이다.
- 트라이글리세라이드(지방 및 기름)는 일반적으로 하나의 생성물을 생성하는 트라이글리세라이드인 글리세릴스테아레이트와 달리 서로 다른 바이오 디젤 분자의 혼합물을 생성한다.

또한 반응식 [6.17]에서 메탄올의 세 분자에 주목하라. 메탄올은 $-OCH_3$ 기를 제공하여 더 큰 트라이글리세라이드 분자에서 잘라낸 지점의 각 탄소에 "결합"된다. 에탄올을 포함한 다른 알코올도 똑같이 메탄올에서와 같이 잘 만들어진다. 어떤 알코올을 사용하든 최종 결과는 세 분자의 바이오 디젤을 만든다. 다음 활동 학습은 에탄올과 메탄올과 같은 알코올에 대한 기억을 새롭게 하기 위한 것이다. 또한 바이오 디젤 합성의 생성물인 알코올인 글리세롤이 만들어지는 단계를 보여준다.

활동 학습 6.33 ▶ *알코올에 대하여 더 자세히*

이 장에서 이미 에탄올과 메탄올이라는 두 가지 알코올을 공부하였다.

a. 각각에 대한 구조식을 그려라.

b. 다음은 새로운 알코올이다: $CH_3CH_2CH_2OH$. 이 알코올의 이름을 제안하라.

c. $CH_3CH_2CH_2OH$와 동일한 화학식을 가진 또 다른 알코올이 있다. 즉, 이 알코올의 이성질체이다. 구조식을 그려라.

이전 활동 학습을 통해 공부했다면 탄화수소에서 많은 다른 알코올을 만들 수 있을 것이라고 예상할 수 있다. 우리가 해야 하는 모든 것은 H 원자 중 하나를 $-OH$ 기로 치환하는 것이다. 또한 알코올은 한 개 이상의 $-OH$ 기를 가질 수 있다. 바이오 디젤 합성은 글리세롤과 같은 다중 작용기를 가진 알코올을 만들어 낸다. 반응식 [6.17]에서는 화학식 $C_3H_8O_3$만 보여 주었다. 구조식에서 글리세롤이 "3가(triple)" 알코올임을 알 수 있다.

```
     H   H   H
     |   |   |
 H — C — C — C — H
     |   |   |
    OH  OH  OH
```

바이오 디젤 합성의 부산물인 글리세롤은 다양한 소비재에 사용된다. 비누와 화장품의 일반적인 성분인 *글리세린*(glycerin)이라는 이름을 들어 보았을 것이다(그림 6.35). 그러나 바이오 디젤 9파운드당 1파운드의 글리세롤이 들어 있어서, 시장에 글리세롤이 과잉 공급되고 있다. 2006년 Missouri 대학교의 Galen Suppes와 공동 연구자들은 글리세롤을 다른 알코올인 프로필렌 글라이콜로 전환하는 공정을 개발하여 대통령 녹색 화학 챌린지 상을 받았다.

그림 6.35

글리세린(글리세롤)은 반투명 비누의 성분 중 하나이다.

©Getty Images

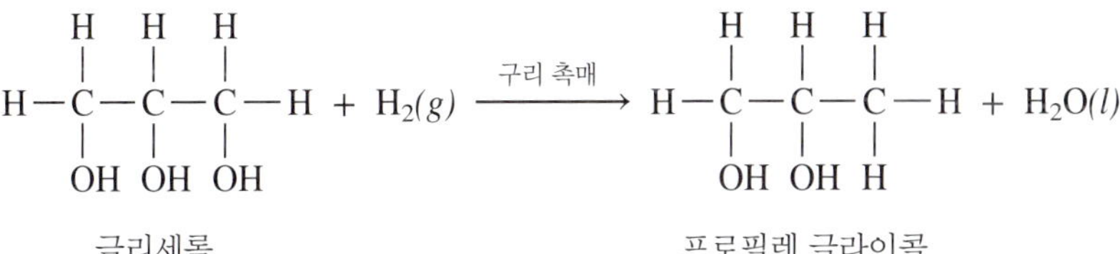

(a)

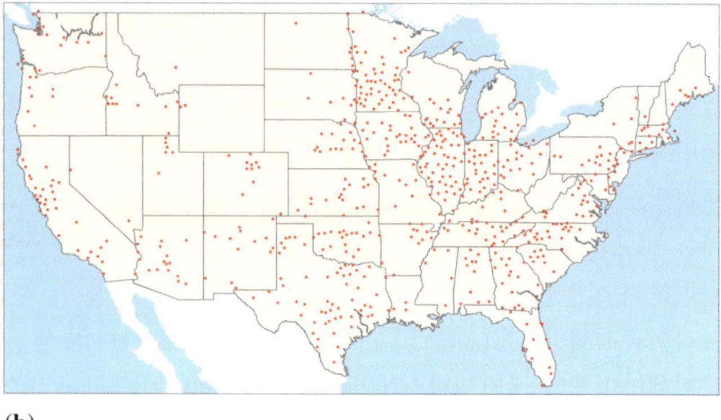

(b)

그림 6.36

(a) B20 바이오 디젤은 80% 석유 디젤과 20% 바이오 디젤의 혼합물이다. **(b)** 미국 바이오 디젤 주유소의 위치(2018).

미국 식품 의약국(Food and Drug Administration, FDA)은 프로필렌 글라이콜을 "일반적으로 안전하다고 인정된 물질"로 지정하고 식품 첨가물로 사용하도록 승인하였다. 이 화합물은 또한 화장품의 보습제 및 물에 용해되지 않는 일부 약물의 용매로 사용된다. 자동차의 부동액 및 공항의 제빙제로서 부동액으로 사용되는 또 다른 화합물인 에틸렌 글라이콜보다 독성이 훨씬 적다. 이러한 방식으로 생산된 프로필렌 글라이콜은 재생 가능한 자원에서 생산되며, 석유를 원료로 사용하지 않는다. 글리세롤을 부가가치 제품으로 전환하면 바이오 디젤 생산 비용이 낮아져 석유 기반 디젤 연료와의 경쟁력이 높아진다.

활동 학습 6.34 ▸ *바이오 디젤의 연소열*

바이오 디젤 분자의 구조식을 다시 살펴보라.

a. 연소된 바이오 디젤 1 g당 방출되는 열이 옥테인의 열보다 더 높은지, 아니면 더 낮은지를 예측하라. 예측한 이유를 설명하라.

힌트: 그림 6.5를 복습하고, 다른 연료의 값을 확인하라.

b. 만약 바이오 디젤 1몰과 옥테인 1몰을 기준으로 비교한다면, 연소하였을 때 어느 것이 더 많은 열을 방출하는가?

c. 연료 몰당보다 연료 그램당으로 비교하는 것이 더 유용하다. 그 이유를 설명하라.

에탄올을 휘발유에 섞는 것처럼, 바이오 디젤은 석유 기반의 디젤 연료와 혼합한다. 예를 들어 B20은 20% 바이오 디젤과 80% 디젤유이다(그림 6.36a). 혼합 비율을 20%까지 올려도 중형 및 대형 트럭을 포함한 기존의 모든 디젤 엔진에 완벽하게 호환이 가능하다. 2018년에 미국에서 바이오디젤 혼합유는 1,700개 이상의 소매점에서 구매할 수 있으며, 인터넷을 통해 쉽게 그 위치를 찾을 수 있다(그림 6.36b).

이 절과 앞 절에서 에탄올과 바이오 디젤의 두 가지 바이오 연료에 대해 논의하였다. 이 과정에서, 복잡하고 논쟁의 여지가 있음을 알았다. 이 장의 마지막 절에서는 바이오 연료뿐만 아니라 더 큰 에너지에 대한 그림에 대해서도 비판적으로 살펴보기로 한다. 지속 가능한 방법을 찾아야 한다. 그러나 바이오 연료는 지지자들이 주장하는 것만큼 지속 가능한가?

사전 지식 *Did You Know* ?

"재생 가능한" 연료는 인간의 시간대에 자연적으로 채워지는 자원으로부터 생성된다. 예로서, 생물학적 과정에서 얻어진 바이오 디젤과 수소가 있다.

6.17 바이오 연료는 정말 지속 가능한가?

연료를 재배하는 것이 지속 가능한 미래를 향한 한 걸음인가? 이 마지막 절에서는 이 질문에 집중해서 살펴볼 것이다. 그 기본은 바이오 연료의 경제적, 환경적, 사회적 비용이다. 많은 사람들은 이 과정을 신중하고 적법한 절차를 거쳐 진행해야 한다고 지적하였다.

과학자들만이 지속 가능한 지구를 책임지는 것은 아니다. 1.9절에서 지속 가능성의 세 가지 축인 환경적 축, 사회적 축 및 경제적 축을 언급했음을 상기하라. 사업을 하는 세계에서 수익은 항상 더 큰 수익을 올리는 것을 추구한다. 그러나 오늘날에는 최종 결산 결과는 수익 이외의 것들을 포함시킨다. 예를 들어, 기업은 노동자와 더 큰 사회에 공정하고 유익할 때 성공한 것으로 평가된다. 성공의 또 다른 척도는 공기, 수질 및 토지의 질을 포함하여 환경의 건강을 얼마나 잘 보호하는지 등이다.

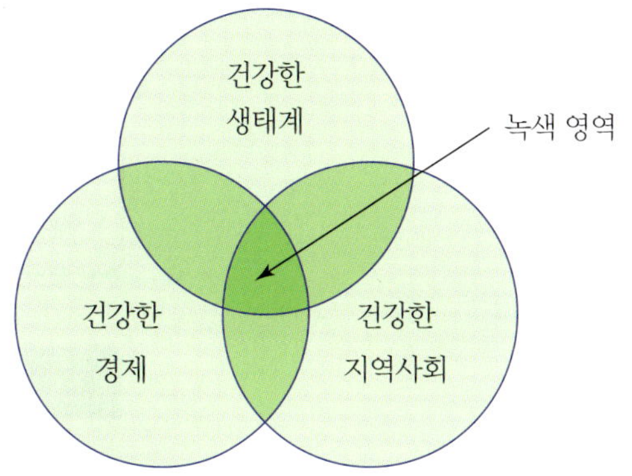

그림 6.37

트리플 보텀 라인의 표현. "녹색 영역"(트리플 보텀 라인이 달성되는 곳)은 이 세 개의 원의 교차점에 있다.

종합하면, 경제적, 사회적 및 환경에 대한 이익 모두를 만족시키는 기업의 성공에 대한 이 3가지 측정값을 **트리플 보텀 라인**(Triple Bottom Line)이라고 부른다. 트리플 보텀 라인을 표현하는 한 가지 방법은 그림 6.37에 표시된 겹치는 원을 사용하는 것이다. 경제는 건전해야 한다. 즉, 연간 보고서에 수익이 나타나야 한다. 그러나 고립된 경제는 존재하지 않는다. 회원들도 건강해야 하는 지역사회와 연결된다. 차례로 지역사회는 건강해야 하는 생태계와 연결된다. 따라서 그림에는 하나가 아니라 세 개의 연결 원이 포함되어 있다. 이 원의 교차점에 "녹색 영역"이 있다. 이 영역이 트리플 보텀 라인이 충족되는 조건을 나타낸다.

에탄올과 바이오 디젤은 현재 전 세계 최종 에너지 소비량, 즉 모든 용도로 소비자에게 전달되는 총 에너지의 일부분만을 담당하고 있다. 바이오 연료 현황에 대한 최근 보고서(그림 6.38)에 따르면, 재생 가능 연료는 전체 에너지 사용량의 20% 미만을 차지했으며, 바이오 연료는 0.9%에 불과하였다. 그럼에도 불구하고 바이오 연료 생산은 최근 몇 년 동안 증가했으며, 이는 계속될 것으로 예상되고 있다. 또한 많은 국가에서 바이오 연료의 추가 사용을 장려하기 위해 정치적, 경제적 지원을 아끼지 않고 있다. 그림 6.38은 또한 바이오 연료가 여러 재생 가능 연료의 선택사항 중 하나일 뿐임을 보여준다. 기타에는 바람, 물, 태양열 및 지열이 포함된다. 여기서 우리는 휘발유와 디젤 연료와의 연결 때문에 바이오 연료에 초점을 맞추고 있다. 자동차와 항공기에 액체 상태로 연료를 주입할 수 있다. 다음 장에서는 다양한 대체 에너지원에 대해 논의할 것이다.

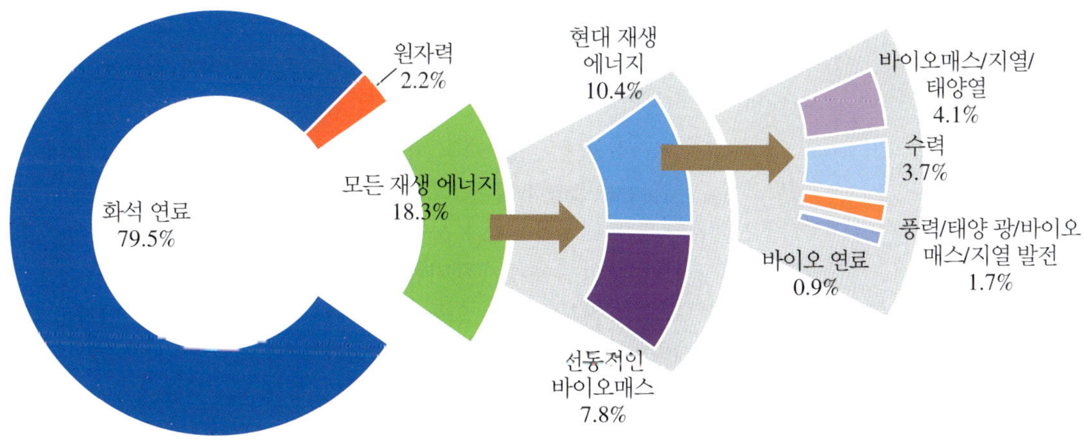

그림 6.38

세계 최종 에너지 소비 중 재생 가능 에너지 점유율(2018). 전통적인 바이오매스는 목재, 농업 폐기물 및 동물 배설물이 포함된다.

Source: Renewable Energy Policy Network for the 21st Century (2018), Renewables 2018: Global Status Report, Paris, REN21 Secretariat.

활동 학습 6.35 ▶ 생명 윤리

바이오 연료 사용의 도덕적 가치인 인권, 연대, 지속 가능성, 책무(stewardship) 및 정의와 관련된 우려가 표명되었다. Nuffield 생명 윤리 협의회(표 6.5)에서 설명한 윤리 원칙을 요약하고, 바이오 연료가 온실 기체의 알짜 배출량 감소에 기여하는지 여부에 대한 주장을 제시하라.

표 6.5	현재 및 미래의 바이오 연료 사용에 적용할 윤리 원칙
1. 바이오 연료 개발은 인류의 기본 권리(충분한 음식과 물을 이용하고, 건강할 권리, 일할 권리 및 토지 권리 포함)를 침해하지 않아야 한다.	
2. 바이오 연료는 환경적으로 지속 가능해야 한다.	
3. 바이오 연료는 총 온실 기체 배출량의 감소에 기여해야 하며, 세계 기후 변화를 악화시키지 않아야 한다.	
4. 바이오 연료는 공정한 무역 원칙에 따라 개발되어야 하며, 정당한 보상을 받을 수 있는 사람들의 권리(노동권 및 지적 재산권 포함)를 인정해야 한다.	
5. 바이오 연료의 비용과 이익은 공평하게 분배되어야 한다.	
6. 만일 위의 다섯 가지 원칙이 지켜지고, 바이오 연료가 위험한 기후 변화를 완화하는 데 중요한 역할을 한다면, 추가적인 주요 고려 사항에 따라 그러한 바이오 연료를 개발할 의무가 있다. 이러한 추가적인 주요 고려 사항은 절대적인 비용, 대체 에너지 공급원, 기회 비용, 기존의 불확실성 정도, 비가역성, 참여 정도 및 비례 지배구조(proportionate governance)의 개념이다.	

Source: Nuffield Council on Bioethics, Biofuels: Ethical Issues ***2011,*** 84

"들판에서 탱크까지(field-to-tank)"에서 에탄올과 바이오 디젤이 온실 기체, CO_2의 알짜 감소에 기여하는가? 여기서 비교 기준은 원유에서 증류한 휘발유와 디젤 연료이다. 이들 화석 연료는 **탄소 중립**(carbon neutral)이 아니다. 즉, 연소에 의해 생성된 CO_2는 광합성과 같은 자연적 과정이나 인간의 만든 대응 시스템으로 전부 상쇄되지 *않는다*는 것이다. 화석 연료를 태우면 대기 중 CO_2가 알짜로 증가한다.

대조적으로, 바이오 연료는 오늘날 농작물, 목초, 나무에서 얻어지기 때문에 잠재적으로 탄소 중립성이 더 높다. 바이오 연료의 연소로 방출되는 탄소는 적어도 광합성을 통해 흡수된 탄소로 부분적으로 상쇄된다. 그렇다면 온실 기체 배출량을 줄이는 데 있어 바이오 연료는 어디쯤 서 있는가? 그 대답은 특정 바이오 연료와 이를 생산하는 데 얼마나 많은 에너지가 필요했는지에 따라 달라진다. 여기에는 농작물을 심고 수확하는 데 필요한 에너지가 포함되며, 비료를 생산하고 작물에 물을 주는 데 필요한 에너지가 포함된다. 이것은 적어도 어떤 경우에는 시간이 지날수록 기술이 향상되기 때문에 이것은 움직이는 목표이다.

본질적인 어려움에도 불구하고 여러 지지 단체들이 CO_2 배출량에 대한 값을 제안하였다. 가장 최근의 수명주기 평가 모형(life-cycle assessment models)에서 에탄올은 석유 기반 휘발유에 비해 19%에서 48% 사이의 배출량이 감소하는 것으로 나타났다. 활동 학습 6.37에서 볼 수 있듯이 수명주기 평가는 연료 단위당 방출되는 GHG의 양을 계산하며, 여기에는 바이오 연료 작물 재배로 인한 토지 이용 변화가 포함된다. 이와는 대조적으로, 다른 단체들은 바이오 연료가 석유 기반 휘발유에 비해 CO_2의 알짜 증가를 초래하며, 토지 사용 및 폐기물 생성 비용을 보다 신중하게 계산해야 한다고 주장한다. 연료를 생산할 때의 CO_2 배출량을 정확하게 계산하는 것이 복잡하기 때문에 논쟁은 계속될 것 같다.

에탄올과 바이오 디젤은 지속 가능한가? 온실 기체 배출에 관한 이전 질문과 마찬가지로 이 질문은 개략적으로 답할 수 없다. 오히려 각각의 특정 바이오 연료가 어디서 어떻게 생산되는지에 따라 답이 달라진다.

에탄올보다 다소 간단한 바이오 디젤에 대한 집계부터 시작해 보자. 바이오 디젤은 에탄올에 비해 몇 가지 고유한 장점이 있음을 상기하라. 기름으로부터의 바이오 디젤의 합성은 비교적 쉽고 소량으로 또는 대규모로 생산할 수 있다. 바이오 디젤은 기존 디젤 연료와 잘 혼합되며, 동일한 기반 시설을 통해 판매할 수 있다. 에탄올과 마찬가지로 산소를 포함하고 있기 때문에, 디젤 연료보다 더 깨끗하게 연소되어 미세 입자 물질, 일산화 탄소 및 휘발성 유기 화합물을 더 적게 방출한다. 그 균형에서 바이오 연료를 생산하는 지역사회를 위해 윤리 원칙(표 6.5)이 지켜졌다고 가정하면, 바이오 연료는 공중보건 개선의 승자로 보인다. 그러나 우리는 윤리 원칙을 따른다는 것을 가정할 수 있겠는가? 그림 6.39는 세계에서 야자유(palm oil) 생산의 일부분을 맡고 있는 말레이시아의 농장과 공장을 보여주고 있다. 다음 활동 학습은 야자유 생산을 더 탐구할 수 있는 기회를 제공해 준다.

활동 학습 6.36 ➤ *팜유, 바이오 디젤 및 윤리*

바이오디젤에 대해 주의가 필요한 윤리적인 문제가 있는가? 2008년, Oxfam 보고서는 "부유국의 바이오 연료 붐으로 인한 가장 큰 손실은 가난한 사람들이고, 치솟는 식량 가격으로 인해 위험에 처해 있으며, 그들의 토지 권리, 노동권, 인권을 위협받는 "공급 쟁탈전이다"라고 지적했다. 팜유를 사례 연구로 사용하라. 팜유는 인도네시아와 말레이시아를 포함한 세계의 많은 지역에서 생산된다. 학급 친구들의 주요 문제를 파악하는 1쪽 분량의 요약서를 만들어라.

에탄올 생산의 지속 가능성은 평가하기가 훨씬 더 어렵다. 앞서 언급했듯이 에탄올은 옥수수와 사탕수수를 포함한 여러 공급 원료에서 만들어진다. 당연히 각 항목에 대한 환경 집계는 별도로 평가되어야 한다. 어떤 원료를 공급하든 과학자와 시민 모두 에탄올 생산의 지속 가능성에 의문을 제기하고 있다. 트리플 보텀 라인(그림 6.37)인 건강한 경제, 건강한 지역 사회, 건강한 생태계를 상기하라.

에탄올 생산이 얼마나 지속 가능한지 더 잘 이해하기 위해 세부 사항을 살펴보자. 경제적 이익부터 시작하자. 2018년 현재 휘발유 1갤런을 생산하는 것보다 에탄올 1갤런을 생산하는 것이 여전히 비싸다. 그렇다면 옥수수에서 생산하는 에탄올 시장이 호황을 누리는 이유는 무엇일까? 대답은 현상에 따라 다르다. 최근 몇 년 동안 미국 정부는 에탄올 생산자에게 세제 혜택을 제공하였다. 에탄올 연료를 사용할 때 보조금을 지급했지만 논란의 여지가 있었고, 2011년에 옥수수로부터 생산된 에탄올에 대해 보조금 지급이 종료되었다.

에너지 가격 측면에서 긍정적인 측면은 태양이 식물이 자라는 데 필요한 에너지를 무상으로 제공한다는 것이다. 그러나 부정적인 면은 옥수수 재배에 추가적인 에너지 투입이 필요하다는 것이다. 심고, 재배하고, 수확하는 데는 모두 에너지가 필요하다. 농작물에

(a)

(b)

그림 6.39

(a) 말레이시아의 어린 야자나무 농장, **(b)** 말레이시아의 야자유 공장.

a: ©kptan/123RF; *b*: ©Shariff Che'Lah/123RF

물을 주고, 비료를 생산하여 뿌리고, 필요한 농기구를 제조 및 유지 관리하고, 발효 곡물에서 알코올을 증류하는 경우에도 에너지가 필요하다. 현재 이 에너지는 상당한 금전적 비용과 상당한 양의 이산화 탄소를 배출하는 화석 연료를 연소하여 공급된다. 옥수수에서 만드는 에탄올의 전체 에너지 비용은 정량화하기 어렵다. 일부 연구에서는 에탄올 생산에 1 J을 투입할 때마다 1.2 J이 회수된다고 추정한다. 다른 연구는 투입된 총 에너지가 생산된 에탄올의 에너지 양보다 크다고 주장한다.

다음으로 사회적 보텀 라인을 살펴보자. 중서부의 많은 농촌 지역은 에탄올 수요가 급증하면서 큰 혜택을 받았다. 증류소 건설은 지역 노동자들에게 일자리를 제공해 주었을 뿐만 아니라, 지역에서 재배된 옥수수를 구매자에게도 혜택이 돌아갔다. 가족 농장의 침체된 경제활동에 큰 타격을 입은 몇몇 지역 사회는 에탄올 수요 덕분에 부활을 경험하였다. 몇 가지 문제점도 있다. 옥수수에 대한 수요 증가는 다른 많은 제품(특히 식품)의 가격 상승으로 이어졌다. 그 지역 사회의 모든 사람과 전 세계의 다른 사람들이 지불해야 하는 가격이다.

마지막으로, 우리는 환경적 보텀 라인을 주목해 보자. 옥수수 재배는 비료, 제초제 및 살충제를 많이 사용한다. 이러한 화학 물질의 제조 및 운송에는 화석 연료를 태우고 이산화 탄소를 방출해야 한다. 더욱이 이러한 화학 물질이 한 번 현장에 도입되면 토양과 수질이 저하된다. 옥수수 재배자는 책임감 있는 관행을 따를 수 있고 따르지만, 더 많은 옥수수를 생산하라는 요청을 받으면 확실히 어려움에 직면하게 될 것이다.

여기서 어디로 가야 하는가? 분명히 선택은 쉽지 않다. 우리는 쉽게 얻어지는 기존의 많은 석유 공급원을 통해 에너지를 사용하였다. 우리의 미래 선택은 복잡하고 절충안이 수반될 것이다.

활동 학습 6.37 ➤ 집단 활동: 바이오 연료의 수명-주기 분석

에탄올과 바이오 디젤은 모두 칭찬과 회의론을 받았다. 에탄올과 바이오 디젤의 지지자들은 지구 기후 변화와 같은 휘발유 및 디젤 연소와 관련된 환경 문제에 대한 해결책으로 바이오 연료를 선전한다. 이는 식물 기반 공급 원료가 성장하는 동안 광합성을 통해 대기로부터 이산화 탄소를 포획하기 때문에 바이오 연료가 이산화 탄소의 알짜 배출량을 줄이는 것으로 생각되기 때문이다. 그러나 회의론자들은 이 "탄소 배출권"의 이점이 바이오 연료의 생산, 유통 및 사용 중에 발생하는 배출로 인해 작다고 생각한다. 한 가지 도구인 수명-주기 분석(Life-Cycle Analysis, LCA)은 바이오 연료의 환경적 이점과 제약에 대한 정보를 생성하는 데 특히 유용하다.

LCA는 "요람에서 무덤까지" 제품이 환경에 미치는 영향을 조사한다. 특히, LCA는 제품 설계 및 제조, 유통, 사용, 유지 보수 및 폐기를 통해 지구에서 원료를 조달하는 것부터 시작하여 배출되는 폐기물뿐만 아니라 소비된 모든 원료와 에너지를 정량화하고 평가한다.

LCA는 다양한 방법으로 사용될 수 있다. 두 제품을 비교하는 데 자주 사용된다. 예를 들어, 종이와 비닐봉지의 환경 영향에 대한 질문이 광범위하게 조사되었다. 제품 제조업체는 LCA를 사용하여 환경에 큰 영향을 미치는 프로세스 또는 재료를 식별하고, 그 영향을 낮추기 위해 대체하거나 제품에 대해 소비자를 교육할 수 있다. 이 활동 학습에서는 두 가지 재생 가능 연료인 에탄올과 바이오 디젤의 수명주기를 살펴본다. 그런 다음 게시된 LCA의 정보를 사용하여 환경에 미치는 영향을 평가하고 비교한다.

재료

- 색깔이 있는 구슬 – 각각 20개: 녹색, 파란색, 빨간색, 주황색, 노란색

활동

1. 에탄올과 바이오 디젤 생산과 관련된 단계, 투입, 산출은 다음과 같다. 각 연료의 수명주기를 가장 잘 설명하는 순서도 도표에 이러한 항목을 배열하라.

   옥수수 에탄올 및 콩에서 만든 바이오 디젤:

   공장에서 에탄올/바이오 디젤 생산
   비료
   살충제

에너지
주유소
탄소 격리
온실 기체 배출
교통
옥수수/콩 재배 및 생산
물
소비자 차량 운영
화학 물질 및 재료

참고: *이들 중 일부는 공정이고, 일부는 물리적 재료이다. 또한 일부 항목은 한 번만 사용할 수 있고 일부는 여러 번 사용할 수 있다.*

2. 도표는 바이오 연료의 생산 및 사용에서 환경적 영향이 발생한다는 것을 보여 주어야 한다. 그러나 사용되는 자원 또는 생성되는 오염 물질의 양은 연료마다 크게 다르다. 이제 사용된 자원 또는 에탄올 및 바이오 디젤 생산 및 사용에 의해 생성된 오염 물질의 상대적인 양을 도표에 표시한다.

   녹색, 파란색, 빨간색, 주황색, 노란색 구슬이 20개 있다. 각각은 수명주기 도표에서 사용된 다른 자원 또는 생성된 오염 물질을 나타낸다.

   녹색 = 비료 사용(구슬 20개)
   파란색 = 물 사용(구슬 20개)
   빨간색 = 살충제 사용(구슬 20개)
   주황색 = 에너지 사용(구슬 20개)
   노란색 = GHG 배출량(구슬 20개)

그룹으로서 생성된 오염 물질 또는 사용된 자원의 상대적 양에 대한 예측을 기반으로 두 도표 사이의 구슬을 나눈다. 예를 들어, 비료 사용을 나타내는 20개의 구슬이 있다. 옥수수(에탄올)를 재배하는 것이 콩(바이오 디젤)을 재배하는 것보다 더 많은 비료가 필요하다고 믿게 할 만한 것이 있는가? 그렇다면 에탄올 생산 및 사용을 나타내는 녹색 구슬을 그림에 더 많이 배치하라. 비슷한 문제로 모든 구슬을 배포하라. 에탄올과 바이오 디젤 생산 도표 사이에 구슬 분배가 완료되면 담당 교수에게 알려라. 담당 교수는 두 연료의 수명주기에 관련된 GHG 배출량과 비료, 살충제, 에너지 및 물 사용의 상대적인 양에 대한 실제 값을 알려준다. 이들 자료를 사용하여 도표 사이에 구슬을 재분배하라.

질문

a. 실제 값과 비교했을 때 당신의 예측은 어떠했는가?

b. 환경에 덜 해롭다고 느끼는 특정 입력 또는 출력이 있는가? 답을 정당화하라.

c. 바이오 디젤과 에탄올이 환경에 미치는 상대적인 영향에 대해 어떻게 결론을 내릴 수 있는가? 답을 정당화하라.

결론 _Conclusion

불(fire)! 초기 인류에게 화재는 안전의 원천이었다. 불은 동물의 침입을 예방하고, 음식을 조리하고, 보존하는 능력을 주었으며 일부 질병의 확산을 최소화하였다. 불은 중요한 사회적 수단이었고, 이야기를 모으고 공유하는 장소였다. 불은 또한 사람들이 지구의 더 추운 지역으로 모험을 떠날 수 있게 했다.

오늘날에도 연소는 여전히 우리 인간 공동체의 중심으로 남아 있다. 우리는 매일 요리를 하고, 집을 난방하거나 식히고, 상품과 농작물을 생산하고, 지구상의 도로, 철도, 수로 및 하늘을 여행하는 데 사용한다. 연료를 태울 수 있는 능력만큼 우리의 건강, 웰빙 및 생산성에 광범위한 영향을 미치는 화학 반응은 거의 없다.

이 장에서 보았듯이 연소 과정은 *에너지*를 덜 유용한 형태로 변환한다. 예를 들어, 휘발유와 같은 탄화수소 혼합물을 태울 때, 열 형태로 포함된 잠재적(저장된) 에너지의 일부를 소멸시킨다. 비록 에너지의 *형태*(form)는 변하지만, 열역학 제1법칙에 따르면 어떤 변형 전후의 에너지 총량은 일정하게 유지된다.

또한 이 장에서 연소 과정이 *물질*(matter)을 덜 유용하거나 가끔은 바람직하지 않은 형태로 변환하는 것도 살펴보았다. 예를 들어 완전 연소 생성물인 이산화 탄소와 물은 연료로 사용할 수 없다. 또한 제4장에서 보았듯이 CO_2는 지구 기후 변화와 관련된 온실 기체이다. 불완전 연소 생성물인 일산화 탄소와 그을음은 인체에 영향을 미치기 때문에 바람직하지 않다. 이는 고온의 화염에서 만들어지는 공기 오염 물질인 NO_x도 마찬가지이다.

오늘날은 화석 연료는 이 지구에 동력을 공급한다. 재생 가능한 연료를 사용하고자 하나 그 규모가 너무 작다. 미래 세대는 에너지원으로 무엇을 사용해야 하는가? 에탄올과 바이오디젤과 같은 재생 가능한 바이오 연료는 미래 에너지의 일부분이 될 것이다. 모든 연료와 마찬가지로 관리 및 지속 가능성을 포함한 우리 가치와 부합해야 한다. 그러나 다음 장에서 논의될 핵, 태양 에너지와 같이, 끊임없이 증가하는 우리의 에너지 욕구를 충족시킬 수 있는 다른 가능한 방법들이 있다.

학습 결과 _Learning Outcomes

*괄호 안의 숫자는 이 결과가 논의된 장의 절을 나타낸다.

이 장을 공부한 후에 다음을 수행할 수 있다.

- 연료의 화학적 특성을 식별하고, 연소 중에 에너지가 한 형태에서 다른 형태로 어떻게 변환되는지 설명할 수 있다. (6.1~6.3)
- 반응 또는 과정이 흡열인지 발열인지 예측하고, 화학 반응에 대한 에너지 도표를 그리거나 해석할 수 있다. (6.3, 6.4)
- 화학 결합이 끊어지거나 형성될 때, 에너지가 흡수 또는 방출되는지 여부를 계산할 수 있다. (6.5)
- 연료의 연소 중에 방출되는 탄소의 양과 발생되는 폐기물의 잠재적 영향을 예측할 수 있다. (6.5)
- 연소 기반 발전소의 운영 및 효율성을 설명할 수 있다. (6.6, 6.7)
- 생산, 화학 성분, 연소 생성물, 석탄 및 석유에서 유래한 연료의 연소에서 방출되는 에너지를 설명할 수 있다. (6.8~6.11)
- 탄화수소에 대한 분자 모형을 식별, 명명 및 구성하고 분자간 힘이 물리적 특성을 제어하는 방법을 설명할 수 있다. (6.12, 6.13)
- 산소를 함유한 휘발유 첨가제 사용의 이점과 지속 가능성을 설명할 수 있다. (6.14, 6.15)
- 재래식 연료와 바이오 연료 모두의 환경적, 경제적, 사회적 영향을 평가할 수 있다. (6.15~6.17)

연습 문제 _Questions

기본 문제 _Emphasizing Essentials

1. a. 5개의 연료를 나열하라. 이들 연료가 공유하는 성질을 두 가지 이상 말하라.
   b. 나열한 연료 중에서 어떤 것이 화석 연료이며, 무엇으로부터 만들어졌는가?
   c. 나열한 연료 중에서 어떤 것이 재생 가능한가?

2. 석탄이 연소하면 몇 가지 물질이 대기 중으로 배출된다.
   a. 이 물질 중 하나는 다량으로 만들어지는 기체이다. 이 물질의 화학식과 이름을 적어라.
   b. 반면 배출되는 SO_2(이산화 황) 양은 상대적으로 적다. 그럼에도 불구하고 SO_2는 관심의 대상이다. 그 이유를 설명하라.
   c. 소량 배출되는 다른 기체는 NO(일산화 질소)이다. 그러나 석탄은 매우 적은 양의 질소를 함유하고 있다. 그렇다면 이 NO 중 질소의 출처는 어디인가?
   d. 석탄을 태우면 검댕이라는 미세 물질이 배출된다. 이들 입자 중 가장 미세한 $PM_{2.5}$는 건강과 어떻게 관련되는가?

3. 전기 발전소의 구성 요소를 나타내는 그림 6.9를 다시 보라.
   a. 석탄 화력 발전소의 경우, 석탄은 이 그림 중 어디에서 나타내어야 하는가?
   b. 물은 두 개의 분리된 순환 과정에 참여한다. 한 순환 과정은 보일러와 터빈을 연결하고, 일반적으로 압력이 높다. 그 이유를 설명하라.
   c. 다른 순환 과정은 호수나 강에서 물을 가져온다(그리고 내보낸다). 왜 대량의 물이 필요한지 설명하라.

4. 자연계의 에너지는 다양한 형태로 존재한다. 그림 6.9에서 다음의 위치를 식별하라.
   a. 연료의 퍼텐셜(화학) 에너지가 열로 변환된다.
   b. 물 분자의 운동 에너지가 역학적 에너지로 변환된다.
   c. 역학적 에너지가 전기 에너지로 변환된다.
   d. 전기 에너지가 열과 빛의 형태로 변환된다.

5. 석탄 화력 발전소가 500메가와트(MW), 즉 5.00×10^8 J/s의 속도로 전기를 발전한다. 이 발전소에서 열을 전기로 변환하는 총 알짜 효율은 37.5%(0.375)이다.

a. 1년간 가동하였을 때 발전되는 전기 에너지나 단위로)를 계산하고, 이 목적으로 사용한 열 에너지를 계산하라.

b. 발전소가 30 kJ/g을 방출하는 석탄을 태운다면, 1년 동안 가동할 때 태우는 석탄의 질량(g과 t의 단위로)을 계산하라.

힌트: 1톤 = 1×10^3 kg = 1×10^6 g

6. 햇빛의 에너지는 글루코스와 산소의 퍼텐셜(화학) 에너지로 변환될 수 있다.

a. 이 변환 과정의 이름을 적어라.

b. 햇빛에 기원을 둔 연료의 이름을 세 가지 적어라.

7. 석탄의 등급이 어떻게 다른지 설명하라. 이 차이는 무엇을 의미하는가?

8. 석탄이 전기를 생산하는 중요한 연료이기는 하나, 단점도 가지고 있다. 단점 세 가지를 적어라.

9. 석탄에는 50~200 ppb의 범위를 가지는, 미량의 수은(Hg)이 존재한다. 활동 학습 6.20에서 발전소가 연소하는 석탄의 양을 생각해 보자. 가장 낮은 농도(50 ppb)와 가장 높은 농도(200 ppb)에서 석탄 내 수은의 양(톤 단위)을 계산하라.

10. 모든 탄화수소가 비슷한 점을 두 가지 말하라. 그런 다음 그들이 다른 두 가지 면을 말해라.

11. 축약 구조식이 CH_3CH_3와 $CH_3(CH_2)_2CH_3$인 두 알케인이 있다.

a. 두 화합물을 명명하라.

b. 각각의 화학식과 모든 결합과 원자를 보여 주는 구조식을 그려라.

c. 화학식, 축약 구조식, 구조식을 정보와 편이성 측면에서의 상대적 장점을 설명하라.

12. 표 6.3은 1~8개의 탄소 원자를 가지는 직선 사슬("노말") 알케인의 구조식이 실려 있다.

a. *n*-데케인(*n*-decane, $C_{10}H_{22}$)의 구조식을 그려라.

b. *n*-노네인(*n*-nonane, 9개 탄소)과 *n*-도데케인(*n*-dodecane, 12개 탄소)의 화학식을 예측하라.

13. 다음은 *n*-뷰테인(*n*-butane, C_4H_{10}) 이성질체 중 한 가지의 공-막대 표현이다.

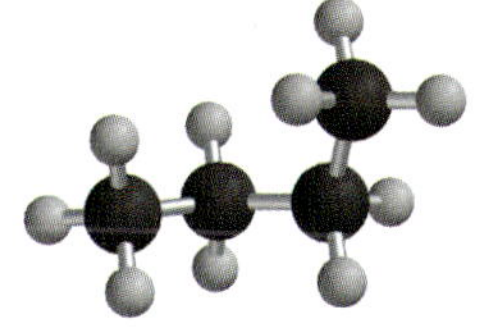

a. 이 이성질체의 구조식을 그려라.

b. 모든 다른 이성질체의 구조식을 그려라. 중복되는 구조에 주의하라.

14. 다음 세 가지 탄화수소의 자료를 생각해 보자.

화합물(화학식)	녹는점(°C)	끓는점(°C)
펜테인(C_5H_{12})	−130.5	35.9
트라이아콘테인($C_{30}H_{62}$)	65.8	449.7
프로페인(C_3H_8)	−187.7	−42.2

실온(20°C)에서 각각을 고체, 액체, 기체로 분류하라.

15. 원유를 증류하는 동안, 디젤유로 사용하는 12~18개의 탄소를 갖는 등유(kerosene)와 탄화수소는 다음 도표의 C 지점에서 응축한다.

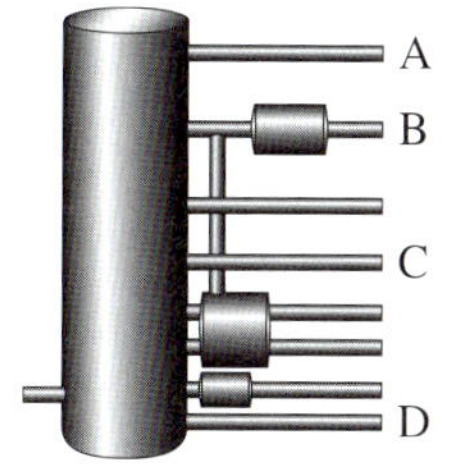

a. 증류에 의한 탄화수소 분리는 특정한 물리적 성질에 의존한다. 그 물리적 성질은 무엇인가?

b. C 지점에서 분리된 탄화수소와 비교하여, A, B, D 지점에서 분리된 탄화수소는 몇 개 정도의 탄소를 가지는가? 그 이유를 설명하라.

c. A, B, D에서 분리된 탄화수소의 용도와 위치 C에서 분리된 탄화수소의 용도는 어떻게 다른가? 설명하라.

16. 메테인의 완전 연소가 식 [6.4]에 주어져 있다.

a. 에테인(C_2H_6)의 연소에 대한 화학 반응식을 써라.

b. Lewis 구조를 이용하여 이 반응식을 다시 써라.

c. 에테인(C_2H_6)의 연소열은 52 kJ/g이다. 만약 1.0몰의 에테인이 완전 연소되었다면, 생성되는 열은 얼마인가?

17. a. *n*-헵테인(C_7H_{16})의 완전 연소에 대한 균형 맞춘 화학 반응식을 써라.

b. *n*-헵테인의 연소열은 4817 kJ/mol이다. 만약 250 kg의 *n*-헵테인이 완전히 연소되어 CO_2와 H_2O가 생성되었다면, 열이 얼마나 방출되는가?

18. 판매되는 감자칩 한 봉지는 70 Cal(70 kcal)의 열량을 갖는다. 이 감자 칩의 에너지가 모두 여러분의 심장 박동을 유지하는 데 이용된다고 가정한다면, 이 한 봉지의 감자칩은 분당 80회인 심장 박동을 얼마나 오래 유지할 수 있겠는가?

힌트: 1 kcal = 4.184 J, 인간의 심장 박동에는 매회 약 1 J 에너지를 필요하다.

19. 12온스(oz)의 청량음료는 92 kcal의 열량을 갖는다. 이 음료가 대사과정을 거치면서 방출하는 에너지는 kJ 단위로 얼마인가?

20. 다음 과정이 흡열인지, 발열인지 설명하라.

a. 야외 그릴에서 숯이 탄다.
b. 피부 표면에서 수분이 증발한다.
c. 광합성에 의해 식물의 잎에서 글루코스가 합성된다.

21. 표 6.2의 결합 에너지를 이용하여, 다음 반응 각각에 대한 에너지 변화를 계산하라. 각 반응이 흡열인지, 발열인지 결정하라.

a. $N_2(g) + 3\,H_2(g) \longrightarrow 2\,NH_3(g)$
b. $H_2(g) + Cl_2(g) \longrightarrow 2\,HCl(g)$

힌트: 결합의 종류와 개수를 결정하기 위하여 반응물과 생성물의 Lewis 구조를 그려라.

22. 표 6.2의 결합 에너지를 사용하여, 다음 반응 각각에 대한 에너지 변화를 계산하라. 각 반응이 흡열인지, 발열인지 결정하라.

a. $2\,H_2(g) + CO(g) \longrightarrow CH_3OH(g)$
b. $H_2(g) + O_2(g) \longrightarrow H_2O_2(g)$
c. $2\,BrCl(g) \longrightarrow Br_2(g) + Cl_2(g)$

23. 발효에 의해 에탄올을 만들 수 있다. 에탄올을 만드는 또 다른 방법은 수증기와 C=C 이중 결합을 갖는 탄화수소인 에텐(또는 에틸렌)과의 반응이다.

$$CH_2CH_2(g) + H_2O(g) \longrightarrow CH_3CH_2OH(l)$$

a. Lewis 구조를 이용하여 위 반응식을 다시 써라.
b. 표 6.2의 결합 에너지를 이용하여 위 반응의 에너지 변화를 계산하라. 이 반응은 흡열인가, 발열인가?

24. 다음은 에테인, 에텐(에틸렌), 에탄올의 구조식이다.

```
   H   H       H       H       H   H
   |   |        \     /        |   |
H—C—C—H        C=C       H—C—C—O—H
   |   |        /     \        |   |
   H   H       H       H       H   H
  에테인          에텐            에탄올
```

a. 에테인은 에텐의 이성질체인가, 에탄올의 이성질체인가? 설명하라.
b. 에텐에는 가능한 다른 이성질체가 있는가? 설명하라.
c. 에탄올에는 가능한 다른 이성질체가 있는가? 설명하라.

25. 다음의 세 화합물은 모두 C_8H_{18}의 화학식을 갖는다. 간략하게 표현하기 위해 수소 원자와 C—H 결합을 생략하였다.

```
C
|
C        C           C
|        |           |
C    C—C—C          C—C
|        |           |
C        C           C
|        |           |
C        C—C     C—C—C
|        |           |
C        C           C
|
C
|
C
```

a. 생략된 수소 원자를 보여 주는, 각 화합물의 구조식을 그려라. 모두 18개의 수소 원자를 가져야 한다.
b. 만약 있다면, 어떤 구조들이 서로 동일한가?
c. 더 가능한 C_8H_{18}의 이성질체 두 개에 대한 구조식을 그려라.

26. 촉매는 원유 정제 중 분해(cracking) 반응을 가속하여 보다 낮은 온도에서 반응이 일어나게 한다. 이 책의 앞의 장에서 촉매를 사용한 두 가지 예를 설명하라.

27. 원유의 정제에 있어 분해(cracking)가 필수적인 이유를 설명하라.

28. 다음의 분해(cracking) 과정을 살펴보자.

$$C_{16}H_{34} \rightarrow C_5H_{12} + C_{11}H_{22}$$

a. 이 반응에서 해리된 결합은 무엇이며, 생성된 결합은 무엇인가? 이 질문에 대답하는 데 도움이 되도록 Lewis 구조를 이용하라.
b. a와 표 6.2를 이용하여 이 분해 반응이 진행되는 동안의 에너지 변화를 계산하라.

29. 바이오 연료란 무엇인가? 세 가지 예를 들어라.

30. 메탄올, 에탄올, *n*-프로판올(직선 사슬 이성질체)의 세 가지 알코올을 살펴보자.

a. 이 화합물들은 공통된 작용기를 가지고 있다. 이름을 말하라.
b. 이 화합물들은 모두 가연성이다. 생성물의 이름과 화학식을 써라.
c. 이 화합물들 중 끓는점이 가장 낮은 화합물을 예측하라. 그 이유를 설명하라.
d. 이 화합물들 중 하나의 화학적 구조가 글리세롤과 다소 유사하다. 어떤 것이며 그 이유는 무엇인가?

31. 셀룰로스와 녹말은 둘 다 발효되어 에탄올을 생산할 수 있다.

a. 화학적 구조면에서, 녹말과 셀룰로스는 얼마나 유사한가?

b. 인류의 식량 공급원 측면에서, 녹말과 셀룰로스는 얼마나 다른가?

32. 신체 내에서 글루코스($C_6H_{12}O_6$)가 "연소"(대사)되면, 그 생성물은 이산화 탄소와 물이다.

a. 균형 맞춘 화학 반응식을 써라.

b. 나무를 태우는 과정의 화학 반응식은 글루코스 대사과정의 화학 반응식과 근본적으로 동일하다. 그 이유를 설명하라.

33. 바이오 연료로서 바이오디젤과 에탄올은 밀접한 비교가 타당하다. 아래 인자를 비교 기준으로 사용하라.

a. 원천

b. 연료를 생산하는 화학 반응

c. 연소 생성물

d. 물에 대한 용해도(더 자세한 내용은 제5장 참조)

34. 바이오디젤 분자를 에탄올 분자와 비교하고 대조해 보라. 비교의 기준으로 아래 인자를 사용하라.

a. 각각 포함하고 있는 원자 종류와 그들의 대략적 상대 비율

b. 각각에 포함된 원자의 개수

c. 각각 포함하고 있는 작용기

35. 그림 6.5를 이용하여, 1갤런의 에탄올과 1갤런의 휘발유의 연소에서 방출되는 에너지를 비교하라. 이때 휘발유는 순순한 옥테인(C_8H_{18})이라고 가정한다. 그 차이를 설명하라.
힌트: 밀도를 고려해야 한다.

36. 에너지원으로서 원유와 관련지어 *상용의*(기존의, conventional)와 *비 상용의*(unconventional)라는 용어를 설명하라. 각각에 대한 예를 제시하라.

› 개념 문제 _Concentration on Concepts

37. 전기를 생산하는 석탄(그리고 다른 화석 연료) 연소의 지속 가능성은 단순한 석탄의 가용성 이상을 포함한다. 설명하라.

38. 이 장에서 석탄의 화학식을 $C_{135}H_{96}O_9NS$로 추정하였다. 그러나 저급의 갈탄(역청탄)은 목재와 유사한 화학 조성을 가진다고 언급하였다. 셀룰로스는 목재의 기본 구성 요소이다. 이들로 부터 갈탄의 대략적인 화학식을 예측하라.

39. 그림 6.11을 이용하여 미국 에너지 소비의 원천을 비교하라. 비율이 감소하는 순으로 이들 원천을 나열하고 상대적 순위를 말하라.

40. 에너지를 방출하는지, 흡수하는지, 관련되는 화학 물질, 그리고 대기에서 CO_2를 제거하는 능력에 따라 연소와 광합성 과정을 비교하라.

41. 친구에게 온도(temperature)와 열(heat)의 차이를 어떻게 설명하겠는가? 실질적이며 일상적인 예를 사용하라.

42. "열역학 제1법칙에 따르면, 에너지 위기는 결코 일어나지 않을 것이다"라는 주장에 대한 반응을 적어라.

43. 인터넷이나 일반 화학 책을 사용하여 "엔탈피"(열) 및 "엔트로피"(무작위)로 알려진 개념이 특정 온도에서 반응이 자발적인지 여부를 어떻게 예측하는지 설명하라.

44. 표 6.2에 있는 결합 에너지는 가끔 "역반응(working backward)"의 반응열에 의해 구한다. 반응이 진행되고 흡수되거나 방출되는 열을 측정한다. 이 값과 알려져 있는 결합 에너지로부터 다른 결합 에너지를 계산할 수 있다. 예를 들어 폼알데하이드(H_2CO)의 연소에 따른 에너지 변화는 −465 kJ/mol이다.

$$H_2CO(g) + O_2(g) \longrightarrow CO_2(g) + H_2O(g)$$

이 정보와 표 6.2의 값들을 이용하여 폼알데하이드 내의 C=O 이중 결합의 에너지를 계산하라. 계산된 값을 CO_2의 C=O 결합 에너지와 비교하고 왜 차이가 나는지를 추측하라.

45. 표 6.2의 결합 에너지를 사용하여 클로로플루오로탄소(chlorofluorocarbon, CFC)가 매우 안정한 이유를 설명하라. 또한 CFC에서 F 원자를 방출하는 데 필요한 에너지보다 Cl 원자를 방출하는 데 너 적은 에너지가 필요한지 설명하라.

46. 인터넷이나 일반 화학 교과서를 사용하면, 할론(halon)은 CFC와 유사하나 브로민(bromine)을 함유하고 있음을 알 수 있다. 할론은 화재 진압에 매우 뛰어난 물질이나 CFC보다 더 효과적으로 오존을 고갈시킨다. 다음은 할론-1211의 Lewis 구조이다.

:B̤r̈:
|
:F̤—C—F̤:
|
:C̤l̈:

a. 이 화합물 내 어떤 결합이 가장 끊어지기 쉬운가? 이는 이 화합물의 오존을 고갈시키는 능력과 어떤 관련이 있는가?

b. 소화제로, C_2HClF_4는 할론의 가능한 대체 물질 중 하나이다. 이 물질의 Lewis 구조를 그리고 가장 끊어지기 쉬운 결합을 식별하라.
힌트: 탄소 원자는 중심 원자이다.

47. 연료의 에너지 함량은 그림 6.5에서와 같이 kJ/g으로 나타낼 수 있다. 이들 값에서 볼 때 산소 함유 연료와 그렇지 않은 연료는 어떻게 다른가? 이제 이들 연료 각각의 에너지 함량을 kJ/mol 단위로 계산하라. 여러분은 어떤 경향성을 관찰하였는가?

48. 한 친구가 더 큰 분자를 가진 탄화수소 연료는 작은 분자를 포함하는 연료보다 그램(g)당 더 많은 열을 방출한다고 말한다.

a. 아래 자료와 적절한 계산을 이용하여 이 주장의 장점을 논하라.

탄화수소	연소열
옥테인(C_8H_{18})	−5070 kj/mol
뷰테인(C_4H_{10})	−2658 kj/mol

b. a의 답에 근거하여, 양초 왁스(candle wax, $C_{25}H_{52}$)의 g당 연소열이 옥테인보다 더 클 것인지, 작을 것인지를 예측하라. 양초의 몰(mol)당 연소열이 옥테인보다 더 클 것인지, 작을 것인지를 예측하라. 당신의 예측을 정당화하라.

49. 수소와 일산화 탄소를 탄화수소와 물로 전환하는 Fischer–Tropsch 반응이 식 [6.11]에 주어졌다.

$$n\,CO + (2n+1)\,H_2 \longrightarrow C_nH_{2n+2} + n\,H_2O$$

a. $n = 1$일 때 이 반응에서 방출되는 열을 결정하시오.

b. 계산을 하지 않고, 더 큰 탄화수소($n > 1$)가 형성될 때 몰(mol)당 방출되는 에너지가 더 많은지, 적은지를 예측하라. 그 추론을 설명하라.

50. 다음은 에탄올(C_2H_5OH 또는 C_2H_6O)의 공-막대 모형이다.

a. 다이메틸 에터(dimethyl ether)는 에탄올의 이성질체이다. 이 화합물의 Lewis 구조식을 그려라.

b. 에터는 마취제로 사용되었다. 이 때 사용한 것은 다이에틸 에터(diethyl ether)였다. 그 구조식을 그려라.
힌트: *다이에틸*(diethyl)은 총 몇 개의 탄소가 있음을 의미하는가?

c. 이 장에서는 에터는 설명하지 않은 작용기이다. 위 두 문제에 대한 답을 바탕으로 한다면, 모든 에터는 공통적으로 어떤 구조적 특징이 있는가?

51. 몇 가지 물질의 옥테인가(octane rating)가 표 6.4에 나열되어 있다.

a. 옥테인가는 휘발유의 에너지 함량에 대한 척도가 아니라는 증거는 무엇인가?

b. 옥테인가는 노킹(knocking)을 방지하거나 최소화하는 연료의 능력을 측정한 것이다. 이것이 왜 중요한가?

c. 높은 옥테인가가 높은 휘발유가 낮은 옥테인가가 낮은 휘발유보다 더 높은 가격을 갖는 이유는 무엇인가?

d. 대부분의 주유소에서 이용 가능한 고급 휘발유는 91의 옥테인가를 갖는다. 이것은 휘발유에 산소함유 첨가(oxygenate)되어 있는지의 여부에 대해 무엇을 말해 주는가?

52. *n*-옥테인과 아이소-옥테인은 근본적으로 동일한 연소열을 갖는다. 그렇다면 서로 다른 분자 구조를 가진 이들이 어떻게 동일한 연소열을 갖는 것이 가능한가?

53. 재생 가능한 연료, 재생 불가능한 연료, 석탄, 석유, 바이오디젤, 천연 가스, 에탄올과 같은 모든 용어는 연료의 제목이다. 도표를 사용하여 이들 사이의 관계를 나타내라. 또한 *화석 연료*와 *바이오 연료*라는 용어가 어디에 적합한지를 보여주는 방법을 찾아라,

54. 도표를 사용하여 우리가 먹는 음식과 관련된 다음 용어의 상관관계를 보여라. 지방(fat), 비계(lard), 기름(oil), 트라이글리세라이드(triglyceride), 버터(butter), 올리브유, 콩기름. 비록 바이오디젤은 식품이 아니라 하여도 이들 용어와 관련되어 있다. 이 관련성을 나타낼 수 있는 방법을 찾아라.

55. 수년이라는 시간 척도에서는, 바이오매스에서 만든 에탄올의 연소에 따른 대기 중으로의 알짜 CO_2 방출은 원유에서 증류한 휘발유를 연소시키는 경우보다 더 *낮다*. 그러나 사람들은 이 설명이 사실인지 아닌지를 놓고 의견이 많다. 논쟁의 요점은 무엇인가?

56. 석유 디젤보다 바이오 디젤을 사용하면 일부 오염 물질의 배출량이 더 낮다. 바이오디젤 연료의 경우, 다음 물질의 배출량이 더 적은 이유를 설명하라.

a. 이산화 황(SO_2)

b. 일산화 탄소(CO)

응용 문제 _Exploring Extensions

57. 석탄에는 미량의 수은만 포함되어 있지만, 석탄의 연소에 의해 방출된 수은 양은 환경에 중대한 영향을 준다. 적절한 증거를 수집하여 이 주장을 옹호하거나 반박하라.

58. 미국 EPA의 한 발표에 따르면, 차를 운전하는 것이 "일반 시민이 오염을 시키는 일상 활동"이라고 한다.

a. 자동차는 어떤 오염 물질을 배출하는가?
b. 이 설명의 진실은 어떤 가정에 근거하고 있는가?

59. *Scientific American*의 한 기사는 75 W 백열전구를 18 W 소형 형광 전구로 교체하면, 약 75% 전기 요금을 절감할 수 있다고 지적하였다. 전기 요금은 일반적으로 킬로와트-시간(kW-h)당 가격으로 책정한다. 여러분이 거주하는 곳의 전기 요금을 이용하여, 소형 형광 전구 1개의 수명(약 10,000 h) 동안 얼마나 많은 돈을 절감할 수 있는지 계산하라. *참고*: 표준 백열전구는 약 750시간 동안 지속한다.

60. 저명한 과학자이자 작가로 알려진 C. P. Snow는 "*The Two Cultures*"라는 영향력 있는 책을 썼으며, 그 책에서 "당신은 열역학 제2법칙을 아는가?"라는 질문은 "당신은 셰익스피어의 작품을 읽어본 적이 있는가?"와 "문화적으로 동등하다"라고 기술하였다. 여러분은 이 비교에 대해 어떻게 생각하는가? 여러분의 교육 경험에 비추어 위 발언에 대해 논의해 보라.

61. 이 장에서 심해저 시추, 지구 표면 아래의 깊은 곳의 수압 파쇄, 셰일과 타르 오일샌드에서의 오일 추출을 포함하여, 몇 가지 비전통적인 석유 및 가스의 새로운 공급원을 언급하였다. 이들 중 하나를 선택하여 세 가지 최저선(경제적 건강, 환경적 건강, 사회적 건강)을 이용하여 설명하고 분석하라.

62. 화학적 폭발은 큰 발열 반응이다. 폭발에 유리한 반응물과 생성물의 상대적인 결합 강도를 설명하라.

63. 이 장에서 FDA가 프로필렌 글라이콜(propylene glycol)을 식품 첨가제로 사용하는 것을 승인하였다고 기술하였다. 어떤 음식에 어떤 용도로 이 물질을 첨가하는가?

64. 미국은 1926년 최초로 테트라에틸 납(tetraethyl lead, TEL)을 휘발유에 첨가하는 것을 승인하였다. 사용이 금지된 1986년까지 사용하였다. TEL의 사용에서 금지되기까지의 그 60년간 일어난 4가지 사건을 포함한 연대표를 작성하라.

65. 테트라에틸 납(TEL)의 옥테인가는 270이다. 다른 휘발유 첨가제와 비교하면 어떻게 되는가? TEL의 구조식을 조사하고, 다른 첨가제와 비교하여 TEL 옥테인가가 높은 이유를 제안하라.

66. 화석 연료의 연소에 사용하는 또 다른 유형의 촉매는, 제2장에서 설명한 촉매 변환기(catalytic converter)이다. 이러한 촉매가 속도를 높이는 반응 중 하나가 O(*g*)를 $N_2(g)$와 $O_2(g)$로 변환하는 것이다.

a. 그림 6.29에 표시한 것과 유사한 이 반응의 에너지 도표를 그려라.
b. 이 반응이 중요한 이유는 무엇인가?

67. 그림 6.7은 발열 화학 반응인 H_2의 연소 과정에 대한 에너지 차이를 보여 준다. N_2와 O_2가 결합하여 NO(일산화 질소)를 형성하는 것은 흡열 과정의 한 예이다.

$$N_2(g) + O_2(g) \longrightarrow 2\,NO(g)$$

$$:\dot{N}{=}\ddot{O}:$$

N=O의 결합 에너지는 630 kJ/mol이다. 이 반응에 대한 에너지 도표를 그리고, 전체 에너지 변화를 계산하라.

68. 미국은 상당한 천연 가스 매장량을 가지고 있기 때문에, 이를 연료로 사용할 방법을 개발하는 데 큰 관심을 가지고 있다. 천연 가스를 운송 수단의 연료로 사용할 때의 두 가지의 장점과 단점을 나열하라.

CHAPTER 7

화석 연료의 대체 에너지원

Energy from Alternative Sources

Banner credit above: ©Jack Hollingsworth/Corbis; ©John Farr/123RF

미리 생각해 보기 *Reflect*

우리가 쓰는 에너지는 어디에서 올까?

www.acs.org/cic에서 이 장을 여는 비디오를 보고, 미국 에너지 정보국(Energy Information Administration)의 웹사이트를 방문해서 미국의 각 주별 에너지 생산과 소비 현황을 비교해 보라.

a. 한 주나 지역을 고르고 지도에서 그 곳을 선택하라. 스크롤 다운하여 제공되는 정보를 살펴보라. 이 지역은 어떤 에너지원으로부터 소비하는 에너지를 공급받고 있는가? 또한 이 지역에서 생산되는 에너지는 주로 어떤 에너지원으로부터 오는 것인가? 이 지역의 에너지의 소비와 생산을 위한 원천은 어떻게 다른가?

b. 두 번째 주를 선택하고 에너지의 소비와 생산을 위한 원천에 대한 정보를 조사한 후, **a**에서 선택한 주의 상황과 비교해 보라.

c. **a**와 **b**에서 접하게 되는 모든 에너지원들 가운데 어느 것이 화석 연료로부터 오는 것인가? 그리고 어느 것이 화석 연료와 무관한 것인가? 이 장에서는 화석 연료의 대안이 되는 에너지원에 대해서 알아볼 것이다.

주요 질문 *Compelling Questions*

이 장에서는 다음과 같은 질문에 대하여 살펴볼 것이다.

- 전 세계적으로 얼마나 많은 양의 에너지가 소비되는가?
- 방사능이란 무엇인가? 그리고 방사성 동위원소들이 에너지 생산에 어떻게 이용되는가?
- 원자력 발전소는 어떻게 전기를 생산하는가? 그리고 화석 연료를 사용하는 발전소와 비교해서 원자력 발전소가 환경에 미치는 영향은 어떠한가?
- 태양 에너지란 무엇인가?
- 다른 재생 가능한 에너지원들에는 어떤 것들이 있는가? 그리고 이 재생이 가능한 에너지원들은 환경에 미치는 영향에 대해서 어떤 평가를 받고 있는가?

서론

Source: NASA's Earth Observatory/NOAA/DoD

전 세계 사람들이 에너지를 소비한다. NASA 지구 천문대(NASA Earth Observatory)의 위성사진에서 볼 수 있듯이 어둠 속에서 빛을 제공하고, 에너지를 사용하여 냉난방을 하고, 음식을 조리하며, 전자 장치에 전력을 공급하고, 몸을 움직인다. 전 세계 사람들은 연간 500엑시줄(exajoule) 이상의 에너지를 소비한다.

관련 절

미터법 접두사인 엑사(*exa*-)는 10^{18}, 1퀸틸리온 줄(quintillion joules)이다. 6.4절에서 처음 소개된 줄(J)은 에너지 단위이다: $1\ \text{J} = 1\ \text{kg·m}^2/\text{s}^2$.

현재 전 세계적으로 소비되고 있는 에너지의 대부분은 석탄, 천연 가스, 석유를 포함하여 제6장에서 소개한 화석 연료로부터 얻은 것이다. 화석 연료를 연소하면 수억 년 전 태양 빛에서 저장된 에너지가 방출되는 것이다.

활동 학습 7.1 › *개인이 사용하는 에너지*

지난 24시간 또는 지난 몇 시간을 돌아보라. 그동안 어떤 종류의 에너지를 사용하였는가? 이 에너지는 어디에서 왔는가?

우리가 사용하는 에너지는 가정으로 연결된 도시 가스관을 통해서 공급되는 천연 가스, 자동차에 수입된 휘발유, 벽면 콘센트에 전선을 연결하여 얻는 전기로부터 오는 것들이다. 천연가스와 휘발유는 모두 화석 연료에 속한다. 그런데 벽면 콘센트에 전선을 연결하여 얻는 전기는 어디에서 오는 것인가? 이 질문에 대한 답은 거주 지역에 따라서 달라진다.

세계의 많은 지역에서 전기 에너지의 생산은 천연 자원의 보유 여부와 관련이 있다. 러시아 연방에서 전기 에너지는 주로 천연 가스를 연소시켜 얻는다. 반면에 미국의 태평양 연안 북서부 지역에서는 수력 발전을 통해서 많은 양의 전기 에너지를 생산한다. 프랑스와 같은 화석 연료를 얻을 수 있는 자원이 풍부하지 않은 나라는 전기 에너지 생산에 있어서

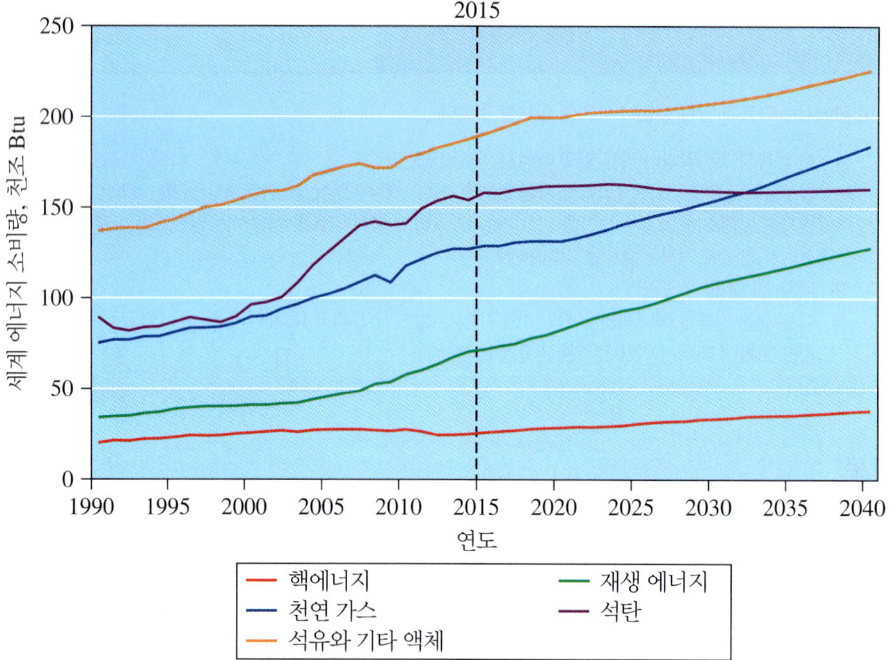

그림 7.1

2015년까지의 원천별 연간 젠 세계 에너지 소비량과 원천별 에너지 사용에 대한 향후 전망을 보여준다. 재생 가능 에너지원에는 수력 발전, 지열, 태양광 발전, 풍력 및 바이오매스가 포함된다.

Source: U.S. Energy Administration, International Energy Outlook 2017.

원자력 의존도가 높다.

전 세계의 에너지 소비량은 증가하고 있고, 그 가운데 가장 많은 부분이 화석 연료로부터 공급되고 있다. 세계의 많은 지역에서 사람들이 일상생활을 하는 데 필요한 에너지를 얻는 데 있어서 석탄, 석유, 천연 가스와 같은 탄화수소 계열의 연료, 다시 말해서 화석 연료의 연소에 대한 의존도는 점점 낮아지고 있다. 원자력, 태양광, 풍력, 수력은 모두 화석 연료 없이 전기 에너지를 생산하는 데 이용될 수 있고, 따라서 이 과정에서 이산화 탄소는 발생되지 않는다.

이 에너지원들이 전기를 생산하는 과정에서 온실 기체(green house gas, GHG)를 발생시키지는 않지만, 발전시설을 건설하고, 이 발전소를 가동하기 위해 필요한 연료를 공급하는 데 관계되는 특정 과정들은 환경 친화적이지 않다. 예를 들면, 원자력 발전의 경우 연료봉을 제작하는 과정과 핵폐기물을 처분하는 과정뿐만 아니라, 이 발전시설을 건설하고 유지 보수하는데 온실 기체 배출이 수반된다. 또 다른 예로 수력 발전을 위해 댐을 건설하면 상당한 면적의 육지에 인공적인 호수가 만들어지는데 이와 같은 환경은 막대한 양의 메테인과 다른 온실 기체들을 만들어낸다.

태양광, 풍력, 수력, 지열과 같은 에너지원들은 고갈되지 않고, 이 에너지원으로부터는 지속적으로 그리고 빠르게 에너지를 모을 수 있고, 재충전이 되므로 **재생 가능 에너지원**(renewable energy source)라고 부른다. 그림 7.1에서 볼 수 있는 것처럼 이들 재생 가능 에너지 소비량은 전 세계적으로 빠르게 증가하고 있고, 미래에도 계속해서 이런 추세를 따를 것으로 예상된다. 그런데 핵에너지는 재생 가능 에너지로 여겨지지 않는다. 왜냐하면 핵에너지를 얻기 위해서는 핵연료 생산을 위해 우라늄 광석이 필요한데, 우라늄 광석 매장량은 한정되어 있기 때문이다.

이 장에서는 핵에너지를 시작으로 화석 연료를 대체할 수 있는 이 에너지원들로부터 에너지를 얻는 과정과 관련된 화학에 대해서 알아보도록 한다.

7.1 핵에너지에서 폭탄으로: *원자핵의 분열*

핵반응의 기본을 이해하는 열쇠는 아마도 에너지(E)와 물질 또는 질량(m)의 등가성

(equivalence)을 요약한 모든 자연 과학에서 가장 유명한 다음의 방정식이다.

$$E = mc^2 \quad [7.1]$$

Albert Einstein(1879~1955)의 업적 가운데 하나인 이 식의 유래는 20세기 초로 거슬러 올라간다. 위 식에서 c는 빛의 속도, 3.00×10^8 m/s이고, 따라서 c^2은 9.00×10^{16} m^2/s^2 이다. c^2의 값이 굉장히 큰 것을 알 수 있는데 이것은 아주 작은 양의 질량으로부터 막대한 양의 에너지를 얻을 수 있다는 것을 의미한다. 이 원리는 원자력 발전이나 핵무기에서 모두 적용된다.

그림 7.2
1946년 1월에 Lise Meitner가 New York에 도착한 직후 촬영한 사진.
©Bettmann/Getty Images

Einstein 식은 30년 이상 호기심의 대상이었다. 과학자들은 이 식이 태양 에너지의 근원에 대해서 설명해 준다고 믿었다. 그러나 그 당시까지 누구도 지구상에서 물질의 상당한 양이 에너지로 전환되는 것을 관찰한 사람은 없었다. 그런데 1938년에 두 명의 독일 과학자, Otto Hahn(1879~1968)과 Fritz Strassmann(1902~1980)은 질량이 에너지로 전환되는 현상을 발견하였다. 이들은 U-238에 중성자들을 충돌시키는 실험을 하였는데, 그 결과 생성되는 물질 가운데 바륨(Ba-137)을 발견하였다. 처음에는 그 원소를 주기율표에서 바륨과 같은 족에 속하는 더 무거운 원소인 라듐(Ra)이라고 결론짓고 싶은 마음이 들었다. 그 이전까지 그들은 중성자를 충돌시킨 원소의 원자 번호와 비슷한 원자 번호를 갖는 원소들만 관찰했었기 때문이다. 그러나 Hahn과 Strassmann이 생성된 원소의 화학적 성질을 조사해 본 결과 바륨이라는 것이 너무나 분명해 보였다.

이 독일 과학자들은 어떻게 중성자 충돌에 의해서 우라늄으로부터 바륨이 생성될 수 있었는지 잘 설명할 수 없었다. 그래서 실험 결과를 그들의 동료인 Lise Meitner(1878~1968)에게 보내며 그녀의 의견을 구하였다(그림 7.2). Meitner 박사는 Hahn, Strassmann과 이 실험과 관련된 연구를 함께 하고 있었는데 1938년 3월 나치 정부의 위협으로 인해서 독일을 떠나야 했다. Hahn과 Strassmann의 편지를 받았을 때 그녀는 스웨덴에 머물고 있었다. 그녀는 Hahn과 Strassmann이 보내온 실험 결과의 의미에 대해서 그녀의 조카이자 물리학자인 Otto Frisch(1904~1979)와 함께 논의하였다. 그때 순간적으로 그녀는 실험 결과의 의미를 이해할 수 있었다. 중성자와 충돌하여 우라늄 원자는 바륨과 같은 더 작은 원자들로 쪼개진 것이다. 무거운 원자의 원자핵은 마치 생물의 세포분열처럼 분열한다.

분열(fission)이라는 용어는 1939년 2월 11일 영국의 과학 학술지 *네이처*(Nature)에 출판된 Meitner와 Frisch의 편지 형식의 논문에 이 현상을 설명하기 위해 사용되었다. 이 논문의 제목은 "중성자에 의한 우라늄의 붕괴: 새로운 종류의 핵반응(Disintegration of Uranium by Neutrons: A New Type of Nuclear Reaction)"이었다. 이 논문에서 Meitner와 Frisch는 다음과 같이 서술하였다.

> Hahn과 Strassmann은 우라늄에 중성자를 충돌시킨 결과 바륨의 동위원소가 생성되었다고 결론을 내릴 수밖에 없다. 처음에는 실험 결과를 이해하기가 매우 어려웠지만.... 무거운 원자핵의 거동에 대한 현재의 지식에 근거해서 이 현상을 바라보면, 이 새로운 붕괴 과정의 전혀 다른 그러면서도 고전적인 물리학적 설명을 할 수 있게 되는데.... 우라늄 원자핵은 상당히 불안정한 상태이고, 따라서 중성자를 포획한 후, 대략 비슷한 정도의 크기를 갖는 두 개의 원자핵으로 쪼개진다.... 이 전체적인 "분열" 과정은 고전적인 물리학적 관점에서 잘 설명된다.

사전 지식 *Did You Know* ?

Meitner는 여러 차례 지명되었지만, Hahn은 핵분열 발견으로 1944년 노벨 화학상을 수상한 유일한 수상자였다. Hahn, Meitner, Strassmann은 1966년 핵분열 연구로 Fermi 상(미국 영예)을 수상했다. 1997년에 마이트너륨은 신화에 나오지 않는 여성의 이름을 딴 첫 번째 원소로 명명되었다.

전체 길이가 한 쪽을 조금 넘는 정도로 짧은 논문이었지만, 곧 몇몇 과학자들은 이 논문의 중요성을 알아차렸다. 저명한 덴마크 물리학자인 Niels Bohr(1885~1962)는 Frisch로부터 직접 중성자와의 충돌에 의한 우라늄 원자핵 분열에 대한 내용을 들었다. 그리고 이 원고가 출판되기 며칠 전에 원양 정기선을 통해 그 사본을 미국으로 보냈다. Meitner와 Frisch의 논문이 *네이처*에 출판되고 몇 주 지나지 않아서 여러 나라의 과학자들은 Einstein의 식으로부터 예상되는 우라늄 원자의 핵분열에 의한 에너지 방출을 확인하였다. 핵분열 현상의 발견에 있어서 Lise Meitner의 과학적 기여를 기념하기 위해서 원자 번호 109번 원소의 이름을 그녀의 이름을 따서 마이트너륨(meitnerium)이라고 붙였다.

핵분열(nuclear fission)은 에너지를 방출하면서 큰 원자핵이 작은 원자핵들로 쪼개지는 현상이다. 이 과정에서 에너지가 방출되는 이유는 생성물의 전체 질량이 반응물의 전체 질량에 비해서 조금 줄어들기 때문이다. 이때 중요한 것은 물질과 에너지의 총합이 보존된다는 것이다. 물질이 "사라진" 만큼 동등한 양의 에너지가 "생성된다". 조금 다른 시각으로 보면 물질을 매우 집중된 형태의 에너지라고 할 수 있다. 원자핵에서 보다 더 에너지가 집중된 곳은 없다. 원자가 차지하는 부피의 대부분은 빈 공간이라는 점을 다시 떠올려 보자. 수소의 원자핵을 야구공 크기로 본다면, 수소 원자핵 주변의 전자는 대략 야구공의 중심으로부터 반경 800 m인 구가 만드는 공간을 차지한다고 할 수 있다. 그러나 원자의 질량은 거의 모두 원자핵의 질량이므로 원자핵은 엄청나게 밀도가 높다. 실제로 주머니에 넣고 다니는 작은 크기의 성냥갑에 원자핵을 가득 채우면 그 무게는 25억 톤에 이르게 된다. Einstein의 에너지-질량 등가의 원리를 나타내는 식에 따르면 원자핵의 질량이 가진 에너지의 양은 막대하다는 것을 알 수 있다.

단지 몇몇 특정한 원소의 원자핵들만 분열한다. 그리고 이러한 분열도 특정한 조건이 주어졌을 때에만 일어난다. 어떤 원자핵이 분열할 것인가 하는 것은 원자핵의 크기, 그 원자핵이 가지고 있는 양성자와 중성자의 수, 핵분열을 시작하게 하는 중성자와의 충돌이 일어날 때 중성자의 에너지, 이렇게 세 가지 요인에 의해서 결정된다. 예를 들면, 산소, 염소, 철과 같은 비교적 가볍고 안정한 원자들은 쪼개지지 않는다. 반면에 극도로 무거운 원자핵들은 자발적으로 분열한다. 우라늄과 플루토늄 같은 몇몇 무거운 원자핵들은 중성자와 충분한 세기로 충돌시켜서 핵분열이 일어나도록 만들 수 있다. 특히 우라늄의 동위원소들 가운데 하나는 중성자와 그다지 세지 않은 충돌에 의해서도 핵분열을 할 수 있게 되는데, 이 현상은 원자력 발전소의 원자로에서 이용되고 있다.

우라늄에 대해서 좀 더 자세히 알아보자. 모든 우라늄 원자들은 92개의 양성자를 가지고 있다. 이 원자들이 전기적으로 중성인 상태에 있다면 양성자와 같은 수인 92개의 전자를 가지고 있을 것이다. 원소의 원자 번호는 양성자수와 같고 이것은 주기율표를 이용해서 확인할 수 있다. 자연계에서 우라늄은 주로 두 가지 동위원소로 발견된다. 존재 비율이 더 높은 것은 146개의 중성자를 가진 것인데 이것은 전체 우라늄 원자의 99.3%를 차지한다. 이 우라늄 동위원소의 질량수는 238이고, 이것은 양성자 수 92와 중성자 수 146의 합이다. 이 동위원소를 우라늄-238(uranium-238) 또는 보다 간단하게 U-238이라고 표시한다. 존재비가 상대적으로 더 낮아서 전체 우라늄 원자들 가운데 0.7%를 차지하는 동위원소는 143개의 중성자와 92개의 양성자를 가지고 있고, U-235라고 표시한다(표 7.1).

관련 절

질량수(mass number)와 *동위원소*(isotope), 이 두 용어는 4.3절에서 소개되었다.

표 7.1 우라늄 동위원소

이름	양성자 수	원자 번호	질량수	중성자 수	원자 기호
우라늄-235	92	92	235	235 − 92 = 143	$^{235}_{92}U$
우라늄-238	92	92	238	238 − 92 = 146	$^{238}_{92}U$

활동 학습 7.2 ▶ 동위원소의 비교

자연계에서 아주 적은 양의 U-234도 발견된다. U-234의 양성자 수와 중성자 수를 U-238과 비교해 보라. 이들 두 동위원소의 전자 수는 서로 다른가?

흔히 우리는 동위원소를 표시할 때 질량수와 원자 번호를 이용한다. 질량수는 위첨자로 원자 번호는 아래첨자로 각각 원소 기호에 붙여준다. 이 방법에 따르면 우라늄-238을 표시하는 동위원소 기호는 다음과 같다.

$$\text{질량수} = \text{양성자 수} + \text{중성자 수} \longrightarrow 238 \qquad \text{원자 번호} = \text{양성자 수} \longrightarrow 92 \qquad {}^{238}_{92}\text{U}$$

마찬가지로, U-235의 동위원소 기호는 ${}^{235}_{92}\text{U}$로 쓴다. ${}^{235}_{92}\text{U}$와 ${}^{238}_{92}\text{U}$는 단지 중성자 3개의 차이 밖에 없지만, 이 작은 차이가 두 원자핵이 보이는 핵 화학적 성질의 차이의 원인이 된다. 원자로 안에서 주어진 조건에서 ${}^{238}_{92}\text{U}$은 핵분열을 일으키지 않지만 ${}^{235}_{92}\text{U}$은 핵분열을 일으킨다.

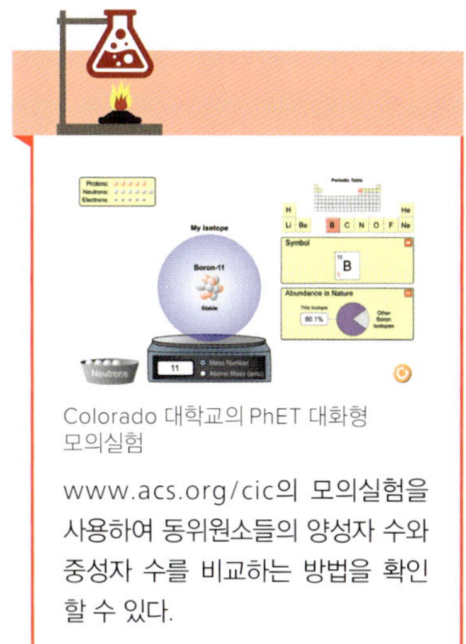

Colorado 대학교의 PhET 대화형 모의실험

www.acs.org/cic의 모의실험을 사용하여 동위원소들의 양성자 수와 중성자 수를 비교하는 방법을 확인할 수 있다.

활동 학습 7.3 ▶ 원자 번호와 질량수 비교하기

U-234의 원자 번호와 질량수는 얼마인가? 활동 학습 7.2의 내용을 참조하여 답하라. U-234의 원자 번호와 질량수를 이용하여 동위원소 기호를 써라. U-234와 U-238의 동위원소 기호는 같은가?

핵분열은 중성자가 있어야만 시작된다. 그리고 다음 예에서 볼 수 있는 것처럼 핵분열 결과 중성자들이 더 생성된다.

$${}^{1}_{0}\text{n} + {}^{235}_{92}\text{U} \longrightarrow [{}^{236}_{92}\text{U}] \longrightarrow {}^{141}_{56}\text{Ba} + {}^{92}_{36}\text{Kr} + 3\,{}^{1}_{0}\text{n} \qquad [7.2]$$

식 [7.2]에 나타나는 항들을 왼쪽에서 오른쪽으로 가면서 자세히 살펴보자. 먼저 중성자 하나가 U-235의 원자핵에 충돌한다. 이 중성자를 나타내는 기호, ${}^{1}_{0}\text{n}$는 아래 첨자로 0이 표기되어 있다. 이것은 중성자가 양전하를 가지고 있지 않다는 뜻이다. 또한 위첨자로 표기된 1은 중성자의 질량수를 나타낸다. ${}^{235}_{92}\text{U}$의 원자핵은 이 중성자 하나를 포획하여 그만큼 더 무거운 동위원소인 ${}^{236}_{92}\text{U}$이 된다. 이 동위원소 기호는 식 [7.2]에서 대괄호 안에 표기되어 있다. 이것은 이 동위원소가 잠시 순간적으로 존재한다는 것을 나타낸다. 우라늄-236은 곧 더 작은 두 원자들(Ba-141, Kr-92)로 분열하면서 세 개의 중성자를 내어 놓는다.

핵 반응식은 화학반응식과 표시하는 원리가 정확히 같지는 않지만 대체로 비슷하다. 핵 반응식의 균형을 맞추기 위해서는 일반적인 화학반응식에서 하듯이 반응 전과 후에 존재하는 원자의 종류별 개수를 세어서 같도록 화학량론 계수를 정하는 것이 아니라 핵 반응 전과 후의 양성자 수와 중성자 수를 세어서 같도록 맞추어 주어야 한다. 그래서 핵 반응식은 위첨자의 수의 합과 아래첨자의 수의 합이 각각 반응의 진행 방향을 나타내는 화살표의 왼쪽과 오른쪽에서 서로 같아야 한다. 식 [7.2]의 맨 오른쪽 항 ${}^{1}_{0}\text{n}$의 계수 3과 같은 것이 핵 반응식에서는 화학반응식의 화학량론 계수와 같은 역할을 하는 것으로 뒤에 오는 항에 곱해진다고 보면 된다. 핵 반응식 [7.2]가 균형이 맞추어져 있는지 확인하기 위해서 다음 계산을 검토해 보자.

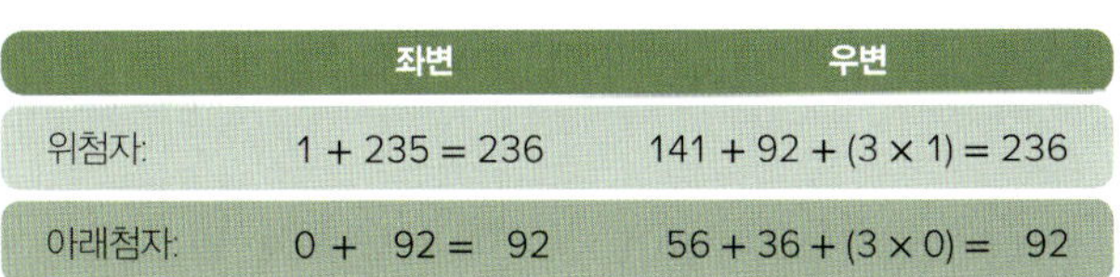

	좌변	우변
위첨자:	1 + 235 = 236	141 + 92 + (3 × 1) = 236
아래첨자:	0 + 92 = 92	56 + 36 + (3 × 0) = 92

U-235의 원자핵이 중성자와 충돌하게 되면 여러 종류의 핵분열 생성물들이 얻어진다. 다음 활동 학습을 통하여 두 가지 다른 종류의 핵분열 과정을 알아보자.

활동 학습 7.4 ▶ 핵 반응식 쓰기

주기율표를 참고하여 다음 두 가지 경우에 해당하는 균형 맞춘 핵 반응식을 써라. 두 핵분열 과정은 모두 중성자 하나와의 충돌에 의해서 시작된다.

a. U-235가 분열하여 Ba-138, Kr-95를 만들고 중성자들을 내어놓는다.

b. U-235가 분열하여 원자 번호가 52, 질량수가 137인 동위원소와 원자 번호가 40, 질량수가 97인 동위원소를 만들고 중성자들을 내어놓는다.

핵 반응식 [7.2]를 다시 살펴보자. 식의 좌변과 우변에는 모두 중성자가 표기되어 있다. 이것을 보고 양변에 있는 중성자를 같은 개수씩 소거해야 하나 하는 생각을 할 수도 있다. 수학식에서는 그렇게 해야 하겠지만, 핵 반응식에서는 그렇지 않다. 핵 반응식의 양변에 모두 표기된 중성자는 중요하다! 핵 반응식의 좌변에 표기된 하나의 중성자는 핵분열을 촉발시키는 역할을 하는 것이다. 핵반응의 결과 생성된 중성자들 각각은 이어지는 핵분열 반응에서 다른 U-235 원자핵과 충돌하여 그것을 분열시킬 수 있다. 그리고 이렇게 이어지는 핵분열 반응은 또 다시 몇 개의 중성자들을 더 만들어낸다. 이것은 **연쇄 반응**(chain reaction)의 한 예이다. 연쇄 반응이란 일반적으로 생성물 가운데 하나가 반응물과 같은 화학종이어서 반응이 계속될수록 반응물을 얻을 수 있게 되어 멈추지 않고 스스로 지속하게 되는 반응을 말한다. 이 특수한 그리고 빠르게 가지를 쳐 나가는 연쇄 핵반응은 멈추지 않고 스스로 지속할 수 있고 순식간에 빠른 속도로 진행된다(그림 7.3). 바로 이 연쇄 반응에 대해서 1942년 Chicago 대학교에서 최초로 반응속도를 제어하는 실험이 수행되었다.

임계 질량(critical mass)은 연쇄 반응을 멈추지 않고 지속되도록 하는데 필요한 핵연료의 양을 의미한다. 예를 들어서, U-235의 임계 질량은 약 15 kg이다. 만약 이만큼의 순수한 U-235를 중성자 원과 함께 같은 곳에 두면 핵분열은 임계 질량이 유지되는 한 자발적으로 계속해서 진행될 것이다. 핵폭탄은 바로 이 원리를 이용한다. 다만 핵폭탄이 폭발할 때 아주 빠른 속도로 에너지가 방출되고 이때 핵물질은 빠르게 흩어져 임계 질량은 더 이상 유지되지 않게 되어 핵분열 반응은 멈추게 된다. 그러나 원자력 발전소에서 사용되는 핵연료는 순수한 U-235가 아니다. 따라서 핵폭탄처럼 폭발하지 않는다. 원자력 발전소에서는 핵연료 주변에 중성자수를 적절한 수준으로 많지 않도록 제어하고 또한 중성자가 충돌할 수 있는 핵분열 가능한 원자핵의 수도 적절한 수준으로 낮추어서 핵폭발로 이어지는 반응속도가 제어되지 못하는 연쇄 반응이 일어나지 않도록 하고 있다.

©Larry Washburn/Getty

도미노와 연쇄 핵반응의 비슷한 점을 www.acs.org/cic에서 영상으로 확인하라.

앞에서 핵분열 과정에서 생성물들의 질량의 합이 반응물들의 질량의 합보다 조금 줄어들기 때문에 에너지가 방출된다고 하였다. 그런데 위에서 살펴본 핵 반응식들을 보면 반응 전과 후에 질량수의 총합이 같기 때문에 질량이 줄어드는 현상이 드러나지 않는다. 실제로 핵반응에서 극히 적은 질량이 감소된다. 이 상황을 이해하기 위해서는 원자핵의 실제 질량은 질량수(양성자 수와 중성자 수의 합)가 아니라는 점을 알고 있어야 한다. 실제 질량은 정수로 표시되는 질량수가 아니라 소수점 이하 여러 자리에 걸쳐서 정밀하게 측정되는 값으로 제시되어야 한다. 예를 들어서, 우라늄-235 원자의 질량은 235.043924 u이다. 소수점 이하 여섯 번째 자리까지 제공되는 원자질량 측정값을 이용하여 U-235의 핵분열 반응이 일어나기 전과 후에 질량이 얼마나 감소하는지 조사해 보면 약 0.1%, 즉 1/1000만큼 감소하는 것을 확인할 수 있다. 이만큼 감소하는 질량에 해당하는 에너지가 방출되는 것이다.

사전 지식 *Did You Know* ?

통일된 원자 질량 단위(unified atomic mass unit), u는 한 개의 C-12 원자 질량의 1/12 또는 1.67 × 10^{-27} kg으로 정의된다. 이 단위는 개별 원자들의 질량을 표시하는 데 편리하게 사용된다. 통일된 원자 질량 단위는 일반적으로 사용되는 또 다른 질량의 단위인 달톤(Dalton), Da과 같다는 점을 유의하라.

그렇다면 1.0 kg의 순수한 U-235의 원자핵이 분열한다면 얼마의 에너지가 방출될

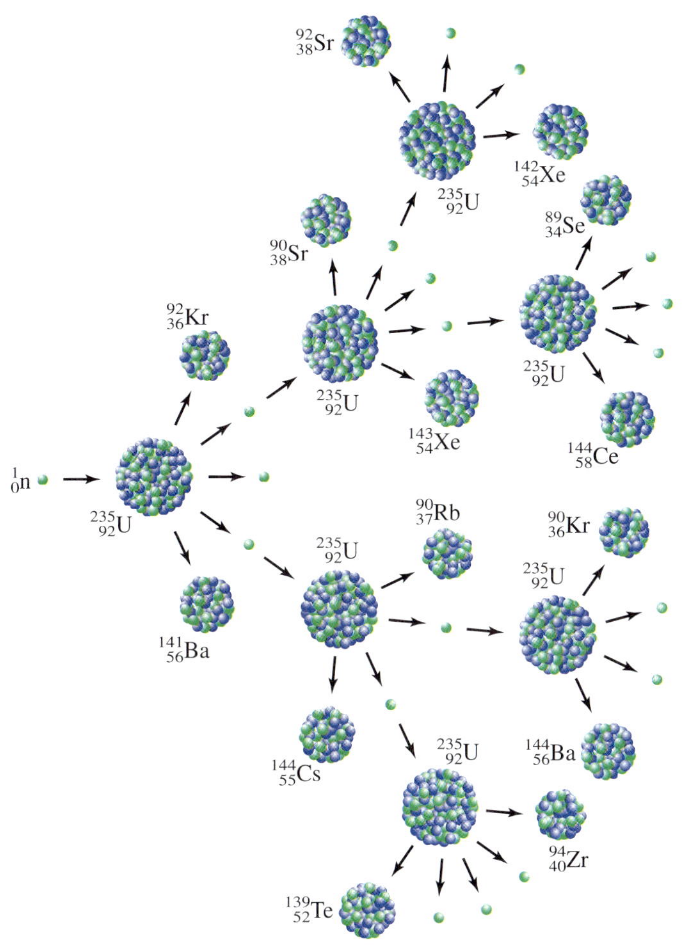

그림 7.3

한 개의 중성자가 우라늄-235의 원자핵과 충돌하면 핵분열이 시작되고 연쇄 반응이 일어난다. 중성자에 의해 충격을 받는 모든 U-235 핵이 매번 동일한 생성물을 생성하는 것은 아니다.

까? $E = mc^2$와 관련된 식, 즉 $\Delta E = \Delta mc^2$을 이용하여 이때 방출되는 에너지의 양을 계산할 수 있다. 여기서 그리스 문자 델타(Δ)는 이어지는 기호가 의미하는 물리량의 변화량을 나타낸다. 그렇다면 핵반응 과정에서 질량의 변화량을 가지고 에너지 방출량을 계산할 수 있음을 알 수 있다. U-235를 1.00 kg 분열시켰을 때 1/1000의 질량이 감소하므로 $\Delta m = 1.00 \times 10^{-3}$ kg이다. 그리고 $c = 3.00 \times 10^8$ m/s이다. 이 값들을 Einstein의 식에 넣어주면 다음과 같이 ΔE를 구할 수 있다.

$$\Delta E = \Delta mc^2 = (1.00 \times 10^{-3}\ \text{kg}) \times (3.00 \times 10^8\ \text{m/s})^2 \qquad [7.3]$$

위의 계산식을 정리하면 에너지 변화량이 다음과 같이 좀 보기 이상한 단위를 갖는 값으로 얻어진다.

$$\Delta E = 9.00 \times 10^{13}\ \text{kg·m}^2/\text{s}^2$$

그러나 이 단위 kg·m^2/s^{2}는 주울(J)과 같은 것이다. 따라서 1 kg의 우라늄-235가 모두 핵분열을 하면 9.00×10^{13} J 또는 9.00×10^{10} kJ의 막대한 양의 에너지가 방출됨을 알 수 있다!

이 만큼의 에너지가 어느 정도의 위력을 발휘하는지 실감하기 어려울 수 있는데, 같은 양의 에너지를 22,000톤의 TNT(trinitrotoluene)을 폭발시켜 얻을 수 있고, 또한 1945년 일본의 히로시마와 나가사키에 투하된 원자폭탄으로부터 방출된 에너지의 약 두 배에 해당한다. 이 에너지가 1 kg의 U-235의 핵분열로부터 방출되고 이때 1 g의 질량 감소가 일어나는 데에서 기인하는 것이다.

그림 7.4

"Turk"라는 암호명을 가진 핵무기 시험은 1955년 3월 7일 Nevada 주의 Las Vegas의 물이 다 말라버린 호수의 바닥에서 수행되었다.

활동 학습 7.5 ▸ 핵 에너지와 석탄 에너지 비교

다른 종류의 석탄들에 비해서 에너지 함량이 높은 무연탄의 평균적인 에너지 함량은 1 g당 32 kJ이다. 1 kg의 U-235가 핵분열을 할 때 방출하는 에너지와 같은 양의 에너지를 무연탄으로부터 얻으려면 얼마만큼의 무연탄이 필요할까?

나중에 알게 되었지만, 1~2 kg 정도의 순수한 U-235 덩어리를 일거에 연쇄 반응을 통해서 핵분열을 시킬 수 없다. 핵폭탄에서 예를 들면 핵분열에 의해 방출되는 에너지가 아직 핵분열 과정이 진행되지 않는 핵연료를 순식간에 흩어버려서, 그 결과 연쇄 반응은 모든 핵연료가 핵분열 과정을 진행하지 못하고 멈추게 된다. 그럼에도 불구하고 엄청나게 많은 양의 에너지가 방출된다. 실제로 Hiroshima에 투하된 핵폭탄에서 방출된 에너지의 양은 TNT 1만 톤 수준이었다. 그림 7.4는 미국 Nevada의 핵무기 시험장(Test Site)에서 촬영된 핵폭발 사진이다. "Turk"라는 암호명이 붙은 1955년에 시행된 이 핵무기 시험에서는 Hiroshima와 Nagasaki에 투하되었던 핵폭탄에서 방출된 에너지의 4배 이상의 에너지가 방출되었다.

다행히도 핵분열에 의해 방출되는 에너지는 제어될 수 있다. 바로 핵분열에 의해 방출되는 에너지의 양을 제어하는 것이 원자력 발전소의 주된 기능이다. 핵분열 반응을 일으키되 천천히 그러나 멈추지는 않도록 잘 제어된 조건을 유지하는 것이다. 다음 절에서 이와 관련된 자세한 내용을 살펴볼 것이다.

7.2 핵분열 반응 제어: *원자력 발전소에서 전기를 생산하는 방식*

6.6절에서 전통적인 발전소에서 석탄, 석유, 또는 다른 연료를 태워서 열을 얻는 방법을 알아보았다. 이 열은 물을 끓이는데 사용되고 물은 고온의 수증기가 되고, 이 수증기를 이용하여 발전기 터빈을 회전시킨다. 회전하는 터빈의 축에는 큰 전선 코일이 연결되어 있어서 이 코일이 자기장하에서 회전하게 되어 그 결과 전기 에너지를 생산하게 되는 것이다. 원자력 발전소는 화석 연료의 연소가 아니라 U-235와 같은 원자핵들의 분열로부터 물을 끓이는 데 필요한 에너지를 얻는다는 것을 제외하면 다른 작동 방식은 전통적인 발전소와 거의 같다(그림 7.5). 다른 발전소들과 마찬가지로 원자력 발전소 시설의 효율도 열역학 제2법칙에 의해 제한된다. 열 에너지를 일로 변환시키는 이론적 효율은 발전소의 고온의 열원과 저온 부분의 온도 차이에 의존한다. 일반적으로 55~60% 정도로 나타나는 알짜 효율은 여러 가지 기계적, 열적, 전기적 요인들에 의해서 줄어든다.

> **사전 지식** *Did You Know* ?
>
> 열역학 제2법칙은 다양 방식으로 표현된다. 이 절의 내용과 관련된 열역학 제2법칙의 표현은 다음과 같다. 순환 경로를 통해서 열을 일로 모두 변환시키는 것은 불가능하다.

원자로는 원자력 발전소의 심장이다. 원자로는 한 개 이상의 스팀 발생 장치, 1차 냉각 시스템과 함께 특수 스틸 용기에 담겨 있고, 이 스틸 용기는 돔 형태의 콘크리트 건물 안에 위치한다. 그리고 핵연료와 직접 접촉하지 않는 부분으로 발전기를 가동시키는 터빈과 2차 냉각 시스템이 있다. 추가로 이 핵연료와 직접 접촉하지 않는 부분은 2차 냉각수의 열을 제거하기 위한 별도의 저온부와 연결이 되어 있다. 따라서 원자력 발전소는 한 개 이상의 냉각탑을 가지고 있거나 바다나 강과 같은 상당한 규모의 물 주변에 주로 건설된다. 이런 특징은 화석 연료를 사용하는 발전소에서도 공통적으로 볼 수 있는 것이다(그림 6.9 참조).

원자력 발전소의 노심에 주입되는 우라늄 연료는 산화 우라늄(IV)(UO_2)이다. 그림

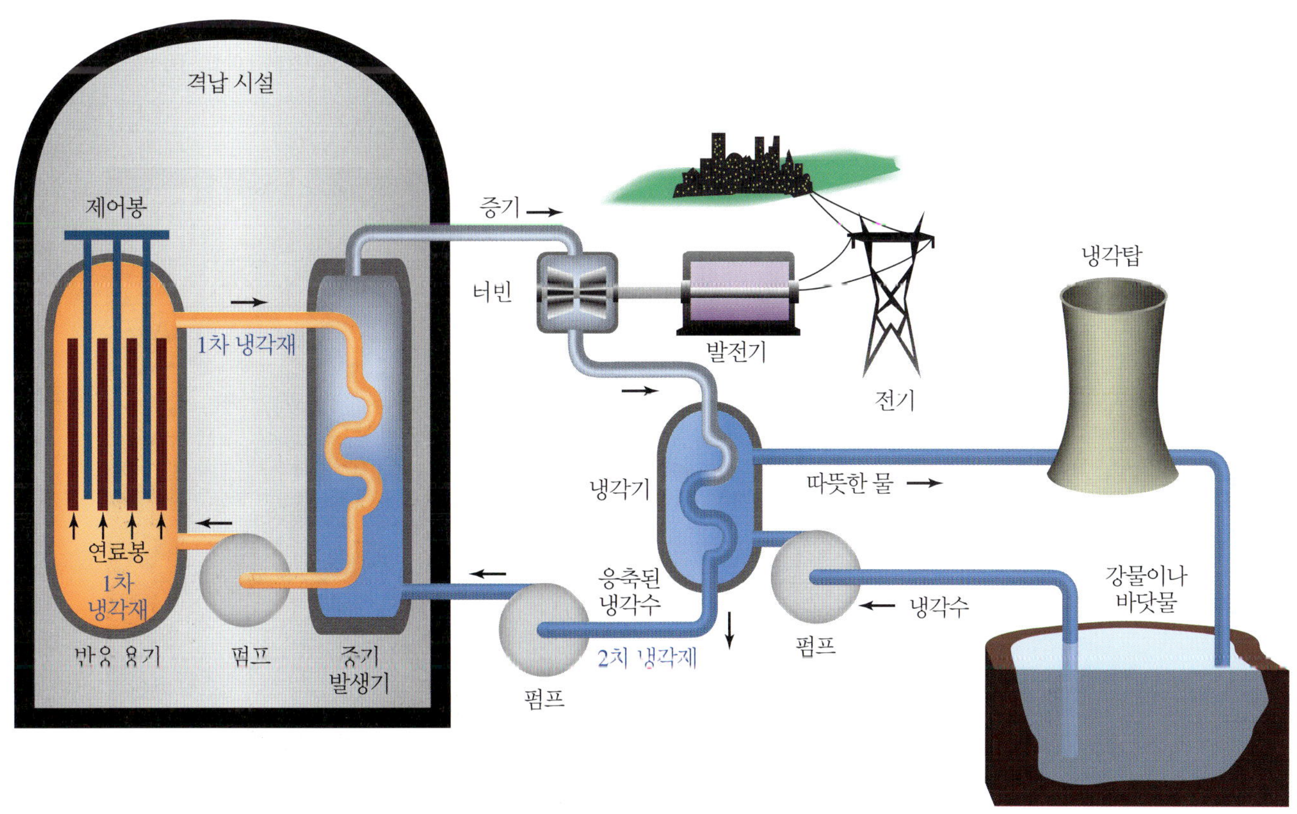

그림 7.5

원자력 발전소의 구조를 나타내는 그림. 각 구성 요소들의 상대적인 크기는 실제와 다르다.

Source: United States Nuclear Regulatory Commission

그림 7.6

산화 우라늄(IV) 핵연료 덩어리와 미국의 10센트 동전.

7.6에서 볼 수 있는 것처럼 원기둥 형태의 각각의 산화 우라늄(IV) 덩어리의 높이는 10센트짜리 동전 크기 정도이다. 이 연료의 약 4~5%가 U-235(핵분열 가능한 우라늄)이다. 나머지는 U-238이다. 이 원기둥 형태의 산화 우라늄(IV) 핵연료 덩어리들은 지르코늄을 비롯한 몇 가지 금속들의 합금으로 만든 관에 원기둥 방향으로 나란히 채워진다. 그리고 이 관들을 모아서 스테인리스 강철로 싼 연료봉 뭉치를 만든다(그림 7.7).

하나의 봉에는 최소 200개의 산화 우라늄(IV) 덩어리가 채워진다. 일단 시작되기만 하면 핵분열 연쇄 반응은 멈추지 않고 스스로 지속해 나간다. 그러나 이 과정이 시작되려고 하면 중성자가 필요하다(식 [7.2], 그림 7.3). 중성자를 공급해주는 방법 가운데 하나는 베릴륨-9와 플루토늄과 같은 무거운 원소를 함께 연료봉에 채워주는 것이다. 무거운 원소인 플루토늄은 다음과 같이 알파(α) 입자, ${}^{4}_{2}H$를 방출한다.

$$\underset{}{{}^{238}_{94}\text{Pu}} \longrightarrow {}^{234}_{92}\text{U} + \underset{\text{알파 입자}}{{}^{4}_{2}\text{He}} \qquad [7.4]$$

이 알파 입자들은 베릴륨 원자핵에 충돌하여 중성자, 탄소-12, 감마선, ${}^{0}{}_{0}\gamma$을 방출한다. 이 과정에 대한 핵 반응식은 다음과 같다.

$${}^{4}_{2}\text{He} + {}^{9}_{4}\text{Be} \longrightarrow {}^{12}_{6}\text{C} + {}^{1}_{0}\text{n} + \underset{\text{감마선}}{{}^{0}_{0}\gamma} \qquad [7.5]$$

관련 절

감마선은 다른 전자기파들과 함께 3.1절에 소개되었다.

이와 같은 방식으로 만들어진 중성자는 원자로 노심에 주입된 U-235의 핵분열이 시작되도록 한다.

활동 학습 7.6 ▸ *Poo-Bee와 Am-Bee*

Pu와 Be로 만들어진 중성자 공급원을 PuBe, 일명 "푸비(poo-bee)" 공급원이라고 부른다. 마찬가지로 AmBc, 즉 "암비(am-bee)" 공급원은 아메리슘과 베릴륨으로 만들어진다. PuBe 공급원에서처럼 AmBe 공급원으로부터 중성자를 얻는 과정에 대한 핵 반응식들을 써라. Am-241로부터 이 핵 반응식들을 시작하라.

원자로 내부에서 일어나는 핵분열 만화를 www.acs.org/cic에서 확인하라.

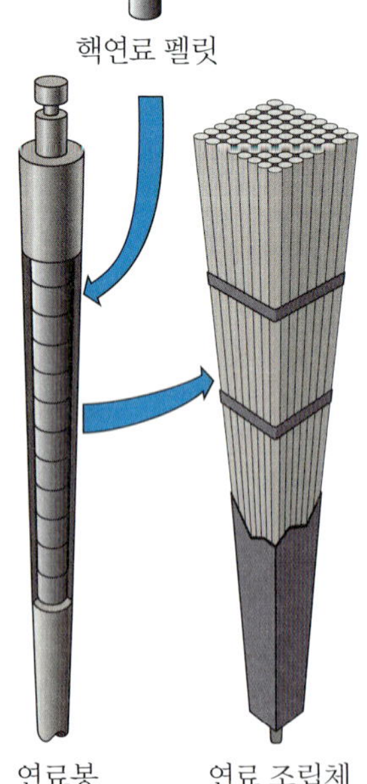

그림 7.7

원자로의 노심을 구성하는 연료 펠릿, 연료봉, 연료 조립체(*왼쪽*)의 개략도. 연료 조립체가 원자로 노심의 물속에 담겨 있다(*오른쪽*).

한 번의 핵분열이 둘 또는 세 개의 중성자를 만들어 낸다는 것을 잊어서는 안 된다. 따라서 핵분열 반응 속도를 감당할 수 있는 수준으로 제어하기 위해서는 여분의 중성자들을 "흡수"해서 제거할 수 있는 방법이 필요하다. 아주 정교하게 반응이 멈춰 버리지 않게 하면서도 그 속도가 충분히 느리게 유지되어야 한다. 중성자들이 너무 많으면 원자로의 온도가 너무 높아지고 중성자들이 모자라면 연쇄 반응이 멈추고 원자로가 식어버리게 된다. 이 사이에서 균형을 유지하기 위해서는 한 번 핵분열 반응이 일어날 때, 하나의 중성자만을 취하여 그다음 반응을 일으킬 수 있어야 한다.

핵 연료 사이사이에 배치된 금속봉이 여분의 중성자를 흡수하는 "스펀지"로서 역할을 한다. 이들을 *제어봉*(control rod)이라고 하는데, 카드뮴이나 붕소 같은 중성자를 아주 잘 흡수하는 물질로 주로 구성된다. 이 제어봉의 위치를 조절하면 중성자를 더 많이 또는 더 적게 흡수하도록 할 수 있다. 제어봉을 연료봉 사이에 충분히 깊이 배치하면 핵분열 반응은 스스로 지속하지 못하고 멈추게 된다. 그러나 제어봉을 연료봉 사이에서 점점 빼내면 핵분열 반응은 "임계 조건을 넘어서" 스스로 지속할 수 있는 단계에 이르게 된다. 이 단계에서는 제어봉의 위치를 조절하여 핵분열 반응 속도를 제어할 수 있다. 시간이 지남에 따라 핵분열 반응의 생성물이 축적되고 이 핵분열 반응 생성물이 중성자를 흡수하므로 이렇게 소모되는 중성자를 보충하기 위해서 제어봉을 연료봉 사이에서 더 빼낼 수 있다. 결국에는 핵연료가 다 소모되고 새로운 핵연료로 교체되어야 한다.

사전 지식 Did You Know

토륨(Th)은 자연계에 존재하는 양이 우라늄의 3배 정도 된다. 그리고 핵분열 결과, 우라늄보다 더 장기간에 걸쳐 약한 방사선을 배출하여 덜 해로운 핵폐기물을 만들어낸다. 그래서 토륨은 우라늄을 대신할 수 있는 핵연료로 주목받고 있다.

활동 학습 7.7 › 지진!

그림 7.18을 미리 보라. 이 그림으로부터 원자로가 설치된 곳 근처에서도 지진이 일어날 수 있다는 것을 알 수 있다. 진원지 주변의 원자로는 지진이 발생하면 자동으로 멈추도록 설계되어야 한다. 이렇게 하려면 지진이 발생하였을 때 제어봉을 원자로 노심에 완전히 집어넣도록 프로그램을 짜야 할까, 완전히 빼내도록 해야 할까? 설명해 보라.

연료봉과 제어봉은 1차 냉각재 안에 담겨 있다. 1차 냉각재는 이들 연료봉, 제어봉들과 직접 접촉하여 그들로부터 열을 제거하는 역할을 한다. Byron 원자로(그림 7.8)를 비롯하여 다른 많은 원자로에서 1차 냉각재로 붕산(H_3BO_3) 수용액을 사용한다. 붕소 원자는 중성자를 흡수하여 핵분열 반응의 속도와 원자로의 온도를 제어한다. 제어봉과 마찬가지로, 이 수용액은 중성자의 속도를 줄이는 감속재로서 역할을 수행한다. 이렇게 하면 중성자들이 주변에 있는 핵연료 물질에 보다 효과적으로 충돌할 수 있는 조건이 된다. 1차 냉각재로 사용되는 이 용액의 압력은 대기압의 150배에 달하기 때문에 끓지 않는다. 따라서 이 용액은 정상 끓는점보다 훨씬 더 높은 온도까지 가열될 수 있다. 원자로의 반응 용기와 증기 발생 장치 사이에 설치된 순환 경로를 따라 1차 냉각재가 계속해서 흐른다. 이 1차 냉각재의 경로는 원자력 발전소의 다른 시설로부터 차단되어 용액이 흘러나갈 수 없고, 열 교환을 위한 연결만 되어 있다(그림 7.5).

열은 1차 냉각재에서 2차 냉각재로 전달된다. 증기 발생 장치에 있는 2차 냉각재는 원자로와 직접 접촉하지 않는다. Byron 원자력 발전소(그림 7.8)에서는 분당 30,000갤런(약 11만 3천 리터)의 물이 증기로 변환된다. 이 뜨거운 증기의 에너지가 발전기와 연결되어 있는 터빈의 날개를 회전시킨다. 열 이동 순환을 계속하기 위해 수증기는 냉각되어 액체로 다시 응축되어 증기 발생 장치로 되돌아간다(그림 7.5). 많은 핵 발전 시설에서 냉각은 거대한 냉각탑을 이용하는데, 이 냉각탑은 종종 원자로와 혼동된다. 원자로 건물은 실제로 냉각탑의 규모에 비해 작다.

사전 지식 Did You Know 

냉각탑은 석탄을 태우는 발전소에서도 사용된다. 아래 사진은 중국 Tianjin의 석탄 화력발전소의 냉각탑의 모습이다.

©Bradley D. Fahlman

그림 7.8

Tennessee 주의 Sequoyah 원자력 발전소. 이 발전소에서 가장 눈에 띄는 시설은 두 개의 냉각탑이다. 이 가운데 하나에서는 수증기가 응축된 구름이 함께 보인다. 원자로는 하얀색 지붕을 가진 두 개의 작은 원통 모양의 격납 건물 안에 있다.

활동 학습 7.8 구름(버섯 구름 모양은 아님)

어느 날 그림 7.8과 같은 원자력 발전소의 냉각탑에서 나오는 구름을 볼 수 있다. 이 구름이 생기는 이유는 무엇인가? 이 구름은 U-235의 핵분열에 의해서 생성된 방사성 동위원소를 포함하고 있을까? 설명하라.

또한 원자력 발전소는 호수, 강, 또는 바다의 물을 이용하여 응축 장치를 냉각시킨다. 예를 들면 New Hampshire의 Seabrook 원자력 발전소에서는 바다 밑 100피트(약 30.5 m)의 암반을 통과하는 지름 19피트(약 5.8 m), 길이 3마일(약 4.8 km)의 거대한 튜브를 통해서 분당 약 400,000갤런(약 150만 리터)의 바닷물을 끌어들인다. 또한 비슷한 규모의 튜브를 통해서 이번에는 끌어들일 때보다 22°C 더 온도가 높아진 물을 다시 바다로 배출한다. 특별한 노즐을 이용해서 뜨거운 물은 바다에 넓게 퍼뜨려 배출하기 때문에 더운물이 배출되는 바다의 온도 상승은 2°C 정도로 나타난다. 이 바닷물은 원자력 발전소 시설 안에서 핵분열 반응과 그 산물들이 존재하는 부분과는 물질이 교환되지 않도록 격리되어 순환한다. 붕산을 포함하는 물을 사용하는 1차 냉각재는 격리된 건물의 원자로의 노심을 통과에서 순환한다. 그러나 이 1차 냉각재의 순환 경로는 다른 부분과 완전히 차단되어 있어서 1차 냉각재의 방사능이 2차 냉각재로 전이되지 않도록 한다. 마찬가지로 바닷물도 2차 냉각재와 그 순환 경로가 서로 격리되어 있어서 방사능에 의한 오염으로부터 보호받도록 되어 있다. 확실히, 원자력 발전소에서 생산된 전기 에너지는 화석 연료를 이용하는 화력 발전소에서 생산된 전기 에너지와 같은 것이다. 따라서 원자력 발전에 의한 전기 에너지는 방사능을 갖지 않는다. 그리고 그럴 수도 없다.

각각 핵연료와 화석 연료를 사용하여 생산된 전기는 같은 것이지만, 전기가 생산되는 원천에 따라서 1초 당 생산하는 에너지의 양은 달라진다. 에너지 생산 속도를 **전력**(power)이라고 하며, 전력의 단위로 주로 초당 줄(J/s)이나 **와트**(watt, W)를 쓴다. 단일 원자로의 최대 전력 용량(maximum power capacity)은 일반적으로 500에서 1300메가와트

(MW) 정도이다. 일반적인 석탄 화력 발전소는 600 MW의 속도로 전기를 생산한다.

Palo Verde 핵 반응로

활동 학습 7.9 ➤ *Palo Verde* 원자로

미국에서 가동 중인 가장 출력이 높은 원자력 발전소들 가운데 하나는 Arizona 주에 위치한 Palo Verde 발전소이다. 이 발전소가 보유하고 있는 세 기의 원자로들로부터 얻을 수 있는 최대 발전 용량은 매 초당 12억 4천 3백만 줄의 전기 에너지에 달한다. 그렇다면 하루 동안 생산되는 전기 에너지는 얼마이며, 이때 일어나는 U-235의 질량 감소는 얼마인지 계산하라.

힌트: 먼저 하루에 생산되는 에너지의 양을 계산하는 것으로 풀이를 시작하라. 그다음, $\Delta E = \Delta mc^2$ 식을 이용하여 질량의 변화 Δm를 계산하라. 질량 감소량을 그램 단위로 표시하라.

지금까지 설명한 핵분열, 우라늄, 핵연료, 핵무기 등은 모두 방사능에 대한 지식을 갖추고 있어야 이해할 수 있는 주제들이다. 이제 방사능에 대해서 좀 더 자세히 알아보도록 하자.

7.3 방사능이란 무엇인가?

우리는 방사성 물질에 대해서 불과 100여 년 전쯤 처음 알게 되었다. 1896년에 프랑스 물리학자 Antoine Henri Becquerel(1852~1908)이 방사능을 발견하였다. 그는 사진 건판을 이용하여 연구를 진행하고 있었다. 당시에는 아직 필름이 발명되기 전이어서 사진 건판을 이용하였다. 아직 사용하지 않은 사진 건판은 검은색 종이로 싸서 보관하여 빛에 노출되는 것을 막았다. 그는 우연히 어떤 광물을 검은색 종이로 싼 사용되지 않은 사진 건판 주변에 놓아 두었다. 그리고 그 사진 건판의 감광 유제가 마치 빛에 노출된 것처럼 검게 변한 것을 발견하였다. 베크렐은 사진 건판 주변에 놓아 둔 광물에서 빛을 차단하는 검은색 종이를 투과하는 강한 방사선들이 방출되는 것을 알아챘다.

폴란드 과학자 Marie Curie(1867~1934) (그림 7.9)는 방사선에 대한 보다 자세한 연구를 수행하여, 그 방사선이 광물의 한 성분인 우라늄으로부터 나온다는 것을 밝혀냈다. 1899년에 Marie Curie에 의해서 어떤 물질이 자발적으로 높은 에너지의 전자기파와 입자를 방출하는 현상을 일컫는 용어로 **방사능**(radioactivity)이 처음으로 사용되었다. 이어서 Ernest Rutherford(1871~1937)의 연구를 통해서 방사능의 두 가지 종류가 규명되었다. 러더퍼드는 이들 두 방사능의 종류를 각각 그리스 알파벳을 따서 알파(α)와 베타(β)로 이름 붙였다.

그림 7.9
Marie Curie는 방사성 원소들에 대한 연구를 통해서 화학, 물리학 분야에서 각각 한 번씩 모두 두 번 Nobel 상을 받았다.

이들 두 종류의 방사능은 완전히 다른 성질을 갖는다. 베타 입자(beta particle)는 원자핵으로부터 방출되는 속도가 매우 빠른 전자로 음전하(1−)를 가지며, 질량은 양성자 또는 중성자의 1/2000 정도로 매우 작다. 원자핵으로부터 전자가 어떻게 방출될 수 있는지는 뒤에서 설명할 것이다.

반면에 알파 입자(alpha particle)는 원자핵으로부터 방출되는 양전하를 갖는 입자이다. 알파 입자는 양성자 두 개와 중성자 두 개로 이루어져 있으며(He의 원자핵), He의 원자핵에는 전자가 없으므로 2+의 전하를 띤다.

감마선은 알파 입자나 베타 입자가 원자핵으로부터 방출될 때 종종 함께 방출된다. 감마선(γ)은 원자핵으로부터 방출되나 전하와 질량은 없으며, 아주 큰 에너지를 갖는 파장이 짧은 광자이다. 감마선은 적외선(IR), 가시광선, 자외선(UV)과 같이 전자기파 스펙트럼의 한 파장 영역을 차지하며, X-선보다 큰 에너지를 갖는다. 표 7.2에 이들 세 가지 종류의 방사능의 성질에 대해서 요약해 두었다.

표 7.2 방사능의 종류

이름	기호	성분	전하	원자핵이 방출했을 때 일어나는 변화
알파	${}^{4}_{2}H$ 또는 α	양성자 2개와 중성자 2개	2+	질량수 4 감소, 원자 번호 2 감소
베타	${}^{0}_{-1}e$ 또는 β	1개의 전자	1−	질량수는 변하지 않고, 원자 번호만 1 증가
감마	${}^{0}_{0}\gamma$ 또는 γ	광자	0	질량수와 원자 번호 모두 변화 없음.

관련 절

전자기 스펙트럼에 대한 자세한 내용은 그림 3.4를 참조하라.

"Radiation"이라는 영문 용어는 종종 전자기파 복사를 의미하는 것인지, 원자핵으로부터 방사선의 방출을 의미하는 것인지 명확한 정의 없이 사용되기 때문에 쉽게 이해하기 어려운 경우가 많다. 3.1절에서 설명한 것처럼, 영어로 "electromagnetic radiation"이라고 하면 라디오파, 마이크로파, 적외선, 가시광선, 자외선, X선, 감마선까지 모든 종류의 빛에 해당하는 용어이다. 예를 들면 가시광선 영역에 해당하는 빛(visible light)은 가시광선 영역의 전자기파의 복사(visible radiation)라고 할 수 있다. 영어로 **Nuclear radiation**이라고 하면 원자핵으로부터 방출되는 알파 입자, 베타 입자, 감마선을 의미한다. 혼동의 여지가 있는 또 다른 용어가 있다. 감마선은 전자기 복사이면서 또한 방사선의 한 종류이다. 방사성 물질의 원자핵으로부터 감마선이 방출될 때는 방사선이라고 부른다. 그러나 감마선이 은하계 건너편에서 방출되어 지구에 도달할 경우는 전자기 복사라고 부른다.

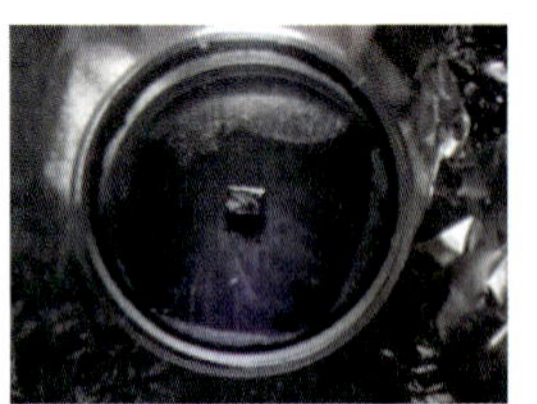

©American Nuclear Society

이온화 방사선을 시각화하기 위한 이 실험실 실험을 www.acs.org/cic에서 확인하라.

활동 학습 7.10 "Radiation"

다음 각각의 문장들에서 사용되고 있는 "radiation"이라는 용어가 방사선의 방출을 의미하는 것인지, 전자기 복사를 의미하는 것인지 문맥을 고려하여 밝혀라.

a. "가시광선보다 파장이 짧은 radiation의 종류를 써라."

b. "코발트 60에서 나온 감마 radiation은 종양을 파괴한다."

c. "UV 광선을 조심하라. 만일 피부색이 하얗다면, 이 radiation으로 인해 햇볕에 화상을 입을 수 있다."

d. "Rutherford는 우라늄에서 방출되는 radiation을 검출하였다."

원자핵이 알파 입자나 베타 입자가 방출할 때는 중요한 변화가 일어난다. 즉 이 입자들을 방출한 원자핵은 종류가 다른 것으로 변환된다. 식 [7.4]의 예를 살펴보자. 플루토늄 원자핵이 알파 입자를 방출하면 우라늄 원자핵으로 변환된다. 마찬가지로 우라늄이 알파 입자를 방출하면 토륨이 된다. 다음 핵 반응식이 우라늄-238에 대해서 이 과정을 보여 준다.

$$ {}^{238}_{92}U \longrightarrow {}^{234}_{90}Th + {}^{4}_{2}He \qquad [7.6] $$

위 식의 좌변과 우변 각각의 질량수의 합은 서로 같다(238 = 234 + 4). 원자 번호에 대해서도 마찬가지다(92 = 90 + 2).

방사성 동위원소가 방사선을 방출하고 붕괴하여 생성된 새로운 원자핵도 방사성 동위원소인 경우도 있다. 예를 들면 토륨-234는 우라늄-238이 알파 붕괴하여 생성되는데, 이 역시 방사성 동위원소에 해당한다. 따라서 토륨-234는 계속해서 베타 붕괴하여 프로트악티늄(Pa)이 된다.

$$ {}^{234}_{90}Th \longrightarrow {}^{234}_{91}Pa + {}^{0}_{-1}e \qquad [7.7] $$

알파 입자의 방출과 달리 원자핵이 베타 입자를 방출하면 원자 번호가 1만큼 증가하고 질량수는 변하지 않는다.

베타 입자 방출 결과 원자핵의 원자 번호가 1만큼 증가(양성자가 1개 증가)하는 현상은 쉽게 이해하기 어렵다. 그러나 중성자를 양성자와 전자의 조합으로 본다면 쉽게 이해할 수 있을 것이다. 베타 입자의 방출은 중성자의 분열로 볼 수 있다. 식 [7.8]이 바로 어떻게 중성자로부터 전자가 방출될 수 있는지를 보여 준다.

$$ {}^{1}_{0}\text{n} \longrightarrow {}^{1}_{1}\text{p} + {}^{0}_{-1}\text{e} \qquad \textbf{[7.8]} $$

베타 입자의 방출이 일어나는 동안 원자핵의 질량수(중성자와 양성자 수의 합)는 변함없이 유지된다. 왜냐하면 중성자 한 개의 손실은 양성자 한 개의 생성으로 보충되기 때문이다. 예를 들면 토륨 원자핵의 중성자는 프로트악티늄의 양성자가 "되는" 것이다. 이렇게 생겨난 양성자 한 개 때문에 원자 번호는 1만큼 증가하는 것이다. 이 모형을 이용해서 원자핵으로부터 베타 입자의 방출이 일어나는 과정을 잘 이해하는 데 도움을 받을 수 있지만 실제로 원자핵에서 일어나는 정확한 현상은 아닐 수도 있다.

활동 학습 7.11 ❯ *알파 붕괴와 베타 붕괴*

a. 루비듐-86(Rb-86)은 U-235의 핵분열 생성물 중 하나이다. Rb-86의 베타 붕괴 과정에 대한 핵 반응식을 써라.

b. 플루토늄-239는 폐암을 일으키는 독성이 있는 동위원소이다. 플루토늄-239의 알파 붕괴에 대한 핵 반응식을 써라.

앞에서 설명한 것처럼 원자핵은 분열하여 또 다른 방사성 원자핵을 만들 수 있다. 어떤 경우에는 핵분열에 의해서 방사성 동위원소가 생성될 것인지를 미리 예상할 수도 있다. 왜냐하면 원자 번호가 84(폴로늄) 이상인 *모든* 원소의 *모든* 동위원소들이 방사성을 갖기 때문이다. 따라서 우라늄, 플루토늄, 라듐, 라돈의 모든 동위원소들은 방사성이다. 왜냐하면 이 원자들은 모두 원자 번호가 83보다 크기 때문이다.

원자 번호가 83번 이하인 작은 원소들에 대해서도 생각해 보자. 이들 가운데 몇몇은 방사성을 갖는다. 탄소-14, 수소 3(삼중수소), 포타슘-40 등이 그 예이다. 동위원소가 방사능이어서 붕괴하는지, 아니면 안정하게 존재하는지는 그 원자핵이 포함하는 중성자와 양성자 수의 비율에 의해서 결정된다. 방사능이 있어서 붕괴하는 동위원소를 **방사성 동위원소**(radioisotope)라고 한다. 각각의 알파 붕괴와 베타 붕괴는 이 양성자에 대한 중성자 수의 비율에 변화를 가져온다. 이러한 일련의 알파 또는 베타 붕괴를 거쳐서 양성자 대 중성자 수의 비는 안정한 값에 도달하게 되고, 불안정한 방사성 동위원소는 결국 안정한 원자핵으로 변한다. 지구상에 존재하는 대부분의 원자들은 방사성이 *아닌* 안정한 것들이다. 오늘 이런 안정한 원자들이 여기서 발견되었다면, 완전히 같은 위치에서는 아니더라도 내일도 변함없이 발견될 것이다.

방사성 동위원소들이 안정한 동위원소로 변하기 위해서 붕괴 과정을 여러 번 거쳐야 하는 경우도 있다. U-238과 Th-234의 붕괴(식 [7.6], [7.7])는 14회에 걸친 일련의 붕괴 과정의 처음 두 단계에 해당한다! 그림 7.10에서 볼 수 있는 것처럼 납-206은 이 과정의 최종 생성물이다. 비슷하게 납-207은 U-235에서 시작되는 11단계 붕괴 과정의 최종 생성물이다. 이와 같은 방사성 동위원소의 일련의 붕괴 과정을 **방사성 붕괴 계열**(radioactive decay series)이라고 한다. 이것은 방사성 동위원소에서 붕괴가 시작되어 일련의 단계를 거쳐서 궁극적으로는 안정한 동위원소를 생성하는 방사성 붕괴의 특징적인 경로이다. 기체 상태로 존재하는 방사성 동위원소인 라돈은 U-238과 U-235가 붕괴하는 과정에서 만들어지는 중간 생성물이다. 따라서 우라늄이 존재하는 곳에는 늘 라돈이 존재한다.

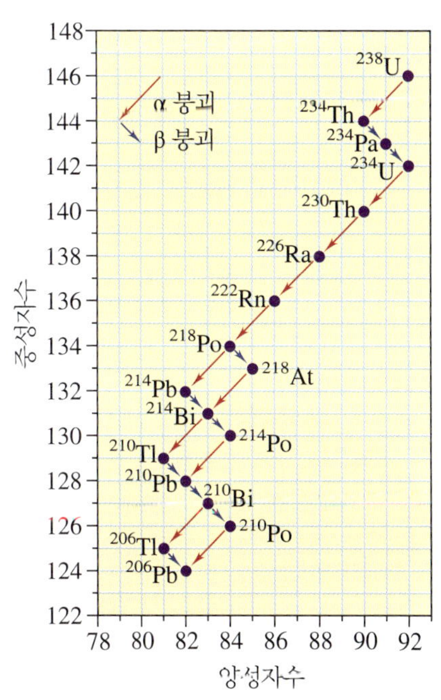

그림 7.10
자연에서 일어나는 U-238의 일련의 붕괴 과정.

7.4 방사능과 우리

영화에서 볼 수 있는 것과는 달리 방사능은 단지 약한 발암성을 가지고 있을 뿐이다. 게다가 방사선에 의해 세포나 조직이 손상되었을 때, 우리의 몸은 여러 가지 방법을 동원하여 그 손상을 상당한 수준으로 복구해 낸다. 우리가 사는 지구는 자연 그대로의 상태에서도 이미 방사성 물질들을 포함하고 있다. 그리고 우리는 대부분 잘 살아가고 있다. 우리 몸의 복구 체계가 방사선에 의한 손상의 발생을 감당하지 못하여 손상이 누적되면 우리는 우리 몸에 대해 관심을 기울여야 한다.

무엇이 세포나 조직을 손상시키는가? 이 질문에 대한 답은 바로 방사성 동위원소가 방출하는 알파 입자, 베타 입자, 감마선이다. 이 방사선들은 모두 이들이 충돌하게 되는 분자를 이온화시키기에 충분한 에너지를 가지고 있다. 다시 말해서 이 방사선들과의 충돌에 의해 분자는 비결합 전자쌍이나 결합에 사용된 전자쌍으로부터 전자들을 방출하게 된다. 의료 진단용 인체 사진 촬영에 사용되는 X-선의 경우에도 마찬가지이다. 이러한 이유로 우리는 X-선과 방사선을 함께 일컬어 원자나 분자에 충돌하여 전자를 제거해 낼 수 있는 **이온화 방사선**(ionizing radiation)이라고 한다. 우주로부터 오는 우주 방사선도 역시 이온화 방사선이다. 반면에 자외선, 가시광선, 적외선은 더 작은 에너지를 갖기 때문에 원자나 분자들을 *이온화시킬 수 없는* 복사선에 해당한다.

이온화 방사선이 분자에 쪼여지면 자유 라디칼이 만들어진다. 2.13절에서 공부한 것과 같이, 자유라디칼은 다른 분자들과 반응하려고 하는 성향이 매우 강하다. 우리 몸에 있는 DNA에 대해서도 마찬가지이다. DNA 분자가 얼마나 자유 라디칼에 의해 손상되느냐에 따라서 그 DNA를 가지고 있던 세포는 죽을 수도 있고, 그 손상을 복구해 낼 수도 있고, 아니면 돌연변이를 일으킬 수도 있다. 암 세포를 포함해서 빠르게 분열하는 세포들은 보다 더 이온화 방사선에 의해 손상되기 쉽다. 그 결과 방사성 동위원소에 의한 방사선이나 X-선은 특정 종류의 암들을 치료하는 데 사용될 수 있다.

이온화 방사선은 다른 종류의 질병들을 치료하는 데에도 사용될 수 있다. 예를 들면 그레이브스병(Graves' disease) 환자들은 갑상선 기능이 지나치게 활성화되어 대사를 촉진하는 호르몬을 과도하게 만들어 내므로 여러 가지 문제가 발생한다. 방사능을 갖는 알약을 삼키는 것은 그다지 기분 좋은 일은 아니지만, 아이오딘화 포타슘의 형태로 방사성 동위원소인 I-131을 포함하는 알약을 복용하여 이 병을 치료할 수 있다. 방사능을 갖지 않는 아이오딘이 우리 몸속에 들어오면 갑상선에 모이는 것처럼, 이 방사성 동위원소인 아이오딘도 마찬가지로 갑상선에 모인다. 이렇게 갑상선에 모인 I-131은 활성화된 갑상선 조직을 모두 또는 부분적으로 파괴한다. 그리고 나면 대사 작용을 정상으로 돌아오게 하기 위해서, 대부분의 환자들은 갑상선에서 분비되어야 하는 아이오딘을 포함하는 호르몬인 합성 티록신을 복용하여 보충한다.

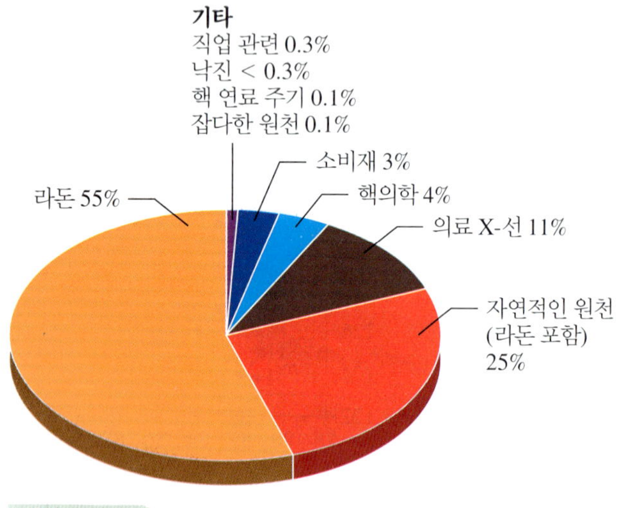

그림 7.11
미국에 사는 사람들의 이온화 방사선 노출원.

우리가 사는 세계는 자연 상태에서도 이미 방사성 물질을 포함하고 있다. 그래서 우리가 아예 방사선에 노출되지 않고 살 수는 없다. 과학자들은 어떤 지점에서의 평균적인 방사선량의 수준을 말할 때 **배경 방사능**(background radiation)이라는 용어를 사용한다. 배경 방사능은 두 가지 원천, 즉 자연 상태에 존재하는 방사성 물질과 인간이 만들어 낸 방사선원으로부터 발생한다. 그림 7.11에서 볼 수 있는 것과 같이 자연 상태에 존재하는 방사선원 가운데 가장 큰 비중을 차지하는 것은 라돈이다. 라돈은 방사성 기체로 우라늄의 붕괴 과정에서 만들어진다. 여러분이 라돈에 노출되는지는 여러분이 살고 있는 지역의 암석과 흙에 포함

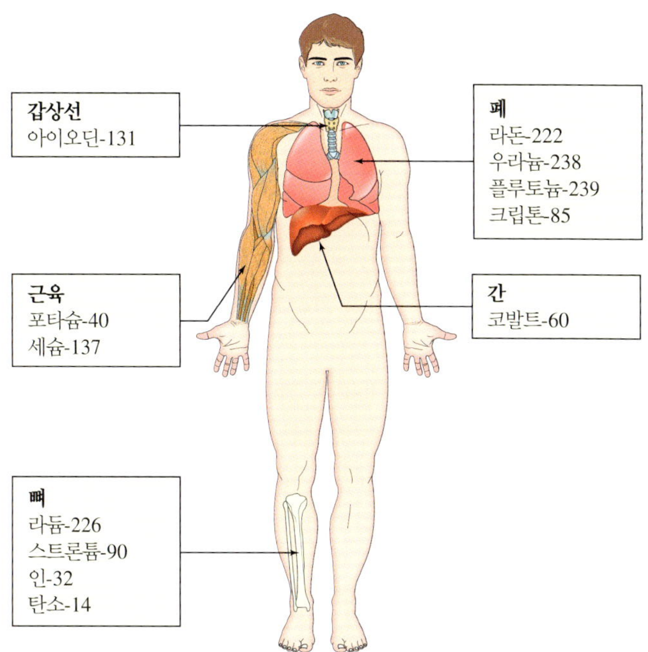

그림 7.12

모든 생명체는 방사성 동위원소를 포함하고 있다. 인체 내에서 방사성 동위원소들은 특정한 부위에 축적되어 있다.

되어 있는 우라늄의 양에 의해서 결정되며, 또한 여러분이 거주하고 있는 집이 생활공간으로 라돈 기체의 축적을 얼마나 허용하는지에 달려 있다. 이밖에도 흙, 바위, 강, 호수, 바다 등에 포함되어 있는 방사성 동위원소(주로 우라늄, 토륨, 라듐)가 배경 방사능의 원인이 된다. 또한 식물에서 동물에 이르기까지 모든 유기물들은 탄소와 포타슘의 방사성 동위원소를 포함하고 있다. 라돈이 기체의 형태로 우리 몸에 호흡을 통해 들어오는 것과 달리 이런 유기물들은 음식과 음료의 형태로 체내에 들어와 소화된다. 이런 이유로 모든 사람들은 체내 방사능을 가지고 있다. 이 인체 내의 방사능은 대부분 태어날 때부터 우리 몸에 존재하는 포타슘-40과 탄소-14에 의한 것이다(그림 7.12)

수십 년 전에는 우리가 노출되는 거의 모든 방사선의 원천이 자연 상태에 존재하는 것들이었다. 그러나 최근에는 CT나 X선, 그리고 진단 방사성 추적자와 같은 의료용 방사선의 원천이 추가되었다. 그 결과 오늘날 우리가 노출되는 이온화 방사선량의 약 반 정도가 의료 진단용 장비 또는 약품과 관련이 있는 것이다. 현재 어떤 환자들의 경우 이와 같은 노출량은 자연 방사선 노출량을 크게 넘어서고 있다.

그렇다면, 우리가 흡수하거나 방출하는 방사능의 양을 어떻게 표시할까? 연간 방사선 노출량은 두 가지 단위 **렘**(rem)과 **시버트**(sievert, Sv)를 이용하여 표시한다. 두 가지 단위 모두 인체 조직이 방사선에 노출되었을 때 받게 되는 손상을 고려하여, 그 노출량을 나타내는 단위이다. 그런데 이 단위들은 비교적 큰 노출량을 나타낸다. 대부분의 방사선 노출은 1시버트나 1렘보다도 작기 때문에, 마이크로시버트(μSv), 밀리렘(mrem)과 같은 보다 작은 양의 단위가 필요하다.

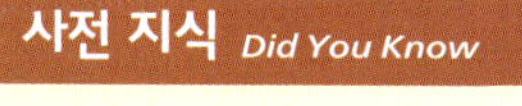

1 Sv = 100 rem

약을 먹는 경우를 생각해 보자. 이 경우에는 약을 먹는 사람의 몸무게를 고려하여 약의 복용량을 쉽게 나타낼 수 있다. 이것은 간단히 알약에 포함되어 있는 약의 양과 몸무게의 함수로 나타낼 수 있다. 이온화 방사선의 경우에는 조사량을 계산하는 것이 간단하지 않다. 한 가지 이유는 방사선의 종류가 달라지면 그 노출 선량도 달라지기 때문이다. 예를 들면 알파 입자는 입자 하나가 우리 몸에 전해 주는 노출 선량이 매우 크다. 왜냐하면 알파 입자들은 다른 종류의 방사선들에 비해서 입자의 크기가 크고 인체 조직에 충돌했을 때 더 많은 에너지를 전달하기 때문이다. 주어진 수의 알파 입자들이 인체 조직에 주는 손상과 같은 손상을 주기 위해서는 20배 더 많은 수의 베타 입자들이 필요하다.

또 다른 이유는 같은 종류의 방사선이라도 인체 조직에 전달하는 에너지가 다를 수 있다는 점이다. 예를 들면, X-선은 그에 따라 다른 에너지를 가진 다른 파장을 낸다. 따라서 시버트(sievert)와 렘(rem)은 모두 "방사선 흡수 조사량(radiation absorbed dose, **rad**)"의 줄임말인 또 다른 단위인 라드(rad)에 근거해서 만들어진 것이다. 이 라드(rad) 생체 조직에 축적된 에너지의 척도인데, 1 kg의 생체 조직이 0.01 J의 방사능 에너지를 흡수했을 때 그 양을 1 rad로 정한다. 따라서 만약 몸무게가 70 kg인 사람이 0.70 J의 에너지를 흡수하였다면, 1 rad의 조사량이 인체에 축적된 것이다. 이것은 그다지 큰 에너지는 아니지만 방사선이 조사되는 부위에 집중된다.

이 간단한 논의가 모든 방사선이 똑같이 만들어지는 것이 *아니라는* 것을 이해하는 데 도움이 될 것이다. 우리 몸이 받게 되는 방사선 조사량은 우리 몸 내부에 방사선원이 있는지, 외부에 있는지 뿐만 아니라 그 방사선의 종류에 따라서 달라진다. 이제 우리가 1년 동안 얼마나 많은 양의 방사선에 노출되는지 조사해 보도록 하자.

활동 학습 7.12 › *당신의 연간 방사선 노출량*

EPA의 Rad Town 웹사이트에서 하루 동안 우리가 노출되는 다양한 방사선원을 살펴보라. 미국 원자력 방사선 위원회(U.S. Nuclear Radiation Commission, NRC)의 방사선량 계산기를 이용해서 개인의 연간 방사선 노출량을 계산해 보라.

a. 당신의 연간 방사선 노출량을 이 강의를 듣는 다른 사람의 연간 방사선 노출량과 비교해 보라. 그리고 미국인의 평균 방사선 노출량과 비교해 보라.

b. 지리적인 요인이 당신의 연간 방사선 노출량에 영향을 미치는가?

c. 이온화 방사선에 대한 노출을 줄이려면 생활양식을 어떻게 바꾸면 될까?

7.5 방사능 물질은 얼마나 오랫동안 유지되는가?

www.acs.org/cic에서 사탕을 이용한 모의실험을 통해 방사성 동위원소의 붕괴와 반감기에 대해서 알아보라.

방사성 물질은 얼마나 오랫동안 유지되는가? 이 질문에 대한 답은 방사성 동위원소에 따라 달라진다. 어떤 방사성 동위원소는 매우 짧은 시간 내에 붕괴한다. 다른 것들은 훨씬 더 천천히 붕괴하기도 한다. 각각의 방사성 동위원소는 고유한 **반감기**(half-life, $t_{1/2}$)를 갖는다. 반감기란 방사능이 처음의 절반으로 줄어드는 데 걸리는 시간을 말한다. 예를 들면 알파 입자를 방출하는 플루토늄-239는 원자로 안에서 우라늄으로부터 만들어지는데 약 24,110년의 반감기를 갖는다. 따라서 Pu-239의 방사능 수준이 절반으로 감소하려면 24,110년이 걸릴 것이다. 두 번째 반감기가 지나면(또 한 번의 24,110년 또는 48,220년), 방사능 수준은 처음의 1/4이 될 것이다. 그리고 세 번째 반감기가 지나면(72,330년), 방사능 수준은 1/8로 줄어들 것이다(그림 7.13). 이로부터 플루토늄-239의 양이 줄어드는 데에는 매우 긴 시간이 필요하다는 것을 알 수 있다.

심지어 플루토늄보다도 더 느리게 붕괴하는 방사성 동위원소도 있다. 예를 들면 U-238의 반감기는 45억 년이다. 우연히도 이 시간은 지구상에 존재하는 가장 오래된 암석의 나이와 거의 같다. 암석의 나이는 바로 우라늄 농도를 측정하여 결정된다. 각각의 동위원소의 반감기는 변하지 않는 상수이고, 그 동위원소의 물리적, 화학적 형태에 영향을 받지 않는다. 게다가 온도와 압력이 변해도 동위원소의 붕괴 속도는 달라지지 않는다. 표 7.3을 보면 동위원소의 반감기가 수밀리 초에서 수천 년까지 넓은 범위에서 나타난다는 것을 알 수 있다.

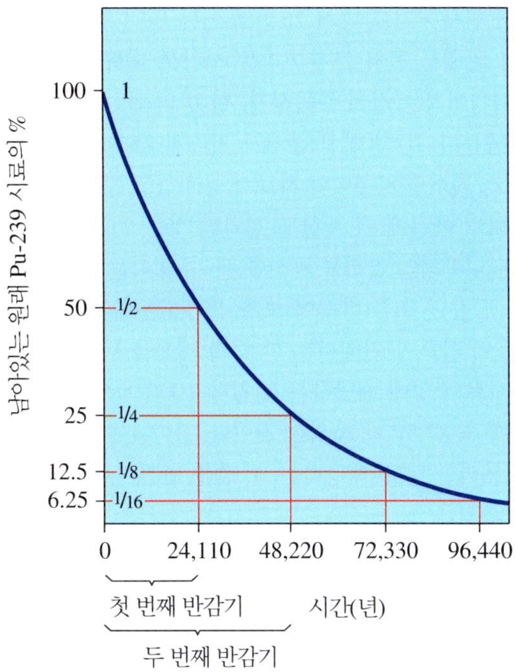

그림 7.13

시간에 따른 Pu-239 시료의 붕괴.

또한 표 7.3으로부터 Pu-239와 Pu-231이 서로 다른 반감기를 가지고 있다는 것을 알 수 있다. 플루토늄의 다른 동위원소들 역시 이들과 다른 반감기를 갖는다. 예를 들면 1999년에 Carola Laue, Darleane Hoffman, 그리고 Lawrence Berkeley 국립 연구소의 연구팀이 플루토늄-231의 성질을 알아냈다. 이들은 Pu-231의 반감기가 수분 밖에 되지 않기 때문에 실험을 매우 빠르게 수행해야 하였다. 일반적으로 같은 원소에 속하는 동 위 원소들까지도 포함해서 각각의 방사성 동위원소들은 그 나름의 고유한 반감기를 갖는다.

우리는 방사성 동위원소의 반감기($t_{1/2}$)를 이용하여 시간이 지남에 따라 방사성 동위원소 시료의 양이 원래 양으로부터 얼마나 줄어들었는지 알아낼 수 있다. 예를 들면 일단

표 7.3 몇 가지 방사성 동위원소의 반감기

방사성 동위 원소	반감기($t_{1/2}$)	원자로에서 사용된 핵 연료봉에서 발견되는가?
우라늄-238	4.5×10^9년	발견됨. 사용 전 핵 연료 펠릿에 원래 들어 있었음
포타슘-40	1.3×10^9년	발견되지 않음
우라늄-235	7.0×10^8년	발견됨. 사용 전 핵 연료 펠릿에 원래 들어 있었음
플루토늄-239	24,110년	발견됨. 식 [7.4] 참조
탄소-14	5715년	발견되지 않음
세슘-137	30.2년	발견됨. 핵분열 생성물
스트론튬-90	29.1년	발견됨. 핵분열 생성물
토륨-234	24.1일	발견됨. 자연 상태에서 U-238의 붕괴에 의해 적은 양이 만들어짐
아이오딘-131	8.04일	발견됨. 핵분열 생성물
라돈-222	3.82일	발견됨. 자연 상태에서 U-238의 붕괴에 의해 적은 양이 만들어짐
플루토늄-231	8.5분	발견되지 않음. 반감기가 너무 짧음
폴로늄-214	0.00016초	발견되지 않음. 반감기가 너무 짧음

Pu-231이 실험실에서 만들어지고 나서 25분 후에는 원래 양의 몇 %가 남아 있는지 알아보자. 이 문제를 풀기 위해서 먼저 25분이라는 시간은 대략 Pu-231의 반감기의 세 배 정도 되는 시간(3 × 8.5분)이라는 점에 주목하자. 한 번의 반감기가 지나면 시료 가운데 50%는 붕괴하고 50%가 남는다. 두 번째 반감기가 지나면 75%의 시료가 붕괴하고 25%가 남는다. 세 번째 반감기가 지나면 87.5%의 시료가 붕괴하고 12.5%가 남는다. 25분이 정확히 반감기의 세 배는 아니기 때문에 이 계산도 정확한 것은 아니다. 그렇지만 이와 같이 반감기를 이용하여 간단히 대략적인 결과를 계산해 볼 수 있다는 점은 유용하다.

이 질문을 다음과 같이 조금 바꾸어 보자. "25.5분이 지나면 몇 %의 Pu-231 시료가 *붕괴했을까?*" 이 질문에 답하기 위해서는 한 가지 계산을 더 해야 한다. 붕괴한 양을 알아내기 위해서는 남은 시료의 양에 해당하는 % 값을 100%에서 빼면 된다. 만약 12.5%가 남았다면 100% − 12.5% = 87.5%가 붕괴한 것이다. 표 7.4에 방사성 동위원소의 붕괴가 진행되면서 남은 양과 붕괴한 양에 해당하는 % 값을 반감기로 표시한 시간에 대해 정리하였다.

활동 학습 7.13 ▶ *오늘은 여기에 존재하고....*

... 내일이면 사라질까? 종종 10번의 반감기가 지나면 방사성 동위원소는 거의 다 붕괴해서 사라진 것으로 간주되곤 한다. 10번의 반감기 후에는 원래 시료의 몇 %가 남게 되는가? 표 7.4에 칸을 더 만들어서 값을 채워 보라. 이 계산을 하는 과정을 제시하라.

다른 방사성 동위원소에 대해서 간단한 계산을 한 가지 더 해 보도록 하자. 예를 들어서 우리가 반감기가 45억 년인 U-238 시료를 가지고 있다고 하자. 25분이 지나면 남아 있는 양은 얼마나 될까? 이 질문에 답하기 위해서 몇 분, 며칠, 심지어 몇 개월 정도의 시간조차도 45억 년이라는 시간에 비해서는 찰나에 불과하다는 점에 주목하자. 따라서 모든 우라늄-238이 그대로 남아 있게 될 것이다. 다음 두 활동 학습을 통해서 반감기를 이용한 계산을 더 연습해 보기로 하자.

표 7.4 반감기 계산

반감기 수	붕괴한 양(%)	남은 양(%)
0	0	100
1	50	50
2	75	25
3	87.5	12.5
4	93.75	6.25
5	97.88	3.12
6	98.44	1.56

활동 학습 7.14 ▶ *삼중수소의 양 계산*

수소-3(삼중수소, H-3)는 원자로의 1차 냉각수에서 종종 만들어진다. 삼중수소는 베타 입자를 방출하며 붕괴하고, $t_{1/2}$ = 12.3년이다. 주어진 양의 삼중수소 시료가 붕괴하여 처음 있었던 양의 12%가 남으려면 몇 년이 지나야 하겠는가?

활동 학습 7.15 ▶ 라돈의 양 계산

라돈-222는 많은 암석 속에 자연적으로 존재하는 방사성 동위원소인 라듐의 붕괴에 의해 생성되는 방사성 기체이다.

a. 암석에 존재하는 라듐의 가장 가능성이 있는 기원(origin)은 무엇인가?
힌트: 그림 7.10을 참조하라.

b. 라돈의 방사능은 일반적으로 피코퀴리(picocuries, pCi) 단위로 측정된다. 당신이 거주하는 집의 지하실에서 Rn-222의 방사능을 측정한 결과, 16 pCi로 나타났다고 가정을 하자. 지하실에 추가의 라돈 유입이 없다면, 방사능이 0.50 pCi로 감소하려면 얼마의 시간이 지나야 하는가?
힌트: 16 pCi에서 1 pCi로 방사능이 감소하려면, 네 번의 반감기에 해당하는 시간이 지나야 한다.
16 → 8 → 4 → 2 → 1.

c. b와 관련하여 라돈이 지하실에 들어가지 않는다고 가정하였는데, 이 가정이 틀린 이유를 설명하라.

원자로에서 만들어진 동위원소들의 반감기가 매우 길다는 것은 핵폐기물이 앞으로 수많은 세대에 걸쳐서 방사선을 방출할 것을 의미한다. 오늘날 대부분의 핵폐기물들은 강철이나 콘크리트로 된 통에 담겨 그 핵폐기물의 만들어진 곳에 보관되고 있다. 그리고 많은 나라들이 핵폐기물을 장기간 보관하기 위한 지하 시설 건설을 계획하고 있다. 이 지질학적 수준에서의 처분은 인간이 개입을 최소화하는 방향으로 설계될 수 있다. 1997년, 핵폐기물 정책 개정법(Nuclear Waste Policy Amendments Act)은 Nevada 주의 유카(Yucca) 산을 핵폐기물의 장기 처분을 위해 연구가 수행되어야 할 유일한 장소로 지정하였다(그림 7.14). 이후에 핵폐기물 처분장 건설을 위한 예산으로 수십억 달러가 사용되었다. 2019년 현재 아직 해결되지 못한 과학적, 정치적 우려들로 인해서 Yucca 산 처분장 건설 계획은 마무리되지 못할 것으로 보인다.

원자로에서 생성되는 핵폐기물 관련하여 마지막으로 짚고 넘어가야 하는 어려움은

(a)

(b)

그림 7.14

(a) Nevada 주의 Yucca 산 지도. **(b)** 남쪽을 향해서 바라 본 Yucca 산.

(b) Source: U.S. Department of Energy.

관련 절
사람의 건강에 미치는 방사선의 긍정적, 부정적 영향에 대해서 좀 더 많은 내용은 제12장을 참조하라.

이 핵분열 산물들이 자연에 배출될 경우 우리 몸으로 들어와 축적되어 치명적인 피해를 줄 수 있다는 것이다. 한 가지 예는 스트론튬-90이다. 이 방사성 핵분열 생성물은 대기 중 핵무기 시험으로 인해서 1950년대에 자연에 유입되었다. 스트론튬과 칼슘은 모두 주기율표에서 2A족에 속하는 원소로, 스트론튬 이온은 칼슘 이온과 화학적 성질이 비슷하다. 따라서 Ca^{2+} 이온과 같이 Sr^{2+} 이온도 우유와 뼈에 축적된다. 그 결과 우리 몸속에 한 번 들어오면 반감기가 29년인 방사성 동위원소 스트론튬은 평생 동안 인체에 위협을 가하게 된다. I-131처럼 Sr-90도 1986년에 폭발하여 불에 탄 우크라이나 체르노빌의 원자로 근처의 지역에 배출된 해로운 핵분열 생성물 중 하나이다.

활동 학습 7.16 스트론튬-90

Sr-90은 표 7.3에 나와 있는 것처럼 U-235의 핵분열 생성물 중 하나이다. U-235이 분열하면 세 개의 중성자와 Sr-90과 함께 또 다른 원소가 만들어진다. 이 핵 반응식을 써라.
힌트: U-235의 분열을 일으키는 중성자를 반응식에 포함하라.

7.6 원자력 발전의 위험은 무엇인가?

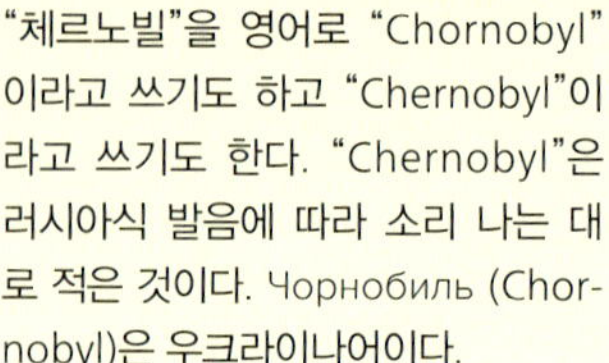

사전 지식 Did You Know
"체르노빌"을 영어로 "Chornobyl"이라고 쓰기도 하고 "Chernobyl"이라고 쓰기도 한다. "Chernobyl"은 러시아식 발음에 따라 소리 나는 대로 적은 것이다. Чорнобиль (Chornobyl)은 우크라이나어이다.

모든 원자력 발전소에서는 에너지를 생산하기 위해서 핵분열 과정을 이용하고 그 결과 방사능을 갖는 핵분열 산물을 만들어 낸다. 이 방사성 산물들이 과거에 우리에게 위험이 된 것이 있었는가? 이 절에서는 사고에 의해 방사성 동위원소들이 자연계에 배출된 사례를 살펴보고자 한다. 이런 불행한 사고가 원자력이 우리에게 주는 전부는 아니지만, 그럼에도 불구하고 심각하게 검토해 보아야 할 문제이다.

1986년 4월 26일에 실제로 그 당시 소련 연방에 속해 있었던 우크라이나(Ukraine)의 체르노빌(Chornobyl) 원자력 발전소의 기술자들은 그다지 운이 좋지 못하였다(그림 7.15). 이 발전소에는 4기의 원자로가 있었는데, 둘은 1970년대에 나머지 둘은 1980년대에 건설한 것들이었다. 주변의 Pripyat 강에서 물을 끌어들여 이 원자로를 냉각시키는 데 사용하였다. 이 원자력 발전소 주변에는 사람들이 많이 살고 있지 않았지만 대략 12만 명의 주민들이 원자력 발전소로부터 반경 30 km 안의 지역에 거주하고 있었다. 이 지역에는 체르노빌 시(인구 12,500명)와 Pripyat 시(인구 40,000명)가 포함되어 있었다.

사전 지식 Did You Know
노란색 바탕에 검은색 세 날개형의 장식은 국제적으로 사용하는 방사능 경고 표지이다. 미국에서는 검은색 대신 자홍색(magenta)을 사용한다.

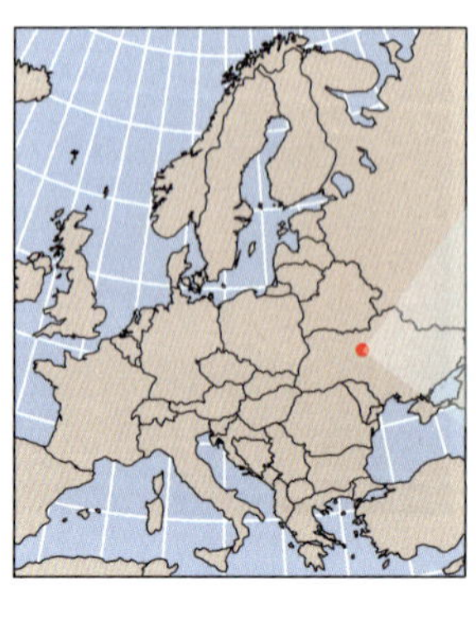

그림 7.15
과거 소비에트 연방에 속해 있었던 우크라이나의 체르노빌.

그림 7.16

폭발 직후 하늘에서 내려다 본 체르노빌 원자로 4호기의 모습.

©STR/FILE/AP Images

©2018 RFE/RL, Inc.

체르노빌 원자력 발전소 사고의 원인을 www.acs.org/cic에서 비디오를 확인할 수 있다. 2019년에 "체르노빌"이라는 제목의 HBO 미니 시리즈와 팟캐스트가 방영되었는데, 발생한 재앙과 수습 노력을 잘 볼 수 있다.

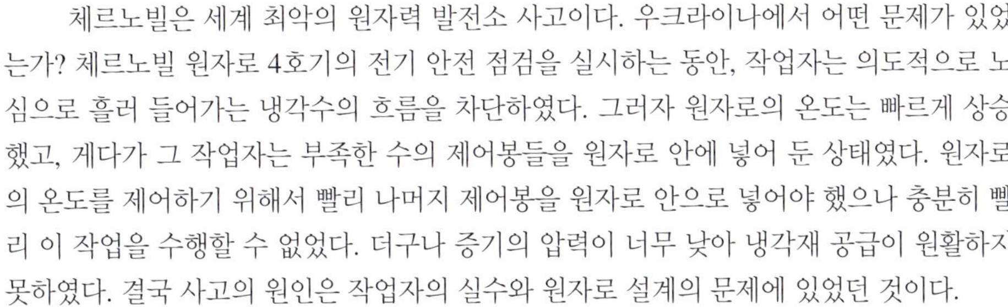

체르노빌은 세계 최악의 원자력 발전소 사고이다. 우크라이나에서 어떤 문제가 있었는가? 체르노빌 원자로 4호기의 전기 안전 점검을 실시하는 동안, 작업자는 의도적으로 노심으로 흘러 들어가는 냉각수의 흐름을 차단하였다. 그러자 원자로의 온도는 빠르게 상승했고, 게다가 그 작업자는 부족한 수의 제어봉들을 원자로 안에 넣어 둔 상태였다. 원자로의 온도를 제어하기 위해서 빨리 나머지 제어봉을 원자로 안으로 넣어야 했으나 충분히 빨리 이 작업을 수행할 수 없었다. 더구나 증기의 압력이 너무 낮아 냉각재 공급이 원활하지 못하였다. 결국 사고의 원인은 작업자의 실수와 원자로 설계의 문제에 있었던 것이다.

일련의 실수들이 이어지면서 재앙을 만들어 냈다. 불가항력적으로 출력 상승이 일어나 열이 발생했고, 핵연료가 모두 녹아 내렸으며, 핵연료 물질이 외부로 방출되었다. 이렇게 방출된 물질은 냉각수와 접촉하여 폭발했고, 수초 만에 원자로 노심이 파괴되었다. 방출된 열로 인해 원자로에서 중성자의 속도를 느리게 하는 감속재로 사용되었던 흑연에 불이 붙으면서 물과 흑연이 반응하여 수소 기체를 만들어 냈다.

$$2\ H_2O(l) + C(s, \text{흑연}) \longrightarrow 2\ H_2(g) + CO_2(g) \qquad [7.9]$$

이렇게 만들어진 수소 기체는 공기 중의 산소와 반응하여 폭발하였다.

$$2\ H_2(g) + O_2(g) \longrightarrow 2\ H_2O(g) \qquad [7.10]$$

이 폭발은 원자로를 둘러싸고 있는 4000톤 규모의 강철판을 날려버렸다(그림 7.16).

활동 학습 7.17 ▶ 수소 폭발

식 [7.10]은 수소의 연소 과정을 보여준다. 이 과정에서 수소는 산소와 반응하여 수증기를 만든다. 식 [6.7]은 Lewis 구조를 이용하여 화학 반응을 보여준다. 이 반응이 일어나는 과정에서 끊어지고, 만들어지는 화학 결합 에너지를 이용하여 이 반응이 일어날 때 에너지 변화를 계산할 수 있다. 그림 6.7에서 볼 수 있는 것처럼, H_2 분자 2몰이 연소될 때 에너지 변화는 −498 kJ이다.

a. H_2 분자 1몰이 연소할 때와 1 g이 연소할 때 각각 에너지 변화를 구하라.

b. 그림 6.5에 제시된 연료들 가운데 연소될 때 연료 1 g당 에너지를 가장 많이 방출하는 것은 메테인이다. 수소는 메테인보다 더 많은 에너지를 방출한다. 수소는 메테인보다 몇 배나 더 많은 양의 에너지를 방출하는가?

원자력 발전소 건물의 잔해에서 화재가 발생했고, 이 화재는 열흘 동안 지속되었다. 실제로 "핵" 폭발은 일어나지 않았지만, 화재와 수소의 폭발은 막대한 양의 방사성 물질을 원자로 밖의 대기 중으로 날려 보냈다. 원자력 발전소로부터 반경 60 km 이내에 거주하던 사람들은 모두 영구적으로 그곳을 떠나 대피하였다. 공기 중으로 유출된 방사성 물질은 우크라이나에서 벨로루시를 지나 스칸디나비아까지 할퀴고 지나갔다. 이로 인해서 그 원자력 발전소로부터 단 한 번도 혜택을 받아 본 적이 없는 사람들이 피해를 당해야 하였다. 인명 피해는 즉각적으로 나타났다. 그 원자력 발전소에서 일하던 여러 명의 사람들은 사망했고, 31명의 소방관들은 사고 처리 중에 급성 방사선 질환으로 사망하였다.

방출된 가장 위험한 방사성 동위원소 중 하나는 아이오딘-131이다. 이것은 감마선과 함께 베타 입자를 방출하는 물질이다.

$$ {}^{131}_{53}\mathrm{I} \longrightarrow {}^{131}_{54}\mathrm{Xe} + {}^{0}_{-1}\mathrm{e} + {}^{0}_{0}\gamma \qquad \textbf{[7.11]} $$

만약 I-131을 섭취하게 되면 갑상선 암에 걸릴 수 있다. 체르노빌 근처의 핵물질에 의해 오염된 지역에서는 특히 15세 이하 어린이들에게서 갑상선 암 환자 수가 빠르게 증가하였다. 사고 발생 당시, 러시아 연방의 벨로루시와 우크라이나에 사는 어린이와 청소년들 가운데 6000건 이상의 갑상선암 사례들이 보고되었다. 다행히도 갑상선 암은 치료를 통해서 회복될 가능성이 높아 대부분의 환자들이 살 수 있었다. 갑상선 암은 갑작스럽게 큰 증가를 보였을 뿐만 아니라 주로 젊은이들에게 발병이 집중되었다. 방사선 노출에 의한 고형암(solid cancer)이나 백혈병의 뚜렷한 증가는 나타나지 않았다.

활동 학습 7.18 ➔ *아이오딘*

아이오딘이라는 용어를 사용할 때, 이 용어는 문맥에 따라서 아이오딘 원자를 의미할 수도 있고, 아이오딘 분자 또는 아이오딘 이온을 의미할 수도 있다.

a. 이 화학종들의 Lewis 구조를 그려서 차이점을 보여라.

b. 이들 가운데 어느 것이 화학적으로 가장 반응성이 큰 것인가? 그 이유는 무엇인가?

c. 갑상선 암은 이것들 가운데 어느 화학종과 관련이 있는가?

2017년에 체르노빌의 원자력 발전소 폐허 위에 중앙에 자유의 여신상이 서 있는 미식축구 경기장을 덮을 수 있는 크기의 강철 아치형 구조물을 건설하였다(그림 7.17). 체르노빌의 문제는 전 세계의 문제라는 점을 인식하고 약 15억 달러가 소요된 이 5년 기간의 프로젝트에 30여개 국가가 기여하였다. 오늘날까지 원자로 주변 지역은 여전히 사람이 살 수 없는 곳으로 남아 있다.

체르노빌 사태에 깔려 있는 보다 침통한 사실은 다음과 같은 질문에 잘 나타나 있다. "비슷한 사태가 재발할 수 있을 것인가?" 가장 비슷한 사례는 1979년 3월에 미국에서 발생하였다. Pennsylvania 주의 Harrisburg 근처의 스리마일 섬(Three Mile Island) 원자력 발전소에서 냉각재 부족으로 부분적인 원자로의 용융 사태가 발생하였다. 이 사건으로 인해 약간의 방사능 기체가 누출되었으나, 사망자는 발생하지 않았다. 2002년에 종결된 20년에 걸친 조사 결과에 따르면, 방사능에 노출된 사람들 가운데 암 사망자 수는 그렇지 않은 일반적인 경우에 비해 높지 않은 것으로 나타났다. 원자력 분야의 기술자들은 미국의 상용 원자로들 가운데 체르노빌 사태의 원인이 되었던 원자로 설계의 문제는 없다는 데에 동의하고 있다.

세계적으로 가장 최근에 있어난 원자력 발전소 재해는 2011년의 일이다. 지진과 해일이 동시에 일어났고 그 결과 일본의 Fukushima Daiichi 원자력 발전소의 원자로 세 기가 녹아내리게 되었다(그림 7.18).

그림 7.17

체르노빌 사고 현장에 건설된 차폐 구조물의 모습.

©Pyotry Sivkov/TASS/Getty Images

그림 7.18

2011년 일본의 Tohoku에서 리히터 규모 9.0의 지진이 일어났을 때 발생한 쓰나미로 인한 홍수.

©Kyodo News/AP Images

지진 해일은 연속적으로 두 번의 타격을 가하였다. 먼저 거대한 파도에 의해 후쿠시마 원자력 발전소의 냉각수 펌프 작동에 필요한 발전기가 파괴되었다. 그 결과 원자로의 냉각 시스템이 작동하지 못하였다. 원자로 1호기, 2호기, 3호기의 온도가 빠르게 상승했고 이로 인한 열은 수소 기체를 발생시키는 화학 반응이 시작되도록 하였다. 폭발을 두려워한 발전소의 엔지니어들은 수소 기체를 외부로 배출시켰다. 동시에 이 조치로 인해 I-131을 포함한 방사능을 띤 핵분열 생성물이 주변의 자연 환경으로 배출되었다. 이 수소 기체 배출 조치에도 불구하고, 몇몇 원자로에서 폭발이 일어났다.

사고 발생 후 2주 동안 일본 정부는 원자력 발전소 주변 30 km 이내에 거주하던 약 300,000명의 주민들을 그 지역에서 떠나도록 하였다. 국제 원자력 기구(International Atomic Energy Association)는 2013년 살던 지역을 떠났던 대부분의 주민들이 다시 돌아오는 것을 허용할 것을 권고하였고, 일본 정부는 2017년 Fukushima현 Namie 지역 중심지에 내렸던 소개령을 해제하였다. 그럼에도 불구하고 2019년 현재 원래 거주했던 주민 17,613명 가운데 5% 미만의 주민들만 돌아왔다. 2016년에 국제 보건 기구(World Health Organization)는 일반적인 일본인들의 방사선 노출량은 장기적으로 방사선에 의해서 야기되는 건강상의 문제를 일으킬 만큼 많지 않다고 예측하였다. 그러나 Namie 주변 지역의 80%가 산과 숲으로 되어 있어서 방사성 물질을 제거하는 것이 쉽지 않은 상황이다. 이 사고 이래로 민간 환경 기구인 그린피스(Greenpeace)는 Fukushima 원자력 발전소 주변 지역에서 수천 건의 방사선량 측정을 하였다. 2018년 보고서에서 Namie 일부 지역에서 방사선량은 앞으로 수십 년간 국제적으로 권고되는 수준을 넘어서 있을 것으로 결론을 내렸다. 그 결과 특별히 어린이들에게서 백혈병과 다른 암 발생 위험이 증가할 것으로 예상하였다.

Namie 바깥 지역의 원자력 발전소 사고 후 방사선량은 낮은 것으로 나타났지만, 이 사고는 일본의 에너지 정책이 크게 바뀌는 계기가 되었다. 원자력 발전소 사고 후 일본 에너지성은 48개의 원자력 발전소들 가운데 2개만 남기고 나머지는 정지시켰다. 이 결정은 해상 풍력 발전이나 태양광 발전과 같은 신재생에너지 생산을 늘리는 결과로 이어졌다. 그러나 일본의 증가하는 인구의 에너지 수요를 감당하기 위해서, 2016년부터 2018년 사이에 8기의 새 석탄 화력 발전소를 건설하였고, 향후 10년간 36기의 석탄 화력 발전소 건설을 계획하고 있다. 이 갑작스러운 원자력에서 화석 연료로의 에너지 정책 전환으로 인해서 대기 오염에 대비할 필요가 생겼고, 2050년까지 2013년 온실 기체 배출량의 80%를 감소시키겠다는 일본의 국제적 약속을 지키는 것이 쉽지 않은 상황이 되었다.

활동 학습 7.19 ▶ 지르코늄

이 절에서 설명한 대로 체르노빌 원자력 발전소에서 수소는 물과 뜨거운 흑연의 반응에 의해서 발생되었다. 일본의 Fukushima에서 수소의 발생은 연료봉을 감싸고 있던 합금의 한 성분이었던 지르코늄과 물의 반응에 의한 것이었다.

a. 지르코늄은 몇 가지 이유로 원자로에 사용하기 위한 금속 재료로 선택된다. 그 이유 중 하나는 지르코늄이 중성자를 흡수하지 않는다는 것이다. 이 성질이 왜 지르코늄을 원자로에서 사용될 수 있도록 해 주는가?

b. 지르코늄은 원자로 사고 등으로 인해 고온으로 가열될 경우 다음과 같은 두 가지 부적절한 성질을 나타낸다. (1) 부풀어 오르고 균열이 발생함. (2) 물과 반응하여 수소를 발생시킴. 이 성질로 인해 발생할 수 있는 위험에 대해서 설명하라.

오늘날 원자력 발전소와 이들의 과거 운영 과정은 계속해서 철저한 조사를 받고 있다. 의심할 여지없이 원자력 발전에 의한 에너지는 우리 미래의 일부분이 될 것이다. 그러나 현재로서는 미래 세대가 원자력에 어느 정도 의존할 것인지는 명확하지 않다.

7.7 원자력 발전의 미래는 있는가?

더 많은 원자력 발전소가 필요할까? 이 질문에 대한 답은 누구에게, 그리고 어느 시기에 물어보느냐에 따라 달라진다. 과거 오랜 시간 동안 원자력 에너지에 반대해 왔던 사람들

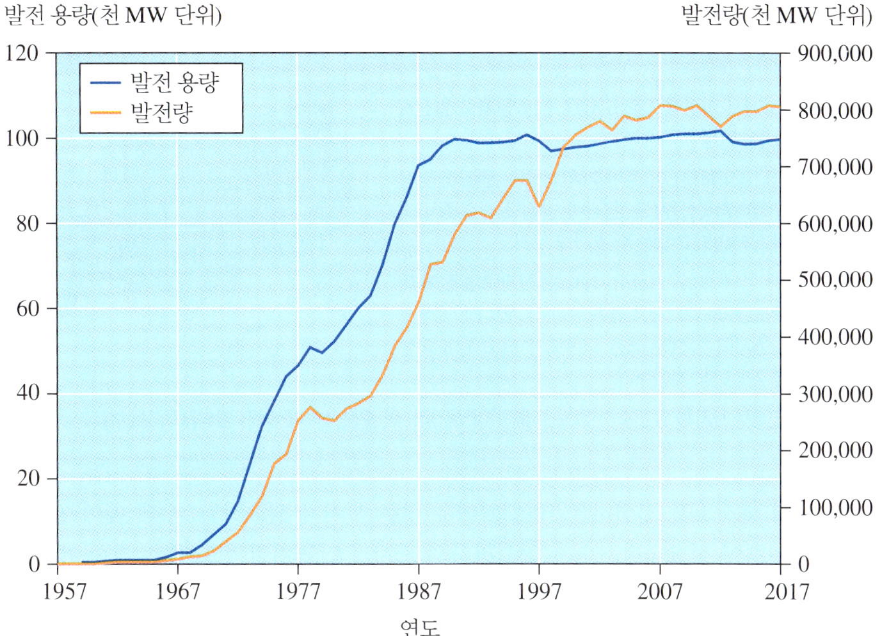

그림 7.19

1957년부터 2017년 사이에서, 미국의 원자력 발전 용량(capacity)과 발전량(generation). 시간이 지남에 따라 출력이 증가한 것은 원자로의 효율 향상과 원자로에 사용된 부품의 업그레이드에 의한 것이다.
참고: MW는 메가와트, MWh는 메가와트-시이다.
Source: U.S. Eenrgy Information Administration, Monthly Energy Review, *Table 8.1, March 2018.*

가운데 일부는 지금은 호감을 가지고 있다. 마찬가지로 현재 우리와 미래 세대에 원자력 에너지가 주는 사회적인 비용을 고려했을 때 원자력 에너지를 지지해 왔던 사람들 가운데 몇몇은 원자력 발전을 지속하는 것에 대해서 의문을 제기하고 있다.

커피포트의 전원 스위치를 눌렀다고 생각해 보자. 만약 당신이 미국에 살고 있다면 당신이 사용하는 전기의 20%은 원자력 발전소로부터 오는 것이다. 당신이 프랑스, 벨기에, 아니면 스웨덴에 살고 있다면 당신이 사용하는 전기의 더 많은 부분이 원자력 발전에 의한 것이다. 전기가 어디에서 오건 간에 당신은 커피를 내려서 마실 수 있다!

©McGraw-Hill Education/Eric Misko/Elite Images

원자력 발전에 대한 의존도는 나라마다 다르다. 예를 들면, 미국에서는 상용 전력의 약 20%가 97기의 원자로에서 생산된다. 이 원자력 발전소들은 모두 원자력 규제 위원회(Nuclear Regulatory Commission)에 의해서 허가된 것들이다. 2019년 중반을 기준으로 이 원자로들은 29개 주의 59개 지역에서 작동하고 있었다. 그림 7.19에서 볼 수 있는 것처럼 1990년 112기로 원자로 수가 최대가 되었던 이래로 원자로 수는 감소해 왔음에도 불구하고, 이들 원자력 발전소에서 생산된 전기는 여러 해에 걸쳐 증가해 왔다.

지금으로부터 10년 뒤에 당신이 커피를 내려 마실 때 사용하는 전기는 어디에서 오는 것일까? 10년 뒤에서 이 전기 중에 일부는 원자력 발전에서 온 것일 것이다. 1978년 이래로 미국에서는 새로운 원자력 발전소를 건설하지 않았다. 그러나 현존하는 원자력 발전소 내에 여러 기의 원자로들이 현재 건설되고 있다. 2019년 현재, Georgia의 Vogtle 원자력 발전소 내에 새로운 원자로 2기를 건설하고 있고, 이 원자루들이 건설되면, Vogtle 발전소는 미국 최대의 원자력 발전소가 된다. 2017년 South Carolina의 Virgil C. Summer 원자력 발전소에서는 새 발전소 건설 비용 문제로 추가로 건설 중이던 2기의 원자로 건설을 중단하였다. Tennessee에서는 2016년 10월에 Watts Bar Unit 2 원자로가 작동을 시작하였다.

활동 학습 7.20 ▶ 각 주의 핵발전소

이 미국 지도에서 파란색으로 표시된 주는 원자력 발전소를 가지고 있는 주이다.

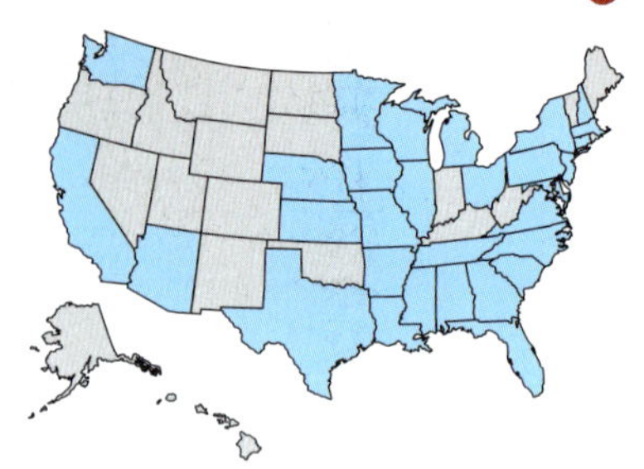

a. 주를 하나 선택해서 이 주가 가지고 있는 원자력 발전소들의 에너지 생산량과, 원자력 발전과 관련해서 어떤 변화가 제안되고 있는지 조사해 보라.

b. 2019년 현재, New Hampshire는 원자력 발전에 대한 의존도(72%)가 가장 높은 주이다. 인터넷 검색을 통해서 원자력 발전에 대한 의존도가 최소 1/3 이상인 주를 2개 이상 찾아보라.

c. 이 지도에서 원자력 발전소가 없는 주를 하나 골라라. 이 주는 전기를 어떤 방법으로 생산하고 있는가?

원자력 발전소를 건설하는 데에는 매우 넓은 부지가 필요하다. 수백 에이커의 땅과 수천 명의 인력이 필요하다. 이 자체로 하나의 도시가 만들어질 정도이다. 그림 7.20에 제시된 Vogtle 발전소 건설 현장을 보면 자체 철도까지 가지고 있은 것을 알 수 있다!

상용 원자력 발전소의 건설과 지속적인 작동은 에너지 수요-공급 문제와만 관련된 것은 아니다. 이것은 공동체가 원자력 발전소를 받아들이는지, 아닌지 여부와도 관련된 문제이다. 1970년대에 원자력 발전이 처음 제안된 이래로 사람들은 원자력 발전에 대해서 찬성과 반대로 나뉘어져 있다. 당신은 원자력 발전에 찬성하는가? 아니면 반대하는가?

전 세계적으로 원자력 에너지와 관련된 상황은 변하고 있다. 부분적으로 이 변화는 에너지 수요 증가하기 때문에 일어나는 것이다. 원자력 에너지의 상용 개발은 많은 나라들에서 분명히 주된 토론의 주제이다. 예를 들면, 인도는 2018년에 22개의 원자로에서 전체 전력 생산량의 단지 3.2%만을 생산하였다. 그 당시 7개의 새 원자력 발전소 건설이 진행 중이었고 다른 발전소 건설도 계획 중이거나 제안되고 있었다. 2019년 현재, 중국은 46개의 가동 중인 원자로를 가지고 있고, 11개 원자로가 건설 중이다(그림 7.21).

사전 지식 *Did You Know* ?

Vogtle 발전소와 같이 많은 원자력 발전소들이 여러 기의 원자로를 가지고 있다.

그림 7.20

550에이커 면적의 Vogtle 원자력 발전소 건설 현장.

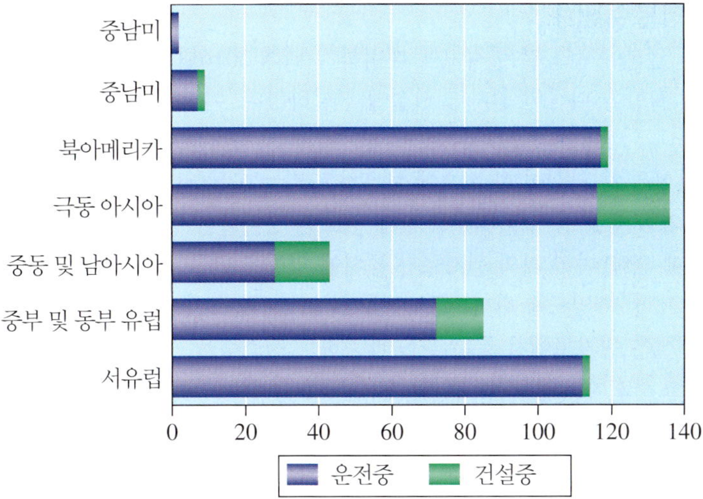

그림 7.21

전 세계의 원자력 발전소 분포(2018년 5월 현재 건설 중인 발전소 포함).

Source: International Atomic Energy Agency.

활동 학습 7.21 ▶ 전 세계의 원자력 사용량

a. 어느 나라에 원자로가 많이 건설되어 있는가? 그림 7.21을 보고 상황을 요약해 보라.

b. 인터넷을 검색하여 어느 나라들이 우라늄을 많이 생산하고 있는지 찾아보라. 이 나라들 가운데 얼마나 많은 나라들이 상용 원자로를 가지고 있는가?

c. 몇몇 나라들이 다른 나라들에 비해서 더 많은 원자력 에너지를 생산하는 이유는 무엇인지 제시해 보라.

지구상의 모든 사람들은 미래에도 지속 가능하고 오염 물질을 배출하지 않는 청정한 에너지원을 원한다. 이 바람 속에 핵에너지도 포함되는가? 만약 그렇다면 우리는 이 꿈을 이루기 위해서 더 많은 원자력 발전소를 건설해야 할까? 만약 여러분이 이 질문을 1960년대 초 미국에서 누군가에게 하였다면, 그 대답은 아마도 긍정적이었을 것이다. 그 당시는 미국의 원자력 산업이 괄목할 만한 성장을 경험하던 시기였다. 이 성장은 1979년까지 이어졌는데, 이 해에 스리마일 섬의 원자력 발전소 사고가 있었다. 이 사고와 관련된 공포는 확실히 원자력 산업의 성장 시대의 막을 내리는 데 일조하였다. 이 시기에 보다 중요한 일은 핵에너지와 관련된 경제적 상황의 변화였다. 화석 연료의 가격은 떨어진 반면, 원자력 에너지의 경우 1980년대에 안전시설 및 규정이 강화되고 감독이 시행되어 가격이 상승하였다. 그 결과 새로운 원자력 발전소를 건설하는 것이 경제적으로 수지가 맞지 않는 상황이 되었다.

그렇다면 오늘날 원자력 발전과 관련된 경제적 상황은 어떠한가? 또 다시 이 질문에 대한 대답은 누구에게, 그리고 언제 그들에게 묻느냐에 따라 달라진다. 그러나 두 가지 분명한 사실이 있는데, 하나는 새로 건설될 모든 원자로는 일본에서 원자로를 파괴했던 지진과 쓰나미에 대비할 수 있는, 보다 향상된 구조와 장치를 갖도록 설계될 것이라는 점이고, 다른 하나는 이와 같은 설계상의 진보는 결국 가격 상승으로 이어질 것이라는 점이다.

설계의 관점에서, 특히 미국에서 가까운 미래의 원자력 산업의 방향은 후쿠시마 원자력 발전소에서 일어났던 것과 같은 이례적인 자연 재해에 현재 가동 중인 원자로들이 잘 준비되어 있는지를 확인하는 데 초점이 맞추어져 있다. 미국의 원자력 규제 위원회(Nuclear Regulatory Commission, NRC)는 보고서에서 다음과 같이 기술하였다. "일본의 후쿠시마에서와 같은 사건은 미국에서는 일어나기 힘들 것이다." 그러나 "원자로 노심의 손상과 건강에 심각한 영향을 주지 않는 수준이라 하더라도 제어할 수 없는 방사능 물질의 누

사전 지식 *Did You Know* ?

원자로의 새로운 디자인 가운데 하나는 지금보다 크기가 더 작고 모듈화하여 공장에서 제작하여 공급할 수 있도록 규모를 줄이는 것이다. 이렇게 하면 원자력 발전소 건설 현상에서 원자로를 제작하는 데에 필요한 기간과 노력을 최소화하여, 전체 건설 기간을 단축하고 원자력 발전소 시설 확장을 보다 쉽게 할 수 있다. 그 결과 증가하는 에너지 수요에 공급을 맞추는 것이 보다 쉬워질 수 있다.

출은 결코 용납될 수 없다."

NRC는 일본에서와 같은 사고에 대비하기 위해 2016년 12월까지 이행되어야 하는 세 가지 지시 사항을 미국의 원자력 시설에 전달하였다. 이 지시 사항들은 다음을 요구하고 있다.

- 모든 시설은 그 시설이 한 장소에 보유하고 있는 모든 원자로와 사용 후 핵연료 저장 수조들의 문제를 동시에 해결하는 데 필요한 장비들을 충분히 확보할 것. 이것은 자연재해에 의해 여러 기의 원자로가 동시에 영향을 받을 수 있는 상황에서 이들을 확실히 보호할 수 있도록 하기 위한 것이다.
- 몇몇 시설은 원자로에서 끓는 물을 배출하는 시스템을 개선하여 스팀의 역류로부터 원자로를 보호하고 온도를 제어할 수 있도록 할 것.
- 각각의 사용 후 핵연료 저장 수조에는 수위를 모니터링하기 위한 새 장비를 설치할 것. 이것은 전체 발전소에 걸쳐서 수조의 수위를 파악할 수 있도록 하기 위한 것이다.

사전 지식 *Did You Know*

NRC의 권고 사항 가운데 하나는 원자력 발전소에서 수동적인 냉각 시스템을 더 많이 사용하는 것이다. 수동적인 냉각 시스템이란 냉각수를 순환시키기 위해서 기계식 펌프를 사용하지 않고, 대류 흐름(convection current)을 이용하여 냉각수를 순환시켜 냉각 시스템의 오작동에 덜 민감하도록 한다.

활동 학습 7.22 ▸ *원자력 발전의 장점과 단점*

인터넷 검색을 활용하여 에너지원으로 원자력 발전을 사용하는 것에 대한 찬성과 반대 논리를 조사하라.

a. 핵폐기물, 석탄 채굴, 기후 변화에 미치는 영향, 비용, 사람들이 갖게 되는 공포심 등에 대한 당신의 의견을 설명하라.

b. 핵폐기물 처리를 위한 장기 계획이 있는 국가는 어디인가?

c. 옆의 만화가 보여주는 미래 에너지원에 대해 무엇을 보여주는가?

d. 원자력의 미래에 대해서 어떤 전망을 가지고 있는가?

Source: McGraw-Hill Education

그래서 우리에게 남겨진 것은 무엇인가? 지금까지 살펴본 바와 같이 원자력 에너지와 관련된 문제에 있어서 쉬운 해답은 없다. 하루하루 에너지에 대한 수요는 전 지구적으로 증가하고 있다. 이에 따라 우리가 감당해야 하는 원자력 발전소에서 배출되는 방사성 폐기물의 양도 증가하고 있다. 기후 변화의 시대가 시작되었다. 그러나 우라늄의 채굴과 농축, 핵무기 제작과 관련된 실제로 존재하거나 존재할 것으로 감지되는 방사능의 위험은 여전하다. 이것은 우리가 풀어야 할 고전적인 위험성과 수익성을 비교 분석해야 하는 문제이다. 그리고 아직 최종적인 타협점에 도달하지 못한 상황이다. 이제, 원자력 에너지가 인류의 에너지 문제를 모두 해결해 줄 수 없다는 것은 확실하다. 그리고 그 이유는 환경 및 사회적인 우려와 관련된 것이다. 그렇다고 하더라도 원자력 에너지는 앞으로도 수년간 전체 에너지 공급량의 상당 부분을 감당할 것이다.

7.8 태양 에너지: *태양으로부터 오는 전기*

끊임없이 재생 가능한 에너지원인 태양광을 이용하는 것은 확실히 해볼 만한 일이다. 한 시간 동안 태양이 지구에 보내오는 에너지는 전 세계가 1년 동안 필요한 에너지의 양과 맞먹는다! 그러나 현재 미국에서 생산되는 전력량의 약 1.7%는 태양 에너지에서 만들어지고 있다. 그렇다면 태양 에너지가 전체 에너지 생산량에서 이렇게 작은 부분밖에 차지하지 못하고 있는 이유는 무엇인가?

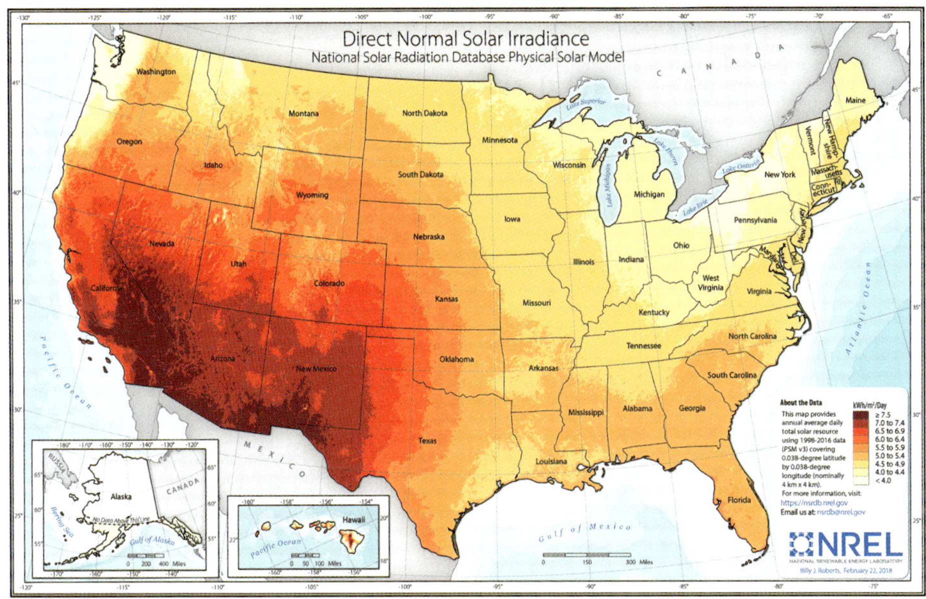

그림 7.22

남쪽으로 태양 전지판을 고정시키고, 하루 동안 모을 수 있는 평균 에너지 양.

참고: 태양 전지판을 남쪽을 향해 고정시키지 않고, 태양의 이동 경로를 따라서 태양 전지판이 바라보는 방향이 바뀌도록 해 준다면 지도에 표시된 것보다 많은 양의 에너지를 모을 수 있을 것이다.

Source: National Renewable Energy Laboratory (NREL) for the U.S. Department of Energy, 2018.

매일 상당한 양의 에너지가 태양에서 지구로 보내지고 있지만, 이 태양광을 하루 24시간 동안 1년 365일 지속적으로 받는 장소는 없다. 게다가 지구에는 태양 에너지를 모으기에는 도달하는 햇빛의 세기가 너무 작은 곳들도 있다. 이 차이는 지정학적 위치 때문이기도 하고 구름, 에어로솔, 스모그, 안개 연무 등 지역에 따라 달라지는 여인들 때문이기도 하다. 예를 들어 그림 7.22의 지도를 살펴보자. 이 지도에 표시된 자료는 1제곱미터당 하루 동안 고정된 태양 전지 평판으로 수집되는 에너지를 kWh 단위로 표시한 것이다. 다음 활동 학습을 통해서 1년 동안 지구에 도달하는 태양 에너지가 하루하루 어떻게 달라지는지 알아볼 수 있다.

관련 절

1 kWh = 3,600,000 J
7.2절을 보면 1 W = 1 J/s임을 알 수 있다.

활동 학습 7.23 ▶ *태양이 비추는 곳은?*

미국 국립 재생 에너지 연구소(U.S. National Renewable Energy Laboratory, NREL)의 웹사이트에서 미국의 여러 지역의 태양 에너지 지도를 볼 수 있다.

a. 하나의 주를 선택하고 1월부터 12월까지의 자료를 찾아보라. 연간 에너지 변화에 대해서 무엇을 알 수 있는가?

b. California, Arizona, New Mexico, Texas 주가 미국의 평균 연간 태양 에너지 복사량에 주된 기여를 하고 있다는 점을 쉽게 발견할 수 있다. 이 주들의 어떤 지역은 다른 지역에 비해서 더 높은 태양 에너지 복사량 값을 갖는 이유는 무엇인가?

활동 학습 7.24 ▶ *태양 에너지로 이웃집에 전력을 공급할 수 있을까?*

우리가 일상적으로 필요로 하는 에너지를 태양 에너지로부터 얻는 것이 가능할까?

a. 그림 7.22를 참고하거나 인터넷에서 찾아볼 수 있는 다른 자료를 참고하여 당신이 살고 있는 지역에 매일 1 m^2당 도달하는 태양 에너지의 양을 kWh 단위로 구해 보라.

b. 다음은 어느 가정에 배달된 월별 전기세 고지서의 일부분이다. 당신이 살고 있는 지역에서 이 주택 소

유자는 태양 에너지만 사용하여 가정에 필요한 전력을 충분히 공급받을 수 있겠는가?

에너지 사용량

전기 계량기 번호 # IN24775778

요금 요율 07 (주택용)

사용 기간	**계량기를 읽은 값**
06/23/18	15335
05/21/18	15079
33일간 사용량	256 kWh

c. 위의 가정이 일반적인 가정이라고 하면, 얼마나 많은 가구가 출력이 750 MW 출력의 원자력 발전소로부터 에너지를 공급받을 수 있겠는가?
힌트: 이 발전소가 하루 동안 몇 MWh의 에너지를 생산하는지, 그리고 한 가구가 하루 동안 사용하는 에너지는 몇 kWh인지 계산해 보라.

d. c에서 계산한 값이 그럴듯해 보이는가? 그렇다면 한번 설명해 보라. 그렇지 않다면, 예상보다 값이 크거나 작게 된 이유나 가정이 무엇이었는지 설명해 보라.

이제 해야 할 일은 태양 에너지의 평균 입사량이 높은 지역을 찾아내서 이 에너지를 전기를 생산할 수 있을 만큼 충분히 모으는 것이다. 태양으로부터 오는 에너지를 우리 일상생활에 공급할 수 있는 전기로 바꾸는 방법에는 크게 두 가지가 있다. 먼저 태양으로부터 전해 오는 전자기파의 파장은 매우 넓은 범위의 에너지를 갖는다. 따라서 태양에서 오는 (파장은 길고, 에너지는 작은) 열과 (파장은 짧고, 에너지는 큰) 빛은 모두 전기를 생산하는 데 쓰일 수 있다.

물을 가열하기 위해서 태양 에너지를 집중시키는 것은 태양-열 과정이다. 태양의 열을 이용하여 전기를 생산하는 과정을 *태양열 발전*(concentrating solar power)이라고 하고 약자로 CSP라고 쓴다. CSP를 하기 위해서는 그림 7.23에서 볼 수 있는 것과 같은 태양열을 모으는 장치가 필요하다. 이 정렬된 거울들은 햇볕을 집속시키는데 이것은 돋보기를 이용해서 종이에 햇볕을 집속하는 것과 같은 방식이다. 이렇게 빛을 집속하여 열을 얻을 수 있고, 이 열을 이용하여 석탄 화력발전소나 원자력 발전소에서와 같이 스팀 터빈을 돌려 발전기로부터 전기를 얻을 수 있다. 2018년 현재, 전 세계적으로 이와 같은 태양열을 이용한 발전소가 94개 건설되어 있다. 각각의 발전소는 1 MW에서 400 MW의 출력을 가지고 있다.

사전 지식 *Did You Know* ?

이 94개의 태양열 발전소의 발전 출력을 모두 더하면 5200 MW이고, 이것은 원자력 발전소 6개의 출력과 맞먹는 것이다.

(a)

(b)

그림 7.23

(a) 대략 1500 MW 출력의 태양열 발전 용량을 가지고 있는 스페인의 Solar Millennium Andasol 프로젝트의 항공 사진. **(b)** 정렬된 거울들의 배열을 가까이에서 촬영한 사진.

Source: *(a)* ©LANGROCK/SOLAR MILLENIUM/SIPA/Newscom; *(b)* ©Boris Roessler/Newscom

활동 학습 7.25 ➤ *태양 집열판*

모든 태양열 집열판은 열을 발생시키기 위해서 햇볕을 집속한다. 그러나 이것을 몇 가지 다른 방식으로 할 수 있다.

a. 인터넷 검색을 통해서 세 가지 서로 다른 종류의 태양광 집열판의 디자인을 찾고 설명하라.

b. 각각의 디자인은 어떤 방식으로 햇볕을 집속해서 열을 발생시키는 목적을 달성하는가? 이 질문의 답을 태양열 집열판이 한 가정을 위한 것인지, 아니면 지역 공동체를 위한 것인지, 아니면 업무용의 보다 큰 규모인지를 고려해서 작성하라.

c. 각각의 디자인이 가지고 있는 단점이나 한계를 최소 한 가지 이상 제시하라.

그림 7.24

태양 전지는 안전, 보안, 보행자와 자동차의 방향 지시등을 작동하는 데 사용된다.

태양 에너지를 활용하는 두 번째 방법은 **광전지**(photovoltaic cell, PV)를 사용하는 것이다. 이 장치는 *태양 전지*(solar cell)라고도 하며 빛 에너지를 전기 에너지로 직접 변환시켜 준다. 전자계산기나 디지털 시계에 필요한 전기 에너지를 공급하는 데에는 몇 개의 PV 전지만 있어도 된다. 이 밖에도 통신용 인공위성, 고속 도로 표지판, 안전용 조명(그림 7.24), 자동차용 배터리 충전소, 해상 등부표 등에 태양 전지를 이용하고 있다. 이를 통해서 상당한 비용 절감을 이룰 수 있다. 예를 들어, 미국 해안 경비대(U.S. Costal Guard)는 해상 등부표에 배터리 대신 태양 전지를 이용하여 유지 보수와 수리 작업의 빈도를 줄여 연간 수백만 달러를 절감하고 있다.

만약 더 많은 전력이 필요하면, 그림 7.25에서 볼 수 있는 것처럼 여러 태양 전지들을 모아 모듈이나 판으로 만들어 태양 전지 패널을 만들어 사용할 수 있다. 오늘날 많은 사람들이 그들의 집과 일터에 이와 같은 태양 전지 시스템을 이용하여 에너지를 얻고 있다. 집의 크기에 따라서 12개 또는 그 이상의 태양 전지 패널을 이용할 수 있다. 이 패널들은 보통 정남향을 향하도록 설치된다. 이 패널들을 태양의 궤적을 따라서 회전하는 시스템에 설치할 수도 있는데, 이렇게 하면 태양광에 대한 노출을 최대화할 수 있고, 효율도 최적화된다. 그러나 초기 설치비용은 증가한다. 전기 에너지 생산 설비용이나 산업용으로 사용하기 위해서는 독일의 Bavaria 벌판에 있는 것(그림 7.25c)과 같은 수백 개의 태양 전지판을 서로 연결하여 대규모 PV 시스템을 구축한다.

7.9 태양 에너지: *결정 내부의 전자 "핀볼(pinball)"*

태양 전지는 어떻게 전기 에너지를 만들어 낼까? 이 질문에 대한 답을 하기 위해서는 태양 전지를 이루고 있는 물질 안에서 전자의 거동을 이해해야 한다. 빛이 태양 전지를 비추면, 빛의 일부는 전지 내부로 투과해 들어가고, 일부는 반사되며, 또 일부는 흡수된다. 흡수된 빛은 전지를 구성하는 원자에 있는 전자들을 들뜨게 만들 수 있다. 이 들뜬 전자들은 자신이 점유하고 있던 자리를 벗어나서 전류를 형성하게 된다.

단지 특정 물질만이 빛에 노출될 경우 이와 같은 현상을 보일 수 있다. 태양 전지는 바로 **반도체**(semiconductor)라고 부르는 종류의 물질로 만들어진다. 이 종류의 물질은 제한된 전기 전도성을 갖는다. 대부분의 반도체는 준금속인 규소 결정으로 만들어진다. 규소 결정은 규소 원자들이 반복되어 연결된 것인데, 각각의 원자는 네 개의 다른 원자와 전자를 공유하는 방법으로(팔전자 규칙을 만족하기 위해) 결합하고 있다(그림 7.26a). 이들 공유된 전자들은 원자와 원자 사이의 결합이 있는 부분에 국한되어 위치하고 있으며, 결정을 통해서 이동할 수는 없다. 그 결과 규소는 일반적인 조건에서는 좋은 전기 전도체가 아니다. 그러나 최외각 전자가 충분한 에너지를 흡수하게 되면 들뜨게 되고 결합이 있는 부분을 벗어나게 된다(그림 7.26b). 일단 이렇게 자유 전자가 되면 결정 격자를 통해서 흐를 수

사전 지식 *Did You Know*

1839년에 프랑스 물리학자 A. E. Becquerel(1820~1891)과 그의 아버지 Henri Becquerel은 고체 물질에 태양 빛을 쪼이면 전류가 발생하는 현상을 발견하였다.

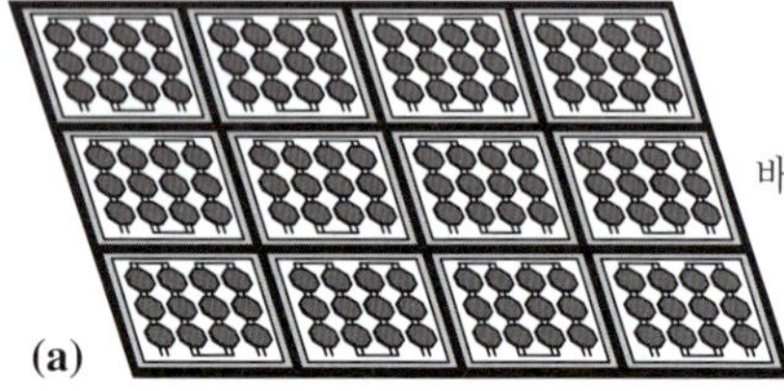

그림 7.25

(a) 개별 태양 전지들을 이용하여 모듈을 만들고, 이 모듈을 배열하여 전체 태양 전지판을 구성한 모습. **(b)** 지붕 위에 설치된 규소 태양 전지판. **(c)** 위에서 내려다 본 독일 Bavaria의 Solarpark Gut Erlasee. 최대 용량으로 가동될 때 12 MW의 전력을 생산할 수 있다. 일반적인 원자력 발전소는 1000 MW를 생산한다.

Source: (*b*): NREL/U.S. Dept. of Energy; (*c*): ©Daniel Karmann/dpa picture alliance archive/Alamy Stock Photo

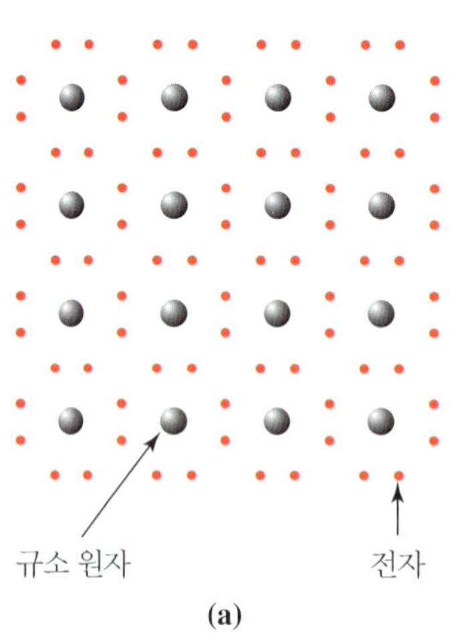

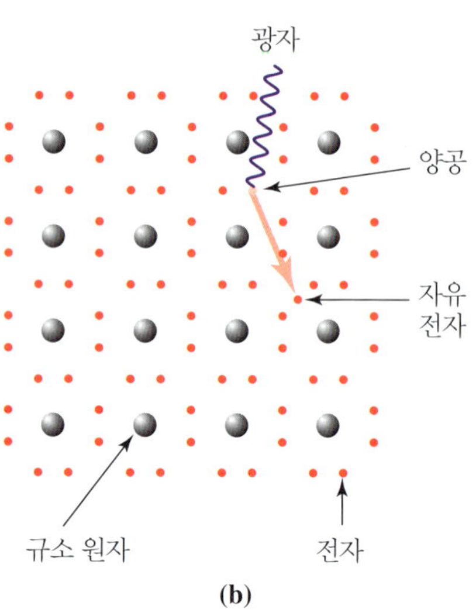

그림 7.26

(a) 규소 원자들 사이의 결합을 보여주는 개략도. **(b)** 규소 반도체에서 일어나는 광자에 의한 결합 전자의 방출.

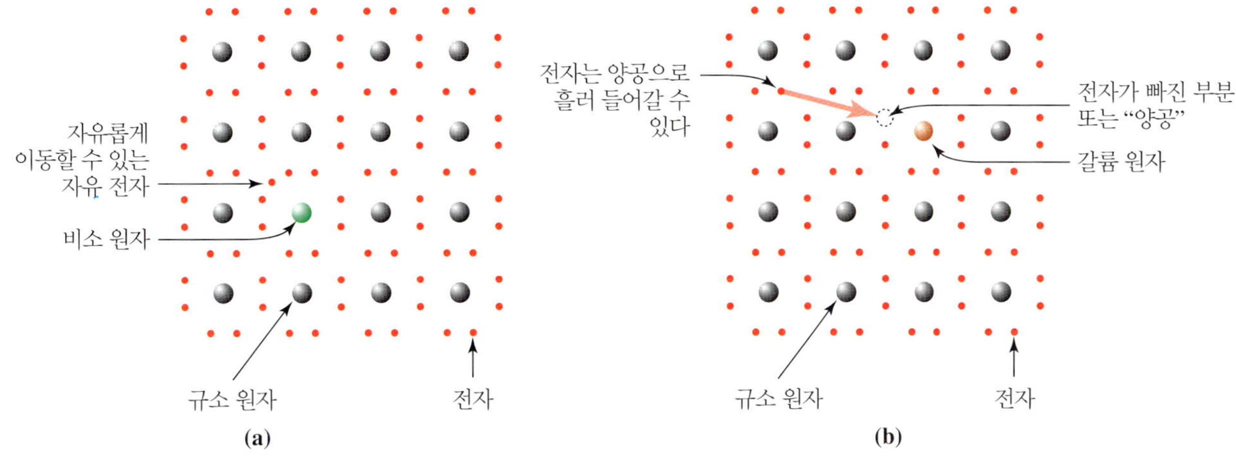

그림 7.27
(a) 비소 불순물이 첨가된 n-형 규소 반도체. **(b)** 갈륨 불순물이 첨가된 p-형 규소 반도체.

있게 되어, 규소는 전기 전도체가 된다. 결합 전자를 내놓게 되면 양전하를 띤 빈 자리가 하나 만들어진다. 이것을 *양공*(hole)이라고 한다.

실제로 순수한 규소 반도체는 불순물이 첨가되지 않으면 전류를 만들지 못한다. **도핑**(doping)은 순수한 규소에 불순물 원소를 의도적으로 첨가하는 과정이다. 이 불순물 원소를 *혼입제*(dopant)라고 한다. 이 불순물 원소는 전자의 이동을 촉진할 수 있는 것들로 선택된다. 예를 들면 약 100 ppm 정도의 갈륨(Ga)이나 비소(As)를 규소에 도핑하기 위한 불순물 원소로 이용한다. 이 두 원소를 포함해서 주기율표에서 이 원소들과 같은 족에 속하는 원소들이 이와 같은 목적으로 사용될 수 있는데, 그 이유는 이들이 규소에 비해 최외각 전자 수에서 1개의 차이를 보이기 때문이다. 따라서 규소 결정 격자에서 Si 대신 As 원자 한 개가 도입되면 여분의 전자 한 개를 더 넣어준 셈이 된다. 이렇게 해서 여분의 전자가 하나 더 있게 된 물질을 **n-형 반도체**(n-type semiconductor)라고 한다. 반대로 Si 대신 Ga 원자가 첨가되면 이 결정은 하나의 전자가 부족한 상태가 된다. 이 물질은 전자가 부족한 상태가 되고 (또는 양공이 많은 상태) **p-형 반도체**(p-type semiconductor)라고 부른다. 그림 7.27은 이렇게 도핑된 n-형과 p-형 반도체의 개략도를 보여 준다. 이 두 가지 종류의 도핑 방법 모두 규소의 전기 전도도를 향상시키는 결과를 가져다준다. 왜냐하면 전자는 전자가 많은 곳에서 전자가 부족한 곳으로 흐를 수 있기 때문이다.

관련 절

규소(Si)는 14족에 속하는 원소이고, 4개의 원자가 전자를 갖는다. 갈륨(Ga)는 13족 원소이고, 3개의 원자가 전자를 갖는다. 비소(As)는 15족 원소이고, 5개의 원자가 전자를 갖는다.

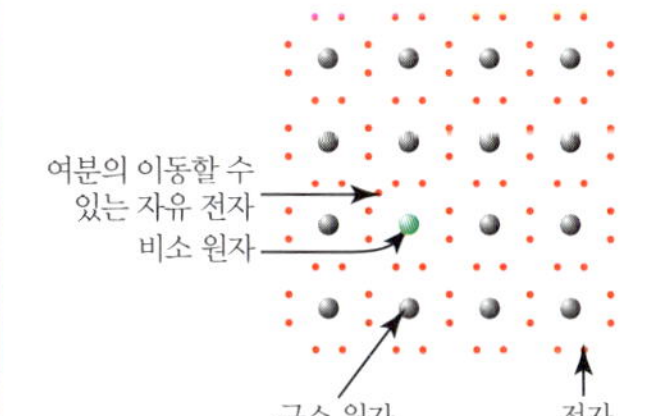

전자와 양공이 반도체 결정을 통해 이동하는 모습을 www.acs.org/cic에서 비디오를 확인하라.

활동 학습 7.26 ▶ *도핑 결과 예측*

일부 태양 전지들은 흔히 인(phosphorus)과 붕소를 규소 결정에 불순물로 첨가하여 만든다.

a. 어느 것이 n-형 반도체가 되는가? 이유를 설명하라.

b. 어느 것이 p-형 반도체가 되는가? 이유를 설명하라.

태양 전지에 전압이 생성 되도록 하기 위해서 n-형 반도체 층과 p-형 반도체 층을 직접 접촉시킨다. 그리고 전류를 발생시키기 위해서 태양 전지에 빛을 쪼여주는데 이 빛은 n-형 부분에서 p-형 부분으로 외부 도선을 통해서 전자가 이동할 수 있도록 할 만큼 충분한 에너지를 가지고 있어야 한다(그림 7.28). 이렇게 발생된 전류는 전기 에너지기를 필요로 하는 모든 기기들의 에너지원으로 사용될 수 있고, 배터리에도 저장될 수 있다. 태양 전지가 빛에 노출되는 한 이 전류를 계속해서 흐른다. 태양 전지는 바로 태양 에너지에 의해서 작동하는 것이다.

©Soonthorn Wongsaita

태양 전지의 작동 원리를 www.acs.org/cic에서 비디오를 확인하라.

사전 지식 *Did You Know*

n-형 반도체와 p-형 반도체를 샌드위치처럼 겹치는 방식은 전자 통신 기술 발전의 동력이 되어 온 트랜지스터를 비롯하여 다른 소형 전자 기기들을 만드는 데 사용된다.

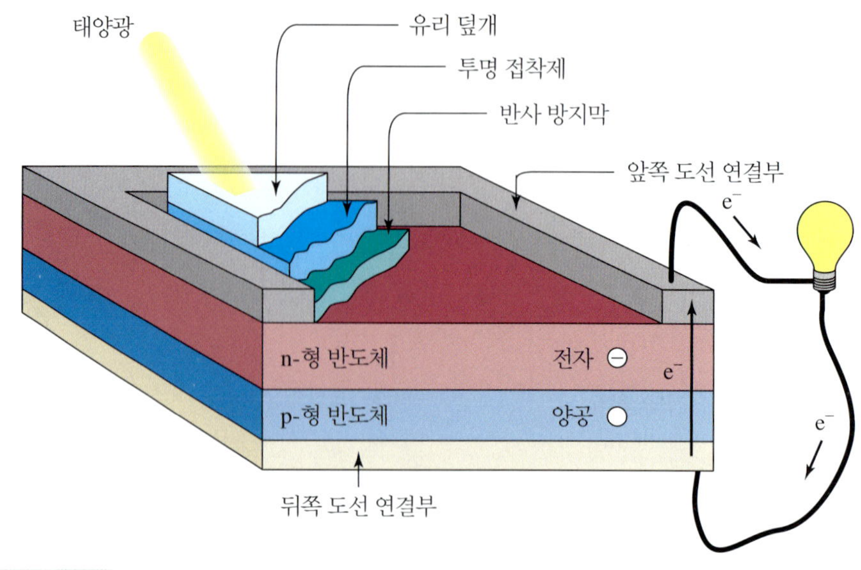

그림 7.28

태양 전지 한 층의 구조. n-형 반도체 부분과 p-형 반도체 부분을 샌드위치처럼 붙여 놓은 모습을 볼 수 있다. 태양광에 의해서 "전자-양공" 쌍이 만들어진다. 전자와 양공은 서로 반대 방향으로 이동하여 외부 도선에 전류를 발생시킨다.

일반적으로 태양 전지에는 여러 겹의 n-형과 p-형 반도체 층들이 가깝게 겹쳐져 있다(그림 7.28). 이 p-n 접합부는 반도체 물질이 전기 전도도를 가질 수 있도록 할 뿐만 아니라 전지 내부에서 전자가 흐르는 방향을 정해 준다. 충분한 에너지를 갖는 빛을 비추어 주어야만 불순물 원자들로부터 전자가 자유롭게 흐를 수 있도록 떼어 낼 수 있다. 이렇게 된 전자들은 전기 회로의 한 부분이 된다. 태양 전지가 태양으로부터 받은 빛 에너지를 가능한 한 많이 전기 에너지로 전환시키기 위해서는 반도체 물질이 이 빛 에너지를 최적의 효율로 사용할 수 있도록 설계되어야 한다. 그렇지 않으면 태양으로부터 받은 에너지는 열로 손실되거나 반도체 물질에 의해 이용되지 못한다.

태양 전지를 만드는 데 있어서 몇 가지 어려운 점이 있다. 첫 번째는 규소가 지구의 지각에서 두 번째로 많은 원소이기는 그러나 이들 대부분은 산소와 결합된 이산화 규소(SiO_2)의 형태로 존재한다는 점이다. 사람들이 모래나 석영 모래라고 부르는 물질이 바로 SiO_2이다. 좋은 점은 규소를 얻기 위한 원료 물질이 매우 가격이 저렴하고 많이 있어서 구하기 쉽다는 점이다. 반면에 그다지 좋지 않은 점은 규소를 추출하고 정제하는 과정이 비용이 많이 든다는 것이다. 규소를 태양 전지에 사용하려면 순도를 최소 99.9999%가 되도록 정제해 주어야 한다.

관련 절

순수한 규소의 공급원으로 이산화 규소를 사용하는 것은 1.7절에서 논의하였다.

두 번째 문제점은 태양광을 직접 전기 에너지로 변환시키는 과정은 효율이 높지 않다는 것이다. 이론적으로 태양 전지는 빛 에너지의 최대 31%를 전기 에너지로 바꿀 수 있다. 그러나 빛 에너지 중 일부는 전지에 의해 반사되거나, 흡수된다 하더라도 전기 에너지로 변환되지 않고 열로 방출된다. 2019년 현재, 최신 상용 태양 전지의 효율은 22% 정도이다. 이것도 1950년대의 초창기 태양 전지의 효율이 4% 미만이었다는 점을 고려하면 대단한 발전이라고 할 수 있다. 제6장에서 우리는 전통적인 방식의 발전소에서 열을 일로 전환시키는 효율이 35~50%에 불과하다는 점을 안타까워하였다. 그런데 태양 전지의 더 낮은 효율은 우리를 더 실망시킬 수도 있을 것이다. 그런데 태양 전지가 최초로 사용된 것은 NASA의 우주선에 전기를 공급하기 위한 것이었다는 점을 기억해야 한다. 이 목적으로 사용하는 데 있어서, 태양 복사 에너지는 매우 커서 낮은 효율은 심각한 문제가 되지 않았고 비용 또한 가장 중요한 문제가 아니었다. 지구에서 상업적인 목적으로 태양 전지를 사용하기 위해서는 비용과 효율이 중요한 문제가 된다. 태양은 기본적으로 고갈되지 않는 에너지원이고, 이 에너지를 전기 에너지로 변환하는 것은 심지어 그 효율이 매우 낮다고 하더라도 화석 연료의 연소에 의해 발생하는 많은 환경 문제와 원자력 발전소에서 배출되는 사용 후 핵연료의 처리와 같은 어려운 문제로부터 자유롭다. 이와 같은 상황은 태양 전지 기술의 연구 개발에 강한 동기가 되고 있다.

상업적인 용도의 태양 전지의 생명력을 강하게 하기 위한 한 가지 접근 방법이 결정성 규소를 *비결정성*(amorphous) Si로 대체하는 것이다. 빛은 보다 덜 규칙적으로 배열되어 있는 Si 원자들에 의해 보다 더 높은 효율로 흡수된다. 이 현상을 이용하면 규소 반도체의 두께를 지금까지의 1/60 또는 그 이하로 줄일 수 있다. 그 결과 태양 전지 제작에 필요한 원료를 준비하는 비용을 상당히 줄일 수 있게 된다.

다른 연구자들은 여러 층으로 이루어진 태양 전지를 개발하고 있다. p-형 규소 반도체와 n-형 규소 반도체의 얇은 막을 번갈아가면서 겹쳐 두면, 각각의 전자들은 다음 p-n 접합에 도달하기까지 아주 짧은 거리만 이동하면 된다. 이렇게 해서 태양 전지의 내부 저항을 줄이고 효율을 향상시킬 수 있다. 두 개의 접합을 이용하면 효율을 50%까지 향상시킬 수 있으며, 세 개의 접합을 이용하면 56%까지 향상시킬 수 있고, 36개의 접합을 이용하면 72%까지 향상시킬 수 있다는 것이 이론적으로 예측되었다. 게다가 다른 종류의 반도체를 붙여서 사용하면 전자기파의 다른 영역의 빛을 흡수할 수 있게 되고, 이런 방식으로 가시광선-적외선의 전체 영역의 빛을 흡수할 수 있도록 할 수 있다. Si은 전자기파 스펙트럼에서 파란색 쪽의 빛에 대해서 더 흡수를 잘하는 특성을 보인다. 이런 특성으로 인해서 다른 파장 영역의 빛은 Si이 잘 흡수하지 못하게 된다. 2019년 현재까지 보고된 다층막 태양 전지의 최대 효율은 46% 정도이다. 그림 7.29는 다층막 태양 전지에서 한 층의 막이 얼마나 얇은지를 보여준다.

박막형 태양 전지는 비결정성 규소나 텔루륨화 카드뮴(CdTe)이나 구리, 인듐, 갈륨, 셀레늄의 조합(CIGS, $CuIn_xGa_{(1-x)}Se_2$, x = 0 − 1)으로 된 규소가 아닌 물질로 만든다. 이 박막들은 단지 수 마이크로미터 정도의 두께의 반도체 물질을 이용한다. 일반적인 사람 머

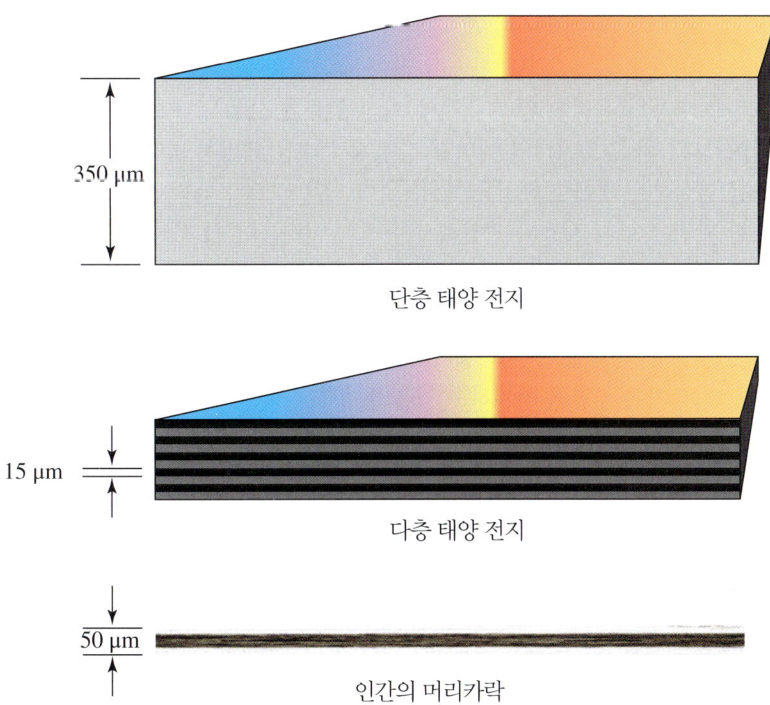

그림 7.29

전체가 한 층으로 되어 있는 태양 전지의 두께와 여러 층으로 되어 있는 태양 전지의 전체 두께와 한 층만의 두께를 사람 머리카락 한 가닥의 두께와 비교하였다. *참고*: 1 μm = 10^{-6} m.

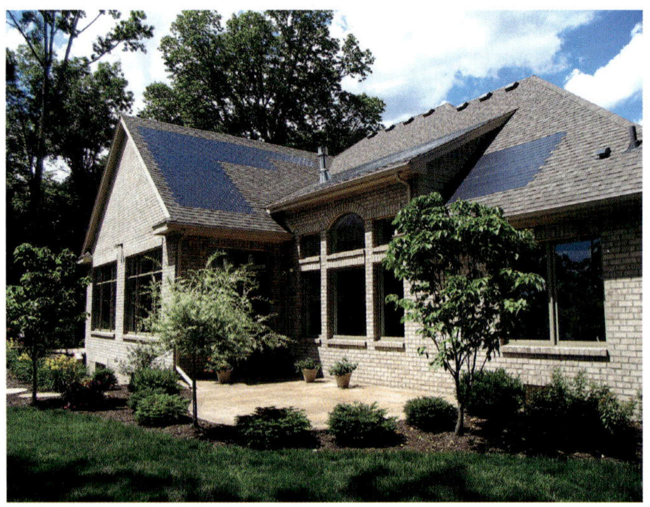

그림 7.30
지붕에 설치된 박막형 태양 전지 타일.
Source: NREL/U.S. Dept. of Energy

리카락의 두께는 50 μm이니 이 박막의 두께가 얼마나 얇은지 알 수 있을 것이다. 박막형 반도체는 지붕 널빤지나 타일에 함께 사용되거나 건물 전면부, 채광용 유리에 사용될 수 있다. 이렇게 할 수 있는 것은 보다 딱딱한 전통적인 태양 전지들과 달리 박막형 태양 전지는 부러지지 않고 잘 휘는 성질을 가지고 있기 때문이다(그림 7.30). 이밖에도 다양한 물질로 여러 가지 태양 전지들이 만들어지고 있다. 태양 잉크는 전통적인 인쇄 기술을 이용하여 만든다. 태양 색소, "양자점(quantum dot)"이라고 알려져 있는 나노 입자, 그리고 전도성 플라스틱도 태양전지로 활용된다. 태양 전지 모듈에는 플라스틱 렌즈나 거울이 있어서 태양광을 고효율의 PV 물질에 집속되도록 한다. 이 렌즈 모듈을 사용해서 실험해 본 결과 이 모듈을 사용하면 초기 비용이 더 들지만 태양전지에 고효율의 감광 물질을 사용하는 양을 줄일 수 있어서 결국 더 비용을 줄일 수 있다는 것이 알려졌다.

활동 학습 7.27 ▸ *태양 광전지의 활용*

오늘날 사람들은 태양 광전지를 어떻게 이용하고 있는가? 이 질문에 대한 답을 인터넷 검색을 통해서 찾아보고 아래 세 가지 경우로 나누어 이용하는 사례를 분류해 보자.

a. 농부와 목축업자가 사용하는 사례

b. 자영업자가 사용하는 사례

c. 가정에서 사용하는 사례

장기적으로 봤을 때 태양 전지 기술은 전망이 있다. 화석 연료를 이용하여 전기 에너지를 생산하는 비용은 증가하는 반면, 태양 전지를 이용해서 전기 에너지를 생산하는 비용은 감소하고 있다. 최근의 관련 기술이 많이 발전했음에도 불구하고, 태양열이나 태양 광전지 효과를 이용하는 것은 많은 경우에 화석 연료를 사용할 때보다 비용이 많이 든다. 최근에 남아프리카와 인도에서의 에너지 경매에서 태양 에너지 발전소는 새로운 석탄 화력 발전소를 건설하는 것에 비해서 그 비용이 더 낮은 것으로 나타났다. 그러나 태양 에너지를 이용한 발전은 토지 사용과 관련해서 여전히 어려움이 있다. 현재의 태양 에너지 발전 효율을 고려했을 때 미국에서 필요한 양의 에너지를 공급하기 위해서는 160 km × 160 km의 면적에 해당하는 태양광 수집 패널이 필요하고 이것은 대략 Maryland 주 전체의 면적과 같다! 태양광 발전량은 꾸준히 증가하고 있지만 전 지구적으로 보았을 때 여전히 전체 에너지 공급의 작은 부분을 차지하고 있을 뿐이다.

활동 학습 7.28 ▸ *태양광 발전소를 어느 곳에 건설할 것인가?*

Maryland 주는 미국의 나머지 전체 지역에 에너지를 공급하기 위한 태양광 에너지 도매상이 되기를 원하지 않는다.

a. Maryland의 지리적 위치는 태양광 발전을 하는 데 적합한가?
힌트: 그림 7.22를 참조하라.

b. 태양 에너지를 수집하는 데 미국의 경우 어느 곳이 가장 좋아 보이는가?

c. 위치 선정이 전부는 아니다. 어떤 곳을 태양 에너지를 수집하는 곳으로 선정하는 데 있어서 영향을 미치는 중요한 요인을 두 가지 더 제시하라.

미국에서 태양 에너지를 생산하는 데 소요되는 비용과 수익을 비교하는 정보 지도를 www.acs.org/cic에서 확인하라.

그림 7.31
태양광 발전을 통해서 전기가 공급되지 않는 오지에서 펌프를 작동시켜 지하수를 길어 올릴 수 있다.
Source: NREL/U.S. Dept. of Energy

태양광은 집중되지 않고 흩어지는 속성을 가지고 있기 때문에 태양 전지 기술은 분산 발전용으로 적합하다. 분산 발전에 대해서는 연료 전지를 다루는 다음 장에서 설명하였다. 발전소 건설 및 시설의 유지 보수, 연료 공급 관련 비용으로 인해서 지구 전체 인구의 1/3 이상 이 전기 에너지를 공급 받지 못하고 있다. 태양 전지는 일단 설치되면 유지 보수 비용은 다른 발전소에 비해 거의 들지 않기 때문에 오지에서 전기 에너지를 직접 생산하는 방법으로 상당히 매력적이다. 예를 들면 알래스카에서 전기가 공급되지 못하는 어느 지방의 고속 도로 신호등은 태양 에너지를 이용하여 작동한다. 그러나 보다 의미 있는 태양 전지의 용도는 개발 도상국가들의 오지에 전기 에너지를 공급하는 것이다. 최근에 200,000개 이상의 태양 전지를 이용한 조명시설이 콜롬비아, 도미니카 공화국, 멕시코, 스리랑카, 남아프리카 공화국, 중국, 인도의 주거지에 설치되었다. 태양 전지는 현재 지구 전체적으로 수백만 명의 생활에 영향을 미치고 있다(그림 7.31).

활동 학습 7.29 ▸ *지역에 공급되는 태양 에너지*

분산 발전! 인터넷 검색을 이용해서 지역에서 사람들이 태양 에너지를 어떻게 이용하는지 알아보라. 예를 들면 100만 개의 태양 전지 지붕(Million Solar Roof) 프로젝트가 있다. 그런 다음 자신이 사는 지역에서 선택할 수 있는 태양 에너지 프로젝트를 제안해 보라. 그 프로젝트를 추진하기 전에 고려해야 할 요인을 최소 5가지 나열해 보라.

활동 학습 7.30 ▸ *태양열 발전과 태양광 발전*

태양으로부터 오는 에너지는 두 가지 방법 즉 태양열, 그리고 태양광 경로를 통해서 전기 에너지로 전환될 수 있다.

a. 태양 에너지가 전기로 전환되는 과정을 각각의 경로에 대해서 설명해 보라.

b. 이 두 경로들 가운데 어느 것이 현재 세계적으로 더 많이 사용되고 있는가?

태양열 집열판이나 태양광 전지를 이용해서 낮 동안 생산된 전기는 밤에 사용하기 위해서 배터리에 저장되어야 한다. 2017년에 Tesla와 SpaceX의 창업자인 Elon Musk(1971)는 호주 남부지역에 축구장 크기의 배터리를 설치하였다. 이 배터리는 풍력과 낮 동안 태양 에너지에 의해서 생산된 전기를 저장하여 야간에 약 30,000가구에 에너지를 공급할 수 있다. 낮 동안에만 에너지를 모을 수 있다는 제한이 있음에도 불구하고 태양열과 태양광을 직접 전기로 전환하는 것은 많은 장점을 가지고 있다. 이렇게 태양 에너지를 이용함으로써 우리가 화석 연료에 의존하고 있는 정도는 조금 줄일 수 있고, 태양 에너지에 의존하는 경제는 화석 연료는 채굴하고 운반하는 과정에서 환경에 미치게 되는 좋지 않은 영향을 줄일 수 있다. 게다가 대기 중의 SO_x, NO_x와 같은 오염 물질의 양을 줄이는 데 도움이 된다. 또한 대기 중으로 CO_2 배출량을 줄여 기후 변화의 위험을 피하는 데 도움이 될 것이다. 화석 연료는 앞으로도 특정 분야에서는 선호되는 에너지원으로 남아 있을 것이다. 그러나 장기적으로 보았을 때 우리는 에너지원을 여러 가지 재생 가능한 원천들로 넓혀 나가야 한다. 그리고 이런 재생 가능한 에너지원들 가운데 많은 것들이 태양이 우리의 대기와 물을 가열하기 때문에 얻어지는 것들이다. 이제 이 장의 마지막 절에서 지속 가능하고 재생 가능한 에너지원으로부터 어떻게 전기를 얻을 수 있는지 알아보도록 하겠다.

7.10 태양을 넘어서: *다른 재생(지속) 가능한 원천에서 전기를 얻는 방법*

단 한 가지 에너지원으로 우리가 필요로 하는 에너지를 모두 얻을 수는 없다. 또한 채굴, 오염, 온실 기체, 분배를 위한 네트워크의 구축과 같은 비용을 지불하지 않고 에너지를 얻을 수 있는 원천도 없다는 것을 알고 있다. 계속해서 화석 연료와 원자력에 의존하는 것보다는 재생 가능한 에너지원을 더 개발하고 사용하는 것이 확실히 도움이 되는 일이다. 제6장에서 바이오 연료, 에탄올과 같은 재생 가능한 에너지원들에 대해서 알아보았다. 이 절에서는 풍력, 수력, 지구 중심의 핵으로부터 전달되어 오는 열을 에너지원으로 사용하는 것에 대해서 알아보도록 하자.

사전 지식 *Did You Know* ?

수백 년 동안 네덜란드 사람들은 낮은 땅에서 물을 길어 올리고, 빵을 만들기 위한 곡식을 빻고, 건축을 위해 목재를 자르는 데 풍차를 이용해 왔다.

©Steve Allen/Brand X Pictures

풍력

태양열은 지구상에 발생하는 큰 규모의 공기 흐름의 원인이 된다. 우리는 이것을 "바람"이라고 부른다. 수세기 동안 인간은 다양한 형태의 풍차를 이용해 왔다. 풍차는 바퀴를 돌려서 곡식을 빻거나 물을 길어 올렸다. 이렇게 바람의 에너지를 기계적인 운동 에너지로 바꾸어주는 터빈으로 오늘날에는 대형 날개깃을 만들어 사용한다. 이 장치는 종종 "바람개비"라는 별명으로도 불리는데, 이 장치가 설치된 지역에서는 매우 눈에 잘 띄는 시설물이 된다. 바람에 의해서 이 터빈이 회전하면 터빈의 축은 발전기에 연결되어 결국 바람의 운동 에너지를 터빈의 기계적인 운동 에너지를 거쳐서 전기 에너지로 변환시킨다. 풍력 발전 단지는 바람을 효과적으로 이용할 수 있는 전 세계의 여러 장소에 위치하고 있다. Hawaii 주의 Big Island에는 Pakini Nui (South Point) 풍력 발전 단지가 조성되어 있다(그림 7.32).

대안이 될 수 있는 여러 에너지원들 가운데, 풍력은 지난 10년간 그것을 이용한 전기 에너지 생산량이 가장 많이 증가하였다. 그림 7.33은 2005년 이래로 여러 대체 에너지원들로부터 생산된 전기 에너지의 양을 보여준다. 수력이 이 기간 동안 가장 많은 전기 에너지를 생산하였지만 풍력이 생산한 전기 에너지는 2005년 이래로 눈에 띄는 증가 추세를 보이고 있다. 풍력에 의한 전기 에너지는 공공 공급망을 통해 공급될 뿐만 아니라, 특히 전력 공급망에서 멀리 떨어져 있는 개별 가구나 사업장에서 자체 생산되어 사용되기도 한다.

그림 7.32

2007년에 완공된 Pakini Nui 풍력발전 단지. 이 풍력 발전 단지는 2013년에 20.5 MW의 에너지를 공급하였다.

©Radius Images/Corbis

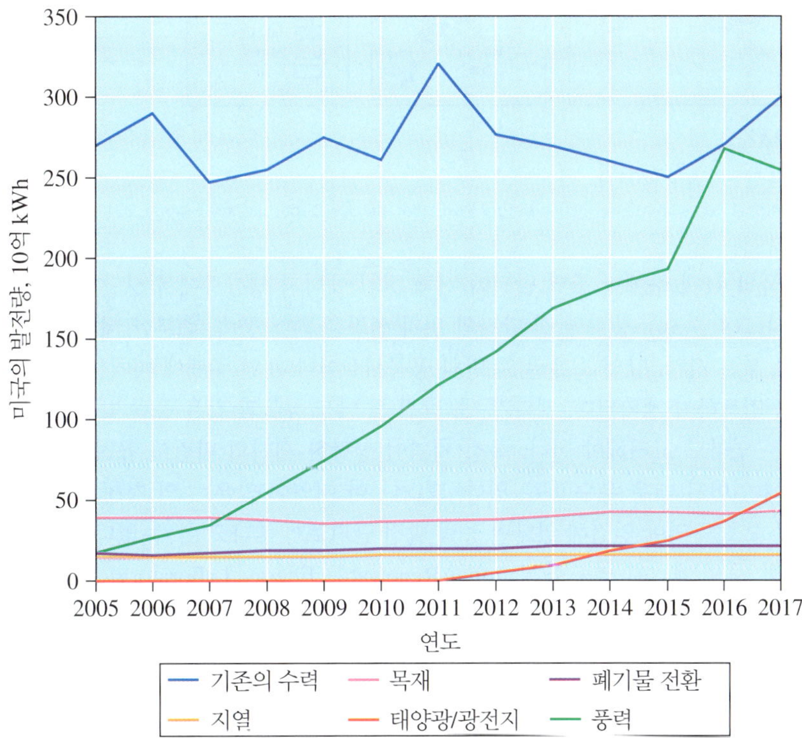

그림 7.33

미국의 대체 에너지원에 의한 전기 생산량(2005~2017년). 2015년에 2조 5천억 kWh의 전기 에너지가 화석 연료의 연소에 의해서 생산되었다는 점과 비교해 보라.

Source: Energy Information Administration.

풍력 발전량의 대부분은 풍력 발전 단지에서 생산된다. 이 단지에서 수백 기의 풍력 발전 터빈이 설치된다. 미국의 일반적인 원자로 한 기가 생산하는 전기는 약 1000 MW 정도이고 석탄 화력 발전소는 평균적으로 550 MW의 전기를 생산한다. 이것과 비교해서 풍력 발전 터빈 한 기는 1.5~2.5 MW의 전기를 생산한다. 그러나 이 풍력 발전 터빈들을 모아서 풍력 발전 단지를 조성하면 전통적인 발전소의 능가하는 출력을 얻을 수 있다. 예를 들면, 미국의 가장 큰 규모의 풍력 발전 단지인 California의 Alta Wind Energy Center는 1548 MW의 전력을 생산한다. 세계에서 가장 큰 규모의 풍력 발전 단지는 중국의 Gansu 풍력 발전 단지다. 여기서는 최대 7900 MW의 전력을 생산한다.

사전 지식 *Did You Know*

한 기의 풍력 발전 터빈이 1 MW의 전력을 생산하기 위해서는 1톤의 희토류 원소로 만들어지는 자석들이 필요하다.

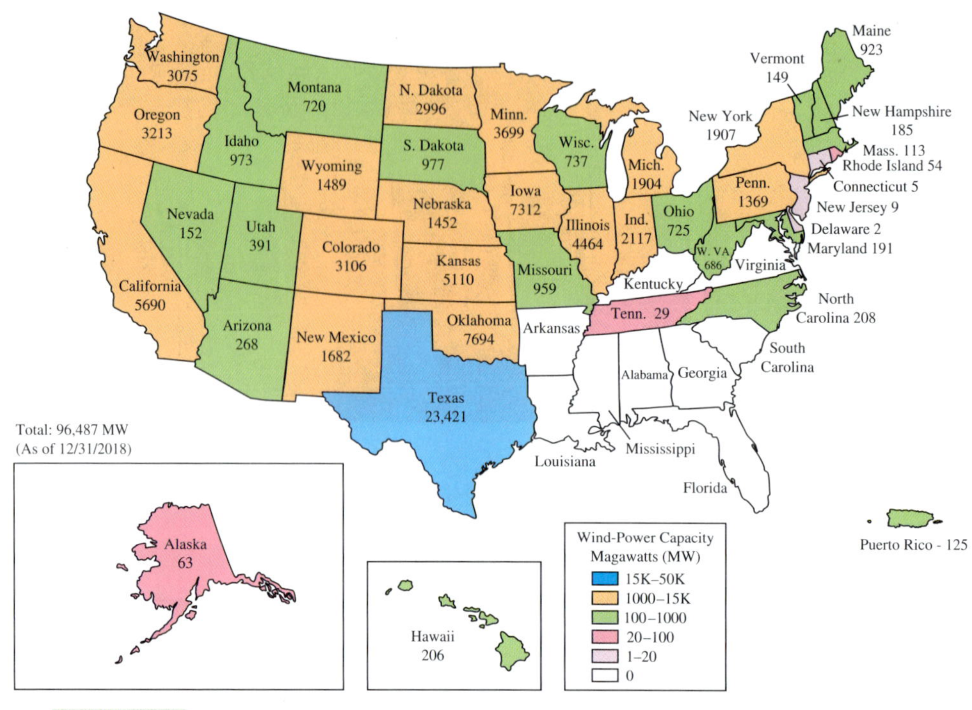

그림 7.34

미국의 풍력 발전의 출력 (2017).

Source: National Renewable Energy Laboratory (NREL) for the U.S. Department of Energy, 2018.

미국의 41개 주에서 풍력 발전이 전체 전기 에너지 생산량에서 상당한 부분을 차지하고 있다(그림 7.34). 풍력 발전 단지의 위치 선정은 최대 풍속, 충분한 세기의 바람이 지속적으로 부는 시간, 땅의 소유권, 주변의 공공시설이나 개인 주택에 미치는 영향 등 많은 조건들을 검토하여 계획된다. 게다가 새, 박쥐 등 야생 동물과 같은 풍력 발전 시설이 환경에 미치는 영향도 고려해야 한다. 특정 지역이 상당한 세기의 바람이 규칙적으로 불어서 이 조건에 있어서 매우 우수할 수 있다. 그러나 이 지역이 많은 수의 철새 도래지와 같은 야생동물 보호 구역에 인접해 있다면 풍력 발전 단지로서 좋다고 할 수 없다.

국립 재생 에너지 연구소(National Renewable Energy Laboratory, NREL)은 대부분의 풍력 발전 터빈이 설치되는 높이인 80 m 상공에서 평균 풍속을 조사하였다. 그림 7.35의 지도에서 볼 수 있는 것과 같이 대평원(Great Plains) 지역의 주에서 가장 높은 풍속의 바람이 분다. 80 m 높이에서는 나무, 건물, 다른 구조물들에 의해 바람이 막히는 일이 최소화된다. 또한 지상에서 위로 올라갈수록 평균 풍속도 증가한다. 풍력 발전 터빈을 이용해서 전기를 생산하기 위해서는 3.6 m/s에서 18 m/s의 풍속이 필요하다. 이보다 풍속이 느리면 터빈을 돌릴 수 없고, 빠르면 터빈의 기계 부품이나 전자 장치에 손상을 줄 수 있다. 전기 생산을 최적화하기 위해서 풍속에 따라서 풍력 발전 터빈을 켜거나 끄는 작업을 해 준다.

활동 학습 7.31 지역에 따라서 달라지는 바람

그림 7.34와 7.35의 미국 지도를 보고, 미국의 남동부 지역에서는 풍력이 약하게 나타나는 이유를 생각해 보라.

풍력 발전 터빈은 타워와 날개로 구성된다. 타워는 터빈이 전기를 생산하기에 충분한 풍속에 노출될 수 있을 만큼 높이 올려서 역할을 한다. 이 타워는 무겁고 거대한 콘크리

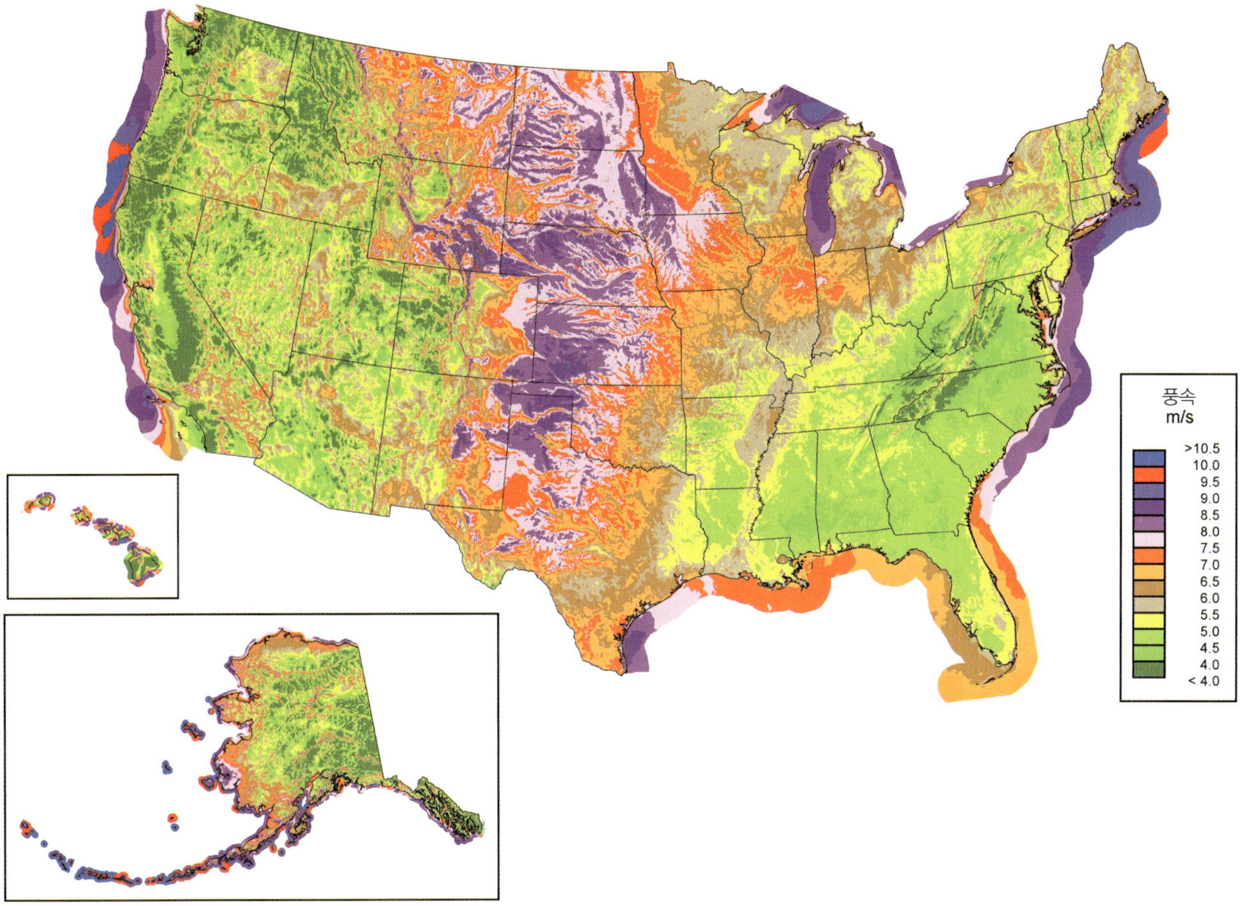

그림 7.35

미국에서 지상으로부터 80 m 상공에서 측정된 연간 평균 풍속.

Source: National Renewable Energy Laboratory for the U.S. Department of Energy, 2014.

트 덩어리(최대 102 m^3) 위에 세워지고 30톤의 강철로 보강된다. *나셀*(nacelle)이라고 부르는 터빈의 몸체는 타워의 맨 위에 장착된다. 이 나셀은 그림 7.36에서 볼 수 있는 것과 같은 터빈이 작동하는 데 필요한 기계, 전자 부품들을 포함하고 있다. 날개들은 축에 연결되어 있고, 축은 전통적인 발전소에서와 마찬가지로 발전기 내부의 전자석을 회전시킨다. 나셀 내부에는 컴퓨터 제어 장치가 들어 있는데 이 장치는 나셀의 방향을 바람이 불어오는 쪽으로 조정하고 날개의 피치를 바꾸어 터빈의 출력을 최적화한다.

육지에 설치되는 풍력 발전 터빈 이외에도 많은 기업에서는 이 터빈을 해상이나 큰 호수에 설치하기도 한다. 현재 미국에는 해상 풍력 발전 단지가 없지만, 유럽에서는 증가하는 추세이다. 예를 들면, 영국의 풍력 발전량의 1/4 이상이 해상 풍력 발전을 통해서 공급된다.

해상 풍력 발전은 육상 풍력 발전에 비해서 몇 가지 이점이 있다. 미국 인구의 절반 이상이 해안지역에 살고 있는데, 따라서 해안 지역이 내륙보다 전기 에너지 수요가 더 높다. 그리고 일반적으로 육상에서 보다 해상에서 바람이 더 강하고 일정한 세기로 분다. 그래서 해상에서 풍력 발전이 육상에서 보다 일반적으로 더 효율이 높다.

©MidAmerican Energy

www.acs.org/cic의 동영상을 통해서 풍력 발전 단지를 가상 투어를 해보라.

수력

수세기 동안 인간은 물레방아와 같은 장치로 물의 흐름을 이용해 왔다. 물이 물레방아를 타고 흐를 때, 이 물레방아는 곡식을 빻아 가루로 만들 수 있는 맷돌을 포함한 다른 바퀴

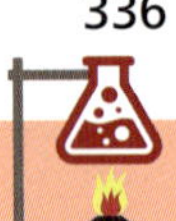

자신만의 풍력 발전 터빈을 만드는 방법을 www.acs.org/cic의 동영상을 통해서 배워 보라.

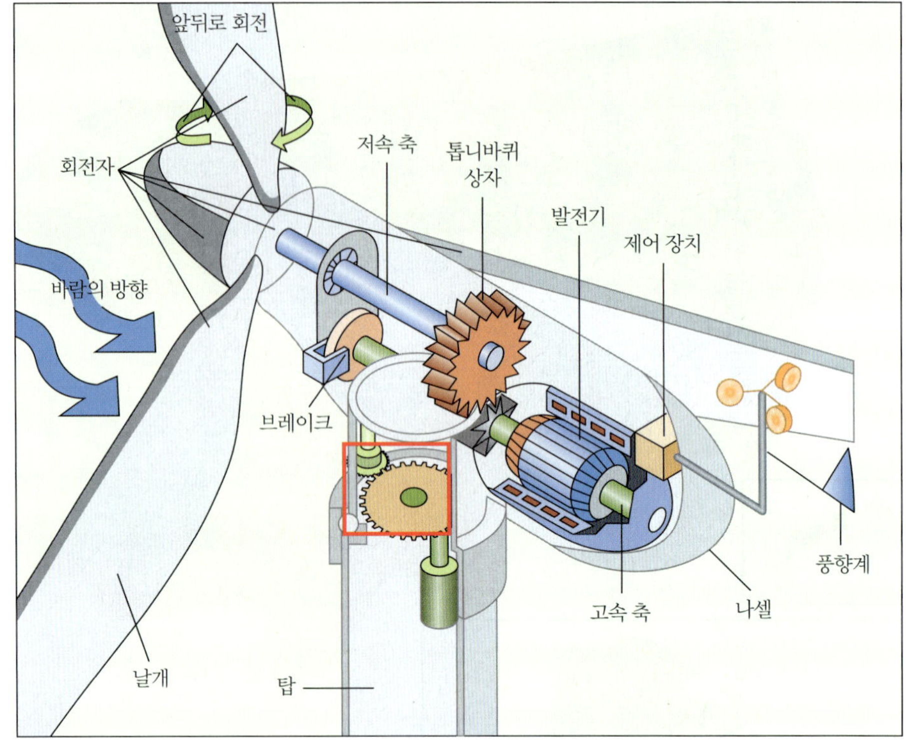

그림 7.36

풍력 발전 터빈의 나셀의 구조.

들을 돌릴 수 있다. 유사한 방식으로, 소규모 또는 대규모 수력 발전용 댐은 물의 움직임을 이용한다. 물이 떨어질 때 터빈의 날개를 돌리게 하여 저수지에 가두어 둔 물의 위치 에너지를 운동 에너지로 바꾸고, 이것을 다시 전기 에너지로 바꾼다. 전 세계적으로 새롭게 건설되고 있는 댐이 많지는 않지만, 대부분의 큰 저수지들은 이미 수력 발전 사업에 이용되고 있다.

조류, 해류, 파도와 같은 바닷물의 움직임도 다양한 원리에 의해 전기 에너지를 생산하는 데 이용될 수 있다. 이 가운데 몇몇 방법은 바닷물의 움직임을 이용하여 터빈의 날개를 돌리는 것이고, 다른 방법들은 터빈을 통하여 압축 공기를 만들도록 하는 것이다. 이 방법들은 모두 바닷물의 움직임이 갖는 운동 에너지를 이용하여 발전기를 돌려 전기 에너지를 생산하는 것이다.

사전 지식 *Did You Know*

Pacific Northwest의 강에 있던 두 개의 댐이 제거되었다. 왜냐하면 이 댐들에서 생산되는 전기 에너지 보다 환경 비용이 더 많이 든다고 판단했기 때문이다.

지열

또 다른 재생 가능한 에너지원은 지구의 중심으로부터 방출되는 열 에너지이다. 글자의 뜻 그대로 "지구의 열"인 지열은 지구로부터 열을 끌어내는 뜨거운 물이나 수증기를 담고 있는 지하 저수지까지 닿도록 시추하는 방법을 이용한다. 이 뜨거운 물은 전기 에너지를 생산하기 위해 발전기를 돌리거나 직접 주택의 난방에 사용될 수 있다. 지열은 Hawaii 주의 Big Island와 같은 뜨거운 암석으로 이루어진 화산 활동이 알려진 지역에서 유용하게 사용될 수 있다. 이곳에서는 전체 에너지의 29%를 지열을 이용해서 생산한다. 현재 미국이 전 세계 전체 지열 발전량의 가장 많은 양을 차지하고 있지만, 케냐, 터키, 인도네시아와 같은 나라에서 지열을 이용한 에너지 생산은 빠르게 증가하고 있다(그림 7.37).

사전 지식 *Did You Know*

지열 발전량이 가장 많은 상위 5개 국가는 다음과 같다. 미국(3.6 GW), 필리핀(1.9 GW), 인도네시아(1.9 GW), 멕시코(1.0 GW), 뉴질랜드(1.0 GW).

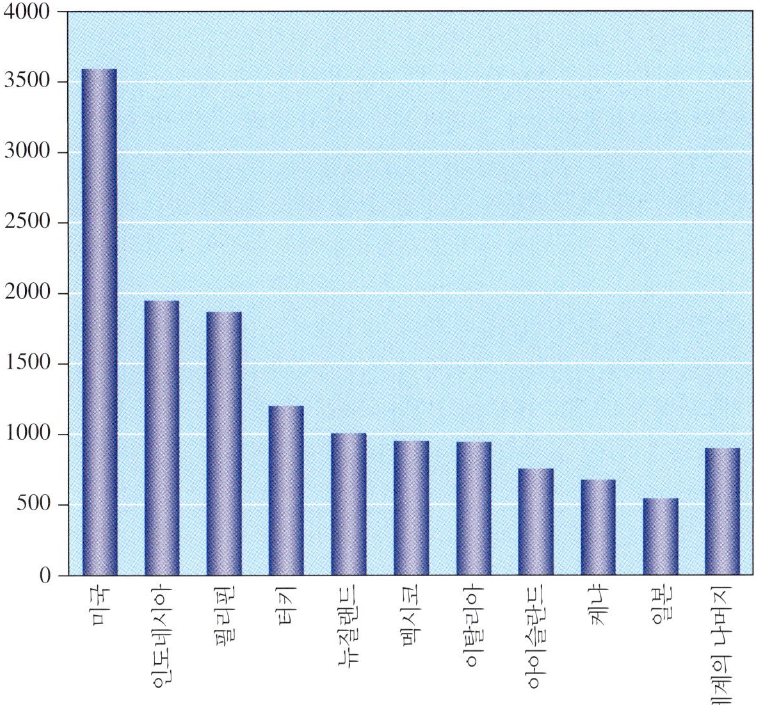

그림 7.37

2018년의 국가별 지열 발전량.

Source: MidAmerican Energy Company

활동 학습 7.32 ▸ *에너지가 넘치는 미래*

우리는 태양과 생물자원뿐만 아니라 바람, 바다, 지열 등의 에너지원으로부터 재생한 에너지를 얻을 수 있다. 이 재생 가능한 에너지원 가운데 한 가지를 골라서 그 에너지원을 사용하는 데 필요한 기술에 대해서 조사하라.

a. 그 에너지원을 사용하는 데 지역적인 제한이 있다면 그 제한 조건을 나열하라.

b. 이 기술을 지지하는 이유를 목록으로 작성하라. 또한 이 기술을 싫어하는 사람들이 제시하는 이유를 목록으로 작성하라.

c. 이 기술이 여러분이 사는 곳의 에너지 생산 능력에 어떤 영향을 미칠 것인지 예상해 보라.

이 절에서는 간단히 몇몇 재생 가능한 에너지원에 대해서 소개하였다. 여기서 소개한 재생 가능한 에너지원과 다른 지속 가능한 에너지원에 대한 전 세계적인 현황과 전망은 소개하지 않았다. 전 세계 에너지 생산량에서 재생 가능한 에너지원이 차지하는 비율을 높이기 위해서는 관련된 경제적인 비용이 낮아지고, 더 쉽게 자원을 확보할 수 있고 사용할 수 있어야 한다.

활동 학습 7.33 ▸ *그룹 활동: 세계의 에너지*

원자력 발전을 지지하는 사람들은 원자력을 이용하여 에너지를 생산하면 그 과정에서 온실 기체가 배출되지 않는다는 점을 강조한다. 유명한 환경 운동가인 Bill McKibben은 "화석 연료를 사용하는 산업에 보조금을 주는 것을 멈추고, 버려지는 에너지를 최대한 줄이고, 우리의 에너지 공급원을 석유, 석탄, 천연 가스에서 풍력, 태양, 지열, 그리고 다른 재생 가능한 에너지원으로 전환하는 것이 시급하다"고 말한다. 이 장을 읽고 나서 여러분은 우리의 에너지 공급원을 구성하는 데 원자력 에너지와 재생 가능한 에너지원들이 적합하다고 생각하는가?

결론 _Conclusion

미국에서 첫 번째 상업용 원자로가 전기 에너지를 생산한 지 60년 이상이 지났다. 우라늄 원자핵으로부터 전기 에너지를 무한히 얻을 수 있을 것이라는 빛나는 약속은 환상에 불과하였다는 것이 증명되었다. 그러나 우리나라와 세계의 안전하고 충분하며 가격이 저렴한 에너지에 대한 요구는 1957년 당시보다 오늘날 훨씬 높다. 그래서 과학자들과 공학자들은 계속해서 원자력 기술을 개발하고 있다.

원자력과 에너지원에 대한 이와 같은 탐색이 어떤 결론에 도달하게 될지 알 수 없지만, 확실한 것은 시민들과 정치인들은 주된 여론을 결론으로 삼을 것이다. 이성과 가깝고 먼 미래에 지구에서 살아갈 후손들에 대한 존중이 우리의 행동을 결정하도록 해야 한다.

그런데 원자력보다 덜 논쟁적인 전기 에너지를 얻을 수 있는 원천들이 있다. 태양에서 오는 에너지를 전기로 바꾸어 쓸 수 있게 해주는 태양 전지 같은 것들이다. 태양 전지 패널을 지붕 널판과 함께 사용하는 것에서부터 자동차와 비행기의 외부에 태양 전지판을 설치하는 것까지 태양과 지구 사이의 하늘만이 말 그대로 태양 에너지의 미래를 제한하는 요소일 뿐이다. 연구 개발이 진행되고 세계 경제가 변화함에 따라서 태양 에너지와 풍력, 지열, 수력 등 다른 지속 가능한 에너지 공급원들도 비용 면에서나 에너지 출력 면에서 쓸 만한 선택지로 자리 잡아 갈 것이다.

원자력과 재생 가능한 에너지원들은 저장하고 있던 탄소를 이산화 탄소 형태로 대기 중으로 배출하지 않으면서 전기를 생산한다. 특히 풍력과 태양 에너지는 전기를 생산하는 데 점점 더 널리 사용되고 있고 에너지 시장에서 더 많은 부분을 차지해 가고 있는 중이다. 그러나 태양 에너지와 풍력은 기복이 크다는 단점이 있다. 태양은 늘 같은 세기로 비추지 않고, 바람도 늘 일정한 세기로 불지 않는다. 이 에너지원들을 최대한 활용하기 위해서는 조건이 좋을 때 생산된 전기 에너지를 나중에 사용하기 위해 배터리에 저장하는 기술이 필요하다. 다음 장에서는 배터리와 같이 에너지를 저장하는 장치와 관련된 화학에 대해서 알아보기로 하자.

학습 결과 _Learning Outcomes

*괄호 안의 숫자는 이 결과가 논의된 장의 절을 나타낸다.

이 장을 공부한 후에 다음을 할 수 있어야 한다.

- 균형 맞춘 핵 반응식을 쓰고, 이해할 수 있다. 원자핵의 변환이 화학 반응과 비교해서 어떻게 다른지 설명할 수 있다. 핵 반응식을 보고 이 핵반응이 일어날 때 수반되는 질량 변화를 확인하여 방출되는 에너지양을 계산할 수 있다. (7.1)
- 원자력 발전소의 구성 요소들을 다이어그램으로 그려서 전체적인 구조와 에너지가 생산되는 원리를 설명할 수 있다. 그리고 원자력 발전소와 화력 발전소를 비교하고 차이점을 설명할 수 있다. 또한 이들 다양한 에너지원으로부터 생산되는 에너지의 양을 비교할 수 있다. (7.2)
- 어떤 동위원소들이 방사능을 갖는지 그 이유를 설명할 수 있다. 기본적인 방사선들의 종류별 특징과 차이점을 설명할 수 있다. 또한 "radiation"이라는 용어가 전자기파의 전파를 나타낼 때와 핵화학에서 사용될 때 의미의 차이를 구분할 수 있다. (7.3)
- 방사선을 *이온화 방사선*(ionizing radiation)이라고도 부르는 이유를 설명할 수 있다. 그리고 우리가 연간 방사능에 노출되는 양에 따라 그 원천의 순위를 매길 수 있다. 그리고 이 원천을 자연적인 것과 인간 활동에 의한 것으로 구분할 수 있다. (7.4)
- 방사성 동위원소가 시간에 따라서 붕괴하는 양을 계산하고 원리를 설명할 수 있다. 원자력 에너지를 생산하고 이용하는 데 있어서 반감기의 중요성을 설명할 수 있다. (7.5)
- 원자력 발전의 위험성과 혜택에 대해서 전체적으로 설명할 수 있다. 원자력 발전소에서 만들어지는 핵폐기물이 장기적으로 인간의 건강에 미치는 영향을 설명할 수 있고, 또 그것을 처분하는 방법에 대해서 설명할 수 있다. (7.6, 7.7)
- 미국에서 원자력 발전과 재생 가능한 에너지원을 이용한 발전의 용량을 비교하고 차이점을 설명할 수 있다. 미국 이외의 나라들에 대해서도 이것을 비교하고 설명할 수 있다. (7.7~7.10)
- 태양에서 지구로 오는 에너지의 양을 어림할 수 있다. 태양열 에너지와 태양광 에너지를 비교하고 차이점을 설명할 수 있다. (7.8)
- 불순물이 첨가된 반도체 물질이 태양 복사 에너지를 전기로 바꾸는 과정을 설명할 수 있다. (7.9)
- 풍력, 수력, 지열 에너지원이 전기를 생산하는 원리를 설명할 수 있다. 그리고 이 재생 가능한 에너지원들의 장점과 단점을 설명할 수 있다. 이때 녹색 화학의 원리를 포함하여 설명할 수 있다. (7.10)
- 대체 에너지원의 경제적 비용, 환경적 비용, 건강에 비치는 영향, 사회적 비용을 평가할 수 있다. (7.10)

연습 문제 _Questions

기본 문제 _Emphasizing Essentials

1. 어떤 탄소 원자가 다른 탄소 원자와 다를 수 있는 두 가지 방법을 제시하라. 그리고 모든 탄소 원자들이 모든 우라늄 원자들과 다른 점을 세 가지 제시하라.

2. 원소 기호 N보다 ^{14}N, ^{15}N은 더 많은 정보를 준다. 무엇을 더 알 수 있는지 설명하라.

3. a. 플루토늄 동위원소 Pu-239에는 양성자가 몇 개 포함되어 있는가?
b. 우라늄의 모든 원자들은 92개의 양성자를 그 핵 속에 포함하고 있다. 93개의 양성자와 94개의 양성자를 핵에 포함하는 원소는 각각 무엇인가?
c. 라돈-222의 핵 속에는 몇 개의 양성자가 들어 있는가?

4. 다음 원자핵에 있는 양성자와 중성자의 수를 써라.

a. 자연 상태에서 발견되는 탄소의 방사성 동위원소인 ^{14}C
b. 자연 상태에서 발견되는 탄소의 안정한 동위원소인 ^{12}C
c. 자연 상태에서 발견되는 수소의 방사성 동위원소인 ^{3}H
d. 의료용으로 사용되는 방사성 동위원소인 Tc-99

5. $E = mc^2$는 20세기에 발견된 가장 유명한 공식 중 하나이다. 이 식에 사용된 각각의 기호들의 의미를 설명하라.

6. 핵 반응식과 화학 반응식의 예를 각각 하나씩 들어라. 어떤 점에서 이 두 종류의 반응식은 같은가? 그리고 다른가?

7. 알파 입자란 무엇이고 어떻게 표시하는가? 베타 입자와 감마선에 대해서도 이것들이 무엇인지, 그리고 어떻게 표시할 수 있는지 답하라.

8. 다음은 플루토늄 표적에 알파 입자를 충돌시켰을 때 일어나는 핵반응을 나타내고 있다. 위 첨자로 쓰인 숫자들과 아래첨자로 쓰인 숫자들이 의미하는 것은 무엇인가? 왼쪽의 첨자의 합이 각 식의 좌변과 우변에서 같음을 보여라. 위 첨자로 나타낸 숫자들의 합이 각각 식의 좌변과 우변에서 같음을 보여라. 또한 아래 첨자로 나타낸 숫자들에 대해서도 마찬가지임을 보여라.

$$^{239}_{94}Pu + ^{4}_{2}He \longrightarrow [^{243}_{96}Cm] \longrightarrow ^{242}_{96}Cm + ^{1}_{0}n$$

9. 연습 문제 8번의 핵 반응식을 보고 다음 질문에 답하라.

a. $^{4}_{2}He$은 어디에서 오는가?
b. $^{1}_{0}n$은 생성물이다. 이 기호는 무엇을 나타내는가?
c. 퀴륨-243은 왜 대괄호 안에 표시되어 있는가?
힌트: 식 [7.1] 참조.

10. 원자 번호가 98인 캘리포늄은 고체 표적 물질에 알파 입자를 충돌시켜 인공적으로 만들어 낸 최초의 원소이다. 이 핵반응의 생성물은 캘리포늄-245와 중성자였다. 이 핵반응에서 반응물로 사용된 고체 표적 물질을 이루는 동위원소는 무엇이었겠는가?

11. 핵분열 반응이 시작되도록 하고 지속되게 하는 데 중성자의 역할의 중요성을 설명하라. 답안을 작성하는 데 먼저 *연쇄 반응*(chain reaction)이라는 용어를 정의하고 이 용어를 사용하라.

12. 핵분열은 서로 다른 여러 경로를 통해서 일어난다. 중성자에 의해서 촉발되는 U-235의 핵분열에 대해서 다음 생성물이 만들어지는 핵 반응식을 써라.

a. 브로민-87, 란타넘-146, 그리고 더 많은 수의 중성자
b. 56개의 양성자를 갖는 핵과 중성자와 양성자를 합쳐서 94개의 핵자들을 갖는 핵, 그리고 두 개의 중성자

13. 다음은 원자력 발전소의 원자로 노심의 개략도이다.

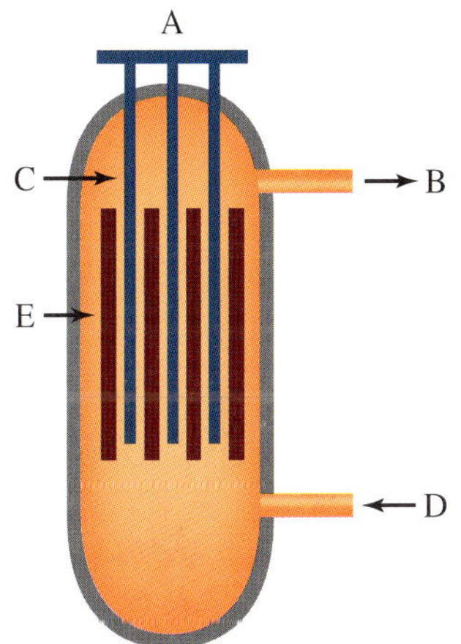

아래 제시된 원자로의 각 부분을 나타내는 영문자를 그림에서 찾아 괄호 안에 써라.

연료봉 (　　)
노심으로 흘러 들어가는 냉각수 (　　)
노심에서 흘러나오는 냉각수 (　　)
제어봉들의 전체 조립품 (　　)
제어봉 (　　)

14. 그림 7.5에 제시된 원자력 발전소의 개략도를 보고, 방사성 물질을 포함하는 부분과 그렇지 않은 부분들을 구분하여 제시하라.

15. 1차 냉각수와 2차 냉각수의 차이점을 설명하라. 2차 냉각수는 격납용 돔 건물 안에 격리되어 있지 않는다. 그 이유는 무엇인가?

16. 붕소는 중성자를 흡수할 수 있어서 원자로에서 제어봉으로 사용된다. 붕소-10이 중성자 한 개를 흡수하여 리튬-7과 알파 입자를 만드는 핵 반응식을 써라.

17. 플루토늄-239는 알파 입자를 방출하며(감마선 방출은 하지 않음) 붕괴하고, 아이오딘-131은 감마선과 함께 베타 입자를 방출하며 붕괴한다.

a. 각각의 붕괴 과정에 대한 핵 반응식을 써라.
b. 플루토늄은 미세 먼지 형태로 호흡기를 통해 체내에 들어오게 되면 인체에 매우 해로운 영향을 미친다. 그 이유를 설명하라.
c. 아이오딘-131은 체내에 흡수되었을 경우 위험할 수 있다. 아이오딘의 모든 동위원소들은 인체의 어느 부위에 축적되는가?
d. 플루토늄-239와 아이오딘-131 시료가 각각 25 g씩 있다고 하자. 반감기가 세 번 지나면 각각 얼마나 남아 있겠는가? 둘 중 어느 물질이 이 양에 도달하는데 더 긴 시간이 걸릴까?
힌트: 표 7.3 참조.

18. 방사성 동위원소가 붕괴할 때 원자핵의 질량수가 변하거나, 원자 번호가 변하거나, 또는 질량수와 원자 번호가 모두 변하거나, 아무것도 변하지 않을 수도 있다. 다음 방사성 동위원소의 붕괴의 종류에 대해서 어떤 변화가 일어날 것인지 설명하라.

a. 알파 입자 방출
b. 베타 입자 방출
c. 감마선 방출

19. 그림 7.10은 U-238의 일련의 붕괴 과정을 보여 준다. 마찬가지로 U-235도 다음 일련의 단계들(α, β, α, β, α, α, α, β, α, β, α)를 거쳐 붕괴하여 안정한 동위원소 납이 된다. 이 붕괴 과정의 처음 6단계의 핵 반응식들을 써라. 이들 가운데 몇몇 단계에서는 감마선의 방출도 일어난다. 그러나 핵 반응식에는 나타내지 않았을 수 있다.
힌트: 여섯 번째 단계의 생성물은 라돈이다.

20. 두 번, 네 번, 여섯 번의 반감기가 지나고 나면 각각 몇 %의 방사성 동위원소가 남게 되는가? 또한 각각의 반감기 횟수만큼 시간이 지났을 때 붕괴된 방사성 동위원소는 몇 %인가?

21. 다음 그래프를 이용하여 방사성 동위원소 X의 반감기를 계산하라.

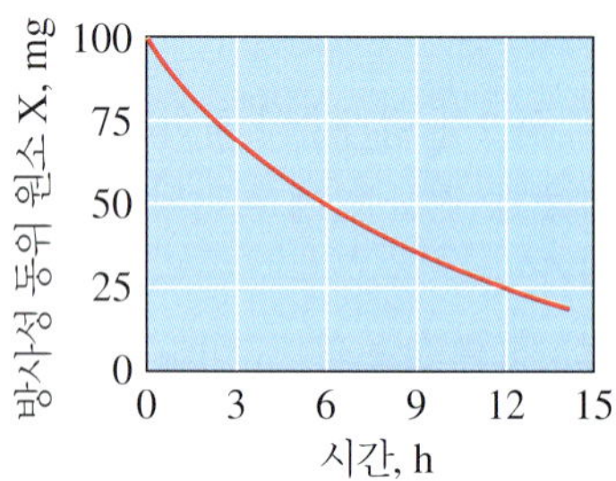

22. 매년 5.6×10^{21} kJ의 에너지가 태양으로부터 지구로 보내진다. 이 에너지로 우리가 필요한 에너지를 모두 충족시키지 못하는 이유는 무엇인가?

23. 기호 •는 전자를 나타내고, 기호 ●는 규소 원자를 나타낸다. 아래 그림의 가운데 있는 진한 자주색 공은 갈륨이나 비소 원자를 나타낸다. 이 그림은 갈륨 불순물이 첨가된 p-형 규소 반도체를 나타내는가? 아니면 비소 불순물이 첨가된 n-형 반도체를 나타내는가? 물음에 답하고 이유를 설명하라.

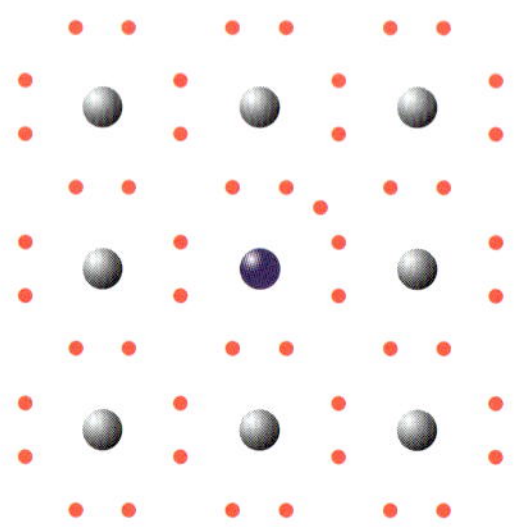

24. 태양 전지의 에너지 변환 효율이 왜 이론적인 값인 31%보다 낮은 원인들을 설명하라.

› 개념 문제 _Concentration on Concepts

25. 중세의 연금술사들은 납과 같은 금속을 금이나 은과 같은 귀금속으로 바꾸는 것을 꿈꾸었다.

a. 이들이 성공하지 못한 이유는 무엇인가?
b. 오늘날에는 납을 금으로 바꿀 수 있는가? 핵 반응식을 이용해서 설명하라.
c. 핵반응을 이용하여 사람들이 원하는 양만큼 금이나 은을 만들 수 있겠는가?

26. U-235와 U-238은 둘 다 방사능을 갖는다. 그러나 자연 상태에서 이들의 존재 비율은 매우 다르다. 이들의 자연 상태에서 존재 비율을 찾아보고(7.1절 참조), 왜 이렇게 존재 비율이 다른지 설명하라.

27. 상업용 원자로에 사용되는 우라늄 연료 펠릿에 대해서 생각해 보자.

a. U-235와 U-238을 분리할 수 있는 한 가지 방법에 대해서 설명하라.
b. 이 우라늄 연료 펠릿은 농축 우라늄을 사용하여 만들어야 하는지 설명하라.
c. 우라늄 연료 펠릿은 80~90%가 아니라 단지 수% 정도 수준에서 농축된다. 왜 이렇게 하는지 세 가지 이유를 들어보라.
d. 화학적인 방법으로는 U-235와 U-238을 분리하는 것이 불가능한 이유를 설명하라.

28. a. 몇 년에 한 번씩 원자로 안의 연료봉을 교체해야 하는 이유는 무엇인가?
    b. 연료봉을 원자로에서 꺼내고 난 후, 어떤 변화가 일어나는가?

29. Palo Verde 원자력 발전소의 각각의 원자로들은 최대 발전 용량으로 작동할 때 단지 몇 파운드의 우라늄으로 1243 MW의 전력을 생산한다. 같은 양의 전력을 생산하는 데 전통적인 화력 발전소의 경우 석유는 약 2백만 갤론, 석탄은 약 10,000톤이 필요하다. 전통적인 발전소와 비교해서 Palo Verde 발전소에서는 이 에너지를 어떤 방법으로 생산하는지 설명하라.

30. Chornobyl의 원자로와 미국의 원자로 사이의 중요한 차이점은 Chornobyl의 경우 흑연을 중성자 감속재로 사용한 반면, 미국의 원자로는 물을 사용한다는 점이다. 안전의 관점에서 감속재로 물을 사용하는 것이 더 좋은 두 가지 이유를 제시하라.

31. 이 책이 아닌 다른 문헌이나 자료에서는 핵 반응식을 쓸 때 아래 첨자를 생략하기도 한다. 예를 들어 아래와 같이 핵 반응식을 쓸 수 있다.

$$^{235}\text{U} + {}^{1}\text{n} \longrightarrow [^{236}\text{U}] \longrightarrow {}^{87}\text{Br} + {}^{146}\text{La} + 3\,{}^{1}\text{n}$$

a. 생략된 아래 첨자가 얼마인지 어떻게 알 수 있는가? 이 아래 첨자들을 생략할 수도 있는 이유는 무엇인가?
b. 반면에 위첨자는 생략하지 *않는* 이유는 무엇인가?

32. 석탄은 미량의 우라늄을 포함할 수 있다. 그렇다면 석탄에서 왜 토륨이 발견될 수 있는가?

33. 누군가가 여러분에게 방사성 동위원소는 10번의 반감기만큼 시간이 흐르면 없어진다고 말하였다고 하자. 이 진술은 시료의 양이 작은 경우에는 그럴 듯 그러나, 시료의 양이 많은 경우에는 틀릴 수도 있다. 이런 관점에서 이 진술의 타당성을 검토해 보라.

34. "바나나는 방사능을 가지고 있다!" 원자력 발전 회사의 부사장이 대중 강연 중에 사람들이 노출될 수 있는 여러 가지 방사선원들을 비교하다가 이렇게 말하였다.

a. 그는 왜 이런 주장을 했을까?
b. 같은 내용을 더 잘 전달할 수 있는 다른 방법을 제시하라.
c. 바나나가 방사능을 가지고 있으므로 먹지 말아야 할까? 답을 제시하고 이유를 설명하라.

35. 화석 연료는 "태양이 고대에 지구에 해 둔 투자"라고 불려 왔다. 이 강의를 수강하지 않는 친구에게 이 비유를 설명해 보라.

36. 대부분의 장소에서 태양열 에너지를 이용하여 전기를 생산하는 비용은 화석 연료를 태워 전기를 생산하는 비용보다 크다. 이 경제적인 상황을 고려하여 태양 전지로부터 환경적으로 보다 깨끗한 전기를 사용하는 것을 장려하기 위한 두 가지 전략을 제안해 보라.

37. 오지에서 전기를 생산하는 것 이외에 태양 전지가 현재 적용되고 있는 사례를 두 가지 제시하라.

38. 태양 에너지를 제외하고 두 가지 재생 가능한 에너지원을 더 제시하라. 그리고 각각의 장점과 단점을 설명하라.

응용 문제 _Exploring Extensions

39. "원자력 발전소 해체"와 같이 말했을 때 사용된 "*해체*(decommission)"라는 용어에 대해서 설명하라. 어떤 기술적인 어려움이 있는가? 인터넷 검색을 통해서 정보를 얻어 답하라.

40. Einstein의 식 $\Delta E = \Delta mc^2$은 핵 반응식은 물론이고 화학 반응식에도 적용해 볼 수 있다. 제6장에서 다루었던 중요한 화학 반응들 가운데 하나인 메테인의 연소 반응을 생각해 보자. 이 반응을 통해서 메테인 1 g이 연소될 때 50.1 kJ의 에너지가 방출된다.

a. 50.1 kJ에 해당하는 질량 감소는 얼마인가?
b. 이만큼의 에너지를 만들어 내기 위해서 연소된 메테인의 질량은 질량 감소를 통해 $\Delta E = \Delta mc^2$의 공식을 따라 에너지로 전환된 질량의 몇 배나 되는가?
c. a와 b의 결과를 이용하여 Einstein의 공식이 화학 반응과 핵반응에 모두 적용될 수 있지만 대부분 핵반응에만 적용되는 이유를 설명하라.

41. 태양에서 4.00 g의 수소 원자핵이 핵융합을 통해서 헬륨이 될 때, 질량의 변화는 0.0265 g이고 에너지는 방출된다.

a. 수소의 질량이 더 큰가? 아니면 헬륨의 질량이 더 큰가?
b. Einstein의 공식 $\Delta E = \Delta mc^2$을 이용하여 이 질량 변화에 해당하는 에너지를 계산하라.

42. 태양에서와 같은 조건에서 수소는 헬륨과 핵융합을 통해서 리튬을 만들 수 있다. 그리고 이 리튬은 처음과는 다른 헬륨과 수소의 동위원소들로 나누어질 수 있다. 아래 핵 반응식에 각각의 동위원소 1몰의 질량을 함께 제시하였다.

$$\underset{2.01345\text{ g}}{{}^{2}_{1}\text{H}} + \underset{3.01493\text{ g}}{{}^{3}_{2}\text{He}} \longrightarrow [{}^{5}_{3}\text{Li}] \longrightarrow \underset{4.00150\text{ g}}{{}^{4}_{2}\text{He}} + \underset{1.00728\text{ g}}{{}^{1}_{1}\text{H}}$$

a. 반응물과 생성물 사이의 질량 차이는 몇 그램인가?
b. 반응물이 각각 1몰 있다고 하면 에너지가 얼마나 방출될 것인지 줄 단위의 값으로 제시하라.

43. Lise Meitner와 Marie Curie는 모두 방사성 물질을 이해하는 데 기여한 개척자들이다. Marie Curie와 그녀의

업적에 대해서는 많이 들어보았을 것이다. 그러나 Lise Meitner에 대해서는 그만큼 잘 알려져 있지 않다. 이 두 여성 과학자들은 시대와 그들의 과학적 업적 면에서 어떤 관련이 있는지 설명해 보라.

44. Swiss Army 시계의 광고 문구에는 이 시계가 삼중수소를 사용하고 있음을 강조하고 있다. "시계 바늘과 숫자는 스스로 에너지를 공급하는 삼중수소 기체로 비추어진다. 다른 시계들의 야광 다이얼보다 10배 더 밝다." 또 다른 광고는 다음과 같이 뽐내고 있다. "삼중수소 바늘과 눈금은 밝게 빛나서 한밤중에도 시간을 확인하는 것이 매우 쉽도록 해준다." 인터넷 검색을 해 본 후 이 시계에 사용된 삼중수소의 화학적인 행태는 무엇이며, 이것의 역할을 토론하여 이 광고 문구들에 대해서 비평을 해보라.

45. 어느 지역에 원자력 발전소를 건설할 것인지 결정하기 위해서는 원자력 발전소와 관련된 위험과 혜택을 분석하는 작업이 필요하다. 만약 여러분이 전력 공급 회사의 CEO이고 여러분의 회사의 담당 지역에 원자력 발전소 건설 허가를 신청할 것인지 여부를 고려하고 있다면, 여러분은 어떤 위험과 혜택을 따질 것인가?

46. 원자력 발전소(그림 7.5)와 화력 발전소(그림 6.9) 사이의 비슷한 점과 다른 점을 각각 두 가지 이상 제시하라.

47. 기술의 첨단에서는 과학과 공상과학 소설의 경계가 종종 모호해진다. 지구 궤도에 거울을 놓아 더 많은 태양 에너지를 모아 집속시켜 전기 에너지 생산에 이용한다는 공상과학 소설에 나올 법한 이 "미래적" 생각에 대해서 조사해 보라.

48. 태양 전지로 작동할 수 있는 물질들을 건물에 일체화시키는 것이 요즘 유행이다. 이렇게 하면 지붕의 태양 전지판을 별도로 설치하는 것보다 눈에 덜 거슬리고 보기 좋다. 이와 같은 물질들에는 어떤 것들이 있는지 조사해 보라. 이런 물질들이 건물과 일체화되어 어떻게 작동하는지 설명하라. 또한 눈, 진눈깨비, 우박, 바람 등 날씨가 좋지 않은 곳에서 이 물질들을 얼마나 오래 사용할 수 있을지 생각해 보라.

49. 태양 전지를 만드는 데 사용되는 규소는 지구의 지각에 가장 많이 존재하는 원소 중 하나이지만 광물들로부터 이 원소를 추출하는 것은 비용이 많이 드는 일이다. 태양 전지의 수요가 증가하면서 몇몇 회사들은 규소 부족을 걱정하게 되었다. 규소를 정제해 내는 방법에 대해서 조사하고 태양 전지 생산 기업들이 어떻게 이 증가하는 원자재 가격 문제를 해결하고 있는지 알아보라.

50. 7.10절에 제시된 재생 가능한 에너지원들 가운데 어느 것이 앞으로 가장 전망이 좋을 것으로 생각하는가? 그리고 가장 전망이 좋을 것으로 고른 에너지원에 대해서 인터넷 검색을 통해서 장점과 단점을 정리해 보라. 이렇게 정리한 자료를 바탕으로 해서 이 에너지원이 미래에 쓸 만한 에너지원이 될 것인지 생각해 보라. 이 에너지원을 실제로 널리 사용하기 위해서 더 많은 연구개발이 필요한가?

51. 그림 7.25c는 독일의 Bavaria 지방의 Solarpark Gut Erlasee에 설치된 태양 전지들을 보여 준다.

a. 자신이 거주하는 국가에서 현재 태양 전지를 이용하는 가장 큰 발전소는 어느 곳에 위치하고 있는가?

b. 다른 두 곳의 대규모 태양광 발전 시설이 설치된 지역을 제시하라.

c. 개별 건물의 지붕에 설치하는 태양 전지 시설보다 중앙 집중식 태양광 발전 시설을 설치하는 것이 장점이 될 수 있는 요인을 두 가지 제시하라.

제10판
생활과 환경속의 화학
Chemistry in Context Applying Chemistry to Society

CHAPTER

8 에너지 저장
Energy Storage

Banner credit above: ©Svetlana Turchenick/Shutterstock; *Source*: Shaddack via Wikimedia

미리 생각해 보기 *Reflect*

일상생활에서 배터리의 역할

www.acs.org/cic에서 이 장을 여는 비디오를 보고, 배터리 없이 생활이 어떻게 변할 것인지 생각해보라.

a. 배터리를 사용하는 모든 일상 활동과 각 활동에 사용된 배터리의 유형을 나열하라.

b. 모든 배터리가 같지는 않다. 이 장에서는 다양한 배터리의 내부에서 일어나는 화학 반응에 대해서 설명할 것이다. **a**에서 나열한 배터리 중에서 충전할 수 있는 배터리는 무엇인가? 이러한 충전지들의 수명에 영향을 미치는 요인들을 예측하라(예: 더 이상 장치에 전원을 공급할 수 없을 때까지 가능한 충전/방전 주기 수).

주요 질문 *Compelling Questions*

이 장에서는 다음과 같은 질문들에 대하여 살펴볼 것이다.

- 주요 배터리 유형은 무엇이며, 어떻게 작동하는가?
- 갈바니 전지와 전해 전지의 차이점은 무엇인가?
- 배터리는 어떻게 재활용되는가?
- “하이브리드” 자동차란 무엇인가?
- 슈퍼커패시터(supercapacitor)와 배터리의 차이점은 무엇인가?
- 기존의 휘발유 자동차 대신 연료 전지를 사용하면 장점이 있는가?

©Reed Richards/Alamy

서론

우리는 집이나 일터에서 난방과 냉방을 위해서, 그리고 독서를 위한 조명이나 전기 제품을 이용하기 위해서 전류라고 부르는 전자의 흐름을 이용한다. 몇몇 가전제품들은 화석 연료를 사용하는 화력 발전소(제6장)나 핵분열이 가능한 동위 원소들을 연료로 사용하는 원자력 발전소(제7장)에서 생산된 전기 에너지를 받아 사용한다. 그리고 적은 양이지만 수력 발전과 함께, 풍력, 태양 에너지, 지열을 이용해서 생산되는 전기 에너지를 이용하기도 한다.

그러나 우리의 이동 생활 습관 때문에 배터리라고 알려진 편리한 크기의 휴대용 전기 공급 장치의 의존도가 증가하고 있다. 이러한 오래 사용할 수 있고, 성능이 좋은 전원은 특별한 에너지로 쓰일 수 있다. 우리가 사용하는 휴대폰, 노트북 컴퓨터, 그리고 휴대용 전기 제품에 전원을 공급, 그러나 최근 현대의 르네상스라고 할 교통수단에까지 배터리를 이용한다. Tesla와 같은 기업이 전기 자동차 시장의 대부분을 장악하고 있지만, 기존의 자동차 제조업체조차도 Nissan의 Leaf와 Chevrolet의 Bolt와 같은 전기 자동차를 생산한다. 현재 대부분의 제조업체 또한 차량에 전원을 공급하는 장치로 전기와 연료를 조합해서 사용하는 하이브리드 모델을 하나 이상 가지고 있다.

Benjamin Franklin(1706~1790)은 1749년에 처음으로 “배터리”라는 용어를 만들어 그의 실험 장치를 설명하는 데 사용했다. 그러나 Alessandro Volta (1745~1827)는 *볼타 파일*(voltaic pile)이라고 부르는 첫 번째 기능성 배터리를 제작한 것으로 인정을 받았다. 그러나 배터리의 최초의 사용은 실제로 훨씬 더 일찍, 아마도 고대로 거슬러 올라갈까? 여러분이 결정하라.

활동 학습 8.1 ▸ *Baghdad의 배터리*

Alessandro Volta는 1800년대 초에 배터리를 발견한 것으로 알려져 있다. 그러나 기원전 242년에 배터리로 사용된 것과 같은 고대 유물(그림 8.1)이 발굴되었다. 인터넷을 사용하여 소위 "Baghdad 배터리"라고 부르는 구성 요소와 기능에 대하여 설명하라. 이 유물에 대한 비평가의 설명과 최근의 이러한 장치를 테스트한 실험을 근거로 해서, 여러분은 이것이 배터리로 사용되었다고 생각하는지 아니면 다른 용도로 사용되었는지를 말하라. 당신의 추론을 설명하라.

그림 8.1

파르티아 시대(Parthian period)로 거슬러 올라가는 테라코타 냄비(terracotta pot)와 압연 구리판, 철 막대(기원전 250년에서 기원전 224년 사이).

활동 학습 8.2 ▸ *초기 배터리 설계*

배터리는 초기 설계 이후 크게 발전하였다. 인터넷을 이용해서 다음 배터리에 관한 질문에 답하라.

i) Alessandro Volta(1745~1827)가 발명한 전지 파일(voltaic pile)

ii) John Daniell(1790~1845)이 발명한 Daniell 전지

iii) Gaston Planté(1834~1889)가 발명한 Plante 전지

iv) Georges Leclanché(1839~1882)이 발명한 Laclanche 전지

v) Carl Gasner(1855~1942)가 발명한 Gassner 전지

a. 이 모든 배터리의 설계의 공통점은 무엇인가?

b. 이러한 설계는 오늘날에도 사용하고 있는가? 설명하라.

c. Energizer와 Duracell 회사에서 만들어서 인기를 얻은 현재의 알칼리 배터리는 Eveready Battery Company에서 1949에 Lew Urry(1927~2004)에 의해서 개발되었다. 위에 나열한 초기 배터리 개념과 관련된 현대 알칼리 배터리 설계의 유사점과 차이점은 무엇인가?

이 장에서는 여러 가지 종류의 배터리의 구성 요소, 작동 원리 및 안전에 대해 고려할 사항에 대하여 설명한다. 또한 생산과 사용 후 폐기가 환경에 미치는 영향에 대해서도 설명한다. 먼저 배터리의 경우를 살펴보고, 전기 에너지를 생성하는 화학 반응을 설명하도록 한다.

8.1 배터리는 어떻게 작동하는가?

수많은 개인용 전자 기기들은 배터리를 필요로 하고 있기 때문에, 배터리는 전 세계적으로 매우 규모가 크며, 현재 성장하고 있는 산업이다. 배터리의 주력은 **갈바니 전지**(galvanic cell)이다. 즉, 자발적인 화학적 반응에서 발생되는 에너지를 전기 에너지로 전환할 수 있는 장치이다. 여러 개의 갈바니 전지를 전선으로 함께 연결하면 그것이 **배터리**(battery)가 된다.

모든 갈바니 전지들은 한 물질에서 다른 물질로 전자가 이동하는 현상을 이용하여 유용한 에너지를 만들어 낸다. 이 전자 이동을 수반하는 과정에 대한 전체 화학 반응식을 쓸 수 있다. 또한 필요하다면 이 전체 화학 반응식을 두 개의 반응식으로 나눌 수도 있다. 하나는 화학종이 전자를 잃는 과정인 **산화**(oxidation) 과정을 나타내고, 다른 하나는 화학종이 전자를 얻는 **환원**(reduction) 과정을 나타낸다. 이 두 반응은 각각 갈바니 전지에서 일어나는 전체 반응의 절반에 해당하는 과정을 나타내기 때문에 **산화–환원 반쪽 반응**(redox half-reaction)이라고 한다. 다시 말해서 반쪽 반응은 반응물이 잃거나 얻는 전자들을 보여 주는 화학 반응식의 한 종류이다.

반쪽 반응은 항상 둘씩 짝을 지어서 일어나고, 반드시 이온과 전자를 모두 포함해야 한다. 전자를 반응이 일어나는 플라스크에 붓지 않았지만, 반응식에 전자를 표시하는 것은 실제로 일어나는 현상을 이해하는 데 큰 도움이 된다. 전자들은 반쪽 반응식의 왼쪽 또는 오른쪽에 등장할 수 있지만, 양쪽에 모두 나타나지는 않는다. 만약에 생성물 쪽에 전자가 표시된 경우는 반응물이 전자를 잃어버렸다는 것을 나타낸다. 이것은 *산화*(oxidation) 반쪽 반응이다. 반면에 전자가 반응물 쪽에 표시된 경우는 반응물이 전자를 얻었다는 것을 나타낸다. 이것은 *환원*(reduction) 반쪽 반응이다.

한 예로서, Cu-Zn 갈바니 전지 안에서 일어나는 반응의 간단한 표현에 대해서 생각해 보자.

$$\text{산화 반쪽 반응:}\quad Zn(s) \longrightarrow Zn^{2+}(aq) + 2e^- \qquad \textbf{[8.1]}$$

$$\text{환원 반쪽 반응:}\quad Cu^{2+}(aq) + 2e^- \longrightarrow Cu(s) \qquad \textbf{[8.2]}$$

이 경우 두 개의 전자가 산화 반쪽 반응을 통해서 방출된다. 그러면 이 전자들은 어디로 가는가? 이 전자들은 환원되는 Cu^{2+} 이온 쪽으로 이동한 것을 볼 수 있다. 전체 반응식의 균형을 맞추기 위하여 산화 과정을 통해서 방출된 전자의 수와 환원 과정을 통해서 이온이 얻은 전자의 수는 같아야 한다. 이런 이유로 환원 반쪽 반응에 화학량론 계수 2가 주어졌다(식 [8.2]).

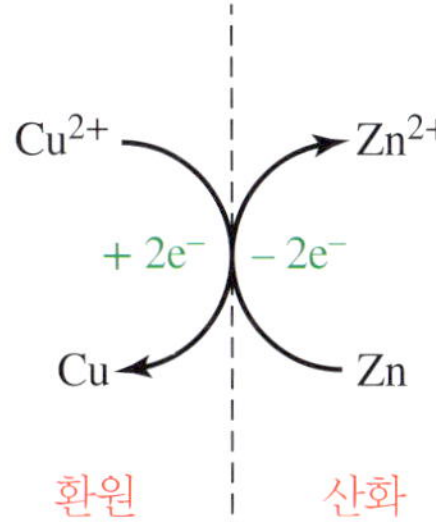

그림 8.2
산화 환원 반응에 대한 개략도. 산화 반쪽 반응에서 방출되는 전자를 환원 반쪽 반응에서 사용되는 것을 보여준다.

이제 위의 두 반쪽 반응을 더해서 전체 반응식을 만들어 보자.

$$Zn(s) + Cu^{2+}(aq) + \cancel{2e^-} \longrightarrow Zn^{2+}(aq) + Cu(s) + \cancel{2e^-} \qquad \textbf{[8.3]}$$

아연 금속이 "잃은" 전자들은 구리 이온들이 *얻으므로* 식 [8.3]의 양변에 등장하는 전자들은 상쇄된다. 그래서 전체 전지 반응식은 다음과 같이 다시 쓸 수 있다.

$$Zn(s) + Cu^{2+}(aq) \longrightarrow Zn^{2+}(aq) + Cu(s) \qquad \textbf{[8.4]}$$

금속의 전하를 금속의 **산화 상태**(oxidation state)라고 부른다. 그러므로 식 [8.4]에서 아연의 산화상태는 0에서 +2로 증가하는 반면에 구리의 산화 상태는 +2에서 0으로 감

사전 지식 *Did You Know* ?

화학 에너지와 전기 에너지 사이의 변환을 다루는 화학의 한 분야를 **전기화학**(electrochemistry)이라고 한다. 전반적으로 전기 화학 반응은 환원과 산화가 모두 일어나므로 **산화–환원**(redox) 반응으로 표시한다.

자유의 여신상이 녹색인 것을 궁금해 한 적이 있는가? www.acs.org/cic에서 비디오를 확인하라.

사전 지식 *Did You Know* ?

이온의 산화 상태는 이온의 전하와 같다. 원소의 산화 상태는 항상 0이다.

소했다. 산화–환원 반응의 일반적인 규칙은 *환원*은 항상 산화 상태가 *감소*(decrease)하고, *산화*는 산화 상태가 *증가*(increase)된다.

활동 학습 8.3 ▶ 반쪽 반응에 나타나는 전자

다음 각 반쪽 반응을 산화 반쪽 반응과 환원 반쪽 반응으로 구분하고, 그렇게 구분한 이유를 설명하라.

a. $Al^{3+} + 3e^- \longrightarrow Al$

b. $Zn \longrightarrow Zn^{2+} + 2e^-$

c. $Mn^{7+} + 3e^- \longrightarrow Mn^{4+}$

d. $2H_2O \longrightarrow 4H^+ + O_2 + 4e^-$

e. $2H^+ + 2e^- \longrightarrow H_2$

관련 절

퍼텐셜 에너지는 6.3절에서 처음 소개되었다.

외부 회로를 통한 전자의 이동은 **전기**(electricity)를 발생시킨다. 즉 전기는 퍼텐셜 에너지의 차이에 의해 한 영역에서 다른 영역으로의 전자들의 흐름이다. 전기 화학 반응은 휴대폰, 전동 공구, 등 기타 배터리로 구동되는 수많은 다른 장치들에 필요한 에너지를 공급한다. 이 전지 안에 들어 있는 산화되는 물질과 환원되는 물질은 산화 과정에서 방출된 전자가 적절한 경로를 통해서 환원될 반응물로 전달되도록 연결되어 있어야 제대로 그 역할을 할 수 있다.

8.2 옴(ohm)

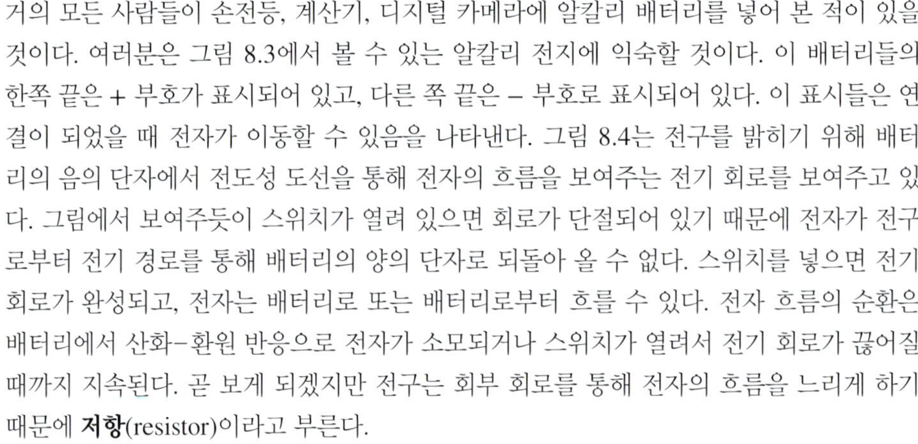

거의 모든 사람들이 손전등, 계산기, 디지털 카메라에 알칼리 배터리를 넣어 본 적이 있을 것이다. 여러분은 그림 8.3에서 볼 수 있는 알칼리 전지에 익숙할 것이다. 이 배터리들의 한쪽 끝은 + 부호가 표시되어 있고, 다른 쪽 끝은 – 부호로 표시되어 있다. 이 표시들은 연결이 되었을 때 전자가 이동할 수 있음을 나타낸다. 그림 8.4는 전구를 밝히기 위해 배터리의 음의 단자에서 전도성 도선을 통해 전자의 흐름을 보여주는 전기 회로를 보여주고 있다. 그림에서 보여주듯이 스위치가 열려 있으면 회로가 단절되어 있기 때문에 전자가 전구로부터 전기 경로를 통해 배터리의 양의 단자로 되돌아 올 수 없다. 스위치를 넣으면 전기 회로가 완성되고, 전자는 배터리로 또는 배터리로부터 흐를 수 있다. 전자 흐름의 순환은 배터리에서 산화–환원 반응으로 전자가 소모되거나 스위치가 열려서 전기 회로가 끊어질 때까지 지속된다. 곧 보게 되겠지만 전구는 회부 회로를 통해 전자의 흐름을 느리게 하기 때문에 **저항**(resistor)이라고 부른다.

그림 8.3

AAA부터 D 크기의 모든 알칼리 배터리는 1.5 V를 생성한다.

장치 내의 전기 회로는 램프의 전원을 켜거나 휴대용 진공청소기를 작동하는 작업을 수행하는 데 전기를 사용한다. 이 회로 내에서 전자의 흐름은 **전류**(current)라 하는 반

재미있는 Ohm의 법칙의 시범 실험 영상을 www.acs.org/cic에서 확인하라.

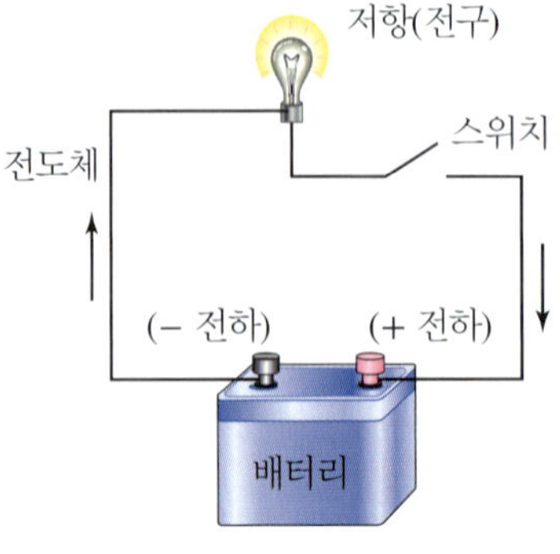

그림 8.4

배터리로 작동하는 간단한 전구의 전기 회로도.

그림 8.5

Ohm의 법칙을 나타내는 그림. 전압은 전자 흐름의 힘과 관련이 있고, 전류는 전자의 흐름과 관련이 있고, 저항은 전기 회로에서 전자의 흐름을 차단하는 일을 한다.

면에, 두 지점의 전기 에너지의 차이를 **전압**(voltage, 전위라고도 함) 이라고 한다. 이름에서 알 수 있듯이 *저항*(resistance)은 전류의 흐름을 방해하고 옴(ohm, Ω)이라는 단위로 측정된다. 전류 또는 전자 흐름의 속도는 암페어(amps, A)로 측정되는 반면에 전압은 볼트(volt, V)로 측정된다.

전압, 전류 그리고 저항에 대한 재미있는 그림을 그림 8.5에 나타내었다. 이러한 변수들 간의 관계는 **Ohm의 법칙**(Ohm's law)이라는 다음과 같은 간단한 방정식으로 표시된다.

$$V = I \times R \qquad [8.5]$$

여기에서, V = 전압(볼트 단위로 측정, V)
I = 전류(암페어 단위로 측정, A)
R = 저항(옴 단위로 측정, Ω)

식 [8.5]에서 볼 수 있듯이 회로의 저항이 증가하면 전류의 감소가 나타난다. 게다가 저항이 일정한 회로의 전압이 증가하면 전류도 증가한다.

활동 학습 8.4 ▶ 쿨롱

전하의 SI 단위는 쿨롱(coulomb), C이며 이는 6.242×10^{18}개의 양성자 전하와 같은 양이다. 암페어와 옴을 SI 기본 단위인 J, C, s로 나타내라. 차원 분석을 통하여 식 [8.5]의 전압이 J/C으로 나타낼 수 있음을 보여라.

활동 학습 8.5 ▶ 물의 흐름에 비유

파이프를 통한 물의 흐름은 일반적으로 전기 회로를 통한 전자의 흐름에 대한 비유로 사용된다.

a. 전압, 전류, 그리고 저항의 상호 관계를 보여주는 파이프를 통한 물의 흐름에 대한 도표를 구성하라.

b. 당신의 그림과 인터넷의 그림을 비교하라. 이 비유가 얼마나 정확하고, 전기를 설명하기 위한 몇 가지 제한 사항은 무엇인가?

배터리 내에서 전자의 이동은 전기 전도체들인 **전극**(electrode)을 통해서 일어나고, 화학 반응이 일어나는 장소의 역할을 한다. **산화전극**(anode)이라고 부르는 전극에서는 산화가 일어나 반응물로부터 배출된 전자들을 모아서 흐르도록 한다. **환원전극**(cathode)이라고 부르는 전극에서는 환원이 일어난다. 환원전극은 산화전극으로부터 외부 도선을 통해서 흘러오는 전자를 받아서 환원 반응이 일어나도록 한다.

배터리의 전극은 산화와 환원 반응이 일어나는 장소로 제공되기 때문에, 전자를 잃고 얻음이 용이한 물질로 구성되어야 한다. 주기율표의 1족, 2족, 및 13족의 이온을 포함하는 화합물의 경우, 금속의 산화 상태는 (거의) 항상 +1, +2, 또는 +3이다. 결과적으로 "염화 소듐"과 같은 이온성 화합물의 이름에는 금속의 전하는 예측 가능하고, 변하지 않기 때문에 금속의 전하를 표시할 필요가 없다. 그러나 전이 금속 은 여러 가지 산화 상태로 안정하게 존재하므로(그림 8.6), 산화/환원 반응에 산화 상태를 표시해야 한다.

사전 지식 *Did You Know*

인듐(In)과 탈륨(Tl)과 같은 일부 무거운 13족 금속들은 +1의 산화 상태가 가장 안정하다. 주석(Sn)과 납(Pb)과 같은 14족의 아래쪽에 있는 금속은 +2나 +4가 안정한 산화 상태이다.

8.3 배터리, 어디에나 사용되는 배터리!

전기 회로가 완성되면 전지의 두 전극 사이의 전압(voltage)을 측정할 수 있게 된다. 전압이란 두 전극 사이의 전기 화학적 전위차를 말한다. 이 두 전극 사이의 전위차가 클수록 전압이 높아지고, 전자 이동과 관련된 에너지가 커진다. 예를 들면 Ni–Cd 전지의 경우, 지정

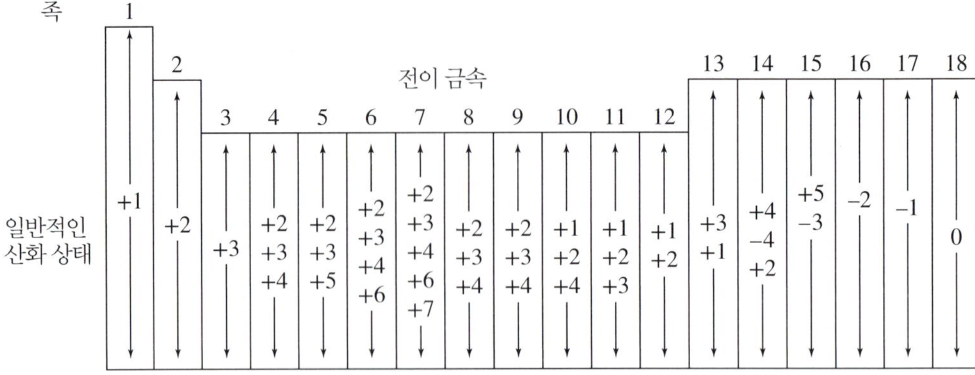

그림 8.6

주기율표의 여러 족에 있는 이온들의 일반적인 산화 상태.

그림 8.7

이 7.2 V Ryobyi 휴대용 전동 드릴은 2개의 Ni–Cd 배터리 팩과 충전 장치를 함께 판매한다.

된 조건에서 최대의 전기 화학적 전위차는 1.2 V로 측정된다. 반면에 알칼리 배터리는 1.5 V를, 리튬-이온 전지는 4 V에 가까운 전압을 나타낸다! 전동 공구와 같은 보다 큰 장치에 전원을 공급하기 위해서는 더 높은 전압이 필요하고, 이렇게 높은 전압을 얻기 위해서는 여러 개의 전지들을 연결해야 한다(전동 공구, 그림 8.7).

배터리의 전압은 배터리의 크기가 *아니라* 배터리를 만드는 데 사용된 화학 성분에 의해서 결정된다. 표 8.1에 나열된 예에서 볼 수 있듯이 다른 화학 반응을 사용하면 생성되는 전압도 다르다. 단일의 갈바니 전지로는 몇 볼트만 가능하다. 그러나 앞에서 언급했듯이, 여러 개의 전지를 연결하면 더 높은 전압을 얻을 수 있다. 예를 들어 19.2 V의 전동 드릴을 작동하기 위해 제조업체는 여러 개의 전지로 만들어진 "배터리 팩"을 판매한다.

표 8.1 몇 가지 일반적인 갈바니 전지

전지의 종류	최대 전압(V)	재충전 가능 여부	용도
니켈–카드뮴(Ni–Cd)	1.25	가능	장난감, 디지털 카메라, 전동 공구 등 휴대용 전자 기기
니켈–금속 수소화물(NiMH)	1.25	가능	많은 경우 Ni–Cd 배터리 대체용, 하이브리드 자동차 배터리
알칼리	1.5	불가능	손전등, 소형 가전제품, 몇 가지 계산기
리튬(일차)	1.5~3.6	불가능	LED 조명, 화재경보기, 시계, 차량 리모컨 및 열쇠 고리
납–산	2.1	가능	자동차용 배터리(시동, 조명, 점화)
리튬-이온, 리튬–폴리머	3.6	가능	노트북 컴퓨터, 핸드 전화, 디지털 음악 재생 장치, 전동 공구

작은 AAA 사이즈로부터 큰 D 사이즈 전지의 모든 알칼리 배터리는 똑같은 1.5 V를 생산한다. 그러나 더 큰 전지는 더 많은 물질을 포함하고 있기 때문에, 더 큰 용량(전류의 흐름을 지속시킬 수 있는 능력)을 가지고 있다. 배터리의 용량은 주로 밀리암페어-시간(mAh)으로 나타낸다. 예를 들면 C, AA, 그리고 AAA 배터리의 용량은 각각 3800 mAh, 1100 mAh, 540 mAh이다. 더 큰 휘발유 통을 가진 휘발유 차량이 오래 달릴 수 있는 것처럼 큰 용량을 가진 배터리 팩을 사용하는 전기 기구는 더 오랜 시간 동안 작동할 수 있다.

알칼리 전지의 반쪽 반응은 다음과 같다.

산화 반쪽 반응(산화전극에서 일어남):

$$Zn(s) + 2\ OH^-(aq) \longrightarrow Zn(OH)_2(s) + 2e^- \qquad \textbf{[8.6]}$$

환원 반쪽 반응(환원전극에서 일어남):

$$2\ MnO_2(s) + H_2O(l) + 2e^- \longrightarrow Mn_2O_3(s) + 2\ OH^-(aq) \qquad \textbf{[8.7]}$$

전체 전지 반응 (두 반쪽 반응의 합):

$$Zn(s) + 2\ MnO_2(s) + H_2O(l) \longrightarrow Zn(OH)_2(s) + Mn_2O_3(s) \quad \textbf{[8.8]}$$

알칼리 배터리에 들어 있는 MnO_2의 경우에, 두 개의 O^{2-} 화학종이 총 4−의 음전하를 제공한다. 전체 전하가 0이 되기 위해서는 망간은 4+의 전하를 가져야 하며, 이 화합물은 *산화 망가니즈(IV)*[manganese(IV) oxide]이다. 이 전지는 OH^-를 가지고 있는 염기성 매질에서 작동되므로 "알칼리"라고 부른다.

작고 오래 사용할 수 있는 전지들은 우리 몸속에 들어가는 장치들에 사용하기 적합하다. 예를 들면 심장 박동 조절기(cardiac pacemaker)가 널리 사용될 수 있게 된 것은 심장 박동 조절기 자체보다는 이 장치에 사용되는 전기 화학 전지의 성능이 향상되었기 때문이다. 리튬−아이오딘 전지는 안정적이고 오래 작동될 수 있어서 심장 박동 조절기에 많이 사용된다. 이 전지는 10년 정도 교체할 필요 없이 사용할 수 있다.

8.4 (거의) 끝이 없는 동력 제공: *충전 가능한 배터리*

휴대폰의 배터리를 하루에 한번 사용하고 매번 교체해야 한다고 상상해보라. 비용이 들고 환경을 오염시킬 뿐만 아니라 배터리를 필요로 하는 휴대용 전자 장비에 시간을 소비하는 과정이 될 것이다. 우리는 필요에 따라 사무실에서, 비행기 또는 기차에서 심지어 휴대용 태양 전지판을 이용하는 실외에서도 충전할 수 있는 배터리를 사용하는 편리함을 당연하게 여긴다(그림 8.8).

손전등에 사용하는 알칼리 전지와 같은 일차(일회용) 배터리는 재충전할 수 없으며 전하를 사용한 후 버려야만 한다. 반면에 **이차 전지**(secondary battery)라고 부르는 재충전할 수 있는 배터리는 양쪽 방향으로 일어날 수 있는 전기화학 반응을 이용한다. 전자는 정방향(방전)과 역방향(충전) 과정이 일어나는 동안에 이동이 일어난다.

예를 들어, 많은 디지털 카메라와 로봇 청소기에 사용되는 충전식 Ni–Cd 배터리 내부에서 일어나는 가역적 반응에 대하여 생각해 보자. 배터리가 방전되면, 산화전극에서 카드뮴 원자가 Cd^{2+}로 산화된다. 이들 이온은 차례로 OH^-와 결합하여 수산화 카드뮴, $Cd(OH)_2$을 형성한다(식 [8.9]의 왼쪽에서 오른쪽으로). 동시에 환원전극에서 산화 수산화 니켈, NiO(OH)의 형태로 존재하는 Ni^{3+} 가 Ni^{2+}로 환원되어 수산화 니켈(II), $Ni(OH)_2$를 형성한다(식 [8.10]의 왼쪽에서 오른쪽으로). 이 두 화학 반응은 두 개의 전자가 카드뮴의 반응으로부터 니켈의 반응으로 이동하기 때문에 일어난다. 이 전자의 이동이 힘이 나오는 근원이다.

$$\text{(산화전극)}\quad Cd(s) + 2\ OH^-(aq) \underset{\text{충전}}{\overset{\text{방전}}{\rightleftarrows}} Cd(OH)_2(s) + 2e^- \quad \textbf{[8.9]}$$

$$\text{(환원전극)}\quad 2\ NiO(OH)(s) + 2\ H_2O(l) + 2e^- \underset{\text{충전}}{\overset{\text{방전}}{\rightleftarrows}} 2\ Ni(OH)_2(s) + 2\ OH^-(aq) \quad \textbf{[8.10]}$$

그림 8.8
모바일 기기에 사용되는 휴대용 태양열 충전 장치.

그림 8.9

리튬 이온 노트북에서 배터리의 화재를 보여주는 사진. 화재의 원인으로, 막 분리기의 고장에 의한 단락과 과열에 의한 것으로 의심되고 있다.

©KYDPL KYODO/AP Images

일차 배터리나 이차 배터리는 모두 산화전극과 환원전극이 물리적으로 접촉하지 않도록 두 전극 사이에 **분리기**(separator)를 설치한다. 예상하듯이 배터리에서 환원전극과 산화전극이 접촉되면 단락이 되거나 배터리가 고장이 나서 종종 위험한 결과가 발생한다(그림 8.9). 초기 갈바니 전지는 분리기로 염다리를 사용했지만(그림 8.10), 현대식 배터리의 일반적인 분리기는 반투과성 막으로 되어 있다. 이 막은 효과적으로 전극을 분리하는 동시에 배터리가 작동하는 동안에 전하-균형을 유지하기 위하여 이온의 이동은 허용한다.

분리기를 통해서 이온의 이동을 용이하게 하려면, 모든 갈바니 전지에 **전해질**(elec-

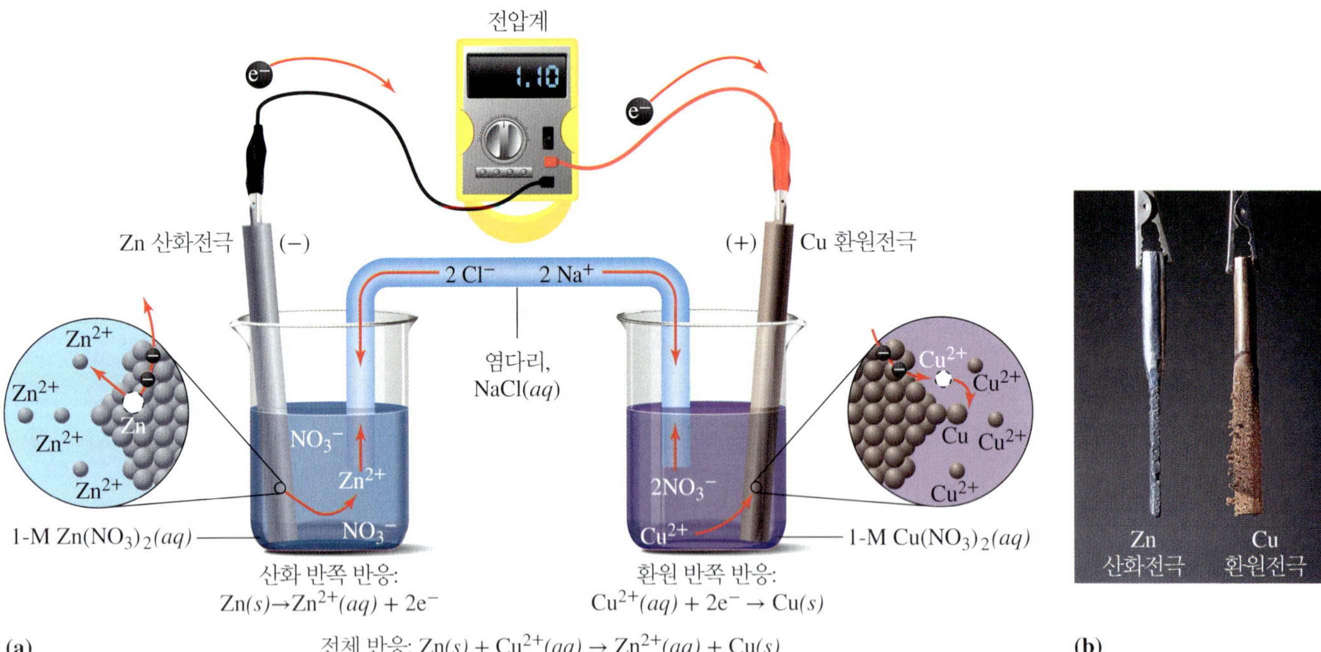

그림 8.10

(a) Zn–Cu 갈바니 전지의 그림. 분리기인 염다리[염화 소듐(NaCl) 수용액으로 구성됨]와 전해질로 1 M 질산 아연(II) ($Zn(NO)_{3,}$)을 사용하는 산화전극 및 전해질로 1 M 황산 구리(II) ($CuSO_4$)를 사용하는 환원전극으로 구성된다. **(b)** 산화가 일어남에 따라 Zn 금속은 소실되고, 환원 반응에 의해 Cu 금속은 석출이 되는 것을 보여주는 사진. 이 산화–환원 반응을 만화로 보여주는 설명은 www.acs.org/cic를 참조하라.

(*b*) ©McGraw-Hill Education/Stephen Frisch

trolyte)을 사용해야 한다. 자동차의 시동 모터를 구동하는 납축전지를 제외하고, 배터리에 수용액을 사용하면 언젠가는 배터리 용기에서 누출이 되기 때문에 매우 위험하다. 예를 들면, 손전등이나 어린이 장난감의 내부가 배터리의 누수로 인해 부식성 물질로 엉망이 된 것을 보았을 것이다(그림 8.11).

대부분의 상용 배터리는 **건전지**(dry cell)로 알려져 있고, 전해질은 이온이 흐를 수 있을 정도의 수분만 포함된 반죽의 형태로 고정되어 있다. 초기 배터리 설계(활동 학습 8.2)의 습식 전지와 달리 건전지는 액체를 포함하지 않기 때문에 흘리지 않으면서 양쪽 방향으로 작동할 수 있다. 충전식 Ni–Cd(그림 8.12a), 일차 알칼리 배터리(그림 8.12b), 또는 충전식 Ni–MH(니켈-금속 수화물) 배터리에서 분리기의 기공(pore)을 채우는 전해질은 수산화 포타슘(KOH) 수용성 반죽이다.

어떤 성질이 배터리를 재충전이 가능하게 해 주는가? 중요한 점은 반응물과 생성물이 모두 고체여야 한다는 점이다. 그리고 고체 상태 생성물은 배터리 안에 분산되어 있는 것이 아니라 스테인리스강으로 되어 있는 그물망에 달라붙어 있다. 이 그물망에 전압이 가해지면 이 생성물은 다시 반응물로 전환될 수 있다. 재충전이 가능한 배터리는 여러 번 방전과 충전을 거듭할 수 있지만, 점차로 불순물이 축적되고 두 전극을 분리해 주는 물질이 분해되거나, 원치 않는 부반응의 생성물들이 만들어져 결국 더 이상 사용할 수 없게 된다.

그림 8.11

전해질의 누출로 인해 부식된 배터리.

©BigNazik/Stock/Getty Images

사전 지식 *Did You Know* ?

수산화 포타슘(KOH)은 배수관 세정제, 표백제, 바이오 디젤, 연질 비누를 만드는 데 사용된다.

활동 학습 8.6 ▸ 충전식 배터리의 수명

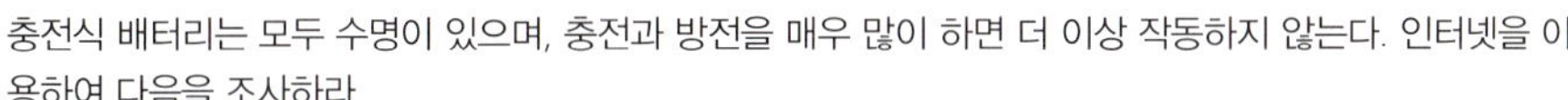

충전식 배터리는 모두 수명이 있으며, 충전과 방전을 매우 많이 하면 더 이상 작동하지 않는다. 인터넷을 이용하여 다음을 조사하라.

a. 일부 충전식 배터리에서 볼 수 있는 "기억 효과(memory effect)"란 무엇인가? 또 어떤 작동 조건이 이러한 현상이 일어나게 하는가?

b. 이 효과에 가장 취약한 배터리는 무엇인가?

c. 이 효과는 어떻게 극복할 수 있는가?

d. 많은 사람들은 냉장고와 같은 추운 환경에 배터리를 보관하면 더 오래 지속될 것이라고 믿는다. 동의하는가? 모든 배터리(일차와 이차)를 추운 환경에 보관하는 것이 이로운가?

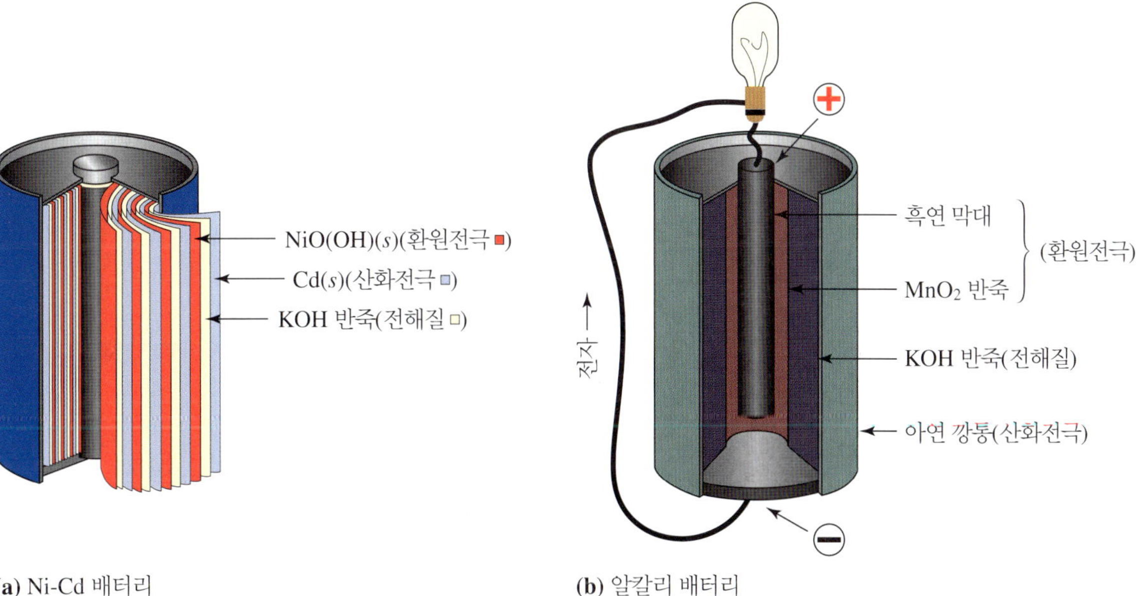

그림 8.12

(a) Ni-Cd 재충전 배터리, 전극의 표면적을 증가시키기 위해 여러 개의 층으로 구성되어 있다. **(b)** 아연 용기가 산화전극 역할을 하는 1차 알칼리 배터리의 구성도.

배터리들은 각각의 용도에 맞추어 여러 가지 모양과 크기로 만들어진다. 예를 들면 보청기와 같은 경우 전지의 크기와 무게는 매우 중요하다. 반면에 자동차용 배터리는 수년 동안 작동할 수 있어야 하며 넓은 온도 영역에서 제 성능이 발휘되어야 한다. 오늘날 소비자들에게 성공적으로 잘 사용되기 위해서는 배터리의 가격이 너무 비싸지 않아야 하고, 적당한 기간 동안 사용할 수 있어야 하며, 안전하고, 재충전이 가능해야 한다. 궁극적으로 미래에도 배터리 기술이 성공적이기 위해서는 지속 가능한 방식으로 배터리를 만드는 데 사용되는 물질들이 재활용될 수 있어야 한다.

활동 학습 8.7 ▶ *Ni–Cd 배터리 대신 NiMH 배터리를 사용*

니켈–금속 수소화물(NiMH) 배터리와 Ni–Cd 배터리에서 일어나는 반응을 비교해 보라(식 [8.9]와 [8.10]). 소비자들이 Ni–Cd 배터리 대신에 NiMH 배터리를 선택하는 이유는 무엇인가?

8.5 납축전지: *세계에서 가장 많이 사용되는(가장 무겁다!) 충전 배터리*

차의 전면 후드 아래에 장착되어 있는 납축전지는 오늘날 재충전이 가능한 배터리의 기본 상품이다. 예전에는 자동차에 시동을 걸기 위해 수동 발전기를 사용했는데, 이제는 전기 모터로 시동을 걸며, 배터리는 이 전기 모터에 에너지를 공급한다. 비록 납축전지를 당연하게 여기고 있지만, 우리의 세계를 영원히 변화시킨 핵심 기술 발전 중 하나로서 자동차의 급격한 증가를 이끌었다. 납축전지는 6개의 전기 화학 전지로 구성되어 있고, 각각의 전지는 2.0 V의 전압을 발생시키며 총 12.0 V의 전압을 발생시킨다(그림 8.13). 다음은 두 반쪽 반응의 합인 전체 화학 반응식이다.

$$\underset{\text{납}}{Pb(s)} + \underset{\text{산화 납(IV)}}{PbO_2(s)} + \underset{\text{황산}}{2\,H_2SO_4(aq)} \underset{\text{충전}}{\overset{\text{방전}}{\rightleftharpoons}} \underset{\text{황산 납(II)}}{2\,PbSO_4(s)} + \underset{\text{물}}{2\,H_2O(l)} \qquad \textbf{[8.11]}$$

식 [8.11]의 화살표가 가리키는 것처럼 화학 반응이 오른쪽으로 진행할 때 배터리는

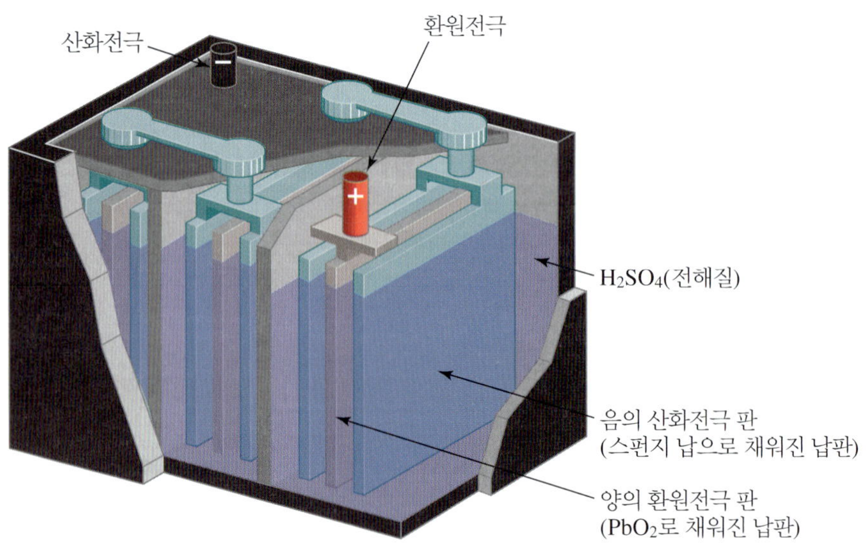

그림 8.13 납축전지의 내부 단면도.

방전된다. 예를 들면 자동차에 시동을 걸면 배터리가 방전되고, 엔진이 작동하지 않는 상태에서 전조등이나 라디오를 켜도 배터리가 방전된다. 그러나 일단 엔진이 작동하고 있으면 엔진에 의해서 회전하도록 되어 있는 교류 발전기가 배터리가 방전될 때 일어나는 화학반응의 역반응이 일어날 수 있도록 전류를 제공하여 배터리를 충전시킨다. 이 배터리는 교체되기 전까지 아주 여러 번 충전과 방전을 거듭할 수 있다. 품질이 좋은 납축전지는 5년 이상 작동할 수 있다!

활동 학습 8.8 ▸ *자동차용 배터리*

주로 자동차용 배터리로 사용되는 납축전지에 대해서 좀 더 자세히 알아보자. 식 [8.11]을 보고 다음 질문에 답하라.

a. 이 식에서 납은 모두 고체인 Pb, PbO_2, $PbSO_4$의 형태로 나타난다. 이 가운데 납이 이온 형태로 있는 것은 어느 것인가? 이들 이온 결합 화합물에서 납은 어떤 이온으로 존재하는가? 또한 납이 금속의 형태로 존재하는 것은 어느 것인가?

b. 납이 금속에서 이온으로 바뀔 때, 전자를 잃는가, 얻는가? 이것은 산화인가, 환원인가?

c. 배터리가 방전될 때 금속 상태의 납은 산화되는가, 환원되는가?

납축전지는 재충전이 가능하고 가격이 저렴하다는 장점이 있기 때문에 풍력 발전기와 함께 사용될 수 있다. 풍력 발전기는 바람이 많이 불 때 배터리를 충전하고, 바람이 불지 않을 때는 배터리가 방전된다. 납축전지는 내연 기관을 사용하기에 부적절한 곳에서도 사용된다. 창고에서 사용되는 지게차, 공항에서 사용되는 승객용 카트, 슈퍼마켓에서 사용되는 전동 휠체어는 일반적으로 납축전지를 에너지 공급원으로 하여 작동된다. 이때 납축전지의 무거운 무게는 이 도구들을 안정적으로 움직이게 하는 데 도움이 되기도 한다.

그러나 자동차에서는 납축전지의 무거운 무게는 단점이 된다. 자동차에 사용하는 데 있어서 또 다른 단점은 납축전지가 독성 물질로 만들어진다는 점이다. 납 금속으로 되어 있는 산화 전극, 이산화 납으로 되어 있는 환원 전극, 황산 수용액인 전해질 용액은 독성이 있거나 부식성이 있어 처리하는 데 주의가 필요하다. 이 배터리를 환경 파괴 없이 지속적으로 잘 사용하려면 이 독성 또는 부식성 물질들의 처리 문제를 해결해야 한다. 다음 절에서는 배터리의 성분 물질과 다 사용한 배터리의 처리 문제에 대해서 알아볼 것이다.

8.6 전기로 구동되는 차량

배터리가 교통수단에 유용하게 쓰일 수 있도록, 한 번의 충전으로 이동 거리를 최대화하고 배터리를 충전하는 데 걸리는 시간을 최소화하려고 한다. 테슬라 모델 S(Tesla Model S)와 같은 현재의 전기 자동차는 한 번의 충전으로 최대 530 km를 운행할 수 있고, 이는 휘발유 탱크를 한번 채우고 운행하는 거리와 견줄 수 있다. 그러나 배터리를 충전하는 데 걸리는 시간과 배터리를 충전하는 데 필요한 전기요금과 연료 탱크를 채우는 비용을 비교하면 어떨까? 이 질문에 대해서 다음의 활동 학습으로 살펴보자.

활동 학습 8.9 ▸ *테슬라 자동차의 모델 S의 배터리 충전*

Tesla Model S는 현재 모든 전기 자동차 중에서 1회 충전당 530 km로 가장 긴 거리를 주행한다. 이 활동 학습에서 배터리를 충전하는 데 걸리는 시간과 이와 관련된 전기 비용을 계산한다. 전기 장치에서 방출되는 전력은 와트, W로 측정된다. 와트를 계산하려면 전압, V와 전류, I를 알아야 한다.

$$W = V \times I \qquad [8.12]$$

사전 지식 *Did You Know* ?

충전 효율은 충전기에서 사용하는 교류(alternating current, AC) 전력을 배터리에서 사용하는 직류(direct current, DC), 전력으로 변환하는 효율과 관련이 있다.

a. 표준의 110 V/20 A의 전기 충전기("레벨 1" 충전기)와 240 V/40 A 충전기("레벨 2" 충전기) 그리고 "두 배의 충전기"(240 V/80 A)에 연결했을 때의 출력을 비교하라.

b. a에 나열된 방법으로 Tesla Model S를 충전하는 데 걸리는 시간을 계산하라. 배터리의 용량을 85 kWh로 가정하라. 또한 충전 효율을 92%라고 가정하라.
힌트: 단위가 적절히 소거되는지 차원 분석을 이용하여 확인하라.

c. 인터넷을 이용하여 미국 전역에 위치한 "슈퍼 충전소"의 위치를 찾아라. 최대 충전 속도를 이용하면 한 번 충전하는 데 얼마나 걸리는가?

d. 당신이 살고 있는 지역의 kWh당 현재 전기료를 조회하고, 위의 충전 방법으로 한 번의 충전당 비용이 얼마나 드는지 계산하라.

e. 현재의 휘발유 가격을 이용하여 월 평균 주행거리가 1770 km이고, 선호하는 휘발유 차량과 Tesla Model S를 비교하여 월별 및 연간 비용의 차이를 결정하라.

스마트폰 배터리를 오래 사용하는 방법에 대한 팁을 보려면 www.acs.org/cic에서 비디오를 확인하라.

앞의 활동 학습에서 계산했듯이 기존 휘발유 차량의 연료 탱크를 채우는 것보다 전기 자동차(EV)의 배터리를 충전하는 시간이 훨씬 더 길다. 이것은 놀랄 일이 아니다. 노트북이나 휴대폰의 배터리를 충전하는 데 한 시간 정도 걸리므로 훨씬 더 큰 배터리 팩을 충전하는 데 더 긴 시간이 걸린다. 고맙게도 배터리는 사용하는 동안 천천히 방전되므로 장거리를 운전하거나 오랜 휴대용 장치로 오랜 시간 동안 웹서핑을 할 수 있다. 배터리의 충전/방전이 느린 이유는 배터리 자체의 화학적 특성 때문이다. 앞의 장에서 배터리에서 일어나는 화학 반응에 대하여 설명하였다. 이러한 반응이 완결되기 위해서는 시간이 필요하고, 반응 속도는 배터리의 작동 조건에 영향을 받는다. 예를 들어 고온에서 배터리를 사용 또는 보관하게 되면 반응이 빨리 일어나고, 이는 충전 시간을 빠르게 해주지만 배터리 수명을 더 짧게 만든다. 결과적으로 배터리를 추운 환경에서 사용 또는 보관하면 충전 시간이 길어지지만, 배터리의 수명은 더 늘어나게 될 것이다.

이러한 반응 속도[**동력학**(kinetics)라고도 함]를 이해하기 위해 충전식 배터리가 어떻게 충전/방전되는지 살펴보자. 현재 휴대용 전자 기기나 자동차 용품에 쓰이는 배터리는 리튬-이온 배터리이다. 리튬은 주기율표에서 가장 가벼운 금속이다. 납축전지에 사용되는 납의 밀도(11.34 g/cm^3)의 5%인 0.535 g/cm^{3}의 밀도를 가지고 있다. 전기 자동차 어플리케이션의 경우, 배터리가 작고 가벼워서 주행거리가 최대화되는 것이 가장 중요하다. 이것은 오늘날의 자동차들은 많은 부분이 플라스틱과 복합재로 구성되어 있어서, 무거운 강철과 크로뮴으로 구성된 기존의 차량보다 더 멀리 운행할 수 있는 것이다.

Li 원자와 이온은 다른 금속보다 가벼울 뿐만 아니라 훨씬 작다. 이것은 충전 중에 전극 내에 더 많은 이온을 배치할 수 있고, 그 결과 한 번의 충전으로 더 오래 사용할 수 있다. 배터리의 **에너지 밀도**(energy density)는 전극 재료에 저장된 이온의 수와 배터리의 무게 또는 부피와 관계가 있다(식 [8.13]). 그림 8.14는 납–황산, 니켈–카드뮴(원통형 및 프리즘형), 니켈–금속 수소화물(원통형 및 프리즘형), 리튬-폴리머, 그리고 리튬 이온(원통형 및 프리즘형)과 같은 다양한 유형의 충전식 배터리를 비교한 것이다. Li을 포함한 것이 가볍고(높은 중량 에너지 밀도) 더 작기(높은 체적 에너지 밀도) 때문에 가장 바람직하다.

$$\text{에너지 밀도} = \frac{\text{전압} \times \text{전극의 이동 가능한 리튬 이온 수}}{\text{총 배터리 무게(중량) 또는 부피(체적)}} \qquad \textbf{[8.13]}$$

리튬-이온 배터리에서 일어나는 반응은 지금까지 논의된 알칼리나 다른 충전식 배터리에 비해서 훨씬 덜 복잡하다. 그림 8.15에 보여주듯이 Li^+ 이온은 충전과 방전하는 동안에 두 전극 사이를 왕복한다. 리튬-이온 배터리의 특성 반쪽-반응은 다음과 같다:

$$\text{(환원전극)}\quad LiCoO_2(s) \underset{\text{방전}}{\overset{\text{충전}}{\rightleftharpoons}} Li_{1-x}CoO_2(s) + x\,Li^+ + x\,e^- \qquad \textbf{[8.14]}$$

$$\text{(산화전극)}\quad x\,Li^+ + x\,e^- + 6\,C(s) \underset{\text{방전}}{\overset{\text{충전}}{\rightleftharpoons}} Li_xC_6(s) \qquad \textbf{[8.15]}$$

사전 지식 *Did You Know* ?

중량 에너지 밀도는 일반적으로 *비에너지 밀도*(specific energy density)라고 한다.

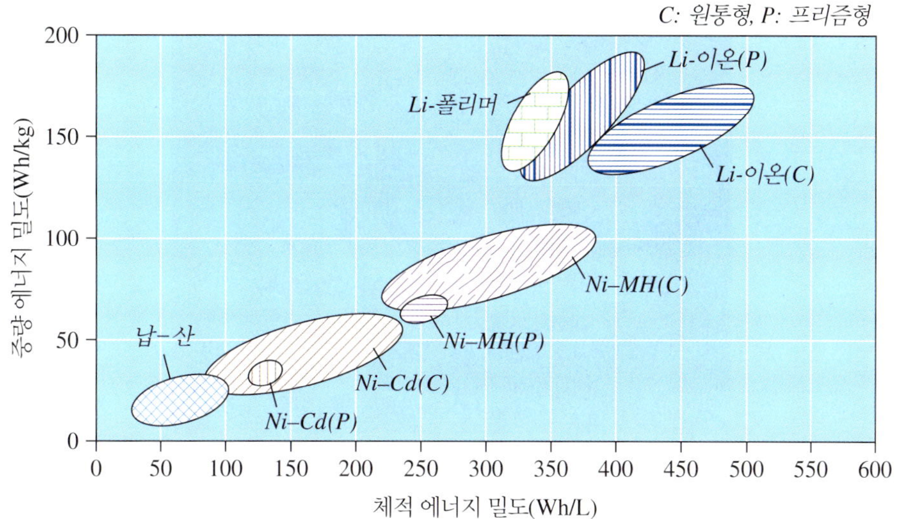

그림 8.14

다양한 충전식 배터리의 에너지 밀도 비교. 리튬-폴리머 배터리는 리튬-이온 배터리와 전기화학 반응은 비슷하지만 전해질과 포장이 다르다.

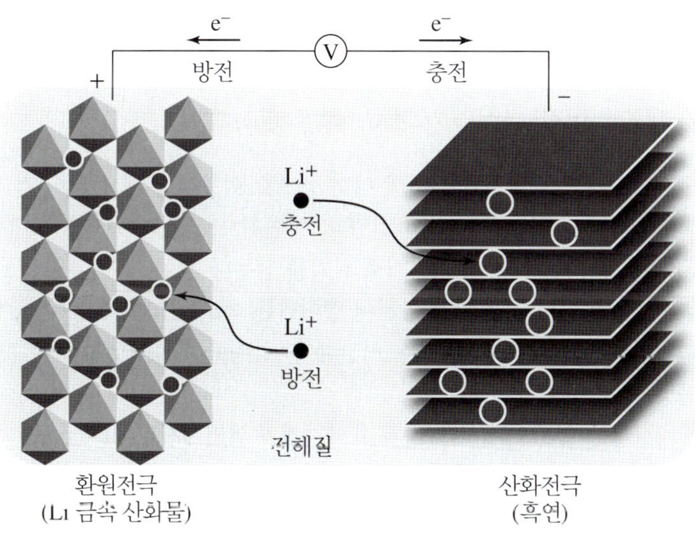

그림 8.15

리튬-이온 배터리의 충전과 방전 중에 Li^+ 이동의 개략도

사전 지식 Did You Know ?

삽입(intercalation)이라는 용어는 층상 구조를 가진 화합물에 분자나 이온을 가역적으로 삽입하는 것을 의미한다.

배터리는 사용과 충전 주기 동안에 이온을 수용할 수 있는 적절한 전극 물질과 사용 가능한 Li^+ 이온이 있을 때만 작동할 수 있다. 충전/방전 과정에서 전극 표면의 구조와 조성이 변하고 이는 후속 주기에서 Li^+의 저장 효율을 떨어뜨린다. 배터리의 용량이 10% 미만으로 떨어지도록 하면, Li^+ 이온이 환원전극 물질과 비가역적 반응을 한다(식 [8.16]). 이것은 삽입될 수 있는 이온의 수가 줄기 때문에 전체 용량이 낮아지게 된다.

$$Li^+ + LiCoO_2 \longrightarrow Li_2O + CoO \qquad [8.16]$$

화염에 휩싸인 리튬-이온 배터리의 비디오 또는 사진을 보았을 것이다(그림 8.16). 2016년 불이 난 삼성 노트 7에 대한 대대적인 언론 보도가 있었지만, 이는 배우 드문 일이다. 그러나 화재와 폭발은 분리기의 고장, 배터리 팩의 균열로 전해질의 누출 또는 충전 제어 회로의 고장 등과 같은 여러 요인이 있을 수 있다. 리튬-이온 배터리가 과충전이 되면 환원전극 부분이 분해되고, 산소 기체가 누출이 되어 산화전극에 도금된 리튬 금속과 즉각적인 발열 반응을 일으키게 된다. 이것은 더욱 심각한 환원전극의 균열이 일어날 뿐만 아

사전 지식 Did You Know ?

리튬을 포함한 1족 금속은 산소, 질소, 그리고 물과 반응성이 있다. 그래서 리튬-이온 배터리에 비수용성 전해질을 써야 하고, 공기에 노출을 방지하기 위하여 배터리 팩은 밀봉되어야 한다.

©2018 American Chemical Society

리튬 이온 배터리가 폭발하는 이유를 보려면 www.acs.org/cic에서 비디오를 확인하라.

그림 8.16

중국 항저우(Hangzhou)에서 화재가 발생한 Zoyte M300 전기자동차.

©ICHPL Imaginechina/AP Images.

니라 산화전극에 생성물이 더욱 증착된다. 이것이 유기 전해질을 발화시키기에 충분한 열을 발생시킨다. 이러한 열 폭주 사건이 발생하는 것을 방지하기 위하여 리튬-이온 배터리의 전해질에 난연성 화학물질을 이용하려는 노력들이 진행되고 있다.

8.7 저장 전쟁: *슈퍼커패시터 대 배터리*

리튬 이온이 산화전극과 환원전극 영역의 여러 층으로 이동하는 데 시간이 걸리기 때문에 충전과 방전 과정을 완료하는데 시간이 걸린다. 일반적으로 충전 속도가 느릴수록, 더 많은 리튬 이온이 층상 전극 구조 내에 스스로 위치를 잡는다. 다른 모든 유형의 충전식 배터리에도 동일하게 적용된다. 충전이나 방전이 일어나는 속도는 화학 반응이 일어나는 동력학에 의해 결정된다. 그러나 우리는 짧은 시간에 원 상태로 되돌아오게 하는 것과 같은 충전 시간에 가장 관심을 가지고 있다.

그림 8.17

문의 손잡이를 만질 때 축적된 정전기가 충격을 주는 이미지.

©2006 Richard Megna/Fundamental Photographs

관련 절

충전용량(capacitance)은 1.1절에서 논의된 휴대용 기기에 있는 터치스크린의 핵심 작동 원리이다.

슈퍼커패시터를 살펴보자. 배터리와 유사하게 **슈퍼커패시터**(supercapacitor)는 전해질에 담궈진 두 개의 전하를 띤 전극 또는 판으로 구성되어 있다. 그러나 슈퍼커패시터는 전기화학 반응의 형태로 에너지를 저장하는 것이 아니라 정전기의 형태로 에너지를 저장한다. 마지막으로 다리를 끌면서 카펫 위를 걸었던 때를 생각해 보라. 금속 문고리 같은 전도성 물체를 만졌을 때, 내장된 정전기가 손가락을 통해서 방출된다(그림 8.17). 이러한 전기적 전하의 축적을 **충전용량**(capacitance)라고 한다. 이름에서 알 수 있듯이 슈퍼커패시터[*울트라커패시터*(ultracapacitor)라고도 함]는 장치에 전력을 공급하기 위해 전기 에너지로 방출될 수 있는 상당한 양의 전하를 저장하는 장치이다.

그림 8.18에서 볼 수 있듯이 슈퍼커패시터의 전하는 일정한 거리 d로 분리되어 있다. 식 [8.17]은 장치의 충전용량, C는 판의 면적, A가 증가할수록 또는 판 사이의 거리가 감소할수록 증가한다. 충전용량의 단위는 패럿(farad), F이며 슈퍼커패시터는 100~12,000 F 범위의 값을 가진다. 기준 프레임으로 1 F 커패시터는 1 V에서 1 쿨롱의 전하를 저장한다.

$$C \propto \frac{A}{d} \qquad [8.17]$$

모든 충전식 배터리는 충전과 방전을 할 수 있는 횟수(수명)가 제한되어 있지만, 슈퍼커패시터는 수백만 번 동안 충전/방전할 수 있다. 용량의 손실 없이 휴대폰의 사용/충전 횟수가 무제한적이라고 상상해보라. 또한 몇 초만에 충전이 되는 것과 몇 분 또는 몇 시간이 걸리는 배터리의 충전과 비교해 보라. 게다가 슈퍼커패시터는 조기 고장 없이 넓은 온

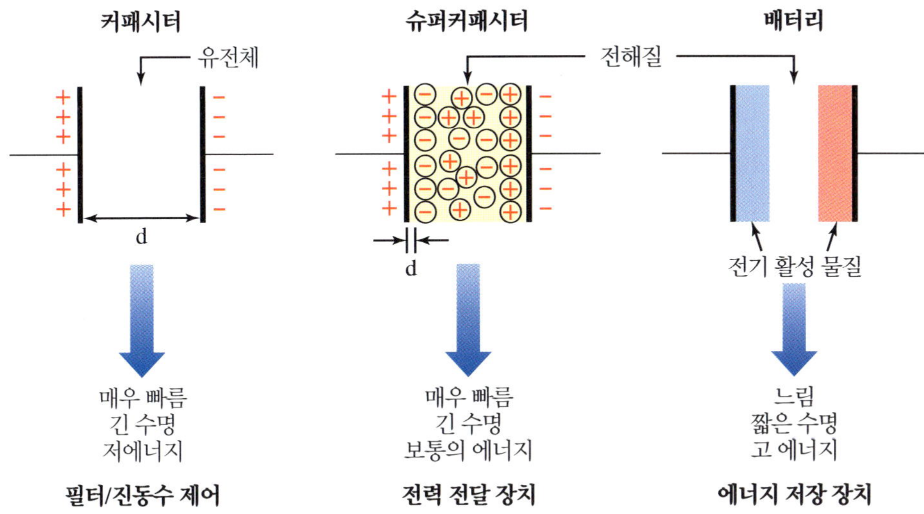

그림 8.18
커패시터, 슈퍼커패시터 및 배터리의 개략도.

도 범위에서 작동할 수 있다.

바람직한 특성이 매우 많지만 휴대용 기기와 자동차에 슈퍼커패시터보다 배터리를 선호하는 이유는 무엇인가? 사실 슈퍼커패시터는 중요한 제한사항이 있다. 표 8.2에서 볼 수 있듯이 슈퍼커패시터는 배터리에 비해 에너지 밀도가 매우 낮다. 배터리는 화학적 형태로 퍼텐셜 에너지를 저장하는 데 반해서 슈퍼커패시터는 전기장의 형대로 퍼텐셜 에너지를 저장한다. 이것이 물질의 무게당 낮은 에너지로 나타난다.

배터리가 충전/방전할 때 화학 에너지와 전기 에너지 사이의 전환에 시간이 걸린다. 어플리케이션 관점에서 볼 때, 배터리가 전력을 공급하는 데 더 오래 걸릴수록 **전력 밀도**(power density)는 더 낮아진다. 반면에 슈퍼커패시터는 대단히 높은 전력 밀도를 가지고 있고, 전기 에너지를 직접 저장하기 때문에 거의 순간적으로 충전/방전이 가능하다(그림 8.19). 그러나 슈퍼커패시터는 방전이 일어날 때 일정한 전압을 유지하는 것이 어려워진다. 이에 비해서 배터리는 방전 중에 일정한 전압으로 켜고 끌 수 있게 한다. 슈퍼커패시터는 외부 회로와 연결이 되어 있지 않은 경우에도 시간이 지남에 따라 **자가-방전**(self-discharge)이 일어나 전하를 잃어버리는 경향이 있다. Ni–Cd 같은 일부 충전식 배터리도 이러한 문제점이 있다. 그러나 리튬-이온 배터리는 상시간 사용하지 않는 동안에도 극히 낮은 속도로 자가-방전이 일어난다.

사전 지식 *Did You Know* ?

단순한 물병을 에너지 밀도와 전력 밀도에 관한 비유로 생각해 보라. 물병의 크기는 *에너지*(energy) 밀도를 나타내는 반면, 입구의 크기는 전력 밀도를 나타낸다.

©Bradley D. Fahlman

표 8.2	슈퍼커패시터와 리튬-이온 배터리의 성능 비교	
기능	**슈퍼커패시터**	**리튬-이온**
충전 시간	1~10초	10~60분
사이클 수명(cycle life)	1백만	500 및 그 이상
전지 전압(V)	2.3~2.75	3.6~3.7
비에너지(Wh/kg)	5~50	100~200
비전력(W/kg)	10,000~50,000	1000~3000
Wh 당 가격	\$5~\$20	\$0.50~\$1.00 (큰 장치)
서비스 수명(자동차에서)	10~15년	5~10년
충전 온도	−40°C~65°C(−40°F~149°F)	0°C~45°C(32°F~113°F)
방전 온도	−40°C~65°C(−40°F~149°F)	−20°C~60°C(−4°F~140°F)

Source: Battery University.

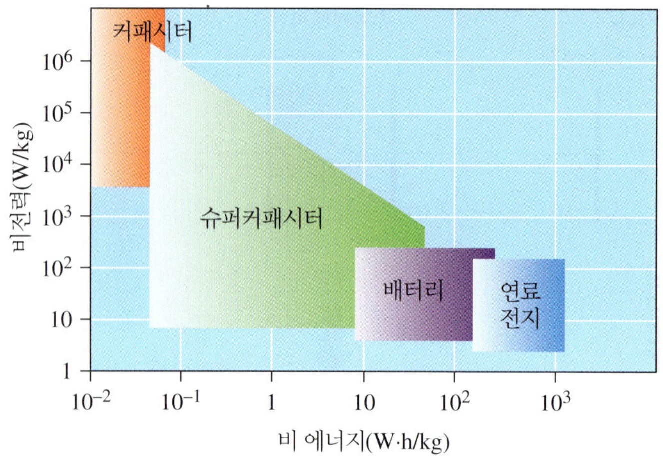

그림 8.19

몇 가지의 에너지 저장 장치의 비교. 비전력(specific power)은 전기 자동차의 가속도(acceleration)와 관련이 있는 반면에, 비에너지(specific energy)는 운행 범위(range)와 관련이 있다. 연료 전지는 이 장의 뒷부분에서 설명한다.

슈퍼커패시터는 비교적 짧은 시간 동안 많은 양의 전력을 필요로 하는 어플리케이션에 사용된다. 따라서 슈퍼커패시터는 디지털 카메라의 플래시 전원을 공급하고 컴퓨터의 메모리 카드에 백업 전력으로 사용된다. 슈퍼 커패시터는 또한 전력선의 전압을 안정화하는 응용 분야를 발견했으며, 이는 특히 변동하는 바람 또는 태양광 원(solar source)에 유용하다. 가장 최근에 슈퍼커패시터가 충전식 배터리와 함께 배터리의 용량을 절약하면서도 정지에서 빠른 가속이 가능하게 함으로써 하이브리드 전기 자동차의 효율성을 향상시켰다. 다음 절에서는 전력과 휘발유의 조합을 사용하는 *하이브리드*(hybrid) 자동차에 대해서 논의할 것이다.

활동 학습 8.10 ▸ *배터리 대신에 슈퍼커패시터를 사용?*

이번 절에서는 자동차와 휴대용 전자 기기에 사용되는 배터리와 비교하여 슈퍼커패시터의 여러 가지 제한점에 대하여 논의하였다. 다양한 출처를 사용하여 다음 문장의 장점에 대하여 논의하라: 슈퍼커패시터를 새롭게 개발하면 충전식 배터리와 완전히 경쟁할 것이다.

8.8 적은 오염물질 방출과 높은 연비: *휘발유와 전기를 함께 사용하는 하이브리드 자동차*

사전 지식 *Did You Know*

많은 하이브리드 자동차는 기존의 휘발유 자동차와는 달리 고속도로(표 8.3)보다 도시의 주행에서 더 좋은 연비를 나타낸다.

휘발유의 가격과 지속적인 사용 가능성에 대한 우려와 휘발유 자동차가 배출하는 오염 물질들에 대한 우려 때문에, *하이브리드*(hybrid) 자동차로 더 잘 알려진 **하이브리드 전기 자동차**(hybrid electric vehicles, HEV)를 구입을 고려하는 자동차 구매자들이 늘고 있다. 이 자동차는 일반적인 휘발유를 사용하는 엔진과 배터리로 구동되는 전기 모터를 이용하여 움직인다. 1999년에 Honda사의 2인승 소형차인 Insight는 미국에서 처음 판매된 하이브리드 자동차이다. Toyota사의 Prius는 1997년에 일본에서 판매되었고, 3년 뒤 미국에 출시되었다. 오늘날 Porsche(그림 8.20)와 같은 고급 자동차를 포함하여 다른 자동차 업체들도 하이브리드 승용차, SUV, 트럭을 생산하고 있다.

Honda사와 Toyota사의 하이브리드는 1갤런의 휘발유로 80 km를 달릴 수 있는데, 같은 거리를 달리는 데 휘발유 엔진을 사용하는 자동차에 비해서 절반 정도의 휘발유를 사

그림 8.20

휘발유 엔진과 전기 모터를 갖춘 하이브리드 자동차인 2016년형의 Porsche Panamera S E-Hybrid(*왼쪽*). 트렁크에 있는 구동계와 배터리의 위치(빨간색)를 보여주는 내부를 보여주는 개략도.

용하므로 이산화 탄소 배출량도 절반으로 줄어든다. 하이브리드는 휘발유 엔진과 니켈-금속 수소화물 또는 리튬-이온 배터리, 전기 모터, 발전기를 함께 이용한다. 전기 모터는 배터리로부터 에너지를 공급받아서 차를 출발하게 하고 저속 주행 시 차를 구동한다. *재생 제동*(regenerative braking)이라는 방식을 이용하여 자동차의 움직임(운동 에너지)으로 인해 발생하는 에너지가 교류 발전기로 전달되고, 이 교류 발전기는 감속과 제동을 할 때 배터리를 충전한다. 휘발유 엔진은 일반적인 주행을 할 때 전기 모터를 보조한다. 추가로 가속이 필요할 때는 배터리로부터 에너지를 더 얻는다.

사전 지식 *Did You Know* ?

2017년에 Toyota 사의 Prius는 니켈-금속 수소화물 배터리에서 리튬-이온 배터리로 바뀌었다. 다른 제조회사에서 만드는 대부분의 하이브리드 차량도 리튬-이온 배터리를 사용한다.

관련 절

운동 에너지는 6.3절에서 처음 소개되었다.

1갤런의 휘발유를 연소시키면 18파운드의 CO_2가 발생하여 대기 중으로 배출된다. 일반적인 휘발유 구동 자동차는 연간 6~9톤의 CO_2를 배출한다. NO_x, CO와 같은 다른 자동차 배출 오염 물질과 달리, 현재의 오염 물질 배출량을 줄이는 기술로는 CO_2 배출량을 줄이지 못하고 있다. 차라리 연료 사용량을 *줄이거나* H_2와 같이 탄소를 포함하지 않아 탄소를 배출하지 않는 연료를 사용해야 할 것이다. 연간 1갤런당 8 km를 더 달릴 수 있도록 자동차의 성능이 향상된다면(예를 들면 1갤런당 주행 거리가 32 km에서 40 km로 증가한다면) CO_2 배출량은 자동차를 폐차시킬 때까지 약 18톤을 줄일 수 있다. 이 계산은 자동차가 폐차될 때까지 321,800 km(20만 마일)로 가정하고 한 것이다. 그러면 1갤런당 8 km의 주행 거리 향상은 2000갤런의 휘발유 사용량 절감으로 이어진다.

활동 학습 8.11 ➤ *그렇다. 수 톤의 CO_2를 배출한다!*

자동차 한 대가 정말로 1년에 7톤의 이산화 탄소를 배출하는가? 실제로 그런지 계산을 통해서 증명해 보라. 계산하는 과정에서 사용된 가정들을 모두 제시하라. 하이브리드 자동차를 사는 것 이외에 화물 자동차가 배출하는 이산화 탄소를 줄일 수 있는 방법은 무엇인가?

이제 자동차 제조업체들은 연료 효율이 높고 이산화 탄소 배출이 적은 자동차들을 두 가지 이상의 선택 사항을 제시하고 있다. 소비자들은 사용 용도에 가장 적합한 자동차를 선택하여 구입할 수 있다. 2011년에 Chevrolet사는 미국에서 처음으로 플러그인 하이브리드 전기 자동차(plug-in hybrid electric vehicle, PHEV)를 선보였다. Chevrolet Bolt와 다른 플러그인 하이브리드 전기 자동차는 근거리 출퇴근 시에는 재충전이 가능한 배터리로 구동되는 전기 모터를 사용하고, 장거리 여행 시에는 휘발유 연소에 의해 구동되는 엔진으로 전환한다(표 8.3). 또한, 배터리로부터 공급받는 전기 에너지는 이산화 탄소 배출량을 줄이고, 휘발유의 사용량을 줄이는 것이 주요 판매 포인트이다.

표 8.3 연비가 좋은 2019년 모델

순위	제조사/모델	마일/갤런(도심/고속도로)
	전기 자동차(EV)	
1	Hyundai Ioniq EV	150/122
2	Tesla Model 3 Standard Range Plus	140/124
3	Hyundai Kona Electric	132/108
4	Chevrolet Bolt EV	128/110
5	Volkswagen e-Golf	126/111
	플러그인 하이브리드 전기 자동차(PHEVs)	
1	BMW i3s with Range Extender	92/79
2	Toyota Prius Prime	83/72
3	Honda Clarity PHEV	82/70
4	Hyundai Ioniq PHEV	78/74
5	Kia Niro PHEV	69/62
	하이브리드 자동차(HEVs)	
1	Hyundai Ioniq Blue	57/59
2	Toyota Prius Eco	58/53
3	Honda Insight	55/49
4	Toyoto Camry Hybrid LE	51/53
5	Kia Niro FE	52/49

이 목록은 플러그인 하이브리드와 모든 전기 자동차를 포함한 중형 자동차 중에서 연비가 가장 좋은 것들이다.
참고: EV의 경우 연비는 갤런당 마일(MPG)로 표시했으며, 여기서 33.7 kWh = 휘발유 1갤런이다.
Source: Fueleconomy.gov

전기-전용 주행에 필요한 큰 리튬-이온 배터리는 플러그인 하이브리드 자동차의 가격을 동급의 휘발유 구동 자동차와 휘발유-전기 하이브리드 자동차보다 더 비싸게 만드는 요인이다. 그러나 거의 모든 주요 자동차 업체는 완전-전기 자동차(EV)와 플러그인 하이브리드 전기 자동차(PHEV)를 연구하고 개발하는 팀을 모두 가지고 있다. 이들 회사의 대부분은 배터리 기술이 지속적으로 개선되고, 적절한 경제적 보상이 주어지면 플러그인 전기 자동차가 전 세계 도시 거리에서 쉽게 수백만 대로 늘어날 것이라는 데 동의한다. 전기 자동차의 가장 큰 시장인 중국이 전 세계 전기 자동차 시장의 50% 이상의 점유율을 차지하고 있다. 미국에서는 판매를 늘리기 위해 2011년부터 새로운 플러그인 하이브리드 자동차와 완전-전기 자동차 구입에 7500달러의 연방정부 세금을 공제해 주고 있다. 또한 전 세계의 주요 도시에서 충전 인프라 구축을 촉진하기 위해서 보조금과 여러 다른 정책이 시행되고 있다(그림 8.21). 충전소는 전기 자동차가 늘어나는 데 필요한 전제 조건이다. 그럼에도 불구하고 충전소의 개수는 아직도 미미하다. 2018년에 전 세계적으로 사용 중인 휘발유 차량은 10억 대로 4백만 대인 전기 자동차 수보다 월등히 많다.

HEV와 PHEV가 제공하는 이러한 이점으로 미국이 하이브리드 국가로 돌아설 것인가? 현재 그 대답은 "아니오"이다. 비록 미국의 거리에 가장 많은 하이브리드 차량이 있지만, 전체 전기 차량 판매의 절반을 차지하는 HEV와 PHEV의 자동차 판매는 모든 자동차 판매의 ~3%에 불과하다. 최근 몇 년 동안 전 세계적으로 PHEV가 가장 많이 팔린 나라는 노르웨이, 독일, 그리고 영국이다(그림 8.22). 다음 두 절은 우리의 생활방식에 전원을 공급해 줄 수 있는 또 다른 방법인 수소 연료 전지에 대해 살펴본다.

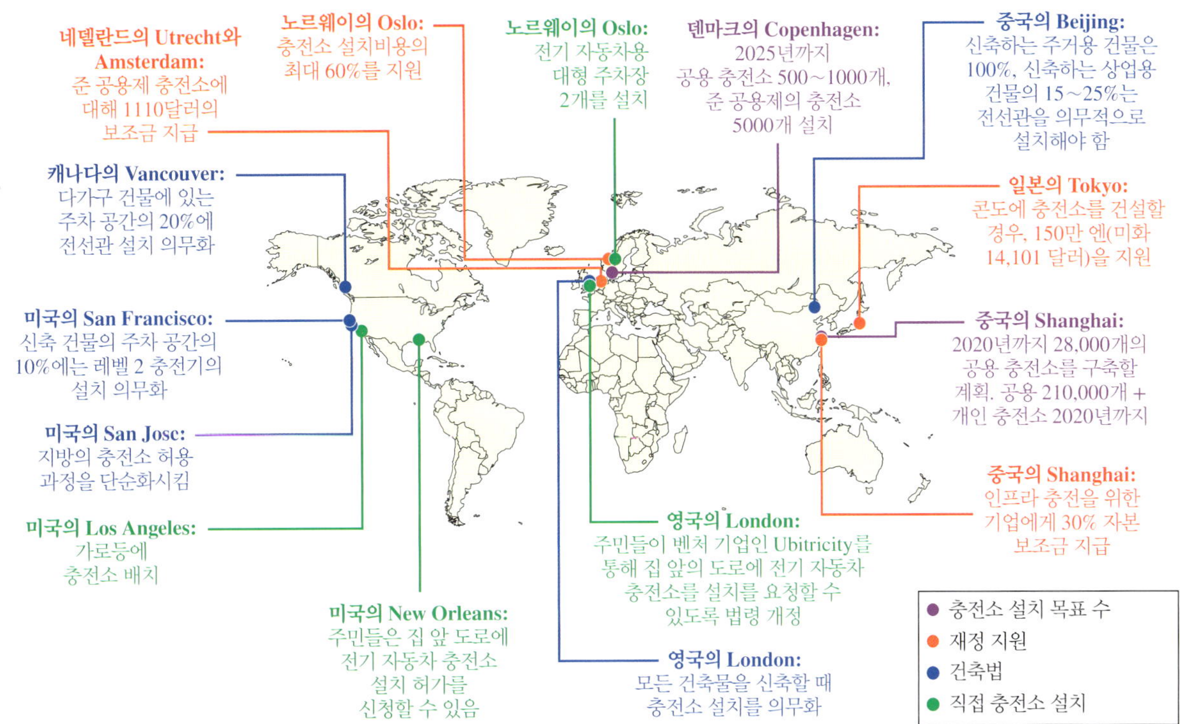

그림 8.21 주요 도시의 전기 자동차 충전 인프라 개발을 위한 정책과 보조금 지급의 최근 사례.

Source: Gloval EV Outlook, 2018. Copyright OECD/IEA

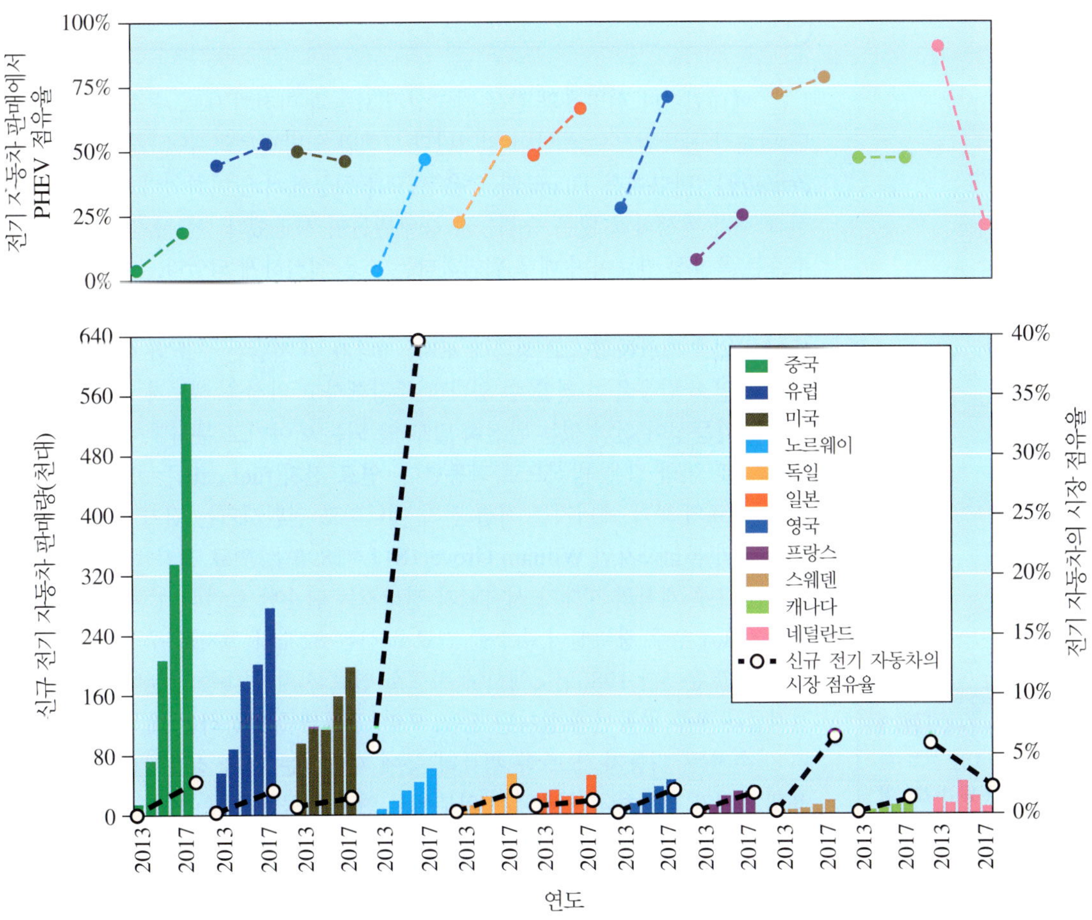

그림 8.22 몇 개 국가의 2013~2017년, 전기 자동차 판매 및 시장 점유율 동향.

Source: Global EV Outlook, 2018. Copyright OECD/IEA.

8.9 연료 전지: *기본 사항*

오염 물질 배출량은 줄이면서, 더 많은 에너지를 내는 연료를 찾으려는 열망에 또 다른 방식인 연료 전지에 많은 관심을 가지게 되었다. 제6장에서는 석탄, 탄화수소, 그리고 다른 연소 가능한 연료들의 연소 시 방출되는 에너지를 연료 1 g을 기준으로 비교하였다. 우리가 보았듯이 메테인이 가장 많은 에너지를 방출하였다. 연소 반응의 생성물이 $CO_2(g)$와 $H_2O(g)$라고 가정하면, 석탄과 *n*-옥테인[휘발유의 주성분인 $C_8H_{18}(l)$]의 연소열은 각각 연료 1 g당 30 kJ과 45 kJ이다. 이에 비해 메테인의 연소열은 50 kJ/g이다.

그러나 수소에 비하면 메테인의 연소열도 큰 것이 아니다. 다음 식에서 볼 수 있는 것처럼 수소의 연소열은 매우 크다.

$$H_2(g) + \frac{1}{2} O_2(g) \longrightarrow H_2O(g) + 124.5\ \text{kJ/g} \quad \textbf{[8.18]}$$

따라서 수소를 연소시킬 때가 메테인을 연소시킬 때보다 1 g당 거의 세 배 많은 에너지를 방출한다! 수소는 우수한 에너지 방출 능력 외에 또 다른 가능성을 가지고 있다. 그것은 수소를 연료로 사용할 경우 그 자동차는 연소 생성물로 오직 물만 만들어 낸다는 것이다. 엔진의 상태나 온도에 따라서 약간의 NO_x가 생성되지만, CO나 CO_2는 생성되지 않는다.

활동 학습 8.12 › 수소 *대* 메테인

수소는 *정말* 좋은 연료인가? 표 6.1에 제시된 결합 에너지를 이용하여 이 질문에 답하라. 표에 제시된 값을 이용하여 계산하는 과정을 제시하고, 계산을 하는 데 도입한 가정도 함께 제시하라. 이렇게 계산한 값이 식 [8.18]의 값과 일치하는가?

힌트: 6.5절에 제시된 계산을 참고하라. 이 계산은 1 g당이 아니라 1몰당 에너지를 계산한다는 점만 다르다.

메테인이나 휘발유와 같은 가연성 연료들과 마찬가지로, 수소도 산소와 직접 혼합하면 단순한 불꽃만으로 폭발이 일어난다. 7백만 입방피트의 수소 기체를 채운 비행선 *Hindenburg*는 바다에서 Titanic과 같은 사고를 하늘에서 맞이하였다. 1937년에 이 비행선에서 화재가 발생하고 많은 승객들과 승무원들이 사망했다. 이 사건으로 우리의 의식 속에 수소는 폭발성 연료이며 매우 위험하다는 것을 인식하게 되었다.

그러나 어떤 사람이 H_2와 O_2가 결합하여 폭발적인 연소를 일으키지 않고 H_2O를 만드는 방법을 제안하였다고 생각해 보자. 게다가 이 사람은 수소와 산소를 직접 접촉시키지 않고도 연소 반응을 수행할 수 있다고 주장했다고 가정을 해보자. 의심 많은 화학자는 이 주장을 가능성이 전혀 없는 완전히 말도 안 되는 이야기로 무시할 수 있다. 그러나 연료 전지는 바로 이와 같은 방식으로 작동한다. **연료 전지**(fuel cell)는 연료 물질을 연소시키지 않고, 연료의 화학 에너지를 직접 전기 에너지로 전환시키는 전기 화학 전지이다. 1839년에 영국의 물리학자인 William Grove(1811~1896)는 연료 전지를 발명하였다. 그러나 이 전지는 우주 개척의 시대가 시작되기 전까지는 단순한 호기심에 불과하였다. 미국의 *아폴로*(Apollo) 우주 왕복선이 수소를 연료로 하는 32개의 전지로 구성되는 3세트의 연료 전지를 싣고 운행한 1980년대에서야 비로소 연료 전지가 대중의 눈에 띄게 되었다. 이 연료 전지들은 우주 왕복선에 설치된 전등, 모터, 컴퓨터를 구동하는 데 전원을 공급하였다.

손전등, 자동차, 노트북 컴퓨터 등에 사용되는 것과 같은 기존의 배터리들과 달리, 연료 전지가 작동하기 위해서는 외부에서 연료를 공급해 주어야 한다. 이 연료는 연료 전지 안에서 전기 화학적으로 산화된다. 연료 전지는 산소 기체나 *산화제*(oxidizing agent)로 사용될 수 있는 물질을 또한 외부에서 공급해 주어야 한다. 연료와 산화제를 계속적으로 흘려 보내주면 이 연료 전지는 전기를 생산한다. 그래서 연료 전지를 영어로 *흐름 배터리*(flow battery)라고도 한다. 이 전지는 연료와 산화제가 공급되는 한, 다른 전지들처럼 방

사전 지식 *Did You Know* ?

산화제(oxidizing agent)는 산화–환원("산화 환원") 반응이 일어나는 동안 *환원제*(reducing agent)로부터 전자를 받는 반응물이다. 따라서 산화제는 *환원*(전자를 받음)되는 반면, 환원제는 반응 중에 *산화*(전자를 내어 줌)된다.

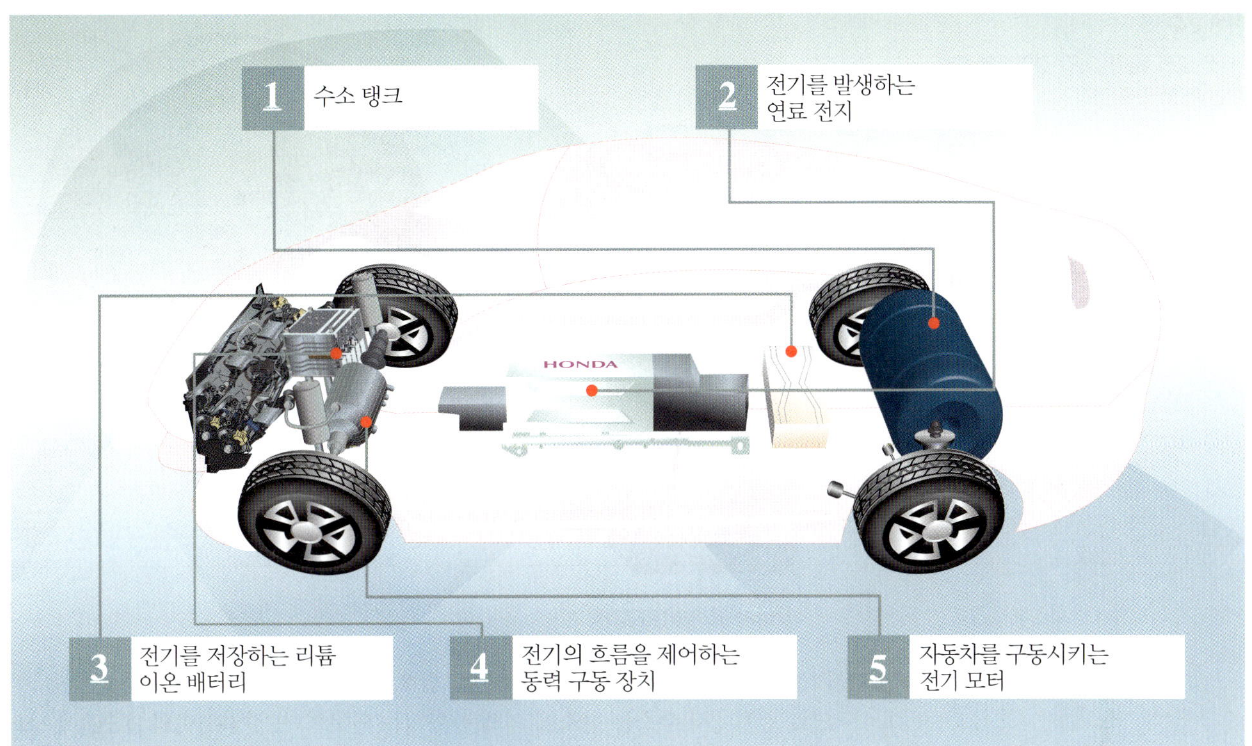

그림 8.23

연료 전지로 구동되는 Honda FCX의 개략도. 연료 전지와 수소 저장 탱크, 리튬-이온 배터리의 위치를 보여준다.
Source: American Honda Motor Company.

전되거나 재충전할 필요가 없다. 그림 8.23은 연료 전지를 사용하는 자동차(fuel cell vehicle, FCV)의 개략도이다. 이 그림에서 수소 연료가 공급되는 위치를 찾아보라. 수소 연료가 들어 있는 탱크의 압력은 34 MPa에 해당하는 5000 psi(pounds/inch^2)에 달한다.

> **관련 절**
> 압력에 관한 여러 가지 단위는 6.12절에서 논의되었다.

연료 전지에 대한 놀랄 만한 것은 산화되는 물질과 환원되는 화학 물질이 물리적으로 분리되어 있다는 것이다. 다시 말해서 이 두 물질은 직접 접촉하지 않는다. 산화는 산화전극에서, 환원은 환원 전극에서 일어난다. 그런데 산화전극 그 *자체는*(itself) 직접 전자를 방출하는 역할을 하는 것이 아니라, 단지 진지에서 연료의 산화가 일어나는 물리적인 장소만 제공해 주는 전기 전도체일 뿐이다. 마찬가지로 환원전극도 산소의 환원이 일어나는 전기 전도체일 뿐 직접 반응에는 참여하지 않는다.

전통적인 다른 전기 화학 전지에서와 같은 목적으로, 전해질은 산화전극과 환원전극을 분리시켜 준다. 따라서 이온이 전해질을 통해서 흐르게 되고, 그 결과 전자의 이동이 가능해진다. 가장 먼저 상용화된 연료 전지는 부식성 산인 인산(H_3PO_4)을 전해질로 사용하였다. 따라서 이 연료 전지는 알칼리 배터리와 같은 모양이 아닌 액체로 채워진 밀폐 용기에 담겨 있었다. 현재의 연료 전지는 끊임없이 연료와 산화제가 흘러 들어가 공급될 수 있도록 개방형 구조를 가지고 있으며, 보다 복잡하고 가격도 비싸다.

오늘날 다양한 용도로 사용하기 위해서 여러 가지 서로 다른 종류의 전해질 물질을 이용한 연료 전지들이 개발되었다. 이들 중 한 가지는 고체 고분자 전해질을 이용하여 산화 전극과 환원 전극에서 일어나는 반응을 서로 분리시킨다. 여기서는 이러한 종류의 연료 전지를 이용하여, 연료 전지의 일반적인 작동 원리를 설명하고자 한다. 고분자 전해질 막, 또는 **양성자 교환 막**(proton-exchange membrane, PEM)이라고 부르는 이 막은 H^+ 이온을 통과시킬 수 있는데, 양면이 백금 기반 촉매가 코팅되어 있다. 이 전해질은 70~90°C 정도의 낮은 온도에서 작동하며, 전자를 전달하여 빠르게 전력을 공급한다. 그 결과 PEM 연료 전지는 새로운 연료 전지 자동차와 개인용 전자 제품의 시제품에 현재 많이 사용되고

> **관련 절**
> 5.7절에서 논의했듯이 H^+는 수소 원자가 전자 하나를 잃은 것이다. 따라서 흔히 양성자라고 부른다.

그림 8.24

연소 반응 없이 H_2와 O_2가 결합하여 물을 형성하는 PEM 연료 전지

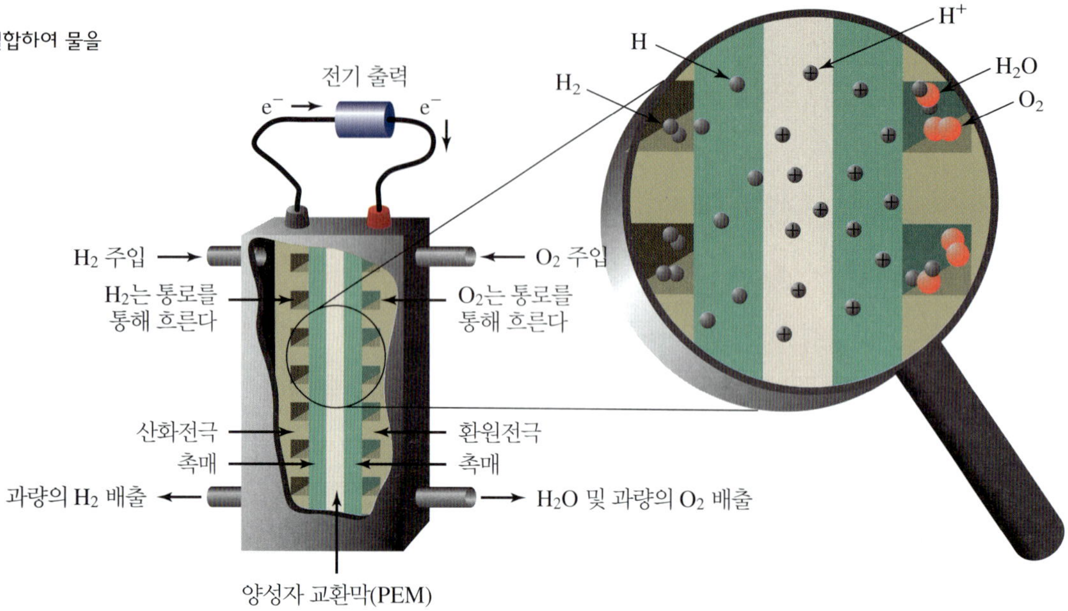

있다. PEM 연료 전지의 일반적인 구조를 그림 8.24에 나타내었다.

연료 전지에서 수소는 산소에 의해 산화되는 연료이다. 식 [8.19]와 [8.20]에 산화 반쪽 반응과 환원 반쪽 반응을 나타내었다. 수소 분자(H_2)가 그 막을 통과할 때, 산화되어 전자 두 개를 잃고 두 개의 수소 이온이 된다.

$$\text{(산화전극)}\quad H_2(g) \longrightarrow 2\ H^+(aq) + 2\ e^- \qquad \textbf{[8.19]}$$

이 수소 이온들, 즉 H^+들은 양성자 교환막을 통과해 흘러가서 산소(O_2)와 결합한다. 동시에 이들은 두 개의 전자들과 결합하여 물을 만든다.

$$\text{(환원전극)}\quad {}^1\!/_2\ O_2(g) + 2\ H^+(aq) + 2\ e^- \longrightarrow H_2O(g) \qquad \textbf{[8.20]}$$

갈바니 전지에서와 마찬가지로 전체 전지 반응식은 이 두 반쪽 반응식의 합이다.

$$H_2(g) + {}^1\!/_2\ O_2(g) + \cancel{2\ H^+(aq)} + \cancel{2\ e^-} \longrightarrow \cancel{2\ H^+(aq)} + H_2O(g) + \cancel{2\ e^-} \qquad \textbf{[8.21]}$$

관련 절

6.5절에서 정수 계수를 가진 이 화학 반응식이 다음과 같음을 보았다.

$2\ H_2(g) + O_2(g) \longrightarrow 2\ H_2O(g)$

전체 반응식의 양변에 등장하는 2 e^-와 2 H^+는 상쇄시키면 다음의 반응식이 얻어진다.

$$H_2(g) + {}^1\!/_2\ O_2(g) \longrightarrow H_2O(g) \qquad \textbf{[8.22]}$$

전자들은 일을 하기 위해서 연료 전지의 산화전극에서 환원전극 쪽으로 외부 도선을 통해 흐른다. 따라서 연료 전지에서 전자는 H_2에서 O_2로 이동한다. 이 과정은 불꽃을 수반하지 않으며, 비교적 적은 열을 방출하고, 어떤 빛도 내지 않으며 진행된다. 이런 특징으로 인해 이 반응은 연소 반응으로 분류되지 않는다. 만약 에너지를 생산하는 단계만 고려한다면(에너지의 전체적인 그림에서 다른 부분들은 생략하고), 수소 연료 전지는 석탄 화력 발전소나 원자력 발전소보다 전기를 생산하는 보다 친환경적인 방법이라고 할 수 있다. 탄소를 포함하는 온실 기체를 만들지도 않고 대기 오염 물질을 배출하지도 않으며, 처분하기 곤란한 사용 후 핵연료도 만들어 내지 않는다. 물은 수소를 연료로 사용했을 때 만들어지는 유일한 생성물이다. 우주 왕복선에서 수소 연료 전지를 사용할 경우 우주 비행사들은 이렇게 만들어지는 물을 이용할 수 있다.

전체 전지 반응식(식 [8.22])을 보면 물 1몰이 만들어질 때마다 249 kJ의 에너지가 방출되는 것을 알 수 있다. 그러나 연료 전지는 이 에너지를 모두 열의 형태로 방출하지 않고 이 중 45~55%를 전기 에너지의 형태로 방출한다. 열의 형태를 거치지 않는 이와 같은 직접적인 전기 에너지의 생산은 열을 이용하여 일을 함으로써 전기를 생산하는 전통적인 방식에 비해 효율이 높다. 내연 기관은 단지 20~30%의 효율로 화석 연료가 가진 에너지를 자동차의 운동 에너지로 활용하도록 해 준다. 표 8.4에 연료의 연소와 연료 전지의 에너

표 8.4 연소와 수소 연료 전지 기술의 비교

과정	연료	산화제	생성물	다른 고려할 사항들
연소	탄화수소, 알코올, H_2, 목재 등	공기 중의 O_2	H_2O, CO/CO_2, 열, 빛, 소리	빠른 과정, 불꽃 발생, 낮은 효율, 열을 얻는 데 유용함
수소 연료 전지	H_2	공기 중의 O_2	H_2O, 전기, 열	느린 과정, 불꽃을 발생하지 않음, 조용함, 효율적, 전기를 발생시키는 데 유용함

활동 학습 8.13 ▶ *PEM 연료전지 재복습*

PEM 연료 전지의 구조와 작동하는 과정을 다시 공부하고, 다음 질문에 답하라.

a. 연료 전지가 이 장의 앞에서 설명한 다른 종류의 배터리들과 어떤 점에서 다른가?

b. PEM 연료 전지는 재충전될 수 있는가? 설명하라.

c. 연료 전지에서 일어나는 H_2와 O_2의 결합은 연소로 분류되지 않는 이유는 무엇인가? 설명하라.

지 생산 방식을 비교하였다.

배터리, 모터, 발전기들이 다양한 크기와 종류로 만들어지는 것처럼, 연료 전지의 크기와 종류도 다양하다. 연료와 작동 원리는 같다 하더라도 전해질이 달라지면 연료 전지의 특징이 달라지고 그에 따라 용도도 달라진다. 많은 자동차 회사들이 연료 전지를 이용하는 자동차를 시험하고 있다. EV처럼 연료 전지 자동차(FCV)도 전기 모터로 구동된다. 그러나 EV가 차체에 실린 별도의 전기 에너지원으로부터 에너지를 공급받는 것과 달리, FCV는 직접 차체에서 에너지를 생산한다.

수소 연료 전지의 연료로 수소 기체 대신 수소 원자를 많이 포함하는 메테인이나 천연 가스를 사용할 수 있다. 이 연료들은 사용되기 전에 먼저 수소로 개질되어야 한다. 이 연료의 개질을 위해서 열, 압력, 촉매를 이용하여 생성물 중 하나가 수소가 되는 화학 반응을 진행시킨다(그림 8.25). 표준 조건에서 액체 상태로 존재하는 연료인 메탄올과 에탄올은 전통적인 방식의 주유소에서 공급이 가능하다. 그러나 차체에 별도의 연료 개질 장치를 설치해야 하므로 그만큼 비용이 상승하고 유지 보수의 부담이 늘어난다. 또한 개질 과정에서 온실 기체를 배출하고 다른 대기 오염 물질도 발생시킨다.

관련 절
촉매에 관해서 6.14절에서 더 자세히 설명하였다.

전기 에너지원으로서의 연료 전지는 많은 영역에서 사용될 수 있다. 병원, 공항, 은행, 경찰서 그리고 군용기기 및 시설물에서 연료 전지를 비상시 에너지원으로 사용하고 있다. 연료 전지는 **분산 발전**(distributed generation)의 한 형태이다. 분산 발전이란 전기를 그 전지가 사용될 장소에서 바로 생산하여, 먼 거리를 송전하면서 발생할 수 있는 손실을

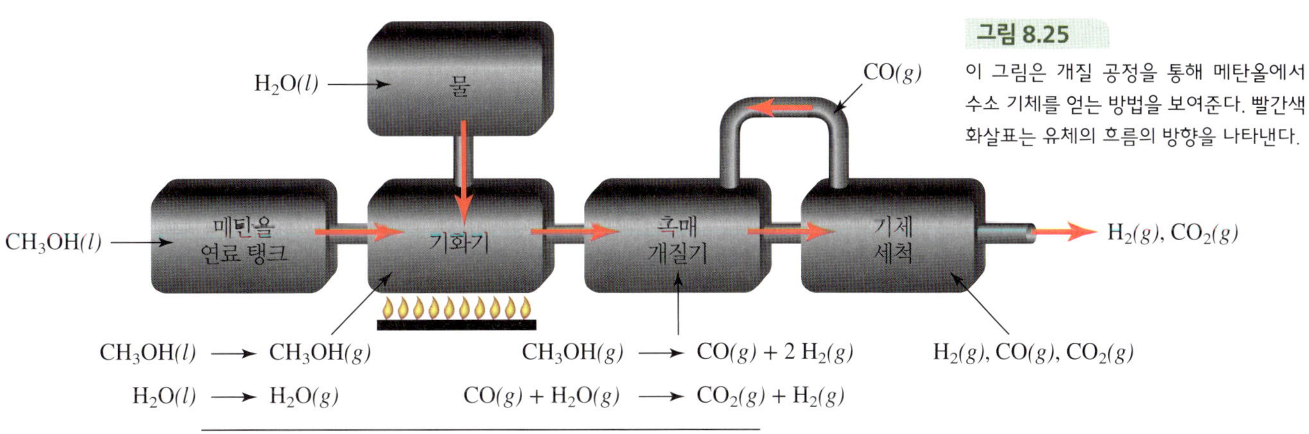

그림 8.25 이 그림은 개질 공정을 통해 메탄올에서 수소 기체를 얻는 방법을 보여준다. 빨간색 화살표는 유체의 흐름의 방향을 나타낸다.

피하는 방식이다. 그래서 분산 발전은 집중식 발전소의 대안이 될 수 있다. 또한 휴대폰이나 노트북 컴퓨터와 같은 휴대형 전자 기기를 소형 연료 전지를 이용하여 충전하는 기술이 현재 개발되고 있다. 이런 장치는 시간이 많이 소요되는 전기 충전 방식을 취하지 않고 단지 연료를 다시 공급하거나 간단히 연료 카트리지를 공급하기 때문에 전통적인 배터리들에 비해서 선호될 수 있다.

우리 사회가 수소 연료 전지를 본격적으로 사용하기 위해서는 과학자들과 기술자들이 해결해야 할 기술적인 문제들이 아직 남아 있다. 첫 번째는 수소 연료를 저장, 운반, 그리고 소비자에게 공급하는 방식과 관련된 기술이다. 두 번째는 필요한 만큼의 수소 연료를 생산하는 것이다. 다음 절에서는 이 두 가지 도전에 대해서 보다 자세히 알아보도록 할 것이다.

8.10 연료 전지 자동차에 사용되는 수소

"주유소"에서 연료 전지 자동차에 수소 기체 연료를 넣어야 하는 상황을 상상해 보라. 현재, 연료 전지 자동차에 연료를 공급받을 수 있는 곳은 그 숫자가 매우 적고 또 서로 멀리 떨어져 있다. 2019년 현재 미국의 에너지부에 따르면 미국에는 연료 전지 자동차를 위한 수소 충전소는 41곳에 불과하다고 보고하였다. FCV는 한 번 연료를 공급 받으면 약 300마일을 주행할 수 있다. 이 주행 거리는 전통적인 휘발유 엔진을 사용하는 자동차들과 경쟁을 할 만하다.

사전 지식 *Did You Know* ?

압력, 부피, 그리고 온도의 관계는 다음의 *이상 기체 법칙*(ideal gas law)을 따른다. $PV = nRT$, 여기서 P = 압력(atm), V = 부피(L), n = 몰수, R = 기체 상수(0.08206 L·atm/mol·K), T = 온도(K)이다.

수소는 기체이기 때문에, 저장과 운반을 하는 데 휘발유와는 다른 시스템이 필요하다. 기체인 수소는 큰 부피를 차지한다. 예를 들어 해수면과 같은 고도에서 상온이라고 하면 1 g의 H_2 기체는 11 L(거의 4 gal)의 부피를 차지한다! 이에 비해 휘발유 11 L는 8.7 kg에 불과하다. 거대한 크기의 연료 탱크를 자동차에 설치를 할 수는 없으므로, 연료 전지 자동차는 수소를 저장하기 위해 고압의 기체 실린더를 가지고 있어야 한다. 이 실린더에 수소 기체를 다시 채우기 위해서는 그림 8.26에서 볼 수 있는 것처럼 높은 압력을 견딜 수 있는 호스를 통해서 수소 기체가 새지 않도록 된 연결부를 가진 장치를 이용해야 한다. 이 연료 공급 과정은 휘발유 펌프와는 다른 시스템이지만, 노즐이 있고, 손잡이를 움켜쥐면 수소 기체가 흘러 들어가기 시작한다는 점에서는 비슷하다.

그림 8.26

수소 전기차인 Honda FCX Clarity에 연료를 주입하는 모습.

©Eugene Garcia/The Orange County Register/ZUMAPRESS.com/Newscom

H_2를 금속 실린더에 압축하려면, 무겁고 다소 다루기 어려운 큰 수소 연료 탱크가 필요하다. 따라서 화학 공학자들은 H_2를 저장하고 운반하는 방법으로 공간을 차지하지 않으면서 고압 기체로 압축하지 않아도 되는 새로운 방법을 연구하고 있다. 한 가지 성공 가능성이 높은 기술은 마치 스펀지가 물을 흡수하는 것처럼 수소 기체를 고압으로 가할 경우 수소 분자들을 흡수할 수 있는 물질을 이용하는 것이다. 이렇게 수소 분자들을 흡수하게 한 후, 필요에 따라서 수소 기체의 압력을 낮추거나 온도를 올리면 H_2를 그 물질로부터 다시 나오도록 할 수 있다(그림 8.27). 예를 들면 금속 수소화물을 이와 같은 방식으로 이용할 수 있다. 이런 용도로 사용될 수 있는 한 가지 물질이 수소화 리튬(LiH)이다. 화학식 LiH는 좀 이상하게 보일 수도 있는데, 그것은 리튬 이온(Li^+) 때문이 아니라 수소화 이온, H^- 때문일 것이다. 음이온인 수소화 이온은 우리에게 익숙한 수소 이온(H^+)과 매우 달라 보인다. 수소화 이온은 중성의 수소 원자가 하나의 전자를 갖는 것과 달리 두 개의 전자를 가지며, 수소의 가역적 저장에 중요한 역할을 한다.

금속 수소화물을 저장 물질로 사용하는 방법은 고순도의 수소를 필요로 하는 PEM 연료 전지에 적합하다. 금속 수소화물은 CO, CO_2, O_2와 같은 큰 기체 분자들은 흡수하지 못하고, 매우 작은 수소 분자만을 선택적으로 흡수하기 때문에, 저장 물질로 역할을 함과 동시에 수소가 아닌 다른 기체들을 걸러내는 역할도 한다. 이러한 물질들을 사용하기 위한 새로운 연료 저장 기술은 보다 장거리 운행을 위해 더 많은 연료를 저장할 수 있어야 하며, 동시에 사람과 짐을 싣기 위한 공간을 연료 탱크가 차지하지 않도록 부피가 작아야 한다는

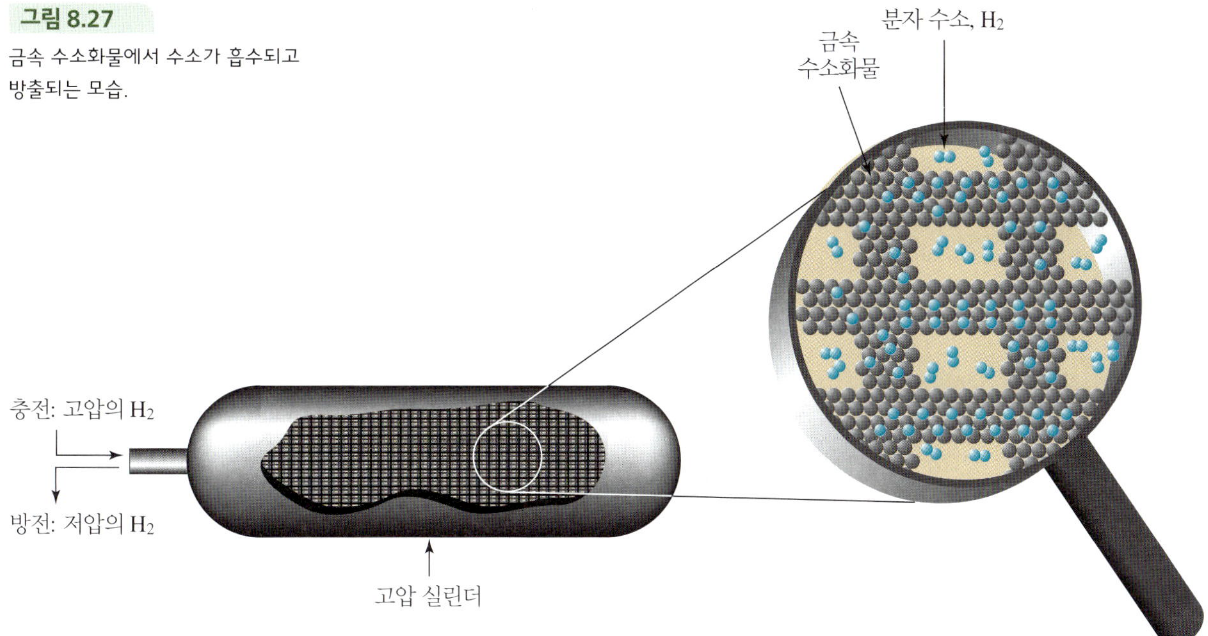

그림 8.27
금속 수소화물에서 수소가 흡수되고 방출되는 모습.

요구 사항을 만족시켜야 한다.

또 다른 해결해야 할 문제는 필요한 수소 연료를 지속적으로 확보하는 것이다. 수소는 어디에서 얻을 수 있는가? 수소는 우주에서 가장 많이 존재하는 원소이므로 이 문제의 해결 가능성은 상당히 높아 보인다. 우주에 존재하는 전체 원자들 가운데 93% 이상이 수소 원자이다! 수소는 지구에서는 이 정도로 많지 않지만, 여전히 막대한 양이 존재한다. 그런데 다른 한편으로 생각해 보면, 지구에 존재하는 모든 수소는 H_2가 아닌 다른 형태로 존재한다. 수소 기체는 너무 반응성이 커서 이와 같은 형태로 오래 존재할 수 없다. 그래서 주로 산화된 형태인 물(H_2O)로 존재한다. 그러므로 연료로 사용하기 위해 수소를 얻기 위해서는 물이나 다른 수소를 포함하는 화합물로부터 수소 연료를 H_2의 형태로 얻어내야 하는데 이 과정은 에너지를 필요로 한다.

천연 가스와 석탄을 포함해서 화석 연료들은 기본적으로 탄화수소이다. 이것들은 수소를 얻을 수 있는 원천이 될 수 있다. 현재 천연 가스의 주성분인 메테인은 전 세계 수소 공급량의 95% 정도의 얻는 주된 원천이다. 수소는 CH_4와 수증기의 흡열 반응을 통해서 얻을 수 있다.

$$165 \text{ kJ} + CH_4(g) + 2\ H_2O(g) \longrightarrow 4\ H_2(g) + CO_2(g) \qquad \textbf{[8.23]}$$

활동 학습 8.14 ➤ *결합 에너지 복습*

a. 표 6.1에 있는 평균 결합 에너지 값들을 이용하여, 식 [8.23]과 식 [8.24]의 화학 반응이 일어날 때 필요한 에너지의 양을 계산하라. 계산 과정을 보여라.

b. 이 활동 학습의 **a**에서 계산한 값이 반응식에 나타나 있는 값과 일치하는가? 설명하라.
힌트: 6.5절을 복습하라.

그러나 앞의 반응은 중대한 결함을 가지고 있다. 즉 이산화 탄소가 생성된다. 우리 주변에 수소를 얻을 수 있는 또 다른 원천이 있는가? Jules Verne의 1874년 소설 "*신비한 섬*(Mysterious Island)"을 보면 항해 중에 난파를 당한 공학자는 전 세계의 석탄이 고갈되었을 때, 사용할 수 있는 새로운 에너지원에 대해서 추측하는 내용이 나온다. 그 공학자가 생각해 낸 에너지의 원천은 "물"이었다. 그 소설에 등장하는 공학자는 다음과 같이 단언한다. "나는 언젠가 수소와 산소로 이루어져 있는 물이 연료로 사용될 날이 올 것이라고 믿는다. 물은 그 자체로 연료로 사용되거나 아니면 다른 물질과 함께 연료로 사용될 것이다. 물

그림 8.28

물의 전기 분해에 대한 실험의 개략도.

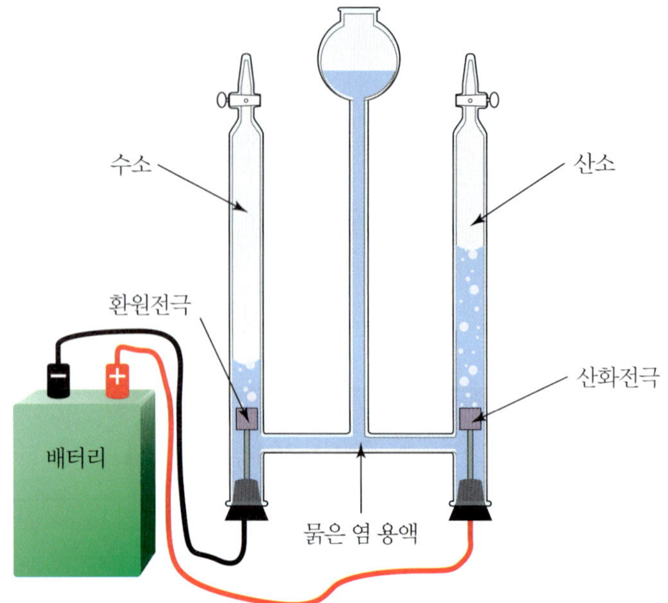

은 열과 빛의 고갈되지 않는 원천이 될 것이다."

이 이야기는 단순한 공상과학 소설인가? 아니면 에너지 측면과 경제적인 측면에서 물을 그 성분 원소들로 분해하는 것이 실제로 해볼 만한 것인가? Verne의 소설에 등장하는 공학자의 주장의 신빙성을 확인하기 위해서는 이 화학 반응이 일어나는 데 필요한 에너지를 조사해 볼 필요가 있다. 8.9절에서 수소와 산소로부터 1몰의 물이 만들어질 때 249 kJ의 에너지가 방출된다는 것을 언급하였다. 이 반응을 역방향으로 일으켜 수소를 만들기 위해서는 바로 같은 양의 에너지가 흡수되어야 한다.

$$249 \text{ kJ} + H_2O(g) \longrightarrow H_2(g) + \tfrac{1}{2}\, O_2(g) \qquad [8.24]$$

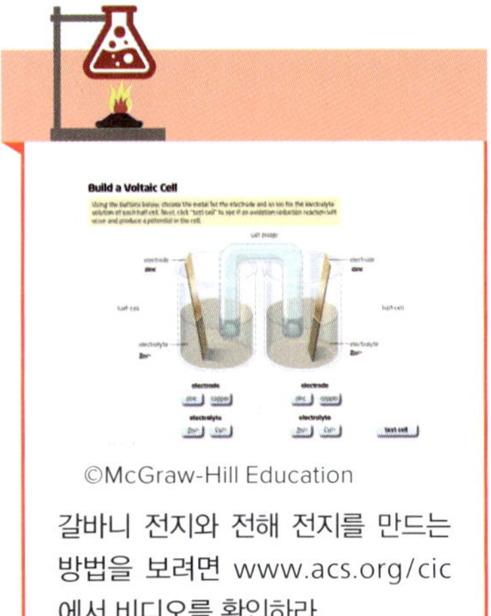

©McGraw-Hill Education

갈바니 전지와 전해 전지를 만드는 방법을 보려면 www.acs.org/cic에서 비디오를 확인하라.

물을 수소와 산소로 분해하는 가장 편리한 방법은 **전기 분해**(electrolysys)를 이용하는 것이다. 이 방법은 물을 H_2와 O_2로 분해하기 위해 물에 충분한 전압을 걸어서 직류 전류를 통과시킨다(그림 8.28). 이 과정은 **전해 전지**(electrolytic cell)에서 일어난다. 전해 전지는 일종의 전기 화학 전지로, 전기 에너지를 화학 에너지로 바꾸어 주는 장치이다. 물이 전해 전지에서 분해될 때, 발생되는 수소의 수는 발생되는 산소 수의 두 배가 된다. 이것은 식 [8.24]에서 확인할 수 있다. 이 사실로부터 물 분자는 그 분자가 가지고 있는 산소 원자 수의 두 배의 수소 원자를 가지고 있다는 것을 의미한다. 이것이 물 분자의 화학식이 H_2O인 이유이다.

물의 전기 분해는 생성되는 H_2 1몰을 기준으로 메테인을 이용하여 수소를 만드는 과정에 비해 약 반 정도의 에너지가 필요하다. 그리고 CO 또는 CO_2를 발생시키지 않는다(식 [8.23] 참조). 열역학적인 관점에서 물을 산소와 수소로 쪼개기 위해서는 에너지가 필요하다. 그림 8.29은 이 과정에 관련된 에너지 차이를 보여 준다.

물론 다음과 같은 의문점이 남아 있다. 즉 수소를 대량 생산하기 위한 대규모 전기 분해 시설을 위한 전기를 어떻게 생산하고 공급할 것인가? 미국의 대부분의 전기 에너지는 화석 연료를 태우는 전통적인 방식의 발전소에서 생산된다. 만약 우리가 열역학 제1법

그림 8.29

수소-산소-물 시스템의 에너지 차이.

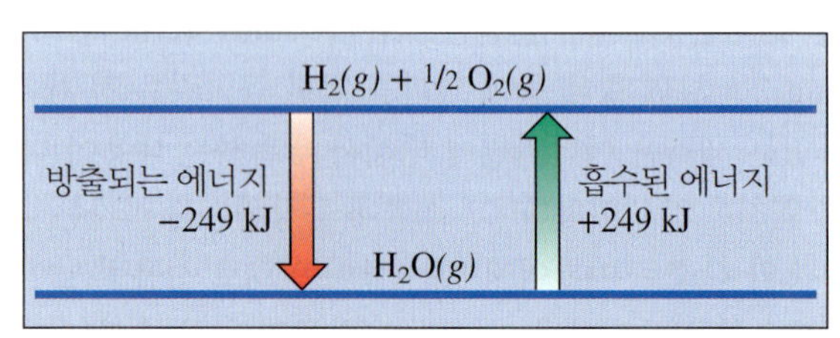

칙만 고려해야 한다고 가정하면, 우리가 할 수 있는 최선은 전기 분해를 통해서 수소를 생산하는 데 필요한 에너지와 같은 양의 에너지를 얻을 수 있는 양의 화석 연료를 태우는 것이다. 그러나 우리는 또한 열은 온도가 높은 곳에서 낮은 곳으로 흐른다는 열역학 제2법칙도 고려해야 한다. 열을 일로 바꾸는 데 있어서 피할 수 없는 효율 저하로 인해서 발전소가 발휘할 수 있는 최대 효율은 63%이다. 마찰, 불완전한 열전달, 전선을 통해 전기를 공급할 때의 손실 등을 고려하면, 우리가 얻은 수소를 연소시켜서 얻을 수 있는 에너지의 최소 두 배에 달하는 에너지가 필요하게 된다. 이것은 달걀을 하나에 10센트를 지불하고 사서 5센트를 받고 파는 것과 같다. 수지가 맞지 않는 사업이 분명하다.

수소를 생산하는 또 다른 방법은 물을 분해하는 데 열을 이용하는 것이다. 단순하게 물을 가열하여 물을 H_2와 O_2로 분해하는 것은 경제적인 관점에서 해볼 만한 일이 못 된다. 쓸 만큼의 수소와 산소를 얻기 위해서는 5000°C 이상의 온도로 가열해야 한다. 물을 이 정도의 온도에 도달하도록 하는 것은 매우 어려운 일일 뿐만 아니라 또한 막대한 양의 에너지가 필요하다. 최소한 수소를 태웠을 때 방출되는 에너지만큼의 에너지가 필요할 것이다. 따라서 우리는 또 다시 많은 시간, 노력, 돈, 에너지를 투자해서 기껏해야 우리가 투자한 에너지와 같은 양의 에너지를 얻을 수 있는 정도의 양의 수소 연료를 얻을 수 있는 상황에 도달하였다. 많은 노력을 했으나 실제로 얻어지는 에너지는 노력보다 적다.

> **사전 지식** *Did You Know* ?
>
> 물의 끓음은 화학적 변화가 아니라 물리적 변화의 결과이다. 가열은 단순히 물 분자들 사이의 거리를 증가시키는 것이다. 그러나 물이 아주 높은 온도에서 열적으로 분해되면, 화학적 변화가 일어나고, 이때 물 분자가 쪼개져서 수소와 산소 분자로 된다.

물을 분해하는 데 필요한 막대한 양의 열을 얻기 위해서 화석 연료를 태우는 대신에 시도해 볼 수 있는 다른 방법은 지속 가능한 에너지원인 태양 복사 에너지를 이용하는 것이다. 가시광선은 물을 분해하기에 충분한 에너지를 가지고 있다. 그러나 불행하게도 물은 가시광선 파장 영역의 빛을 흡수하지 않는다. 그래서 물은 색깔이 없다. 물의 분해를 일으키는 데 태양 에너지를 사용하기 위해서 새로운 물질을 개발하는 중이다. 그중에 한 가지는 갈바니 전지의 일종인 광전기 화학 전지(photoelectrochemical cell)이다. 이것은 백금(Pt) 환원전극과 염료 분자들로 입혀진 산화 타이타늄(IV) [TiO_2] 나노 입자로 덮은 산화전극으로 구성되어 있다. 염료 분자들은 태양광 스펙트럼에서 가장 세기가 강한 빛을 흡수할 수 있도록 만들어진 것이다. 이 물질을 전해질 수용액에 담그고 빛에 노출시키면 염료 분자의 몇몇 전자들이 높은 에너지 상태로 들뜨게 된다. 이 에너지는 충분히 커서 들뜬 전자들은 빠르게 TiO_2로 이동한다. 일단 TiO_2로 이동한 전자들은 전극을 떠나서 외부 도선을 통해서 흐를 수 있게 된다(그림 8.30).

앞에서 배운 대로, 전자를 잃는 것은 산화에 해당한다. 이 경우에는 물을 구성하는 산소가 산화되어 O_2가 된다. 외부 도선을 통해서 흐른 전자는 백금 환원 전극에 도착하는데, 그 곳에서 수소를 환원시켜 H_2를 만든다. 현재 이 장치의 효율은 14% 미만이지만 앞으로 더 향상될 것으로 기대된다.

활동 학습 8.15 ▶ *빛에 의한 물의 분해*

식 [8.25]의 반응에 필요한 에너지에 해당하는 빛의 파장은 420 nm이다.

a. 이 파장은 전자기 스펙트럼에서 어느 영역에 해당하는가?
힌트: 그림 3.4을 참조하라.

b. 물을 분리하기 위해 태양의 열 에너지를 사용하는 것보다 빛 에너지를 직접 사용하는 것이 장점이 더 많다. 그 이유를 설명하라.

녹색 화학(green chemistry) 분야의 생생한 실례로, 과학자들은 현재 수소를 만들어 낼 수 있는 미생물을 찾고 있다. 단세포 녹조류의 어떤 종은 광합성 과정에서 수소 기체를 만들어 낸다(그림 8.31). 이 방법의 장점은 화석 연료의 연소가 아닌 태양광으로부터 에너지를 얻는다는 것이다. 현재 상업적으로 사용하기에는 효율이 너무 낮다. 그러나 태양광을

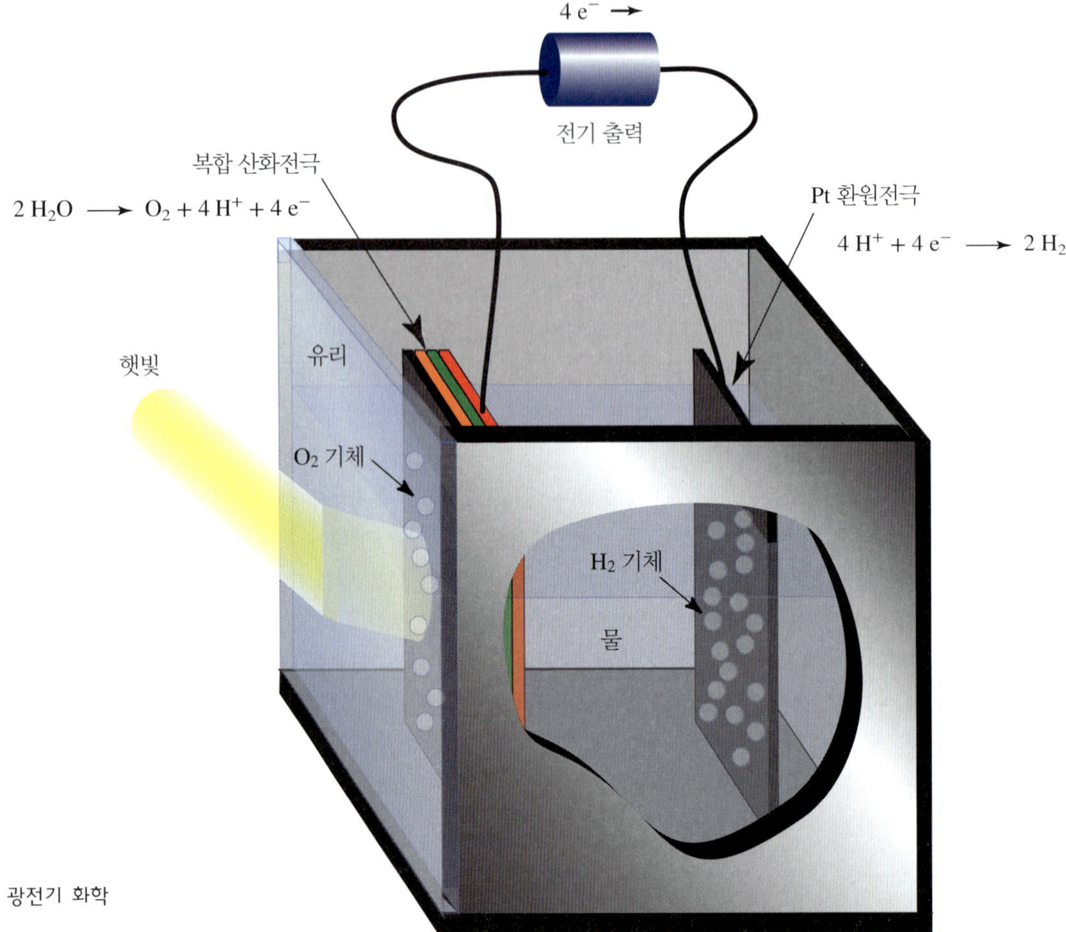

그림 8.30
물을 분해하는 데 사용되는 광전기 화학 전지의 개략도.

그림 8.31
일부 종류의 조류는 광합성을 통해 수소를 생산한다.
©Pascal Goetgheluck/Science Source

보다 높은 효율로 이용하는 새로운 종을 찾는다면 경제적인 면에서 시도해 볼 만할 것으로 기대된다. 지금 연구는 조류의 유전자 조작을 통해서 이와 같은 목적을 달성하고자 하는 방향으로 진행되고 있는데, 전망이 있다고 여겨지기도 하고, 다른 한편으로는 논란의 대상이 되기도 한다.

8.11 배터리가 완전히 방전되었다면 어떻게 해야 하는가?

배터리로 인해서 휴대폰, 태블릿, 노트북 컴퓨터, 휴대용 계산기들이 흔히 사용되는 도구들이 되었고, 우리는 그것을 당연한 것으로 여기게 되었다. 개발도상국에서조차도 배터리 구동 전자 기기의 의존도가 증가하고 있다. 그러나 여러분의 휴대폰, 자동차 또는 태양 에너지를 이용한 발전 시설에 사용되는 배터리들은 여러분이 그 물건을 사기 위해 지불했던 금액보다도 더 많은 비용이 든다. 또한 환경 가격표가 있는데 그것은 우리 모두가 부담해야 하는 "외적 비용"이다. 이 외적 비용 가운데 일부는 배터리의 구성 물질에서 비롯되는데 한두 가지의 금속들 때문이다. 이 금속들은 지구의 지각에서 광석의 형태로 채굴되어 그 광석을 제련하여 얻어야 한다. 제1장에서 논의하였듯이 광석의 채굴 과정은 에너지가 많이 들고 광물 잔여물과 폐기물을 만들어 낸다. 제련 과정 또한 에너지가 필요하고 오염 물질을 배출한다. 예를 들면 많은 금속들이 자연 상태에서 황화물 형태로 존재하기 때문에 금속을 제련하면 종종 이산화 황이 배출된다. 다음 활동 학습을 통해서 금속의 제련 과정에 대해 보다 자세한 내용을 조사해 보도록 하자.

활동 학습 8.16 ▸ *금속의 제련*

디지털 카메라에 사용되는 Ni–Cd 배터리를 만들기 위해서는 니켈과 카드뮴, 두 가지 금속이 필요하다. 이 금속들은 NiS와 CdS와 같은 황을 포함하는 광석들로부터 제련을 통해 얻어진다.

a. 금속을 비금속과 구별할 수 있는 특징을 세 가지 나열하라.
힌트: 1.2절을 참조하라.

b. 원소 상태의 니켈은 니켈과 황으로 이루어진 NiS 광석과 산소 기체를 반응시켜서 얻는다.

$$NiS(s) + O_2(g) \longrightarrow Ni(s) + SO_2(g)$$

광석에 들어 있는 Ni는 산화되는가, 환원되는가?

c. 카드뮴에 대해서도 마찬가지의 화학 반응식을 써라. 그리고 Cd가 산화되는지, 환원되는지 답하라.

d. SO_2 배출이 심각한 문제가 되는 이유는 무엇인가?
힌트: 제2장을 참조하라.

관련 절
제련은 광석을 가열하여 화학적으로 처리하는 과정이다. 황화물 광석의 제련에 대해서는 대기질과 관련하여 2.13절에서 논의하였다.

환경 가격표에는 수명이 다한 배터리를 처리하는 데 필요한 비용도 포함된다. 재충전이 가능한 배터리라 하더라도 시간이 지남에 따라 전압이 점점 감소하여 어느 순간에는 사용할 수 있는 최저 전압 이하로 떨어지게 되어 더 이상 전류를 얻을 수 없게 되면 교체해 주어야 한다. 배터리는 수명이 다하였다 해도 그 안에 들어 있는 화학 물질은 유해할 수 있다. 따라서 배터리들이 부적절하게 버려진 쓰레기 매립장에서 유해한 물질을 제거하는 데 비용을 지불해야 하거나 배터리를 적절하게 재활용하기 위한 비용을 지불해야 한다.

버려지는 배터리의 수를 줄일 수 있는 한 가지 방법은 폐배터리 처리 문제를 "요람에서 요람으로"의 관점에서 생각해 보는 데 있다. 어떤 제품의 사용 주기의 끝은 또 다른 제품의 사용 주기의 시작과 맞추어져야 한다. 그래서 모든 것이 폐기되기보다는 재사용될 수 있도록 한다. 만약 각각의 배터리들이 새로운 제품의 재료로 사용될 수 있다면, 이 배터리들이 포함하고 있는 금속들은 매립장에 버려지지 않을 것이다. 이것을 "닫힌 순환 구조의 재활용"이라고 부를 수 있다. 특히 버려지는 배터리 등으로부터 금속을 추출하여 재사용하는 것이 새로운 광석을 채굴하고 제련하는 것보다 비용이 덜 든다면 경제적 측면에서 중요한 의미를 갖는다. 요람에서 요람으로의 관점에서 이 문제에 접근해 보자. 재활용할 제품들을 수집하여 필요한 금속을 추출하는 업체로 보낸다. 금속들이 추출되면 실제로 제품을 만들 제조사로 넘겨주자. 불행하게도 아직은 전 세계적으로 이와 같은 방법으로 재활용되는 배터리의 양은 매우 미미하다.

관련 절
요람에서 요람으로, 이 용어는 1.9절에 소개되어 있다.

독성 물질들이 환경에 배출되지 않도록 격리시키는 것도 해볼 만한 일이다. 예를 들면 금속 상태의 납, 산화 납(IV)(PbO_2) 및 황산(H_2SO_4) 등 자동차용 배터리의 성분들은 독성과 부식성이 있다. 카드뮴과 수은을 포함해서 배터리에 공통적으로 사용되는 다른 금속들도 마찬가지다. 이 배터리들을 쓰레기 매립장에 버리는 것은 점차로 그 땅과 지표수, 그리고 궁극적으로는 지하수를 이 금속들로 오염시키게 된다. 게다가 이 금속들은 다시 채굴하여 사용하기에는 어려운 상태로 자연계로 배출된다. 다음 활동 학습을 통해서 우리가

활동 학습 8.17 ▶ 금속이 소멸될 수 있을까?

2015년에 미국 화학회는 다음과 같은 "소멸될 위기의 원소 주기율표"를 발표하였다.

- 향후 100년 동안 심각한 소멸 위험
- 사용 증가로 인한 소멸 위협 증가
- 제한된 가용성, 향후 공급 위험

1 **H** 1.008																	2 **He** 4.003
3 **Li** 6.941	4 **Be** 9.012											5 **B** 10.81	6 **C** 12.01	7 **N** 14.01	8 **O** 16.00	9 **F** 19.00	10 **Ne** 20.18
11 **Na** 22.99	12 **Mg** 24.31											13 **Al** 26.98	14 **Si** 28.09	15 **P** 30.97	16 **S** 32.07	17 **Cl** 35.45	18 **Ar** 39.95
19 **K** 39.10	20 **Ca** 40.08	21 **Sc** 44.96	22 **Ti** 47.88	23 **V** 50.94	24 **Cr** 52.00	25 **Mn** 54.94	26 **Fe** 55.85	27 **Co** 58.93	28 **Ni** 58.69	29 **Cu** 63.55	30 **Zn** 65.39	31 **Ga** 69.72	32 **Ge** 72.61	33 **As** 74.92	34 **Se** 78.96	35 **Br** 79.90	36 **Kr** 83.80
37 **Rb** 85.47	38 **Sr** 87.62	39 **Y** 88.91	40 **Zr** 91.22	41 **Nb** 92.91	42 **Mo** 95.94	43 **Tc** (98)	44 **Ru** 101.1	45 **Rh** 102.9	46 **Pd** 106.4	47 **Ag** 107.9	48 **Cd** 112.4	49 **In** 114.8	50 **Sn** 118.7	51 **Sb** 121.8	52 **Te** 127.6	53 **I** 126.9	54 **Xe** 131.3
55 **Cs** 132.9	56 **Ba** 137.3	57 **La** 138.9	72 **Hf** 178.5	73 **Ta** 180.9	74 **W** 183.8	75 **Re** 186.2	76 **Os** 190.2	77 **Ir** 192.2	78 **Pt** 195.1	79 **Au** 197.0	80 **Hg** 200.6	81 **Tl** 204.4	82 **Pb** 207.2	83 **Bi** 209.0	84 **Po** (209)	85 **At** (210)	86 **Rn** (222)
87 **Fr** (223)	88 **Ra** (226)	89 **Ac** (227)	104 **Rf** (267)	105 **Db** (268)	106 **Sg** (269)	107 **Bh** (270)	108 **Hs** (277)	109 **Mt** (278)	110 **Ds** (281)	111 **Rg** (282)	112 **Cn** (285)	113 **Nh** (286)	114 **Fl** (289)	115 **Mc** (289)	116 **Lv** (293)	117 **Ts** (294)	118 **Og** (294)
			58 **Ce** 140.1	59 **Pr** 140.9	60 **Nd** 144.2	61 **Pm** (145)	62 **Sm** 150.4	63 **Eu** 152.0	64 **Gd** 157.3	65 **Tb** 158.9	66 **Dy** 162.5	67 **Ho** 164.9	68 **Er** 167.3	69 **Tm** 168.9	70 **Yb** 173.0	71 **Lu** 175.0	
			90 **Th** 232.0	91 **Pa** (231)	92 **U** (238)	93 **Np** (237)	94 **Pu** (244)	95 **Am** (243)	96 **Cm** (247)	97 **Bk** (247)	98 **Cf** (251)	99 **Es** (252)	100 **Fm** (257)	101 **Md** (258)	102 **No** (259)	103 **Lr** (262)	

a. 정말 금속이 "소멸"되는 것이 가능할까?

b. 위에 강조한 원소 중에서, 에너지 저장 장치(배터리, 연료 전지, 슈퍼커패시터)에 필요한 원소는 무엇인가?

c. 위에 강조하지 않은 원소 중에서, 에너지 저장 장치에 현재 사용하거나 미래에 사용하기 위해서 시험 중인 원소가 있는가?

이런 방식으로 배터리를 처리할 경우 어떤 결과를 얻게 될지 알아보도록 하자.

납축전지는 이 문제에 대해서 성공적인 사례를 보여 준다. 오늘날 미국의 대부분의 주의 법은 납축전지를 판매하는 소매상들이 재활용을 위해서 그것을 다시 수집하도록 규정하고 있다. EPA(미국 환경보호국)의 보고서에 따르면 미국에서 1988년 이래로 90% 이상의 납축전지들이 재활용되었다. 다음 활동 학습을 통해서 납축전지의 재활용에 대해서 더 자세히 알아보도록 하자.

활동 학습 8.18 ▶ 배터리 재활용

배터리에 사용된 금속들이 쓰레기 매립장에 버려지지 않도록 하기 위해서 여러분은 어떤 일을 할 수 있는가? 이 질문에 대한 답은 배터리의 종류에 따라 달라진다. 인터넷 검색을 이용하여 다음 질문에 답하라.

a. 현재 가장 많이 재활용되고 있는 배터리는 재충전이 가능한 것인가, 일회용 배터리인가?

b. Ni–Cd 배터리의 재활용이 알칼리 전지보다 더 중요한 이유는 무엇인가?

c. 가정에서 사용된 배터리의 재활용이 자동차용 배터리의 재활용보다 효과적이지 못한 몇 가지 이유를 나열하라.

금속의 미래에 대한 같은 기사에서 Yale 대학교의 산업 생태학자인 Thomas Graedel

은 "금속도 원유나 깨끗한 물처럼 한계가 있는 자원"이라는 점을 지적하였다. 그는 좋은 지적을 하였다. 미래에도 금속들이 여전히 사용 가능한 자원으로 남아 있도록 하기 위해서는 배터리에 포함되어 있는 금속들의 보다 효과적인 재활용을 가능하게 해주는 더 지능적인 배터리의 설계가 필요하다. 카드뮴, 수은, 니켈, 납을 쓰레기 매립장에 매립하여 처분하는 것은 이런 관점에서 부적절하다. 차라리 이것들을 재활용해서 새로운 배터리를 만드는 것이 더 나을 것이다.

금속을 재활용해야 하는 또 다른 중요한 이유를 앞에서 언급하였다. 2.13절에서 촉매 변환 장치는 대부분 백금을 포함하고 있다는 것을 알았다. 화학 산업이나 정유 산업은 이미 이 백금 촉매를 재활용하는 처리 계획을 마련하였다. 재활용 대상 제품은 백금을 추출하는 업체로 보내고, 여기서 추출된 백금은 재사용을 위해 다른 제조업체로 보내진다. 재충전이 가능한 배터리는 재활용이 가능하지만, 현재 전체 휴대폰의 약 10%만 재활용이 가능하다.

이런 점에 있어서 리튬의 재활용은 흥미로운 사례이다. 제1장을 보면 알 수 있듯이, 리튬은 소듐, 포타슘과 함께 주기율표에서 1족에 속하는 알칼리 금속이며(그림 8.32), Li, Na, K는 모두 한 개의 원자가 전자만 가지고 있는 매우 반응성이 큰 금속이다. 마지막으로 이 금속들은 모두 자연계에서 Li^+, Na^+, K^+의 이온으로 존재한다.

그런데 리튬은 다른 1A족 원소들과는 몇 가지 중요한 다른 점이 있다. 소듐이나 포타슘 원자들과 비교해서 리튬 원자는 더 작고 더 가볍다. 질량이 작다는 것은 휴대용 배터리를 만드는 데 매우 좋은 장점이 된다. 그리고 더 작다는 것은 Na^+, K^+는 너무 커서 사용할 수 없는 특별한 종류의 전극 물질에 리튬 이온은 잘 들어맞을 수 있다는 장점으로 작용할 수 있다. 리튬은 소듐이나 포타슘보다 희귀하다. 게다가 리튬은 그림 8.33에서 볼 수 있는 것과 같은 오지에서 발견되는 경향이 있다. 현재 리튬은 과거에 바다였던 소금 호수에서 주로 채취되고 있다.

미래에 리튬의 사용 가능성은 논의의 핵심적인 주제이다. 다음 절에서 알아보겠지만, 현재 개발 중인 차세대 하이브리드 전기 자동차용 배터리 내부에는 리튬이 들어갈 예정이다. 배터리 팩 하나당 약 4.5 kg의 리튬이 들어가게 되는데, 이런 배터리를 수백만 대의 자동차에 탑재하는 것은 리튬을 제조업체에 안정적으로 공급할 수 있는지 우리의 능력에 대한 시험이 될 것이다. 바로 지금, 우리가 이런 능력이 있는지에 대해서 논쟁하고 있

리튬(기름에 보관)

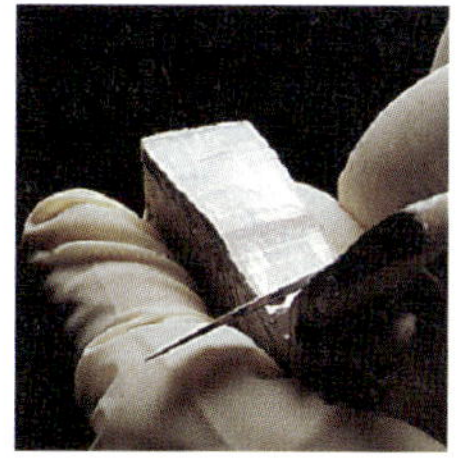

소듐(기름에서 꺼내어 자름)

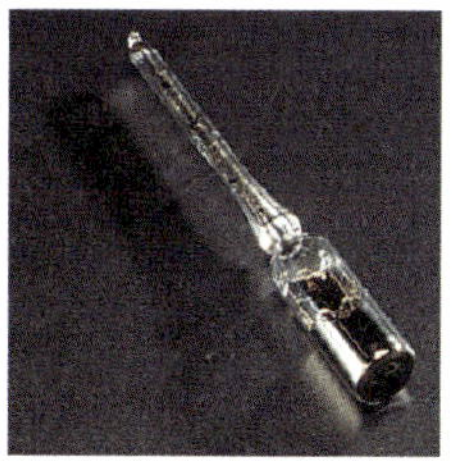

포타슘(유리관에 밀봉)

루비듐(유리관에 밀봉)

그림 8.32

몇 가지 1족 원소들.

©McGraw-Hill Education/Stephen Frisch

그림 8.33

리튬은 물에 녹는 염화물(LiCl)과 탄산염(Li_2CO_3) 형태로 호수 가장자리 주변에 흰색 침전물로 나타난다.

©esteban mazzoncini/Getty Images

다. 한편에서는 지구에 있는 리튬은 우리의 수요를 충족시킬 수 있을 만큼 충분한 양이라고 주장한다. 다른 한편에서는 지구에 있는 리튬 가운데 극히 일부분만이 적당한 비용을 들여 추출해 낼 수 있는 상태라고 주장한다.

우리가 지금 그리고 미래에 배터리를 만들 때 녹색 화학의 핵심적인 생각을 따르는 것은 확실히 모든 사람들의 최대의 관심사일 것이다. 이 생각을 따른다면 배터리를 만드는데 독성 물질의 사용은 피하거나 최소화하고 배터리의 설계를 잘 해서 금속을 효율적으로 재활용할 수 있도록 해야 한다.

활동 학습 8.19 ➤ *집단 활동: 전기 자동차는 정말로 지속 가능한가?*

전기 자동차는 화석 연료 사용 차량보다 적은 온실 기체(GHG)를 방출한다는 장점이 있다. 그러나 GHG는 전기 자동차를 생산하거나 수명이 다한 자동차를 재활용하는 동안에 방출된다. 또한 PHEV와 EV 배터리 충전에 필요한 전기를 공급하는 발전소에서 배출한다.

집단 활동을 통하여, 다양한 출처를 이용하여 다음 질문에 답하고, 휘발유 구동 차량과 전기 자동차 중 그들의 수명 동안 어느 것이 더 지속 가능한지 결정하라.

a. EV의 전 세계 총 전력 수요는 얼마인가?

b. 현재 미국의 전력 생산은 어떤 방법을 사용하고 있는가(바이오매스, 재생 에너지, 수력, 핵 그리고 화석 연료를 포함하라)? 이 에너지 분포는 다른 나라와 어떻게 다른가? 향후 10년 동안 어떻게 변화할 것으로 예상하는가?

c. GHG와 다른 대기 오염물질이 어떠한지 EV와 휘발유 구동 차량을 비교하라. 두 가지 자동차 모두 생산, 사용 그리고 수명 종료 단계를 고려하라.

결론 _Conclusion

우리가 필요한 에너지를 얻기 위해 사용하는 많은 다른 방식의 전자 이동을 살펴보았다. 배터리는 화학 에너지를 저장하였다가 여러 가지 용도로 사용하기 위해 그것을 전류로 바꾸어 공급할 수 있다. 슈퍼커패시터는 전기 에너지를 직접 저장하고, 장치의 요구에 따라 빠르게 방출한다. 하이브리드 자동차는 연료 효율을 높이기 위해 내연 기관과 결합된 새로운 배터리 기술을 이용한다. 연료 전지 또한 전기 에너지를 생산하는 가장 효과적인 방법 중 하나이며 아마도 미래의 교통수단, 심지어 대규모 전기 에너지 생산의 주된 에너지원이 될 것으로 예상된다.

이 책에서 다룬 에너지에 대한 내용들이 우리가 직면하고 있는 에너지 문제의 복잡한 상황에 대해 이해하고 전망을 갖는데 도움이 되기를 바란다. 또한 여러분이 현재의 상황을 조사할 수 있고 미래를 내다볼 수 있는 능력을 갖출 수 있었기를 바란다. 몇몇 사실들은 논쟁의 대상이 되지 않는다. 우리 사회가 에너지에 목말라하는 상황은 앞으로 사라지지 않고 더 심각해질 것이다. 게다가 지금 우리가 에너지를 생산하는 방식은 지속 가능한 것이 아니다. 우리는 지금까지 지구의 풍부한 자원의 혜택을 누려 왔다. 이제는 우리가 미래 세대를 위해 효과적이고 저렴한 에너지원을 제공해야 할 의무를 다해야 하는 시점이다.

학습 결과 _Learning Outcomes

*괄호 안의 숫자는 이 결과가 논의된 장의 절을 나타낸다.

이 장을 공부한 후에는 다음을 수행할 수 있어야 한다.

- 전자의 이동과 유용한 에너지 생산을 유발하는 산화와 환원 반응을 통해서 배터리가 어떻게 작동하는지 설명하라. (8.1)
- 균형 잡힌 반쪽 반응을 구성할 수 있고, 산화−환원 반응을 구별할 수 있는 산화와 환원의 특징을 구별할 수 있다. (8.1)
- 전기 회로도를 평가하고, Ohm의 법칙을 사용하여 전자의 흐름을 설명하고 저항, 전류, 그리고 전압을 설명할 수 있다. (8.2)
- 반쪽 반응의 개념으로 산화전극과 환원전극의 차이를 구별할 수 있고, 갈바니 전지와 전해 전지에서 전류의 흐름을 설명할 수 있다. (8.2, 8.10)

- 여러 가지 전지의 구조, 작동 원리, 사용처, 장점과 제한점을 설명할 수 있다. (8.3~8.6)
- 수학적 계산을 통하여 전기 자동차에서 출력, 충전 시간 그리고 에너지 밀도의 측면에서 배터리들의 효능을 비교하고 대조하라. (8.6)
- 슈퍼커패시터가 어떻게 작동하는지 설명하고, 리튬-이온 배터리와 슈퍼커패시터의 성능을 에너지 용량, 그리고 에너지 전송 속도의 측면에서 비교하고 대조하라. (8.7)
- 하이브리드 전기 자동차가 어떻게 구동되는지, 휘발유 구동 차량과 비교하여 배출량은 어떠한지, 그리고 그것들의 사용에 있어서 일반적인 장점과 연관된 도전은 무엇인지 설명하라. (8.8)
- 수소를 생산하는 방법을 포함한 전형적인 연료 전지의 구조, 작동 원리, 사용처와 장점에 대해 설명하라. (8.9~8.10)
- 에너지 저장 장치의 재활용에 드는 사회적, 환경적, 그리고 경제적 비용에 대해 요약하라. (8.11)

연습 문제 _Questions

기본 문제 _Emphasizing Essentials

1. a. *산화*(oxidation)와 *환원*(reduction)의 정의를 써라.
   b. 이 두 과정은 왜 항상 함께 일어나야 하는가?

2. 다음 반쪽 반응 중 어느 것이 산화 반응이고, 어느 것이 환원 반응인지 쓰고, 이유를 설명하라.
   a. $Fe \longrightarrow Fe^{2+} + 2e^-$
   b. $Ni^{4+} + 2e^- \longrightarrow Ni^{2+}$
   c. $2\ Cl^- \longrightarrow Cl_2 + 2e^-$

3. 다음 전체 반응식에서 산화되는 화학종은 무엇이고, 환원되는 화학종은 무엇인가?

$$2\ Zn(s) + O_2(g) \longrightarrow 2\ ZnO(s)$$

4. 갈바니 전지와 실제 배터리의 차이는 무엇인가? 예를 들어 설명하라.

5. 전기와 관련해서 흔히 쓰는 단위로 볼트와 암페어가 있다. 각각의 단위는 무엇을 측정한 값을 나타내는가?

6. 다음의 갈바니 전지 그림을 보고 물음에 답하라. 전지가 방전됨에 따라 은 전극 표면에 순수하지 않은 은 금속이 덮이기 시작한다.

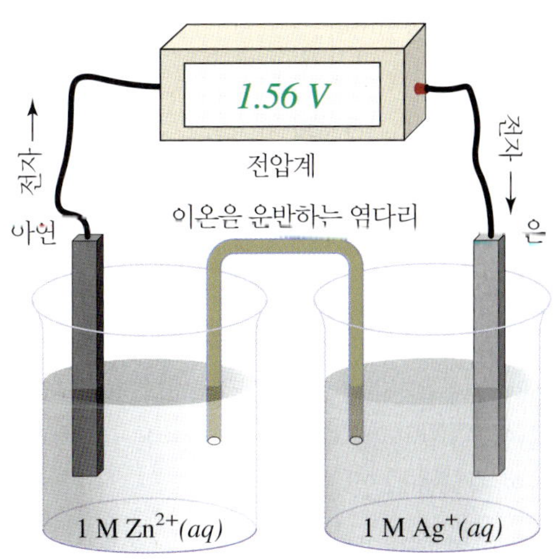

   a. 산화전극이 어느 것인지 찾고, 산화 반쪽 반응을 써라.
   b. 환원전극이 어느 것인지 찾고, 환원 반쪽 반응을 써라.

7. 리튬-아이오딘 전지에서 Li는 Li^+로 산화되고 I_2는 $2I^-$로 환원된다.
   a. 이 전지에서 일어나는 산화 반쪽 반응과 환원 반쪽 반응을 써라.
   b. 전체 전지 반응을 써라.
   c. 산화전극과 환원전극에서 일어나는 반응은 각각 어느 것인가?

8. a. 작은 AAA 크기의 알칼리 전지의 전압과 큰 D 크기의 알칼리 전지의 전압을 비교하고, 왜 그런지 설명하라.
   b. 서로 크기가 다른 이 두 알칼리 전지는 같은 시간 동안 전류를 공급할 수 있는가? 물음에 답하고 그 이유를 설명하라.

9. 다음 개인 휴대용 전자 기기에 주로 사용되는 갈바니 전지의 종류를 써라(단, 태양 전지는 사용되지 않는다고 가정하라).
   a. 노트북 컴퓨터
   b. 휴대폰
   c. 디지털 카메라
   d. 전자계산기

10. 수은 전지는 그동안 의료용과 산업용으로 널리 사용되어 왔다. 이 전지의 전체 반응식은 다음과 같다.

$$HgO(l) + Zn(s) \longrightarrow ZnO(s) + Hg(l)$$

   a. 산화 반쪽 반응을 써라.
   b. 환원 반쪽 반응을 써라.
   c. 수은 전지가 더 이상 사용되지 않는 이유는 무엇인가?

11. a. 갈바니 전지에서 전해질의 역할은 무엇인가?
    b. 알칼리 전지에 사용되는 전해질은 무엇인가?

c. 납축전지에 사용되는 전해질은 무엇인가?

12. 다음은 두 개의 *완성되지 않은* 납축전지의 반쪽 반응이다. 이 반쪽 반응들에는 잃거나 얻게 되는 전자들이 표시되어 있지 않다. 이 반응들은 좀 복잡하다. 그러나 어떤 일이 일어나는지 알아볼 수는 있다.

$$Pb(s) + SO_4^{2-}(aq) \longrightarrow PbSO_4(s)$$

$$PbO_2(s) + 4\,H^+(aq) + SO_4^{2-}(aq) \longrightarrow PbSO_4(s) + 2\,H_2O(l)$$

a. 두 반응식의 균형을 맞추어라. 전하의 균형을 맞추기 위해서 필요하면 전자를 더하라.

b. 어느 반쪽 반응이 산화 과정을 나타내고, 어느 반쪽 반응이 환원 과정을 나타내는가?

c. 전지의 두 전극들 가운데 하나는 납으로 만들어지고, 다른 하나는 이산화 납으로 만들어진다. 산화전극과 환원전극은 각각 어느 것인가?

13. 연료 전지에서 $O_2(g)$가 $H_2O(l)$로 변환되는 동안, 다음의 반쪽 반응이 일어난다.

$$\tfrac{1}{2}\,O_2(g) + 2\,H^+(aq) + 2e^- \longrightarrow H_2O(l)$$

이 반쪽 반응은 산화 과정을 나타내는가? 아니면 환원 과정을 나타내는가? 설명하라.

14. 연료 전지에서 일어나는 수소와 산소의 반응은 수소와 산소의 연소 반응과 어떻게 다른가?

15. 다음 그림은 초기 몇몇 우주 탐사에서 사용된 수소 연료 전지의 구조를 나타낸 것이다.

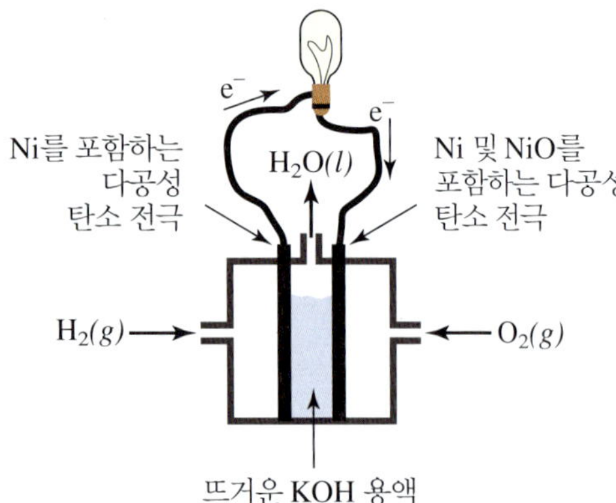

수소-산소 연료 전지에서 일어나는 화학 반응은 다음 두 반쪽 반응으로 나타낼 수 있다.

$$H_2(g) \longrightarrow 2\,H^+(aq) + 2e^-$$

$$\tfrac{1}{2}\,O_2(g) + 2\,H^+(aq) + 2e^- \longrightarrow H_2O(l)$$

산화전극과 환원전극에서 일어나는 각각의 반쪽 반응을 쓰고, 설명하라.

16. PEM 연료 전지란 무엇인가? 이 연료 전지가 연습 문제 15에 소개된 연료 전지와 다른 점은 무엇인가?

17. PEM 연료 전지는 연소를 하지 않고 H_2와 O_2가 결합하여 물을 형성할 수 있는지를 설명하라.

18. 수소뿐만 아니라 메테인도 PEM 연료 전지의 연료로 사용할 수 있는지 연구 대상이 되어 왔다. 다음에 주어진 산화 반쪽 반응과 환원 반쪽 반응의 균형을 맞추고, 메테인을 연료로 사용하는 연료 전지의 전체 반응식을 써라.

산화 반쪽 반응:

$$\_\_\,CH_4(g) + \_\_\,OH^-(aq) \longrightarrow \_\_\,CO_2(g) + \_\_\,H_2O(l) + \_\_\,e^-$$

환원 반쪽 반응:

$$\_\_\,O_2(g) + \_\_\,H_2O(l) + \_\_\,e^- \longrightarrow \_\_\,OH^-(aq)$$

19. 내연 기관을 가지고 있는 자동차에 비해서 수소 FCV가 갖는 두 가지 장점을 제시하라.

20. 포타슘과 리튬은 반응성이 큰 1A족 금속 원소이다. 이들은 모두 반응성이 매우 큰 수소화물을 만든다.

a. 포타슘은 H_2와 반응하여 수소화 포타슘(KH)을 만든다. 이 화학 반응식을 써라.

b. KH는 물과 반응하여 H_2와 수산화 포타슘을 만든다. 이 화학 반응식을 써라.

c. 연료 전지에 사용하기 위해 H_2를 저장하는 수단으로 KH가 아니라 LiH가 제안된 이유를 제시하라.

21. 자동차의 주 에너지원으로 수소 연료 전지를 사용하는 데 어떤 문제점이 있는가?

› 개념 문제 _Concentration on Concepts

22. 배터리의 에너지 밀도 개념을 설명하고, 에너지 밀도 공식을 써라.

23. 일반 AA 배터리가 어떻게 에너지를 저장하고, 유용한 에너지로 작동하는지 설명하라.

24. 재충전 가능한 배터리와 한 번 쓰고 버려야 하는 배터리의 차이점을 설명하라. 예로서 Ni–Cd 배터리와 알칼리 배터리의 차이점을 비교하라.

25. 전해 전지와 연료 전지의 차이점을 예를 들어 설명하라.

26. 납축전지와 연료 전지의 차이점을 나열하라.

27. 일차 전지와 이차 전지에서 분리기(separator)의 중요성을 설명하라. 배터리 안에서 산화전극과 환원전극이 접촉한다면 어떤 일이 생기겠는가? 설명하라.

28. ZPower라는 회사는 노트북 컴퓨터와 휴대폰에 사용되는 리튬-이온 배터리를 대체할 수 있는 은-아연 배터리를 개발하여 광고하고 있다.

a. 은-아연 배터리는 현재 사용되고 있는 리튬-이온 배터

리에 비해서 어떤 장점이 있는가?

b. 다음 전체 전지 반응을 보고 산화 반쪽 반응과 환원 반쪽 반응을 써라. 각각 어떤 반응물이 산화되고, 환원되는지 표시하라.

$$Zn + Ag_2O \longrightarrow ZnO + 2\ Ag$$

29. 휴대폰을 사용하면 그 안에 들어 있는 배터리가 방전된다. 어느 제조사가 새로운 에너지 사용 효율 향상 시스템을 평가하여 다음 데이터를 제시하였다.

시간(분:초)	전압(V)
0:00	6.56
1:00	6.31
2:00	6.24
3:00	6.18
4:00	6.12
5:00	6.07
6:35	6.03
8:35	6.00
11:05	5.90
13:50	5.80
16:00	5.70
16:50	5.60

a. 위의 데이터를 이용하여 그래프를 그려라.

b. 제조사의 목표는 15분 동안 계속해서 사용한 후에 초기 전압의 90%를 유지하는 것이다. 이 목표가 달성되었는가? 위에서 그린 그래프를 이용하여 설명하라.

30. 자신이 사는 지역에서 HEV를 구입할 수 있다고 가정하고, HEV 구입을 결정하기 전에 자동차 판매원에게 물어볼 것들을 적어도 세 가지 준비하라. 그리고 자신의 선택에 대한 타당한 이유를 제시하라.

31. HEV의 장점과 단점을 설명하라. HEV를 가지고 있다면 당신의 생활 습관에 어떻게 영향을 미칠 것인가?

32. Toyota사의 휘발유-배터리 하이브리드 자동차의 배터리는 별도로 재충전할 필요가 없다. 왜 그런지 설명하라.

33. 가끔 정전이 발생한다. 우리가 전기를 상당히 긴 시간 동안 사용할 수 없을 경우, 휘발유로 자동차와 달리 HEV, PHEV, EV는 영향을 받는가?

34. 수소는 산소와 반응하여 연소되었을 때 물만 배출하는 친환경적인 연료로 여겨지고 있다. 수소 연료를 널리 사용하게 되었을 때 도시의 대기에 미치는 두 가지 긍정적인 영향을 제시하라.

35. 연료 전지는 1839년에 발명되었으나 이후 1960년대에 미국이 우주 개발 사업을 시작하기 전까지는 실용적인 목적으로 사용되지 않았다. 연료 전지가 이전부터 사용되어 온 에너지원들에 비해서 갖는 장점은 무엇인가?

36. 수소와 메테인은 모두 연료 전지 안에서 산소와 반응할 수 있다. 이 연료들은 직접 연소할 수도 있다. 이 두 연료 중 어느 것이 연소할 때 더 많은 열을 방출하는가? 1.00 g의 H_2인가? 1.00 g의 CH_4인가?

힌트: 각각의 균형 맞춘 연소 반응식을 쓰고, 표 6.1의 결합 에너지를 이용하여 답하라.

37. 공학자들이 휘발유를 수소와 일산화 탄소로 변환시키는 시험용 연료 전지를 개발하였다. 이렇게 만들어진 일산화 탄소는 촉매를 이용하는 조건에서 뜨거운 수증기와 반응하여 이산화 탄소와 수소를 추가로 더 만들어 낸다.

a. 관련된 반응식들을 쓰고, 이 시험용 연료 전지의 기능을 설명하라[단, 휘발유의 탄화수소를 옥테인(C_8H_{18})이라고 가정하라].

b. 이 시험용 연료 전지가 미래에 경제적으로 성공할 수 있을지 전망해 보라.

38. 다음 그림은 액체 물속에 존재하는 두 개의 물 분자를 보여 주고 있다.

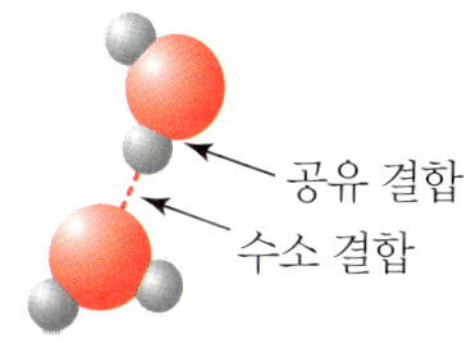

a. 물이 끓을 때 어떤 일이 일어나는가? 이때 분자 내 공유 결합이 끊어지는가? 아니면 분자간 수소 결합이 끊어지는가?

힌트: 5.2절 참조.

b. 물이 전기 분해될 때 어떤 일이 일어나는가? 이때 분자 내 공유 결합이 끊어지는가? 아니면 분자간 수소 결합이 끊어지는가?

39. 슈퍼커패시터와 전통적인 배터리의 유사점과 차이점에 대하여 설명하라.

40. 이 장을 읽고, 어떤 배터리가 가장 효율이 좋고, 일상생활에 가장 유용하다고 생각하는가? 설명하라.

41. 물을 전기 분해하는 것이 수소 기체를 얻는 가장 좋은 방법이 되지 못하는 이유는 무엇인가?

42. 과학자가 지구에서 발견한 화합물에서 수소를 추출할 수 있는 세 가지 방법을 설명하라.

43. 적은 양의 수소 기체는 다음 반응식과 같이 실험실에서 소듐 금속과 물을 반응시켜 얻을 수 있다.

$$2\ Na(s) + 2\ H_2O(l) \longrightarrow H_2(g) + 2\ NaOH(aq)$$

a. 1.0몰의 수소 기체를 얻는 데 몇 그램의 소듐이 필요한가?

b. 미국인 한 사람이 하루 동안 소비하는 에너지, 1.1×10^6 kJ에 해당하는 수소 기체를 생산하려면 몇 그램의 소듐이 필요한가?

c. 만약 소듐의 가격이 1 kg당 165달러라면, 1.0몰의 수소 기체를 생산하는 데 드는 비용은 얼마나 될까? 단, 물의 가격은 무시할 수 있다고 가정하라.

44. a. 수소는 연료로 사용하는 데 있어서 장점도 있고 단점도 있다. 수소를 교통수단과 전기 에너지를 생산하기 위한 연료로 사용하는 데 있어서 장점과 단점을 나란히 비교하는 목록을 만들어라.

b. 수소를 교통수단과 전기 에너지 생산을 위한 연료로 사용하는 것에 대해서 찬성하는가? 자신의 의견을 학생 신문에 게재하기 위한 짧은 기사로 작성해 보라.

45. 비록 Alessandro Volta가 1800년에 처음으로 전기 배터리를 발명했다고 여겨지지만, 일부는 이것을 재발명이라고 느낀다. "Baghdad battery"를 조사하여 이 주장의 타당성을 평가하라.

› 응용 문제 _Exploring Extensions

46. 산소 기체가 존재하는 조건에서 연료가 타는 연소 반응 중에도 산화와 환원이 일어난다. 연소 반응 중에는 금속 전극이 존재하지 않기 때문에 전자의 이동을 추적하기가 더 어렵다. 이 경우에 수소 원자를 잃거나 산소 원자를 얻는 화학종이 산화된다. 반대로 수소 원자를 얻거나 산소 원자를 잃는 화학종이 환원된다.

a. 다음 수소의 연소 반응에 대해서 어떤 화학종이 산화되고, 어떤 화학종이 환원되는지를 결정하는 이 새로운 방법을 적용해 보라. 그리고 제시한 답을 설명하라.

$$H_2(g) + {}^1\!/_2\,O_2(g) \longrightarrow H_2O(g)$$

b. 다음 각각의 연소 반응에 대해서 어느 화학종이 산화되고, 어느 화학종이 환원되는지를 결정하고 이유를 설명하라.

$$C + O_2 \longrightarrow CO_2$$
$$2\ C_8H_{18} + 17\ O_2 \longrightarrow 16\ CO + 18\ H_2O$$

47. 2009년 6월에 발행된 *Chemical & Engineering News*의 기사에서, 우즈홀 해양학 연구소(Woods Hole Oceanographic Institution)의 지질학자인 Maurice A. Tivey는 다음과 같이 주장하였다. "지구는 금속이 풍부한 암석으로 이루어져 있다. 우리가 새로운 광산을 개발하거나 자원을 재활용하거나 또는 단순히 소비량을 줄이기만 해도 결코 금속 자원이 모자라게 되는 일은 없을 것이다. 아마도 우리가 금속이 모자라는 문제에 부딪히기 전에 지구 온난화나 다른 환경 문제로 인해 지구에 살 수 없게 될 것이다."

a. 금속 자원은 고갈되지 않을 것이라는 위의 주장에 동의하는가? 여러분의 의견에 대한 근거를 설명하라.

b. 배터리 재활용 양을 늘리기 위해서 해결해야 할 두 가지 문제점을 제시하라.

48. 인터넷을 이용하여, "*공유지의 비극*(the tragedy of the commons)"을 검색해 보고, 그 뜻을 조사해 보라. 이 개념을 수은과 카드뮴과 같은 금속을 배터리에 사용했던 사례에 적용해 보라.

49. 배터리, 태양 전지, 연료 전지의 새로운 기술을 개발하는 데 녹색 화학의 핵심 생각들이 어떻게 적용될 수 있는가? 세 가지 구체적인 예를 들어 보라.

50. 만약 현재 존재하는 화석 연료의 연소에 의존하는 모든 기술들이 수소 연료 전지로 대체된다면, 지금보다 매우 더 많은 양의 H_2O가 자연계로 배출될 것이다. 이것은 우려할 만한 일이 될 것인가? 이외에도 수소 경제라고 부르는 수소를 이용하여 에너지를 생산하여 공급하는 사회로 전환하는 것이 가져올 다른 결과들에 대해서도 논의하라.

51. 세 가지 광원, 즉 양초, 배터리를 이용한 손전등, 백열전구에 대해서 생각해 보자. 각 광원에 대하여 다음 물음에 답하라.

a. 빛이 발생하는 근원은 무엇인가?

b. 빛으로 나타나는 에너지의 직접적인 원천은 무엇인가?

c. 빛으로 나타나는 원래의 에너지 원천은 무엇인가?
힌트: 단계적으로 거슬러 올라가라.

d. 각각의 광원을 사용했을 때 최종 생성물은 무엇이며 부산물은 무엇인가?

e. 각각의 광원을 사용함으로써 발생하는 환경 비용에는 어떤 것들이 있는가?

f. 각각의 광원의 장점과 단점은 무엇인가?

52. 아이슬란드(Iceland)는 화석 연료에 대한 의존도를 줄이기 위한 결단을 내리고 그것을 실행 중이다. 이 계획 중 하나는 대중교통 수단 및 개인용 교통수단에 에너지를 공급하기 위해 수소를 생산하고, 저장하고, 분배하는 체계를 구축하는 것이다.

©Arctic Images/Alamy Stock Photo

a. 아이슬란드가 화석 연료에 대한 의존도를 크게 줄이기로 결정하게 된 동기를 세 가지 제시하라.
b. 현재까지 아이슬란드가 실제로 얻은 성과는 무엇인지 조사하여 제시하라.
c. 아이슬란드의 사례로부터 자신이 살고 있는 곳에서 배울 점이 있는지 설명하라.

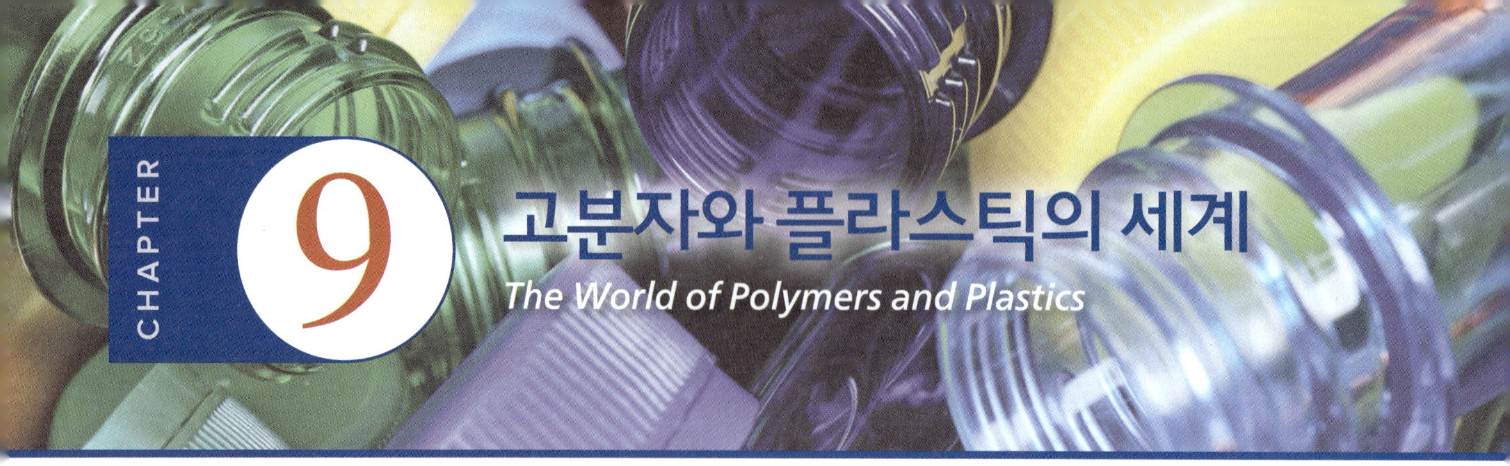

CHAPTER

9 고분자와 플라스틱의 세계

The World of Polymers and Plastics

Banner credit above: DidiPho/Shutterstock; ©Shutterstock/Bignai

미리 생각해 보기 *Reflect*

플라스틱의 재활용

www.acs.org/cic에서 이 장을 여는 비디오를 보고 음료수 용기가 어떻게 옷감으로 재활용되는지 알아보자. 비디오를 본 후 주위의 플라스틱 제품을 찾아보고 다음 질문에 답해보자.

a. 서로 다른 세 가지 재활용 기호(삼각형 안의 숫자)를 가진 플라스틱으로부터 만들어진 서로 다른 세 가지 제품을 찾아보라.

b. 이 기호는 무엇을 의미하는가?

주요 질문 *Compelling Questions*

이 장에서는 다음과 같은 질문들에 대하여 살펴볼 것이다.

- 고분자란 무엇인가?
- 일상생활 속에서 고분자는 어디에서 찾을 수 있는가?
- 고분자는 어떻게 만들어지는가?
- 어떤 종류의 고분자가 재활용될 수 있는가?
- 고분자는 어떻게 재활용되는가?
- 고분자 사용으로 환경 및 건강에 어떤 영향이 있는가?

휴대폰의 진화

Source: https://netherregioniii.files.wordpress.com/2012/06/evolutionofcellphone.jpg

서론

어디를 가든지 주머니에 벽돌을 넣어 다닌다고 상상해 보라. 거칠고, 단단하고, 무거운 벽돌이 당신을 디지털 세상으로 이끄는 연결 고리라고 생각해 보라. 벽돌은 주머니에 겨우 들어간다. 벽돌에 손이나 얼굴을 문지르면 피부가 긁힐 수 있다. 벽돌을 떨어뜨리면 깨지면서 발을 다치게 할 것이다. 고분자가 없으면 휴대폰의 모양과 느낌이 벽돌 같을 것이다. 가족이나 친구들과 연락하기 위해 가지고 다닐 만큼 편한 도구가 아닌, 잘 시용되지 않고, 쉽세 망가지는, 비효율적이고 닻처럼 무거운 기구였을 것이다.

역사적으로 인간은 재료를 더 강하고 가볍고 튼튼하게 만들어 필요와 욕구를 만족시키기 위해 사용하는 도구를 지속적으로 개선해 왔다. 우리의 세상을 변화시킨 물질의 한 종류는 **고분자**(polymer)이다. 고분자의 정의는 *단위체*(monomer)라고 하는 더 작고 반복되는 단위가 연결된 긴 사슬 형태의 화합물이다. 인간이 만든 합성 고분자는 놀라울 정도로 맞춤화가 가능하고, 다양한 응용 분야에 이상적인 특성을 가진 재료를 만드는 데 사용할 수 있다. 긁힘에 강한데도 가벼운 재료가 필요한가? 그런 특성을 가진 고분자가 있다. 피부나 옷에 영향을 주지 않는 부드러운 표면이 필요한가? 어느 정도 구부러지면서도 떨어뜨렸을 때 깨어지지 않는 재료는 어떤가? 이러한 모든 특성이 나타나도록 설계하여 합성 고분자를 만들면 더 좋은 휴대폰의 부품이 될 수 있다.

합성 고분자는 20세기 초에 처음 개발되었지만, 천연 고분자는 인류가 탄생한 이래로 존재해 왔다. 셀룰로스, 녹말, 다른 복합 탄수화물은 천연 고분자의 예이다. 천연 고무는 고무나무에서 얻어지는 고분자이다. 생명의 암호 자체인 DNA도 천연 고분자이다.

이 장에서는 고분자가 무엇으로 구성되는지, 고분자의 구조가 어떻게 다양한 성질을 나타내게 하는지, 이 놀라운 물질들이 어떻게 만들어지는지, 그리고 고분자로 만들어진 제품을 다른 물질로 재활용하는 방법에 대해 알아보기로 한다.

사전 지식 *Did You Know* **?**

어떤 고분자는 거미줄과 같은 천연 물질이고, 또 어떤 것은 케블라(Kevlar)와 같이 인간이 만든 합성된 것이다. 어느 경우든 고분자는 많은 작은 출발 물질로부터 만들어진 큰 분자들이다.

사전 지식 *Did You Know* **?**

일부 인조 잔디는 재활용 플라스틱으로 만든다. 인조 잔디를 사용하면 미국 남서부와 같이 심한 가뭄을 겪는 지역에서 도움이 될 수 있다.

9.1 우리 주변의 고분자

고분자는 우리 주변의 세계에 혁신을 가져 왔다. 예를 들어 스포츠 세계에서, 인조 잔디 구장에서 축구를 하고, 선수들은 플라스틱 헬멧을 쓴다. 테니스공은 합성 고분자로 만든다. 탄소 섬유(carbon fiber)는 플라스틱 수지에 삽입되어 자전거, 낚싯대를 만드는 데 사용되며, 요트 선체 제조에 필요한 강도, 유연성, 중량 감소 등의 역할을 한다. 하키 선수들은 천연 얼음이 없을 때, 테플론 또는 고밀도 폴리에틸렌 링크 위에서 경기를 한다. 오늘날에도 여전히 목재 카누가 이용되고 있으나, 대부분의 카누는 고분자로 만든다.

앞 문단에서 *고분자*(polymer)와 *플라스틱*(plastic)을 언급하였다. 이 두 용어는 서로 관련이 있으며 흔히 같은 의미로 사용된다. *고분자*라는 용어는 천연 및 합성 화합물은 모두 포함하지만, *플라스틱*이란 용어는 일부 합성 물질에만 사용한다. 따라서 모든 플라스틱은 고분자이지만, 모든 고분자가 플라스틱은 아니다! 다음 활동 학습에서 고분자의 몇 가지 예를 찾아보자.

활동 학습 9.1 ▶ *테니스 선수*

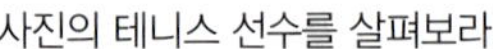

사진의 테니스 선수를 살펴보라.

a. 사진에서 세 가지의 고분자를 찾아라.

b. a에서 찾은 고분자에 대해 사용 용도에 필요한 중요한 몇 가지 특성을 설명하라.

©Maridav/Shutterstock

©Getty Images/iStockphoto

고분자는 어디에나 존재하지만, 이를 알려면 눈을 훈련할 필요가 있다. 고분자는 모두가 노란색의 고무 오리의 모양과 느낌을 가지고 있는 것은 아니다! 일부는 음식을 덮는 플라스틱 랩처럼 투명하고, 또 다른 것은 세탁용 액체 세제 용기처럼 불투명하다. 일부는 자동차 부품의 나일론처럼 딱딱하고, 다른 일부는 플라스틱 숟가락처럼 유연하다. 의류나 카펫을 짜기 위하여 일부 고분자는 섬유로 만들어지고, 또 다른 고분자는 서로 다른 형상으로 성형된다.

이론적으로 고분자는 서로 다른 많은 종류의 출발 물질로 만들 수 있다. 그러나 실제적으로는 대부분 원유(crude oil)라는 하나의 출발 물질을 갖는다. 6.10절에서 이미 배운 바와 같이 석유는 더 이상 이 지구에서 과거처럼 구하기가 쉽지 않다. 오늘날 원유는 많은 플라스틱, 의약품, 섬유, 다른 탄소 기반 생산품의 출발 물질이다. 고분자는 재생 가능한 물질로부터도 만들 수 있다. 이는 이 장의 마지막 부분에서 다루고자 한다.

고분자의 출처와 운명은 모두 우리에게 중요하다. 예를 들어, 현대의 휴대폰과 전자 제품은 많은 플라스틱 부품이 포함되어 있다. 지금까지 발생한 플라스틱 폐기물 63억 톤(추정 값) 중에 9%만이 재활용되었다! 고분자의 원천과 궁극적인 운명을 둘러싼 복잡성을 이해하기 위해 먼저 고분자의 화학적 구조와 어떻게 만들어지는지에 대한 지식이 필요하며 이들은 다음 절에서 다룬다.

사전 지식 *Did You Know* **?**

고분자는 종종 *거대분자*(macromolecule)라고도 부른다. 편의상 고분자와 같은 거대분자의 몰질량을 나타내는 단위로 달톤(Dalton, Da)을 쓰는 것이 일반적이다. 예를 들어 10,000 g/mol의 몰질량은 10 kDa과 같다.

9.2 고분자: *길고 긴 사슬*

레이온(rayon), 나일론(nylon), 폴리우레탄(polyurethane), 테플론(teflon), 라이크라(lycra), 스타이로폼(styrofoam), 포미카(formica). 겉보기에 다른 이들 물질은 모두 합성 고분자이다. 이들이 공통적으로 가지고 있는 것은 분자 수준에서 매우 쉽게 드러난다. 고분자(polymer)는 공유 결합된 원자들의 긴 사슬 또는 사슬들로 이루어진 큰 분자들이다. 고분자

그림 9.1
단위체(한 개의 고리)와 한 종류의 단위체로 만들어진 고분자(긴 사슬)의 표현.

의 분자는 수천 개의 원자를 가질 수 있고, 1,000,000 g/mol 이상의 몰질량을 가질 수 있다!

단위체(monomer)[*mono*는 "하나(one)"를, *meros*는 "단위(unit)"를 의미]는 고분자를 합성하는 데 사용되는 작은 분자들이다. 각 단위체는 사슬에서 연결 고리와 유사하다. 고분자(*poly*는 "많다"는 의미)는 한 가지 단위체 또는 둘 또는 그 이상의 다른 단위체들의 조합으로 만들어진다. 그림 9.1에 나타낸 긴 사슬은 동일한 단위체(즉 사슬에서 동일한 연결체)로 만들어진 고분자를 상상하는 데 도움이 될 수 있다.

화학자들이 고분자를 발명하지 않았다는 것을 명심하라. 예를 들어, 글루코스(포도당)의 천연 고분자인 셀룰로스(cellulose)와 녹말(starch)을 바이오 연료와 관련하여 앞에서 설명하였다(6.15절). 다른 천연 고분자로는 목재, 면, 비단, 천연고무, 피부, 머리카락이 있다. 합성 고분자와 같이 천연 고분자는 놀라울 만큼 다양한 특성들을 보여 준다. 이들은 참나무에 강함을, 거미줄에 섬세함을, 거위 깃털에 부드러움을, 잔디에 유연성을 부여한다(그림 9.2).

몇 가지 초기 합성 고분자들은 비단이나 고무와 같은 비싸거나 희귀한 천연 고분자의 대체품으로 개발되었다. 다른 것들은 낮은 중량으로 상당한 강도를 전달하기 위하여 개발되었다. 예를 들면 강철의 밀도가 약 8 g/cm^{3}인 반면, 플라스틱은 1~2 g/cm^{3}이다. 결과적으로, 플라스틱으로 만들어진 자동차 차체는 강철 재료보다 무게가 덜 나가므로 운행하는 데 연료가 적게 소모된다. 마찬가지로, 플라스틱 포장은 무게를 줄이고 운반하는 동안 연료를 절감하는 데 도움이 된다.

그림 9.2
참나무와 풀은 모두 천연 고분자인 셀룰로스를 포함하고 있다. 셀룰로스의 단위체는 글루코스이다.
(*both*): ©Cathy Middlecamp, University of Wisconsin

9.3 단위체들의 첨가

어떻게 단위체를 결합하여 고분자를 만들까? 앞 절에서는 사슬을 이용하여 고분자를 나타내었지만, 어떻게 형성되었는지 언급하지 않았다. 이 절에서는 화학적 공유 결합이 단위체들을 연결시키는 방법에 대한 세부 내용을 제공할 것이다.

관련 절

영국에서는 폴리에틸렌을 폴리에텐(polyethene)이라고 한다. 이것은 단량체의 체계적인 이름이 에틸렌(ethylene)이 아니고 에텐(ethene)이라는 사실을 반영한 것이다. 6.2절에서 보았듯이, 접두어 *eth*-는 2개의 탄소 원자를 나타낸다. -*ene* 접미사는 C=C 이중 결합을 나타낸다.

먼저 *폴리에틸렌*(polyethylene)을 예로 들어보자. 이름이 의미하듯이 폴리에틸렌은 에틸렌($H_2C=CH_2$)의 고분자이다. 에틸렌은 하나의 C=C 이중 결합을 갖는 탄화수소 계열 중에서 가장 작은 구성원인 에텐(ethene)의 관용명이다. 중합 반응에서 n개의 에틸렌 단위체 분자들이 결합하여 폴리에틸렌을 형성한다.

$$n\ H_2C=CH_2 \xrightarrow{R\cdot} \left[-\overset{H}{\underset{H}{C}}-\overset{H}{\underset{H}{C}}- \right]_n \qquad [9.1]$$

에틸렌 단위체 앞의 계수 n은 반응하는 분자의 수를 나타낸다. 다시 말해서, 이것이 고분자의 몰질량을 결정한다. 일반적으로 고분자의 몰질량은 10,000에서 100,000 g/mol의 범위에 있지만, 수백만에 이르기도 한다. 오른쪽에서 n은 생성물의 아래 첨자로서 나타나는데, 이는 각 단위체가 긴 사슬의 일부분이 되었음을 나타낸다. 대괄호는 고분자의 반복 단위를 묶음으로 표시한다.

폴리에틸렌이 유일한 생성물이다. 단위체들이 서로 더해져 n개 단위의 긴 사슬을 형성한다. 결과적으로, 이것을 **첨가 중합**(addition polymerization)이라고 한다. 첨가 중합 반응은 고분자가 단위체의 모든 원자들을 포함하도록 단위체들이 자라는 사슬에 더해지는 중합 반응의 일종이다. 다른 생성물은 만들어지지 않는다.

식 [9.1]의 화살표 위에 R·을 주목하라. 이것의 중요성을 알기 위해 에틸렌 단위체에 대해서 좀 더 알아볼 필요가 있다. 에틸렌은 정유 공장에서 생산될 때 약간 휘발유 비슷한 냄새가 나는 가연성 무색 기체이다. 이와는 달리 폴레에틸렌은 냄새가 나지 않는 고체이다(그림 9.3a). 비록 대기 오염 물질로 분류되지는 않지만, 여전히 VOC(volatile organic compound, 휘발성 유기 화합물) 중 한 가지이다. 제2장에서 배웠듯이 대기 중의 VOC는 광화학 스모그를 발생시키는 전구체(precursor)이다. 따라서 에틸렌을 정유 공장에서 폴리에틸렌 생산 공장까지 운송할 때에는 안전 예방책이 필요하다. 공간을 절약하기 위하여 에틸렌 기체를 가압하고 냉동시켜 액화시킨다. 이 형태로 에틸렌은 그림 9.3b에 제시된 것과

(a)

(b)

그림 9.3

(a) 폴리에틸렌으로 만든 병. **(b)** 액화 에틸렌을 수송하는 철도 탱크 차량에 부착된 표지판. 숫자 1038은 에틸렌을, 빨간색 다이아몬드 모양은 높은 가연성을, 숫자 2는 중간 정도의 반응성을 갖는다는 것을 나타낸다.

(*a*): ©Cathy Middlecamp, University of Wisconsin

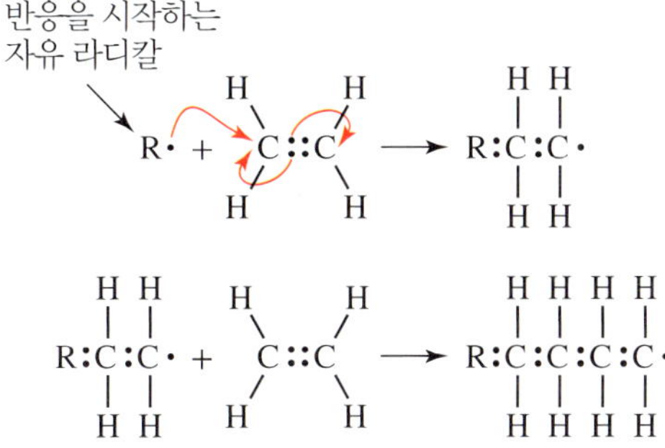

그림 9.4

에틸렌의 중합 반응 메커니즘을 보여주는 그림. www.acs.org/cic에서 에틸렌 중합의 애니메이션을 확인하라.

같은 표지를 부착한 탱크차로 운송된다.

액체 에틸렌은 탱크 차량 내에서 중합될 것인가? 다행스럽게도 그렇지는 않다. 에틸렌의 최종 사용자는 단단해진 폴리에틸렌으로 가득 찬 탱크차가 도착한다면 대단히 실망할 것이다! 중합 반응을 시작하기 위해서는, 식 [9.1]에서 화살표 위에 나타낸 것과 같은 자유 라디칼(R·)이 필요하다. 이 자유 라디칼은 다양한 화학종(예: $\cdot OCH_3$, ·OH)들이 있으며, 모두 홀전자를 가지고 있다.

관련 절

하이드록시 자유 라디칼(·OH)은 2.13절에서 설명하였다.

고분자 사슬을 형성하는 과정을 시작하기 위해 먼저 R·이 $H_2C{=}CH_2$에 붙는다(그림 9.4). 다음에 일어나는 일을 이해하기 위해서, 에틸렌의 이중 결합은 *네 개*의 전자로 이루어져 있음을 기억하라. 에틸렌 분자가 R·과 반응한 후에, 이들 전자 중 두 *개*만 C—C 단일 결합에 남게 된다. 다른 두 *개*의 전자는 이동하여(빨간색 화살표로 나타냄) 하나는 R·과, 다른 하나는 에틸렌 분자와 두 개의 새로운 결합을 형성하여 또 다른 단위체가 사슬에 더해지게 된다. 사슬 끝의 홀전자는 또 다른 단위체가 붙을 수 있는 자리를 제공한다.

활동 학습 9.2 ▸ 고분자 반응

www.acs.org/cic에서 애니메이션으로 만든 그림 9.4를 보고, 중합 과정을 중지할 수 있는 방법을 설명하라.

각각의 에틸렌 단위체가 더해질 때 새로운 C—C 결합이 형성되고 사슬은 길어진다. 이 과정이 많이 반복된다. 종종 두 개의 고분자 사슬의 끝이 결합하여 사슬의 성장을 멈춘다. 이 과정은 단위체의 공급이 중단되어야 멈춘다. 이 모든 화학 과정의 결과는 기체 상태의 에틸렌이 고체 상태의 폴리에틸렌으로 바뀐 것이다.

사전 지식 Did You Know

산업계에서 일하는 화학자들은 폴리에틸렌을 생산하기 위해 여러 합성 경로를 사용한다. 가장 일반적인 경로는 금속 촉매와 낮은 온도 조건을 사용한다.

식 [9.1]에서 화살표 위에 R·을 써 놓았지만, 이 반응을 다음과 같이 표시할 수 있다.

$$2\,R\cdot + n\;H_2C{=}CH_2 \longrightarrow R{-}\left[CH_2{-}CH_2\right]_n{-}R \qquad [9.2]$$

생성물 분자의 양쪽 끝에 "붙여 놓은" R 기는 훨씬 더 긴 사슬의 작은 부분이기 때문에, 식 [9.1]에서처럼 반응물로 R·은 생략하는 것이 일반적이다.

*n*의 값과 사슬의 길이는 달라질 수 있다. 제조 과정 동안 *n*을 조절하면 고분자의 특정 성질을 얻어낼 수 있다. 더구나 단일 제품 내에서도 고분자의 각 분자는 다양한 길이를 가진다. 그러나 모든 경우에 분자들은 탄소 원자로 된 사슬을 가진다. 본질적으로 폴리에틸렌 분자들은 이들이 훨씬 더 길다는 것을 제외하고는 옥테인(octane)과 같은 탄화수소 분자들과 유사하다.

활동 학습 9.3 ▶ 에틸렌의 중합 반응

에틸렌의 중합 반응을 보여 주는 식 [9.1]에서 n = 4라고 가정하라.

a. 이러한 변화를 나타내도록 식 [9.1]을 다시 작성하라.

b. 괄호를 사용하지 말고, 생성물의 구조식을 그려라. 사슬의 양쪽 끝에 R 기를 추가해야 한다.

c. 분자 구조의 측면에서 생성물은 옥테인과 어떻게 다른가?

9.4 폴리에틸렌을 갖고 있는가?

폴리에틸렌은 비닐봉지, 플라스틱 우유병, 세제 용기 및 "뽁뽁이(bubble wrap)" 등 많은 포장재에서 찾아볼 수 있다(그림 9.5). 그러나 앞 절에서 살펴본 것처럼, 모든 폴리에틸렌은 에틸렌 단위체로부터 만들어진다. 겉보기에 모두 다른 특성을 갖는 이들 포장재들이 어떻게 모두 동일한 재료로 만들어질 수 있는가?

활동 학습 9.4 ▶ 폴리에틸렌 추적

이 절에서 설명하겠지만, 폴리에틸렌 용기, 가방 및 포장 재료에는 저밀도 폴리에틸렌(low-density polyethylene, LDPE)이나 고밀도 폴리에틸렌(high-density polyethylene, HDPE)이라고 표기되어 있다. 이 재활용 코드(recycling code)를 지침으로 사용하여 각 재료로 만들어진 물건들을 찾아보라. LDPE와 HDPE는 유연성이 다른가? 안료를 사용하여 착색한 것은 어느 것이 더 많은가? 찾은 내용들을 보고서에 간단히 요약하라.

> **사전 지식** *Did You Know*
>
> 폴리에틸렌 분자의 실제 너비가 스파게티 한 조각이라면 이것의 길이는 거의 0.5 nm이다. 사실, 폴리에틸렌 분자의 실제 너비는 0.5 nm, 즉 머리카락 한 개 너비의 0.001%에 해당한다.

폴리에틸렌의 다른 성질들은 대부분 긴 분자 사슬에서의 차이에서 비롯된다. 상대적으로 말하면, 이들 분자는 실제로 매우 길다. 폴리에틸렌 분자가 스파게티 한 가닥의 폭만큼의 두께를 갖는다고 상상해 보라. 이제 비닐봉지를 만드는 데 사용한 폴리에틸렌은 접시 위에 요리된 스파게티와 같이 배열된 분자 사슬들로 되어 있다고 상상해 보라. 일부 영역에서는 분자 사슬이 서로 평행되게 연결되어 있지만, 폴리에틸렌 분자 가닥들은 잘 정렬되어 있지 않다. 더구나 스파게티 면발처럼 폴리에틸렌 사슬은 서로 공유 결합되어 있지 않다.

6.12절에서 London 분산력의 개념을 도입하여 어떤 인력이 탄화수소를 결합하고 다양한 끓는점을 발생시키는지 설명하였다. 이러한 분자간 힘은 결합 전자쌍에 의한 *분자내*에 존재하는 공유 결합과는 다르다. 결과적으로 물리 변화는 분자간 힘의 결과인 반면에, 화학 변화는 공유 결합의 세기에 의해 지배된다.

그림 9.5
폴리에틸렌으로 만들어진 포장재와 용기.
All: ©McGraw-Hill Education/Jill Braaten

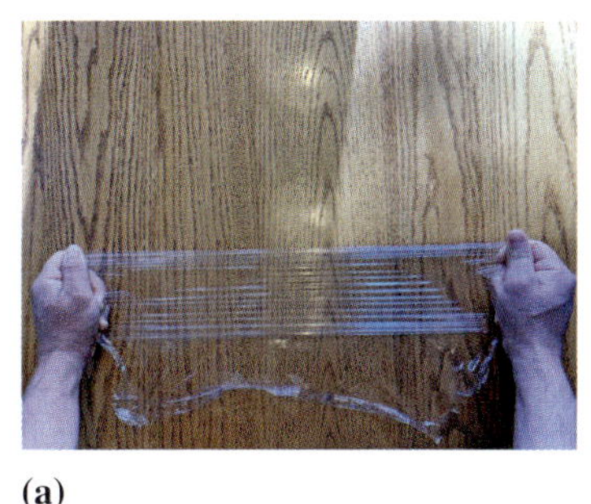
(a)

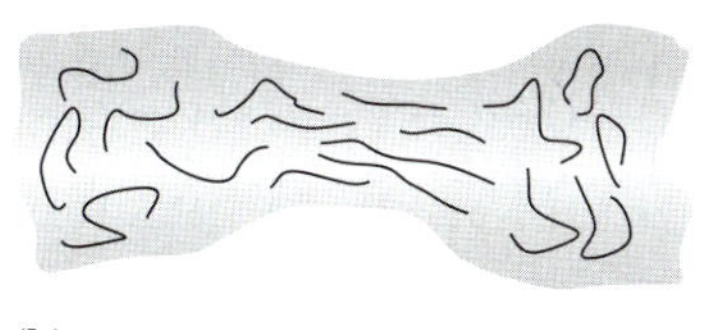
(b)

그림 9.6

(a) "넥킹 현상"을 보일 정도로 잡아당겨진 플라스틱 봉지. (b) 분자 수준으로 표현한 "넥킹" 현상.

(a): ©Bradley D. Fahlman

분산력은 긴 고분자 사슬을 이루는 각각의 원자들이 모두 자신의 전자들을 가지고 있기 때문에 발생한다. 이들 전자는 이웃하는 사슬들의 원자들에 의해 인력이 작용한다. 폴리에틸렌의 가닥들 사이의 인력의 크기는 관여하는 많은 수의 원자들에 의해 결정된다. 이 인력은 두 개의 벨크로 사이의 결합력과 어느 정도 닮았다. 한쪽 벨크로의 표면적이 넓을수록 다른 쪽 벨크로를 더 잘 붙잡는다. 원자 사이에 개별 분자간 힘은 매우 작지만, 고분자에는 이들 힘이 아주 많이 존재하기 때문에 분자간 힘이 중요하다.

사전 지식 *Did You Know*

London 분산력은 모든 분자에 존재하지만, 고분자와 같은 거대 분자에서 특히 중요하다.

폴리에틸렌의 분자 배열에 대한 증거를 간단한 실험을 통해 얻을 수 있다. 튼튼하고 질긴 폴리에틸렌 봉지에서 한 조각을 잘라내고, 이 조각의 양쪽 끝을 붙잡고 잡아당겨 보자. 이 플라스틱 조각이 늘어나기 시작하기까지 상당히 강한 힘이 필요하지만, 일단 늘어나기 시작하면 계속 늘이는 데에는 힘이 덜 든다. 플라스틱 조각의 폭과 두께가 줄어들면서 길이는 크게 늘어난다(그림 9.6a). 조각의 넓은 부분에는 작은 어깨가 형성되고 중간 부위는 마치 좁은 목이 "넥킹(necking)"이라고 하는 과정에서 형성되는 것처럼 보인다. 고무줄을 당겼을 때와 달리 넥킹 효과는 가역적이지 않다. 사실 플라스틱은 찢어지는 지점까지 점점 얇아진다.

©2018 American Chemical Society

고무를 고무처럼 만드는 이유는 무엇일까? www.acs.org/cic에서 비디오를 확인하라.

그림 9.6b는 분자적 관점에서 폴리에틸렌의 넥킹 현상을 나타낸 것이다. 폴리에틸렌 조각이 좁아짐에 따라 분자 사슬들이 이동하고, 미끄러지고, 잡아당겨지는 방향으로 서로 평행하게 늘어선다. 일부 플라스틱에서는, 고체상에서 사슬들의 삼차원 배열을 변화시키기 위하여 제조 과정의 한 부분으로 이와 같은 늘림[때로는 "냉연(cold drawing)"이라 부름]을 수행한다. 힘주어 늘림을 계속하면, 고분자는 가닥이 더 이상 평행하게 재배열될 수 없는 지점에 이르게 되어 플라스틱이 끊어진다. 천연 고분자 물질인 종이는 종이 가닥들(섬유들)이 단단히 제자리에 붙어 있고 폴리에틸렌의 긴 분자들과 같이 자유롭게 미끄러지지 못하기 때문에 잡아당기면 찢어진다.

활동 학습 9.5 ▶ 폴리에틸렌의 "넥킹" 현상

넥킹 현상은 폴리에틸렌 조각의 성질을 영구적으로 변화시킨다.

a. 넥킹은 보통의 고분자에서 단위체 수 n에 영향을 주는가?

b. 넥킹 현상은 고분자 사슬에서 단위체 사이의 결합에 영향을 주는가?

고분자의 물리적 성질의 차이는 고분자 사슬의 가지치기 정도에서 발생한다. 이는 그림 9.7에 나타낸 것과 같이 고밀도 폴리에틸렌(high-density polyethylene, HDPE)과 저밀도 폴리에틸렌(low-density polyethylene, LDPE)의 경우에 해당한다. 활동 학습 9.4를 통해서 발견했겠지만, 슈퍼마켓의 농산물 코너에서 제공하는 비닐봉지는 주로 LDPE이다. 이 봉지는 잘 늘어나고 투명하며, 그다지 강하지 않다. 이들 분자는 대략 500개의 단위체로 구성되어 있으며, 중심 고분자 사슬은 나무의 중앙 몸통에서 뻗어 나온 가지들처럼 많은 가지를 가지고 있다(그림 9.7b).

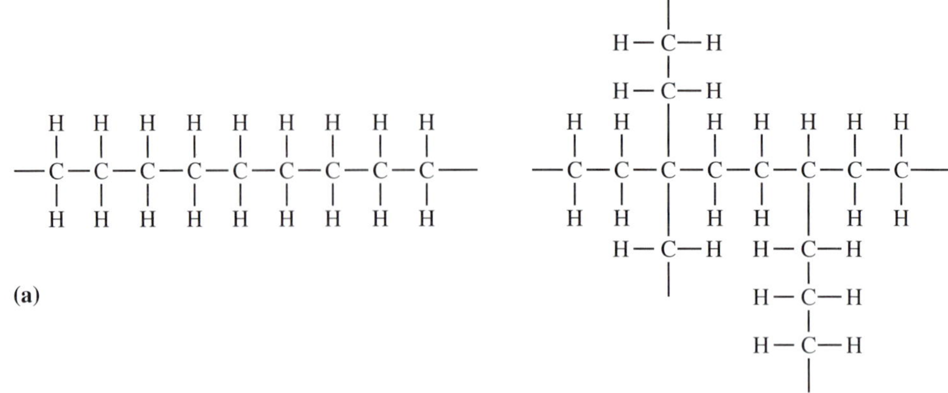

HDPE LDPE

(b)

그림 9.7

고밀도(선형) 폴리에틸렌과 저밀도(가지형) 폴리에틸렌. **(a)** 결합의 세부 형태와 **(b)** 개략적 그림.

활동 학습 9.6 ▶ *비닐봉지를 사용할 것인가, 금지할 것인가?*

많은 도시, 일부 주, 심지어 나라 전체에서 일회용 비닐봉지 사용을 금지하는 법을 제정하였다. 이러한 봉지 사용 금지에 대해서 많은 지지자들과 반대자들이 있다. 인터넷을 이용하여 일회용 비닐봉지의 사용 금지에 대한 찬성과 반대 목록을 정리해보자.

이 저밀도 형태가 제조된 폴리에틸렌의 첫 번째 형태였다. LDPE가 발견된 지 20년이 지나서, 화학자들은 가지가 생기지 못하도록 반응 조건을 제어할 수 있었으며, HDPE가 탄생하였다. Karl Ziegler(1898～1973)와 Giulio Natta(1903～1979)는 약 10,000개의 단위체로 이루어진 선형의(가지가 없는) 폴리에틸렌 사슬을 만들 수 있는 촉매를 개발하였고, 이 연구로 Nobel 상을 받았다. 이들 긴 사슬들은 곁가지가 없기 때문에 LDPE에서 고분자 사슬이 불규칙하게 엉킨 형태와 달리 평행하게 배열된다(그림 9.7). HDPE는 더 규칙적인 분자 구조로 인해 LDPE보다 밀도가 약간 더 크고, 단단하며, 질기고, 녹는점이 높다.

관련 절

촉매는 6.14절에서 설명하였다.

활동 학습 9.7 ▶ *HDPE와 LDPE*

HDPE와 LDPE의 밀도는 각각 0.96 g/cm^{3}와 0.93 g/cm^{3}이다. 그림 9.7을 이용하여 밀도에서의 약간의 차이를 설명해보자.

예상하는 바와 같이 HDPE와 LDPE는 다른 용도로 쓰인다. HDPE는 많은 다른 형태의 플라스틱 물병, 장난감, 뻣뻣하고 "바스락거리는" 플라스틱 봉지 그리고 질기고 튼튼한 파이프를 만드는 데 사용한다. HDPE의 새로운 용도는 HIV/AIDS와 같은 혈액 매개 질병을 가진 수술 환자들에 의해 촉진되었다. 적절한 보호가 없으면, 외과의사는 감염의 위험에 시달릴 것이다. 얼라이드시그널 회사(AlliedSignal Inc.)는 스펙트라(Spectra)라고 부르는 선형 폴리에틸렌 섬유를 생산하여 외과수술용 장갑의 안감을 만들었다. 이 장갑은 중간 중량의 가죽 작업 장갑보다 절단 저항력이 15배 이상 크다고 알려져 있지만, 두께가 매우 얇아 예민한 접촉감을 유지할 수 있도록 한다. 날카로운 수술용 메스로 장갑 위를 긋는다 해도 섬유에 아무런 손상을 끼치지 않는다. 이러한 강도는 의료 종사자들이 사용하는 일상적인 플라스틱 장갑의 특성과는 현저히 대비된다.

활동 학습 9.8 ➤ *고분자 쇼핑*

매크로갤러리아(Macrogalleria), "고분자 재미를 느낄 수 있는 동화의 나라"는 미국 화학회를 포함한 많은 후원자들의 지지를 받아 설립되었다.

a. 인터넷에서 *매크로갤러리아*를 검색하고 가상 쇼핑몰을 찾아보자. 상점들을 방문하여 LDPE 또는 HDPE로 만들어진 물품들을 적어도 6개를 찾아보자. 찾은 것들을 열거해 보자.

b. 이 사이트가 *매크로갤러리아*로 명명된 이유가 무엇이라고 생각하는가?

폴리에틸렌이 곁가지가 아주 많은 형태와 엄격한 선형 형태의 극단적인 두 가지에 국한된다고 결론짓는 것은 잘못이다. LDPE에서 곁가지의 수와 위치를 조절함으로써, LDPE의 성질을 우유팩의 부드럽고 왁스 같은 코팅제에서, 잘 늘어나는 음식물을 싸는 랩에 이르기까지 변화시킬 수 있다. HDPE는 플라스틱 우유병에 사용할 만큼 충분히 단단하다. 식기세척기의 뜨거운 물은 HDPE 또는 LDPE 어떤 것도 녹이지 못하지만, 뜨거운 프라이팬 또는 가열 기구 근처에 두면 녹을 수도 있다.

폴리에틸렌은 한 가지 흥미로운 특성이 더 있는데, 좋은 전기 절연체라는 것이다. 2차 세계 대전 중에 연합군은 비행기의 레이더를 설치할 때에 폴리에틸렌을 이용하여 전기 케이블을 코팅하였다. 레이더를 개발한 Sir Robert Watt(1892~1973)은 *에틸렌 고분자의 기술과 용도*(The Technology and Uses of Ethylene Polymer)라는 책에서 폴리에틸렌의 결정적 중요성을 다음과 같이 설명하였다. "폴리에틸렌(폴리텐, polythene)을 사용할 수 있게 되면서 비행기용 레이더의 설계, 제작, 설치, 유지 문제가 거의 해결 불가능한 것에서 편하게 관리할 수 있는 것으로 바뀌었다. 폴리에틸렌이 없었으면 달성할 수 없었을 전 영역의 안테나와 배전선의 설계가 모두 가능하게 되었고, 전체적으로 계속 문제점이 발생되는 항공기 유지와 관련된 문제들이 사라졌다. 이러하듯 폴리에틸렌은 레이더 때문에 가능했던 하늘과 바다와 땅에서의 수많은 승리에 없어서는 안 될 역할을 하였다"

활동 학습 9.9 ➤ *다른 종류의 폴리에틸렌*

LDPE와 HDPE 이외에도, 폴리에틸렌은 "MDPE"와 "LLDPE" 형태로도 만들어진다. 인터넷을 이용하여 이들 및 다른 형태의 폴리에틸렌을 찾아보자. 이들의 성질은 LDPE나 HDPE와 어떻게 다른가?

9.5 "대표적인 6가지 고분자": *주제와 변형*

오늘날 60,000개 이상의 합성 고분자들이 알려져 있다. 비록 고분자들이 많은 특수 용도로 개발되었지만, 6가지 형태가 유럽과 미국에서 사용되는 것들의 거의 75%를 차지하고 있다. 우리가 매일 생활 속에서 접하는 이 고분자들을 "대표적인 6가지 고분자(Big Six)"라고 하며, 표 9.1에서 이들을 볼 수 있다. 이 여섯 가지 고분자는 저밀도와 고밀도의 폴리에틸렌(polyethylene), 폴리염화 바이닐(polyvinyl chloride), 폴리스타이렌(polystyrene), 폴리프로필렌(polypropylene), 폴리에틸렌 테레프탈레이트(polyethylene terephthalate)이다.

사전 지식 *Did You Know* 

테레프탈레이트의 영어 발음은 "ter-eh-TAL-ate"로 발음된다. "ph"는 묵음이다.

표 9.1 대표적인 6가지 고분자

고분자	단위체	고분자의 성질	고분자의 용도
저밀도 폴리에틸렌 4 (LDPE)	에틸렌 $H_2C{=}CH_2$	안료를 넣지 않으면 반투명함. 부드럽고 유연하며, 약간 질김. 산과 염기와 반응하지 않음. 강하고 질김.	봉지, 필름, 시트, 버블랩(뽁뽁이), 장난감, 전선 피복.
고밀도 폴리에틸렌 2 (HDPE)	에틸렌 $H_2C{=}CH_2$	LDPE와 유사하나 더 단단함. 보통 불투명하고, 더 질기며, 약간 더 밀도가 높음.	불투명한 우유병, 주스 · 세제 · 샴푸 용기. 양동이, 수납박스, 울타리.
폴리염화 바이닐 3 PVC 또는 V	염화 바이닐 $H_2C{=}CHCl$	다양함. 가소제로 부드럽게 하지 않으면 단단함. 맑고 반짝거리나 종종 착색됨. 기름, 산 및 염기를 포함한 대부분의 화학 물질에 대한 내성이 있음.	단단한 PVC: 배관용 관, 건물 외장재, 신용카드, 호텔 방 카드키, 부드러운 PVC: 정원 호스, 방수 부츠, 샤워 커튼, 정맥주사 튜브.
폴리스타이렌 6 PS	스타이렌 $H_2C{=}CH{-}C_6H_5$	다양함. "결정 형태"는 투명하고, 반짝거리며, 다소 깨지기 쉬움. "팽창 형태"는 가벼운 폼 형성. 두 가지 모두 단단하고 여러 가지 유기 용매에 녹음.	결정 형태: 식품용 랩, CD 케이스, 투명 컵 팽창 형태: 폼 컵, 단열 용기, 식품 포장 용기, 계란 상자, 땅콩 모양의 포장용 완충재(packaging peanuts).
폴리프로필렌 5 PP	프로필렌 $H_2C{=}CH{-}CH_3$	불투명하고, 매우 질기고, 내후성이 좋음. 녹는점이 높음. 대부분의 기름에 저항성이 있음.	병뚜껑, 요거트 · 크림 · 마가린 용기. 카펫, 가정용 가구, 여행용 가방.
폴리에틸렌 테레프탈레이트 1 PETE 또는 PET	에틸렌 글라이콜 $HO{-}CH_2CH_2{-}OH$ 테레프탈산 $HOOC{-}C_6H_4{-}COOH$	투명하고, 강하고, 잘 부스러지지 않음. 산과 대기 중 기체에 영향을 받지 않음. 6가지 고분자 중에서 가장 비용이 많이 듦.	청량음료 병, 투명한 식품 용기, 음료수 잔, 플리스 원단, 카펫 제조용 실, 섬유 충진 절연체.

참고: 처음 5가지 단위체의 구조는 **파란색**으로 나타낸 원자단만이 다르다.

사전 지식 *Did You Know* ?

열가소성 수지와는 달리, 일부 플라스틱은 *열경화성*(thermosetting)이다. 여기서 "set"는 열에 대해 비가역적이라는 것을 의미한다. 예로는 그림에 보인 멜라민(melamine) 접시와 베이클라이트(Bakelite) 오븐용 그릇이 있다.

©McGraw-Hill Education

표 9.1에는 이들 6가지 고분자의 성질도 열거되어 있다. 이들 모두 고체이고 염료로 착색할 수 있다. 이들 모두는 물에 녹지 않지만, 일부는 탄화수소, 지방, 기름 존재 하에서 녹거나 부드러워진다. 6가지 모두 **열가소성 고분자**(thermoplastic polymer)이며, 이는 열을 가하면 녹을 수 있고 계속해서 다시 재성형할 수 있다는 것을 의미한다. 그러나 이 고분자들은 제조 경로에 따라 일정 범위의 녹는점을 나타낸다. 대표적인 6가지 고분자 중에서 폴리에틸렌이 가장 낮은 녹는점을 가지며, LDPE와 HDPE는 각각 약 120°C와 130°C에서 녹는다. 반면에 폴리프로필렌(PP)은 160~170°C에서 녹는다.

고분자는 분자들의 배열에 따라 다양한 강도를 갖는다. 미시적인 수준에서 살펴보면, 고분자의 어떤 부분에서는 분자들이 결정성 고체에서 발견할 수 있는 것과 같이 질서정연하게 반복되는 패턴을 가진다. 이러한 **결정 영역**(crystalline region)에서는 긴 고분자의 분자들이 규칙적인 패턴으로 균형 있고 단단하게 배열된다. 같은 고분자의 다른 부분에서는 **비결정 영역**(amorphous region)을 찾을 수 있다. 비결정 영역에서는 긴 고분자의 분

그림 9.8
결정성 영역(붉은색)과 비결정성 영역(초록색)을 가진 준결정성 고분자(semicrystalline polymer).

자들이 임의적이고, 무질서한 배열로 존재하고 훨씬 더 느슨하게 쌓인다. 구조적인 규칙성 때문에, 결정 영역은 HDPE와 PP에서와 같이 강도와 마모에 대한 저항성을 갖는다. 일부 고분자는 결정성이 매우 크지만, 대부분의 고분자는 여전히 비결정 영역을 갖고 있다. 이들 영역이 고분자의 유연성을 제공한다. 예를 들면 PP에서 비결정 영역은 끊어지지 않고, 구부러질 수 있는 능력을 갖게 해 준다. 고분자에서 다양한 성질들은 이들을 고유한 용도에 따라 다르게 적용할 수 있다는 것을 의미한다. 다음 활동 학습은 고분자를 이들의 용도와 연결시키는 기회를 제공한다.

활동 학습 9.10 ▸ *대표적인 6가지 고분자의 용도*

표 9.1과 대표적인 6가지 고분자들에 대해 제공되는 다른 정보를 이용하여 다음 물음에 답하라.

a. 기름에 의해 부드러워지기 때문에 마가린 통으로 적합하지 않는 고분자는 어느 것인가?

b. 어느 고분자들이 투명한가? 투명한 청량음료 병으로 사용되는 것은 무엇인가?

c. 어느 고분자가 질기고 병뚜껑 용도로 사용되는가? 질김이 중요한 다른 응용 예를 들어라.

d. 산과 반응성이 없고, 오렌지 주스와 같은 산성 음료용 용기로 사용할 수 있는 것은 어떤 고분자인가?

표 9.1에서 6개의 단위체들이 6개의 다른 고분자를 만들기 위해 사용된다는 것을 볼 수 있다. 여기에서는 에틸렌과 밀접하게 관련된 세 개의 단위체(염화 바이닐, 프로필렌, 스타이렌)를 살펴보자.

$$\begin{array}{ccccccccccccccc} H & & H & \quad & H & & H & \quad & H & & H & \quad & H & & H \\ & C{=}C & & & & C{=}C & & & & C{=}C & & & & C{=}C & \\ H & & H & & H & & Cl & & H & & CH_3 & & H & & C_6H_5 \end{array}$$

에틸렌 염화 바이닐 프로필렌 스타이렌

활동 학습 9.11 ▸ *단위체 알아내기*

PVC, 사란(Saran), 테플론(Teflon)에 사용되는 단량체의 구조를 그려라. 이들 단위체의 구조적으로 비슷한 점과 다른 점을 설명하라. 인터넷을 사용하여 테플론의 특성과 용도가 PVC나 PE와 어떻게 다른지 설명하라. 테플론의 성질에서 단위체의 역할은 무엇인가?

염화 바이닐의 경우, 에틸렌의 H 원자 중 한 개가 Cl 원자로 치환되어 있다. 유사하게 프로필렌의 경우, 에틸렌의 수소 원자 중 한 개가 *메틸*(methyl) 기($-CH_3$)로 치환되어 있다. 스타이렌의 경우 페닐 기($-C_6H_5$)가 H 원자 중 한 개를 치환하고 있다. *페닐*(phenyl) 기는 6개의 탄소 원자로 구성되어 있으며, 이 탄소 원자들은 육각형을 형성한다.

페닐 기에 대한 첫 번째 구조식은 그리는 데 시간이 걸리므로, 때때로 두 번째로 나타낸 것과 같이 간단히 원으로 나타낸다. 세 번째 나타낸 구조는 페닐 기에 대한 공간 채움 모형이다.

활동 학습 9.12 ▶ *벤젠과 페닐*

페닐 기($-C_6H_5$)와 화합물인 벤젠(C_6H_6)의 차이는 단지 수소 원자 한 개이다.

a. 페닐 기와 벤젠 모두 두 가지 *공명 구조*를 갖는다. 이들을 그려라.
힌트: 공명은 3.8절에서 소개하였다.

b. 이러한 공명 구조를 고려할 때, 육각형 안에 원의 약식 기호가 벤젠과 페닐 기 모두를 특히 잘 나타내는 이유는 무엇인가?

예상하듯이 염화 바이닐, 프로필렌, 스타이렌은 에틸렌과 마찬가지로 첨가 중합 반응을 한다. 그러나 결과는 다소 다르다. 이유를 알기 위해서, 염화 바이닐 분자 n개가 중합하여 폴리염화 바이닐(PVC)을 생성할 때 무슨 일이 일어나는지 살펴보자.

$$n\,\mathrm{CH_2{=}CHCl} \xrightarrow{\mathrm{R\cdot}} \left[-\mathrm{CH_2}-\mathrm{CHCl}-\right]_n \qquad [9.3]$$

관련 절

식 [9.3]에서 Cl 원자는 염화 바이닐 단위체에 있는 4개의 탄소의 어떤 위치에라도 그릴 수 있다. 분자의 대칭성 때문에 이들 위치는 동등하다.

꼬리 머리

Cl 원자는 단위체에서 비대칭성을 만든다. 임의로 두 개의 수소 원자를 가진 탄소 원자를 "꼬리(tail)"로, 염소 원자를 가진 탄소 원자를 "머리(head)"로 생각하라.

염화 바이닐 단위체들이 첨가되어 폴리염화 바이닐을 생성할 때, 그림 9.9에 나타낸 것처럼 세 가지 방식 중 한 가지로 배열된다.

- 머리-꼬리 배열, C 원자 한 개씩 건너 Cl 원자가 배열
- 머리-머리/꼬리-꼬리의 반복 배열, Cl 원자 옆에 같은 것이 오도록 배열
- 앞의 두 가지 배열의 무작위 혼합

머리-꼬리 배열이 폴리염화 바이닐의 일반적인 생성물의 형태이다.

사슬에서 단위체들의 배열은 고분자의 유연성에 미치는 한 요소이다. 따라서 PVC의 각 배열은 약간씩 다른 성질을 가진다. 머리-꼬리가 반복되는 가장 규칙적인 배열은 분자들이 보다 쉽게 함께 쌓여 결정성 영역을 형성하기 때문에 가장 딱딱하다. 딱딱한 PVC는 배수관이나 하수관, 신용 카드, 건물 판자벽, 가구 및 다양한 자동차 부품에 사용된다. 무작위 배열도 여전히 딱딱하지만 좀 덜하다.

PVC는 **가소제**(plasticizer)에 의해 더 부드러워질 수 있다. 가소제는 고분자에 소량을 첨가하여 고분자를 더욱 부드럽고 유연하게 만드는 화합물이다. 가소제는 고분자의 큰

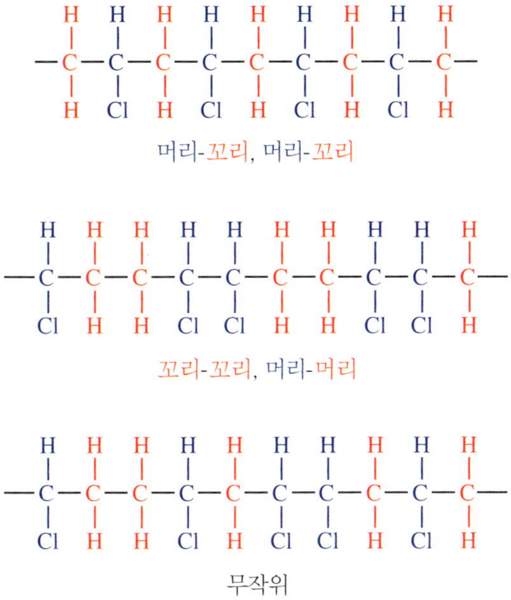

```
   H  H  H  H  H  H  H  H  H
   |  |  |  |  |  |  |  |  |
 —C—C—C—C—C—C—C—C—C—
   |  |  |  |  |  |  |  |  |
   H  Cl H  Cl H  Cl H  Cl H
```

머리-꼬리, 머리-꼬리

```
   H  H  H  H  H  H  H  H  H  H
   |  |  |  |  |  |  |  |  |  |
 —C—C—C—C—C—C—C—C—C—C—
   |  |  |  |  |  |  |  |  |  |
   Cl H  H  Cl Cl H  H  Cl Cl H
```

꼬리-꼬리, 머리-머리

```
   H  H  H  H  H  H  H  H  H  H
   |  |  |  |  |  |  |  |  |  |
 —C—C—C—C—C—C—C—C—C—C—
   |  |  |  |  |  |  |  |  |  |
   Cl H  H  Cl H  Cl Cl H  Cl H
```

무작위

그림 9.9

PVC에서 단위체들의 세 가지 가능한 배열.

분자들 사이에 끼어들어 감으로써 분자들이 규칙적으로 쌓이는 것을 방해한다. 가소제가 들어 있는 유연한 PVC는 샤워 커튼, "고무" 장화, 정원용 호스, 수혈용 투명한 정맥혈관 튜브, 인공 가죽(에나멜 가죽) 및 전기선의 유연한 절연 코팅제로 친숙하다. 플라스틱에 대한 첨가물들은 9.11절에서 살펴보는 것과 같이 몇 가지 이유에서 논란이 많다.

다음으로 프로필렌이 폴리프로필렌(PP)을 생성하는 중합 반응을 살펴보자. 다시 말하지만 단위체의 비대칭성으로 인하여 몇 가지 배열이 가능하다. 폴리프로필렌의 특별히 유용한 형태는 머리-꼬리, 머리-꼬리가 반복되는 배열이다. 이 규칙성은 높은 결정성을 부여하여 이 고분자를 강하고 질기게 하며, 고온에서도 견딜 수 있게 한다. 이 같은 성질들이 용도에 반영된다. 예를 들면 실내-실외용 카펫은 종종 폴리프로필렌의 강한 섬유들을 이용하여 만들어진다.

사전 지식 *Did You Know* 

에틸렌(ethylene)을 에텐(ethene)이라고 부르는 것처럼, 프로필렌(propylene)은 프로펜(propene)이라고도 한다.

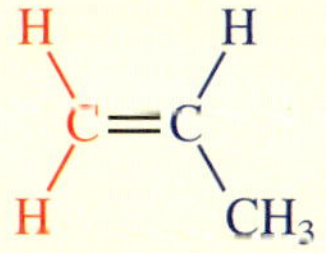

$$H_2C=CH-CH_3$$

활동 학습 9.13 "질긴 고분자"

많은 폴리프로필렌 제품에 재활용 표시가 없기 때문에, 폴리프로필렌은 부분적으로 폴리에틸렌 또는 PET만큼 친숙하지 않을 수 있다.

a. 방금 언급한 것과 같이 폴리프로필렌은 실내-실외용 카펫에 사용하는 것과 같이, 섬유에 사용될 수 있다. 질긴 성질이 요구되는 폴리프로필렌 섬유의 두 가지 다른 용도를 제시하라.

b. 비록 HDPE가 많은 식품 용기에 사용되고 있지만, 폴리프로필렌은 마가린 용기로 사용된다. 질긴 성질은 주요 사항이 아니다. 그보다 어떤 성질이 중요한가?

마지막으로, n개의 스타이렌 분자들이 중합하여, 값싸고 널리 사용되는 플라스틱인 폴리스타이렌(PS)을 생성하는 반응을 살펴보자. 다음은 첨가 중합 반응을 나타내고 있다.

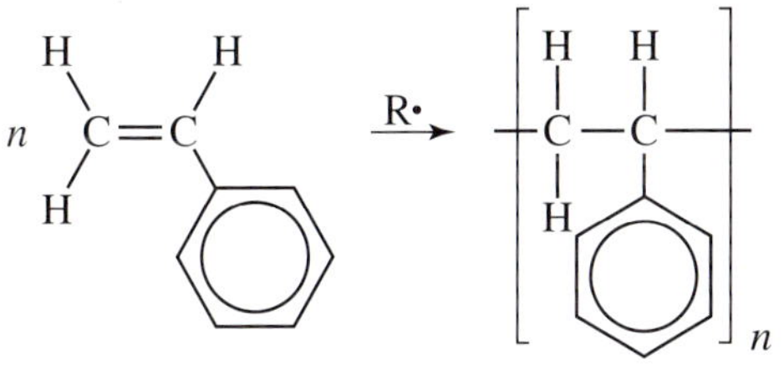

$$n\ H_2C=CH(C_6H_5) \xrightarrow{R\cdot} \left[\ -CH_2-CH(C_6H_5)-\ \right]_n \qquad [9.4]$$

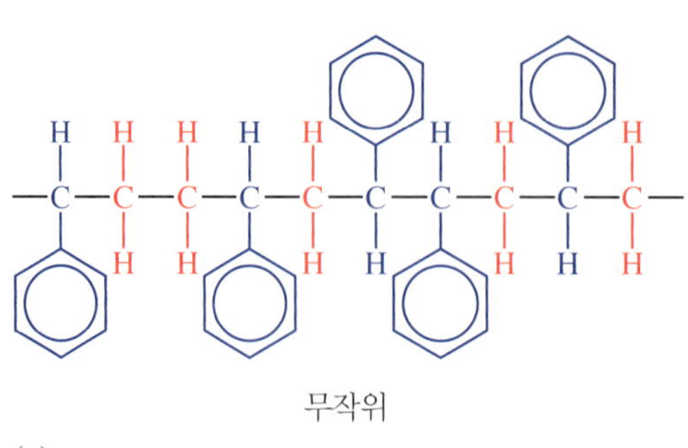

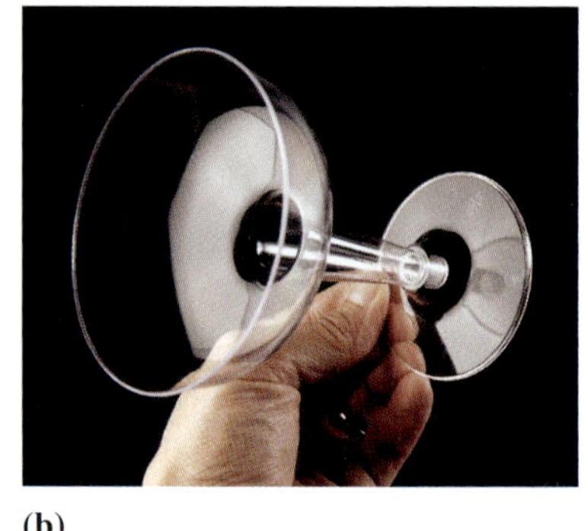

(a) (b)

그림 9.10

(a) 폴리스타이렌 단위체의 무작위 배열. **(b)** "결정성" (범용) 폴리스타이렌으로 만든 파티용품.

(b): ©McGraw-Hill Education/Jill Braaten

폴리스타이렌은 유연성이 작은 딱딱한 플라스틱이다. 다른 대표적인 6가지 고분자와 같이 열을 가하면 녹고(열가소성), 주형에서 주조된다. DVD용 투명 케이스나 투명한 파티용 플라스틱 잔 및 접시 또한 폴리스타이렌으로 만든다. 따라서 많은 노트북 및 휴대폰의 외장이 폴리스타이렌으로 만들어진다.

대부분의 상업용 폴리스타이렌은 그림 9.10a에 보인 것처럼 무작위 배열을 하고 있다. 이 형태는 가끔 범용으로 "결정성(crystal)" 폴리스타이렌으로 부르는데, 이 고분자는 단단하고 깨지기 쉽다. 투명한 파티용 플라스틱 잔을 손으로 꽉 쥐어 깨뜨려 본 적이 있는가? 아마도 그 잔은 폴리스타이렌이었을 것이다(그림 9.10b).

활동 학습 9.14 ▸ *폴리스타이렌의 가능성*

반복되는 머리-꼬리 배열을 갖는 폴리스타이렌 사슬에서 원자들의 배열을 그려라. 이 배열이 머리-머리 배열보다 선호되는 이유는 무엇일까?

©Russ Widstrand/Widstock/Alamy

관련 절

발포제로 CFC 대신 CO_2를 사용하는 것은 2.16절에서 소개한 친환경 화학의 핵심 원칙인 독성이 없는 물질의 제조 및 사용을 보여준다.

사전 지식 *Did You Know* ?

스타이로폼(styrofoam)은 다우 케미컬 사에서 생산하는 폴리스타이렌폼 단열재의 제품명이다.

친숙한 뜨거운 음료수용 발포 컵, 달걀용 발포 상자 및 고기 포장용 발포 접시는 가끔 팽창형 폴리스타이렌(expandable polystyrene, EPS)이라고 하는 폴리스타이렌으로 만들어진다. 이 제품들은 작고 단단한 팽창형 폴리스타이렌 비드로 만든다. 이 비드는 발포 플라스틱을 제조하기 위한 기체 또는 기체를 만들어 낼 수 있는 **발포제**(blowing agent)가 4~7% 들어 있다. PS에 대하여 발포제는 보통 펜테인처럼 끓는점이 낮은 액체이다. 만약 비드를 주형에 넣고 스팀이나 뜨거운 공기로 가열하면 펜테인이 기화된다. 이어서 팽창한 기체가 고분자를 팽창시킨다. 팽창한 입자들은 용융하여 주형에서 결정된 모양이 된다. 많은 거품을 포함하고 있기 때문에 이 발포 플라스틱은 가벼울 뿐만 아니라 훌륭한 단열재이기도 하다.

CFC로 더 잘 알려진 클로로플루오로탄소(chlorofluorocarbon)는 한때 발포제로 사용된 화합물이었다. CFC는 오존층을 파괴하기 때문에(제3장), 이 화합물은 1990년에 퇴출되었다. 기체 상태의 펜테인(C_5H_{12})과 이산화 탄소는 두 가지 가능성이 있는 대체제이다. 예를 들면, 다우 케미컬 회사(Dow Chemical Company)는 순수한 이산화 탄소를 사용하여 포장재용 스타이로폼(Styrofoam)을 만드는 공정을 개발하였다. Dow사의 100% CO_2 기술을 사용함으로써 발포제로 CFC-12 사용을 없앴다. 사용되는 CO_2는 시멘트 생산 및 천연 가스와 같은 기존의 상업용 및 천연 공급원에서 나오는 부산물이다. 따라서 이 공정은 온실 기체인 CO_2를 대기 중으로 추가 배출하지 않는다. Dow Chemical 회사는 이러한 대체 반응 조건을 개발한 데 대하여 1996년에 녹색 화학 도전 대통령상을 수상하였다.

9.6 단위체들의 다리 결합

단위체들이 고분자를 만든다! 앞 절에서 본 것처럼, 단위체의 변화가 고분자의 성질 변화를 일으킨다. 단위체들의 차이를 이해하기 위하여, **작용기**(functional group)의 개념을 재논의 할 필요가 있다. 작용기는 이들이 포함된 분자에 특정의 화학적 성질을 부여하는 독특하게 배열된 원자단이다(표 9.2). 예를 들면 *하이드록시 기*(−OH)는 바이오 연료인 에탄올에 대한 내용에서 앞서 소개되었다(6.15절). 이 작용기는 알코올로 분류되는 모든 화합물에 존재하며, 이 장에서 관심이 있는 화합물인 에틸렌 글라이콜도 알코올이다.

관련 절

제6장과 제12장에서 각각 바이오 연료와 의약용 분자의 맥락에서 작용기를 언급한다.

표 9.2 몇 가지 작용기들

이름	화학식	구조식
하이드록시(hydroxyl) 기(알코올에서)	−OH	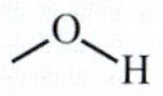
카복실 기	−COOH	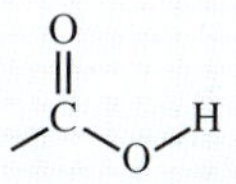
에스터 기	−COOC−	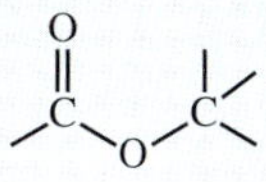
아민 기	$-NH_2$	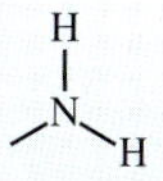
아마이드 기	$-CONH_2$	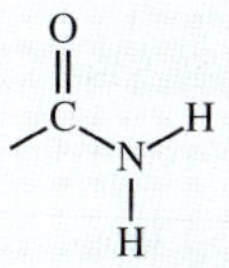

이제 몇 가지 새 작용기들을 소개할 것인데, *카복실산 기*(carboxylic acid group)에서 시작하자.

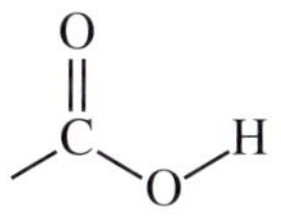

카복실 기는 −OH 기를 포함하고 있지만, 알코올이 *아니다*. 이보다는 −COOH를 하나의 단위로 고려해야 한다.

표 9.3은 카복실산 기가 식초와 치즈와 같은 음식에서 자연적으로 발생한다는 것을 보여 준다. 만약 표에 있는 화합물들을 자세히 살펴보면, 분자에는 한 개 이상의 카복실 기가 포함되어 있는 것을 볼 수 있다. 예로서 테레프탈산과 아디프산이 있다. 마지막 열에 있는 락트산과 같이 한 분자가 두 개의 다른 작용기를 가질 수도 있다.

카복실산은 새로운 작용기인 *에스터*(ester)와 밀접한 관계가 있다. 에스터는 다음 구조식으로 표현할 수 있다.

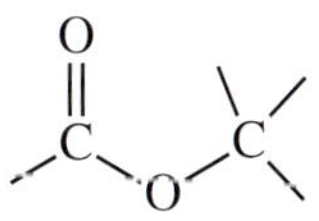

이제 알코올, 카복실산, 에스터를 공부하였으므로, 이 절의 주제인 *폴리에스터*(polyester)를 살펴보도록 하자.

표 9.3 몇 가지 카복실산

명칭	구조식	설명
에탄산	$CH_3-C(=O)-O-H$	식초에서 천연 발생. 아세트산이라고 부름
프로판산	$CH_3CH_2-C(=O)-O-H$	일부 자극적인 맛이 나는 치즈에서 자연적으로 발생하며, 프로피온산이라고도 함
벤조산	$C_6H_5-C(=O)-O-H$	카복실산에서 자연적으로 발생. 식품 보존제로 사용
테레프탈산	$H-O-C(=O)-C_6H_4-C(=O)-O-H$	PET 제조용 단위체 중 하나
아디프산	$H-O-C(=O)-(CH_2)_4-C(=O)-O-H$	나일론의 한 종류를 생산하는 데 사용되는 단위체 중 한 가지
락트산	$CH_3CH(OH)-C(=O)-O-H$	생물 기반 고분자인 폴리락트산(polylactic acid, PLA)의 단위체

사전 지식 *Did You Know* **?**

PET는 흔히 휴대폰의 액정 보호기 재료로 사용된다.

사전 지식 *Did You Know* **?**

폴리에틸렌 테레프탈레이트는 폴리에틸렌을 포함하지 않기 때문에, 때때로 폴리(에틸렌 테레프탈레이트)[poly(ethylene terephthalate)]로 적는다. 이것은 적어도 이름을 읽을 때 혼란을 줄인다. 그렇더라도 말로하면 두 이름은 여전히 똑같이 들린다.

그림 9.11

PET로 만든 2리터 음료수 병.

폴리에스터의 제품의 가장 중요한 이용은 PETE라고도 부르는 PET이다. 이 두 줄임말은 폴리에틸렌 테레프탈레이트 에스터(polyethylene terephthalate ester)를 나타낸다. PET는 반강체(semirigid)이며, 투명하고, 상당한 공기 밀폐력(그림 9.11)을 가졌기 때문에, 가장 많이 사용되는 용도는 청량음료수 병이다. 폴리에스터는 판상 또는 섬유로도 제조할 수 있다. 예를 들어 마일라(Mylar)는 얇은 PET 플라스틱 판의 상품명으로, 반짝이는 축제용 풍선을 만드는 데 사용한다. 이 풍선을 헬륨으로 채우면, 폴리에스터가 기체를 통과시키지 않으므로 이 풍선은 몇 시간 동안 공중에 떠 있다. 그러나 결국에는 작은 헬륨이 빠져나가 풍선이 오므라든다.

폴리에틸렌과는 달리, PET는 첨가 중합으로 만들어지지 않는다. 이 고분자는 **축합 중합**(condensation polymerization)으로 만들어지는데, 이 과정은 단위체가 중합될 때, 작은 분자(일반적으로 물 분자)를 제거(방출)하면서 일어난다. 따라서 축합 중합은 항상 고분자 그 자체와 함께 두 번째 생성물을 가생성한다. 셀룰로스, 녹말, 양모, 거미줄, 단백질 등 많은 천연 고분자는 축합 중합을 통해 만들어진다. 합성 고분자는 데이크론(Dacron), 케블라(Kevlar)와 서로 다른 나일론 종류를 포함한다.

또한 폴리에틸렌과는 달리 PET는 하나의 단위체에서 만들어지는 것이 아니다. PET는 두 개 이상의 서로 다른 단위체의 조합을 통해 만들어지는 **공중합체**(copolymer)이다. 두 개의 단위체를 이용할 경우, 여러분이 현상을 어떻게 보느냐에 따라 문제가 두 배가 되거나 재미가 두 배가 된다. 하나의 단위체는 에틸렌 글라이콜($HOCH_2CH_2OH$)로 각각의 탄소 원자에 한 개씩 총 두 개의 하이드록시 기를 갖는 알코올이다. 다른 한 단위체는 테레프탈산으로 벤젠 고리의 양 극단에 한 개씩, 총 두 개의 카복실기를 갖는다. 요약하자면 각 단위체는 두 개의 작용기를 가지고 있다.

공중합체가 어떻게 만들어지는지를 이해하기 위해 각 단위체별로 분자 한 개씩 가지고 공부해 보자. 그림 9.12는 이들 단위체가 어떻게 결합하는지를 보여 준다. 붉은색으로 표시한 부분에서, 카복실산 작용기의 –OH와 하이드록시 기의 H 원자가 반응하여 물(HOH)이 생성된다. 푸른색으로 표시한 바와 같이 알코올과 카복실산의 남은 부분이 결합하여 에스터 작용기를 만든다.

생성물이 추가적인 사슬 성장이 일어날 수 있는 작용기(왼쪽 끝 –COOH와 오른쪽 끝 –OH)를 가지고 있음에 주목하라. 전자는 다른 에틸렌 글라이콜의 –OH와 반응할 수 있으며, 후자는 다른 테레프탈산의 –COOH와 반응할 수 있다. 에스터 기가 생성될 때마다 물 분자가 방출된다. 폴리에틸렌 테레프탈레이트를 생성하기 위하여 이 과정이 여러 차례 일어난다(그림 9.12b). 그 결과물이 *폴리에스터*(polyester)이며, 이는 에스터 기가 각 단위체를 연결하고 있기 때문에 붙여졌다.

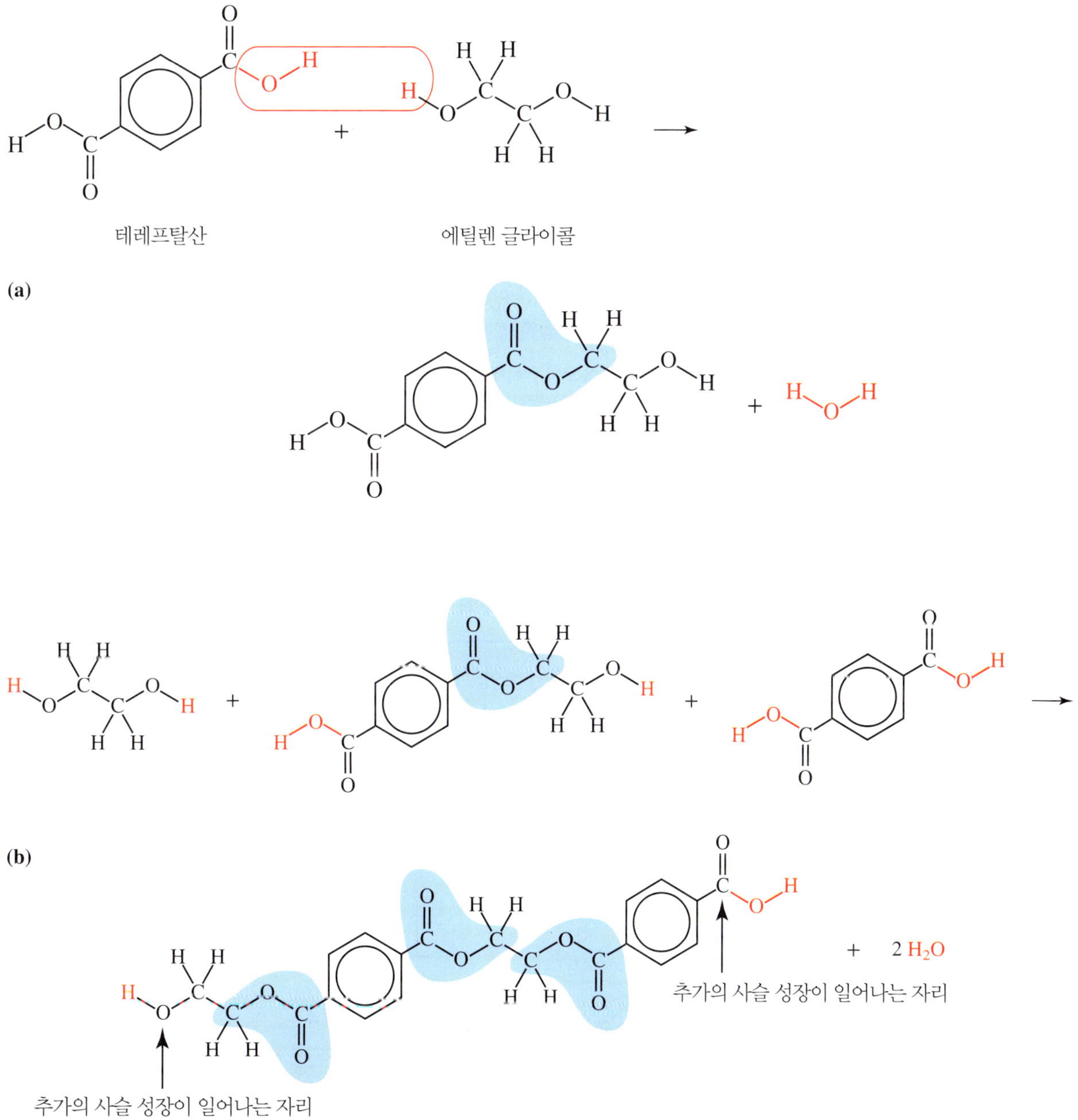

테레프탈산 에틸렌 글라이콜

(a)

(b)

추가의 사슬 성장이 일어나는 자리 + 2 H_2O

추가의 사슬 성장이 일어나는 자리

그림 9.12

테레프탈산과 에틸렌 글라이콜 단위체의 축합 중합으로부터 PET가 형성되는 그림. **(a)**는 두 단위체 간의 반응이 일어나는 것을 보여주는 데 반해, **(b)**는 더 많은 단위체가 도입될 때 고분자 성장이 어떻게 형성되는지를 보여준다. 에스터 작용기는 **푸른색**으로 강조하여 나타내었고, 반응물에서 물의 원천은 **붉은 색**으로 표현하였다.

활동 학습 9.15 ▶ 에스터와 폴리에스터

방금 테레프탈산과 에틸렌 글라이콜의 반응을 살펴보았다. 이제 에탄산(아세트산)과 에탄올(에틸 알코올)을 살펴보자.

에탄산 　　　　 에틸 알코올

a. 카복실산과 알코올이 반응하여 에스터를 형성하는 반응식을 써라.
힌트: 생성물의 하나로 물 분자가 생성됨을 기억하라.

b. 에탄산과 에탄올이 반응하여 폴리에스터를 형성될 수 있는가? 답에 대한 이유를 설명하라.

PET는 우리 주변에서 있는 유일한 폴리에스터가 아니다! 단위체의 탄소 원자의 개수와 종류를 달리하여, 화학자들은 데이크론(Dacron), 폴라텍(Polartec), 포트렐(Fortrel), 폴라가드(Polarguard)와 같은 제품명을 갖는 다른 폴리에스터를 합성하였다. 폴리에스터는 세탁이 쉽고 건조하기 쉬운 섬유상으로 뽑아낼 수 있다. 또한 폴리에스터는 면 또는 양모와도 잘 가공이 된다. 다음의 활동 학습은 PET보다 온도 저항성이 좋은 폴리에스터인 폴리에틸렌 나프탈레이트(polyethylene naphthalate, PEN)를 보여 준다.

활동 학습 9.16 ▶ PET에서 PEN까지

PET와 PEN 모두에서 알코올 단위체는 에틸렌 글라이콜이다. 그러나 유기산 단위체는 약간 다르다. 다음은 PEN의 유기산 단위체인 나프탈산(naphthalic acid)이다.

구조식을 사용하여 두 분자의 나프탈산과 두 분자의 에틸렌 글라이콜의 반응식을 써라.

지금까지 고분자에 대하여 설명한 내용은 모두 주로 탄소에 기반한 사슬을 다루어 왔다. 이들을 *유기*(organic) 고분자라고 한다. 2.7절에서 우리는 유기 화합물을 탄소를 항상 포함하고, 수소를 대부분 갖고 있고, 산소나 질소와 같은 다른 원소를 간혹 가진 것으로 정의하였다. 그런데 탄소가 아닌 다른 원소에 주로 기반한 *무기*(inorganic) 고분자도 많이 있다. 가장 널리 사용되는 무기 고분자는 규소(silicone)이다. 탄소가 아닌 이들 고분자는 규소와 산소 원자가 교대로 연결된 골격에 기반한다.

$$\left[-\underset{R}{\overset{R}{|}}\!Si - O- \right]_n$$

PET와 유사하게 규소 고분자도 축합 반응으로 형성된다. 때때로 축합 반응의 부산물로 물이 형성되지만 물 대신 메탄올이나 에탄올과 같은 알코올이 더 흔히 생성된다. 위의 구조에서 R로 표현된 곁가지는 일반적으로 다양한 길이의 탄소 사슬이다. 이들 곁사슬은 규소 고분자의 성질에 큰 영향을 미쳐서 유기 고분자 사촌만큼 넓은 영역의 특성을 가질 수 있게 해준다. 사실 이러한 맞춤형 성질에 기인하여 규소 고분자는 윤활유와 페인트부터 주방용품과 틈새를 메우는 코킹제까지 다양한 제품을 만드는 데 이용되고 있다.

9.7 단백질에서 스타킹까지: *폴리아마이드*

축합 중합의 논의는 다른 두 종류의 고분자를 살펴보지 않는 한 완료할 수 없다. 첫 번째는 단백질로, 우리 몸의 근육, 손톱, 머리카락과 같은 천연 고분자이다. 두 번째는 나일론으로, 천연 단백질인 명주의 일부 물성을 영리하게 복제한 합성 대체물이다. 과학사 연구소(Science History Institute)에 따르면, 전 세계적으로 제조업체는 약 8백만 파운드의 나일론을 생산한다고 하며, 이는 전체 합성 섬유의 대략 12%에 해당한다.

관련 절

아미노산과 단백질에 대한 자세한 내용은 11.6절과 12.6절을 참조하라.

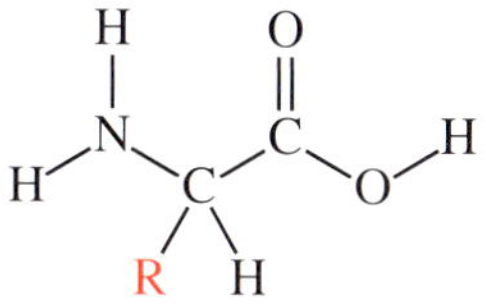

아미노산(amino acid)은 우리 신체가 단백질을 만드는 단위체이다. 각 아미노산 분자는 두 개의 작용기, 즉 아미노 기(−NH_2)와 카복실 기(−COOH)를 가진다. 20개의 다른 아미노산은 자연적으로 얻어지고, 각 아미노산은 중앙 탄소 원자에 붙어 있는 작용기의 하나가 다르다. 이러한 곁사슬은 아미노산의 일반적 구조식에서 R로 표시된다.

H–N(H)–C(R)(H)–C(=O)–O–H

일부 아미노산에서 R은 탄소와 수소 원자만으로 구성된다. 다른 것에서 R은 산소, 질소와 심지어 황 원자를 포함할 수 있다. 일부 R 기는 산성이며 다른 것들은 염기성이다.

사전 지식 *Did You Know*

화학자는 R을 분자의 자리표시자(place holder)로 사용한다. 아미노산의 경우 R은 20개의 곁사슬 중 하나를 나타낸다. 이 장의 앞부분에서 R·은 자유 라디칼을 나타내는 데 사용되었다.

단위체로서 아미노산은 축합 중합을 통하여 결합하여 긴 사슬을 형성한다. 그러나 PET와 같은 축합 고분자와 임의의 단백질 사이에는 세 가지 중요한 차이점이 있다는 것을 명심하라.

- PET는 폴리에스터이다. 반면에 단백질은 **폴리아마이드**(polyamide), 즉 아마이드 작용기(−$CONH_2$)를 가진 축합 고분자이다.
- PET는 에틸렌 글라이콜과 테레프탈산 두 가지 단위체들이 1 : 1 비율로 되어 있다. 반면에 단백질은 20개의 다른 아미노산 단위체들이 임의의 비율로 구성되어 있다.
- 단백질에서, 각 아미노산은 *두 가지* 다른 작용기인 −NH_2와 −COOH를 가지고 있다. PET에서 두 가지 단위체는 두 개의 *동일한* 작용기, 즉 −OH 또는 −COOH를 가진다.

이러한 차이점들이 어떻게 작용하는지 보기 위해서는, 두 가지 아미노산 사이에서의 이 반응을 살펴보자(그림 9.13). 하나의 아미노산은 곁가지 R을 가지며, 다른 아미노산의 곁가지를 R′으로 표시한다. 이 반응에서 아마이드가 형성되고 물 분자가 제거된다. 이 아마이드는 C−N 결합을 가지고 있으며, **펩타이드 결합**(peptide bond)이라고 한다. 펩타이드 결합은 한 아미노산의 −COOH 기가 다른 아미노산의 −NH_2 기와 반응하여 두 가지 아미노산이 연결될 때 형성되는 공유 결합이다. 모든 유기체의 세포라는 복잡한 화학 공장에서, 이 축합 반응이 많이 반복되면서 단백질로 부르는 긴 고분자 사슬이 만들어진다. 자연에 존재하는 20개의 다른 아미노산에서 다양한 단백질들이 합성된다. 일부 단백질은 수

사전 지식 *Did You Know*

단백질 분야에서만 C−N 결합을 펩타이드 결합이라고 한다.

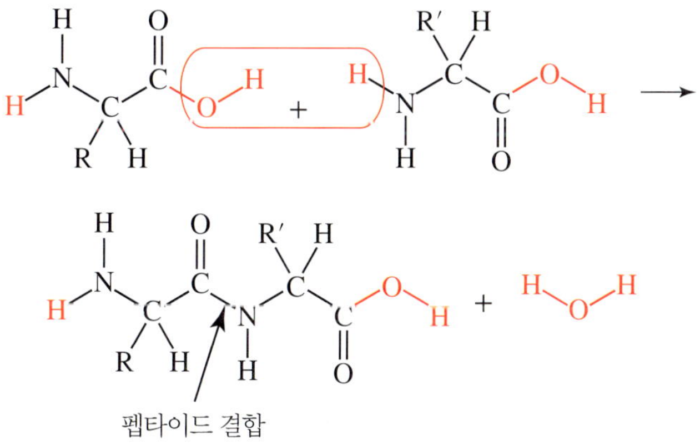

H–N(H)–C(R)(H)–C(=O)–O–H + H–N(H)–C(R′)(H)–C(=O)–O–H →

H–N(H)–C(R)(H)–C(=O)–N(H)–C(R′)(H)–C(=O)–O–H + H–O–H

펩타이드 결합

그림 9.13
두 아미노산이 반응하여 펩타이드 결합이 형성된다.

그림 9.14

나일론 발명가인 Wallace Carothers.

백 개의 아미노산을 가지고 있는 반면, 다른 단백질들은 단지 몇 개의 아미노산을 갖는다.

화학자들은 때때로 자연에서 일어나는 화학 반응들을 복제하려고 시도한다. 예를 들면 듀폰(DuPont) 회사에서 일하던 유능한 화학자인 Wallace Carothers(1896~1937)는 펩타이드 결합 생성을 포함한 많은 고분자화 반응을 연구하고 있었다(그림 9.14). Carothers는 아미노산을 사용하는 대신에, 아디프산(adipic acid)과 헥사메틸렌다이아민(hexamethylenediamine)을 결합시키려고 노력하였다.

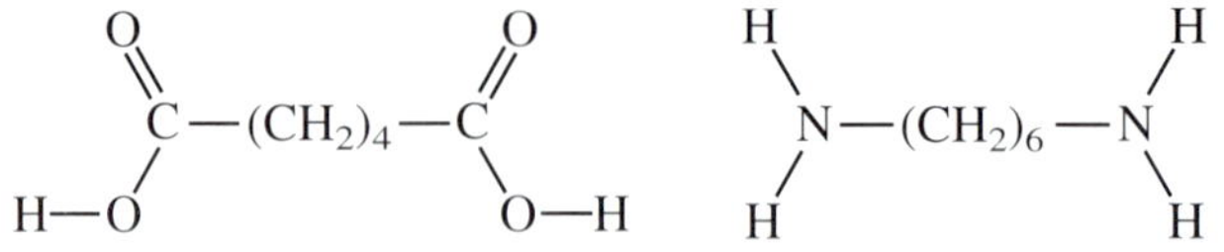

$$\mathrm{HO{-}C(=O){-}(CH_2)_4{-}C(=O){-}OH} \qquad \mathrm{H_2N{-}(CH_2)_6{-}NH_2}$$

아디프산 헥사메틸렌다이아민

아디프산은 분자의 양쪽 끝에 카복실산을 가지고 있고, 헥사메틸렌다이아민은 양쪽 끝에 아민기를 가지고 있다는 것을 주목하라. 단백질 합성에서와 같이 카복실산과 아민기가 반응하여 아마이드가 만들어지고 물이 방출된다. 그러나 단백질 합성과 달리, *나일론*(nylon)으로 더 잘 알려진 최종 고분자는 단지 두 가지 단위체들로만 만들어진다(그림 9.15).

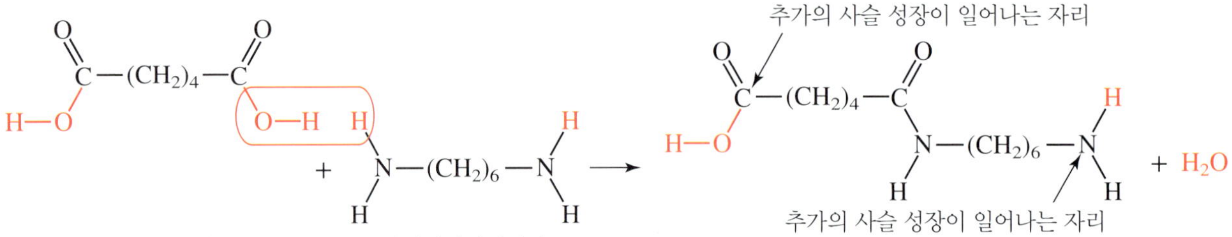

$$\mathrm{HO{-}C(=O){-}(CH_2)_4{-}C(=O){-}OH} + \mathrm{H_2N{-}(CH_2)_6{-}NH_2} \longrightarrow \mathrm{HO{-}C(=O){-}(CH_2)_4{-}C(=O){-}NH{-}(CH_2)_6{-}NH_2} + \mathrm{H_2O}$$

아디프 산 헥사메틸렌디아민

추가의 사슬 성장이 일어나는 자리

추가의 사슬 성장이 일어나는 자리

그림 9.15

단량체의 축합 중합을 통한 나일론 형성에 대한 그림.

DuPont 회사의 경영진은 나일론이 전망이 있다고 결정하였다. 특히 회사의 과학자들이 이 고분자를 가는 실로 뽑아낼 수 있게 된 후에 특히 그러하였다. 이 실은 질기면서도 부드러우며, 누에고치에서 뽑아내는 명주(silk)와 매우 비슷하였다. 따라서 나일론은 명주의 대체재로 세상에 소개되었다. 나일론은 최초의 **생체모방 재료**(biomimetic material), 즉 인간이 사용하기 위한 용도로 생물학적 재료의 특정한 성질을 복제하려고 한 재료 중 하나였다. 세상은 나일론을 맨발로 환영하였고, 많은 사람들이 구매를 하였다. 나일론 스타킹은 출시 첫 날인 1940년 5월 15일에 New York에서 400만 켤레가 팔렸다(그림 9.16). 그러나 "나일론"에 대한 소비자들의 열광에도 불구하고 나일론이 양말류에서 낙하산, 로프, 옷감 및 다른 수백 종의 전시용품으로 전용됨에 따라 민간 공급은 곧 고갈되었다. 1945년 제2차 세계 대전의 종식으로 나일론은 다시금 그 강도, 안정성, 내구성이 입증되었다. 오늘날 이 고분자는 다양한 변형을 통해 카펫, 스포츠 의류, 캠핑 장비, 주방과 실험실에서 광범위한 응용 사례를 넓혀가고 있다.

케블라(Kevlar)라고 하는 방탄재는 축합 고분자에 대한 종결판이다. 다음의 활동 학습은 케블라가 누에나 거미가 만들어 내는 실크와 같은 폴리아마이드임을 알게 해 준다.

활동 학습 9.17 ▶ *케블라*

방탄조끼를 만드는 데 사용하는 케블라는 폴리아마이드이다. PET와 비슷하게, 단위체 중 하나는 테레프탈산이다. 다른 단위체는 두 개의 아민기를 가진 페닐렌다이아민이다.

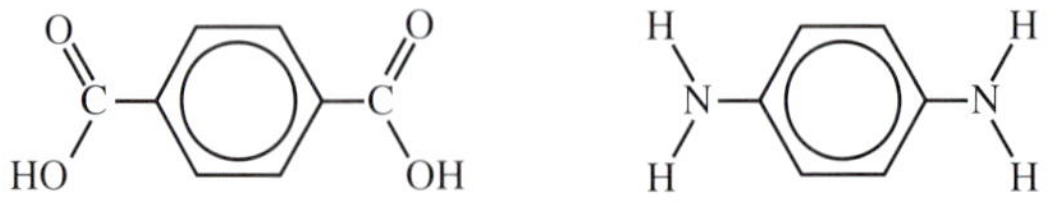

$$\mathrm{HO{-}C(=O){-}C_6H_4{-}C(=O){-}OH} \qquad \mathrm{H_2N{-}C_6H_4{-}NH_2}$$

테레프탈산 페닐렌다이아민

각 단위체 2개로 구성된 케블라 분자의 한 부분을 그려라.

그림 9.16

나일론 스타킹이 상업적으로 처음 출시되었을 때인 1940년에 나일론 스타킹을 구입하기 위해 열광적으로 줄 서 있는 소비자들.

©Bettman/Contributor/Getty Images

9.8 고체 폐기물의 처리: *4R*

거미줄, 이 천연 고분자는 강도, 늘어나는 능력, 먹이를 잡을 만큼 충분한 끈적임 등 많은 유용한 성질을 갖고 있다. 무당거미는 그림 9.17에 나와 있듯이 악명 높게 까다로운 건축가이며 매일 새로운 거미줄을 짜낸다. 이러한 일상 거미줄 짜기는 거미가 이용할 수 있는 자원을 모두 고갈시킬 수도 있다. 그렇다면 무당거미는 어떻게 가는 거미줄을 매일 짜면서도 여전히 살아남을 수 있을까? 가장 간단하게는 재활용을 한다! 무당거미는 오래된 거미줄을 섭취하고, 그들이 만든 원재료를 다시 회수하는 능력이 있다. 실제 화학 공정은 완전히 이해되지 않았지만 기존 거미줄의 2/3가 새로운 거미줄을 만드는 데 쓰이고 있다. 인간은 이 거미를 모방해야 한다. 인간은 부족한 자원이 고갈되지 않도록, 그리고 처리할 수 없을 정도로 엄청난 양의 쓰레기를 만들지 않도록 해야 한다.

사전 지식 *Did You Know* **?**

연구에 따르면, 무당거미의 거미줄은 가장 질긴 생물학적 물질 중 하나에 속한다. 그 강성은 비슷한 케블라 조각보다 더 크다.

정말로 우리 인간은 많은 플라스틱을 생산하고 있다! 1950년에 그 숫자는 전 세계적으로 단 2백만 톤이었다. 해가 지남에 따라 플라스틱 생산량은 꾸준히 증가하여, 2017년에는 전 세계적으로 3억 4천 8백만 톤에 이르렀다. 실제로 1950년대 이래로 90억 톤 이상의 플라스틱이 생산된 것으로 추정된다. 의문의 여지없이 우리는 어떻게 플라스틱 폐기물을

그림 9.17

무당거미와 거미줄.

©Edwin Remsberg/Alamy

©Ingram Publishing

처리할 것인가에 대한 지속 가능한 해결책이 필요하다.

대부분의 경우 우리는 쓰레기를 수거용 통에 넣는다. 트럭이 가져간 쓰레기를 아마도 다시 보지 못한다(적어도 여러분의 경우). 플라스틱은 이런 쓰레기의 한 부분이며, 플라스틱을 매립하는 것은 이상적인 해결책에서는 거리가 멀다. 재활용은 좋은 생각이기는 하나, 더 나은 방안이 있다. 선호도 순으로 배열한 4R(Four Rs)이 여기 있다.

- 사용하는 물질의 양을 **절약**(reduce) (예: 병을 생산하는 데 더 적은 플라스틱의 이용)
- 물질의 **재사용**(reuse) (예: 식료품 가게에서 자신의 가방을 반복적으로 사용)
- 물질의 **재활용**(recycle) (예: 음료수 병을 버리지 않고 재활용)
- 물질, 또는 재활용하지 못하는 물질로부터의 물질이나 에너지를 **회수**(recover)(예: 에너지 함량이 높은 플라스틱의 연소)

우리는 플라스틱을 얼마나 사용하고 재활용하는가? 다음 활동 학습은 사용량과 재활 용량을 계속 집계하도록 요구한다.

활동 학습 9.18 ▶ 여러분이 버리는 플라스틱 – I

여러분이 구매한 음식과 다른 생산품의 포장재를 포함하여, 한 주일 동안 버리거나 재활용하는 모든 플라스틱의 일지를 적어라.

a. 그 플라스틱의 무게를 추정하라. 이는 몇 그램인가? 킬로그램인가? 그 이상인가?

b. 폐기하는 플라스틱의 무게와 재활용하는 플라스틱 무게 중에서 어느 것이 더 큰가?

이 일지를 다시 살펴볼 것이기 때문에 일지를 휴대하면서 계속 작성하라.

이제 플라스틱을 취급하는 방안으로서 4R 각각을 살펴보자.

> **관련 절**
> 제11장은 설탕이 들어 있는 음료수의 소비를 줄이는 것이 이치에 맞는가에 대한 관점을 제시해 준다. 결과적으로 이렇게 하면 플라스틱 사용을 줄일 수 있을 것이다.

절약(Reduce)! 원천적인 절약은 항상 선택의 문제이다. 이 말은 물질을 적게 사용할수록 나중에 폐기물을 적게 만든다는 뜻이다. 원천적인 절약은 자원을 보존하고 오염을 줄이며, 폐기물 흐름 중 독성 물질을 최소화한다. 예로서 음료 병을 생각해 보자. 2 L 탄산음료 병은, 1970년 생산될 당시 대비, 디자인 개선을 통하여 이제 약 3분의 1이 줄어든 플라스틱을 사용한다. 마찬가지로, 1갤런짜리 우유병의 현재 무게는 몇 십 년 전에 비해 덜 나간다.

회사는 포장재를 줄이면 운송 비용이 낮아지고, 폐기물 매립 비용이 낮아지는 등 경제적 장려금을 받을 수 있다는 점을 인식하고 있다. 예를 들어, 월마트는 단일 제품의 포장 크기를 조금만 줄였는데 운송 비용에서 350만 달러를 절약했다고 발표하였다. 이는 5100그루의 나무와 1300배럴의 석유를 적게 사용한 셈이다.

많은 회사들이 운영에서 "폐기물 제로"를 추구하는 가운데 회사 임원들은 지속 가능성이 단순히 더 깨끗하고 더 효율적인 방법에 지나지 않고 혁신을 이끄는 데 사용될 수 있다는 것을 깨닫기 시작했다. **지속 가능한 포장재**(sustainable packing)는 환경에 미치는 영향을 줄이고, 모든 플라스틱의 지속 가능성을 개선하기 위해 포장재를 새롭게 설계하고 사용하는 것이다. 지속 가능한 포장재 연합(Sustainable Packing Coalition)이 2011년 제정한 포장재의 기준은 다음과 같다.

- 제품의 수명 주기 동안 개인과 지역사회에 이롭고 안전하고 건강하다.
- 성능과 비용에서 시장 기준을 충족한다.
- 재생 가능하거나 재활용된 원천 재료의 사용을 최적화한다.
- 재료와 에너지를 최적화하도록 물리적으로 설계되었다.
- 깨끗한 생산 기술과 모범 사례를 사용하여 제조한다.
- 효과적으로 복구되고 활용된다.

예상할 수 있듯이, 고분자 화학자와 화학공학자들이 이 노력의 핵심 요소이다.

재사용(Reuse)! 무언가를 재사용한다는 것은 한번 사용한 것을 그냥 버리지 않는다는 뜻이다. 한때 슈퍼마켓 계산대에서 점원은 손님에게 "종이 또는 플라스틱 봉지?"라고 물었다. 그러나 오늘날 그들은 장바구니를 가지고 왔느냐고 묻는다. 다음의 활동 학습은 장바구니 재사용에 대한 아이디어를 확장한다.

활동 학습 9.19 ➤ *종이, 플라스틱.... 어느 것도 아니다?*

사람들이 플라스틱 봉지와 종이 봉지의 사용에 대해 다시 생각해 보게 되는 장소가 식료품 가게만은 아니다. 다른 가능한 장소를 세 가지를 기술해 보라. 각각에 대해서 봉지 사용에 대한 습관을 바꿀 수 있는지, 그리고 기존 봉지를 재사용할 용의가 있는지를 말해보라.

또 다른 예로 "땅콩" 모양의 포장용 완충재인 폴리스타이렌 폼을 어떻게 재사용할 수 있을지 생각해 보자. 폐기물 흐름의 극히 일부에 불과하지만, 이 땅콩 모양의 포장용 완충재는 의도했던 용도에서 벗어나게 되면 매우 골칫거리가 된다. 이 포장재들은 수로, 도로, 들판을 포함한 어디에서든 버려진다. 무게 기준으로 폴리스타이렌은 단지 5%에 불과하므로 재활용 가치가 거의 없다. 이 땅콩 모양 포장용 완충재를 재사용하는 것은 분명히 선택을 해야 하는 문제이다. 실제로 모든 폴리스타이렌 폼 포장재도 마찬가지다. 만일 소매점이나 판매 계산대에서 일했다면, 어떤 유형의 "내부" 재사용 또는 재활용을 하는 것을 본적이 있을 것이다.

> **관련 절**
> 땅콩 모양의 포장용 완충재로 사용되는 "팽창된(expanded)" 폴리스타이렌은 9.5절에서 설명하였다.

재활용(Recycle)! 이제 여러분은 학내 건물, 스포츠 센터, 공항, 호텔 어디에서 재활용 용기를 볼 수 있다. 재활용의 이유는 다음과 같다.

- 매립지와 소각로의 쓰레기를 줄인다.
- 제조 과정 중 공기, 물, 토양의 오염을 방지한다.
- 제조 중 온실 기체 배출을 줄인다.
- 석유, 수목, 물, 광물과 같은 천연 자원을 보존한다.

우리는 얼마나 잘 할 수 있는가? 좋은 소식 하나. 2015년 환경보호국(Environmental Protection Agency, EPA)은 평균적으로 미국 내 개개인은 매일 5파운드의 개별 쓰레기를 생산하는 가운데, 1.2파운드의 물질을 재활용하였다고 보고하였다. 더 나아가 재활용되는 폐기물의 비율이 증가하고 있다. 사람들이 쓰레기통이나 길가에 모으는 품목은 알루미늄 캔, 사무실 종이, 판지, 유리, 플라스틱 용기이다. 넛붙여 1인당 0.4파운드를 차지하는 정원 손질 쓰레기와 음식물 쓰레기 등이 퇴비화된다. 덧붙여, 매일 1인당 0.6파운드의 쓰레기를 소각하여 에너지를 생산한다. 이와 같은 저감 노력으로 매립지로 보내지는 쓰레기 양은 현재 평균적으로 매일 1인당 2.3파운드이다.

그러나 이제 나쁜 소식이다. 다음 절에서 보게 될 것이나 우리가 버리는 것의 약 13%가 플라스틱이다. 플라스틱의 종류에 따라 재활용 효율은 변하며, 다음 활동 학습은 이를 보여 준다.

활동 학습 9.20 ➤ *플라스틱 재활용 평가표*

다음은 EPA가 발표한 2015년 미국의 재활용 점수표이다. 내구성 제품은 여행용 가방, 플라스틱 가구, 정원용 호스와 같은 물품을 포함한다. 비내구성 제품으로는 플라스틱 펜과 인진면도기가 포함된다.

플라스틱의 용도	생성된 무게(백만 톤)	회수된 무게(백만 톤)
내구성 제품	54.15	10.25
비내구성 제품	51.92	16.19
용기/포장재	77.92	41.33

a. 각 플라스틱 종류에 따라 생성된 폐기물 내비 회수된 플라스틱의 백분율(%)을 계산하라.

b. 비내구성 제품과 내구성 제품은 재활용률이 낮은 경향이 있다. 각각에 대하여 세 가지 예를 나열하고, 그 이유를 제안하라.

계산을 해보면 놀랍도록 낮은 비율로 플라스틱을 재활용하고 있음을 보았을 것이다. 이것은 지역 사회에서 재활용되는 모든 우유병이나 플라스틱 병과는 상충되는 것처럼 보일 수 있다. 특정 플라스틱은 다른 플라스틱보다 더 일관되게 재활용되고 있다. 예를 들어, 미국에서 폴리에틸렌 우유 용기는 29%, 투명한 PET 청량음료 병은 약 31% 비율로 재활용된다. 이 숫자가 높은 듯 보이나 여전히 이들 용기의 70% 이상이 여전히 버려지고 있다.

활동 학습 9.21 여러분이 버리는 플라스틱 – II

활동 학습 9.18에서는 1주일 동안 폐기했거나 재활용한 플라스틱의 일지를 적었을 것이다. 작성한 것을 다시 살펴보라. 방금 인용한 연간 재활용 수치가 사실처럼 보이는가? 즉, 재활용하는 것보다 더 많은 플라스틱을 버리는가? 전국 평균과 비교하여 여러분이 얼마나 플라스틱을 사용하는지 간략히 보고하라. 여러분의 일지는 짧은 기간 동안의 내구성과 비내구성 제품 사용한 결과를 나타내는 것임을 명심하라.

사전 지식 *Did You Know* ?

소각과 매립은 재활용 프로그램에 비해 상대적으로 적은 일자리를 창출한다. 재활용을 늘리게 되면 지역 경제에 도움이 될 수 있다.

회수(Recover)! 소각의 경우, 플라스틱을 연료로서 연소하면 플라스틱의 에너지는 무엇으로 회수되는가? 대표적인 6가지 고분자(Big Six)와 대부분의 다른 고분자는 탄화수소 연료와 매우 유사하기 때문에 소각은 매립지에 대한 필요성을 줄이면서 플라스틱을 처리하는 탁월한 방법처럼 보인다. 연소의 주된 생성물은 이산화 탄소, 수증기 그리고 다량의 에너지이다. 사실상 플라스틱은 석탄과 나무보다 각각 37%, 87% 더 높은 에너지 함량을 갖는다. 미국에서 현재 지자체의 고체 폐기물 중량의 단지 약 13%를 플라스틱이 차지한다.

그러나 플라스틱 소각은 단점이 있다. 연소에 의해 생성되는 기체는 "눈에 띄지 않는" 것일 수 있지만 "생각할 수 없는" 것은 아니다. 화석 연료와 유사한 조성을 가진 플라스틱의 연소는 온실 기체인 CO_2를 생성한다. 소각 시에 특히 우려되는 것은 폴리 염화 비닐과 같은 염소 함유 고분자는 연소되는 과정에서 염화 수소(HCl)를 방출한다. HCl은 물에 용해되어 염산을 형성하기 때문에, 이러한 염화 수소의 굴뚝 배출은 산성비에 심각한 영향을 미친다. 또한, 염소를 함유한 플라스틱을 연소시키면 다른 유독 기체가 생성될 수 있다. 따라서 관련된 에너지를 포함한 전체적인 이익 측면에서 볼 때, 재활용을 하는 것이 소각을 하는 것보다 항상 바람직하다.

활동 학습 9.22 플라스틱의 연소

완전 연소 조건하에서, 폴리프로필렌을 연소시키면 이산화 탄소와 물을 생성한다.

a. 평균 사슬 길이는 2,500개 단위체를 가진 것으로 가정하고, 균형 맞춘 화학 반응식을 적어라.

b. 만약 불완전 연소라면, 다른 생성물을 만든다. 가능한 두 가지 생성물을 말하라.

c. 인터넷의 자료를 사용하여 폴리프로필렌과 같은 고분자에 흔히 들어가는 첨가제들을 적어라. 이들 첨가제들도 유해한 환경오염 물질로 방출되는가? 답에 대한 설명을 하라.

재사용, 재활용, 회수되지 않는 플라스틱은 결국 매립지에 매립되거나(눈에서 멀어지면 마음에서도 멀어진다는 접근) 환경 쓰레기로 처리된다. 둘 다 문제가 있다. 매립할 공간이 있다 하더라도 매립은 문제점이 있다. 이는 과밀 지역에 많은 공간을 차지하며, 건설과 유지에 비용이 들어가며, 새어 나가고, 해충을 끌어들이며, 온실 기체인 메테인을 방출한다.

매립지(또는 다른 곳)에 묻힌 플라스틱의 대다수는 생분해되지 않는다. 대부분의 박테리아와 곰팡이는 합성 고분자를 분해하는 데 필요한 효소가 결핍되어 있다. 그러나 일부 미생물은 셀룰로스와 같은 천연 발생 고분자를 분해하는 효소를 갖고 있다. 예를 들어, 소에 의한 메테인(methane) 방출에 대해 읽었을 것이다. 실제로 소의 반추위에 있는 박테리아는 셀룰로스를 분해하여 에너지를 얻을 때 메테인이 생성된다. 같은 장에서 박테리아 활

그림 9.18

일부 매립 폐기물은 오랫동안 손상되지 않을 수 있다. 1982년의 이 신문은 33년 후에 출토되었다.

©Bernard Weil/Contributor/Toronto Star/Getty Images

동의 다른 결과로 매립지 내 유기 물질의 자연 분해에 의해 메테인이 생성됨도 배웠다.

천연 고분자조차도 매립지에서 완전 분해되지 않는다. 현대식 폐기물 처리 시설은 폐기물과 폐기물의 부산물이 주변 땅으로 침출되는 것을 방지하기 위하여 길게 보호막을 만든다. 매립지의 안쪽 보호막과 덮개는 이들 폐기물의 분해를 방해하는 혐기성(산소가 없는) 조건을 형성한다. 그 결과, 생분해성으로 추정되는 많은 물질들은 천천히 분해되거나 전혀 분해되지 않는다. 오래된 매립지를 파보면, 아직도 읽을 수 있는 오래된 신문(그림 9.18)이 나온다.

사전 지식 *Did You Know* ?

이상적으로 매립지 보호막은 영원히 지속되어야 한다. 그러나 시간이 지남에 따라 보호막이 파손되거나 파열된다.

활동 학습 9.23 ▸ *매립지의 보호막*

매립지의 안쪽 보호막으로는 천연 점토와 인공 플라스틱이 사용된다. 예로서, 고밀도 폴리에틸렌의 두꺼운 시트가 사용된다. 그러나 최고의 품질을 갖는 HDPE 막도 금이 가거나 분해될 수 있다.

a. 표 9.1에서 어떤 종류의 화학 물질이 HDPE를 부드럽게 하는가?

b. 시간이 지남에 따라 HDPE 막을 분해할 수 있는, 매립지로 보내지는 5가지 물질의 이름을 적어라.

천연 및 합성 고분자의 매립 처리 그리고 소각과 관련된 문제 때문에, *재활용*(recycling)은 중요한 역할을 한다. 그러나 고분자의 재활용은 매립과는 달리 에너지 투입이 필요하다. 더구나 만약 폐기물 고분자가 더럽거나 품질이 떨어진다면, 이를 재활용하기 위해서는 새로운 플라스틱으로 만드는 것보다 더 많은 에너지가 필요하다. 그럼에도 불구하고 재활용은 매립지와 소각로에서 플라스틱을 전환하는 여러 방법들 중 하나이다. 다음 절에서는 쓰레기의 더 큰 그림을 살펴보기로 한다.

9.9 재활용 플라스틱: *더 큰 그림*

다른 폐기물과 함께, 버리는 플라스틱은 더 큰 그림의 일부분이다. 미국에서 환경보호국(EPA)은 50년 이상 동안 우리가 쓰레기라고 부르는 도시 고체 폐기물에 대한 통계를 작성해 오고 있다. **도시 고체 폐기물**(municipal solid waste, MSW)은 음식물 쓰레기, 잔디 깎은 찌꺼기, 낡은 가전제품을 포함하여 쓰레기통에 버리거나 던져 넣은 모든 것을 포함한다. MSW는 산업체, 농업, 광산, 건설 현장에서 나오는 폐기물과 같은 모든 것들을 포함하지는 않는다. 미국에서 MSW는 평균적으로 연간 약 2억 6천 2백만 톤이다. 가장 많이 차지하는 폐기물은 어떤 것일까? 그림 9.19에서 알 수 있는 것처럼 종이이다. 종이, 목재, 음식물 찌꺼기, 잔디 찌꺼기와 같은 생물학적 원천의 폐기물들이 MSW로 분류되는 폐기물의 대부분을 구성한다. 이들 모두는 4R[절약(Reduce), 재사용(Reuse), 재활용(Recycle),

사전 지식 *Did You Know* ?

전 세계적으로 매년 13억 톤의 MSW가 생성되며, 이는 2025년까지 두 배가 될 것으로 추산된다.

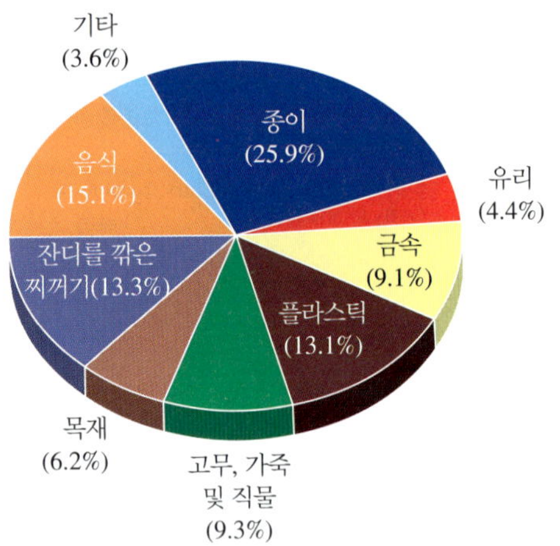

그림 9.19

우리가 버리는 쓰레기에는 어떤 것들이 있는가? 재활용되기 전 MSW의 무게 비율(2015년, 2억 6천 2백만 톤).

Source: U.S. Environmental Protection Agency, Advancing Sustainable Materials Management: 2015 Fact Sheet, July 2018.

회수(Recover)] 중 하나로 처리할 수 있다.

MSW 중 플라스틱은 얼마나 많이 차지하는가? 그림 9.19를 살펴보면 플라스틱이 미국 시민이 버리는 쓰레기의 약 13%를 차지하는데, 이는 3천 4백 10만 톤에 해당한다. 미국 환경보호국은 세 가지 형태의 플라스틱에 대한 자료를 발표한다.

- 플라스틱 가구, 그릇, 정원 호스와 같은 내구성 있는 품목
- 일회용 플라스틱 컵, 접시, 쓰레기 봉지, 펜 및 안전면도기와 같은 비내구성 품목
- 음료수 병, 음식물 용기와 같은 포장재

이들 플라스틱 중 재활용되는 양은 얼마인가? 그림 9.20은 1960~2015년의 기간 동안 플라스틱에 뿐만 아니라 미국에서 재활용된 *전체* MSW의 양(백만 톤 단위)을 보여 준다. 최근 몇 년 동안 MSW의 전체 재활용과 퇴비화 비율은 34%에 도달했다.

비교하자면, 2015년 미국에서 플라스틱의 9.1%만이 재활용되었다. 그렇게 작은 이유는 무엇일까? 사소한 곳에 문제가 늘 존재한다! 일부 폐기물들은 쉽게 재활용할 수 있는 반면, 다른 폐기물들은 물류상 최악의 문제점들이 존재한다. 더불어 일부 형태의 플라스틱은 재활용될 수 있지만, 다른 것들은 그렇지 못하다. 표 9.4는 전체 플라스틱의 9.1% 재활용률과 비교할 때, 플라스틱 병의 재활용률이 상대적으로 높은 것을 보여준다. 그림 9.21은 플라스틱 재활용이 어떻게 다른 생산품과 비교될 수 있는지 보여준다. 제8장에서 논의한 바와 같이 납축전지는 계속해서 가장 널리 재활용되는 제품 중의 하나이다.

활동 학습 9.24 › *재활용 단위: 파운드 또는 톤*

미국 화학위원회(American Chemistry Council, ACC)에서 발표한 표 9.4의 값들을 조사하라.

a. 이들 값은 활동 학습 9.20에서 EPA가 인용한 값과 비슷한가? 인용한 톤은 미국식 톤(short ton)으로 1톤은 2000파운드로 가정한다.

b. EPA는 한 단위(백만 톤)를 사용하여 재활용된 양을 작성하였으며, ACC는 다른 단위(백만 파운드)를 사용하여 재활용된 양을 작성하였다. 이 차이에 대해 몇 가지 설명이 가능한데, 이 중 한 가지를 제안해 보라.

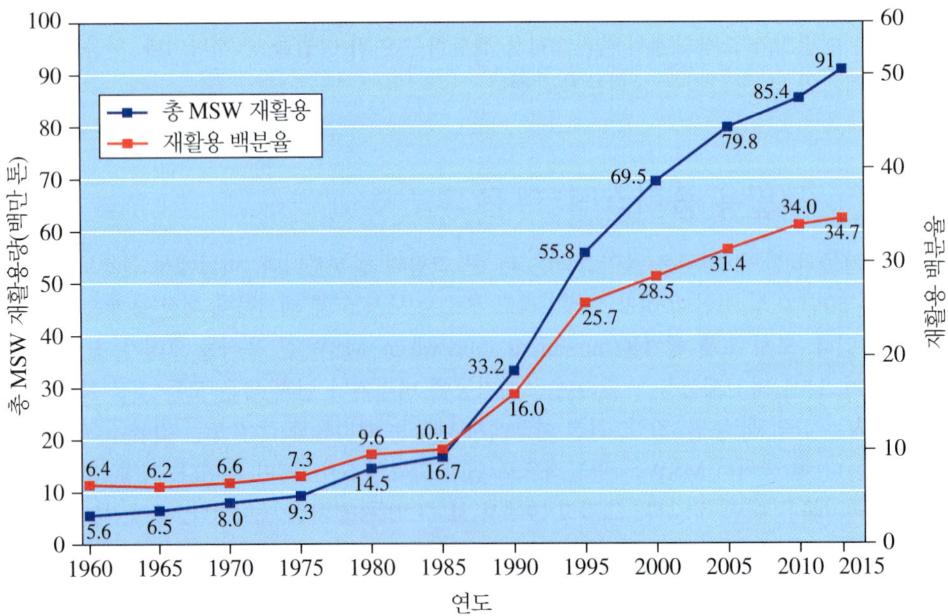

그림 9.20

1960~2015 기간 동안, 재활용된 도시 고체 폐기물(MSW)의 양과 백분율(단위: 백만 톤).

Source: U.S. Environmental Protection Agency, Advancing Sustainable Materials Management: 2015 Fact Sheet, July 2018.

표 9.4 2016년 재활용된 플라스틱 병

플라스틱	2016년 재활용 양(백만 파운드)	재활용률
PET	1753	28.4%
HDPE	1112	33.4%
PVC	1.4	4.3%
PP	36.6	20.2%
LDPE	2.6	3.7%

Source: American Chemistry Council, 2016, National Post-Consumer Plastic Bottle Recycling Report.

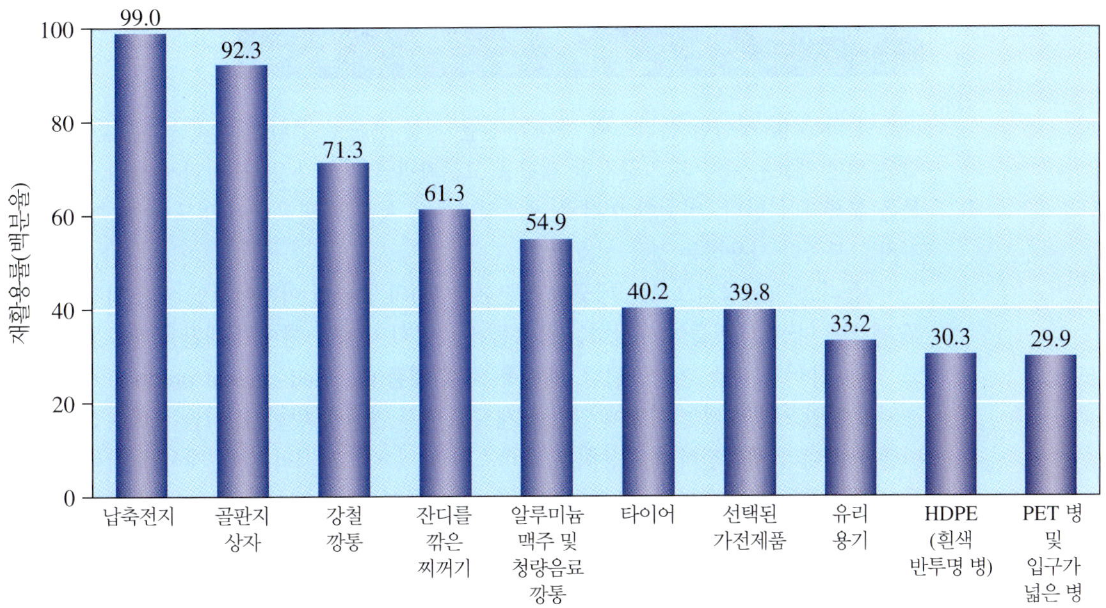

그림 9.21

선택된 제품의 재활용률, 2015. 보고된 비율에는 연소를 통하여 회수된 에너지는 포함되지 않았다.

Source: U.S. Environmental Protection Agency, Advancing Sustainable Materials Management: 2015 Fact Sheet, July 2018.

재활용이 성공하고, 자급자족하기 위해서는 많은 요소들이 조정되어야 한다. 이러한 것들은 과학과 기술뿐만 아니라 경제와 특히 지역적 수준에서는 때로 정치를 수반해야 한다. 가장 좋은 재활용은 플라스틱을 수집하고 분류하며, 소비자들이 구매하고, 사용하고 난 후에 재활용하는 제품으로 전환하는 끝이 없는 순환과정(never-ending loop)이다(그림 9.22).

재활용하기 위해서는 플라스틱을 수집해야 한다. 몇 가지 가능한 방법을 사용할 수 있다. 도로변에서, 지역 수거 센터에서 그리고 보증금과 환불이 포함된 빈병 회수 프로그램을 통해 수거하는 방법이다. 재활용이 성공하려면, 사용한 플라스틱의 확실한 공급이 지정된 장소에서 지속적으로 가능해야 한다. 일단 수거되면 플라스틱을 분류할 수 있는 시설로 옮겨야 하며(그림 9.23), 옥외 가구, 장난감 또는 의류 제조와 같은 일부 시장성 있는 상품으로 만들어진다. 플라스틱 제품에 표시된 기호(표 9.1 참조)는 분류 과정을 용이하게 해준다. 폐기물의 부피가 크기 때문에 자동 분류 방법이 개발되었다. 일단 분류되면 고분자를 녹이고, 그 다음엔 신제품 제조에 직접 사용한다. 또 다른 방법으로, 나중에 사용하기 위해 펠릿 형태로 고형화하여, 저장하기도 한다.

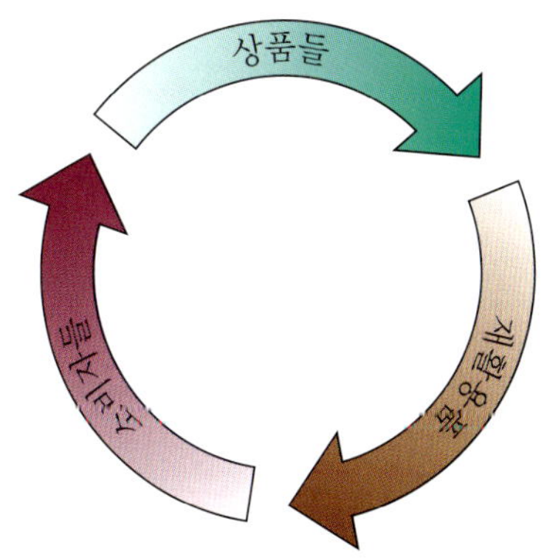

그림 9.22

이상적으로 재활용은 끝이 없는 순환 과정이다.

Source: National Association for PET Container Resources.

여러 가지 고분자의 혼합물이 녹으면, 제품이 어두운 색상으로 변하는 경향이 있으며, 혼합물의 성질에 따라 다른 성질을 갖는다. 이러한 유형의 재처리된 재료는 일반적으로 "다운 사이클(downcycle)"하기에 충분하다. 다운 사이클이란 주차장 범퍼, 일회용 플

teen00000/123RF

재활용이 실제로 어떻게 이루어지는지를 보려면 www.acs.org/cic에서 비디오를 확인하라.

그림 9.23

재활용 시설에서 고분자의 분류 및 처리하는 모습.

©Jim West/Alamy

라스틱 화분 및 저렴한 플라스틱 목재와 같은 저급 용도로 전환하는 것을 의미한다. 이와 같은 혼합 재료는 순수하고 균질한 재활용 고분자만큼 가치가 없다. 따라서 플라스틱 폐기물은 분류해야 한다. 비슷한 이유로 제조업자들은 분류의 필요성이 없도록 한 제품에 한 가지 고분자만 사용하는 것을 선호한다.

플라스틱(이상적으로는 깨끗하고 분류가 된)의 공급이 이루어지면, 제조업자들은 상품 제조에 나선다. 이들이 생산하는 품목들은 다양한 비율과 형태의 재활용 재료를 포함하고 있다. 용어가 다소 혼란스럽다. **재활용 소재 제품**(recycled-content product)이란 재활용되지 않았으면 폐기물 대열에 있었을 재료로 만든 제품을 말한다. 이들은 버려진 플라스틱뿐만 아니라 재충전하여 사용하는 플라스틱 토너 카트리지와 같은 재사용 제품으로 만들어진 제품들을 포함한다. 쓰레기 봉지, 세탁 세제통과 카펫천은 재활용 소재 제품으로 적합한 일반적인 플라스틱 제품이다. 일부 놀이터 장비와 공원 벤치 또한 버려진 플라스틱으로 만든다.

재활용 제품은 이제 재활용 재료의 원천을 제공하기 시작하고 있다. **소비 후 소재**(postconsumer content)란 이전에 개별적으로 재활용되었던 재료로, 재활용되지 않았으면 폐기물로 버려졌을 재료를 말한다. 이러한 폐기물(사무용 종이, 폼 포장재 및 음료수 병과 같은) 재활용은 매립 쓰레기를 줄이는 한 가지 방법이다. **소비 전 소재**(preconsumer content)란 남은 자투리와 남겨진 폐기물과 같은 생산 공정 자체에서 남겨진 폐기물을 말한다. 의류 산업에서의 폴리에스터 섬유 자투리와 같은 소비 전 섬유들은 폐기하지 않고 재활용한다.

재활용 가능 제품(recyclable product)이란 용어는 단순히 제품이 재활용될 수 *있다는 것*을 의미한다. 이 용어는 재활용 공정이 존재할 수 없기 때문에 오인될 수 있다. 재생 가능 제품이 반드시 재생 소재를 포함할 필요는 없다.

활동 학습 9.25 ➤ *재활용 가능 제품과 재활용 제품*

구매할 수 있고, 재활용할 수 있는 제품의 세 가지 예를 써라. 또한, 재활용 소재 제품의 예를 세 가지 열거하라. 두 범주에 모두 해당되는 제품의 예를 써라.

그림 9.22에 나타낸 주기를 완성하기 위하여, 재활용품들이 시장에 출시되고 (이상적으로는) 소비자들이 구입한다. 제품과 구매자 없이는 재활용 프로그램은 실패하여 없어질 것이다. 사실 많은 도시에서 재활용 법률이 시행되거나 강제되지 못한 상태였다. 왜냐하면 공급, 수거, 분류, 가공, 제조, 판매의 고분자공급망의 연결 고리 중 하나가 빠져 있기 때문이다.

표 9.4를 참조하여, 소비자들이 PET 음료수 병을 재활용 통에 던져 넣는 데 어느 정도 익숙한지 확인해 보라(그림 9.24). 실제로, 10억 파운드 이상의 PET가 미국에서 재활용된다! PET는 대부분의 다른 플라스틱보다 훨씬 더 성공적으로 재활용되기 때문에, 더 자세히 살펴볼 필요가 있다. PET 청량음료 병은 녹여서 재사용하기 전에 특별한 처리가 필요하다. 병들은 일반적으로 PVC와 같은 다른 플라스틱을 제거하기 위해 분류된다. 만약 PET 더미에 PVC가 잔류하면, PVC가 최종 제품을 약화시킬 수 있다. 모든 라벨, 병뚜껑 또는 플라스틱에 붙어 있는 음식물도 분리되거나 문질러 없애야 한다. 예를 들면 병뚜껑은 보통 더 질긴 폴리프로필렌으로 만들어진다. 다음 활동 학습은 PET를 다른 고분자들로부터 밀도를 이용하여 분리할 수 있는 방법을 보여 준다. 이 방법은 PVC와 섞여 있는 PET의 경우에 유용한데, 그 이유는 이들이 비슷하게 보일 수 있기 때문이다.

그림 9.24

PET 음료수 병들은 재활용 범위가 넓다.

©Thinkstock/SuperStock

활동 학습 9.26 ▶ 뜰까, 가라앉을까?

다음은 PET 및 재활용 용기에서 발견되는 다른 세 가지 플라스틱의 밀도 값이다.

플라스틱	밀도(g/cm^3)
PET	1.38~1.39
HDPE	0.95~0.97
PP	0.90~0.91
PVC	1.30~1.34

액체에 담그면, 플라스틱은 액체 밀도에 따라 뜨거나 가라앉는다. 위에 열거한 4가지 플라스틱을 분해시키지 않는 몇 가지 액체의 밀도는 다음과 같다.

액체	밀도(g/cm^3)
메탄올	0.79
42% 에탄올/물 혼합물	0.92
38% 에탄올/물 혼합물	0.94
물	1.00
$MgCl_2$ 포화 용액	1.34
$ZnCl_2$ 포화 용액	2.01

HDPE, PP, PVC로 오염된 PET 시료가 있을 때, PET를 다른 세 가지 플라스틱에서 분리하는 방법을 제안하라. 모든 밀도 값은 같은 온도에서 측정하였다고 가정한다.

PET 음료수 병을 재활용하면, 또 다른 음료수 병의 일부분이 되어 우리의 생활로 되돌아올 수 있다. 매우 유사하게 폴리에스터는 하향 재활용되어 순도가 낮은 제품을 생산한다. 예를 들면 PET를 녹여서 폴리에스터 카펫, 의류(그림 9.25), "양모(fleece)" 침대 깔개 그리고 조깅 운동화용 섬유 덮개를 직조할 수 있다. 재활용된 2 L 병 5개를 티셔츠나 스키 재킷용 단열재로 변환시킬 수 있다. 9 × 12 피트 거실용 폴리에스터 카펫을 만드는 데 약 450개의 병이 필요하다.

이 시점에서 물어볼 합리적인 질문은 재활용 PET로 만든 이러한 제품에 어떤 일이 발생하는지이다. 쇼 회사(Shaw Industries)는 EcoWorx 광폭 카펫과 카펫 타일 개발에 대한 해답을 제공한 공로로 2003년에 녹색 화학 도전 대통령상을 받았다. 이들 카펫의 뒷면에서 PVC를 제거함으로써, 이 제품은 다른 제품으로 100% 재활용할 수 있게 되었다. 이 카펫의 추가적인 환경적 이점은 카펫 타일이 무게가 더 가볍기 때문에, VOC 배출이 작고, 운송비용이 저렴하다. EcoWorx 카펫은 44% 재활용 소재가 포함되어 있으며, "우리는 이것을 돌려받기를 원해요(We want it back.)"라는 라벨이 붙어 있다. 이 카펫이 더 많이 사용되고, 재활용되고, 다시 재활용됨에 따라, 이 비율은 증가할 것으로 예상된다. 이것은 "요람에서 요람으로" 개념의 또 다른 예이다. 사실 이러한 종류의 카펫 라인은 MBDC(McDonough Braungart Design Chemistry)로부터 **요람에서 요람까지**(cradle-to-cradle) 은상(silver award)을 수상하였다.

(a)

(b)

그림 9.25

(a) 재활용 PET로 만든 운동복. **(b)** 재활용 PET 병으로 만든 항공기 승무원 유니폼.

(a): ©VANDERLEI ALMEIDA/Getty Images; *(b)*: ©Cathy Middlecamp, University of Wisconsin

SILVER

건축가 William McDonough와 화학자 Michael Braungart는 *Cradle-to-Cradle*(제품 수명 주기) 책의 공동 저자이다.

이 절에서는 재활용의 복잡성을 살펴보았다. 그러나 재활용은 도시에서 할 수 있는 유일한 방법이 아니라는 것을 기억하라. 플라스틱 폐기물 또는 더욱 일반적으로 모든 고체 폐기물 문제에 대한 최선의 단 한가지의 해결책은 없다. 소각, 재사용, 재활용, 원천적 감축 모두 이점을 제공하며, 모두 비용이 든다. 그러므로 가장 효과적인 방법은 복수의 전략을 사용하는 종합적인 폐기물 관리 시스템일 것이다. 궁극적으로 이러한 시스템은 효율을 최적화하고, 에너지와 재료를 보전하고 비용과 환경 손실을 최소화할 것이다.

활동 학습 9.27 ▶ *근처 가게에서*

사람들이 재활용 플라스틱으로 만든 제품을 구매하지 않는 한, 제조업체는 이를 생산할 재정적 보상을 거의 받을 수 없다. 판매하고 있는 재활용 플라스틱 제품을 5개 찾아보라.

a. 각각에서 고분자를 알아보고, 가능하다면 재활용 소재의 비율을 알아보자.

b. 그 제품을 구입할 것인지의 여부를 포함하여, 그 제품에 대한 소비자 요구 사항을 말하라.

활동 학습 9.28 ▶ *물고기보다 많은 플라스틱*

세계 경제 포럼(World Economy Forum)은 "새로운 플라스틱 경제: 플라스틱의 미래 재검토"란 제목의 보고서를 발표하였다. 이 보고서는 2050년까지 바다에 무게 기준으로 물고기보다 플라스틱이 더 많을 것이라고 주장하였다. 인터넷에서 이 보고서를 다운로드하고, 이 끔찍한 예상에 기여한 가정을 설명하라. 이 시나리오를 방지하기 위해 취할 수 있는 조치는 무엇인가? 소위 "새로운 플라스틱 경제"를 실현하는 데 가장 큰 위협은 무엇인가?

9.10 식물에서 플라스틱까지

앞서 언급한 바와 같이 대부분의 합성 고분자는 재생 불가능한 자원인 석유에서 제조한다. 그럼에도 불구하고 이러한 고분자의 일부는 목재, 면섬유, 밀짚, 녹말, 설탕과 같은 재생 가능한 물질에 기원을 두기도 한다. 이들 식물 기반 고분자가 석유 기반 고분자와 다른 점은 무엇인가?

- 식물 기반 고분자는 **퇴비화**(compostable)가 가능하다. 즉, 가정용 퇴비 또는 산업용 퇴비의 조건에서 생물학적 분해를 거쳐 식물 성장에 독성이 없는 물질(퇴비)을 형성할 수 있다.
- 일부 고분자를 "압축 해제(unzipped)"한 뒤, 다시 단위체로 변환시켜 본래의 고분자로 다시 만들 수 있다.
- 식물 기반 고분자의 합성은 일반적으로 석유 기반 고분자보다 적은 자원을 필요로 하고 낭비를 줄이며 에너지를 덜 사용한다.
- 염소나 플루오린이 포함되지 않는다.

위와 같은 특성 때문에 이들 고분자를 "친환경"이라고 한다. 그러나 이 용어를 사용하는 데는 주의가 필요하다. 곧 알게 되겠지만, 생체 고분자(biopolymer)의 퇴비화는 말처럼 간단하지 않다. 또한, 서로 다른 고분자를 비교하려면 제조, 사용, 제품이 수명을 다한 후에 폐기물과 에너지 비용을 모두 고려해야 한다. 다시 말하지만, 가장 좋은 해결책은 플라스틱을 어떤 종류로 바꾸는 것이 아니라 소비하는 양을 줄이는 것이다.

폴리락트산(polylactic acid, PLA)은 식물에서 생산하는 유일한 플라스틱은 아니지만, 친환경 플라스틱의 대표 주자로 알려져 있다. 대표적인 6가지(Big Six) 고분자와 마찬가지로, PLA는 가열에 의해 부드러워지고 성형이 가능한 열가소성 고분자이다. PLA는 PET와 모양과 느낌이 비슷한 폴리에스터이기 때문에 투명한 광택 병, 투명 식품 포장, 의류용 섬유, 플라스틱 제품 등 PET와 동일한 일부 품목을 생산하는 데 사용된다(그림 9.26). PLA는 종이컵과 접시의 코팅으로도 사용되어 방수 기능을 제공한다.

250°C 이상의 녹는점을 가진 PET와는 달리, PLA는 약 60°C에서 부드러워진다. 따라서 맑은 날에 PLA로 만든 물건을 자동차 내에 두고 내렸다가, 다시 돌아왔을 때 아마도 그 물건이 녹아내린 것을 발견할 수 있다. 따라서 열적 안정성을 향상시킬 수 있는 다른 수지와 혼합하지 않는 한, PLA는 저온에서만 사용할 수 있다.

이름에서 알 수 있듯이 폴리락트산은 락트산의 고분자이다. 이 단위체는 카복실산과 하이드록시 기의 두 가지 작용기를 가지고 있다. 다음은 락트산의 구조식이다.

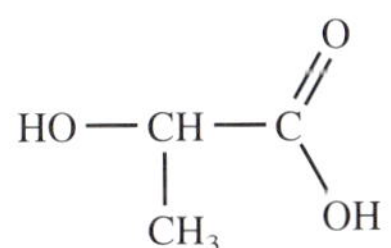

© Pawarun/Getty

PLA의 분해에 대해 자세히 알아 보려면 www.acs.org/cic에서 이 조사를 확인하라.

사전 지식 *Did You Know*

락트산은 생태계에 천연으로 존재한다. 이는 신 우유 맛을 내며, 격렬한 운동 후에 근육통을 일으키는 원인들 중에 하나이다.

(a)

(b)

(c)

그림 9.26
(a) PLA 컵은 PET와 마찬가지로 무색투명하며 방수가 될 수 있다. **(b)** PLA는 PET처럼 착색될 수 있다. **(c)** PLA로 코팅된 종이컵.
(a): ©GIPhotoStock X/Alamy; *(b)*: ©Shutterstock/Voinakh; *(c)*: ©Tim Gainey/Alamy

PET와 마찬가지로 폴리락트산은 축합 고분자이며, 고분자 사슬에서 공유 결합 한 개를 만들 때마다 물 분자 한 개를 방출한다.

활동 학습 9.29 ▶ *PLA의 화학*

락트산에서 PLA를 합성하는 과정은 한 단계로 진행되지 않고 복잡하기 때문에, 이에 대한 화학 반응식을 보여 주지 않는다. 그렇다 하더라도 PLA의 화학식은 쓸 수 있어야 한다.

a. 단위체인 락트산에 있는 작용기에 동그라미를 그리고 표기하라.

b. 락트산이 중합될 때, 이 반응이 축합 반응이라는 것을 어떻게 아는지 설명하라.

c. PLA의 반복 단위는 무엇인가?

> **사전 지식** *Did You Know* ?
>
> 상표명 Ingeo로 판매되는 PLA는 미국의 Cargill의 자회사인 Nature-Works 회사에 주로 제조된다. 네덜란드에서도 Total Corbion PLA에 의해 제조되며, 일본과 중국의 여러 제조사에 의해 제조된다.

친환경 고분자인 PLA는 논란이 많다. 하나는 이들 고분자를 옥수수로부터 합성한다는 점에서 기인한다. 에탄올 생산에 사용되는 옥수수(제6장)와 마찬가지로, PLA 생산에 사용되는 옥수수는 식품으로 사용되는 옥수수와 경쟁하게 된다. 더구나 옥수수 밭을 흐르는 물은 영양이 풍부한 수로를 만들 수 있으며(제11장), 옥수수는 해충에 저항하도록 유전자 조작을 할 수 있다(제13장).

PLA는 옥수수이외의 탄수화물을 함유하는 식물에서도 생산할 수 있다. 예를 들어 네덜란드 회사는 사탕수수를 이용하고, 일본 제조업체는 타피오카(tapioca) 뿌리를 사용한다. 미국에서 PLA는 대부분 옥수수 알맹이 녹말로 제조되어, "옥수수 플라스틱"이라는 별명을 얻었다.

석유 기반 고분자와는 달리 PLA는 퇴비화가 가능하지만, 산업용 퇴비기에서 열의 공급이 없으면 그 공정은 매우 느리게 진행된다. 얼마나 느릴까? 이 과정은 뒤뜰 퇴비 더미에서 1년 정도가 소요된다. 반면, 산업용 퇴비기에서는 이 과정이 3~6개월 만에 진행된다. 그러나 많은 지역 사회는 적어도 현재에는 이와 같은 퇴비기를 갖고 있지 않다. PLA를 매립지에 버리는 것은 생태학적 이점이 없다는 것에 유의하라. 매립된 것들의 실제 분해는 매우 느리게 일어난다.

PLA는 재활용할 수 있을까? 이론적으로는 가능하나 현재로서는 아니다. 사실, 재활용 흐름에서 PLA가 포함되는 것은 한 재활용업자가 "PET와 PLA의 혼합은 기름과 물을 함께 섞는 것이다"고 말한 것처럼 PET를 재활용하는 사람들에게는 걱정스러운 일이다. 재활용하는 PET 병을 모아서 뭉친 후 플라스틱을 가공하여 궁극적으로 새로운 셔츠, 용기, 섬유 충전제 또는 카펫을 만든다. PLA가 만약 소량보다 더 존재한다면, 이를 PET 재활용 흐름에서 분리해야 한다.

활동 학습 9.30 ▶ *캠퍼스에서의 수사 작업*

매일 수천 인분의 식사가 대부분의 대학 캠퍼스에서 제공된다. 대부분의 경우, 식품 서비스 부서의 전문가들은 사용하는 컵, 접시, 포크, 숟가락, 젓가락, 냅킨에 대해 진지한 생각을 하고 있다. 수사관이 되어 캠퍼스를 지속 가능하게 할 방법에 대해 알아보라. 접시, 컵, 식기에 무엇이 변해야 할까? 이들을 씻어서 재사용하는가? 만약 그렇다면 PLA로 만든 것이 있는가? 논란은 무엇인가? 예를 들어 뜨거운 음료 컵과 같은, 특정 품목에 대하여 한 페이지 브리핑 자료를 만들어 보라.

9.11 새로운 "정상" 기준?

지속 가능성의 핵심 요소 중의 하나가 **기준선 이동**(shifting baseline)의 개념이다. 이것은 지구상에서 사람 들이 "정상적(normal)"이라고 기대하는 것들이 시간에 따라 변한다는 생각이다. 플라스틱 사용이 좋은 사례이다. 플라스틱이 출현되기 전의 “원래 생활 모습”을 기억하는 사람이 아직 살아있다. 1950년대의 베이비붐 세대도 2센트의 보증금을 받기 위해 그림 9.27a에 나타낸 유리병을 수집했던 것을 기억할 것이다.

예를 들어, 플라스틱 음료수 병을 생각해 보자. 1970년이 되어서야 최초의 2리터(64온스) 병이 슈퍼마켓 진열대에 등장하였다. 초기 모델은 PET로 만들었으며, 강도를 높이기 위하여 불투명한 바닥 컵이 장착되었다(그림 9.27b). 펩시 회사(PepsiCo)가 처음으로 2 L 병의 청량음료를 팔았으며, 다른 음료업체들이 재빨리 따라 하였다.

플라스틱이 등장하기 전에는 대부분의 음료를 유리병에 담았다. 1970년대 후반까지도 우유는 각 가정에 유리병에 담겨 배달되었으며, 다음 배달 시 빈 병을 회수하였다. 1인분 크기도 작았다. 예를 들어, 코카콜라 병은 한 번에 10온스를 담았다(그림 9.27a). 반면에 오늘날 알루미늄 캔은 12온스를 담으며, 플라스틱 병은 크기가 더 크다. 과거에 캔이나 페트병을 만들지 않을 때는 자판기에서 유리병을 판매하였고, 자판기 옆에 나무 선반을 설치하여 빈병을 회수하였다. 그러나 유리병이 플라스틱 병보다 더 “친환경적”이고 더 지속 가능한 것은 아니다. 다음 활동 학습은 두 가지의 선택을 살펴볼 기회를 가질 것이다.

(a) (b)

그림 9.27

(a) 1960년대의 반환할 수 있는 10온스 들이의 유리로 만든 콜라 병, **(b)** 1970년대에 사용된 것으로, 청량음료 병의 강도를 추가하기 위해 바닥에 플라스틱 컵을 붙인 2 L 병.

(*a*): ©jvphoto/Alamy; (*b*): ©Todd Franklin/Neato Cool Creative, LLC

사전 지식 *Did You Know*

알루미늄 캔을 제공하는 자동판매기는 1965년경에 발명되었다.

활동 학습 9.31 ▶ *유리 또는 플라스틱?*

a. 유리병에 든 우유를 판매하는 것이 다시 유행할 수는 있겠지만, 플라스틱 병이나 플라스틱이 코팅된 종이팩이 여전히 대부분의 장소에서 사용된다. 유리병을 사용할 때의 장점과 단점을 각각 두 가지씩 열거하라. 플라스틱 병을 사용할 때의 경우에도 똑같이 하라.

b. 오늘날 알루미늄 캔 포장으로 판매되지 않으면, 청량음료는 플라스틱 병에 담겨 판매되고, 맥주는 유리로 만들어진 병에 담겨 판매된다. 그 차이점에 대한 두 가지 이유를 조사하고 보고하라.

©McGraw-Hill Education/Mark Dierker

플라스틱 잔해! 플라스틱의 사용이 일반화되었을 뿐만 아니라 모든 곳, 즉 나무, 뒷마당, 개울, 해변, 심지어 황야 지역까지도 플라스틱 쓰레기를 발견하는 것이 일반화되었다. 문제는 플라스틱의 내구성에 있다. 한 조각의 플라스틱이 지역 환경에서 들어가면, 플라스틱은 적어도 눈에 띄는 속도로 용해되지 않고, 햇빛에 부서지거나 분해되지 않는다. 오히려 플라스틱은 더 작은 조각으로 부서져 넓게 흩어지는 경향이 있다. 애초에 플라스틱을 매우 유용하게 만드는 바로 그 특성이 그 플라스틱 조각이 수년 동안 존속되도록 한다. 이 말이 익숙하게 들리는가? 다음 활동 학습은 기억을 되살리는 데 도움이 될 것이다.

활동 학습 9.32 ▶ *과거 냉장고에서 얻은 교훈*

CFC로 잘 알려진 클로로플루오로탄소(chlorofluorocarbon)는 한때 냉장고, 에어로솔 스프레이, 폼, 의료용 흡입기에 널리 사용되었다.

a. CFC가 단계적으로 사용 금지된 이유는 무엇인가?

b. 일부 CFC는 대기 중에 100년 이상 남을 것이다. CFC의 이런 성질이 CFC를 단계적으로 사용 금지한 사실과 어떻게 연관되는지 설명하라.

c. HDPE, LDPE, PVC, PS와 같은 고분자가 CFC와 공유하는 몇 가지 속성의 이름을 열거해보라.

d. CFC와는 달리, 플라스틱 사용이 단계적으로 사용 금지될 가능성은 매우 낮다. 그 이유를 제시하라.

e. 어떤 사람들은 우리가 현재의 플라스틱을 계속 사용할 수 없다고 믿는다. 이 설명을 뒷받침하거나 반박하는 증거를 제시하라.

그러나 주변에 보이는 플라스틱 병과 포장지보다 풍경을 어지럽히는 이야기가 더 많다. 또한 우리 몸을 포함한 자연에서 어디서나 볼 수 있는 것은 플라스틱에서 나오는 보이지 않는 물질들이다. 환경 수학을 해 보라. 고분자에 첨가된 것을 시간이 지남에 따라 천천히 빠져 나온다. 왜? 가소제는 플라스틱에 화학적으로 결합된 것이 아니다. 이들은 혼합되어 플라스틱을 더 부드럽고 더 유연하게 만든다. 시간이 흐름에 따라 가소제는 천천히 생태계로 용출되어 나온다. 다음의 활동 학습에서 논란이 되고 있는 가소제인 다이-2-에틸헥실 프탈레이트(di-2-ethylhexyl phthalate, DEHP)를 소개한다.

활동 학습 9.33 ▸ *DEHP의 만남*

DEHP는 프탈레이트(phthalate)라 부르는 가소제의 한 종류이다. 프탈레이트는 PET를 합성할 때 단위체의 하나인 테레프탈산(terephthalic acid)의 이성질체인 프탈산(phthalic acid)의 에스터이다.

프탈산

a. 에스터(ester)라는 용어의 의미를 설명하라.

b. 다음은 DEHP의 구조식이다. 이 분자에 있는 두 개의 에스터 기에 동그라미를 쳐라.

DEHP

c. 테레프탈산과 반응하여 이 에스터를 형성하는 알코올의 구조식을 그려라.

앞의 활동 학습에서 살펴본 바와 같이, DEHP 분자는 벤젠 고리에 연결되어 있는 두 개의 긴 "물결" 모양의 곁사슬을 갖는다. 만약 DEHP를 대략 중량의 30% 정도로, 반복되는 머리-꼬리 배열을 갖는 PVC와 혼합하면 어떤 일이 일어날지 상상해 보라. 이 배열을 가진 PVC는 분자가 서로 잘 채워져 결정 영역을 가지므로 뻣뻣해지는 경향을 보인다. 그러나 DEHP가 첨가되면 PVC 고분자 사슬의 규칙적 충전이 붕괴되어 고분자는 훨씬 더 유연해진다.

관련 절

에스트로겐의 화학적 구조와 생물학적 활동도는 12.8절에서 논의될 것이다.

논란이 있는 이유는 무엇인가? 다른 프탈레이트와 마찬가지로 DEHP는 **내분비 교란**(endocrine disrupter) 의심 물질로서, 생식 및 성 발달 관련 호르몬을 포함한 인체의 호르몬계에 영향을 주는 화합물이다. 에스트로겐은 그러한 호르몬 가운데 하나인데, 불행하게도 DEHP는 에스트로겐과 유사한 생물학적 거동을 하는 것 같다. DEHP는 또한 인체 발암 물질로 의심받고 있다.

그리고 논란을 해소하기 어려운 이유는 무엇인가? 비록 DEHP에 대한 증거가 수십 년간 쌓여 왔지만, 연구 결과들을 연결하기가 어려웠다. 어려움의 일부는 낮은 농도(ppb)와 관련되어 있기 때문이다. 그럼에도 불구하고, 2011년에 미국 식품의약국은 생수에서 DEHP에 대한 허용 범위를 0.006 mg/L, 즉 6 ppb로 설정하였다. DEHP가 생수에 존재할 수도 있다는 바로 그 사실이 여러분에게는 놀랍지 않은가! 그러나 앞서 언급한 것을 기억하라. 플라스틱에서 유래된 화합물들은 우리 몸을 포함하여 환경에서 거의 모든 곳으로 확산되고 있다.

사전 지식 *Did You Know* **?**

비스페놀 A는 1930년대 이후로 에스트로겐의 효과를 모방한다고 알려져 있다.

논란을 해소하기 어려운 또 다른 이유는, 우리 환경에는 내분비 교란 물질이 한 개가 아니라 많이 존재한다는 것이다. 일부는 자연적으로 존재하고, 다른 것들은 인간에 의해 추가되었다. 인간이 추가한 한 가지 예로서, 에스트로겐을 모방한 화합물인 비스페놀 A(Bisphenol A, BPA)에 대해 들어보았을 것이다. BPA는 일부 플라스틱 병을 포함하여 여러 가지 원천들로부터 환경으로 옮겨진 것이다.

세 번째 어려움은 BPA와 같은 화합물을 인체에 실험하는 것이 비윤리적이라는 사실에 있다. 비록 그러한 연구가 그 논란을 빠르게 해결할 수는 있지만, 그러한 연구는 가능하지도 않고 바람직하지도 않다. 이것을 해결하는 한 가지 방법은 부주의로 BPA에 노출된 사람들을 연구하는 것이다.

이러한 어려움에도 불구하고, 어떤 경우에는 잠재적으로 유해한 물질들을 법으로 금지하였다. 예를 들면 아기들은 유아용 젖꼭지를 빨면서 반복적으로 노출되고, 동물 연구에서 DEHP가 남성의 성 발달에 영향을 끼친다는 것을 보여 주었기 때문에 유아용 젖꼭지에 DEHP를 금지하는 것은 합당하였다. 마찬가지로 DEHP와 다른 관련 가소제들이 어린이용 장난감에 사용 금지되었다. 마찬가지로 DEHP 등 관련 가소제는 어린이 장난감에서 사용이 금지되었고, 현재 시중에 나와 있는 많은 플라스틱 제품들도 "BPA 없음"를 자랑하고 있다. 이러한 금지는 **예방 원칙**(precautionary principle)의 한 예이다. 이 원칙은 완전한 과학적 자료가 없더라도 인간의 건강이나 환경에 대한 악영향이 심각하거나 돌이킬 수 없게 되기 전에 행동의 지혜를 강조한다.

그러나 대부분의 다른 경우에는 선택 가능성에 대한 논의가 계속되고 있다. 극단은 화학 물질을 완전히 금지하는 것에서부터 무차별적인 사용을 허용하는 것까지 다양하다. 현재 양쪽 극단 모두 실제로는 없다. 따라서 이제는 허용 가능한 용도에 대한 합의에 도달하는 문제가 되었다. 미국 화학회(American Chemical Society)의 주간 뉴스 잡지인 *Chemical & Engineering News*에 실린 BPA에 대한 한 보고서는 여러분과 모든 사람이 직면한 어려움을 다음과 같이 평가하였다.

> *이 논쟁이 전개되면서, 대중들은 BPA에 관한 연구, 보고서, 주장, 반대 주장, 이해 충돌, 소송 그리고 의회 질의 등을 꾸준히 쏟아내고 있다. 토론의 양쪽 모두 언론과 대중에게 자신들의 견해를 알리는 데 적극적이었다. 그리고 양측은 흡연과 기후 변화를 놓고 벌어진 사회과학 논쟁과 달리, BPA에 대한 불확실성을 조성하기 위해 회전 전술(spin tactics)을 사용했다고 비난하고 있다.* (2011. 6. 6, p.13).

이 장을 Braungart와 McDonough가 쓴 책에서 인용하여 다음과 같이 끝내고자 한다. "*자연은 설계에 문제가 없다. 사람들은 설계에 문제가 있다.*" 우리는 한 세기 전에는 꿈도 꾸지 못했던 방식으로 인간에게 봉사하는 놀라운 플라스틱을 설계하였다. 동시에, 우리는 이 재료들을 제품의 수명이 끝날 때까지 원활하게, 안전하고, 경제적으로 운반하는 시스템을 설계하는 데 실패하였다.

활동 학습 9.34 ➤ *그룹 활동: 미세플라스틱이란 무엇일까?*

플라스틱은 바다와 오대호에서 발견되는 가장 흔한 종류의 쓰레기이다. 일반적으로 폐기한 포장재나 플라스틱 컵을 플라스틱 오염원으로 생각하지만, 크기가 훨씬 작은 종류의 플라스틱도 있다. 인터넷 자료를 이용하여 그룹으로 다음 질문에 답하라.

a. "미세플라스틱(microplastic)"이란 무엇인가? 어떠한 소비자 제품에서 이러한 물질이 발견되는가?

b. 전 세계 해양 환경에서 미세플라스틱 오염 물질들이 얼마나 널리 퍼져 있는가?

c. 미세플라스틱에 노출될 경우, 인간의 건강이나 해양 생명체에 미치는 잠재적인 영향에는 어떤 것이 있는가?

d. 미세플라스틱의 유해한 영향을 줄이기 위해 어떤 법률이 제정되었는가? 이러한 활동이 지금까지 이들 해양 오염원의 농도에 측정 가능할 정도의 개선이 이루어졌는가?

결론 _Conclusion

합성 고분자는 현대 생활의 중심에 있지만, 이들의 존재는 우리가 소비하고 있는 원유라는 귀중한 자원에 의존하고 있다. 우리는 합성 고분자에 의존할 뿐만 아니라 많은 경우에 그것들을 낭비하는 것을 당연하게 여기게 되었다. 다시 한 번, 우리의 생활 방식과 지속 가능성의 문제를 다시 살펴볼 수 있도록 영감을 줄 잠재력이 있는 화학적 주제를 만나게 된다.

오랜 시간에 걸쳐 화학자들은 우리의 생활을 더 안락하고 더 편리하게 만들어 준 새로운 물질인 고분자와 플라스틱을 만들었다. 대부분의 경우 이들 플라스틱은 플라스틱이 대체한 천연 고분자보다 크게 개선되었다. 더욱이 오늘날 우리가 사용하는 제품은 휴대폰, 자동차, 통기성 콘택트렌즈, 플리스 의류, 신장 투석 장비, 인공 심장과 같은 합성 고분자가 없었다면 불가능하였을 것이다. 우리는 고분자에 의존하게 되었으며, 이들을 사용하지 않는 것은 불가능에 가깝다.

화학 산업은 소비자들이 원하는 것을 제공하고 있다. 기업 세계에서 일하는 사람들과 함께 우리는 플라스틱 폐기물에 대처하는 동시에 내일을 위해 원자재와 에너지를 절약하는 방법을 배워야 한다. 플라스틱과 폴리머의 새로운 세계를 만들기 위해서는 정책 기획자, 입법자, 경제학자, 제조업체, 소비자, 그리고 물론 화학자들의 지능과 노력이 필요하다. 이 장은 절약(reducing), 재사용(reusing), 재활용(recycling), 회수(recovering)에 대한 노력이 잘 진행되고 있음을 보여 주었다.

앞 장에서 보인 바와 같이 그리고 이 장을 열었던 무당거미의 거미줄과 같이 모든 것은 연결되어 있다. 이 장에서 고분자와 원료 물질(석유 또는 식물)과의 연관성 그리고 환경 폐기물(또는 퇴비)과의 연관성을 살펴보았다. 이 장은 환경으로 배출되며 에스트로겐과 유사한 약물과 같은 특성을 가지는 플라스틱 첨가제의 예기치 않은 관련성으로 마무리를 지었다. 우리는 저장용 및 요리용으로 많은 플라스틱 용기와 랩을 사용한다. 그래서 우리가 다음 장의 주제인 주방 실험실로 이동할 때 이를 기억하고 있어야 한다.

학습 결과 _Learning Outcomes

*괄호 안의 숫자는 이 결과가 논의된 장의 절을 나타낸다.

이 장을 공부한 후에는 다음을 수행할 수 있다.

- 플라스틱과 고분자를 구분하고, 각각의 몇몇 예를 열거하라. (9.1, 9.2)
- 첨가 중합 반응을 쓰고 이 반응의 메커니즘을 설명하라. (9.3)
- 폴리에틸렌의 다른 형태들을 구분하고, 각각의 특성이 이들 분자 구조와 분자간 힘에 어떻게 의존하는지 설명하라. (9.4)
- 대표적 6가지 고분자(Big Six)를 비교하고, 이들 구조, 미시적 결정성, 첨가제가 물성을 어떻게 결정하는지 설명하라. (9.5)
- 특정 유기 작용기가 축합 중합에서 어떻게 사용되는지 보여라. (9.6)
- 폴리아마이드의 형성을 설명하고, 생체모방 고분자와 천연 고분자를 비교하라. (9.7)
- 플라스틱 쓰레기를 다룰 경우 4R을 설명하고 재활용 플라스틱의 처리와 용도를 설명하라. (9.8, 9.9)
- 식물 기반 및 석유 기반 고분자의 차이점을 설명하라. (9.10)
- 플라스틱을 사용하여 발생하는 환경적 측면과 건강의 측면에서 결과를 요약하라. (9.11)

연습 문제 _Questions

기본 문제 _Emphasizing Essentials

1. 천연 고분자와 합성 고분자의 예를 각각 두 가지 제시하라.

2. 여러분이 가지고 있을 법한 전문성과 경험에 대해 생각해 보자. 여러분은 어떻게 고체 폐기물을 줄이는 데 의미가 있는 방식으로 기여할 수 있는가? 세 가지 방법을 제안하라. **힌트**: 4R(Four Rs)을 검토하면 도움이 될 것이다.

3. 식 [9.1]은 양쪽에 n을 가지고 있다. 왼쪽의 n은 계수이고 오른쪽의 n은 아래 첨자이다. 설명하라.

4. 식 [9.1]에서 화살표 위에 표기된 R·의 기능을 설명하라.

5. 다음 각 전략이 어떻게 폴리에틸렌의 성질에 영향을 미칠 것으로 예상되는지 기술하라. 또한 각 영향에 대한 분자 수준에서의 설명을 제시하라.

a. 고분자 사슬의 길이 증가

b. 고분자 사슬의 다른 사슬과의 정렬

c. 고분자 사슬의 가지(branching) 증가

6. 그림 9.3a는 폴리에틸렌으로 만든 두 종류의 병을 보여 준

다. 두 병은 분자 수준에서 어떻게 다른가?

7. 에틸렌(에텐)은 탄화수소이다. 에틸렌처럼 단위체로 작용할 수 있는 2개의 다른 탄화수소의 이름과 구조식을 제시하라.

8. 에틸렌의 경우 머리-꼬리 배열의 반복이 왜 가능하지 않는가?

9. 분자량이 40,000 g/mol인 폴리에틸렌 한 분자에서 $H_2C=CH_2$ 단위체 단위의 수 *n*을 결정하라. 이 분자에는 몇 개의 탄소 원자가 있는가?

10. 표 9.1에 스타이렌의 구조식이 주어져 있다.

a. 존재하는 모든 원자를 보일 수 있도록 다시 그려라.

b. 스타이렌의 화학식을 구하라.

c. 5,000개의 단위체로 이루어진 폴리스타이렌 분자의 몰질량을 계산하라.

11. 염화 바이닐(vinyl chloride)은 그림 9.9과 같이 몇 가지 다른 배열을 갖는 PVC를 합성한다. 아래 예는 어떤 배열에 해당하는가?

```
 Cl  H   H   Cl  Cl  H
 |   |   |   |   |   |
—C — C — C — C — C — C—
 |   |   |   |   |   |
 H   H   H   H   H   H
```

12. 다음은 더 큰 PVC 분자의 두 부분이다. 이 두 구조는 동일한 배열을 나타내는 것인가? 각각의 배열의 방향을 파악하여 답을 설명하라.

힌트: 그림 9.9을 참조하라.

```
 Cl  H   Cl  H   Cl  H
 |   |   |   |   |   |
—C — C — C — C — C — C—
 |   |   |   |   |   |
 H   H   H   H   H   H
```

와

```
 H   H   H   H   H   H
 |   |   |   |   |   |
—C — C — C — C — C — C—
 |   |   |   |   |   |
 Cl  H   H   Cl  Cl  H
```

13. 뷰타다이엔($H_2C=CH-CH=CH_2$)을 중합하여 합성 고무를 만들 수 있다. 이것은 첨가 중합과 축합 중합 중 어느 것인가?

14. 다음 각 응용은 "대표적인 6가지 고분자(Big Six)" 중 어떤 항목을 사용하였는가?

a. 투명한 탄산음료 병

b. 불투명한 세탁용 세제 용기

c. 투명하고 반짝이는 샤워 커튼

d. 튼튼한 실내/실외용 카펫

e. 음식용 플라스틱 봉지

f. "땅콩 모양" 포장용 완충재

g. 우유 용기

15. a. 식 [9.3]과 유사하게 *n*개의 프로필렌 단위체가 중합하여 폴리프로필렌을 만드는 중합에 대한 반응식을 써라.

b. 그림 9.9과 유사하게 폴리프로필렌 한 부분에서 단량체의 임의적 배열을 보여라.

16. 많은 용기들이 플라스틱으로 만들어진다. 여러분이 선택한 10개의 용기에서 재활용 코드(표 9.1 참조)를 확인하라. 선택한 용기 중 가장 많이 접한 고분자는 무엇인가?

17. 다음 각 단위체들이 가지고 있는 작용기(들)를 명명하라.

a. 스타이렌

b. 에틸렌 글라이콜

c. 테레프탈산

d. R = H인 경우에서 아미노산

e. 헥사메틸렌다이아민

f. 아디프산

18. 다음 분자의 모든 작용기에 동그라미를 그리고 확인하라.

(구조식: 벤젠 고리에 C(=O)OH, HO, O–C(=O)–CH_2–NH_2 가 결합된 분자)

19. 케블라(Kevlar)는 *아라미드*(aramid)라 불리는 나일론의 한 종류이다. 이것은 벤젠 고리와 비슷한 고리를 가지고 있다. 큰 기계적 강도 때문에 케블라는 라디알(radial) 타이어와 방탄조끼에 사용된다. 활동 학습 9.17에 두 개 단위체(테레프탈산과 페닐렌다이아민)의 구조가 주어졌다. 두 개 단위체와 고분자에서의 작용기의 이름을 말하라.

20. 표 9.3에 에탄산(ethanoic acid)과 프로판산(propanoic acid)의 구조식이 있다. 이 두 물질의 이름으로부터 명명 규칙을 유추할 수 있을 것이다.

a. 5개의 탄소 원자를 가진 카복실산의 이름은 어떻게 되겠는가?

b. 메탄산(methanoic acid)은 가장 간단한 카복실산이다. 이는 폼산이라고도 하며, 개미에게 물렸을 때 통증을 일으키는 물질 중 하나이다. 메탄산의 구조식을 그려라.

c. 프로판산과 비슷하게 뷰탄산(butanoic acid)도 자극적인 냄새가 난다. 뷰탄산의 구조식을 그려라.

21. 실크(silk)는 천연 고분자의 한 예이다. 실크를 바람직한 것으로 만드는 세 가지 성질을 말하라. 실크를 본 뜬 화학 구조를 가진 합성 고분자는 무엇인가?

22. Dow Chemical 회사는 스타이로폼 포장재를 제조하기 위한 발포제로서 CO_2를 사용하는 과정을 개발하여 미국 녹색화학 도전 대통령상을 받았다.

a. 발포제란 무엇인가?
b. 이 과정에서 CO_2로 대체된 화합물은 무엇이며, 이 대체가 왜 환경적으로 유리한가?

23. 폐기물을 줄이는 방안에는 (1) 대용량 그리고/또는 경제적 규모로 구매하고, (2) 개별 포장을 피하는 방법이 있다. 아래 경우를 이에 따라 연습한다고 가정해 보자. 어떤 플라스틱을 적게 사용해야 하는가? 또 어떤 물질을 더 사용하는가?

a. 냉장고에 보관하기 위해 2쿼트(quart) 용기 대신 1/2갤런(gallon) 플라스틱 용기의 우유를 산다.
b. 손님맞이용으로 개별 소포장 용기 대신 2 L 용기의 레모네이드를 구매한다.
c. 더 작은 용기에 담긴 더 많이 농축된 세제를 구매한다.

24. 최근 재활용 제품들은 재활용된 재료의 출처를 제공하기 시작하였다.

a. 소비 후 함량과 소비 전 함량의 예를 보여라.
b. 재활용이 가능한 제품은 재활용 물질을 포함하는가?

개념 문제 _Concentration on Concepts

25. 다음 용어들의 관계를 나타내는 그림을 그려라. *천연*, *합성*, *고분자*, *나일론*, *단백질*. 필요하다면 다른 용어를 추가하라.

26. 최근에는 폴리프로필렌 뚜껑을 가진 PET 재질의 2 L 음료용 병을 많이 생산한다. 병뚜껑으로 폴리프로필렌이 좋은 이유는 무엇인가? 폴리프로필렌 사용이 PET 병의 재활용에 어떤 어려움을 주는가?

27. 옥수수에서 얻은 글루코스는 몇몇 새로운 생물 기반 고분자 물질의 원천이다. 글루코스는 셀룰로스의 단위체이다. 이 책의 앞에서 광합성의 화학 반응에서 글루코스를 만났다. 광합성은 무엇이고, 어디에서 글루코스가 생성되는가?

28. 고분자의 성질은 부분적으로 고분자가 어떤 원소를 함유하느냐에 달려 있다. 특정 고분자의 성질에 영향을 미치는 세 가지 추가 물질의 이름을 써라.

29. 많은 단위체는 C=C 이중 결합을 포함하고 있다. 하나를 선택하여 구조식과 이에 대응하는 고분자를 그려라. 단위체와 고분자의 유사성과 차이점을 기술하라.

30. 첨가 중합이 일어나는 단위체의 구조적 특징은 무엇인가? 예를 들어 설명하라. 축합 중합에 대해서도 동일하게 수행하라.

31. 다음 반응식은 염화 바이닐의 중합을 나타낸다. 분자 수준에서 볼 때, 반응이 진행됨에 따라 Cl—C—H의 결합각은 어떻게 변하는가?

$$n\ \mathrm{H_2C{=}CHCl} \xrightarrow{\mathrm{R\cdot}} \left[\!-\mathrm{CH_2}-\mathrm{CHCl}-\!\right]_n$$

32. 폴리아크릴로나이트릴은 아크릴로나이트릴(CH_2CHCN) 단위체로부터 만들어진 고분자이다.

a. 이 단위체의 Lewis 구조를 그려라.
힌트: N 원자는 삼중 결합으로 연결된다.
b. 폴리아크릴로나이트릴은 양탄자와 실내 장식용 직물에 널리 사용하는 아크릴란(Acrilan) 섬유를 만드는 데 사용한다. 이 섬유는 연소하면 유독 기체를 방출한다. 화재가 발생했을 때 이 고분자로 만든 양탄자와 실내 장식은 어떤 위험이 있을 수 있는가?

33. DuPont 회사의 화학자인 Roy Plunkett은 기체 상태의 테트라플루오로에틸렌을 가지고 실험하는 도중에서 테플론을 발견하였다. 다음은 단위체이다.

$$\mathrm{F_2C{=}CF_2}$$

a. 식 [9.1]과 유사하게, 테트라플루오로에틸렌 분자 n개가 중합하여 테플론을 합성하는 것에 대한 화학 반응식을 써라.
b. 이 고분자에서 반복되는 머리-꼬리 배열이 가능하지 않은 이유는 무엇인가?
c. 테플론은 고체이고, CFC-12(CCl_2F_2)는 기체이다. 그럼에도 불구하고, 이들 둘 다 C—F 결합을 포함한다. 이 외에 테플론과 CFC-12는 공통적으로 어떤 특성을 가지고 있는가?

34. 식 [9.1]은 에틸렌의 중합 반응을 보여 준다. 표 6.1의 결합 에너지로부터 이 반응은 흡열인가, 발열인가?

35. 만약 테트라플루오로에틸렌을 단위체로 사용하였다면, 그 답은 연습 문제 34번의 답과 달라지는가? 단위체 구조는 연습 문제 33번을 보라.

36. 수소, 석탄, 옥테인(C_8H_{18})의 연소열(kJ/g 단위)과 비교할 때, 폴리에틸렌의 연소열(kJ/g 단위)은 어느 것과 유사할 것으로 예상하는가? 그 예상을 설명하라.

37. 재활용(recycling)은 폐기물 예방과는 다르다. 이를 설명하라.

38. 여기 대부분의 플라스틱 용기에 사용되는 표준 기호보다 더 색채가 풍부한 재활용 기호가 있다.

a. PLA란 무엇인가?
b. 기호의 중앙에 있는 옥수수는 왜 그렸는가?
c. 짐작컨대 이 고분자가 "친환경(green)"임을 보이기 위해 이 기호는 녹색 잉크로 인쇄된다. PLA가 친환경적인 고분자로 간주되는 이유를 두 가지 말하라.
d. 위 이유의 각각에 대해 여러분의 주장에 대한 정보를 제공하라.

39. 1,000개의 에틸렌 분자가 중합하여 폴리에틸렌을 형성하는 반응을 생각해 보자.

$$1000\ CH_2{=}CH_2 \xrightarrow{R\cdot} \left(CH_2CH_2 \right)_{1000}$$

a. 이 반응의 에너지 변화를 계산하라.
힌트: 폴리스타이렌 폼은 발포제로 만들어진다는 것을 기억하라.
b. 이 반응을 수행하기 위해서는 중합 용기에 열이 공급되어야 하는가, 혹은 제거되어야 하는가? 설명하라.

40. 아래는 축합 폴리에스터의 하나인 데이크론의 구조식이다.

$$\left[-O-CH_2-CH_2-O-\overset{O}{\overset{\|}{C}}-C_6H_4-\overset{O}{\overset{\|}{C}}- \right]_n$$

데이크론은 두 가지 단위체로부터 만들어진다. 하나는 2개의 하이드록시 기(−OH)를, 다른 하나는 2개의 카복실산(−COOH)을 갖는다. 각 단위체의 구조식을 그려라.

41. 비닐봉지 조각을 잡아당기면 길이는 급격하게 늘어나고 그 두께는 줄어든다. 종잇조각을 잡아당기면 같은 현상이 일어나는가? 그렇다면 또는 그렇지 않다면 그 이유는? 분자 수준에서 설명하라.

42. 수술용 장갑의 라이너(liner)로 사용하는 스펙트라(Spectra, AlliedSignal 회사의 HDPE 섬유)를 살펴보자. 흥미롭게도 스펙트라는 일반적으로 뻣뻣하고 신축성이 없는 성질을 갖는 선형 HDPE이다.

a. 이 용도로 LDPE를 사용하지 않는 이유를 제안하라.
b. 스펙트라로 만든 섬유의 이용 가능한 다른 두 가지 용도를 말하라.

43. 4R(Four Rs)은 reduce(절약), recycle(재활용), reuse(재사용), recover(회수)이다.

a. 관련된 플라스틱을 명명하고 각각에 대한 예를 들어라.
b. 가능한 다섯 번째 R은 "rethink(재고)"이다. 예를 들어, 플라스틱 폐기물은 공중 보건의 이익이라는 관점에서 다시 생각할 수 있다. 폐기물 감소와 공중 보건의 연관성에 대한 예를 들어라.

44. 모든 대표적인 6가지의 고분자(Big Six)는 물에 불용성이다. 그러나 일부는 탄화수소(표 9.1)에 용해되거나 적어도 부드러워진다. 분자 구조와 용해도에 대한 지식을 이용하여 이 거동을 설명하라.

45. 땅콩 모양의 포장용 완충재인 폴리스타이렌 폼을 아세톤(일부 매니큐어 제거제 용매)에 담그면 녹는다. 만약 아세톤이 휘발되도록 방치하면, 고체가 남는다. 이 고체는 무엇인가? 어떤 일이 일어났는지 설명하라.
힌트: 폴리스타이렌 폼은 발포제를 이용하여 제조하였음을 기억하라.

46. 오늘날 포장재는 폴리스타이렌 폼 대신 식물 기반 물질로 제조한다.

a. 녹말은 이들 물질 중 하나이다. 녹말이란 무엇이며 원천은 무엇인가?
b. 녹말 포장재의 장점과 단점을 각각 두 가지씩 기술하라.
c. 녹말 포장재를 처리하는 방법 중 하나를 말하라.

47. 기준선 이동(shifting baseline)의 개념을 설명하라. 아래 항목에 대하여 각각 2개의 예를 기술하라.

a. 포장에 사용하는 플라스틱 제품.
b. 수로를 오염시키는 플라스틱 제품.

48. 프탈산의 에스터인 프탈레이트의 한 예인 DEHP는 가소제 중 하나이다.

a. 가소제란 무엇인가?
b. PVC에 DEHP 같은 가소제를 첨가하는 이유는 무엇인가?
c. DEHP는 일부의 경우 사용이 금지되었다. 두 가지 경우를 들고 그 이유를 설명하라.

응용 문제 *Exploring Extensions*

49. a. 이 장에서 논의하지 않은 작용기를 2개 말하라. 각각을 포함하는 분자의 예를 들어라.
힌트: 제11장을 미리 참조하라.
b. 연습 문제 45번에서 언급한 아세톤 분자의 구조식을 찾아라. 이 분자가 가지고 있는 작용기는 무엇인가?

50. 면(cotton), 고무(rubber), 실크(silk)와 모(wool)는 천연

고분자들이다. 각 고분자의 단위체를 확인하기 위하여 다른 원천을 살펴보라. 어느 것이 첨가 고분자이고, 어느 것이 축합 고분자인가?

51. 태평양 거대 쓰레기 지대[the Great Pacific Garbage Patch, "플라스틱 쓰레기 소용돌이(Plastic Trash Vortex)"]는 상상하건대 작은 조작으로 깨어진 플라스틱으로 구성되어 있다. 이는 해저 표면 아래 위치하며 해양 생물과, 인간을 포함한 이를 먹는 생명 종을 사정없이 파괴한다. 2011년 플라스틱 업체의 높은 지위의 사람이 비공식적으로 이 책의 저자에게 의견을 제시하였다. "개인적으로 나는 이것은 사기라고 생각한다."라고 말했다. 그가 옳은 것인가, 또는 그 사실에 대해 잘못 알고 있는 것인가? 여러분의 의견을 제시하기 위해 잘 검증된 자료를 사용하라.

52. 테플론 귀뼈, 나팔관 또는 심장판막? 안면 또는 탈장을 치료하기 위한 고어텍스 보형물? 일부 고분자는 생체 적합성을 가지고 있어 신체 일부를 대체하거나 수리하는 데 현재 사용되고 있다.

a. 인체 *내에서* 사용되는 고분자에서 바람직한 성질 네 가지를 나열하라.

b. 콘택트렌즈처럼 일부 다른 고분자는 인체 *외부에* 사용하고 있으나 인체에 밀착되어 있다. 콘택트렌즈는 무엇으로 만드는가? 바람직한 성질은 무엇인가?

53. "바이닐(vinyl)'로 알려져 있는 PVC는 논란이 있는 플라스틱이다. 소비자 또는 바이닐 산업의 근로자 관점에서 이 논란에 대해 의견을 개진하라.

54. 케블라(Kevlar) 발견에 대한 이야기를 배워 보자. 이 고분자는 원래 레이디얼 타이어(radial tire)에 사용하려고 했는데 다른 용도로 사용되었다. 출처를 인용한 짧은 보고서를 작성하라.

55. 아이소프렌은 천연고무를 형성하는 단위체이다. 다음은 탄소에 숫자를 붙인 구조식이다.

$$\underset{1}{CH_2}=\underset{2}{C}(CH_3)-\underset{3}{CH}=\underset{4}{CH_2}$$

아이소프렌 단위체가 첨가되어 만들어진 폴리아이소프렌은 탄소 원자 2와 3 사이에 C=C 이중 결합을 가지게 된다. 어떻게 이 이중 결합이 형성되는가?

힌트: 각각의 C=C는 4개의 전자를 가지고 있다. 새로운 C−C 결합이 2개 단위체 사이에 형성될 때는 2개의 전자만이 필요하다. 각 단위체에서 온 전자 한 개씩을 받아 새로운 결합을 형성한다.

56. 합성 고무는 보통 첨가 중합에 의해 형성된다. 중요한 예외가 실리콘 고무인데, 이것은 다이메틸실레인다이올(dimethylsilanediol)의 축합 중합에 의해 만들어진다. 다음은 이 반응을 나타낸 것이다.

$$n\ HO-Si(CH_3)_2-OH \longrightarrow \left[-O-Si(CH_3)_2-O-\right]_n + n\ H_2O$$

a. 이 고분자의 두 가지 성질을 예측하라. 예측의 근거를 설명하라.

b. 실리 퍼티(Silly Putty)는 실리콘 고무의 인기 있는 형태이다. 실리 퍼티의 성질을 두 가지 기술하라.

c. 실리콘 고무의 다른 가정용 용도를 두 가지 기술하라.

57. 오늘날 사용되는 개인용 컴퓨터의 수를 감안할 때, 키보드, 모니터, "마우스"를 매립지에서 제거해야 하는 타당한 이유가 있다.

a. 컴퓨터 및 그 주변 장치는 어떤 고분자를 가지고 있는가?

b. 컴퓨터에 있는 플라스틱의 재활용 방안은 무엇인가?

58. 미국의 일부 지역에서는 일부 또는 모든 빈 용기에 보증금을 부과하는 빈병에 대한 법(bottle bill)을 시행하고 있다. 일부 식료품, 음료 회사, 병 협회(bottle association)는 빈병 법에 대해 강력하게 반대하고 있다. 반면 일부 소비자 단체 및 환경 단체에서는 이를 강력하게 찬성하고 있다. 빈병 법안에 찬성하는지, 반대하는지에 한 페이지 연설문 초안을 작성하라.

59. 카길(Cargill) 회사는 석유 대신 콩을 사용하여 폴리올을 생산한 공로로 2007년 녹색화학 도전 대통령상을 수상하였다. 폴리올은 무엇인가? "콩 플라스틱(soybean plastic)"을 생산하는 데 폴리올을 어떻게 사용하는가?

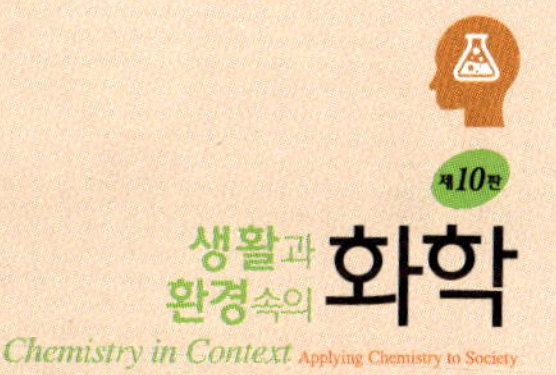
제10판
생활과
환경속의 화학
Chemistry in Context Applying Chemistry to Society

CHAPTER

10 양조 및 씹기

Brewing and Chewing

Banner credit above: ©Blend Images/Image Source; ©Shutterstock/Rawpixel.com

미리 생각해 보기 *Reflect*

맛 구슬?

이 장을 여는 동영상을 보라. www.acs.org/cic에서 음료 순서에 따라 "맛 구슬"이 사용된 동영상을 보라. 인터넷을 자원으로 사용하여, 이러한 구슬들은 무엇으로 구성되어 있으며, 어떤 반응이 일어나서 가시적인 색 변화가 나타나는가?

주요 질문 *Compelling Questions*

이 장에서는 다음 질문을 살펴본다.

- 혀와 코는 어떻게 맛을 감지하는가?
- 주방은 실험실과 같은가?
- 주방에서의 열전달에 대해 중요한 것은 무엇인가?
- 음식을 조리하기 위해 사용하는 화학 과정은 무엇인가?

서론

이 절에는 허구의 인물이지만 초콜릿, 사탕 공장장인 Mr. Willy Wonka가 한 말이 함께 실려 있다. 훌륭한 냄새, 부드러운 질감과 맛, 오래 지속되는 여운에서 초콜릿은 놀라운 요리와 과학적인 창조물을 상징한다. 아이러니하게도 이 모든 것은 역겨운 맛과 호소력을 지닌 생 카카오 열매에서 시작된다. 그러나 힘든 화학적, 물리적 과정을 통해 카카오 콩은 많은 사람들이 갈망하고 즐기는 멋진 초콜릿이 된다.

> *"사랑하는 친구 여러분, 발명품은 93%의 땀과 6%의 전기, 4%의 증발, 2%의 버터스카치 리플(butterscotch ripple)로 만들어집니다."*
>
> —*Willy Wonka*

우리는 다양한 이유로 먹고 마신다. 기본적으로 음식과 음료는 우리가 필요로 하는 영양소와 에너지를 공급하면서 우리의 생존을 위해 필요하다. 그러나 우리들 중 많은 사람들은 또한 음식이 맛이 좋고, 기분을 좋게 하고, 우리의 관습과 전통의 일부분이기 때문에 음식을 먹는다. 초식동물이든 육식동물이든 잡식동물이든 간에, 우리의 음식 종류, 음식을 준비하는 방법, 그리고 우리의 소비 관행은 종종 우리의 원칙, 생활방식, 가족, 문화, 역사 등에 얽매여 있다. 이러한 전통은 이야기, 의식, 선택 그리고 심지어 종교적 관찰을 포함한다. 이 장은 음식과 음료의 화학적 측면을 조사한다.

건강에 대한 알림 사항: 이 장은 먹기 위해 음식과 음료를 만드는 다양한 방법에 대한 과학을 논의한다. 음식과 건강에 대한 일반적인 생각을 다루지만, 만드는 과정에서 건강에 대한 이로운 점이나 해로운 사항에 대해 자세히 논의하지 않는다. 다음 장에서는 식품, 영양 및 건강에 대한 정보를 제공한다. 그러나 논의하는 식품 및 음료가 건강에 미치는 영향에 대해서는 훈련된 의료 및 영양 건강 전문가와 함께 자체 연구를 수행하기를 원할 수도 있다.

활동 학습 10.1 ▸ *입에 무엇이 들어 있는가?*

전통적으로 혀의 부위는 특정한 종류의 맛과 일치하는 것으로 확인되었다. 레몬주스, 설탕, 소금 시료를 수집하라. 이쑤시개로 각각의 시료를 혀끝, 옆면, 뒷면에 바른다. 입속의 어느 부분이 각 음식에 반응하는가?

활동 학습 10.2 ▸ 혀 지도의 진실

혀 지도—참인가 또는 거짓인가? 활동 학습 10.1에서 다른 종류의 맛을 혀의 각 부위에 대응해 보도록 하였다. 혀의 다른 부위가 단맛이나 신맛을 감지할 수 있었는가? 인터넷 검색을 통해 이른바 "혀 지도"에 대한 기원과 현재의 생각을 알아보라.

10.1 입속에 무엇이 있는가? *맛의 과학*

이 절의 제목에 제시된 질문에 대한 최종적인 답은 "모든 화학적 상호작용을 하는 기관!"이다. 우리의 혀는 씹는 것을 돕기 위해 음식물을 이리저리 옮겨주는 중요한 기관이자 필수적인 신경 센터이다. 우리의 혀는 또한 맛[또는 좀 더 전문적인 용어인 *미각*(gustatory)]을 감지한다. 대부분의 과학자, 요리사 및 다른 전문가들은 혀가 감지하는 6가지 기본 맛, 즉 단맛, 짠맛, 쓴맛, 신맛, *감칠맛*(umami), 지방의 맛이 있다는 데 동의하고 있다. 그 여섯 가지 기본 맛으로부터 무수한 맛 조합을 만들고 다양한 맛을 경험한다. 입은 또한 음식의 쫄깃함, 기름기, 질감 및 점도를 결정하는 데 도움이 된다. 일반적인 오해는 혀가 각 맛을 감지하는 특정 영역을 포함하고 있다는 것이다. 종종 "혀 지도"로 설명된다(그림 10.1a). 그러나 연구에 따르면 다양한 맛이 혀의 모든 부분에서 똑같이 감지되며 측면이 전체적으로 중간보다 더 민감하게 느낀다(그림 10.1b).

©2018 American Chemical Society

치약이 미각에 어떤 영향을 미치는지 알아 보려면 이 동영상을 확인하라: www.acs.org/cic.

음식의 분자들은 우리 혀의 표면에 있는 고분자 센서와 상호작용을 한다. 우리 몸의 다른 곳과 마찬가지로 우리의 혀에도 화학 수용체(receptor)와 이온 통로가 모두 있는 신경 세포가 있다. 우리가 맛을 인지하는 것은 특정한 분자가 이러한 수용체에 결합하고, 이것이 뇌에 특정한 신호를 유발하기 때문이다. 대신, 뇌 신호는 이온 채널을 통과하는 이온의 수의 변화에 의해서도 생성될 수 있다. 예를 들어, 제5장에서 보았듯이, 염화 소듐은 물에 녹으면 완전히 이온으로 분리된다(우리 침의 용매).

$$NaCl(s) \xrightarrow{H_2O(l)} Na^+(aq) + Cl^-(aq) \qquad [10.1]$$

우리 혀의 소듐 이온 채널은 이들 식품 공급원에서 소듐 이온의 농도가 증가하는 것을 감

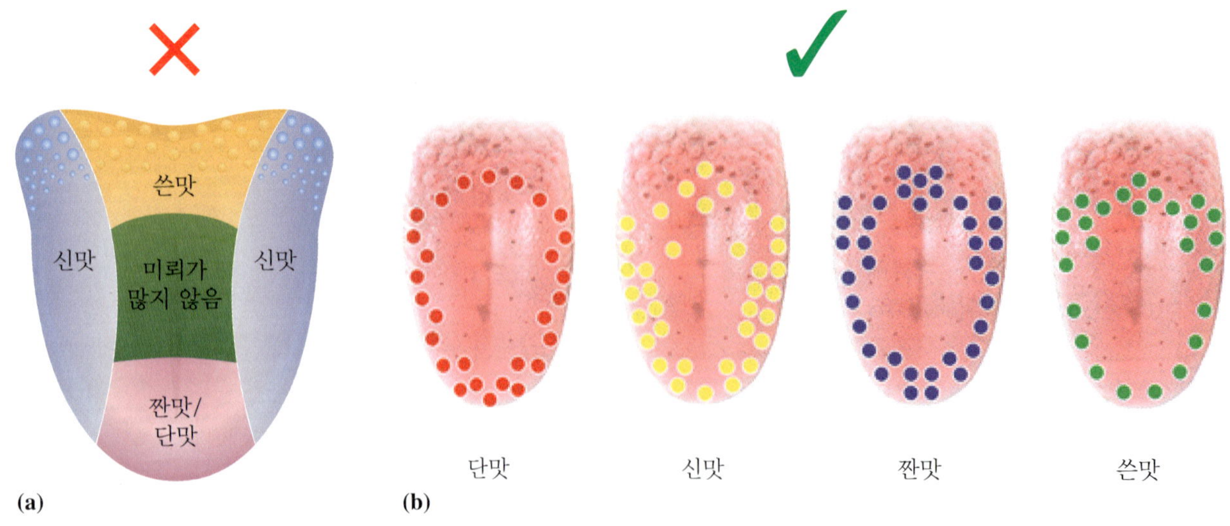

그림 10.1

(a) 혀의 미뢰에 대한 전통적인 도표. **(b)** 혀 전체가 다양한 미각을 어느 정도 동등하게 느낄 수 있음을 나타내는 미뢰의 그림.

지하고, 짠맛 탐지를 유발하는 신호를 뇌로 보낸다. 마찬가지로 양성자-이온 채널은 산도를 검출한다.

$$\underset{\text{아세트산}}{CH_3COOH} \rightleftharpoons \underset{\text{아세트산 이온}}{CH_3COO^-} + \underset{\text{양성자}}{H^+} \qquad [10.2]$$

이러한 경험은 혀에서 멈추지 않는다. 음식에서 나온 화학 물질들은 우리의 기분과 건강에 영향을 미치는 우리 몸의 많은 다른 장소에서도 상호작용을 할 수 있다. 혀에서 일어나는 수용체와 화학 반응을 이해하기 위한 상당한 연구가 있었다. 그러나 혀에 놓인 음식과 처음 접촉하는 모든 과정을 이해하기 위해서는 더 많은 연구가 필요하다.

10.2 냄새는 맛에 어떤 영향을 미치는가?

음식 냄새는 사실 우리의 경험이 시작되는 곳이다. 그 훌륭한 향기로운 화합물들은 우리의 콧구멍으로 들어가 비강에 있는 냄새 수용기와 결합한다. 그런 다음 메시지는 우리의 뇌 센터로 보내지고, 우리가 음식에서 맛보기를 기대하는 것을 설정한다. 많은 사람들에게 음식 냄새는 할머니의 신선한 빵, 여름 바비큐, 핼러윈 무렵에 마시는 향신료가 첨가된 애플사이다 등 강력한 기억을 불러일으킬 수 있다. 초콜릿의 향도 다르지 않을 것이다. 겨울의 눈싸움 후 마시는 핫초콜릿이, 가족 식사를 마칠 때 오븐에서 꺼낸 디저트 케이크가 우리를 끌어당긴다. 실제로 600개 이상의 화학 물질이 모여 초콜릿의 향과 맛을 낸다. 그런 제품이 이런 즐거운 반응을 만들어 낼 수 있다는 것은 놀랄 일이 아니다.

활동 학습 10.3 ➤ *향기는 맛에 어떤 영향을 미치는가?*

작은 조각으로 잘게 썬 사과와 감자 시료가 필요하다. 눈을 감고 누군가가 시료를 섞도록 하라. 코를 꼭 집고 두 가지 시료를 맛보고 두 가지 다른 음식 사이에 물을 마신다. 사과와 감자를 구별할 수 있는가? 경험한 것을 설명하라. 다른 식품(예: 향료 추출물 또는 젤리 빈)과 함께 사용해 보라.

초콜릿으로 돌아가 보자. 아즈텍인(Aztec)들은 초콜릿을 데오브로마(Theobroma), 즉 "신들의 음식"이라고 불렀다. 식품 연구자들이 초콜릿을 연구한 결과 우리 몸에 대한 여러 가지 건강한 특성을 발견했다. 초콜릿의 냄새는 진정되는 감정에서 비롯되며, 초콜릿이 혀에 닿으면 뇌의 미각 중추에 대한 일련의 반응이 시작된다. 초콜릿을 어떻게 먹든 그 독특한 맛은 잠시라도 사람을 기분 좋게 하거나 차분하게 한다.

초콜릿을 먹고 난 후 우리가 느끼는 편안한 느낌에는 화학적인 이유가 있다. 하나는 초콜릿에 우리를 행복하게 만드는 신경 전달 물질인 *세로토닌*(serotonin)의 합성을 위한 화학적 전구체 *트립토판*(tryptophan)(그림 10.2)이 들어 있다는 점이다. 초콜릿에는 대마

(위): ©www.nick-moore.com/Getty mages; (아래): ©Shutterstock/Andreas Altenburger

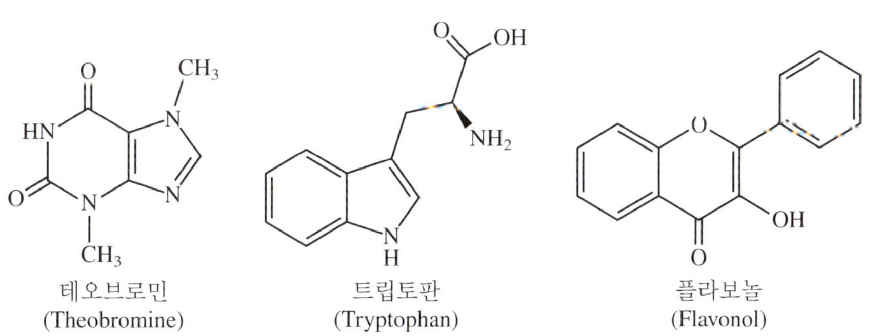

그림 10.2

초콜릿에서 발견되는 주요 화학 물질인 테오브로민, 트립토판 및 플라보놀의 화학 구조.

초의 활성 성분인 *테트라하이드로카나비놀*(tetrahydrocannabinol, THC)과 동일한 뇌 수용체를 표적으로 하는 또 다른 신경 전달 물질인 *아난다미드*(anandamide)도 함유된 것으로 밝혀졌다.

기분과 건강은 확실히 연결되어 있으며 초콜릿에는 건강에 유익한 화학 물질도 포함되어 있다. 그중에는 홍차, 레드와인, 과일과 열매에도 존재하는 *플라보놀*(flavonol, 그림 10.2) 또는 식물화학 물질(phytochemical)이 있다. 이 화합물은 항산화 특성을 가지고 있으며 건강한 심장에 도움이 된다. 또한 최근 연구에 따르면 이 화합물들이 암 예방에도 역할을 할 수 있다는 것을 보여주었다. 초콜릿에는 인체에 필수적인 마그네슘, 인 및 포타슘도 포함되어 있다. 다크초콜릿은 포화 지방이 적기 때문에 우유나 화이트초콜릿보다 건강에 더 좋다. 초콜릿이 "완벽한" 식품인지 아닌지에 대해 논쟁이 있을 수 있지만, 초콜릿은 확실히 맛이 훌륭하고, 좋은 느낌 및 좋은 건강을 제공하는 것들 중 하나이다. 먼저 아래의 레시피로 맛있는 핫초콜릿을 만들어 초콜릿 맛을 음미할 수 있다. 다음 활동 학습을 통해 초콜릿 품종의 풍부한 맛을 맛보게 해줄 것이다.

코코아 닙 핫초코
(분량: 6온스 4인분)

화학 물질들

코코아 닙 1온스
전지 우유(whole milk) 16온스
잘게 썬 카카오 함량 65%~70%의 달콤쌉싸름한 초콜릿 6온스
설탕 3온스
물 2온스
코셔(kosher) 소금 ¼ 티스푼

만드는 과정

- 푸드 프로세서나 그라인더를 사용하여 코코아 닙들을 거칠게 부순다.
- 1-L들이 전자레인지 전용 그릇에 잘게 부순 코코아 닙을 넣고 우유를 넣는다. 전자레인지를 작동시켜 우유가 약 71°C(높은 상태에서 약 3분)가 될 때까지 가열한다. 용액을 실온에서 30분 동안 방치한다.
- 닙이 스며드는 동안, 달콤쌉싸름한 초콜릿, 설탕, 물, 소금을 1-L들이의 프렌치 프레스(French press)에서 섞은 다음 그대로 둔다.
- 닙이 깊이 스며들면, 혼합물이 끓거나 85°C(높은 상태에서 약 2분)에 이를 때까지 전자레인지를 작동시킨다. 미세한 거름망을 사용하여 닙을 프렌치 프레스 우유 통에서 걸러낸다. 1분 동안 그대로 둔 다음 저어준다.
- 프렌치 프레스 플런저를 10~15회 펌핑하여 핫초콜릿을 완전히 섞는다. 이때 거품이 일어야 한다.

Source: Recipe credited to Alton Brown, 2011.

©2018 American Chemical Society

밀크초콜릿 또는 다크초콜릿 중에서 어느 것이 "더 좋은" 것인가? 이 동영상을 확인하라: www.acs.org/cic.

활동 학습 10.4 ▸ *초콜릿 미각 테스트!*

세 가지 다른 일반 초콜릿 바를 구입하라. 다른 브랜드이거나 다크초콜릿, 밀크초콜릿, 화이트초콜릿이 될 수 있다. 한 번에 하나씩 소량의 시료를 입에 넣어라. 두 가지 방법으로 맛을 보라. (1) 입에 넣고 씹어라. 시료의 맛은 어떤가? 초콜릿의 종류에 따라 무엇이 다른가? (2) 같은 세 종류의 초콜릿을 사용하여 이번에는 각각을 충분히 입에 넣고 녹인 다음 맛을 생각하라. 각 시료의 질감은 어떤가? 시료의 맛은 어떤가? 초콜릿의 종류에 따라 무엇이 다른가?

초콜릿이 녹아 혀에 퍼지게 하는 것이 그 풍미를 충분히 즐길 수 있는 가장 좋은 방법이라고 말한다. 이 방법은 초콜릿을 따뜻하게 하고, 풍미 있는 기름을 포함한 다양한 성분들이 완전한 풍미를 발산하도록 한다. 이 방법으로 녹이면 초콜릿이 혀에 퍼지고 더 많은 중요한 향미 수용체와 접촉할 수 있다.

그래서 입에 뭐가 들어 있는가? 당연하게 여겨야 할 것은 아무것도 없다. 우리가 먹는 것은 수명, 에너지 및 기분에 직접적인 영향을 미친다. 하지만 이 놀라운 감각을 먹고 경험하기 위해서는 먼저 음식을 만들어야 한다.

10.3 주방 실험실

우리는 우리가 키우고, 경작하고, 재배하고, 기르는 식량을 변환시킨다. 종종 식품은 인간을 병들게 할 수 있다. 안전하게 먹기 위해 원하지 않는 유기체를 죽일 수 있는 온도로 가열시키기도 한다. 어떤 때에는 음식을 더 맛있게 만들기 위해 변형시킨다. 결과적으로, 주방은 여러 면에서 경험을 향상시킬 수 있는 가능성을 실험하고 탐구하고 개선할 수 있는 장소가 되며, 음식과 음료에서 영양도 얻게 된다.

여러분들에게는 매번 완벽한 빵이나 비스킷을 만들지만 계량컵이나 계량스푼을 사용한 적이 없는 이모나 할머니가 계실 수 있다. 그녀들은 시각과 촉감으로 요리를 한다. 연구원들이 찾아낸 것은 이모나 할머니가 단순히 "얼렁뚱땅"하는 것이 아니라는 점이다. 대신 그녀들은 놀라운 일관성을 지닌 숙련도와 조심스럽게 획득한 경험을 따르고 있다. 할머니가 만든 손대중과 눈대중의 "측정"은 실제로 놀라운 정밀도를 가지고 있다. 그렇지 않았다면, 그 비스킷들은 매번 같은 맛을 내거나 같은 질감과 푹신함을 유지하지 못했을 것이다. 비록 주방에서 자연적으로 요리되는 멋진 순간이나 기회가 분명히 있지만, 좋은 요리에는 훌륭한 과학 연구와 마찬가지로 신중한 일련의 레시피와 복제하는 방법이 필요하다.

©Shutterstock/Mat Hayward

실험실에서 많은 화학 물질을 합성하는 데 다른 경로를 사용할 수 있는 것처럼 식품을 만드는 방법은 여러 가지가 있다. 예를 들어, 초콜릿 칩 쿠키를 만드는 레시피에 대하여 인터넷 검색에서 무작위로 선택한 5가지의 레시피 세트를 편집한 표 10.1을 검토해 보라.

처음에는 무엇인가 모순되었다고 생각할 수 있다. 그러나 초콜릿 칩 쿠키를 만드는 이러한 레시피는 많은 변형 방법이 있다. 그리고 각 레시피로 만든 쿠키의 속성에 대해 자세히 조사하기 전까지는 모순이라는 생각이 옳을 수 있다. 각 변형으로 인해 최종 만들어진 쿠키는 맛이 달라진다. 어떤 것은 부드럽고 쫄깃한 반면, 다른 어떤 것은 바삭 바삭하

표 10.1 초콜릿 칩 쿠키 12개당 몇 가지 성분 측정 결과

레시피	밀가루 (컵 수)	총 설탕 (컵 수)	버터 (컵 수)	베이킹 소다 (티스푼 수)	만들어진 쿠키에 대한 간략한 설명
A	0.45	0.30	0.20	0.20	"질감의 완벽한 조화"
B	0.65	0.45	0.27	0.20	"놀랍게 결합된 질감"
C	0.50	0.27	0.20	0.15	"바닥은 바삭바삭, 위는 부드러움"
D	0.60	0.40	0.20	0.15	"바삭바삭, 아삭아삭"
E	0.45	0.30	0.20	0.10	"부드럽고 쫄깃한"
평균	0.53	0.34	0.21	0.16	
표준 편차	0.09	0.08	0.03	0.04	

©2018 American Chemical Society

이 동영상(www.acs.org/cic)을 통해 복잡한 과정의 쿠키 굽기를 살펴보라.

다. 그렇다. 레시피들은 모두 초콜릿 칩 쿠키를 만들지만 모든 쿠키가 똑같은 것은 아닌 것이다!

활동 학습 10.5 ▸ *"최고의" 초콜릿 칩 쿠키*

아마도 여러분은 이상적인 초콜릿 칩 쿠키의 이미지를 가지고 있을 수 있다. 쫄깃한 쿠키 혹은 바삭바삭한 쿠키가 만들어지는 것은 어떤 성분의 변화 때문인가? 이 성분들을 변경하여 예측을 확인할 수 있겠는가? 실험을 수행한 후 어떤 결론을 내릴 수 있는가?

10.4 레시피의 과학

관련 절

물질과 질량 보존의 법칙(제2장)은 반응물의 총 질량이 생성물의 총 질량과 같아야 한다고 명시한다.

양이 중요하다. 좀 더 구체적으로 말하자면, 비례에 따른 양이다. 레시피는 정말 좋은 *화학량론*(stoichiometry) 문제일 뿐이다. 즉, 한 성분의 양을 바꾸면 다른 성분의 양도 비례적으로 변경해야 한다. 십여 개의 초콜릿 칩 쿠키를 만들 수 있다면, 이십여 개도 잘 만들 수도 있다. 두 가지 양으로 만든 쿠키도 여전히 같은 맛을 나타내야 한다. 그렇지 않으면 왜 더 많이 만들겠는가?

활동 학습 10.6 ▸ *쿠키 레시피*

학교 바자회를 위해 100개의 쿠키를 만들어야 한다. 하나의 쿠키 레시피는 25개의 쿠키를 만들고, 다음의 재료를 사용한다.

초콜릿 칩 쿠키의 재료

버터 ½컵
초콜릿 칩 1컵
흑설탕 ½컵
백설탕 ½컵
계란 1개
바닐라 ½티스푼
밀가루 1¼컵
베이킹 소다 ¾티스푼
소금 ¼티스푼

100개의 쿠키를 만드는 데 필요한 각 재료의 양은 얼마인가?

활동 학습 10.7 ▸ *주방의 "한계 시약"*

관련 절

2.11절에서 처음 소개된 한계 시약이라는 용어는 화학 반응 중에 완전히 소비되는 반응물을 말하며, 한계 시약은 생성될 수 있는 생성물의 양을 제한한다.

"완벽한 퀘사디아(quesadilla)"는 2개의 큰 밀가루 토르티야(토르티야당 200 g)와 치즈 1컵(50 g)으로 만들 수 있다.

a. 냉장고를 열면 유통기한이 얼마 남지 않은 치즈 350 g을 찾을 수 있다. 치즈를 모두 사용하면 퀘사디아 몇 개를 만들 수 있는가?

b. 총 8개의 토르티야(tortillas)가 있다면 어떤 재료가 완전히 소비되고 어떤 재료가 남게 될까?

레시피는 우리가 원하는 음식을 만드는 세심하게 설계된 화학 반응이다. 양을 변경할 수는 있지만 다른 재료와 비례해서만 변경할 수 있다. 그레이비(gravy) 소스에 밀가루가 너무 많으면 좋지 않다. 케이크에 소금이 너무 많으면 좋지 않다. 드레싱에 설탕이 너무 많으면 좋지 않다. 버터는 좀 많더라도 좋다(제11장에서 자세히 설명하겠지만 건강에는 좋지 않다)! 다시 한 번 말하지만, 원하는 음식을 만들 때 가끔 약간의 변화를 주지만 과도하게 바꾸지는 않는다. 신중하게 조리 단계를 따르면 몇 번이고 최종 원하는 음식을 만들 수 있으며 먹고 즐길 수 있다!

다른 나라에서 온 레시피를 보면, 재료를 측정하는 시스템이 여러분이 사용하는 시스템과 다르다는 것을 알게 된다. 예를 들어, 유럽의 국가에서는 액체의 양을 측정하기 위해 밀리리터(mL)를 사용고, 미국에서는 온스(oz) 또는 티스푼(tsp)을 사용한다. 다시 말하지만, 좋은 과학 실험에서와 같이 절차의 중요성을 따르면서 레시피에 있는 정확한 양의 재료를 사용해야 한다. 따라서 다양한 측정 시스템 간에 변환하는 방법을 아는 것이 중요하다.

활동 학습 10.8 미터법 단위로 애플파이 만들기

(왼쪽): ©Mitch Hrdlicka/Getty Images; (오른쪽): ©Shutterstock/Jiratthitikaln Maurice

아래는 미터법을 사용하여 사용할 재료의 양을 설명하는 애플파이 레시피이다. 주로 미국에서 사용되는 영국 단위계와 미터법과 사이를 변환하기 위해 인터넷 검색을 하라. 아래 단위를 컵, 티스푼, 스푼 단위로 변환하라.

미터법 단위의 애플파이 재료

사과 1.5 kg
설탕 150 g
옥수수 전분 25 mL
시나몬 4 mL
소금 0.75 mL
육두구(nutmeg) 0.75 mL
버터 40 g

볶음이나 수프 레시피에서는 보통 이것저것 조금씩 추가할 수 있다. 그러나 빵 굽는 데 있어서 정밀도와 정확성은 이전 본문의 많은 예에서 언급된 특정한 맛과 질감을 갖도록 하는 데 매우 중요하다. 비록 재료에 대한 측정을 할 때 부피와 질량 중 어느 것이 더 좋은지에 대한 논쟁이 계속되고 있지만, 많은 전문가들은 레시피에 질량을 사용하는 것을 선호한다(표 10.2).

밀가루에 대해 잠시 생각해 보자. 밀가루는 미세한 가루로, 그 입자들은 봉지나 용기의 밀가루를 어떻게 측정할 것인가에 따라 다르게 포장될 수 있다. 계량컵을 밀가루 봉지

표 10.2 일반적인 빵을 만드는 재료에 대한 부피와 질량 간의 변환

성분	부피(컵)	질량(g)
버터(가염 또는 무염)	1컵	226 g
밀가루(다목적용 또는 일반)	1컵	130 g
밀가루(케이크용)	1컵	120 g
밀가루(통밀)	1컵	130 g
감자 가루	1스푼 ½컵	12 g 80 g
옥수수 전분(옥수수 가루)	1스푼	10 g
아몬드 가루(alond meal or flour)	1컵	90 g
옥수수 가루(cornmeal)	1컵	120 g
설탕(과립 백설탕)	1컵	200 g
설탕(갈색)(약간 포장)	1컵	210 g
정제 설탕(파우더 또는 아이싱)	1컵	120 g
초콜릿 칩	1컵	170 g
코코아 가루(일반 무가당 또는 더치 가공) (브랜드에 따라 다름)	1스푼 1컵	6 g 100 g
그레이엄 크래커 빵가루	1컵	100 g
압착귀리(old fashioned rolled oats)	1컵	95 g

에 넣어서 부피를 측정하는 것과 스푼을 사용하여 계량컵으로 옮긴 후 밀가루의 부피를 측정하는 것은 최종 레시피에서 질량으로 환산하면 최종 레시피에서 그 양이 달라질 수 있다. 또한 흑설탕을 고려해 보자. 많은 레시피들은 요리사가 흑설탕을 계량컵으로 사용하도록 표시되어 있다. 우리가 설탕을 다른 방법으로 측정하면 레시피에서 지시한 것에 비해 다른 양(질량 기준)이 들어갈 것이라고 생각하는가? 결국, 매일 주방에서 사용하는 부피와 질량 사이의 작은 변화는 눈에 잘 띄지 않을 것이다. 그러나 거의 변함없이 항상 같은 맛을 가지고 신뢰할 수 있는 맛의 음식을 제공하는 것이 중요한 많은 식당에서, 이러한 측정의 불일치로 인해 음식에 원치 않는 그리고 눈에 띄는 맛의 차이가 나타날 수 있다.

활동 학습 10.9 › 밀도 계산

학습 활동 10.8에서 찾은 미터법 변환을 기반으로, 표 10.2의 몇 가지 요리 재료의 밀도(g/mL 단위)를 계산하라. 밀도가 가장 높은 밀가루는 어느 것인가?

10.5 주방 기기: *불꽃, 팬 및 물*

레시피에 나오는 재료를 세심하게 측정한 후, 다음 단계는 재료를 모아서 조리를 한다. 주방에서 매우 단순한 과정인 파스타 삶기로 시작해 보자. 다음은 한 가지 레시피의 지침이다.

- 1단계: 파스타를 덮을 충분한 물이 있는지 확인한다. 물이 너무 적으면 조리가 끝나기 전에 모든 물이 파스타에 흡수된다. 물이 너무 많은 것은 문제가 되지 않고, 물이 끓는 데 시간이 더 오래 걸릴 뿐이다. 원하는 경우 약간의 소금과 기름을 첨가하라.

- 2단계: 끓는 물에 익히지 않은 파스타를 넣는다.
- 3단계: 물을 다시 끓이고, 타이머를 적당히 씹히는 맛이 있는 이른바 *알 덴테*(al dente) 기준의 조리 시간으로 설정한다. 알 덴테는 "치아에 닿는(to the tooth)"이란 뜻의 이탈리아어로 파스타가 약간 단단하지만 씹는 촉감이 좋다는 의미이다.
- 4단계: 뜨거운 물에서 파스타를 꺼내 물기를 제거한다. 좋아하는 *그레이비*(파스타 소스에 대한 진정한 이탈리아 표현!)와 함께 요리를 내 놓는다.

사전 지식 *Did You Know* 

일반적인 믿음과는 달리, 약간의 소금을 첨가해도 조리 시간이나 끓는 물의 온도가 바뀌지 않는다. 실제로 물 1 L 당 114 g(또는 1/2컵)의 소금을 사용해도 끓는점이 1°C만 증가한다. 확실히 사람들이 음식에 넣고자 하는 양보다 더 많은 양이다!

활동 학습 10.10 ➤ *요리 지침의 여러 단계*

여러분은 이제 막 파스타 삶는 일련의 과정에 대한 지침을 읽었다. 이제 이러한 단계를 변화시키는 측면을 상상해 보자. 소금을 넣지 않으면 어떻게 될까? 파스타를 알 덴테 조리 시간보다 오래 조리하면 어떻게 되는가? 해수면보다 높은 고도에서 파스타를 삶는 경우, 조리 시간은 동일하겠는가?

뜨거운 물을 사용하여 요리를 하는 것은 매우 간단해 보일 수 있다. 그러나 이 방법은 실제로 많은 과학적 원리가 사용된다. 무엇보다도 끓는 물로 음식을 조리하는 것은 열역학 법칙이 적용된다. 열은 높은 온도의 물체에서 낮은 온도의 물체로 전달된다. 파스타나 야채를 끓는 물에 넣으면 조리되는 이유는 열이 뜨거운 물에서 실온이나 냉장고의 온도로 보관된 차가운 음식 재료로 전달되기 때문이다.

물은 **잠열**(latent heat)이 높기 때문에 요리에 사용하기에 좋은 용매이다. 즉, 물은 액체에서 기체로 상변화가 일어날 때, 많은 양의 열을 흡수하는 능력이 있다. 이것은 물의 화학적 조성(H_2O)과 물 분자가 분자간 힘을 통해 서로 상호 작용하기 때문이다(그림 10.3 및 5.2절). 이것이 물이 상변화를 할 때 많은 열을 흡수할 수 있는 이유이다. 이러한 유형의 상호 작용을 극복하려면 상당한 양의 에너지가 필요하다. 끓는점에서, 물 분자 자체는 실온보다 더 많은 에너지를 가지고 있다. 따라서 음식을 요리할 때 이 에너지의 일부가 음식으로 전달된다.

끓는 물을 사용할 때 고도에 따라 조리 시간이 다른 이유는 무엇인가? 이에 답하려면

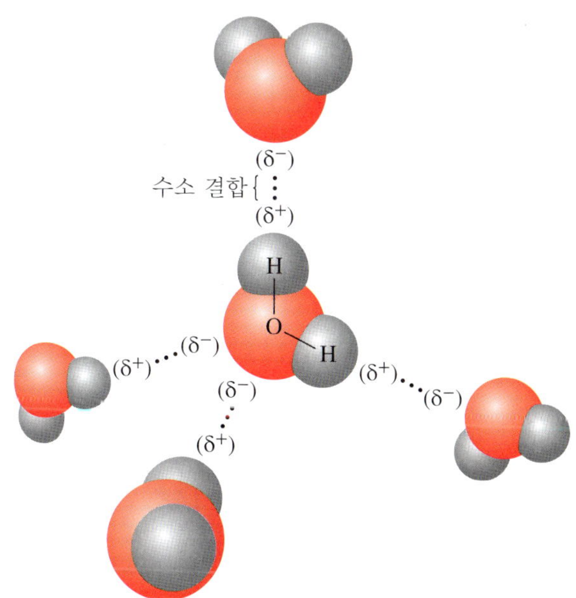

그림 10.3

물 분자 사이의 수소 결합으로 알려진 분자간 힘의 그림.

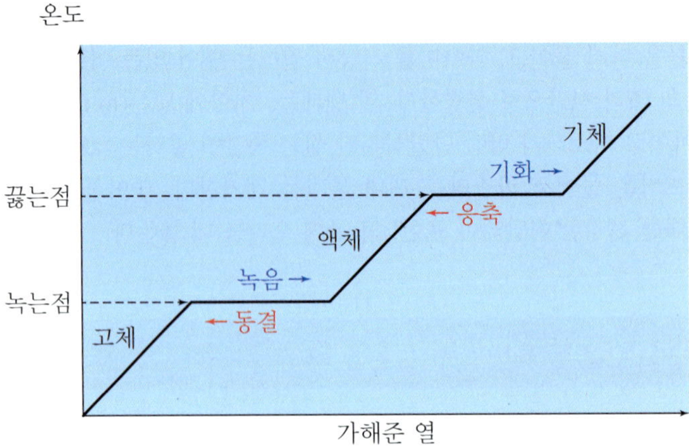

그림 10.4

고체, 액체 및 기체 상태 간에 변화하는 모든 물질에 대한 가열 곡선. 대화형 가열 곡선에 대해서는 www.acs.org/cic에서 모의실험을 확인하라.

끓는 개념으로 돌아가야 한다. 물을 끓이는 것은 특정 온도에 도달하는 것만이 아니다. 물은 특정 온도와 압력에서 끓는다. 6.12절에서 끓는점을 액체 위의 증기압이 적어도 액체에 작용하는 주변 압력과 일치하는 온도로 정의했다. 또한 물질이 상변화를 할 때 상변화가 완료될 때까지는 온도가 변하지 않는다(그림 10.4). 이것은 상변화 중에 전달되는 에너지는 분자 자체의 운동 에너지를 변경하는 데 사용되지 않고, 분자간 힘을 파괴하거나 형성하는 데 사용되기 때문이다. 따라서 끓는 물로 무언가를 요리할 때 물 분자가 모두 증기로 변할 때까지, 더 이상 물 분자의 온도를 높일 수 없다.

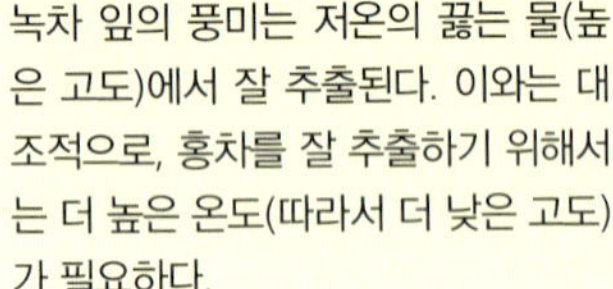

사전 지식 *Did You Know*

녹차 잎의 풍미는 저온의 끓는 물(높은 고도)에서 잘 추출된다. 이와는 대조적으로, 홍차를 잘 추출하기 위해서는 더 높은 온도(따라서 더 낮은 고도)가 필요하다.

고도가 높을수록 대기압이 낮아지므로, 액체의 증기압이 외부 기압을 초과하여 도달하는 데 에너지가 적게 든다. 결과적으로 물은 높은 고도에서 낮은 온도에서 끓는점에 도달하므로(그림 10.5), 조리 시간은 더 길어진다.

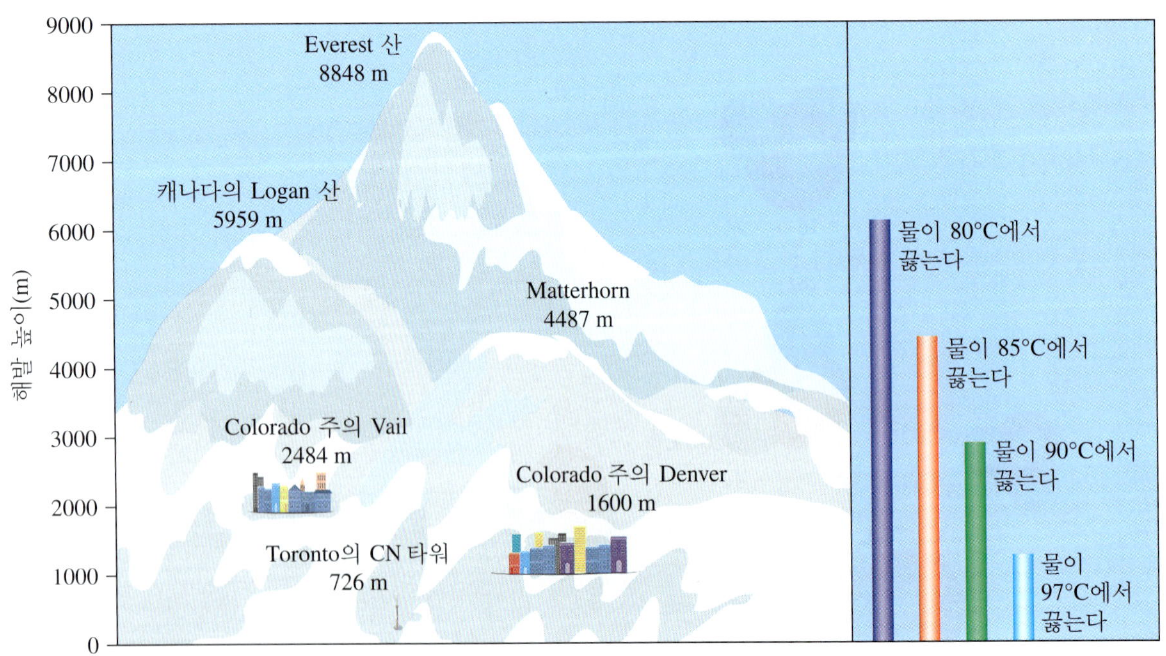

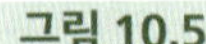

그림 10.5

고도 변화에 따른 물의 끓는점. www.acs.org/cic을 확인하여 전 세계 여러 지역에서 물의 끓는점을 비교하라.

활동 학습 10.11 ➤ 파스타의 조리 시간

Colorado 주의 Denver에 있는 "Mile High City"[해발 1마일(1,609.3 m)에 위치]와 Los Angeles(대략 해수면) 시에서 스파게티 면의 끓는 시간 차이를 예측하라.

압력솥은 또한 끓는 온도와 압력 사이의 관계를 이용한다. 압력솥은 밀봉되어 있기 때문에 물이 증기로 바뀌면 냄비에 갇히게 된다. 이렇게 되면 물 위의 압력도 증가하여 물의 끓는점이 증가하여 물(및 음식)의 온도가 올라간다. 그러나 압력솥으로 요리할 때 고도의 변화도 고려해야 한다. 고도가 높을수록 밥솥의 실제 압력은 낮아진다(표 10.3).

요리에 사용되는 온도와 관계없이, 우리는 열을 사용하여 물리적으로나(예: 얼음이 녹음) 화학적으로 음식을 변화시킨다. 예를 들어, 삶거나, 튀기거나, 데치거나, 구울 수 있는 계란의 아침 주식을 생각해 보자. 이들 날계란을 우리가 먹고 싶은 요리로 만들려면 물리적이나 화학적으로 열전달이 필요하다. 천연 가스 레인지에서 요리를 할 때 버너에 불을 붙여 중불로 조정을 한다. 그런 다음, 작은 프라이팬을 올리고, 약간의 기름이나 버터를 첨가한다. 버터나 기름이 살짝 지글지글 끓으면 계란을 팬에 깨서 넣는다. 계란의 반투명 부분이 먼저 하얗게 변하기 시작하고, 노른자는 두꺼운 노란 액체로 남아 있다. 몇 분 후, 노른자가 "깨지지" 않도록 주의하면서 계란 밑에 뒤집개를 넣고 뒤집는다(요리사가 손잡이로 팬을 들어 올려 계란을 뒤집기도 한다). 계란 흰자를 완전히 익히기 위해 1~2분 정도 더 놓아두지만, 노른자가 "익히지 않은" 상태를 원하면 적당한 때에 불을 끈다. 만약 더 오래 가열하면, 가장자리는 약간 갈색이고 바삭바삭하게 된다. 그런 다음 접시에 담아내서 토스트 한 조각과 함께 먹게 된다.

이제 일상적인 계란 요리 실습 중에 발생하는 물리적, 화학적 변화를 자세히 살펴보자. 이렇게 멋진 음식을 만들어낸 이 어우러짐은 열역학 법칙에 따라 진행되었다. 화학적 또는 물리적 과정에서 에너지는 생성되거나 파괴되지 않지만 전달이나 변형이 될 수 있다. 또한 이 법칙에서 에너지가 열의 형태일 때 뜨거운 물체에서 덜 뜨거운(또는 차가운) 물체로만 전달될 수 있다는 것도 알고 있다. 레인지를 켜면 불꽃이 나오거나 코일이 따뜻해진다. 레인지의 에너지가 팬으로 전달된다. 그런 다음 팬의 에너지가 기름이나 버터로 전달

관련 절

물리적 변화와 화학적 변화의 차이는 1.6절에서 설명하였다.

사전 지식 *Did You Know* ?

"차가운"이라는 말은 실제로 과학 용어가 아니다. 과학자들은 일반적으로 물질이 가지고 있는 열에너지의 양을 말하며 일반적으로 온도로 표시한다. "차가운" 물질은 주변 공간이나 피부보다 열에너지가 적다. 만져보면 눈에 띄게 나타난다.

표 10.3 압력솥의 고도에 따른 압력 변화

고도(ft.)	15 psi 압력솥(psi)	14.5 psi 압력솥(psi)	13 psi 압력솥(psi)	11.5 psi 압력솥(psi)
10,000	10.4	9.9	8.4	6.9
9,000	10.8	10.3	8.8	7.3
8,000	11.2	10.7	9.2	7.7
7,000	10.8	10.3	8.8	7.3
6,000	12.1	11.6	10.1	8.6
5,000	12.5	12	10.5	9.0
4,000	**13**	12.5	11	9.5
3,000	**13.5**	**13**	11.5	10
2,000	**14**	**13.5**	12	10.5
1,000	**14.5**	**14**	12.5	11
0	**15**	**14.5**	**13**	11.5

* 빨간색 숫자는 표준 압력솥에서 일반적으로 발견되는 압력을 나타낸다.

사전 지식 *Did You Know* ?

압력 단위 psi는 *평방 인치당 파운드*를 나타낸다.

1 psi = 0.068기압

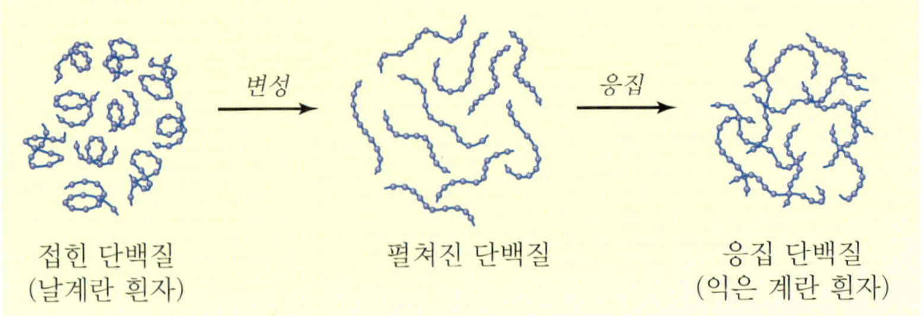

그림 10.6

계란 흰자가 변성되는 도표.

되어 녹아 물리적 변화를 일으킨다. 열에너지가 날계란으로 최종 전달되면 화학적 변화가 발생한다(그림 10.6). 분자의 이러한 변화는 계란의 특성에 변화를 가져오고, 투명한 흰색 액체는 불투명한 흰색 고체로 변형된다. 난황의 성분이 흰색과 다르기 때문에 같은 열량에 똑같은 방식으로 반응하지 않는다. 같은 시간 동안 전달되는 열의 양은 노란색 젤에서 연한 노란색 고체로 변환하기에 충분하지 않다. 이 경우 가열된 팬에 계란을 계속 두면 노란색이 익어서 결국 계란 요리가 완성된다.

흰자위의 가장자리는 더 바삭한 갈색으로 변할 수 있다. 전달된 열은 **Maillard 반응**(Maillard reaction)이라는 또 다른 화학 반응을 시작한다. 이 반응은 고온에서 발생하며 당(탄수화물의 주요 성분)에 존재하는 작용기와 식품에 들어 있는 아미노산(단백질의 구성 요소) 사이의 화학 반응을 특징으로 한다(그림 10.7). 이 반응의 생성물은 익힌 계란, 고기, 빵, 케이크, 쿠키 등에 형성되는 갈색 껍질로, 음식의 풍미에 맛있는 질감과 약간 구운 단맛을 나게 해준다.

안전에 대한 알림 사항: 우리가 음식을 굽고 갈색으로 굽는 것은 건강상의 이점(또는 해로움)은 논란의 여지가 있다. 확실히 고기와 단백질을 특정 온도로 조리하면 잠재적으로 해로운 미생물이 죽는다. 그러나 Maillard 반응의 일부 부산물과 우리 음식을 태울 때 생성되는 탄소가 많은 화합물들은 발암 가능성이 있는 것으로 알려졌다.

©2018 American Chemical Society

Maillard 반응에 대한 자세한 내용을 알고 싶으면 이 동영상을 확인하라: www.acs.org/cic.

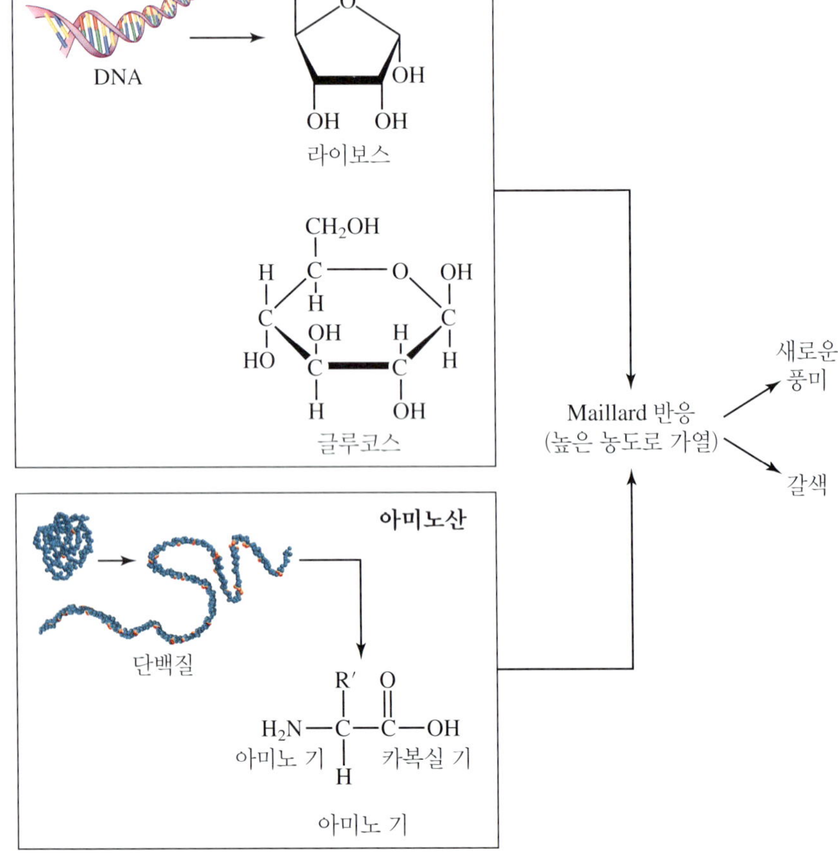

그림 10.7

Maillard 반응을 통한 음식의 갈변 및 풍미를 설명하는 도표. DNA와 단백질의 구조와 기능에 대한 자세한 내용은 이후 장에서 논의된다.

10.6 진공에서 요리: *우주 비행사만을 위한 것이 아니다!*

음식을 조리하는 수 *비드*(sous vide)라는 또 다른 방법이 있다. 이 방법은 프랑스 기술로 시작되었으며 문자 그대로 "진공 상태"를 의미한다. 이 방법은 음식이 조리되는 온도를 신중하게 제어한다. 일반적으로 음식을 먹을 때와 같은 온도이다. *수 비드*는 여전히 물을 요리 매체로 사용한다. 그러나 끓이거나 찌는 것과 달리 음식은 실제로 물에 닿지 않는다. *수 비드*는 화학 실험실에서 사용되는 것처럼 온도 제어 수조를 사용하여 작동한다. 이 기기에서 순환되는 물은 연어 살코기의 경우 49°C(120°F)와 같은 특정 온도가 된다(그림 10.8). 음식을 원하는 대로 양념하고 진공 밀봉된 비닐봉지에 넣는다. 비닐봉지를 수조에 넣으면 온도 조절이 유지되고 음식이 조리되기 시작한다. *수 비드*는 일반적으로 과정이 더 긴 요리이다. 예를 들어, 여러 육류 조리법은 48~72시간의 요리 시간이 필요하다. 긴 조리 시간에도 불구하고 수조의 온도가 유지되는 한 음식이 너무 익지 않는다. 그러나 고기 전체가 같은 온도에 있기 때문에 음식이 비닐봉지에서 나올 때 검게 되거나 갈변이 나타나지 않는다. 많은 *수 비드* 조리법은 원할 경우 Maillard 반응을 일으키기 위해 뜨거운 그릴이나 프라이팬에서 짧은 시간 동안 굽기도 한다.

그렇다면, 왜 공기 없이 요리하는가? 그 답은 정말 실용적인 것이다. 비닐봉지에 넣어서 조리할 경우 음식은 수조에서 지저분해지고, 그 안에 기포가 든 비닐봉지가 물에 떠다니면서 음식에 열전달이 고르지 않게 된다. 비닐봉지에 넣는 데는 과학적인 이유도 있다. 온도 조절을 일관하게 하는 것은 대부분의 조리법에서 매우 중요하다. 그러나 공기는 열 전도체가 좋지 않고 고르지 않은 열전달을 일으킬 수 있다. 게다가, 음식은 즙을 많은 가지고 있어야 하는데 진공으로 하지 않으면 물은 증발될 공간이 있으면 증발한다. 공기(그리고 여분의 부피)를 제거하여 진공으로 만들면 음식에서 물이 증발하지 않는다. 따라서 *수 비드* 요리법의 일부 이점은 식품의 온도와 질감의 일관성이 좋아진다는 점이다. 다음의 조리법으로 *수 비드*를 연습할 기회를 갖게 될 것이다. 이어지는 활동 학습들은 이 조리법의 가능한 환경 및 건강에 대한 영향을 조사할 것이다.

그림 10.8 *수 비드* 조리법.
©PhotoCuisine RM/Alamy

향기로운 수 비드 연어 요리
(분량: 4인분)

조리법 I: 생선 양념 혼합물을 만드는 재료
헤이즐넛 50 g
참깨 44 g
고수 씨앗 12 g
양귀비 씨앗 10 g
말린 생강 4 g
식용 소금 4 g
말린 카모마일 꽃 2.5 g

생선 양념 혼합물 만들기

- 176°C에서 헤이즐넛 껍질이 진한 갈색이 될 때까지 굽는다. 10분 후에 색상 확인을 시작한다. 헤이즐넛이 식으면, 천으로 문질러 껍질을 제거한다. 껍질 벗긴 견과류를 잘게 다진다.
- 프라이팬에 참깨를 중간 불로 저어서 튀어 오르기 시작할 때까지 볶는다. 이 과정은 약 3분이 걸린다. 절구와 절구 공이를 이용하거나 커피 분쇄기로 씨앗을 갈아준다.
- 프라이팬에서, 고수 씨앗이 향기롭고 황금빛 갈색이 될 때까지 중간 불로 가열한다. 이 작업은 약 3분 정도 걸린다. 막자사발과 막자를 사용하거나 커피 분쇄기를 사용하여 씨앗을 갈아준다.
- 모든 재료를 섞고, 거친 가루로 갈아준다. 필요한 경우 한꺼번에 작업한다.

조리법 II : 향기로운 연어 요리를 만드는 재료
물 1 kg
식용 소금 50 g
설탕 40 g
연어 살코기 600 g (약 4개)
살코기당 올리브 기름 또는 녹인 버터 30 g
무염 버터 80 g
생선 양념 믹스 15 g

향기로운 연어 만들기

- 소금과 설탕을 물에 녹여 소금물을 만든다.
- 소금물을 지퍼 백에 넣고 연어 살코기를 이 지퍼 백에 넣는다. 3~5시간 동안 냉장 보관한다.
- 큰 수조를 46°C로 가열한다. 수조는 46°C의 일정한 온도로 유지해야 한다.
- 소금물 용액에서 연어 살코기를 꺼내서 각 살코기를 기름이나 녹인 버터가 들어 있는 지퍼 백에 넣는다. 지퍼 백에서 가능한 한 많은 공기를 제거하고 밀봉한다.
- 지퍼 백의 살코기를 수조에 담근다. 연어가 45°C의 온도에 도달하도록 한다. 두께가 2.5 cm(1 인치)인 살코기의 경우 약 25분이 소요된다.
- 살코기가 익기 직전에 프라이팬에 무염 버터를 중약불로 녹인다.
- 녹은 버터에 생선 양념을 넣고 버터가 가볍게 거품이 날 때까지 열을 높인다.
- 버터 양념 혼합물에 살코기를 넣고 한 면당 약 30초 동안 가열한다.
- 바로 시식한다.

Source: Recipe from N. Myhrvold and M. Bilet, *Modernist Cuisine at Home* (The Cooking Lab, 2012).

활동 학습 10.12 ▸ *요리 기술의 지속 가능성*

이 장에서 이야기한 요리 방법의 다른 방법들에 대해 생각해보라. 각 방법에 대한 장단점 목록을 작성하라. 목록에 따르면 가장 환경적으로 지속 가능한 방법은 무엇인가? 설명하라.

활동 학습 10.13 ▸ *화학적으로 스며드는 위험성?*

수 *비드* 요리를 설명한 책자 중 하나인 *현대 가정 요리*(Modernist Cuisine at Home)는 요리를 위해 특별히 제작된 비닐봉지가 안전하다고 주장한다.

a. 이러한 특별히 제작된 수 *비드* 봉지에는 어떤 유형의 중합체(polymer)가 사용되는가?

b. 이 특별하게 제작된 요리 봉지는 원치 않는 화학 물질이 우리 음식에 스며드는 것을 방지하는가? 인터넷을 사용하여 답하라. 일반적으로 수 *비드* 요리에 사용되는 온도에서 중합체가 어떻게 되는지를 고려하라.

c. 특별하게 만든 수 *비드* 비닐봉지 대신 다른 저렴한 봉지(예: Ziploc)를 사용하면 화학 물질이 식품에 스며들 위험이 더 커지겠는가? 설명하라.

관련 절

몇 가지 일반적인 중합체의 유형과 그 특성은 제9장에 설명되어 있다.

10.7 빠르고 쉬운 전자레인지 요리

업무 일정이 바쁘고, 근무일이 길어지면서, 많은 사람들이 매번 처음부터 과정이 복잡한 음식을 만들 충분한 시간을 갖지 못하고 있다. 점점 더 바쁜 사회에서 전자레인지 요리는 그 속도와 단순함 때문에 가장 인기 있는 요리 형태가 되었다. 그러나 음식의 질은 화학 반응과 그에 따른 풍미가 더 좋도록 더 잘 통제할 수 있는 화덕이나 오븐에서 요리하는 것만큼 바람직하지 않다.

배고프지 않다니 무슨 말이야? 엄마가 너를 위해 전자레인지에서 2분 동안이나 요리를 하셨어!

Source: Original Artist., Reproduction rights obtained from www.cartoonstock.com.

활동 학습 10.14 ▸ *전자기 스펙트럼의 재복습*

제3장에서는 전자기(EM) 스펙트럼의 다양한 영역에 대해 논의하였다.

a. UV, IR 및 마이크로파 영역의 상대적 에너지와 파장을 설명하고, 이러한 각각의 에너지가 물 분자에 어떤 영향을 미치는지 도표(즉, 결합 절단, 결합의 신축 진동 또는 분자 회전)를 작성하라.

b. 한 회사는 음식을 요리하는 데 라디오파를 사용하는 새로운 종류의 요리 기구를 가지고 있다고 주장하였다. 그 기구는 음식이 더 균일하게 조리되고, 마이크로파를 사용하는 것보다 음식의 질이 좋다는 주장이다. 이 주장을 믿는가? 설명하라.

마이크로파 복사선은 UV, 가시광선 또는 IR 복사선보다 에너지가 낮고 파장이 길기 때문에, 개별 화학 결합을 절단하지 못한다. 대신 마이크로파 복사선은 식품의 물, 지방 및 설탕 분자에 흡수되어 이러한 분자를 회전시킨다(그림 10.9). 분자는 초당 약 250만 번 회전하기 때문에 서로 쉽게 부딪히고 마찰할 수 있어 마찰력으로 인해 열이 생성된다. 전자

사전 지식 *Did You Know* ?

전자레인지 앞쪽 창을 자세히 보면 금속 망이 보인다. 이것은 가시광선에는 투명하지만 마이크로파 복사선에는 불투명하도록 설계되었다. 즉, 이 망의 구멍은 마이크로파의 파장보다 작지만 가시광선이 여전히 통과할 수 있을 만큼 충분히 크다.

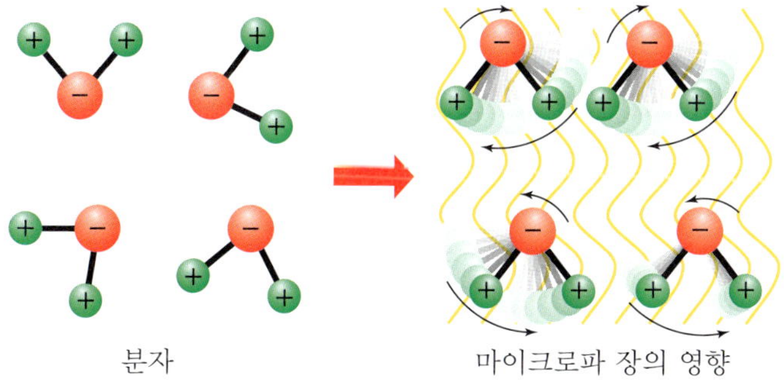

그림 10.9

외부에서 가해 준 마이크로파 장(microwave field)에 대한 감응으로 극성 분자가 회전하는 그림. 마이크로파 복사의 애니메이션 모의실험을 보려면 www.acs.org/cic의 애니메이션을 확인하라.

©2018 American Chemical Society

전자레인지는 위험한가? 이 동영상을 확인하라: www.acs.org/cic.

레인지는 약 1~1.5인치 깊이까지 식품을 관통한다. 따라서 두꺼운 음식 조각에서는 전자레인지가 효과적으로 중앙에 도달하지 못한다. 음식을 뜨거운 공기로 가열하는 기존의 오븐과 달리 전자레인지에서 조리한 음식은 일반적으로 오븐 내부의 공기가 상온이기 때문에 갈색으로 되지 않고 바삭하게 되지도 않는다.

활동 학습 10.15 ▶ *전자레인지 요리와 기존 오븐 요리의 비교*

음식을 전자레인지에서 조리할 때 발생하는 열전달과 기존 오븐에서 요리할 때 발생하는 열전달의 차이를 스케치하고 비교하라. 어떤 사람들은 전자레인지가 음식을 안쪽에서 바깥쪽으로 요리한다고 주장한다. 정확한가?

금속은 마이크로파 복사선을 흡수하지 않고 대신 이 파장을 반사한다. 따라서 알루미늄과 같은 금속을 오븐 측면에 사용하여 마이크로파가 빠져나가지 못하도록 하면서, 오븐 외부의 물체(예: 오븐 바깥에 있는 사람)에 마이크로파가 닿는 것을 방지한다!

전자레인지 내부는 금속을 사용하는데, 오븐 내부에 금속 물체를 두는 것이 위험한 이유는 무엇인가? 제1장에서 공부했듯이 금속은 전기의 훌륭한 전도체이다. 따라서 마이크로파가 금속에 쪼여지면 표면의 전자가 빠르게 측면으로 이동하여 마이크로파가 식품에 흡수되는 것을 방지한다. 복사선은 반사되어 금속 물체와 오븐의 금속 벽 사이에 아크(눈에 보이는 스파크)를 형성하게 된다. 이것은 *마그네트론*(magnetron)이라고 하는 마이크로파를 방출하는 장치의 고장을 유발할 수 있으며 종종 오븐 벽을 손상시킨다.

사전 지식 *Did You Know* ?

매끄러운 새 알루미늄 호일만 사용해야 한다. 주름진 호일은 전자레인지의 반사를 증가시킬 수 있다. 또한 호일은 오븐 벽에서 1인치 이상 떨어져야 한다. 오븐에 금속 선반이나 금속 턴테이블이 있는 경우, 식품을 호일 용기나 금속 팬 안에 넣지 않아야 하며 식품 차폐에 사용되는 호일이 금속 선반이나 턴테이블에 닿지 않아야 한다.

일반적인 믿음과는 달리, 알루미늄 호일과 같은 소량의 금속을 전자레인지에 넣는 것은 실제로 안전할 수 있다. 단, 전자파가 흡수되지 않고 위에서 설명한 위험한 반사나 아크 방전 상황을 초래하기 때문에 식품 물품을 완전히 덮는 용도로 사용해서는 안 된다. 그러나 닭다리 같은 특정 부위가 너무 익지 않도록 하기 위해 *구겨지지 않은* 알루미늄 포일의 작은 조각을 덮는 것은 괜찮다.

활동 학습 10.16 ▶ *요리 방법의 지속 가능*

표준 요리용 전기 레인지를 사용하는 것과 비교하여 전자레인지를 사용하여 물을 끓이기 위해 소비되는 전기량 및 관련 온실 기체(greenhouse gas, GHG)의 양을 계산하라. 가스레인지로 물을 끓일 때 발생하는 온실 기체의 배출량에 대해 이 값을 비교하라. 연간 평균 요리 시간을 고려할 때 이러한 각 요리 방법의 전반적인 지속 가능성에 큰 차이가 있는가?

10.8 화학으로 요리하기 : *열을 사용하지 않는 음식 만들기*

우리와 마찬가지로 식품에 존재하는 해로운 미생물도 생존하려면 물이 필요하다. 따라서 단순히 물만 제거해도 식품을 보존할 수 있다. 식품의 건조와 보존 처리는 인간이 오랫동안 식량 공급을 유지하는 데 필요한 관행이었다. 특히 식품을 건조시키면 해로운 미생물이 자랄 수 없거나 쉽게 번식할 수 없는 열악한 환경 조건이 되기 때문이다. 느리게 건조하는 과정은 과일과 야채, 고기에 존재하는 물을 간단히 제거하여 그들을 썩지 않게 보존한다(그림 10.10).

삼투작용의 응용으로서, *염장법*(salting)이라고 알려진 방법은 식품의 물을 제거하기 위해 소금(염화 소듐)을 사용한다. 또한 아질산(NO_2^-) 이온 및 질산(NO_3^-) 이온을 포함하고 있는 염장법은 항산화 특성 때문에 박테리아도 죽이고, 실제로 고기에 풍미를 더한다.

그림 10.10

말린 과일 및 소금에 절인 고기.
(*왼쪽*): ©Shutterstock/Pakhnyushchy; (*오른쪽*): ©Pixtal/AGE Fotostock

아질산염과 질산염은 고기에서 더 분해되어 산화 질소(NO)가 되는데, NO는 헤모글로빈에 있는 철에 결합되어 고기가 더 이상 산화되는 것을 방지한다.

고기의 훈연(smoking) 방법은 기술적으로는 여전히 열전달의 응용이며, 훈연은 오랜 시간에 걸쳐 행해진다. 일반적으로 훈연에 사용하는 연기는 몇 가지 종류의 나무를 태워서 생성시키며, 이 연기는 여러 시간에 걸쳐 고기와 상호 작용한다. 훈연 과정에서 중요한 특정 단백질은 주로 동물의 결합 조직에서 발견되는 *콜라겐*이다. 적절한 시간과 온도에서 콜라겐은 젤라틴으로 전환된다(그림 10.11). 젤라틴은 콜라겐보다 수용성이 높고, 먹기에 좋은 부드러운 품질의 고기가 된다. 게다가, 사람들은 훈연 고기의 고기 껍질 바로 아래가 분홍색으로 변색된 것을 훨씬 선호하는데, 연기에서 나오는 이산화 질소(NO_2)는 고기에 들어 있는 화합물과 상호 작용하여 더 산성 환경을 형성하기 때문에 고기가 분홍색으로 변색되는 것이다.

훈연은 육류에만 적용되는 것은 아니다. 감자, 옥수수, 가지, 애호박, 토마토 등이 훈연을 가장 많이 식품이며, 훈연하지 않은 원래의 맛과 닮지 않은 다양한 맛을 만들어 낸다. 견과류도 훈연하여 그대로 먹거나, 심지어는 견과류를 기반으로 한 독특한 종류의 비유제품 치즈로 변형시킬 수 있다.

음식에 화학적 변화를 일으키는 또 다른 방법은 산성의 재움용 양념(marinade)을 사용하는 것이다. 감귤류 즙이 생선 살코기와 접촉 시간이 길어지면 훌륭한 맛을 내며, 또한 냄비나 그릴의 열이 단백질을 변성시키는 역할을 한다. 다른 문화권에서 파생된 음식인 *세비체*(ceviche)는 해산물을 회처럼 얇게 잘라 레몬즙이나 라임 즙에 새운 후 차갑게 먹는 것으로서, 다양한 유형이 있지만 모든 유형은 일차적인 성분으로 몇 가지 종류의 산이 포

건강에 대한 알림 사항: 아질산염과 질산염을 사용하는 데 인체 유해성에 대한 논란이 있다. 그러나 이러한 아질산 이온과 질산 이온은 그 자체로 해롭지 않으며, 실제로 많은 채소에서 자연적으로 발견되어 항산화제 역할을 한다. 그러나 이들 이온은 고열(예: 튀긴 베이컨) 또는 산성 환경(예: 인간의 위)에 노출되면 단백질의 아민 기와 반응하여 *나이트로사민*(nitrosamine)으로 변환된다.

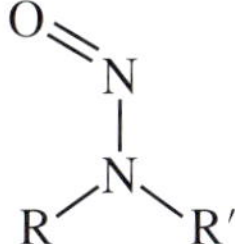

나이트로사민 화합물은 라텍스 제품과 담배에서도 발견되며 발암 물질로 확인되었다.

사전 지식 *Did You Know*

젤라틴은 젤리의 주요 화학 물질이다.

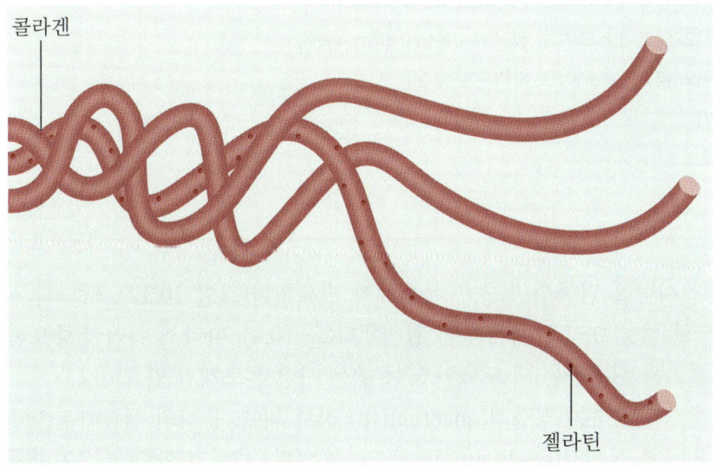

그림 10.11

콜라겐의 삼중 나선 구조가 열적으로 풀려서 젤라틴 가닥이 형성되는 그림.

©2018 American Chemical Society

이 동영상을 통해 생선초밥(sushi)의 흥미로운 화학을 발견하라: www.acs.org/cic.

함된다. 고산성 환경은 또한 많은 해로운 미생물들을 죽일 수 있다.

채소를 식초-소금물에 절인 피클링(pickling)은 소금과 질산염 및 산을 모두 사용하는 습식 소금절이 과정이다. 세비체를 준비하는 것과 달리 피클링은 식품을 만드는 데 훨씬 더 긴 시간 동안 노출(수주 또는 수개월)이 필요하다. 예를 들어, 다른 문화적 전통에서 파생된 두 가지 음식인 사우어크라우트(sauerkraut, 소금에 절인 양배추)나 김치를 생각해 보자. 가장 간단한 수준에서, 이 두 가지 요리 모두 채소를 새로운 식품으로 바꾸기 위해 *혐기성*(anaerobic, 산소가 없는) 환경에서 생 배추를 식초에 노출시키는 과정이 포함된다.

활동 학습 10.17 ▶ *음식 준비 확인*

지난 3일 동안 먹은 음식에 대한 일기를 써라. 섭취한 음식 중에서 방금 배운 음식을 만드는 기술(건조 및 소금 절임, 훈연, 산성의 재움용 양념에 재움 또는 피클링)을 확인할 수 있는가?

10.9 | 음식이 완성되었는지 어떻게 알 수 있는가?

레시피는 시간이 지남에 따라 응용되고 개선이 되기 때문에, 음식의 조리할 때의 열전달을 위한 특정 온도(예: "오븐을 218°C로 설정")와 전달 유지 시간을 알려준다. 이 조리 지시서는 음식이 적절한 수준의 맛과 식감에 도달할 수 있는 재현 가능한 방법을 제공한다.

다양한 종류의 온도계가 열전달에 적합한 최적의 온도를 감지하여 원하는 음식을 만드는 데 사용된다. 내부 온도를 점검하는 것 외에도 음식을 기름에 튀길 때 신뢰할 수 있는 온도계가 필요하다. 예를 들어, 닭을 튀기기 위해서 몇몇 레시피에서는 기름이 149~163°C가 되어야 하고, 닭이 요리하는 동안 177~191°C를 유지해야 한다고 명시한다. 낮은 온도에서는 사람들의 건강에 좋지 않고 덜 익고 눅눅한 닭고기가 요리될 위험이 있다.

건강과 안전의 알림 사항: 레스토랑 메뉴에서 "날고기 또는 덜 익힌 육류, 가금류, 해산물, 조개류 또는 계란을 섭취하면 식중독에 걸릴 위험이 있다."라는 메시지가 표시된 것을 볼 수 있다. 이것은 풍미를 위해 조리 시간을 짧게 하면 섭취하기에 안전하지 않을 수 있음을 알려준다. 특정 온도로 조리하지 않은 음식에는 배탈을 유발하는 해로운 박테리아가 여전히 포함되어 있을 수 있다. 미국 농무부(U.S. Department of Agriculture, USDA)의 식품 규정에 따르면 이러한 권장 조리 온도 이하로 조리된 식품을 선택할 때 이를 알려야 하도록 규정하고 있다.

활동 학습 10.18 ▶ *요리 온도*

인터넷이나 좋아하는 요리책을 사용하여 아래에 고기를 요리하는 데 필요한 권장 온도를 나열하라. 미국 보건 복지부(U.S. Department of Health & Human Services)가 제안한 최저 온도보다 낮은 육류 요리는 어느 것인가?

- **a.** 쇠고기와 양고기 스테이크, 덜 익힌(rare)
- **b.** 소고기와 양고기 스테이크, 약간 덜 익힌(medium-rare)
- **c.** 소고기와 양고기 스테이크, 중간으로 익힌(medium)
- **d.** 소고기와 양고기 스테이크, 적당히 구운(medium-well)
- **e.** 소고기와 양고기 스테이크, 바싹 구운(well)
- **f.** 닭고기
- **g.** 칠면조
- **h.** 햄

딱딱한 사탕을 만들려면 좋은 온도계가 필요하다(그림 10.12). 딱딱한 사탕의 종류는 일반적으로 설탕 요리 단계에 따라 결정된다(표 10.4). 따라서 이러한 중요한 단계와 원하는 사탕 결과를 해독하는 데 도움이 되는 좋은 사탕 온도계가 필요하다.

온도계가 제공하는 **정량적**(quantitative) 정보 외에, 음식의 질감과 단단함의 변화로부터 조리 완료를 **정성적**(qualitative)으로 알 수 있다. 음식의 화학 물질이 반응하여 새로운 속성을 가진 새로운 화학 물질로 변형되기 때문에, 요리 결과에 도달하는 과정에서 설

표 10.4 사탕 만들기와 관련된 단계 및 온도*

단계	온도 범위(°C)	설탕 농도(%)
실(예: 시럽)	110~112	80
부드러운 공(soft ball) [예: 퍼지(fudge)]	112~116	85
단단한 공(firm ball) (예: 부드러운 캐러멜 사탕)	118~120	87
하드볼(hard ball) [예: 누가(nougat)]	121~130	90
소프트 크랙(soft crack) [예: 태피(taffy)]	132~143	95
하드 크랙(hard crack) [(예: 토피(toffee)]	146~154	99
투명한 액체	160	100
갈색 액체(예: 액체 캐러멜)	170	100
탄 설탕(burnt sugar)	177	100

*모든 온도는 해수면 대기압인 1 atm에 해당함.

명한 이러한 모든 특성 변화가 발생한다는 것을 다시 한 번 인식하라. 굽는 요리의 장인(grill master)들은 종종 "주먹 테스트"를 사용하여 고기가 완전히 익었는지 확인한다. 이것은 주먹을 만들고 엄지와 검지 손가락 사이의 살을 두드린 다음 그 감촉을 요리하는 고기와 비교하는 것이다. 예를 들어, 주먹을 느슨하게 움켜쥐었을 때의 단단함은 "덜 익힌(rare) 온도를 나타내는 반면, 완전히 움켜쥔 주먹은 "완전히 익힌(well done)" 온도를 나타낸다.

표 10.4에서 첫 번째 열은 질감 평가로 해석될 수 있다. 이제, 사람들은 열거된 온도에서 설탕을 만져서 이러한 각 단계를 확인하지는 않는다. 대신에 이것들은 측정된 온도에서 설탕의 작은 시료를 채취하여 그것을 차가운 물에 떨어뜨려서 결정한다. 일단 충분히 식은 다음, 핀치 시험(엄지와 다른 손가락으로 꼭 집어서 하는 시험)을 해보면 단계를 결정하는 데 도움을 줄 수 있다. 한번 만들어 보라! 좋은 냄비, 사탕 온도계, 설탕, 요리법, 차가운 물, 약간의 "순수한 상상력"을 포함한 적절한 장비를 찾아서 사탕을 만들어라!

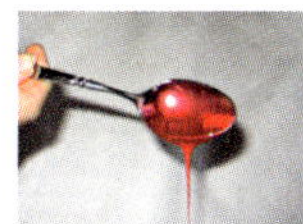
실 단계

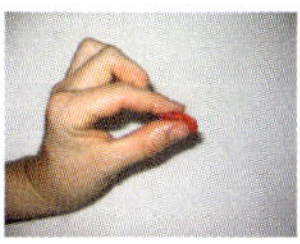
부드러운 공 단계

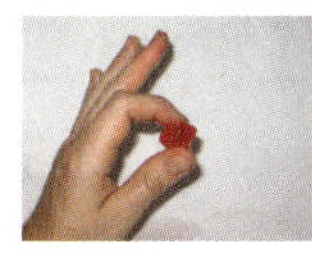
단단한 공 단계

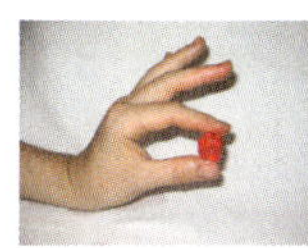
딱딱한 공 단계

소프트 크랙 단계

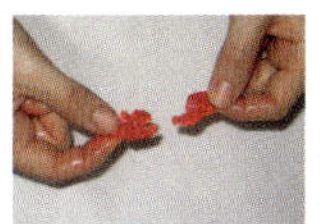
하드 크랙 단계

갈색 액체 단계

그림 10.12
사탕 만들기의 7단계.
©Elizabeth LaBau

크리미 캐러멜
(분량: 사탕 64개)

재료

잘게 썬 피칸(pecan) ½컵
설탕 2컵
헤비 휘핑크림 2컵
라이트 콘시럽 ¾컵
마가린 또는 버터 ½컵

과정

- 버터를 바른 사각형 베이킹 팬에 피칸을 뿌린다.
- 냄비에 중불로 계속 저으면서 설탕, 크림, 옥수수 시럽, 버터를 끓인다.
- 사탕 온도계를 사용하여 118°C로 조리한다. 사탕 온도계가 없다면 아주 차가운 물에 소량의 혼합물을 떨어뜨렸을 때 단단한 공이 만들어지면 완성된 것이다.
- 피칸과 함께 팬에 위에서 만든 캐러멜을 뿌리고 식힌다.
- 사각형으로 자른다.

Source: Recipe from *Betty Crocker's Cookbook*, General Mills, Inc. (New York: Prentice Hall, 1991).

밀도(물질 또는 혼합물의 질량 대 부피 비율)는 조리 제품의 소비 적합성에 대한 중요한 정보를 나타낸다. 영화 "Willy Wonka"(1971)를 본 적이 있다면 Wonka씨가 이 개념을 사용하여 자신의 거위가 낳은 나쁜 황금 알에서 좋은 점을 발견했음을 기억할 것이다. 그는 같은 부피의 알의 질량을 확인했다. 나쁜 계란은 수돗물에 뜨고, 좋은 계란은 일정한 농도의 소금물에 뜬다. 왜 그런 거지? 계란 껍질은 실제로 약간 다공성이며 시간이 지남에 따라 박테리아가 계란 속으로 들어갈 수 있다. 박테리아가 내부에서 자라면서 황화 수소(H_2S)를 생성한다. 이 기체는 "썩은 계란" 냄새를 풍긴다. 물론, 나쁜 계란을 깨면 악취가 즉시 감지된다. 그러나 상처가 없는 나쁜 계란 안에서 기체가 쌓이면 좋은 계란보다 밀도가 낮아져서 수돗물에 뜨는 이유가 된다.

와인 제조업자는 와인의 발효 중 글루코스 함량 변화로 인한 밀도 변화를 이용한다. **비중계**(hydrometer)는 액체의 밀도 변화를 측정하는 데 사용되는 도구이다(그림 10.13). 효모가 글루코스를 소비함에 따라 와인 혼합물의 밀도가 감소하고, 비중계가 아래로 내려간다. 그런 다음 와인 제조업자는 원하는 당도를 기준으로 발효 과정을 중지할 시기를 결정한다.

굴절계(refractometry)는 용액의 당 함량을 결정하는 데 사용할 수 있는 또 다른 방법이다. 모든 용액은 빛을 흡수하고, 빛이 휘어지게 한다(즉, *굴절된다*). 굴절계는 이 굴절의 정도를 측정한다. 용액에 빛살이 통과할 때 용액은 공기와 다른 매체이기 때문에, 빛은 공기와 비교하여 용액에서 다른 속도로 이동한다. 용액의 밀도가 높을수록 통과하는 동안 빛은 더 많이 구부러진다. 모든 용액에 대해 굴절률과 **비중**(specific gravity) 사이에는 선형 관계가 존재한다. 여기에서 비중은 순수한 용매(일반적으로 물)의 밀도에 대한 용액 밀도의 비율이다(그림 10.14).

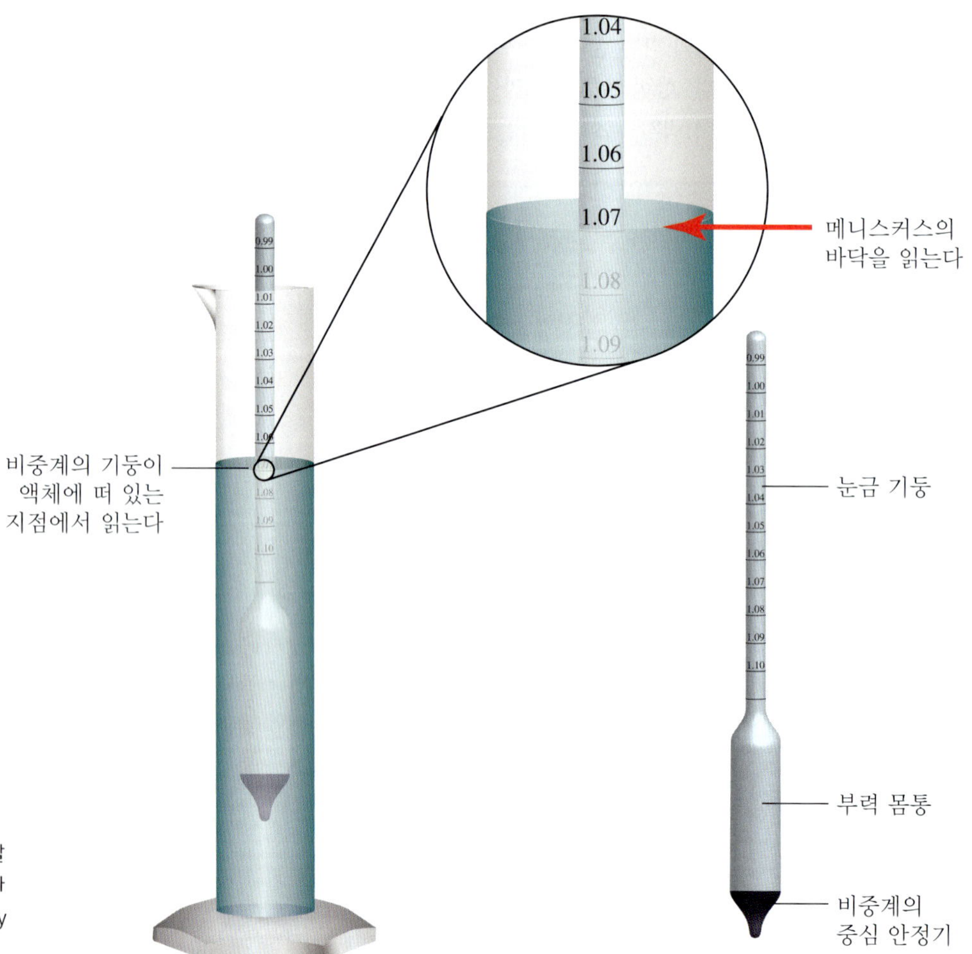

그림 10.13

간단한 비중계. 발효 전(원래의 비중)과 발효 후(최종 비중) 액체의 비중 측정값의 차이는 부피 기준 알코올 함량(alcohol by volume, ABV)을 계산하는 데 사용된다.

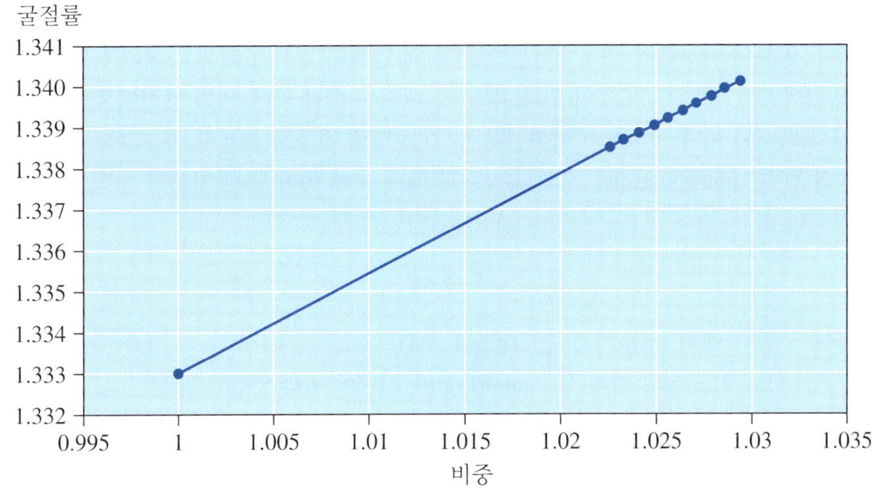

그림 10.14
바닷물 용액의 굴절률과 비중 간의 직선성 관계(20°C에서).

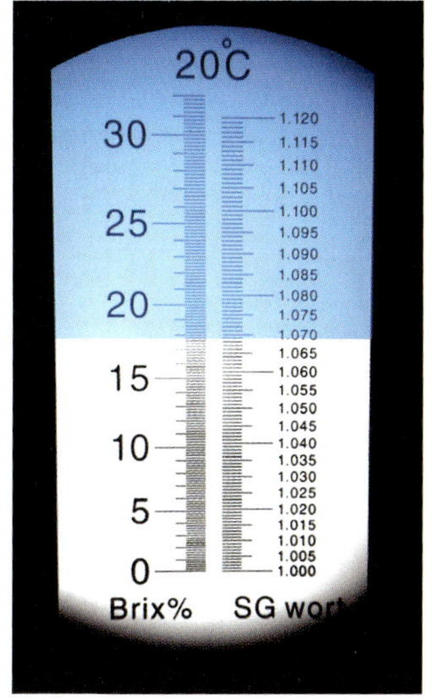

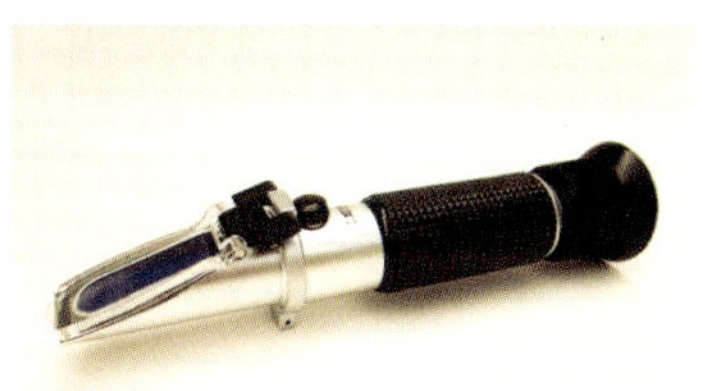

그림 10.15
수용액의 당 함량을 측정하기 위한 굴절계 및 Brix 척도. 액체 몇 방울을 프리즘에 올려놓고 빛이 통과하도록 한다. 용액의 비중(specific gravity, SG) 및 °Bx(또는 %)당 함량 값은 파란색과 흰색 영역이 교차하는 눈금에서 간단히 읽는다.
(*위, 아래*): ©McGraw-Hill Education. Mark A. Dierker, photographer

브릭스 척도(Brix scale, 그림 10.15)는 수용액의 당 함량을 정량적으로 나타내는 데 사용되며, 이때 1도 브릭스(°Bx)는 용액 100 g당 1 g의 설탕(즉, 1%는 브릭스 %)과 같다. 용액의 온도는 밀도에 영향을 미치기 때문에 굴절률이나 비중 측정은 일정한 온도(일반적으로 20°C)에서 측정해야 한다.

활동 학습 10.19 ▶ *브릭스 척도*

그림 10.15에 표시된 굴절계 판독 값의 경우 수용액의 당 농도는 얼마인가? 농도를 % 및 몰농도(M)로 나타내라.
힌트: 용액의 밀도는 1.06 g/mL이다.

활동 학습 10.20 ▶ *변덕스러운 소다 캔*

싸니나 야외 바비큐 파티에 가본 적이 있을 것이다. 그곳에서 파티 주최자들은 여러 가지 일반 음료와 다이어트 음료를 얼음물이 담긴 쿨러나 수조에 넣어 놓는다. 모든 캔들이 떠 있을까 아니면 가라앉아 있을까? 아니면 일부는 떠 있고 일부는 가라앉아 있을까? 다양한 종류의 탄산음료의 구성 측면에서 무엇이 이러한 차이가 나게 하는지 생각해 보라. 왜 이런 일이 발생하는지 알아내기 위해 연구를 진행하라.

10.10 주방에서 물질의 세 가지 상태 활용

우리가 먹는 식품에 함유된 화학 물질을 조합하고 다양하게 만드는 기술은 다양한 물리적 상태가 관여한다. 앞에서 설명한 좋은 향기는 약간 높은 온도에서 기체를 형성하는 방향족 화학 물질에서 나온다. 그리고 이러한 화학 물질은, 예를 들어 닭고기 수프의 냄새는 우리를 유혹하고, 썩은 계란 냄새를 내는 이황화 수소는 우리를 도망치게 만든다. 수증기(증기)는 음식에 열을 전달하는 능력이 아주 뛰어나서 음식을 조리하는 데 사용된다. 그러나 액체와 고체는 음식을 만드는 동안 수많은 방식으로 나타난다. 그러나 더 특징적인 것은 이러한 상태가 다양한 음식이 만들어지는 데 상호 작용하는 방식이다.

탄산음료는 우리에게 꽤 친숙하다. 탄산음료, 맥주, 샴페인은 모두 용해된 이산화 탄소를 이용한다. 봉인된 플라스틱 소다 병을 보면 거품이 눈에 띄지 않을 것이다. 그러나 병을 여는 순간(봉인을 깨는 순간) 거품이 액체를 통해 흩어지며 수면에서 빠져나온다. 때때

©McGraw-Hill Education

Henry의 법칙에 대한 재미있는 시범 실습을 보려면 이 동영상을 확인하라: www.acs.org/cic.

로 이것은 액체에서 다소 강렬한 폭발을 일으킬 수 있다. 그 이유는 간단하다. 압력의 변화 때문이다. 밀봉된 탄산음료 용기에서는 액체 위의 압력이 높아서 액체 속에 이산화 탄소 기체가 용해되도록 하는 데 도움이 된다. 봉인이 깨지는 순간 액체 위의 압력이 감소하고 기체 이산화 탄소는 이제 액체에서 빠져나올 수 있는 압력 감소로 충분한 에너지를 갖게 된다. **Henry의 법칙**(Henry's law)은 기체의 압력과 액체 속에 녹아 있는 기체의 농도 사이의 관계를 설명한다.

$$C = kP \qquad [10.3]$$

여기에서: C = 액체 내의 기체 농도(mol/L, M)
k = Henry의 법칙 상수(mol/L·atm, 기체에 따라 다름)
P = 용액 위의 기체의 압력(atm)

활동 학습 10.21 ➤ *김빠진 콜라*

밀봉된 코카콜라 500 mL 병의 CO2 압력이 1.25 atm이다. Henry의 법칙을 사용하여 이산화 탄소가 녹아 있는 이 병의 이산화 탄소 농도를 계산하라. 또한 이 병을 25°C에서 개봉한 후의 이산화 탄소의 농도와 비교하라. 이산화 탄소에 대한 Henry의 법칙 상수는 0.031 mol/L·atm이다. 병을 개봉 후 얼마나 많은 CO2(그램)가 배출되는가? *힌트*: 주변 대기압이 1.00 atm이라고 가정하라.

액체나 고체에 기체를 가두면 거품이라고 하는 *거품* 혼합물이 만들어진다. 휘핑크림, 면도 크림, 또는 거품 비누 등 이미 거품에 익숙할 것이다. 요리 세계에서는 거품이 요리에 대한 맛과 식감의 미묘한 뉘앙스를 만들어 내는 데 사용될 수 있다. *바닐라와 시나몬 크림 거품이 들어간 애플파이 같은 것*은 어떤가? 흥미로운가? 맛이 있는가? 거품 식품은 녹말, 젤라틴, 달걀 또는 한천으로 만든 진한 맛의 액체로부터 시작한다. 그 다음 사이펀과 같은 장치를 이용해 아산화 질소(N_2O)와 같은 기체를 액체에 고압으로 주입한다. 여기에서 노즐이 작동되면 거품이 발생한다. 아주 작은 기포가 두꺼운 액체에 주입되어 갇혀서 먹을 수 있는 거품을 만든다. 아산화 질소는 흡입하면 "몸이 붕 뜨는 느낌"을 유발할 수 있다고 들어봤겠지만, 먹었을 때는 안전한 성분이다!

©jantenthousand/Shutterstock

사과 거품을 곁들인 딸기 주스
(분량: 6온스 4인분)

재료

24온스의 딸기 주스(구입하거나 주스기로 직접 만든다!)
신선한 풋사과 주스 12온스(원하는 경우 주스기를 사용하여 만든다.)

과정

- 4개의 차가운 잔에 각각 6온스의 딸기 주스를 넣는다.
- 휘핑 용기에 사과 주스를 넣어라. 너무 많이 채우지 말 것.
- 아산화 질소 카트리지 1개를 사용하여 용기를 충전한다. 5~10초 동안 계속 흔든다.
- 딸기 주스에 용기의 사과 거품을 넣는다.

Source: Recipe from N. Myhrvold and M. Bilet, *Modernist Cuisine at Home* (The Cooking Lab, 2012), pp. 18 and 161.

또한 액체에 공기를 불어넣어 휘저어도 거품이 만들어진다. 이 과정은 더 힘들기는 하지만 친숙한 멋진 결과[휘핑크림과 머랭(meringues)]를 만들 수 있다.

예전에 파스타를 만든 적이 있다면, 그리고 물에 기름 두 방울을 떨어뜨려 보았다면 기름이 표면에 떠다니는 것을 보았을 것이다. 제5장에서 보았듯이 기름과 물은 섞이지 않는다. 기름은 비극성이고 물은 극성이다. 하지만 약간의 도움을 받으면 물과 기름이 섞이게 할 수 있다. 이것을 **유화**(emulsion)라고 하는데, 혼합물의 일종인 마요네즈의 기본이 된다. 기름과 물의 혼합물을 상당 시간 동안 흔들어 주면 유화가 오래 지속될 수 있다. 그러나 가만히 두면 두 물질이 다시 분리된다.

> **관련 절**
> 5.6절에서 극성 및 비극성 분자에 대해 배웠고, 분자간 힘이 용해도에 어떻게 영향을 미치는지 배웠다. *비슷한 것은 비슷한 것을 녹인다는* 사실을 기억하라.

마늘 & 고추 아이올리 소스

(분량: 1.25컵)

재료

껍질을 벗긴 큰 마늘 6쪽
코셔 소금 ¾티스푼
계란 노른자 2개
갓 짜낸 레몬즙 1티스푼
구운 붉은 고추를 대충 썬 것 ½컵(병에 든 제품 또는 직접 만든 것)
갓 짠 올리브 가름 ¾컵

과정

- 푸드 프로세서로 마늘을 잘게 썬다.
- 식용유를 제외한 모든 것을 푸드 프로세서에 넣고 재료가 잘 섞일 때까지 갈아준다.
- 푸드 프로세서를 계속 작동시키면서 혼합물에 점차적으로 기름을 첨가한다.
- 혼합물이 균일해질 때까지 계속 푸드 프로세서를 작동시킨다.

Source: Emeril Lagasse.com

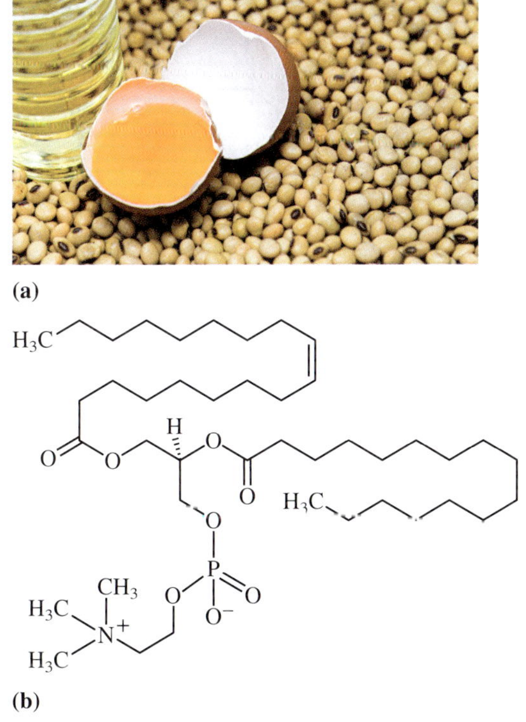

그림 10.16

레시틴의 세 가지 관점. 그림은 **(a)** 계란 노른자의 거시적 모습, **(b)** 구조와 **(c)** 레시틴을 포함하는 인지질 분자의 상징적 모습이다.

(a): ©Shutterstock/PeoGeo

구형화를 하는 시범 실험은 동영상을 확인하라: www.acs.org/cic.

마요네즈처럼 보다 영구적인 유화를 만드는 방법은 계란 노른자와 같은 *유화제*(emulsifying agent)를 첨가하는 것이다. 여러 화학 물질 중에 계란 노른자에는 *레시틴*(lecithin)이 포함되어 있다. 레시틴에는 **양쪽성**(amphiphilic)인 인지질 분자가 포함되어 있어 비극성 분자와 극성 분자 모두에 끌린다(그림 10.16). 마요네즈를 만들 때 레시틴의 극성 부분은 물 분자를 끌어당기는 반면, 레시틴의 비극성 부분은 기름을 끌어당긴다. 이 두 가지의 상반되는 성질을 갖는 화학 물질이 분자 경첩관절(molecular hinge)로 작용하여 결합된다.

주방에서 분자간 힘을 사용하는 또 다른 응용은 **구형화**(spherification) 과정이다(그림 10.17). 라텍스 풍선에 기체를 담는 것과 마찬가지로 젤과 같은 식용 막(membrane)을 사용하여 향이 나는 액체의 약간 "얼얼한" 맛을 담을 수 있다. 구형화의 한 종류는 수용성 탄

관련 절

탄수화물의 구조와 특성은 제11장에서 설명한다.

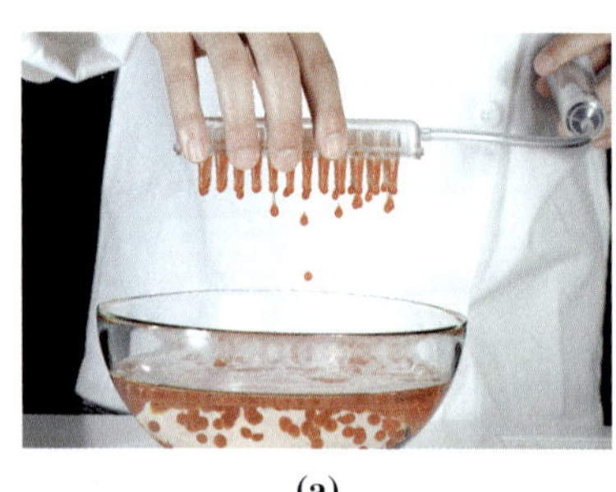

(a)

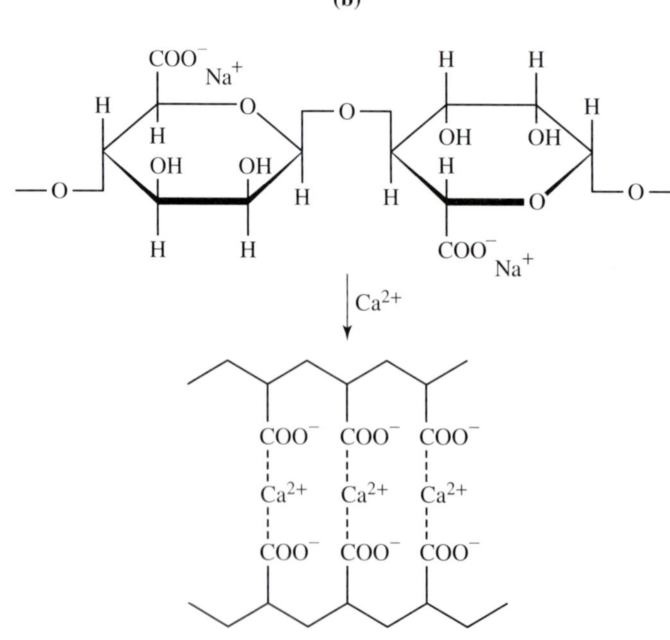

그림 10.17

구형화의 과정에 대한 세 가지 모습. **(a)** 생성물의 거시적 모습; **(b)** 칼슘(Ca^{2+}) 이온의 존재로 인한 개별 알긴산 가닥의 응집을 보여주는 개략도; 및 **(c)** 소듐 이온(Na^{+})이 칼슘(Ca^{2+}) 이온으로 대체될 때 결합되는 알긴산 분자들의 분자식 그림.

수화물 화합물인 알긴산 소듐(sodium alginate)을 사용한다. 긴 탄수화물 사슬은 용액에 있을 때는 연결되지 않은 상태로 떠 있다. 그러나 칼슘 이온이 추가되면 사슬이 서로 연결된다. 칼슘 이온은 고정 장치와 같은 역할을 하여 사슬을 서로 연결하고, 나머지 수용액 주위에 불침투성 젤 형태로 더 큰 분자 네트워크를 형성한다. 칼슘 이온의 수용액에 한 방울씩 맛을 첨가한 알긴산 소듐 용액을 한 방울씩 첨가하면 내부에 갇힌 향미 액체와 함께 작은 고체 구가 생성된다. 그런 다음, 여러분이 이들 구를 씹으면 이들 구는 "터져서" 구에 들어 있는 액체가 방출된다.

10.11 제빵사와 양조업자의 친구: *발효*

발효는 효모와 같은 미생물이 존재할 때, 당(sugar)의 혐기성 대사를 통해 발생하는 자연적인 과정이다. 이 효모는 글루코스나 프럭토스와 같은 단순 당을 섭취하여 유기체에 에너지를 제공하는 분자로 전환한다. 그림 10.18에서 볼 수 있듯이, 이 과정의 부산물은 에탄올(C_2H_5OH)과 이산화 탄소(CO_2)이다.

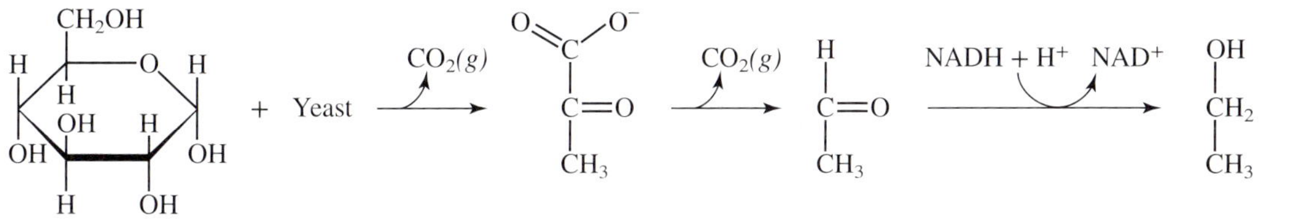

글루코스 + Yeast $\xrightarrow{CO_2(g)}$ 피루브산 이온 ($O{=}C(O^-)-C{=}O-CH_3$) $\xrightarrow{CO_2(g)}$ 아세트알데하이드 ($H-C{=}O-CH_3$) $\xrightarrow{NADH + H^+ \;\to\; NAD^+}$ 에탄올 ($OH-CH_2-CH_3$)

그림 10.18

발효 중 관련된 화학 반응. 글루코스는 효모와 결합하여 피루브산(pyruvate) 이온을 형성한다. *니코틴아마이드 아데닌 다이뉴클레오타이드*(NAD)라고 하는 알려진 효소는 아세트알데하이드가 에탄올로 변환되도록 도와준다.

제빵에 사용되는 효모는 빵을 부풀어 오르게 하는 이산화 탄소를 제공한다. 빵 반죽 내에서 효모는 발효되어 에탄올과 이산화 탄소 부산물을 생성한다. 이산화 탄소는 반죽에서 기포를 형성하며, 이는 긴 사슬 분자(일반적으로 단백질 또는 다당류)에 의해 형성된 반고체 매트릭스에 갇혀 있다. 빵에 구멍이 뚫려 있는 동안 에탄올은 제빵 과정에서 증발한다. 이 과정은 식감이 좋고 통기성이 좋은 빵이 되게 한다.

맥주, 와인 및 증류주의 생산에는 에탄올이 빠져나가지 않는다는 점을 제외하면 동일한 공정이 사용된다. 에탄올이 포함되어 있기 때문에, 출발 혼합물에 따라 다양한 제품이 형성될 수 있다. 알코올성 음료 생산에 사용되는 주요 성분은 과일(와인과 사과주), 곡물(맥주, 위스키 및 보드카), 쌀(막걸리) 또는 꿀, 사탕수수 및 당밀(벌꿀 술 및 럼주) 등이다. 알코올 자체에는 다소 바람직하지 않은 쓴 맛이 있다. 그러나 발효 과정에서 파생된 알코올은 독특하고 독특한 풍미를 만든다.

©2018 American Chemical Society

발효의 응용(최고의 도넛 만들기)에 대하여 이 동영상을 확인하라: www.acs.org/cic.

알코올은 지용성인 동시에 수용성이다. 에탄올의 이중적인 용해도 특성은 매우 짧은 탄화수소 성분과 –OH 기 때문이다. 이것은 에탄올이 인체의 거의 모든 곳으로 이동할 수 있도록 해준다. 섭취한 양의 약 10~20%는 위장에 쉽게 흡수되고, 나머지 양은 소장에서 흡수된다. 알코올은 높은 용해도 때문에 세포막을 통과하여 거의 모든 장기에 퍼지게 된다. 그 효과에는 이완, 해제된 억제, 가능한 행복감, 거짓 자신감, 어리석음, 불분명한 발음, 느린 반응 속도와 운동 능력, 방향 감각 상실, 균형 감각 저하, 의식 상실 등이 포함될 수 있다. 몰질량이 46 g/mol에 불과한 9개의 원자로 구성된 작은 분자의 효과는 얼마나 놀라운 일인가(그림 10.19).

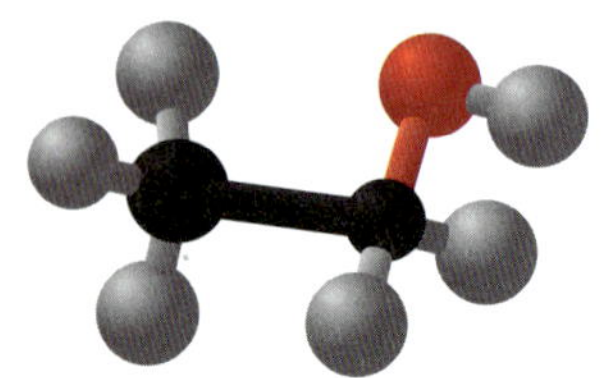

그림 10.19
에탄올 분자의 공과 막대 모형.

10.12 양조주에서 독한 술을 만드는 과정: 증류

사전 지식 *Did You Know* ?
와인을 증류하면 브랜디가 된다.

제6장의 석유 정제에 대한 논의한 증류는 전 세계의 산업 화학 실험실에서 사용되는 분리 및 정제 기술이다. 그러나 이 공정은 많은 알코올성 음료 생산에도 사용된다. 맥주, 와인, 사과주는 발효시킨 다음 증류하지는 않지만, 브랜디와 보드카와 같은 증류주는 증류시켜 만든다. 이 증류 과정은 어떻게 작동하는가?

발효가 완료되었을 때 생성물은 액체 혼합물이다. 마실 수 있는 알코올이 들어 있는 이러한 혼합물의 액체 성분은 끓는점이 다르다. 따라서 혼합물을 지속적으로 가열하면 끓는점이 가장 낮은 물질이 먼저 증발한다. 그림 10.20에서 볼 수 있듯이 증류 장치는 증발된 액체가 포집되어 **응축기**(condenser)라고 부르는 밀봉된 수냉식 관을 통해 이동된다. 발효된 혼합물을 정제하는 이 과정은 정신에 세련미와 뉘앙스를 만든다. 발효된 알코올 혼합물을 정제하는 이 과정은 알코올의 순도를 증가시키고 미묘한 차이를 발생시킨다. 발효 과정에서 어떤 재료(예: 과일 또는 곡물)를 사용했느냐에 따라 증류 단계가 달라지며 정제 방법, 순도 및 풍미가 다르게 나타난다.

사전 지식 *Did You Know* ?
알코올 중독 치료제인 *Antabuse*라는 상표의 약물은 알코올 중독을 치료하는 데 사용된다. 이 약물은 아세트알데하이드를 분해하는 효소인 *아세트알데하이드 수소화 효소*(acetaldehyde hydrogenase)를 차단한다. 따라서 체내에 아세트알데하이드의 잔류 농도가 높아지고 이로 인해 심한 구토 및 두통과 같은 증상이 발생하며, 술을 마시지 못하도록 만든다.

정교한 장비를 사용하지 않으면 부주의로 **메탄올**(methanol, CH_3OH)이 부산물로 생성된다. 메탄올은 건강에 해로운 영향을 미치거나 사망에 이를 수 있기 때문에 미국의 대부분의 주에서는 증류 면허가 있어야 주류를 생산할 수 있다. 메탄올은 화학적으로 에탄올과 매우 유사하지만 인체가 알코올을 대사하는 방식은 상당히 다르다. 10 mL의 메탄올만을 마시더라도 메탄올은 체내에서 분해되어 폼산(formic acid)이 만들어져서 시신경을 공격하고 실명을 유발할 수 있다. 30 mL의 순수 메탄올(샷 글라스 크기)을 마시면 사망할 수 있다. 상업용 증류기는 메탄올 생산을 줄이기 위해 발효 및 증류 공정을 정교하게 제어하

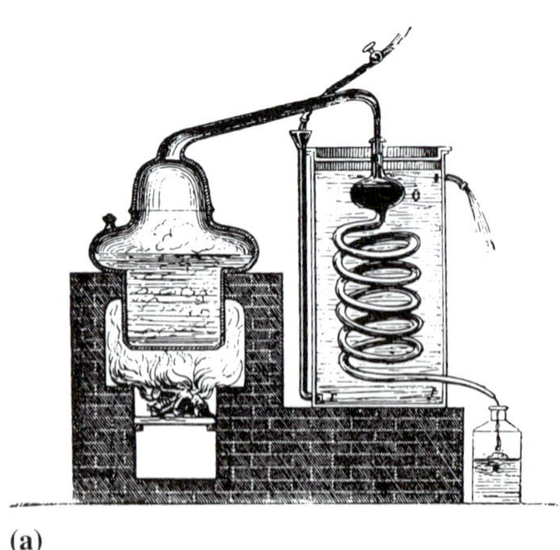

(a)

(b)

그림 10.20
(a) 위스키 생산에 사용되는 증류 장치의 개략도. **(b)** 와인을 증류하여 브랜디를 생산하는 사진.
(a): ©Morphart Creation/Shutterstock.com; *(b)* ©Carl Court/Getty Images .

사전 지식 *Did You Know*

알코올 음료는 알코올 함량이 20% 이상일 때만 *스피릿*(spirit)이라고 부르며, 설탕이나 향료를 첨가할 수 없다. 향료나 설탕이 첨가된 증류주를 *리큐어*(liqueur)라고 한다.

표 10.5 일반적인 알코올 음료의 알코올 함량

알코올 음료	전형적인 proof 도수	부피 기준 알코올 백분율(%)
맥주	<20	<10
와인	25	12.5
강화 와인(fortified wine)	40~60	20~30
보드카와 브랜디	80	40
위스키	100	50
치쿠디아(Tsikoudia, 동유럽의 포도 증류주)	120	60
압생트(Absinthe, 향료를 써서 만든 술.)	140	70
중성 곡물 알코올	180~200	90~100

위스키는 어떻게 만들어지는가? 이 동영상을 확인하라: www.acs.org/cic.

며, 이는 미국 연방 공인 실험실에서 엄격한 품질 관리 시험에 의해 확인된다.

증류의 결과 중 하나는 주류의 알코올 농도를 높이는 것이다. 미국에서는 음료에 포함된 알코올의 양을 식별하기 위해 주류의 농도 수준을 상표에 표시한다. 표 10.5에서 볼 수 있듯이 미국의 proof 알코올 도수는 부피 기준 알코올 비율의 2배이다.

알코올을 섭취하면 혈류로 들어가 뇌의 뇌하수체가 *바소프레신*(vasopressin) 호르몬의 생성을 차단한다. 결과적으로 신장은 물을 체내에 재흡수하는 대신 방광으로 직접 보낸다. 연구에 따르면 약 250 mL(8.5온스)의 알코올 음료를 마시면 몸에서 800~1000 mL의 물이 배출된다. 섭취한 것보다 3~4배 많은 액체가 손실된다! 이러한 이뇨 효과는 혈류의 알코올이 감소함에 따라 감소한다. 그러나 이 과정은 몸이 너무 많은 물을 잃기 때문에 숙취 증상의 주요 원인이 된다. 소듐, 포타슘 및 마그네슘과 같은 전해질이 오줌을 통해 손실된다. 이들 전해질은 세포, 신경, 근육 기능을 위해 필요하다. 즉 전해질 농도가 감소하면, 두통, 메스꺼움, 그리고 피로가 쌓인다.

인체 내에서 에탄올의 신진 대사는 매우 불안정하고, 체내에서 자유 라디칼을 쉽게 형성하는 화합물인 *아세트알데하이드*(acetaldehyde)를 생성한다(그림 10.18). 이 독성 화학 물질에 장기간 노출되면 장기, 특히 간과 신장이 손상될 수 있다. 알코올은 또한 간에 저장된 글라이코젠(glycogen)을 소변으로 배설되는 글루코스로 전환된다.

인체가 알코올을 대사하면, 인체는 일반적으로 구강 건조의 형태로 수분 부족을 보충하라는 메시지를 보낸다. 또한 인체의 수분이 부족한 기관은 뇌에서 물을 끌어와서 뇌와 두개골을 연결하는 막을 끌어당긴다. 이로 인해 두통이 발생한다.

10.13 추출: *커피와 차*

초기 문명으로 거슬러 올라가면, 전 세계의 많은 문화와 전통에서 커피와 차는 중요한 역할을 한다. 커피와 차를 우려낼 때, 잎이나 콩과 같은 고체에서 화합물을 추출하고자 한다. 다른 종류의 초콜릿을 만드는 방법과 비슷하게 다양한 차와 커피를 생산할 수 있다. 사용되는 여러 가지 시작 재료에서 다양한 건조 및 굽는 기술, 여러 종류의 풍미 첨가제에 이르기까지 그 변화는 무궁무진하다.

마실 수 있는 커피를 만드는 것은, 그 시작점부터 머그잔에 들어 있는 진한 액체와는 현저한 차이가 있다. 녹색의 커피 원두는 사실상 향이 없다. 그 위에 뜨거운 물을 부으면 단순히 떫은맛과 쓴맛이 나는 음료가 된다. 그러나 원두를 로스팅하면 많은 수의 생성물을 만들어내는 다양한 반응이 시작되며, 이 로 인해 커피에 다양하고 미묘한 맛의 차이가 추

커피의 복잡한 화학을 알고 싶다면 이 동영상을 확인하라: www.acs.org/cic.

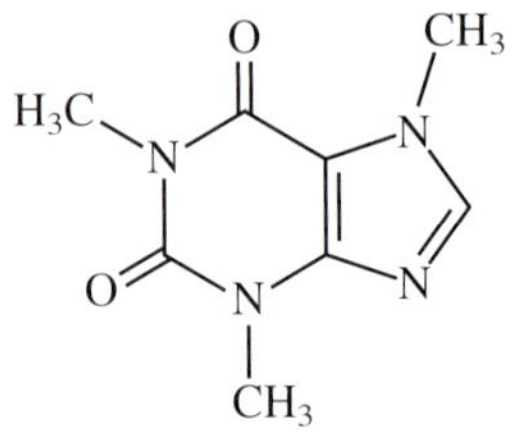

그림 10.21

카페인 분자. 이 분자의 3D 구현 모습을 보려면 www.acs.org/cic로 이동하라.

가된다. 찻잎도 역시 덖어서 녹차와 홍차를 포함한 다양한 풍미의 차를 만들어 낼 수 있다.

커피 또는 차를 우려내는 것은 그 자체로 추출이라는 실험실 기술의 또 다른 응용 프로그램이다. 커피와 차의 콩과 잎은 고체 혼합물이다. 따라서 커피 원두에서 추출하는 데 도움을 주기 위해 원두를 갈아 표면적을 늘린다. 작은 찻잎과 분말은 표면적이 더 넓다. 그 후 이러한 물질을 뜨거운 추출 매질(물)에 노출시킨다. 다행스럽게도 커피나 차의 바람직한 성분이 가장 먼저 우려 나오는 경향이 있다. 원하지 않는 성분은 추출하는 데 시간이 오래 걸리므로, 뜨거운 물이 고체와 너무 오래 접촉하지 않도록 해야 한다.

많은 사람들은 커피와 차가 카페인을 함유하고 있기 때문에 커피에 끌린다(그림 10.21). 적절한 양의 카페인은 뇌에 영향을 미치고, 정신의 각성을 증가시킨다. 그리고 다시 말하지만, 초콜릿과 마찬가지로 차와 커피에는 항산화제와 플라보노이드가 포함되어 있다. 앞서 언급한 화학 물질은 심장 건강을 향상시키고, 암 성장을 방해하는 것으로 나타났다.

활동 학습 10.22 ▶ *그룹 활동: 미각 테스트!*

이 그룹 활동의 경우, 실험실 또는 교실 안전 지침을 따르고, 그룹의 학생들 간에 음식 알레르기가 없는지 확인하라.

다음 식품을 준비하라.

- 사각형의 약간 달콤하고 밀크초콜릿
- 사각형으로 자른 과일(사과, 오렌지, 포도 등)
- 입방체의 얼음
- 마늘 가루
- 림버거(Limburger) 치즈 또는 그 외 냄새 나는 치즈
- 생강 가루
- 시나몬 통밀 크래커
- 마늘 크래커
- 달콤한 용액: 2스푼의 물에 $\frac{1}{2}$티스푼의 설탕을 녹인다.
- 짠 용액: 2스푼의 물에 $\frac{1}{8}$티스푼의 식용 소금을 녹인다.
- 신 용액: 2스푼의 물에 $\frac{1}{2}$티스푼의 식초를 녹인다.
- 쓴 용액: 인스턴트 커피나 원두 커피

그룹으로서 다음 질문에 답할 수 있는 미각 테스트 절차를 고안하라.

a. 같은 음식이 사람마다 맛이 다를 수 있는가?

b. 후각은 음식 맛에 어떤 영향을 미치는가?

c. 음식 혼합물(다른 질감 및 풍미를 갖는)이 맛을 식별하는 능력을 어떻게 방해하는가?

결론 _Conclusion

우리가 만들고 섭취하는 음식과 음료는 우리에게 영양과 맛, 심지어 만족과 즐거움까지 준다. 우리는 음식의 분자 구성과 구조를 변화시켜 맛과 같은 다른 성질을 가진 새로운 물질을 만든다. 그렇지 않으면 단순히 물리적으로 다른 상태로 바꾸거나, 혼합물에서 다른 성분과 분리하여 추출 또는 정제시킬 뿐이다. 대부분의 경우 우리는 어떤 방식으로든 열을 전달하여 음식을 조리한다. 그러나 음식 조리는 다양한 방법(예: 석쇠에서 구운 스테이크 또는 *수 비드*로 조리된 스테이크)으로 만들며, 동일하게 다양한 결과(숯불과 전체적으로 같은 온도)가 나타난다. 우리가 사용하는 조리법, 기술 및 도구는 유리 제품, 수조 및 디지털 저울과 같이 연구 실험실에서 발견되는 것과 유사한 경우가 많다. 하루가 끝나면 훌륭한 요리는 훌륭한 화학에 달려 있다. 너무 행복한 요리와 맛있게 식사를 즐겨라!

학습 결과 _Learning Outcomes

*괄호 안의 숫자는 이 결과가 논의된 장의 절을 나타낸다.

이 장을 공부한 후에는 다음을 수행할 수 있다.

- 혀와 코가 어떻게 맛을 감지하는지 설명하고 온도 변화가 음식 맛을 어떻게 바꾸는지 설명할 수 있다. (10.1, 10.2)
- 요리에 사용되는 측정된 양을 변환할 수 있다. (10.3, 10.4)
- 높은 고도에서 요리를 할 때 조리법을 조정해야하는 이유를 설명할 수 있다. (10.5)
- 조건을 변경하거나 또는 성분을 바꾸면 음식물이 어떻게 변화되는지에 대한 예를 들 수 있다. (10.4~10.9)
- 주방에서 발생할 수 있는 화학 과정을 예측할 수 있다. (10.4~10.9)
- 전자레인지가 음식을 조리하는 방법을 설명할 수 있다. (10.7)
- 발효제가 작용하는 방식과 가열하지 않는 요리의 화학적 성질을 설명할 수 있다. (10.8)
- 용액의 당 함량을 결정하는 데 사용할 수 있는 몇 가지 기술을 설명할 수 있다. (10.9)
- 액체 위의 부분압을 기준으로 용존 기체의 농도를 계산할 수 있다. (10.10)
- 발효 과정을 설명하고 주류를 제조하기 위해 증류가 어떻게 사용되는지 설명할 수 있다. (10.11, 10.12)
- 추출을 정의하고 커피와 차를 우려내기 위한 방법을 설명할 수 있다. (10.13)

연습 문제 _Questions

기본 문제 _Emphasizing Essentials

1. 일반적으로 요리에 사용되는 소금의 양은 5 g/dm^3이다. 이것을 g/mL, mg/L, mg/m^3의 단위로 변환하라.

2. 물 1 kg에 1몰의 용질을 첨가하면 물의 끓는점이 0.52°C 상승한다. 위의 연습 문제 1번에 제공된 소금 농도를 포함하는 물의 끓는점을 계산하라. 끓는점이 101°C에 도달하려면 물 1 L에 소금을 얼마나 넣어야 하는가?

3. 순수한 물의 밀도(mg/L)는 얼마이며, 소금이나 설탕과 같은 용질을 녹일 때 어떤 영향을 받는가?

4. 어떤 사람들은 소금을 0.5 g/dm^3 농도까지 맛볼 수 있다고 제안되었지만, 이것은 시험할 때마다 상당히 다르다. 소금 시음의 한계를 실험적으로 어떻게 결정할 수 있는가?

5. 요리는 일련의 화학 반응을 수반한다. 이러한 반응의 속도는 온도가 매 10°C 상승할 때마다 대략 두 배가 된다. 밥솥의 압력을 정상 기압(1 atm)에서 2 atm으로 올리면 음식이 얼마나 빨리 조리되는가?

6. 다음과 같은 조리 단위를 적절한 SI 단위(괄호 안에 제공)로 변환하라.

a. 물 2컵 (L)
b. 소금 2티스푼, NaCl (kg)
c. 149°C(300°F)에서 3시간 (초 및 °C)

7. 향미를 유발하는 분자는 코에 닿아 검출되기 위해서는 휘발성이 있어야 한다. 분자의 어떤 구조적 특성이 그 휘발성에 영향을 미치는가?

8. 사과나 바나나 등 과일이 일단 베이거나 상처를 입으면 갈색으로 변하는 과정을 기술하라. 이것은 캐러멜화(carmelization) 또는 Maillard 반응의 결과와 동일한 과정인가? 설명하라.

9. 비타민 C를 첨가하면 과일의 갈변을 늦추는 데 어떻게 작용하는가? 이 갈변 반응을 방지하기 위해 어떤 다른 방법을 사용할 수 있는가?

10. 케이크가 "떨어지는(fall)" 이유를 설명하라.

개념 문제 _Concentration on Concepts

11. 바다 소금을 생산하는 데 사용되는 몇 가지 기술을 조사하고, 더 높은 순도의 소금을 생산할 수 있는 방법에 대해 설명하라.

12. 녹색 채소를 너무 익히면 색과 질감이 변하는 이유에 대한 분자적인 설명을 하라.

13. 천일염은 "순수"로 표시할 수 있는가? 이 소금은 마그네슘과 칼슘과 같은 미량 원소를 포함하고 있는가? 설명하라.

14. 등산객들은 종종 높은 고도에서 적절한 차 한 잔을 만드는 것이 어렵다고 불평한다. 이 문제가 발생하는 이유를 설명하라.

15. 일본의 후지산 정상에서 삶은 계란을 제대로 익힐 수 있는가? 에베레스트 산에서는? 설명하라.

16. 균형 맞춘 화학 반응식을 사용하여 많은 제빵 제품의 성분에 베이킹파우더가 들어가는 이유를 설명하라.

17. 발효로 인해 빵은 부풀어 오른다. 빵에 남아 있는 알코올의 양을 대략적으로 조사하라. 빵의 알코올 함량에 영향을 미치는 요인은 무엇인가?

18. "센" 및 "약한"이라는 용어는 일반적으로 산을 설명하는 데 사용된다. 이 용어는 "진한" 및 "묽은"이라는 용어와 어떻게 다른가?

19. 다음 분자 중 물과 동일한 방식으로 마이크로파 복사선에 반응할 분자를 제안하라: 사염화 탄소(CCl_4), 암모니아(NH_3) 및 이산화 탄소(CO_2). 선택에 대해 설명하라.

20. 고추의 매운 맛을 내는 물질의 이름은 무엇이며 그 분자 구조는 무엇인가? 인터넷을 사용하여 답을 찾아라. 또한 고추를 먹었을 때 느끼는 불타는 매운 맛은 물을 마셔도 줄어들지 않는다. 그 이유는 무엇인가? 이 "불타는 맛"을 줄이는 데 더 효과적인 음료는 무엇인가?

21. 은(silver) 조리 기구는 특히 계란과 같은 황 함유 식품이 있을 때 변색되는 이유를 설명하라.

› 응용 문제 _Exploring Extensions

22. 바나나, 페퍼민트 또는 버터 바른 팝콘과 같은 여러분이 가장 좋아하는 몇 가지 맛을 골라라. 이러한 맛의 핵심 화학 물질의 정체를 조사하고 그 구조를 그려라. 이 장에서 찾아보거나 이 장에서 본 다른 향미 분자와 공통점이 있는가? 그 특징들은 무엇인가? 이 분자들은 어떻게 서로 다른가?

23. 요리 분야에서는 "향미 트리핑(flavor tripping)"이라는 재미있는 움직임이 일어나고 있다. 이것은 "기적의 베리(miracle berry)"라고 부르는 것을 먼저 먹고, 보통 날것이나 분리된 형태가 아닌 음식을 먹는 것을 말한다. 예를 들어, 기적의 베리를 먹은 직후에는 평범한 레몬이 달콤한 레몬에이드 맛이 난다. 이 장에서 맛에 대해 배운 것과 자신의 연구를 수행한 후에, 이 베리가 음식의 맛을 변화시키는 이유에 대해 화학적으로 설명할 수 있는가? 이 방법으로 시도해보고 싶은 다른 음식이 있는가?

24. 우리가 먹는 음식은 우리 몸에만 영향을 주지 않는다. 식품을 재배하거나 재배한 다음 생산 및 가공하는 방법도 환경에 영향을 미칠 수 있다. 현재 현대의 농업 관행은 실제로 기후 변화의 주요 원인이다. 이후 이틀에 걸쳐 무엇을 얼마나 많이 먹는지에 대한 음식 일기를 작성하라.
    일지를 완성한 후 :

    a. 건강 증진에 있어서 가장 순위가 높다고 생각되는 식품 3가지를 선택하라(순위에 근거하는 기준을 명시하라).
    b. 환경의 건강 증진을 위해 가장 높은 순위에 있다고 생각하는 3가지 식품을 선택하라(다시 한 번 순위를 매기는 기준을 명시하라).

25. "푸드 마일(food miles)"이란 무엇인가? 좋아하는 음식 세 가지를 선택하고 푸드 마일 분석을 수행하라. 식량 마일을 줄일 수 있는 방법은 무엇인가? 그렇게 하는 것이 중요하다고 생각하는가? 그 이유는 무엇인가?

26. 좋아하는 제빵, 제과를 선택하라. 예를 들어, 초콜릿 칩 쿠키, 블루베리 머핀, 호밀 빵 외. 인터넷 검색을 수행하여 동일한 음식에 대한 다른 조리법을 찾아라.

    a. 이 조리법의 공통점은 무엇인가?
    b. 이 조리법은 어떻게 다른가?
    c. 조리법 간의 변화가 제빵 제과 식품에서 어떻게 다른 결과를 가져올지 예측할 수 있는가?

27. 이 장의 한 절에서는 갈색으로 된 음식에 독특한 풍미를 내는 주요 반응인 Maillard 반응에 대해 설명했다. 물로 끓이거나 전자레인지로 조리한 음식은 이 반응을 거치지 않는다. 왜 그런가?

28. 다양한 종류의 식용유는 맛, 색, 상온에서의 물리적 상태와 같은 다양한 특성을 가지고 있다. 일반적으로 사용되는 세 가지 기름(카놀라유, 올리브유, 코코넛유)은 이러한 성질의 차이에 대한 한 가지 예를 제공한다. 이러한 기름의 화학적 성질과 기름이 요리와 맛의 다양한 특성을 어떻게 내는지를 설명할 수 있는 몇 가지 연구를 수행하라.

29. 커피 산업에서는 간단한 커피포트에서부터 수천 달러에 이르는 정교한 기계에 이르기까지 다양한 장비를 사용하여 커피를 "추출"한다. 다양한 유형의 커피 제조 장비에 대한 연구를 수행하고 독특한 맛의 "커피"를 만들기 위해 사용하는 과학적 원리를 설명하라.

30. 테플론(Teflon)으로 코팅된 조리 기구는 전 세계 주방에서 널리 사용된다.

    a. 테플론의 분자 구조는 무엇이며 이 코팅은 음식이 팬에 달라붙는 것을 어떻게 방지하는가?
    b. 테플론이 붙지 않는 코팅 역할을 한다면 테플론 자체가 팬에 어떻게 달라붙는가?

31. 신선한 파인애플, 키위 또는 파파야 과일을 젤로(Jell-O)에 첨가하면 젤로가 굳지 않는가? 설명하라.

32. 분자간 힘과 용해도에 대한 지식을 사용하여, 아이스크림 제조와 관련된 화학적 및 물리적 과정을 설명하라.

33. "5초 규칙"은 종종 바닥에 떨어진 음식을 주워 먹을 때 사용된다. 인터넷의 자료를 조사하여 이 5초의 타당성을 설명하라.

34. 아스파라거스를 먹은 후 소변에서 나는 이상한 냄새인 "아스파라거스 오줌"의 원인을 설명하라.

제10판
생활과 환경속의 화학
Chemistry in Context Applying Chemistry to Society

제10판
생활과
환경속의 화학
Chemistry in Context Applying Chemistry to Society

부록 1
Appendix

측정의 단위 척도 *미터법 접두사, 환산 인자 및 상수*

미터법 접두사

접두사	기호	값	과학적 표기
tera (테라)	T	1,000,000,000,000	10^{12}
giga (기가)	G	1,000,000,000	10^{9}
mega (메가)	M	1,000,000	10^{6}
kilo (킬로)	k	1000	10^{3}
hecto (헥토)	h	100	10^{2}
deka/deca (데카)	da	10	10^{1}
deci (데시)	d	1/10 또는 0.1	10^{-1}
centi (센티)	c	1/100 또는 0.01	10^{-2}
milli (밀리)	m	1/1000 또는 0.001	10^{-3}
micro (마이크로)	μ	$1/10^6$ 또는 0.000001	10^{-6}
nano (나노)	n	$1/10^9$ 또는 0.000000001	10^{-9}
pico (피코)	p	$1/10^{12}$ 또는 0.000000000001	10^{-12}

환산 인자

›길이

1 센티미터(cm) = 0.394 인치(inches, in.)
1 미터(m) = 39.4 인치(in.) = 3.28 피트(feet, ft)
= 1.08 야드(yards, yd)
1 킬로미터(km) = 0.621 miles (mi)
1 인치(inch, in) = 2.54 센티미터(centimeters, cm)
= 0.0833 피트(feet, ft)
1 푸트(foot, ft) = 30.5 센티미터(centimeters, cm)
= 0.305 미터(meters, m)
= 12 인치(inches, in.)
1 야드(yard, yd) = 91.44 센티미터(cm)
= 0.9144 미터(m)
= 3 피트(feet, ft)
= 36 인치(inches, 36 in.)
1 마일(mile, mi) = 1.61 킬로미터(kilometers, km)

›부피

1 입방 센티미터(cubic centimeter, cm^3)
= 1 밀리리터(milliliter, mL)
1 리터(liter, L) = 1000 밀리리터(milliliters, mL)
= 1000 입방센티미터
(cubic centimeters, cm^3)
= 1.057 쿼트(quarts, qt)
1 쿼트(quart, qt) = 0.946 리터(liter, L)
1 갤런(gallon, gal) = 4 쿼트(quarts, qt)
= 3.78 리터(liters, L)

›질량

1 그램(gram, g) = 0.0352 온스(ounces, oz)
= 0.00220 파운드(pounds, lb)
1 킬로그램(kilogram, kg) = 1000 그램(grams, g)
= 2.20 파운드(pounds, lb)
1 파운드(pound, lb) = 454 그램(grams, g)
= 0.454 킬로그램(kilograms, kg)
1 미터톤(ton, t) = 1000 킬로그램(kilograms, kg)
= 2200 파운드(lb)
= 1 영국계 톤(long ton, t)
= 1.10 톤(tons, T)
1 톤 (ton, T) = 909 킬로그램(kilograms, kg)
= 2000 파운드(pounds, lb)
= 1 미국계 톤(short ton, T)
= 0.909 톤(t)

›시간

1 년(yr 또는 y) = 365.24 일(d)
1 일(d) = 24 시간 (hr 또는 h)
1 시간(hr 또는 h) = 60 분(min)
1 분(min) = 60 초(s)

›에너지

1 줄(joule, J) = 0.239 칼로리(cal)
1 칼로리(cal) = 4.184 줄(J)
1 엑사줄(exajoule, EJ) = 10^{18} 줄(J)
1 킬로칼로리(kcal) = 1 식품 칼로리(dietary Calorie, Cal) = 4184 줄(J) = 4.184 킬로줄(kJ)
1 킬로와트-시(kWh) = 3,600,000 줄(J) = 3.60×10^6 J

상수

빛의 속도(c) = 3.00×10^8 m/s (meters per second)
Planck 상수(h) = 6.63×10^{-34} J • s (joule-seconds)
Avogadro 수 = 6.02×10^{23} objects/mol (objects per mole)
통일 원자 질량 단위(Unified atomic mass unit, u)
= 1 Dalton (Da)
= 1.67×10^{-24} g (grams)

부록 2
Appendix

지수승

과학적(또는 실험적) 표기법은 매우 큰 수나 매우 작은 수를 쓸 때 함축적이고 편리한 방법을 제공한다. 요점은 10이라는 수에 대하여 양의 또는 음의 지수를 사용하는 것이다. 양의 지수는 큰 수를 나타낼 때 사용된다. 위 첨자로 쓰는 지수는 10이라는 수 자체가 얼마나 많이 곱해졌는지를 가리킨다. 예를 들어,

$$10^1 = 10$$
$$10^2 = 10 \times 10 = 100$$
$$10^3 = 10 \times 10 \times 10 = 1000$$

양의 지수는 1과 소수점 사이의 0의 개수와 같다는 것을 기억하라. 따라서 10^6은 1이란 숫자 뒤에 여섯 개의 0이 오거나 1,000,000이라는 수와 같다. 이와 같은 규칙이 10^0에도 적용되어 이는 1과 같다. 10억, 1,000,000,000이라는 수는 10^9이라고 쓴다.

10 위에 음의 지수가 올라가면, 이 수는 항상 1보다 작음을 나타낸다. 이는 음의 지수가 역수를 의미하기 때문이다. 이는 10분의 1이라는 역수에서 양의 지수가 올라가는 것과 같다. 예를 들어,

$$10^{-1} = 1/10^1 = 1/10 = 0.1$$
$$10^{-2} = 1/10^2 = 1/100 = 0.01$$
$$10^{-3} = 1/10^3 = 1/1000 = 0.001$$

더 큰 음의 지수는 더 작은 수를 나타낸다. 음의 지수는 항상 소수점과 1 사이에 하나 적은 수의 0을 가진다. 따라서 1×10^{-4}는 0.0001과 같다. 반대로 0.000001은 과학적 표기법으로 1×10^{-6}이다.

물론 화학에서 사용되는 대부분의 양이나 상수는 단순히 10에 정수로 된 지수를 가지는 것은 아니다. 예를 들어 아보가드로수는 6.02×10^{23}, 또는 6.02에 1 다음에 23개의 0이 있는 수를 곱해야 한다. 이의 전제 수는, 6.02 × 100,000,000,000,000,000,000,000 또는 602,000,000,000,000,000,000,000이다. 이산화 탄소가 흡수하는 적외선의 파장과 같은 매우 작은 수는 4.257×10^{-6} m이다. 이 수는 4.257 × 0.000001 또는 0.000004257 m와 같다.

활동 학습 ➤ *과학적 표기법*

이들 수를 과학적 표기법을 사용하여 나타내라.

a.	10,000	**b.**	430
c.	9876.54	**d.**	0.000001
e.	0.007	**f.**	0.05339

답

a.	1×10^4	**b.**	4.3×10^2
c.	9.87654×10^3	**d.**	1×10^{-6}
e.	7×10^{-3}	**f.**	5.339×10^{-2}

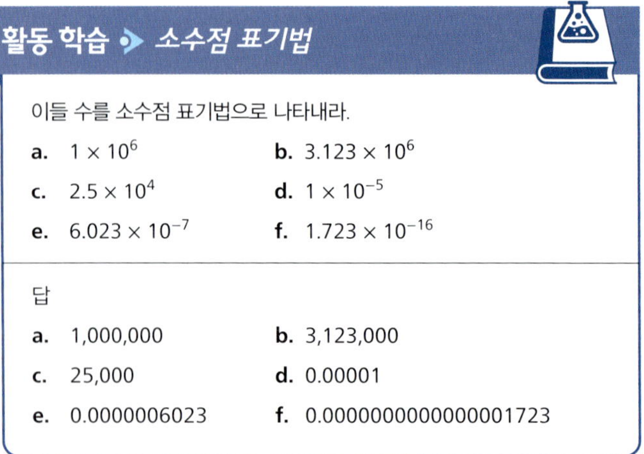
활동 학습 ➤ *소수점 표기법*

이들 수를 소수점 표기법으로 나타내라.

a.	1×10^6	**b.**	3.123×10^6
c.	2.5×10^4	**d.**	1×10^{-5}
e.	6.023×10^{-7}	**f.**	1.723×10^{-16}

답

a.	1,000,000	**b.**	3,123,000
c.	25,000	**d.**	0.00001
e.	0.0000006023	**f.**	0.0000000000000001723

부록 3
Appendix

로그잼 없애기

여러분은 아마도 수학시간에 대수학(log)을 배웠을 테지만 이것들을 사용할지는 궁금했을 것이다. 사실 대수학(또는 축약해서 'log')은 과학의 여러 분야에서 굉장히 유용하다. 주요한 것은 대수학이 매우 *큰 범위*(range)의 수들을 쉽게 다룰 수 있게 하는데, 예를 들어 0.0001부터 1,000,000과 같은 수들에 대한 10의 지수를 움직이게 한다.

이는 당신이 대수학을 당연히 알아야 하지 않더라도 대수학을 만나게 되는 것과 같다. 지진의 크기를 표현하는 리히터 척도(Richter scale)는 하나의 예이다. 이 척도에서 진도 6의 지진은 진도 5의 지진보다 10배 더 강력하다는 것을 의미한다. 진도 8의 지진은 진도 6보다 100배 더 강할 것이다. 또 다른 예는 데시벨(dB) 척도이다. 각 10단위의 증가는 소리 크기에서 10배 증가를 나타낸다. 따라서 1 m 거리에서 두 사람의 평상적인 대화(60 dB)는 같은 거리에서의 조용한 음악(50 dB)보다 10배 더 크다. 시끄러운 음악(70 dB)과 매우 시끄러운 음악(80 dB)은 평상적인 대화보다 10배 그리고 100배 더 크다.

휴대용 계산기를 사용하는 단순한 예는 log를 배우기 위한 좋은 방법이다. 당신은 log를 수행할 수 있고 "과학적 표기" 기능을 가진 계산기가 필요할 것이다. 10에 대한 대수학을 찾아보면서 시작하자. 단순히 10을 기입하고 "log" 단추를 눌러보자. 답은 1이 된다. 다음은 100에 대한 로그 값과 1000에 대한 로그 값을 구해 보자. 답을 써 보자. 어떤 유형을 볼 수 있는가? (만일 당신이 100을 10^2 그리고 1000을 10^3으로 썼다면, 그 유형은 명백해질 것이다.) 10,000의 로그 값을 예측하고 확인하라. 그 후 0.1 또는 10^{-1} 그리고 0.01 (10^{-2})의 로그 값을 구해 보라. 0.0001의 로그 값을 예측하고 확인해 보라.

여기까지는 괜찮았지만, 우리는 아직 10에 대한 지수가 정수가 아닌 수는 고려하지 않았다. 이는 어떤 수의 로그함수의 값을 구하는 데 도움을 줄 것이다. 다시 한 번 당신의 휴대용 작은 계산기가 해결할 수 있도록 도와 줄 것이다. 20과 200의 로그 값을 구해보고, 50 (5×10^1)과 500 (5×10^2)의 로그 값을 구해 보라. 5×10^3 또는 5000의 로그 값을 예측해 보라. 자 이제는 0.05의 로그 값을 구하는 것이 편해졌다. 마지막으로 2473과 0.000404의 로그 값을 계산해 보라. 이들 각각의 경우는 야구장의 오른편에 있는 것처럼 정확하게 답이 구해지는가? 당신의 계산기는 당신에게 어떤 의미보다 많은 여러 자리의 수들을 행복하게 제공할 것이고, 당신은 합당한 반올림을 할 필요가 있다는 것을 기억하라.

5.9절에서 물질의 산도를 설명하는 정량적 방법으로 pH 개념을 소개하였다. pH 값은 로그 관계의 단순하고 특별한 경우이다. 즉 몰 농도(M) 단위로 표현되는 H^+ 농도는 로그의 음수로 정의된다. 내괄호는 몰 농도를 표시하는 데 사용된다. 수학적 관계식은 $pH = -\log [H^+]$로 주어진다. 음의 기호는 역수 관계를 나타낸다. 따라서 H^+ 농도가 감소하면 pH가 증가한다. 수소 이온 농도 또는 $[H^+]$가 0.000546 M인 음료의 pH를 계산하는 데 사용하여 이 식을 적용해 보겠다. 먼저 수학적인 식을 쓰고, 여기에 수소 이온 농도를 대입한다.

$$pH = -\log [H^+] = -\log (5.46 \times 10^{-4}\ M)$$

다음으로, H^+ 농도의 음의 로그를 계산기에 입력하고, log 버튼을 누른 다음, "플러스/마이너스" 버튼을 눌러 부호를 변경한다. 자릿수를 미리 설정하지 않은 경우, 3.262807357이 표시될 수 있지만, 보통은 표시된 값을 반올림하라는 메시지가 나타난다. 즉, 농도의 *유효 숫자*(significant figure)(4.4절 참조)의 수는 pH 값의 *소수점*(decimal places) 수를 정의하며, 그 반대의 경우도 마찬가지다. 예를 들어, $[H^+] = 5.46 \times 10^{-4}$ M (3개의 유효 숫자)인 용액의 pH는 3.263 (소수점 이하 3자리)으로 보고되어야 한다. 동일한 절차를 적용하여, 수소 이온 농도가 2.2×10^{-7} M(pH = 6.66)인 우유의 pH를 계산하라.

만일 우리가 수소 이온의 농도를 pH로 바꿀 수 있다면 역으로 어떻게 계산하면 될까? 즉 어떻게 pH를 수소 이온의 농도로 바꿀 수 있을까? 만일 계산기가 "10^x"이란 버튼을 가지고 있다면, 가능하다. (다른 방법으로, 먼저 "Inv"의 버튼을 사용하고 그리고 "log" 버튼을 사용한다.) 이 과정을 설명하기 위해서 pH가 7.40인 사람의 혈액 속 수소 이온의 농도를 구한다고 생각해 보자. 과정은 다음과 같다: 계산기에 7.40을 누르고 "+/−" 버튼을 눌러 부호를 바꾼다. 그리고 "10^x" 버튼을 누른다(또는 당신의 계산기에 맞는 과정을 따른다). 화면은 4.0×10^{-8} M이라는 수소 이온의 농도를 보여 줄 것이다. 자, 이제 3.60의 pH를 가지는 산성비의 수소 이온 농도를 구하기 위해 같은 과정을 적용해 보라.

활동 학습 ▶ *pH*

각 예들에 대한 pH 값을 계산하라.

a. 수돗물, $[H^+] = 1.0 \times 10^{-6}$ M

b. 마그네시아유, $[H^+] = 3.2 \times 10^{-11}$ M

c. 레몬주스, $[H^+] = 5.0 \times 10^{-3}$ M

d. 침, $[H^+] = 2.0 \times 10^{-7}$ M

답

a. 6.00 **b.** 10.49

c. 2.30 **d.** 6.70

활동 학습 ▶ *H^+* 농도

각 시료에 대한 H^+ 농도를 계산하라.

a. 토마토 주스, pH = 4.53

b. 산성 안개, pH = 3.3

c. 식초, pH = 2.5

d. 혈액, pH = 7.60

답

a. 3.0×10^{-5} M **b.** 5×10^{-4} M

c. 3×10^{-3} M **d.** 2.5×10^{-8} M

찾아보기
Index

ㅊ

ㅋ

ㅌ

ㅍ

제10판
생활과 환경속의 화학
Chemistry in Context Applying Chemistry to Society

옮긴이 소개

목포대학교 자연과학대학 화학과: 이용훈, 오세웅

부경대학교 자연과학대학 화학과: 강용철

인하대학교 자연과학대학 화학과: 이익모

한양대학교 과학기술융합대학 화학분자공학과: 박경호

홍익대학교 공과대학 기초과학과: 하윤경

(가나다 순)

제10판

생활과 환경속의 화학

Chemistry in Context Applying Chemistry to Society

| 발행일 2021년 3월 1일 10판 1쇄

| 지은이 American Chemical Society

| 옮긴이 화학교재연구회

| 발행인 박 종 성

| 발행처 사이플러스 Science plus

| 주 소 (우) 04003 서울특별시 마포구 잔다리로 101

| 전 화 02-332-6171

| 팩 스 02-332-6185

| 등 록 2005.10.20. 제2005-000222호

| ISBN 979-11-88731-23-7 93430 값 40,000원

학습 활동과 연습 문제의 해답은 사이플러스의 홈페이지 (www.sciplus.co.kr) 고객센터에서 다운로드가 가능합니다!

제10판
생활과
환경속의 화학
Chemistry in Context Applying Chemistry to Society